第三届
中国储气库科技创新与产业发展
国际高峰论坛论文集

Proceedings of the 3rd China International UGS Science & Technology Innovation and Industry Development Summit

中国石油学会天然气专业委员会
Natural Gas Committee of Chinese Petroleum Society

中国石油学会石油储运专业委员会 编
Petroleum Storage & Transportation Committee of Chinese Petroleum Society

储气库专业标准化技术委员会
Gas Storage Standardization Committee

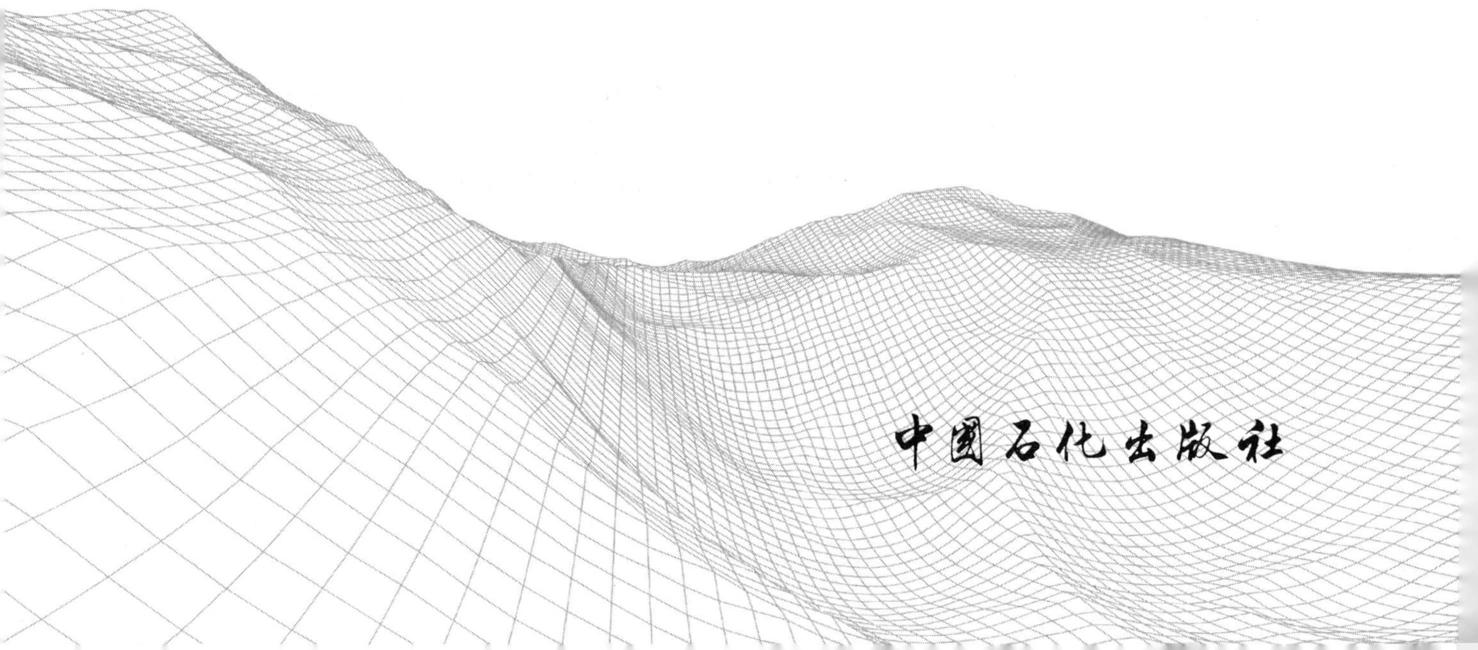

中国石化出版社

图书在版编目(CIP)数据

第三届中国储气库科技创新与产业发展国际高峰论坛论文集 / 中国石油学会天然气专业委员会，中国石油学会石油储运专业委员会，储气库专业标准化技术委员会编. — 北京：中国石化出版社，2023.4
ISBN 978-7-5114-6983-0

Ⅰ. ①第… Ⅱ. ①中… ②中… ③储… Ⅲ. ①地下储气库-中国-国际学术会议-文集 Ⅳ. ①TE972-53

中国国家版本馆 CIP 数据核字(2023)第 042116 号

未经本社书面授权，本书任何部分不得被复制、抄袭，或者以任何形式或任何方式传播。版权所有，侵权必究。

中国石化出版社出版发行
地址:北京市东城区安定门外大街 58 号
邮编:100011 电话:(010)57512500
发行部电话:(010)57512575
http://www.sinopec-press.com
E-mail:press@sinopec.com
北京富泰印刷有限责任公司印刷
全国各地新华书店经销
*
880×1230 毫米 16 开本 41 印张 1170 千字
2023 年 4 月第 1 版 2023 年 4 月第 1 次印刷
定价:280.00 元

序

进入新世纪，我国天然气工业发展迅速，2019 年消费量突破 3000 亿立方米，天然气长输管道里程突破 11 万千米，用户遍及全国，安全平稳供气成为国计民生重中之重。然而，我国主要气源远离市场，对外依存度高，冬夏峰谷差大，调峰保供面临严峻挑战。地下储气库是解决天然气供需矛盾的最有效手段，已成为国家能源安全的战略性基础设施。

截止 2022 年底，我国已建成 24 座储气库(群)，库容量约 600 亿立方米，有效工作气量超过 200 亿立方米，储气库高月高日最大采气能力达到 2.1 亿立方米，为当下我国天然气保供作出了巨大的贡献。2022 年我国天然气消费量 3663 亿立方米，已建成的工作气量仅占消费量的 5.5%，远低于全球 12%的平均水平。预计“十四五”末，我国储气库将建成 350~400 亿立方米的年工作气量，占年天然气消费量的比例也只有 6%~7%。因此，我国天然气消费量的持续高速增长，为储气库业务的发展赋予了强劲动力。

我国储气库业务始于上世纪末期，发展仅仅 20 余年。中国复杂的地质条件，储层具有“构造破碎、埋藏较深、非均质性强”等难点，严重制约储气库选址与建设。同时，“效益建库、安全管库、高效运营”管理要求，对储气库产业的高质量发展带来诸多挑战。

为进一步促进我国储气库科技创新和产业高质量发展，探索储气库新技术，本节较为系统地总结了我国储气库建设现状、技术瓶颈、成果总结和发展需求，分享了储气库从选址评价、设计建设、高效运行等方面的成功经验，对储气库关键技术与管理提升提出了方法和建议，对推动我国储气库业务健康发展乃至天然气业务发展有着十分重要的意义。

本书理论联系实际，内容丰富，图文并茂。特向参与论文撰写和为编辑出版做出积极贡献的同志表示衷心的祝贺和感谢，并愿意将该书推荐给广大储气库业务的技术与管理人员，也是从事 CCUS、储氢、储 XAI、储能等相关的科技人员难得的重要参考资料。

中国工程院院士

2023 年 4 月

Preface

After entering the new century, China's natural gas industry has developed rapidly. In 2019, the nature gas consumption exceeded 300 billion cubic meters, with the length of long-distance natural gas pipelines exceeding 110,000 kilometers, the users distributed all over the country, and the safe and stable supply of natural gas becoming a top priority for the national economy and people's livelihood. However, China's main gas sources are far from the market, its dependence on external supply is high, there is a large difference between peaks and valleys in winter and summer, and serious challenges are faced in peak-regulating & supply-guaranteeing efforts. Underground gas storage is the most effective means to solve the contradiction between supply and demand of natural gas, and has become a strategic infrastructure for national energy security.

By the end of 2022, China has built 24 gas storage depots (clusters), with the total capacity of approximately 60 billion cubic meters, the total effective working gas volume of over 20 billion cubic meters, and the maximum daily gas production capacity of 210 million cubic meters, making a huge contribution to the current guarantee of natural gas supply in China. In 2022, China's natural gas consumption was 366.30 billion cubic meters, and the completed working gas volume accounted for only 5.5% of the consumption, far below the global average of 12%. It is expected that, by the end of the 14th Five-year Plan period, China's gas storage depots will have an annual working gas volume of 35-40 billion cubic meters, accounting for only 6-7% of the annual natural gas consumption. Therefore, the sustained and rapid growth of natural gas consumption in China has given strong impetus to the development of gas storage business.

China's gas storage business started at the end of the last century, and has only developed for over 20 years. In China, the complicated geological conditions, as well as the difficultiessuch as structural fragmentation, deep burial and strong heterogeneity of reservoir stratum, have seriously constrained the site selection and construction of gas storage. In addition, the management requirements including "high-cost-effective construction, safe management and efficient operation" have brought a number of challenges to the high-quality development of gas storage industry.

For the purpose offurther promoting the technological innovation and high-quality development of China's gas storage industry, and exploring the new technologies for gas storage, this collection of papers systematically summarizes the current construction situation, technical bottlenecks, achievements and development needs of gas storage in China, shares the successful experiences in site selection, site evaluation, design, construction and efficient operation of gas storage, and proposes the methods and suggestions for improving the key technologies and management of gas storage, so that it is of great significance for promoting the sound development of gas storage business and even the development of natural gas business in China.

With rich contents and illustrations, this book links theory with practice. I would like to express my sincere congratulation and gratitude to the comrades participating in the writing of papers and making positive contributions to the editing and publication, and I would also like to recommend this book to the technical and management personnel involved in the gas storage business. In addition, I believe that it is also a rare and important reference article for other scientific and technological personnel engaged in CCUS, hydrogen storage, XAI storage, energy storage and other relevant fields.

Academician of Chinese Academy of Engineering

前 言

随着我国天然气工业的快速发展和国家大力推进天然气产供储销体系建设，极大推动了国内地下储气库的建设，储气库产业发展驶入快车道。储气库在保障天然气管网高效安全运行、平衡季节用气峰谷差、应对长输管道突发事故、保障国家能源安全等方面发挥的作用越来越明显，有力地促进了国家能源结构调整和经济健康发展。经过20多年的不懈攻关、探索实践攻关，我国广大储气库科技工作者与建设者克服重重困难，不仅建成了超过200亿方的工作气量地下储气库调峰能力，更是形成了储气库选址、设计、建设、运行成套技术和标准体系及关键装备制造能力，走出了一条中国复杂地质条件的储气库创新发展之路。

为了全面总结我国储气库取得的成果，分析国内储气库面临的形势和存在的调整、探索中国复杂地质条件地下储气库技术发展方向，创新储气库运营模式，进一步提升储气库运营管理水平，并加强与国际同行的交流，2023年4月19日至21日，由中国石油学会天然气专业委员会、中国石油学会石油储运专业委员会、储气库专业标准化技术委员会、中国石油天然气股份有限公司储气库分公司、中国石油集团油气地下储库工程重点实验室、中国石油化工股份有限公司天然气分公司、国家石油天然气管网集团有限公司西气东输分公司在江苏省南京市联合主办"第三届中国储气库科技创新与产业发展国际高峰论坛"。本届论坛以"加快推进地下储气库建设、构建天然气安全供应体系"为主题，凝聚业界智慧、研判发展前景、互通技术进步、引领行业发展。

本届论坛得到了各相关单位和广大储气库工作者的大力支持，研究内容涉及储气库业务各个环节，其中不乏对储气库行业焦点、技术难点问题的深入分析和探讨。在此，秘书处对广大作者的积极参与和各相关单位的大力支持致以崇高的敬意和衷心的感谢！

本论文集共收集优秀论文92篇。内容涵盖"国家相关政策解读及储气库行业发展趋势、油气藏型地下储气库建设与技术、盐穴地下储气库建设与技术、储气库调峰方案优化与技术、储气库安全运行与环境保护"等，具有较高的理论造诣和参考价值，必将为未来中国储气库业务的大发展发挥积极的作用，助推储气库行业绿色、健康、高效、可持续发展。

本书编委会
2023年4月

Preface

China's natural gas industry is developing rapidly. The government has made significant efforts to promote the construction of natural gas production, supply, storage and marketing system, propelling the construction of underground gas storage in the country. China is seeing a boom in its gas storage industry. The role of gas storage is becoming increasingly obvious in ensuring the efficient and safe operation of natural gas pipeline network, balancing seasonal gas peak-valley differences, responding to sudden accidents of long-distance pipelines, ensuring national energy security, etc., effectively promoting the adjustment of national energy structure and the healthy development of economy. After more than 20 years of constant efforts in research, exploration and practice, China has built a peak-shaving capacity of more than 20 billion cubic meters of working gas volume in its underground gas storages, and also established a complete set of technologies and standard systems for the location, design, construction and operation of gas storage and the manufacturing capacity of key equipment, embarking on a road of innovative development of gas storage with complex geological conditions.

To present China's gas storage achievements, explore the technological development trend of underground gas storage under domestic complex geological conditions, innovate gas storage operation modes, and increase industry exchanges globally, the third China International UGS Science & Technology Innovation and Industry Development Summit is scheduled to be held from April 19 to 21, 2023 in Nanjing, Jiangsu Province. The summit is jointly hosted by the Natural Gas Professional Committee of Chinese Petroleum Society, Petroleum Storage & Transportation Committee of Chinese Petroleum Society, China Technical Committee for Professional Standardization of Gas Storage, PetroChina Gas Storage Company, CNPC Key Laboratory of Oil and Gas Underground Storage Engineering, Sinopec Natural Gas Company, and PipeChina West East Gas Pipeline Company. Themed "accelerating the construction of underground gas storage and building a safe natural gas supply system", this summit will be a gala event for insight exchange, prospect analysis, and technology exhibition.

This summit has won strong support from relevant organizations and individuals, with contents covering all the business segments of gas storage. In-depth analysis and discussions of the focus and technical difficulties of the gas storage industry are included.

A total of 92 papers are collected in this book, focusing on areas including interpretation of relevant national policies and development trend of gas storage industry, construction and technology of underground gas storage of oil and gas reservoir type, construction and technology of salt cavern underground gas storage, optimization and technology of peak-shaving scheme of gas storage, safe operation of gas storage and environmental protection, etc. This book has high theoretical attainments and reference value, and will surely play a positive role in China's future development of gas storage, and promote the green, healthy, efficient and sustainable development of the gas storage industry.

Editorial Board

April 2023

目　录

第一篇　地面工程篇

第二篇　地质与钻采工程篇

第一篇　地面工程篇

以数字化、网络化、智能化为代表的高新技术与储气库行业的深度融合，正在推动新一轮储气库建设的技术革命。我国储气库地面和地质条件复杂，地下-井筒-地面风险点多面广，给储气库全生命周期运行风险管控带来巨大的挑战。因此，在储气库建设和运营中亟需采用先进的技术和设备，提高储气库的运行效率和安全性。本篇结合我国储气库在数字化转型、地面工艺技术、关键设备运行、运行安全评估等领域创新应用的研究成果进行了总结和提炼，对我国储气库安全高效运行具有实践指导作用。

Ground engineering

The deep integration of digital, networked and intelligenthigh and new technologies with the gas storage industry is promoting a new round of technological revolution in gas storage construction. In China, the ground and geological conditions for gas storage are complex, with extensive underground, wellbore and surface risks, posing great challenges to the full life cycle (FLC) risk management and control of gas storage. Therefore, it is necessary to introduce advanced technology and equipment in the construction and operation of gas storage to improve the operation efficiency and safety. In this chapter, the research results of innovative application of China's gas storage in the fields of digital transformation, ground technology, critical equipment operation, and operation safety assessment are reviewed and summarized, which have a practical guiding role in the safe and efficient operation of gas storage in China.

中石化地下储气库全生命周期数字化平台建设

孙 伟[1] 孙旭东[2] 杨传书[2] 李昌盛[2] 郝 宁[4] 沈希为[2] 糜利栋[3] 王 波[4] 王 辉[5]

(1. 中国石化油田勘探开发事业部；2. 中国石化石油工程技术研究院有限公司；
3. 中国石化石油勘探开发研究院；4. 中国石化中原油田分公司；5. 中国石化天然气分公司)

摘 要 地下储气库是全流程、全生命周期的数字平台，旨在通过储气库地质、工程、设计“一体化”，形成从选址、设计、施工、生产等全方位储气库建设运营软件群，固化建设与生产程序，推进地下储气库建设的数字化转型。地下储气库作为当前天然气供需调峰的重要手段，通过数字化转型建设大幅提升建设与运行效率是必然的发展路径。本文从地下储气库全生命周期统一管控着手，以全生命周期工作流连通作为手段，通过数字化平台的架构设计，在构建统一数据模型、统一云平台、统一三维场景、统一生产研究和管控软件基础上，提出了构建地下储气库全生命周期数字化平台的总体架构和关键技术。

关键词 地下储气库；全生命周期工作流；选址评价；方案设计；工程建设；生产运行；运营优化；储气库数字平台；智能储气库

1 地下储气库建设及数字化转型趋势

1.1 地下储气库技术发展现状

目前，随着能源供给低碳化转型和碳减排，天然气能源需求持续增长，地下储气库成为天然气供需调峰的重要手段。地下储气库具有储量大与安全系数高等优势，作为国内调峰的首要方式之一，如何高效灵活、因地适宜的建立地下储气库，并逐步健全和完善该体系，对进一步推动我国储气调峰体系的健康可持续发展具有重大意义。

1. 国际地下储气库建设已经形成规范的流程

在全球范围内，地下储气库的建设和运营技术已经成熟，国际现有的技术和法规指南，可充分协助行业和监管机构来设计和运营地下储气库设施。最近美国联邦法规引用 API 推荐规范（API RP 1170；1171）；加拿大标准协会也推出了地下储气库的全流程建设规范(Z341. 1-14)。

2. 国内地下储气库建设有序推进

中国储气库发展处于初期。中国国家工程气体存储量要求 2030 年达到 35BCM(十亿方)，中国石油天然气集团公司(以下简称中石油)与中国石油化工集团有限公司(以下简称中石化)都在响应号召加快建设步伐。中石油“十四五规划”计划增建 23 个设施和 6 个储气库中心，中石化计划在中国中部建设最大的储气库集群，相关的管理规范和标准体系均已经初步完成。以上流程化、标准化工作，为当前储气库的一体化与数字化管控奠定了基础。

1.2 地下储气库数字化建设发展趋势

国际储气库设计与实施的流程已经较为完善，以储气库调峰预测为目标，从储气库总体设计、储气库地面设施设计与设施优化、库存监测与控制、储气库产能预测、储气库运行自动化监测与控制等方面形成系统化技术。

中国的地下储气库建设起步较晚，但由于国内储气库建设较新，其信息化程度较高，按照数字油气田、物联网高标准、高要求建设。地下储气库的生产运行数字化借助于物联网技术起步较早，国内各储气库的自动化设备设施较为完善，基本实现了自动化监测、控制和管理。

近年来储气库自动化、数字化发展趋势明显。包括以地下储气库工控系统为核心的地下储气库数字化系统以及面向数字化和智能化设计的新一代应用系统。目前，地下储气库的数字化建设从单一的注采生产管理逐步扩展到全周期的数字化建设，从选址评价、方案设计、工程建设、运行操控过程的一体化整体调控是数字化发展趋势。国际油服公司针对储气库的统一管理，可提供从评价设计、工程建设、动态优化、安全跟踪的一体化解决方案，通过云平台对原有的专业软件实现集成。中石油的储气库调控中心也开展了自动化监测、应急控制、生产优化三个层级的管控。

与此同时，基于一体化概念的多要素多模型分析储气库设计的新思路，如通过对“产、供、储、销”四位一体分析、“地下、地面、市场”三位一体适应性分析、多因素限定条件分析等一体化分析思路，可实现高效安全的储气库建设。在具体实现层面，储气库的地下气藏模型、井筒模型、管网模型，目前均具有各类商业化软件工具支持。但各模型之间的耦合度较低，尚不能实现全面的数据交换，也未能形成地面地下多模型一体化耦合分析。斯伦贝谢公司针对储气库的全生命周期建设，通过系列专业软件组合形成全领域解决方案，包括储气库的地下气藏模型、井筒模型、管网模型，目前均具有自身的商业化软件工具支持。但各模型间通过自定义通讯实现数据交换和模型调用，对外开放性低。

总的来说，国际储气库管控数字化的趋势包括：储气库全流程的地质、工程、设计“一体化”管控；储气库气藏、井筒、管网、经济评价等多种模型之间，数据互通与耦合分析的趋势；以及静态分析模型与生产动态模型的一体化整合。

1.3　中石化数字化平台建设需求及背景

中石化持续加大储气库建设及技术攻关力度，已经建成文 23、文 96 以及金坛共计 3 座储气库，实现了天然气季节调峰及应急供气，形成了具有中石化特色的储气库建设及运行配套技术。2021 年中石化原计划的 9 座储气库基本达到建设目标，长期看，中石化进入了地下储气库建设的快车道。

面对地下储气库的大规模、高效率建设，重点是地下储气库设计应采用标准化技术设计，减少设计部门之间不必要的协调，简化技术方案的选择，缩短地下储气库的建设工期，保证地下储气库的施工质量。中石化在天然气产供储销体系建设中提出：要按照“全球视野、国际标准、石化特色、高点定位”，组织研发储气库地质、工程、设计“一体化”系统，从选址、设计、施工全方位建设储气库软件群，“固化”建设程序，以更高水平提供技术支持。因此，随着中国石化储气库规模的逐渐扩大和更多储气库进入常态化运行，数字化设计与规划工作已经有序展开。

2　地下储气库数字化平台总体设计

2.1　数字平台设计思路

地下储气库的数字化转型关键是通过数字化实现流程连接、板块整合，因此地下出去库的数字化平台总体设计是从两个方面完成，级横向的全生命周期业务流程连通和纵向的应用流程整合。

传统的地下储气库数字化建设是围绕单一储气库的生产过程开展，一般包括运行管理、监测预警与分析决策，而基于储气库智能化分析的模型一般也来自特定板块的专业软件。这种在储气库不同建设阶段和业务板块的相互独立，造成了一体化管理存在一定的壁垒，也对于大规模的地下储气库规划设计和生产建设存在能力参差不齐，知识和经验不能共享等一系列问题，因此，面对这些问题和需求，地下储气库数字化平台的统一规划和统一设计就尤为重要。

1. 全业务周期的管控需求

储气库的有序规划、科学运行、智能发展对于储气库建设提出管控要求。随着中石化储气库建设的逐步展开，储气库迫切需要统一规划和统一运行管理，这种统一化主要表现在：储气库的统一储备和评价、储气库的气藏协同分析设计、储气库的监测与管控。

2. 统一的数据模型管理需求

中石化储气库评价、协同设计与智能调控的实现，对数据集成提出了要求。储气库缺乏中石化层面的数据集中和管理机制。尚未实现生产实时数据库、历史数据库、气藏与工程模型数据库的集中管理，同时由于后期数据利用率不高，分析应用程度偏低，离数字化、智能化差距很大。

3. 统一的软件技术架构需求

各储气库软件功能的研发与部署需要建立一个一体化软件集成架构。目前各储气库开展了智能化方法研究和信息化集成建设，但由于数据和技术规范不统一，技术架构不统一，导致数据集成和软件集成存在困难。因此在总部层面，迫切需要设计统一的数据、方法、应用的集成架构。

随着中石化储气库建设逐步铺开，迫切需要一个能够实现储气库项目储备、建设方案设计、工程建设、运营优化的一体化应用软件，为提升储气库的统一管控水平，确保储气库平稳建设和高效运行形成数字化基础。

2.2 数字化总体架构设计

地下储气库的全流程、全生命周期的数字平台，旨在通过储气库地质、工程、设计“一体化”，形成从选址、设计、施工、生产、运营等全方位储气库建设运营软件群，固化建设与生产程序，推进地下储气库建设的数字化转型。

数字化平台从地下储气库全生命周期统一管控着手，通过数字化平台的架构设计，在统一数据模型、统一云平台、统一图形场景的基础上，将现有的专题软件群与储气库管控工作流软件群进行连接，提出了构建地下储气库全生命周期数字化平台的总体架构和关键技术(图1)。

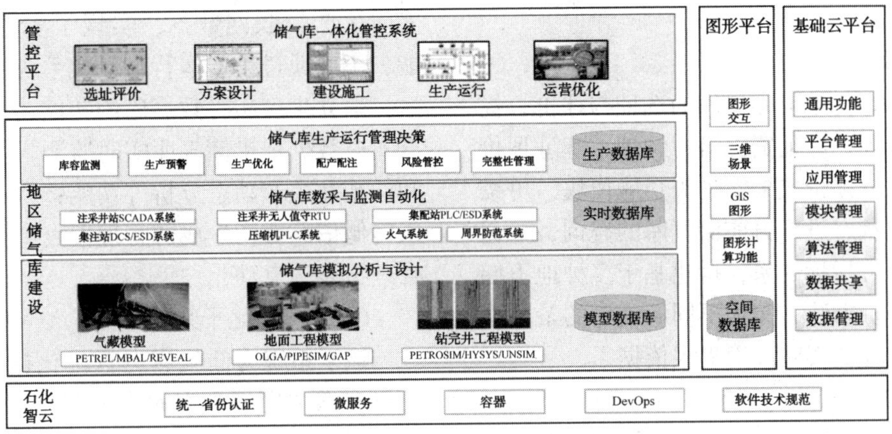

图1 中石化地下储气库数字化平台总体架构

数据模型设计是储气库数字化的基础，通过建立统一集中的数据库系统提供业务功能支撑。目前储气库的数据包含不同业务阶段的数据加工成果，其内容包括：储气库气藏模型、地面地下建设的模型数据、生产运行的设备和生产动态数据、基于模型的模拟分析成果、设计实施和运行报告成果等。

应用软件重点建设好储气库管理的各个应用模块，包括是生产监测自动化、生产管理、模型分析和管理决策四类主要功能。其中，储气库生产自动化、生产管理与模拟分析是一体化管控功能的基础。通过储气库各个阶段提供的数据汇聚，形成中石化储气库储备、协同设计、规范建设、智能运行的全流程管理系统。

基于云端架构设计与建设的云平台，通过数据集成与软件集成，形成对储气库一体化管控的数据与软件支持。依托地区储气库建设的数字化基础，通过数据与软件在云端平台的集成，提供储气库的流程管控、协同设计、监测优化、运行调控等功能，实现储气库全业务流程和全生命周期的联通。

而石化智云作为上述业务功能的技术支撑，提供云原生的技术架构，并通过微服务、容器、DevOps(基于云计算的软件开发和运行技术)，为中石化地下储气库建设运营数字平台提供技术框架、技术规范和运行平台。

2.3 管控层：面向全生命周期的流程连通功能

地下储气库建设运营管控平台以储气库的全生命周期的业务流程为主线，设计研发了业务总览、选址评价、方案管理、工程建设、生产运行、运营优化共6个业务子系统，覆盖中国石化地下储气库业务管理的全生产周期，配合移动端和大屏端，形成多终端多模式的软件应用(图2)。

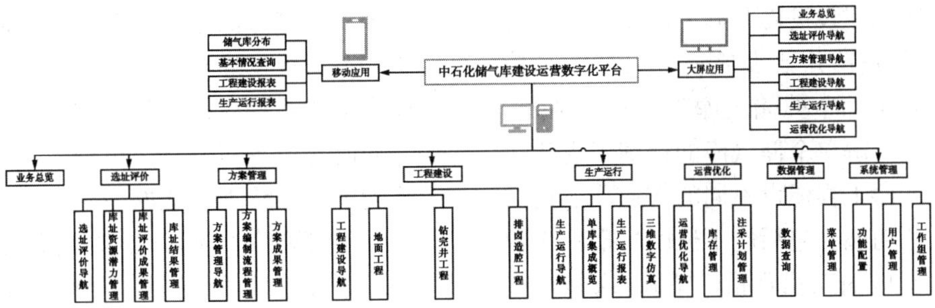

图2 地下储气库建设运行流程管控功能设计

1. 业务总览子系统

提供中石化所有在建、运行和备选储气库的关键信息对比查询功能，实现了对储气库全流程数据的穿透查询，集成了所研发的储气库分布统计、方案设计信息、工程建设进度、月度注采气量分析、注采井数分析、注采运营分析等关键信息统计模块，支撑了对地下储气库建设全周期、全流程的概览。

2. 选址评价子系统

面向中国石化地下储气库的选址与评价，提供库址资源管理、库址资源潜力管理、库址评价方法管理、库址评价成果管理等功能模块，可按分区、类型和状态进行目前储气库的查询，并通过建立库址评价指标体系，构建基于多种地下储气库的选址评价方法，实现不同储气库的量化排序，为储气库选址实时决策提供依据。

3. 方案设计管理子系统

首先，面向中国石化地下储气库的方案协同设计管理，基于现有的地下储气库的设计方案技术规范，通过提供方案设计维护、方案成果管理、方案编制流程管理等功能实现成果统一管理。同时通过构建方案成果管理流程模块，实现了涵盖油田分公司上报，储气库中心、油田事业部、发展计划部审核等功能。

其次，通过储气库建设方案的储气库类型、库容、工作气量、注采气量、注采井数等关键数据，对比分析中石化目前所有备选储气库，基于GIS图提供交互分析能力，实现对储气库的覆盖范围和储转能力相关信息的掌握。

4. 工程建设子系统

工程建设子系统重点针对地面工程、钻井(地下)工程、排卤造腔工程三大类业务的工程建设流程进行统一管理，通过基于工程建设过程的规范化报表，实现工程建设过程的标准化与建设流程的一体化管控。

该系统通过工程建设概览宏观上了解目前中石化在建储气库的建设进度和施工简要信息，对比分析各储气库完钻井数占比、形象进度等信息，从集团层面全面掌握储气库工程建设情况。为了更加直观的了解单个储气库的详细工程建设现状，针对储气库工程建设不同的作业环节提供了多项相关业务功能，包括施工进度日报、工程建设运行日报、地面工程日报、钻井数据监测、钻井施工进度对比、钻井日报、排卤日报、造腔日报、视频监控等，以报表、图形和视频等多种形式全面展现储气库建设情况，为过程管理和安全监督提供数字化手段。

5. 生产运行子系统

生产运行子系统面向中国石化地下储气库的生产运行管理，研发完成了储气库概览、注采站、注采井监控和生产报表等模块；针对储气库实时生产物联网数据，实现了实时数据接入功能，主要通过生产运行自动化系统的自动数据推送，建立生产实时数据库的转储，一方面基于生产实时数据提供储气库实时监测、生产运行组态和注采井生产动态分析等功能；另一方面提供基于转储信息自动生成的管理报表，实现生产运行管理报表的自动化。

6. 运营优化子系统

该子系统为储气库运营优化提供决策依据，支持查询中国石化各储气库初始库存、当前库存、累计注采气量、今日注采气量等关键信息，实现了对储气库库存气量的动态掌握。支持显示天然气分公司下达到各储气库的注采气计划和实际完成情况，实现日常运营管理，为总部对中国石化储气库整体调峰优化提供参考依据。

2.4 生产层：面向地下储气库的生产模拟分析功能

1. 地下储气库自动化系统

目前国内地下储气库的生产自动化系统一般包括：注采井站SCADA系统、集注站DCS/ESD系统、集配站PLC/ESD、注采井无人值守RTU系统、火气系统、压缩机PLC系统、周界防范系统。自动化系统以SCADA为中心实现数据集成。

自动化系统除本身的数据自动采集与监测功能外，还通过API网关提供所有生产自动化数据的模型化梳理和对外推送，为地下储气库的生产管理提供可供加工和分析的基础数据。

2. 地下储气库生产管理系统

地下储气库的生产管理系统面向地下储气库的生产运行提供稳定运行管理机制，它是基于储气库自动化系统而构建的一个以监测系统为基础的、同时提供趋势分析、风险防控、安全预警等一系列的生产管理功能的系统。

3. 地下储气库数据模拟分析系统

基于油气地质与气藏模型，应用专业软件构建的一套专业软件套件，它提供了应用专业模型和算法进行模拟分析并给出精确化的计算结果。如中石油的相国寺储气库使用 Eclipse 建立气藏数值模拟模型，使用 Pipesim 建立井筒数值模拟模型，使用 Hysys+OLGA 建立地面注采系统的数值模拟模型等，这些模型在特定软件中独立运行。

4. 基于大数据的智能分析系统

基于生产自动化系统、生产管理系统与模拟分析系统，通过自动化实时系统、生产管理系统和地面地下模拟分析系统等多维度多尺度的数据，借助于数据科学领域的新技术，为大数据和智能化分析提供了可能。基于大数据架构和智能技术架构设计下的协同化智能分析系统研发，将带来储气库数字化方向全面的优化和提升。

2.5 图形支撑层：二三维场景模型

图形支撑层提供地下储气库的图形可视化与交互功能，通过地下储气库业务数据与图形/模型数据相结合，将储气库地面地下的信息以可视化的方式展现给用户。图形支撑功能可以分为两种类型实现。

1. 面向全流程管理的 GIS 二维图形系统

GIS 二维图形系统提供将各种地面设施与空间数据相结合，实现将主要的储气矿场站模型如压缩机、注采气井、管网等投影到地表，以图形方式展现出来。GIS 二维图形提供针对较大区域的信息展示，如地下储气库与 LNG 场站，以及输气管网等调峰相关的图形，从而提供针对地下储气库场站与气源、供气区域的关联关系。

2. 面向储气库管理的 GIS 三维图形系统

GIS 三维图形系统重点针对特定地面设备设施提供真实的图形化还原，从而提供三维空间中更为形象的展示模式。GIS 三维图形包括地面的 BIM 系统与地下的气藏三维场景，将储气库先骨干的地面工程、钻完井工程与地下气藏的整合输出，从而以真实而直观的方式实现高保真展现。

当然，无论面向多储气库管理的 GIS 二维图形，还是单储气库管理的 GIS 三维图形，都需要将三维场景与储气库建设全流程的业务数据模型进行整合，进而与监测、分析、模拟等数学模型结合起来，为智能储气库的建设提供数字孪生技术实现。

2.6 数据模型：地下储气库的数据架构

2.6.1 地下储气库的基础数据模型

数据是中石化地下储气库建设运行数字化平台的基础。平台形成了中石化地下储气库建设运行的数据库结构规范与软件开发规范，主要完成了以下工作：

1. 完成中石化地下储气库总体的数据库标准规范与数据来源梳理

油田部统一组织石油勘探开发研究院、石油工程技术研究院、天然气分公司及各油田分公司，基于现有储气库建设管理流程基础，统一制定数据标准，并确定数据来源，制定数据采集规范。

数据标准方面，确定了 5 个业务环节的数据表业务梳理。包括基础信息表、选址评价、方案设计管理、工程建设、生产运行、调峰运营等数据体系。数据来源方面，确定数据表的数据来源：工控系统、管理流程报表、数字化交付数据规范、EPBP 数据库，等；数据采集要求方面，明确每一种数据的采集要求和采集频度，确定数据采集的执行措施。

2. 完成中石化地下储气库管理流程及设计管理报表的标准化工作

管理报表是面向地下储气库全流程管理的信息流转规范。针对全流程管理报表的数据，明确了面向数据采集、提报和管理报表规范，完成了中石化地下储气库管理流程及设计管理报表的标准化规范，通过油田分公司和储气库分公司进行对接，以落实和支撑相关管理流程和管理报表的规范化。

2.6.2 两级数据管理和汇聚设计

中石化储气库数据化建设目前还处于起步阶段，大多数油田在储气库建设运营过程中基本都没有建立完整的数据采集规范，从选址评价到运营优化仅实现了部分数据采集，而且已采集数据由于管理层级和职责分工问题，导致存在于不同的数据库中，由不同的责任主体进行管理。如工程建设数据一般在工程建设单位，生产运行数据由各个储气库所属的各油田分公司管理，运营调峰数据则由天然气分公司管理。因此，为了搭建统一的储气库全生命周期一体化管控平台，必须实现数据在各个储气库的采集以及向数据中心的流转和汇聚。因此，根据目前中石化储气库的数据分布现状和特点，建立了储气库数据流转汇聚机制。

中石化目前根据管理流程、数据规范和软件模块特点，有效梳理了数据流转的通道，实现了多数据来源和自动化汇总两方面的工作(图 3)。

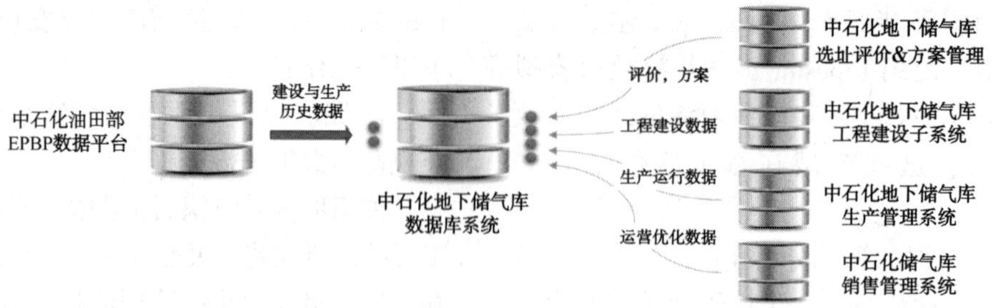

图3　数据来源及自动化数据汇总的实现机制示意图

多数据来源：梳理和应用中石化现有 EPBP 等各类数据建设成果，采用“分布式采集、集中式汇总”方式进行管理。中心软件数据库系统以全流程管理为主，其数据来自于各区域储气库的管理软件(如：中原储气库生产管理系统)、专项软件(如选址评价系统、方案设计管理系统、天然气销售系统，等)、集团统建数据系统(如：EPBP 数据平台)。

自动化汇总：提供面向总部数据库的数据汇总 API 接口，通过“数据定时自动汇总机制”实现数据自动同步，实现总部与各单位专项软件系统数据统一，一方面实现最大限度数据收集，另一方面避免了重复数据采集。

2.7　云平台层：地下储气库数字平台的技术架构

2.7.1　云平台提供的集成功能

云平台是一套基于云原生架构的数据服务和应用集成系统，这个平台规定了所有软件模块的开发规范和集成规范，从而保证基于该技术规范形成的不同来源、不同团队、不同技术体系的软件模块可快速集成。

云平台模块是独立于业务子系统的基础平台功能，主要包括：应用门户定制、云平台管理等软件架构、集成架构和通用的技术模块。

云平台功能设计重点对接中石化石化智云基础功能和技术规范，并同时提供基于云原生技术的数据管理、数据共享、算法管理、模块管理等云架构功能。

2.7.2　分布式部署机制

针对当前软件研发分散、部署分散的现状，项目组从快速打通数据流程和业务流程出发，构建了分布式研发、统一集成的研发思路。目前通过云平台的软件集成定制功能，实现各研发单位的软件模块分布部署和集中注册管理。

1. 分布式部署

考虑到系统的建设复杂性和进度紧迫性，采用了基于石化智云的云架构整合技术。软件业务功能由地下储气库的管理、建设、生产企业分别完成，并部署在地区数据中心。

2. 集中式集成

本系统通过建设统一的云平台(基于石化智云)，研发形成统一用户、统一权限、统一软件接口、统一技术规范，实现各单位开发的功能模块可进行集中注册、统一监控、统一集成，从而形成一体化的地下储气库建设运行管理软件。

地下储气库建设与生产企业从不同业务主题开展了软件研发与数据整理工作。基于中石化地下储气库软件研发的“统一设计、分布研发、统一集成”原则，通过云平台提供了软件模块化集成机制。

目前，面向地下储气库管理职能研发的软件功能模块，已通过云平台实现模块注册管理，形成系统快速构建。

储气库全流程管控职能方面，面向总部及各储气库，实现地下储气库建设的全生命周期的统一管理。储气库生产管理职能方面，面向油田分公司及储气库分公司，实现各储气库的工程建设和生产运行管理。储气库运营职能方面，面向天然气分公司，通过天然气销售系统关注于地下储气库的运营调峰。

3　成果总结与展望

地下储气库的全流程、全生命周期的数字平台，旨在通过储气库地质、工程、设计“一体化”，形成从选址、设计、施工、生产等全方位储气库建设运营软件群，固化建设与生产程序，推进地下储气库建设的数字化转型。

通过储气库的一体化数据汇聚，形成中石化

储气库储备、协同设计、规范建设、智能运行的全流程的一体化管控平台，实现储气库的流程管控、协同设计、监测优化、运行调控功能，支撑储气库多机构、多专业的一体化协同研究与协同管控。

通过数字化平台的架构设计，在统一数据模型、统一云平台、统一三维场景的基础上，将现有的地下储气库专题软件与储气库管控工作流进行连接，提出了构建地下储气库全生命周期数字化平台的总体架构和关键技术。

参考文献

[1] 刘建勋，刘岩．中国地下储气库建设的发展现状及展望[J]．应用化工，2022，51(04)：1136-1140+1145.

[2] 曾大乾，张广权，张俊法，等．中石化地下储气库建设成就与发展展望[J]．天然气工业，2021，41(09)：125-134.

[3] 李建君．中国地下储气库发展现状及展望[J]．油气储运，2022，41(07)：780-786.

[4] 奥林·弗拉尼根，弗拉尼根，Flanigan，等．储气库的设计与实施[M]．石油工业出版社，2004.

[5] Dan Mueller. foundational elements of underground gas storage Practices[R]. 2020(7)：5~7.

[6] 叶康林．地下天然气储气库信息化建设现状与探讨[J]．信息系统工程，2019(07)：124~126.

[7] 万旸．地下天然气储气库数字化建设现状[J]．化学工程与装备，2021(10)：216-217+220.

[8] 赵爱国，尹文斌，李红军，等．中控自动化控制系统在驴驹河储气库中的应用[J]．中国仪器仪表，2021(06)：23-27.

[9] 辛路．地下储气库开放式自动化系统[J]．国外油气储运，1995，13(3)：5.

[10] 李晶晶．地下储气库自动控制系统设计与实现[D]．东北石油大学，2015.

[11] 万旸．地下天然气储气库数字化建设现状[J]．化学工程与装备，2021(10)：216-217+220.

[12] 姜炜．地下储气库数字化探讨[J]．中国石油和化工标准与质量，2020，40(01)：100-101.

[13] 廖浩然，任科，禹贵成，等．相国寺储气库智能化建设探索与实践[C]//．第32届全国天然气学术年会(2020)论文集．[出版者不详]，2020：3005-3014.

[14] 叶康林．地下天然气储气库信息化建设现状与探讨[J]．信息系统工程，2019(07)：124-126.

[15] 刘国良，廖伟，徐长峰，等．多平台大数据一体化智能储气库运行管理系统——以H储气库为例[J]．科技创新导报，2020，17(08)：70-71.

[16] 刘岩．油气藏型储气库主体设计思路浅析[J]．石化技术，2021，28(12)：106-107.

[17] 高发连．地下储气库建设的发展趋势[J]．油气储运，2005(06)：15-18+59-3.

天然气储气调峰困境及未来地下储气库发展的思考

汪 鑫[1] 雷雨霆[2] 谷守岩[2] 李 勇[2]

(1. 中国石化天然气分公司；2. 中国石油化工股份有限公司储气库分公司)

摘 要 本文通过对目前国内天然气行业面临的调峰保供压力产生的主要因素及发展趋势进行分析，并结合多种调峰手段的优劣势对比，认为应建立以地下储气库调峰为主，其他调峰方式作为补充的储气调峰体系。针对国内储气库建设运营现状及推动市场化所面临的困境，提出了政策支持、区域协同、公平开放、市场化运营的建议。

关键词 储气调峰；地下储气库；政策环境；运营机制；公平开放

1 储气调峰面临的困难

1.1 季节性调峰难度大

天然气消费量趋势呈明显的不均匀特征，2021年采暖季3个月全国天然气消费量为1090亿m^3，约占全年天然气消费量的31%，全国月不均匀系数为1.5，目前长江以南地区月不均匀系数维持在1.3~1.4，而以京津冀为代表的北方地区月不均匀系数已突破1.7。特别是采暖、热电项目较为普及的地区，冬季集中用气尤为明显，突发性降温可能导致城市燃气日峰谷比突破10：1，呈现季节调峰需求量巨大，高峰日需求集中暴增的特点(图1)。

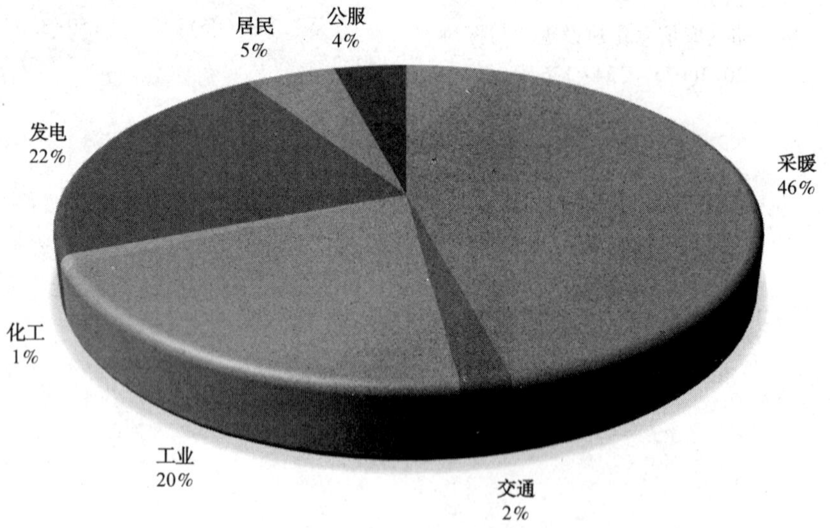

图1 京津冀地区12月天然气消费结构

1.2 区域性调峰占比高

随着都市圈逐渐形成，区域性中心城市的进一步发展，人口集中的区域性负荷中心天然气峰谷系数倍增。以湖北省为例，武汉市全年用气量占全省天然气消费量的45%，冬季武汉单一城市的调峰需求即占全省需求的50%，全国多地区也越发呈现能耗集中的趋势(表1)。

随着经济发展和生活品质的提高，非集中供暖地区的核心城市冬季采暖设施也在快速普及。以合肥市主城区为例，现有燃气居民用户188万，常规性天然气用量为33840万m^3。其中天然气采暖居民用户已达22万，冬季居民用户采暖需求的天然气消费总量可达92400万m^3，是居民用户常规性天然气用量的2.7倍。

表1　2021年部分城市在全省天然气消费量中占比

城市	武汉	长沙	合肥	长春	昆明
城市天然气消费量/亿 m^3	32	13	16	9	14
全省天然气消费量/亿 m^3	71	43	72	35	24
城市消费量占全省比例	45%	30%	22%	26%	58%

南方城市分户式天然气采暖设施的普及打破了“仅北方城市具有冬季天然气采暖需求”的传统观念，南方地区的中心城市冬季保供压力也在逐年上升，加之居民用户根据天气冷暖变化，启停燃气采暖设施的随意性较大，使得区域性调峰难度进一步增大。

1.3　冬夏双高峰形成

双碳目标下，天然气发电作为有效的电力峰谷调节手段之一已在全国多地区普及，尤其江浙粤等燃气发电占比较高的省份，夏季气电机组处于双机发电状态，用电负荷及天然气消耗量同步陡升。2022年夏季的高温干旱天气，水电，气电供应不足，导致多地出台限电政策。天然气消费正在由以往的冬季高峰向冬夏双高峰过渡，“迎峰度夏”为非采暖季期的调峰保供工作带来了新的挑战。

1.4　储气库建设缓慢

美国作为能源出口大国，已建成的地下储气库工作气量1360.8亿 m^3，占美国天然气年消费量的17.48%。欧盟已建成的地下储气库工作气量1131亿 m^3，占欧盟天然气年消费量的24%。我国作为能源对外依存度较高的大国，目前已建成36座地下储气库，工作气量170亿 m^3 左右仅占全国天然气消费量的4.5%，极其有限的调峰能力，无法满足国内日益增长的调峰需求，与欧美发达国家也存在巨大差距。

1.5　未建立统一协调机制

目前国内除上海、北京等一线城市外，大部分市县天然气市场均缺乏统筹规划，呈现出终端燃气企业多、小、乱及供气能力不足，储气能力不达标，安全风险大等系列问题。下游市场中小型民营主体众多，经营能力良莠不齐，储气调峰市场发展混乱，政府监管不暇，缺乏统一有效的调峰设施和调峰机制。

2　不同天然气调峰方式对比

我国天然气调峰方式主要分为：LNG接收站调峰、气田调峰、管道调峰、城市燃气储配站调峰和地下储气库调峰几种方式。

2.1　LNG接收站调峰

LNG接收站调峰具有规模大、响应快的特点，能够很好的满足短期资源保供需求，但其持续调峰能力则受限于储罐容量、气化能力、外输管道能力和LNG供应等多方面因素影响。LNG供应受国际政治和市场环境双重影响，尤其是现货市场价格波动大的特点导致LNG接收站调峰的资源成本极其不稳定。同时受制于海事条件和天气条件，LNG接收站持续调峰的不确定性也比较高。

2.2　气田调峰

气田调峰适用于持续性的小幅度调峰，调峰能力波动幅度较为有限。短时间内放大生产压差提高气田产量，很容易造成地层能量消耗过快，导致气田采收率下降，影响气田的最终开发效果。

2.3　管道储气调峰

管道调峰包括输气管道末端储气和城市高压管道储气，利用气体的可压缩性，将多余的天然气储存于管道中。当处于用气高峰时，不足的气量由积存在管道中的气体来补充，能够及时快捷地响应用气波动需求。管道调峰规模比较小，仅适用于日调峰和小时调峰。

2.4　城燃储配站调峰

目前城燃企业以LNG调峰储配站作为主要调峰手段，适用于日调峰和小时调峰，但调峰成本较高。国内峰谷差距明显，调峰压力大的主要为区域中心城市和省会城市，该类城市土地资源稀缺，储配站选址困难。传统调峰储配站存在安全管理难度大，总体利用率低，调峰能力与城市峰值需求不匹配，建设运营成本高等问题。目前大型城燃调峰储配站的调峰成本在2元/m^3 以上，中小型调峰储配站的调峰成本在3～5元/m^3。

表 2　典型 LNG 储配站调峰成本

典型 LNG 储配站	武汉某调峰储配站	济南某调峰储配站	合肥某调峰储配站
储罐规格/万 m^3	2+3	3+4	5+5
储气能力/万 m^3	3260	4375	6250
占地面积/亩*	109	153	320
总投资/亿元	6. 25	10	12
综合调峰成本/(元/m^3)	2. 25	2. 53	2. 12

注：*1 亩=666. 6667m^2。

2.5　地下储气库调峰

地下储气库是集季节调峰、事故应急供气、国家战略储备等功能于一身的能源基础性设施，是目前世界上最主要的调峰方式，具有调峰和填谷的双重作用。地下储气库具有储气规模大，调峰成本低，机动性强，调峰范围广，安全性高，不影响地面土地利用等特点，是理想的储气调峰方式之一。

地下储气库除具备上述优点外，针对目前我国资源与市场分离、储气调峰设施分布不均等情况，还可确保气田平稳生产和进口资源的平稳供应。应建立以地下储气库为主，其他调峰方式作为补充，统筹各地区调峰需求，是保障全国用气安全的发展方向。

3　国内地下储气库现状

3.1　国内地下储气库基本现状

截至 2021 年底，国内已建地下储气库达 36 座，有效工作气量 165. 93 亿 m^3，建设运营单位主要有中石油、中石化、国家管网和港华燃气(表 3)。

表 3　国内地下储气库建设现状

主管单位	储气库	类型	已形成工作气量/亿 m^3	备注
中石油	板南库群	油气藏	3. 65	3 座
	苏桥库群	油气藏	7. 50	5 座
	大港库群	油气藏	19. 19	6 座
	京 58 库群	油气藏	4. 00	3 座
	陕 224	油气藏	3. 30	
	喇嘛甸	油气藏	2. 30	
	辽河双 6	油气藏	16. 00	
	相国寺	油气藏	22. 80	
	新疆呼图壁	油气藏	18. 00	
中石化	文 96	油气藏	2. 6	
	中石化金坛	盐穴	1. 54	
	黄场	油气藏	0. 23	
	中原库群	油气藏	4. 67	3 座
	清溪	油气藏	1. 94	
	永 21	油气藏	0. 36	
	孤西	油气藏	0. 28	
	大涝坝	油气藏	0. 61	
国家管网	文 23	油气藏	32. 67	
	国网金坛	盐穴	17. 14	
	刘庄	油气藏	4. 55	
港华燃气	港华金坛	盐穴	2. 6	
合计	36 座	–	165. 93	

3.2 建设及运营情况

1. 内部自用型

中石油于1999年开展了大港大张坨储气库建设工作，标志着中国地下储气库进入了一个新的发展阶段。随后又在辽河、华北、大港、西南、长庆、新疆等油田开始了大规模储气库建设，经过20多年的规划和发展已建成辽河双6、相国寺、呼图壁等共24座储气库。中石油储气库建成后的库容完全服务于企业天然气销售业务，通过内部结算储转费的方式保持微利运营。

文96储气库是中石化第一座地下储气库，由中原油田文96枯竭砂岩气藏改建而成，于2012年正式投入运行。随着中石化天然气业务的不断发展，储气调峰需求不断增加，先后建成了金坛、文23、清溪等一批有代表性的储气库。作为上游供气企业，中石化储气库也完全服务于自身天然气销售业务，根据销售情况制定内部注采计划。

2. 对外开放型

国家管网集团全面接管文23、金坛、刘庄地下储气库后，基本实现了储气库的独立核算，国家管网分别于2021年、2022年将文23储气库4亿 m^3、3亿 m^3 容量通过上海交易中心对外公开竞价交易。国家管网储气库市场化经营的尝试，验证了现阶段开展储气库市场化经营的可行性，同时也反映了各天然气经营主体的参与意愿。

3. 终端燃气集团自建自用型

港华金坛储气库是国内城燃企业建设的第一座大型地下盐穴储气库，于2018年1月完成一期工程建设。2019年港华金坛储气库曾通过上海石油天然气交易中心完成商业化调峰气交易气量2000万 m^3，成为国内首个进行市场化运作的商业储气库。港华金坛储气库执行市场化的对方开放策略，目前因自身业务需要，优先由集团内部单位使用。

通过分析国内储气库的建设和运营情况可以发现，上游供气企业等大型央企仍是储气库的主要使用方。国家管网和港华燃气的市场化尝试，对外租赁的库容量相对整个储气库库容来讲占比极小，地方政府和其他终端燃气企业的参与度较低。

4 地下储气库发展面临问题及建议

4.1 面临的主要问题

目前国内地下储气库建设进度缓慢，规模有限，已建成储气库未充分发挥其调峰作用，主要有以下限制因素：

一是政策落实不到位，部分地方政府重视程度不足，未制定相应的储气库支持政策及资金计划。地方政府和城燃企业对于储气设施的建设积极性不高，未按照要求完成政府区域内3天和企业经营气量5%的储气能力建设要求，地下储气库的建设责任主要由上游供气企业承担。

二是国内还未形成一套合理的储气库商业化运营方案，储气库的建设投资无法合理向下疏导，在缺乏调峰气价相关政策的支持下，上游企业的储气库建设积极性比较有限。

三是优质地下建库资源匮乏，我国主要以枯竭油气藏型储气库为主，远离东南沿海等经济发达地区，仍需通过长输管道进行远距离调峰，地下储气库调峰优势无法完全体现。

4.2 思考与建议

一是建议中央和地方政府进一步出台支持政策，鼓励政府和企业参与到地下储气库的建设运行当中。

二是建议坚持市场导向，搭建全国性的储气能力交易平台，将富余的库容、注采气能力通过平台进行公开的市场化交易。通过对外的常态化租赁方式回收部分成本，提高上游企业建设地下储气库的积极性。

三是建议统筹制定储气库发展规划，将优质库址对外开放，通过合资及参股方式，政府与上下游企业共同建设和使用储气库，建立联合性的区域调峰中心。即可分摊储气库建设成本，又能解决政府和城燃企业的储气调峰困难。

5 结束语

在“双碳”目标的大背景下，天然气消费仍将快速增长，加快地下储气库的建设是解决储气调峰问题，保障用气安全的重要方式之一。应站在全国一盘棋的角度积极探索储气库的建设和运营机制，加快储气库市场化运行模式转变，将储气库和其他调峰方式相结合，优化资源配置，达到全国性的储气调峰能力效率最大化。

参 考 文 献

[1] 王亮，蔡林，焦中良，等．基于“全国一张网”的天然气基础设施经营模式创新探索[J]．天然气与LNG，2022(3)：75，76.

[2] 刘剑文，孙洪磊，杨建红．我国地下储气库运营模式研究[J]．天然气与LNG，2018(2)：64-67.

[3] 杨义，陈进殿，王露，等．中国储气库业务发展前景及运营模式发展路径探析[J]．油气与新能源，2021第3期33卷(2)：14，15.

[4] 郭洁琼，周韬，李刚，等．中国地下储气库经营模式探讨[J]．油气储运，2022(3)：6-9.

[5] 刘剑文，季旺，温海峰．京津冀地区天然气峰谷差成因及影响分析[J]．国际石油经济，2020年12期(4)：2-8.

[6] 朱纪宪，靳凤兰．不同天然气调峰方式经济比选研究[J]．石油规划设计，2011(2)：1-2.

[7] 李建君．中国地下储气库发展现状及展望[J]．油气储气，2022年07期(2)：780-786.

长庆油田储气库市场竞争力要素分析

杨琼警　张　林　牛智民　夏　勇　吕　建　汤　敬

（中国石油长庆油田公司）

摘　要　随着我国对生态环境的重视，清洁能源天然气季节性需求量逐年增加，国家对储气库设施需求量增大，但我国气藏型储气库发展较晚，储气库评价建设前期市场竞争力研究相对较少。本文以长庆储气库建设为基础，从市场需求分析和与同类型储气设施开展市场竞争力分析，得出长庆油田储气库建设具有较大潜力，在目标市场具有一定的备竞争力，并对下步储气库调峰价格政策制定给出了合理化建议，同时为储气库建设前期开展市场竞争力研究提供了方法。

关键词　储气库；目标市场；竞争力分析

随着天然气消费市场不断增加，储气库调峰保供作用日趋凸显，尤其是在北方重点城市冬季调峰保供中发挥关键作用，并且随着调峰需求逐年增大，对地下储气库调峰能力有了更高的要求，2023 年储气调峰能力将达到 145 亿 m^3，2025 年形成 163 亿 m^3，才能够满足市场需求。目前长庆油田年生产天然气超 460 亿 m^3，是国内最大的陆上天然气生产基地和中西部储气中心，承担着天然气冬季保供的重要社会责任。在气藏型储气库建设费用低、安全性能高、储存规模大的强大优势下，针对新业务如何实现效益运行，开展了市场竞争力研究，为完善天然气产、供、储、销体系，保障天然气长期安全平稳供应奠定基础。

1　市场需求分析

1.1　目标市场确定

长庆油田储气库定位向长庆周边(陕、甘、宁、蒙、晋)及京津冀地区提供季节调峰。在管网系统连接上，可通过陕京一、二、三、四线输送至京津冀晋四省市以及陕西北部地区，也可通过长宁线输送至宁夏，还可通过陕西天然气公司的靖西线输送至陕西中部及南部地区，最后还可通过内蒙古西部天然气公司的长呼(复)线输送至内蒙消费中心的呼包鄂地区。长庆储气库目标市场定位为北京、天津、河北、山西、陕西、宁夏、内蒙古 7 省区市。

1.2　目标市场天然气消费情况

北京、天津、河北、山西以及陕西五省市是我国天然气消费的重点地区。2020 年，在“2+26”城市群清洁采暖行动计划以及划定区域扩展到“汾渭平原”后的强力约束下，五省市天然气消费总量达到 683 亿 m^3，但受疫情影响，仅比上年增长 37.5 亿 m^3，增速达到 5.8%；内蒙古和宁夏受疫情影响较小，天然气消费增长平稳，2020 年天然气消费量为 123.7 亿 m^3，比上年增长 9.1 亿 m^3，增速为 7.9%。总体看来，目标市场七省市 2020 年天然气消费总量达到 806.7 亿 m^3，占比全国 24.9%，主要省份受疫情影响，消费量仅比上年增长 46.6 亿 m^3，增速降至 6.1%。平均年增速为 13.8%，详见图 1。

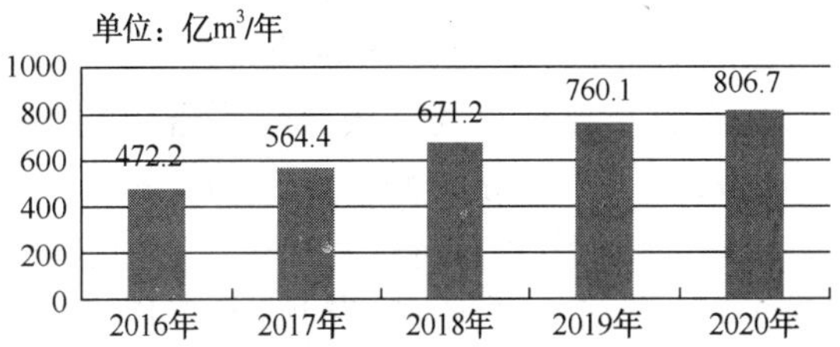

图 1　目标市场历年天然气年消费总量

1.3　市场需求预测

目标市场天然气需求主要集中在北京、天津、河北三省市，该地区是大气治理的重点地区，2030 年天然气需求达到 879 亿 m^3，占目标市场总需求的 64%。其次是陕西、山西两省，由于两省共计 9 各城市划入“汾渭平原”大气治理区域，因此对于天然气需求迫切，2030 年天然气需求达到 289 亿 m^3，占目标市场总需求的 21%。宁夏需求主要集中在银川，内蒙古需求主要集中在呼和浩特、包头和鄂尔多斯，两省区虽未纳入大气污染治理范围，但中心城市天然气发展已较为成熟，2030 年两省区天然气需求为 196 亿 m^3，占目标市场总需求的 14%，详见表 1。

根据目前天然气供应量和需求预测可以看出，目标市场市场 2025 年天然气缺口为 360.3 亿 m^3，2030 年为 557.3 亿 m^3，天然气消费具有较大市场。

表 1　2021—2030 年目标市场各省市天然气需求　　亿 m^3

省市	2021 年	2022 年	2023 年	2024 年	2025 年	2030 年
北京	218	229	239	249	254	264
天津	138	160	176	187	201	237
河北	236	256	273	288	302	378
山西	79	81	85	88	93	108
陕西	120	131	141	149	155	181
宁夏	41	43	44	46	48	55
内蒙古	93	98	104	110	116	141
合计	924	997	1062	1116	1167	1364

2　目标市场竞争力分析

储气库竞争力对比主要分为顺价销售到目标市场与当地门站价格对比，以及销售到同一目标市场与其他储气库或 LNG 接收站等储气设施调峰价格进行对对两种情景。储气库调峰价格计算方法为：气源价格+储转费+输送至目标市场管输费；LNG 接收站调峰价格计算方法：LNG 进口完税价+气化费+输送至目标市场管输费。

2.1　销售到目标市场顺价价格

长庆油田储气库通过陕京线系统、长宁线、靖西线输送至目标市场，按照陕西省门站价格 1.28 元/m^3 结算，储转费 0.6097 元/m^3。经测算，长庆油田储气库调峰气输送至北京的顺价价格为 2.123 元/m^3，高于基准门站价 0.17 元/m^3；输送至天津的顺价价格为 2.129 元/m^3，高于基准门站价 0.176 元/m^3；输送至河北的顺价价格为 2.038 元/m^3，高于基准门站价 0.106 元/m^3；输送至山西的顺价价格为 1.994 元/m^3，高于基准门站价 0.135 元/m^3；输送至陕西的顺价价格为 2.22 元/m^3，高于基准门站价 0.939 元/m^3；输送至宁夏的顺价价格为 2.003 元/m^3，高于基准门站价 0.554 元/m^3；输送至内蒙古的顺价价格为 1.999 元/m^3，高于基准门站价 0.718 元/m^3。

因此，长庆油田储气库调峰气输送至京津冀晋地区价格倒挂较少，主要由于当地基准门站价格较高，而在陕西、内蒙古、宁夏等有点周边地区销售，则价格倒挂较多，主要是因为当地门站价格低，从而拉高调峰气销售价差(表 2)。

表 2　长庆储气库在目标市场各省市调峰价格

省市	气源价格/(元/m^3)	储转费/(元/m^3)	输送管道	管输单价/(元/$km^3\cdot km$)	到省会距离/km	管输费/(元/m^3)	顺价销售价格/(元/m^3)	门站价/(元/m^3)	价差/(元/m^3)
北京市	1.28	0.6097	陕京系统	0.2945	790	0.233	2.123	1.95	0.170
天津市	1.28	0.6097	陕京系统	0.2945	810	0.238	2.129	1.95	0.176
河北省	1.28	0.6097	陕京系统	0.2945	500	0.147	2.038	1.93	0.106
山西省	1.28	0.6097	陕京系统	0.2945	350	0.103	1.994	1.86	0.135
陕西省	1.28	0.6097	靖西线	–	490	0.329	2.220	1.28	0.939
宁夏	1.28	0.6097	长宁线	0.2505	450	0.112	2.003	1.46	0.544
内蒙古	1.28	0.6097	陕京系统	0.2945	370	0.109	1.999	1.28	0.718

2.1 与其他储气设施调峰气价对比

长庆油田储气库输送至北京，将与当地的华北储气库、大港储气库、唐山 LNG 接收站、天津 LNG 接收站共同参与京津冀地区季节调峰。由于气源价格、储转费、气化费、管输费等环节的价格区别，使得各储气设施顺价到北京的调峰价格是具有可比性的。长庆油田储气库气源价格为陕西省门站价格 1.28 元/m^3，华北储气库气源价格为河北省门站价格 1.93 元/m^3，大港储气库气源价格为天津市门站价格 1.95 元/m^3；LNG 价格按冬季现货价格考虑，约 8～10 美元/BTU（折合 2.47 元/m^3）；华北储气库储转费为 0.483 元/m^3，大港储气库储转费为 0.714 元/m^3，长庆油田储气库储转费为 0.6097 元/m^3，LNG 接收站气化费为 0.352 元/m^3。

经测算，长庆油田储气库调峰气输送至北京的顺价价格为 2.123 元/m^3，华北储气库调峰气输送至北京的顺价价格为 2.448 元/m^3，大港储气库调峰气输送至北京的顺价价格为 2.714 元/m^3，唐山 lNG 接收站调峰气输送至北京的顺价价格为 3.018 元/m^3，天津 lNG 接收站调峰气输送至北京的顺价价格为 2.998 元/m^3。

由此可见，长庆油田储气库调峰气输送至北京竞争优势明显，虽然在储转费和管输费方面不占优势，但气源价格较低是其最大的优势。因此，储气库调峰气在京津冀地区销售是具有竞争力的，详见表 3。

表 3　长庆油田储气库在相同目标市场与其他调峰设施价格对比

储气设施	气源价格/（元/m^3）	储转费/（元/m^3）	气化费/（元/m^3）	输送目的地	输送管道	管输单价/（元/km^3·km）	距离/km	管输费/（元/m^3）	顺价销售价格/（元/m^3）
长庆储气库	1.28	0.6097	-	北京	陕京系统	0.2945	790	0.233	2.123
唐山 LNG	2.59	-	0.352	北京	永唐秦	0.2945	247	0.072	3.018
天津 LNG	2.59	-	0.352	北京	陕京系统	0.2945	180	0.053	2.998
华北储气库	1.93	0.4830	-	北京	陕京系统	0.2945	110	0.033	2.448
大港储气库	1.95	0.7140	-	北京	陕京系统	0.2945	160	0.047	2.714

3 结论

（1）通过对长庆储气库目标市场北京、天津、河北、山西、陕西、宁夏、内蒙古 7 省区市目前天然气消费量和未来需求预测结果可以得出，2030 年目标市场市场天然气需求缺口为 557.3 亿 m^3，长庆储气库天然气消费市场大。

（2）由于储气库业务国内起步较晚，销售定价仍按照常规气田生产天然气定价，定价机制尚不完善，为减少减少储气库天然气销售亏损，建议执行淡旺季销售价格浮动政策，即淡季降价，旺季涨价，利用淡旺季价差弥补储气库调峰气顺价销售亏损。

（3）长庆储气库具有注气起源价格低的优势，销售到同一目标市场与其他储气库或 LNG 接收站等储气设施价格进行对比，市场竞争优势明显。

参考文献

[1] 王亚兰，何亚宁，杨琼警，晏宁平，等．榆林气田地下储气库建设前期技术研究[J]．环境科学与技术，2011(06).

[2] 丁国生，李春，王皆明，等．中国地下储气库现状及技术发展方向[J]．天然气工业，2015，35(11)：107-112.

[3] BRUNOMS，KANGL，DIESSLJ，et al. Development of improved caprock integrity analysis and risk assessment techniques[J]. Energy Procedia，2014，63：4708-4744.

[4] ORLICB，WASSINGBBT，GEELCR. Field scale geomechanical modeling for prediction of fault stability during underground gas storage operations in a depleted gas field in the Netherlands[R]. ARMA 13-300，2013.

[5] TEATINIP，CASTELLETTON，FERRONATOM，etal. Geomechanical response to seasonal gas storage in depleted reservoirs：A case study in the Po River basin，Italy[J]. Journal of Geophysical Research，2011，116(F2)：1-21.

[6] 张刚雄，李彬，郑得文，等．中国地下储气库业务面临的挑战及对策建议[J]．天然气工业，2017(01).

[7] 徐博，张刚雄，张愉，等．我国地下储气库市场化运作模式的基本构想[J]．天然气工业，2015(11).

[8] 周军，梁光川，等．欧洲天然气储气库概况与运营模式[J]．油气储运，2017，36(07).

固体吸附脱水工艺在干气藏型地下储气库中的应用研究

王　峰　王东军　齐德珍　郝颜杰

（中油工程北京项目管理分公司天津设计院）

摘　要　目前国内掀起了新一轮的储气库建设高潮，对采气处理工艺提出了更高的要求。介绍了气藏型储气库常规采出气处理技术，对吸附工艺在地下储气库中的应用进行了探索，确定了适用的吸附剂，并针对储气库特定工况提出了技术可行的湿气等压再生吸附工艺。通过吸附工艺与三甘醇吸收工艺进行技术经济对比，提出了气藏型地下储气库采出气处理工艺选择建议，为地下储气库地面工程设计提供指导。

关键词　气藏型地下储气库；三甘醇吸收；吸附；脱水；硅胶

地下储气库具有储气容量大、压力高、成本低的特点，是配套天然气长输管道储气调峰的有效方式。据统计，国内已建成的储气库调峰能力约仅占天然气销量的2%，远低于国外储气库工作气量占年消费量11%的平均水平，因此，为配套长输管道储气库调峰，确保天然气的安全保供，加快储气库的建设是必然趋势。

目前国内气藏型储气库主要采用J-T阀+注乙二醇节流制冷工艺及三甘醇吸收工艺两大主流工艺，固体吸附工艺多用在天然气深冷处理领域，尚未在储气库领域开展应用，有必要针对该工艺对储气库的应用适应性及可行性进行研究，确定合理的工艺流程，并且针对该工艺与传统工艺进行技术经济对比研究，拓展储气库的采出气处理技术，以期指导后期大规模的储气库的建设。

1　干气藏型储气库常规采出气处理技术概述

干气藏型地下储气库主要特点为采出气中不含油，仅含水，采出气处理装置主要控制天然气的水露点。目前国内储气库常用的天然气脱水工艺主要有J-T阀节流制冷工艺及三甘醇吸收工艺，两种方法的主要特点及优缺点对比见表1。在一个采气周期内，随着采气的进行，气藏型地下储气库的井口压力不断衰减，对于J-T阀节流工艺，在采气后期单纯利用天然气压力能一般无法满足露点控制要求，因此需设置丙烷辅助制冷系统。通过多个工程实例对比，三甘醇吸收工艺较之含丙烷辅助制冷的J-T阀节流工艺，具有一次投资低，运行费用现值低的特点，因此，对于采气后期无足够压力能的气藏型地下储气库建议首选三甘醇吸收工艺，对于在整个采气运行区间有足够压力能的气藏型储气库建议采用J-T阀节流+注乙二醇工艺。

表1　J-T阀节流制冷工艺及三甘醇吸收工艺对比一览表

脱水方法	J-T阀节流制冷工艺	三甘醇吸收工艺
技术原理	利用天然气自身压力能，通过节流膨胀效应来实现	通过三甘醇溶液吸附天然气中的饱和水
适用储气库类型	可用于脱烃、脱水，适用范围广，包括油气藏型、盐穴型、含水层型	仅用于脱水，适用于气藏型、盐穴型、含水层型
生产压差	常规≥1.5MPa 如采用辅助制冷≤0.5MPa	≤0.5MPa
处理后天然气露点	烃、水露点-5～-10℃ （丙烷辅助制冷时可达到-25℃）	水露点降一般为30～40℃，一般用于脱水后天然气水露点不低于-15℃的场合

增加参考文献 SY/T 0076—2008，天然气脱水设计规范[S]。

2 固体吸附工艺应用研究

2.1 吸附剂的选择

吸附工艺是通过固体多孔颗粒吸附天然气中的水，常用的吸附剂主要有分子筛、活性氧化铝、硅胶。3 种常用的吸附剂的物性参数对比见表 2。分子筛吸附脱水可使脱水后天然气含水量 <1ppm（1ppm = 10^{-6}），主要用于天然气深冷加工等将水露点降到 -70 ~ -120℃ 的场合，经活性氧化铝吸附脱水后，天然气露点最低可达 -73℃，但再生时消耗热量较硅胶多。

表 2 常用吸附剂的物性

物理性质	硅胶	活性氧化铝	分子筛
	R 型	F-1 型	4A ~ 5A
表面积/（m^2/g）	550 ~ 650	210	700 ~ 900
孔体积/（cm^3/g）	0.31 ~ 0.34	—	0.27
孔直径/Å	21 ~ 23	—	4.2
堆积密度/（g/L）	780	800 ~ 880	660 ~ 690
比热/（J/（g·℃））	1.047	1.005	0.837 ~ 1.000
再生温度/℃	150 ~ 230	180 ~ 310	150 ~ 310
静态吸附容量（相对湿度 60%）/%（质量）	33.3	14 ~ 16	22
颗粒形状	球状	颗粒	圆柱状

硅胶适用于将水露点降至 -40 ~ -60℃ 的场合，普通硅胶与液态水接触易炸裂，产生粉尘，增加压降，降低有效湿容量。为了克服硅胶在吸附性能、耐热性能和机械强度方面的不足之处，20 世纪 80 年代中后期出现了金属掺杂硅胶吸附材料，如国外 BASF 公司采用油滴成型工艺和专有生产工艺生产的 Sorbead 系列硅铝胶吸附剂产品，自 20 世纪 80 年代初开始在欧洲储气库采出气处理装置商业应用，目前已有 300 多套应用实例，具有压碎强度高（可达 200 ~ 230N/颗），使用寿命长，对水吸附能力高等特点。与活性氧化铝和分子筛相比，其磨损率低，可用于储气库采出气脱水。

综上，对于气藏型储气库，吸附剂建议选用改性硅胶。目前国外储气库有多套采用硅胶脱水工艺的实例，该工艺具有工艺流程简单，生产压差小，单套处理能力大的特点，操作弹性可达 10% ~ 110%。

2.2 硅胶吸附处理工艺

原料气经初步分离后，由上而下经过吸附床层，利用硅胶对水分子的吸附作用将原料气中的水脱除。当气体压力降低或系统温度升高时，被吸附的水可以容易地从硅胶表面脱附下来。利用吸附和脱附的可逆过程，借以改变操作条件，使水脱附，达到吸附剂再生及分离水的目的。吸附工艺流程的确定主要包括再生压力、再生气/冷吹气、吸附塔数量的选择。

1. 再生压力的确定

再生一般有等压再生和变压再生两种工艺，等压工艺的吸附和再生压力为同一压力等级；变压再生的吸附压力高于再生的压力。在深冷处理领域，由于对于脱水深度要求高，一般采用降压再生以提高再生效果，对于储气库来说，采出气一般进入管道，水露点一般控制在 -5℃ 或 -10℃，采用等压再生完全可满足要求。因此硅胶吸附推荐采用等压再生工艺。

2. 再生气/冷吹气的确定

再生气/冷吹气可引自原料气湿气也可引自脱水后的干气，对于湿气再生流程，原料气进吸附塔之前分两路，其中一路调压后自上而下进入吸附塔脱水，另一路作为冷吹/再生气后返回至吸附塔的入口；对于干气再生流程，再生/冷吹气引自吸附塔出口的干气，经过再生/冷吹后，需经过再生气压缩机返回至吸附塔的入口。两种方法均能满足要求，湿气再生不需再生气压缩机，投资低，再生后的气体直接混入原料气，也不影响产品指标，完全能满足储气库对外输气的水露点要求，因此，对于储气库采出气吸附处理推荐选用湿气冷吹工艺。

3. 吸附塔数量的确定

脱水硅胶吸附塔床层吸附周期一般为 8～24h，对于吸附处理，根据操作压力及处理量不同，可采用两塔、三塔、四塔或多塔流程。

两塔工艺是一塔吸附的同时，另一塔完成再生、冷吹两个工序。从经济角度来看，两塔流程设备少、自动切换阀门少、一次性投资低，但由于再生气量大，再生气加热负荷大，运行能耗高；而三塔及多塔流程直接利用冷吹气作为再生气，再生气加热负荷小，节约能量。从操作运行角度来看，采用两塔流程由再生转至冷吹时，会使供热系统造成一定的波动，再生气加热炉不能连续操作，热量损失较大，而三塔流程则运行平稳、再生切换时对工艺装置的影响小，再生气加热炉可连续运行。此外，采用三塔及多塔流程时，若其中一塔发生事故，通过调整再生气量、调整再生与冷吹时间等措施可保证其他两塔正常运行，不会导致装置的停产。因此从操作平稳及节约能量角度，笔者建议至少采用三塔流程，吸附塔数量采用 3 座或 4 座等，建议针对具体的项目根据操作压力、处理规模及经济比选综合确定。

综合以上结论，建议气藏型储气库硅胶吸附处理典型流程如图 1 所示。

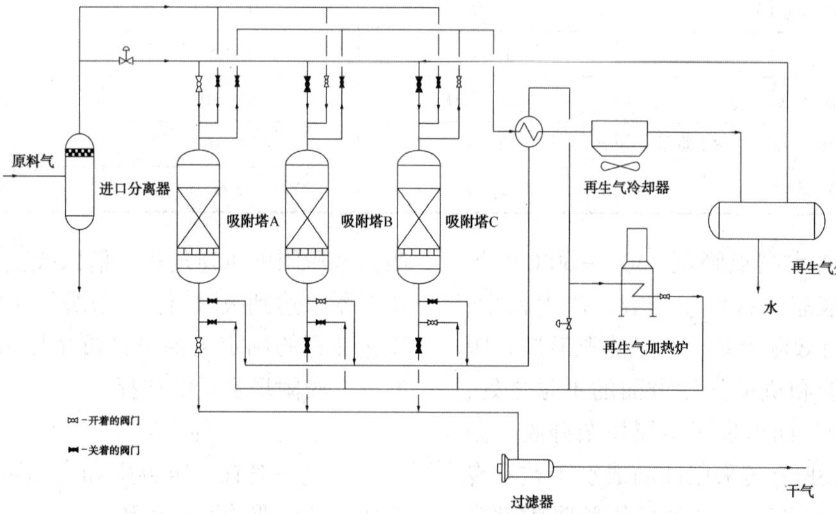

图 1　硅胶吸附脱水典型流程图

3　硅胶吸附工艺与常规处理工艺对比分析

根据前述结论，对于气藏型储气库建议采用三甘醇吸收工艺，因此本部分主要针对硅胶吸附工艺与三甘醇吸收工艺进行技术、经济对比分析。

3.1　技术对比分析

1. 装置操作弹性

三甘醇吸收工艺的操作弹性主要取决于三甘醇吸收塔的操作弹性，三甘醇吸收塔一般采用泡罩塔，泡罩塔板具有操作弹性大，能在较大负荷范围内保持高效率，液气比范围大的优点，经与多家国内知名塔内件厂家咨询统计了解到，一般气体流量为设计流量的 20%时该类塔板仍能有效工作，因此操作弹性一般为 20%。而吸附处理工艺操作弹性大，理论上操作弹性可达到 0～100%，能更好的适应储气库变工况的处理需求。

2. 生产压差

两种工艺的生产压差相当，三甘醇吸收工艺主要为经过吸收塔的压降，硅胶吸附工艺主要为经过吸附塔的压降，均在 0.5MPa 以内。

硅胶吸附工艺与三甘醇吸收工艺技术优缺点对比见表 3。

3.2　经济对比分析

以国内某气藏型储气库为例，进行不同装置规模下的两种工艺的经济对比分析。

1. 基础参数

原料气组分见表 4(该组分未含水，采出气按照采出条件下的饱和含水考虑)。

表 3　湿气再生与干气再生技术优缺点对比表

项目	三甘醇吸收工艺	硅胶吸附工艺
优点	① 控制系统简单	① 产品可达到良好的水、烃露点
		② 开车即可生产合格产品
	② 工艺成熟可靠，国内储气库应用成熟	③ 操作弹性高，对于规模大的储气库可采用一套装置，设备少，运行管理工作量小
缺点	① 装置开车初期产品不合格	仅国外储气库有应用，国内尚无应用
	② 甘醇系统会产生醇类挥发或再生时醇类夹带	
	③ 对进气组分敏感	
	④ 需要较高的入口压力	
	③ 操作弹性下限为 30%，对于规模的储气库需采用多套并联，设备多，运行管理工作量大	

表 4　某气藏型储气库采出气组分表

组分	C_1	C_2	C_3	CO_2	N_2
%mol	98.5	0.5	0.02	0.48	0.5

采气装置操作压力：6.5~8.5MPa；

采气装置设计压力：9MPa；

原料气温度：31.6~46.1℃；

采气规模：550 万 m^3/d，1100 万 m^3/d，1650 万 m^3/d；

外输气水露点要求：-5℃(6~8.5MPa)。

2. 经济对比

考虑到采气末期采气量较小，并且综合三甘醇吸收装置的操作弹性，对于 1100 万方及 1650 万 m^3/d 的采气规模，分别设置 2 套、3 套三甘醇脱水装置，单套装置规模为 550 万 m^3/d。由于吸附工艺操作弹性大，对于三种规模均设置 1 套硅胶吸附装置，设置 4 座吸附塔，在一个吸附周期内，2 塔用于吸附，1 塔用于再生，1 塔用于冷吹，吸附时间为 12h，再生时间为 6h，冷吹时间为 6h，再生温度 235℃。两种工艺均控制进吸收塔/吸附塔温度不高于 35℃。两种工艺主要设备安装投资对比情况见图 2。

考虑运行费用，主要为燃气消耗、电耗及溶剂/吸附剂消耗，其中三甘醇溶液的消耗按照 $15mg/m^3$ 天然气考虑，硅胶吸附剂的更换周期按照 6 年，两种工艺的 20 年运行费用现值对比见图 3。

由以上对比可知，在不考虑装置占地的情况下，硅胶吸附工艺费用现值高于三甘醇脱水工艺。以 1100 万 m^3/d 装置为例，硅胶吸附工艺中

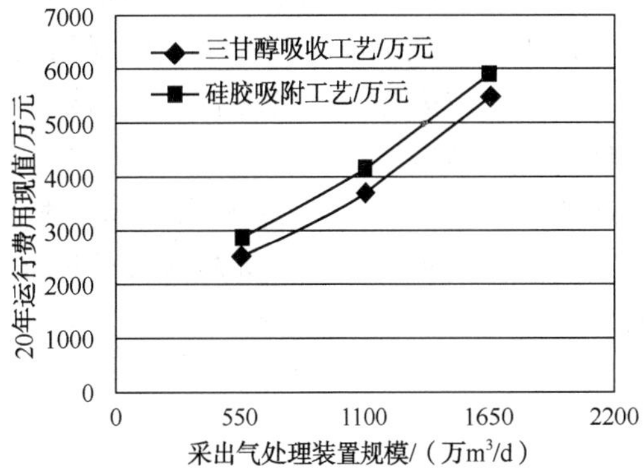

图 2　两种工艺 20 年运行费用现值对比图

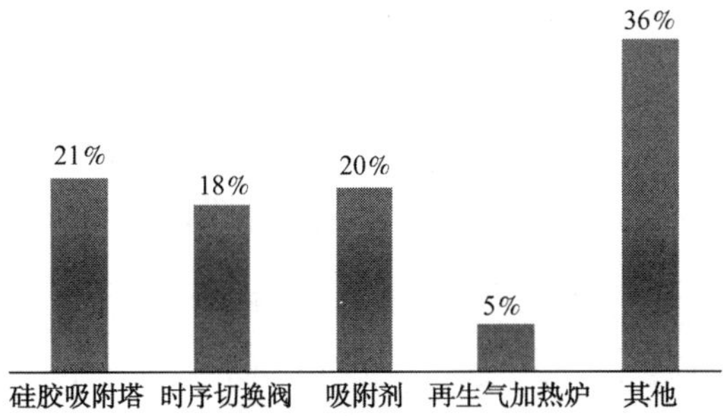

图 3　硅胶吸附工艺主要设备投资比例图

主要工艺设备(考虑安装费)的投资占比见图 3，该工艺一次投资主要在硅胶吸附塔，时序切换阀，吸附剂。通过针对两种工艺投资构成进行对比分析，两类装置的工艺设备投资相当，投资差距主要在时序切换阀，此外两种工艺燃料气消耗

相当，由于三甘醇吸收工艺仅考虑溶液的损耗，而吸附工艺需要定期更换吸附剂，导致总体运行费用较高。

3.3 小结

通过硅胶吸附工艺与三甘醇吸收工艺的技术、经济对比分析可知，硅胶吸附工艺设备投资及运行成本均高于三甘醇脱水工艺，在经济方面不占优势，但由于硅胶吸附工艺具有操作弹性大，产品容易控制的特点，对于规模较大的储气库可采用单套装置，可大大降低运行管理的工作量，提高储气库的采气装置的安全可靠性。

4 结论与建议

随着国家经济的高速发展和对能源需求的日益增长，地下储气库将在中国的油气消费、油气安全领域发挥更加重要的作用，储气库的建库目标将从目前的调峰型向战略储备型方向发展，因此，高效化及大型化为必然趋势。笔者通过针对硅胶吸附工艺应用及与传统采出气处理开展经济技术对比研究发现，该工艺投资较传统工艺高，在经济方面不占优势，但在技术方面，该工艺操作弹性大，产品指标容易控制，面对未来大型化储气库的建设需求，该工艺可优化、简化地面设施，降低运行管理工作量，提高运行的可靠性，笔者建议对于采出气处理规模大于1000万 m^3/d 的气藏型储气库采用硅胶吸附处理工艺。

通过对硅胶吸附工艺投资占比分析可知，为降低吸附工艺的投资及运行消耗，促进吸附工艺在国内储气库的推广应用，建议开展硅胶吸附工艺节能技术研究，优化工艺参数，提高吸附剂使用寿命，同时开展切换时序阀门提高可靠性研究，提高吸附工艺的经济性，进一步促进该工艺的推广使用。

参 考 文 献

[1] 丁国生，李春，王皆明，等．中国地下储气库现状及技术发展方向[J]．安全与管理，2015.11，第35卷第11期：1-6.

[2] 陈博，张存华，侯斯腾，等．大规模采气烃水吸附分离技术研究[J]．现代化工，2017，4，第37期第4卷：208-211.

[3] 苗承武，江士昂，程祖亮，等．油田油气集输设计集技术手册(上册)[M]．北京：石油工业出版社，1994.12.

[4] 孟凡彬，刘科慧，王东军，等．长输管道配套地下储气库采气装置大型化及适应性分析，中国油气论坛—油气管道技术专题研讨会论文集[M]，石油工业出版社，2014.9.

[5] Michal Netusil，Pavel Ditl. Comparison of three methods for natural gas dehydration[J]. Journal of Natural gas chemistry，20(2011)：471-476.

大港储气库数智化创新与实践

殷美惠　李炳辉　王权国　高　健

（中国石油大港油田分公司）

摘　要　随着低碳经济时代的到来，面对京津冀地区天然气保供任务艰巨的形势，为推动储气库业务数智化发展，大港储气库运行20年来，持续开展储气库业务数智化创新实践。通过大数据分析及软件研发等手段，搭建了储气库项目数据综合管理平台，形成储气库多专业、多维度、全范围的信息化数据环境，大幅提高工作效率；开发研究云平台，创建方案设计、工程施工、注采方案设计等业务环节一体化协同研究环境，提升整体研究水平；同时，依托大港油田数智决策中心软件平台，实施数智决策与应急响应，实现地下储气库运行、钻井现场、管道及站场完整性管理的实时跟踪决策；在自动化物联网系统的技术架构基础上，开展少人值守、无人值守的数智储气库建设，实现自动化操控；另外，在储气库建设过程中应用数字化交付平台，提升建设效率与建库质量，为储气库研究、设计、生产、运营和维护提供有力保障。

关键词　储气库；数智化；研究；运维；数据

1　大港储气库概况

储气库是天然气产业链中不可或缺的重要组成部分，在城市调峰保供过程中发挥着重要的作用。1999年，大港储气库第一座储气库大张坨地下储气库的建设，正式揭开华北地区调峰型地下储气库建设的序幕。随后几年，大港储气库已建成与陕京输气系统配套建设的七座储气库，分别为大张坨、板876、板中北、板中南、板808、板828、板南储气库，储气库自动化设备设施完善，基本实现了自动化监测、控制和管理，自动化系统一般包括：集注站DCS/FSD系统、注采井无人值守RTU系统、火气系统、压缩机PLC系统、周界防范系统。

2　存在问题

大港储气库历经廿载创新实践，生产管理基本采用自控系统管理、控制，自动化程度的提高在一定程度上节约了劳动力，提高生产效率和管理水平。但仍在实践应用的过程中仍存在着一些不足，例如：

（1）储气库建设标准高、业务范围广、数据多、精度高，在日常生产中，大量静、动态运行数据管理难度大，数据录入时效性难以保证。

（2）缺乏生产实时数据库、历史数据库、数据管理、发布和智能应用分析系统，大部分数据和报表还需人工录入计算，分析应用程度偏低，后期数据利用率不高，数字化和智能化程度还有待加强。

（3）储气库包含研究、设计、建设、运营全过程管理，各专业学科的管理平台不同，互通性不高、融合度较差。

3　储气库数智化创新与实践

3.1　基于互联网，多维度资料全息化集成

开展数智储气库建设顶层设计，搭建项目数据综合管理平台，形成储气库专业数据环境，从数据搜集、整理、对比、统计、预处理到软件应用全过程收集整理，支持数智化应用服务。

3.1.1　制定规则

建立数据治理平台，形成大港储气库数据录入规则，实时管控入库数据的及时性、齐全性、准确性，实现数据从采集到集成全过程可视化监控；同时，进一步完善数据质量考核体系，图表化统计、分析，形成数据质量公报，达到事前预防、事中监控、事后改善的效果，持续提升数据质量。

3.1.2　规范采集

建立规范数据采集体系，实现源头数据的规范化、体系化管理，即全息采集层、全息数据库、全息功能数据系统(图1)。

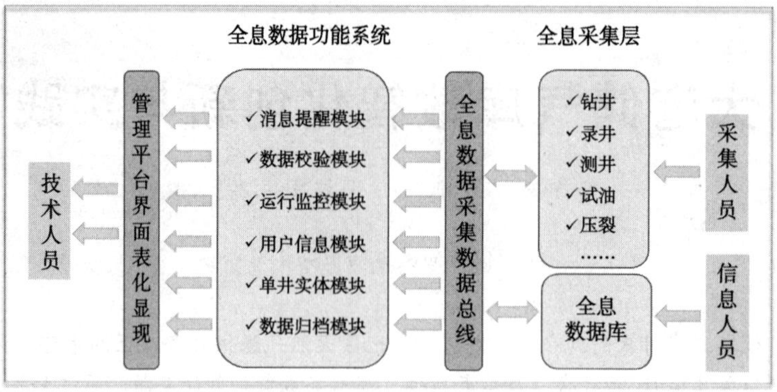

图1　全息数据采集体系图

1. 全息采集层

在已建立系统或已形成的数据采集工作习惯的基础之上，针对储气库全业务多种数据采集功能，建立全息采集层，可实现实时抓取、Excel导入、在线录入、离线录入、单据填报采集、移动设备采集等功能，保证数据的及时性、完整性、准确性和唯一性。

2. 全息数据库

以PPDM、EPDM数据模型标准及业务梳理分析成果为基础，有统一录入主体保证唯一、自主构成ER关系提升效率、显示成果资料统一管理、优化附录保证维度唯一、面向对象设计便于扩展、优化分类设计减少冗余6个方面优势。

3. 全息数据功能系统

通过全息数据采集数据总线，与一层、一库建立高速数据访问通道。包括六大功能模块，确保数据的准确性、唯一性，保证了全息数据采集体系的正常化、平稳化运行。

3.1.3　拓展范围

拓展储气库非注采井实时在线监测功能，现场安装“带定位的无线压力传感器、无线位移传感器、太阳能视频监控”，数据实时回传至平台，具有信息处理与风险预警两大功能，可大幅提升储气库非注采井安全管控水平。

3.2　基于软件云，多学科研究一体化协同

利用数字孪生、认知计算等人工智能技术，依托一体化协同研究环境，在新建库方案设计、工程施工、注采方案设计等业务环节，多专业研究数智化协同(图2)，提升研究水平。

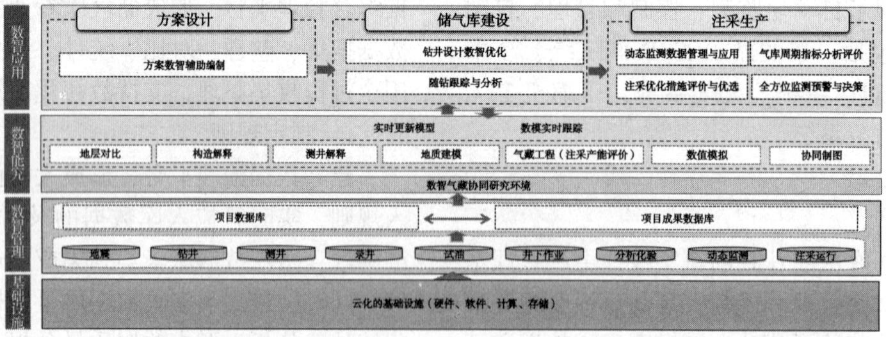

图2　大港储气库多专业数智化协同示意图

3.2.1　开发协同研究云

软硬件一体化高度集成，协同研究云平台装备主流地质专业软件40余种，全面满足地震解释、地质建模、数值模拟等研究和多学科协同，支持多数据统一管理、分布使用、多地容错，资源应用效率大幅提升。同时，协同研究云还集成了数十款办公通用软件，用户通过一键登陆门户，即可享受高效交互式办公体验，支持浏览器、桌面客户端等多种应用方式，不需要用户手动逐一安装软件，降低了软件的应用门槛，提高技术人员的工作效率。

3.2.2　搭建数智储气库一体化协同研究环境

建设一体化协同研究环境平台系统，地质研究、协同决策、运行管理无缝集成，项目、数

据、软件、人员、任务等油气藏研究要素实时沟通感知，专业软件、项目数据等协同研究资源快速匹配，团队协同工作。

3.2.3　搭建多学科协同研究与制图环境

基于企业数据库、项目库数据、研究工区，通过与 Geoeast/Petrel 等软件结合，支撑井震藏多源多学科协同研究与制图，通过绘图服务器，支持多用户协作制图；地质图件空间化管理、共享管理，支持 GIS 服务、空间分析等深化应用。

3.2.4　实时更新地质模型

基于地质模型及数值模拟更新技术，一体化软件平台接入钻井实时数据、生产动态数据和研究成果数据，借助软件内置工作流，实现地质模型的快速更新(图 3)。

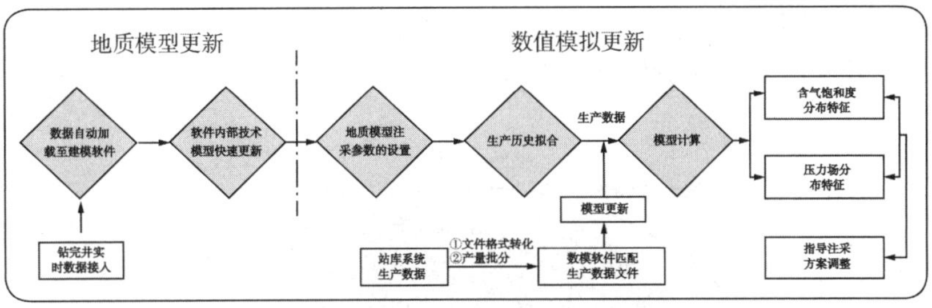

图 3　建模数模一体化软件平台示意图

3.2.5　方案数智协同生成

依托地质模型及注采数据，通过建立标准模板、多专业交互优化、井位部署论证、方案发布及审批，建立方案论证的一体化协同环境，初步实现了人机交互可视场景，气藏地质、钻采、地面、经济、安全环保等多专业交互优化及审批发布信息化支撑环境。

3.2.6　钻井设计智能优化

搭建地面地下数据可视化环境，三维空间优化井轨迹设计。根据地质靶点，结合地面卫片，优化井轨迹设计，相应配套技术经济评价，构建多种方案自主比选，推荐综合最优方案。

3.3　基于大数据，多专业决策智能化运行

依托大港油田数智决策中心软件平台，对储气库关键区域内人的行为、物的状态数智分析，通过实时数据感知、模型联动、远程决策、处置处理、跟踪分析，闭环管理，实施数智决策与应急响应。

3.3.1　地下气库运行状态实时跟踪决策

大港储气库运行 20 年取得良好效果，基于先进技术的数智调控发挥了重要作用。应用数值模拟，多方案、多周期、多终端连续运行，提前预判，持续提高决策质量和水平(图 4)。

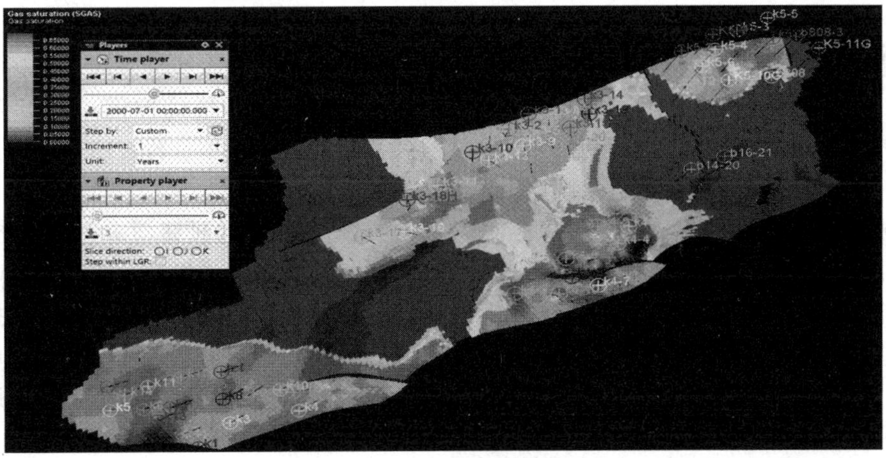

图 4　大港储气库数智调控效果图

3.3.2　随钻跟踪分析实时决策

实时跟踪钻井现场，实时获取钻井现场各种数据，实时传输、可视化展示。配合地质导向，设计和实施单位人员一体化实时协同分析决策，及时调整和优化钻井方案，提高储气层钻遇率。

3.3.3　站场与管道完整性管理决策

面向管道完整性管理业务，实现了完整性管理资料的统一管理与应用，具有数据采集、泄漏监测、风险评价、维修维护、效能评价等功能。可达到保障管道安全平稳运行、减少工作量提升生产率、降低运行成本提高效益、提高管道数智管理水平等效果，有效保障了场站平稳运行。

3.3.4　压缩机在线诊断决策

实行关键设备专业化管理，建成压缩机在线监测诊断系统，远程实时在线监测，集故障报警、诊断、预防维修于一体，有效避免或减少设备恶性事故发生，大幅提高了设备运行效率。

3.3.5　SRAD 安全评价决策

用气藏型储气库安全体检 SRAD 方法，按工作流程设计了 18 项评价，每项评价又有若干指标作支撑，已研发软件，并形成体检评价成果图(图 5)，达到了实时可视化诊断、辅助决策的效果。

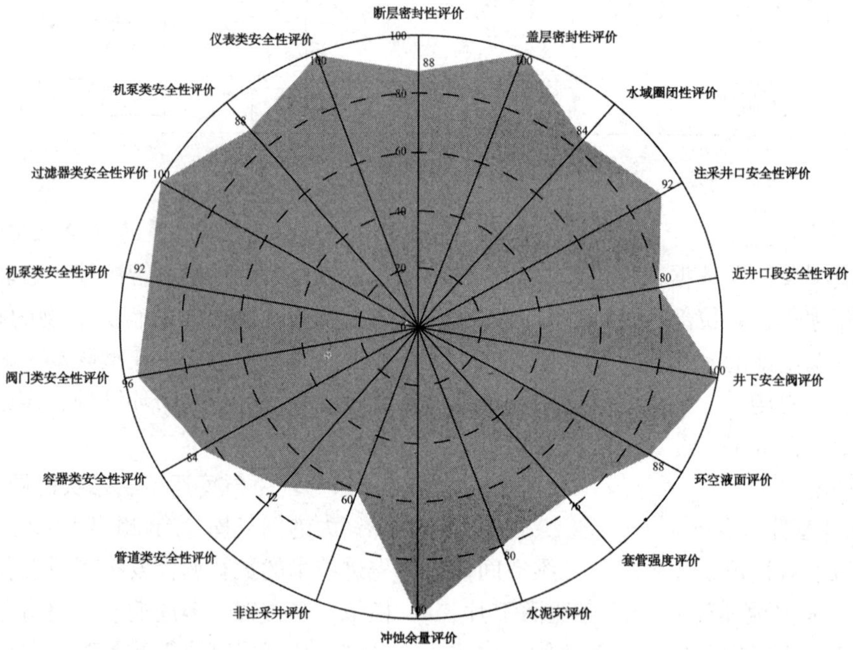

图 5　储气库 SRAD 方法体检评价成果图

3.3.6　生产经营分析与决策

开展生产优化数智方法研究，依托人工智能技术，初步建立高速、高吻合度的一体化模型，地下气藏-井筒-地面联动，优化注采方案；开展储气库经济优化模型研究，考虑人力、能耗、注采气等多方面指标，计算经济效益，制定出不同条件下区域最优生产策略。

3.4　基于物联网，多类型设备自动化操控

遵循工控自动化物联网系统的技术架构和标准，结合大港油田实际，按照一体化的地面集成数字化模式，开展储气库少人、无人值守模式，实现数据展示统一平台、数据集中共享存储、数据传输两网隔离、数据采集统一标准，依托数智储气库建设开启自动化操控新模式。

3.4.1　一井一策数智管控操作

完善现场自动化采集设备升级，利用大数据分析和人工智能技术实现单井工况诊断，实现一井一策、数智管控，通过产气量数智计算、注采井压力波动、含水智能监测、视频智能监控和报警等功能，由传统管控模式升级为智能控制模式，实现自动采集、数智巡检、无人值守、远程监控。

3.4.2　管道风险预警与应急响应交互联动

完善管道阴极保护、泄漏监测配套建设，理论分析结合工作经验，利用实时数据向动态优化转变，实现管道信息多维度查询、可视化展示和管道运行状态自动检测，提升管道风险的预测预警与应急抢险的交互联动(图 6)。

3.4.3　站场完整性管理自动预警、联动响应

1. 建立气井安全控制系统

当井口发生火灾事故或无控制泄漏时，易熔塞、低压传感器触发井下安全阀关断，同时气井

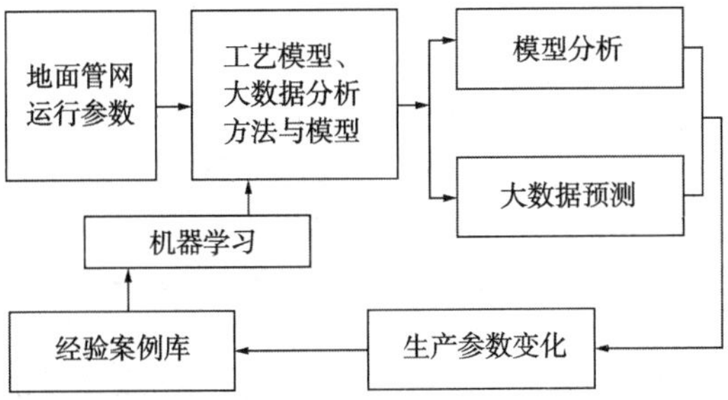

图6 管道数智化管控分析示意图

安全控制系统与ESD系统联动，当站场发生事故时，注采井可以自动联锁关断。

2. 建立火气系统

FGS火气监控系统，通过对现场装置的火情及可燃气体等信号进行采集，达到报警限值触发报警，信号传输至ESD系统，ESD会触发区域关断或全站关断，降低人员伤亡及设备损坏，防止危害的延伸。

3. 建立压缩机控制系统

压缩机控制系统主要是用于监控压缩机在注气阶段各关键点位运行情况，关键点故障报警后，系统会自动触发应急动作，对压缩机各阀门自动调节，降低注气风险，同时延长压缩机寿命。

4. 建立消防系统

在出现紧急火情时，可远程启动消防泵，并通过控制消防水或者消防泡沫进行灭火，确保现场生产的安全。

3.4.4 阀门自动诊断自动调节

引进先进的阀门配套诊断、修复技术，检测并提供压力全行程（-5%～105%）的曲线分析数据，在各采样点反复叠加比较，绘制阀门特性曲线直观诊断，并预防性自动调节，保证阀门正常安全使用，减少维护、更换成本。

3.5 基于业务流，多工况作业数字化交付

搭建了储气库数字化交付平台，采集工程设计、工程建设、运行维护等数据，存储至数据仓库，实现数字工厂和物理工厂一致，为储气库建设、生产、运营、维护和安全管理等提供保障。

通过可视化模型可监控建设进度，实时掌控施工状态，实现进度可视化；通过监控视频可对施工、作业情况实时监控，达到安全管理可视化；通过监理检查、颜色关联、图标展示、质量预警、隐蔽工程，形成监理报表、质量问题及整改情况，实现监理信息可视化（表1）；对每项物资进行序列编码、二维码编码并附加到三维设计模型，扫描二维码提交平台，可在平台查看物资入库、出库、安装信息，实现物料信息可视化；应用人脸识别、工服识别、车辆信息识别、火焰识别等技术设备设施，为多工况作业营造方便、高效、安全的工作环境，构建技防数智储气库。

表1 监理信息可视化项目表

项目	内容
监理检查	平台上报质量问题、整改报告，与平台三维模型自动关联，实现质量管控可视化
颜色关联	根据质量监理报告、审核报告、整改报告等，将施工质量用不同的颜色来表示
图形展示	设备安装测试检验记录、报告、质量缺陷可视化，质量管理结果以图表形式显示
质量预警	质量整改闭环管理，质量预警，发现质量问题，由监理或检查人员发布质量预警
隐蔽工程	隐蔽工程和焊口数据，图片、视频、图形方式查询施工质量，了解原始施工质量

4 结论与认识

1. 气藏研究工作由单兵作战向一体化协同模式转变

通过智能气藏建设，打造统一的智能气藏协同研究环境，气藏研究由单兵攻关向协同攻关的转变，数据资料从手动搜集整理转变为按需定制推送，项目信息实时跟踪掌握。

2. 实现井筒业务由依靠人工经验、人工处置向全周期、自动化、智能化转变

通过应用物联网、大数据、人工智能等技术，围绕修井、测试等核心业务开展智能井筒建设，实现井筒数据的自主感知、井筒运行状态诊断和决策能力的自主学习、生产参数优化调整的自主决策、生产状态的实时自主操控，大幅提升井筒智能化水平。

3. 实现地面生产现场全面感知、远程操控，提升管理效率、降低运行成本

地面生产现场全面实现智能监控、智能诊断、自动预警与自动控制，简单的、重复性的人工劳动被机器智能所取代，实现井、管道、场站生产全过程智能联动与实时优化，风险隐患全面智能预测与智能处置，实现安全环保智能受控。

面对奔涌向前、势不可挡的数字革命大潮，储气库业务智能化发展是油气行业中的重中之重。针对储气库业务特点，以及企业的实践积累，需加大研发强度，研发设计数字化储气库、智能化运维的管理模式。因此，需要我们不断努力，建立涵盖勘探、开发、工程等全业务领域的研究平台，实现跨学科、跨部门、跨地域研究协同和成果共享，实现勘探开发一体化，地下地上一体化，地质工程一体化，生产运营一体化。

参 考 文 献

[1] 张刚雄，郑得文，张春江，等．地下储气库信息数据管理平台开发及应用[J]．油气储运，2015，34(12)：1284-1287.

[2] 杨伟，王雪亮，马成荣．国内外地下储气库现状及发展趋势[J]．油气储运，2007，26(6)：15—19.

[3] 梁光川，田园，蒲宏斌．国内地下储气库发展现状与技术瓶颈探讨[J]．燃气与热力，2014，34(2)：2-4.

[4] 英平，王荣荣，戴翠云，等．生产信息管理系统的开发及应用[J]．信息安全与技术，2015，30(5)：94-95.

[5] 张刚雄，李彬，郑得文，等．中国地下储气库业务面临的挑战及对策建议[J]．安全管理，2017，37(1)：153-159.

基于知识图谱的储气库运营期风险因素识别研究

吴明远[1,2]　胡瑾秋[1,2]　范晓雯[1,2]　陈怡玥[1,2]

(1. 中国石油大学(北京)安全与海洋工程学院；2. 油气生产安全与应急技术应急管理部重点实验室)

摘　要　近年来，为了应对能源调峰问题，我国储气库行业发展迅速，随之而来的是储气库站场数据的复杂化，规模化。传统的储气库风险评估、风险因素识别方法的相对滞后，无法充分利用储气库运行过程中产生的大量文本数据。本文利用储气库操作规程的文本数据，提出了一种基于知识图谱的风险因素识别方法。该方法采用双向长短期记忆网络条件随机场算法(Bi-LSTM-CRF)，对操作规程文本进行因果关系抽取，找到其中存在的风险因素和风险因素之间的联系，利用 Neo4j 图数据库依据抽取结果建立风险因素知识图谱。结果表明：相较于传统的风险因素识别方法，本文提出的风险因素识别方法在深度和细化程度上较于传统方法更高，能够有效地提高储气库现场的风险管理能力。

关键词　风险因素识别；知识图谱；储气库；关系抽取；双向长短期记忆网络条件随机场算法(Bi-LSTM-CRF)

储气库作为国家重要的能源设施，对保持天然气供应和需求的动态平衡至关重要。天然气生产端或进口端的供应变化、消费端的日、季节性需求变化、自然灾害、不可预见事件(如地缘政治冲突)造成的供应变化，都可能导致供求关系的波动。储气库有助于提高天然气供应的灵活性和管道等运输基础设施的合理规划及运营。近年来，我国储气库设施发展迅速，截至目前，我国已建成储气库 31 座，其中 28 座由油气藏改建而成。我国储气能力也在稳步增长，截至 2021 年我国已建成储气设施储气能力同比增长 15.8%。储气库作为关键的能源储存设施，其自身的安全性需求是极高的。目前，储气库主要事故类型分为注采井或套管损坏、注气过程中气体迁移和储气库地面设施失效。储气库一旦发生事故，对 LNG 储运系统和社会造成的影响是巨大的。

在储气库风险因素识别方面，文献[2]采用 FTA-AHP 法对某储气库封堵井泄漏风险的主控因素进行识别和量化考核评价。文献[3]从事故储气库重大风险的风险机理与风险因素角度出发，进行风险因素识别，建立故障树模型，进行一系列定性与定量分析。文献[4]从安全环保风险方面对地面站场系统、储气库井和地质体的风险进行识别，为储气库风险评估与评价建立基础。文献[5]针对地下储气库注采井完井作业中的难点进行分析，识别出施工作业中的重点风险因素。文献[1]在储气库事故资料统计分析的基础上，采用事故树分析方法，识别出引发事故的主要风险因素。文献[6]在分析气藏型储气构造密封性失效风险的基础上，对储气构造存在的风险因素进行识别，并将其划分为三个等级。文献[7]从职业健康角度识别储气库生产运行过程中存在的风险因素。文献[8]从风险因素识别等方面出发，提出了实施定量风险评估的技术方案，为储气库风险控制措施的改进提供了基础。文献[9]采用蝴蝶结和贝叶斯网络方法构建注采管柱螺纹动态风险分析模型，采用模糊集理论推断其失效致因因素，识别其潜在的风险因素。文献[10]针对 HAZOP 方法的不足，提出模糊多属性 HAZOP 技术识别天然气井口设施的风险因素。文献[11]将 FMECA 和 HAZOP 方法综合应用，使用工艺参数的原因-偏差-结果的逻辑序列对液化天然气储存系统进行风险识别，并将其成功应用在意大利某 LNG 储存系统。文献[12]针对液化天然气设施提出一种新的危险识别技术非典型事故场景识别动态程序(DyPASI)，对液化天然气终端进行风险识别。

知识图谱作为计算机科学领域的一个重要分支，近年来在工程领域应用广泛。文献[13]应用自然语言处理手段，构建海外天然气管道站场的事故演化知识图谱，能够有效地帮助安全管理人员进行准确的风险控制与事故预防。文献[14]以现有的 HAZOP 报告为技术，应用命名实体识别模型构建 HAZOP 知识图谱，实现快速提供现有的 HAZOP 分析信息。文献[15]在油气层测井识别知识图谱基础上，提出知识驱动的油气层评价模型，促进了油气层的高效高质量识别。

目前在储气库、油气储运行业，通常选择通过人工分析生产现场数据、工艺系统结构、历史事故报告等方式识别设备系统的风险因素。这种风险分析方法大多依靠专家经验，通过固定的分析方式进行风险因素识别。然而，随着储气库系统的复杂化，所产生的非结构化文本数据迅速增长，采用这种方法需要消耗大量的时间，同时要求分析人员对分析目标有着较为深入的了解。

因此，本文提出基于知识图谱的方法，应用双向长短期记忆网络-条件随机场分类器模型(Bi-LSTM-CRF)，对非结构化文本数据的自动因果关系抽取，完成储气库风险因素列表的构建，通过风险因素列表建立储气库风险因素知识图谱，从而指导现场作业人员进行风险因素排查。

1 储气库运营期文本风险识别方法原理

1.1 分类器模型原理

LSTM 是一种包含记忆单元、更新门、遗忘门以及输出门的神经网络，是一种改进的循环神经网络，能够解决循环神经网络模型所存在的梯度消失与梯度爆炸问题，从而能够更好地捕获长期依赖效应。该网络模型主要包括输入层、隐藏层与输出层三部分，隐藏层连接前后两层，可以使循环网络(RNN)具有一定的“记忆”能力。由于 LSTM 模型无法对输入文本的上下文信息进行同时处理，且单向 LSTM 只能考虑文本序列中的前向信息，无法处理后项信息，在自然语言处理中，将文本信息切分为单个词，每个词语前后词之间都存在一定的关联性，故必须考虑上下文的关系。为提高模型适用性，一种可以同时处理文本前后文信息的神经网络模型——双向长短期记忆网络被提出来。该神经网络模型能够对每个词序列分别采用前向和后向长短期神经网络进行处理，然后将模型输出的结果进行合并，从而提高模型处理信息的速度与准确性。

条件随机场(CRF)算法是一种序列化标注算法，能够解决 Bi-LSTM 模型无法对输出的标签之间的关系进行准确预测的缺点，并能利用转移概率对 Bi-LSTM 模型的输出结果进行修正，以保证预测标签的合理性。CRF 算法能够通过临近标签之间的关系获得一个最优的预测序列。

由于 CRF 依赖于特征模板，而 LSTM 可以自动学习特征，故提出 Bi-LSTM-CRF 模型，就是将 Bi-LSTM 能够汇总前向与后向双向语义特征的优势与 CRF 算法能够对输出的临近标签进行预测的优势相结合，以达到提高因果关系抽取准确性的目的。

1.2 知识图谱原理

知识图谱是由图和边构成的图模型，其中节点表示实体，边表示实体之间的关系，通过三元组=(E，R，S)的形式表示，其中 $E=\{e_1, e_2, \cdots, e_n\}$，表示实体集合；$R=\{r_1, r_2\cdots, r_n\}$表示知识图谱的关系集合；$S\in E\text{x}R\times E$，表示实体 E 与关系 R 的三元组集合。知识图谱中的三元组有{实体、属性、属性值}和{实体、关系、实体}两种形式。其中，实体为知识的综合表述；属性主要指实体可能具有的属性和参数值等。这样通过大量三元组集合将实体和关系形成一个结构化的语义关系网络。

知识图谱中常用的数据库分为关系型数据库(SQL)和非关系型数据库(NoSQL)两类。其中，SQL 以关系模型为基础，采用外键约束策略，利用外键在主表上查找相匹配的主键记录，实现数据库中多个表之间部分记录的互相引用。然而在外键与主键匹配时，通常需要进行大量搜索、计算等操作，往往会消耗大量的资源，而且如果表间的关系更加复杂，链接操作的成本也会进一步增加。

相较 SQL 而言，NoSQL 开辟了一种新的数据储存方式，摒弃了原有的固定存储表结构，转而采用键值的存储方式。通过查询键所对应的值来访问数据库中的数据，不仅简化了数据的存储过程，还提高了数据存储的水平扩展性，解决了海量多样化大数据难以开发利用的难题。

根据存储方式，NosQL 可以分为文档数据库、列式数据库、键值数据库和图形数据库 4 种。与文档数据库、列式数据库和键值数据库相比，图形数据库采用简单直观的方式，通过节点和关系构成图，以图的形式来存储数据，不仅更加简洁明了地表达了数据间的复杂关系，而且在处理知识图谱这类任务时有先天的优势。本文采用图数据库作为数据的储存方式。

2 基于知识图谱的储气库运营期风险因素识别

2.1 数据预处理

针对储气库日常运行过程中的非结构化文本数据，选取 70%的文本作为训练集训练神经网络模型，30%的文本作为测试集，后续测试模型的分类效果。采用语料扩充方法对数据进行综合整理，在进行因果关系抽取前，需对文本进行预处理，将其中的故障现象与原因以纯文本的形式保存，统一格式为由于原因导致结果。预处理结果见表 1。

表 1 操作规程文本预处理

预处理后的文本信息	原因节点	结果节点
由于软启动中压开关柜行程开关调节不当导致储能故障	软启动中压开关柜行程开关调节不当	储能故障

如图 1 所示，针对处理后的储气库日常运行过程中的非结构化文本数据，采用 BIO 标注工具对文本数据添加标签，其中：B(begin)是指因、果节点的头部，I(inside)是指因、果节点的内部部分，O(outside)是指因、果节点的外部部分(不属于因果节点的部分)。如“由于螺栓松动导致过滤器法兰盖处泄漏”中，“由于”“导致”标注为“O”“螺”“过”标注为“B”，其余文字标注为“I”。可以自行修改标注工具，添加标签，如下图的标注工具中，标注为空输出为“O”，节点名输出为“biaoqian1”、设备输出为“biaoqian2”、原因输出为“bianqian3”、结果输出为“biaoqian4”。其中全标注的功能为，若文本中出现相同的词语，则选中一个进行全标注即实现全文本相同短语的相同类型标注。手动标注完成后，形成带有标签的原始数据集。

2.2 基于 Bi-LSTM-CRF 的因果关系抽取

如图 2 所示，将处理后的带有标签的原始数据集输入到 Bi-LSTM-CRF 模型中，获取具有上下文关系的表示向量，通过 CRF 层预测出因果关系划分结果，得到结构化的因果关系文本，最后将文本数据整理，形成储气库风险因素清单。

2.3 知识图谱的构建

Neo4j 是一种开源的图数据库，目前被广泛应用在知识图谱研究领域。该数据库可以将文本

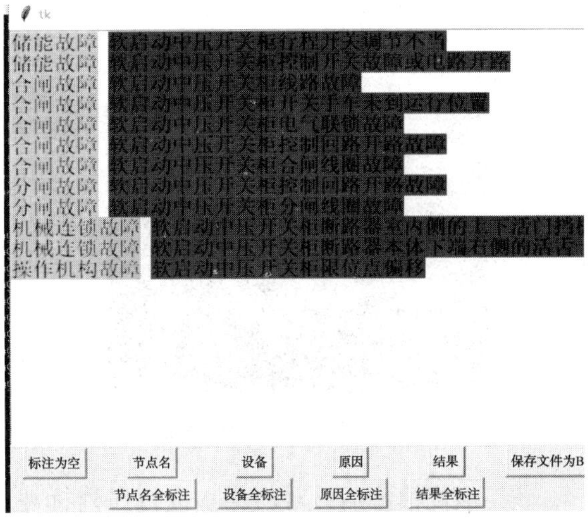

图 1 不安全控制行为

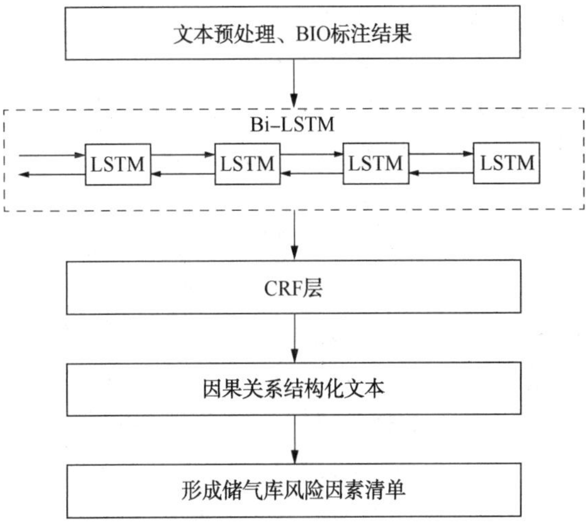

图 2 Bi-LSTM-CRF 文本因果关系抽取过程

数据通过三元组的形式表示，通过输入节点的标签、名称和各节点之间的关系实现知识图谱的构建。本文将抽取的风险因素清单和风因素之间的关系导入 Neo4j 图数据库，建立储气库风险因素知识图谱。

3 案例与分析

3.1 数据来源介绍

本文依据《某储气库操作规程(2021 年版)》作为关系抽取模型的输入数据。该数据集属于非结构化文本数据，中文字符数量共计 10 万余个。

3.2 建立储气库风险因素清单

建立 Bi-LSTM-CRF 模型，将手动标注的带有标签的原始数据集作为该分类器模型的训练集，将纯文本特征转化为分布式特征。在模型训练过程中，通过调节模型自身参数和训练参数，

从而达到较好的训练结果。部分参数类型如图 3 所示。

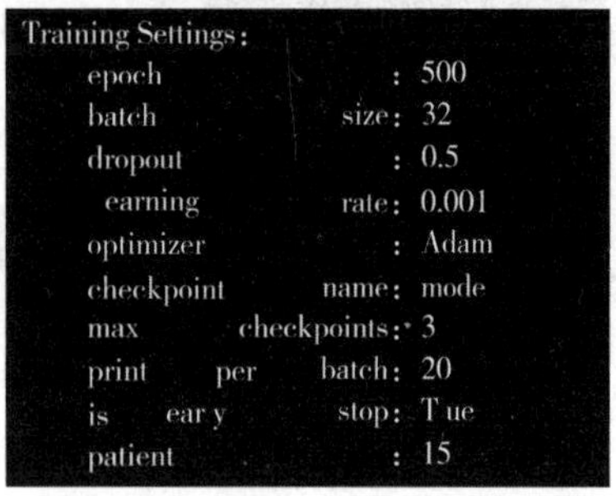

图 3　Bi-LSTM-CRF 训练参数设置

获得最优模型后，对新样本进行序列标注，输入未标注的测试集，完成关系抽取。使得模型可以学习标注方式并实现自动标注句子中的原因节点与后果节点。其中，“由于”“导致”体现风险关系，“行程开关调节不当”为原因节点，“储能故障”为结果节点，标注结果如图 4 所示。

3.3　储气库风险因素知识图谱构建

1. 风险因素导入

将风险因素清单及风险因素之间的关系以数据列表的形式导入 neo4j 中，形成图数据库。对每个节点的名称、节点类型、标签进行设置，方便对数据库进行管理。

导入所有数据表格后，形成整体的风险因素图网络。节点-风险关系与偏差-关系表格，关系类型均为“影响”，将两个表合并，得到的风险因素关系图网络中，共有 355 个节点，其中包括 53 个节点，195 个风险节点，107 个偏差节点，“影响”关系共有 822 条。

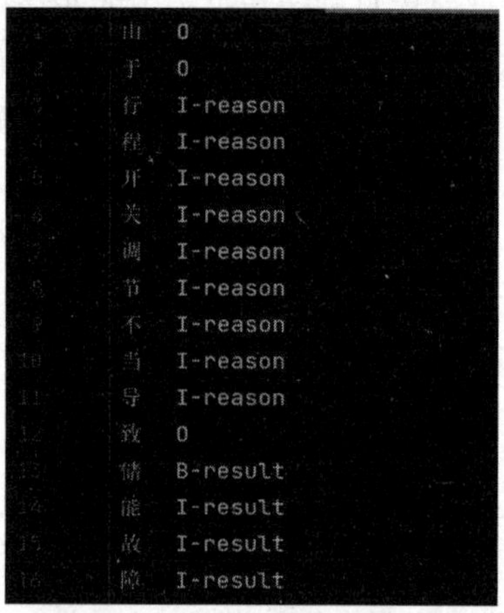

图 4　测试集自动标注结果

2. 案例说明

Neo4j 图数据库支持对某一节点的所有关系进行查询。以集注站放空系统为例，对风险因素图网络进行分析。节点代表风险要素，连线代表关系，每条完整连线表示完整风险信息，存在分支数即有多少问题为风险辨识与管控重点。

集注站放空系统风险因素节点表格见表 2 所示，风险因素知识图谱如图 5 所示全约束。

表 2　集注站放空系统风险因素节点表(部分)

节点	风险	Id	风险	Id
集注站放空系统	管路堵塞无法排放放空气	2177	无法有效泄压潜在火灾爆炸风险	3099
	放空管底部积液	2178	无法有效泄压潜在火灾爆炸风险	
	放空阀节流过大例如全站放空	2179	管线冰堵	3100
			管材低温失效	3052
	人工排液不及时	2180	无法有效泄压潜在火灾爆炸风险	3099

4　储气库运营期关键风险因素分析与方法对比

4.1　储气库关键风险因素分析

由于点代表风险要素，连线代表关系，每条完整连线表示完整风险信息，存在分支数即有多少问题为风险辨识与管控重点，通过观察风险因素图网络，寻找分支数大的节点，即为关键节点，在生产过程中需要重点关注该节点的状态；寻找分支数最大的偏差节点或风险节点，表明该节点或偏差存在的可能性较高，发生的概率较大，在安全预防与监管方面需要着重注意，及时设置相关的检测监测仪器，加大人员巡查，防止该类事故的发生。

图网络的关键节点是指相比网络中的其他节点，能够在更大程度上影响网络的结构与功能的一些特殊节点。对于风险因素节点复杂网络，其中的关键节点往往具有较大的度或在传播路径中处于关键位置，通过对关键节点的控制能够有效保证生产过程的稳定。因此识别网络中影响网络性能较大的关键特征节点具有重要意义。

如图6分析可知，仪表风系统、集注站排污系统、集注站内自用气系统、集注站放空系统、脱水装置(溶液部分)：乙二醇进脱水装置至乙二醇出脱水装置、脱水装置(溶液再生部分)：接受脱水装置富液并通过高温导热油再生成贫乙二醇为相对独立的系统节点，与其他系统节点连接较少；各个阀室与各个注采站之间连接十分紧密，公共风险节点较多，会导致许多相似的风险；集注站内的系统多有紧密的联系，如来气计量系统、采气干线来气进站系统、外输计量调压系统、集注站出站系统等，若系统功能失效可能导致较为相似的风险后果。

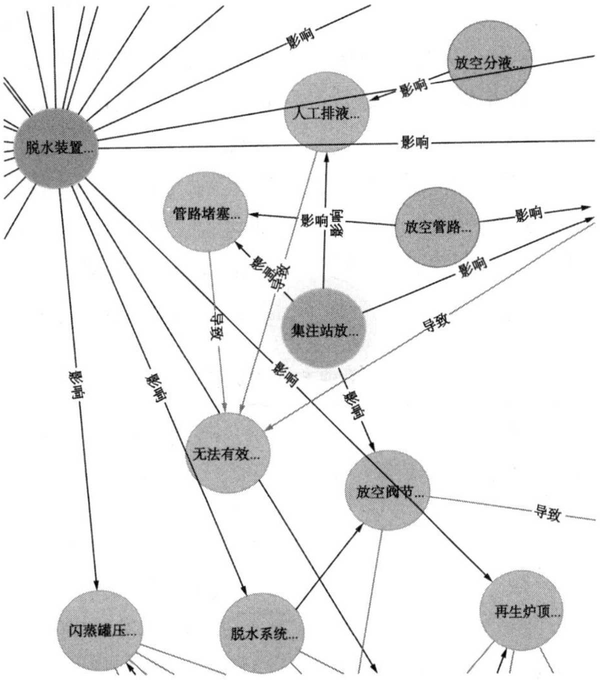

图5 集注站放空系统风险因素知识图谱

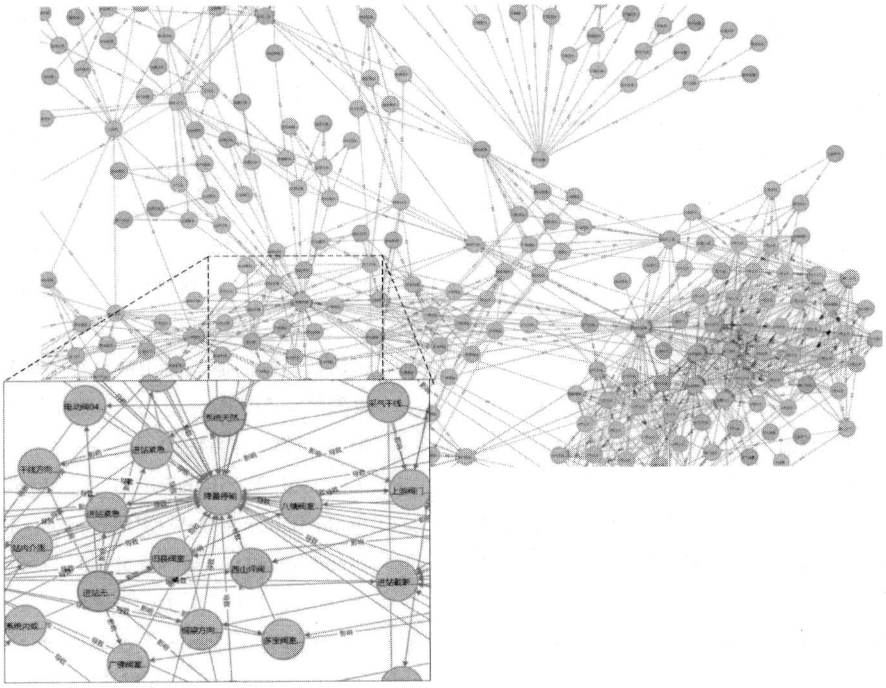

图6 储气库运营期风险因素知识图谱(部分)

在“导致”关系的风险因素图网络中，在所有风险后果节点中，降量停输的节点分支最多，说明降量停输为最为常见的风险后果。在“影响”关系的风险因素图网络中，在所有的原因风险节点中，站内管道设备破裂泄漏节点的分支数最多，说明若工艺参数出现偏差，对站内管道设备的状态影响最大，发生管道设备破裂泄漏的可能性较大。通过分析图网络，得出需要重点关注运行过程中的工艺参数变化情况，及时进行事故的预测与预警，根据风险传播路径，及时切断风险，防止该类风险的发生，尤其是降量停输后果，避免造成经济损失，影响注采进程与调峰进程；同时也是防止更大的后果产生，避免发生事故造成人员伤亡、环境污染与设备损坏。

集注站与阀室连接的关键系统节点为集注站扩建系统，其共同的关键风险因素为系统内管线泄漏；此外，集注站与阀室共同的关键风险节点还包括电动阀误关或故障关，阀门状态不仅关系着阀室的正常运转工作，也会影响到集注站内各个地面系统的安全运行。

4.2 储气库风险因素识别方法及对比分析

本文基于 Bi-LSTM-CRF 模型对储气库运行过程中的非结构化文本进行抽取，识别出的风险因素类型包含人员的误操作，设备自身故障等方面，最后构建风险因素知识图谱。利用传统方法识别风险因素不仅仅局限于现有的资料信息，还依托分析人员的专家经验，故传统方法在风险因素覆盖广度上较高。与传统方法相比，基于知识图谱的风险因素识别方法在风险因素识别深度和细化程度更高，其耗费的人力、物力和时间成本更低，且可以识别出各风险因素之间存在的联系，能够提高储气库现场的风险管理能力。

表 3 两种方法对比结果

对比方法名称	识别范围	识别深度	细化程度	能否识别出风险因素之间存在的联系
基于知识图谱的风险识别方法	局限于现有的文本数据	高	高	是
传统风险因素识别方法	依托专家经验，覆盖面大	低	低	否

5 结论

（1）本文采用 BIO 标注法对储气库操作规程文本进行标注，采用 Bi-LSTM-CRF 方法对标注后的文本进行因果关系抽取，为储气库现场提供了更加精细的储气库风险因素清单。

（2）本文在风险因素识别的基础上，将风险因素清单输入到 Neo4j 数据库中，构建储气库风险因素知识图谱，可以更好地分析储气库系统中节点内风险因素之间的关系和节点间风险因素之间的关系，能够有效地提高储气库现场的风险管理能力。

参 考 文 献

[1] 谢丽华，张宏，李鹤林．枯竭油气藏型地下储气库事故分析及风险识别[J]．天然气工业，2009，29(11)：116-119.

[2] 任垒，陈元强，雷俊杰，等．基于 FTA-AHP 法的储气库封堵井气体泄漏风险评价[J]．安全、健康和环境，2018，18(5)：44-47.

[3] 井文君．湖相沉积盐岩地下油气储备库风险分析研究[D]．中国科学院大学，2013.

[4] 马增辉，徐长峰，王明锋，等．气藏型地下储气库完整性管理体系及风险识别[J]．中国安全生产科学技术，2022，18(03)：76-81.

[5] 张强，宋桂华，朱广海，等．地下储气库注采井重新完井作业风险识别及技术要求[C].//2015 年全国天然气学术年会论文集.2015：24-27.

[6] 郑雅丽，邱小松，赖欣，等．气藏型地下储气库地质体注采运行风险分级与管控[J]．天然气工业，2022，42(3)：114-119.

[7] 于春雷．地下储气库职业危害因素识别与控制[C].//2014 年地下储气(油)库与 LNG 技术研讨会论文集.2014：112-114.

[8] 李丽锋，罗金恒，赵新伟，等．盐穴地下储气库风险评估技术与控制措施[J]．油气储运，2010，29(9)：648-651.

[9] 张认认，杨尚谕，闫相祯，等．储气库注采管柱螺纹失效动态风险评估[J]．中国安全生产科学技术，2021，17(3)：84-90.

[10] Cheraghi M, Baladeh A E, Khakzad N. A fuzzy multi-attribute HAZOP technique (FMA-HAZOP): Application to gas wellhead facilities [J]. Safety Science, 2019, 114: 12-22.

[11] Giardina M, Morale M. Safety study of an LNG regasification plant using an FMECA and HAZOP integrated methodology [J]. Journal of Loss Prevention in the

Process Industries, 2015, 35: 35-45.

[12] Paltrinieri N, Tugnoli A, Cozzani V. Hazard identification for innovative LNG regasification technologies [J]. Reliability Engineering & System Safety, 2015, 137(may): 18-28.

[13] 陈传刚，胡瑾秋，韩子从，等. 恶劣环境条件下海外天然气管道站场事故演化知识图谱建模及预警方法[J]. 清华大学学报(自然科学版), 2022, 62(6): 1081-1087.

[14] 李芳国，张贝克，高东. HAZOP 知识图谱构建方法[J]. 化工进展, 2021, 40(8): 4666-4677.

[15] 刘国强，龚仁彬，石玉江，等. 油气层测井知识图谱构建及其智能识别方法[J]. 石油勘探与开发, 2022, 49(3): 502-512.

基于 STAMP-STPA 的油气藏型储气库施工期风险因素分析

范晓雯[1,2]　胡瑾秋[1,2]　吴明远[1,2]　陈怡玥[1,2]

（1. 中国石油大学（北京）安全与海洋工程学院；2. 油气生产安全与应急技术应急管理部重点实验室）

摘　要　为提高油气藏型储气库施工期安全水平，解决传统安全分析方法无法考虑非线性复杂系统中各组件交互关系以及外部因素对系统影响的缺陷，提出 STAMP-STPA 方法对储气库施工期的风险因素进行分析。从地下与地面角度出发，以地下钻井作业与地面处理设施安装作业为例，将油气藏型储气库施工期人员与设备交互问题看作控制与反馈问题，建立控制与反馈模型；基于 STPA 分析方法分析不安全控制行为与关键风险因素。结果表明，油气藏型储气库施工期的关键风险因素为控制行为执行不到位与反馈信息不足或错误，包括反馈信息传递响应不及时、人员可靠性低、组织管理机构不完善、设备功能完整性低、施工技术及方案缺陷与恶劣环境影响。

关键词　油气藏型储气库；系统理论事故过程模型（STAMP）；系统理论过程分析法（STPA）；施工期；风险因素

储气库是国家新能源领域的重要建设项目之一，在我国起步较晚。由于储气库施工期工程量较大，涉及地下、井筒、地面建设等，所需执行的技术复杂，环保、安全、质量要求较高，存在较大的施工风险，需要具备较强的综合管理能力与充足的技术支持。传统安全分析方法使用正向序列表示风险与事故间的线性关系，对系统间相互作用的分析能力较弱；而储气库施工既包含技术层面又包含人员与管理层面，属于非线性复杂系统，传统方法不能较好的契合储气库建设。

基于系统理论的安全性分析方法在交通运输、石油石化等安全领域具有广泛的应用。朱明昌等针对 LNG 船对船过驳系统的安全问题，构建 STAMP 控制关联模型，采用 STPA 方法识别过驳作业中的不安全控制行为，提出了系统中的致因因素；赵江平等构建危化品道路运输行车安全控制结构，从物理层、基础层、运营层及监管层动态分析导致交通事故发生的控制缺失，为事故预防提供思路与参考。STAMP 模型从系统论的角度出发，将储气库施工过程看作一个系统，认为风险因素存在于不充分的控制与安全约束的缺失之中，克服了传统安全分析方法在进行风险因素辨识时忽略了各层次复杂交互的缺陷。基于 STAMP-STPA 的安全分析方法通过施加安全约束、建立分层控制结构和分析过程模型以识别系统各阶段存在的不安全控制行为，分析风险因素及事故原因。

国内目前将 STAMP-STPA 方法运用到储气库施工期风险分析的案例较少。基于以上背景，本文以储气库施工期为对象，提出基于 STAMP-STAP 方法，综合人员管理与技术层面构建安全控制模型，对储气库施工过程存在的风险因素进行安全分析，提高施工过程安全性。

1　STAMP-STPA 基本原理概述

1.1　STAMP 模型基本原理

STAMP 模型是由 Leveson 提出的将安全问题转化为控制问题的一种事故致因理论模型，将安全性视为人因、环境因素、组织管理因素、系统成分等因素在非线性相互作用下的一种整体涌现性。复杂系统是一种非线性的开放系统，外界与系统间存在能量交互，通过分析系统各组件之间的逻辑控制关系与外界对组件内部的影响，从而对整个系统的风险因素进行辨识与分析，明确系统维持正常运行所需的控制要求。STAMP 模型概念包括安全约束、分级安全控制结构和过程模型，外界干扰以及组件之间的异常交互作用需得到良好的控制，即控制作用合理可行，反馈信息及时准确，过程模型完整，安全约束有效，系统的安全性方可得到保障。

1.2 STPA 基本原理

系统理论过程分析(Systems Theoretic Process Analysis, STPA)是基于 STAMP 的系统性安全评估方法，通过一组相互作用的控制循环来对系统进行分析。通过构建控制反馈模型，分析回路中控制器、执行器、控制过程与传感器的失效情形，根据控制反馈过程中的不安全状态，分析储气库施工过程中的风险因素。

STPA 方法的运用主要包括四个方面：①定义系统风险；②识别系统各组件之间的控制与反馈关系，分析控制结构与安全需求；③识别不安全控制行为，包括没有提供控制行为、控制行为错误或不安全、控制行为发生延迟、控制行为结束过早；④不安全控制行为关键原因分析。

2 油气藏型储气库施工期地下作业 STAMP-STPA 分析

将油气藏型储气库地下作业分为四个环节，分别为老井封堵作业、钻井施工作业、完井作业与老井再利用作业。根据文献分析，油气藏型储气库主要事故类型为：气库的密封性遭到破坏造成的气体迁移、注采井或套管损坏、储气库地面设施失效等。

2.1 安全风险与约束

地下储气库主要的风险因素为储气库密封性不良导致气体的迁移，最终导致气体泄漏而发生火灾爆炸事故。在施工过程中，若钻探活动操作不良，老井封堵质量达不到标准，或注采过程中由于井筒功能完整性低，注气量超负荷均会对储气库造成破坏。对于油气藏型储气库，安全风险集中在钻井相关的破损。储气库钻井施工作业时，由于地层压力系数低，钻井液和固井液易泄漏到地层中，发生井漏事故，影响后续的钻井施工作业并污染储层。井漏原因包括地质因素、工程因素等。异常低压层与断层影响、井深结构不合理、泵排量过大、起下管柱压力激动、岩屑浓度大等均会导致井漏。

以钻井作业施工为例，将钻井过程中井内的液体与地层压力之间的压差作为钻井施工作业发生井漏的安全约束条件，通过相应的约束屏障对压差进行控制，控制钻进压力场，适当调整钻井液密度，钻井施工前确定合理钻井参数等均为防止井漏事故的约束屏障。

2.2 安全控制结构

在钻井施工作业控制模型中，施工队以及各个施工工序包括设备在内构成系统的被控对象；专业监理与安全监理作为传感器监督施工队作业，专业技术人员作为传感器在施工作业过程中出现问题时提供解决方案，并对当前施工状态进行评估并提供技术支持。管理人员作为控制器，根据接收到的施工现场信息和专项施工方案，对作业人员下达操作指令；作业工人作为执行器，根据管理人员的操作指令，在安全监理与专业监理的监督下，按照技术交底内容进行作业。

对于执行器部分，在钻井作业开始之前，首先进行井口处理，然后对钻井工具优选，形成钻井工具选择报告、装备供应报告。在钻井施工过程中按时提交钻井作业进度报告。在每次钻井作业结束后进行固井作业之前，需要对地层进行试压并由监理与技术人员审核。依据试压结果调配水泥浆，选择合适的固井工艺、工具，最后形成固井工艺、工具选择报告、装备供应报告。施工人员在开钻、注水泥浆等重大施工作业时，专业监理人员及管理人员需要到施工现场进行三方确认，避免发生事故时的责任划分问题(图 1)。

2.3 不安全控制行为

根据钻井施工作业控制与反馈模型，从四类不安全控制行为角度，从人员操作、组织管理与施工技术两个方面，分析控制指令错误或不足而导致的系统性风险。表中的不安全控制行为可以转化为作用于井内的液体与地层压力之间压差的安全约束，施工过程中需保证系统控制行为符合安全约束(表 1)。

2.4 关键风险因素分析

在确定不安全控制行为导致的风险后，根据控制反馈模型以及 STAMP/STPA 提出的基本控制缺陷，总结不安全控制行为导致钻井过程发生井漏等事故的关键因素。

控制行为执行不到位：

(1) 施工人员可靠性：施工人员钻井前未处理井口；施工人员钻井前未处理井口、安装防喷器；固井时间过短，水泥浆还未完全凝结就进行试压。施工人员进行资料录取时，资料获取方式存在偏差；人员能力不足或态度不端正。

(2) 施工技术：施工人员采取错误的钻井、固井方式；施工人员在进行盖层、储层专打时，操作顺序错误或存在偏差；施工人员开钻、固井时，施工参数设置错误；施工人员进行固井作业时，使用的水泥浆无法渗透入地层，或水泥浆不能承受交变应力作用。

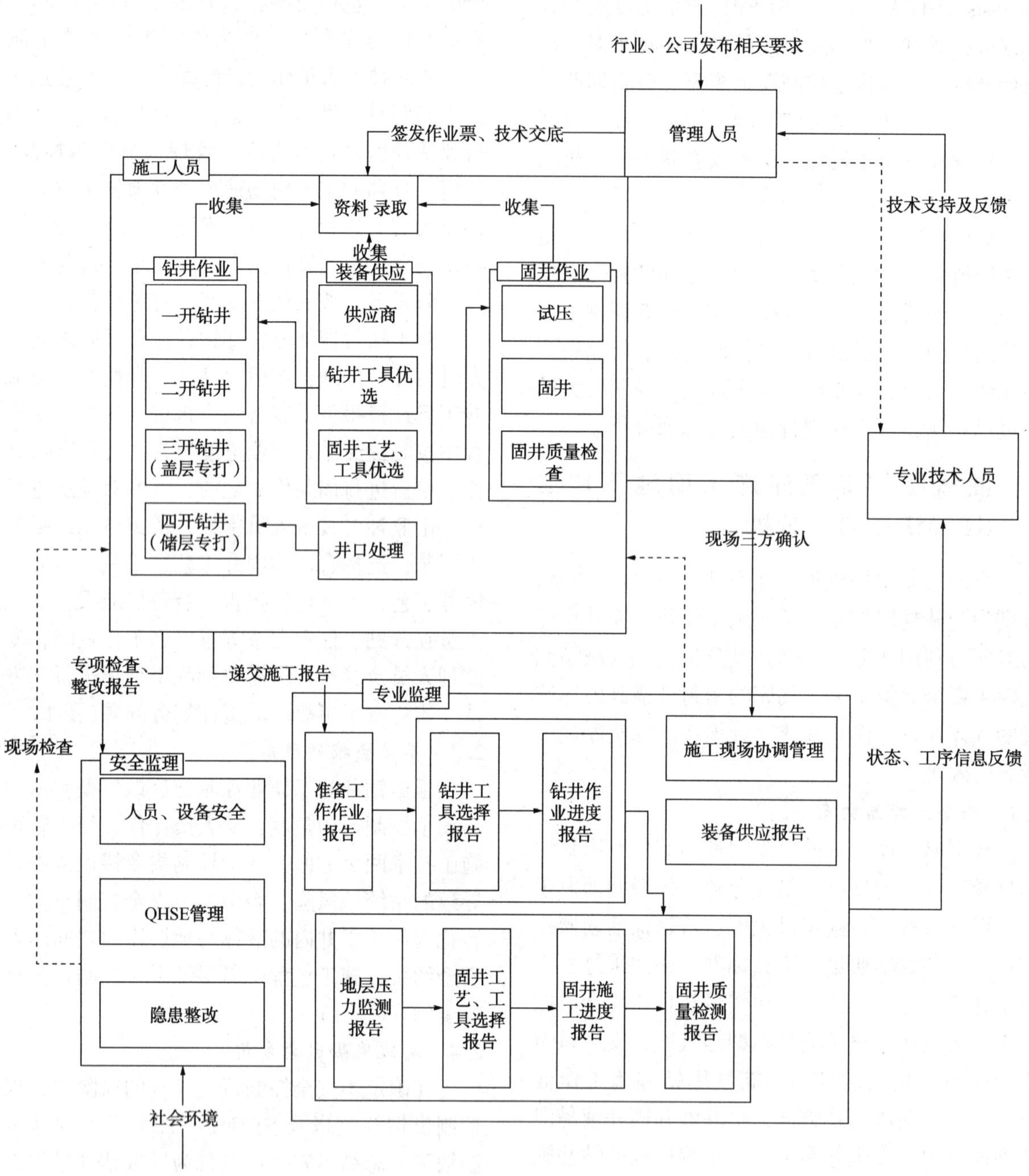

图 1　钻井施工作业控制与反馈模型

表 1　钻井施工作业不安全控制行为

不安全控制行为	导致的风险	安全约束
没有提供控制行为	由于钻井前未处理井口或处理不合格，影响防喷器安装，导致发生井喷时井口存在漏失风险；下套管前未对套管进行气密性检测，无法判断套管的气密性是否达标	制定施工流程时开展多方审核，专业监理、专业技术人员参与施工流程审核，实时审查施工进程
	由于管理人员未向施工人员签发作业票，未进行技术交底，导致施工人员操作不符合施工标准，易引起事故	严格落实作业票审批制度，对“先操作，后补票”的行为严厉惩罚

续表

不安全控制行为	导致的风险	安全约束
控制行为错误或不安全	由于施工人员采取错误的钻井、固井方式，注采井井身结构、固井质量不符合预期，导致钻井过程中发生井漏	对钻井施工方案设计建立审查机制，进行试验验证施工方案的可靠性
	由于供应商提供错误的固井工具、钻井工具，导致施工人员无法继续进行作业或施工时存在安全风险	管理人员应对供应商内部运转流程进行考察，确保其满足施工要求
	由于施工人员获取资料时，资料收集方式、资料本身存在偏差，影响钻井施工方案的制定，导致钻井过程中发生井漏等事故	对资料获取方式、资料本身进行多次审核，确保数据的可靠性
控制行为提前/延迟发生	由于固井时间过短，水泥浆还未完全凝结就进行试压，导致水泥浆遭到破坏，固井质量下降，影响储气库气密性	明确施工流程，制定施工流程时开展多方审核，专业监理、专业技术人员参与施工流程审核，实时审查施工进程，专业设计人员应对水泥浆凝结时间设置一定的安全裕量
控制行为结束过早/持续时间过长	由于固井结束后，固井质量检测时间过短或压力过小，并未测出井筒实际承压能力，误判固井质量	施工人员制定试压作业参数时，专业技术人员应结合钻井施工作业数据对方案进行审核

（3）设备可靠性：固井质量检测、套管气密性检测、试压等方法与操作存在缺陷，结果与实际存在偏差；供应商提供错误的固井工具、钻井工具。

（4）组织管理：施工人员进行施工作业时，管理人员未向施工人员签发作业票、进行技术交底；管理人员对施工人员、供应商发出错误或不安全的指令。

反馈信息不足或错误：

（1）外部环境：前期储气库库址选择不当；新井靠近断层、密封性差的区域，影响气库密闭性；施工地区地质环境、气候环境、气象环境获取不充分、不正确或信息丢失。

（2）反馈信息产生阶段：钻井过程中地层压力参数的获取不完整或者错误；未对储气库盖层密封性监测；未对储气库断层监测；操作人员未及时发现施工中存在的问题。

（3）反馈信息传输阶段：缺少完善的管理制度与健全的监管机制，导致各级控制人员的反馈信息不准确或延迟。

3　油气藏型储气库施工期地面工程 STAMP-STPA 分析

地面工程是天然气注入、采出、处理、运输的全部生产过程，包括站场工程、主体工艺、自控仪表、供配电等建设，将油气藏型储气库地面工程分为动力设施施工、处理设施施工、辅助系统施工与建筑物施工与集输管道施工五个作业工序，本文重点对处理设施施工展开分析。

3.1　安全风险与约束

油气藏型储气库地面工程的主要安全风险为地面设施设备失效导致天然气泄漏，从而引发火灾爆炸事故。对于建筑物施工来说，塔吊安装与操作过程中可能发生高空坠落、物体打击事故；对于站场设备安装而言，施工人员配置不稳定、设备本身质量问题、设备安装监督力度弱均导致设备安装质量控制不佳，其中设备制造缺陷与人员不良操作与管理是导致设备失效的主要原因。

本章重点从站场设备设施角度建立控制与反馈模型，将设备设施安装失效作为系统级风险，将避免设备制造缺陷与人员不良操作行为作为安全约束，通过相应的约束屏障保障施工作业的安全性。在施工过程中，需做好相关文件与设备的检查，优化安装流程与工艺，降低人员误操作概率，加强监管人员的监管力度，采取一定的安装质量控制措施，确保施工过程中设备安装准确。

3.2　安全控制结构

在施工过程中，施工作业人员需要按照一定工序进行设备安装，对设备进行基础检查与验收后方可进行管线安装以及设备安装，安装需严格遵守操作规程；监理人员要按照质量控制点的规定进行施工质量的监督，安全监理负责监管人员与设备安全，同时负责 QHSE 管理与隐患整改；专业监理监督工程进度，对现场进行协调管理；专业监理与安全监理将施工情况反馈给专业技术人员或管理人员，管理人员下达控制指令控制操作人员施工，同时施工人员需将现场情况及时反馈给管理人员，从而形成完整的控制与反馈回路（图 2）。

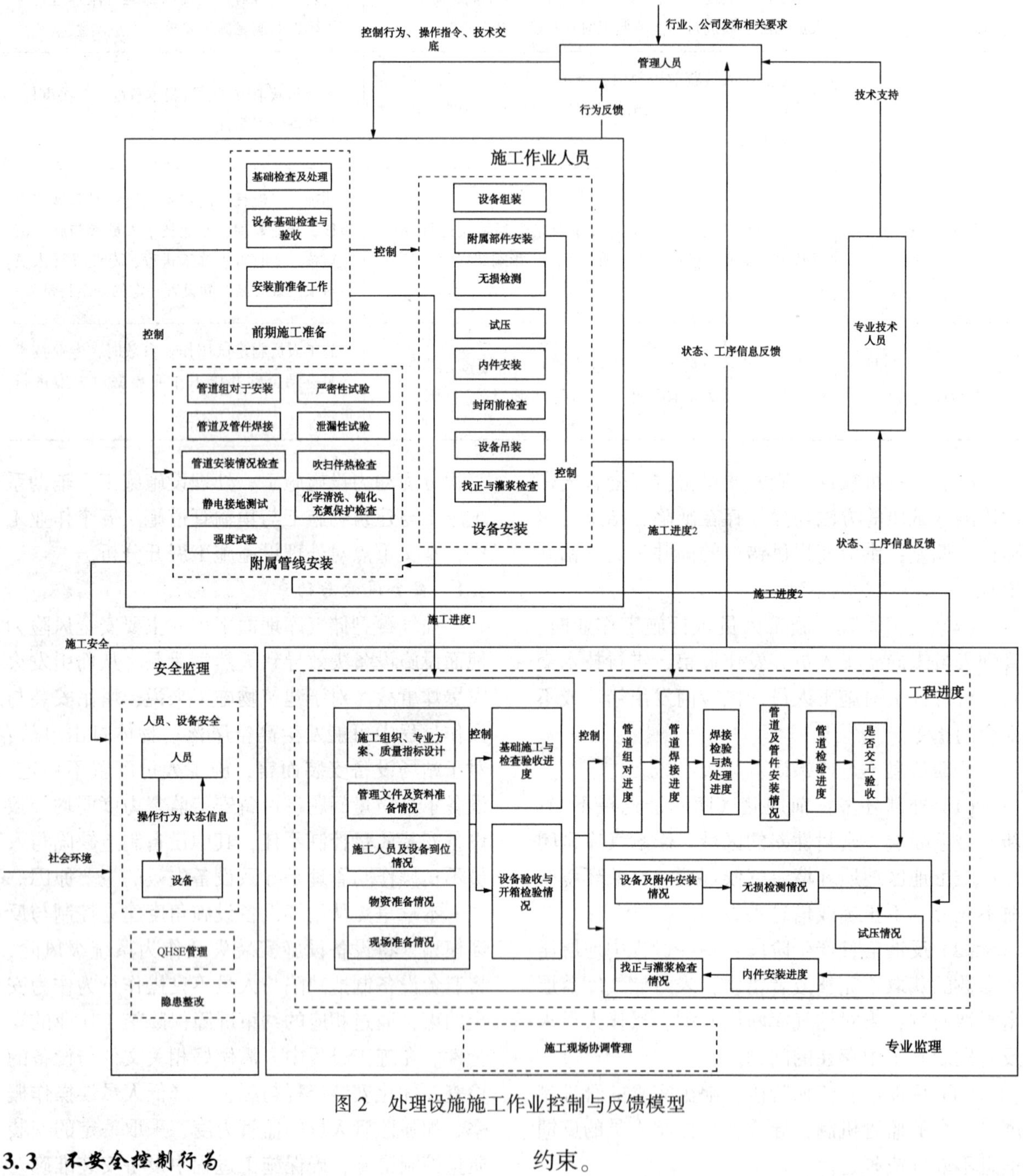

图 2　处理设施施工作业控制与反馈模型

3.3　不安全控制行为

根据处理设施施工控制与反馈模型，从四类不安全控制行为角度，从人员操作、组织与施工技术三个方面分析处理设施施工过程中控制指令错误或不足而导致的系统性风险。表 2 中的不安全控制行为可以转化为处理设施验收的安全约束，施工过程中需保证系统控制行为符合安全约束。

3.4　关键风险因素分析

根据控制与反馈模型的建立以及提出的不安全控制行为，可以将施工过程中设备失效以及其他施工事故的关键原因归纳为控制行为执行不到位与反馈信息不足或错误。

表2 处理设施施工作业不安全控制行为

不安全控制行为	导致的风险	安全约束
没有提供控制行为	由于处理设施设备开箱检验时，建设单位代表、施工单位代表、监理未参与检验，导致站场设备内部质量问题没有被发现	设备开箱检验应由工程管理单位、施工单位的相关人员共同进行，在施工过程中发现的设备内部质量问题，应及时与工程管理单位共同研究处理
	由于设备安装时，吊装设备没有进行钢丝绳检查，导致钢丝绳脱开，发生安全事故	1. 检查钢丝绳断丝、磨损等情况；2. 确定钢丝绳安全系数；3. 断裂根数是否满足；4. 吊装前试掉
	由于没有进行吊车站位、行走地面处理，导致地应力不足，吊车颠覆	1. 地耐力测试；2. 主吊车地面铺设跑路板，副车地面铺钢板；3. 严格按照施工方案要求执行
控制行为错误或不安全	由于设备吊装时操作人员操作不当，导致吊装不平衡坠落	1. 关注操作人员工作状态；2. 钢丝绳2股在梁的间距加大；3. 涂黄油以润滑减少摩擦；4. 严格执行高处作业管理规定；5. 规范使用安全带等防护用品
	由于设备试压及泄压过程中，安全防护未设置到位，导致高压水泄漏冲击伤害	1. 设立隔离带，警戒线，醒目位置放置警示牌；2. 设备检查时，人体不要正对被检查的连接部分；3. 有泄漏应泄压处理，不得带压紧固螺栓或补焊焊口
控制行为发生延迟	由于设备安装完成后，设备清扫后，未及时封闭，导致杂质再次进入设备，影响设备正常运行，造成磨损	清扫检查合格后，及时进行封闭，并填写清理检查封闭记录
控制行为结束过早	由于设备水压试验尚未检验合格、清扫干净，就进行内件安装，导致后续生产运行中设备磨损损坏，存在安全隐患	内件安装应在设备水压试验合格之后，清扫干净后进行；内件安装时，应严格按图样规定施工，以确保传质；传热时气液分布均匀。

控制行为执行不到位：

(1) 人员可靠性：操作人员安全意识不足或负荷过重，导致误操作行为；施工技术不到位，无法正确执行控制指令；人员能力不到位或态度不端正。

(2) 设备功能完整性：设备施工前基础验收不充分，设备本身存在质量缺陷；设备安装过程未按照操作规程的工序，导致安装失效；设备安装完成后并下达试运行指令后，试运行未达到相关标准，设备问题未被检测出，后续生产存在安全隐患。

(3) 组织管理：安全监理对施工安全控制不到位，未对吊装、动火作业的安全措施进行检查，导致防护措施缺陷；设备现场杂乱，造成物体打击伤害与触电事故；专业监理对施工进度控制不到位；管理人员对施工人员的技术交底不充分或错误；质量、安全管理组织机构不完善。

反馈信息不足或错误包括：

(1) 反馈信息产生阶段：设备安装施工操作规程存在缺陷；设备试运行时的各项状态参数的获取不充分或错误；其他与设备安装质量检验的重要信息没有及时获取或获取方法错误；操作人员未及时发现施工中存在的问题。

(2) 反馈信息传输阶段：未建立施工质量安全管控程序或监督管理落实不到位，监督管理人员责任心不强，并未做到对施工安全情况定期检查，缺少完善的管理制度与健全的监管机制，导致各级控制人员的反馈信息不准确或延迟。

(3) 外界因素影响：施工环境恶劣，施工现场杂乱，未对周边环境进行考察，产生的施工污染影响周边基础设施运作。

4 结论

(1) 基于系统论的STAMP-STPA分析方法认为风险因素存在于系统元素失效、组件交互异常与外部干扰中。通过定义安全控制结构，分析各层次之间的交互关系，识别不安全控制行为与关键原因，提供系统的安全约束视角，分析相应的安全约束，对储气库施工期的风险因素进行分析。

（2）基于STAMP-STPA模型对储气库施工期地下作业与地面施工作业进行风险因素分析，考虑钻井作业与设备安装作业特点，将管理人员作为控制器，施工人员作为执行器，监理与技术人员作为传感器，建立控制与反馈模型，从四个方面分析不安全控制行为，梳理不同作业环境下的风险因素，使得多层次关联的复杂系统安全分析具有系统性与全面性。

（3）基于系统论STAMP-STPA对储气库施工期风险因素进行分析，克服了传统安全分析方法无法考虑非线性复杂系统、忽略层次交互关联与宏观控制的缺陷，使得复杂系统的安全分析更加全面。

参 考 文 献

[1] 杨晶，程相振，李磊，等．标准在储气库建设阶段的实施与应用[J]．石油工业技术监督，2019，35(12)：24-27.

[2] 牛丰，王昱，周诚．基于STAMP模型的地铁施工安全事故致因分析[J]．土木工程与管理学报，2016，33(01)：73-78. DOI：10.13579/j.cnki.2095-0985.2016.01.012.

[3] 朱明昌，黄立文，谢澄，等．基于STAMP/STPA的LNG船对船过驳系统安全性分析[J]．交通信息与安全，2021，39(06)：44-53.

[4] 赵江平，刘小龙，东淑，等．STAMP模型在危化品道路运输事故分析中的应用研究[J]．中国安全生产科学技术，2020，16(05)：160-165.

[5] 牛丰，王昱，周诚．基于STAMP模型的地铁施工安全事故致因分析[J]．土木工程与管理学报，2016，33(01)：73-78. DOI：10.13579/j.cnki.2095-0985.2016.01.012.

[6] 刘炳琪，胡剑波，刘畅，等．飞机差动刹车纠偏过程的STAMP/STPA安全性分析[J]．哈尔滨工业大学学报，2020，52(04)：66-73.

[7] Nancy G, Leveson A Systems-Theoretic Approach to Safety in Software - Intensive Systems. [J]. IEEE Trans. Dependable Sec. Comput, 2004, 1(1).

[8] 胡瑾秋，董绍华，王融涵，等．基于STAMP—STPA的LNG储备库典型事故正演模型构建[J]．石油科学通报，2021，6(03)：481-493.

[9] Yunhua Gong, Yuntao Li. STAMP - based causal analysis of China-Donghuang oil transportation pipeline leakage and explosion accident[J]. Journal of Loss Prevention in the Process Industries, 2018, 56.

[10] 杨琴，余清秀，银小兵，等．枯竭气藏型地下储气库工程安全风险与预防控制措施探讨[J]．石油与天然气化工，2011，40(04)：410-412+418+327-328.

[11] 吴德亚．化工机械安装常见问题及质量控制研究[J]．中国设备工程，2021(15)：204-205.

储气库注采管道的涂层性能与阴极保护关系研究

李　雪　孙　杰　赵　邦

（中国石油工程项目管理公司天津设计院）

摘　要　本文从储气库注采管道的3LPE外防腐涂层和阴极保护的特点及相互关系出发，分析了阴极剥离产生机理及现行指标规定，采用模拟破损点处防腐层剥离发生发展的方法，开展了在一定温度下施加不同保护电流密度对试件涂层产生的阴极剥离影响的试验，采用oringin软件进行数学分析计算，获得在不同实验电流密度下涂层剥离距离达到15mm时的失效寿命，进而根据电流密度与失效寿命的关系获得加速寿命模型。采用阿伦尼斯模型和逆幂律模型进行了涂层失效寿命与阴极剥离指标的关系推导，给出了涂层一定设计寿命条件下采用的阴极保护电流密度的上限推荐值。

关键词　涂层；3LPE；阴极保护；阴极剥离；电流密度

近年来，我国天然气产业迅速发展，天然气消费持续增长，在国家能源体系中的重要性不断提高，安全平稳供气、调峰保供面临巨大压力，储气基础设施建设滞后，储备能力不足等问题凸显，成为制约天然气安全稳定供应和行业健康发展的突出短板。加快储气库建设，是完善天然气工业体系、支撑天然气快速发展的重大战略需求，对上游生产、管道运行、冬季调峰保供具有积极的重要作用。

储气库工程一般由双向输气管道、集注站、注采管道以及注采井等部分组成，双向输气管道可划归为长输管道管理。储气库的注采管道不同于一般长输管道，其具有高温高压、小口径的特点，尤其是注气压缩机出口处温度升到可能会导致涂层退化加速，服役条件更为恶劣。国内、外工程中一般采用防腐涂层加阴极保护的联合保护方式确保管道运行安全，防腐涂层与阴极保护的匹配兼容是确保管道服役寿命的关键因素。

1　注采管道防腐涂层与阴极保护关系

目前大部分注采管道常采用3PE外防腐涂层，该涂层由内层的熔结环氧(FBE)、中间的聚合物胶黏剂和外层聚乙烯(PE)涂层组成，中国最早于1994年开始引进3PE涂敷作业线和涂敷技术，如今3PE防腐技术在国内已经越来越成熟。3PE防腐层的热固性交联分子结构特点以及与钢的化学键结合特性，决定了其作为防腐层具有良好的性能。3PE防腐结构以其优越的防腐性能和良好的加工工艺性，被越来越多地应用于注采管道外防腐。

注采管道的阴极保护方式包括强制电流法和牺牲阳极法，从统计数据看，基于安全可靠性考虑，绝大多数注采管道采用了强制电流阴极保护作为防腐涂层的补充保护。在阴极保护过程中，辅助阳极释放电流，电流到达管道表面，并改变管道表面电位。当阴极保护电流过小时，管道的保护电位不足，此时管道处于欠保护状态，有进一步发生腐蚀的风险；当阴极保护电流过大时，管道处于过保护状态，在这种情况下管道防腐涂层可能发生阴极剥离、鼓包等现象。阴极剥离是阴极保护系统对防腐涂层产生影响的重要指标之一。

目前国内外一般将阴极保护极化电位作为涂层是否可能发生阴极剥离的评判指标，国标GB/T 21448中规定了管道阴极保护极化电位最大值为-1.2V，英国BS EN 12954规定了管道阴极保护极化电位最大值为-1.1V，美国NACE标准对阴极保护极化电位上限值规定为-1.2V。

在注采管道工程设计中，阴极保护电流密度是计算阳极数量及分布的重要参数，国际标准ISO 15589-1认为规定的电流密度能产生符合要求的管道阴极极化电位，而未考虑管道设计年限的影响。

不同注采管道的设计寿命可能不同，而达到涂层失效（阴极剥离距离超过规定值）的时间也会因阴极保护电流密度不同而不同，国内外对此并没有直接研究。因此，进一步明确在不同设计寿命下的管道阴极保护电流密度与涂层阴极剥离的关系是非常重要的。

本文将涂层阴极剥离作为加速实验对象，在模拟土壤外部服役环境条件下，对3LPE涂层进行不同阴极保护水平下不同时间的阴极剥离实验，通过测试阴极剥离距离随阴极保护电流密度的变化，并根据涂层寿命预测模型进行拟合，确定给定涂层设计年限下的阴极保护电流密度上限值。

2 阴极剥离产生及指标规定

当防腐涂层完好无损时，金属与腐蚀介质完全隔离，也就没有腐蚀现象发生。但是管道在运输、安装及运行过程中难免因防腐层损伤而产生漏点，对管道施加阴极保护的目的就是当防腐层存在漏点时，避免管道发生腐蚀。

在阴极保护作用下，管道成为阴极保护系统的阴极部分，牺牲阳极为阴极保护系统的阳极部分，阴极部分可能发生下列反应：

$$O_2+2H_2O+4e \rightarrow 4OH^-$$

$$H++e \rightarrow H$$

上述两个阴极反应都使阴极区域形成过剩的OH^-，造成碱性环境。阴极区pH值升高，大量OH-迁移至金属/防腐层交界面，使与防腐层粘结的基体金属氧化物层溶解，或侵蚀界面的聚合物，或降低聚合物与金属的粘结力，从而使防腐层产生剥离，即阴极剥离。

通过查阅国内、外有关3LPE涂层规范的阴极剥离指标可发现，阴极剥离指标受剥离时间、试验温度及试样电位影响见表1。阴极剥离的长期性能指标更能反应出涂层抗阴极剥离的性能，因此本文以涂层阴极剥离距离达到15mm时的时间作为涂层的失效寿命或特征寿命，作为保守的评价指标。

表1 不同标准对阴极剥离距离要求列表

标准号	阴极剥离距离/mm
GB/T 23257	≤6(65℃，48h，-1.5V)； ≤15(最高使用温度，30d，-1.5V)
ISO 21809—1	≤7(23℃，28d，-1.5V)； ≤7(65℃，24h，-3.5V)； ≤15(最大操作温度，28d，-1.5V)
CSA_Z245.20/21	≤12(20℃，28d，-1.5V)； 符合购方要求(最大设计温度，28d，-1.5V)； ≤7(65℃，24h，-3.5V)

3 阴极剥离随电流密度的变化测试

本次实验采用模拟破损点处防腐层剥离发生发展的方法，以此来判断防腐层的抗剥离性能。实验在使用温度常压下进行，采用恒电流方法施加阴极保护，根据涂层预制缺陷孔面积计算相应的电流密度，并测试相应的阴极保护电位值。

当对第1组试样施加13.3mA/cm^{2}的电流密度时，测得的试样电位为-1.25Vvs. CSE，不同时间后的阴极剥离测试结果见表2，剥离后的宏观形貌如图1所示。从测试结果可以看出，随着时间的增加，剥离距离逐渐增加。

表2 第1组试样剥离距离测试结果

时间/天	剥离距离/cm			
	1#	2#	3#	4#
3	2.98	3.9	—	—
9	4.47	4.08	4.85	4.65
16	4.52	4.68	5.01	4.7
39	5.43	5.36	5.68	—

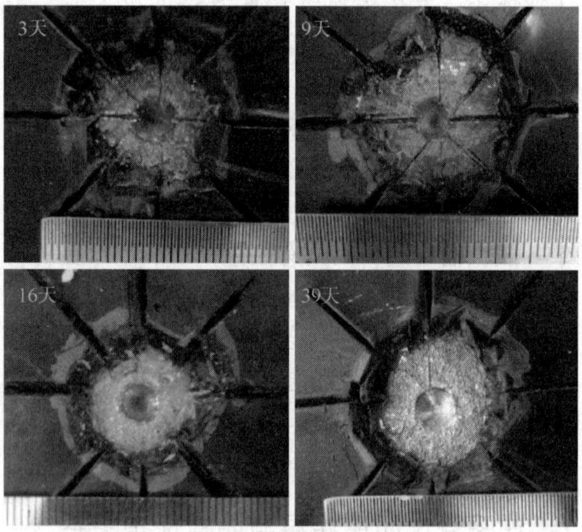

图1 第1组试样剥离后形貌

当对第2组试样施加15.6mA/cm^{2}的电流密度时，测得的试样电位为-1.266Vvs. CSE。不同时间后的阴极剥离测试结果见表3。从测试结果可以看出，同样时间下剥离距离较低电流密度下均有所增加，说明电流密度会影响材料的阴极剥离性能。

当对第3组试样施加50.0mA/cm^{2}的电流密度时，测得的试样电位为-1.28Vvs. CSE，不同时间后的阴极剥离测试结果见表4。

表 3　第 2 组试样剥离距离测试结果

时间/天	剥离距离/cm		
	1#	2#	3#
3	4.22	4.33	—
9	6	5.5	6.5
16	6.78	5.98	—
30	7.23	6.53	—
60	8.04	6.64	—

表 4　第 3 组试样剥离距离测试结果

时间/天	剥离距离/cm			
	1#	2#	3#	4#
9	3.45	3.65	—	—
16	4.30	5.08	4.49	4
30	4.57	5.58	5.16	4.17
39	6.31	7.67	—	—

当对第 4 组试样施加 100.0mA/cm^2 的电流密度时，测得的试样电位为-1.30Vvs. CSE，不同时间后的阴极剥离测试结果见表 5。

表 5　第 4 组试样剥离距离测试结果

时间/天	剥离距离/cm			
	1#	2#	3#	4#
9	3.67	3.15	—	—
16	5.09	5.11	5.29	6.1
30	5.3	7.08	8.02	7.77
39	6.18	7.63	—	—

当对第 5 组试样施加 156.2mA/cm^2 的电流密度时，试样电位为-1.33Vvs. CSE，不同时间后的阴极剥离测试结果见表 6。

表 6　第 5 组试样剥离距离测试结果

时间/天	剥离距离/cm	
	1#	2#
9	2.96	4.79
16	8.46	8.23
30	12.23	10.92
60	12.53	10.48

当对第 6 组试样施加 312.5mA/cm^2 的电流密度时，测得的试样电位为-1.34VvsCSE，不同时间后的阴极剥离测试结果见表 7。

表 7　第 6 组试样剥离距离测试结果

时间/天	剥离距离/cm	
	1#	2#
3	7.89	7.62
9	10.46	12.01
16	11.95	11.66

4　阴极剥离随电流密度的变化测试

本文在加速涂层失效实验中采用阿伦尼斯模型和逆幂律模型两种模型进行推算。

1. 阿伦尼斯模型

阿伦尼斯(Arrhenius)模型是瑞典物理化学家阿伦尼斯在研究加速应力温度与电子元器件、绝缘材料等的化学反应速率之间的关系时，通过总结大量试验数据，在 1880 年提出的加速模型。

$$\xi = A\exp(E/KT) \qquad (1)$$

式中，ξ 为寿命特征，如中位寿命、平均寿命等；A 为常数，且 $A>0$；E 为激活能，与材料有关，eV；K 为玻尔兹曼常数，取值 9.617×10^{-5} eV/℃；T 为绝对温度值，为摄氏温度加 273。

由式(1)所示的阿伦尼斯模型可见，试样的寿命特征随温度上升呈指数下降。温度成为影响材料寿命的关键因素，环境温度的升高，将直接导致有机高分子材料中的分子链运动加剧，而当分子动能大于化学键的离解能时，则将导致分子链出现热降解行为。同时在湿热条件下，材料被水分子包围时，材料分子之间的作用力会因溶胀和溶解而改变，直接导致材料的聚集状态遭到破坏，继而加速材料的老化。

2. 逆幂律模型

许多物理学的加速寿命实验证实，以电应力(如电压、电流、功率等)作为加速应力，也能促使产品提前失效。通过对大量的相关加速寿命实验数据的总结和计算发现，产品的某些寿命特征与应力符合逆幂律模型。

$$\xi = A\nu^{-c} \qquad (2)$$

式中，ξ 为寿命特征，如中位寿命、平均寿命等；A 为常数，且 $A>0$；c 为与激活能有关的正常数；ν 为加速应力，如电压等。

由公式(2)所示的逆幂律模型可见，试样的寿命特征是加速应力 ν 的负次幂函数。

3. 阿伦尼斯和逆幂律统一模型

对公式(1)所示的阿伦尼斯模型两边取对

数，可得：

$$\ln\xi=\ln A+E/(KT) \tag{3}$$

同样，对公式(2)所示的逆幂律模型两边取对数，可得：

$$\ln\xi=\ln A+(-c)\ln\nu \tag{4}$$

可见，寿命预测公式可以统一为：

$$\ln\xi=a+b\theta(s) \tag{5}$$

其中：ξ 为寿命特征，$\theta(s)$ 是与加速应力有关的函数。

根据公式(5)的寿命预测模型，$\ln\xi$ 与 $\theta(s)$ 之间呈线性关系，确定常数 a 和 b 的值后，就能根据公式计算给定电流密度下涂层的预期寿命。

本文获得了6种不同电流密度下阴极剥离距离随时间的变化规律，采用 oringin 软件进行数学分析计算，获得在不同实验电流密度下涂层剥离距离达到15mm时的失效寿命，进而根据电流密度与失效寿命的关系获得加速寿命模型。根据测试结果，同一电流密度下，剥离距离和测试时间满足 $L=atb$ 函数关系，即 $\ln L=\ln a+b\ln t$，距离的对数与时间的对数呈线性关系，最终建立的模型和拟合结果如图2所示。根据曲线拟合结果，可以获得不同实验电流密度下涂层剥离距离为15mm时的时间，结果见表8。从表8中可以看出，随着电流密度的增加，涂层的失效寿命逐渐降低。

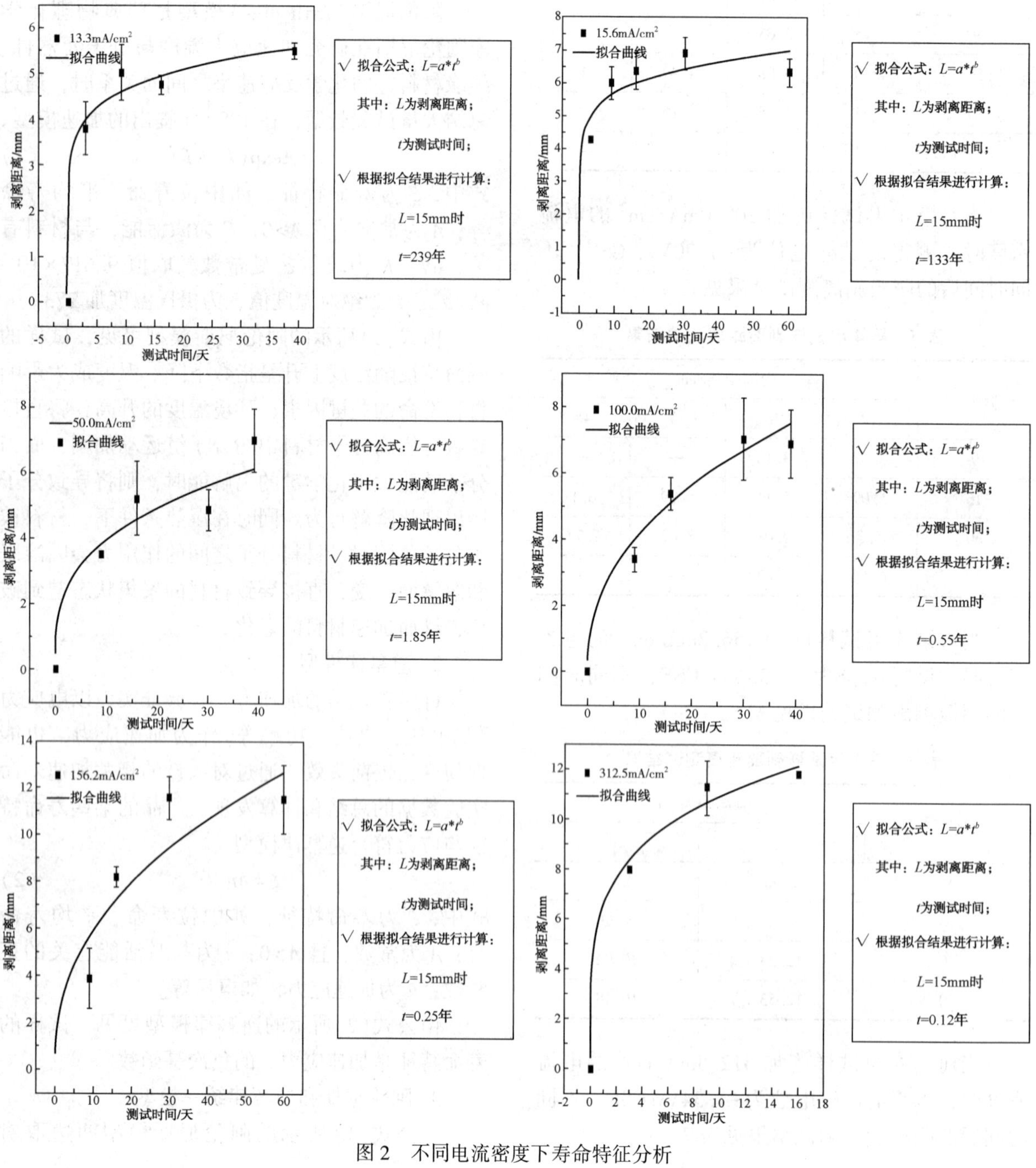

图2 不同电流密度下寿命特征分析

表 8 不同电流密度条件下的失效寿命特征

序号	电流密度/(mA·cm^2)	失效寿命/年
1	13.3	239
2	15.6	133
3	50.0	1.85
4	100.0	0.55
5	156.2	0.25
6	312.5	0.12

根据得到的实验电流密度下的失效寿命，可以根据公式(5)建立基于阴极剥离结果的预期寿命模型，电流密度和涂层的寿命特征关系如图 3 所示。从图 3 中可以看出，寿命特征与电流密度的倒数呈线性关系，使用 oringin 软件进行线性拟合，获得寿命模型公式(6)。基于阴极剥离的实验结果，电流密度越低，涂层的预期寿命越高。

$$\xi = 105.9\ln(1/I) - 2.06 \tag{6}$$

式中，ξ 为预期寿命；I 为电流密度。

根据规范，钢结构物的最负阴极保护电位不得超过 -1200mVvs. CSE，该电位下的阴极保护电流密度即为最大值。

假设管道涂层的失效寿命为 50 年，根据建立的模型计算预期失效寿命下的阴极保护电流密度最大值，从图 4 所示阴极保护电流密度不能超过 17.8mA/cm^2，否则涂层寿命末期的阴极剥离距离将超过规范值 15mm。

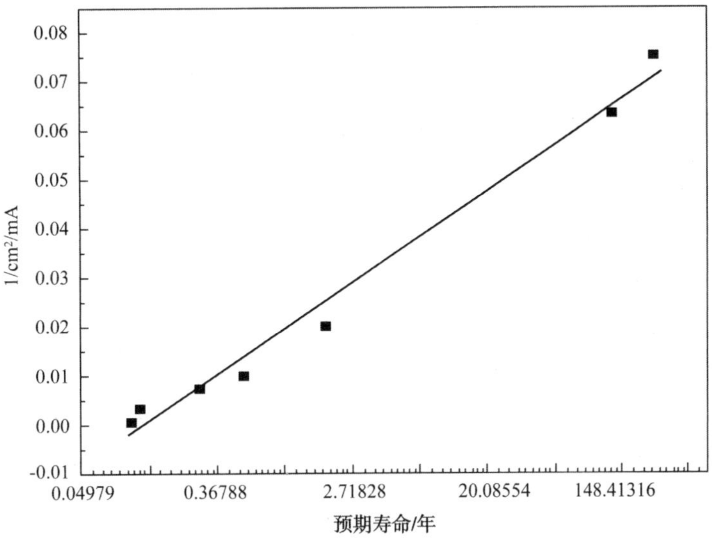

图 3 基于阴极剥离规律的预期寿命模型

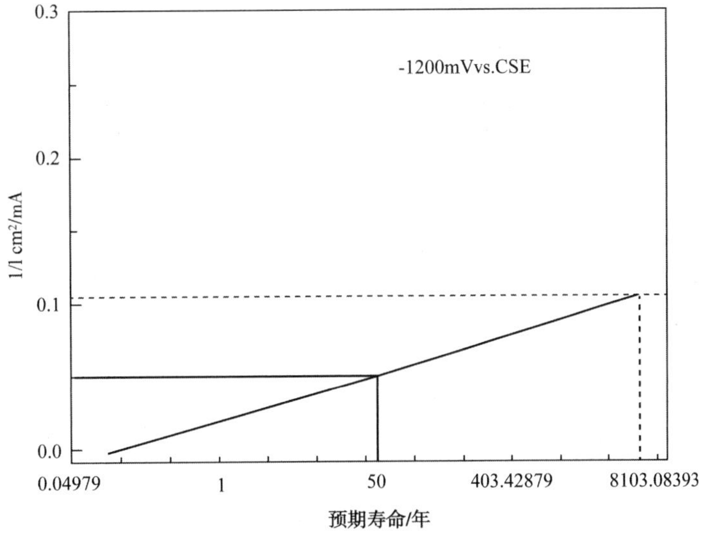

图 4 -1200mVvs. CSE 电位下涂层的失效寿命分析

5　小结

本文采用阴极剥离作为涂层失效加速实验方法，在模拟储气库注采管道外部服役环境条件下，对3PE涂层试件进行了6种不同阴极保护水平下的阴极剥离实验，结论如下：

（1）同样时间下，随着阴极保护电流密度的增加，试样涂层的阴极剥离距离增加。

（2）同样的阴极保护电流密度下，随着时间的增加，试样涂层的阴极剥离距离增加。

（3）不同的试验条件，例如试样来源、试验温度等可能会对试验结果产生影响。

（4）可根据确定的涂层设计寿命以及阴极剥离指标模拟推算出试样涂层的阴极保护电流密度上限值。

参考文献

[1] GB/T 23257—2017　埋地钢质管道聚乙烯防腐层[S].

[2] 胡士信. 阴极保护工程手册[M]. 北京：化学工业出版社，1999.

[3] GB/T 20028—2005　硫化橡胶或热塑性橡胶应用阿累尼乌斯图推算寿命和最高使用温度[S].

[4] 刘合财，吴映程，赵明. 加速寿命试验与加速退化试验的比较分析[J]，贵阳学院学报，2008，3(4)：11~15.

[5] GB/T 21448—2017　埋地钢质管道阴极保护技术规范[S].

相国寺储气库压缩机运维管理分析

李雪源　蒋春健

（重庆相国寺储气库有限公司）

摘　要　对历年储气库压缩机组运行数据、故障数据进行了归纳统计，阐述了现阶段储气库压缩机组出现的典型故障处理措施，总结了运维管理的经验和做法。就目前压缩机组历经约 10 年注气是相对安全可靠的，考虑了压缩机组在以后可能会出现的故障和控制措施，提出了未来第 11～20 注气周期下压缩机组的优化建议和工作目标。

关键词　压缩机；储气库；全生命周期；故障；运维管理

1　基本情况

相国寺储气库一共有 8 台往复式压缩机组，配置为美国 ARIEL 公司 KBU/6 型往复式压缩机和德国 SIEMENS 公司 1SB46366JE80-Z 驱动电机，配备了全自动的启停机控制系统，单台机组设计处理量 166 万 m^3/d。安装投用后满足了注气工艺要求的 81 万～1380 万 m^3/d 大流量变化需要。

DTY4000MH7in×7in×7in×5⅜in×5⅜in×5⅜in 压缩机组，单机装机功率为 4000kW，一级气缸缸径为 177.8mm、额定排气压力为 21.9MPa，二级气缸缸径为 136.525mm、额定排气压力为 42MPa，最大杆载受拉 333615N，最大杆载受压 355856N，压缩机具有一级、二级串并联增压功能，作用方式均为双作用。压缩机组配套设施主要包括冷却器、除油器、供电系统等。

2　运行情况分析

2.1　运行规律分析

2.1.1　历年运行数据总述

一区 4 台机组在 2013 年 9 月投运，二区 4 台机组在 2013 年 6 月投运，2018 年 5 月 8 日—11 日完成注气系统高限考核。从 2013 年至 2022 年运行约 10 年，截至 2022 年 4 月 30 日，单台机组运行总情况见表 1，历年运行状况见表 2，能源单耗历年统计见表 3。

表 1　单台机组基础情况统计表

机组编号	历年累运时间/h	历年累计处理气量/亿 m^3	历年累计消耗润滑油/t	历年累计耗电/(kW·h)	历年配件消耗/万元
1 号机组	23746.22	16.13	49.92	65077600	726.16
2 号机组	24788.98	16.20	52.29	66227400	833.96
3 号机组	25574.32	16.91	52.91	67344400	726.12
4 号机组	22906.36	16.01	48.37	64357400	834.25
5 号机组	23225.72	16.04	49.6	64798000	725.72
6 号机组	25875.09	17.04	55.01	69597400	840.15
7 号机组	20929.53	14.10	43.66	60005200	725.22
8 号机组	26575.8	17.12	55.9	70912200	840.84
8 台机组总计	193622.02	129.55	407.66	528319600	6265.4

相国寺储气库机组总体运行效果良好，7 号机组运行时间较短是因 2019 年一级缓冲罐失效未运行，其余 7 台机组总体运行各项数据持平接近，机组历年数据在正常范围内(图 1)。

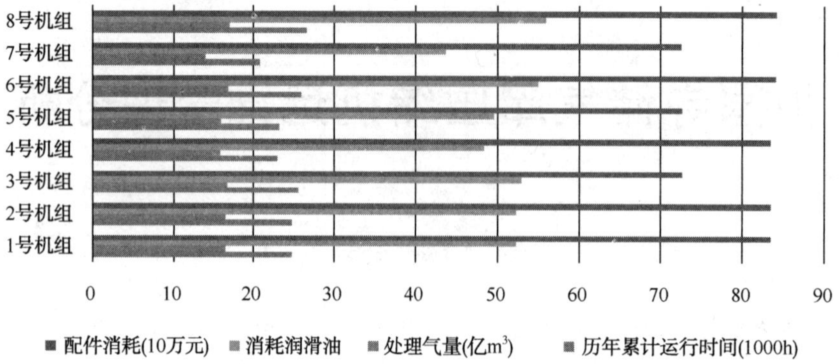

图 1　8 台机组各消耗量图

表 2　历年运行状况对比表

时间	2013 年	2014 年	2015 年	2016 年	2017 年	2018 年	2019 年	2020 年	2021 年
在用台数	8	8	8	8	8	8	8	8	8
累积运行时间/h	3890. 91	30217. 78	26488. 71	17598. 14	21289. 36	23728. 26	19224. 75	20831. 88	24895. 41
故障次数	25	62	163	62	18	11	7	10	18
故障停机时间/h	135	778	796	108. 25	36	18	58	20	16
故障影响产量/万 m^3	119	1980	2313	211. 9	255	165	350	192	148
机组利用率/%	14. 20	71. 21	53. 06	47. 98	57. 57	66. 08	54. 69	45. 37	68. 23
每 1000h 故障次数	6. 43	2. 05	6. 15	3. 52	0. 85	0. 46	0. 36	0. 48	0. 72
MTBF	156	487	163	284	1183	2157	2746	2083	1383
故障停机率/%	3. 35	2. 51	2. 92	0. 61	0. 17	0. 08	0. 30	0. 10	0. 06
外委维护费/万元	45	207	211	163	249	196	207	205	234

相国寺储气库机组从最先投产的的前三年故障率较高，到后面逐年下降，但 MTBF(平均故障间隔时间)在 2019 年达到最高值后有一定下降，这是由于近三年辅助系统故障停机次数较多导致(图 2)。

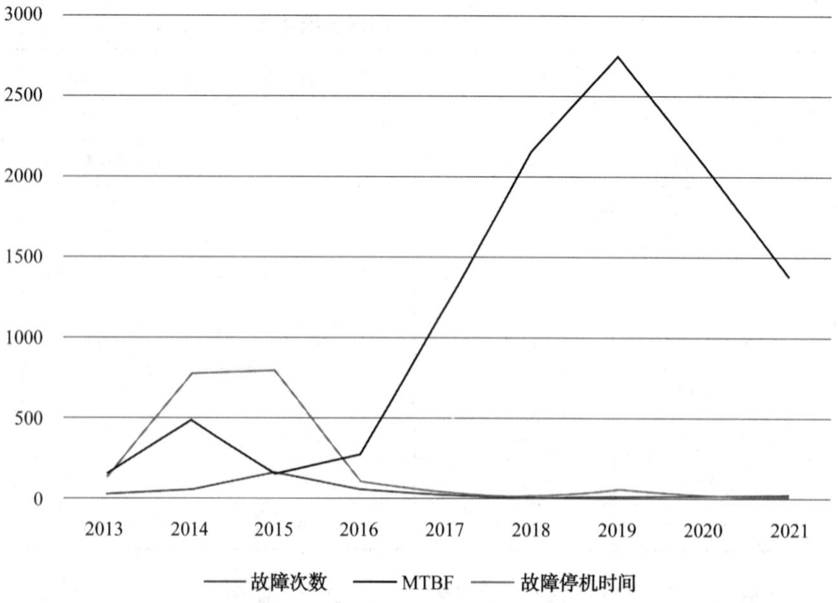

图 2　机组故障和 MTBF 统计图

表 3　能源单耗历年统计表

序号	单耗类型	阶段	单位	2013 年	2014 年	2015 年	2016 年	2017 年	2018 年	2019 年	2020 年	2021 年
1	电单耗值	注气期	kW·h/万 m^3	370.45	408.16	451.15	469.53	398.51	411.37	389.86	413.45	383.81
2	—		kW·h	5684900	67112300	69028400	56270400	60815400	68808400	56197200	56470800	73869200
3	—		万 m^3	15345	164426	153005	119843	152607	167266	144146	136584	192460
4	注气前库存/亿 m^3			3.66	5.25	20.68	26.73	24.95	23.91	27.07	28.18	23.34
5	注气后库存/亿 m^3			5.25	21.9	35.98	38.71	40.21	40.63	41.35	41.84	42.4
6	一年平均进机压力/MPa			3.5~4.9	5.5~5.9	6.3~6.5	6.5~7.5	7.5~8.5	7.5~8.5	6~8.5	6~8.5	6~8.5

相国寺储气库机组电单耗值有高有低，主要影响因素之一是储气库库存量的变化，上个采气期采气量较少，机组在当个注气期初期排气压力就会增高负荷增重，单耗值也随之升高。类似2020年注气量比2019年注气量少，但是耗电量和电单耗值都比2019年多，就是因为采气量少库存多，机组整个注气期排气压力高，负荷重。2016年电耗量最高的原因是进机压力低，机组在后期压力高负荷重。2021年注气量最多，单耗值反而低，主要原因一是由于库存量少，机组最先注气时负荷低二是由于扩容达产后注气井的数量增多导致注气期地层压力相对上涨较慢，三是注气前期改变了机组的工况，使用了一级压缩增大注气量。

电单耗值还受实际生产运行客观现实影响，2018年前期4~6月气源较少，在负荷低应该最大注气量时得不到气源保障，随着排气压力升高在7~9月又开始大流量注气，机组的负荷增多，导致电耗量增多。

2.1.2　润滑管理分析

2013—2016年8月，气缸润滑油按 Ariel 公司推荐使用壳牌 S1W680 矿物油，该油品40℃时黏度高达680mm²/s，为降低压缩缸磨损和降低油品黏度开展多种润滑油试验。

2017年3~6月储气库试用四种型号润滑油S1W460、S1B460、S2B320、S1W680。对试用润滑油各台机组压缩缸磨损速率来分析，以6号机组最高磨损速率0.49（mm/10000h）做基础，S1W460平均下降磨损速率46%，S1W680平均下降磨损速率45.5%，S2B320平均下降磨损速率47%，S1B460平均下降磨损速率53%（表4）。

表 4　润滑油降黏性对比表

机组编号	检测时间	润滑油品类/年．月	磨损量(6只缸)/mm	磨损速率/(mm/10000h)	以0.49的磨损速率对比下降百分比/%
1号机	2017.3 2017.6	S1W460	总磨损0.13	0.24	51
2号机	2017.3 2017.5	S1B460	总磨损0.09	0.21	57
3号机	2017.3 2017.5	S1B460	总磨损0.13	0.25	49
4号机	2017.3 2017.5	S1W680	总磨损0.18	0.35	29
5号机	2017.3 2017.6	S1W460	磨损0.11	0.29	41
6号机	2017.3 2017.5	S1W680	磨损0.255	0.49	0

续表

机组编号	检测时间	润滑油品类/年.月	磨损量(6只缸)/mm	磨损速率/(mm/10000h)	以0.49的磨损速率对比下降百分比/%
7号机	2017.3	S2B320	磨损0.19	0.26	47
	2017.5				
8号机	2017.3	S1W680	磨损0.07	0.187	62
	2017.6				

从以上分析S1B460试用情况较好，压缩缸磨损速率较低，与其他三种油对比有最高的的磨损速率下降幅度，综合考虑选用S1B460润滑油作为气缸润滑油。

现单台机组每天大约消耗S1B460矿物润滑油约50L/d左右，符合Ariel公司计算的45L/d要求，有5L/d多量是由于分配块运行至今，阀芯有一定磨损，造成实际消耗情况的差异。目前储气库压缩机组润滑满足相关制度要求，定期送检，按期换油，未有因润滑不当造成机组重大故障的情况(图3)。但使用的壳牌S1B460矿物润滑油有一定缺点，4~5号机组气阀和一级活塞体每次月保打开检查时均有积碳表面黑脏现象，其他机组很少出现该类现象。分析主要原因是4~5号机组是最先进气的一二区两台机组，气质较脏的东西先进入2台机组气缸中与矿物润滑油混合合造成的气阀和活塞体表面积碳。

	Cylinder Oil (Synthetic)	Cycle Time seconds	Oil Flow Liters/day
		Normal @ 995.0 RPM	
Throw 1, 3, 5 (Primary)	Cylinder Oil (ISO 680) w/ Compounding	12.1	29.6
Throw 2, 4, 6 (Primary)	Cylinder Oil (ISO 460-680) w/ Compounding	13.3	15.4
		Total:	45.0

图3　Ariel工况软件计算每天润滑油消耗值

2.2　故障及分析

2.2.1　历年故障停机统计

储气库KBU/6天然气压缩机组历经约10年运行，共发生故障停机381次，其中气阀故障179次，润滑系统故障57次，活塞杆断裂11次，空冷器跳闸9次。经统计，不同年份出现的重点故障不一样，不同类型的故障占比不一样，故障具有延时性、多样性、层次性、相关性等特征，图4为不同故障类型占比图，图5为不同年份出现的重点故障、故障次数图。

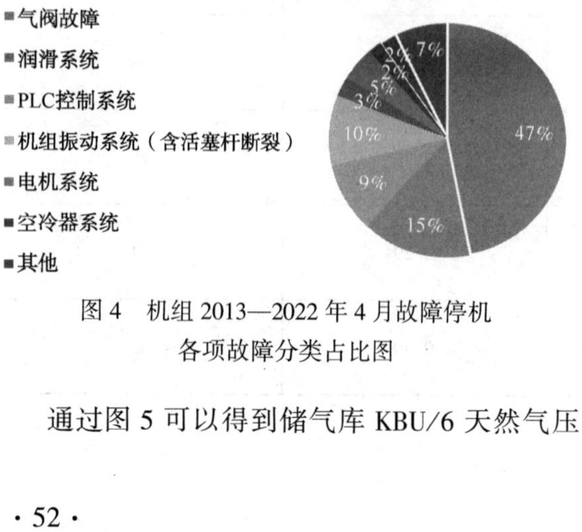

图4　机组2013—2022年4月故障停机各项故障分类占比图

通过图5可以得到储气库KBU/6天然气压缩机组前期运行故障较多主要原因是机组气阀不适应性，随着运行时间增加逐渐发生在机械压缩系统的故障：压缩缸磨损、振动超标导致螺栓断裂和缓冲罐失效、活塞杆断裂，待这些故障处理优化后，近两年主要是辅助系统老化故障。整体故障次数呈一个下降趋势，机械压缩系统的故障逐年减少。

2.2.2　2013—2015年气阀故障分析

储气库压缩机组共计发生气阀故障179次，其中2015年故障频次最高，为145次，严重影响了当时储气库的正常注气(图6)。但在2016年优选国产气阀后，该类故障明显减少，2017年气阀故障出现为5次，2019—2021年没有故障。

2015年3月对1号、5号、6号、8号机组气阀动态监测，发现各缸的缸头端/曲柄端的压力曲线，在进气过程和排气过程中压力波动偏大(图7、图8)。正常情况下，在进气开始时，压力曲线稍有波动，随后趋于平稳；排气过程中虽自始至终都存在压力波动，但是在气阀开启时，压力波动稍大，随后渐趋减小。而各缸在进气过程中，压力曲线一直波动；排气过程中，压力曲线波动的幅值偏大且等幅持续到排气结束。这说明气阀弹簧硬度偏大，导致气阀在进气/排气过程中出现反复开启现象，气阀寿命缩短，气阀损失功率加大。

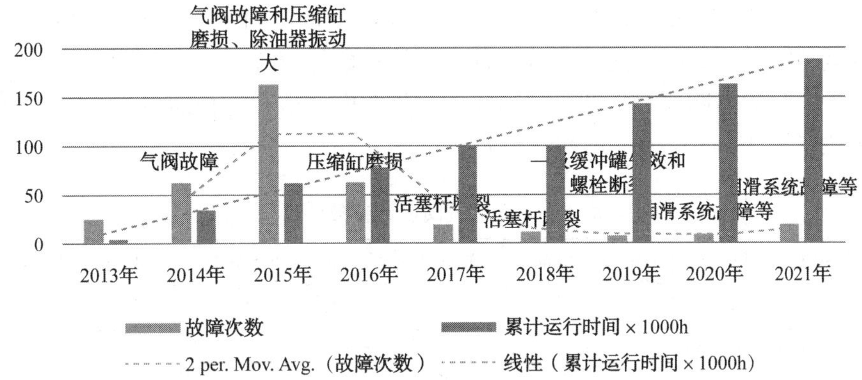

图 5　历年机组主要故障次数图

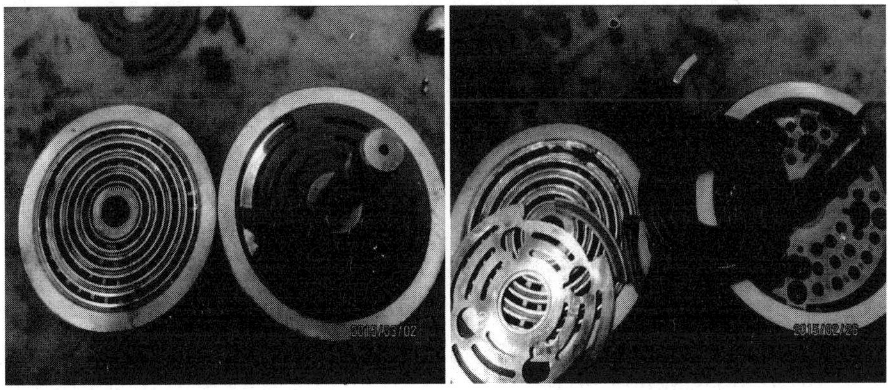

图 6　气阀损坏情况

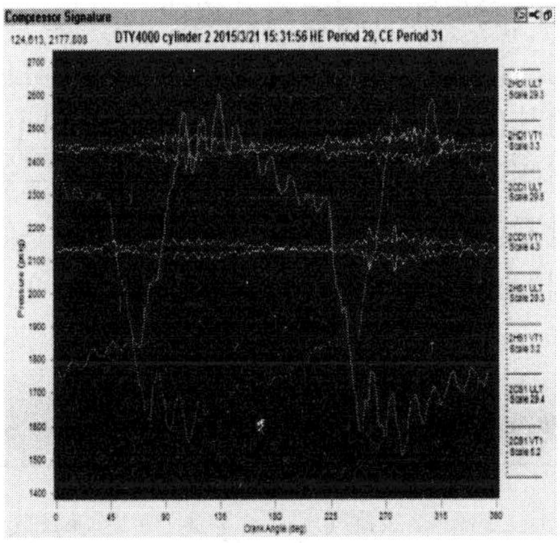

图 7　压缩 3 缸频谱(8 号机)

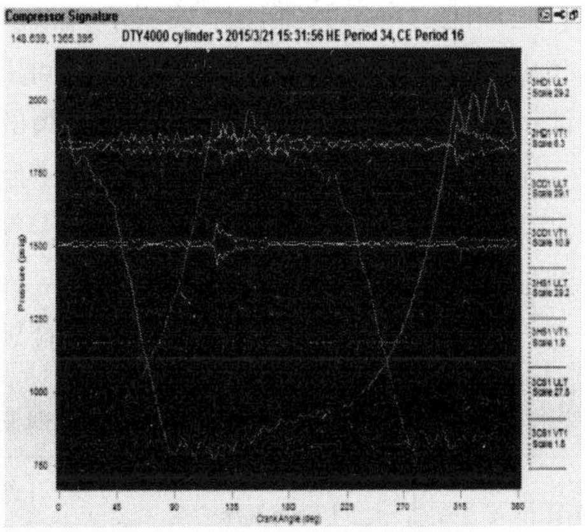

图 8　压缩 4 缸频谱(8 号机)

原装贺尔碧格气阀使用寿命短原因分析：

（1）储气库原厂配备的贺尔碧格的气阀不适用目前储气库压缩机组运行的工况，2015 年注气期机组进机压力约为 6MPa 左右，但机组设计进机压力为 7~9.5MPa。

（2）高黏度润滑油和原料气中携带粉尘附着在气阀上，造成阀片粘滞或打开延后的现象。成压厂气阀状态监测数据证实了一级进气阀(2 缸、4 缸、6 缸)存在明显颤振和打开延时特征。

为根本上解决气阀故障频发的现象，从

2015年3月起相国寺储气库组织成压分公司、上海环天、成都东创等厂家生产新型气阀及维修包试用，新型气阀的设计进气压力为5~9MPa，排气压力设计为9~30MPa，5号机组试用上海环天气阀，8号机组试用成都东创供货气阀。

在机组所有运行参数一致的情况下，从3种气阀的设计来分析，为加强阀片的强度，两家国产都将阀片厚度提高至10mm；为降低阀片的冲击力，上海环天、成都东创供货都增加了关闭弹簧及缓冲弹簧的数量，并且在弹簧上增加减振帽，去除了缓冲片的设计方式，以增加弹簧的使用寿命，根据弹簧数量的增加，上海环天、成都东创供货阀片的升程较贺尔碧格都有所增大(具体参数见表5)，成都东创供货气阀，上海环天气阀内部结构分别如图9、图10所示。

表5 一级进气阀设计参数对比

厂家	气阀流通面积/cm^2	阀片厚度/mm	关闭弹簧数量	缓冲弹簧数量	阀片升程/mm	备注
贺尔碧格	13.35	6	8	4	1.5	原装气阀
上海环天	13.60	10	14	14	2	
成都东创供货	26.48	10	16	16	1.7	

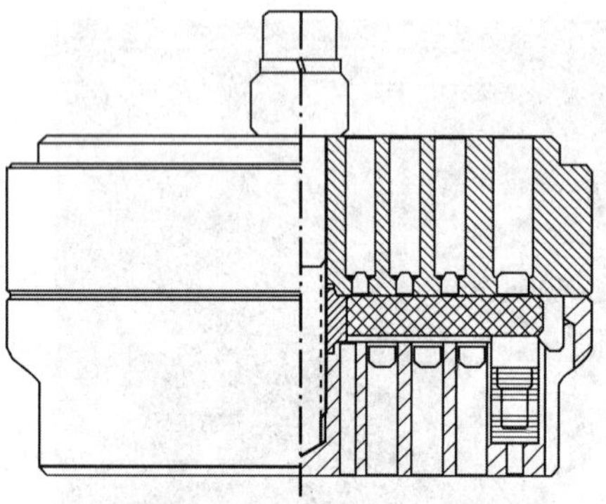

图9 成都东创供货气阀内部结构图

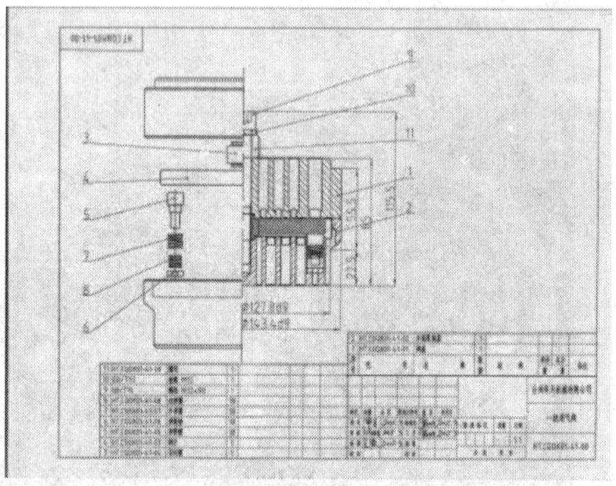

图10 上海环天气阀内部结构图

在实际使用过程中，试用的两种国产气阀在使用时间、处理能力等参数都比原装贺尔碧格所研制的气阀更好，成都东创供货的气阀在相同工况下，累计运行1500h，优于上海环天的气阀的使用效果。于2016年，相国寺集注站全面使用成都东创供货的气阀，气阀损坏率明显下降，气阀故障得到根本性解决。

在排查气阀故障时总结了一部分现场经验规律，从中可以指导操作人员快速辨识气阀故障。

气阀失效后阀盖温升规律：当某进气阀失效泄漏，该进气阀盖温度会升高，同一缸同一作用侧的其他进气阀盖温度基本不变，但同一缸同一作用侧的排气阀盖温度均会升高；当一级某排气阀泄漏，该排气阀盖温度会升高，同一缸同一作用侧的其他进、排气阀盖温度基本不变(表6)。

表6 气阀失效泄漏伴随其工艺参数变化规律

泄漏部位	1级进气压力	1级排气压力 2级进气压力	2级排气压力	系统气量
1级进气阀	○	↓	○	↓或○
1级排气阀	○	↓	○	○
2级进气阀	○	↑	○	↓或○
2级排气阀	○	↑	○	○

注：↓为下降；↑为上升；○为基本不变。

2.2.3 2014 年 3 号、7 号机组除油器振动异常偏高

2014 年 9 月在压缩机组运行过程中发现 3 号、7 号压缩机组后除油器振动较大，经过测试发现 3 号除油器上方离地 2m 处振动约为 40mm/s，离地 0.5m 处振动约为 10mm/s，7 号除油器上方离地 2m 处振动约为 45mm/s，离地 0.5m 处振动约为 12mm/s。

2015 年邀请加拿大 BRAT 公司对集注站后除油器振动原因进行检测，发现是因机组滑脱涡流频率与除油器固有频率接近，造成除油器共振，BEAT 公司建议在除油器上增加支撑杆的方式以提高除油器的固有频率，避免共振现象的发生(图 11)。

图 11 除油器振动原因检测图片

对 3 号、7 号机组后除油器增加支撑后，彻底解决了除油器异常偏高的振动问题，同时对 8 台机组后除油器新加振动监测探头并传输至中控室 DCS 系统。

2.2.4 2015 年—2019 年 12 月压缩缸磨损

储气库管理处自 2015 年—2019 年 12 月，更换新缸 21 只(18 只国产，3 只进口)，因压缩缸耐磨层(渗氮层约 0.16mm)磨完修复有 34 只压缩缸，其中 30 只进口缸，4 只国产缸。在 2014 年 11 月至 2015 年 3 月年保时首次开展检测 8 台机组缸径，该阶段单台机组运行时间约 3800~5400h，8 台机组一二级压缩缸不同程度出现磨损，而相应的活塞环、支撑环未见明显磨损，其中 5 号机组 6 缸磨损最大，阶段运行 5346h，最严重地方磨损达到 2.63mm，磨损速率达到 4.75mm/10000h，磨损量超过缸径报废极限值(磨损量≥1.12mm)的 2.3 倍。从 2015 年 4 月开始在机组月保时对压缩缸进行缸径检测并记录基础信息，以便及时发现异常磨损现象和必要时调整机组运行。缸磨损现象为内径径扩大呈腰鼓状，气缸两端最严重。

在铜相线建设时残留在管道内的污物随着注气逐步带入注气管网，2015 年在清管作业中抽取了部分污物进行化验，污物主要成分为氧化铁(约 50%~80%)和二氧化硅(约 10%~13%)组合的极细粒粉尘，粒径为 1~15μm。而大量粒径 <5μm的粉尘通过过滤分离器滤芯进入压缩缸与高黏度润滑油混合形成研磨膏，在机组994r/min 的转速下，高频次研磨造成压缩缸短时间内全行程异常磨损，在气缸两端最严重。在 2018 年对注气管网打开检查，发现在分离器下游的注气集输管汇中有大量一定湿度的细颗粒附在管壁上，在机组埋地汇管有约 11cm 深的污物(图 12~图 15)。

图 12 异物附在管汇图(厚度度约 1.5cm)

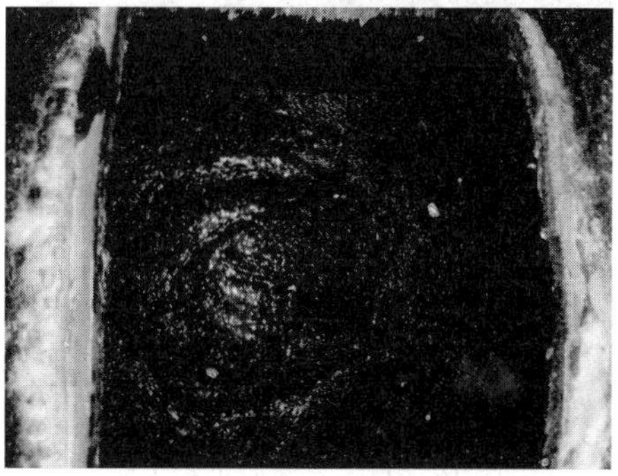

图 13 机组进口埋地汇管管内污物

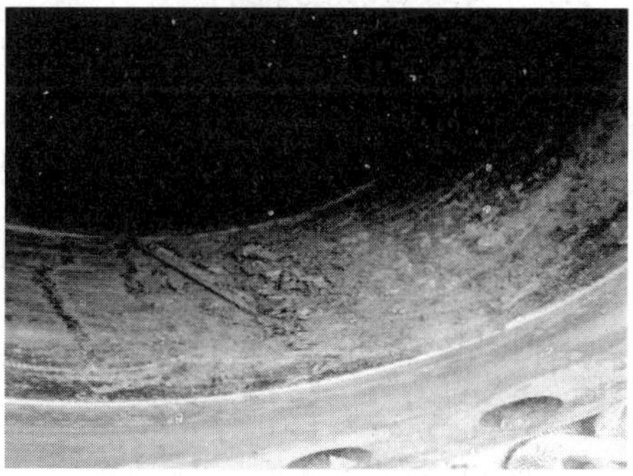

图 14 污物附在管汇图

图 15 收集的部分污物

相国寺储气库在 2014 年注气期首次开展铜相线清管通球，污物约 50kg。在 2015 年注气期开展了 41 次清管通球、52 次更换分离器滤芯和 23 次清掏除尘器，管道中的污物约 5958kg，除尘器中的污物约 5175kg；在 2016 年注气期开展 5 次清管通球，污物约 208kg，除尘器无污物，相比 2015 年污物总量减少了 98%；2017—2019 年清管通球污物重量减少到 2~4kg，达到正常清管通球污物要求。以上可以看出，管道中大量游离态的污物已通过历年开展的工作基本清楚干净，部分未能清除的粉尘可能还板结在铜相线管网中。

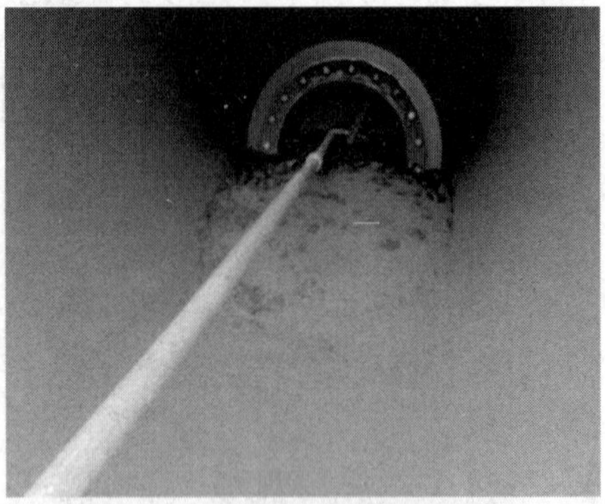

图 16 2015 年清管处粉尘照

图 17 2015 年清管器严重磨损

从表 7 可以得出，2015 年频繁的清管通球和更换滤芯时，大量污物虽被清理出来，但少量的污物依然通过过滤分离器进入了压缩机组，造成气阀不适应，频繁更换。2016 年在使用改造的气阀后，还是出现了 19 次气阀损坏现象，说明气阀损坏的部分因素是由于污物杂质过多的进入了压缩机导致气阀损坏。2017 年清管污物减少到 3. 5kg，全年气阀损坏 3 次，在正常范围内。但在 2018 年 7 月清管通球时，因污水量较大进入了分离器后端的管汇中，板结在管汇上的粉尘经过污水的浸泡后脱落，随着气流逐渐进入压缩机组，在通球后的一个月内机组气阀损坏了 12 次，远超过一个注气期气阀损坏次数正常范围。从以上可以看出：清管作业中超量的污物或污水将增加下游过滤分离器滤芯更换的次数和气阀损坏的次数，而气阀的损坏也必定会让污物进入压缩缸中，造成压缩缸异常磨损。

表 7 清管通球、分离器更换滤芯和气阀损坏次数情况统计表

序号	时间/年	铜相清管通球次数	通球污物/kg	分离器滤芯更换次数	气阀损坏次数
1	2014	1	50	5	8
2	2015	41	5957. 5	52	145
3	2016	5	208	—	9
4	2017	8	3. 5	—	5
5	2018	2	4	—	12
6	2019	2	2	2	0

相国寺储气库在 2015 年 6 月、2017 年 3 月、2018 年 11 月开展了 3 次 8 台机组一二级进气缓冲罐洗涤罐清洗工作，表 8 是对每次清洗后一个注气期压缩缸磨损速率的统计。

从表 8 可以看出，机组一二级进气缓冲罐清洗后能适当的减缓压缩缸磨损。在 2018 年 11 月对注气管汇开展了物理化学清洗工作，基本已清除集注站站内分离器后端管汇中的污物，在 2019 年 8 台机组检测压缩缸，阶段时间内磨损速率已降至历史最低，并且当年磨损的 5 只缸再后续的跟踪分析并未持续增大(表 9)。

2015 年—2019 年之间压缩缸磨损主要原因是由于上游系统带入压缩缸粉尘和污物较多，在高转速和高黏度润滑油作用下形成类似“研磨膏”磨损压缩缸。通过对铜相线清管通球、更换过滤分离器滤芯、润滑油降黏性实验、集注站内压缩机组前端埋地管道物理化学联合清洗等工作，粉尘问题在2019年得到基本解决。

表8　机组在清洗后一个月压缩缸磨损速率统计表

序号	时间/年	压缩缸磨损速率/(mm/万h)	阶段运行时间/h	备注
1	2015	0.53	26488	8台机组磨损数据
2	2017	0.20	21289	8台机组磨损数据
3	2019	0.07	19224	8台机组磨损数据，磨损的5只缸后期都未再增大

表9　历年机组48只压缩缸磨损速率统计表

序号	时间/年	压缩缸磨损速率/(mm/万h)	阶段运行时间/h	备注
1	2013—2014	0.64	38209	2015年3月年保时首次进行缸径测试
2	2015	0.53	26488	更换新缸，磨损严重的缸优化整合在两台机组上应急备用
3	2016	0.45	17598	铜相线开展了多次清管通球、注气管网爆破吹扫、多频次开展除尘器清掏和分离器滤芯更换工作
4	2017	0.20	21289	—
5	2018	0.19	23728	—
6	2019	0.07	19224	3月完成注气管网打开物理化学清洗，5只磨损缸至2022年未继续磨损

2.2.5　2020年—2021年7月压缩缸磨损

相国寺储气库2020年12月年保中检查发现7号机组5缸异常磨损。2021年5月月保中陆续检查发现1号机组2、4缸，2号机组6缸，7号机组4缸异常磨损。主要原因是2013—2019年3月前进入压缩缸内粉尘造成的活塞环槽出现不规则磨损(梯形状，1、6道环磨损最严重的)，随着压缩机组运行，活塞环侧隙超标偏大，活塞环不规则运动并产生较大的扭转力，活塞环局部磨损和脱落，引起压缩缸异常磨损。二级压缩缸较一级缸小且二级缸活塞体带尾杆，二级活塞运行相对平稳；在活塞环侧隙均超标的情况下，一级活塞环不规则运动并产生较大的扭转力，造成活塞环和压缩缸磨损加剧，故一级压缩缸(4只)磨损占比较二级压缩缸(1只)多。

处理措施：由于活塞环槽不便于修复，后期管理难度大和成本较高，对一级活塞体更换为国产活塞体，对二级活塞带杆全部更换为进口新的活塞杆，同时制造试用2件国产二级活塞带杆。压缩机组管理新增基础资料：形成国产活塞环、活塞杆、气阀、滤芯等所有零配件全生命周期管理记录。

2.2.6　2017年5月—2022年4月一级活塞杆断裂故障

从2017年5月首次出现活塞杆断裂到2022年4月，共出现11次一级活塞杆失效，其中10次为进口一级活塞杆，1次为国产一级活塞杆。断裂后采用Ariel Performance软件进行压缩机工况计算，机组负荷、杆载和反向角均处于正常值范围内。活塞杆断裂位置均处于活塞杆设计的薄弱处，断裂后未对压缩机组其他传动部件造成影响。

重庆大学对断裂活塞杆进行金相分析、力学性能以及疲劳应力分析。检测报告结论为：①活塞杆材料组织中存在较严重的不均匀性，相间部位的微区成分存在差异性，使其组织应力增加。②材质中存在的较大尺寸带状偏析的碳化物尖端易导致应力集中，在活塞杆液击后成为裂纹源。

活塞杆断裂的根本原因是：①压缩机做往复式运动时遭受了液击，致使活塞杆R处受损伤，在运行一段时间后断裂。②2018年以前的液体主要来源在为采气期跑醇从地面集输系统进入压缩机组埋地管汇中。③在2018年10月集输区汇三处增加了采气期关闭的球阀后，但之前受损的活塞杆随着机组杆载负荷增重后，陆续断裂

(图 18~图 20)。④活塞杆断裂集中在 4~5 号机组中，原因是机组进气管线最先至 1 区的 4 号机组和 2 区的 5 号机组，该两台机组吸收了大部分的液体导致活塞杆受损。⑤1 区 1-4 号机组活塞杆都断过，而 2 区只有 5 号机组断裂过，主要原因是 2017 年起机前两周一直使用的 1 区 4 台机组，2 区未进气，导致液体随着气流全部进入了一区机组中(图 21)。

表 10　历年活塞杆断裂统计表

序号	机组	断裂时间/年．月．日	断裂位置及缸号	进气压力/MPa	二级排压/MPa	断裂时单台机组累计运行时间/h	活塞杆杆载	反向角
1	3 号	2017. 5. 31	6 缸靠近活塞处	7. 48	20. 72	11068	76. 3C51. 0T/19. 6C21. 1T	161/169
2	4 号	2017. 7. 25	2 缸活塞并冒里	7. 38	24. 82	10462	79. 6C54. 1T/31C33. 3T	165/178
3	4 号	2017. 9. 23	6 缸活塞并冒里	7. 93	24. 02	11401	63. 8C39. 1T/33. 7C36. 1T	119/178
4	2 号	2018. 5. 4	4 缸靠近活塞处	7. 03	17. 34	13618	68. 5C45. 2T/12. 2C13. 2T	139/166
5	5 号	2018. 6. 5	6 缸活塞并冒里	6. 6	19. 11	12513	67. 4C45. 0T/19. 8C21. 3T	139/169
6	5 号	2018. 9. 18	2 缸活塞锁紧螺母	7. 76	24. 89	14433	83C56. 3T/29. 2C31. 4T	166/176
7	4 号	2019. 5. 6	2 缸活塞锁紧螺母	7. 75	20. 64	3999	78. 6C52. 5T/18C19. 4T	163/169
8	5 号	2019. 5. 21	6 缸活塞并冒里	7. 7	21. 6	3258	79. 2C53. 1T/20C22. 4T	163/57. 4
9	4 号	2019. 6. 24	4 缸活塞锁紧螺母处	7. 7	24. 7	15251	78. 6C54. 1T/31C33. 3T	139/166
10	1 号	2021. 9. 17	压缩 2 缸并冒	7. 4	26. 8	22483	85C56. 3T/29. 2C31. 4T	154/162
11	4 号	2022. 4. 13	6 缸国产活塞并冒处	6. 74	16. 01	22486	76. 3C51. 0T/19. 6C21. 1T	119/178

图 18　活塞杆 R 处出现裂纹

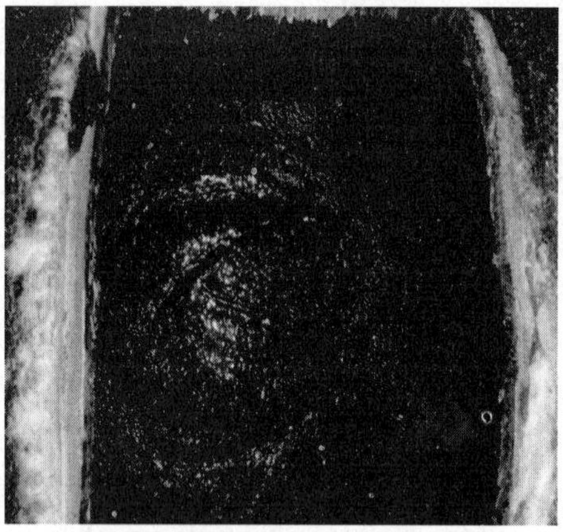

图 19　机组前端埋地汇管内约 11cm 深污物

图 20　活塞杆 R 处断裂图

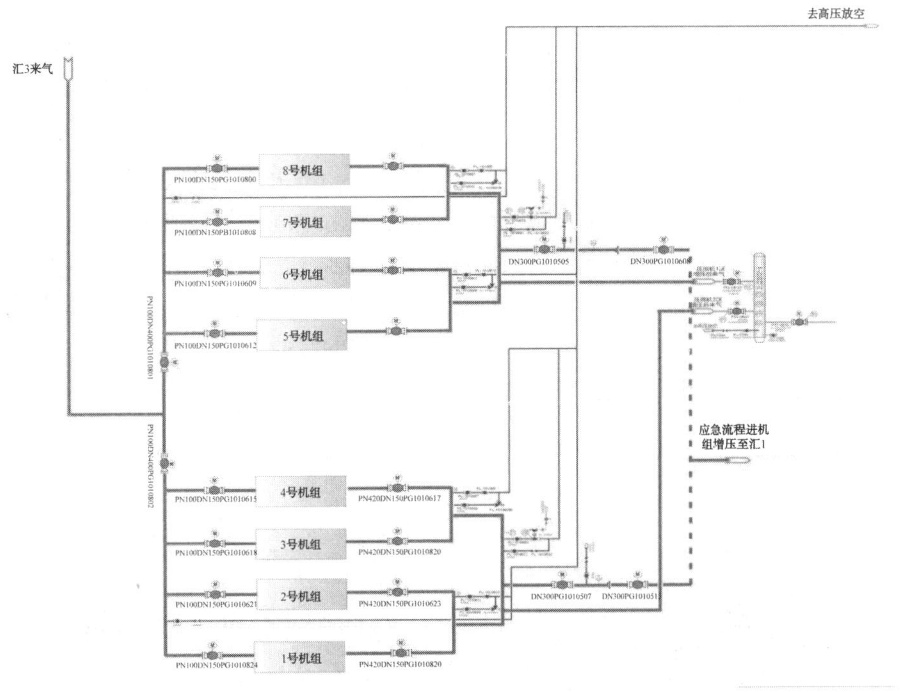

图 21　机组空冷器区流程图

2.2.7　2018 年—2020 年一级进气缓冲罐失效及连接螺栓断裂

2018 年 9 月—2020 年 3 月期间，通过日常巡检和机组保养共发现 10 次螺栓断裂情况，合计断裂 22 根；出现一级进气缓冲罐开裂失效 1 台．次(7 号机组)(图 22~图 24)。

图 22　螺栓断裂图

图 23　螺栓断裂图

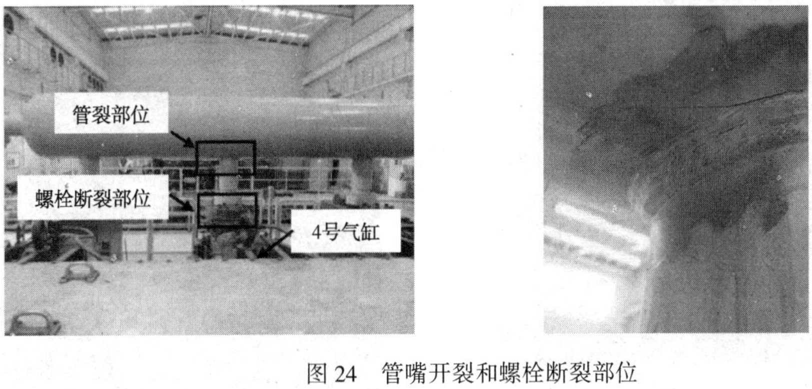

图 24　管嘴开裂和螺栓断裂部位

重庆大学材料学院对断裂螺栓以及1个完整螺栓进行了金相分析，测试结果：

① 送检螺栓化学成分接近42CrMo，其主要元素C、Cr和Mo元素符合国家标准。②螺栓组织均匀，未见明显缺陷。③抗拉强度、屈服强度远高于42CrMo国家标准，延伸率达到国家标准。④螺栓断裂的主要原因应是其服役环境存在交变应力导致的疲劳断裂，而非材料本身性能所致。

通过对压缩机组运行情况分析，造成机组螺栓断裂及压力容器管嘴开裂的主要原因：

振动高是由气缸内交变气体力的作用所引起的，应力集中在连接部位中间的压缩4缸与缓冲罐连接处，造成螺栓及管嘴疲劳断裂。通过加拿大中加公司分析模型如图25所示，一级进气缓冲罐相对中间4号气缸的变形比对其他2个气缸(2号气缸和6号气缸)的变形大，如圈内所示，这是因为三个气缸的交变气体力相互存在120°相位差的缘故。

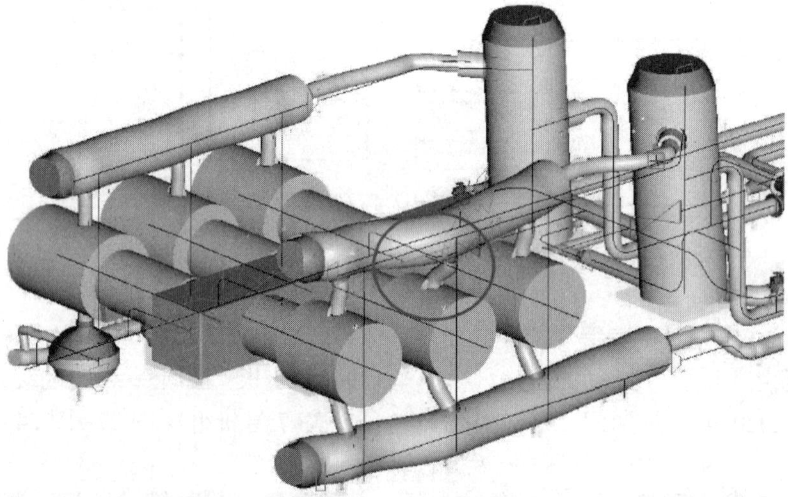

图25　计算的机组振动响应

整改措施：2020年3月开始组织对机组进行振动治理，逐步对所有机组一级进气缓冲罐进行更换，由原来的一个变更为两个，消除应力集中，并增加斜支撑；对振动较大的进气管线、放空管线增加支撑。截至2021年8月，暂未发生机组连接螺栓断裂情况，机组振动值全部达标(图26)。

图26　振动治理后效果图

2.2.8　润滑系统故障

近3年期间共发生35次故障，其中润滑系统无油流报警故障占22次，运行10年润滑系统故障共57次，除压缩机本体故障次数外排第二。并且均发生在气缸润滑系统故障中，主要故障出现在：①分配器故障②无油流开关故障③注油泵故障，主要原因是各配件使用时间久存在老化磨损(图27、图28)。

图27　4号压缩机组一级分配器外部图

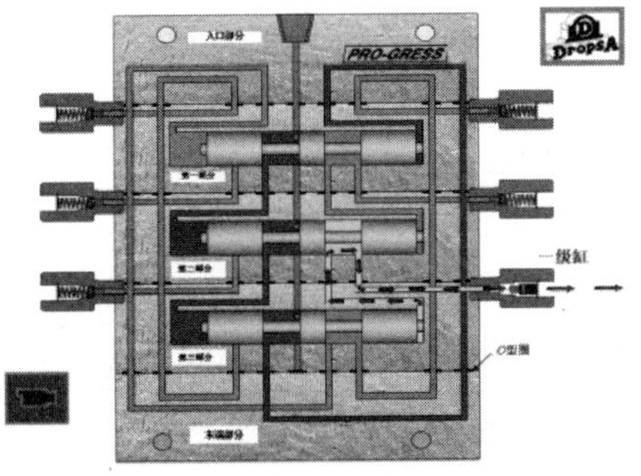

图 28　分配器内部结构图

分配器常见的故障现象为：①分配器内部进入污物杂质，导致活塞产生过度磨损、卡阻现象。②长时间运行导致活塞磨损严重而失效，润滑油得不到有效排出而形成堵塞。③O 形圈密封失效，导致润滑油泄露，装置内部泄压，影响润滑油的输出(图 29)。

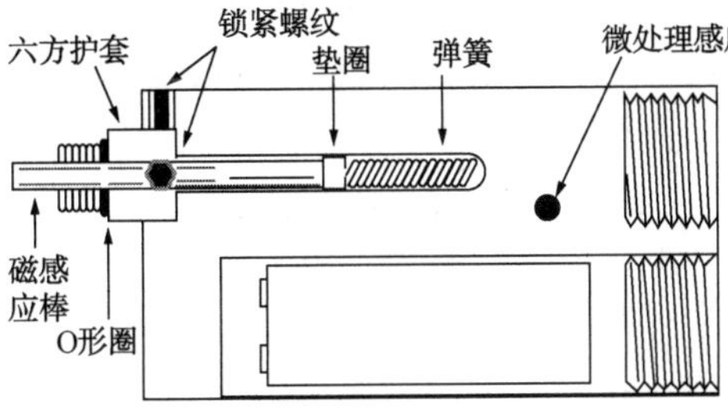

图 29　无流油开关装置示意图

无油流开关装置常见的故障类型为：①磁感应棒频繁运动导致摩擦受损，形成卡阻现象。②O形圈密封失效。③弹簧的弹性缺失：由于长时间形变压缩，导致内部弹簧失去弹性。④外在环境的影响：压缩机组振动和环境温度，过高的温度导致微处理感应器故障，而频繁振动会导致无流油开关装置传感器连接松动，从而致使信号传输的中断。⑤电池使用久后无电。

注油泵的常见故障主要体现在：①泵体内部元件过度磨损造成摩擦力减小(如调节杆、柱塞、凸轮等易受损部位)，导致润滑油堆积卡阻，这样会使无油流开关动作造成停机风险。②柱塞弹簧老化失效或锈蚀：长时间运作导致弹簧性能失效，或是注油泵密封不严促使空气水分进入导致润滑油乳化和柱塞弹簧锈蚀等现象。③注油单泵中出口密封垫密封失效或单向阀老化(图 30)。

2.2.9　阀门、液位计等故障

运行 10 年以来，因三段式球阀本体微漏更换阀门十余次，原安全阀厂商停产不再生产，因安全阀失效停机整改十余次，8 台压缩机组后除油器高压液位计全部微漏停止使用，现机组上的加载旁通阀存在内漏情况，造成单台机组少量气体打小循环，减少了注气量并且浪费电力能源。随着机组运行，类似故障将越来越严重，越来越突出，可能出现不仅仅在阀门上，还可能存在机组的各个环节。

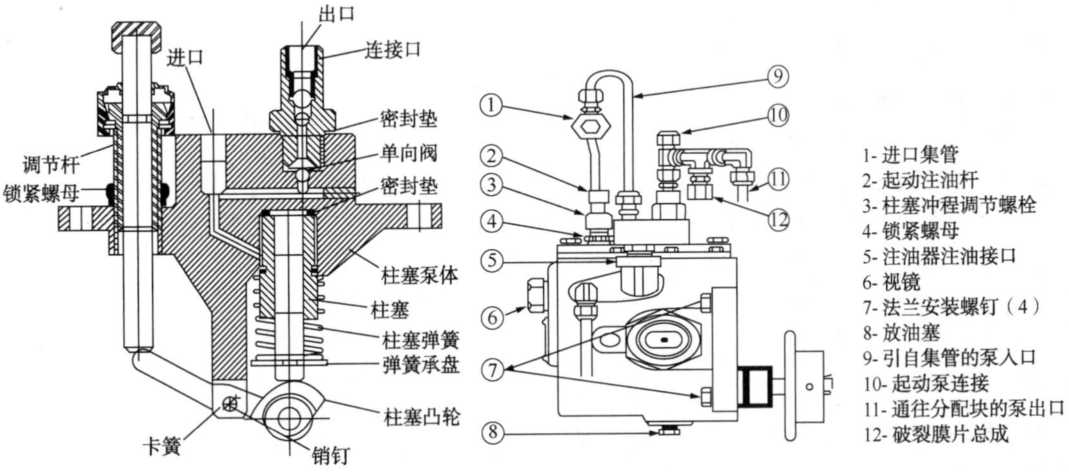

图 30　注油泵结构示意图

3　运行管理优化措施

(1) 改变巡检思路。针对储气库八台机组巡检特点，为了避免员工产生疲劳巡检和减少在高噪声环境下工作时间，按实际需要编制发布了 AB 类巡检工单，A 类巡检一天一次详细巡检，B 类巡检较为简单以检查漏点为主，属地班组和外委驻站单位错开 A 类巡检时间，以达到每天重点时段对机组监控。

(2) 加强基础检测。在 2018—2020 年期间，因压缩机组振动超高导致螺栓断裂和一级进气缓冲罐失效，为确保机组本质安全。每周新增对运行的压缩机组全覆盖检查不少于1次，检查范围有一级、二级洗涤罐与进气缓冲罐连接管线螺栓、缓冲罐与压缩缸连接螺栓以及缓冲罐角焊缝外观检查。同时增加压缩机组每周1次振动检测的内容，全覆盖所有振动较大部位：机组进排气管线、缓冲罐、洗涤罐与进气缓冲罐连接管线、除油器进气管线。所有检测点均需采集X、Y、Z轴的速度、加速度、振幅数值，记录检测时机组运行工况，原则上需使用频谱振动检测仪进行检测，所有数据均需存档。2021年振动治理达标后取消每周重点部位检查内容，保留每周振动检测内容。

（3）清洁生产设备。进气天然气温度较低导致一级缓冲罐和压缩缸表面积水，从而锈蚀机组气阀阀盖螺栓和缓冲罐连接螺栓，从2018年开始新增外委维护单位在每天三次巡检时同时对压缩缸表面的积水进行清理，有效的通过人工手段减缓了螺栓锈蚀问题。

（4）配备辅助工具。2019年新增了一二区厂房机器人巡检和手持式甲烷激光炮检测，这两种技术性检测方法多次检查出设备设施微漏、空冷器微漏等日常不易巡检出来的故障，提高了巡检的质量。

（5）预防性更换易损件。8台机组三段式手动球阀和安全阀历年失效十余次，建议逐年批次更换为二段式球阀和新安全阀(原厂已停产)，以减少机组非计划停机故障。针对4～5号机组活塞杆断裂频繁、气阀积碳故障，建议对该两台机组使用的活塞杆材质性能能提升一定的强度级别。同时气缸润滑油试用同型号的合成润滑油，这样既能减少每日气缸润滑油的消耗，又能减缓气阀活塞体积碳现象，同时还能验证加注合成油的工况下除油器上的过滤效果。

（6）配件全面国产化。压缩机组在未来进入注气的第10～20周期，将迎来较多来自非机械压缩系统本身以外的故障，为前瞻性解决这些故障。建议从技术管理着手，对机组周边辅助系统最先进的设计、制造、产品进行一次全面的了解和摸排，以改变只是更换原配件这种简单故障处理手段，得从根本性解决故障。现在储气库压缩机组上的附属设备产品相对已落后了10年。类似润滑油分配块、注油单泵、润滑油加热系统、电机吹扫系统配件、国产化活塞杆的设计、国产化填料刮油环、高压系统的液位计等是否有更好的替代品现在无从知晓。

4　结论及建议

4.1　结论

压缩机组运行近十载，总体安全健康可靠，机组在每个注气期都能高效的完成注气任务。故障次数随着时间运行从高到低逐步递减，故障类型从本体机械故障到辅助系统故障，这与运行时间是牢不可分的，每个运行时间阶段出现的故障特点是一样的，证明8台机组具有一致性。

4.2　建议及下步工作

（1）开展压缩机组全生命周期管理基础资料数字化，并实现表格、故障分析报告、工况分析在管理处数字化管理平台上生成，以方便管理处所有人员查阅基础资料。

（2）完成建设运行8台机组的新除油器，以减少润滑油进入下游管网和井筒造成污染。

（3）完成对机组月保时间适应性长周期运行分析对比，以减少机组因保养时间导致的日注气量减少，同时减少人工作业量降低设备设施打开的风险。

（4）完成往复式压缩机组和离心式压缩机的优化运行，科学合理调配机组注气。

（5）彻底解决压缩缸异常磨损问题，并成功运行激光熔覆缸等其余重要部件再制造工作。

（6）完成机组重要配件的国产化运用，彻底解决授国外关键配件技术卡脖子问题，尤其是在除油器密封圈、填料、刮油环、高压液位计、螺栓等。

参　考　文　献

[1]《油气田地面工程压缩机选用与运行维护工作指导意见(试行)》

[2]《西南油气田分公司天然气压缩机组管理办法》西南司设备〔2017〕1号

[3]《储气库管理处天然气压缩机组管理实施细则》储气库〔2020〕34号

[4] API-618《石油、化工和天然气工业用往复式压缩机》

[5] API-614《润滑、轴密封和控制油系统及辅助设备》

[6] API-11P《油气生产用往复式压缩机规范》

[7] JB/T9015—2013《大型往复活塞压缩机技术条件》

[8] Q/SY XN 0534—2019《储气库电驱往复式压缩机组运行管理 规范》

[9] KBU/6 压缩机操作维护说明书2020年版

[10] 柏谷一明《压缩机润滑油和维护保养》

[11] 相国寺记住站增压管理月报、年报及故障分析报告

相国寺储气库脱水装置乙二醇异常消耗原因分析

蒋春健　姜婷婷　屈俊宇

（重庆相国寺储气库有限公司）

摘　要　如何准确查明乙二醇异常消耗的原因，快速定位跑醇位置，对减少和控制天然气脱水中乙二醇的消耗至关重要。为了提高乙二醇异常消耗原因判断的准确性和可靠性，将天然气处理系统和乙二醇再生系统分开进行分析，通过对高效分离器降液管压差和重沸器提浓效果和再生塔流通能力的计算，并与设计文件进行对比，最终得出相国寺储气库第八采气期乙二醇异常消耗的主要原因是重沸器提浓效果差和再生塔流通能力弱，不适合大产量生产的工况，并提出相应改进措施，为相国寺储气库采气期提质增效，降低生产成本提供理论支持。

关键词　乙二醇；重沸器；再生塔；降液管压差

乙二醇是无色无臭、有甜味的液体，对动物有毒性，人类致死剂量约为 1.6g/kg。乙二醇能与水、丙酮互溶，不溶于石油烃及油类，沸点达 197.3℃，因此相国寺储气库在 J-T 阀脱水装置中使用乙二醇作为水合物抑制剂，防止天然气节流后产生水合物造成管线冻堵，再通过高效分离器将乙二醇富液与天然气分离后，进入再生系统进行提浓。但运行至第八采气期时，单套脱水装置天然气处理量逐步增加至 700 万 m^3/d 时，出现了规模较大的乙二醇异常损耗，尾气焚烧炉底部有大量液体流出现象，多次检测该液体中乙二醇浓度范围为 35%~44%。整个采气期间乙二醇损耗总量达 209.05t（浓度 100%），醇耗率为 105.3mg/m^3，远超过 15mg/m^3 的设计量。

1　基本情况

相国寺储气库天然气处理系统共设置 4 套具有相同处理能力的 J-T 阀脱水装置，采用节流膨胀制冷，低温分离脱水工艺，对进入集注站的原料天然气进行脱水处理，实现天然气的干气输送，单套 J-T 阀脱水装置设计处理量为 700 万 m^3/d，正常工况下 4 套装置总的设计处理规模为 2800 万 m^3/d，年运行时间 3000h 左右，共用一套乙二醇再生系统，设计处理量为 1815kg/h。

2021 年扩容达产建设工程完成后，第八采气期气相比第七采气期采气能力大大提升，最大日采气量达 2884 万 m^3，最大采气瞬量达 2906 万 m^3，并顺利完成 7 天高限考核（表 1）。

表 1　第七、第八采气期数据对比

采气期	11 月	12 月	1 月	2 月	3 月	合计
第七采气期/万 m^3	26545.03	69977.64	53207.98	13218.59	15022.73	177971.98
第八采气期/万 m^3	13006.18	48937.07	81813.54	49691.84	4686.04	198134.66

在第八采气期四套脱水装置天然气处理系统运行平稳，未出现故障停车、超温超压的运行状况，脱水后干气水露点达标，各项关键参数满足设计及方案要求（具体参数见表 2）。

2　存在问题

自 2013 年投产以来，相国寺储气库共历经八个采气期，但运行至第八采气期时乙二醇消耗量突然增加至 209.05t，平均醇耗率达 105.5mg/m^3，远高于脱水装置管理细则中 15mg/m^3 的正常醇耗率值（具体数据见表 3）。

第八采气期初期，采气量低于 2800 万 m^3/d 时醇耗率较小，当采气量大于 2800 万 m^3/d 时，醇耗率突然增加至 134.26mg/m^3，并且采气后期处理量降至 2800 万 m^3/d 以下时，醇耗仍然一直居高不下，直至采气量降至 1300 万 m^3/d 以下，两套脱水装置运行时，乙二醇消耗量降为 0（具体参数见表 4）。

表 2　脱水装置第八采气期运行基本情况表

脱水装置名称	处理气量/万 m^3	生产时间/h	J-T 阀前后压差/MPa	J-T 阀前温度/℃	J-T 阀后温度/℃	日处理量/万 m^3	干气水露点/℃
1#	48511.3935	2011.7	0.97~2.99	-3~2.3	-11.5~0	365~720	-15.0~-19.7
2#	48492.0927	2061	0.98~2.88	-2.1~3.2	-12.6~0	312~720	
3#	51746.4205	2190.9	0.92~2.90	-2.2~4.3	-13.2~0	376~721	
4#	49384.7533	2073.1	0.91~2.92	-2.5~1.8	-12.8~0	273~720	
合计	198134.66	8336.7	/	/	/	/	/

表 3　历年乙二醇消耗数据表

采气期	总处理量/万 m^3	运行时间/h	日最大处理量/万 m^3	贫液平均浓度/%	富液平均浓度/%	醇耗量/t	醇耗率/(mg/m^3)
第五采气期	139697.24	7475.4	1924	82.7	70.69	18.71	13.39
第六采气期	165839.55	8064.9	2028	82.12	70.69	20.99	12.65
第七采气期	177971.98	8887.4	2356	80	67.90	74.92	42.1
第八采气期	198134.66	8336.7	2884	76.15	61.34	209.05	105.5

表 4　不同日采气量乙二醇消耗数据表

运行时间	处理量产量/(万 m^3/d)	运行天数/d	总处理量/m^3	醇耗量/t	醇耗率/(mg/m^3)
11.12~12.18	400~2000	37	285227810	4.92	17.25
12.19~12.25	2000~2800	7	165615210	1.80	10.87
12.26~1.12	2800+	18	510308370	68.52	134.27
1.13~2.10	2800~2000	29	686063660	93.16	135.79
2.11~2.27	2000~1300	17	283659410	40.29	142.04
2.28~3.13	1300~0	7	53908680	0	0.00

3　原因分析

从第八采气期乙二醇消耗数据中可以看出，在采气中后期乙二醇消耗率大幅增加，远高于脱水装置管理办法中 15mg/m^3 的正常值。为验证乙二醇异常消耗的具体位置，对脱水装置天然气处理系统和乙二醇再生系统分别进行分析。

3.1　天然气处理系统醇耗分析

因第八采气期乙二醇异常消耗量较大，为确定异常“跑醇”的具体位置，相国寺集注站于 1 月 11 日 8 点 30 停止热媒炉运行，利用高浓度的乙二醇开启为期两天的再生系统冷循环试验(具体试验数据见表 5)，实验过程采取乙二醇缓冲罐 B 罐(浓度 92%)的贫液进脱水装置，脱水后的富液进入 A 罐的循环方式，取贫富液热交换器(贫液)和闪蒸罐(富液)中的乙二醇进行数据对比。

通过表 5 数据可以看出，冷循环过程中贫富液浓度均在下降，最终稳定在 61%，但乙二醇并未出现异常消耗。1 月 13 日早上 8 点冷循环结束，生产至晚上 20 点 40 分时，脱 2 高效分离器突然出现大量跑醇现象，液位从 350mm 下降至 80mm，液位调节阀与气动切断阀均关闭，脱 1、脱 3、脱 4 液位无明显变化。4 套脱水装置高效分离器压差均上涨，脱 2 最高达到 46.29kPa，脱 1、脱 3、脱 4 压差在 30kPa 左右(图 1)。

2 号脱水装置出现异常情况后，再次对各点乙二醇情况进行测量，前后数据对比见表 6。

表 5 再生系统冷循环试验数据表

实验日期	2022 年 1 月 11 日				2022 年 1 月 12 日						2022 年 1 月 13 日		
时间	8：30	12：30	16：30	20：30	0：30	4：30	8：30	12：30	16：30	20：30	0：30	4：30	8：30
A/B 罐浓度/%	74/92				73/89						60/77		
贫液浓度/%	74	72	70	68	65	64	63	62	61	61	61	61	61
富液浓度/%	64	64	62	60	59	58	61	61	61	61	61	61	61
A 罐液位/mm	510	600	680	760	850	930	1010	1100	1180	1260	1350	1430	1480
B 罐液位/mm	980	930	890	840	800	750	700	660	610	560	520	470	460
醇耗量/m^3	0				0						0		

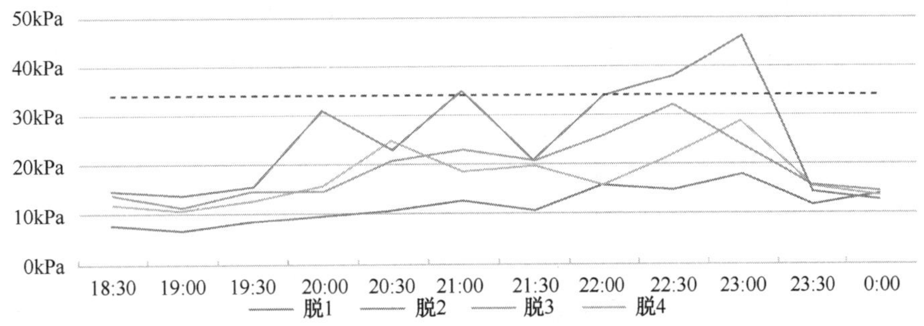

图 1 高效分离器压差数据图表

表 6 乙二醇浓度变化表

测量时间	乙二醇浓度/%						乙二醇循环量/(kg/h)
	脱 1	脱 2	脱 3	脱 4	热交换器贫液	闪蒸罐富液	
1.13 8：00	49	46	49	49	63	61	240
1.13 21：00	45	39	43	44	60	43	

通过表 6 可以看出，2 号脱水装置异常“跑醇”时高效分离器内富液浓度 39%，通过乙二醇浓度冰点对照表可知，此时乙二醇冰点为－22℃。2 号脱水装置异常跑醇时瞬量为 724 万 m^3/d，超过 700 万 m^3/d 的设计处理量，使原料气分离器分离效果降低，导致天然气携带部分润滑油、地层水进入高效分离器与乙二醇富液混合。而查询乙二醇反应特性可知，乙二醇的醇羟基会与地层水中的钙镁等离子发生反应致使其吸水能力下降，因而导致 39% 乙二醇水溶液的冰点升高，产生水合物(表 7)。

如果润滑油、乙二醇、水合物及其他物质的混合物黏附在高效分离器过滤元件(过滤丝网)上，使低温高效分离器内部存在差压，当差压大于降液管液柱压力时，低温高效分离器底部积液包内的醇水混合物随降液管排出低温高效分离器，是造成脱水装置“跑醇”的主要原因。

表 7 乙二醇防冻准密度与浓度、冰点对照表

密度(20℃)	乙二醇含量/%(体积)	冰点/℃	备注
0.034	26.4	-10	
1.034	28.4	-10	
1.038	27.2	-12	
1.041	29.6	-14	
1.0426	32.8	-15	
1.044	32	-16	
1.048	34.2	-18	
1.0506	38.5	-20	
1.051	36.4	-20	
1.053	38.4	-22	
1.056	40.4	-24	

根据设计图纸相关数据计算降液管内富液压强：

$$P=\rho gh$$

$P = 1.08\text{g/cc} \cdot 9.8\text{N/kg} \cdot (3800-150-420)\text{mm}$
$= 34.18632\text{kPa}$

即低温高效分离器前后压差需达到34.186kPa时乙二醇富液会从降液管排出低温高效分离器。再次对脱水装置的运行数据进行检查分析，2号脱水装置降液管“跑醇”发生时压差值为46.29kPa，远大于计算值理论值，所以出现跑醇现象。而其余3套脱水装置低温高效分离器差压最高值为32.14kPa，因此未出现降液管“跑醇”现象。

虽然脱水装置出现了异常情况，但在当天已及时解决，未造成较大的跑醇量，其余时间脱水装置运行平稳，未出现故障停车、超温超压的运行状况，高效分离器压差也未超30kpa，因此排除脱水装置异常情况是大量跑醇的主要原因(图2)。

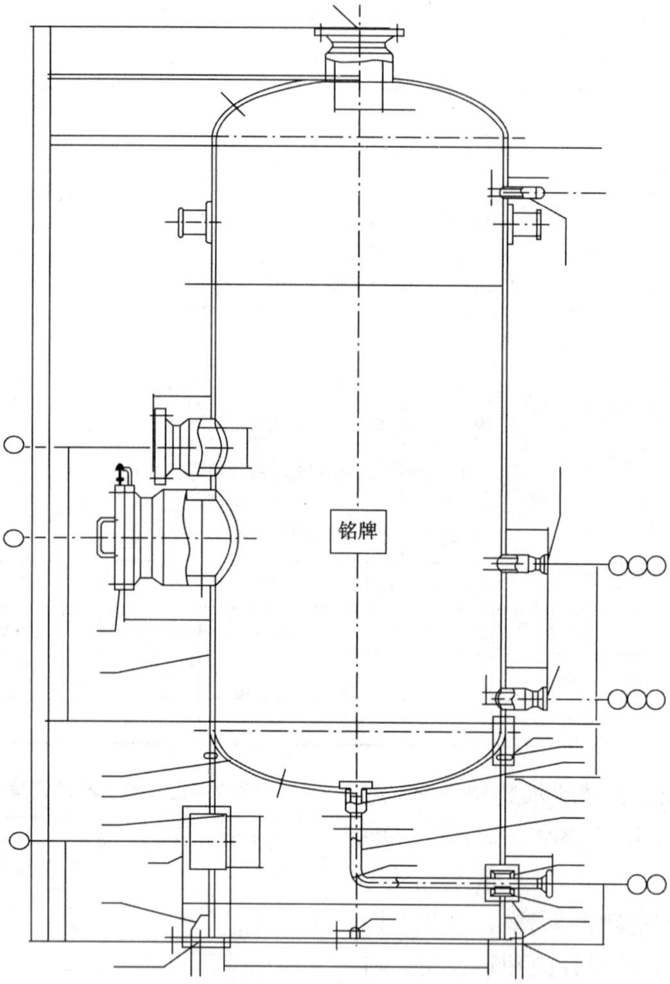

图2　高效分离器设计图

3.2　乙二醇再生系统醇耗分析

第八采气期，尾气焚烧炉底部频繁出现大量液体流出现象，并且灼烧炉污水罐每日污水转运量较大，多次检测该液体中乙二醇浓度范围为30%~44%。每日将乙二醇缓冲罐的损失量与灼烧炉污水罐的排污量折算成99%浓度的乙二醇进行对比，损失量基本一致(图3)。

图3　再生尾气携带大量富液从灼烧炉流出

为进一步验证再生尾气携带大量乙二醇消耗原因，对重沸器与再生塔开展适应性分析，分析如下：

3.2.1 重沸器提浓效果差

第八采气期贫富液浓度一直呈下降趋势，根据《储气库管理处脱水管理实施细则》的要求，贫液浓度应大于 80%，富液浓度应大于 60%，当贫液浓度低于 80%时，需要对每套脱水装置乙二醇注入量为 200~360kg/h 进行调节，将贫液浓度提高(图 4)。

为验证重沸器的提浓效果，2022 年 1 月产量 2800 万~2000 万 m^3/d 变化时，将单套脱水装置的乙二醇注入量为 200~360kg/h 进行调节，同时将闪蒸罐出口富液流量调节改为手动控制，保持乙二醇注入量和蒸罐出口富液流量一致，使富液保持相对稳定的循环量进入重沸器，并持续观察贫富液浓度变化(图 5)。

通过图 5 可以看出，调整后乙二醇贫富液浓度虽有变化，但总体仍呈持续下降趋势。根据再生系统设计文件，集注站再生装置的富液浓度从 65%提浓到 80%以上时的设计最大处理量为 1815kg/h，而 1 月再生系统乙二醇循环量维持在 800~1400kg/h，富液浓度为 44%~68%，总体并未超设计运行，并且富液浓度在 60%以上时重沸器仍未将贫液浓度提升到 80%以上，证明重沸器的提浓效果差。查看重沸器的技术规格书发现，重沸器富液入口离溢流堰板间距不足 1m，而通过计算乙二醇富液循环量在 800kg/h 时的流速为 0.1m/s，当富液进入后无法停留足够的加热时间，导致重沸器对富液的提浓效果不佳，形成恶性循环，富液浓度越低，重沸器负荷越大，提浓效果越差(图 6)。

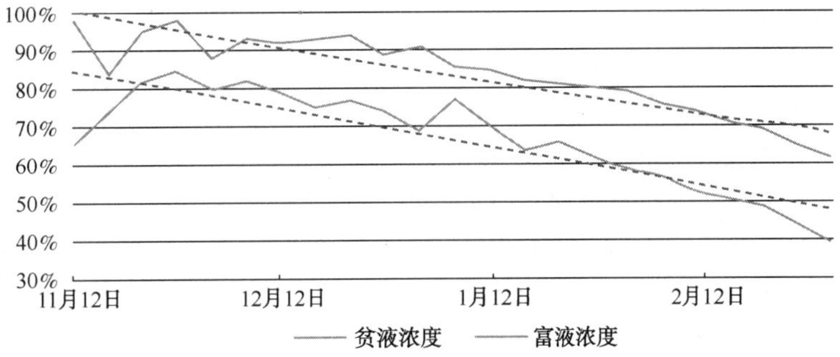

图 4 贫富液浓度数据图表

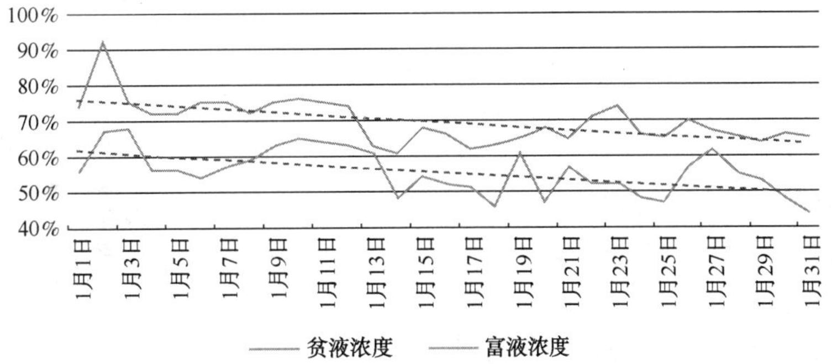

图 5 乙二醇贫富液变化情况

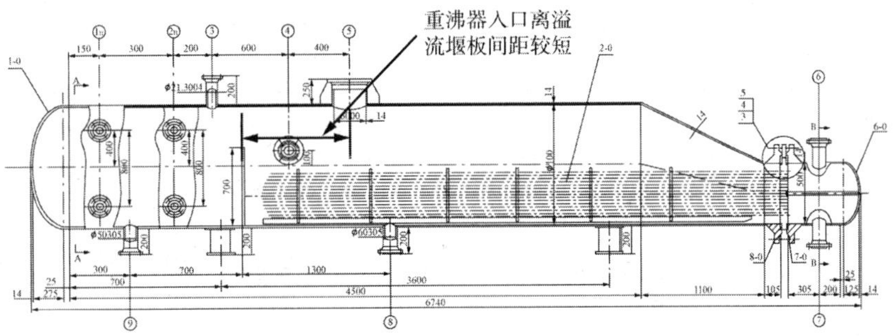

图 6 重沸器设计图

3.2.2 再生塔"跑醇"严重

第八采气期采气初期产量低于 2800 万 m^3/d 时，最高四套脱水装置运行，单套脱水装置乙二醇注入量为 240kg/h，此时原料气压力较高，饱和含水量较低，富液中的水分含量较少，再生系统并未出现乙二醇异常消耗的情况。当产量大于 2800 万 m^3/d 时，乙二醇消耗量突然增大，在采气中后期采气量低于 2800 万 m^3/d 时，乙二醇消耗量并未减小。

通过现场观察分析，乙二醇异常消耗主要是富液被再生尾气携带至灼烧炉导致"跑醇"，单日跑醇量最高达 6.45m^3。在此期间富液浓度为 40%~68%，贫液浓度为 59%~70%，不满足《储气库管理处脱水管理实施细则》的要求。

查看再生塔设计图 7 可以看出，再生塔主要分换热段和填料段，过滤后的富液进入再生塔塔顶内换热盘管换热后进入填料段，但由于闪蒸罐出口流量调节阀不能精准调节乙二醇富液回流量，导致富液进入再生塔的流量时大时小。根据设计图计算填料段的容积为 0.2m^3，里面堆积的填料为 50×50×1 的金属鲍尔环，通过建模计算或者包耳环通过能力计算得出，当富液循环量在 800kg/h 时，随着富液的不断流入，5.5h 左右就能将填料段填满，导致再生塔被"堵塞"。再加上重沸器内蒸汽的不断上升，该时间还会被缩短。

当再生塔被"堵塞"后，重沸器内部压力和温度上升，再生塔低温度上升，当重沸器内蒸汽压力达到 50kPa 后，大量蒸汽携带富液从再生塔尾气管线排出，造成异常"跑醇"，严重时在灼烧炉出现大量的乙二醇喷涌的情况。"跑醇"现象发生后，再生塔填料通道打开，温度较低的富液进入重沸器，此时重沸器压力和温度降低，再生塔底温度降低。通过图 8 可以看出，再生塔实际跑醇的时间段为 5h 左右，与理论计算值相近，因此判断现有金属鲍尔环填料使再生塔的流通量减小，导致其不能满足相国寺储气库大产量生产的工况。

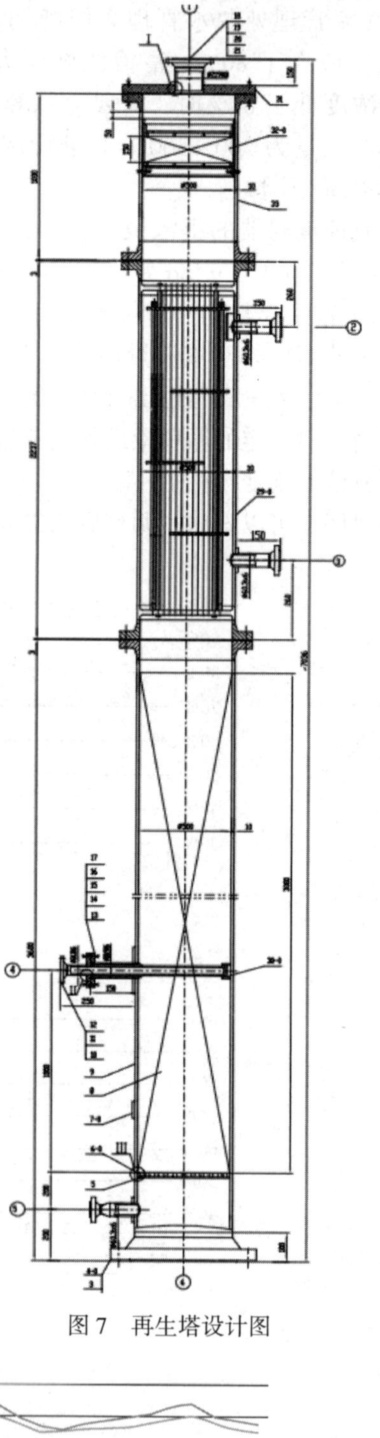

图 7　再生塔设计图

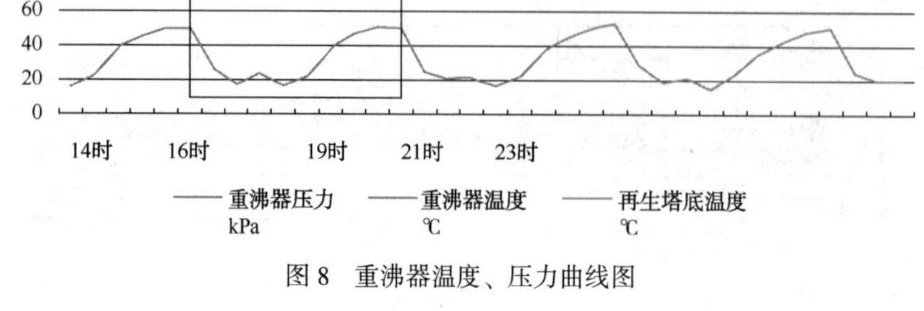

图 8　重沸器温度、压力曲线图

4 结论及建议

4.1 结论

（1）重沸器提浓效果差。当富液进入后无法停留足够的加热时间，使重沸器对富液的提浓效果不佳，导致贫液浓度持续降低，形成恶性循环，富液浓度越低，重沸器负荷越大，提浓效果越差。

（2）再生塔流通量不足。富液在重沸器内提浓时产生大量的水蒸气未及时通过再生塔排出，而再生系统无法准确调控乙二醇的回流量，造成乙二醇回流量较大，引起再生塔填料液泛，液泛时重沸器内部再生蒸汽将富液托举，使再生塔“堵塞”，导致重沸器内部压力超过 50kPa，造成乙二醇从再生塔顶部大量“跑醇”。

4.2 建议

（1）新建 1 台乙二醇再生重沸器和 1 座乙二醇再生塔，将重沸器富液入口与溢流堰板距离延长，增加富液的提浓时间。

（2）将再生塔填料更换为高效规整填料，提高流通量。

（3）日常运行中，控制高效分离器压差不超过 30kPa，当压差接近或超过 30kPa 时，应在生产条件允许的情况进行浸泡清洗。

（4）在乙二醇贫液浓度较低于 60%时，保持乙二醇循环量在 300kg/h 以上，防止水合物生成。

（5）对闪蒸罐液位控制阀出口管线由 *DN*50 改为 *DN*25，提升乙二醇回流量的准确调控能力。

（6）在大产量生产时，控制每套脱水装置的处理量不超 700 万 m^3/d，防止原料气分离器的分离效果降低，减少润滑油、地层水对乙二醇的影响。

中国地下储气库地面工艺技术及展望

王荧光[1] 于 浩[1] 谢祝祝[2] 赵子峰[1] 陈 伟[1] 余晓峰[1] 方玉晨[1]
龚文政[1] 郑 达[1] 袁风宾[1]

（1. 国家管网集团工程技术创新有限公司；2. 国家石油天然气管网集团有限公司工程部）

摘 要 地下储气库是是天然气储存和调峰的重要方式，也是提高储气能力的重要手段之一。虽然我国在20多年气藏型和盐穴型储气库的地面建设中，积累了相对丰富地面工艺技术。但是由于地质条件和建库模式的复杂多样，导致地面工艺方案的多样化，没有形成清晰和合理的地面工艺技术系统。通过现有国内地下储气库的井口注采气系统、采气处理系统、地面工艺材料的选择和岩穴储气库造腔及注气排卤等地面工艺技术的总结和分析，明确了各种技术的适用范围。同时根据目前储气库地面建设的实际情况，提出了储气库地面工艺技术创新的发展方向，主要包括：高效吸收塔、高压引射技术、高效换热设备、压力能的应用技术、大流量、大压比离心压缩机与往复式压缩机的协同运行技术、储气库群协同运行技术和储气库的智能化、数字化应用技术，对即将面临的储气库建设高峰具有一定的指导意义，同时为我国尚待开展的含水层储气库的地面建设提供一定的技术借鉴。

关键词 储气库；地面工艺；技术创新；超音速分离器；涡流管；高速塔；智能化

地下储气库(UGS)是一种持续供应和可变需求相结合的平衡供需链能源的战略性设施。地下储气库有助于结合低的夏季需求和高的冬季需求以确保供应保持不变。目前，中国已建成投用的地下储气库共27座，其中油气藏型储气库24座，盐穴型储气库3座。与欧美国家相比，中国地下储气库的建设和经营管理起步较晚，诸多方面都严重滞后于国际平均水平。近年来，全国储气能力建设进度明显加快，但已投运储气设施仍无法满足行业高质量发展需要。2020年储气库的工作气量仅占消费气量的4.3%，仍明显低于12%~15%的国际平均水平，因此储气库的进一步发展对中国天然气产业发展意义重大。

目前，地下储气库主要有气藏型、油藏型、含水层型、盐穴型及其他类型(岩洞、废弃矿坑等)。国内以气藏型、油藏型和盐穴型为主。国外含水层储气库的建设已经形成了一整套相对成熟的技术体系，而国内利用含水层改建地下储气库还没有先例。鉴于含水层型地下储气库在大型工业中心和大城市附近独一无二的建库优势，其建设势在必行。面对复杂多样的储气库型式和建库模式，需要形成适用不同条件的地面工艺技术和创新技术来推动国内地下储气库的建设发展。

1 储气库井口注采气系统工艺技术

1.1 井口注采工艺技术

1. 水合物的防护

储气库在开井初期，地层温度场无法很快建立，导致井流物温度较低，易使管道发生冻堵，但地层温度场建立完成后，则管道不易发生冻堵。目前国内储气库防止水合物形成的方式，一般采用注水合物抑制剂防冻工艺，抑制剂多为甲醇。

2. 管道及设备防腐蚀工艺

储气库采出井流物中可能含有腐蚀性介质如H_2S和CO_2，当属中度至重度腐蚀时，应采取腐蚀监测及控制措施，一般采用加注缓蚀剂的方式减缓腐蚀速率。

3. 节流降压工艺

储气库井口采出气压力过高时，考虑集注站压力能过剩及采气管道规格选取困难等因素，一般注采井口采用节流降压工艺。

4. 调节计量工艺

调节计量工艺一般分为单向调节计量和双向调节计量。单向调节计量是指计量采用单向流量计、调节采用单向调节阀；双向调节计量是指计量采用双向流量计、调节采用双向调节阀。

5. 井口除黑油工艺

油藏型储气库采出井流物中含有黑油时，且黑油一般凝固点较高，为避免集输过程凝固及减轻集注站处理负荷，一般采用井口加热并伴行井口分离的方式进行处理。

6. 井口注采工艺适用性分析

结合以上工艺及不同类型储气库的特点，总结了 3 套井口典型注采工艺流程。

(1) 注采合一井口工艺流程(图 1)：注采气压力相近、注采气压力不高及井流物介质简单(水、凝析油等)的储气库，适用于气藏型、凝析油藏型、含水层型及盐穴型等储气库。

(2) 注采分开井口工艺流程(图 2)：注采气压力差异大、注采气压力较高及井流物介质简单(水、凝析油等)的储气库，适用于气藏型、凝析油藏型、含水层型及盐穴型等储气库。

(3) 注采分开井口加热工艺流程(图 3)：注采气压力差异大、注采气压力较高及井流物介质复杂(水、黑油等)的储气库，适用油藏型储气库。

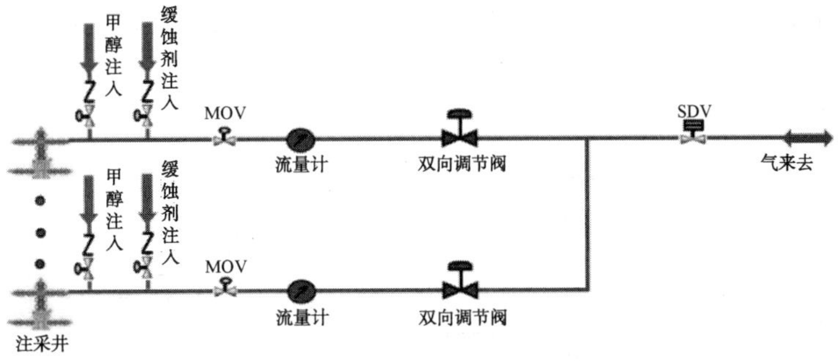

图 1　注采合一井口工艺流程

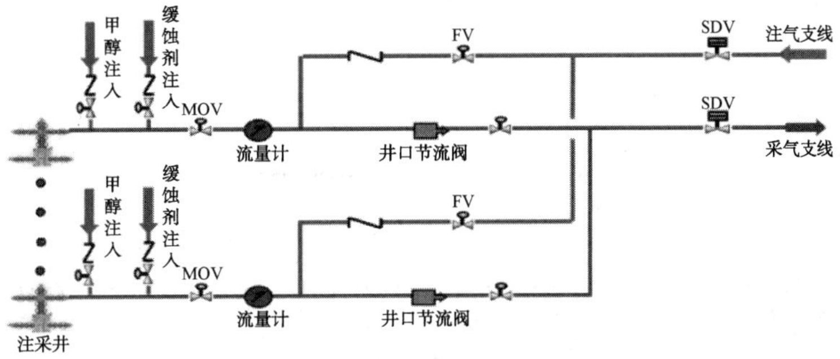

图 2　注采分开井口工艺流程

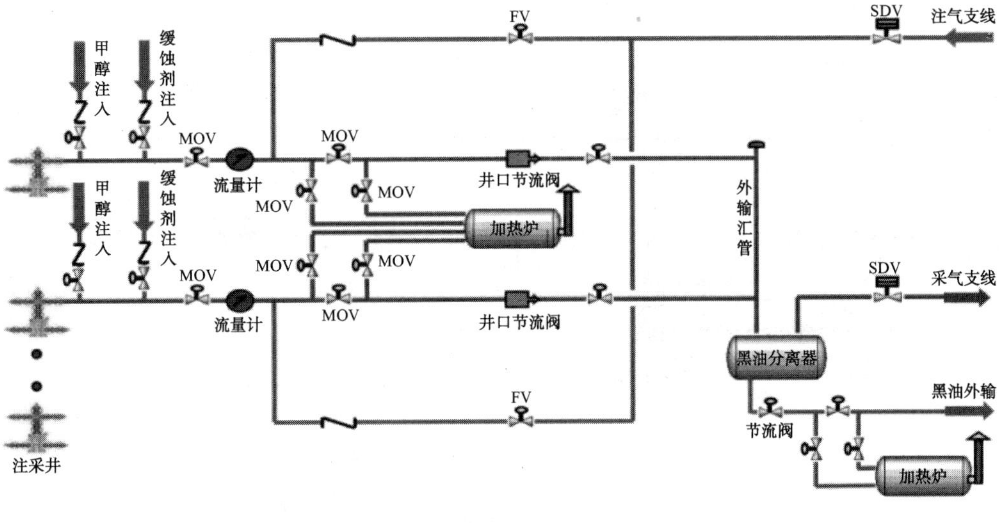

图 3　注采分开井口加热工艺流程

1.2 集注站注气工艺及关键设备

储气库注气工艺一般主要包括旋风分离器、过滤分离器及压缩机等设备。进站旋风和过滤分离器主要用作分离除去游离水和杂质(粉尘≤1μm)，目前增压前设置稳压阀是比较流行，且合理的压缩机入口稳压方式，既可以保证压缩机入口压力的稳定及压缩机平稳运行，也可以节约能耗。目前储气库压缩机主要分为往复式压缩机和离心式压缩机，并同时具备注采气 2 种工况，一机两用，可同时适应注气工况和采气末期外输工况。

(1) 往复式压缩机增压工艺流程(图 4)：适用于注气压力高及注气规模小的季节性调峰储气库，目前储气库往复式压缩机出口压力最高已达到 34.5MPa。

(2) 离心式压缩机增压工艺流程(图 5)：适用于注气压力高及注气规模大的应急性调峰储气库(战略储气库)，目前储气库离心式压缩机出口压力最高已达到 28.0MPa，排量最高已达到 800 万 m^3/d。

(3) 离心压缩机与往复式压缩机联合增压工艺流程(图 6)：适用注气压力高及注气规模大的季节性调峰储气库或储气库群，离心+往复式压缩机增压模式，可以灵活的调配注气量，充分发挥离心和往复式压缩机的性能，且节约能耗。

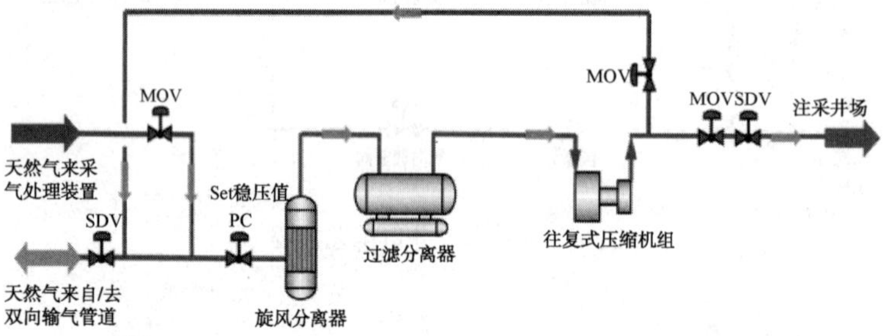

图 4　往复式压缩机增压工艺流程图

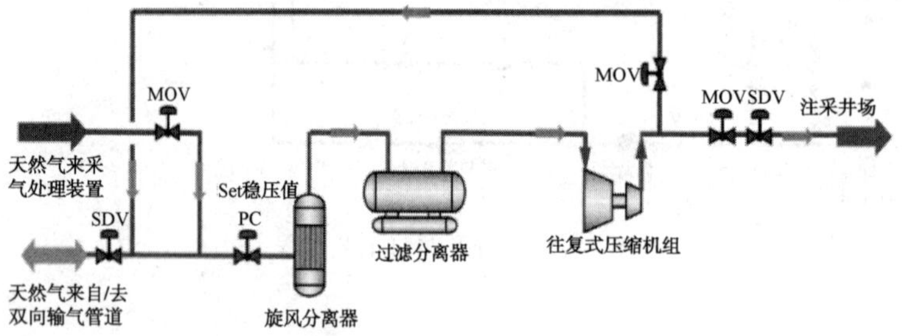

图 5　离心式压缩机增压工艺流程

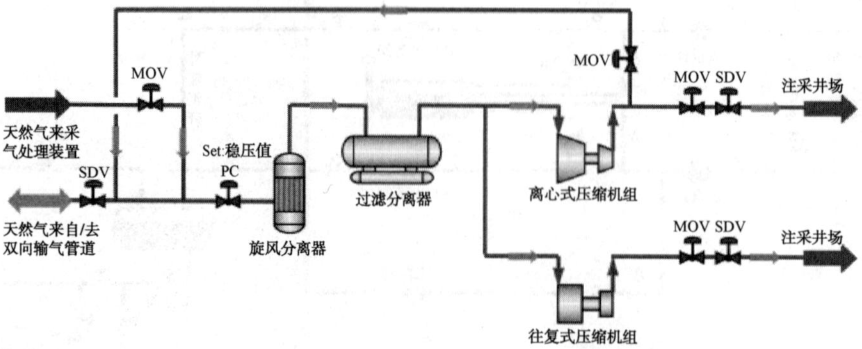

图 6　离心压缩机与往复式压缩机增压工艺流程

2 储气库采气处理系统工艺技术

储气库采出气处理工艺主要以控制烃、水露点为目的，根据经济效益来确定是否回收轻烃，由于不同储气库采出气性质不同，地面处理工艺也存在较大差异。

2.1 注乙二醇防冻+J-T阀节流制冷工艺（辅助丙烷制冷工艺）

注乙二醇防冻+J-T阀节流制冷工艺（图7）主要是利用天然气自身压力能，通过节流膨胀效应来实现；生产压差常规≥1.5MPa（若采用辅助制冷≤0.5MPa）；处理后天然气烃露点、水露点-15～-5℃（丙烷辅助制冷时可达到-25℃）；适用于气藏型、油藏型、含水层型及盐穴型储气库。

对于地层压力较低或采气末期井口压力较低的储气库，需采用丙烷辅助制冷来达到处理要求，当外输压力不足时，可利用注气压缩机增压运行。目前国内已建储气库注乙二醇防冻+J-T阀节流制冷装置单套最大处理规模为900万m^3/d，单套最大处理规模为1800万m^3/d的采气装置已在施工建设中，装置的操作弹性一般为30%～120%。

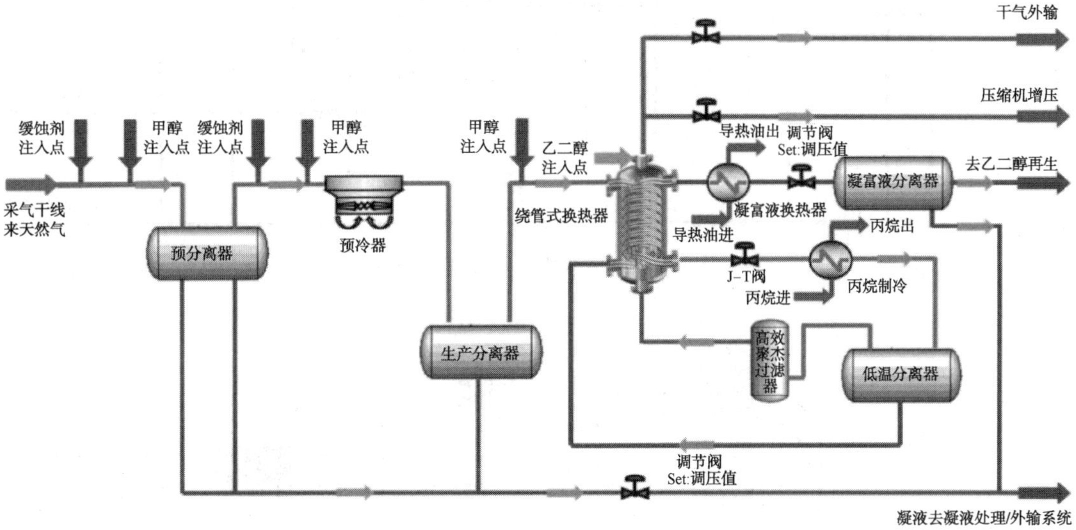

图7 注乙二醇防冻+J-T阀节流制冷（辅助丙烷制冷）工艺流程

2.2 三甘醇水露点控制工艺

三甘醇水露点控制工艺（图8）主要通过三甘醇溶液吸附天然气中的饱和水；生产压差≤0.5MPa；处理后天然气水露点-15～-5℃；适用于气藏型、含水层型及盐穴型储气库。

对于采气末期井口压力较低的储气库，当外输压力不足时，可利用注气压缩机增压运行；对于含凝析的气藏型储气库来说，三甘醇水露点控制工艺装置前端应设置除油装置，保护三甘醇水露点控制工艺装置。目前国内已建储气库三甘醇水露点控制工艺装置单套最大处理规模为1000万m^3/d，装置的操作弹性一般为30%～120%。

2.3 采气处理系统工艺适用性分析

根据目前国内不同类型储气库的地面建设现状，天然气采出过程中为了实现进入外输双向管道系统，必须要进行脱水以满足管道系统对天然气质的要求，避免输送过程中水的析出。对于气藏型、盐穴型和含水层型地下储气库天然气质比较贫，含有重烃较少的工况，可直接采用三甘醇脱水实现降低水露点的目的。对于所有类型的储气库中天然气质比较富的工况，当有压力能可利用时优先采用注乙二醇防冻+J-T阀节流制冷工艺进行脱水脱烃；当无压力能可利用时可采用乙二醇防冻+丙烷制冷的工艺实现脱水和脱烃。

3 岩穴储气库造腔及注气排卤工艺技术

3.1 造腔工艺及关键设备

（1）地区公司/油田采卤站提供乏水，通过管道输送至注水采卤站乏水调储罐，经注水泵增压，达到造腔压力要求后造腔。

（2）乏水经注水泵加压后通过注水干管输往

卤水集配站，经卤水集配站高压配水间分配后，通过注水支管，注入各采卤井井下。井口返回卤水经卤水集配站低压配水间后，汇入返卤干管，输往注水采卤站。

（3）采卤井返回饱和卤水，进入注水采卤站卤水除油罐，除油后卤水进入再通过低压输卤泵输往地区公司/油田采卤站；采卤井返回不饱和卤水，进入注水采卤站淡卤水调储罐经注水泵回注达到饱和再输往地区公司/油田采卤站(图9)。

3.2　注气排卤工艺及关键设备

造腔结束后进行注气排卤，将盐腔内的卤水排出后即可开展天然气的注采(图10)。

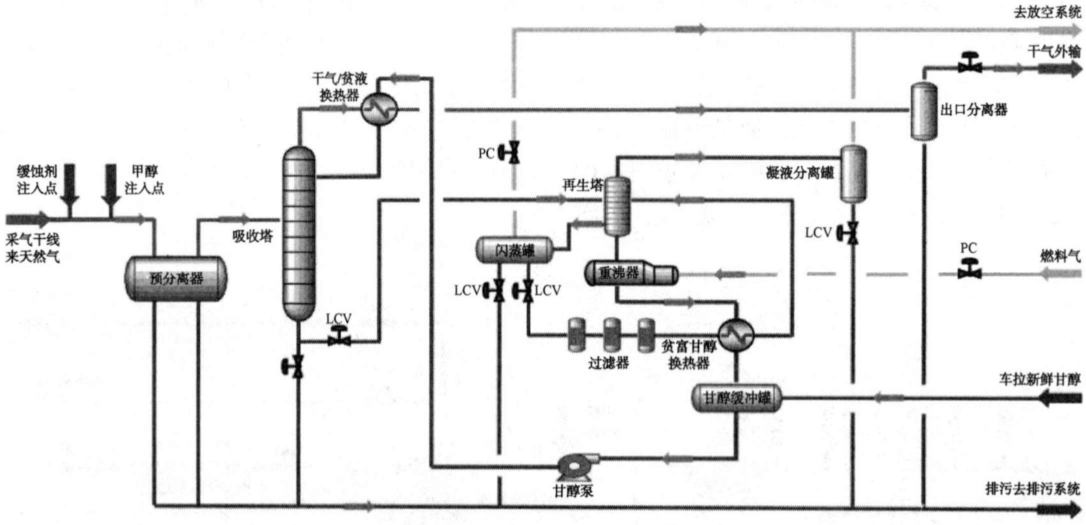

图8　三甘醇水露点控制工艺流程

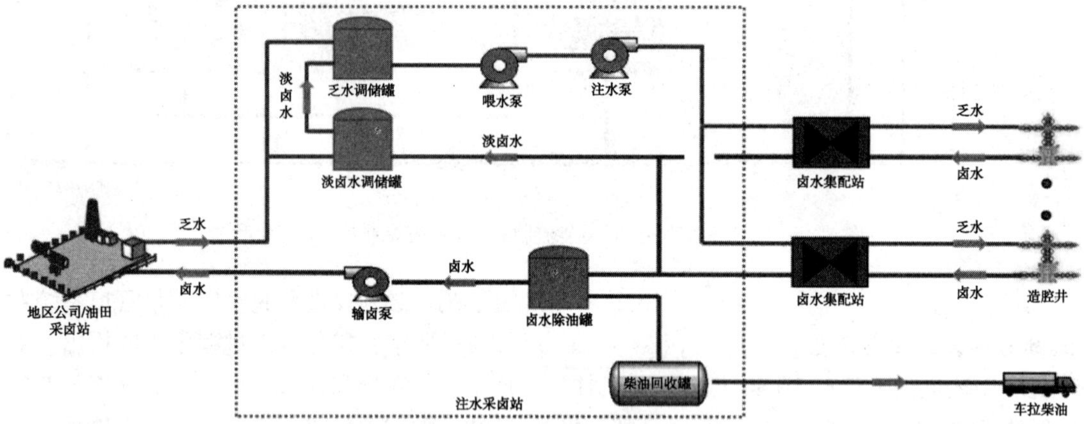

图9　造腔系统工艺流程

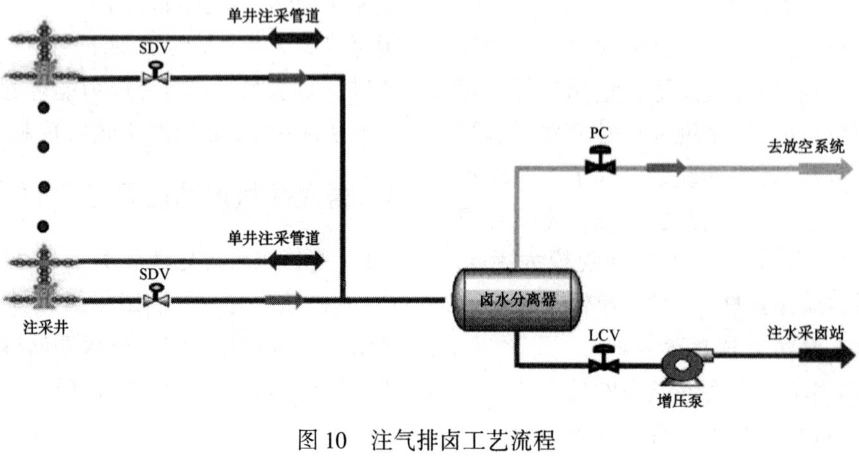

图10　注气排卤工艺流程

4 储气库地面工艺材料的选择

4.1 注采气系统材料的选择

注气系统输送介质为干气，不会产生腐蚀现象，注气系统的材料基本采用普通碳钢。

储气库井口采出气 H_2S 和 CO_2 分压达到中度至重度腐蚀时，设备材料的选择一般采用普通钢材+内外防腐，内部主要部件可采用不锈钢材料。管道材料的选择一般分为两种：一种采用普通钢材+加注缓蚀剂、另一种采用双金属复合管。双金属复合管在国内已建的储气库有所应用，虽然抗腐蚀效果远远高于普通钢材，但其存在价格高昂、施工难度大及后期维护困难等缺点，近年来双金属复合管已进行更新换代，进而解决以上缺点，国内储气库采气管道材料一般都采用普通钢材+加注缓蚀剂的形式。

4.2 卤水系统材料的选择

卤水对于普通钢材腐蚀较为严重，一般采用普通钢材+抗腐蚀措施或抗腐蚀钢材两种方式。设备材料的选择一般分为两种：一种采用普通钢材+内外防腐，另一种采用玻璃钢；从经济性角度，采用普通钢材+内外防腐的方式要优于采用玻璃钢的方式，且采用普通钢材+内外防腐的方式施工方便、施工单位可自主完成，因此一般都采用普通钢材+内外防腐的方式。考虑经济性和使用周期，管道材料的选择一般采用普通钢材+内防腐的形式。

5 储气库技术创新展望

5.1 高效脱水设备的应用

随着地下储气库采气规模的不断增大，三甘醇脱水中传统大体积、大高径比的塔设备显得格外笨拙，而且受雾沫夹带影响操作范围有限。高速塔可利用旋流接触元件内气体速度高和气液分离效率高的特性，将其移植到塔板上，并设计新式的进液通道，让液体直接进入叶片中心。液体从叶片出口流出后，立即与气体接触传质，并在气流的旋转作用下，实现离心分离。这种新式结构，改变传统的气液接触方式，由传统的鼓泡式变为喷射式，使气相保持连续并与分散的液相接触。由于气液的接触传质与分离过程同时发生，塔板空间得到了充分利用。目前的高速塔具有旋流分离型高速塔、含帽型分离元件高速塔和附壁式分离型高速塔。经天然气处理规模为 160 万 m^3/d，操作压力 5MPa，进塔温度 25.5℃的三甘醇脱水装置应用验证，高速塔出口流体水露点比常规塔低 2.2℃，塔径减小 0.7m。进步优化高速塔结构使其适用不同地下储气库气源类型，可有效的减小脱水吸收塔的塔径，提高脱水效率，具有较好地应用前景(图 11～图 14)。

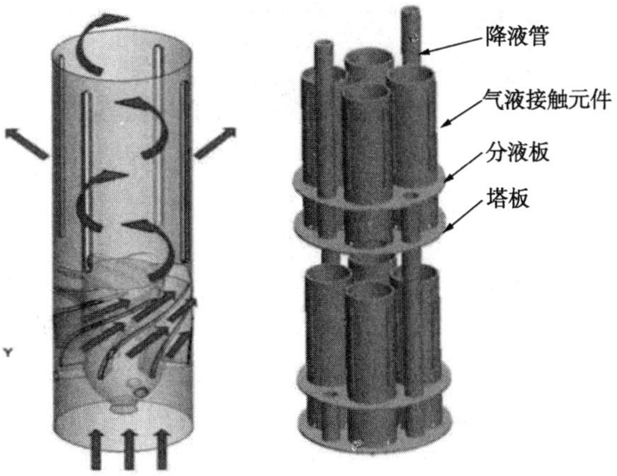

图 11 旋流分离型高速塔原理示意图

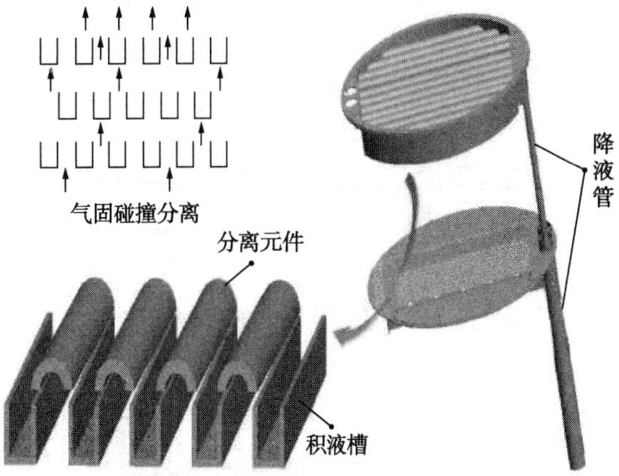

图 12 含帽型高速塔原理示意图

图 13 附壁式高速塔原理示意图

图 14　高速塔(左)与常规塔(右)实物对比图

5.2　高压引射技术的应用

引射器的基本原理，是通过高压高速射流的紊动扩散，卷吸和混合低压流体使两股流体混合并得到混合的中压流体，在混合过程中有能量交换和混合反应等现象发生。静态引射器具有结构简单，同时由于不涉及运动件，其制造也更为简单，因此静态引射器已经在各行各业广泛运用。目前出现的新型气波引射器是利用波转子与固定端口周期性接通形成的压力波直接进行能量的交换，各个端口内的流动类型为可压缩定常流动，而在波转子流道内的流动类型为可压缩非定常流动。该引射器具有转速较低功耗小，安装、维护方便、性能高等优点，尤其在膨胀比较小工况下带液运行能力强，运行稳定。通过引射器的原理，可以利用高压气体来提高低压气体的压力，从而实现地下储气库压力能的有效利用(图 15~图 17)。

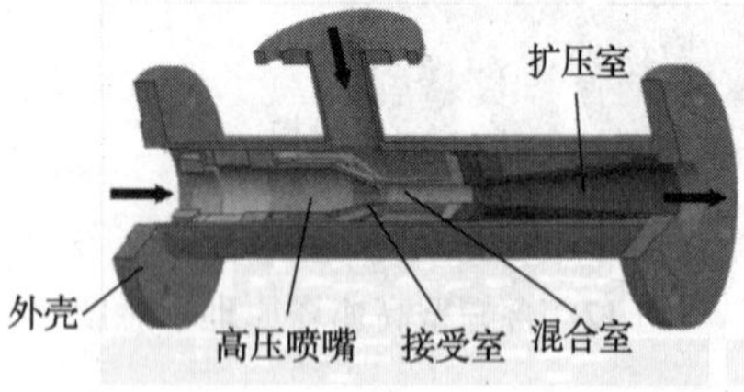

图 15　静态引射器基本结构示意图

图 16　静态引射器现场实物图

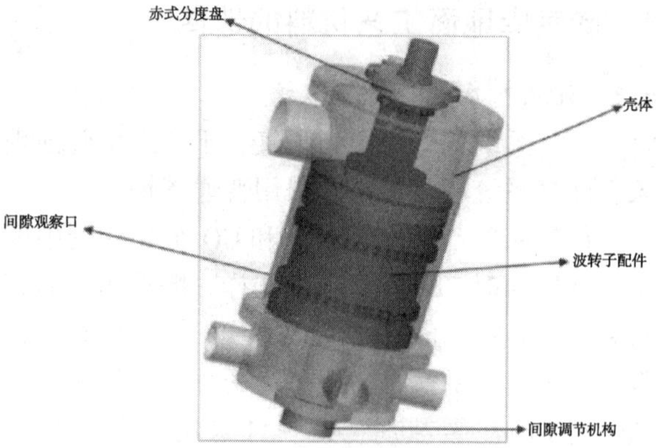

图 17　轴流式气波引射器结构示意图

5.3　高效换热设备的应用

绕管式换热器是一种特殊的管壳式换热器，其结构是数百根甚至数千根铝管或者不锈钢管围绕中心筒上以螺旋状交替缠绕形成管束，多级管束依靠支撑系统置于壳体内部(图 18)。绕管式换热器具有结构紧凑、可以多种介质同时换热、操作压力高、热膨胀可自行补偿以及易于实现大型化的特点。在采用 J-T 阀节流制冷工艺进行脱水脱烃的条件下，在预冷时采用高效的绕管式换热器代替常规的管壳式换热器实现最小接近温差变 2℃，解决了换热器冻堵、分离效率低的技术瓶颈。在双台子储气库中超高压大型绕管式换热器成功得到了创新应用(图 19)。

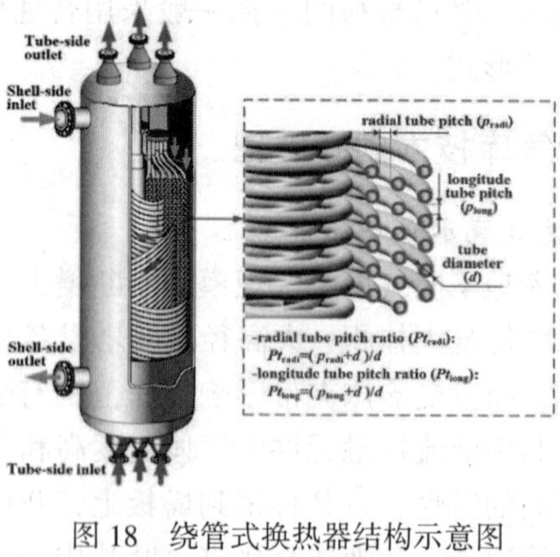

图 18　绕管式换热器结构示意图

图 19　双台子储气库绕管式换热器吊装现场

5.4　压力能的技术应用

在天然气实际集输过程中，通常采用井口节流，天然气和凝液混输的方法来降低工程投资，天然气脱水脱烃一般集中布置在站场内。目前国内外地下储气库所采用的常规脱水方法虽能降低天然气的水露点或烃露点，但设备占地大、投资高，运行维护成本高。如果在井口设置脱水脱烃设施，由于天然井口数量众多，工程投资和设备维护成本较高，故也限制了常规脱水脱烃方法的应用。因此选择高效、经济和适用的脱水脱烃方法及设备对于地下储气库的工程实际应用十分必要。

5.4.1　超音速分离器

具有高效、节能、环保、低成本特点的超音速分离技术作为一种新型的天然气脱水、脱烃技术得到业内的普遍关注。超音速分离器的工作原理是当流体通过装置渐扩段的膨胀后温度低至流体凝点以下时，将会有凝液析出，液滴在旋流器产生的离心力作用下向超音速分离器的壁面移动，并在壁面形成液膜，液膜逐渐向排液口处移动，进入排液腔体并最终排出分离器（图 20）。新技术具有如下特点：

（1）利用天然气自身压力运行，无需外加能源，并且可利用自身结构特点回收压力能，压力损失小。

（2）设备结构紧凑、占地小，无转动部件运转更加安全可靠、节省了加工制造、维护和运营成本。

（3）新设备布置灵活，可随着产气量的不同成套并列运行而实现生产灵活的目的。

（4）超音速流体在喷管内停留时间较短，不易形成水合物，因此避免了水合物冻堵的风险。

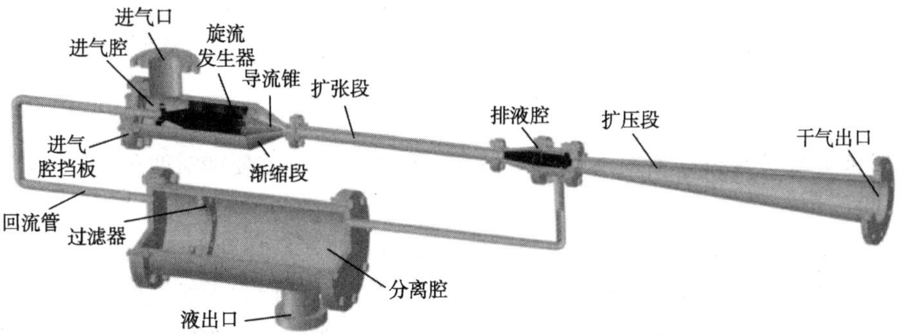

图 20　循环超音速旋流分离器的结构示意图

超音速分离器在国外目前已得到了较广泛的商业应用。国内对其研究相比开展较晚，目前主要开展了大量的理论和实验研究，同时在具体工程上的应用也积累了一定的经验。因此针对储气库采气压力较高的特点有针对性的加以攻关，可提高地下储气库的效益建设。

5.4.2　涡流管

国内针对涡流管的研究起步稍晚，多所大学和研究机构等均对涡流管进行了相关研究。涡流管具有结构简单，成本低，无运动部件，无需维护，使用寿命长，无需外加动力装置，适应性强，对外界环境要求低等优点。因此，涡流管在诸多领域或行业内的应用前景都特别广阔。

涡流管的工作原理是具有较高压力的气体通入涡流管的入口，经由喷嘴后进入涡流室，变为旋流，而后在热端管内形成内外两股流动方向相反的气体（图 21）。位于内层中的气体温度普遍较低，会从装置的冷端出口离开（液体排出口），处于外层中的气体温度高，会从热端出口离开。采用控制热端调节阀来实现不同的冷气流和热气流的相对含量，从而获得符合要求的操作条件。同时，当外界条件改变时，同样能够采用热端调节阀来改变冷热分离的程度，适应新的工况。国内外目前均具有使用涡流管来控制流体水露点或烃露点的实际应用。

5.4.3　压差发电技术的应用

在储气库采气过程中在井口及在集注站存在着对天然气进行节流调压的工况，压力能没有得到有效地利用。利用压差发电可将压力能转换为电能，极大提高了能量利用率、提高管网运行的经济性，符合国家节能减排的基本政策，具有重要的经济效益和社会效益。透平膨胀机压差发电是指利用天然气压力能驱动透平膨胀机转子，通过齿轮箱、联轴器，把机械能传递给发电机，使发电机工作发电。相国寺储气库拟在采气过程中采用1套透平膨胀发电机组用于减压发电。如果试点成功，可在全国新建储气库全面推广应用(图22)。

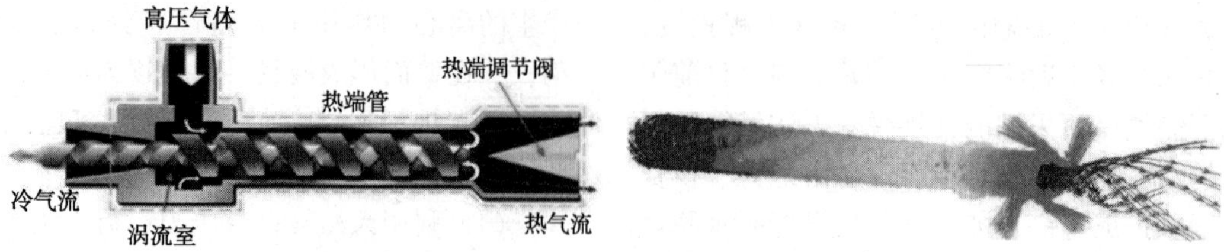

图21 涡流管工作原理示意图

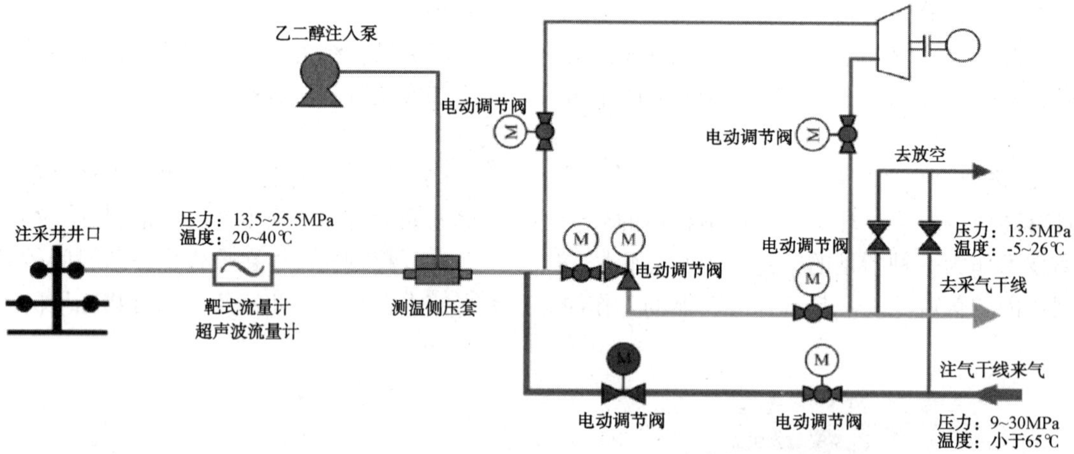

图22 压差发电工作原理示意图

5.5 离心压缩机的应用及与往复式压缩机的协同运行

目前国内已应用离心压缩机进行注气的储气库是辽河双台子储气库，其最大注气压力为28MPa，采用了两缸两段独立电机驱动。但是随着储气库库容的增加，大流量、大出口压力的离心压缩机的应用势在必行。此外离心压缩机组与往复压缩机组进行协同注气的应用已被业内所关注，特别是在对于早期使用往复机组的已建储气库扩容时，协同运行工况更是常见。但是目前缺少离心式压缩机与往复式压缩机协调联合运行的应用经验，需要针对两种不同机型联合运行的适应性进行研究。

5.6 储气库协同化运行

储气库作为天然气储存和调峰关键设施，建设储气库群协同运行调度系统，将单个储气库的运行调度与储气库群、天然气管网、LNG接收站等进行联动调配(图23)。根据储气库库容、经营成本、输气成本、调峰需要等因素，智能调度各储气库的注采规模和注采方案，提高储气库经营效益，优化管网运行，保障储气调峰能力。

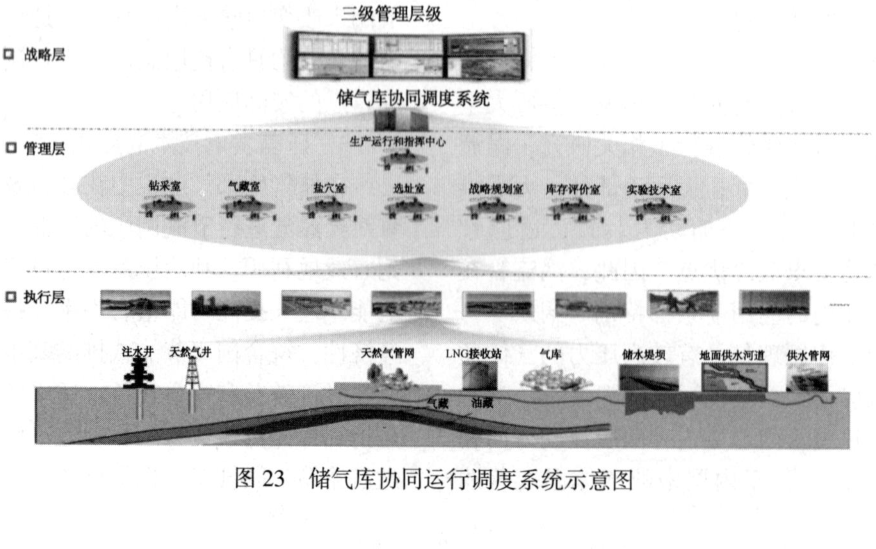

图23 储气库协同运行调度系统示意图

参 考 文 献

[1] Azin R, Nasiri A, Jodeyri E A. Underground Gas Storage in a Partially Depleted Gas Reservoir[J]. Oil & gas science and technology, 2008, 63(6): 691-703.

[2] BAI M X, SHEN A Q, MENG L D. Well completion issues for underground gas storage in oil and gas reservoirs in China[J]. Journal of Petroleum Science & Engineering. 2018, 171: 584-591.

[3] 徐东，唐国强．中国储气库投资建设与运营管理的政策沿革及研究进展[J]．油气储运，2020，39(5)：481-491.

[4] 郭洁琼，周韬，李刚，等．中国地下储气库经营模式探讨[J]．油气储运，2022，6，15 网络首发

[5] 孙春芬，赵连增，罗敏，等．储气库与油田开发协同建设经济评价模型及经济性研究[J]．油气与新能源，2021，33(3)：53-59.

[6] 刘烨，巴玺立，王念榕，等．中国储气库地面工程技术现状及优化建议[J]．油气与新能源，2021，33(5)：19-26.

[7] 贾善坡，郑得文，金凤鸣等．含水层构造改建地下储气库评价体系[J]．中南大学学报(自然科学版).2016，47(3)：857-867.

[8] 金凤鸣，贾善坡，张辉，等．京津冀地区断陷盆地含水层储气库评价体系及目标优选[J]．天然气地球科学，2017，28(9)：1433-1445.

[9] 胡恒．含帽型分离器筛板式高速塔水力学性能研究[D]．大连理工大学，辽宁大连．

[10] 江山．双层旋流式高速塔水力学性能研究[D]．大连理工大学，辽宁大连。

[11] 姜正良，吴万敏．气体引射器的一维流动特性计算及优化设计[J]．空气动力学报．1995. 13(4)：481~486.

[12] Cattadori G. A single - stage high - pressure steam injector for next generation reactors test results and analysis [J]. International Journal of Multiphase Flow. 1995. (21): 591~606.

[13] 孙殿雨，陈如恒，张来斌，等．影响喷射泵性能的实验研究[J]．石油矿场机械．1996. 2(25)：41~44.

[14] 窦宏恩．气体对射流泵效率的影响[J]．石油机械．1998. 26(1)：32~35.

[15] Da W S. Variable geometry ejectors and their applications in ejector refrigerationsystems [J]. Fuel and Energy. 1996. 10(21): 841~855.

[16] Winoto S H, Li H, Shah D A. Efficiency of jet pumps [J]. Journal of Hydraulic Engineering. 2000. 2: 150~154.

[17] 赵静野，孙厚钧，高军．引射器基本工作原理及其应用[J]．北京建筑工程学院学报．2000. 16(4)：12~15.

[18] 苏芬仙，敖越，苏华，等．引射吸收式制冷循环[J]．低温工程．2001. (1)：43~48.

[19] 张于峰，涂光备，张利民．喷射制冷的理论与实验研究[J]．流体机械．1996. 10：6~9.

[20] 燃料化学工业部化学工业设计院第十设计院．蒸汽喷射制冷设计手册[J]．中国建筑工业出版社．1972.

[21] 李雪亮，杨瑞昌．引射器特性的实验研究和理论分析[J]．热能动力工程．1997. 12(6)：419-423，478.

[22] 何培杰，龙新平，梁爱国，等．射流泵内部流动的实验研究[J]．热能动力工程．2004. 19(1)：10~13.

[23] 杨瑞昌，鲁钟琪，施德强，等．引射器与带有引射器的回路流动特性计算方法[J]．工程热物理学报．1996. 2：54~58.

[24] 丁超．LNG 绕管式换热器壳侧两相流动与传热特性实验研究[D]．上海交通大学．2018.

[25] 郭慧军，张朝阳．储气库地面工程设计中节能技术的探讨[J]．科技创新导报．2009. 21：80-82.

[26] 王旭锋，逯国英，张萍，等．盐穴储气库乙二醇+J-T 阀制冷脱水工艺设计[J]．中国新技术新产品．2014. 12：59.

[27] 马新华，郑得文，申瑞臣，等．中国复杂地质条件气藏型储气库建库关键技术与实践[J]．石油勘探与开发，2018，45(3)：489-499.

[28] 汤林，熊新强，云庆．中国石油油气田地面工程技术进展及发展方向[J]．油气储运．2022. 41(6)：640-656.

[29] WANG Y G, HU D P. Experimental and numerical investigation on the blade angle of axial-flow swirling generator and drainage structure for supersonic separators with diversion cone[J]. Chemical Engineering Research and Design, 2018, 133: 155-167.

[30] HU D P, WANG Y G, MA C. Numerical simulation of supersonic separator with axial or tangential outlet in reflow channel[J]. Chemical Engineering & Processing: Process Intensification, 2018, 124: 109-121.

[31] 邹应勇，赵建彬，刘百春，等．天然气处理装置中的超音速分离技术[J]．油气田地面工程，2014(10)：76.

[32] 赵起龙．超音速分离技术在天然气工业上应用浅析[J]．广州化工，2014，42(1)：116-117.

[33] 王应聪，于跃云，胡玉生，等．超音速分离技术在塔里木油田现场探索及应用[J]．中国石油和化工

标准与质量，2012，33(15)：171.

[34] 苏华．国内首套超音速分离技术装置试运[N]．中国石油报，2014-11-20(001).

[35] 闫立春．涡流管内部场的理论与实验研究[D]．哈尔滨工程大学，2008.

[36] 石鑫，孙淑凤，王立．涡流管研究进展及在天然气工业中的应用[J]．低温与超导，2010，38(2)：18-22.

[37] Hajdik B，颜廷昭．用涡流管增加天然气凝液的回收[J]．国外油田工程，1999(01)：52-54.

[38] 徐文渊．小型液化天然气生产装置[J]．石油与天然气化工，34(03)：161-164+145.

[39] 徐正斌．涡流管技术在天然气领域的应用前景[J]．油气储运，2009，28(01)：41-43+86.

[40] 沙庆云，徐维勤，徐寿林，等．天然气处理的新技术——涡流管和封闭能量循环过程[J]．天然气化工，1994(05)：37-42.

[41] GUTAK A D. Experimental investigation and industrial application of Ranque-Hilsch vortex tube [J]. International Journal of Refrigeration，2015，49：93-98.

[42] DONALD V NICOL，MARK J Lane. Vortex tube system and method for processing natural gas：United States，US6932858B2[P]. 2005-08-03.

[43] SINGH M，NARAYANKHEDKAR K G. Personal cooling belt [J]. International Journal Of Refrigeration，1982，5(5)：314-315.

[44] 李志明，侯明军，罗方．天然气压差发电技术浅析[J]．东方汽轮机. 2022. 2：10-15.

[45] 朱力洋，熊波，王志军，等．钟明朗天然气压差发电技术在地下储气库的应用[J]．天然气工业. 2021. 41(3)：142-146.

基于储气库一体化平台的数智化建设策略研究

孙 瑨

大庆油田采气分公司(储气库分公司)

摘 要 随着“中国制造2025”的发布，作为实施制造强国战略第一个十年行动纲领，提出要加快推动新一代信息技术与制造技术融合发展，推进生产过程智能化，培育新型生产方式，全面提升企业研发、生产、管理和服务的数智化水平。“中国制造2025”为传统工业与信息化融合提出了新发展方向、新思路、新环境，也深刻影响着石油行业。在油气田储气库的建设过程中，要以提质增效为目标，提前谋划以“地下-井筒-地面”一体化监测平台为基础的数智化转型，开展面向综合研究、方案决策、生产过程、运营维护、经营管理及安全环保的数智化策略应用和管理体系的建设。

关键词 油气田；储气库；数智化；地下-井筒-地面一体化；监测平台

1 油气田储气库数智化建设目标

1.1 油气田储气库数智化转型要求

随着“中国制造2025”的发布，作为实施制造强国战略第一个十年行动纲领，提出要加快推动新一代信息技术与制造技术融合发展，推进生产过程数智化，培育新型生产方式，全面提升企业研发、生产、管理和服务的智能化水平。“中国制造2025”为传统工业与信息化融合提出了新发展方向、新思路、新环境，也深刻影响着石油行业。在油气田储气库的建设过程中，要以提质增效为目标，提前谋划以“地下-井筒-地面”一体化监测平台为基础的数智化转型，开展面向综合研究、方案决策、生产过程、运营维护、经营管理及安全环保的数智化策略应用和管理体系的建设。

储气库生产不同于常规气田开发，是利用天然地质气藏构造进行天然气的存储和采出，具有气藏认识清晰，可预见性强的特点。理论上，只要储气库稳定，每个周期的注采特征都具有相似的规律或特征。在生产过程中一旦产生数据异常，就能及时有效的反映生产异常点。

因此，有必要对地质气藏的动态监测、井筒、压缩机组、脱水装置、输气管线等生产设备的在线监控能力进行加强，对采集的数据的利用率进一步提高，极大程度实现储气库的数智化精细管控。有充分必要建设储气库数智工作流，以“地下-井筒-地面”一体化为核心，地面管线在线流动保障系统为有力支撑，通过一系列数智化工作流实现多层级、多专业的协同工作，提高科研生产效率与精度，指导并保障储气库安全生产运营。

1.2 储气库“地下-井筒-地面”一体化建设要求

围绕提升储气库生产自动化水平与安全管控能力，优化储气库管理流程、提升生产运行管理水平为核心，以自动化、智能化为手段，按照“全面感知、安全环保、结构扁平”的建设原则，以实现“数据全采集、管线防泄漏、集注站自动化、注采井智能化、气藏智能化、地面智能化”为目标，打造数智化储气库“地下-井筒-地面”一体化平台。在此基础上，搭建智能决策指挥中心，辅助决策。能够快速形成优化生产能力，促进生产运行效益和生产效率，降低运行成本，构建具备“全面感知、自动操控、趋势预测、智能优化、协同运营”特征的智能储气库。

2 储气库一体化平台架构策略

2.1 储气库一体化平台建设思路

在储气库的建设过程中，要充分利用信息化手段，从基础设施、一体化模型、完整性管理三个方面为目标搭建一体化平台。

1. 基础设施建设及优化提升

实现工控网络高效纵深防御，能够适应储气库工控网络未来在网络规模、网络功能等方面的扩展和升级。同时从安全管理、风险控制、技术防护等方面入手，划分安全域，部署访问控制、协议过滤、入侵检测、安全审计等措施实现防护，形成“监控预警、防御控制、审查追溯”安全防御体系。

2. 储气库实现

一体化模型以一体化专业模型为中心、以工作流为支撑，将各个专业领域的领先技术与研究高度集成化，各个专业专家基于同一平台、同一数据、同一工作流，实现储气库安全运营的实时监测，高效研究与及时决策。

3. 储气库全生命周期完整性管理

开展完整性管理体系的建设工作，全面分析生产运行中产生的各种数据，自动的进行评估，提前进行预警，由被动应急变为主动防护，始终保证在储气库发生事故之前将各种风险因素消除或降低到可接受的范围之内，从而使储气库平稳安全运行。

2.2 储气库一体化平台建设技术方案

构建一体化平台，要通过“一体化模型→生产与科研工作流→可视化系统→智能应用”的逐级递进方式建设数智化储气库。通过基础设施的优化提升，夯实数智化储气库建设的基础，打造以储气库“地质-气藏-生产”一体化研究与工作流为代表的科研生产双向协同平台，提升科学管控能力；以生产数据实时驱动为引擎，建立一体化仿真模型，制定开发生产科研管理工作流，搭建可视化平台，实现储气库数智化管理。其中一体化资产模型通过链接实时数据库，可实现油气藏-井筒-管网-油气处理等生产全系统的一体化模拟与优化。气库开发管理工作流，结合模型目录，可实现油气田开发生产系统的标准化、流程化、自动化、数智化高效管理。通过搭建可视化平台，实现数据交换、实时监测、显示、生产预警等功能，辅助生产决策。最终建设以智能气藏和井场、智能管网和智能站场为基础的数智化应用，达到“全面感知、自动操控、趋势预测、生产优化”，实现气库开发生产实时一体化优化与智能管理。

3 储气库一体化平台架构策略

储气库一体化平台建设主要分为四个部分，分别为气库一体化仿真模型、气库一体化数智管理系统、气库可视化管理系统和数智化应用建设。

3.1 储气库一体化仿真模型

储气库注采运行主要受储层、井筒和地面管网各生产环节的相互影响和相互制约，传统研究模式往往是独立作用于各自的领域，难以体现生产系统的真实原貌，无法定量研究各环节间的相互干扰。而一体化仿真模型涵盖地层内渗流、井筒多相流、嘴流（节流装置）和地面管线内流动等各个生产流动环节，最终实现地下-井筒-地面的一体化设计和运行管理，从而提高油气田的整体运行效率，不断优化运行指标并对运行方案实时跟踪调整，为数字智能油田建设搭建基础模型，提供核心引擎。

在地质与气藏研究成果基础上，集成气库数值模型、井筒模型与地面管网模型，通过三者的无缝结合，形成完善的一体化资产模型，评价不同运行周期库存量和地层压力，实时跟踪注采井生产动态，预测气库调峰能力，评价地面注采管网集输能力，进行流动保障研究，寻找生产瓶颈，为注采气方案优化和措施优选提供精准支持。

3.2 储气库一体化智能管理系统

一体化智能工作流可将各类油气田生产系统模型、各类数据、各种复杂的研究工作流程等集成起来，进行工作流程的实时、自动分析和管理，实现油气田开发生产系统的标准化、流程化、自动化、数智化高效管理。主要作用是通过自动化的手段减少重复工作量，提高工作效率。实现油气田数据实时传输、自动配产、自动开关井、实时优化。达到“全面感知、自动操控、趋势预测、生产优化”，实现油气田开发生产实时一体化优化与数智化管理。

针对数智化储气库目前常用的工作流有：智能预测与跟踪工作流、精准注采工作流、流动保障工作流、、泡排-排水采气工作流、井筒积液治理及集输管线清管工作流、管线防冻堵-注醇量自动计算工作流、冲蚀/腐蚀计算工作流等。

1. 智能预测与跟踪工作流

智能预测与跟踪工作流基于气库一体化仿真模型，接入高频生产实时数据，可全方位支持模型更新，实时跟踪监控气藏从储层到井筒再到地面管网整个生产系统，进行问题诊断优化。实现不同专业人员在统一平台上跟踪全生产系统节点生产指标，可弥补由于监控设备不足导致无法对全系统任意节点的实时监控的缺点。也可结合可视化平台，定制气藏模拟分析监测、井筒模拟分析监测、管网模拟分析监测可视化界面，搭建生产运行与监控日度、周度、月度监控可视化环境，对井筒、地面管网等任意节点温度、压力、流量、水气比等生产动态参数。实现数字化气藏、数字化井筒、数字化地面的智能协同分析及全局优化决策。

2. 精准注采工作流

通过建立气库自动配产配注工作流，在各个生产环节模型的基础上，通过一体化整合功能，把原先分散的模拟计算综合起来，使整个气田的生产管理能够实现储层-井筒-管网一体化模式，智能驱动一体化资产模型，形成高度集成、结构紧凑、自动化的管理。最终实现气库地面一体化优化配产配注和最优产量分配自动化，及时反应生产动态，指导现场生产，满足气库精准注采生产管理的需要。

3. 流动保障工作流

在流动保障工作流中，储气库地面设备与仪表仅能反映单点的测量数据，无法反映流体在管线中的运移规律与行为。针对全局一体化生产系统运用稳态模型，模拟井筒及地面管网流动保障问题；针对短时和局部不稳定流动情况，建立基于局部测量数据的瞬态流动模型；形成透明的虚拟生产系统全面反映不同管线位置可能存在的生产风险，如水合物形成、积液、管线集输能力等，实现及时预警，及时干预管控。

4. 泡排-排水采气工作流

针对气井产水逐渐增加，存在积液风险，但地层能量相对比较充足时，可采用泡沫排水采气。通过泡排-排水采气工作流建立，可优选表活剂注入浓度，优化表活剂注入量，保证气井正常携液生产。

5. 井筒积液治理及集输管线清管工作流

针对气井产水逐渐增加，井筒和地面管线存在积液风险，井筒可采用排水采气治理措施，地面管线可采用清管治理措施。通过井筒积液治理及集输管线清管工作流建立，可优化单井井筒排水采气相关参数和地面管线清管相关参数。

6. 管线防冻堵-注醇量自动计算工作流

针对低温低产井，地面管线冻堵风险高，现场目前采取的注醇防冻措施并没有相应的定量指导方法，而且随着生产条件的变化，实时的根据各单井生产参数分别计算各单井所需注醇量，流程复杂，计算工作量也较大。因此在一体化模型需建立防冻注醇量自动化计算工作流，对于存在冻堵风险的管网，可自动优化注醇量。

3.3 储气库可视化管理系统

气库可视化管理系统：包括数据链接、定义模型所需数据类型、设计和配置可视化界面、可视化界面访问。可实现实时监测、数据交换、显示、生产预警等功能，辅助生产决策。支持对目前气库已有数字化展示成果整合，局域强大的扩容功能，可以满足不断增长的业务需求，支持扩展开发、仪表显示、自动预警、定制报表等功能。

3.4 储气库数智化应用建设

基于一体化仿真模型和智能管理系统，建设智能气藏及井筒、智能管网、智能站场3个智能模块场景，最终达到“全面感知、自动操控、趋势预测、生产优化”目的，实现气库开发生产实时一体化优化与智能管理。

1. 智能气藏及智能井场

基于一体化生产管理理念，结合井场生产应用、安全监测等设备，以气藏井筒为研究对象，完成气藏及井筒实时压力监测与预警，异常工况诊断，实现全生命周期管理。

（1）气藏模拟分析与实时监测。全系统耦合的一体化模型，具备数据流转的功能，能够从油气田开发全局的角度，准确评估系统产能。根据系统总约束条件（如气库调峰能能力），运行一体化模型。气藏储层动态信息传递到井筒，井筒通过IPR及VLP交汇分析形成单井动态特征，再传递到地面集输系统，由于集输系统的井间干扰会对单井动态特征产生影响，这些综合的信息反映到控制平台，控制平台根据效益或者目标产气量等指标进行一体化优化计算。进而实时跟踪气库压力变化、产量变化、水侵动态及饱和度等相关动态指标。并将油气藏动态生产指标按日度、月度、季度或年度输出静态数据或动态曲线，结合可视化平台展示相关成果。

（2）井筒压力监测与预警。基于一体化仿真模型，以井筒为研究对象，跟踪单井井底压力、井口压力、日产油/气/液量，水气比、凝析油气比、含水率等动态指标成果或随时间变化生产曲线，并可与单井实测数据进行对比，结合可视化平台展示相关成果，便于工程师对采集数据和计量数据进行分析，实现单井全生命周期数据动态管理。

（3）异常工况诊断。充分运用一体化仿真模型数据成果，根据产能模型和井筒多相管流耦合模型，基于节点分析，实现井筒沿程产量、压力、温度、流态分析、积液、水合物等各类生产工况预警，并与单井自动化采集数据进行对比，通过指标的变化趋势来诊断异常工况。生产指标的异常主要包括产气量异常、油压异常、套压异常、井口外输压力异常、流压异常、外输温度异常等。储气库气井在生产过程中的异常工况主要分为两部分：一是发生在储层中，使渗流条件的改变；二是井筒的故障，使垂管流动条件改变。具体涵盖地层污染问题诊断、出砂问题诊断、边底水突进问题诊断、油嘴堵、井筒积液、冻堵等问题诊断。进而融合专家知识经验和人工智能技术，诊断井筒流动保障及异常工况，并采取针对性措施，由被动治理转化为事前预防，推荐合适的工作制度和最佳工艺参数组合，保障储气库采气井及注气井正常运行。

2. 智能管网

集成一体化模拟环境，完成管道流动保障、特殊工况模拟，实现注采管网生产运行优化。

（1）流动保障研究：根据地面长输管道及设备长度、地理位置及尺寸、流体组分，基于水平多相管相理论，迭代计算地面生产节点的流体相态、压力、温度、流量、水气比等参数，判断管道流动形态，跟踪任意节点动态指标变化情况，识别管线沿程流动保障风险并给出预警，形成透明的虚拟生产系统全面反映不同管线位置可能存在的生产风险，如水合物形成、积液、管线集输能力瓶颈等，实现及时预警，及时干预管控，制定治理措施。

（2）特殊工况模拟：智能管网的特殊工况模拟和预测指以当前生产工况、某个历史工况或假设工况为模拟基础，进行特殊流动安全工况的模拟，实现对该工况的分析，对油气集输、外输生产工况和系统瓶颈进行实时诊断分析和生产参数优化，为未来的生产状况做出预测，为作业者的决策提供参考依据。储气库智能管网的特殊工况模拟和预测主要包括增输和减输生产工况、管道清管工况、不同工况条件下组分跟踪等。

3. 智能站场

储气库智能站场主要包括采气支线到集气站到注气站，工艺流程包括加热炉加热、天然气脱水、脱硫设计和优化、分离器分离、压缩机增压、计量中心计量、场站测压等。在一体化模型基础上，建立井、管汇、站场三点关联系统，通过模拟加热炉、分离器、压缩机等设备，模拟全系统的压力、温度和流量等指标及设备的能耗效率。通过调整气井采气制度、进站管汇条数、压缩机运行参数，确保气井平稳生产，实了外输系统处理能力最大化。储气库站场生产动态模拟预测主要功能包括：

（1）集输压力优化。考虑储层-井筒-地面管网综合影响，假设不同的集输压力，预测储层地层压力、单井产量、井底压力和井口压力，管线沿程压力和温度变化、集输能力等关键指标。

（2）压缩机选型及资源优化配置。通过系统压力、流量和温度等运行参数，选择合适压缩机类型，确定压缩机的功率等参数，进而模型压缩机增压后，不同注气压力条件下系统生产指标的变化规律。

压缩机选型参数：机组主要参数包括：进出口压力范围、流量范围等，需综合气源、长输管道系统参数、用户系统参数及储气库注气期运行参数进行分析。

压缩机入口压力范围：根据管道注气期供气量、用户气量以及长输管道配套的其他储气库的注气量进行平衡分析。

压缩机出口压力和流量：根据储气库工作压力区间、注气井井深结构、注气井深度等造成的注气沿程摩阻等确定。

4　总结

在储气库生产运行过程中会存在生产成本控减难、工作效率低、数据共享难、数据价值得不到有效发挥、控制系统分散且相互独立、业务覆盖不全、新增功能需求扩展困难等问题，因此，采取储气库一体化平台管理，提高数智化建设水平，可满足储气库全生命周期安全管控和科学高效生产运行的需求。通过构建统一的在线协同环境，实现以一体化专业模型为中心、以工作流为支撑，将各个专业领域的领先技术与研究高度集成化，各个专业专家基于同一平台、同一数据、同一工作流，实现储气库安全运营的实时监测，高效研究与及时决策。

参考文献

[1] 杨伟，王雪亮．国内外地下储气库现状及发展趋势[J]．油气储运，2007，26(6)：15-19.

[2] 丁国生．全球地下储气库的发展趋势与驱动力[J]．天然气工业，2010，30(8)：59-61.

[3] 谭羽非等．天然气地下储气库技术及数值模拟[M]．北京：石油工业出版社，2007.

[4] 杨继盛，刘建仪．采气实用计算[M]．北京：石油工业出版社，1994：1 12-120.

气藏型储气库采出天然气脱水技术研究

王继辉　何承霖　赵丽丽

（大庆油田设计院有限公司）

摘　要　目前，国内外天然气脱水的方法有十余种。考虑到脱水深度和经济因素，三甘醇脱水和J-T阀脱水工艺是目前气藏型储气库采出天然气常用的脱水技术。本文选用某储气库作为案例，通过对三甘醇脱水和J-T阀脱水进行工艺和经济对比，分析不同工况下适合地下储气库天然气脱水的工艺，探讨对天然气脱水的选择和优化设计一些看法。

关键词　气藏型储气库(storage in former gas fields)；三甘醇(triethylene glycol)；J-T阀（J-T valve)

受季节用气峰谷差、用户种类和用量等因素影响，天然气的消耗量存在很大的不均衡性，这就需要对天然气的供需平衡进行调节。地下储气库作为一种储存天然气的方法，主要用于调节下游用户用气过程中的不均衡性，以保证用气高峰的用气量，缓期气荒，还可在发生紧急情况时的应急储备和国家对天然气的战略储备，具有库容大、安全系数高，和经济效益好等诸多优点。

目前，天然气脱水净化的技术一般包括制冷分离法、溶剂吸收法、固体吸附剂吸附法、化学反应法和膜分离法等。溶剂吸收法中常采用甘醇类物质作为吸收剂，在甘醇的分子结构中含有醚键和羟基，上述集团均能与水分子形成氢键，对水的亲和力极强，具有很好的脱水效果。甘醇脱水过程一般都是连续的，其典型的工艺流程是三甘醇脱水工艺流程；低温法脱水是利用高压天然气节流膨胀降温或利用气波机膨胀降温而实现的，脱水过程中需加入防冻剂，如甲醇或乙二醇等；固体吸附法是利用孔隙度高的固体颗粒选择性地吸附流体中某一组分在其表面上，进而使流体中的水分得以吸附的方法。天然气脱水中常用分子筛做为吸附剂，本技术可以深度脱除天然气中的水分，但成本较高，一般用于深冷前脱水中，不适用于储气库天然气脱水。下面主要通过对三甘醇脱水工艺流程和J-T阀脱水技术的对比，探讨地下储气库采出天然气脱水的技术。

1　天然气脱水的必要性及技术指标

地下储气库采出的天然气为湿气，含有较大量的水分。天然气中含有水分时会造成一些系列的危害，当气体中含有酸性气体是，液态水会与酸性介质形成酸性水溶液，进而腐蚀管道和设备，严重影响生产安全；水份还会与天然气中的某些相对低分子质量的烃类或非烃类气体分子结合形成气体水合物，造成管道堵塞和生产中断。另外，水分的存在会显著降低天然气的热值，不利于下游用户的使用。根据《输气管道工程设计规范》GB 50251—2015中的要求，脱水后的天然气水露点应比输送条件下最低环境温度低5℃。

黑龙江地区输气管道均为埋地敷设，干气管道的敷设深度一般为管顶距地1.5m，脱水后天然气水露点需满足≤-15℃。

2　脱水技术简介

2.1　三甘醇脱水工艺

三甘醇脱水成套设备主要是由脱水系统和再生系统构成，脱水过程的核心设备是吸收塔。天然气脱水发生在吸收塔内，三甘醇富液的再生在再生塔内完成。

脱水过程为：经过初步分离后的采出天然气进入TEG脱水吸收塔下部与上部进入的TEG贫液在塔内逆流接触，天然气中的饱和水被TEG贫液吸收而脱除。脱水后的干天然气自吸收塔顶部出来，经干气-贫液套管换热器换热，再经净化气分离器分离出天然气中夹带的三甘醇液沫后外输。

吸收了水分后的TEG富液从吸收塔底部流出，经TEG循环泵增压后，再经TEG重沸器上部精馏柱内的盘管换热后进入TEG闪蒸罐。在闪蒸罐中闪蒸出少量的烃类和水分等，闪蒸后的

TEG 富液经液位控制阀后依次进入 TEG 机械过滤器、活性炭过滤器，除去其中的机械杂质及降解产物等。然后进入 TEG 贫富液换热器与温度较高的 TEG 贫液换热后，再进入 TEG 精馏柱。

在 TEG 再生系统中，水分被蒸出，TEG 溶液被提浓。再生后的 TEG 贫液经 TEG 贫富液换热器热交换并冷却后进入 TEG 循环泵增压，再经干气-贫液套管式换热器进一步冷却后，再进入 TEG 吸收塔的上部，以完成 TEG 的再生循环过程。再生精馏柱尾气排入至焚烧炉，再生系统设有汽提工艺流程，正常生产时不使用汽提气，当脱水不合格时引入汽提气提高 TEG 贫液浓度。

2.2 J-T 阀脱水工艺

J-T 阀节流制冷工艺利用高压天然气的压力能，然后通过 J-T 阀时，产生焦耳-汤姆逊(简称 J-T)效应，使天然气的温度降低，经分离后脱除部分水和液烃。为了防止天然气降温形成水合物，必须在 J-T 阀前加入水合物抑制剂。

原料天然气自集气汇管来，先分离出游离水和紧急情况下井口注入的醇液，再进入 J-T 阀节流制冷装置。收集的乙二醇富液需再生提浓，循环使用。

3 脱水工艺对比

表 1 中列出了某储气库采气的组成，采出气的气量为 1000 万 m^3/d，其中含有饱和水。采出气进入脱水装置的温度为 20～25℃，压力为 9～11MPa。

根据上述条件，对三甘醇脱水工艺和 J-T 阀脱水工艺进行了比较，两种工艺对比情况见表 2。

表 1 某工程气质组成表

组分	C_1	C_2	C_3	i-C_4	n-C_4	i-C_5	n-C_5	C_6^+	CO_2	N_2
%mol	85.065	4.793	1.514	0.199	0.409	0.081	0.094	0.039	0.004	7.802

表 2 脱水方案对比表

比选内容	方案一：三甘醇脱水	方案三：J-T 阀制冷技术
方案简介	每套装置包括脱水橇和再生橇各 1 座，再生橇上设置尾气回收装置。再生热源为燃料气，脱水橇内外输干气	采用 J-T 阀+乙二醇制冷技术，压力能不足时需启运丙烷机，温度降至-20℃
装置总天然气消耗量	90Nm^3/h	75Nm^3/h
装置电耗量	120kW	100kW(不启运丙烷机时) 2500kW(丙烷机电耗)
水露点	≤-15℃	≤-15℃
工程投资/万元	6028	7578
10 年天然气消耗总量/万 m^3	271.3	213.4
10 年电耗量/万 kWh	407.8	1200.1
10 年物料耗量	155t 三甘醇	40t 乙二醇
投资+十年费用现值/万元	7067.2	8923.4
主要优点	1. 投资较少，运行成本低 2. 系统压降较小，节约能源 3. 容易再生，甘醇富液再生时，所需热量较少	乙二醇循环量小，易于再生

续表

比选内容	方案一：三甘醇脱水	方案三：J-T 阀制冷技术
主要缺点	再生过程中有尾气产生，需设置尾气回收装置进行处理	1. 一次性投资高 2. 考虑到井口没有足够的压力能，需要启动丙烷机制冷，能耗高 3. 再生过程中有尾气产生，需设置尾气回收装置进行处理
推荐结论	推荐	不推荐

由以上对比可以看出，针对本工程所列出的工艺参数，三甘醇脱水装置的投资费用和运行费用均较低。三甘醇的蒸气压低，携带的损失小，热力学性质稳定，脱水操作费用低，更适于干气气藏型储气库，三甘醇再生装置的尾气需进入到尾气回收装置中，以便满足环保要求。由于可以同时控制水和烃露点，J-T 阀 = 制冷脱水工艺更适合于凝析气藏型储气库。

4　结论

目前，三甘醇脱水和 J-T 阀制冷脱水工艺均广泛应用与储气库地面工程中。其中针对干气气藏型储气库采出气的处理，三甘醇脱水装置具有一定优势，不但可降低投资，也可提高装置运行的稳定性；但针对凝析气藏型储气库采出气的处理上，J-T 阀制冷脱水工艺则应用更多，本工艺可以在脱水的同时将天然气中的轻烃回收，节省了投资并降低了装置的复杂性。地下储气库天然气脱水工艺的选择需要根据原料气条件和经济性评价来共同确定，二者各自都有优缺点，但都是天然气脱水工艺技术的重要组成部分。

参　考　文　献

[1] 李明、温冬云、吴艳等．相国寺地下储气库采出气脱水方案的选择[J]．天然气与石油，2011 年第 4 期。
[2] 王育明．天然气处理工艺的优化．油气田地面工程[J]，2008 年第 2 期。
[3] 王开岳．天然气净化工艺[M]．北京 石油工业出版社，2005 年。
[4] 张瑞军．天然气三甘醇脱水系统工艺技术研究．中国石油和化工标准与质量[J]，2018 年第 7 期。
[5] 冯叔初、郭揆常等．油气集输与矿场加工[M]．东营：中国石油大学出版社，2006 年。

利用层次分析法进行盐穴储气库注气压缩机选型

党红星　孟　健

（中国石油天然气管道工程有限公司）

摘　要　随着盐穴储气库的迅速发展，注气压缩机选型也变得多样化，注气压缩机作为盐穴储气库地面工程中的核心设备，其合理的选型关系到整个储气库的经济性和平稳运行。本文通过构建江苏某盐穴储气库压缩机选型的层次结构模型，应用层次分析法把盐穴储气库压缩机选型的过程数学化，将多因素复杂的决策问题简便化，得出最优的注气压缩机选型，并与工程实际最终的选型结果一致，对类似工程的注气压缩机选型具有一定借鉴意义。

关键词　盐穴储气库；注气压缩机选型；层析分析法；先达产后达容

盐穴储气库地面工艺技术主要包括注气工艺、采气工艺、脱水工艺、调压计量工艺、井场工艺及造腔工艺等内容，在盐穴储气库注气期，注气压缩机将过滤后的长输管道来气增压后注入井场地下盐腔，完成注气工艺流程。大型盐穴储气库达容达产时间可达10年，因此，在建库期会存在调峰注气与注气排卤(盐穴储气库采用清水溶腔，在造腔后期需利用高压天然气将卤水排除，完成地下盐腔的第一次储气)交叉运行的工况，注气压缩机的选型必须满足盐穴储气库运行周期内的各种工况要求，并应同时适应建库期的注气排卤的工况要求。

1　注气压缩机选型现状及原则

1.1　注气压缩机选型现状

国内早期建设的储气库注气规模较小，由于往复式压缩机更能适应出口压力高、波动范围大的工况，其注气效率、操作灵活性高，受到众多储气库的青睐，但随着压缩机技术发展，离心式压缩机由于其排气量大，同等规模下设备数量少、投资相对低、运行维护量少等特点，近年来也逐步应用到盐穴储气库工程中。因此，在压缩机选型中出现了往复式压缩机、离心式压缩机及二者组合的选型配置等多种方式，在方案进行经济技术比较时候，一般采用定性和定量结合的方式进行比较，但经常会出现在定量比较中方案A比较优，在定性比较中方案A却不是最优，导致推荐的方案说服力较低。本文通过应用层析分析法，把压缩机选型的方案进行权重排序，将方案选择问题数学化，得出最优方案。考虑到大力推进储气库关键设备国产化，方便工程运维和管理，同时基于目前国产压缩机技术能满足国内储气库注气需求的条件下，本文在国产压缩机基础上利用层次分析法进行江苏某盐穴储气库压缩机选型分析。

1.2　注气压缩机选型原则

盐穴储气库注气压缩机选型应遵循以下原则：压缩机组应按照设计规模进行选型和配置，满足储气库不同时期、不同输量的增压需求，并在较高效率区域工作；压缩机组的性能可靠、效率高、操作灵活、可调范围宽、调节控制简单；满足压缩机出口压力不断升高的要求，且满足出口压力变化范围大的要求。基于以上原则，首先确定江苏某盐穴储气库工程的注气压缩机可行的配置方案。

首先确定储气库注气规模，进而确定注气压缩机数量及类型是注气装置设计的关键。江苏某盐穴储气库的注气参数见表1和表2。

由表1可知，最高调峰注气量为1175万m^3/d，2032年及2034年的第2季度与注气排卤叠加后达到1578.2万m^3/d，为了避免建库结束后设备闲置浪费，可确定总注气规模为1200万m^3/d(2032年及2034年的第2季度考虑增加注气排卤周期)。当然，总的注气规模还涉及到市场因素、地质条件、生产运行等多方面，本文不做详细分析，设计规模仅作为压缩机选型分析的输入条件。

表 1　江苏某盐穴储气库注气量表

时间/年	季度	调峰量/（万 m^3/d）	排卤注气/m^3	总量/（万 m^3/d）	时间/年	季度	调峰量/（万 m^3/d）	排卤注气/m^3	注气总量/（万 m^3/d）
2025	1		222	222	2030	3	271	328.32	599.32
2025	2		222	222	2030	4	270	328.32	598.32
2025	3	271		271	2031	1	527		527
2025	4	270		270	2031	2	774~1175		1175
2026	1	527		527	2031	3	271		271
2026	2	774~800		800	2031	4	270		270
2026	3	271		271	2032	1	527		527
2026	4	270		270	2032	2	774~1175	403.2	1578.2
2027	1	527	222	749	2032	3	271	403.2	674.2
2027	2	774~800	222	1022	2032	4	270		270
2027	3	271		271	2033	1	527		527
2027	4	270		270	2033	2	774~1175		1175
2028	1	527		527	2033	3	271		271
2028	2	774~1175		1175	2033	4	270		270
2028	3	271		271	2034	1	527	403.2	930.2
2028	4	270	328.32	598.32	2034	2	774~1175	403.2	1578.2
2029	1	527	328.32	855.32	2034	3	271		271
2029	2	774~1175		1175	2034	4	270		270
2029	3	271		271	2035	1	527		527
2029	4	270		270	2035	2	774~1175		1175
2030	1	527		527	2035	3	271		271
2030	2	774~1175		1175	2035	4	270	67.2	337.2

表 2　江苏某盐穴储气库注气压力表

工况	排卤注气			调峰		
井场	北部井场	中部井场	南部井场	北部井场	中部井场	南部井场
注气压力/MPa	19.75~20.25	16.88~17.5	13.76~14.55	11~23	10~19	8.4~16.3

建库期间，注气量主要为 220~270 万 m^3/d、400 万 m^3/d、500 万 m^3/d、600 万 m^3/d、800 万 m^3/d 几种工况；从表 2 可知，注气压缩机出口变化范围为 8.4~23MPa，而压缩机入口为长输管道来气，压力范围一般为 5.5~5.8MPa，结合国内压缩机技术水，往复式压缩机和离心式压缩机均可满足注气需求。结合注气参数综合考虑，选择 150 万~200 万 m^3/d 设计规模的往复式压缩机、600 万 m^3/d 和 800 万 m^3/d 的离心压缩机以及多种机型组合方式进行比较分析。

2　层次分析法应用

2.1　层次分析法简介

层次分析法（Analytic Hierarchy Process，AHP）是美国匹堡大学运筹学家 T. L. Satty 教授于 20 世纪 70 年代初，在为美国国防部研究“应急计划”时，应用网络系统理论和多目标综合评价方法，提出的一种层次权重决策分析方法。该方法将决策问题的有关元素分解成目标、准则、方案等层次，在此基础上进行定性分析和定量分析的一种决策方法。这一方法的特点是在对复杂决策问题的本质、影响因素及其内在关系等进行深入分析之后，构建一个层次结构模型，然后利用较少的定量信息，把决策的思维过程数学化，从而为求解多准则或无结构特性的复杂决策问题提供一种简便的综合决策分析方法。

当一个决策者在对问题进行分析时，首先要将分析对象的因素建立起彼此相关因素的层次系统结构，这种层次结构可以清晰地反映出相关因素(目标、准则、对象)的彼此关系，使得决策者能够把复杂的问题顺理成章，然后进行逐一比较、判断，从中选出最优的方案。运用层次分析法大体上分成四个步骤：建立层次结构模型、构造比较判别矩阵、单准则下层次排序及其一致性检验、层次总排序及其一致性检验。

2.2 建立压缩机选型的层次结构模型

根据盐穴储气库注气压缩机选型要求，将注气压缩机选型作为目标层，将设备投资、设备供货周期、压缩机对注气工况的适应性、压缩机的运行和维护、建设压缩机占地的面积作为准则层，再结合江苏某盐穴储气库注气参数，细化出5个压缩机选型配置方案作为方案层，建立江苏某盐穴储气库注气压缩机选型层次结构模型图，如图1所示。

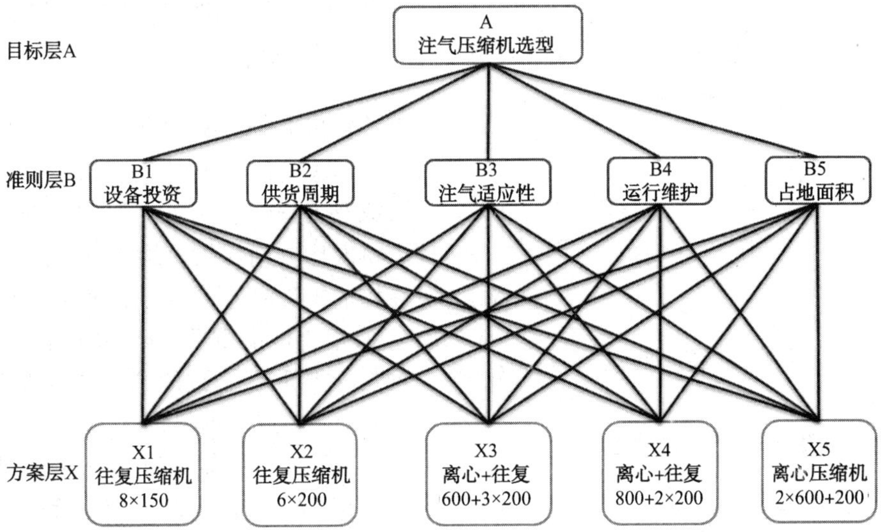

图1　注气压缩机选型层次结构模型图

结合江苏某盐穴储气库工程相关参数，构造5种注气压缩机选型配置方案：方案X1为8台150万m^3/d处理量的往复式压缩机；方案X2为6台200万m^3/d处理量的往复式压缩机；方案X3为1台600万m^3/d处理量的离心压缩机和3台200万m^3/d处理量往复压缩机组合的方式；方案X4为为1台800万m^3/d处理量的离心压缩机和2台200万m^3/d处理量往复压缩机组合的方式；方案X5为2台600万m^3/d处理量的离心式压缩机，同时为了满足注气排卤期的小排量注气要求，需单独配置1台200万m^3/d的注气排卤压缩机，以满足建库要求。

2.3 构造比较判别矩阵

层次结构模型建立后，结合盐穴储气库相关领域的专家、工程师、运行操作工程师等20多人的知识、经验和判断，总结其结果确定注气压缩机选型层次分析法对比标度表(表3)。

表3　注气压缩机选型层次分析法两两对比标度表

元素	标度	取值规则
a_{ij}	1	以上一层某个因素为准则，本层次因素i与因素j相比，具有同样重要
	3	以上一层某个因素为准则，本层次因素i与因素j相比，i比j稍微重要
	5	以上一层某个因素为准则，本层次因素i与因素j相比，i比j明显重要
	7	以上一层某个因素为准则，本层次因素i与因素j相比，i比j强烈重要
	9	以上一层某个因素为准则，本层次因素i与因素j相比，i比j极端重要
	2，4，6，8	i与j两因素重要性比较结果处于以上结果中间
a_{ji}	倒数	与a_{ij}标度结果互为倒数

以准则层 B1 设备投资和 B2 供货周期为例，B1 相对于 B2 明显重要，则标度为 5，反过来 B2 对 B1 的标度为 1/5，以此类推，两两比较，可得出 5×5 的矩阵。

2.4 层次排序及一致性检验

根据注气压缩机选型层次分析法两两对比标度表，求出各因素对于准则层的权重。一般计算权重的方法有和法和根法，二者计算结果略有不同，但是最终权重排序是一致的，本文以和法计算为例。

首先，将判断矩阵的列向归一化，即：

$$A_{ij} = \frac{a_{ij}}{\sum_{i}^{n} a_{ij}} \tag{1}$$

第二步，将 A_{ij} 按行求和，即：

$$W = \left(\sum_{j=1}^{n} \frac{a_{1j}}{\sum_{i=1}^{n} a_{ij}}, \sum_{j=1}^{n} \frac{a_{2j}}{\sum_{i=1}^{n} a_{ij}}, \cdots, \sum_{j=1}^{n} \frac{a_{nj}}{\sum_{i=1}^{n} a_{ij}} \right)^{T} \tag{2}$$

再将 W 归一化后得到权重向量排序，$W = (w_1, w_2, \cdots w_n)^T$；

最后求得判别矩阵的最大特征值 λ，即：

$$\lambda = \frac{1}{n} \sum_{i=1}^{n} \frac{(AW)_i}{\omega_i} \tag{3}$$

下面确定注气压缩机选型准则层 B 相对于目标层 A 的权重排序，在准则层 B1～B5 的 5 个因素两两比较，得出判别矩阵 A–B 如下：

$$A\text{-}B: \begin{bmatrix} 1 & 5 & \frac{1}{5} & \frac{1}{3} & 3 \\ \frac{1}{5} & 1 & \frac{1}{7} & \frac{1}{5} & 1 \\ 5 & 7 & 1 & 3 & 7 \\ 3 & 5 & \frac{1}{3} & 1 & 5 \\ \frac{1}{5} & 1 & \frac{1}{7} & \frac{1}{5} & 1 \end{bmatrix}$$

按照层次排序，对上述矩阵一次进行列归一处理，得到 $\begin{bmatrix} 0.106 & 0.263 & 0.110 & 0.070 & 0.176 \\ 0.021 & 0.053 & 0.079 & 0.042 & 0.059 \\ 0.532 & 0.368 & 0.550 & 0.634 & 0.412 \\ 0.319 & 0.263 & 0.183 & 0.211 & 0.294 \\ 0.021 & 0.053 & 0.079 & 0.042 & 0.059 \end{bmatrix}$，

然后行和，得到 $\begin{bmatrix} 0.726 \\ 0.254 \\ 2.496 \\ 1.271 \\ 0.254 \end{bmatrix}$，再归一化，得到权重向量 $W = \begin{bmatrix} 0.145 \\ 0.051 \\ 0.499 \\ 0.254 \\ 0.051 \end{bmatrix}$，再由式(3)求得 A–B 矩阵的最大特征值 λ=5.16。

考虑到注气压缩机选型的客观复杂性，会使专家及工程师判断带有主观性和片面性，完全要求每次比较判断的思维标准一致是不大可能的。在构造矩阵时，可能会出现 A 与 B 相对重要，B 与 C 相比极端重要，C 与 A 相比相对重要，这种判断严重不一致的情况。这样会导致决策失误，所以应该在判断时大体一致，故对每一层次权重排序时，要做一致性检验。判断准则为一致性比例 $CR<0.1$，认为矩阵一致性可以接受，否则应修正矩阵。

当矩阵阶数 $n \geqslant 3$ 时，令 $CR = CI/RI$，其中 CI 为一致性指标，衡量不一致程度的数量标准，其计算公式如下：

$$CI = \frac{\lambda - n}{n-1} \tag{4}$$

RI 为随机平均一致性指标，可通过查表得出。

所以 A–B 矩阵的一致性指标 $CI = (5.16-5)/(5-1) = 0.04$，$RI = 1.12$，则 $CR = 0.04/1.12 = 0.0357 < 0.1$，同理，可求得方案层 X 相对于准则层 B 的其他矩阵结果见表 5。

表 4　平均随机一致性指标表

n	1	2	3	4	5	6	7	8	9
RI	0	0	0.58	0.94	1.12	1.24	1.32	1.41	1.45

表 5　注气压缩机选型计算结果表

矩阵	权重向量排序	λ	*CI*	*RI*	*CR*
A-B	$(0.145, 0.051, 0.499, 0.254, 0.051)^T$	5.16	0.04	1.12	0.0357
B1-X	$(0.051, 0.108, 0.281, 0.281, 0.281)^T$	5.04	0.0105	1.12	0.001
B2-X	$(0.333, 0.333, 0.111, 0.111, 0.111)^T$	5	0	1.12	0
B3-X	$(0.314, 0.314, 0.211, 0.115, 0.047)^T$	5.33	0.083	1.12	0.074
B4-X	$(0.061, 0.122, 0.158, 0.197, 0.461)^T$	5.21	0.051	1.12	0.046
B5-X	$(0.049, 0.092, 0.185, 0.206, 0.469)^T$	5.15	0.039	1.12	0.034

2.5　层次总排序及一致性检验

已知第二层(准则层 B)相对于目标层 A 的权重向量排序为$(0.145, 0.051, 0.499, 0.254, 0.051)^T$。则方案层 X 相对于目标层 A 的权重排序为(B1-X，B2-X，B3-X，B4-X，B5-X)(A-B)，即

$$\begin{bmatrix} 0.051 & 0.333 & 0.314 & 0.061 & 0.049 \\ 0.018 & 0.333 & 0.314 & 0.122 & 0.092 \\ 0.281 & 0.111 & 0.211 & 0.158 & 0.185 \\ 0.281 & 0.111 & 0.115 & 0.197 & 0.206 \\ 0.281 & 0.111 & 0.047 & 0.461 & 0.469 \end{bmatrix} \begin{bmatrix} 0.145 \\ 0.051 \\ 0.499 \\ 0.254 \\ 0.051 \end{bmatrix}$$

$=(0.199, 0.225, 0.201, 0.164, 0.211)^T$。

下面进行层次总排序一致性检验，对权重总排序的一致性。通过表 5 可知，第二层(准则层)的一致性指标为 $CI^{(2)}=(0.0105, 0, 0.083, 0.051, 0.039)^T$，第二层(准则层)的随机平均一致性指标为 $RI^{(2)}=(1.12, 1.12, 1.12, 1.12, 1.12)^T$，第三层(方案层)的一致性指标计算如下：

$CI^{(3)}=(0.145, 0.051, 0.499, 0.254, 0.051)(0.0105, 0, 0.083, 0.051, 0.039)^T=0.0579$。

第三层(方案层)的随机平均一致性指标计算如下：

$RI^{(3)}=(0.145, 0.051, 0.499, 0.254, 0.051)(1.12, 1.12, 1.12, 1.12, 1.12)^T=1.12$，则层次总排序一致性检验计算结果如下：

$CR^{(3)}=CR^{(2)}+CI^{(3)}/RI^{(3)}=0.0357+0.0517=0.087<0.1$，由此看出总排序一致性检验合格。

综上分析，方案层各方案 X 相对于目标层 A 的权重排序为$(0.199, 0.225, 0.201, 0.164, 0.211)^T$，可以看出方案 X2 的权重为 0.225 为最大，即选择 6 台 200 万 m^3/d 往复式压缩机为最优方案，层析分析结果与江苏某盐穴储气库工程中设备选型方案一致。

3　结论

通过在江苏某盐穴储气库工程注气压缩机选型中应用层次分析法，把盐穴储气库注气压缩机选型的过程数学化，将多因素客观的决策问题简便化，得出该储气库 5 种注气压缩机选型配置方案的权重排序：方案 X2，方案 X5，方案 X3，方案 X1，方案 X4，其权重依次为 0.225，0.211，0.201，0.199，0.164，最终确定最优方案 X2，并与工程实际结果一致。考虑到人为判断带有主观性和片面性，为避免决策失误，需对每一层次权重排序和层次总排序均做一致性检验，检验结果的一致性比例 *CR* 需小于 0.1。

参 考 文 献

[1] 刘波，刘孝义，文习之．盐穴储气库地面工程设计[J]．煤气与热力，2016，36(10)：A19-A24.

[2] 朱荣强，于连兴，王进军，等．盐穴储气库地面工程工艺技术[J]．煤气与热力，2015，35(3)：B05-B10.

[3] 庄清泉．注气排卤技术在盐穴造腔中的应用[J]．油气田地面工程，2010，29(12)：65-66.

[4] 刘岩，程林．盐穴储气库地面工程技术要点研究[J]．油气田地面工程，2019，38(2)：65-69.

[5] 王铁军，齐德珍，王赤宇，等．调峰型地下储气库注气压缩机选型配置建议[J]．天然气与石油，2020，38(4)：9-13.

[6] 李志卓，于长猛，陈久国，等．地下储气库注气用离心压缩机方案可行性分析[J]．机电产品开发与创新，2017，30(1)：46-49.

[7] 王学均，郑治国，葛丽玲．离心压缩机结构形式发展现状与展望[J]．化工设备与管道，2015，52(2)：1-13.

[8] 赵京艳，葛凯，褚晨耕，等．国产天然气压缩机应用现状及展望[J]．天然气工业，2015，35(10)：151-156.

[9] 周生伟．浅谈地下储气库用注气压缩机的研发与制

造[J]. 压缩机技术，2014，35(01)：46-48.
[10] 王东军，孟凡彬，周磊，等. 储气库注气节能技术探讨[J]. 中国化工贸易，2015，(7)：154-157.
[11] 胡连锋，李巧，刘东，等. 季节调峰型地下储气库注采规模设计[J]. 天然气工业，2011，31(5)：96-99.
[12] Saaty T L. How to handle dependence with the analytic hierarchy process[J]. Mathematical Modelling，1987，9(3-5)：369-376.
[13] Saaty T L. A new macroeconomic forecasting and policy evaluation method using the analytic hierarchy process [J]. Mathematical Modelling，1987，9(3-5)：219-231.
[14] 谢祥俊，邱全峰，鲁柳利. 油藏经营管理综合评价的层次分析方法[J]. 西南石油大学学报：自然科学版，2009，31(3)：150-153.
[15] 井文君，杨春和，李银平，等. 基于层次分析法的盐穴储气库选址评价方法研究[J]. 天然气工业，2012，33(9)：2683-2690.
[16] 童岱，黄海波，侯江波，等. CNG 汽车产业综合效益评价方法[J]. 天然气工业，2010，30(12)：107-109.
[17] 梁政，董超群，田家林，等. 层次分析法确定压缩机整体评价部件权重[J]. 西南石油大学学报：自然科学版，2014，36(5)：176-184.
[18] 常建娥，蒋太立. 层次分析法确定权重的研究[J]. 武汉理工大学学报：信息与管理工程版，2007，29(1)：153-156.
[19] 陈月娥，赵勇，王新朝. 呼图壁储气库 KBU-6 注气压缩机适应性改造[J]. 化工管理，2015，(11)：16.
[20] 魏会军，冯海，赵旭敏，等. 余隙容积对往复式压缩机性能的影响[J]. 制冷学报，2021，42(1)：134-139.

离心式高压油气透平内流数值研究

高秋英[1,2]　崔瑞雪[1]　孙永尧[1,2]　李　鹏[1,2]　王　恒[1,2]　李富轩[1,2]

（1. 中国石油化工股份有限公司西北油田分公司；
2. 中国石油化工集团公司碳酸盐岩缝洞型油藏提高采收率重点实验室）

摘　要　为了解决井口天然气节流过程中压力能浪费严重、现有透平技术难以直接利用油气介质压力能的问题，对天然气井口压力能利用离心式高压油气透平进行整机建模及网格离散，并将包含若干凝析油及天然气组分的混合介质热物性拟合为压力及温度的函数以构建真实介质热物性模型，采用计算流体力学软件开展真实介质条件下的高压油气透平整机流场数值模拟，获得了高压油气透平在设计及非设计工况下的内流特性及整机性能。研究结果表明：①设计工况下，整机流动状况良好，仅在叶轮流道出现部分分离，透平效率为73.33%，功率为375.93kW；②随着压力升高，透平流量及功率逐渐增加，但是进口压力的升高将破坏喷嘴与叶轮的流动不匹配，使得流道中流动分离及损失增大、整机效率降低；③随着气油比的增加，透平流量减小，功率变化不明显，但气油比的增加改善了透平内流特性，使得整机效率显著提升。结论认为，该离心式油气透平在高压压力为20~50MPa及气油比为160~400m³/t的条件下具有较高的整机效率，但是其内流匹配及整机效率受进口压力及气油比的显著影响。

关键词　天然气；压力能利用；离心式透平膨胀机；计算流体力学；油气混合介质

天然气井口压力通常为几十到数百个大气压，目前普遍采用节流的方式将此压力降至输运系统所需，在此过程中有大量的压力能被浪费。利用透平膨胀机技术，将天然气井口压力能转换为机械轴功和发电，具有十分显著的节能效益。然而，天然气井口介质压力高、油气混合物两相流动复杂，传统向心式透平在液滴冲刷作用下极易损坏，近年来出现的更适应气液两相环境做功的离心式透平技术，则为天然气井口压力能的高效利用提供了可行途径。油气透平内部复杂多相介质流动对透平效率及运行稳定性具有十分重要的影响，但目前涉及油气两相介质的内流研究主要是针对引射增压器及油气混输泵，且大部分数值研究工作均采用了简化的工质。如Chen W等人以甲烷为工作介质，数值研究了喷嘴出口位置和混合管长径比对天然气引射器性能的影响。史广泰等以空气和油为介质，研究了液黏度对油气混输泵内流特性的影响。然而，天然气井口介质为包含若干凝析油、天然气组分的混合介质，真实介质环境下油气透平内流机理亟待探明。笔者针对某天然气井口压力能利用离心式高压油气透平建立了整机数值模型，在真实油气介质条件下开展内流数值研究及性能预测，为离心式透平的设计及实际应用提供支撑。

1　数值方法

通过对离心式透平包括导流罩、喷嘴、叶轮、蜗壳在内的整机部件进行三维建模及网格划分，形成高精度计算网格；将包含若干凝析油、天然气组分的混合介质密度、焓、熵、黏性等热物性参数拟合为压力及温度的函数，构建了真实油气物性模型；进一步，基于整机计算网格及真实油气物性模型，使用计算流体力学软件ANSYS-CFX开展整机流场求解，获得了透平在设计及非设计工况下的内流特性及整机性能。

1.1　离心式膨胀机整机模型及网格

在离心式透平膨胀机中，首先进口导流罩将油气混合工质引导至喷嘴流道中，同时流动方向由轴向转变为径向，在喷嘴叶片通道中由于通流面积逐渐缩小使得油气介质的压力能转化为速度头，高速流体驱动叶轮旋转，从而转化为轴功输出，最后在蜗壳中实现叶轮出口余速的回收。

基于某井口真实油气介质设计了单级离心式透平膨胀机，真实油气混合物工质的热物理属性来自Aspen Plus数据库。膨胀机的相关设计参数如表1所示，透平设计需兼顾30~50MPa的井口压力范围，设计工况进口压力为35MPa，气油比为280m³/t。

表 1　离心式透平的设计参数表

设计参数	单位	值
工作介质	—	井口油气混合物
气油比	m^3/t	280
质量流量	kg/s	10.054
转速	r/min	38500
进口压力	MPa	35
出口压力	MPa	10
喷嘴叶片数	片	27
叶轮叶片数	片	25

采用 ANSYS-ICEM 以及 CFX-TURBOGRID 软件对离心式透平的各通流部件进行空间离散，生成了计算域(表 2)。由于叶片高度较小，端壁效应明显，因此需对端壁区域进行局部加密处理。为验证近壁面区域网格加密是否足够，在计算收敛后，对近壁面的 y^+ 数进行了检测，计算区域各处 y^+ 均小于 200。y^+ 数代表了无量纲第一层的网格高度，较小的 y^+ 值保证了第一层网格节点处于壁面流动的黏性底层内，满足笔者所采用的 k-Epsilon 湍流模型和可变壁面函数对近壁面流动进行捕捉的要求。

表 2　网格划分表

流域	网格类型	网格数量	生成软件
整流罩	非结构化	208984	ANSYS-ICEM
喷嘴	结构化	2834325	CFX-TURBOGRID
动叶	结构化	2936450	CFX-TURBOGRID
扩压器	结构化	88128	ANSYS-ICEM
蜗壳	非结构化	665224	ANSYS-ICEM

1.2　真实油气介质物性定义

油-气混合介质主要热物性参数随着温度和压力的变化如图 1 所示，在油-气透平进出口工作参数范围内，需要同时考虑温度和压力对于热物性参数的影响。

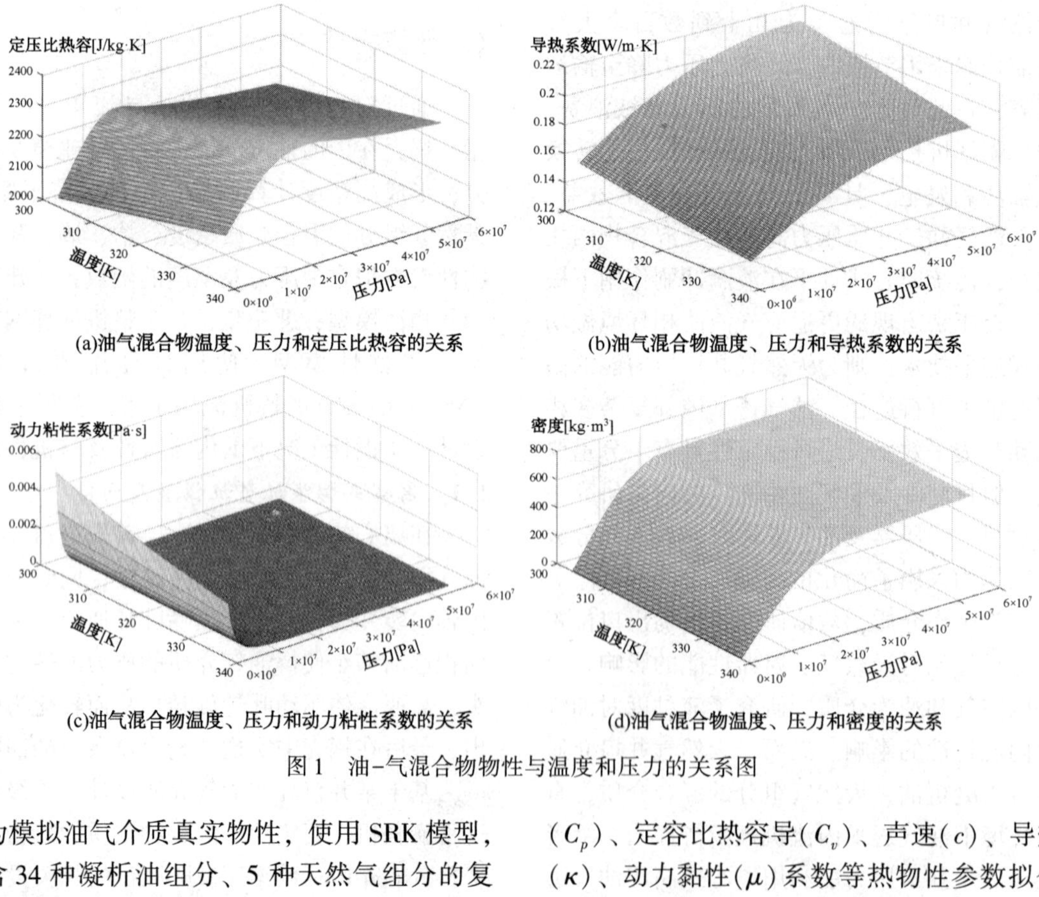

(a)油气混合物温度、压力和定压比热容的关系　(b)油气混合物温度、压力和导热系数的关系

(c)油气混合物温度、压力和动力粘性系数的关系　(d)油气混合物温度、压力和密度的关系

图 1　油-气混合物物性与温度和压力的关系图

为模拟油气介质真实物性，使用 SRK 模型，对包含 34 种凝析油组分、5 种天然气组分的复杂油气混合介质热物性进行计算。为了提升高压油气透平内流数值模拟精度，将计算获得的混合介质密度(ρ)、焓(h)、熵(s)、定压比热容(C_p)、定容比热容导(C_v)、声速(c)、导热系数(κ)、动力黏性(μ)系数等热物性参数拟合为如下温度及压力的二元函数：

$$\varphi=\varphi(T,\ P) \tag{1}$$

采用真实气体物性格式将混合物的热物性数

据编制为物性文件，并导入 CFX 进行计算。为了适应变工况计算，物性文件涵盖了 303.15~338.15K 的温度范围和 0.1~55MPa 的压力范围。在计算过程中，物性参数随着当地压力和温度的变化而实时更新。

1.3 模型及边界条件设置

基于上述已建立的离心式透平整机网格及真实介质热物性模型，使用 ANSYS-CFX 在整机环境下求解雷诺平均的 N-S 方程。湍流模型采用了 k-Epsilon 模型，该模型能够很好地模拟分离流、旋涡流等流动特征，并已广泛应用于各类透平的内流数值研究。对流项、扩散项均采用了二阶精度，保证了高精度的流场求解。

边界条件对应了所求解的透平工况。进口边界条件设置为进口总温、总压，出口边界条件设置为出口平均静压，固壁均设置为绝热无滑移，并使用了冻结转子模型对动静流域交界面进行处理。为了保证求解完全收敛，在数值模拟的迭代过程中，要对包括全局残差、透平关键参数，流量、轴功率、等熵效率等进行实时监控，并在系统达到指定精度后，结束迭代过程。

1.4 网格无关性研究

为了排除网格数对计算结果的影响，使用了四组不同网格进行模拟计算。四套网格使用的网格数见表 3。

表 3 四套不同数量的网格表

方案	整流罩	喷嘴	叶轮	扩压器	蜗壳	总网格数	计算时间/min
A. 最疏	208984	2042469	1811950	88128	665224	4816755	162
B. 较疏		2508732	2266950			5738018	258
C. 较密		2834325	2936450			6733111	324
D. 最密		3484350	3499100			7945786	510

对上述三套网格模拟所预测的质量流量及等熵效率进行了对比，如图 2 所示。从图 2 可知，在质量流量的预测上，四组网格计算得到的流量变化不大。在效率值的预测上，A、B、C 三组网格计算结果有着明显的差别，但 C、D 方案则差别较小。从表 3 中不同网格数计算收敛所需的时间可以看到，数值模拟的计算时间随着网格数的增加而急剧增加。若网格数量由 C 组规模增加到 D 组规模，则所需计算时间由 324min 增加到 510min。为了避免不必要的计算开销，最终将 C 网格方案用于设计—非设计工况下的流场分析。

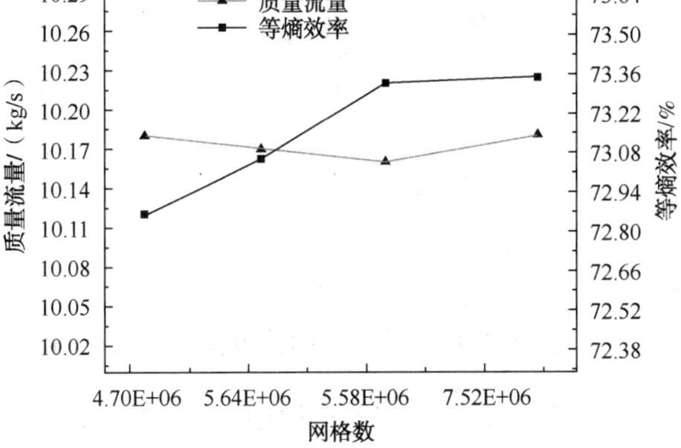

图 2 不同网格数模拟结果对比图

2 设计工况流场及性能预测

CFD 预测的透平性能数据以及部分关键截面处流动参数见表 4。由表 4 可知，伴随压力从进口的 34.81MPa 降低至出口的 10MPa，产生了 375.93kW 轴功，其等熵效率达到了 73.33%。

表 4 高压油气透平数值模拟结果表

项目	单位	透平数值
透平进口压力	MPa	34.81
叶轮进口压力	MPa	19.14
叶轮进口绝对速度	m/s	218.64
叶轮进口相对速度	m/s	95.20
透平出口压力	MPa	10.00
功率	kW	375.93
等熵效率	%	73.33

数值模拟得到的高压油气透平整机流动特征如图 3 所示，由图 3a 可知，油气介质在从轴向入口流入透平，在整流锥的导流作用下转为径向进入喷嘴及弓形叶轮流道，在完成转向的同时推动叶轮高速旋转。最后，在如图 3b 所示蜗壳流道中完成集流后，从蜗壳出口进入下游。从图

3c 所示的压力分布可以看出，高压介质的压力在喷嘴中完成充分膨胀，高达 24MPa 的压差能量在喷嘴流道中逐渐降低。与此同时，介质压力能在流出喷嘴前转化为速度能。如图 3d 所示，喷嘴流道中流速逐渐增加，在喷嘴出口附近达到最大马赫数 0.85。50%叶高流线分布如图 3e 所示，从图 3e 可以看到，流动在喷嘴中状况良好，但高速流体在弓形叶轮叶片中完成了大的转折，并在叶轮叶片压力面(叶腹)及吸力面(弓形叶片的背部)出现了一定程度的分离，如图 3f 中分离区域 A、B 区域所示。虽然喷嘴及叶轮叶片为二维等高叶片，但其内部流动仍呈现出高度三维流动特征。如图 3f 所示，在叶片压力面叶腹中有着较为明显的三维分离流动现象，对应了分离区域 A。在弓形叶片的背部，图 3f 中分离区域 B 区域，流线的分离及再附着意味着这里也存在着局部流动分离。

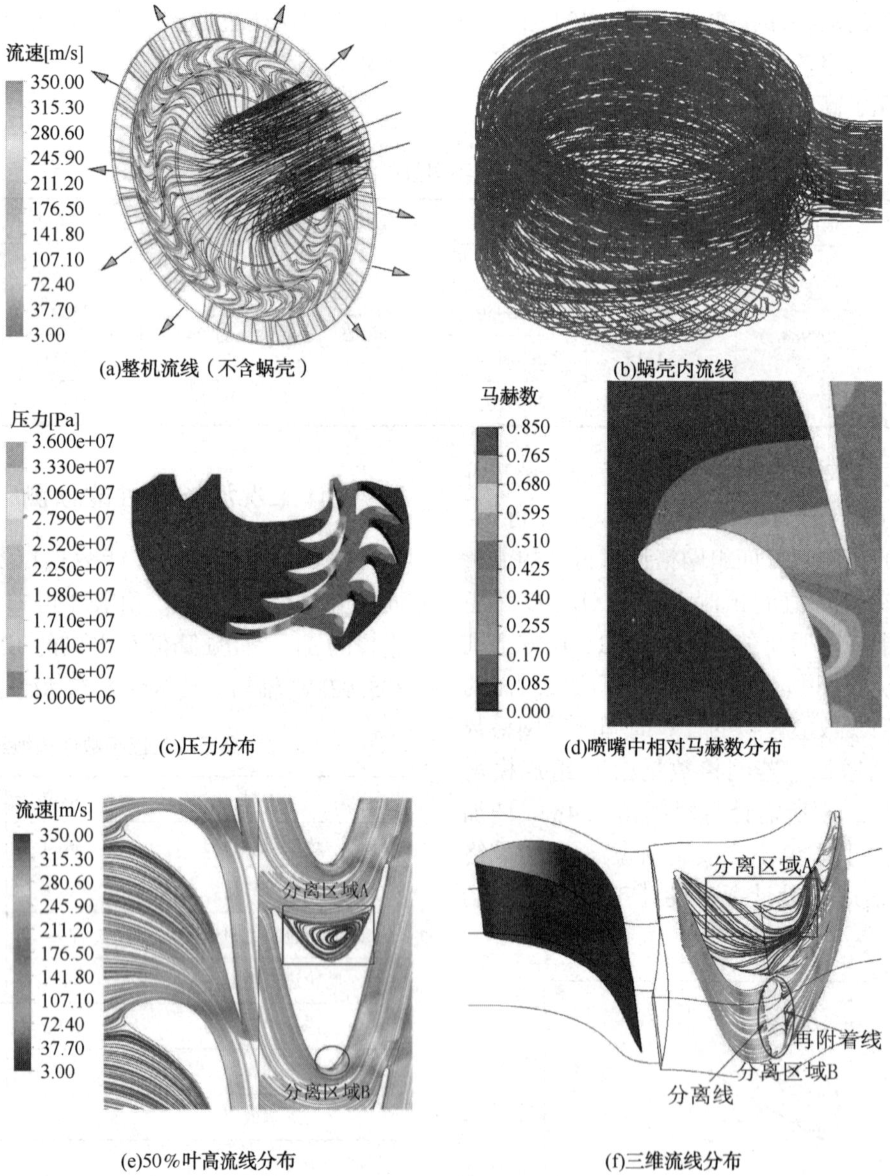

图 3　高压油气透平整机流动特征图

总体来看，整机流动在整流罩流道、喷嘴中流动较为顺滑，但由于大的气流转折角，流体在弓形叶轮流道的叶腹及叶背处出现流动分离。

3　非设计工况性能预测及内流数值研究

天然气井口压力及气油比具有较宽的变化范围，显著影响着透平膨胀机内流特性及整机性能。以下针对不同进口压力、不同气油比条件下透平膨胀机内流及性能进行数值预测。

3.1 不同进口压力条件下透平内流特性

为研究不同进口压力条件下膨胀机内流特性，采用上述数值模型，在 20～50MPa 范围内选取 7 个不同进口压力分别进行数值模拟，预测了流量、功率、等熵效率等性能参数随不同进口压力的变化情况。不同进口压力条件下 50%叶高处的流动特征如图 4 所示。从图 4a 可以看到，在 20MPa 进口压力条件下，膨胀机内部流动良好，无明显分离流动，因此，其效率最高(80.995%)。如图 4b 所示，当进口压力升高到设计工况，显著增加的压差带来了更大的气流转折，使得叶轮叶片压力面(叶腹)及吸力面(弓形叶片的背部)出现了一定程度的分离，如图中 4b 分离区域 A、B 区域所示。随着进口压力继续升高，流动分离的强度和分离区域的面积逐渐增加(图 4c、4d)，此时喷嘴—叶轮流动的匹配遭到了破坏。

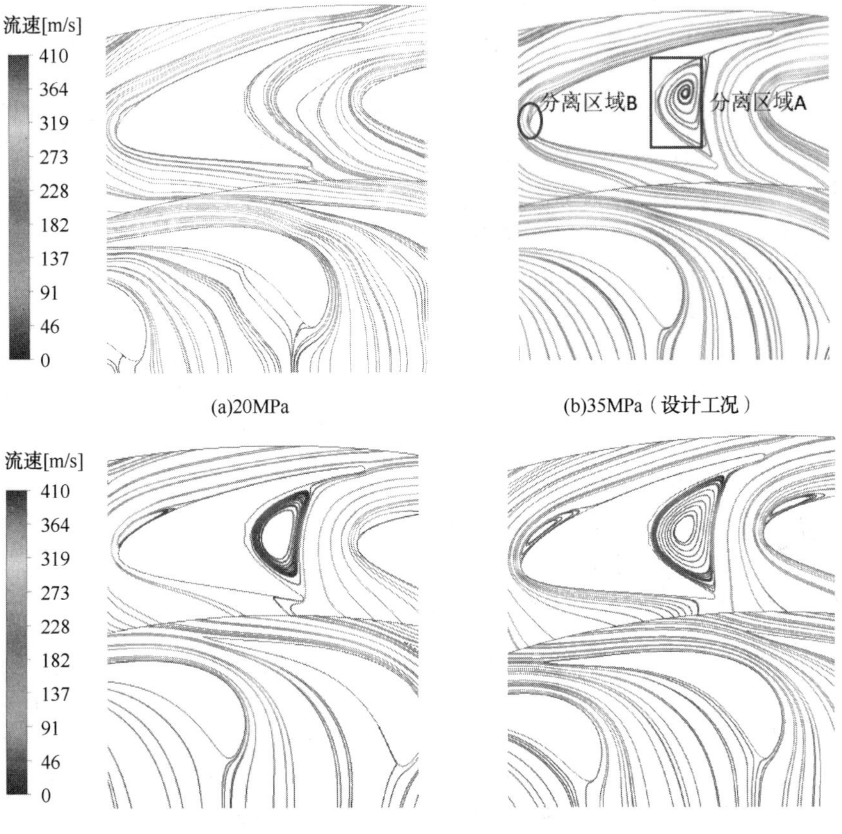

(a)20MPa (b)35MPa（设计工况）

(c)45MPa (d)50MPa

图 4　不同进口压力下 50%叶高处的流动特征图

在以上流场计算结果的基础上计算了不同进口压力下透平的性能参数。与流场结果相一致，在最低进口压力 20MPa 下，效率高达 80.995%。但是随着进口压力的增加，流动分离逐渐增加、整机效率相应降低。在最高进口压力 50MPa 下，膨胀机整机效率仅为 70.02%。但是随着进口压力的升高，级通流能力逐渐增加，整机功率随着进口压力的升高接近线性增加。在最高进口压力下，功率高达 740.29kW。

3.2 不同油气比条件下透平内流特性

通常将油井产气量和产油量的比值称为气油比，其是衡量天然气井口介质的重要参数。为此，数值研究并讨论了 160m³/t，280m³/t，400m³/t 三种不同气油比条件下透平内流及性能的变化。

同一进口压力、不同气油比条件下的透平内流特征如图 5 所示。在气油比为 160m³/t 时，叶轮内部存在显著流动分离(图 5a)。但是随着气油比增加到 280m³/t 时，流动分离逐渐减弱(图

5b)。当气油比增加为 400m³/t 时，流动分离已不明显(图 5c)，这意味着该气油比条件下具有较高的流动效率。

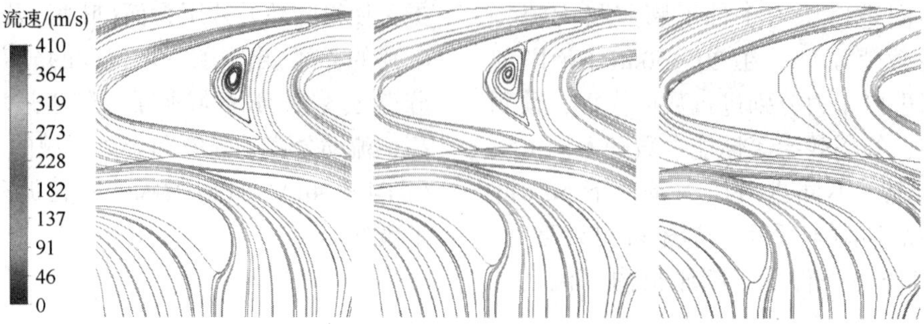

(a)35 MPa，160 m³/t　(b)35 MPa，280 m³/t　(c)35 MPa，400 m³/t

图 5　同一进口压力和不同气油比条件下的流场特征图

在以上流场计算结果的基础上计算了不同气油比条件下透平的性能参数。随着气油比的增加，由于气体组分的增加，级的通流能力有所减少。但与流场结果相一致，透平流动效率显著增加。在最大气油比 400m³/t 及 35MPa 进口压力条件下，透平效率为 81.7%。

4　结论

(1) 通过对离心式透平进行三维建模及网格划分，形成了高精度计算网格，并将包含若干凝析油、天然气组分的混合介质密度、焓、熵、黏性等热物性参数拟合为压力及温度的函数，构建了真实油气物性模型，结合整机计算网格与计算流体力学，形成了离心式高压油气透平数值计算方法。

(2) 预测了设计工况条件下透平内部流场特性，在设计工况下，膨胀机效率为 73.33%，功率为 375.93kW。介质在整流罩流道、喷嘴中流动状况良好，但由于大的气流转折角，流体在弓形叶轮流道的叶腹及叶背处出现流动分离。

(3) 数值模拟了离心式透平内流特性及性能，在进口压力为 20～50MPa 时，随着进口压力的升高，膨胀机的流量及功率逐渐增加。但进口压力的升高破坏了喷嘴-叶轮的流动匹配，使得叶片压力面及吸力面的流动分离扩大，流动损失增加，效率逐渐减小。随着气油比的增加，透平通过介质的流量减小，但流动效率增加，这使得在不同气油比条件透平的输出功率变化较为平稳。

(4) 分离流动亦呈现出显著的三维特征，需要在后续研究中开展全三维优化，以消除分离，提升整机效率；同时，还需要开展实验验证，进一步探讨离心式透平应用于井口压力能利用的可能性。

参 考 文 献

[1] 杨会丰，梁海锋，王林平，等．天然气余压利用技术与发展现状[J]．石油石化节能，2017，7(11)：15-18.

[2] 赵晨．天然气采气流程中的能量优化利用[J]．能源与节能，2019(3)：73-75.

[3] Neseli MA，Ozgener O，Ozgener L. Energy and exergy analysis of electricity generation from natural gas pressure reducing stations[J]. Energy Conversion and Managemen，2019(3)：73-75.

[4] 万宇飞，刘人玮，程涛．改进的管道天然气液化装置及优化研究[J]．当代化工，2013，42(7)：992-995.

[5] 陆峰，曾小军．高压气井钢丝试井作业天然气水合物的预防对策分析[J]．钻采工艺，2018，41(2)：61-64.

[6] Al Jubori AM，Al-Dadah RK，et al. Modelling and parametric analysis of small-scale axial and radial-outflow turbines for organic rankine cycle applications[J]. Applied Energy. 2017，3(190)：981-996.

[7] Persico G，Dossena V，Gaetani P. Optimal aerodynamic design of a transonic centrifugal turbine stage for organic rankine cycle applications[J]. Energy Procedia，2017，9(129)：1093-1100.

[8] Persico G，Romei A，Dossena V，et al. Impact of shape-optimization on the unsteady aerodynamics and performance of a centrifugal turbine for ORC applications[J]. Energy，2018，12(165)：2-11.

[9] Liu Y，Huang D. Design and performance analysis of an

ORC transonic centrifugal turbine [J] . Journal of Mechanical Science and Technology, 2019, 33 (3): 1 417-1 430.

[10] Kim J, Kim D, Kim Y. Experiment on radial inflow turbines and performance prediction using deep neural network for the organic Rankine cycle [J] . Applied Thermal Engineering, 2019, 2(149): 633-643.

[11] Yadav RL, Patwardhan AW. Design aspects of ejectors: Effects of suction chamber geometry[J]. Chemical Engineering Science. 2008, 63(15): 3 886-3 897.

[12] 韩伟，袁仕芳，权辉．油气混输泵混输特性分析[J]. 兰州理工大学学报，2021，47(1)：41-46.

[13] 张文武，余志毅，李泳江等．叶片式气液混输泵全流道内流场特性分析[J]. 机械工程学报，2019，55(10)：168-174.

[14] Chen W, Chong D, Yan J, et al. Numerical optimization on the geometrical factors of natural gas ejectors [J] . International Journal of Thermal Sciences. , 2011, 50(8): 1 554-1 561.

[15] ChenW, Chong D, Yan J, et al. The numerical analysis of the effect of geometrical factors on natural gas ejector performance [J] . Applied Thermal Engineering. 2013, 59(1-2): 21-29.

[16] 史广泰，但玥．液相黏度对油气混输泵内流特性的影响[J]. 石油机械，2021，49(7)：86-92.

孤家子储气库先导试验地面特色工艺技术研究

吕鹏飞　于海洋　刘立恒

（中国石化东北油气分公司）

摘　要　孤家子储气库的建设，是天然气长输管道系统的有效补充与完善，实现天然气的储备调峰作用；在用气低峰期储存气田产能，在用气高峰期释放供气能力，进而通过季节性价差调节盈利。按照“整体规划、功能紧凑、分期实施”的原则，先导试验地面工程考虑地下地上特点，根据资源和市场需求规划，做到远近结合、统筹规划、合理布局、安全高效，采用井口气量控制装置、注采合一集成工艺技术、风光互补发电等低成本、节能环保技术，满足地质试验要求，确定经济有效库容、工作气量及各项工艺技术参数，为规模建库提供技术支撑。

关键词　储气库；试验；注采；集成；风光互补

1　研究概况

1.1　资源与市场

孤家子储气库依托松南-八屋输气管道等数条天然气长距离输气管道建设，主要担负东北地区和外输管道沿线地区季节调峰、应急供气任务，同时负责附近天然气管道目标市场。经过管道天然气资源、市场研究，“十四五”期间储气库的注气资源有保障，目标市场季节调峰、应急供气需求缺口巨大，迫切需要扩大东北地区储气库群规模，建设孤家子储气库。孤家子气田地处吉林省腹地，位于东北地区中心。孤家子储气库的建设，是天然气长输管道系统的有效补充与完善，可以有效保障相邻三省五市应急供气需求，提升周边中石化天然气管道整体效益。同时可以充分发挥大型天然气储气库作用，实现国家天然气资源战略储备的要求，促进东北地区城市群经济的持续发展与社会稳定。

截至目前，我国地下储气库工作气量仅为全国天然气消费量的3%，国际平均水平为12%~15%。根据国家能源发展规划，2020~2030年全国将建设形成西北、西南、东北和海域四大天然气供应基地，同时配套建设区域性天然气储气库群和LNG接收站，以实现供气多元化、输配网络化、运行安全化、消费便利化的基本条件，推进天然气工业进入持续稳定发展阶段。随着国家“一带一路”战略的推进，中亚天然气市场、西气东输六线、七线等干线管道建设都给天然气储气库建设带来发展机遇，天然气管线储气调峰设施市场前景广阔。

孤家子储气库周边管网情况如图1所示。

1.2　试验规模

一期先导试验的目的是根据目前孤家子老气田供气管线能力，进行试注试采，满足小规模冬夏产输差矛盾的同时，评价利用老井注采的可行性，确定注采能力，修正储气库运行参数，为逐步扩大储气库建设提供依据。本着投入少、运行成本低的思路开展试验井组建设，优选孤西区块作为储气库先导试验区，孤西断块两个区块目前均已废弃，采出程度高、地层压力低，要改造为储气库，必须先注气，补充地层能量，使气藏地层压力恢复到一定水平，才能达到储气库调峰能力。

根据储气库运行参数计算，按照“3注3察5采”的生产模式，设计13.5MPa注气压力，储气库设计最大注气量15万m^3/d，设计最大日调峰量20万m^3/d，最大年调峰量0.3亿m^3。采取夏季注气、冬季采气的方式运行。由于气库兼有战略储备、抢修应急、季节调峰等多种组合目标，且为多条长输管道用气，综合考虑北方冬季取暖用气和南方夏季发电用气，每个注气周期内注气期为183天，采气期为151天，平衡检测期25天。

2　注采气工艺优化

2.1　先导试验注气工艺

在注气期，八屋气站来气经输气管道联络线输至注采站，经过计量、分离、除尘，由注气压缩机增压至 13.5MPa 后，通过注气阀组分配至各单井注气管线注入目标底层储存，达到利用地下空间储气的目的。孤家子储气库总体注采气生产工艺流程如图 2 所示。

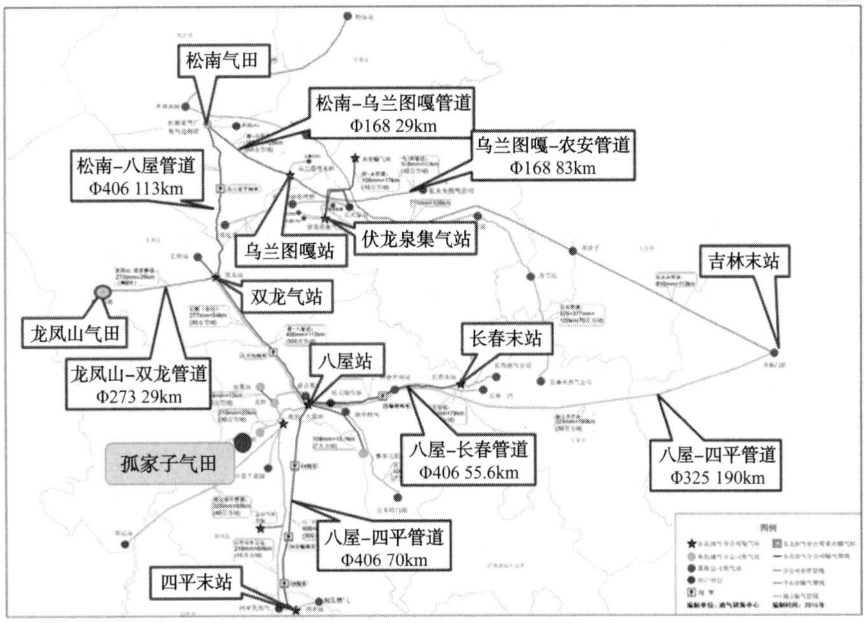

图 1　孤家子储气库周边管网图

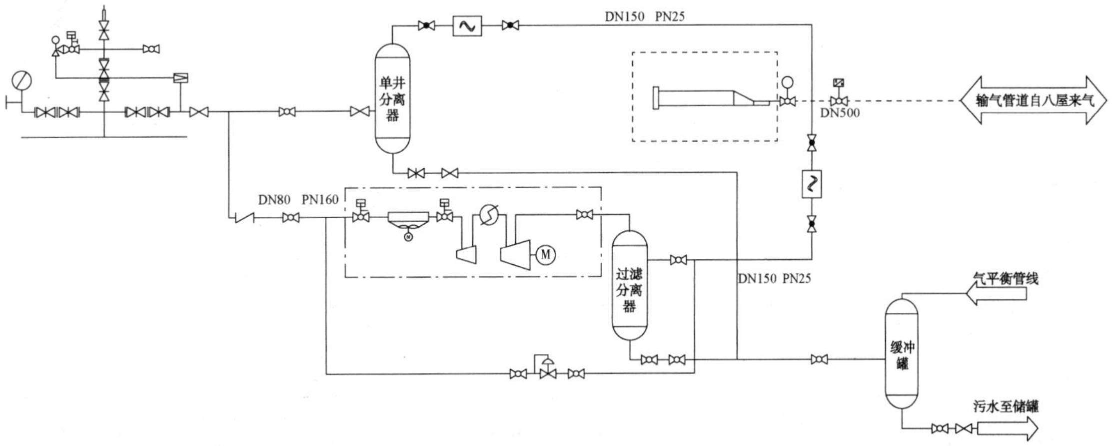

图 2　孤家子储气库注采气生产工艺流程图

2.1.1　来气压力

来气压力根据孤家子储气库松南-八屋输气管道运行参数以及储气库地质方案确定，连接储气库输气管道压力等级为 2.5MPa。

根据孤家子储气库地质和气藏方案正常注气时地层压力为 6.0~13.5MPa；井口压力为 5.5~15MPa。注气站至井口的沿程摩阻经计算为 0.5~1.0MPa 设计，压缩机组出口压力为 6.0~15MPa(最高操作压力 16MPa)。

2.1.2　注气气量

本次先导试验的注气能力为 25 万 m^3/d，注采站通过注(采)气单井管线到井场的井口装置。孤家子储气库气藏库容对应上限压力 16MPa，最大井口注气压力 15MPa，注(采)气单井管线设计压力 16MPa，单井注气规模≤10 万 m^3/d，气井井口压力≤15MPa。

2.1.3　注气管线选择

注气井的单井注气管线与采气时共用一条管线，管径设计满足最大采气量(20 万 m^3/d)时对管径的要求，壁厚按注气压力 16MPa 设计。单井注采气管线选型计算见表 1。

表1　单井注采气管线选型计算统计表

注采气管道(一)								
管道材质	L360N							
设计压力，P/MPa	16	16	16	16	16	16	16	16
钢管外径，D/mm	21.3	26.9	33.7	48.3	60.3	76.1	88.9	114.3
最小屈服强度，σ_s/MPa	360	360	360	360	360	360	360	360
焊缝系数，φ	1	1	1	1	1	1	1	1
强度设计系数，F	0.5	0.5	0.5	0.5	0.5	0.5	0.5	0.5
温度折减系数/t	1	1	1	1	1	1	1	1
钢管计算壁厚，δ/mm	0.947	1.196	1.498	2.147	2.680	3.382	3.951	5.080
腐蚀裕量/mm	2.000	2.000	2.000	2.000	2.000	2.000	2.000	2.000
钢管负偏差/mm	0.147	0.160	0.175	0.207	0.234	0.269	0.298	0.354
钢管选用壁厚/mm	3.094	3.355	3.673	4.354	4.914	5.651	6.249	7.434
钢管设计壁厚/mm						6	6.3	
注采气管道(二)								
管道材质	20G							
设计压力，P/MPa	16	16	16	16	16	16	16	16
钢管外径，D/mm	21.3	26.9	33.7	48.3	60.3	76.1	88.9	114.3
最小屈服强度，σ_s/MPa	245	245	245	245	245	245	245	245
焊缝系数，φ	1	1	1	1	1	1	1	1
强度设计系数，F	0.5	0.5	0.5	0.5	0.5	0.5	0.5	0.5
温度折减系数，t	1	1	1	1	1	1	1	1
钢管计算壁厚，δ/mm	1.391	1.757	2.201	3.154	3.938	4.970	5.806	7.464
腐蚀裕量/mm	2.000	2.000	2.000	2.000	2.000	2.000	2.000	2.000
钢管负偏差/mm	0.170	0.188	0.210	0.258	0.297	0.348	0.390	0.473
钢管选用壁厚/mm	3.561	3.945	4.411	5.412	6.235	7.318	8.196	9.938
钢管设计壁厚/mm						8	8.5	

本次油气集输管线的设计压力较高(单井管线的设计压力为16MPa)；管径较小(单井管线采用*DN*80)，根据使用工况及国内应用情况的选择，采用无缝钢管。根据《石油天然气工业管线输送系统用钢管》(GB/T 9711—2017)的规定，无缝钢管的钢级有L245、L290、L320、L360、L390、L415、L450、L485、L555等钢级。根据国内的生产及应用情况钢级在L555以上的无缝钢管应用较少，生产厂家少，且价格较高。而钢级在L320及以下钢级的钢管应用在本工程中，由于压力较高，因此壁厚较厚，施工难度大，也不采用。经过对L360、L415、L450、L485四个钢级的应用压力较高的单井注采气管线及注气干线进行技术经济对比，采用L360N管材的单井管线及注气管线的费用最低，且采用高钢级管线的焊接性能相对于低钢级管线要差，因此采用L360N的管材。

2.2　先导试验集气工艺

储气库集气工艺不同于气田开发，最主要不同点是采用周期运行模式，单井气量大、仅受气井管柱气蚀流量限制。因此，储气库集气工艺需要结合储气库“地下”“地上”综合研究后确定。采气期：在注采站来气经过过滤、分离后进入天然气脱水处理装置(预留)进行脱水处理，处理后的天然气计量后，外输至输气管道。采出水用车拉运到污水处理站回收利用。

2.2.1 水合物防止工艺

选择低产能井最差环境条件下进行热力计算：最小气量取 10 万 m^3/d(气体流速 1.2m/s)、集气压力 11MPa、最低地温取 6℃。井口温度为 30℃时 500m 单井集气管线温度降为 2℃；1000m 单井集气管线温度降为 3.8℃。

通过计算说明集气管线温度降在 5℃以内，因此，采气井口温度高于 25℃时注采站进站温度高于 20℃，不具有水合物形成条件。

高产井和中产井在极端气温条件下单井采出天然气均高于 25℃，到注采站内温度也始终保持高于水合物形成温度 20℃，因此不具有形成水合物形成条件。

根据分析，天然气集输管道形成水合物三个必备条件是：足够高的压力、足够低的温度有液态水存在以及有固体颗粒与气体扰动影响。天然气水合物的形成与其组分、温度、压力有关，计算水合物形成温度见表 2，可以看出，孤家子储气库设计集气压力低于 15MPa 条件下，集气温度高于 20℃时，不存在水合物形成条件，在 20℃以下时具有形成水合物形成可能。水合物形成温度与集气温度计算见表 2。

表 2 水合物形成温度与计算最低温度

压力/MPa	16	14	12	10	8
水合物形成温度/℃	20.2	19.2	18.3	17.2	16.4
设计集气温度/℃	25	24	23	21	20

2.2.2 井口气量控制+注采合一集成工艺

采出气处理工艺采用井口气量控制装置、注采合一集成工艺技术，充分利用气藏高温、高压能量，缩短了流程降低了工程造价，操作管理方案，安全可靠，能耗低。通过前移节流点，采用井口不加热、一级节流湿气输送工艺技术。地下储气库储存的天然气经井口气量控制装置限制流速防止管柱气蚀，调节控制单井气量(温度)，防止管柱气蚀，依靠自身压力输送进入注采站，在注采站内进行单井计量、分离过滤后经过交接计量输至输气管网，补充至输气管道进入目标市场，实现季节调峰需求。

在井口设置甲醇加注口，配备移动式甲醇加注装置，预防单井投产以及极端低温天气条件下集气温度达不到要求，形成水合物堵塞管道。

注采井井场工艺流程如图 3 所示。

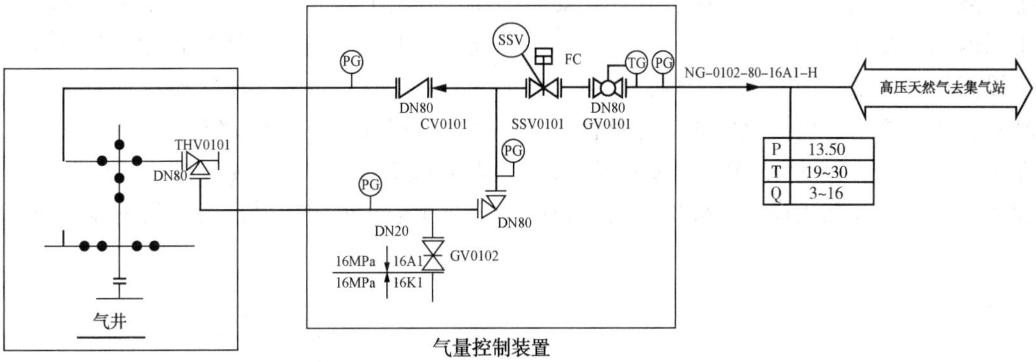

图 3 注采井井场注采合一工艺流程图

3 注气压缩机选型

3.1 压缩机组机型选择

储气库注气增压工艺关键设备为天然气压缩机，孤家子储气库运行工况复杂，具有注气压缩机组进气压力、排气压力波动范围大、压比大，周期运转、使用寿命长的特点。常用的压缩机组中只有往复式压缩机组、离心式压缩机组满足这些要求。结合国内外储气库注气压缩机的应用现状，孤家子储气库工程注气选用国产橇装二级往复式压缩机组，压缩机采用二级压缩、宽工况、不节流技术，并配备高速电机。

3.2 压缩机组参数设计

通过对压缩机参数优化，选择二级压缩机。在出口压力为 13.5MPa 时，压缩机进口允许波动范围 1.5~5.0MPa，保证压缩机在高入口压力下功率不超 1000kW，低进口压力下出口温度不超 130℃，管网系统压缩机进口工艺不存在节流，压缩机在高效区运行满足变工况要求，能耗利用比较合理。

压缩机参数模拟计算见表3。

表3　压缩机参数模拟计算

转速/(r/min)	进压/MPaG	进温1/℃	进温2/℃	排温1/℃	排温2/℃	排压/MPaG	排量/(万 m^3/d)	轴功率/kW	余隙/%	功率/%
980	1.5	15	50	103.35	147.38	13	14.38	492.4	28	59.79
980	1.5	15	50	102.75	148.89	13	9.55	328.9	52	28.44
980	1.6	15	50	101.73	143.51	13	15.92	524.6	28	62.3
980	1.6	15	50	100.57	145.02	13	11.01	363.9	52	32.64
980	1.7	15	50	100.61	140.48	13	17.21	550.1	28	64.21
980	1.7	15	50	99.08	142.09	13	12.22	391.5	52	35.86
980	1.5	15	50	104.02	149.59	13.5	14.31	497.5	28	58.79
980	1.5	15	50	103.68	151.12	13.5	9.35	327.4	52	26.81
980	1.6	15	50	102.65	146.21	13.5	15.66	526.5	28	60.99
980	1.6	15	50	101.78	147.69	13.5	10.62	358.7	52	30.48
980	1.7	15	50	101.43	143.02	13.5	17.01	554.4	28	63.03
980	1.7	15	50	100.13	144.56	13.5	11.89	388.7	52	33.89

4　装备国产化和标准化设计

孤家子储气库设备选型立足于国产设备，根据国内外储气库建设及运营现状，注气压缩机、控制系统、高压调节阀、工艺控制阀、先导式安全阀选用国内知名品牌。

为了提高工程质量，增强统筹采购，增强工厂化预制、模块化施工、机械化作业能力及管理水平，缩短建设工期，减少现场施工的工程量，降低工程投资，采用标准化设计。标准化设计包括标准化平面布置、标准化工艺流程(注采气工艺流程、脱水工艺流程、增压工艺流程、安全泄放工艺流程、天然气进出站工艺流程等)、采用三维软件进行标准模块化和撬装化设计。注采站设计应用了四大功能撬块，分别是交接计量阀组撬、注采气计量阀组撬(注气时采用 *DN*50 流量计，采气时更换为 *DN*80 流量计)、气液分离器撬、压缩机撬，实现了孤家子储气库注采站的快速建成投运，满足了先导试验注气要求。

注采站模块化设计及工艺流程如图4所示。

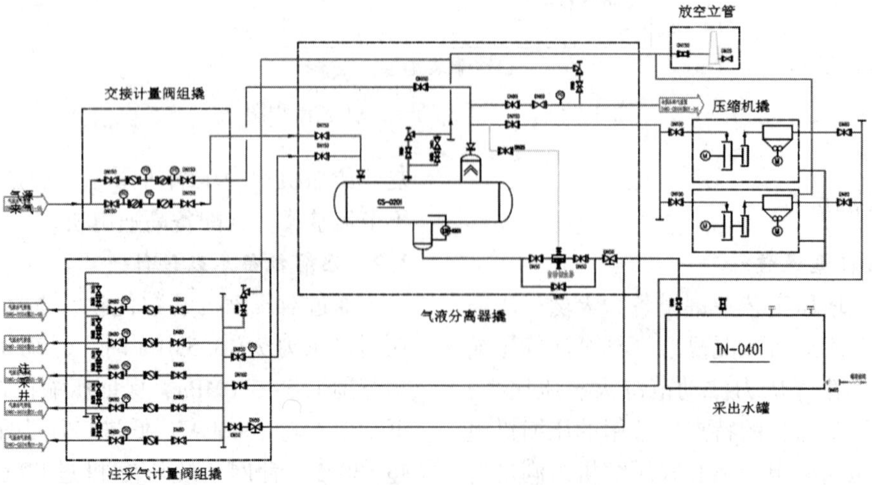

图4　注采站模块化设计及工艺流程示意图

5 风光互补发电

注采井场采用风光互补电源系统供电。每座单井井场用电负荷 0.1kW，供电电压采用 0.4kV。风光互补电源系统主要包括：太阳能发电板 1 组，1kW 小型风力发电机 1 套，室外防水配电箱 1 台，蓄电池防水地埋箱 1 台，连接线路及安装支架等附件。风光互补电源装置连续负荷 100W（按当地最大连续阴雨天数为 5 天考虑）。

井场风光互补电源系统接线如图 5 所示。

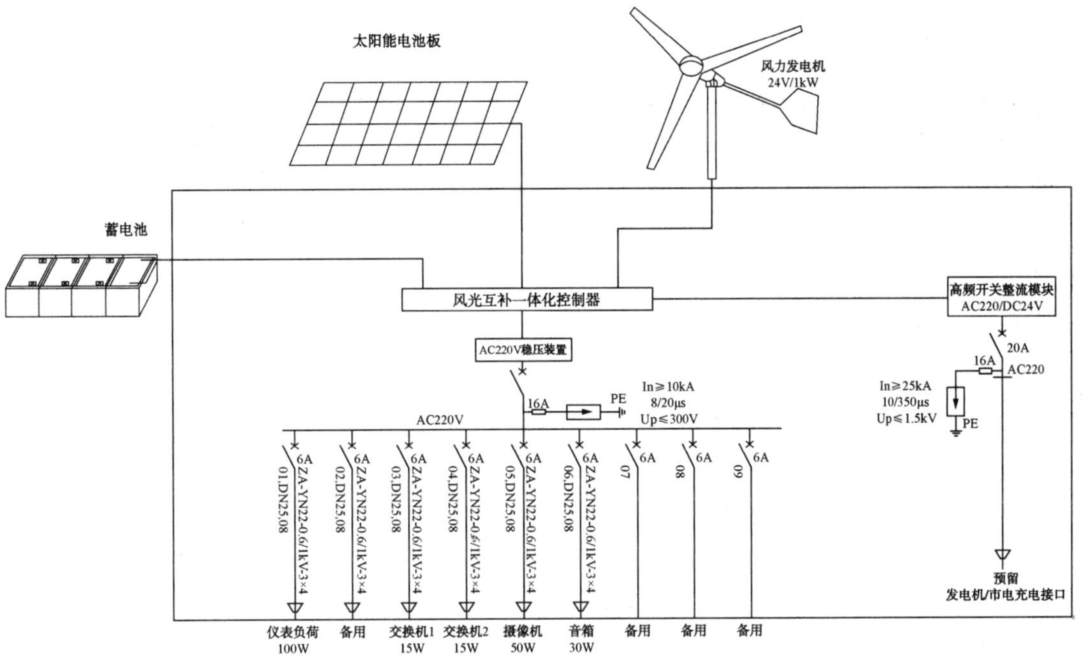

图 5　井场风光互补电源系统接线示意图

6 二氧化碳腐蚀控制

在选用集输管线、站内设备时，还应考虑天然气中二氧化碳腐蚀问题。由于二氧化碳溶入水后对钢铁有极强的腐蚀性，当水在钢材表面上凝结后会使钢材遭受严重腐蚀，使集输管线及设备发生腐蚀穿孔，特别是在储气库注采初期，采出气含饱和水蒸汽，影响尤为突出。

API Spec 6A 规定了 CO_2 腐蚀的判断数据标准，详见表 4。

表 4　关于 CO_2 腐蚀的判断标准

流体	CO_2 分压/MPa	相对腐蚀性
一般流体	<0.05	无
	0.05~0.21	轻
	>0.21	中等~严重
酸性环境	0.05~0.21	轻
	>0.21	中等~严重

根据储气库地质及气藏方案提供参数，孤家子储气库采出气中 CO_2 含量为 0.5%，考虑到采出气的不确定性，CO_2 含量按最大为 1% 考虑。集输系统集气压力上限为 16MPa，集气压力下限为 7.0MPa。不同集气压力时，CO_2 分压详见表 5。

表 5　CO_2 分压计算表

集气压力（MPa）	CO_2 分压（MPa）
16	0.16
11.0	0.11
10.0	0.01
7.0	0.07

根据《天然气地面设施抗硫化物应力开裂和抗应力腐蚀开裂的金属材料要求》（SY/T 0599—2006）的要求，需要考虑管线和设备的腐蚀问题。本工程虽处于酸性环境，但是不同于 H_2S 的腐蚀机理，不考虑特种管材。考虑采用耐酸性较强的普通的集输管线和设备，并加大管线及设备的腐蚀余量。通过分析论证，采用较低的采气压力与干气输送工艺，在一定程度上可以减轻 CO_2 对集输管线和设备的腐蚀程度。

7　结论与建议

储气库先导试采阶段地面工艺设计全面考虑各种运行工况的适用性，采用简单、实用、高效的成熟工艺技术；充分考虑节能降耗，通过新能源的合理利用，节约基建投资，有效降低项目投资和运行成本，减少投资风险，提高经济效益；压缩机、流量计、调压橇等核心设备采用优质、可靠设备，提高了设备运行的可靠性和能源利用率；采出气处理工艺采用井口气量控制装置、注采合一集成工艺技术，充分利用气藏高温、高压能量，缩短了流程，降低了工程造价，操作管理方便；运用了“设计+工厂化预制+现场安装”的一体化建造作业方式，提高了工程质量，缩短了建设周期，实现全生命周期成本最低，为今后规模建库提供了工艺技术模板。

参　考　文　献

[1] 王春艳 . 储气库地面工程建设技术发展与建议[J]. 石油规划设计，2017，(3)：5-7.

[2] 丁国生，等 . 中国地下储气库现状及技术发展方向[J]. 天然气工业，2015，(11)：107-112.

[3] 王玲 . 储气库注采工艺配套技术研究[J]. 石油工业技术监督，2016，(9)：37-40.

[4] 雷俊杰 . 文 96 地下储气库注采运行模式研究[J]. 内蒙古石油化工，2018，(3)：120-121.

某储气库注气工艺系统提量运行安全评估

宋成立[1,2] 罗金恒[1,2] 李丽锋[1,2] 朱丽霞[1,2]

(1. 中国石油集团工程材料研究院有限公司; 2. 石油管材及装备材料服役行为与结构安全国家重点实验室)

摘 要 天然气储气库在应急调峰、天然气保供中发挥着重要的作用。本文通过对某储气库集注站内注气工艺系统涉及的旋风分离器、过滤分离器、压缩机组、调节阀、工艺管道、站外管道以及辅助系统(放空、排污)等关键设备设施开展提量核算分析,评价注气系统提量运行的可行性和安全性。结果表明,在满足原注气系统设计压力等级下,压缩机进口运行压力提升至4.5MPa,在整个注气期压缩机出口压力24MPa以下时能实现注气规模从1200万m^3/d提量至1250万m^3/d。建议提量后加强日常巡检维护,对压缩机组及其进出口配管重新开展脉动分析,并更新提量后的施工文件、操作手册、管理文件、风险控制措施等。

关键词 储气库;注气;提量;安全评估

伴随我国清洁能源转型与碳中和目标的设立,天然气作为化石能源中最清洁稳定能源,消费量必将持续快速发展。根据国际能源署发布的《世界能源展望:2020年》,中国天然气消费在2025、2030、2040年分别为3980亿m^3、4460亿m^3、5110亿m^3。由于我国气候条件变化多样,居民用气波动的幅度差异较大,导致天然气需求淡季和旺季明显,冬季取暖用气消费比重大,可中断用户较少,导致供暖季天然气调峰保供压力极大。受国内天然气资源、进口资源的能力和通道安全等多种因素的影响,需建设大规模地下储气库以满足中国天然气消费增长需求。储气库作为天然气产供储销四个环节中的关键一环,承担着平衡气田生产、提升管输效率、稳定市场供应的重要作用,也是重大的民生工程。

在保证储气库安全运行前提下,为了着力解决季节应急调峰、极端天气以及上游管线施工影响,最大程度的提高在役储气库运行产量也是一种增加调峰气量快速经济有效的方式。但提量运行后,设备设施的运行工况将会发生改变,比如压力、流量、流速、阀门开度等,可能超过允许的设计工况,导致一定的安全风险,因此,国内外工艺系统提量运行的相关文献鲜有报道。本文将以我国东北某储气库为例,分析现役装置运行潜力,评估注气装置由1200万m^3/d提量至1250万m^3/d时运行的可行性,进而实现多注多采,以顺利达成储供气目标。

1 评估对象

表1为该储气库的设计参数。该储气库建有集注站1座、井场6座(1#~6#)、双向输气管道1条、集输管线若干条等,其中集注站注气系统功能包括调压、分离、增压、清管、紧急切断和事故控制等功能。注气时,天然气经双向输气管道至计量装置计量后,进入集注站经调压撬调节至4.2~4.6MPa,再先后进入旋流分离器(2台)、过滤分离器(2台)进行过滤分离,后经压缩机(8台)增压后外输至注采井场,分离出的天然气凝液输送至闭式排放罐,具体工艺如图1所示。

表1 储气库设计参数

运行压力/MPa		10~24
库容量/亿m^3		41.32
垫气量/亿m^3	基础垫气量	11.32
	附加垫气量	14
	合计	25.32
工作气量/亿m^3		16
最大日采气量/亿m^3		1500
最大日注气量/亿m^3		1200
注采周期/天	注气期	165
	采气期	150
	平衡期	50

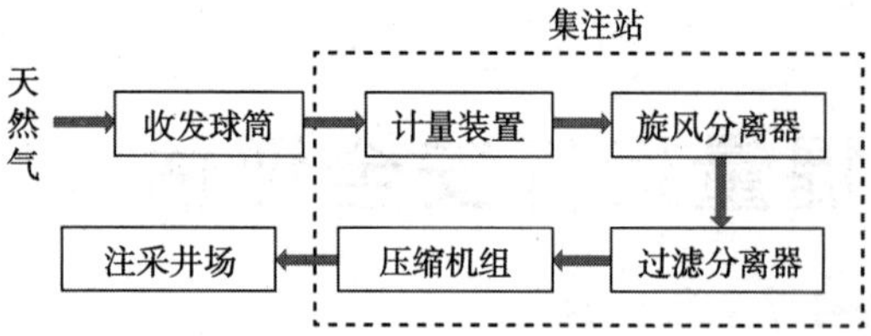

图1　注气工艺流程

该储气库设计注气规模1200万 m³/d，当提量至1250万 m³/d时，对处理量发生改变的主要设备能力进行校核，分成7个单元：旋风分离器、过滤分离器、注气压缩机橇、调压阀、站内工艺管道、站外注气管道以及辅助系统(放空和排污)，具体评估内容如下：

(1) 旋风分离器：核算提量后注气量是否在设备弹性系数范围内。

(2) 过滤分离器：核算提量后注气量是否在设备弹性系数范围内。

(3) 压缩机组：核算注气压缩机能否满足注气提量后的流量、压力等工况要求。

(4) 调压阀：根据压力、流量、温度等对调节阀开度进行核算。

(5) 站内工艺管道：根据运行压力、最新注气量核算流速是否符合要求。

(6) 注气集输管道：根据运行压力、最新注气量核算流速是否符合要求。

(7) 辅助系统(放空、排污)：根据运行压力、温度及流量等数据核算目前放空系统的最大泄放量是否满足装置能力，以及排污量是否满足设装置能力。

2　设备处理能力核算

在不超过注气系统设计压力的前提下，对进站压力4.5MPa下主要设备设施的处理量进行核算。

2.1　旋风分离器

旋风分离器用于清除天然气介质气体夹带的固体颗粒、粉尘，特别是在通球前后，其高效的除尘及除液功效，可以避免过滤分离器被大量粗颗粒堵塞而失效。注气系统分2套设置，每套系统设1台旋风分离器，共2台，单台设备设计处理规模为600万 m³/d，设备规格为 Φ1500mm×6269mm，设计压力10.5MPa。依据旋风分离器的制造说明，该设备设计存在余量，弹性系数为0.7~1.1，在操作压力4.3MPa时处理规模660万 m³/d，5.5MPa时处理规模为830万 m³/d，利用插值法计算4.5MPa时的处理规模，结果见表2。故已建旋风分离器在操作压力4.5MPa下满足注气提量至1250万 m³/d的运行要求。

表2　旋风分离器处理量核算

操作压力/MPa	单台处理量/(万 m³/d)	弹性系数	2台处理量/(万 m³/d)	是否满足1250万 m³/d要求
4.5	688	0.7~1.1	963~1513	满足

2.2　过滤分离器

过滤分离器依靠过滤元件的过滤作用将固体或液体分离出来，属于精细分离设备。注气系统分2套设置，每套系统设1台过滤分离器，共2台，单台设备设计处理规模为600万 m³/d，设备规格为 Φ1200mm × 6269mm，设计压力10.5MPa。依据旋风分离器的制造说明，该设备设计存在余量，弹性系数为1.1，在操作压力4.3MPa时处理规模600万 m³/d，5.5MPa时处理规模为800万 m³/d，插值法计算4.5MPa时的处理规模，结果见表3。故已建过滤分离器在操作压力4.5MP下满足注气提量至1250万 m³/d的运行要求。

表3　过滤分离器处理量核算

操作压力/MPa	单台处理量/(万 m³/d)	弹性系数	2台处理量/(万 m³/d)	是否满足1250万 m³/d要求
4.5	633	1.1	1392	满足

2.3　注气压缩机橇

注气系统共有8台电驱往复式压缩机，单台压缩机成撬，撬内包括压缩机、空冷器、缓冲罐、配套阀门管线、控制仪表等，详细参数见表4。

表4　压缩机工况参数

压缩机主机	ARIEL KBU/6, 10-3/8UM(2)×7-1/4U(2)×5-3/8U-VS(2)
驱动电机	Siemens 1SB67126JJ80 - Z 电机, 10kV/4500kW/1000r/min
空冷器型号	Air-X-Limited model 168-2ZF aerial cooler
空冷器电机	37kW×2
压缩级数	三级
设计点单机处理量	142万 m³/d

单台注气压缩机组一级余隙全关时，对进出口压力、流量等进行详细核算，结果见表5。故按照表5列举的压缩机组进、出口压力范围内，满足注气提量1250万 m^3/d 后运行要求。

表5　压缩机组的处理量核算

进口压力	出口压力	单台处理量/(万 m^3/d)	8台处理量/(万 m^3/d)	是否满足1250万 m^3/d 要求
4.5	24	159.6	1276.8	满足

2.4　调压阀

调节阀采用电动执行机构，具体工况参数见表6。按照GB/T 17213.2—2017/IEC 60534《工业过程控制阀第2-1部分：流通能力》，对提量后最大流量1250万 m^3/d，阀前压力4.6MPa，阀前温度13.4℃，进行核算的结果见表7。故满足HG/T 20507—2014《自动化仪表选型设计规范》中调节阀正常开度（10%~85%）的指标，满足注气提量后运行要求。

表6　调压阀工况参数

阀门	压力等级	规格型号	额定CV
	Class600	RZD-REQX	5500
	流量特性	最大开度	最小开度
	修正等百分比/%	84	46
执行机构	额定行程/mm	规格型号	转速/(r/min)
	202‖IQM20 F14 Z	24	
	扭矩/m	电机功率/kW	连锁仪表
	108	0.48	PT8011

表7　调节阀4种工况下的处理量核算

阀前压力	阀后压力	流通量/(万 m^3/d)	前后压差/MPa	阀门开度	是否满足1250万 m^3/d 要求
4.6	4.5	1250	0.1	72	满足

2.5　站内工艺管道

为尽量减小站内压损，站内工艺管道气体流速宜≤15m/s。按照GB 50251—2015《输气管道工程设计规范》，采用式(1)和式(2)计算提量前后站内工艺管道的流速，结果见表8。根据核算结果，站内管线可以满足注气量提升到1250万 m^3/d 时的运行工况。

$$d=\sqrt{\frac{q}{0.785v}} \tag{1}$$

$$q=\frac{p_0TZq_v}{86400T_0p} \tag{2}$$

式中，q 为操作条件下气体的工况流量，m^3/s；d 为计算管内径，m；v 为站内气体流速，m/s；q_v 为标准状态下气体流量，m^3/d；p_0 为标准状况下气体的绝对压力，取0.1MPa；T_0 为标准状况下气体的绝对温度，293.15K；T 为操作条件下气体的绝对温度，288.15K；p 为操作条件下的气体绝对压力；Z 为气体压缩系数，取0.85。

表8　站内管线核算表

序号	管线名称	管线规格/mm	原设计规模/(万 m^3/d)	原管线流速/(m/s)	核算气量/(万 m^3/d)	运行压力/MPa	提量后流速/(m/s)
1	进站管线	D1016×21	1200	3.5	1250	4.6	3.6
2	调压管线	D711×16	1200	7.6	1250	4.6	7.9
3	压缩机入口汇管	D406.4×8.8	600	12.2	625	4.5	12.7
4	单台压缩机出口管线	D219.1×10	150	11.6	156.25	4.5	12.1
5	单台压缩机出口管线	D219.1×17.5	150	5.8~1.4	156.25	9~26	1.5~6
6	压缩机出口汇管	D323.9×20	600	9.8~2.4	625	9~26	2.5~10.1

2.6 注气集输管道

井场至集注站之间设置注气干线 2 条(共计 21.6km)，管径 D323.9×14.2，材质 L485，设计压力 28MPa，按照式(3)~(7)进行流速核算：

1. 水力计算

$$q_v=1051\left[\frac{(p_1^2-p_2^2)d^5}{\lambda Z\Delta TL}\right]^{0.5} \tag{3}$$

$$d=\sqrt{\frac{q}{0.785v}} \tag{4}$$

式中，q_v为标准状况下气体的体积流量，m^3/d；p_1为输气管道计算段的起点压力(绝)，MPa；p_2为输气管道计算段的终点压力(绝)，MPa；d 为输气管道内直径，cm；Z 为气体的压缩系数，0.95；Δ 为气体的相对密度，12.27；T 为气体的绝对平均温度，K；L 为输气管道计算段的长度，km；v 为管道气体流速，m/s；λ 为水力摩阻系数。

水力摩阻系数采用(F · Colebrook)计算公式：

$$\frac{1}{\sqrt{\lambda}}=-2.01\log\left[\frac{k}{3.71d}+\frac{2.51}{R_e\sqrt{\lambda}}\right] \tag{5}$$

式中，k 为管内壁绝对粗糙度，0.03mm；d 为管内径，m；R_e为雷诺数。

2. 热力计算

$$t_x=t_0+(t_1-t_0)e^{-\alpha x}-\frac{J\Delta p_x}{\alpha x}(1-e^{-\alpha x}) \tag{6}$$

式中，t_x为输气管沿线任意点的气体温度,℃；t_0为输气管埋深处的土壤温度，取 2.3℃；t_1为输气管计算段起点的气体温度,℃；e 为自然对数底数，取 2.718；x 为输气管计算段起点至沿线任意点的长度，km；J 为焦尔－汤姆逊效应系数，取℃/MPa；Δp_x 为 x 长度管段的压降，取 MPa；α 为热膨胀系数。

$$\alpha=\frac{225.256\times10^6KD}{q_v\Delta C_p} \tag{7}$$

式中，K 为输气管中气体到土壤的总传热系数，取 2.55W/(m² · K)；D 为输气管外直径，m；q_v为标准状况下输气管中气体的体积流量，m^3/d；Δ 为气体的相对密度；C_p 为气体的定压比热，J/(kg · ℃)。

依据历年各井注气量，预测注气量提升到 1250 万 m^3/d 时各井场注气量。同时，根据井口最低压力工况对注气管道进行核算，最大流速 12.91m/s，管道压降 1.3MPa，基本可以满足注气提量后要求(表 9)。按照注气中后期集注站出站压力升高后进行核算，最大运行流速约 6.78m/s，管道压降约 0.7MPa，可以满足注气提量后要求(表 10)。根据计算结果，已建注气管道运行流速均不超过 15m/s，可以满足注气提量后要求。

表 9　注气集输管道提量后注气早期流速核算

集输管道	集注站	1#井场	2#井场	3#井场	4#井场	5#井场	6#井场
日注气量/(万 m³/d)	1250	264.53	163.53	270.89	210.06	129.67	211.31
压力/MPa	11.3	10.23	10.35	10.18	10.05	10.17	10
流速/(m/s)	12.91	11.85	10.49	7.53	8.04	2.43	4.02

表 10　注气集输管道提量后注气中后期流速核算

集输管道	集注站	1#井场	2#井场	3#井场	4#井场	5#井场	6#井场
日注气量(万 m³/d)	1250	264.53	163.53	270.89	210.06	129.67	211.31
压力/MPa	22	21.41	21.47	21.38	21.32	21.38	21.29
流速/(m/s)	6.67	6.78	5.55	3.94	4.17	1.27	2.08

2.7 辅助系统

2.7.1 放空系统

放空火炬为集注站、注气集输管道、采气集输管道进行放空，并分为高压放空和低压放空。高压放空火炬设计规模为 500 万 m^3/d，放空火炬尺寸为 Φ550mm×65000mm；低压放空火炬设计规模为 12 万 m^3/d，放空火炬尺寸为 Φ100mm×65000mm。依据规范 API 521—2014 的规定，紧急泄放量按对所有工艺设备在 15min 内将压力降至 690kPa 进行核算。

放空单元划分原则为：两个紧急切断阀(ESDV)之间为一个放空单元，注气流程中分别在进站、压缩机入口、压缩机出口、出站设置了ESDV。其中在进站注气调压阀前、出站ESDV前设置了紧急放空阀，在压缩机橇内设有安全阀。故放空单元划分如下：

(1) 单元1：进站ESDV-压缩机入口ESDV放空单元。

(3) 单元2：压缩机出口ESDV-出站ESDV放空单元。

(3) 单元3：压缩机橇放空单元。

依据HYSYS工艺模拟软件计算三个子单元的最大泄放量，压缩机入口管线前设备及管道最大泄放量、压缩机出口管线后设备及管道最大泄放量、压缩机撬泄放量，结果均小于已建高压火炬系统的放空规模(500万m^3/d)，放空系统可以满足注气提量要求，见表11。

表11 放空单元4种工况下的处理量核算结果

核算单元	所包含设备及管线	容积/m^3	起始压力/MPa	终点压力/MPa	泄放时间/min	最大泄放量
压缩机入口管线前设备及管道	旋风分离器、过滤分离器、管道	40	4.5	0.69	15	7545kg/h (11.5万m^3/d)
压缩机入口管线后设备及管道	压缩机、管道	150	26	0.69	15	102384kg/h (320万m^3/d)
压缩机撬	压缩机、管道	44	26	0.69	15	114538kg/h (358万m^3/d)

2.7.2 排污系统

集注站内已建一台56m^3闭式排放罐，设计压力6.3MPa，设计温度60℃。注气期天然气为干气，且根据现场运行经验，注气期基本无凝液产生，故本次注气提量后，对整个集注站内的排污系统无影响。

3 结论及建议

(1) 在满足原注气系统设计压力等级下，进站压力提升至4.5MPa时，在整个注气期压缩机出口压力24MPa以下时可以实现注气规模从1200万m^3/d提量至1250万m^3/d的要求。

(2) 建议详细记录装置提量后生产的各项工作参数，加强日常巡检维护，对压缩机组及其进出口配管重新开展脉动分析，验证装置提量后的适应性；更新提量后的施工文件、操作手册、管理文件、风险控制措施等。

参考文献

[1] 李建君. 中国地下储气库发展现状及展望[J]. 油气储运，2022，41(07)：780-786.

[2] 洪涛."碳中和"目标下中国天然气不可或缺但发展空间将被压缩[J]. 油气与新能源，2021，33(1)：32-37.

[3] International Energy Agency. World energy outlook 2020[R/OL].(2020-10-01). https：//www. iea. org/reports/worldenergy-outlook-2020.

[4] 丁国生，丁一宸，李洋，等. 碳中和战略下的中国地下储气库发展前景[J]. 油气储运，2022，41(01)：1-9.

[5] 马新华，郑得文，魏国，等. 中国天然气地下储气库重大科学理论技术发展方向[J]. 天然气工业，2022，42(05)：93-99.

[6] GB/T 17213.2—2017 /IEC 60534. 工业过程控制阀 第2-1部分：流通能力[S]. 北京：石油工业出版社，2017.

[7] HG/T 20507—2014. 自动化仪表选型设计规范[S]. 北京：石油工业出版社，2014.

[8] GB 50251—2015. 输气管道工程设计规范[S]. 北京：石油工业出版社，2015.

[9] API 521—2014. Pressure - relieving and depressuring systems[S]. US：API Publishing Service，2014.

地下储气库注采气站风险评价方法研究

王　珂[1,2]　李丽锋[1,2]　罗金恒[1,2]　赵新伟[1,2]

（1. 石油管材及装备材料服役行为与结构安全国家重点实验室；
2. 中国石油集团工程材料技术研究院有限公司）

摘　要　注采气站是储气库地面设施的重要组成部分，其设施种类繁多、工艺复杂，且运行过程中可能受腐蚀、制造缺陷、施工缺、动载荷等风险因素的影响，如何预知、预测与预防注采气站风险，避免恶性事故发生，保障注采气站安全高效运行，是当前的重大安全需求。本文将储气库站场划分为三个单元，即压缩机组单元、处理系统单元和管路单元，基于风险排序与危险和可操作性方法(HAZOP)建立风险评估方法。结合金坛储气库实际，应用所建立的方法对站内设施进行风险评价，并给出风险控制措施建议。

关键词　天然气储气库；站场；风险评价；风险排序；HAZOP；控制措施

注采气站随着我国经济快速发展，低碳清洁的天然气需求急剧增长，天然气安全平稳供给形势日益严峻，储气库建设速度加快，截至2017年底，中国已建成25座天然气地下储气库，其中中国石油23座，工作气量达100亿m^3。地面站场作为地下储气库的重要组成部分，其工艺比长输管道输气站更加复杂。地下储气库的地面设施要实现注气和采气两种功能。注气是将输气管道来气经压缩机加压注入地下储气库；采气是将天然气从储气库出口采出，经过处理进入输气管道。因此，地面站场是保证储气库发挥效能的关键，其安全评价尤为必要。本文在站场风险因素辨识和单元划分的基础上，提出一套新评价方法，并以金坛储气库为例进行风险评价。

1　站场风险因素辨识

由于站场设备种类、数量繁多，所以诱发事故的风险因素既是多方面的，又是多层次的。站场与管道风险因素的影响是有差别的，在管道风险评价中，造成管道失效的最主要原因是腐蚀因素和第三方破坏，而对于站场而言，误操作和制造缺陷等原因对设备的失效往往影响更大。

储气库地面站场设备其主要风险因素分析如下：

（1）腐蚀：主要是大气腐蚀、内腐蚀和应力腐蚀。地面站场设施外表基本都是裸露于空气中，所以大气腐蚀是造成设备和管路外腐蚀的主要原因；对于这些设施的内部不可避免的要遭受内腐蚀，比如由于内涂层遭到破坏、介质中杂质都会造成内腐蚀，特别是对于储气库部分设备和管路处于湿气的环境下，这就更加容易引起内腐蚀；由于残余应力和介质环境也将导致设施的应力腐蚀。

（2）误操作：由于操作人员由于自身技术水平不高或责任心不强，导致误操作或违章操作。主要影响因素：设备的非正常启动和停机、运行前错误的设置(如压缩机压缩比、最高压力或温度等)、运行期间错误操作或违章操作。

（3）制造缺陷：生产过程中不可避免产生的缺陷，主要有设备筒体缺陷和焊缝缺陷，它们在服役中可能会影响设备和管路的安全运行。

（4）焊接/材质缺陷：在对焊接过程中导致的接头质量差及焊趾裂纹、未焊透、未熔合、夹杂、气孔等焊缝缺陷；同时，材质缺陷(如组织、晶粒等)可导致性能不达标。

（5）设备失效：地面站场设备及附属设施较多，任何一处的问题都可能会影响运行甚至会引发事故，例如垫圈失效、控制阀/安全阀失效等。

（6）第三方破坏/机械损伤：主要是指员工以外的第三方行为而造成的意外损伤和破坏以及人为的故意破坏。主要影响因素有施工保护措施、建造/挖掘活动程度、巡查频率和公众的意识程度等。

（7）疲劳/振动：在工程实践中，由于压力波动、温度波动、介质的分层、流体的振动以及外部载荷引起的振动，都会使设备和管道本身或构件间的连接处产生疲劳。

(8) 堵塞：设备和管路的堵塞会降低气体的传输能力，甚至完全堵塞并造成爆炸，主要的影响因素有运行温度、运行压力、流速、介质含水量、脱水程度、除尘程度。

(9) 环境因素：在某种特定的状况下，设备或管路可能受到由于土壤移动产生的应力或变形，或者其他的自然灾害都可能导致危害。

2　单元划分

储气库地面站场设备种类多、工艺复杂，并且相对独立，本文在不考虑储气库井头设施的情况下，将其划分为三个单元，即压缩机组单元、处理系统单元和管路系统单元，并对单元内划分子单元。如图 1 所示。

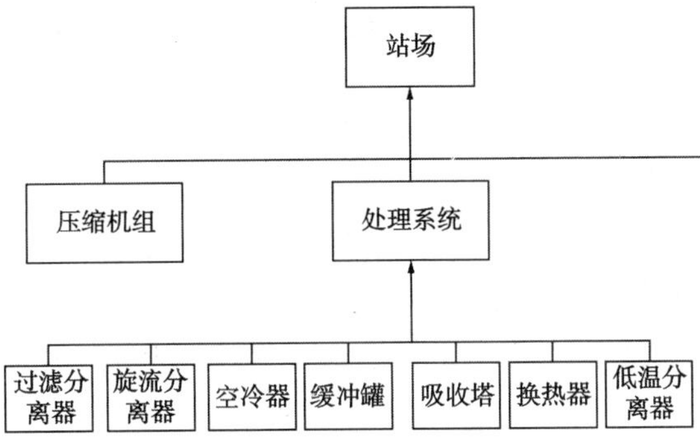

图 1　站场单元划分

3　评价方法

目前，油气管道风险评价体系已经成熟并应用于实际，而专门针对站场的风险评价方法还不多，现有的手段也只是根据国家法律法规得出定性的评价结果，然后按照评价结果对照得出整改方案。本文基于定量风险排序和危险与可操作研究(HAZOP)建立一套新方法，通过风险排序查找主要风险单元，或风险单元的主要风险设备或管路，并以此为主要分析对象，进行危险与可操作性研究，查找风险原因，并给出采取措施或对策，分析工作的流程如图 2 所示。

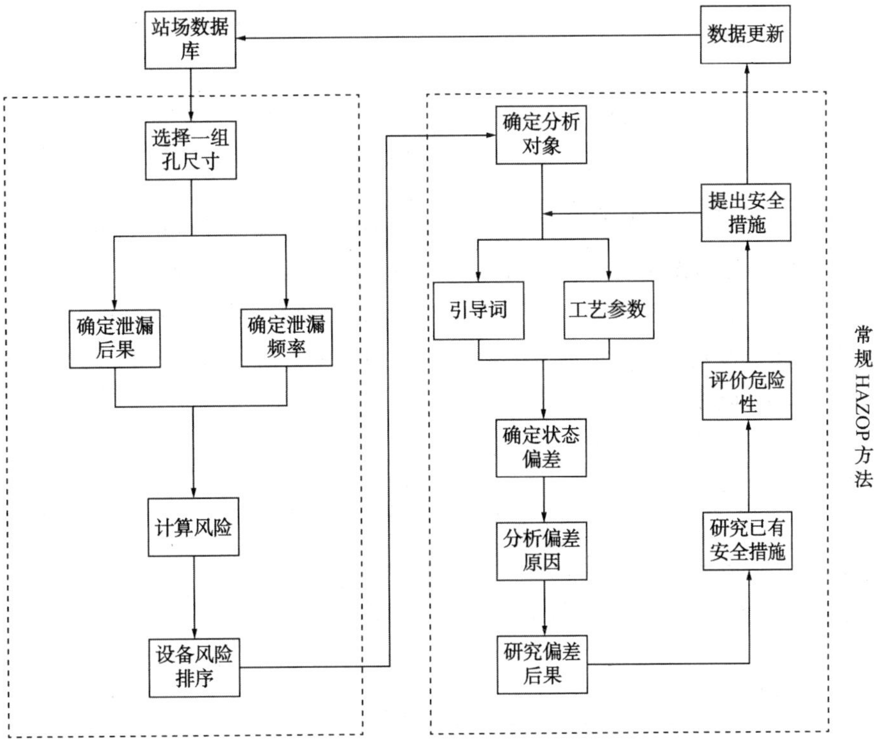

图 2　评价分析流程

评价中选用孔尺寸原则：泄漏孔径小于或等于设备或管道自身的直径，使用四个标准孔尺寸，即小（1/4in）、中（1in）、大（4in）和破裂，见表1。例如，一根1in管道只有两个孔尺寸：1/4in和破裂，因为最大可能的选择相当于1in孔尺寸。对于压力容器采用所有孔，往复式压缩机参照历史失效数据，只选用1in和4in孔尺寸。

表1　评价所使用的孔尺寸

孔尺寸	范围	代表值
小	0～1/4in	1/4in
中	1/4～2in	1in
大	2～6in	4in
破裂	>6in	部件整个直径（最大16in）

4　评价方法应用

金坛盐穴地下储气库是西气东输管道工程的重点配套工程，是我国首次利用地下岩盐层建设的大型地下储气库，它将会有效保证西气东输管道沿线和下游长江三角洲地区用户的正常用气。下面以金坛储气库站场为例进行风险评价：

1. 单元划分

按照图1进行单元划分

2. 风险排序

1）泄漏后果

当$\frac{p_0}{p} \leqslant \left(\frac{2}{k+1}\right)^{\frac{k}{k-1}}$时，气体流动属于音速流动；当$\frac{p_0}{p} > \left(\frac{2}{k+1}\right)^{\frac{k}{k-1}}$时，属于亚音速流动（其中$k$为气体绝热指数，$p$为气体操作压力，$p_0$大气压力）。天然气气体绝热指数1.3，$p$为4.5～17MPa计算可知气体属音速流动。

音速流动的气体泄漏质量流量为：

$$q_{mG} = C_{dg} A p \sqrt{\frac{kM}{RT}\left(\frac{2}{k+1}\right)^{\frac{k+1}{k-1}}}$$

式中，C_{dg}为气体泄漏系数，与裂口有关，裂口为圆形时取1.00，三角形时取0.95，长方形时取0.90；p为气体操作压力，Pa；M为气体相对分子质量，天然气约为23；A为裂口面积，m^2；q_{mG}为气体泄漏质量流量，kg/s；R为气体常数，8.3144J/(mol·K)；T为气体温度，K。

对于小孔均模拟为持续泄漏，而孔尺寸>1/4in时3min泄漏质量都≤4540kg，即中孔、大孔和破裂都看作是瞬时泄漏，在考虑非自动点火情况下，对于这两种泄漏方式可以按照下面公式计算其影响面积：

持续泄漏：

设备破坏面积　　$A = 43x^{0.98}$

致死事故面积　　$A = 110x^{0.96}$

其中，A为面积，ft^2；x为泄漏质量流量，lb/s。

瞬时泄漏：

设备破坏面积　　$A = 41x^{0.67}$

致死事故面积　　$A = 79x^{0.67}$

其中，A为面积，ft^2；x为泄漏质量，lb。

对于站场内部，都配备有消防水喷淋系统和监视器，其对应的后果区面积可以减小20%。

2）泄漏概率

失效概率的计算是通过采用同类失效概率数据，以及设备修正系数（F_E）和管理系统修正系数（F_M）两项来修改同类失效概率，计算出一个经过调整的失效概率，表达式为：

$$概率_{调整} = 概率_{同类} \times F_E \times F_M$$

同类失效概率采用API 581提供的值，见表2。针对站场的计划停车次数大于6/年、地处1级地震区、压缩机进行定期振动监测、泄压阀没有大量结垢等情况，取其设备修正系数F_E为6；对设备及其安全管理进行打分，根据总得分对照管理系统分置与修正系数的关系图（图3），取管理修正系数值F_M为0.33。然后算出失效概率值。

表2　API 581建议的同类设备失效频率

设备类型	泄漏频率（1/年，4个孔尺寸）			
	¼in	1in	4in	破裂
离心式压缩机		1×10^{-3}	1×10^{-4}	
往复式压缩机		6×10^{-3}	6×10^{-4}	

续表

设备类型	泄漏频率(1/年，4个孔尺寸)			
	¼in	1in	4in	破裂
塔器	$8×10^{-5}$	$2×10^{-4}$	$2×10^{-5}$	$6×10^{-6}$
过滤器	$9×10^{-4}$	$1×10^{-4}$	$5×10^{-5}$	$2×10^{-6}$
翅片/风扇冷却器	$2×10^{-3}$	$3×10^{-4}$	$5×10^{-8}$	$2×10^{-8}$
换热器，壳程	$4×10^{-5}$	$1×10^{-4}$	$1×10^{-5}$	$6×10^{-6}$
换热器，管程	$4×10^{-5}$	$1×10^{-4}$	$1×10^{-5}$	$6×10^{-6}$
0.75in 直径管子/in	$1×10^{-5}$			$3×10^{-7}$
1in 直径管子/in	$5×10^{-6}$			$5×10^{-7}$
2in 直径管子/in	$3×10^{-6}$			$6×10^{-2}$
4in 直径管子/in	$9×10^{-7}$	$6×10^{-7}$		$7×10^{-8}$
6in 直径管子/in	$4×10^{-7}$	$4×10^{-7}$		$7×10^{-8}$
8in 直径管子/in	$3×10^{-7}$	$3×10^{-7}$	$8×10^{-8}$	$2×10^{-8}$
10in 直径管子/in	$2×10^{-7}$	$3×10^{-7}$	$8×10^{-8}$	$2×10^{-8}$
12in 直径管子/in	$1×10^{-7}$	$3×10^{-7}$	$3×10^{-8}$	$2×10^{-8}$
16in 直径管子/in	$1×10^{-7}$	$2×10^{-7}$	$2×10^{-8}$	$2×10^{-8}$
>16in 直径管子/in	$6×10^{-8}$	$2×10^{-7}$	$2×10^{-8}$	$1×10^{-8}$
压力容器	$4×10^{-5}$	$1×10^{-4}$	$1×10^{-5}$	$6×10^{-6}$
常压储罐	$4×10^{-5}$	$1×10^{-4}$	$1×10^{-5}$	$2×10^{-5}$

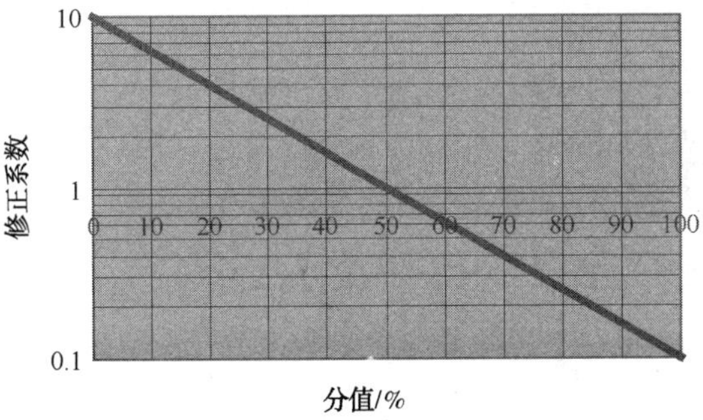

图 3 管理系统分置与修正系数的关系图

3）总风险值的计算

设备或管线风险值 = $\sum_{孔尺寸}$(失效后果×失效概率)

考虑设备的平均成本为 500 元/m^2，考虑人口密度为 0.01 人/m^2，每人的伤亡成本为 10 万元。

对金坛储气库的风险排序结果如图 4 ~ 图 6 所示。

由图 4 可知压缩机系统和处理系统风险远远大于管路系统风险，其中压缩机组最大的；图 5 可知处理系统设备中空冷器的风险值最大，其次是过滤分离器和旋风分离器。管路系统中对带压的 39 条管线中；图 6 可知从压缩机出口到缓冲罐出口的管线 P2112 ~ P2118 风险后果最大，这是由这些管线的运行压力大和温度较高所致。

3. HOZAP 分析

根据风险排序确定的主要风险单元或单元里的主要风险设备或管路，以它们为主要分析对象，进入到常规 HOZAP 分析过程。下面处理系统单元中最大风险设备空冷器为例，给出其 HAZOP 分析结果和控制措施见表 3。

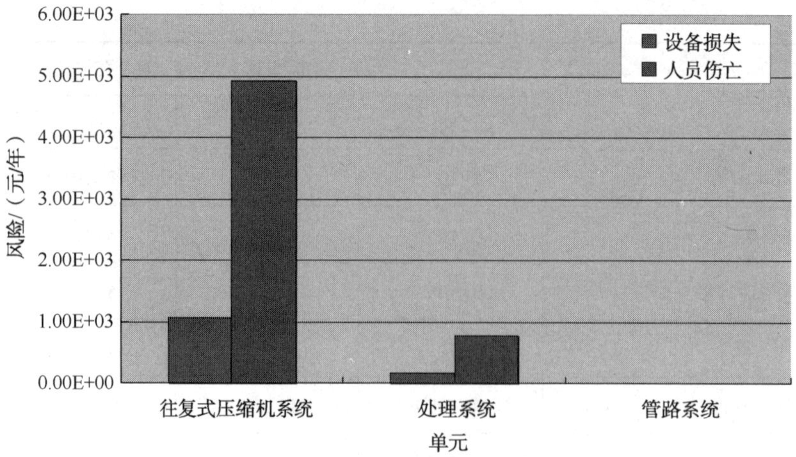

图 4　单元风险评价结果

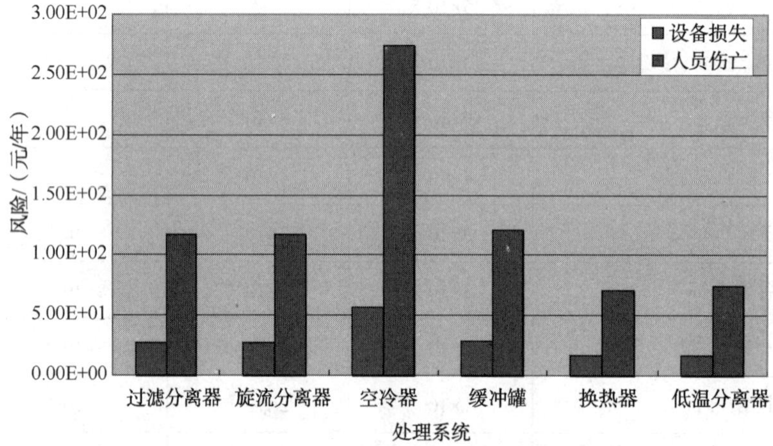

图 5　处理系统单元风险评价结果

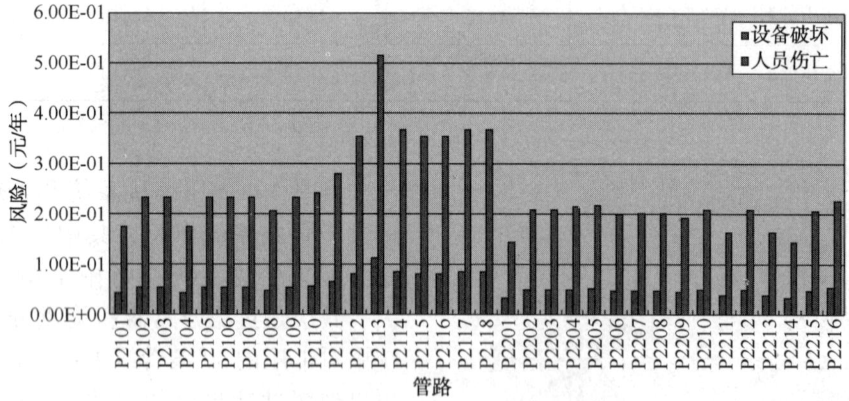

图 6　管路系统单元风险评价结果

表 3　空冷器 HAZOP 分析结果

引导词	偏差	可能原因	导致结果	安全防范	控制措施
流量	大	1. 误操作(风机)	流速高、冲击或造成外泄	流量计	1. 培训操作人员，严格按操作规程
		2. 压缩机失效造成来料过多			2. 定期巡检维护
	小	1. 误操作(风机)	延长输送时间	流量计	1. 培训操作人员，严格按操作规程
		2. 压缩机功率不足或失效造成来料不足			2. 定期巡检维护
		3. 管路破裂			

续表

引导词	偏差	可能原因	导致结果	安全防范	控制措施
压力	大	1. 误操作(阀门关闭)	破裂造成火灾或爆炸	截断阀压力报警	1. 培训操作人员，严格按操作规程
		2. 设备失效(压力表或截断阀)			2. 定期巡检维护
		3. 堵塞(凝结或污垢)			3. 串联截断阀
	小	1. 进气管路破裂	造成串气	截断阀压力报警	1. 培训操作人员，严格按操作规程
		2. 设备失效(压力表或截断阀)			2. 定期巡检维护
		3. 装置因腐蚀等原因泄漏			3. 串联截断阀
温度	高	1. 压缩机来料温度高	对设备性能造成危害	温度计	1. 检查监测上游
		2. 环境温度高			2. 培训操作人员，严格按操作规程
		3. 污垢			3. 定期巡检维护
		4. 设备失效(温度计)			4. 定期检查清理污垢
					5. 备用空冷装置
	低	1. 压缩机来料温度低	管路凝析或堵塞造成破裂	温度计	1. 检查监测上游
		2. 环境温度低			2. 培训操作人员，严格按操作规程
		3. 设备失效(温度计)			3. 定期巡检维护
					4. 定期检查清理污垢
其他	泄漏	1. 腐蚀	引起火灾或爆炸		1. 培训操作人员应急处理能力，并制定紧急预案
		2. 误操作			2. 定期进行腐蚀检测
		3. 堵塞			3. 严格选材，运行前并对设备检测和探伤
		4. 制造缺陷			4. 设置振动报警、关机装置
		5. 材料/焊接缺陷			5. 定期对设备检查和维护
		6. 设备失效			
		7. 疲劳振动			
		8. 地质灾害			

5 结束语

本文针对天然气地下储气库站场的特点，进行了风险识别和单元划分，基于风险排序和HAZOP建立一套方法，应该此法对储气库站场风险单元排序，找出风险单元以及单元内主要风险设备或管道，分析了其风险原因，并能够实现高风险单元或单元内部设备的主要风险因素的识别及提出防范措施，为站场的风险管理工作提供了有力的支持。

参考文献

[1] 严大凡等. 油气长输管道风险评价与完整性管理[M]. 北京：化学工业出版社，2005.

[2] 刘诗分. 长输管道安全[M]. 北京：化学工业出版社，2004：154-155.

[3] American Petroleum Institute. Risk based resource document API 581[S]. 2000.

地下储气库智能化综合平台开发及应用

糜利栋　曾大乾　张广权　张俊法

（中国石油化工股份有限公司石油勘探开发研究院）

摘　要　地下储气库（下称“储气库”）作为天然气“产供储销”产业链中重要一环，发挥着纽带作用。国内储气库建设的初衷是“保供为先，兼顾效益”，储气库的选址评价、设计、建设、运行及经营等全流程高效联动则显得尤为重要，对数字化、信息化、智能化管理和研究提出更高要求。本文围绕中国石化储气库建设规划，落实国家“两化”融合工作部署，将储气库管理、研究与生产紧密结合，解决储气库选址-设计-建设-运行-经营全过程面临的技术和管理难题，以提升质量和效益为目标，搭建以“生产监控、跟踪分析、远程调控、辅助决策”为核心内容的储气库综合平台；配套建立以储气库气藏地质建模数模研究、储气库注采管理的核心技术体系，对储气库库址优选、地质研究、注采调控、调峰优化及全节点进行数字化提升，精准掌控生产流程节点，智能分析生产运行趋势，科学做出生产管控决策，设计并开发了储气库数字化-信息化-智能化综合平台，实现对储气库选址优化-方案设计-方案跟踪-工程建设-生产运行-运营优化-动态跟踪一体化管理及研究。

关键词　地下储气库；地理信息系统（GIS）；智能运行；调峰优化；一体化

引言

储气库作为天然气“产供储销”产业链中重要一环发挥着纽带作用。储气库高速运行、特别是在我国“保供为先，兼顾效益”的大背景下，数字化、信息化、智能化的研究与管理，是实现储气库安全、经济、高效运行的前提。意大利SNAM能源公司从20世纪60年代开始储气库自动化建设，2019年启动智能化升级。升级后储气库自动化控制水平大幅度提高，每个库仅有14名管理人员，生产运行调配与监控全部依靠调控中心。且调控中心控制室仅有7名工作人员，一名组长负责总调度，3人负责管网调度，3人负责储气库调度。SNAM管控的意大利国家管网和储气库已实现了一体化、智能化管理，未来逐渐实现自我控制、自我分析、自我维护。

近年来，国内储气库建设进入高速发展期，但是储气库业务的数字化、信息化、智能化尚处于起步阶段，库址资源、监测数据、市场需求、管网能力基础数据库尚未搭建，全系统数字化模拟、多方联动优化运行、安全预警等系统平台仍处于空白。中国石油搭建了可以对已建储气库静态数据存储、管理及应用的信息数据管理平台，但数据录入尚不完整。文96储气库通过SCADA系统对集注站及井场注采全过程的数据采集和集中管理、远程监视和控制等，实现了智能化集中管理，帮助管理人员及时了解生产状态、设备运行状况，指导制定合理的注采方案，保障安全生产。呼图壁储气库充分依托已建系统识别、采集、传递、输出的数据，建立“无人值守+中心控制”生产管理新模式，建立“感知层、网络层、应用层”为核心的多平台大数据一体化智能储气库运行管理系统，实现了人力资源的高度优化整合。相国寺储气库按照“总体规划、分步实施、步步见效、突出重点”的思路，论证完成了智能储气库的整体架构、技术架构及业务架构设计，但仅开发了智能配产配注应用系统。中国石化已搭建了储气库选址综合筛选信息平台，实现了储气库分区优化布局，已建储气库综合管理，未建储气库智能化评价和筛选，大大提高选址的科学性及工作效率。国内储气库建设晚，信息化、自动化程度较高，基本实现了自动化远程监测、控制和管理，但储气库数字化建设存在核心网络、数据库、数据分析不完善，数据使用率低等问题，与数字化、智能化储气之间仍然存在巨大差距。现有的系统不能满足智能化、智慧化储气库的发展要求。亟需构建以一体化模拟为核心的数字化、智能化应用平台，实现实时模拟计算、在线风险预警与决策支持同步衔接，可为未来实现储气库智能化调峰、数字化运营、一体化管控奠定基础。

本文围绕中国石化储气库建设规划，落实国家"两化"融合工作部署，将储气库管理、研究与生产紧密结合，解决储气库选址-设计-建设-运行-经营全过程面临的技术和管理难题，以提升质量和效益为目标，搭建以"生产监控、跟踪分析、远程调控、辅助决策"为核心内容的储气库综合平台；配套建立以储气库气藏地质建模-数模研究、储气库注采管理的核心技术体系，对储气库库址优选、地质研究、注采调控、调峰优化及全节点进行数字化提升，精准掌控生产流程节点，智能分析生产运行趋势，科学做出生产管控决策，设计并开发了储气库一体化综合平台，应用于中国石化储气库业务，显著提升了储气库选址优化-方案设计-方案跟踪-工程建设-生产运行-运营优化-动态跟踪一体化管理及研究效率。

1　需求分析

1.1　总体需求

建立规范、统一、安全、高效的中国石化储气库一体化综合平台，满足集团公司决策层对储气库建设投资决策，储气库运营公司对储气库调峰决策管理，科研院所对储气库选址、方案设计、调峰优化以及动态分析研究，生产单位对储气库生产运行跟踪等业务需求，实现储气库选址优化-方案设计-方案跟踪-工程建设-生产运行-运营优化-动态跟踪一体化管理及研究。

1.2　具体需求

1. 管控实时化

面向不同层级储气库管理员，满足储气库管理人员实时获取储气库投资决策、调峰决策、选址评价、方案设计、方案跟踪、工程建设、生产运行、调峰优化及动态分析等多维度信息，为管理者做出决策提供依据。

2. 研究模型化

面向盖层完整性、断层稳定性及圈闭密封性评价、地质特征研究、库容参数设计、运营优化决策、生产动态分析等建立选址评价模型、地质模型、地应力模型、数值模型、优化决策模型、动态分析模型等模型库，满足储气库选址-设计-建设-跟踪全生命周期的研究需求。

3. 设计联动化

针对储气库方案指标、生产运行参数优化设计，实现"建模-数模""采气量-调峰量-气井数""地层-井型-井筒""多周期气水互驱-动态库容-工作气量"等一体化联动，满足因不同注采周期油、气、水动态进退造成的动态库容预测，实现储气库本身生产能力与市场需求规律的最佳匹配，单井调峰量满足"地层不出砂、油管不冲蚀、井筒不积液"。

4. 运行可视化

建立储层-井筒-管网一体化数值模拟模型，满足地质模型实时动态修正，数值模拟全程监控跟踪应用，调峰运营快速联动协作，实现储气库-井筒-管网的虚拟化展示，生产经营指标的可视化动态展示。

5. 运营智能化

保供为先，兼顾效益，建立"气源-管网-储气库-管网-市场"上下游一体化、智能化调峰优化模型，实现储气库生产运营实时智能决策，决策者根据实时气源供给、市场需求及管网分布制定最优购销方案，最大限度发挥储气库"银行"的作用，使储气库效益最大化。

6. 操控自动化

以市场调峰需求快速响应为目标，基于气井注采能力实时动态预测结果，实现气井自动操控，确保安全、高效合理完成调度指令，实现储气库安全高效运行。

2　功能设计与数据架构

2.1　总体架构设计

基于储气库建设的数字化基础，建立面向中石化生产管控和协同研究的地下储气库数字化-信息化-智能化综合平台，实现对储气库的宏观把控和基于平台的研究分析和优化决策，平台总体功能架构如图1所示。

2.2　应用功能设计

围绕中国石化储气库建设规划，落实国家"两化"融合工作部署，将储气库研究与生产紧密结合，以解决储气库选址-设计-建设-运行-运营过程面临的技术和管理难题，提升质量和效益为目标，搭建以"生产监控、跟踪分析、远程调控、辅助决策"为核心内容的储气库综合平台；配套建立以储气库气藏地质建模-数模研究、储气库注采管理的核心技术体系，对储气库地质研究、库址选择、注采调控、调峰优化及全节点进行数字化提升，精准掌控生产流程节点，智能分析生产运行趋势，科学做出生产管控决策，实现储气库高效运行和注采管理，设计并开发了储气库一体化综合平台(图2)，包括选址优化、方案设计、生产运行、动态分析及一体化决策5大功能。

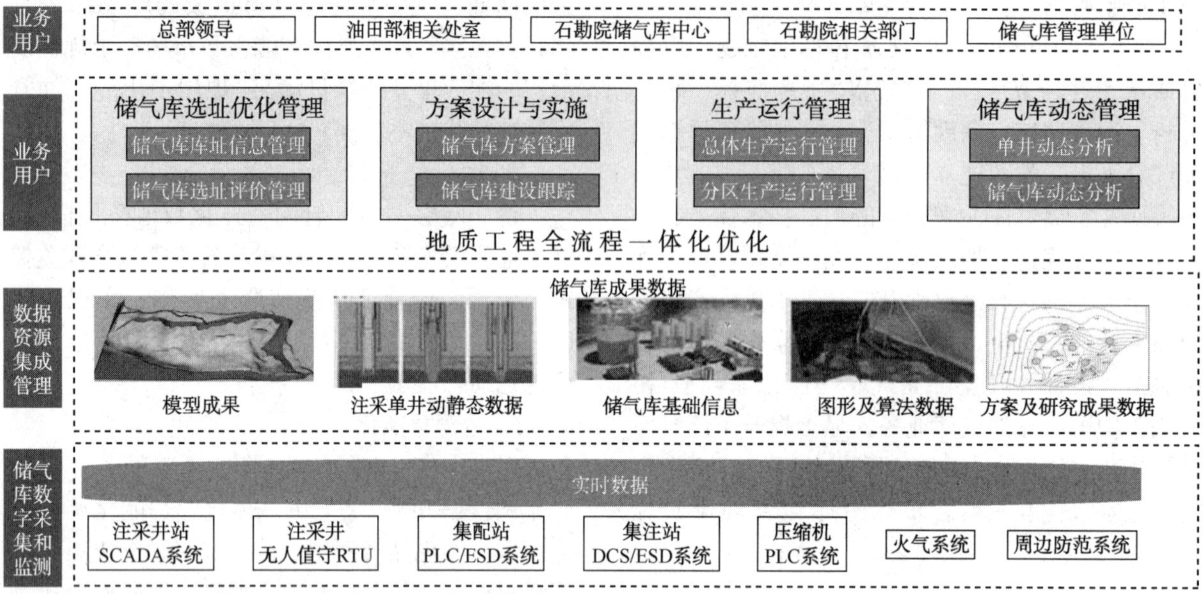

图1　平台功能设计

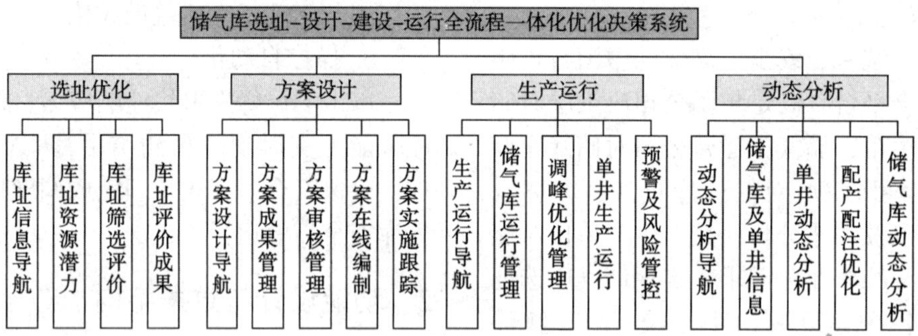

图2　平台功能设计

1. 选址优化模块

结合地理信息，建立储气库与天然气生产单位的关联信息，实现储气库选址筛选体系和储备气库的管理。建立储气库选址标准体系，基于对油气藏型储气库、含水层储气库、盐穴型储气库选址和储气库布局优化研究成果，对储气库库址基础数据进行管理，包含四个子系统。①库址信息导航：集成储气库基础信息，以GIS为核心，把已建、在建、备选储气库以一张图的形式进行展示，实现按大区、储气库类型、储气库状态、工作气量等多维度统计及呈现；②库址资源潜力：对已建、待建、备选储气库库址资源管理，按照储气库类型，汇总统计各分区对储气库的基本参数，包括储气库名称，储气库类型，分区，气库库容，工作气量，注采井数，最大日调峰量，平均日调峰量，最大日注气量，平均日注气量，投资，储转费等参数；③库址筛选评价：对不同类型储气库进行库址综合评价，辅助储气库库址优选决策，不同类型储气库具有不同的评价标准，对油气藏型、盐穴型、含水层型储气库分别建立不同的管理评价指标体系，对评价指标及标准进行分类管理，同时保证储气库类型及标准可拓展，能够实现动态添加、共享查询，建立库址评价方法模型，依据储气库评价指标体系及标准对储气库进行综合评价，实现不同类型储气库库址智能筛选评价工作，展示不同类型储气库的综合评分及排队结果；④库址评价成果：对储气库库址评价研究成果进行多维度集中共享管理的应用，为管理、研究、生产等相关单位用户按照权限提供检索、查询服务，包括不同类型储气库库址评价指标及标准，单指标指标权重、分值计算方法及库址综合评价方法，库址评价优选结果管理。

2. 方案设计模块

方案设计模块集方案在线编制、方案审核、

方案成果管理及方案实施跟踪于一体，可同时满足管理、可研及现场生产人员使用需求，基于地质模型和数模模型，建立储气库案例成果为主的知识库，实现方案成果的统一、集中、标准化管理和在线共享、协同研究，为储气库方案编制、建库跟踪和动态管理提供支撑，包含5个子系统。①方案设计导航：对储气库方案设计情况进行索引管理，建立储气库方案文档、关键参数信息台账，能够直观的以图表形式分类型展示不同储气库方案设计情况及关键参数，全方位跟踪中石化储气库不同阶段的方案设计情况；②方案成果管理：对不同专业方向的储气库方案文档、关键参数及数据体进行管理，不同专业方向方案编制单位上传文档、关键参数，并经过审核单位完成审核形成储气库方案案例库，为不同用户提供不同维度储气库方案的检索查询及应用；③方案审核管理：实现油田分公司方案上报、储气库中心初审、油田事业部专业技术审查及发展计划部投资审查的方案审核一体化管理，实现储气库方案编制审核进度在线跟踪；④方案在线编制：实现不同研究方案模块化的在线协同编制功能，依托方案等案例知识库、地质模型、数模模型、专业软件及开发辅助分析等工具，实现不同专业领域方案的在线协同编制，缩短方案的编写时间，提高方案编制效率和质量；⑤方案实施跟踪：跟踪储气库建设情况，实现钻完井工程运行和地面工程设计(场站布局、天然气集输管理、设备选型、放空系统、自控系统、QHSE管理)的实施过程信息监控与管理，并与设计情况进行对比分析。

3. 生产运行模块

全面监控储气库生产运行动态，通过实时数据对储气库井场、管道、设备等运行动态进行监控，统计分析采气量、注气量、日度调峰情况等指标，通过柱状图、曲线图及数据表格等形式，对储气库运行动态跟踪展示，对比注入、采出气量配产计划，分析运行趋势，实现储气库平稳安全运行，包含5个子系统。①生产运行导航：对不同地区储气库群、储气库生产运行信息进行全面集成展示，面向管理层面能够依托GIS导航图，了解储气库的生产状态、调峰、注入以及建设情况；②生产运行管理：对储气库资产情况、调峰情况、注采井运行情况跟踪，分析储气库每日入库气量计划、实际入库量，展示阶段气量变化情况，汇总不同储气库的注采峰谷运行动态；③调峰优化管理：基于地理信息和管道流向图动态跟踪储气库气源-市场方向；④单井生产运行：跟踪储气库注采井数量、注采气量、压力变化等生产运行动态，利用图表模式进行展示，跟踪监测井基础信息、监测情况、监测资料等运行动态；⑤预警及风险管控：依托生产运行跟踪情况，建立预警及风险管控模型，对储气库生产异常进行风险预警和决策优化。

4. 动态分析模块

动态分析是一项贯穿储气库生产全过程的工作，主要从单井注入、采出交变分析到储气库库容变化分析，建立具有储气库业务特点的动态分析业务模型，对储气库单井、储气库动态变化进行对比分析和决策优化，包含5个子系统。①动态分析导航：全面展示储气库动态分析成果及动态分析需求；②储气库及单井信息集成：按不同维度提供单井资料检索查阅功能，能够调用单井钻完井、监测、生产等数据，同时，能够将多井单一指标同时间、同生产天数等维度的数据对比等；③单井动态分析：对注采井不同周期采气天数、注入天数、采出气量、注入气量、注入前后压力变化等进行统计分析，分析不同周期的气井注入能力和采出能力，监测井监测指标变化分析和指标异常分析；④配产配注优化：通过对储层参数、气藏注入采出动态等进行分析，对储层出砂、污染情况、出水情况、注气后储层参数变化进行研究，监控库容量变化，考虑不同区域市场因素，合理优化采气时率，实现储气库联动调峰，指导各级储气库配产配注，实现储气库长寿命、高效、安全生产；⑤储气库动态分析：按照不同的维度，对对中石化总体情况、不同储气库、不同井类型、不同周期的注入采气状况进行跟踪对比分析。

5. 全流程一体化生产优化

建立储气库、井筒、地面全流程的监控体系，通过关键指标的关联约束，实现地下-地面的有机关联，对全流程的生产异常进行超前预警，建立不同类型储气库最优调峰模式，实现储气库生产各环节多维度管控、交互优化和跨区域的整体协同优化。

3 平台开发及应用实例

3.1 平台开发

采用多进程架构，开发一套集权限管理、模

块集成、应用管理于一体的综合性应用平台，实现对模块的风格统一、集成展示、单点登录，以及满足日常网页浏览与业务办公应用使用需求，平台框架如图3所示。

平台功能模块主要包括平台管理、模块集成、消息提醒、微服务挂载、多终端呈现五部分，平台功能如图4所示。

平台利用“云技术+微服务”体系架构，搭建平台管理体系，建设认证中心、用户中心、权限中心、应用管理中心及日志中心等微服务中心，形成面向云的信息系统的通用基础服务，各中心既相互独立，但又通过接口互通，具有“可插拔式”能力，以便因技术需要进行相应的替换，形成了适应云环境的具有自主能力的技术架构体系。

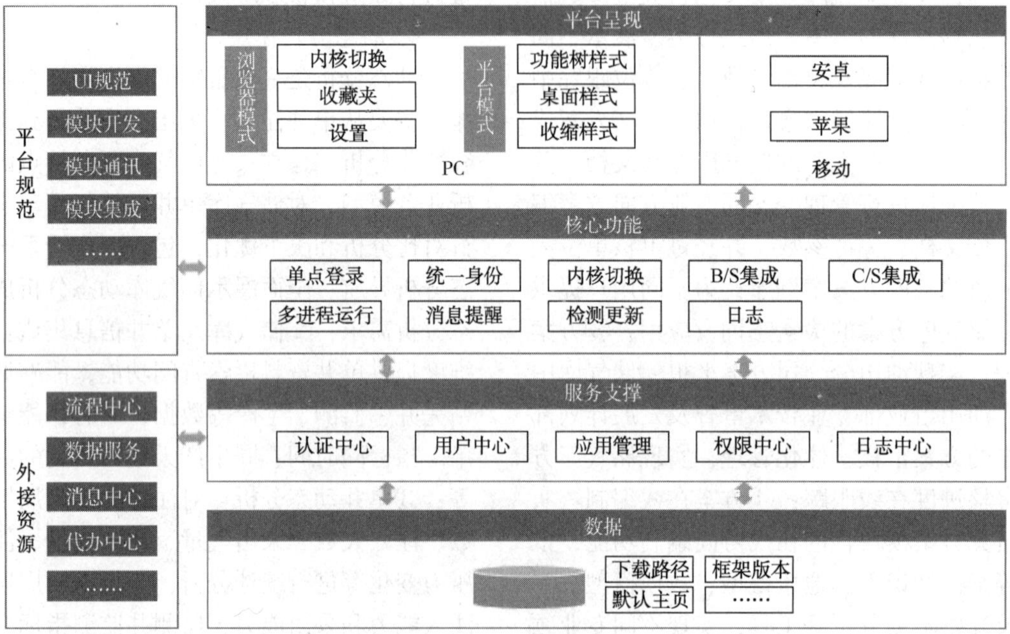

图3　平台框架

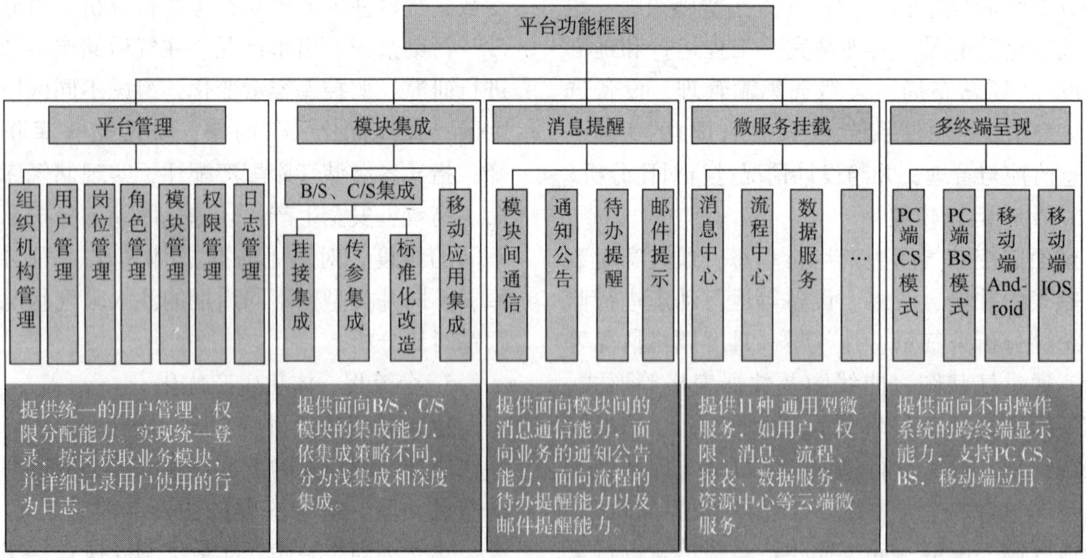

图4　平台功能框图

1. 认证中心

以统一身份认证为基础，采用OAuth+SSO技术，实现面向油田的统一认证和单点登录服务，集成了AD域认证、企业统一认证等第三方认证方式，灵活性高。业务应用不直接持有用户名和密码，确保账号安全，提供统一登录界面，简化应用研发，认证流程如图5所示。

2. 用户中心

构建以用户、组织机构、岗位三位一体的联动机制，为其他中心提供组织机构、用户、岗位的数据基础和服务接口。用户中心包括单位管理、岗位管理、用户管理三部分，功能框图如图6所示。

3. 应用管理中心

实现应用和模块的全生命周期管理(图7)，包括应用和模块的注册、管理、发布、更新、下载等功能。基于不同业务域，提供个性化模块组装技术，支持配置和发布不同应用系统桌面，提高不同领域业务应用的共享和复用，增强信息服务能力、促进信息专业化应用。

4. 权限中心

平台打造岗位化的权限分配、管控、应用体系，形成“用户-岗位-角色(模块)”权限模型，并在此模型基础上形成“数据行级”授权，权限控制流程如图8所示。权限中心包括权限维护、角色管理、岗位授权三部分(图9)。

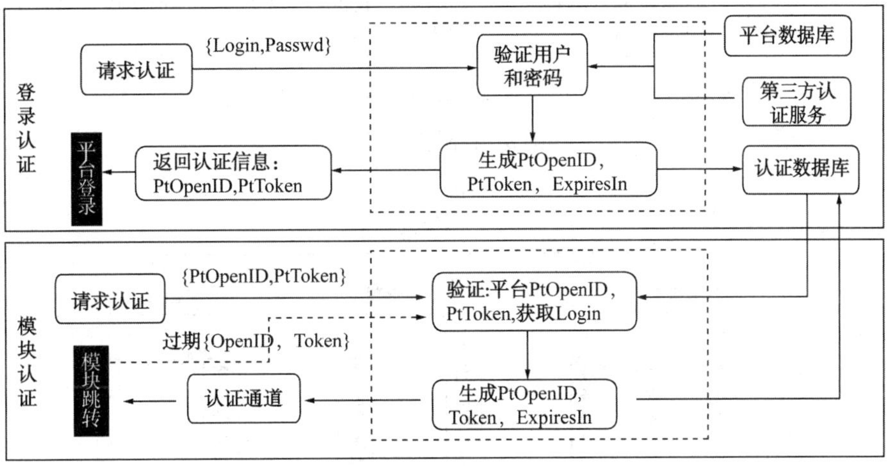

图5　认证流程

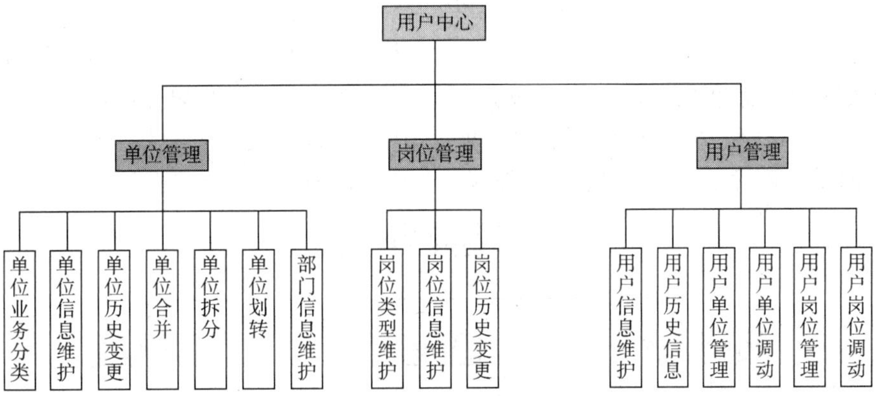

图6　用户中心功能框图

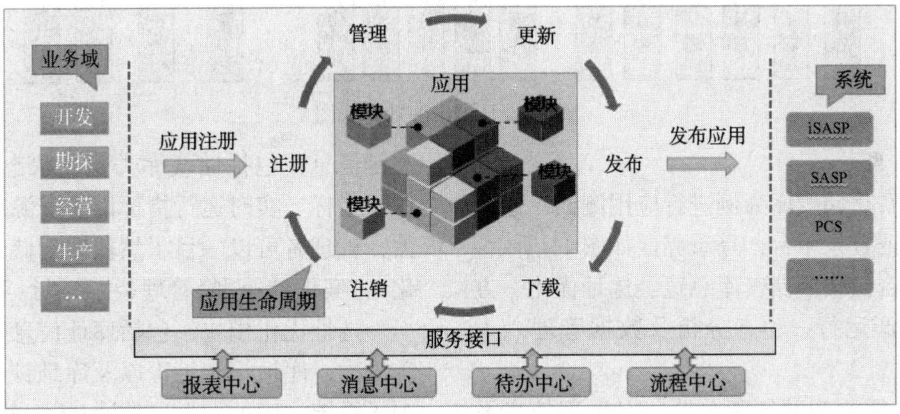

图7　应用全生命周期管理

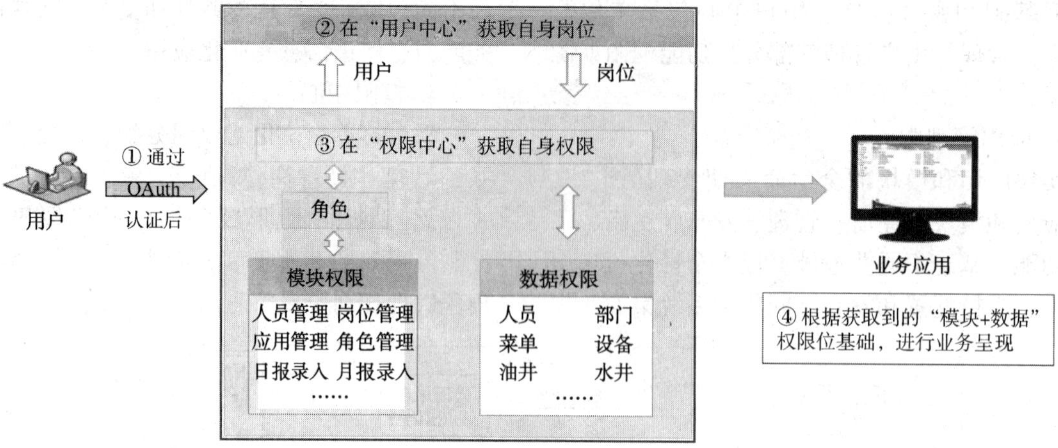

图 8　权限控制流程

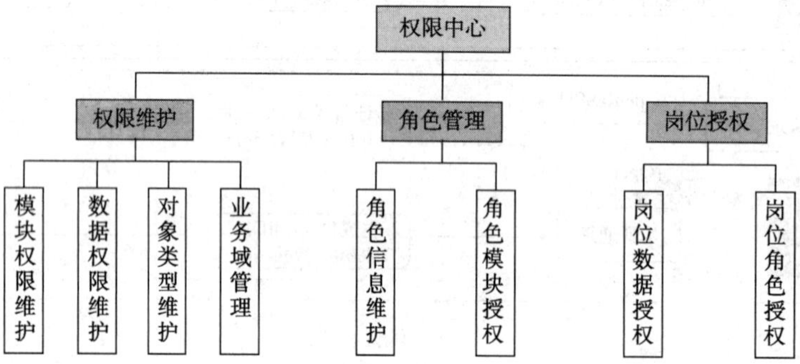

图 9　权限中心功能框图

5. 日志中心

平台通过搭建统一标准化的日志管理服务，实现日志采集、日志存储、检索分析、展示等功能，提供实时记录、避免丢失、快速定位等能力。通过日志中心，用户可以及时了解系统性能、用户行为，保障系统的高效可靠运行。日志中心由日志收集、日志存储、日志展示三部分构成(图 10)。

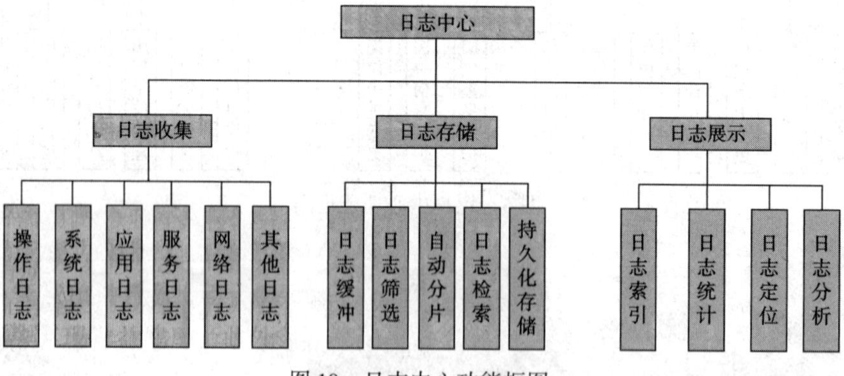

图 10　日志中心功能框图

3.2　实例应用

以中国石化储气库为例进行应用测试，通过统一身份认证登录平台，登录界面如图 11 所示。目前综合平台已集成储气库总览、选址优化、方案设计、生产运行、动态分析及数据管理六大模块。

如图 12 所示为储气库总览，以地理信息系统(GIS)为指引，通过一张图的形式展示储气库关键信息，包括储气库类型、状态、位置分布、设计指标、实时运行指标以及资源市场流向等参数，管理者可以一目了然获取到储气库从选址优化-方案设计-调峰管理-注采运行等相关信息。

选址优化模块，包括库址信息导航、库址资源潜力、库址筛选管理以及库址评价成果管理 4 个子系统。库址信息导航通过一张图的形式显示所有运行、备选、在建储气库类型、位置分布、

图 11　中国石化地下储气库综合平台

图 12　平台总览

以及库容参数等信息；库址资源潜力对所有储气库从状态、类型以及分区三个维度进行数据分析；库址筛选管理可以对油气藏型(枯竭气藏、枯竭油藏、凝析气藏协同建库、气顶油藏)、盐穴型(盐穴老腔、水平井造腔、深层盐穴)以及含水层型储气库等开展库址优选评价，优选建库目标；库址评价成果管理实现了不同类型储气库库址评价指标体系、标准、方法以及评价成果的综合管理与应用。

方案设计模块，包括方案设计导航、方案成果管理、方案审核管理、方案在线编制及方案实施跟踪 5 个子系统。方案设计导航以一张图的形式展示所有通过总部审查的方案信息，包括不同类型储气库方案、不同类型方案(可研、变更、调整)的数量、总库容、总工作气量等总体信息和单库关键参数，同时可以查询在审储气库方案审查进度及审查意见；方案成果管理子系统集成了所有储气库已审核可研、变更以及调整方案信息，包括方案设计库容参数、运行参数、投资等关键指标，方案设计报告、审查意见、批复文件等文档资料，地质模型、数值模型等模型数据体；方案审核管理按照审核节点面向不同层级用户开放对应界面，包括油田分公司上报管理、储气库中心审核管理、油田事业部审核管理以及发展计划部审核管理等节点，不同层级用户可随时查询了解方案审核流程进度及审核意见；方案在线编制基于模型数据体，通过不同专业在线协同研究，实现在线编制；方案实施跟踪通过实时跟踪储气库建设实际情况，对比分析与设计指标的差异。

生产运行模块，包括生产运行导航、储气库运行管理、调峰优化管理、单井生产运行、预警及风险管控 5 个子系统。生产运行导航通过一张图的形式展示所有运行储气库实时生产运行指标，包括所有储气库和单库的实时开井数、注采气量、库存量、压缩机及监测井运行指标，实际与计划运行情况对比等；储气库运行管理分析储气库开井数、日注采气量、日注采气压力变化规律及阶段生产指标对比；调峰优化管理子系统基于调峰优化模型，根据市场调峰需求、气源方向以及储气库库存量，结合管网分布，以“保供为先，兼顾效益”为目标，优化储气库气源-调峰方案，依托GIS展示各储气库气源及市场流向；单井生产运行子系统分析储气库不同注采井单井日注采数据，对比单井阶段运行情况，分析监测井单井日监测数据及阶段变化规律；预警及风险管控依托储气库及单井生产运行跟踪情况，基于预警及风险管控模型，实时预警储气库及单行生产异常情况，并给出解决方案。

动态分析模块包括生产动态导航、储气库/单井信息管理、单井动态分析、配产配注优化以及储气库动态分析5个子系统。

数据管理模块，包括基础数据、选址优化、方案设计、生产运行及动态分析5个数据管理子系统。数据管理模块主要用于数据采集，服务于总览、选址优化、方案设计、生产运行及动态分析五大模块的数据展示和研究分析，是储气库一体化综合平台的基础。

5 结论

（1）面向中国石化生产管控和协同研究的储气库数字化-信息化-智能化综合平台服务于总部决策层、储气库运营公司、科研院所以及生产单位，满足储气库选址、方案设计、方案跟踪、工程建设、生产运行、运营优化及动态跟踪全流程一体化管理与研究，实现了管控实时化、研究模型化、设计联动化、运行可视化、运营智能化、操控自动化。

（2）储气库一体化综合平台包括选址优化、方案设计、生产运行、动态分析及一体化决策5大功能，建立以储气库气藏地质建模数模研究、储气库注采管理的核心技术体系，对储气库地质研究、库址选择、注采全过程及全节点进行数字化提升，精准掌控生产流程节点，智能分析生产运行趋势，科学做出生产管控决策，实现储气库安全高效运行。

参 考 文 献

[1] 刘烨，何刚，杨莉娜，等. “十四五”期间我国储气库建设面临的挑战及对策建议[J]. 石油规划设计，2020，31(06)：9-13+62. 2.

[2] 马新华，郑得文，魏国齐，等. 中国天然气地下储气库重大科学理论技术发展方向[J]. 天然气工业，2022，42(05)：93-99.

[3] 张刚雄，郑得文，张春江，等. 地下储气库信息数据管理平台开发及应用[J]. 油气储运，2015，34(12)：1284-1287.

[4] 张晓冉，薛辉，张磊，等. 文96地下储气库SCADA系统[J]. 油气田地面工程，2014，33(10)：90-91.

[5] 廖浩然，任科，禹贵成，等. 相国寺储气库智能化建设探索与实践[C]//. 第32届全国天然气学术年会(2020)论文集. 2020：3005-3014. DOI：10.26914/c.cnkihy.2020.065212.

[6] 曾大乾，胡宗全，糜利栋，等. 不同类型地下储气库库址评价标准体系及筛选平台[J]. 天然气工业，2022，42(S1)：28-36.

[7] 叶康林. 地下天然气储气库信息化建设现状与探讨[J]. 信息系统工程，2019(07)：124-126.

[8] 万旸. 地下天然气储气库数字化建设现状[J]. 化学工程与装备，2021(10)：216-217+220.

[9] 糜利栋，顾少华，薛亮，等. 基于数据驱动技术的智能试井解释方法——以有水气藏产水气井为例[J]. 天然气工业，2021，41(02)：119-124.

油气藏型储气库 CO_2 腐蚀防护技术研究

黄剑华

(中国石油辽河油田公司)

摘　要　绝大多数地下储气库由枯竭油气藏改建而成，通过研究油气藏型储气库 CO_2 腐蚀机理、腐蚀因素分析，对不同防护技术优劣对比，确定了油气藏型储气库加注缓蚀剂的腐蚀防护技术和评价手段。以辽河雷 61 储气库第一个采气期为例，定期化验监测 CO_2 摩尔体积确定其腐蚀程度，随时根据监测结果随时加注缓蚀剂并评价其防护效果，以期对国内油气藏型储气库的 CO_2 腐蚀防护起到借鉴作用。

关键词　油气藏型；储气库；CO_2；腐蚀；防护技术；效果评价；借鉴

引言

随着天然气工业的快速发展，我国正全面加快推进天然气产供储销体系和储气基础设施建设，地下储气库在季节调峰、应急保供和战略储备等方面发挥的作用越来越明显。我国的地下储气库绝大多数由枯竭油气藏改建而成。无论原气藏天然气，还是注入气源天然气，其主要成分为甲烷、乙烷、丙烷、正丁烷、异丁烷、戊烷及微量的重碳氢化合物和少量的 CO_2、氮气(N_2)等。CO_2 本身没有腐蚀性，但是 CO_2 溶于水会生成腐蚀性酸液(H_2CO_3)，对储气库采气系统集输管线和设备造成 CO_2 腐蚀，加之储气库高压、易爆，存在刺漏和爆炸风险。因此做好地下储气库 CO_2 腐蚀防护技术研究，对提高储气库的长期安全可靠性、确保储气库注采平稳安全运行具有重要的现实意义。

1　CO_2 腐蚀概述

CO_2 腐蚀是当前油气生产中遇到的最普遍的一种侵蚀形式，其过程是由溶液本身的水合离子和碳酸中分解的氢离子来实现，随着氢去极化过程而进行，从而对储气库采气集输管道和设备内壁产生内腐蚀。二氧化碳内腐蚀分为全面腐蚀和局部腐蚀：

(1) 全面腐蚀也叫均匀腐蚀，是指金属的全部和大面积上均匀地受到破坏，腐蚀在管道表面全面展开，这种破坏形式往往在温度较低、CO_2 分压较低并且流动状态时发生。

(2) 局部腐蚀：腐蚀在温度较高、CO_2 分压较大时容易发生，集中在金属表面的局部区域。这些不连续区域可能呈不同的几何形状：坑蚀、台面侵蚀、缝状刀线腐蚀等。

2　油气藏型储气库 CO_2 腐蚀机理

油气藏型储气库井底压力及温度相对较高，采气期采出的天然气中通常含有凝液、游离水、饱和水蒸气和 CO_2。受节流和地温等因素影响，采出气温度逐渐降低，饱和水蒸气凝析在管线内壁形成水膜，加上管线内壁下部水垫，CO_2 溶于水膜和水中形成酸液，造成集输管线和设备产生内腐蚀(图 1)，其腐蚀机理为：

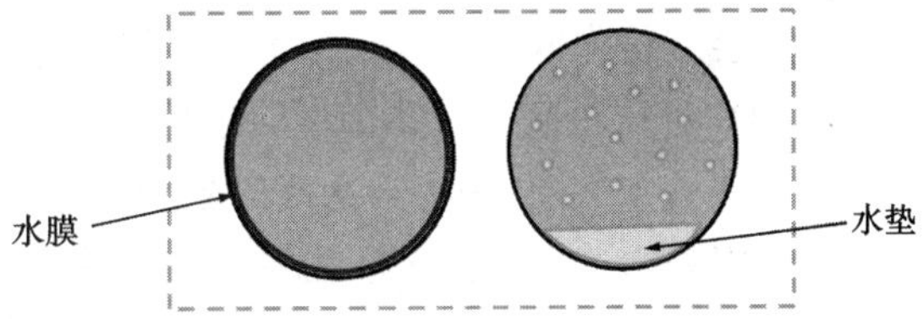

图 1　油气藏型储气库 CO_2 腐蚀机理

首先，CO_2 溶于水生成碳酸：$CO_2+H_2O \longrightarrow H_2CO_3$　(反应速率慢)；

碳酸的电离分两步进行：

$$H_2CO_3 \longrightarrow H^+ + HCO_3^-$$

$$HCO_3^- \longrightarrow H^+ + CO_3^{2-}$$

随后氢离子与铁发生置换反应：

$$2H^+ + Fe \longrightarrow Fe^{2+} + H_2$$

CO_3^{2-} 与 Fe^{2+} 发生沉淀反应：

$$CO_3^{2-} + Fe^{2+} \longrightarrow FeCO_3 \downarrow$$

故总腐蚀反应为：

$$CO_2 + H_2O + Fe = FeCO_3 \downarrow + H_2$$

腐蚀产物 $FeCO_3$ 和 Fe_3CO_4 在裸露的金属表

面形成保护膜，当膜不均匀或破损时，常出现局部(无膜)台面状腐蚀。所以 CO_2 腐蚀属于全面腐蚀和一种典型的沉积物下方的局部腐蚀的共同形式。腐蚀产物($FeCO_3$)及结垢产物($CaCO_3$)或不同的生成物膜在钢铁表面不同区域的覆盖度不同，不同覆盖度的区域之间形成具有很强自催化特性的腐蚀电偶，CO_2 局部腐蚀就是这种腐蚀电偶作用的结果。国内外学者发表了各种不同的二氧化碳腐蚀机理研究成果，但是几乎都反映的是裸金属的反应机理。

3　CO_2 腐蚀影响因素分析

现有工程实际通常认为天然气中 CO_2 腐蚀主要是局部腐蚀，但均匀腐蚀也存在。不论是均匀腐蚀还是局部腐蚀，其腐蚀的速率主要由 CO_2 的分压、温度、腐蚀产物的性质、缓蚀剂溶液成分和使用的管材决定，且局部腐蚀除了这些因素外，还和流体流速、溶液 pH 值紧密相关，同样也适用于油气藏型储气库。

3.1　采出气 CO_2 分压高、腐蚀快

CO_2 分压对腐蚀起决定性作用，腐蚀过程是由溶液本身的水合离子和碳酸中分解的氢离子来实现的。CO_2 的分压高，碳酸浓度就高，从碳酸中分解的氢离子就高，腐蚀就快。和气田开发压力越来越低不同，油气藏型储气库随注采气转换，压力会交替降低、上升，每个采气初期，天然气中 CO_2 分压最高，其腐蚀性就越强。

3.2　储气库采出气 CO_2 含量和腐蚀程度呈动态变化

和气田采出气中 CO_2 含量几乎不变、采出气压力逐渐降低的特点有很大不同，油气藏型储气库采出气中 CO_2 含量与注气气源和注采轮次有直接关系。第一个不同：多轮次注采之后，采出气中 CO_2 含量逐渐与注气气源中 CO_2 含量一致，因此需要定期化验监测采出气中 CO_2 摩尔体积含量。第二个不同：因注采交替，储气库压力会高低交替。因此需要随时计算各管段 CO_2 分压，分别确定其腐蚀程度。

3.3　采出气高流速加剧腐蚀

采出气的气体流速影响腐蚀产物在内壁的赋存方式，高流速会发生湍流造成不均匀点蚀，致使金属界面暴露在腐蚀介质中，遭受流体强烈的冲刷和腐蚀。还可以导致腐蚀产物 $FeCO_3$ 膜破损，使垢物溶解率增加，加剧腐蚀；同时增大了腐蚀介质到达金属表面的传至速度，也会加剧腐蚀的发生。

3.4　采出气温度对 CO_2 腐蚀影响复杂

温度对腐蚀速率的影响，不仅体现在温度对气体及组成溶液各种化学成分的溶解度、溶液 pH 值的影响方面，而且体现在温度对保护膜的影响。温度影响保护膜的属性，通常认为 60℃ 以下为均匀腐蚀，形成的腐蚀膜 $FeCO_3$ 松软且不致密，附着力小。温度在 60～150℃，腐蚀速率高，有严重的局部腐蚀，形成深坑状或环装腐蚀，腐蚀产物为粗结晶的 $FeCO_3$，层厚而松。国内油气藏型储气库项目因注采转换频繁，采出气工艺条件基本都在 60℃ 以下，故主要研究均匀腐蚀下的产物膜。

4　油气藏型储气库腐蚀防护技术研究

油气藏型储气库改建储气库前几乎枯竭，投资大，需一次性建成注气系统和采气系统，注入一定量的垫底气达到设计采气压力才可以采气投产参与季节调峰。采出气中 CO_2 的体积含量由原气藏 CO_2 的体积含量、注气气源 CO_2 的体积含量和注采轮次共同决定。随着注采轮次的增加，采出气中 CO_2 的体积含量最终与注入气源趋于一致。因此需要每个采气期开始就要随时监测采出气中 CO_2 的体积含量，根据《天然气脱水设计规范》SY/T 0076 中第 8 章要求，对 CO_2 分压 ≥ 0.021MPa 的湿天然气，且会引起电化学腐蚀时，设备应采取防腐措施。当二氧化碳分压在 0.021～0.21MPa 时，宜采用腐蚀控制，可控制富甘醇溶液 pH 值或注入缓蚀剂，也可采用耐腐蚀材料。因此需要采取适合于油气藏型储气库的 CO_2 腐蚀防护技术。目前国内外应用较成功的 CO_2 腐蚀防护技术主要有不锈钢合金管、涂镀层钢管、阴极保护、双金属复合管、注入缓蚀剂等。

4.1　现有腐蚀防护技术优劣对比

(1) 不锈钢合金管。主要是在钢材中加入了能提高合金热力学稳定性和直接阻滞阳极过程的 Cr、Ni 等元素，但 Cr、Ni 元素的价格较高，大量加入会增加管材的造价成本，国内外在储气库井工程的套管和油管中应用比较多，如双 6 储气库、相国寺储气库注采气井采用 13Cr 材质油套管，但在储气库地面工艺中应用较少。

(2) 镀涂层钢管。通过在金属表面形成抑制腐蚀的覆盖层，可直接将金属与腐蚀介质分隔开

来，从而达到防腐的目的。其防腐效果的好坏与涂层或镀层材料及其工艺技术水平有关。

（3）阴极保护。阴极保护技术是电化学保护技术的一种，其原理是向被腐蚀金属结构物表面施加一个外加电流，被保护结构物成为阴极，从而使得金属腐蚀发生的电子迁移得到抑制，避免或减弱腐蚀的发生。特点是保护的金属要和被保护的金属处于同一腐蚀环境内，才能代替被保护金属参加反应。缺点是无法将管道内壁与内壁流体构成保护回路，对管道内腐蚀起不到保护作用。

（4）双金属复合管。是将耐腐蚀合金管与碳钢管强力嵌合在一起的新型复合管材，外基管负责承压和管道刚性支撑的作用，内衬管承担耐腐蚀、耐磨损等作用。

（5）注缓蚀剂。在腐蚀介质中加入合适的缓蚀剂，可有效减低金属的腐蚀速率。要求成膜均匀、吸附性好、不易剥落。优点是经济性好、防腐效果好。

表1为现有腐蚀防护技术对比一览表。

经初步分析，不锈钢合金管、涂镀层钢管、阴极保护不适合油气藏型储气库采气系统 CO_2 内腐蚀的防护。我们重点开展了双金属复合管、注入缓蚀剂防护技术方案对比。双金属复合管方案因投资较高、施工难度大，最终确定随时化验监测采出气 CO_2 分压，一旦达到缓蚀剂加注条件随时在储气库单井和集注站加注缓蚀剂的 CO_2 腐蚀防护技术方案。

下面以辽河雷61储气库为例，结合其井口工艺流程和集注站工艺流程，具备随时加注缓蚀剂的能力（图2、图3）。

表4-1　主要腐蚀防护技术对比一览表

序号	防腐蚀措施	简要介绍	工艺要求	优缺点
1	不锈钢合金管	管材采用含Cr的不锈钢，可以表现出优良的防腐蚀性能	要求在设计阶段、施工阶段都采用含Cr的不锈钢管材	价格较高，大量加入会增加管材的造价成本
2	镀涂层钢管	在管道内表面使用环氧型、改进环氧型、环氧酚醛型、尼龙等系列涂层	厚度均匀、涂敷表面100%无针孔	存在老公问题，寿命随操作条件而异
3	双金属复合管	是将耐腐蚀合金管与碳钢管强力嵌合在一起的新型复合管材	管线和官件焊接除满足焊接规范外，还要求没有结构性阴影	1. 无运行费用，但一次投资高； 2. 井场管件较多，需采用不锈钢管件； 3. 施工难度大，清管通球安全隐患较大
4	注缓蚀剂	在腐蚀介质中加入合适的缓蚀剂，可有效减低金属的腐蚀速率	成膜均匀、吸附性好、不易剥落	经济性好、防腐效果好

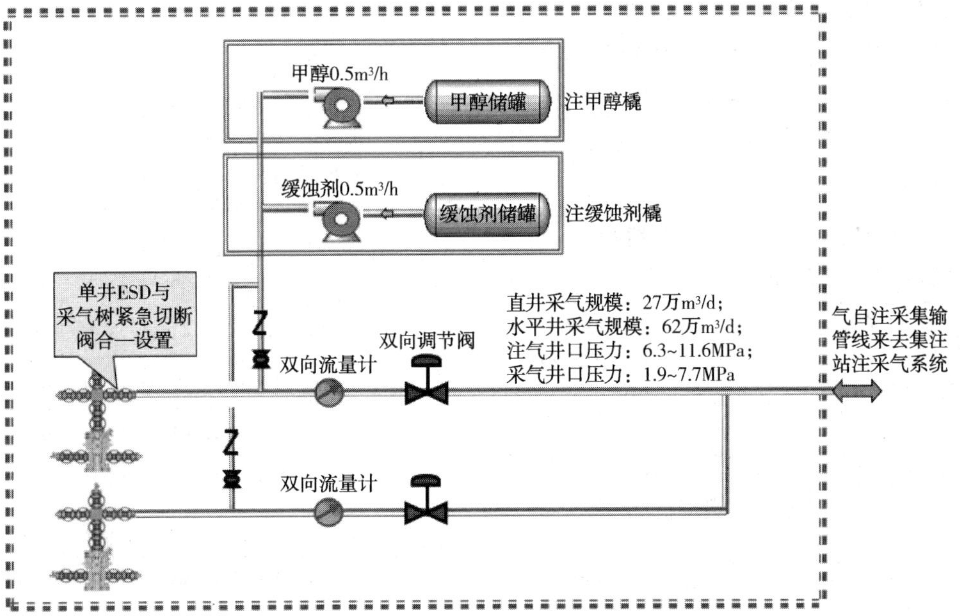

图2　井口工艺流程

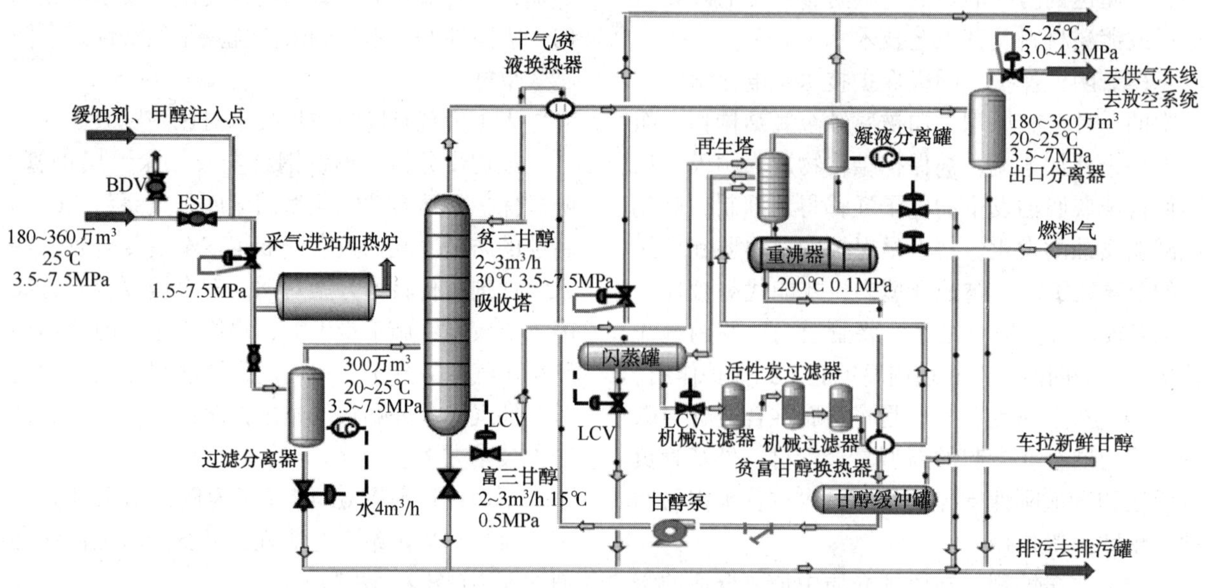

图 3　集注站工艺流程

5　雷 61 储气库 CO_2 分压及腐蚀速率监测

雷 61 储气库原气藏天然气中本不含 CO_2，但注气气源俄气中 CO_2 摩尔体积含量≤2%，预计注采初期轮次采出气中 CO_2 的摩尔体积含量很低，不需要加注缓蚀剂。但随着注采轮次的增加，采出气中 CO_2 的摩尔体积含量将逐步增大，直至和俄气一致，与水结合后将具有中度至重度腐蚀性。2021—2022 第一轮采气，雷 61 储气库合理安排时间周期对雷 61 天然气组分进行分析化验(按照 GB/T 13610—2020《天然气的组分分析气相色谱法》)，并根据 CO_2 计算的分压结果来确定是否马上需要加注缓蚀剂，并在采气期结束后通过腐蚀挂片监测系统和电子探针监测系统评价腐蚀速率和腐蚀程度判定。以下分别是 2021—2022 采气期 CO_2 分压、探针和挂片监测情况一览表(表 2~表 4)。

表 2　雷 61 储气库 2021—2022 采气期 CO_2 摩尔体积含量监测部分时段一览表

序号	日期	CO_2 含量/%	CO_2 分压/MPa	是否需要加注缓蚀剂
1	2022/2/8	0.047	0.00564	不需要
2	2022/2/8	0.049	0.00588	不需要
3	2022/3/1	0.054	0.00648	不需要
4	2022/4/1	0.003	0.00036	不需要
5	2022/4/15	0.004	0.00048	不需要
6	2022/4/19	0.003	0.00036	不需要

表 3　雷 61 储气库 2021—2022 采气期挂片腐蚀监测值统计表

序号	监测点位置	挂片编号	前重	后重	腐蚀速率	腐蚀程度分析
1	雷 61-H3	B2	13.4169	13.36	0.0018	轻度
		B3	13.4356	13.41	0.0008	轻度
		B15	13.2933	13.24	0.0017	轻度
		B14	13.3041	13.24	0.0021	轻度
2	雷 61-7	B10	13.2996	13.13	0.0067	轻度
		B11	13.3231	13.18	0.0047	轻度
		B12	13.3076	13.18	0.0042	轻度
		B26	13.2527	13.22	0.0011	轻度
3	雷 61-6	B35	13.3489	13.31	0.0013	轻度
		B36	13.2515	13.22	0.001	轻度
		B37	13.3118	13.29	0.0007	轻度
		B38	13.3239	13.31	0.0005	轻度
4	雷 61-5	B1	13.4681	13.40	0.0022	轻度
		B4	13.4248	13.37	0.0018	轻度
		B5	13.4296	13.38	0.0016	轻度
		B13	13.4445	13.39	0.0018	轻度
5	雷 61-H1	B6	13.3592	13.20	0.0052	轻度
		B7	13.4427	13.29	0.005	轻度
		B16	13.3002	13.12	0.0059	轻度
		B17	13.1245	12.96	0.0054	轻度

表 4　雷 61 储气库 2021—2022 采气期探针腐蚀监测统计表

序号	电子探针编号	位置	腐蚀速率	腐蚀程度分析
1	98	注采集输管道收球筒	0.023	轻度
2	94	1#井场单井汇道	0.021	轻度
3	100	雷 61-H3 单井管线	0.02	轻度
4	92	雷 61-7 单井管线	0.02	轻度
5	101	雷 61-6 单井管线	0.022	轻度
6	91	雷 61-5 单井管线	0.021	轻度
7	95	雷 61-H1 单井管线	0.019	轻度
8	93	雷 61-4 单井管线	0.019	轻度
9	97	雷 61-3 单井管线	0.0059	轻度
10	99	雷 61-2 单井管线	0.013	轻度
11	96	雷 61-1 单井管线	0.018	轻度

注：<0.025mm/y 轻度腐蚀，0.025~0.125mm/y 中度腐蚀，0.126~0.245mm/y 高度腐蚀；>0.245mm/y 严重腐蚀。

上述统计结果显示，雷 61 储气库注采初期轮次，采出气 CO_2分压低，不需要加注缓蚀剂。探针和挂片监测系统计算的腐蚀速率和腐蚀程度也轻度级腐蚀，也得出暂时不需要加注缓蚀剂的结论。

但是随着注采轮次的增加，需要随时对雷 61 储气库采出天然气组分进行分析化验监测，一旦达到规范要求，立即加注缓蚀剂，及时评价缓蚀剂加注效果。

6　结论

（1）和气田开发压力越来越低不同，油气藏型储气库随注采气转换，压力会交替降低、上升，每个采气初期，天然气中 CO_2分压最高，应考虑其腐蚀影响，并展开腐蚀防护技术研究。

（2）油气藏型储气库经历多轮次注采气，采出气中 CO_2摩尔体积含量逐渐与注气气源组分趋于一致，与采气压力共同考虑 CO_2分压对采气系统的内腐蚀影响。

（3）随时化验监测并计算油气藏型储气库采出气 CO_2分压，来确定其腐蚀程度，据此确定是否加注缓蚀剂及腐蚀防护效果评价，避免笼统盲目加注缓蚀剂。

（4）利用挂片和探针腐蚀监测系统，可有效评价油气藏型储气库 CO_2腐蚀防护技术的应用效果，确保储气库长期安全平稳运行。

参 考 文 献

[1] Rogers W F, Rowe J A, Proc Jr. 4th World Petroleum Conger[C], Houston, Texas, Section 11/G, Paper No. 3, P479, 1975.

[2] Davies D H, Burstein G T. Corrosion[J], Vol. 36, No. 8, P416, 1980.

[3] Warrd D H, Milliams D E. Corrosion[J], Vol. 31, No. 5, P177, 1975.

[4] Schmit G. Fundamental Aspects of CO_2 Corrosion[J] Corrosion/83. NCAE, 1983.

[5] Wieckowski A. et al., Electrol[J]. Acta, Vol. 28, No. 11, P1619, 1983.

[6] Xia Z, Chou K C, Szklarska-Smialowska Z. Pitting Corrosion of Carbon Steel in CO_2 Containing NaCl Brine[J]. Corrosion, Vol. 45, No. 8, P636, 1989.

[7] Ogundele G L, White W E. Some Observations or Corrosion of Carbon Steel in Aqueous Environments Containing Carbon Dioxide[J]. Corrosion, Vol. 42, No. 2, P71, 1986.

[8] Nesic S, Postleth waite J, Olsen S. An Electrochemmical Prediction of Corrosion of Mild Steel in the Aqueous Carbon Dioxide Solutions [J]. Corrosion, Vol. 52, No. 4, P280, 1996.

[9] Bockris J D M, Drazic D, Despic A R. Electrochim [J]. Acta, No. 4, P325, 1961.

[10] Videm K. Fundamental Studies Aimed at Improving Models for Prediction of CO_2 Corrosion[J]. in Progress in the Understanding and Prevention of corrosion, Proc. 10th Europ. Corros. Cong Vol. (London, England: Institute of Metals, 1993), P513.

[11] 中国腐蚀与防护学会. 腐蚀科学与防腐蚀工程新进展[M], 北京：化学工业出版社, 1999.

第二篇　地质与钻采工程篇

储气库建设对于保障国家能源安全、促进能源转型和环境保护具有重要的战略意义，也是推进国家能源发展和建设现代化经济体系的重要举措之一。与欧美地质条件相比，我国储气库资源构造破碎、储层非均质性强、储层压力系数低、埋藏深、温度高等，面临选址与设计难度大、钻采安全性、库容高效利用等诸多难题与挑战。本篇《地质与钻采工程类》围绕我国不同类型储气库(气藏型、油藏型、盐穴型)地质与钻采工程的新理论、新技术、新工艺、新材料取得最新进展进行了系统总结梳理，对下一步我国储气库的发展和建设具有理论和实践指导作用。

Geological and drilling and production engineering

Gas storage construction is of great strategic significance for ensuring national energy security, promoting energy transition and environmental protection. It is also an important measure to advance national energy development and build a modern economic system. Compared with the geological conditions in Europe and the United States, resources for gas storage in China are broken in structure, featuring with strong reservoir heterogeneity, low reservoir pressure coefficient, deep burial and high temperature, etc. Therefore, gas storage construction in China faces many problems and challenges, such as difficult site selection and design, drilling and production safety, and efficient utilization of storage capacity. In this chapter, the latest progress of new theories, techniques, processes and materials in geological and drilling and production engineering of different types of gas storages (gas reservoir, oil reservoir, and salt cavern) in China is systematically reviewed and summarized, which has a theoretical and practical guiding role for the future gas storage development and construction in China.

中国复杂地质条件地下储气库理论技术进展与发展方向

丁国生[1,2] 王 云[1,2] 完颜祺琪[1,2] 王皆明[1,2] 胥洪成[1,2]
李 康[1,2] 夏 炎[3] 李丽峰[4] 曾德军[5] 刘主宸[6])

(1. 中国石油勘探开发研究院；2. 中国石油集团油气地下储库工程重点实验室；3. 中国石油集团工程技术研究院
4. 中国石油集团工程材料研究院；5. 中国石油地下储气库分公司；6. 中国石油规划总院)

摘 要 地下储气库在保障天然气安全供应方面发挥了不可替代的重要作用；但我国天然气对外依存度高达45%，国内储气能力严重不足。党中央和国务院高度重视储气能力建设，相继出台多部法规大力推进储气库建设，储气库迎来了又一个发展黄金期。经过20余年发展，我国在常规气藏和厚盐层盐穴储气库建设与运行领域取得突破，形成了系列技术，支撑了15座储气库(群)高效建设与运行；但随着天然气行业快速发展，对外依存度居于高位，储气调峰能力缺口仍然巨大。经过百余年发展，国外储气库建库与运行技术成熟、装备配套、标准完善，建成了气藏、油藏、盐穴、水层等多类型储气库。“十四五”期间中国储气库库址资源向劣质化、复杂化、多样化转变，面对效益建设难度加剧、科学运行需求迫切、安全风险日益增大及数字化转型任重道远等新形势，储气库高效建设与运行仍面临6大挑战：①在役库扩容缓慢、难度大，库容利用率低；②油藏、低渗气藏、复杂连通老腔等新类型建库技术处于空白；③提高单井产能和老井处置关键技术与工具仍不配套；④库群向大型化、集约化发展，地面处理工艺无法满足快速灵活、节能高效的要求；⑤风险管控手段单一，风险识别、预警与安全管控能力尚未满足要求；⑥数字化转型基础薄弱，升级难度大。为应对上述挑战，提出了中国储气库“十四五”发展趋势：①完善提压运行和库群协同优化技术；②创建油藏、低渗气藏、复杂连通老腔、水层等储气库评价技术体系；③创新大尺寸水平井和储层改造技术；④国产化地面处理关键装备；⑤升级风险管控技术与关键设备；⑥研发储气库数字化与智能生产决策平台。通过“十四五”攻关，力争建立不同类型储气库建库与运行体系，实现关键设备国产化，推动中国储气库数字化转型，打造储气库原创技术策源地。

关键词 地下储气库；挑战；提压运行；油藏建库；数字化；国产化发展方向

引言

地下储气库是保障国家天然气安全供应的重大基础设施，是天然气全产业“产供储销”体系中的关键一环，其保障能源安全和国计民生的作用不可替代。经过近20年发展，中国储气库业务取得长足进步，为保障天然气安全供应发挥了重要作用。但随着国民经济快速发展，我国天然气消费量快速增长，安全保供仍面临巨大压力。党中央和国务院高度重视储气库业务发展，自2018年起相继出台多项政策法规，大力推进储气库建设；从中国石油、中国石化到国家管网公司再到各地方政府，都在全力推进储气库建设。储气库又迎来一个快速发展黄金期，为中国石油等供气企业提供了千载难逢的机遇；但“十四五”期间，我国库址资源逐渐向劣质化、复杂化、多样化转变，未来储气库建设仍面临巨大挑战；规划“十四五”发展趋势，提出重点攻关方向，对解决重大生产问题、助推储气库业务高质量可持续发展意义重大。

1 中国储气库建设进展与需求

1.1 中国储气库建设进展

中国储气库建设发展经历了3个阶段，从20世纪70年代初在大庆油田开始建库尝试，90年代初在环渤海地区开展选址探索，此阶段为起步探索期。90年代中后期进入模仿借鉴期，在借鉴美国等国外经验的基础上，设计建成大张坨等储气库。2010年进入创新发展期，在气藏型储气库建设和厚盐层盐穴储气库造腔等领域取得突破。截至2021年底，我国已建储气库(群)15座，设计总库容531.9亿m^3，总工作气量240.5亿立方米，总日注气能力1.2亿m^3/d，总采气能力2.1亿m^3/d，2021年底形成调峰能力171亿m^3，占全国天然气消费量的4.6%，其中中国石油实现储气能力140亿m^3，占全国储气库能力的82%，占天然气消费量的3.9%，最大日调峰量达1.6亿m^3，大幅提升了天然气平衡、调配和保障能力，在调峰保供和天然气安全供应方面发挥了不可替代的应急保障作用，成为防范与化解天然气供应风险的“压舱石”(表1)。

表1　全国储气库设计参数统计表

序号	储气库	工程设计参数				实际能力
		库容/亿m^3	工作气量/亿m^3	注气规模/(万m^3/d)	采气规模(万m^3/d)	调峰能力/亿m^3
合计		531.9	240.5	12015	21475	171
1	大港库群	70	30	1755	3400	20
2	京58库群	17.4	7.8	400	600	4.2
3	新疆呼图壁	107	45.1	1550	2800	35
4	西南相国寺	42.6	23	1400	2850	23
5	辽河双6库群	57.5	32.2	1200	1500	24
6	华北苏桥库群	70.5	23.3	1300	2100	11
7	大港板南库群	10.7	5.6	240	400	4
8	长庆陕224	8.6	3.3	220	420	3.7
9	辽河雷61	5.3	3.4	200	360	1.2
10	中石油金坛	26.4	17.1	900	1500	7.4
11	江苏刘庄	3.9	1.8	150	200	1.1
12	中原文96	5.9	2	180	245	2
13	中石化金坛	11.8	7.2	450	1500	1.4
14	中原文23	84.3	32.7	1800	3000	27
15	港华金坛	10	6	270	600	1.1

1.2　中国储气库建设需求

国内天然气消费量快速增长，2021年我国天然气消费量3726亿m^3、国内产量2053亿m^3，对外依存度达到45%，国内储气库储气能力严重不足，仅占消费量的4.5%，与国外差距巨大。国家明确要求供气企业要拥有不低于其合同年销售量10%的储气能力，城镇燃气企业要形成不低于其年用气量5%的储气能力，县级以上地方政府至少形成不低于保障本行政区域日均3天需求量的储气能力。2021年9月，国家能源局发布《全国储气能力建设实施方案》(国能发油气[2021]44号)，要求2025年全国集约储气能力达550亿~600亿m^3，占全国天然气表观消费量的12.7%~13.9%，达到国际平均水平，基本补齐储气短板；2030年达到600亿~700亿m^3，2035年达到700亿~800亿m^3。根据国家发改委和能源局对储气能力建设的要求，中国石油部署东北、华北、西北等6大储气中心，远期规划储气能力600亿m^3以上，制定“十四五”和十五五”储气库发展规划，规划新建35座、评价20座储气库。根据规划，到2025年、2030年需在2020年储气能力56亿m^3基础上分别新增权益储气能力112亿m^3、204亿m^3，“十四五”储气能力新增量相当于过去20年的总和，建库任务十分艰巨，亟待加强储气能力建设。

2　全球储气库技术发展现状

全球地下储气库始建于1915年，已建成超700座，总储气能力超4100亿m^3，主要包括气藏型、油藏型、盐穴型和水层型四大类；其中气藏型储气库占比最高，占75%，盐穴型储气库和水层型储气库次之，油藏型储气库占比最低，占5%(图1)。经过百余年发展，国外储气库建库与运行技术逐步发展、完善和丰富。

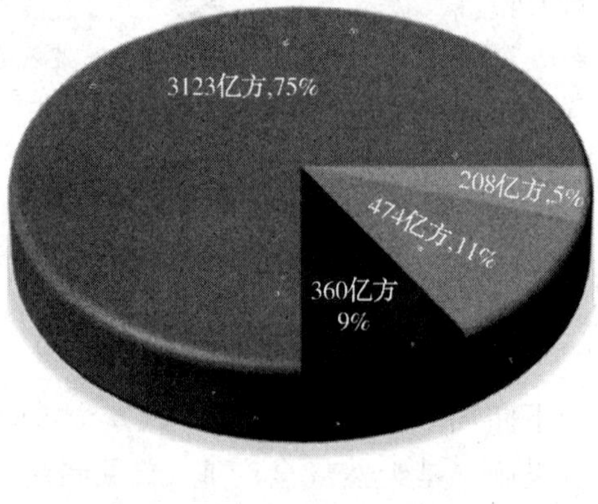

图1　全球储气库不同类型储气库储气能力统计图

美国是世界上建设运行储气库最多的国家，拥有近400座储气库，占全球近60%。美国从1916年开始到1960年左右，逐步建成第一座气藏型储气库(Zoar)、油藏型储气库(Fink-Kennedy)、水层型储气库(Doe Run Upper)和盐穴型储气库Marysvill。美国储气库技术发展经历了4个阶段。20世纪30年代之前为启动期，重点自主探索气藏型储气库技术；40年代进入技术起步期，气藏型储气库技术不断发展，逐步形成油藏型和水层型储气库建库技术；60~90年代为成熟期，各类浅层储气库建库技术成熟，并逐渐向深层储层扩展；储气库建设全面加速，形成储气能力近800亿m^3；90年代开始进入拓展期，在引入三维模拟等技术的基础上，实现多学科交叉创新，大幅提升建库效益；2010年储气能力突破1000亿m^3。同时，储气库信息化、数字化水平不断提升，运营效益不断提高，新功能也不断拓展（图2）。

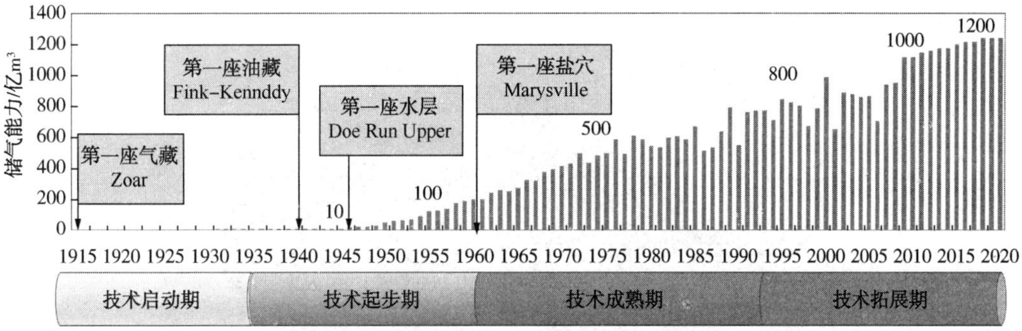

图2　美国储气库技术发展历程简图

总体来讲，经过上百年发展，国外储气库建库主体技术成熟、装备配套，并逐步扩展储气库功能。具体来讲，国外中浅层、中高渗气藏建库技术成熟，建设投运大量气藏型储气库；油藏建库技术基本成熟，主要集中在天然能量和气驱开发油藏建库；以大口径（13⅜in生产套管）为主的大井眼盐穴建库技术成熟，直井单腔声呐探测技术及设备成熟先进；浅层高渗构造完整的圈闭水层建库技术成熟。国外公司建立了完备的全生命周期储气库完整性监检测及评价体系，尤其在地质体与井筒完整性监检测装备领域处于领先地位。在国外，大型离心式压缩机和往复式压缩机灵活应用；双向计量、大口径阀门、高效吸附大规模脱水处理工艺应用成熟，单套装置规模超2500万m^3/d。同时，国外公司建立了成熟的“市场+管道+储气库协同”运行模式，数字化、信息化与智能化调峰基础上的储气“期货+现货”产品丰富，并逐步拓展CO_2埋存、储氢、储能等新功能，极大丰富和满足了各类储气调峰用户的需求。

3　中国储气库理论技术进展

经过20余年技术攻关，中国在气藏型储气库建设和厚盐层盐穴型储气库造腔等领域取得突破，支撑了“十三五”期间储气库大规模建设，助推中国储气能力跨越式发展。

3.1　地质气藏工程

创建了储气地质体盖层动态密封理论和气藏型储气库设计方法。储气库交替注采运行，储气地质体密封评价是建库基础，库容参数设计是建库核心。揭示了盖层密封弱化机理，建立了盖层动态密封弱化量化指标；通过控制注采压力及差异应变，实现储气库密封性的动态控制。揭示了高速注采“多轮相渗滞后、分区差异动用”渗流特征（图3），建立了适用于注采渗流能力、流体性质周期变化的注采井产能模型，创建了有限时率高速不稳定流注采井网设计新模式，形成了气藏型储气库设计技术体系。

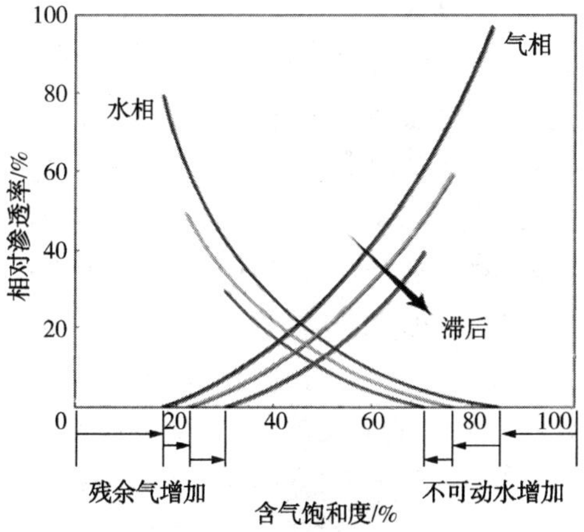

图3　储气库储层多轮相渗滞后曲线

3.2　钻井工程

创建了超低压地层防漏堵漏和防裂隙固井技术。在役储气库多为枯竭气藏储气库，建库期储层压力系数低，最低达0.08，钻井过程漏失严重。交替注采过程中，固井水泥环承受交变载荷，易产生微裂隙，影响井筒完整性。研发了超低压地层钻井膨胀-交联堵漏材料和韧性水泥浆体系，形成了配套防漏堵漏和高效固井技术，解决钻井漏失和固井质量不达标的问题。

3.3　注采工程

创建了“强注强采”条件下注采优化设计技

术。注采井需实现“大吞大吐”以满足应急调峰需求，注采管柱承受交变载荷，对管柱密封性和耐冲蚀性能提出更高要求。建立了“接头压缩效率”等气密封螺纹接头分级选用指标体系，创新形成了“强度+密封”注采管柱优化设计方法和选用标准，创建了多因素临界冲蚀流量计算新方法(图4)，解决了交变注采工况下管柱设计的难题。

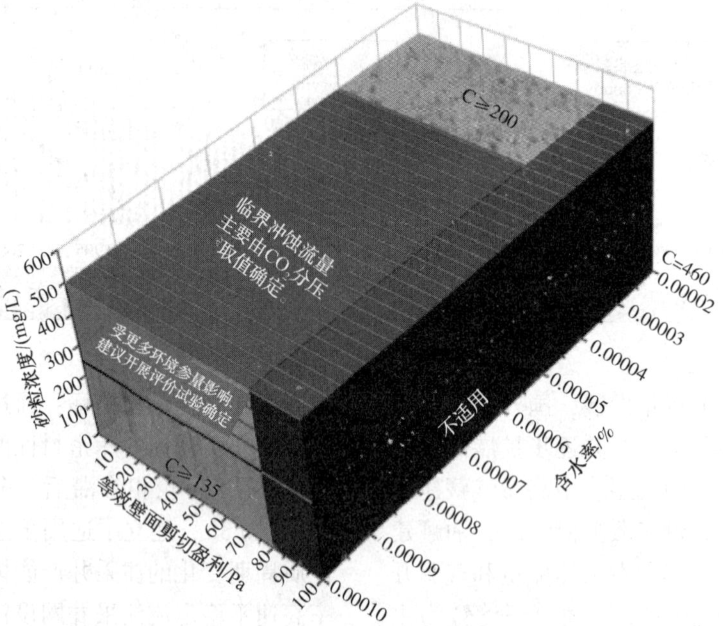

图4　SM80S油管临界冲蚀系数取值图版

3.4　地面工程

建立了成熟配套的地面处理工艺。注气压缩机是储气库地面核心装备，是储气库的心脏。“十三五”储气库快速建设期间，往复式压缩机依赖进口，成本高、供货周期长。通过专项攻关，实现了气阀、活塞环等核心部件国产化，研制了国内最大功率高压高转速往复式压缩机组，形成了大流量烃水露点控制技术，大幅降低地面工程建设投资，有效支撑了储气库高效建设。

3.5　完整性管理

建立了地质体和井筒完整性监测与评价技术。完整性监测与管理是储气库安全运行最直接、最可靠的手段。引进微地震监测系统，构建了微地震与监测井网协同的四维监测系统(图5)，实现地质体动态监测；研发油套管气密封检测和井筒泄漏检测装备，形成基于故障树理论的注采井泄漏定量风险评估技术，实现井筒完整性定量评估。

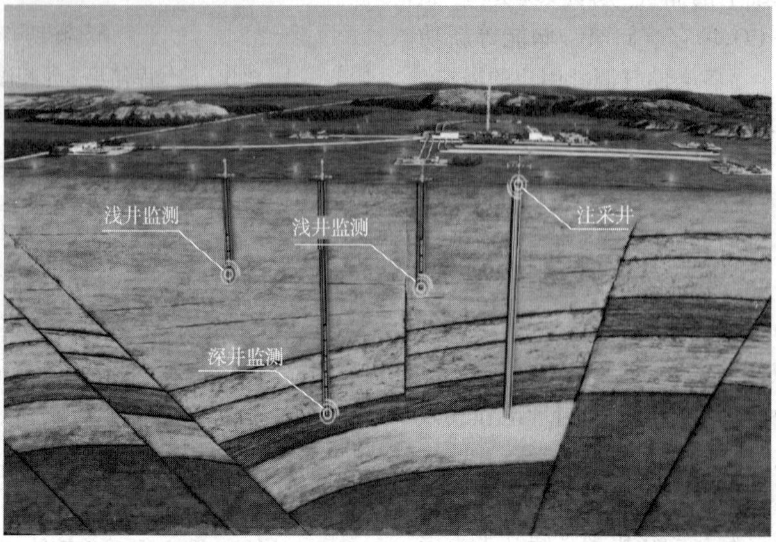

图5　微地震与监测井网协同的四维监测系统示意图

3.6 盐穴储气库造腔工程

建立了直井单腔(7in 生产套管)造腔配套工艺。盐穴储气库与气藏储气库建设存在本质区别，主要难点在于高效造腔。形成基于神经网络的多场耦合水溶速率预测方法(图 6)，建立了直井单腔造腔模拟技术，配套反循环造腔和氮气阻溶的盐腔形态控制技术，形成了直井单腔造腔技术体系，支撑金坛盐穴型储气库高效建设。

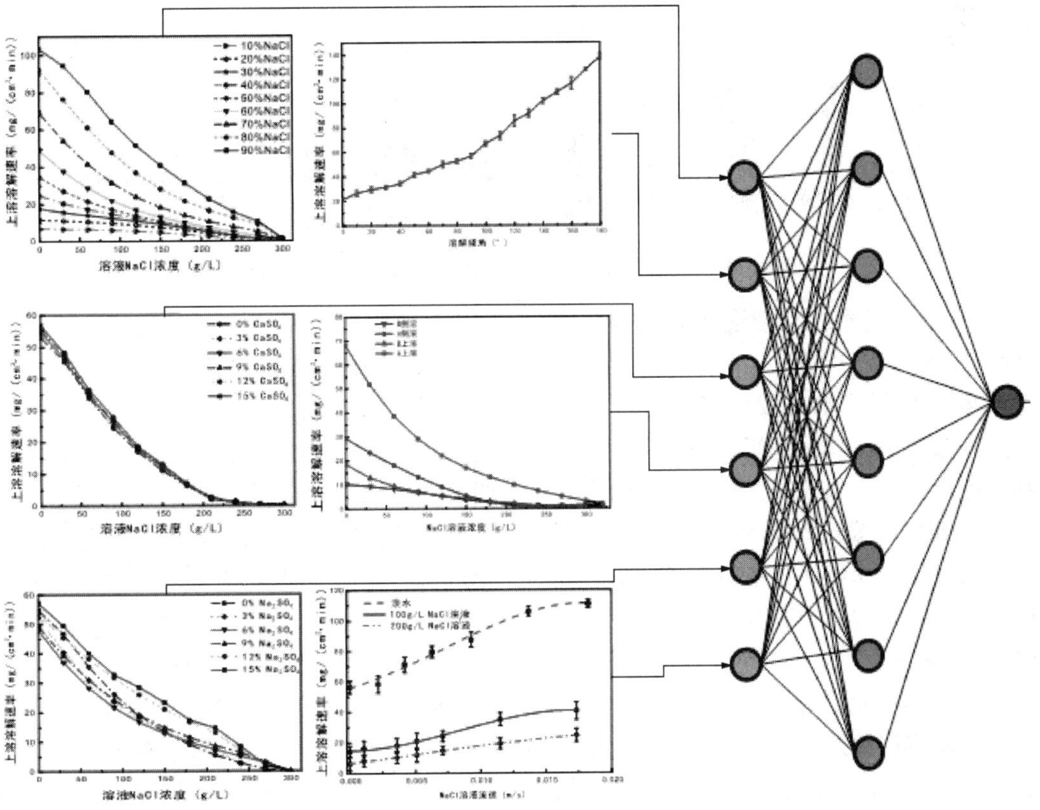

图 6　基于神经网络的多场耦合水溶速率预测模型

4　中国复杂地质条件储气库面临的重大挑战与理论技术发展方向

4.1 面临的重大挑战

进入“十四五”，我国储气库库址资源逐渐向复杂化、劣质化转变。中国石油规划新建的储气库地质条件更加复杂(油藏占 30.5%、含硫气藏占 13.0%、大型泛连通气藏占 18.2%、复杂盐层占 18.5%，常规气藏仅占 19.8%)，以常规气藏为主的建库技术无法满足新增储气能力建设的需要(图 7)。

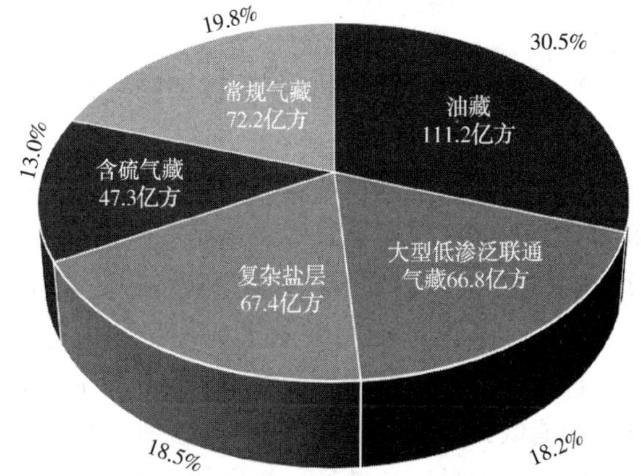

图 7　2021-2030 年中国石油各类新建储气库储气能力占比统计图

4.1.1　在役气藏储气库扩容缓慢，扩容难度大、库容利用率低

由于地质条件复杂、设计方法及运行经验等原因，中国石油在役库投产运行多年，部分储气库仍未达到设计工作气量，已到扩容后期，扩容难度大(图 8)。以板 876 为代表的边底水砂岩气藏储气库，受水侵影响，水锁气多，砂体控制差、库容动用程度低。以苏 4 为代表的边底水裂缝型碳酸盐岩气藏储气库，流体分布复杂，强注强采导致气水界面剧烈震荡，库容形成难度大、利用率低。现有调峰运行立足于单库优化，缺乏库群联动协同。以呼图壁等储气库为代表，设计采气期为 120~150 天，实际仅为设计的 80%左右，未能充分发挥调峰能力。

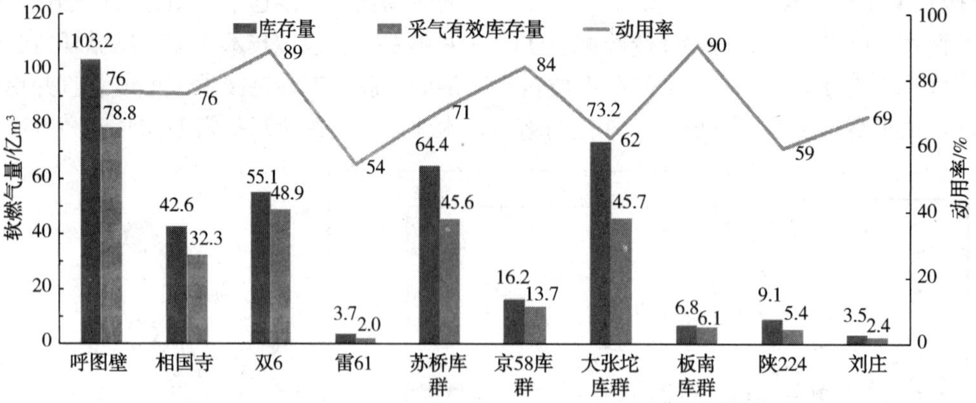

图 8　中国石油在役储气库(群)库存及动用程度分析图

4.1.2　油藏、低渗气藏、复杂连通老腔等新类型建库技术处于空白

我国油藏多采用注水开发，多为高含水油藏，油气水分布复杂，气驱空间动用和次生气顶形成控制难度大、达容周期长，建库技术国内处于空白。大型低渗气藏建库在世界上尚属首次，采用传统气藏整体建库模式，垫底气成本高，气体逸散风险高。复杂连通老腔改建储气库世界罕见，老腔“一腔多眼”密封性差、稳定性评价难、空间利用率低，高效利用腔体空间是世界难题。含硫气藏储气库多周期采出气硫化氢含量变化规律预测难度大，地面处理能力设计缺乏科学依据。此外，水层及矿坑型储气库选址评价缺乏标准，难度大，建库理论技术国内暂无可借鉴经验。

4.1.3　提高单井产能和老井处置关键技术与工具仍不配套

受现有钻采工程技术局限，储气库地层产能未能充分发挥。辽河等储气库地层产能高达 200 万 m^3/d 以上，现有井眼尺寸条件仅能下入 4½in 注采管柱，其配产能力限制了地层产能充分发挥；长庆等低渗气藏单井产能低于 30 万 m^3/d，自然产能低，无法实现效益建库。此外，油藏建库库区内有大量复杂老井，部分老井井眼重入困难；若无法对老井进行有效处理，将直接影响油藏建库的可行性。

4.1.4　库群向大型化、集约化发展，地面处理工艺无法满足快速灵活、节能高效的要求

随着天然气业务快速发展，储气库由单库向库群集约化发展。目前，中国石油储气库日调峰能力为从 1.6 亿 m^3，“十四五”末将增加到 3.0 亿 m^3；现有工艺与装备无法适应大流量宽工况、多频次快启停、节能降耗的需要。在大规模注气条件下，往复式压缩机存在排量小、运行成本高的劣势。离心式压缩机排量大，在库群应用优势明显。但离心式压缩机组、大口径强制密封球阀、大型高效分离装置等关键地面核心装备仍依赖进口。地面工艺系统中涵盖压缩、膨胀、加热、冷却、换热等多种能量环节，每万方注气量耗能高，节能潜力亟待发掘。

4.1.5　风险管控手段单一，风险识别、预警与安全管控能力未满足要求

随着多周期运行，储气库安全风险愈发突显，现有技术手段相对单一，管控体系尚未建立。目前储气库监测以井点为主，无法实现以地质体为核心的立体空间监测，且微地震监测系统、套管-固井水泥环质量一体化检测、地面注采设施泄漏监测等关键设备均依赖进口，尤其是微地震监测系统数据处理解释依赖国外公司，解释周期长达 3 个月，无法实现实时监测。

4.6　数字化转型基础薄弱，升级难度大

根据国外经验，数字化储气库建设运行管理可降低事故发生率、降低运维成本、提升储气能力利用率。中国数字化储气库建设处于起步阶段，仅实现了注采气量、温度、压力等常规生产动态数据采集与传输。储气库作为系统工程，涉及数据类型多，信息采集难，现有数据分散在不同专业系统中，无法有效整合共享。储气库数字孪生技术尚未建立，全系统数字化模拟、库群优化智能注采等软件平台仍处于空白，储气库数字化转型任重而道远。

4.2　面临的重大科学问题

“十四五”期间，面对新建的建库目标与类

型，理论创新是破解储气库建设与运行难题的核心，中国储气库高质量建库与运行亟需加大攻关力度，破解5大科学问题，揭示建库核心理论认识。

4.2.1 超压背景下储气地质体断层密封性弱化的动力学机制

明确断层局部滑移变形与气体临界泄漏耦合机理，揭示高速注采交变载荷下地应力场变化与断层密封能力周期变化规律，建立交变载荷下岩石失稳滑移力学与泄漏判别准则和储气库断层极限承压能力预测理论模型，揭示超压背景下储气地质体断层密封性弱化的动力学机制，为储气库提压运行提供理论基础。

4.2.2 高含水油藏建库储气空间扩展与注排控制理论

建立气液(油、水)交互驱渗流特征实验方法，模拟注采全过程油气体系相态行为特征，掌握油藏建库注采多组分相间传质和高速注采、油气复杂相态影响下库容形成机理，形成高含水油藏建库储气空间扩展与注排控制理论，为油藏储气库库容参数优化设计奠定理论基础。

4.2.3 高杂质盐腔空间拓展与双空间等效动用理论

升级直井单腔浓度场控制理论到浓度场与对流场耦合控制的水平井造腔理论，揭示重力分异、强制对流双重作用下水平井等不同造腔工艺卤水浓度场、速度场分布规律，建立盐岩壁面-动边界流场-腔内卤水运动三维定量耦合数学模型，形成高杂质盐腔空间拓展与双空间等效动用理论，为水平井、定向井等造腔设计提供理论依据。

4.2.4 大尺寸井井壁失稳力学-化学耦合机理

大尺寸井水平井钻井过程中钻井液浸泡时间长、近井应力扰动范围大，力学-化学耦合、岩石尺寸效应影响显著，相比常规井眼坍塌压力升高，时变特征明显。揭示近井岩石水化、力学性质变化规律与钻井液理化性能的关系，建立大尺寸井周“地应力-化学势-温度、压力场”的多场耦合模拟技术，揭示大尺寸井井壁失稳力学-化学耦合机理，为大尺寸水平井高效钻井提供理论支撑。

4.2.5 长周期注采储气库完整性失效机理与灾害演化规律

明确储气地质体密封性失效微地震诱发、长周期注采交变工况井屏障累积损伤失效和注采转换过程地面设施完整性失效规律，揭示长周期注采储气库完整性失效机理与灾害演化规律，为储气库长期安全高效运行提供理论基础。

4.3 亟需解决的关键技术

理念与技术创新是破解储气库建设与运行难题的关键，中国储气库效益建设与高质量发展亟需破解6大技术问题，形成技术体系，研发系列工具，提升自主创新能力，实现科技自立自强。

4.3.1 提压运行和库群协同优化技术系列

在役库地面工程配套，提高库容动用率是在役库扩容挖潜最经济有效的手段。①动静态评价。储气库空间动静态评价是提高储气调峰能力最直接手段之一。亟需开展多轮气液互驱储气空间变化及其分布定量表征和高速非稳态流下气井注采双向井控诊断与评价攻关，形成储气空间动静态评价与立体挖潜动用技术。②排液扩容协同优化。排液扩容挖潜是提高储气调峰能力又一直接手段，亟需攻关油环/水体立体井网、排液速度、临界排液量等关键指标设计方法，开展基于全系统物质平衡方程油环-水体扩容潜力评价预测研究，形成气顶与油环/水体排液扩容协同优化技术。③提压运行。科学合理提压运行是提高库容动用效率的有效手段。国外多数储气库实现提压运行，提压系数一般为1.1~1.4(图9)；国内储气库上限运行压力均不高于原始地层压力。储气库提压运行涉及地质、井筒等领域，尤其是地质体密封性至关重要。亟需建立储气库上限压力优化设计方法。④库群协同优化。多库群协同优化是提高库群整体动用率的有效手段。亟需建立全生命周期井-井组-库-库群协同优化配产配注数学模型，实现库群间多库联动协同配产配注，提高库群整体动用效率，充分发挥库群调峰能力。

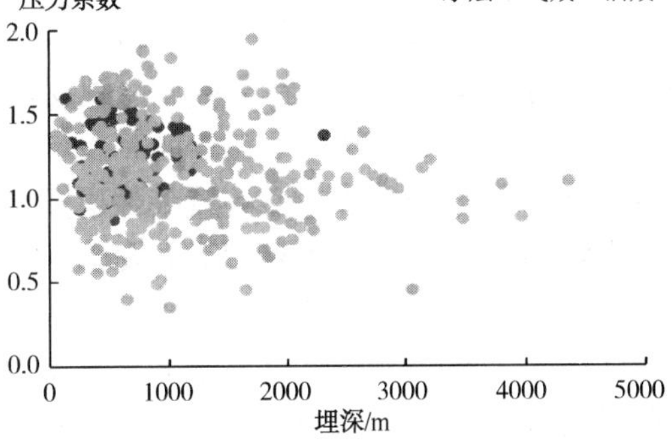

图9 国外储气库上限运行压力系数统计图(IGU)

4.3.2　油藏、低渗气藏、复杂连通老腔等储气库建库技术体系

油藏、低渗气藏、复杂连通老腔、水层和矿坑是未来新增储气能力的重点目标。①油藏建库。开展高含水油藏次生气顶形成和储气空间动用效率量化评价研究，形成考虑气液交互滚动排驱储气空间动用效率预测和油气相态变化条件下有效库容参数设计方法，创建油藏建库参数设计与次生气顶形成控制方法(图 10)。②复杂连通老腔改造建库。开展复杂连通老腔三维形态模拟预测与反演评价、不同形态下老腔注气排卤工艺优化设计研究，形成小间距不规则老腔群运行方式与注采速率优化设计方法，建立复杂连通老腔改造技术。③低渗气藏建库。建立多井型三维渗流多压力场叠加产能预测模型，形成以局部高渗区空间利用为核心的库容参数设计方法，控制建库区气体外溢，实现大型低渗非封闭泛连通气藏“三区带”有效建库。④水层建库。建立建库选址评价方法和标准，形成复杂非均质水层建库增压能力评价、注气驱替效率评价与储气空间预测、不同增压能力库容参数预测技术，探索水层建库提高技术。通过对“十三五”技术进行完善，攻关新类型建库技术，建立油藏、低渗气藏、复杂连通老腔、水层等储气库建库技术体系，开拓建库新领域。

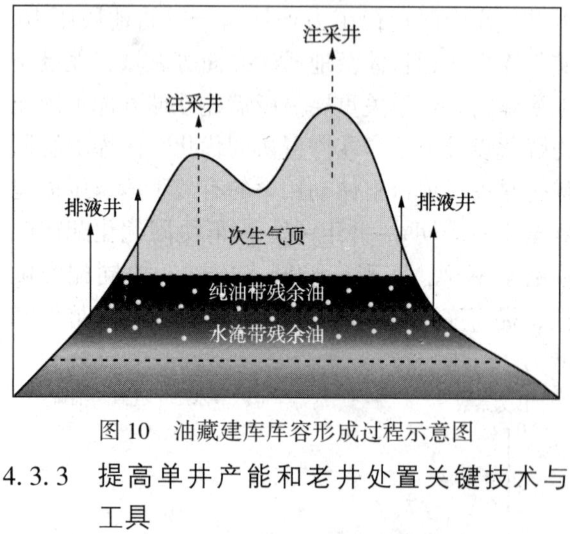

图 10　油藏建库库容形成过程示意图

4.3.3　提高单井产能和老井处置关键技术与工具

提高泄流面积和改善储层渗流条件是提高单井注采能力有效手段，在产油田老井安全有效处置关乎油藏建库可行性。①大尺寸水平井。建立大尺寸井井周“地应力-化学势-温度、压力场”的多场耦合模拟技术，形成大尺寸井井壁失稳预测与控制、井眼清洁监测与岩屑床预防、窄间隙管柱安全下入和优质固井技术，配套形成大尺寸水平井高效钻完井技术，充分发挥储层自然产能。②保持地质体完整性的储层改造。建立气水两相压裂水力裂缝扩展预测与控制方法，形成基于循环注采裂缝形态演变的压后评价技术，实现保持地质体完整性的储层改造，支撑低渗气藏高效建库。③复杂老井处理。研发双层管柱壁厚检测、管外开窗以及高精度老井随钻控向重入等疑难老井处置系列工具与产品，实现在产油田老井高效处置，为油藏建库奠定可行性基础。

4.3.4　地面处理关键装备

地面处理能力是影响储气库调峰能力关键因素。注气周期内，长输管道来气需通过压缩机增压才能注入储气库；采气周期内，采出气需通过脱水、脱烃才能进入输气管道。地面处理关键装备亟需国产化。①离心式压缩机组。优化离心式压缩机组转子和定子结构，形成全新智能化运行切换和控制技术，解决压缩机变工况高压气体激振状态下运行可靠性及稳定性难题。②地面关键控制装置。攻关高压双向调节阀、高压大型高效分离器、高压大口径强制密封球阀及双向流量计制造技术，实现关键装备国产化。③余热利用装置。创建从压缩、膨胀、加热、冷却、换热地面工艺环节全系统能量环节的节能降耗调节控制方法，研制注气余热回收利用装置，形成地面节能降耗工艺。通过关键装备国产化，提升装备制造水平，打破国外垄断，提升装备自给率。

4.3.5　风险管控技术与关键设备

风险管控为储气库安全运行保驾护航，亟需在现有风险管控体系的基础上提高风险识别、预警与安全管控能力。①一体化风险量化评价。攻关多因素耦合条件下储气地质体完整性失效、井筒泄漏与井屏障组件性能退化技术，建立“地质体-井筒”一体化系统风险量化指标体系，形成关储气库“地质体-井筒-地面”一体化完整性管理技术。②微地震监测系统。突破微地震监测系统高温高压高灵敏度三分量检波器芯体制造技术，攻关大阵列带道采集及实时预警技术，实现微地震监测系统及处理软件国产化。③井筒完整性检测/监测。攻关大井眼、宽壁厚套管超声测距波场表征技术，研制套管-固井水泥环质量一体化检测系统，实现井筒完整性精确检测与监测。

4.3.6　储气库数字化与智能生产决策平台

数字化、智能化是储气库发展趋势，以数字孪生为基础的储气库智能生产决策平台是核心载体。①数字孪生模拟。构建“地质气藏-井筒-地面”一体化数字孪生模型，建立储气库业务信息化数据标准，形成基于地质体-井筒-地面数据耦合、自动分析、配产配注流程化及自动优化技术。②智能决策平台。围绕储气库“地质体完整性、井筒完整性、地面完整性”三大领域，推进“井筒动态智能诊断、生产管网智能分析、智能配产配注、安全管控”工作流建设，构建具备全面感知、自动操控、趋势预测、智能优化、协同运营为特征的智能化决策平台，大幅提高储气库数字化水平，实时运行及优化率、生产运行效率显著提升，运行成本大幅降低。

总体来讲，“十四五”期间，中国石油储气库应重点做好：①攻关气藏储气库运行优化技术和复杂低渗气藏建库技术，提升储气库运行效益，完善复杂地质条件气藏型储气库理论技术体系；②攻关高杂质盐层造腔和连通老腔利用技术，创建复杂盐层空间高效利用技术体系；③攻关油藏建库评价、设计与建设技术系列，自主创新形成高含水油藏建库理论技术体系；④攻关关键核心装备国产化，打破国外垄断，提升自给率；⑤攻关数字孪生技术，研发中国储气库智慧化综合管理平台，积极推动储气库数字化转，提升储气库管理水平与运行效益。

5　结论与建议

（1）国外储气库建库主体技术成熟、装备配套，并逐步扩展储气库功能；经过 20 年发展，中国储气库建库技术取得长足发展，在气藏选址评价、建库技术方面已达到国际领先水平。

（2）未来中国储气库建库条件日益复杂，类型更趋多样，建设与运行仍面临：在役库提高库容利用率、油藏等新类型建库手段缺乏、关键装备依赖进口等 6 大挑战，亟待攻关提压运行、库群协同优化、油藏等新类型建库、大尺寸钻井、保持地质体完整性储层改造、地面处理与风险管控关键装备国产化及数字化智能决策等关键核心技术。

（3）建议重点升级气藏储气库运行优化技术，创新油藏、盐穴复杂连通老腔建库技术，探索水层、矿坑建库选址与评价技术，形成不同类型储气库建库评价方法和指标体系，推动公司储气库数字化转型，支撑储气库高效建设与运行。

复杂油气藏型储气库建库关键参数设计与优化技术研究

曾大乾　张广权　贾跃玮　杨小松　张俊法　糜立栋　朱思南　王丹丹

（中国石油化工股份有限公司石油勘探开发研究院）

摘　要　“十四五”以来，我国进入了地下储气库建设的快车道。中国石化储气库建设目标主要为复杂类型油气藏，包括复杂断块边底水砂岩气藏、高压裂缝型碳酸盐岩气藏、高含油凝析气藏等类型。相关建库方案设计面临着断块型储气库动态密封性评价、高压裂缝型碳酸盐岩储气库库容预测、水侵型储气库注采能力优化提升、凝析气藏注气提采–协同储气建库等难题。通过攻关研究，形成了建库关键参数设计与优化技术：一是揭示了盖层疲劳损伤和断层滑移机理，形成了四维动态密封性评价技术；二是建立了高压裂缝型碳酸盐岩储气库时变库容预测模型，准确预测了库容参数；三是研究了复杂断块边底水水侵型储气库分区带多周期注采能力预测与优化方法，形成储气库增产增注井型优化技术；四是建立了凝析气藏相平衡预测模型，创建了凝析气藏提高凝析油采收率与储气库建设协同的新模式。形成的技术支撑了中国石化8座复杂油气藏型储气库建设工程，合计形成了4167万 m^3 的日均调峰能力，并为今后同类复杂类型地下储气库建设提供了经验借鉴。

关键词　地下储气库；复杂油气藏型；动态密封性；库容预测；注采能力优化；提采建库协同

引言

加快地下储气库建设是保障我国能源安全、助力达成“双碳”目标的重要举措，具有积极的社会与经济意义。推进储气库建设可提升天然气储备调峰能力，稳固筑牢天然气“产供储销”产业体系。截至目前全球共建成716座地下储气库，主要集中在北美和欧洲。国外建库目标地质条件优越，以浅层简单构造、中高渗储层、整装枯竭气藏或大型盐穴为主。“十一五”至“十三五”期间，通过借鉴国际成熟建库技术，我国优先建设了一批地质条件相对较好、可快速形成储备能力的储气库，实现了地下储气设施建设零的突破。

“十四五”初期，中国石化储气能力仅占销售量2.8%，与国家要求差距较大，加快储气库建设迫在眉睫。综合区位地理、经济条件与管网分布等因素考虑，中国石化可建库目标地质条件普遍具有埋藏深、断裂发育、非均质性强、水淹严重、凝析油含量高等问题。建库油气藏类型多样，包括复杂断块边底水型、高压裂缝型及凝析气藏协同型等。中国石化复杂类型储气库面临众多国外成熟技术理论无法解决的科技挑战：一是储气库多周期注采条件下，盖层疲劳损伤与断层滑移定量研究难度大，储气库四维动态密封性评价研究较少，复杂断块储气库稳定性评价方法尚未形成；二是高压碳酸盐岩储气库裂缝发育，注采井吞吐作业导致裂缝渗流特征发生变化，且深部高压地层岩石膨胀作用明显，库容预测精度偏低；三是边底水砂岩气藏由于水侵影响，相渗变化规律复杂，分周期注采能力预测难度大，单井注采能力偏低，亟需优化提升单井注采能力；四是前期凝析气藏建库过程中未将提高凝析油采收率与储气调峰协同考虑，对“注气提采、提采建库、储气调峰”三阶段技术政策及各阶段运行参数缺乏研究，导致凝析气藏型储气库普遍效益偏低。

攻克上述技术难题须依靠自主创新，确保复杂类型储气库“注得进、存得住、采得出”。通过聚焦主要问题与难点，从不同建库目标地质特征出发，开展盖层和断层动态密封性评价、多周期注采力学模拟及渗流模拟实验，揭示复杂油气藏型储气库渗流及应力变化机理，攻关动态密封性评价、库容预测、注采能力提升及运行参数优化设计，为中国石化复杂油气藏型储气库建设提供技术支撑，并对我国“十四五”期间实现储气库建设跨越式发展起到重要作用。

1 复杂断块砂岩型储气库动态密封性评价

我国中东部地区陆相沉积地层构造复杂，断裂发育，在断块地层构造背景下发育众多的构造岩性气藏。进入开发末期或枯竭停产的断块气藏可作为改造地下储气库的潜在资源。由于地下储气库采用周期性注采作业，运行压力变化范围较大，从而导致地下储集空间孔隙压力变化引起应力场周期性变化，易形成断层滑动开启、盖层突破等潜在风险，进而对储气库的安全运行及天然气损耗管控造成影响。近年来，国外枯竭油气藏型储气库泄漏事故时有发生，其中因储气库完整性破坏导致气体迁移、泄漏至地表的事故共计占安全事故量达 55%。

针对以上问题，采用物理试验与数值模拟相结合的方法，对盖层和断层动态密封性开展系统评价研究。通过开展盖层循环加卸载与断层抗剪实验，研究注采工况动态压力时变条件下泥岩盖层损伤机理与变化规律，建立断层临界失稳准则及临界开启压力新模型。在此基础上，运用三维应力场时变数值模拟方法，研究地下储气库多周期注采盖层与断层四维动态密封性评价方法。

2.1 储气库盖层动态密封性力学物理模拟与分析

泥岩盖层对天然气的封闭能力主要取决于泥岩在饱和地层水条件下对天然气的突破压力。针对常规岩石力学参数单点测试不能反映地下储气库交变载荷变化的缺点，应用三轴加载同步渗透率实验仪，设计开展盖层循环加卸载模拟试验。通过设定不同上限压力条件，对盖层岩样施加周期性加卸载压力变化，模拟多周期注采地下应力场物理变化环境，测试盖层样品应力、内摩擦角、渗透率随时间变化特征，从而支撑多周期注采压力变化环境中的盖层动态突破压力评价方法研究。

运用该技术评价了我国东营凹陷永 21 储气库盖层动态密封性。永 21 气藏顶面为一近圆形展布小型背斜构造，夹于两条北西西走向南倾大型正断层之间。气藏含气层位为沙河街组沙三中段，为受构造控制的高孔、高渗、砂岩边底水气藏，其盖层为厚层泥岩，原始地层压力 20MPa。试验所需样品取自泥岩盖层实钻层位，平均直径 24.7mm，平均高度 49.8mm。试验循环荷载由最初的 10~17MPa 逐渐提升到 25~35MPa，每 5 个循环测试一次渗透率值，总计进行 180 个循环试验。

如图 1 所示为泥岩盖层多周期载荷下应力-时间-渗透率试验结果。在初始循环荷载为 10~17MPa 作用下，渗透率逐渐降低，说明岩样被逐渐压密，裂缝闭合。循环荷载提升为 10~25MPa 后，渗透率呈现出先增加到 0.126×10^{-3} μm^2 后又降低到 0.0147×10^{-3} μm^2。渗透率增加的原因是增大荷载后，样品产生了新的裂缝或延展了原有裂缝，渗透率再次下降是由于泥岩黏土矿物产生水化膨胀，导致孔隙度减小，同时产生的微裂缝闭合。在每一次提升荷载后，岩样都会发生裂缝产生-压密过程。试验表明围压达到岩

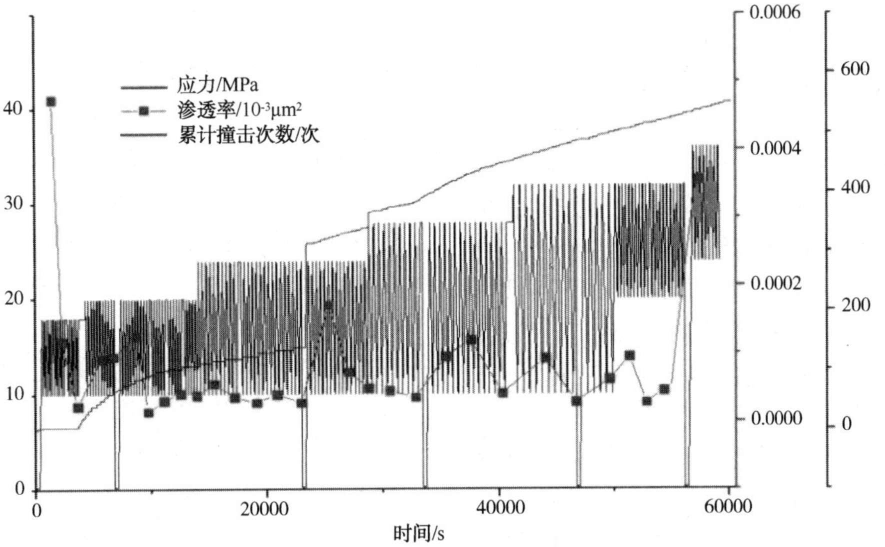

图 1 盖层交变载荷下应力-时间-渗透率试验结果

石损伤上限之前，渗透率呈近稳定、小幅波动特征。当载荷循环 75 次，当围压处于 35MP 时，声发射信号明显起跳，渗透率迅速增大，说明岩样临近破坏，内部产生了有效连通裂缝。基于受损岩石 Lemaitre 应变等价性假说，统计试验过程中测得的应力与内摩擦角等参数，构建泥岩盖层多周期注采实验条件下的突破压力预测模型：

$$P=\frac{1+\sin\varphi(n)}{1-\sin\varphi(n)}\sigma_h+\frac{2C(n)\cdot\cos\varphi(n)}{1-\sin\varphi(n)}-\sigma_H \quad (1)$$

上式中，P 为突破压力，MPa；σ_h 为最小水平主应力，MPa；σ_H 为最大水平主应力，MPa；φ 为内摩擦角；n 为孔隙压力，MPa。基于盖层动态突破压力评价模型，结合大量实测盖层岩样数据，确定永 21 储气库盖层在交变载荷条件下的突破压力为 35.62MPa。

2.2　储气库断层剪切滑移物理模拟与定量分析

储气库运行过程中，断层的稳定性与密封性直接影响储气库的安全。目前对断层密封性的评价以静态地质分析为主，通过分析断层两侧地层的岩性、厚度、充填物成分与结构，以泥岩涂抹系数为主要参数对断层密封性进行评估。但由于储气库周期性注采循环，断层的动态稳定性与密封性亟需开展攻关研究。为此，从断块型储气库注采作业实际工况出发，考虑断层失稳物理条件，设计断层抗剪实验，模拟断层在地层中动态受力活化的过程，确定断层动态滑移剪切力。通过在岩石样品中间预备裂缝，模拟地层中的断层，进行直剪试验，获取裂缝剪切强度与裂缝表面破损变形特征。

运用该技术评价永 21 储气库断层动态稳定性。试验利用 L 型直剪实验装置，物理模拟断层开启条件，对永 21 气藏砂岩样品施加围压 20MPa、孔隙压力 5MPa 的直剪渗透试验。如图 2 所示为试验结果，断层剪切滑移可分为三个阶段：在稳定阶段，外加剪切应力差持续升高(0~8MPa)过程中，断层剪切位移基本保持不变；在滑动阶段，剪切应力差达到 8.5MPa 时，初始裂缝开始产生滑移，随着剪切应力进行，剪切逐渐应力降低；在剪切破坏阶段裂缝表面粗糙，产生新剪切面，直接剪切破坏，剪切应力增加。

地质力学研究表明断层承受三向主应力作用保持稳定，当储气库注气作业时，随着注入压力的改变，地层应力场分布发生改变。基于断层抗剪试验结果，考虑断层表面粗糙度和动态摩擦系

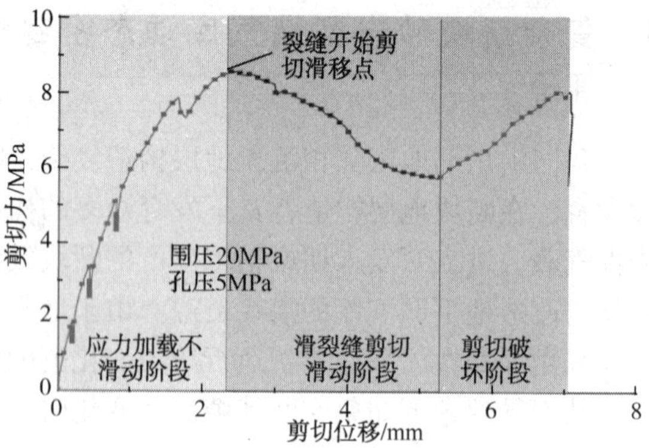

图 2　永 21 储气库断层岩样
剪切应力-剪切应变实验曲线

数差异，对断面地应力三坐标矢量场添加动态失稳准则，建立了考虑弱面效应的摩尔-库伦断层临界失稳新模型：

$$P=\tau/\mu+[(\sigma_H-P_p)\cos\theta+(\sigma_h-P_p)\sin\theta] \quad (2)$$

上式中，P 为断层开启压力，MPa；τ 为剪切应力，MPa；μ 为断层面摩擦系数；σ_H 为最大水平主应力，MPa；σ_h 是最小水平主应力，MPa；θ 为断层倾角，°；P_p 为孔隙压力，MPa。在地层中注入气体过程中，注气压力与垂直方向的压力差超过裂缝剪切应力时，断层可能产生滑移破坏。对永 21 储气库进行断层临界开启压力计算可知，当垂直方向有效应力差为 20MPa 时，断层开始产生滑移破坏所需应力为 28.5MPa。

2.3　储气库四维动态密封性评价研究

以高精度三维地质模型为基础，采用有限元分析方法建立网格模型，运用三维应力场时变数值模拟方法，研究地下储气库多周期注采断层四维动态稳定性分析方法。首先，基于断块型地下储气库三维地质模型和单井地应力建模技术，建立地下储气库力学参数三维模型及单井一维地应力模型；其次，应用有限元分析方法建立网格模型，并借助 Abaqus 动态地应力模拟器，优选本构方程，开展基于有限元方法的四维动态地应力模拟；最后，采用有限元法进行注采渗流场与地应力场流固耦合模拟，根据库伦准则模拟断层断层滑移变化。

应力场数值模拟设定四种工况条件，注气压力分别设定 20MPa、25MPa、30MPa、35MPa，对应采气压力均为 15MPa。同时设定注气时长间为 0~180 天，采气阶段为 180~300 天。不同注采条件下 Y21 气藏圈闭应力场的变化情况见表 1。

表 1　注采工况下地应力场模拟结果

注气压力/MPa	孔隙压力/MPa	水平最小主应力/MPa	水平最大主应力/MPa
20	15.286	19.3	16.08
25	15.57	19.59	16.36
30	15.86	19.87	16.65
35	16.14	20.16	16.93

储气库数值模拟结果显示(图 3)，断层周边地层最小主应力由 21MPa 增加至 25MPa，最大主应力由 24.7MPa 增大至 28.6MPa，孔隙压力由 20MPa 增加至 23.8MPa，未超过上覆盖层突破压力，注采循环加卸载对盖层产生的损伤很小。在圈闭北断层位处，最大应力差为 6.2MPa，在南断层处，最大应力差为 5.5MPa，均未超过断层的抗剪强度，可认定在注采工况下断层均处于稳定状态，不会产生破坏。基于储气库圈闭四维动态密封性数值模拟，研判永 21 储气库运行上限压力为 28.5MPa，圈闭整体密封良好。该方法评价永 21 储气库上限压力超过原始地层压力(20MPa)40%，支撑建成国内首个超压运行储气库。

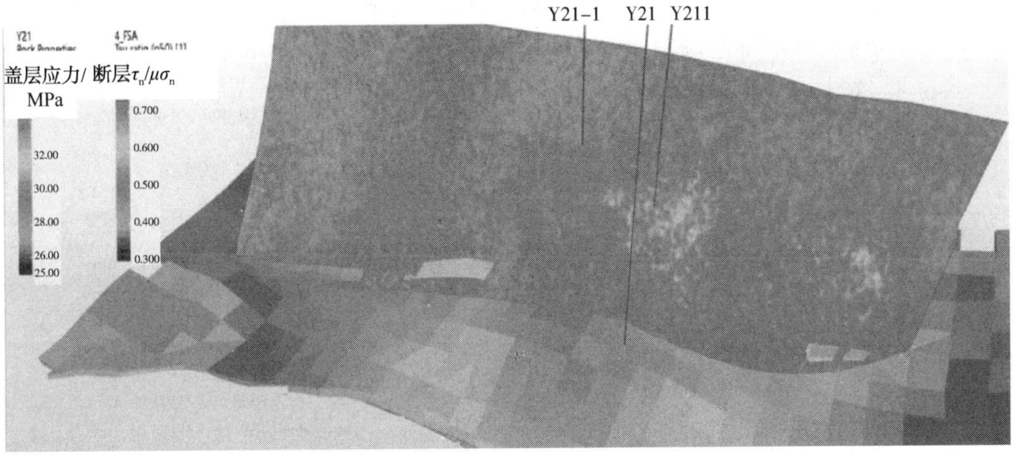

图 3　永 21 储气库北断层四维动态密封性数值模拟

3　高压裂缝型碳酸盐岩储气库库容预测方法

高压裂缝型碳酸盐岩气藏在开发及储气库注采过程中，储层会发生较强的应力敏感，影响注采井吞吐作业效率。本文通过系统开展高压裂缝储层降内压应力敏感实验，明确了岩石物性的应力敏感性，建立了基于岩石压缩系数应力敏感和束缚水膨胀的库容评价方法，并应用该方法评价了清溪储气库有效库容。清溪场气藏位于普光宣汉地区，含气层系为飞仙关组三四段，初始地层压力 77.01MPa，压力系数 1.82，储层孔隙度 3.93%，为异常高压、低孔、裂缝发育的裂缝-孔隙型碳酸盐岩气藏。

3.1　碳酸盐岩储气库裂缝应力敏感实验研究

精选清溪储气库飞仙关组三四段含微裂缝碳酸盐岩岩心样品，采用降内压法开展高压裂缝性储层应力敏感实验，获取岩石压缩系数、孔隙度、渗透率随有效应力变化曲线。从压缩系数应力敏感效应实验结果(图 4)可以看出，高压气藏岩石压缩系数具有较强的压敏性，其岩石压缩系数为常规气藏岩石压缩系数的 20 倍左右。试验所用孔隙度 3.75%的岩心，岩石压缩系数在初期变化非常大，后期变化趋缓直至稳定。当有效应力为 15MPa 时，岩石压缩系数为 $40\times10^{-4}MPa^{-1}$，当有效应力增加到 40MPa 时，岩石压缩系数大约 $10\times10^{-4}MPa^{-1}$，下降了约 75%。

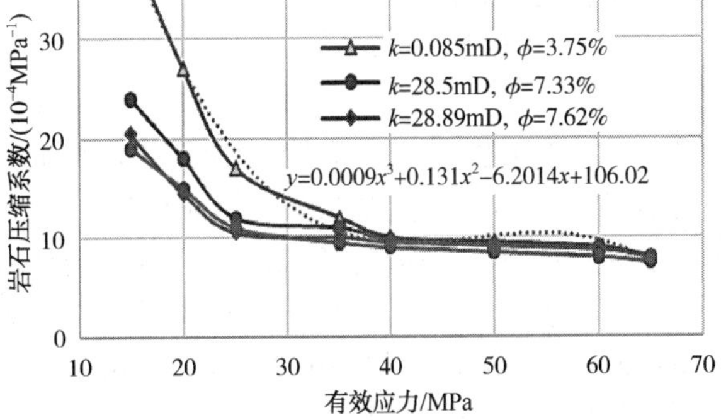

图 4　岩石压缩系数随有效应力变化曲线

从渗透率应力敏感曲线可以看出(图 5)，以有效应力 40MPa 为分界点，渗透率随表现为明显的两段式特征：有效应力低于40MPa之前(初期阶段)渗透率急剧降低，有效应力高于40MPa之后(后期阶段)渗透率降低幅度较小。对于 $K=8.021\times10^{-3}\mu m^2$ 的微裂缝岩心，当有效应力增加到40MPa时，渗透率快速下降，降低约79%，初步分析主要反映裂缝的应力敏感特征。而当有效应力从40MPa增加到65MPa时，渗透率只降低不到6%，主要反映基质孔隙的应力敏感特征。

从孔隙度应力敏感曲线可以看出(图6)，孔隙度随有效压力的增加而下降，有效应力增加的初期孔隙度下降较大，后期下降缓慢或基本保持不变。总体而言，孔隙度越小，应力敏感性越强。对于3.75%的孔隙度，当有效应力从25MPa变化到50MPa时，孔隙度的最小值为基础孔隙度的85%。

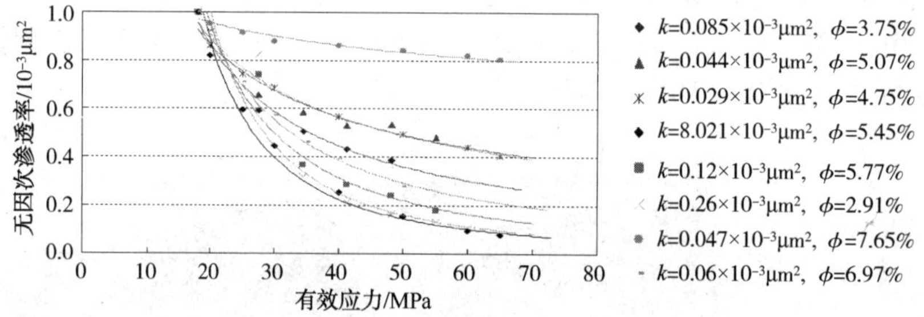

图5 无因次渗透率随有效应力变化关系曲线

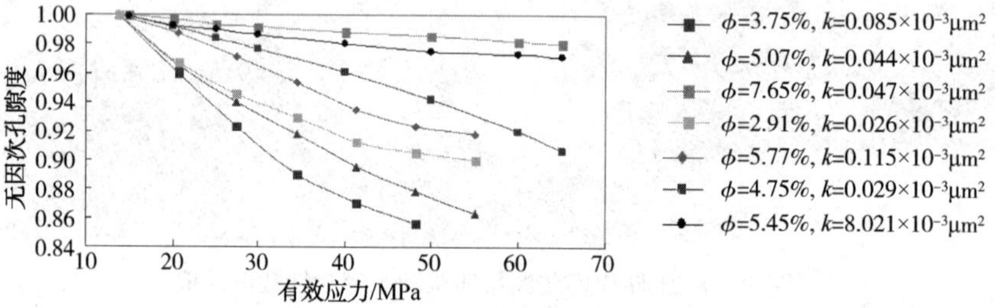

图6 不同岩心无因次孔隙度随有效应力变化曲线

3.2 高压裂缝型碳酸盐岩储气库库容预测

针对高压气藏改建储气库存在岩石变形、岩石综合压缩系数不是常数、压力降低过程中束缚水饱和度会发生变化等特性，建立了考虑压缩系数连续变化和束缚水膨胀的超高压气藏新型物质平衡方程。

对岩石压缩系数与有效应力曲线进行拟合，岩心拟合关系方程式如下：

$$C_p=-0.0009(p_i-p_r)^3+0.131(p_i-p_r)^2-6.2014(p_i-p_r)+106.02 \tag{3}$$

式中：C_p表示岩石压缩系数，MPa^{-1}；p_i表示储层围压，MPa；p_r表示储层压力，MPa。

物质平衡可表述为：原始条件下烃类流体所占孔隙体积=目前条件下烃类流体所占孔隙体积+烃类流体所占孔隙体积的减少量，由于清溪场气藏边底水弱，在不考虑边底水侵入的情况下，物质平衡方程如下：

$$GB_{gi}=G_V B_g+\Delta V_w+\Delta V_r \tag{4}$$

式中：G表示原始库容，亿m^3；B_{gi}、B_g表示天然气体积系数；G_V表示地层压力为P_r时的有效库容，亿m^3；ΔV_w表示束缚水体积膨胀量，亿m^3；ΔV_r表示岩石骨架体积膨胀量，亿m^3；C_w表示束缚水压缩系数，MPa^{-1}；S_{wi}为束缚水饱和度。

ΔV_w的表达式为：

$$\Delta V_w=GB_{gi}\frac{C_w S_{wi}}{1-S_{wi}}(P_i-P_r) \tag{5}$$

ΔV_r的表达式为：

$$\Delta V_r=\frac{GB_{gi}}{1-S_{wi}}\left(1-e^{\int_{p_i}^{p}C_p dp}\right) \tag{6}$$

整理后可得到考虑压缩系数应力敏感及束缚水膨胀的库容表达式：

$$G_V=\frac{GB_{gi}}{B_g}\left[1-\frac{1-e^{\left[106.2(P_i-P_r)-\frac{6.2}{2}(P_i-P_r)^2+\frac{0.131}{3}(P_i-P_r)^3-\frac{0.0009}{4}(P_i-P_r)^4\right]_{P_i}^{P_r}}+C_w S_{wi}(P_i-P_r)}{1-S_{wi}}\right] \tag{7}$$

应用建立考虑应力敏感和束缚水膨胀的物质平衡方程，依据生产数据，计算清溪储气库的原始库容为4.3亿m^3，和常规的只考虑气体压缩性的物质平衡方程对比，提高预测精度30%（表2）。

表2　超高压储气库库容计算对比

计算方法	岩石压缩系数/$10^{-4}MPa^{-1}$	库容/亿m^3	提高精度/%
常规方法	0	5.6	0
物质平衡新方程	43.9~15.0	4.3	30.2

4　复杂断块边底水水侵型储气库分区带多周期注采能力预测与优化

中国石化文96、文23等断块水侵型储气库，可分为纯气区和水淹区，水淹区气井受水侵和多周期注采影响，注采能力评价除了要考虑产水的影响，还要考虑储层渗透率时变特征。本文提出了一种利用不稳定试注生产数据、结合拟稳态预测模型，考虑多周期渗透率时变和水侵影响，准确评价注采能力的方法。依据该方法，系统考虑井筒流动和冲蚀等影响，建立一体化注采能力优化模型，优化了井型和完井管柱参数，有效提升气井注采能力。

4.1　水侵型储气库多周期注采渗流机理

1. 多周期注采渗透率应力敏感机理

与气藏开发渗透率单调下降不同，储气库储层渗透率每个周期都不断往复变化，随着注采的进行，渗透率不断降低。主要原因是每一个采气过程，储层发生一定程度的塑形变形，导致增内压（注气）过程中渗透率恢复不到初值，但3~4个周期后，渗透率下降幅度减小（图7）。

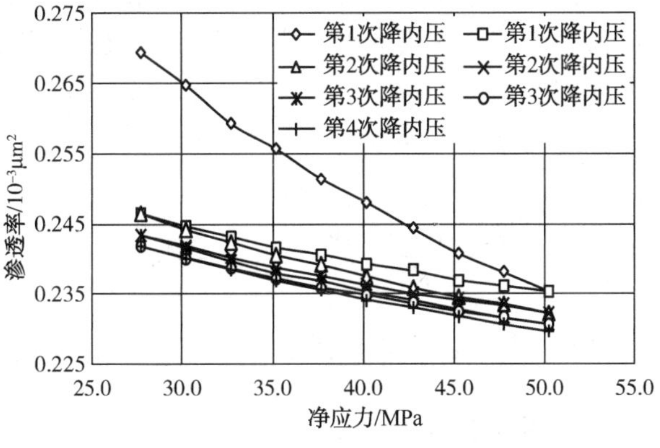

图7　渗透率与不同周期应力关系曲线

2. 多周期注采气水互驱相渗机理

通过开展多周期注采气水相渗实验，研究发现受微观非均质性影响，水驱气过程中存在指进现象，易形成水封残余气。每个注采周期都会形成一定量的残余气，多周期注采残余气饱和度不断增大，导致气液相渗随注采周期略有降低。

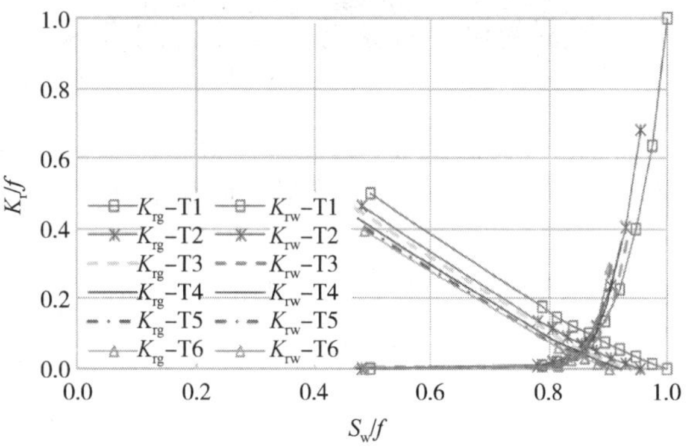

图8　多周期气水互驱气水相渗曲线

4.2　水侵型储气库不同区带多周期注采能力预测

（1）纯气区多周期注采能力预测方法

针对第一周期提出了一种基于试注历史拟合的注采能力评价新方法。由于试注注入量和压力都不稳定，无法按常规思路来开展评价。因此本文综合测井解释储层物性参数、PVT数据及井身结构数据，建立注入井单井地质模型，利用长时间（>30天）试注动态数据，开展试注历史拟合（图9），解释储层的渗透率、泄气半径等动态参数，建立反映试注井地层特性的渗流模型，模拟稳定注入过程（图10），利用稳定注入过程模拟的稳定注气量和压力来评价气井注采能力。

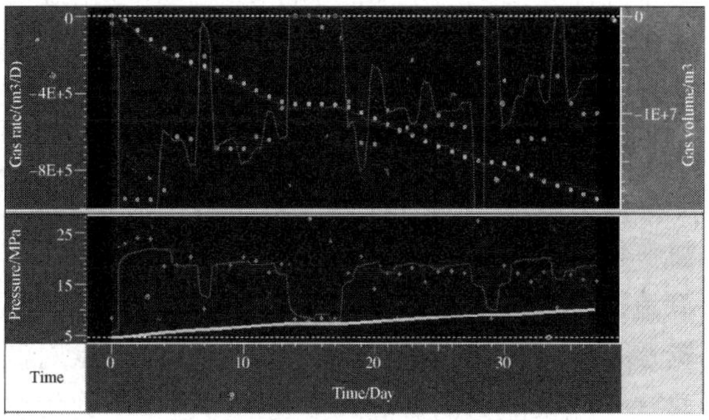

图9　试注井动态历史拟合曲线

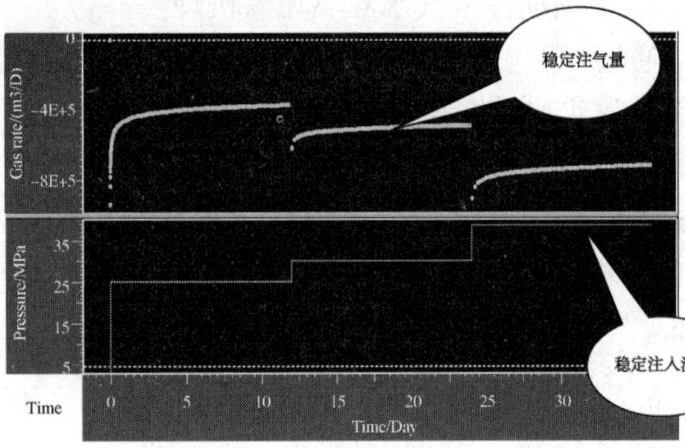

图 10 稳定注入过程模拟

利用确定的单井动态模型设计多个不同注入制度，将每个制度测试模拟时间延长为 12 天，将每一制度下的注入量、注入压力校正为稳定，求得三个制度下的平均注入能力和平均吸气指数作为气井的注入能力(表 3)。

表 3 储 5-2 井注入能力评价结果

测试制度	测试时间/d	气层原始压力/MPa	注入流压/MPa	注气量/($10^4m^3/d$)	吸气指数/[$10^4m^3/(d*MPa)$]
1	12	4.5	25	80	0.128
2	12	4.5	30	106	0.118
3	12	4.5	38.6	156	0.105
平均					0.117

针对第二周期及后续周期，依据多周期渗透率应力敏感模型，结合稳定渗流理论，推导得到随多周期渗透率和有效应力变化的注采能力方程：

$$q_{gT}=\frac{0.02714K_0(m+nK_0^{\theta})^{-1/\theta}(1-0.0478T^{0.2843}K_0^{-0.6488T^{-0.0541}})\left(\frac{P_{eob}}{P_{eobi}}\right)^{-eK_0^{-f}}h(P_e^2-P_{wf}^2)(T_s+273)}{\mu_g Z(T_R+273)\left(\ln\frac{r_{ed}}{r_{wd}}+S_d\right)P_s} \quad (8)$$

在有效应力减小/注入周期，式中：$m=1.004$；$n=-0.1102$；$e=0.0638$；$\theta=-0.4340$；$c=0.0478T^{0.2843}$；$d=0.6488T^{-0.0541}$；$f=0.3447$；T 为注采周期。在有效应力增大/采出周期，式中：$m=1.004$；$n=-0.1102$；$\theta=-0.4340$；$c=0.0478T^{0.2843}$；$d=0.6488T^{-0.0541}$；$e=0.1627(2T+1)^{-0.467}$；$f=0.5437(2T+1)^{-0.2243}$，T 为注采周期。T_s—气体标准状态温度,℃；T_R—地层温度,℃；K_0—岩样空气渗透率，$10^{-3}\mu m^2$；r_{ed}为泄气半径，m；r_{wd}为等效井径，m；Z 为气体偏差因子；μ_g为气体黏度，mPa·s；S_d为表皮系数。

基于自研程序模块预测多周期应力敏感对气井最大注采能力的影响。对于注入周期，初始注入时地层压力最低，气井对应的注入能力最大。由于应力敏感影响，气井的渗透率、最大注采能力都随注采周期的增加而不断降低。在经历 6~7 个周期后，注采能力基本不再降低，因此以第 7 个周期的注采能力作为气井建库注采能力与配产配注依据(图 11)。

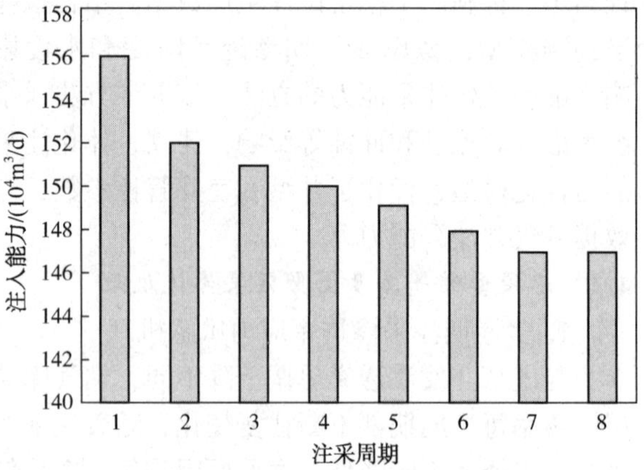

图 11 纯气区气井注入能力随注入周期变化

2. 水淹区多周期注采能力预测方法

基于多周期渗透率应力敏感成果及气水两相渗流理论，建立考虑渗透率时变和气水两相产能预测新模型，研究多周期渗透率时变及产水对低渗气井注采能力的影响。多周期渗透率应力敏感新模型如式(9)所示：

$$K=K_0\ (m+nK_0^{\theta})^{-1/\theta}(1-cK_0^{-d})\left(\frac{P_{eob}}{P_{eobi}}\right)^{-cK_0^{f}} \quad (9)$$

式中符号意义同式(8)。利用气水两相稳定渗流理论结合物质平衡原理，建立了气水两相注采能力方程：

$$\int\left(\frac{K_{rg}\rho_g}{\mu_g}+\frac{K_{rw}\rho_w}{\mu_w}\right)dp=\frac{1.842(\rho_{gsc}+R_{wg}\rho_w)}{Kh}\left(\ln\frac{r_e}{r_w}+S\right)q_{gsc}+2.594\times10^{-4}\frac{\rho_{gsc}^2}{h^2K^{1.5}}\frac{dr}{\mu_g K_{rg}^{0.5}r_w}q_{gsc}^2 \quad (10)$$

两相气水相渗函数：

$$f(S_w)=\frac{K_{rw}}{K_{rg}}=R_{wg}\frac{\rho_g\mu_w}{\rho_w\mu_g} \quad (11)$$

式中：q_{sc}为气井井口注采气量，万 m^3/d；为地层有效渗透率，$10^{-3}\ \mu m^2$；K_{rw}为水相相对渗透率，$10^{-3}\mu m^2$；K_{rg}是气相相对渗透率，$10^{-3}\mu m^2$；h为地层有效厚度，m；μ_g是气层平均状态下的参考黏度，mPa·s；R_{wg}为生产水气比，m^3/万 m^3；S为真表皮系数；r_e为井控半径，m；r_w为井的折算半径，m。

通过数值迭代求解方程组式(9)、式(10)、式(11)，研制了程序模块，分析含水区气井多周期水侵对注采能力的影响。研究发现随着地层水侵入，气井注采能力降低明显，但文23储气库产水较小，水气比平均约为 $0.2m^3$/万 m^3，气井注采能力依然维持在较高水平。同时受多周期相渗变化影响，随注采作业进行，气井注采能力不断降低，在6~7个周期后基本稳定(图12)。

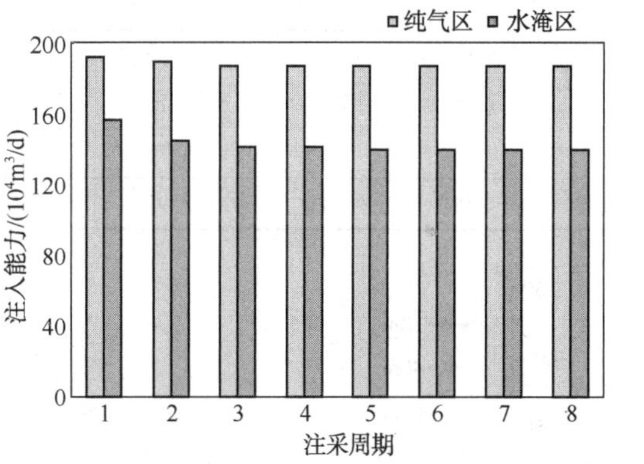

图12　多周期水侵对气井注采能力的影响

纯气区和水淹区多周期注采能力预测方法应用于文23储气库注采方案设计，预测注采能力与实际符合率达91%，为文23储气库注采方案的配产配注提供依据(图13)。

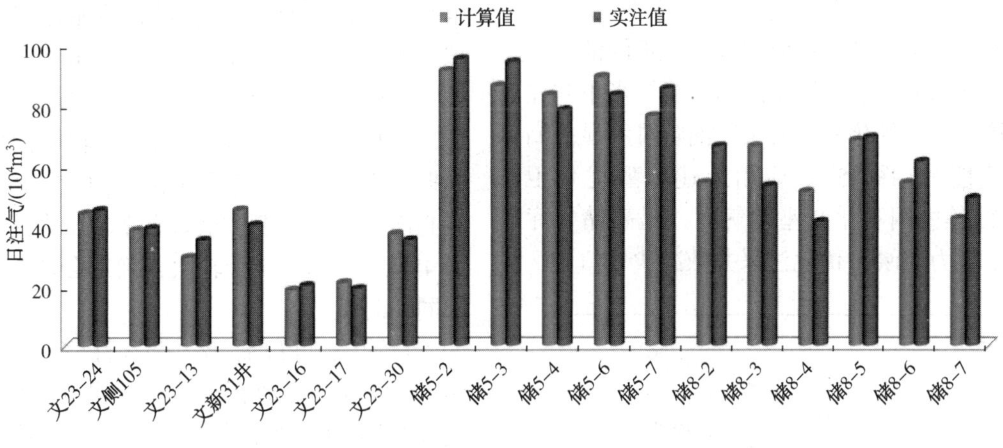

图13　文23储气库部分单井计算与实际吸气量对比

4.3　储气库注采井增产增注优化

采用新建立的注采能力方程(公式8和公式10)结合冲蚀流量方程、临界携液方程、井筒流动方程，研究建立一体化井型优化模型。

冲蚀流量主要依据APIRO14E推荐公式：

$$q_e = 3.3\times10^{-4}Cd^2\left(\frac{p_{wh}}{ZT\gamma_g}\right)^{0.5} \tag{12}$$

式中：q_e表示天然气冲蚀流量，万 m^3/d；C为经验系数，取值150；p_{wh}为井口压力，MPa；Z为气体偏差因子；T为井筒平均温度，K；d为油管内直径，cm。

临界携流量采用Turner公式：

$$\begin{cases} q_{sc} = 2.5\times10^4\dfrac{P_{wf}V_g A}{ZT} \\ V_g = 1.25\left[\sigma(\rho_l-\rho_g)/\rho_g^2\right]^{0.25} \\ \rho_g = 3.4844\times10^3\dfrac{r_g P_{wf}}{ZT} \end{cases} \tag{13}$$

式中：q_{sc}为天然气临界携液流量，万 m^3/d；V_g为携液临界速度，m/s；σ为界面张力，10^{-3} N/m；ρ_l为液体密度，kg/m^3；ρ_g为气体密度，kg/m^3；A为油管内截面积。

井筒流动方程：

$$P_{wf}^2 = P_{wh}^2 e^{2s} + 1.3243\lambda q^2 T_{av}^2 Z_{av}^2 (e^{2s}-1)/d^5 \tag{14}$$

式中：P_{wh}为井口压力，MPa；s为深度系数；λ为油管阻力系数；T_{av}为气柱平均温度，K；Z_{av}为气柱平均偏系数；d为油管内径，cm。

针对储层与隔夹层叠置发育，运用一体化井型优化模型从库容控制与增产增注两方面预测了不同井型对注采能力的影响。分析结果表明，由于水平井主要动用单层，大斜度井能钻穿控制多个储层，大斜度井控制库容优于水平井，水平井较斜井损失库容超过40%；优化采用大斜度井井斜角>60°时，提升注采能力大于30%，增产效果较好(表4、图14)。

表4 文23水平井与斜井控制库容对比评价表

类型	水平井控制垂厚/m	斜井控制垂厚/m	水平井损失库容/亿 m^3	水平井损失率/%
中产区	25	55	5.78	55
低产区	18	26	2.91	32

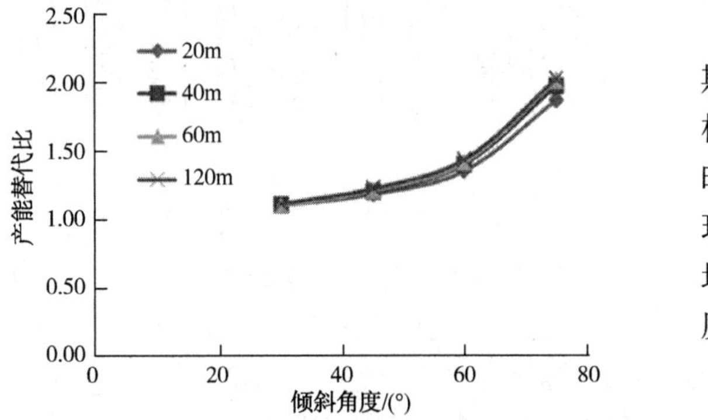

图14 不同角度下斜井增产倍数预测

运用一体化井型优化模型分析了不同油管尺寸对减弱高速冲蚀、井筒摩阻的影响，当单井注采能力较高时，优化采用大尺度油管可明显提高单井注采能力(图15)。应用上述模型优化卫11、文23等中国石化8座储气库，提高储气库单井注采能力40%，优化注采井数减少37口。

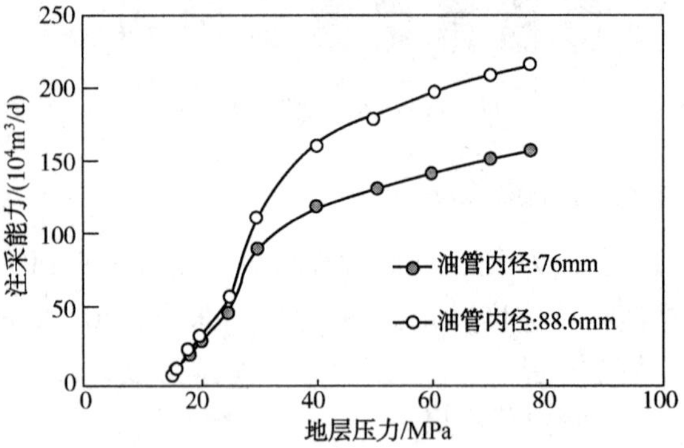

图15 注采井不同油管尺寸增产预测

5 凝析气藏注气提采协同建库技术政策

目前，凝析气藏改建储气库均按照传统方案实施笼统注采。以大张坨储气库为例，单井需承担注气与采气作业，导致注入气将凝析油推向地层深处，同时注入气对凝析气的置换不充分，采出气以干气为主，凝析油采出程度低。本文提出了一种凝析气藏注气提采协同建库方法，具备最大限度提高凝析油采收率和储气库调峰功能。该方法除了经历常规凝析气藏循环注气提高凝析油采收率和储气库注气吞吐调峰两个阶段外，还有过渡协同期。在协同期内，利用储气库气源进一步注气驱油提高凝析油采收率，同时兼顾储气库调峰。本文在协同建库渗流实验及机理分析的基础上，论证了合理的协同建库技术政策，建立了凝析气藏提高凝析油采收率与储气库建设协同的新模式。

5.1 凝析气藏协同建库渗流机理

通过开展长岩心室内提采-协同-储气全周期模拟实验，论证不同阶段的运行参数对提高凝析油采收率和储气调峰的影响，确定合理的转换时机，为技术政策的制定提供依据。本次渗流机理实验复配样品凝析油含量753.89g/m^3，原始地层压力55MPa，露点压力48MPa，地层温度137℃。

1. 循环注气转协同期时机模拟实验研究

在55MPa下用配制凝析气样品并选用总长度为67.8cm的长岩心，设置原始储层条件后模拟衰竭开采至51MPa，分别设置6个不同循环注气量(0.2HCPV，0.5HCPV，0.7HCPV 1HCPV，1.2HCPV，1.5HCPV)开展注气转协同模拟。协同期岩心入口端注气至上限压力51MPa后停注，岩心出口端开采模拟至岩心平均压力达到下限压力45MPa，循环3个轮次，确定合理循环注气转协同期时机。

从图16可以看出，循环注气注入量越大，转协同3轮次后凝析油采收率越高。但当注入量在0.5~0.7PV时，凝析油采收率增速减少，存在明显的拐点。合理循环注气-协同转换时机约为注入量0.6PV时，按同类凝析气藏循环注气3.5%~4%的年注入速度换算，循环注气-协同转换时机约在循环注气15~17年后。

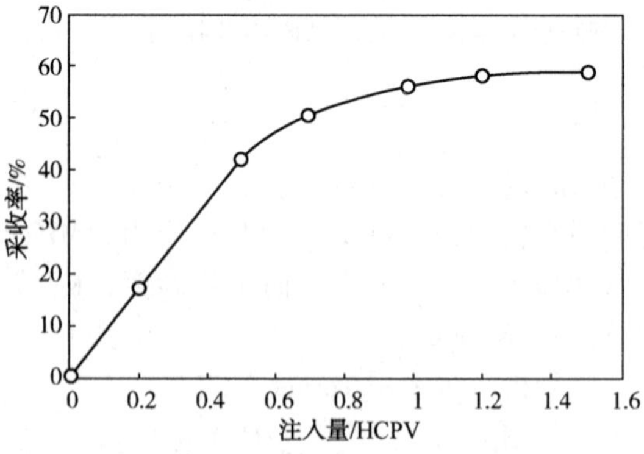

图16 循环注气-协同转换时机确定

2. 协同转储气时机模拟实验研究

该实验需要连续模拟协同期注气驱油和储气期吞吐两种注采方式。在协同注气期模拟时，长岩心入口端注气，出口端关闭；协同采气期模拟时，入口端关闭，出口端采气。而储气期吞吐模拟时，长岩心出口端一直关闭，入口端注气，入口端采气。实验在协同期压力 51～40MPa 下分别模拟 3 个、5 个协同两种不同周期数后转储气库多周期吞吐实验模拟，储气库多周期吞吐共模拟 2 轮次。

协同期注气驱油转储气库吞吐后，发现吞吐对提高凝析油采收率效果弱，协同 3 轮次后转储气库多周期吞吐，凝析油采收率由 50.68%增加为 52.62%，仅增加 1.94%。当压力为 51～40MPa 时，协同 5 个轮次比 3 个轮次可增加凝析油采收率 5%，而以驱替的方式增油提采效果明显。

同时，协同 4 周期和 5 周期相对于协同 3 个周期，凝析油采收率增速放缓，接近水平线（图 17），表明协同 5 个周期后，协同提高凝析油采收率的效果已经不明显，可以转储气阶段，以吞吐的方式注采，因此，本次实验样品的合理协同期为 5 年。

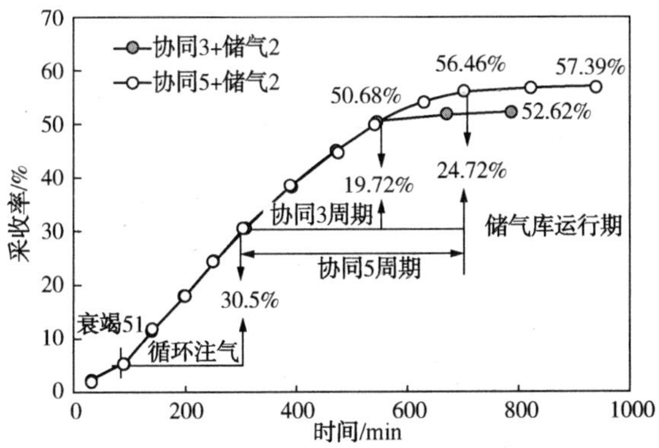

图 17　不同协同轮次转储气库吞吐凝析油采收率变化

5.2　提采协同建库分阶段关键参数设计

凝析气藏提采、协同、建库三个不同阶段的目标和侧重点不同，分阶段运行参数和技术政策优化设计上也有差别，本文以中国石化白 9 高含油凝析气藏协同建库为例，分不同阶段开展协同建库运行参数和技术政策。白 9 储气库位于白庙气田中部，为白庙气田的主要含气断块，含气层位为沙三中 1－沙三下 5，气藏埋深 3350～4200m，地层温度 129℃，储层平均孔隙度 12.2%，平均渗透率 $1.75\times10^{-3}\mu m^2$，平均地层压力 53MPa，平均凝析油含量 $420g/m^3$，为低孔低渗高含油凝析气藏。

1. 分阶段运行工作气量设计

凝析气藏改建储气库上限压力设计和常规储气库相同，需保证低于地层破裂压力，避免断层开启等。综合考虑注入设备性能满足需求等因素，设计上限压力为原始地层压力 53MPa。

下限压力三个阶段设计各不相同，在注气提高凝析油采收率阶段，下限压力设计为 43，略高于露点压力 42.8MPa（图 18），可防止反凝析并保证注入气能置换较重的凝析气，从而提高凝析油采收率；在协同阶段，保障一定的高压，确保凝析油饱和度进一步降低，在提高凝析油采收率的同时要保障具有一定的工作气量规模，且必须高于最大反凝析饱和度对应的压力区间（15～20MPa），该阶段下限压力设计为 26MPa（图 19）。在储气库阶段，下限压力设计和常规储气库相同，保障储气库采气末期井口压力不低于管道外输输入压力，保障采气末期具有一定的采气能力，设计下限压力为 20.5MPa。研究表明在提采、协同、储气不同阶段，下限压力不断降低，工作气量不断增大（表 5）。

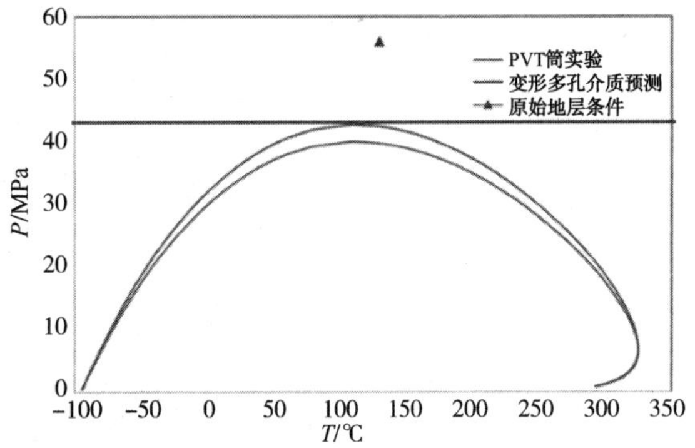

图 18　白 9 井考虑界面效应的露点预测

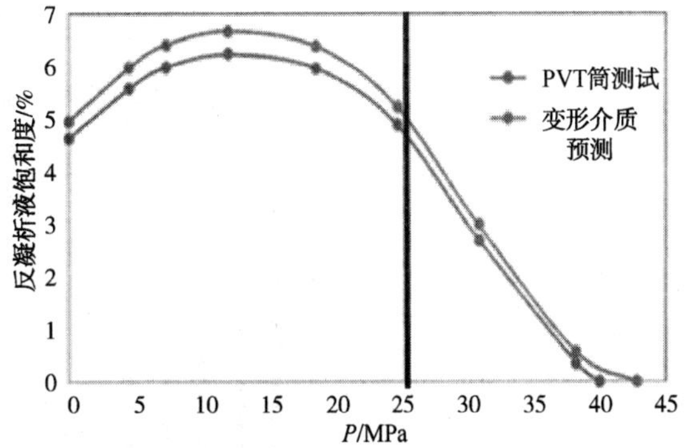

图 19　白 9 井考虑界面效应的反凝析饱和度预测

表 5　白 9 储气库协同建库分阶段指标设计

阶段	提采	协同	储气
上限压力/MPa	53	53	53
下限压力/MPa	43	26	20.5
工作气量/亿 m^3	0.56	1.13	1.8

2. 凝析气藏提采-协同-储气井网部署对策

在储气库注采井网部署上，凝析气藏协同储气库与枯竭气藏型储气库不同，在提采和协同阶段，注气井和采气井原则上不能混用，从而避免吞吐在注气时把井筒周围的凝析油推向远端，在采气时只采出干气，不利于采出凝析油。同时，随着提采-协同-储气各个阶段下限压力不断下降，工作气量不断增大，需要不断加密井网。以白 9 高含油凝析气藏协同建库为例，白 9 凝析气藏内部发育次级小断层，均为不封闭断层，储层连通性较好。在提高采收率阶段，主要利用老井，井网部署以驱为主，提高凝析油采收率。在协同建库阶段，在老井基础上，适当加密，由驱转储，储驱结合，加快建库速度并增大调峰能力。在储气库阶段，进一步加密井网，新井注采，老井采气，提高注采能力，实现最大调峰量。运用数值模拟方法预测白 9 储气库协同建库提高凝析油采收率 12.75%（图 21）。

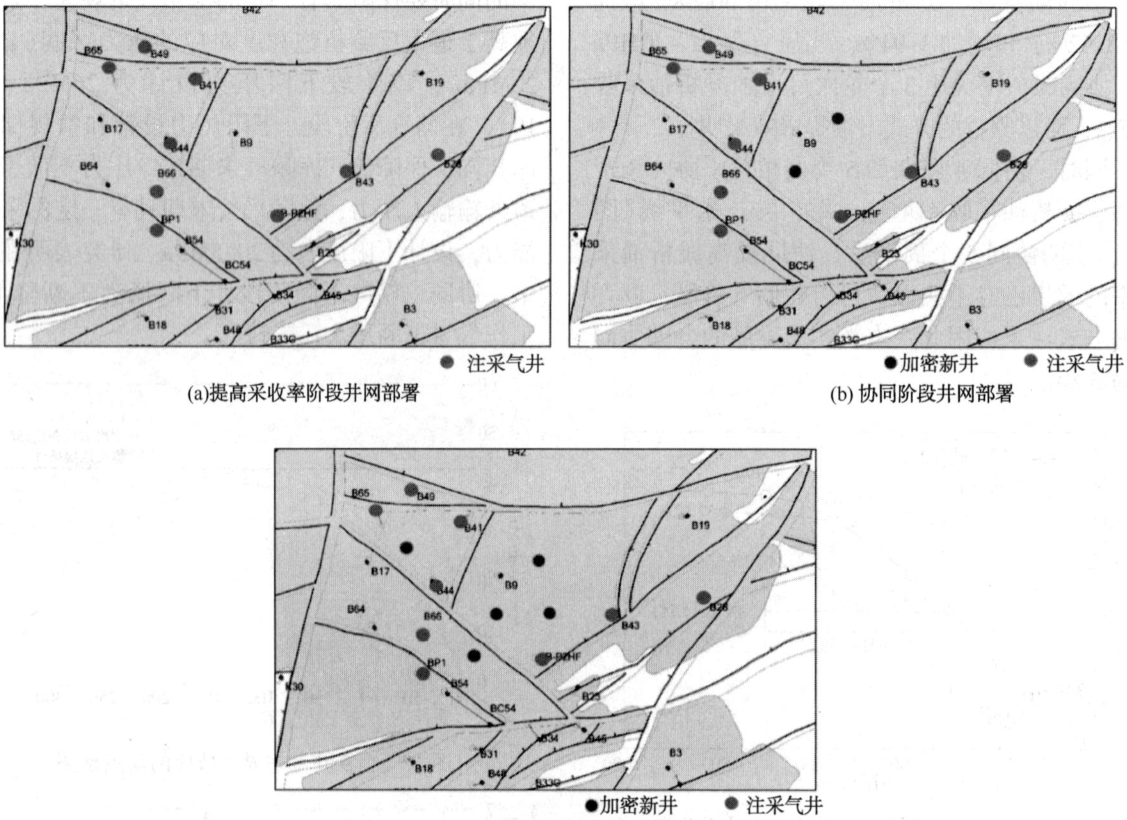

(a)提高采收率阶段井网部署

(b)协同阶段井网部署

(c)储气库阶段井网部署

图 20　白 9 凝析气藏协同建库分阶段井网部署

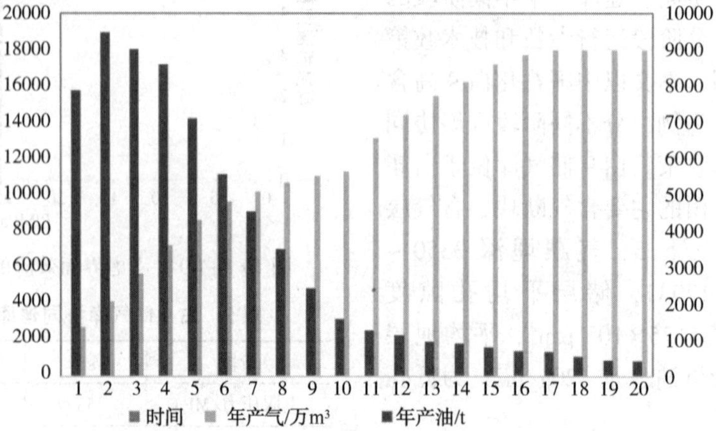

图 21　白 9 提采协同储气库多周期产油产气预测

6 结论与建议

目前我国可改建地下储气库的枯竭油气藏资源地质条件复杂、类型多样，需要通过技术攻关研究，扩展建库资源，创新建库模式，科学编制不同类型储气库建设方案，实现天然气储备调峰能力的快速提升。结论如下：

（1）动态密封性评价是复杂断块储气库地质方案编制的基础，通过物理模拟试验揭示盖层疲劳损伤和断层滑移机理，开展多周期注采地应力数值模拟，分析圈闭气密封能力，形成了储气库四维动态密封性评价技术。

（2）通过分析超高压裂缝储层岩石压缩系数、孔隙度、渗透率应力敏感机理，建立基于岩石压缩系数应力敏感和束缚水膨胀的库容预测模型，和常规考虑气体压缩性的物质平衡方程相比，提高库容预测精度30%。

（3）建立了水侵型储气库分区带多周期注采能力预测方法，结合冲蚀流量方程、临界携液方程、井筒流动方程，建立了一体化井型优化模型，对中国石化8座储气库注采井型和油管尺寸优化后提高单井注采能力40%。

（4）开展了凝析气藏提采-协同-储气协同建库全周期模拟实验，分析不同阶段的合理转换时机，验证了协同期注气驱是提高凝析油采收率的有效方式，论证了协同建库分阶段运行参数及合理技术政策，预测提高凝析油采收率12%。

参考文献

[1] 曾大乾，张广权，张俊法，等. 中国石化地下储气库建设成就与发展展望[J]. 天然气工业，2021. 41(9)：125-134.

[2] 张刚雄，李彬，郑得文，等. 中国地下储气库业务面临的挑战及对策建议[J]. 天然气工业，2017，37(10)：153-159.

[3] 曾大乾，张俊法，张广权，等. 中国石化地下储气库建库关键技术研究进展[J]. 天然气工业，2020. 40(6)：115-123.

[4] 雷鸿. 中国地下储气库建设的机遇与挑战[J]. 油气储运，2018，37(7)：728-733.

[5] 丁国生，谢萍. 中国地下储气库发展与展望[J]. 天然气工业，2006，26(6)：111-113.

[6] 徐东，唐国强. 中国储气库投资建设与运营管理的政策沿革及研究进展[J]. 油气储运，2020，39(5)：481-491.

[7] 谭茂波，游锋，林国庆，等，天然气地下储气库类型及建设关键技术论述[J]. 西部探矿工程，2015，9：25-28.

[8] 张广权，曾大乾，范照伟，等. 利用地应力评价地下储气库断层密封性方法及应用[J]. 天然气地球科学，2021，32(6)：923-930.

[9] 张广权，范照伟，曾大乾，等. 交变载荷下储气库储层与盖层损伤规律[J]. 断块油气田，2021，28(6)：769-774.

[10] 郑得文，胥洪成，王皆明，等. 气藏型储气库建库评价关键技术[J]. 石油勘探与开发，2017，44(5)：794-801.

[11] 余靓. 枯竭气藏型地下储气库运营期失效概率数值模拟[D]. 西南石油大学，2017，10.

[12] 陈默，王璐，冯金义，等. 中—低丰度气藏盖层的空间分布及封闭特征[J]. 断块油气田，2016，23(1)：31-35

[13] 谭万仓，邵红君，王力娟，等. 致密砂岩盖层特征及分类评价标准[J]. 断块油气田，2020，27(3)：304-308.

[14] 张伟忠，张卫海，张秋实，等. 一种改进的泥岩涂抹定量评价方法[J]. 新疆石油天气，2014，10(1)：19-23.

[15] 刘新宇，李会元. 泥岩层数对泥岩涂抹形成及演化影响的物理模拟[J]. 断块油气田，2015，22(6)：722-728.

[16] 舒萍，高涛，王海燕，等. 大庆油田升平储气库盖层密封性划分标准及评价[J]. 大庆石油地质与开发，2019，38(5)：272-276

[17] 张俊法，曾大乾，张广权，等. 超高压气藏改建储气库注采能力及库容评价-以川东北清溪储气库为例[J]. 断块油气田，2021，28(6)：775-780.

相国寺储气库采气调峰能力优化探讨

蒋华全　雷思罗　任　科　宁　飞　杨　颖

（重庆相国寺储气库有限公司）

摘　要　相国寺储气库作为西南首座地下储气库，累计调峰采气超过 105 亿 m^3，为冬季保供发挥了重要作用。本文通过分析相国寺储气库投产以来采气期的生产运行情况，总结调峰需求及生产规律，明确了储气库调峰能力发挥的主要影响因素。相国寺储气库 2021 年扩容达产完成后，具备 2855 万 m^3 最大日采气调峰能力。本文在收集相国寺石炭系气藏认识成果基础上，应用自主研发的相国寺储气库采气期地层压力及采气能力预测方法，确定了最大化发挥储气库调峰能力的采气方案，为后续冬春季调峰保供配产提供参考。

关键词　相国寺储气库；采气调峰

1　相国寺储气库简况

相国寺储气库是由原相国寺气田石炭系气藏改建而成，其功能定位为承担中卫—贵阳联络线及川渝地区季节调峰、事故应急，2011 年 10 月开工建设，2018 年 12 月竣工验收，2019 年开始扩容达产，2021 年扩容达产完成后，相国寺储气库具备 2855 万 m^3/d 最大采气调峰能力。设计参数参见表 1。

相国寺储气库 2013 年 6 月 29 日第一口注采井相储 8 井正式投产注气。截至 2022 年 9 月 15 日，已实现“十注八采”，共计 22 口注采井投产，最大日注气量 1518 万 m^3，最大日采气量 2884 万 m^3，历年累计注气 146.09 亿 m^3，历年累采气 105.75 亿 m^3（图 1）。

表 1　相国寺储气库设计参数表

设计指标	原设计指标	扩容达产完善后
运行压力/MPa	13.2~28.0	13.0~28.0
库容/亿 m^3	42.6	
垫底气量/亿 m^3	19.8	
工作气量/亿 m^3	22.8	23.0
最大注气量/(万 m^3/d)	1380	
季节调峰最大采气量/(万 m^3/d)	1393	1917
应急最大采气量/(万 m^3/d)	2855	

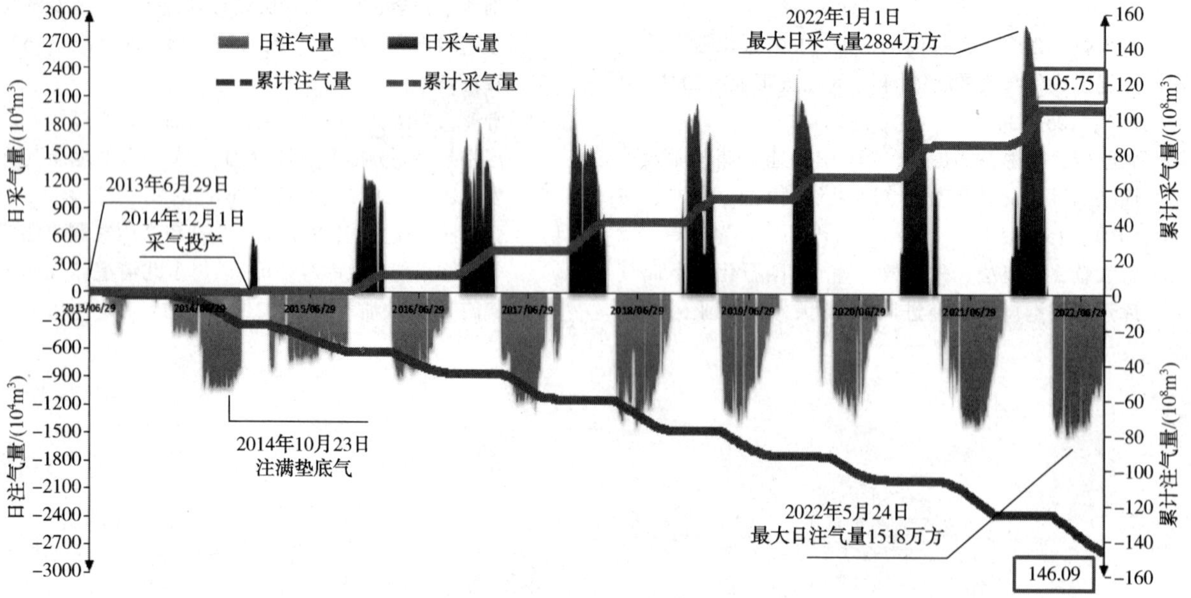

图 1　相国寺储气库“十注八采”生产曲线图

2 储气库冬季调峰市场需求分析

2.1 冬季调峰需求日渐强盛

随着中国能源消费结构战略调整，天然气年消费量将快速增长，产销在时间和区域上的不均衡矛盾会更加突出。根据 IGU 预测，全球天然气需求量在 2030 年将增加到 4.5 万亿 m^3，全球地下储气库工作气量将会从 2005 年的 3300 亿 m^3 增长到 2030 年的 5430 亿 m^3，其中，中国地下储气库工作气量将达到 500 亿 m^3，工作气量占消费量比例将由目前 3%提升到 10%。

截止 2022 年 3 月 15 日，相国寺储气库去冬今春调峰采气量 19.81 亿 m^3，2021—2022 年调峰季与前期调峰季相比，采气量增幅达到约 43%，连续 45 天日采气量超 2200 万 m^3，最高日采气量 2884 万 m^3。从相国寺储气库多周期采气情况可以看出，尽管受市场因素影响，冬季调峰总量呈现波动，但是综合日均采气量仍然呈现稳步增长趋势(图 2)。可以预见，冬季最大调峰需求在未来将持续超过目前设计 1917 万 m^3/d，甚至超过 2500 万 m^3/d。

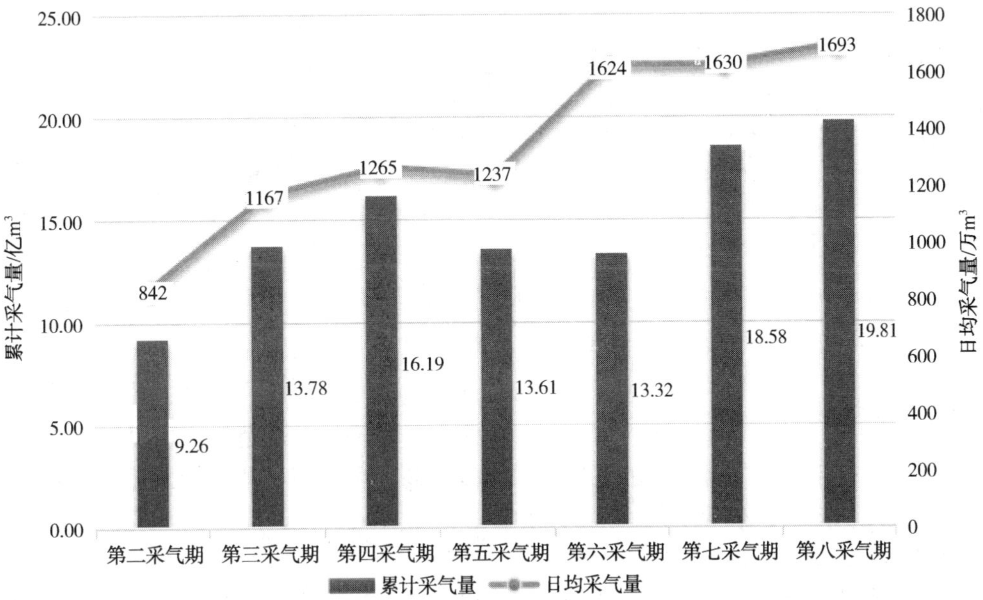

图 2 相国寺储气库多周期采气情况对比图

2.2 高峰月需求更加突出

近年来，国内冬季用气高峰月供需矛盾突出，由于国外气源减量，极端寒潮天气、“煤改气”造成天然气需求量大增等因素，用气需求常出现集中突然爆发的趋势，要呈现以下特点：

(1) 突发性：用气缺口通常突然加大，要求储气库在短时间内迅速提高采气量。例如 2016 年 11 月—12 月，中亚天然气供应国因极端天气和装置故障等原因，减少供应量 3000—4000 万 m^3/d，相国寺储气库立即启动应急采气方案，采气量从 500 万 m^3/d 迅速提升至 1600 万 m^3/d，最高达到 1657 万 m^3/d，阶段应急采气 3.67 亿 m^3，日均采气量 1400 万 m^3/d。

(2) 需求集中：冬季调峰需求逐渐向采气高峰月 12 月—1 月集中，12 月、1 月调峰气量逐年增加，而 11 月、2 月、3 月调峰气量随市场因素呈现波动，高峰月与低峰月需求量差值逐年增加。例如 2020 年—2021 年第七采气期，12 月需要相国寺储气库持续按照 2400 万 m^3/d 生产，但由于前期采气造成地层压力降低，无法稳产；2 月又由于市场需求减少，储气库减产，无法发挥最大采气能力。

2.3 2021 年市场调峰需求预测

根据历年生产情况统计，12 月—1 月月调峰总量按每周期约 15%速度递增。11 月市场需求趋于平稳，日均采气量近两年保持在 1400 万~1500 万 m^3/d；2 月—3 月需求波动较大，其中 2 月历年平均生产 23 天，日均 1000 万 m^3/d；3 月历年平均生产 12 天，日均 680 万 m^3/d。

因此预计 2022 年 12 月调峰总需求较上一年上浮 15%达到 6.0 亿 m^3，2023 年 1 月调峰需求较上一年上浮 15%达到 9.0 亿 m^3，2022 年 11 月、2023 年 2 月、2022 年 3 月调峰需求基本与上一周期持平。

表 2　历年月日均调峰情况统计表　　亿 m³

时间/月	第二采气期	第三采气期	第四采气期	第五采气期	第六采气期	第七采气期	第八采气期
11 月	0.32	1.67	2.4	0.55	1.33	2.72	1.3
12 月	2.90	3.8	4.37	3.95	6.32	7.24	4.89
1 月	3.64	4.09	4.60	5.02	5.02	5.59	8.18
2 月	2.20	3.63	3.52	3.13	0.64	1.42	4.97
3 月	0.20	0.58	1.30	0.95	0	1.6	0.47

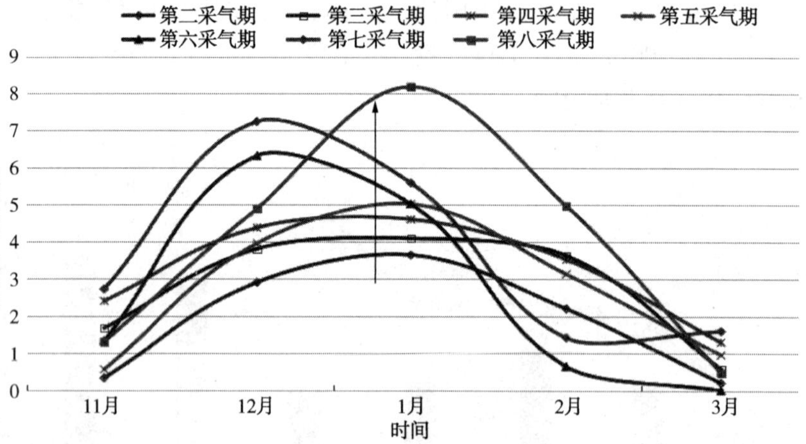

图 3　储气库月日均调峰对比图

3　储气库采气方案优化

储气库采气速率远高于传统气藏，能够在短期内反复经历传统气藏稳产、递减等阶段，其生产规律能够利用多次注采动态资料认识并得到验证。笔者在收集相国寺储气库历年注采资料基础上，结合原相国寺石炭系气藏认识成果，研究形成了一套基于地层压力预测的采气能力评价方法。该方法将历次采气期储气库各部位未采气井实测井底压力数据，匹配库存量、日采气量进行拟合计算，得到地层压力偏差系数，利用系数对原气藏压降储量公式进行修正后，能够快速计算相国寺储气库采气期间不同时期对应地层压力，预测不同阶段储气库采气能力及稳产时间，在此基础上优化调峰采气方案。

3.1　方法准确度评价

利用本方法对 2020—2021 年冬季采气生产开展预测，并与实际生产情况对比。2020 年注气期末库存量 41.84 亿 m³，平衡期末平均地层压力 28.07MPa。预测时间为 11 月 24 日 2400 万 m³/d 大规模采气至 2 月 6 日储气库因市场需求原因压产时。

截至 2021 年 2 月 6 日，本周期实际井口采气 16.32 亿 m³，利用该方法预测累计采气 16.57 亿 m³，偏差约 1.5%，差异主要由于采气期间调整工况井口输压波动造成。可以看出该方法计算精度极高，可以用于调峰能力优化计算。

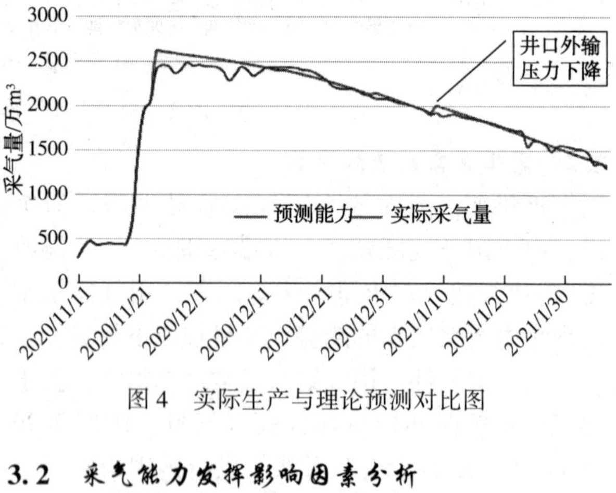

图 4　实际生产与理论预测对比图

3.2　采气能力发挥影响因素分析

1. 地层压力

投产初期储气库地层压力最高，采气能力最大，但为了满足市场天然气供应，储气库在 11 月中旬就必须投产采气，而在市场需求最强的 12 月，储气库由于地层压力降低，已经不具备最大采气能力。

为了保证 12 月、1 月有足够调峰能力，需要在前期控制采气量，确保在最需要的时候有足够采气能力，因此需要对采气方案进行优化，匹配出 11 月合理采气规模以及 12 月最大采气能力。

2. 井口外输压力

按照相国寺储气库采气时间 11 月 15 日—3 月 15 日，12 月按照最大能力自然递减生产，不同井口外输压力下计算结果见表 3。

计算结果表明（图 5）：随着输压下降 12 月—1 月调峰总量和周期调峰总量逐渐增加，输压 9MPa 时增幅最大，因此结合地面实际生产条件，将输压控制在 9MPa 左右是最具经济性且容易实现的。

表 3　不同输压采气能力对比

井口外输压力/MPa	12 月日均量/（万 m^3/d）	1 月日均量/（万 m^3/d）	12 月—1 月总量/（亿 m^3）	增幅/%	周期总采气量/亿 m^3	增幅/%
11	2836	1957	14.86		20.33	
10	2843	2101	15.33	3.16%	20.78	2.21%
9	2851	2268	15.87	3.52%	21.34	2.69%
8	2855	2425	16.36	3.09%	21.83	2.30%

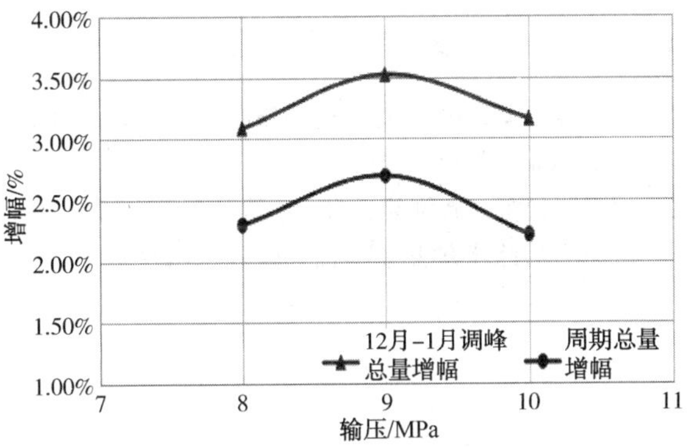

图 5　不同输压采气能力增幅变化曲线图

3.3　储气库采气方案计算

根据 3.2 分析，在期初库存量 42.6 亿 m^3，输压 9MPa，采气期 11 月 15 日—3 月 15 日情况下，计算不同采气方案下 12 月最大采气能力及稳产时间，结合近年 11 月市场需求情况，以 12 月—1 月调峰保供为首要前提，优选出最佳采气方案。

（1）2022 年冬季高峰月市场需求达到 2800 万 m^3/d

考虑 2022 年冬季市场需求在 2021 年基础上增加 15%，日采气量达到 2800 万 m^3，不同采气方案计算结果见表 4。

表 4　不同采气方案对比（$2800\times10^4m^3/d$）

序号	11 月配产/（万 m^3/d）	12 月配产/（万 m^3/d）	12 月 31 日采气能力/（万 m^3）	稳产时间/天
1	0	2800	2800	37
2	500	2800	2800	34
3	1000	2800	2800	31
4	1500	2800	2747	29

计算结果表明：4 号方案在满足 11 月调峰需求前提下，12 月全月基本可以确保采气能力在 2800 万 m^3/d，因此推荐按照该方案组织生产。

2. 2022 年冬季高峰月需求与目前持平

考虑 2022 年冬季高峰月需求与 2021 年持平，保证 2500 万 m^3/d 采气规模，不同采气方案计算结果见表 5。

表 5　不同采气方案对比 2

序号	11 月配产/（万 m^3/d）	12 月配产/（万 m^3/d）	12 月 31 日采气能力/亿 m^3	稳产阶段	12 月-1 月累计量/亿 m^3
1	0	2500	2500	12 月 1 日—1 月 20 日	15.31
2	1000	2500	2500	12 月 1 日—1 月 14 日	15.02
3	1500	2500	2500	12 月 1 日—1 月 11 日	14.83
4	2000	2500	2500	12 月 1 日—1 月 8 日	14.62
5	2500	2500	2500	12 月 1 日—1 月 5 日	14.37

计算结果表明：3 号方案满足 11 月调峰需求前提下，12 月按照 2500 万 m^3/d 可以稳产至 1 月 11 日，基本覆盖了冬季调峰需求最高时间段，因此推荐按照该方案组织生产。

3. 实现 23.0 亿 m^3 工作气量全部采出

统筹考虑高峰月采气能力以及周期采气量最大化，11 月不同配产情况下，12 月开始按照最大采气能力自然递减，采气方案计算结果见表 6。

表 6　不同采气方案对比 3

序号	11 月配产/（万 m^3/d）	12 月 1 日采气能力/万 m^3	12 月 31 日采气能力/（万 m^3）	12 月日均采气量/（万 m^3）	周期采气总量/亿 m^3
1	2855	2855	2504	2876	22.9
2	2500	2855	2565	2806	22.8
3	2000	2855	2649	2829	22.7
4	1500	2855	2731	2844	22.5
5	1000	2855	2809	2853	22.3

计算结果表明：4 号方案兼顾了满足 11 月调峰需求，12 月全月 2800 万 m^3/d 的采气能力，以及周期采气总量最大化三个方面，因此推荐按照该方案组织生产。

4　结论及建议

（1）相国寺储气库库容达产后，为了确保 12 月全月采气能力均保持在 2800 万 m^3/d 以上，需要将 11 月日采气量控制在 1500 万 m^3 以内。如市场需求进一步增大，建议从其他渠道增加天然气供应。

（2）如果要兼顾 12 月采气能力和周期采气总量，建议 11 月按照 1500 万 m^3/d 组织生产，12 月按照最大能力自然递减生产，可以将 22.5 亿 m^3 工作气量全部采出，如适当延长采气期或降低外输压力即可完成 23.0 亿 m^3 采气量。

（3）相国寺储气库扩容达产完成后，采气规模可达到地面最大处理能力 2855 万 m^3/d，如需要进一步提高采气能力则需对脱水装置进行改造。

（4）为充分发挥储气库采气能力，建议对地面流程进行适应性改造，确保井口输压降至 9MPa 左右。

参考文献

[1] 马新华，等. 中国天然气地下储气库[M]. 北京：石油工业出版社，2018，11.

[2] 温凯，何蕾，虞维超，等. 枯竭油气藏型储气库地层压力的计算方法[J]. 油气储运. 2017(7).

枯竭砂岩气藏型储气库生产运行管理主要做法及效果

李战良[1]　孙宏伟[2]　孙立辉[3]　赵玉臣[4]

（1. 中国石化中原油田分公司油气开发管理部；2. 中国石化中原油田分公司天然气产销厂；
3. 中国石化中原油田分公司工程技术管理部；4. 中国石化中原油田分公司文留采油厂）

摘　要　利用枯竭气藏改建储气库因其具有建库周期短、投资成本低，又因注采方式与气藏开发阶段相类似，相比其他类型储气库在注采分析和运行管理方面更具优势，因此成为目前储气库建设的主流类型。中国石化投运的首座储气库（文96储气库）和最大储气库（文23储气库）均属此种类型的储气库。2座储气库自投产运行以来，逐步探索出了一套适用于枯竭砂岩型储气库的注采运行管理方法和技术，为中国石化下步同类型储气库建成后的运行管理提供了借鉴经验。

关键词　枯竭砂岩储气库；注采运行管理；文96储气库；文23储气库

引言

为保障我国能源安全，完善能源产供储销体系，中国石化“十四五”期间加大了地下储气库建设力度，截至2021年，已建和在建储气库达到了13座。由于储气库注采具有“强注强采”特点，其注采运行管理有别与传统气藏开发，而中原油田利用自身的资源优势，利用先期建成的文96储气库和文23储气库，逐步探索出一套枯竭砂岩储气库安全高效运行的管理技术和成功做法，为2021年投运的卫11等4个储气库以及下步中原储气库群的注采运行管理提供了宝贵的经验。

1　注采动态评价

储气库注采动态评价是储气库运行管理的重要内容，主要是通过对气封闭性，储层连通性、注采能力、边（底）水动态、库容变化及有效工作量等综合分析，对气库注采动态进行综合评价，适时进行优化调整，不断提高气库运行效率。

1.1　气库密闭性分析

1.1.1　盖层封闭性

盖层封闭性的动态验证主要是以气库过盖层利用井、封堵井压力及产气量有无异常变化为判断标准。

文23储气库为例，该气库盖层为S3X的灰白色盐岩+含膏泥岩，具有厚度大、分布广、封堵性强的特点，库区范围内厚度分布在200～600m。气库目的层位沙河街组沙四段3-8沙组。钻遇气库目的层的上部油藏利用井一共102口，主要产层为S2X和S3S的油层。

通过对上部采油的102口生产井动态数据统计分析，这些井的气液比未出现异常升高现象（图1），表明气库与上部油层未发生气窜，盖层封闭性较好。

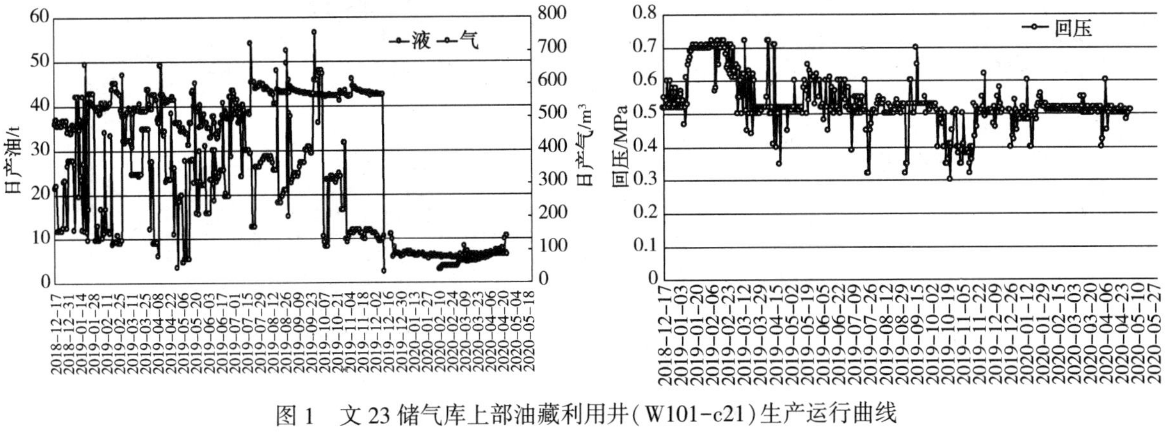

图1　文23储气库上部油藏利用井（W101-c21）生产运行曲线

1.1.2　底部隔层封闭性

目前中原已建的储气库储气层底部基本上以泥岩或是水层为隔层，为封闭气库底部天然气提供了保障，其封闭性主要以钻穿目的层的油藏利用井(图 2)的油气产量、油气比以及储层的含气饱和度变化来判断。

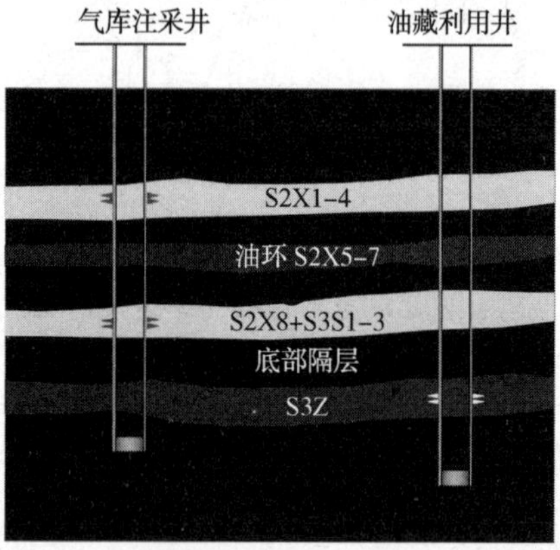

图 2　文 96 储气库底部隔层

以文 96 储气库为例，位于气库范围内的 W13-196 井生产下部 S3Z 油藏，文 96 储气库 2012 年投运后，该井日产气和油气比以及生产回压保持相对稳定(图 3)，证实气库底部隔层具有封闭性。

1.1.3　断层封闭性分析

1. 边界断层封闭性

储气库边界断层由于断距大，侧向封堵基本上为上盘巨厚的盐岩或是泥膏岩，在气库运行压力不突破气藏原始地层压力下封闭性较好，但考虑储气库多周期强注强采的运行特征，储气库运行后的边界断层的封闭性的评价依据数值模拟和断层封闭监测井数据来完成。

以文 96 储气库徐楼断层为例，该断层是气库西边界断层，平均断距 450m，因气库的注采井主要集中在距离徐楼断层较近的位置，该断层受压力叠加效果影响最大。但压力模拟，徐楼断层处最高压力将达到 28.7MPa，在安全运行区间，不会对构造完整性造成破坏(图 4)。

通过对 4 条边界断层下降盘断层监测井以及油井压力进行对比，产量进行监测，发现油井气油比保持稳定，油井产气量、压力无异常变化，也表明边界断层目前封闭性良好。

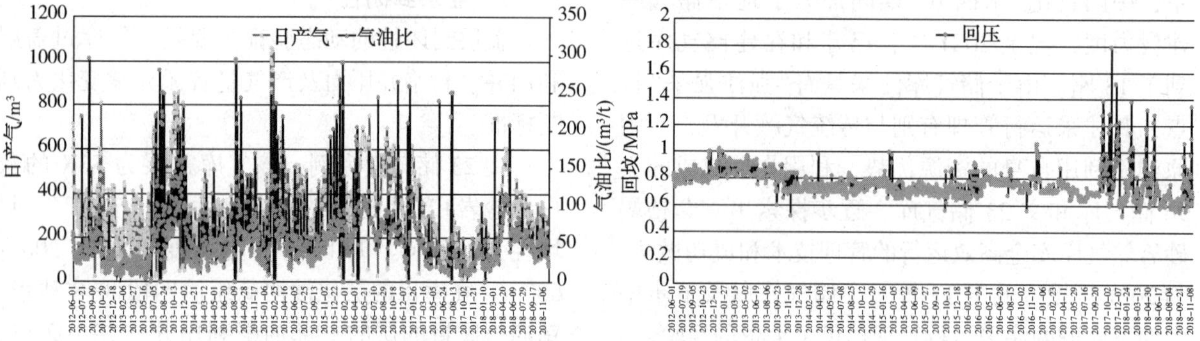

图 3　文 96 储气库下部油藏利用井(W13-196)生产运行曲线

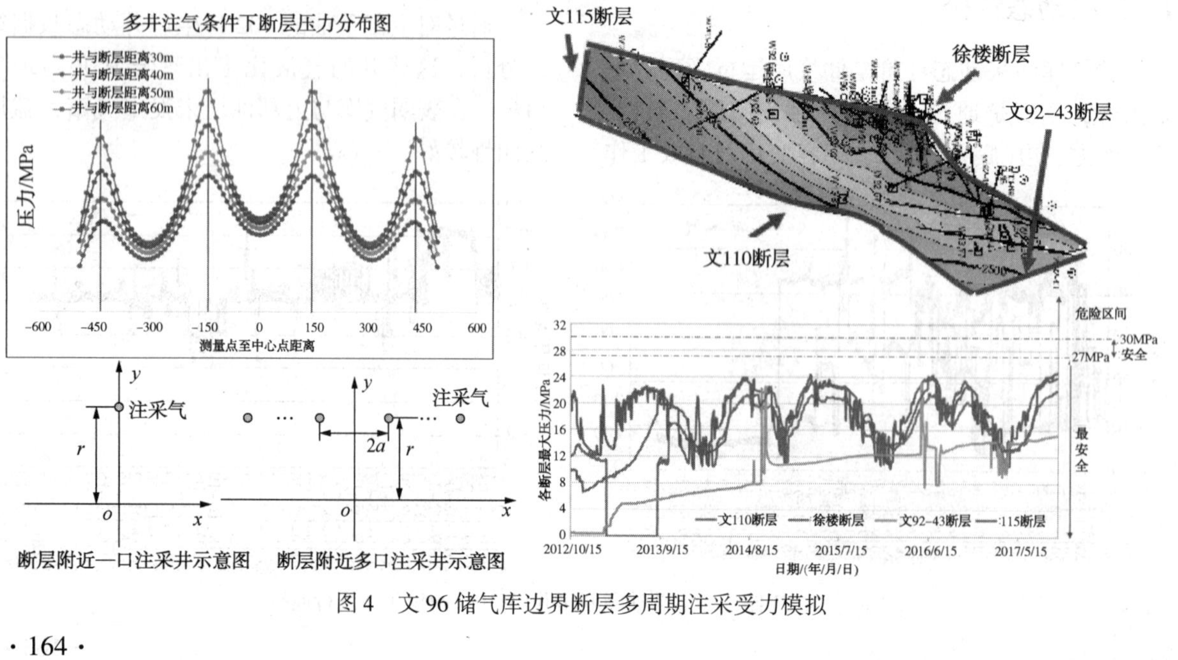

图 4　文 96 储气库边界断层多周期注采受力模拟

2. 内部断层封闭性

W92-47 断层是文 96 储气库内部唯一一条内部断层，可研方案利用气藏开发阶段资料分析该断层具有封闭性，但在实际注采运行过程中发现文 92-47 断层两盘为气砂接触，文 96-储 14 井基本未注采，但在八周期注采运行中，地层压力持续上升，与主块变化趋势一致，表明断层不封闭（图 5）。

1.2 储层连通性分析

储气库储层连通性分析主要在砂体连通研究基础上，结合储气库注采运行过程中吸（产）气剖面测试成果，综合评价储层连通性。

以文 96 储气库为例，平面上，储层非均质性较弱，砂体连通性较好；纵向上，隔层稳定发育，砂体不连通，层间动用状况存在较大差异。

产气剖面（吸气剖面）测试结果表明，平面连通较好，层间产气（吸气）能力差异较大。通过单井油压干扰分析，结合吸（产）剖面数据，评价井间连通性较好，井距 300~400m 范围内连通率 91%（图 6）。

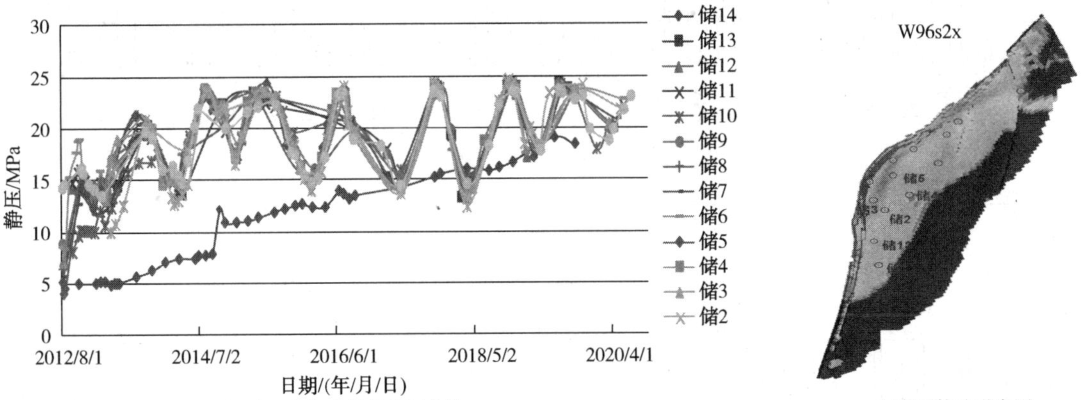

(a)文96储气库单井静压曲线　　(b)断层构造示意图

图 5　文 96 储气库 W92-47 断层封闭性评价

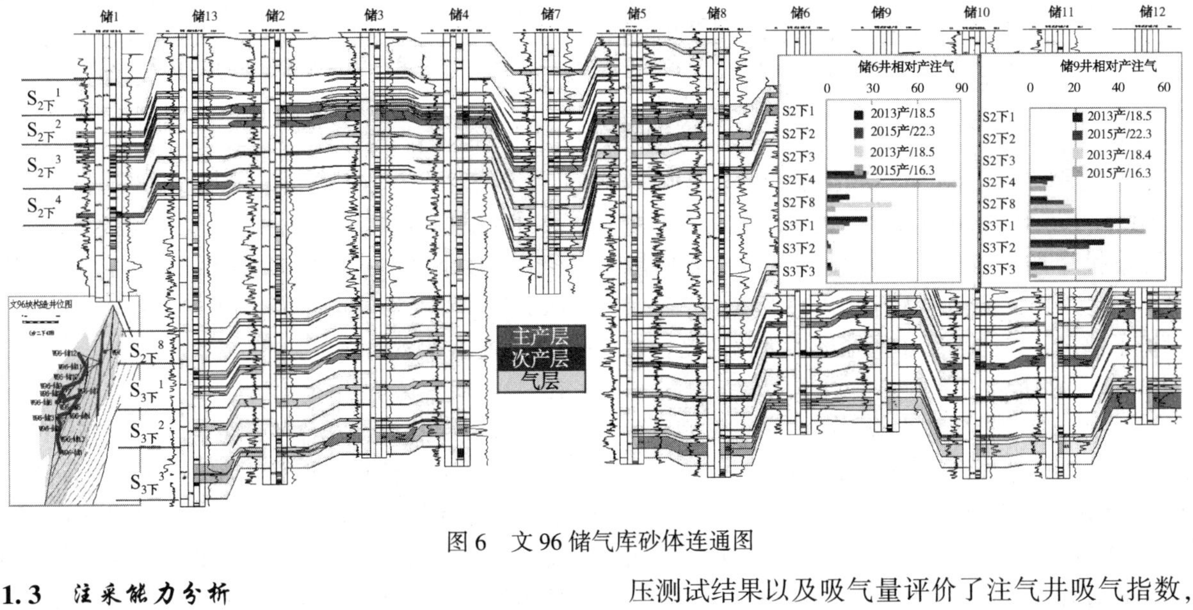

图 6　文 96 储气库砂体连通图

1.3 注采能力分析

在实际注采运行中，为更准确评价单井注采能力，以气藏工程理论和节点分析技术为基础，建立单井、井筒、地面一体化分析模型，根据单井实际注气压力、油压、流压等资料，建立单井产能二项式，预测单井注采气能力，优化配产配注，提高注采效率。

以文 23 储气库为例，结合注采井流压、静压测试结果以及吸气量评价了注气井吸气指数，吸气指数≥0.2 万 $m^3/d/MPa^2$ 的有 24 口井，占比 45%，气库整体吸气能力较好，吸气指数与射孔厚度相关性较好（图 7）。

吸气指数 $PI<0.1$ 万 $m^3/d/MPa^2$ 的注采井有 5 口，分别是文 23 储 6-4、储 4-8、储 4-7、储 4-2、储 3-8 井。其中储 3-8、储 6-4 井吸气指数低是因为位于构造边角处，单井控制面积小

(0.04km²、0.025km²)，制约了气井的注采能力；储4-2、储4-7、储4-8井的射孔厚度分别为75m、87.7m、77.8m，射孔厚度小是这三口井的吸气能力差的主要原因。

文23储气库采气指数在0.0396万~0.2137万$m^3/d/MPa^2$，平均为0.1261万$m^3/d/MPa^2$(图8)。

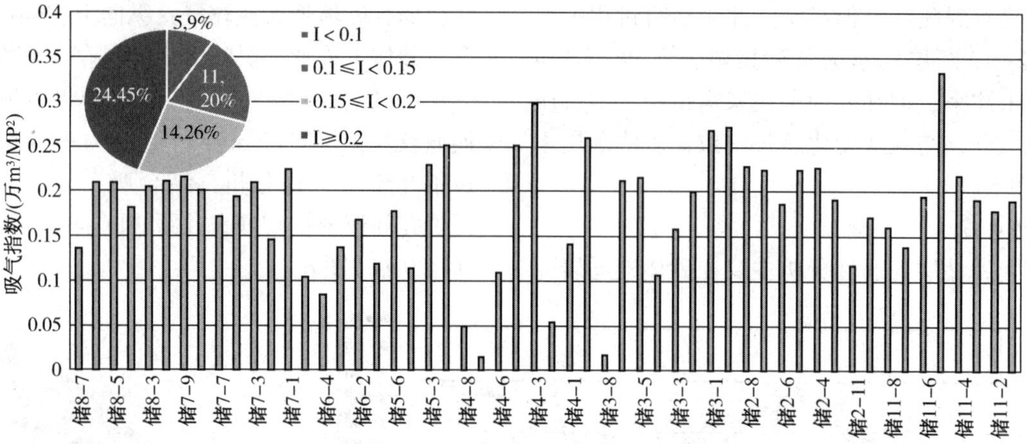

图7　文23储气库单井吸气指数

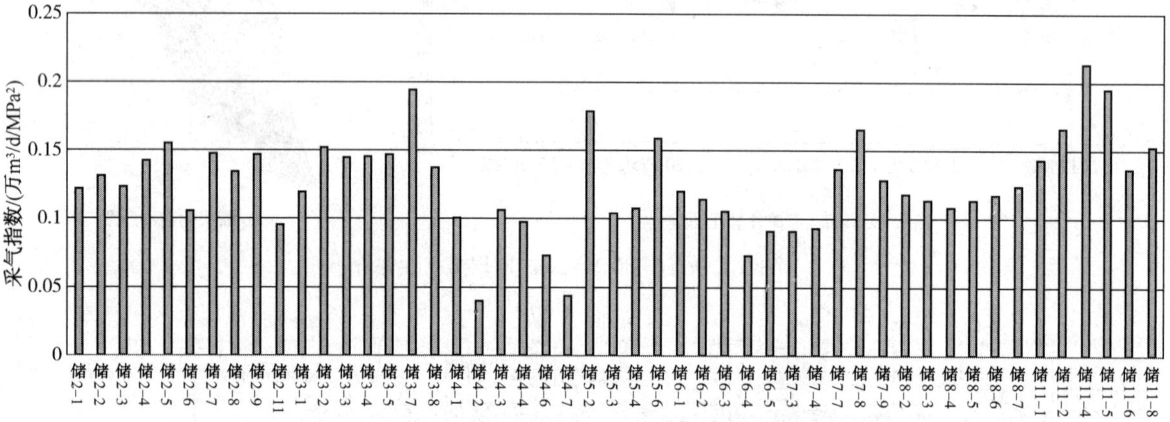

图8　文23储气库单井采气指数

通过评价，文23储气库注采井最大注气能力80.7~175.0万m^3/d，单井实际注气能力平均为方案设计的1.4倍，主要存在以下几方面原因：一是采用了低伤害无固相入井液体系，有效保护了储层；二是采用超深穿透多级脉冲复合射孔/后效射孔工艺，降低了孔道压实效应；三是由于历史开发过程压裂改造普遍，储层人工裂缝发育，提高了井周渗流能力。

1.4　边水动态分析

文96储气库为边水型砂岩层状气藏，在实际注采过程中，通过数值模拟，观察井、注采井液面监测，剩余气饱和度及产气剖面资料，综合分析气水界面运移规律，优化开井制度，提高注采效率，气水界面自第四周期开始基本保持稳定。在注采运行中，严格落实“高注均采”工作制度，防止边水向构造高部位舌进。经八周期注采，边水被驱替至构造低部位，气水分布更趋合理(图9)。

随着注采交替进行，根据PVT分析结果，采出气甲烷含量明显升高，重烃含量逐渐减少，相对密度下降，各项指标均接近注入气组分，边水对气库注采影响趋于稳定(图10)。

1.5　气库参数评价

1.5.1　库容评价

储气库的动态库容评价主要采用定容封闭气藏物质法进行计算，但是由于文96储气库为含边水型层状气藏，边水侵入后形成封闭气而不可动用，造成动态库容减少，为此，建立边水型储气库盘库模型评价动态库容。

根据边水型储气库盘库模型评价动态库容，呈逐年增加趋势，气库可动含气孔隙体积增大，受边水影响不可动用库存量自第六周期开始稳定在1.1亿m^3，边水影响程度下降。主块动态库容呈扩大趋势，文96主块设计库容5.19亿m^3，目前动态库容5.68亿m^3，达到方案设计的113%。

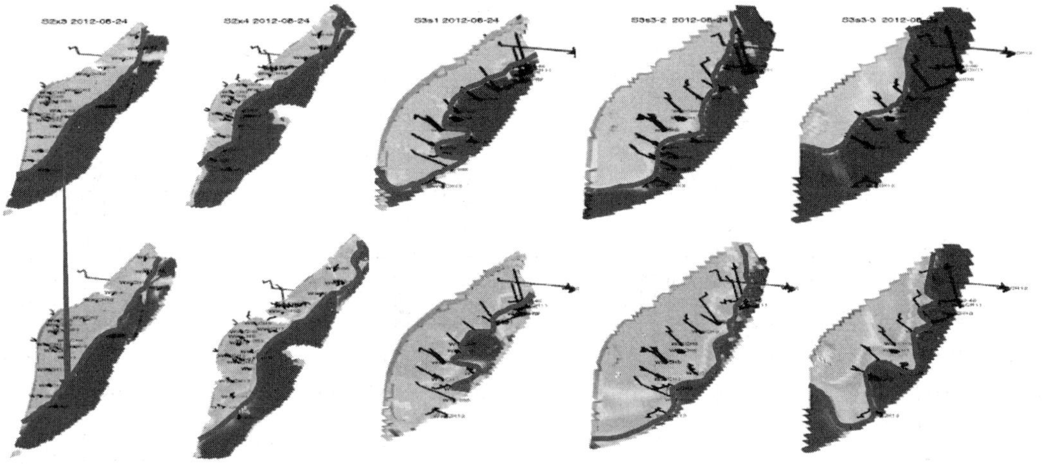

图 9　文 96 储气库多周期气水界面变化状况

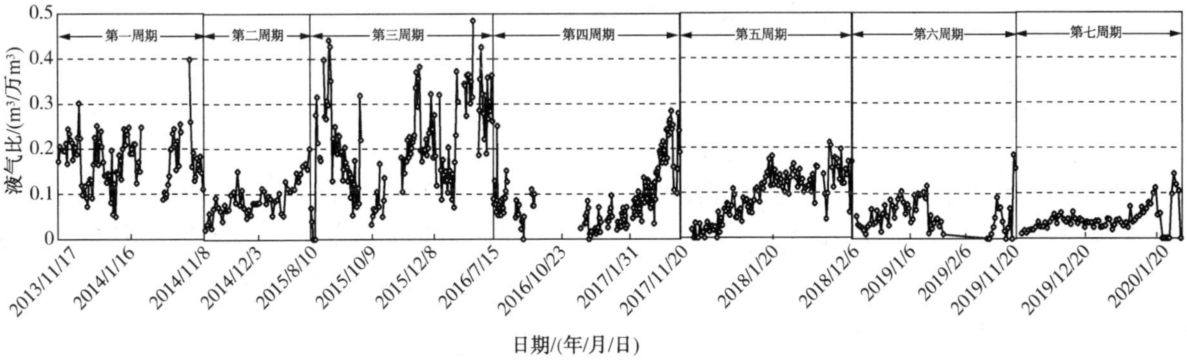

图 10　文 96 储气库液气比变化对比曲线

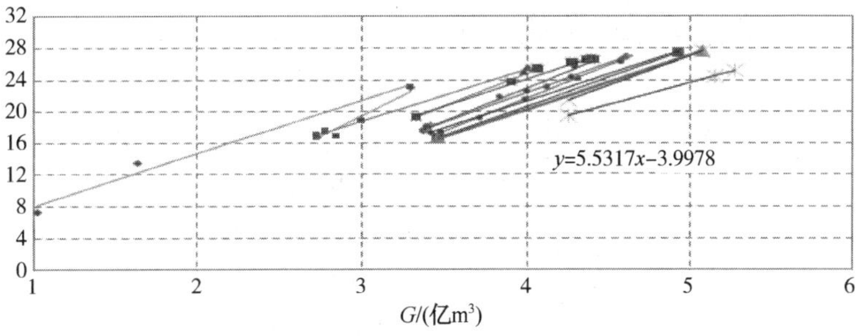

图 11　文 96 储气库主块库存变化曲线

1.5.2　工作气量评价

文 96 储气库方案设计工作气量 2.95 亿 m^3，其中，主块 2.61 亿 m^3、文 92-47 块 0.34 亿 m^3。在实际运行中，工作气量呈上升趋势，由 0.74 亿 m^3 上升到目前的 1.95 亿 m^3，未达到方案设计。

工作气量未达到设计的原因是：一是气库注采运行仅动用主块库容，文 92-47 块未动用，影响工作气量 0.34 亿 m^3；二是气库压力运行区间小。气库运行压力上未至顶，下未探底，压力运行区间 14.2~24.2MPa；三是边水侵入、储层非均质性及采气速度影响(S2 下 1-4、8+S3 上 1-3 合注，在构造低部形成一定范围气水过渡带，采气期天然气径向渗流压力损耗大；二是采气期边水沿地层压力低、有利相带舌进，形成部分死气区；三是井底积液影响)。

2　运行风险评价

运行风险评价是保证气库安全运行的重要措施，主要是通过系统风险评估、注采井油套环空带压分析及井控管理等，找出气库风险所在，制定针对性措施，确保气库长期、安全、高效运行，充分发挥调峰能力，提高气库运行效率。

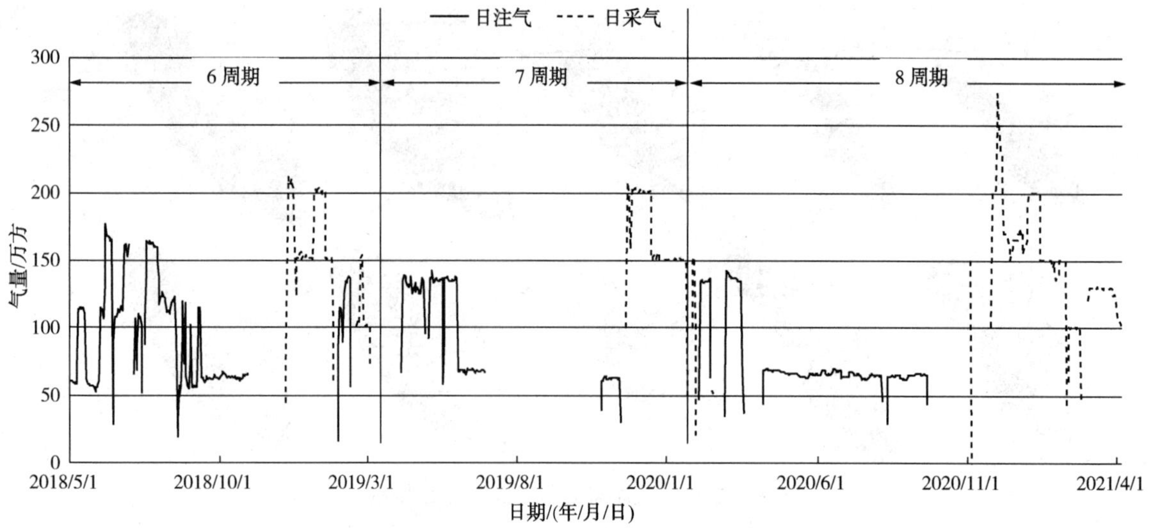

图12　文96储气库6-8周期注采气运行曲线

2.1 系统风险评估

储气库地面工程包括压缩机、脱水、脱烃、计量、自控等8大系统；地下工程包括注采井、封堵井、观察井、利用井等。通过对各系统风险因素、事件因素分析，建立风险评价模型。

文96储气库各子系统大部分都处于风险等级Ⅱ，从控制管理角度考虑，储气库主要风险点在于气库构造及井筒完整性(表1)。

表1　文96储气库系统风险等级评价表

系统	失效概率等级	失效后果等级	风险等级
管道子系统	2	D	Ⅱ
压缩机子系统	2	E	Ⅱ
过滤分离子系统	3	E	Ⅲ
脱水子系统	4	B	Ⅱ
注采及收发球子系统	2	E	Ⅱ
地面工程设施系统	4	C	Ⅲ
注采井系统	2	E	Ⅱ
地质结构系统	3	E	Ⅲ
地下工程设施系统	3	E	Ⅲ

2.1.1　气库构造完整性

储气库构造完整性从盖层、底部隔层、边界断层的封闭方面进行论证，前文已以文96储气库为例，此处不再进行叙述。

2.1.2　井筒完整性

储气库注采井在交变载荷作用下，存在固井水泥环失效可能，从而导致注入气漏失。应用水泥环力学完整性模型，同时考虑多周期交变水泥环疲劳积累，应用物理实验方法，确定多周期气库生产安全参数。将注采压差扩大到5MPa，频繁交替注采，水泥环经过276个周期才出现破坏(图13)。

2.2 注采井环空带压分析

储气库受工具及施工因素影响，注采井会出现环空带压现象，在储气库多周期强注强采运行模式下，会影响到储气库的井控安全，现以文23储气库为例，阐述注采井环空带压现象及初步分析结果。

2.2.1　带压现状

文23储气库一期新钻井66口，其中射孔完井64口(文23储7-6固井质量不合格、文23储5-1井管外封隔器漏未射孔)。新钻井采用永久完井管柱，回接筒以上油层套管材质采用S13Cr。目前油套环空带压井40口。其中小于3MPa14口，3MPa以上26口(<10MPa8口；10~20MPa13口；>20MPa5口)。

2.2.2　起压分析

为分析油套环空带压原因，2019年7—9月，对24口带压井进行环空放压(生产过程中套压超过3MPa18口井)；根据生产过程中油、套压变化及环空放压后压力恢复情况，将文23储气库油套环空带压原因可分为两类：一是残留气体引起，二是管柱渗漏引起。

残留气体引起：完井时井内残留气体，注采过程中因温度、压力变化引起油套环空压力显示(5口)。主要表现：一是投产半个月后套压显示较低且稳定；二是放压时间短(1~2min套压降至0)；三是气组分与地层气相近；四是放压后基本不再起压。

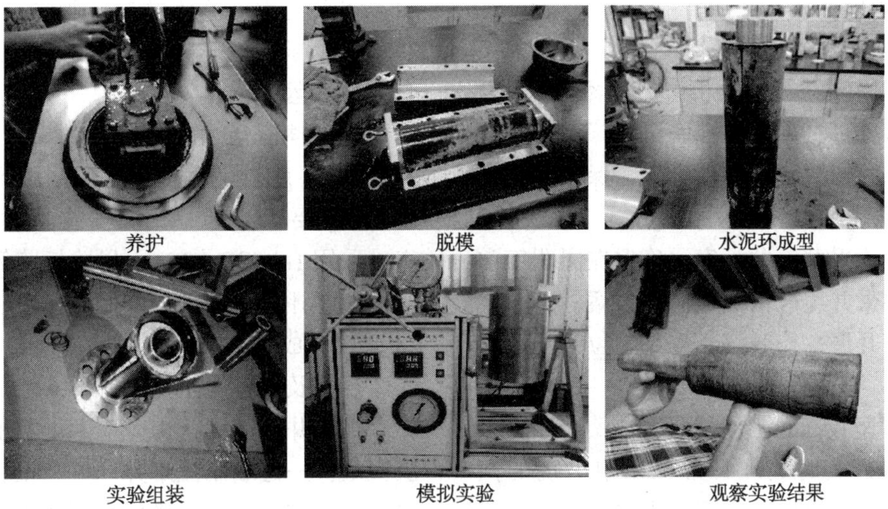

图 13　文 96 储气库多周期固井破坏性实验

管柱渗漏引起：进一步细分为轻微渗漏导致环空带压和严重渗漏导致环空带压。轻微渗漏导致环空带压(12 口)：套压随油压变化较明显，但能保持一定油套压差，反映管柱轻微渗漏，仍具有一定密封承压能力。渗漏原因是根据完井工具下井前试压情况，在注采交变载荷下，可能导致封隔器、油管丝扣气密封不严，从而造成管柱轻微渗漏；严重渗漏导致环空带压(14 口)：生产过程中油套压变化一致，停注后油套压相近。可以放压至 0MPa(10 口)，但放压期间油压响应明显，放压后套压恢复迅速，反映油套未完全窜通，但管柱渗漏严重。管柱严重渗漏可能是封隔器密封不严，也可能是油管丝扣密封不严所致。

2.2.3　风险分析

由残留气体引起的油套环空带压井，井筒及管柱密封完整性相对较好，风险小。

由管柱轻微渗漏引起的环空带压井，一是环空带压反映环空保护液漏失，不利于封隔器以上套管的保护；二是套管回接筒可能未回接到位，套压进一步升高可能造成回接筒位置窜漏；三是若上部油管丝扣渗漏，套压进一步升高，可能导致管外封窜漏。

由管柱严重渗漏引起的环空带压井，一是若上部油管丝扣渗漏，套压进一步升高，可能导致管外封窜漏；二是长期带压存在地面泄漏等安全风险；三是不利于封隔器以上套管的保护。

2.2.4　建议措施

由残留气体引起的油套环空带压井：正常生产，加强油套压力监测。

由管柱渗漏引起的环空带压井：一是完善地面流程，以备应急压井、放压；二是制定安全限压值，通过套管放压，将压力控制在安全范围内；三是管柱测漏，落实漏点，优化安全限压值；四是根据带压情况制定针对性措施，确保安全生产。

2.3　井控管理

2.3.1　井控管理内容

1. 注采井

(1) 采气管线爆裂、泄漏：关闭气井进站管线 ESDV，关闭采气树生产阀门，开启单井进站管线放空阀放空。

(2) 井口采气树泄漏：先关闭单井井下安全阀、采气树生产阀门和气井进站 ESDV，然后开启气井注采管线放空阀放空。

2. 封堵井

(1) 气井出现渗漏：立即汇报，可能是管外串漏，上作业找漏并挤堵。

(2) 井口帽、防护装置等损坏：立即组织维护，恢复原状。

(3) 井口有压力显示：检定压力表；观察喷出物；落实井筒漏点并处理。

3. 利用井

跟踪注采运行动态，发现异常，采取如下应急措施：

(1) 向主管部门和领导及时汇报。

(2) 分析异常原因。

(3) 若是井筒工况导致生产异常，按程序进行井况监测。

根据监测结果制定下步措施。

2.3.2　井控管理措施

1. 管理区

日巡检、周例会、月分析，公司季度检查，发现问题及时处理，确保井控安全。

措施一：井口日常及专业维保，保障注采交变载荷下运行工况良好。

措施二：注采井一井一案，确保在岗职工掌握生产现场注采井生产情况及应急预案。

措施三：开展井控演练，提高岗位人员应急处置能力。

措施四：坚持三级验漏制度，每天对注采站、井场验漏，及时处理日常工作中出现的问题，保证注采井采气树及生产流程安全不刺漏。

2. 承包商

重点做好三方面工作：一是优化方案设计，井控措施具有针对性；二是强化施工全过程监督管理(井控安全技术交底、现场开工验收、防止仪器落井及跑冒滴漏等)，落实井控措施，确保井控安全；三是完工验收，分两级分析、评价，验收结果应用于施工费用结算。

3　生产运行管理

生产运行管理主要包括储日常生产管理、配套工艺技术、设备运行管理三个方面内容。

3.1　日常生产运行管理

储气库日常生产运行主要从调度指令的执行、数据资料的录取、隐患的排查、管道设备的巡护、员工技能培训以及质量体系建设方面进行管理。

3.1.1　严格执行调度指令

以文96储气库为例，气库自2012年投产以来，快速响应上级下达的各项注采指令，圆满完成注采任务。

科学调配注气量，针对投产初期地层压力偏低，单井吸气能力高的特点，优化单井配注，单井注气量控制在临界冲蚀流量以下，防止管柱冲蚀。采气期，综合考虑地层出砂、管柱冲蚀、井筒结盐等因素，优化单井配产，合理控制压差生产，保障气井平稳生产。

3.1.2　规范资料录取

为全面准确评价注采运行期间气库密封性、储层连通性、注采能力、边底水动态、库容动用等情况，制定《枯竭气藏型储气库动态资料录取规范》(Q/SH 1025 0979—2015)，明确静压、流压、注采气量、流体性质、吸气(产气)剖面等取资料要求，科学指导气库动态评价，确保安全、高效运行。

3.1.3　严格安全隐患排查治理

根据《危险化学品企业安全风险隐患排查治理导则》要求，对储气库安全风险隐患深入排查；采用HAZOP、JSA、风险矩阵等方法开展风险识别、评价，分级分类制定风险管控措施。文23储气库成功处置较大风险18项，有效保障了气库投产及运行安全。

强化井控演练，提升应急处置能力，推进本质安全：一是编制注采井一井一案，开展全员学习，每月进行考核，确保在岗职工掌握现场生产情况及应急预案；二是每季度开展井控演练，提高岗位人员应急处置能力。

3.1.4　精细管道巡护

管道巡护以文23储气库为主，主要涉及120km废旧管线、44km新建管线，采用“全管段天天巡、重点段加密巡”模式，切实筑牢集输管道安全防护网，实现管道巡护“时间、地点、人物、记录”四到位，确保管道持续安全平稳运行。

3.1.5　强化施工安全监督

深入开展“每井一题、每周一课、每月一考”活动，提高施工作业监督水平，严把施工质量关。先后对文侧105井、文23储4-9井及文23储5-7井进行作业监护，各项修井工作安全有序推进。

3.1.6　完善体系建设

先后编制《枯竭砂岩气藏型储气库动态分析技术要求》《枯竭砂岩气藏储气库动态监测资料录取规范》等中原油田企业标准及操作手册、管理制度等系列培训教材，完善标准体系和储气库运行管理体系。

3.2　配套工艺技术

目前储气库主要是指在文96储气库采取的泡沫排液采气和防盐洗盐工艺措施。

3.2.1　泡沫排液采气

文96储气库采气中后期，气井普遍井筒积液，沙二2下8、沙三3上1-3产能受到影响。

井筒积液原因：一是油管喇叭口位置高，处于产层顶界以上；二是产层跨度大(100～325m)，产水层主要为下部沙3上，携液能力不足；三是采气中后期，普遍结盐，清防盐作业打水1.5~2.0m^3，沙3上1-3生产压差增加0.7~1MPa，洗盐措施进一步加剧气井积液。

2021年1月，文96储气库第八周期采气进入中后期，气井井筒形成积液，1月14日对文96-储2、96-储9、96-储13井进行投棒剂作业，作业后见到很好的增产效果。实践证明，泡沫排液采气对提高单井采气能力、延缓油压下降速度效果明显，采气后期大范围使用，进一步提高周期工作气量。

3.2.2 补水防盐

文96-储12井自第四周期开始出现井筒结晶盐颗粒，2016年6月文96-储12井注气回零，通井显示遇阻位置在2208m，打水溶盐解除盐堵，气井恢复正常注气。自此，文96储气库进入结盐阶段。

1. 结盐原因分析

文96储气库多周期注入含不饱和水蒸气的干气，干气进入储层后饱和水蒸气，导致地层水含盐浓度升高，在多层合采工况下，地层水与干气同产，因温度、压力降低，天然气水蒸气饱和度升高，在井筒提浓液态水，导致液态水饱和析出盐垢。

根据日产气量、日产水量、氯根、油压等资料，以天然气饱和含水量为依据，从井口至井底计算每节点液态水量及含盐浓度，确定结盐位置。

2. 防盐洗盐技术

（1）地层抑盐剂清防盐。井筒结盐主要是氯化钠、氯化钾、氯化钙三种可溶性盐，钙盐含量极少，为抑制NaCl从溶液中结晶析出，提高盐的溶解度，降低盐的析出程度，开展复合防盐。

注气期分阶段注入抑盐剂，2018年以来施工11口井24井次，挤注抑盐剂52.2m^3。

（2）井筒清水洗盐。自第六周期以来累计打水洗盐106井次，共打水152.8方，保证了气井正常生产。

3.3 设备运行管理

3.3.1 设备概况

针对储气库设备种类多、工艺复杂等特点，通过规范设备"一台一档"，强化设备巡检保养，组建专业运维队伍及注重技术提炼创新等工作，不断提升设备管理水平。

3.3.2 规范设备"一台一档"

根据相关制度要求，结合设备专业管理特点，修订完善《设备管理办法》等9项专业管理制度，修订完善工艺、电气、计量、自控、压缩机等11个设备操作规程专业分册，规范设备运行、操作、维护、维修等重点管理内容，确保设备管理专业性和科学性。

3.3.3 强化设备巡检保养

每日做好工艺装置验漏排查及运行参数检查工作，定期开展设备检修检定及春秋季检修，保障设备运行正常。

加强各类仪表日常管理，全年完成计量器具检定2600余块次，在用计量工艺设施、计量仪表器具完好率100%，仪表计量数据稳定、反应灵敏。

3.3.4 组建专业运维队伍

为充分发挥压缩机专业优势，服务压缩机维保市场，同时培养压缩机领域优秀人才，2018年成立压缩机维保项目部，承揽文96储气库压缩机运维业务，并为文23储气库压缩机运维提供技术支持。

4 结论

（1）储气库的注采运行管理内容主要包括注采动态评价、运行风险评价和生运行管理三个方面。

（2）注采动态评价要在精细地质基础研究的前提下，充分结合注采动态数据，并运用数值模拟技术评价气库密闭性、储层连通性、气库（气井）注采能力以及边水动态变化情况，进而对储气库动态库容、工作气量开展计算。

（3）储气库运行风险主要受储气库密闭性、井筒完整性、注采井环空带压以及井控安全因素影响，各个因素都要开展分析评价，并采取相应的解决措施和风险预案。

（4）储气库的生产运行管理关系到气库的平稳运行，主要从调度指令的执行、数据资料的录取、安全隐患的排查、管线的巡护、质量体系的建立完善；相应注采井的维护措施；储气库主要设备的运维管理。

参考文献

[1] 郑得文，胥洪成，王皆明，等. 气藏型储气库建库评价关键技术[J]. 石油勘探与开发，2017，44(5)：794-801.
[2] 腰世哲，丁亚涛，申云鹏，等. 文96储气库注采井

井口安全控制系统[J]. 天然气与石油，2018，36(3)：23-26.

[3] 廖伟，刘国良，陈如鹤，等. 气藏型地下储气库动态密封性评价——以新疆H地下储气库为例[J]. 天然气工业，2021，41(3)：133-141.

[4] 马新华，丁国生，等. 中国天然气地下储气库[M]. 北京：石油工业出版社，2018.

[5] 董绍华，张行，等. 石油及天然气储备库安全保障技术现状及展望[J]. 油气储运：2018，37(3)：241-247.

[6] 张东星. 断块油气藏型储气库封闭性评价研究——以大港油田板中储气库为例[J]. 广东石油化工学院学报，2018，28(3)：30-33.

气藏型储气库完整性技术研究进展

罗金恒[1,2] 李丽锋[1,2] 王建军[1,2] 赵新伟[1,2] 王 珂[1,2] 李发根[1,2] 武 刚[1,2]

（1. 中国石油集团石油管工程技术研究院；2. 石油管材及装备材料服役行为与结构安全国家重点实验室）

摘 要 全生命周期的储气库完整性管理已成为储气库安全管理的发展方向。在统计分析国外储气库事故案例基础上，明确了储气库事故类型与原因，阐述了储气库完整性管理概念与技术内涵，并重点介绍了我国在气藏型储气库地层-井筒-地面立体化监测体系、注采管柱螺纹选用与安全选材、储气库井环空带压危险性评价与风险评估、注采井完整性检测与评价、地面注采设施风险评估与故障诊断等完整性关键技术方面取得的研究进展。最后，针对储气库技术体系化、标准规范化、智慧化的发展趋势，简要评述了储气库完整性技术发展展望。

关键词 气藏型；地下储气库；事故；完整性管理

引言

地下储气库是国家天然气“产-供-储-销”产业链中的重要组成部分，是关系国计民生的重点工程。我国储气库建设起步较晚，20 世纪 90 年代初，随着陕京一线的建设，中国首批商业储气库建设才拉开序幕。进入 21 世纪，随着我国经济快速发展，低碳清洁的天然气需求急剧增长，天然气安全平稳供给形势日益严峻，储气库建设速度加快，截至 2017 年底，中国已建成 25 座天然气地下储气库，其中中国石油 23 座，工作气量达 100 亿 m^3。2017—2018 年冬春之际的全国大范围“气荒”更是将储气库的需求推向了新的历史高度，中国储气库将迎来新的发展机遇期，战略地位举足轻重。

储气库系统“强注强采”的功能是区别于常规气田的显著特点，可致使其承受交变地应力和交变载荷的作用，同时可能在腐蚀、冲蚀、岩层蠕变等潜在危害因素的共同作用下，影响储气库稳定性和安全可靠性。国外储气库重大事故教训表明，大规模交替注采、压力循环波动易造成储气圈闭地质构造失稳、井屏障退化和地面设备故障，甚至导致泄漏、燃烧或爆炸等事故发生。如，2015 年 10 月，美国加州 Aliso Canyou 储气库 SS-25 井因套管破损引发 2 亿 m^3 天然气泄漏，事故总损失超 10 亿美元，是美国历史上最严重的天然气泄漏事故。随着我国大批储气库陆续投入运行，如何开展储气库安全管理已成为运营管理者面对的重大课题。

基于风险的完整性管理被国际上普遍认为是解决油气管道和储运设施安全管理的有效手段。储气库作为储运设施的重要组成部分，其完整性技术在国际上备受关注和重视。20 世纪 90 年代，美国气体研究协会开展了盐穴用于天然气储气库的风险评价研究。2001 年哥伦比亚公司采用风险评价方法评价储气库井完整性状况，用于优化资产完整性管理。2006 年和 2009 年国际管道研究协会(PRCI)地下储气库委员研究指南发布，主要包括油套管完整性、固井水泥环完整性和库存完整性三方面内容。2015 年美国石油学会发布了 API RP 1171《枯竭型和含水层天然气储气库功能完整性》和 API RP 1170《盐穴型天然气储气库设计与运行》。目前，全生命周期的储气库完整性管理已成为储气库安全管理的发展方向。

笔者在在统计分析国外储气库事故案例基础上，明确了储气库事故类型与原因，阐述了储气库完整性管理概念与技术内涵，并重点介绍了我国在气藏型储气库监测、安全选材、风险评估、检测评价等方面的主要研究进展，并简要评述了储气库完整性技术发展展望，可为储气库安全管理和完整性技术研究提供技术支持与借鉴。

1 储气库事故类型与原因

国外公开报道的 62 起储气库事故案例统计结果表明：①气藏型 18 起，盐穴型 27 起和水层型储气库 17 起，大多主要集中在美国；②事故所在的储气库储存介质以天然气为主，其中气藏型和水层型储气库储存介质均为天然气，盐穴储气库储存介质包括天然气、液化天然气、丙烷、丁烷、乙烷、乙烯、氢气等；③气藏型储气库和水层型储气库主要为泄漏事故，盐穴型储气库包括泄漏和蠕变引起的溶腔体积收缩下降两类事故类型，其中泄漏 57 起，蠕变引起的溶腔体积收缩下降 5 起；④泄漏路径包括通过地面设施泄漏、通过注采井泄漏、通过地层迁移泄漏-注采井完整性失效、通过地层迁移泄漏-圈闭密封性失效；⑤泄漏原因包括套管完整性失效、井口设施失效、固井质量差、圈闭密封性失效、误操作、地震、封隔器密封失效、过量充填、机械损伤、第三方侵入、脱水处理装置密封失效、地面管道失效等(图 2-4)。其中套管完整性失效原因主要为套管破损、腐蚀穿孔、螺纹接头密封失效等，井口设施失效原因包括冲蚀致三通破裂、井口密封垫片失效、井口阀门失效、机械损伤致井口设施损毁、阀门失效等。溶腔体积收缩主要针对盐穴型储气库，主要由盐岩蠕变和上覆层坍塌引起；⑥泄漏主要发生在运行阶段，但试注气、维护维修均可能造成安全事故发生；⑦储气库事故灾害类型主要包括泄漏、泄漏和火灾、泄漏、火灾和爆炸三种情况，主要以泄漏为主。盐岩蠕变引起的溶腔体积收缩下降主要造成地面沉降和溶腔废弃等。⑧56 起泄漏事故共造成 9 人死亡，65 人受伤，疏散人次 17693 次，事故共造成 12 座储气库因密封失效而废弃；⑨储气库一旦发生泄漏，势必会造成大量的经济损失：2015 年 10 月，加利福尼亚州阿里索储气库泄漏事故直接经济损失约 3.3 亿美元；2003 年 4 月，SoCal 储气库气体泄漏后造成设备损伤 10.5 万美元和清理费用 240 万美元；1993 年 1 月，阿里索储气库因地震导致天然气泄漏造成经济损失 3000 万美元。综上可知，储气库安全运行不仅与地质体、井筒和地面设施的完整性状态相关，而且与建设、试注气、运行和维护维修阶段的风险因素控制相关(图 1、图 2)。

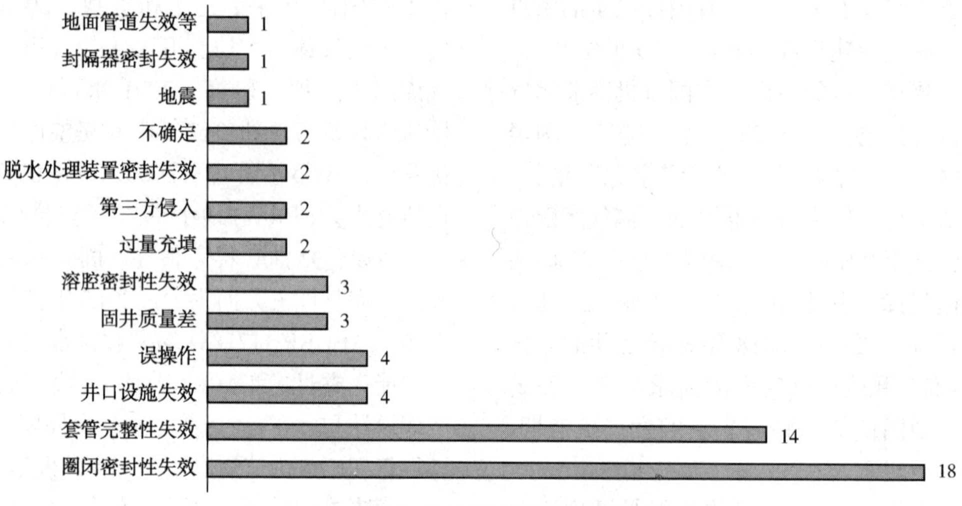

图 1　储气库事故原因统计分布图

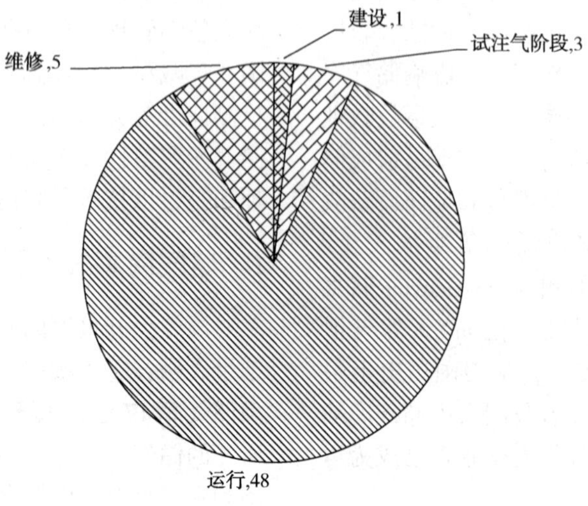

图 2　储气库事所处阶段统计图

2　储气库完整性管理概念和技术内涵

2.1　储气库完整性概念

完整性概念最先于20世纪70年底末到80年代初提出，早期主要针对电站设备和核设备；随后在炼化设备和油气管道中应用和发展，近年来被广泛应用于油气井。管道完整性是指管道始终处于完全可靠的服役状态，而油气井完整性是指应用技术、操作和组织措施来减少地层流体在油气井寿命期间内无控制地排放的风险。对于储气库完整性，既要承接管道和油气井完整性的特点，并从对象上涵盖地质体、井筒和地面设施，从时间跨度上应贯穿于储气库全生命周期。储气库完整性是指储气库地质体、注采井和地面注采设施的功能始终处于安全可靠的服役状态，其内涵包括三个方面：

一是地质体、注采井和地面注采设施各单元在物理上和功能上是完整的。

二是在设计、建设、注采运行和废弃等全生命周期内始终处于受控状态。

三是运营商已经并仍将不断采取技术、操作和组织管理措施防止天然气泄漏事故或在设计寿命期内全库报废发生。

2.2　储气库完整性管理对象与技术内涵

储气库完整性管理指对所有影响储气库地质体、注采井和地面注采设施三大单元完整性的风险因素进行识别和评价，并综合运用技术、操作和组织管理措施，将储气库运行的天然气泄漏风险水平始终控制在合理和可接受的范围之内。储气库完整性管理是对地质体、注采井和地面设施的一体化管理，是贯穿于储气库全生命周期的全过程管理，是应用技术、操作和组织措施的全方位综合管理。

地质体作为储气库系统的核心单元，其完整性状态的好坏是决定是否可改建储气库的先决条件，而且是储气库安全运行的基本保障。在多周期注采运行过程中，地质体主要存在断层密封性失效、盖层及底托层密封性失效、封堵井密封性失效、水体侵入等风险。因此，地质完整性管理的目的就是预防上述四类风险的发生，在设计阶段，主要包括储气库密封性评价、监测井设计、老井封堵等完整性技术，在运行阶段，主要是基于动态监测与密封性评价技术，以实现地质体泄漏风险预警。

井筒完整性管理涉及设计、建设与运行管理的全过程，但无论处于任何阶段，主要目标是对地层流体的有效控制。作为控制地层流体无控制流动的阻挡层，生产套管、注采管柱、固井水泥环是井筒完整性的关键组成部分。井筒设计完整性技术主要包括适应注采交变工况的管柱结构、密封和腐蚀完整性设计、固井设计技术等，建设期则主要包括满足交变工况下长期密封的高质量固井、长效性环空保护液、管柱丝扣密封性检测、井筒测井评价等技术，运行期井筒完整性技术体系如图3所示，主要包括数据收集与整合、注采井泄漏风险评价、环空压力危险性评价、完整性监测/检测、完整性评价、修井维护与应急响应、效能评估等。

与常规气田开发相比，储气库具有“大吞大吐、注采交替、高压运行”的特点，注采两套系统交替运行，注采气量波动范围高达10~20倍，对地面工程布局优化和动设备管理运行灵活性要求高。但从完整性管理技术来看，储气库注采管道完整性管理和长输管道完整性管理技术内涵相同，主要包括数据收集与整合、风险评价、基于风险的检测、完整性评价、完整性评价结果的决策、响应和反馈等。对于站场完整性管理技术体系主要包括数据管理、风险评价、完整性监测/检测、完整性评价、维修与维护、效能评价等(图4)。

3　储气库完整性关键技术的主要研究进展

3.1　气藏型储气库地层–井筒–地面立体化监测体系

我国气藏型储气库建设与运行实践20年以来，逐步构建了储气库地层–井筒–地面立体化监测体系，主要包括地质体密封性、井筒动态监测、内部运行动态监测和地面设施监测四大方面，其中：①地质体密封性监测主要对含气区域内盖层、断裂系统、溢出点、周边储层以及上覆渗透层和浅层水域监测，对天然气通过地层漏失实施预警；②井筒动态监测主要包括注采井参数监测、注采井密封性监测/检测、泄漏监测等；③内部运行动态监测包括注采动态，内部温压和流体性质、气液界面与流体运移、注采井产能等，目的是了解单井注采气能力、储层性质、流体分布及变化等，指导气库

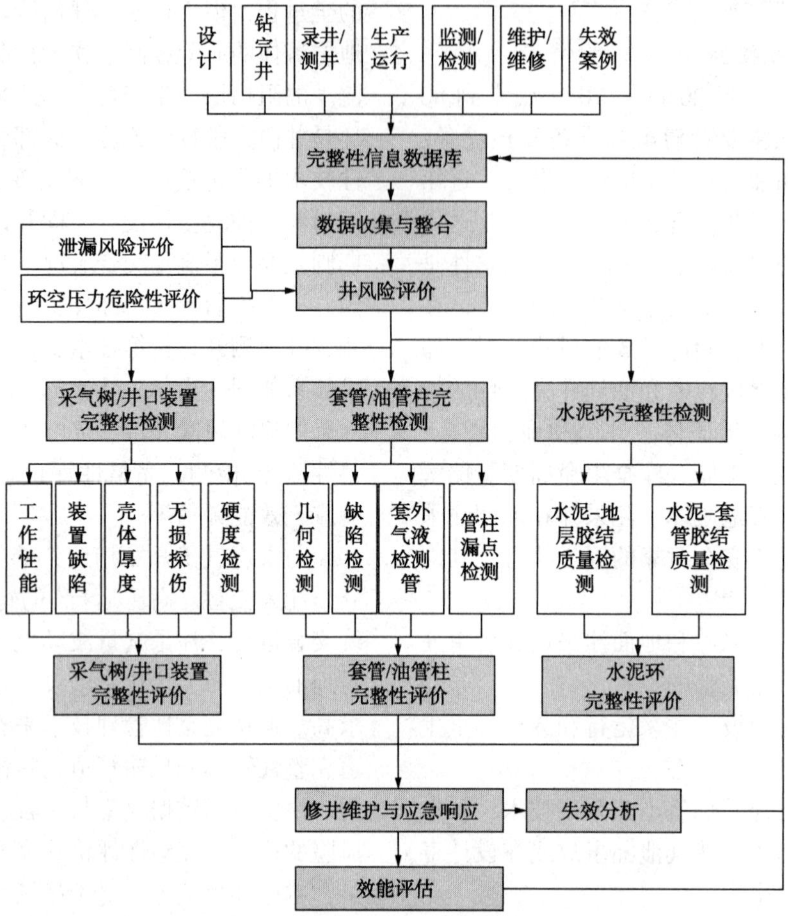

图 3　运行期储气库井筒完整性技术体系框架

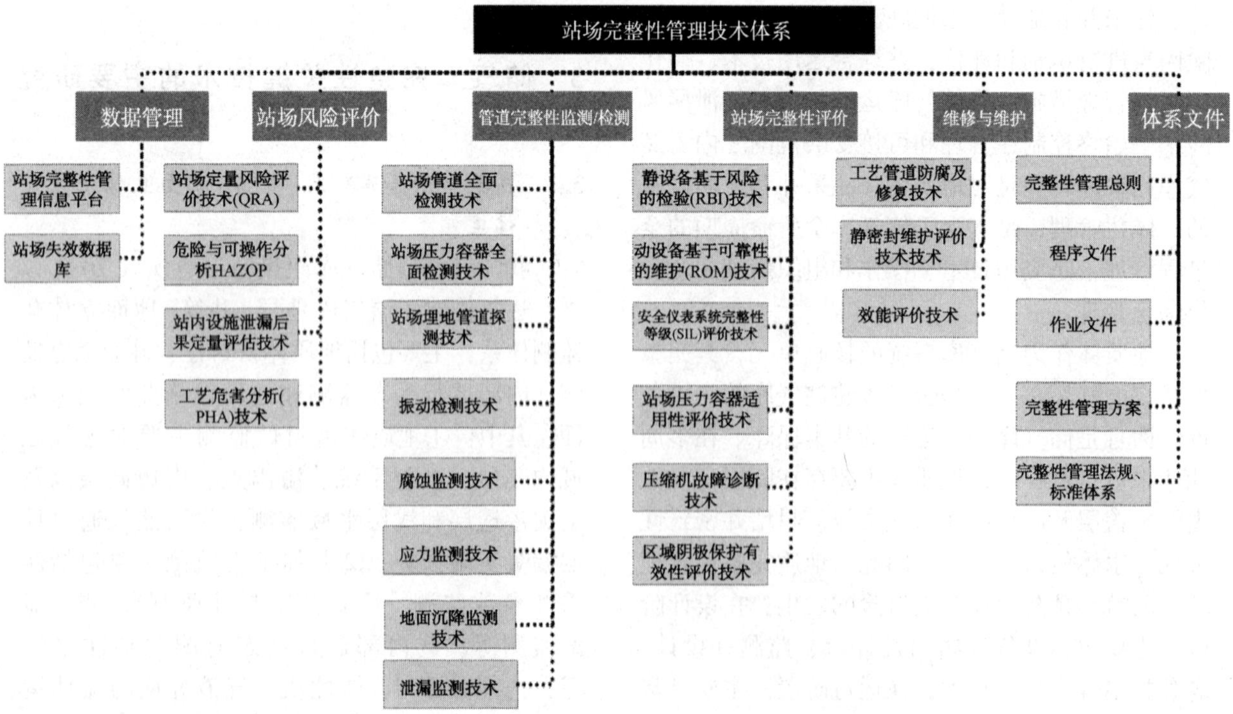

图 4　储气库站场完整性管理技术体系

扩容达产、优化配产配注及井工作制度调整；④地面设施监测包括地面腐蚀监测、管道压力监测、天然气泄漏监测，保障地面设施的完整性和安全运行。

3.2　注采管柱螺纹选用与安全选材技术

与常规气井相比，储气库井服役周期一般在30年以上，地层压力系数不衰减且长期保持在0.9左右，注采管柱作为注气和采气双向流动通道，管柱内运行压力、温度等载荷随注采周期交替变化，这对注采工况下螺纹接头密封性提出了更高的要求。如注采管柱螺纹接头密封失效，含有CO_2酸性气体的天然气可通过丝扣进入油套环空，致使环空保护液防腐效果劣化，从而促进油管和套管腐蚀甚至穿孔失效。

中国石油管材研究所综合考虑储气库管柱的重力效应、温度效应、鼓胀效应、活塞效应、摩阻效应以及内压力、外压力的影响，结合气密封螺纹结构额定数据，建立了考虑注气/采气交变载荷下压缩效率计算模型：接头压缩效率=有效轴向力/压缩屈服载荷<接头额定压缩效率。根据最大轴向载荷的交变确定了气密封循环试验载荷，同时结合注采压力，制订了30周次气密封循环试验方案，并进行了靖边、苏桥、板南储气库注采作业工况下管柱气密封循环模拟试验。最终从经过"ISO 13679标准的1.5周次气密封循环未漏露"的试验，改变为经过"拉压交变载荷下30周次气密封循环未泄漏"的试验，优选了气密封螺纹，并综合储气库井深度、气密封螺纹拉伸效率和压缩效率提出了储气库井气密封性螺纹分级选用指标见表1。

在多周期拉压交变下管柱螺纹气密封试验基础上，提出了储气库管柱设计准则，主要包括管柱强度设计准则和密封设计准则，最终提出储气库管柱设计方法，突破传统的"管柱强度设计+气密封螺纹接头"的管柱设计理念，形成强注强采交变载荷下储气库管柱强度设计+密封设计的新技术方法。

因中国石油6座气藏型储气库注入气为干气，而采出气低含水，故提出气液两相选材试验方法，指出了水气比11.3m^3/Mm^3为对腐蚀影响的临界线，结合储气库生产套管和油管使用环境，认识到生产套管和油管腐蚀选材应分别对待，套管依据现有液相工况选材，油管按照低含水工况选材。

表1　储气库井气密封性螺纹分级选用指标

总井深/m	井口压力/MPa	接头拉伸效率/%	接头压缩效率/%	载荷包络线VME/%
<2000	<25	≥100	≥40	95
	≥25	≥100	≥50	95
>2000	<20	≥100	≥50	95
	≥20~30	≥100	≥60	95
	≥30	≥100	≥70	95

3.3　储气库井环空带压危险性评价与风险评估技术

注采井井风险管理是储气库完整性管理中的重要内容，其目的是识别注采井风险因素，对注采井风险进行评估，以采取有针对性的注采井维修与维护措施来消减注采井泄漏风险，预防灾难性事故发生。其注采井风险管理流程如图5所示，主要包括确定评价对象、数据收集与整合、环空压力危险性评价、定性评估、半定量/定量风险评估、风险减缓方案、监测与维护等。其中储气库井环空带压危险性评价与风险评估技术是注采井风险管理的核心关键技术。

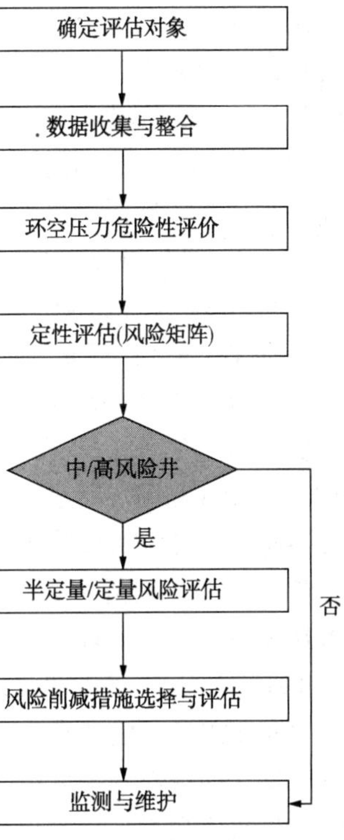

图5　储气库风险管理流程

储气库注采井环空压力危险性评价主要目的是针对带压井通过实施危险分级，在尽量减少泄放、修井频次的情况下，保障储气库井筒安全。目前国际上已公开发布了油气井环空压力管理标准 API R90 和 API R90-2 两部标准，国内塔里木油田、西南油气田的油气井环空压力管理也主要基于这些标准开展，编制的《高温高压及高含硫井完整性指南》涉及到生产阶段环空压力管理要求和最大允许环空压力计算方法，均为储气库注采井环空压力危险性评价提供了借鉴。然而，与常规油气井相比，储气库井存在注气和采气双向功能，具有"强注强采"的特点，且 30 年以上寿命的要求，这些致使储气库井注采井环空压力危险性评价时需考虑自身的特点与安全要求，主要体现在：①热致压力识别应考虑注气和采气过程对环空压力和温度的影响；②多周期注采工况下，管柱存在气密封螺纹密封失效的风险，在确定储气库 A 环空最大许可压力时，不仅要考虑油管的抗挤毁失效模式，还需考虑环空带压对螺纹密封完整性的影响；③"强注强采和长期注采运行"的功能要求，B 和 C 环空应不允许带压，如出现 B 和 C 环空异常带压情况，应及时进行诊断、评估和维修；④从安全的角度上，热致、持续或作业带压均应对环空压力进行危险性评价。如过高的热致压力可能对管柱密封性造成影响，可通过调整注采方案或补注氮气等缓解；⑤从完整性管理的要求来看，应对环空带压井实现危险分级管理。为此，在建立注采过程环空压力和温度预测模型的基础上，通过对套管柱、油管柱、封隔器、地层等井屏障部件的强度校核，建立了环空最大允许井口运行压力确定方法，并将环空压力分为危险治理区（红）、泄压诊断区（橙）、预警需监控（黄）、正常监测区（绿），将环空压力分为危险治理区、泄压诊断区、预警监控区和正常监测区，实现了储气库环空带压井危险等级管理，如图 6 和图 7 所示。该井 A 环空和 B 环空串通，属一级和二级屏障失效导致的持续带压，泄漏能量较小，判断为属油管和生产套管螺纹接头密封失效导致；A 环空压力主要位于预警监控区，B 环空压力位于正常监控区，但考虑到储气库长周期注采运行的要求，对于 B 环空带压的情况，建议立即诊断并采取措施；该井 A 环空压力图版未见正常监控区，主要由于该井正常注采工况下存在油管气密封螺纹密封性失效风险。

注采井风险评估方法包括定性、半定量和定量方法，半定量和定量方法是对定性方法评价出的中、高风险进一步详细评估，但也可直接对各井进行半定量或定量风险评估。储气库注采井风险评估技术核心关键是失效可能性评价、失效后果评估、风险估算、风险严重程度确定、风险削减措施选择与评估等。目前，中国石油储气库完整性研究团队已建立基于风险矩阵的定性方法、基于层次分析法的半定量方法和基于故障树方法的定量方法。对于定性、半定量/定量风险评估方法，其技术流程一致，差异在于确定失效可能性、失效后果和风险水平的定量程度不同。本文重点介绍下基于风险矩阵的定性方法，该方法失效可能性采用井屏障失效表征，而失效后果采用泄漏率大小来表征，风险则由失效可能性和失效后果表征，并分为高、较高、中等、低 4 个风险级别见表 2，不同的风险等级对应不同的响应措施，如某库 6 井和某库 2 井建议立即修井。其中泄漏率计算可根据建立通过井口设施泄漏、通过水泥环泄漏、通过地层迁移泄漏模型计算。

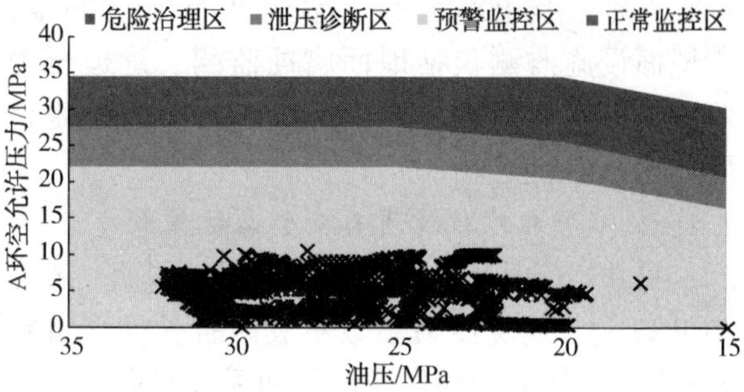

图 6　某库 1 井 A 环空压力控制图版

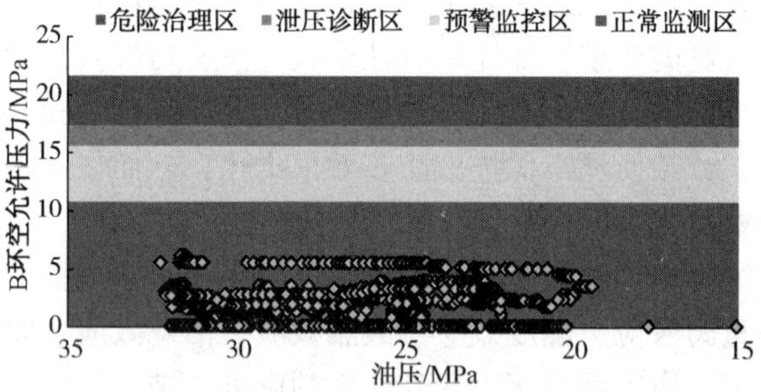

图 7　某库 1 井 B 环空压力控制图版

3.4　气藏型储气库注采井完整性检测与评价技术

储气库注采井设计寿命达 30 年以上，检测评价是储气库注采井完整性管理的重要内容。储气库注采井检测内容包括套管柱（井下及近井口）技术检测、采气树和井口装置技术检测、套管外窜流或气体聚集检测、水泥环第一、第二界面胶结质量检测、套管间压力及其可能来源、套管外空间流体量检测等，其检测手段与常规油气井相同。

表 2　基于风险矩阵法的定性方法

失效可能性	井屏障失效	安全后果等级				
		轻微	一般	中等	重大	灾难
		<0.01kg/s	0.01~0.1kg/s	0.1~1kg/s	1~10kg/s	>10kg/s
高可能性	一道井屏障退化或失效，另一道井屏障退化或失效，或已发生泄漏至地面		某库 6 井			
较高可能性	一道井屏障失效，另一道井屏障完好，或单个失效可能导致泄漏至地面					某库 2 井
中可能性	一道井屏障退化，另一道屏障完好					
低可能性	两道井屏障完好，或有轻微的问题	某库 1 井 某库 3 井				

储气库井筒完整性评价包括主要包括管柱完整性和固井质量评价两大部分。管柱完整性评价包括管体和螺纹接头完整性评价两部分，剩余强度评价和剩余寿命预测是完整性评价的核心技术。对于套管柱和注采管柱，其管体和螺纹接头完整性评价方法相类似，主要区别在于服役载荷与服役环境不同，服役载荷对应于评价过程中的载荷，而服役环境则与腐蚀剩余寿命预测的腐蚀速率确定相关，另外套管柱抗内压强度和抗挤毁强度需考虑水泥环的影响，注采管柱则不用考虑。国内早期建设的储气库注采井评价主要依赖国外技术，中国石油管材研究所研究团队在系统分析套管柱载荷分析的基础上，引入椭圆度、壁厚不均匀度等几何因素、以及腐蚀和裂纹缺陷影响，建立了基于全井段测井数据的管柱剩余强度评价和管柱剩余寿命预测模型，实现了储气库管柱自主评价，为老井是否可利用和在役注采井的危险点及检测周期确定提供了技术支持，如图 7 所示。对于注采管柱，由于可维修更换，一般较少进行管体完整性评价，大多工作集中在螺纹接头评价，管柱螺纹接头完整性评价主要基于数值模拟和多周期交变载荷下螺纹接头密封性评价试验进行评价。

储气库对固井质量要求更严格，储气层及顶部以上盖层段水泥环连续优质胶结段长度不少于 25m，且以上固井段合格胶结段长度不小于 70%。固井质量评价技术主要包括声波幅测井、声波变密度测井、扇区水泥胶结测井、伽马-伽马水泥密度测井以及固井质量综合评价检测(MAK-9&SGDT-100)等，其评价结果可以从不同侧面反映固井质量的好坏。根据水泥胶结程度，按照 SY/T 6592《固井质量评价方法》的规定，可将固井质量分为良好、中等(或合格)和差(不合格)3 个等级。

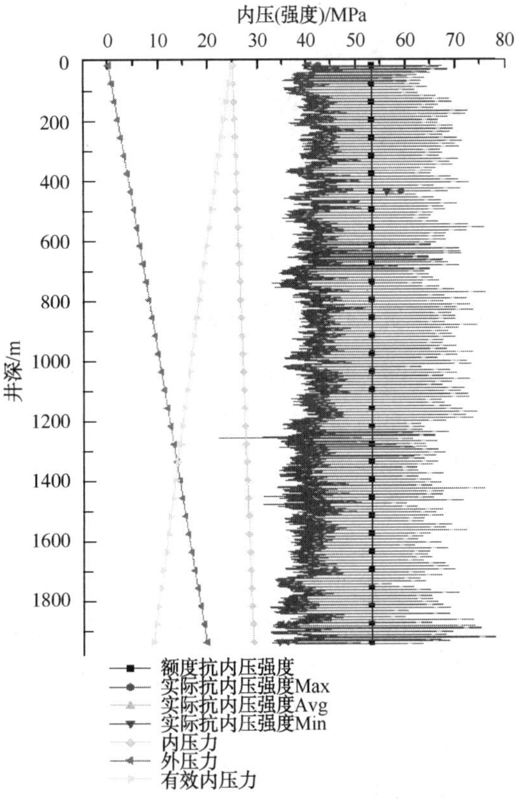

图 8　某储气库井管柱安全评价

3.5　地面注采设施风险评估与故障诊断技术

地面注采设施包括集注站和注采管道设施，与常规站场的差别主要在于压力高、温度高且部分设施(如注采管道)存在交替输送功能，在风险评估与控制手段方面可借鉴常规站场和管道相关技术。集注站主要基于 API581 的定量风险评估方法，建立了风险等级矩阵图(图 9)。如图 9 所示，集注站中风险最高是压缩机组，针对往复式压缩机组，建立了基于组合式神经网络的储气库注采压缩机组自适应故障诊断方法，利用部件不同工况的振动数据训练建立诊断网络，能够在变工况条件下较准确的诊断出部件的故障类型，为压缩机的预防维修和储气库的安全运行提供有力证据。集输管道则基于肯特法半定量的风险评估方法，主要修正了腐蚀、第三方损坏指标以及各风险因素权重。

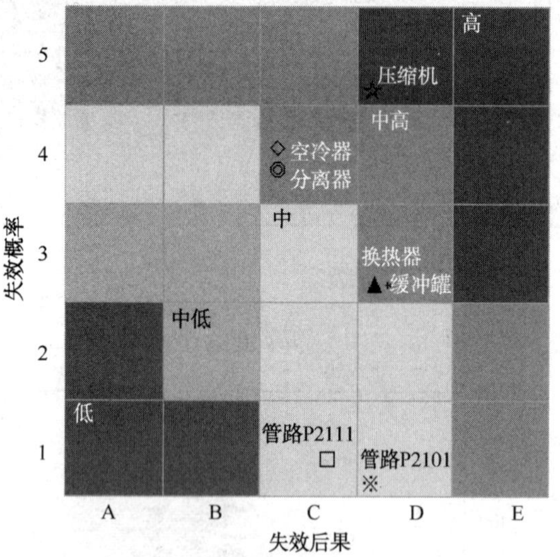

图9 某储气库集注站风险等级矩阵图

4 储气库完整性技术发展展望

随着我国大批储气库规划建设与运行，储气库安全管理面临新的挑战和要求。储气库全生命周期完整性管理被普遍认为是保障天然气地下储气库本质安全的有效手段，并向着技术体系化、标准规范化、智慧化方向发展。然而，我国储气库完整性管理起步较晚，正处于规划研究阶段，完整性管理体系尚不健全。因此，针对我国储气库实际运行工况，应加强“地层-井筒-地面”三位一体的储气库的全生命周期完整性管理体系建设；加快储气库完整性设计、完整性管理规范、油套环空压力评价与管理、风险评估、监测体系与方法、检测评价、井筒泄漏检测与维修、油套管技术条件等标准研究与制定；深化储气库圈闭动态密封性评价、微地震监测、强柱强采下套管柱安全选用与优化设计、储气库注采井动态风险预警、废弃准则及处置等完整性关键技术研究，以及井筒泄漏超声波检测及定位技术的研发与国产化，并搭建基于大数据的储气库监测预警管理平台，从而保障储气库安全、高效、平稳运行。

参 考 文 献

[1] 丁国生，李春，王皆明，等. 中国地下储气库现状及技术发展方向[J]. 天然气工业，2015，35(11)：107-112.

[2] 张光华. 中国石化地下储气库建设现状及发展建议[J]. 天然气工业. 2018(8)，38(8)：112-118.

[3] Evans D J. An appraisal of underground gas storage technologies and incidents for the development of risk assessment methodology[R]. RR605 Research Repot.

[4] 唐晨飞，张广文，王延平，等. 美国 Aliso Canyon 地下储气库泄漏事故概况及反思[J]. 事故分析与预防，2016，16(7)：5-8.

[5] 赵新伟，李丽锋，罗金恒，等. 盐穴储气库储气与注采系统完整性技术进展[J]. 油气储运. 2014(4)，33(4)：347-353.

[6] Harrison M R，Ellis P F. Risk assessment of converting salt caverns to natural gas storage[R]. Gas Research Institute. 1995(10).

[7] Sean T. Terchek，Paul C. Amick，Mark A Newman. Risk based assessment of storage well rehabilitation. SPE 72375

[8] API RP 1171-2015，枯竭油气藏和含水层储气库的功能完整性[S].

[9] API RP 1170-2015，盐穴型天然气储气库设计与运行[S].

[10] 赵新伟，李鹤林，罗金恒，等. 油气管道完整性管理技术及其进展[J]. 中国安全科学学报. 2016(1)，16(1)：129-134.

[11] 冯耀荣，韩礼红，张福祥，等. 油气井管柱完整性技术研究进展与展望[J]. 天然气工业. 2014，34(11)：73-81.

[12] 魏东吼，董绍华，梁伟. 地下储气库完整性管理体系及相关技术应用研究[J]. 油气储运，2015，34(2)：115-121.

[13] 马新华，郑得文，申瑞臣，等. 中国复杂地质条件气藏型储气库建设关键技术与实践[J]. 2018(6)，45(3)，489-499.

[14] 王建军. 地下储气库注采管柱密封试验研究[J]. 石油机械，2014，42(11)：170-173

[15] 国家能源局. SY/T 7370—2017 地下储气库注采管柱选用与设计推荐做法[S]. 北京：石油工业出版社，2017.

[16] 王建军，付太森，薛承文，等. 地下储气库套管和油管腐蚀选材分析[J]. 石油机械，2017，45(1)：110-113.

[17] 罗金恒，李丽锋，赵新伟，等，盐穴地下储气库风险评估方法及应用研究[J]. 天然气工业. 2011(8)，31(8)：106-111.

[18] API R90 Annular Casing pressure Management for Offshore wells

[19] API R90-2Annular Casing pressure Management for

onshore wells
[20] 吴奇，郑新权，邱金平，等. 高温高压及高含硫气井完整性管理[M]. 北京：石油工业出版社，2017(9)
[21] 石油钻井专业标准化委员会. SY/T 6592-2004 中华人民共和国石油天然气行业标准电固井质量评价方法[S]. 北京：石油工业出版社，2004.
[22] Wang Ke，Luo Jinheng，Zhao Xinwei. Et al. Risk Assessment of Underground Natural Gas Storage Station [R]. Calgary，Alberta，Canada：the 8th International Pipeline Conference，2010.
[23] 王安琪，胡瑾秋，张来斌，等. 地下储气库压缩机变工况下动态故障模式研究[J]. 中国安全科学学报. 2013，23(8)：140-143.
[24] 蔡克，罗金恒，赵新伟，等. 风险评分法在储气库集输管道上的应用[J]. 焊管. 2011(4)，34(4)：53-57.

大庆油田四站储气库群注采渗流机理研究

郭洪岩　高　涛　王海燕　顾　超　王树霞

（大庆油田有限责任公司勘探开发研究院）

摘　要　大庆油田四站储气库群具有埋藏浅、有效储层薄的特点。搞清该储气库交替注采过程中储层岩石的应力敏感性、储层含气含水饱和度变化、气水相对渗流能力变化对于合理设计储气库群库容和注采能力具有重要意义。本文通过储层岩心交变应力敏感实验明确了多周期注采储层渗透率变化趋势，渗透率损害率；通过储层岩心气水互驱、储层岩心多周期交替注采实验明确了四站储气库群含气、含水饱和度、气相渗透率随注采周期的变化规律。实验结果表明：①多次升降内压后，岩样渗透率整体会小幅度下降，第1~第3个轮次下降较为明显，第3个轮次后，渗透率整体水平保持稳定。②四站储气库群净上覆压力介于7~14MPa，随着净上覆压力增加和减小，渗透率损害率相应增大和减小，不同样品内压降低过程中渗透率下降(0.07~40.4)×10^{-3}μm^2，平均下降13.86×10^{-3}μm^2，渗透率损害率2.04%~4.74%，平均3.72%，属于应力不敏感级别。③相同岩心多次气水互驱过程中，平均束缚水饱和度下降20%，符合幂函数递减规律，残余气饱和度有小幅上升3%左右。④不同岩心多周期交替注采过程中含水饱和度平均下降9.38%，含气饱和度平均上升9.38%，气相渗透率平均增加35.55×10^{-3}μm^2，物性越好，含水饱和度下降幅度越大，气相渗透率上升幅度越大。

关键词　四站；储气库群；注采；渗流机理；实验

引言

大庆油田四站储气库群由A和B两座枯竭气藏改建而成，位于黑龙江省肇东市境内，相距9km，地表多为稻田，地势平坦，交通便利。储气库群的建设对于满足大庆、哈尔滨等城市冬季调峰需求具有重要意义。搞清该储气库群注采渗流机理对于合理设计该库群建库参数，确保建库后安全平稳运行具有重要意义。对于气藏开发过程中存在的应力敏感效应、气水互驱效应，国内外学者已进行了大量实验分析与研究，但对于储气库这种存在多周期交替注采情形下储层应力敏感和气水饱和度变化规律的实验研究则开展得较少，大庆油田四站储气库群在这方面的研究则属于空白。本文将在国内外学者对气藏渗流机理实验研究的基础上，通过储层岩心气水互驱实验、多周期交替驱替实验以及可视化多周期交替注采实验分析四站储气库气水相对渗透率和含气、含水饱和度随注采次数的变化规律，以期为四站储气库群建库参数的合理设计提供坚实的依据。

1　储层岩心交变应力敏感实验

为了更接近储气库注采真实情形，本次实验采用固定围压改变流体压力的方法来进行。在岩心夹持器内建立两个相互独立的静水压力系统，即围压和内压。其中围压模拟地层岩样所承受的上覆岩石所产生的覆盖压力，内压则模拟气藏的压力。在测试时，保持外压不变，反复升降内压来进行渗透率应力敏感分析，从而模拟储气库内气体多次注采时的渗透率变化情况。

1.1　实验样品、设备与流程

天然岩心取自C1井和S1井。该实验合计测定岩心11块。C1井储层取习深度为687.3~690.4m，测定天然岩心5块，空气渗透率介于(155~516.6)×10^{-3}μm^2；S1井储层取心深度为560.8~575.3m，测定天然岩心6块，空气渗透率介于(3.8~1006)×10^{-3}μm^2。

实验设备主要包括气源、驱替泵、围压泵、中间容器、岩心夹持器、过滤器、压力计、回压阀、体积计量器具、流量计和电子天平等，设备满足温度、压力等实验要求(图1)。

实验流程根据“储层敏感性流动实验评价方法”(SY/T 5358—2010)标准进行。具体操作步骤如下：①清洗岩样后充分烘干，称量干重，测量外观几何尺寸；②测定空气渗透率；③将岩心抽真空，饱和水，记录饱和水体积，计算有效孔隙度；④将完全饱和的岩心装入岩心夹持器中，分别在不同应力条件下测定渗透率；⑤实验交替升压降压 6 次后，实验结束。

实验过程中，根据取心深度保持上覆地层压力不变，通过 6 次升降内压来实现净上覆压力升高与降低，从而测试岩样渗透率的变化情况。具体测试渗透率的压力点如下：内压首先由 2MPa 升到 6.5MPa，再由 6.5MPa 降到 2MPa(压力点分别为 2MPa、3.5MPa、5MPa、6.5MPa)。

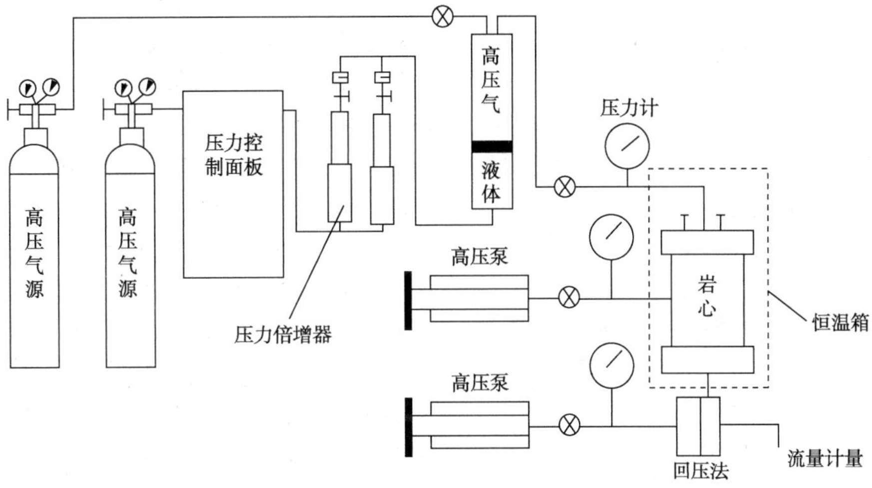

图 1　储层岩心交变应力敏感实验流程图

1.2　实验结果分析

通过 11 块样品岩心交变应力敏感实验，依次绘制每块样品 6 个轮次升压和降压过程中不同内部压力对应的渗透率曲线，代表性样品实验结果曲线如图 2 和图 3 所示。实验结果表明：不论样品渗透率大小，所有样品在内压上升过程中渗透率均有不同程度上升，第 1 周期增加值介于$(0.08\sim48.2)\times10^{-3}\mu m^2$，平均增加 $16.3\times10^{-3}\mu m^2$，第 6 周期增加值介于$(0.07\sim40.4)\times10^{-3}\mu m^2$，平均增加 $13.9\times10^{-3}\mu m^2$，表明注气过程会改善储层物性，且第 1~3 周期渗透率增加幅度相对较大，3 个周期后增加幅度较小且增幅趋于稳定；所有样品在在内压下降过程中渗透率均有不同程度下降，第 1 周期下降值介于$(0.09\sim49.6)\times10^{-3}\mu m^2$，平均下降 $16.7\times10^{-3}\mu m^2$，第 6 周期下降值介于$(0.07\sim40.4)\times10^{-3}\mu m^2$，平均下降 $13.9\times10^{-3}\mu m^2$，表明采气过程会降低储层物性，且第 1~3 周期渗透率下降幅度相对较大，3 个周期后下降幅度较小且降幅趋于稳定。总体来看，随着注采次数的增加，相同内压对应的渗透率均有不同程度下降，表现出渗透率滞后效应，表明多周期注采储层岩石发生了一定程度的塑性变形。

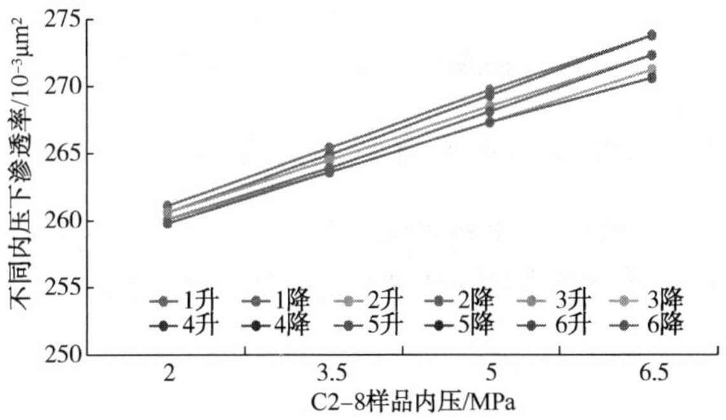

图 2　C2-8 样品岩心交变应力敏感曲线

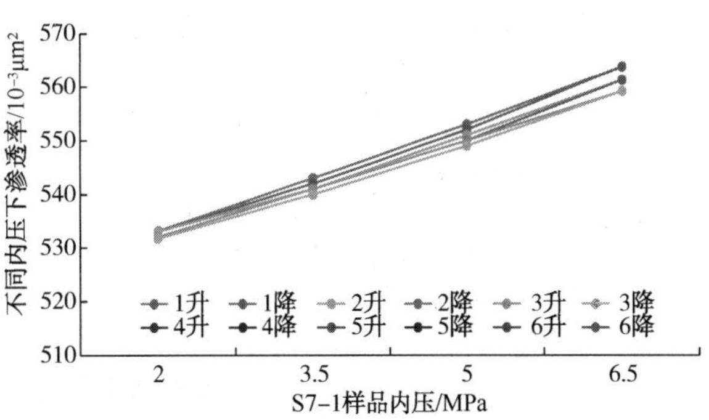

图 3　S7-1 样品岩心交变应力敏感曲线

采用应力敏感系数 D_i 评价岩心多轮次内压下降过程中岩心的应力敏感性，计算公式如下：

$$D_i=\frac{K_{i\max}-K_{i\min}}{K_{i\max}} \tag{1}$$

式中，D_i—第 i 轮内压降低至最小内压过程中产生的应力敏感系数；$K_{i\max}$—第 i 轮降压过程中最大内压点对应的岩样渗透率，$10^{-3}\mu m^2$；$K_{i\min}$—第 i 轮降压过程中最小内压点对应的岩样渗透率，$10^{-3}\mu m^2$。

计算结果表明：11 块样品第 1 轮降内压过程中应力敏感程度最高，应力敏感系数介于 2.6%~5.73%，平均 4.54%。从第 1 轮降内压过程开始，第 2、3 轮降内压过程表现为应力敏感程度逐渐降低，从 4 轮开始，应力敏感效应逐渐趋于稳定，应力敏感系数介于 2.04%~4.74%，平均 3.72%。根据应力敏感评价标准，在最低内压 2MPa，最高上覆压力 14~17MPa 条件下，大庆油田四站储气库群 11 块岩心应力敏感系数均小于 5%，为应力不敏感级别(图 4)。

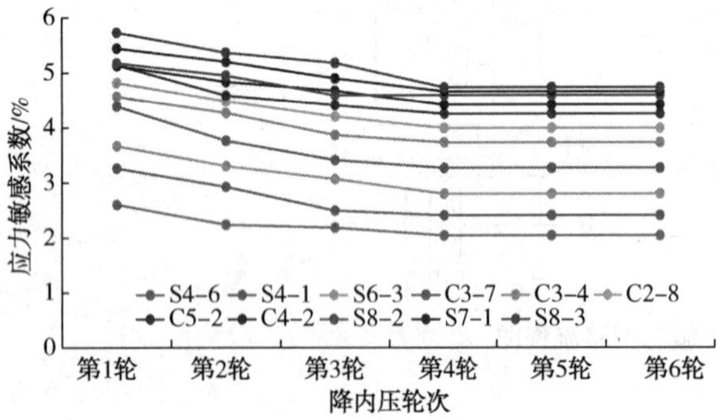

图 4　不同降内压轮次样品应力敏感系数

2　储层岩心气水互驱相渗实验

根据气、水相对渗透率曲线可以表征气水，在多孔介质中的渗流特性。气驱水实验测试是模拟储气库注气过程中的气排驱水，而水驱气实验测试则是模拟储气库采气过程中水侵入气藏。按照模拟条件的要求，在岩样上进行恒压驱替实验，在岩样出口端记录每种流体的产量和岩样两端的压差随时间的变化，用"J. B. N."方法计算得到气-水相对渗透率，并绘制气-水相对渗透率与含水饱和度关系曲线。

2.1　实验样品、设备与流程

天然岩心取自 C1 井和 S1 井。该实验合计测定岩心 12 块。C1 井储层取心深度为 687.3~690.4m，测定天然岩心 6 块，空气渗透率介于 (146.8~679.7)×$10^{-3}\mu m^2$；S1 井储层取心深度为 563.5~566.7m，测定天然岩心 6 块，空气渗透率介于(12.5~1019.6)×$10^{-3}\mu m^2$。

实验设备主要包括：岩心夹持器、气体流量控制器、液体驱替泵、压力传感器、液体过滤器、湿式流量计、电子天平等、围压泵和气瓶等，设备满足温度、压力等实验要求(图 5)。

根据"岩石中两相流体相对渗透率测定方法"(SY/T 5345-2007)标准测试岩心。具体操作步骤如下：①岩心抽真空饱和水；②将完全饱和的岩心装入岩心夹持器中，气驱水模拟储气库注气排驱过程，水驱气模拟储气库采气水侵过程；③气、水互驱 6 次，分别测定气、水饱和度等参数。

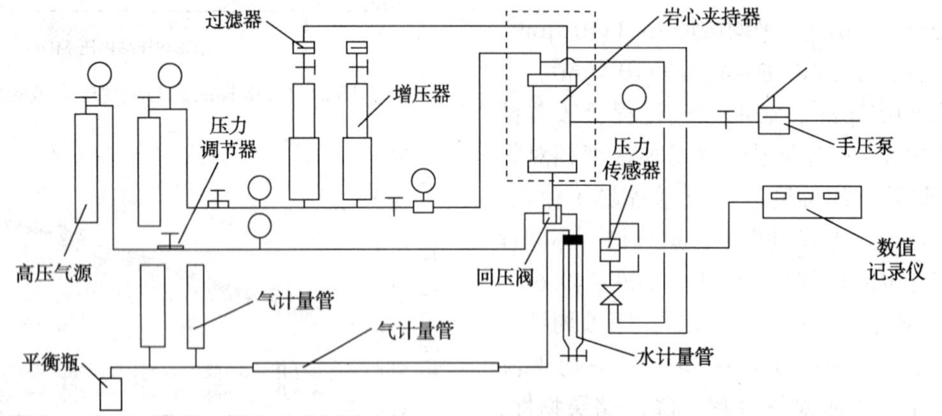

图 5　储层岩心气水互驱相渗实验流程图

2.2　实验结果分析

通过 12 块岩心 6 个轮次气水互驱实验，依次绘制气驱水过程中每个轮次气驱水束缚水饱和度和气驱水含气变化曲线，水驱气过程中每个轮次水驱气残余气饱和度和水驱气含水饱和度曲线。实验结果分析如下。

在气驱水过程中，随着气驱次数的增加，气驱水束缚水饱和度逐渐降低，第 1 次到第 3 次束缚水饱和度下降幅度较大，第 4 次开始束缚水饱和度基本不再下降。根据样品物性不同，由第 1 次的 52.5%~61.2% 逐渐下降至第 6 次的 32.8%~41.5%，束缚水饱和度总体下降约为 20%，总体来看，物性越差的样品束缚水饱和度越高，越好的样品束缚水饱和度越低(图 6)。

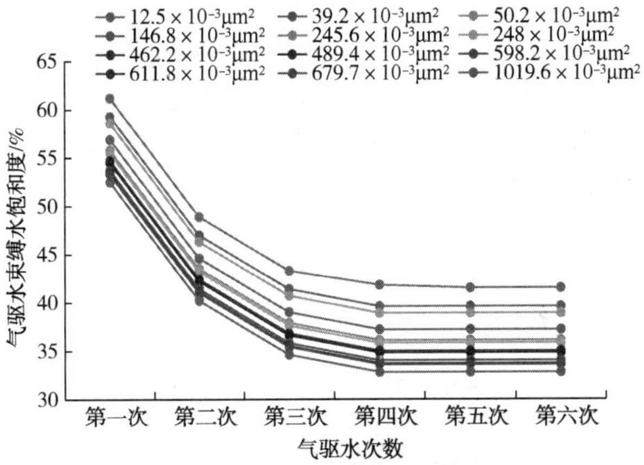

图 6　不同轮次气驱水实验束缚水饱和度变化曲线

在气驱水过程中，随着气驱次数的增加，气驱水含气饱和度逐渐升高，第 1 次到第 3 次含气饱和度上升幅度较大，第 4 次开始含气饱和度基本不再上升。根据样品物性不同，由第 1 次的 38.8%～47.5% 逐渐上升至第 6 次的 58.5%～67.2%，含气饱和度总体上升约为 20%，总体来看，物性越差的样品含气饱和度越低，越好的样品含气饱和度越高(图 7)。

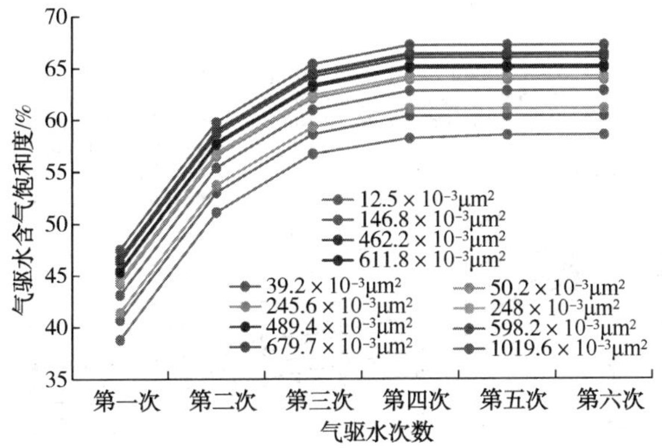

图 7　不同轮次气驱水实验含气饱和度变化曲线

由以上分析可知，在储气库注气过程中，初期几个轮次的注气对储气库束缚水饱和度会起到明显的降低，对含气饱和度会起到明显的升高作用。

在水驱气过程中，随着水驱次数的增加，水驱气残余气饱和度逐渐升高，第 1 次到第 3 次残余气饱和度上升幅度较明显，第 4 次开始残余气饱和度基本不再上升。根据样品物性不同，由第 1 次的 10.1%～16.3% 逐渐上升至第 6 次的 13.1%～19.3%，残余气饱和度总体上升约 3%，总体来看，物性越差的样品残余气饱和度越低，越好的样品残余气饱和度越高(图 8)。

在水驱气过程中，随着水驱次数的增加，水驱气含水饱和度逐渐降低，第 1 次到第 3 次含水饱和度下降幅度较明显，第 4 次开始含水饱和度基本不再下降。根据样品物性不同，由第一次的 83.7%～89.9% 逐渐下降至第 6 次的 80.7%～86.9%，含水饱和度总体下降约 3%，总体来看，物性越差的样品含水饱和度越高，越好的样品含水饱和度越低(图 9)。

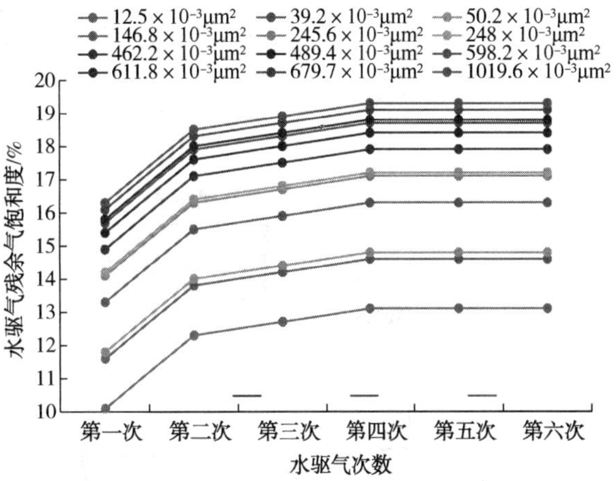

图 8　不同轮次水驱气实验残余气饱和度变化曲线

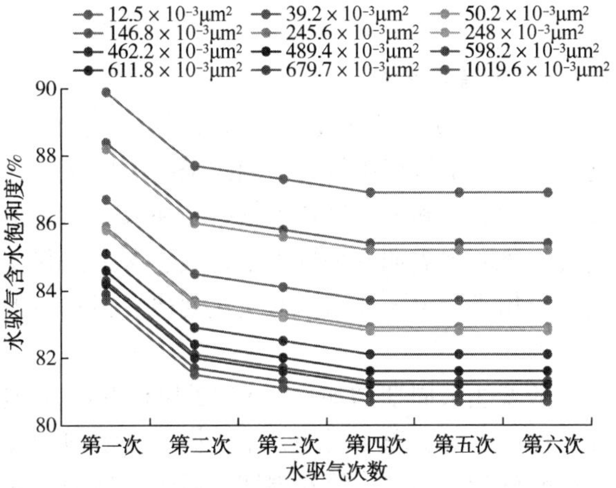

图 9　不同轮次水驱气实验含水饱和度变化曲线

由以上分析可知，在储气库采气过程中，初期几个轮次的采气残余气饱和度会有一定程度的增加，这主要是由于交替注采对含水饱和度会起到明显的降低作用。

3　储层岩心多周期交替注采实验

3.1　实验样品、设备与流程

天然岩心取自 C1 井和 S1 井。该实验合计测定岩心 12 块。C1 井储层取芯深度为 688.7～690.4m，测定天然岩心 6 块，空气渗透率介于 (179.5～571)×10^{-3} μm²；S1 井储层取心深度为 563.5～566.7m，测定天然岩心 6 块，空气渗透率介于$(3.8\sim1087.6)\times10^{-3}\mu m^2$。

实验设备主要包括：岩心夹持器、气体流量控制器、液体驱替泵、压力传感器、液体过滤器、湿式流量计、电子天平等、围压泵和气瓶等，设备满足温度、压力等实验要求。

实验流程如图 10 所示，操作步骤如下：①岩心抽真空饱和水；②将完全饱和的岩心装入岩心夹持器中，气驱水直至完全出气；注气至 6.5MPa；③周期注采 6 次，分别测定每轮次的含水饱和度和含气饱和度。

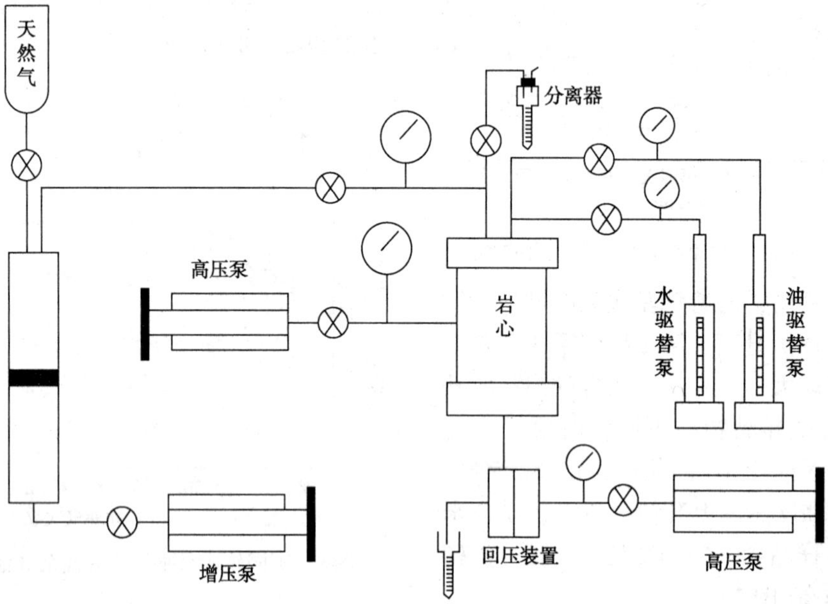

图 10　储层岩心多周期交替注采实验流程图

3.2　实验结果分析

通过 12 块岩心 8 个周期注采实验，依次绘制多周期注采过程中每个周期注采结束后含气饱和度、含水饱和度、气相渗透率与注采周期关系曲线，研究多周期注采过程中含气、含水饱和度以及气相渗透率随注采周期变化规律。实验结果分析如下。

随着注采周期增加，所有 12 块样品含水饱和度逐渐下降，第 1 周期到第 5 周期含水饱和度降低幅度相对明显，第 6 周期以后含水饱和度基本保持稳定，根据样品物性不同，含水饱和度由第 1 周期的 50.8%~62.2%逐渐下降至第 8 周期的 38.8%~55.8%，含水饱和度下降 6.4%~12%，平均下降 9.38%，且样品物性越好，含水饱和度越低，下降幅度越大，下降幅度与样品物性呈线性关系(图 11)。

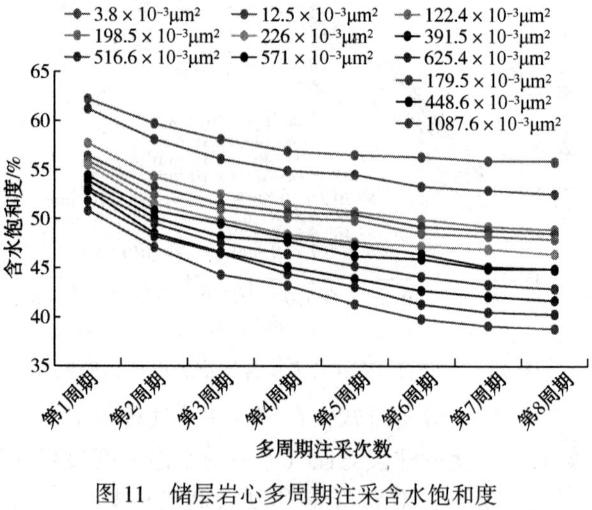

图 11　储层岩心多周期注采含水饱和度随注采周期变化曲线

随着注采周期增加，所有 12 块样品含气饱和度逐渐上升，第 1 周期到第 5 周期含气饱和度增加幅度相对明显，第 6 周期以后含气饱和度基本保持稳定，根据样品物性不同，含气饱和度由第 1 周期的 37.8%~49.2%逐渐上升至第 8 周期的 44.2%~61.2%，含气饱和度上升 6.4%~12%，平均上升 9.38%，且样品物性越好，含气饱和度越高，上升幅度越大，上升幅度与样品物性呈线性关系(图 12~图 13)。

随着注采周期增加，所有 12 块样品气相渗透率逐渐上升，第 1 周期到第 5 周期气相渗透率增加幅度相对明显，第 6 周期以后气相渗透率基本保持稳定，根据样品物性不同，气相渗透率增加值介于$(0.23\sim139.6)\times10^{-3}\mu m^2$，平均增加 $39.55\times10^{-3}\mu m^2$，且样品物性越好，渗透率增加值越大，增加值与样品物性呈幂函数关系(图 14~图 15)。

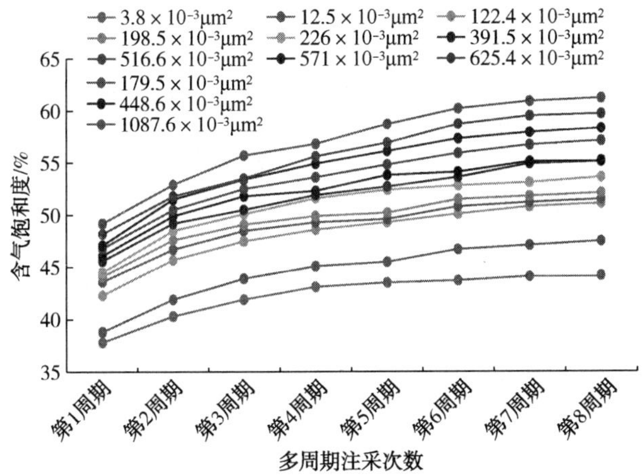

图 12　储层岩心多周期注采含气饱和度随注采周期变化曲线

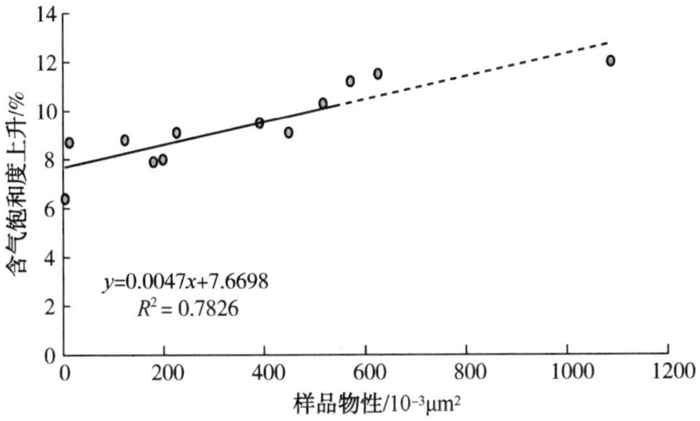

图 13　储层岩心多周期注采含气饱和度上升值与样品物性关系曲线

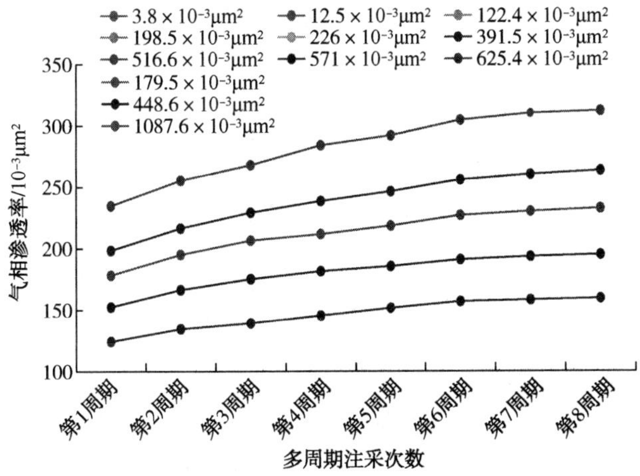

图 14　储层岩心多周期注采气相渗透率随注采周期变化曲线

4　结论

（1）多次升降内压后，岩样渗透率整体会小幅度下降，第 1～第 3 个轮次下降较为明显，第 3 个轮次后，渗透率整体水平保持稳定。

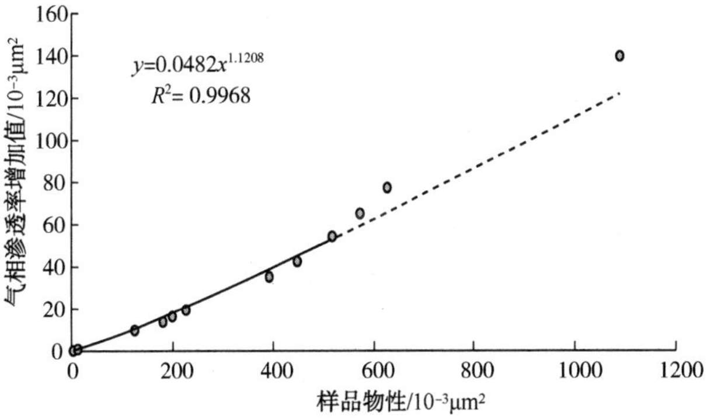

图 15　储层岩心多周期注采气相渗透率上升值与样品物性关系曲线

（2）四站储气库群净上覆压力介于 7～14MPa，随着净上覆压力增加和减小，渗透率损害率相应增大和减小，不同样品内压降低过程中渗透率下降（0.07～40.4）$\times10^{-3}\mu m^2$，平均下降 13.86$\times10^{-3}\mu m^2$，渗透率损害率 2.04%～4.74%，平均 3.72%，属于应力不敏感级别。

（3）相同岩心多次气水互驱过程中，平均束缚水饱和度下降 20%，符合幂函数递减规律，残余气饱和度有小幅上升 3%左右。

（4）不同岩心多周期交替注采过程中含水饱和度平均下降 9.38%，含气饱和度平均上升 9.38%，气相渗透率平均增加 35.55$\times10^{-3}\mu m^2$，物性越好，含水饱和度下降幅度越大，气相渗透率上升幅度越大。

参　考　文　献

[1] 霍瑶，黄伟岗，温晓红，等. 北美天然气储气库建设的经验与启示[J]. 天然气工业，2010，30(11)：83-86.
[2] 丁国生. 中国地下储气库的需求与挑战[J]. 天然气工业，2011，31(12)：90-93.
[3] 尹虎琛，陈军斌，兰义飞，等. 北美典型储气库的技术发展现状与启示[J]. 油气储运，2013，32(8)：814-817.
[4] 梁光川，田源，蒲宏斌. 国内地下储气库发展现状与技术瓶劲探讨[J]. 煤气与热力，2014，34(2)：01-06.
[5] 朱华银，卢涛，万玉金，等. 苏里格低渗气田储层应力敏感性研究[J]. 天然气工业，2007，27(增刊B)：72-75.
[6] 杨彬，候大力，龙刚，等. 低渗透储层应力敏感实验研究及应用[J]. 油气藏评价与开发，2012，2(5)：41-45.
[7] 刘宇展，潘毅，郑小敏等. 致密气藏岩石应力敏感

对气水两相渗流特征的影响[J]. 复杂油气藏，2013，6(3)：36-39.

[8] 刘均一，邱正松，黄维安. 不同渗透率储层应力敏感性试验对比[J]. 中国石油大学学报，2014，38(2)：86-90.

[9] 杨朝蓬，吴志伟，孙盈盈，等. 低渗致密气藏束缚水条件下应力敏感性[J]. 大庆石油地质与开发，2015，34(5)：68-72.

[10] 袁浩伟，陈昉，刘梦云. 致密气藏应力敏感性研究[J]. 非常规油气，2016，3(4)：115-122.

[11] 周鹏高. 渗透率应力敏感实验假象剖析[J]. 断块油气田，2019，26(3)：367-370.

[12] 张景，王颖，范希彬，等. 致密砂岩储层应力敏感性评价研究[J]. 中国海上油气，2020，32(3)：105-110.

井下油套管管柱修复技术对比

王建军[1]　赵　楠[2]　张赟新[2]　徐长峰[2]　杨尚谕[1]　韩礼红[1]

（1. 中国石油集团工程材料研究院有限公司石油管材及装备材料服役行为与结构安全国家重点实验室；
2. 中国石油新疆油田储气库有限公司）

摘　要　油气井油套管管柱失效造成的油气井报废或停产情况日益加重，根据油气井管柱损坏程度、类型以及特点不同，调研分析国内外对已损管柱的修复方法，从基本原理、特点及应用范围，系统地总结分析现有修复技术发展现状。同时在充分比较现有修复技术基础上，探讨其适用性，为现场针对性选择修复技术提供支持。调研分析表明：现有修复技术仅应用于油气井套管柱损坏，未见在油管柱损伤修复上的应用；取换套/整形修复技术适用于工况简单的套损修复；补贴/堵漏剂修复技术效率高、施工周期短、费用成本低、操作难度小，可以实现长期稳定的运行；同时提出堵漏剂修复技术对油管柱损伤修复的可行性。

关键词　油气井；套管；油管；损伤；修复

引言

随着深层油气资源的逐步勘探开发，由于受到长期地层压力、注水、注汽、频繁井下作业以及管柱本身材质和腐蚀等原因，油气井油套管柱发生变形、泄漏、破裂等不同形式的损坏。自1997年起至2019年年底，大庆油田累计发生29286口井套损，总套损率为22.7%；辽河油田的套损井累计达5370口，占总井数的22.3%。在国外，美国加州Belridge油田在过去的二十几年中造成1000多口套损井，美国墨西哥湾、塞达克科油田、北海、苏伊士湾、中东等地区出现大量套管损坏。一般针对套损井修复，采用补贴、整形、取换套、注胶等修复技术对套管或管柱外地层的裂缝进行修复，以恢复井生产功能。但由于现有修复技术受使用效果和适用范围限制，导致许多管柱失效问题，尤其是油管柱失效，难以得到针对性的有效解决，从而影响油气井正常工作，制约了油气井的采收率。

为了能够针对油气井油套管柱失效特点以及类型，采用合理的修复手段，以更好地解决油气井套管和油管失效问题，本文梳理概括了补贴、整形、取换套以及注胶等修复技术的基本原理、特点和适用范围，并在此基础上进行技术对比和分析，探讨几种修复技术的适用性，从而为实际生产中采用有效合理的修复技术解决套管和油管失效问题提供支持。

1　技术概况

针对油气井的套管修复技术有补贴修复技术、整形修复技术、取套换套修复技术以及堵漏剂（注胶）修复技术。根据修复方式不同，各类修复技术可进一步细分（图1）。以上修复技术已经广泛的应用于套管损伤的修复或套管外地层的修复，但是较少用于井内油管损伤修复，因此对各类修复技术进行调研，探究油气井套管和油管柱损伤修复技术及其适用性。

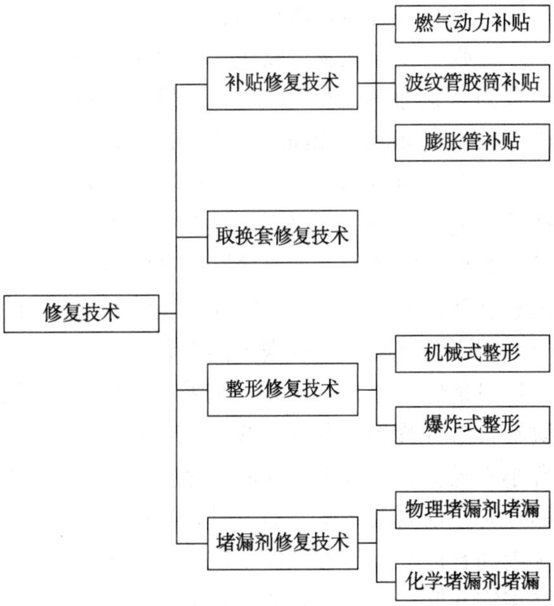

图1　修复技术类型

1.1 补贴修复技术

补贴修复技术作为软金属密封补贴加固技术，是针对管柱外套管漏失、变形等情况，通过下衬管并密封衬管两端，从而形成完整通道的技术。目前，套管补贴修复技术主要有燃气动力补贴、波纹管胶筒补贴以及膨胀管补贴。

燃气动力补贴技术采用含能材料作为动力源来替代地面大型设备的补贴加固器，工作时，对投入到套损部位的加固器点火，引燃动力药，使其产生的高温高压气体充气，推动金属锚扩径以及释放环弹性变形，当膨胀力足够大时，塑变释放套解卡，起出工具完成补贴。波纹管胶筒补贴技术是将耐高压封隔器套住两端卡环固定的波纹管送到井下预定位置，通过憋压胀起波纹管，同时上端挤出的黏合剂紧贴套管修补处完成补贴。膨胀管补贴技术在钢制套管下井后，通过冷挤扩张的方式使得套管达到预定尺寸，以达到修补损坏套管的目的。

近年来，随着套管损坏的原因和形式的复杂性、多样性，对于套管修复的要求越来越高，常规的补贴修复技术不能很好的解决该问题，因此国内外学者针对此问题改进了补贴修复的方式。针对大于 10m 的长井段套管破损问题，提出了涵盖外层贴补管柱和内层施力管柱的长井段补贴修复管柱技术，为稠油热采井套损治理提供技术上的支持。在深入研究套损机理以及发展现状基础上，根据现场实际情况，进一步改进补贴工具结构，研制出自挂式的补贴套管工具。

膨胀管技术现发展较快，目前国内外多家公司致力于膨胀管技术的研发，例如 Enventure、Halliburton、Baker Hughes、Weatherford 等国外公司以及中国石油集团的工程材料研究院、工程技术研究院、勘探开发研究院和部分高校机构等。此外，国外学者也对膨胀管补贴技术进行补充和创新，如提出一种能够在高压情况下使用的新型膨胀套管贴片，以满足操作者所预期的极端循环热条件，并且开发和实施采用可扩展内部金属套管修补程序的技术。Blane 等提出了一种适合小直径油管和其他部件的高完整性可扩展金属贴片修复油管的方案，通过进行液压膨胀油管系统内插补以及设计和开发了钢丝运行工具来解决许多完井问题。Wilson 和 Adam 提出了一种提高膨胀率、增强密封性和悬挂力的新型膨胀管，克服了传统实体膨胀管修复过程中导致井眼尺寸受损情况。国内学者认为实体膨胀管与波纹管可进行组合进行管柱修补，能够代替套管以及堵漏裸眼井段，同时进一步开发了既能满足强度、耐温性和密封能力要求又能达到 API N80 钢级的膨胀管，并且利用 ANSYS 建立了 SET 有限元模型并进行数值模拟，分析了实体膨胀管在套损井修复过程中应力、应变和残余应力。

1.2 取换套修复技术

取换套修复技术采用套铣、割管、打捞等工具将套管的破损段及以上的套管取出，再将下入的新套管对接井内套管，以达到恢复原井套管的通径从而实现有效彻底地修复破损套管。常见的取换套管作业分为两种类型：大修作业和小修作业。小修取换套通过确定漏点、计算中和点，施加扭矩对已损套管进行倒扣作业，回接套管之后进行试压验证，提出封隔器以解除封堵，以此完成换套。大修作业取换套在准确定位漏失点后，在井筒内注入定量水泥塞对油层实施封堵隔离，利用转盘设备对已损套管进行倒扣取出，将新套管下放至井中进行对接，经过试压验证后使用钻头钻灰塞通井至井底，以此完成取换套。

取换套修复技术的难点在于下套时，对被取套损部位位置的精确定位以及取套深度不确定性。因此，采用定点取换套技术能够一次性准确倒出套管，解决常规取换套技术产生的多次倒扣、丢失井眼的问题，有效降低套管失效造成施工风险。为了保证在油层部位进行取换套的高效，形成了一种配套油层部位的取换套技术。通过研制配套的套管定深倒扣装置以优化工艺施工参数，来达到一次倒扣取出已损套管的目的。

1.3 整形修复技术

整形修复技术主要采用机械式和爆炸式两种方式。机械式整形即对变形套管进行反复碾压或震击，使变形套管恢复到预期内通径修复尺寸。爆炸式整形即将爆炸装置放置在套管的变形部位，通过导电控制或撞击形式来引爆炸药，爆炸所产生的强大压力将变形套管膨胀到一定尺寸，以此达到修复已损套管的目的。

采用整形修复技术，通常针对整形过程中整形力和扭矩的合理性问题进行分析和研究，控制根据以往由经验确定的修复力，以达到有效修复套管的目的。利用旋压套管进行整形试验对修复前后变形套管的力学性能进行分析和评价，从而优化套管、整形器结构并为施工参数提供相关指导。在此基础上，提出采用套管滚压整形修复技术并设计整形量，以此修复气田套管变形井。

由于地层压力的变化等原因，井下工作情况的复杂性，针对于套管服役时的弯曲、缩颈变形和错断等套损问题，许多学者和研究人员研发了不同的修井工艺以及修复工具。目前所研发的整形装置包括：梨形膨胀管器，其价格便宜、施工简单，但是一次整形量小，需不停更换不同尺寸的整形器导致工作量大；旋转震击式整形器，其钻井速度和效率较高，但由于频繁撞击，产生温度较高，导致增大套管修复成本；偏心辊子整形器，其有效避免卡钻等问题且恢复套管内径效果好，但由于其结构受力复杂，容易断落从而引起故障；滚珠整形器，其对外层水泥环破坏小，但受力不均时会被压扁，只适用于修复缩颈变形套管，且造价成本高。

1.4 堵漏剂修复技术

堵漏剂修复技术，也称注胶修复技术，采用的堵漏剂主要包括物理堵漏剂和化学堵漏剂两种。物理堵漏剂利用堵漏剂自身性能的优势，通过不同的挤注方法和工具，将堵漏剂注入到漏失井段种，待固化后达到封堵套管和疏松地层的目的。化学堵漏剂在进入漏失通道后，可以在地层压力、温度、组分等因素之间发生化学反应，首先在漏失管段中发生滞留反应，而后与套管和地层发生稠化、胶结等反应，最终达到封漏堵漏的作用。

一般，按照堵漏材料分类，可分为桥堵材料、高失水堵漏材料、软硬塞堵漏材料、无机凝胶堵剂、暂堵材料、广谱型屏蔽暂堵保护油气层材料、化学堵漏材料、高温堵漏材料、复合堵漏材料以及堵漏、防水两用堵漏剂这十类。目前，对堵漏剂材料的研究发展趋势主要包括三个方面：针对单一堵漏剂，需要研究其物理或化学性质并对其进行改性以适应不同的油气井体系；对于漏失的具体情况，需要研究和发展多粒度级别堵漏材料和由多种堵漏材料复合而成的复合型材料；同时，对于堵漏之后后续引起的环境问题，需要研究集堵漏防漏、堵水、保护储层及环境为一体的综合性堵漏材料。

采用堵漏剂进行修复时所采用的工具包括挤注堵漏剂的专用工具、注水泥装置、水泥塞、封闭工具、隔管、直接装送堵漏材料至漏失层的容器等。国外早在40年代开始研究井漏防治技术，50年代对防漏堵漏机理以及堵漏工艺研究迅速发展，60～70年代逐步掌握漏失特点、规律，堵漏工艺及方法逐渐成熟，80～90年代堵漏实验设备、工具更加先进，开发了一系列兼具保护储层功能的复合型堵漏剂。前苏联最先采用井下混合堵浆工艺、平衡堵漏工艺、快速胶质水泥浆以及充气水泥浆等堵漏工艺。美国采用起钻候堵、通过添加配料的水基或油基制成的桥塞剂、挤注高失水混合稠浆、水泥浆、井下混合软硬塞、地面混合软塞法、井下混合软塞法、利用水和凝胶水油携带砂子制成的特殊堵剂以及采用强钻或充气泥浆后下套管这九种堵漏工艺技术。而国内对于堵漏技术的研究开始于70年代，80年代开始发展，90年代开始迅速发展。近几年，在研究堵漏工艺技术的同时又注重堵漏材料的研究，且更加注重油气层保护，开发了酸溶性高失水暂堵剂、酸溶性水泥、吸水树脂堵漏剂、片状合成树脂堵漏剂、微膨胀型树脂堵漏剂、聚合物树脂堵漏剂、新型复合凝胶、耐高温高压凝胶堵漏剂等堵漏剂。

2 技术对比

为了厘清各修复技术的适用条件和适用范围，从特点、操作难度、经济成本、施工周期、适用类型等方面进行对比(表1)。

表1 修复技术对比

<table>
<tr><th colspan="2">修复技术</th><th>特　点</th><th>操作难度</th><th>经济成本</th><th>施工周期</th><th>适用类型</th></tr>
<tr><td rowspan="6">补贴修复技术</td><td rowspan="3">燃气动力补贴技术</td><td>1. 自备动力源、无需密封传输管柱</td><td rowspan="3"></td><td rowspan="3"></td><td rowspan="3"></td><td rowspan="6">套管腐蚀孔洞、穿孔、破裂裂纹、破裂裂缝、螺纹失效、误射孔造成的漏失、变形、错断等情况，即适用于中浅层套管损坏，又适用于中深层套管损坏。补贴段通径为Φ103mm～Φ108mm</td></tr>
<tr><td>2. 不受地质影响，即可全井段补贴，又可多段单井补贴</td></tr>
<tr><td>3. 锚定力≥800kN，密封耐压≥15MPa</td></tr>
<tr><td rowspan="3">波纹管胶筒补贴技术</td><td>1. 强耐腐蚀性，韧性、塑性好</td><td rowspan="3">工艺简单、可操作性强</td><td rowspan="3">投入成本相对较小</td><td rowspan="3">施工周期相对较短</td></tr>
<tr><td>2. 所需地面压力低，施工风险小</td></tr>
<tr><td>3. 不同长度井段补贴，补贴位置精确</td></tr>
</table>

续表

修复技术		特点	操作难度	经济成本	施工周期	适用类型
补贴修复技术	膨胀管补贴技术	1. 内径缩径小、承压高、寿命长				膨胀管补贴可应用于封堵复杂层，可修复 Φ114.3mm～Φ339.7mm 的管柱
		2. 长井段补贴、链接简便、无需填充其他介质				
		3. 适应性强、修复性高、加固性好				
取换套修复技术	小修作业取换套技术	完全彻底修复，无需大型设备、应用时对施工现场要求低	工艺较简单、所需设备少	相对大修作业费用较低	施工周期相对大修作业较短，修复单口油气井需 6 天	小修作业适用于中浅层套管严重变形井、错断井、破裂外漏井
	大修作业取换套技术	完全恢复原井套管内径，钻盘扭矩以及游动系统负荷相对较大，作业效果好	工艺复杂、涉及工具多	花费相对较大、成本较高	施工周期长，修复单口油气井需 25 天	大修作业适用于深井作业 应用于 Φ50mm～Φ139.7mm 的套管
整形修复技术	机械式整形	1. 采用合理的整形力和扭矩，优化套管结构以及套管修复的操作参数、成功率高	施工程序相比爆炸式整形复杂、操作方便	作业成本高	施工周期长	适用于套管轻微变形，可以采用小修作业对套管进行修复，主要应用于 Φ177.8mm 和 Φ139.7mm 的套管直井段中
		2. 整形阻力小、对钻柱的强度要求低、对套管损伤小				
	爆炸式整形	1. 爆炸装置设计合理时，用药量方便计算	施工工序相比机械式整形简单	施工成本较低，经济效益显著	施工周期短	修复严重变形套管，且变形量大于套管内径的 12%（变形量为 5～25mm 套损情况）。用于各种规格、材质，且变形内径不小于 100mm 的变形套管
		2. 结合实际现场状况，改变和调整装置和用药量，装置组装灵活，炸药均匀释放				
		3. 无硬壳的弹体，对油气井无污染				
		4. 劳动强度小、效果好成功率高				
堵漏剂修复技术		1. 多采用凝胶、泥浆或树脂，堵漏率和封孔率高、效果明显、适用范围广、可处理复杂井漏问题	原料易得、操作简单、制备和施工过程简单	成本相对较小，较高的生产和应用价值	施工周期短、时间可控	可应用于孔蚀、管材裂缝引起的套损问题；封堵面积广，管径不受限制
		2. 加注方式灵活、流变性好、气密性强、胶结面强度高、机械性能好				
		3. 固化时间可控、封堵有效期长、封堵面积广、承压力高				

综上可见：①在施工过程方面，采用取换套修复技术进行大修作业时，倒扣前需要地面设备在井筒内注入定量的水泥塞以隔离油层，在进行倒扣作业时，需要地面上的钻盘设备将损坏套管倒扣取出井。因此，该种作业方式所需要的设备相对较多，由于施工现场必须有能够安放设备的足够场地，受到了场地的限制，从而加大了工艺以及施工操作的难度性，一般不适用于小场地现场作业。当变形量以及弯曲程度变大时，通过胀管器以及磨铣整形的机械整形技术不适用对套管进行修复，且机械整形工具无法下井，占用设备多，加大了修复的难度。②在经济成本和施工周期方面，采用取换套修复技术进行大修作业以及采用机械式整形修复技术对破损套管进行修复所需成本较高，一般大修取换套的单口油井的作业成本可以达到 80 万元，使用设备多花费相对较大。作业周期时间长，一般对单口油井进行作业时，需要的作业周期在 25 天左右。机械整形工具在每修复一次套管，需要由小尺寸工具到大尺寸工具使用，在经过多次作业才能达到修复套管的目的。作业时间增长、费用增高。不论是使用机械膨胀或铣磨整形，不但成功率低而且容易造成卡钻、工具断落等情况发生，加剧了井下工况复杂性，因此该技术不适用于严重变形套管。③在综合施工周期、费用成本以及作业周期三个方面，补贴修复技术以及堵漏剂修复技术相比于取换套修复技术以及整形修复技术有明显的优势。④在适用类型方面，相比于其他技术，堵漏

剂修复技术不受管径和长度的限制，而且流动性强，覆盖面积广，可以针对不同修复的需求对堵漏剂进行合理的配比以满足需求。⑤在可靠性方面，整形修复技术和取换套修复技术均存在修复成功率低，存在二次事故造成井下工况进一步恶化的风险。套管补贴修复技术可以应对复杂原因引起的各种套管破损问题，现今套管补贴技术关键点在于研究高强度、ERW 高精度、耐腐蚀的膨胀管管材，高温膨胀管的寿命问题以及多种膨胀方式，也是套管补贴未来的发展方向。

3 结论

随着油气田进一步的开发，尤其在开发后期，修复技术得到广泛的应用。通过对国内外油气井管柱修复技术的调研、比较、分析，得出以下结论：

(1) 目前研究领域和工程实际中对油气井油管柱损伤修复技术的研究较少，现有的技术研究主要围绕油气井套损问题。目前形成的套损修复技术主要有套管补贴、套管整形、取套换套和堵漏剂修复等修复技术，均应用于修复套管。

(2) 堵漏剂/套管补贴修复技术较整形/取换套修复技术效率高、施工周期短、费用成本低、操作难度小，可以实现长期稳定的运行，其中堵漏剂修复技术不受管径限制，封堵面广。

(3) 膨胀管补贴修复技术作为套管补贴的一种，由于其修复率高、效果明显、封堵面广、安全性高，能够适用于复杂工况以及由于各种原因引起的套管损坏。

(4) 针对不同套管漏失、破损、腐蚀等问题，根据技术要求、现场情况选择相应的修复技术，为有针对性选择修复技术提供技术上的支撑。

虽然目前国内在修复技术研究领域取得了一定的进展，尤其是在油气井油管柱上的应用尚属空白，对比后发现堵漏剂修复技术在油管损伤修复上具有较大应用可行性，但需要在充分吸收和研究国内外现有技术，分析其应用案例的基础之上，加大研究力度，填补目前技术上的缺陷和不足的问题，达到实现油管损伤修复技术成熟应用的目标。

参 考 文 献

[1] 韩礼红，杨尚谕，魏风奇，等. 复杂压裂页岩气井套管变形机制及控制方法[J]. 石油管材与仪器，2020，6(04)：16-23.

[2] 田启忠，温盛魁，伊伟锴，等. 长井段套管破损补贴修复技术研究与应用[J]. 石油机械，2015，43(11)：88-91.

[3] 王钧科. 套管补贴工艺研究及应用[D]. 西安石油大学，2011.

[4] Braddick B O，Jordan G D，Baker S F，et al. Development and testing of an expandable casing patch system[C]//SPE/IADC Drilling Conference. Society of Petroleum Engineers，2005.

[5] Louden F，Mathiassen E，Hazel P R，et al. Development of a hydraulically expanded metal internal casing patch[C]//SPE/ICoTA Coiled Tubing Conference and Exhibition. Society of Petroleum Engineers，2005.

[6] Blane D A，Crossland A. Design and development of a tubing repair solution using an expandable metal patch[C]//SPE/ICoTA Coiled Tubing and Well Intervention Conference and Exhibition. Society of Petroleum Engineers，2010.

[7] Wilson A. New design of solid-expandable tubular aids patching of hard-to-reach casing[J]. Journal of Petroleum Technology，2013，65(06)：112-114.

[8] 高向前，李益良，张立新，等. 实体膨胀套管与波纹管组合的井壁修复管柱[P]. 北京：CN201241646，2009-05-20.

[9] Tao L I. Solid expandable tubular patching technique for high-temperature and high-pressure casing damaged wells[J]. Petroleum Exploration and Development，2015，42(3)：408-413.

[10] 徐太保. 机械切割在南海西部气田修井作业中的应用[J]. 石油管材与仪器，2020，6(06)：83-85.

[11] Binggui X，Yanping Z，Hui W，et al. Application of numerical simulation in the solid expandable tubular repair for casing damaged wells[J]. Petroleum Exploration and Development，2009，36(5)：651-657.

[12] 祝真真. 油水井小修作业取换套管技术研究与应用[J]. 化工设计通讯，2019，45(3)：52-53.

[13] 曲兆峰，何秀清，张国良. 大庆油田油层部位套损井取换套技术研究[J]. 大庆石油地质与开发，2007，26(05)：84-86.

[14] 冉津津. 河南油田高效定点取换套技术[J]. 石油天然气学报，2014，36(04)：98-102.

[15] 范玉斌，吴艳华，孙经光，等. 套损井倒取套管技术研究与应用[J]. 化工管理，2020，11(32)：47-48.

[16] Lin Y，Deng K，Zeng D，et al. An experimental study on reshaping C110 deformed casing with spinning

casing swage[J]. Natural Gas Industry B, 2015, 2(2-3): 257-262.

[17] Deng K, Liu W, Liu B, et al. Repairing force for deformed casing shaping with spinning casing swage and damage behaviour of cement sheath[J]. Applied Mathematical Modelling, 2019, 70: 425-438.

[18] 邓宽海，刘婉颖，孙永兴，等. 含水泥环的变形套管修复过程实验[J]. 天然气工业，2017，37(10)：73-78.

[19] 石俊生，古小红，宋迎春，等. 普光气田套管变形井滚压整形修复技术[J]. 天然气工业，2009，29(06)：52-54.

[20] 潘一，温峥，杨双春，等. 国内外堵漏剂的研究进展[J]. 油田化学，2015，32(04)：628-632.

[21] 戴毅. 油基钻井液用堵漏剂及作用机理研究[D]. 西南石油大学，2014.

[22] 李娟，刘文堂，沈士军. 吸水树脂堵漏材料的研究进展[J]. 油田化学，2011，28(01)：110-114.

[23] 王立锋，王杰东，董恩琼，等. 一种合成树脂堵漏材料在塔河油田的应用[J]. 钻井液与完井液，2012，29(03)：88-90.

[24] 李养池，田义，罗春龙，等. 一种油气井套管堵漏用树脂堵漏剂及其制备方法与应用[P]. 陕西：CN107474808A，2017-12-15.

[25] 郭钢，李琼玮，周志平. 聚合物树脂在套管堵漏中的应用[J]. 油田化学，2019，36(04)：755-760.

[26] Ye Y, Yan J N, Guo J H, et al. Study on an Novel Composite Gel Material Solving Serious Lost Circulations and Pressurization Sealing[J]. Journal of Energy and Power Engineering, 2007, 1(1): 68-75.

[27] Liu E H. Research and application of high temperature gel plugging agent[C]//Applied Mechanics and Materials. Trans Tech Publications Ltd, 2014, 675: 1565-1568.

[28] 张弛. 高温凝胶化学堵漏技术在XJ-3井封层堵漏作业中的应用[J]. 能源与环保，2017，39(05)：77-80.

[29] 郭永宾，颜帮川，黄熠，等. 高温成胶可降解聚合物凝胶堵漏剂的研制与评价[J]. 钻井液与完井液，2019，36(03)：293-297.

枯竭气藏储气库盖层应力场演化与动态密封性研究

贾善坡[1]　温曹轩[1]　付晓飞[1]　徐　萌[1]　仲国生[2]

（1. 东北石油大学环渤海能源研究院；2. 中国石油吉林油田公司）

摘　要　储气库多周期交变注采下引起储盖层地层压力变化，进一步影响盖层动态密封性与稳定性。基于多孔弹性、盖层弯曲板理论以及储层变形计算模型，建立了动态应力场解析模型，并开展了注采过程中储盖层应力变化规律研究，基于国内某S储气库，探讨了适用于S储气库的盖层岩石的交变力学与动态密封性试验方案并开展了相关试验，分析了盖层岩石交变力学损伤特征与动态密封能力，结果表明：S储气库在1.5倍设计上限压力条件下，盖层应力扰动区范围在储盖界面上0～3m，有效偏应力最大值为7MPa，盖层岩石在危险工况下60次应力交变后损伤仅为0.131，渗透率先明显降低后基本保持不变，表明盖层力学稳定性与动态密封性良好。

关键词　储气库；盖层；应力场演化；交变应力；动态密封性；疲劳损伤

引言

储气库在强注、强采过程中，多周期气压、气量的变化会引起地应力的变化，受孔隙压力波及地层处的地应力场也随之发生改变，进一步影响储集空间、盖层密封性与稳定性特征。因此，研究地应力场的变化，对于储气库盖层动态密封性评价、提压扩容潜力预测、增强风险抵御能力等经济效益、能源安全方面有着重要意义。

油气开发实践表明，孔隙压力变化对地层应力存在巨大影响，地应力发生剧烈变化，易引起地层发生破坏，影响油气开发安全性。CO_2地质封存的相关研究表明，流体注入会使得储层体积膨胀，继而发生向上隆起，如Biyadh砂岩储层在10年26MPa的注入压力下，地表隆起可达25mm以上，使得盖层由于储层变形导致的应力变化不可忽视，且流体注入也会导致盖层孔隙压力增加，有效应力减小，进一步导致盖层破坏和泄漏。而储气库工作制度较衰竭开采与CO_2地质封存更为严苛，岩石产生塑性应变导致损伤累积甚至发生疲劳破坏。有学者基于统计损伤等理论研究了储气库储盖层岩石交变荷载损伤演化规律，认为考虑岩石疲劳损伤更接近工程实际。而交变应力加载方式、交变上下限等参数是当前储盖层交变应力室内试验设计的难点，目前大多数室内试验通常将运行压力的上下限或将岩石静态强度乘以小于1的系数作为交变应力的上下限，并将最大有效水平主应力设置为围压，实际上难以反映储盖层岩石在注采过程中经受的真实围压与交变应力。

以国内某S储气库为工程背景，基于多孔弹性与盖层弯曲板理论，结合动态应力场解析模型开展了注采过程中储盖层应力变化规律研究，探讨并开展了适用于S储气库的盖层岩石的交变力学与动态密封性试验，分析了盖层岩石交变力学损伤特征与动态密封能力，可为后续相关工程提供参考。

1　盖层应力变化解析模型

盖层作为储气空间的外围屏障，其渗透性远低于储层。注采作用下盖层内部应力变化由两部分构成：①储层压力变化导致盖层中的孔隙压力改变，致使盖层内部产生附加应力；②储层膨胀或收缩引起盖层弯曲变形，在盖层内部产生附加应力。根据弹性力学理论叠加原理，将两类盖层附加应力分别进行计算，然后进行线弹性叠加，即可获得盖层总应力场结果。

1.1　盖层内孔隙压力变化引起的附加应力

注采周期内储层地层压力随着时间的变化可按线性关系来处理。将储层上部盖层压力定义为时间和距离的函数，以储气库采气过程为例(注气过程与此相反，压力变化相反)，可描述储气层压力减小的范围，根据有效应力原理，盖层中应力的减小量可以定义为时间和距离(储-盖界面之上)的函数。假设储气库注采过程中盖层的孔隙度和渗透性保持为常数，孔隙压力耗散方程定义为：

$$\frac{\partial^2 p}{\partial z^2}=\frac{\phi\mu c}{c_1 k}\frac{\partial p}{\partial t} \tag{1}$$

式中，c_1 为单位转换系数，2.6368×10^{-4}；p 为孔隙压力，MPa；z 为盖层到储层顶部的距离，m；ϕ 为孔隙度；μ 为流体黏度，mPa·s；c 为流体体积压缩系数，$\mathrm{MPa^{-1}}$；k 为渗透率，$10^{-3}\mathrm{mm^2}$；t 为时间，年。

初始条件定义为：

$$\begin{cases} p=p_i & t=0,\ 0<z<\infty \\ p|_{z=0}=p_i-(p_i-p_r)\dfrac{t}{t_c} & z=0,\ t>0 \end{cases} \tag{2}$$

因此，盖层内部孔隙压力解为：

$$p=p_i-(p_i-p_r)\frac{t}{t_c}\left[\left(1+\frac{z^2}{2\lambda t}\right)\mathrm{erfc}\,\frac{z}{2\sqrt{\lambda t}}-\frac{z}{\sqrt{\pi\lambda t}}\mathrm{e}^{-z^2/4\lambda t}\right] \tag{3}$$

当时间处于 t_c 时刻，$\lambda=\dfrac{c_1 k}{\phi\mu c}$，$z$ 处的孔隙压力为：

$$p=p_i-(p_i-p_r)\left[\left(1+\frac{z^2}{2\lambda t_c}\right)\mathrm{erfc}\,\frac{z}{2\sqrt{\lambda t_c}}-\frac{z}{\sqrt{\pi\lambda t_c}}\mathrm{e}^{-z^2/4\lambda t_c}\right] \tag{4}$$

根据式(4)，盖层内孔隙压力变化值 Δp 为：

$$\Delta p=-(p_i-p_r)\left[\left(1+\frac{z^2}{2\lambda t_c}\right)\mathrm{erfc}\,\frac{z}{2\sqrt{\lambda t_c}}-\frac{z}{\sqrt{\pi\lambda t_c}}\mathrm{e}^{-z^2/4\lambda t_c}\right] \tag{5}$$

假设盖层压力变化区与储-盖界面的距离远小于盖层横向尺度，将盖层视为单轴应变条件，无水平应变，垂向总应力保持不变，即 $\Delta\sigma_v=0$，水平最大总应力与孔隙压力的耦合关系和水平最小总应力与孔隙压力的耦合关系相同，盖层中由于孔隙压力降低而产生的应力降低使水平总应力降低，即：

$$\Delta\sigma_{H/h}=\left[\frac{1-2v}{1-v}\right]\alpha(p_i-p_r)\left[\left(1+\frac{z^2}{2\lambda t_c}\right)\mathrm{erfc}\,\frac{z}{2\sqrt{\lambda t_c}}-\frac{z}{\sqrt{\pi\lambda t_c}}\mathrm{e}^{-z^2/4\lambda t_c}\right] \tag{6}$$

1.2　盖层弯曲变形引起的附加应力

储气库注采引起的盖层弯曲变形如图1所示。储层之上的上覆岩体质量由储层岩石骨架和孔隙空间内的流体共同承担，垂直应力对应覆盖层质量，侧向应力则取决于构造环境，垂直应力一般保持不变，而孔隙压力将随流体的抽采和注入发生变化，当流体压力变化时，荷载转移到岩石骨架上，致使储层变形。储层体积 V 变化取决于孔隙压力变化值 Δp 以及岩石体积模量，即：

$$\Delta V/V=C_b\Delta p \tag{7}$$

式中，V 为储层初始体积；C_b 为储层体积模量。

当储层的横向尺寸与其垂直厚度相比非常大时，可以假设与流体注采引起的储层膨胀或压缩变形大部分发生在垂直方向，即：

$$\Delta H/H=C_m\Delta p \tag{8}$$

式中，H 为储层初始厚度；C_m 为储层单轴压缩系数，$C_m=\dfrac{(1+\mu)(1-2\mu)}{E(1-\mu)}$。

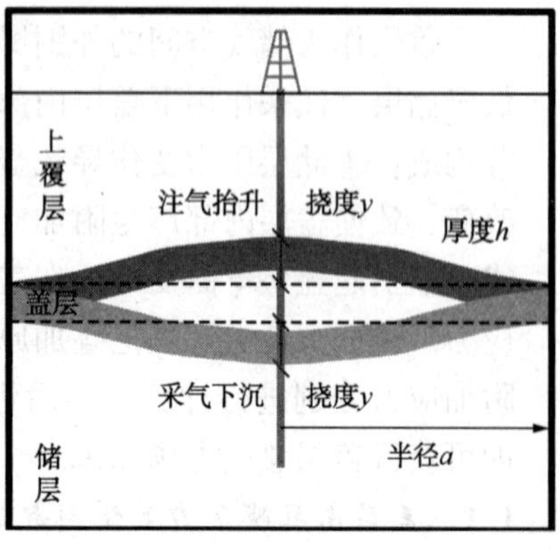

(a)盖层注采变形示意图

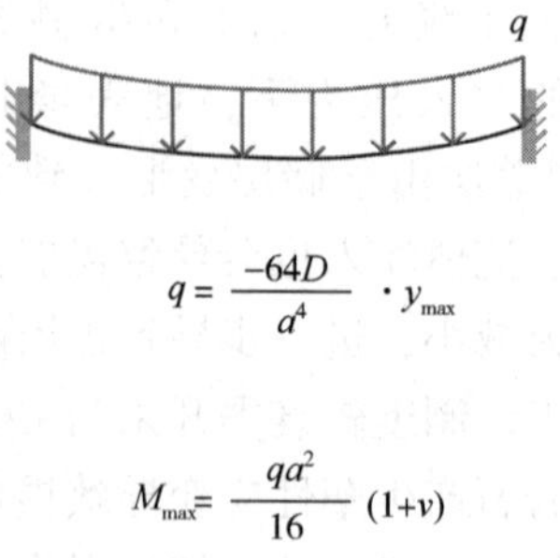

(b)盖层变形附加应力

图1　注入-采出引起的盖层弯曲变形以及附加应力

盖层分布较广且厚度相对较小的条件下，可将盖层可视为三维圆盘，根据固体力学理论，进一步计算储层变形导致盖层弯曲引起的附加应力，式(8)可获得盖层最大挠度值。根据弯曲盘理论，可计算弯曲盘顶面最大弯曲应力 σ_{max}（即水平应力变化 $\Delta\sigma_{H/h}$），即：

$$\sigma_{max}=6M_{max}/h^2 \tag{9}$$

式中，M_{max} 为最大弯矩，Pa·m²；h 为盖层厚度，m；a 为盖层半径，m；q 为产生最大挠度 $y_{max}[m]$ 所需均布荷载，对应盖层中垂向应力变化量 $\Delta\sigma_V$，Pa；$D=Et^3/12(1-\upsilon^2)$ 为抗弯刚度，Pa·m³；E 为盖层弹性模量，Pa；υ 为盖层泊松比，无量纲。弯矩以造成顶面受压为正，挠度以向上为正，且最大应力产生于梁的顶面和底面，大小相等，但符号相反。

2 工程实例

2.1 工程概况

S 储气库泉三段为纯气藏，边水较少，构造相对平缓，属于微幅背斜构造，建库储层深度范围 1184.60～1288.10m。盖层以紫红色泥岩为主，质纯，连续厚度在 30.10～70.00m，平均有效厚度为 34.80m，盖层孔隙度平均值为 6.3%，渗透率约为 $0.002\times10^{-3}mm^2$；储层为中孔中渗型砂岩，平均孔隙度为 19.8%，渗透率平均为 $110.1\times10^{-3}mm^2$，储层厚度范围在 54.0～74.4m，水平范围约 7km²，储层两侧由两个封闭较好的断层封堵，断层稳定性较好，满足储气封闭要求。20 世纪 90 年代末开始气藏开发，至 2018 年中 73.1% 的气体已被采出。现场压力测试和开发历史证实该储层及其上覆盖层在开发前为正常压力系统，接近于静水压力状态，储层初始地层压力约为 12.2MPa，目前的地层压力衰竭明显，储层衰竭后压力为 1.52MPa。储层压力不受其他含水层或流体入侵的影响，储层边界为封闭边界。改建储气库后储层压力设计上下限分别为 7MPa、12MPa。气田开采结束后新钻研究井 S3-1 现场小型水压致裂法地应力测试结果为：最大水平主应力（SH）23.07MPa，最小水平主应力（Sh）21.83MPa；垂直主应力（Sv）28.29MPa（参考深度 1226m）。

2.2 盖层应力场演化

图 2 显示了研究井 S3-1 的垂向、水平总应力和孔隙压力，储盖层垂向总应力值始终保持不变，衰竭开采时，储盖层的孔压和水平总应力逐渐降低，盖层中，距离储盖界面越远，应力扰动越不明显，可将盖层分为扰动区、微扰动区和无扰动区；衰竭开采后进行注入（上限压力 18MPa，为设计上限压力的 1.5 倍），储层的孔压和水平总应力增加，盖层扰动区下部受储层孔压增加的影响明显，出现了孔压与水平总应力恢复甚至超过原始状态的情况，而扰动区上部距离储层稍远且恢复时间较短，孔压与水平总应力仍未达到原始状态，出现了孔压拐点，但储层压力达到上限后若保持足够长的时间，扰动区上部孔压与水平总应力总可以恢复甚至超过原始状态。以 S3-1 井为例，扰动区范围在储盖界面上 0～3m，微扰动区和无扰动区范围分别为 3～5m 和>5m。其中储层应力值变化参考文献[18]计算。

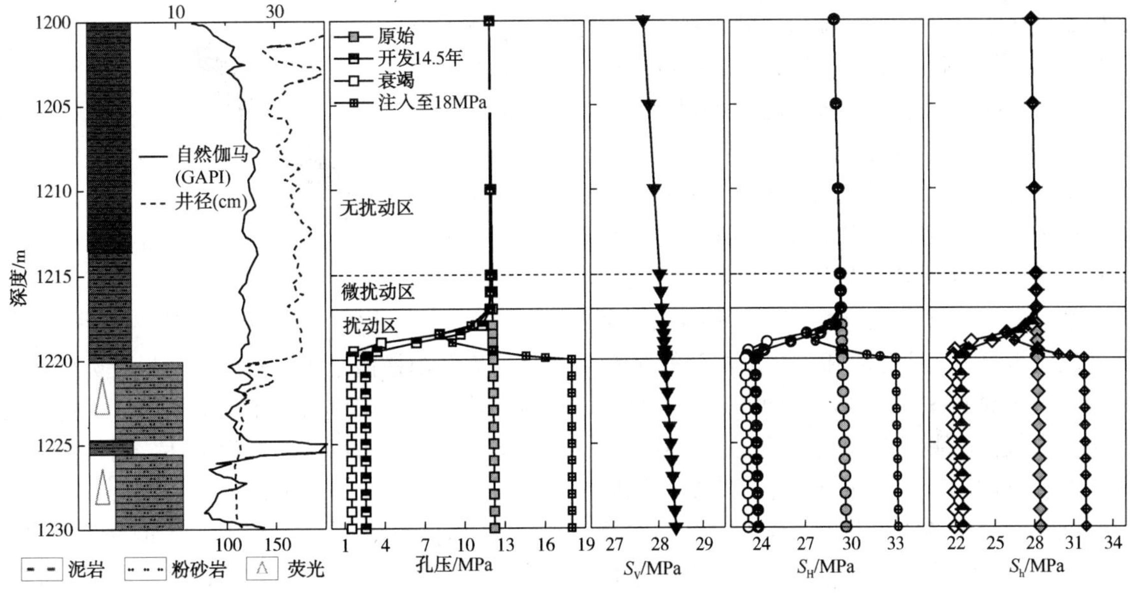

图 2　衰竭阶段与原始阶段储、盖层应力场对比

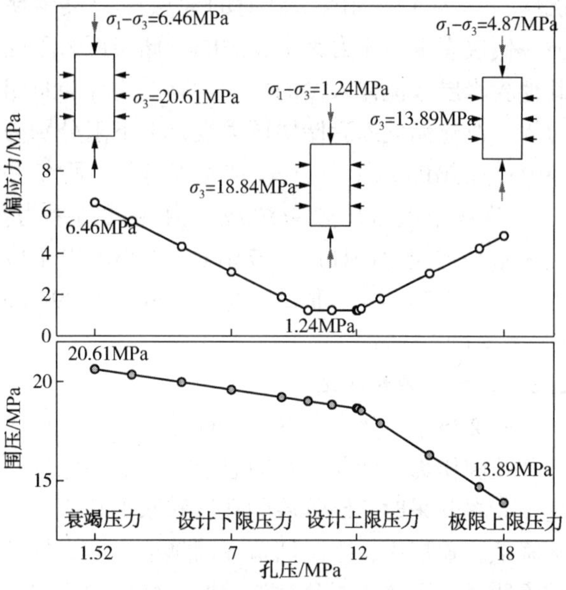

图 3　衰竭-注采过程中围压与偏应力变化关系

通过以上储盖层应力计算模型可知，储盖层岩石在气田衰竭到储气库注采运行过程中，三向有效应力始终保持变化，结合室内三轴试验原理，可将任意时刻的三向有效应力最小值设为围压，三向有效应力最大值与最小值之差设为轴向偏应力。对于 S 储气库而言，比奥系数取 0.8，注入上限压力取为 18MPa 时，围压与偏应力随孔压变化规律如图 3 所示，考虑到不同时刻的围压均不相同，试验过程中保证围压与偏应力协同交变存在一定难度，因此从保守的角度而言，可将围压设置为整个过程中围压的最小值（约 14MPa），交变偏应力上下限可设为整个过程中偏应力的最大值（约 7MPa）和最小值（约 1MPa）。

根据上述分析，可得三轴交变应力测试工况 1 和 2，对于井眼附近岩石，由于钻井卸荷的影响，其最小有效主应力急剧降低，围压设为 14MPa 不再合适，因此给出了适用于近井岩石的试验工况 3，其中围压设为 0MPa。除了力学完整性以外，应力交变过程中盖层动态密封性也是工程关注的重点，突破压力作为反映密封能力的最直观的参数，每次测试均需要采用流体（煤油、地层水或纯水）进行饱和，并采用逐级加载法进行突破测试（SY/T 5748—2020），不仅对仪器设备要求较高，测试时间也较长，并且可能导致试样在长时间偏应力作用下产生较大的塑性应变，影响对由交变应力引起的力学响应结果的分析。研究表明，突破压力与渗透率具有良好的相关性，因此，可在每进行一定次数（10～15 次）应力交变后的应力峰值点处进行快速有效的多次渗透率测试，以得到盖层密封能力与交变次数演化规律，故有盖层岩石动态密封性试验方案工况 4（表 1）。

表 1　三轴交变应力室内试验方案设计

	围压/MPa	上限应力/MPa	下限应力/MPa	交变次数/次
正常工况 1	14	7	1	60
工况 2	14	14	1	60
工况 3	0	14	1	60
工况 4	p_{inj}+0.5	14	1	60

注 1：工况 1 和 2 适用于远井岩石，工况 2 将上限应力提高一倍，为一危险工况。

2：工况 4 为基于工况 3 的交变密封测试，围压设为比气体入口端压力 p_{inj} 大 0.5MPa 以防气体从试样侧面逸出，每交变 15 次在峰值应力点处进行 3 次渗透率测试。

3　交变应力下盖层损伤与动态密封性

试验仪器采用东北石油大学岩石多场耦合三轴试验机，为减小试样离散性，盖层试样取自同一块泥岩钻井岩心柱。结果表明三种工况下，储盖层岩石均未在交变过程中发生破坏，在 60 次应力交变后能承受更高级别的应力，宏观上力学稳定性良好。同时，由 60 次应力交变产生的不可逆应变（塑性应变）极小，数量级为 10^{-5}～10^{-4}，表明岩石试样以弹性特征为主，由塑性变形导致的损伤较小（图 4）。

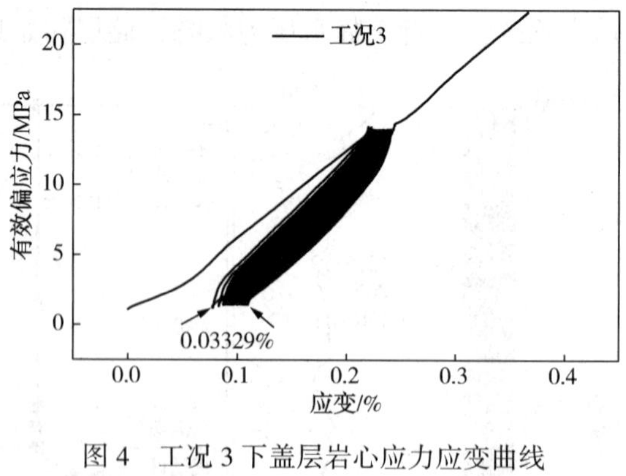

图 4　工况 3 下盖层岩心应力应变曲线

疲劳门槛值是指岩石能否发生疲劳破坏的应力阈值，当上限应力低于门槛值时，无论应力交变多少次，岩石都不会发生破坏。通常设置特定的交变次数（如：金属材料，10^7 次；岩石，10^4 次），当材料可承受大于该次数的交变应力时，认为材料的寿命是无穷大的，此时对应的上限应力即为疲劳门槛值 σ_y。岩石在以某一上限应力的条件下，恰好经历60次应力交变即破坏，无法承受再多一次的注采交变，此时上限应力即为盖层疲劳极限强度 σ_u，发生破坏时损伤可认为1，此时应变为疲劳极限应变 ε_u。大量试验研究表明：对于性质相近的两个试样，疲劳加载时的起始点和结束点分别与全应力-应变曲线破坏前、后区对应上限应力处的应变量相当(图5)，表明全应力应变曲线可预测循环加载条件下岩石的破坏。

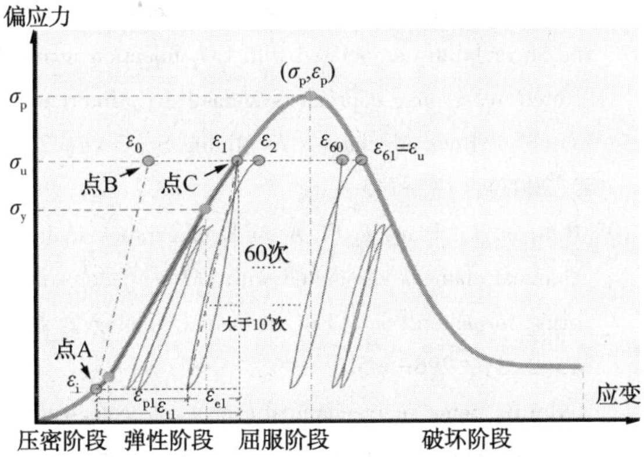

图5　不同上限应力下岩石偏应力-应变曲线特征

统计了盖层静态加载下应力等于疲劳极限强度时的破坏后区应变 ε_u 为0.91%(围压0MPa，对应工况3)。在岩石第一次由下限应力(点A)加载至上限应力(点C)时，产生的总应变 $\varepsilon_{t1}=\varepsilon_1-\varepsilon_i$ 由弹性应变 ε_{e1} 与塑性应变 ε_{p1} 两部分组成，体现了岩石的弹塑性性质。若岩石第一次由下限加载至上限的过程中为完全弹性，则应力路径为点A至点B，由于不会产生塑性应变，这条应力路径上的任意两点之间的损伤增量均为0，认为第一次达到下限应力(点A)时的损伤为0，则点B处的损伤也为0(图5)。在储气库运行的整个过程中，偏应力最大的时刻是最危险的时刻，也是工程关注的重点，故建立了基于塑性应变的损伤表达式(10)，可得偏应力最大时损伤随交变次数的演化关系(图6)。

$$D=\frac{\varepsilon_n-\varepsilon_0}{\varepsilon_u-\varepsilon_0}\quad n=0,\ 1,\ 2,\ \cdots \tag{10}$$

盖层泥岩在工况3下，第一次加载造成的损伤为0.101，60次应力交变后的损伤为0.131，即由60次交变应力导致的损伤仅为0.03。可以看出，第一次加载对于岩石造成的不可逆应变较大，这是由于第一次加载时原始孔隙被大量压密所造成的。岩石疲劳破坏的损伤演化可分为三个阶段：初始、等速和加速阶段。结合图7中上限应力点处的损伤值与损伤演化规律可知，盖层仍处于疲劳破坏过程中的初始阶段，尚未进入裂缝稳定开展的等速阶段，表明盖层岩石在工况3的条件下力学完整性良好。

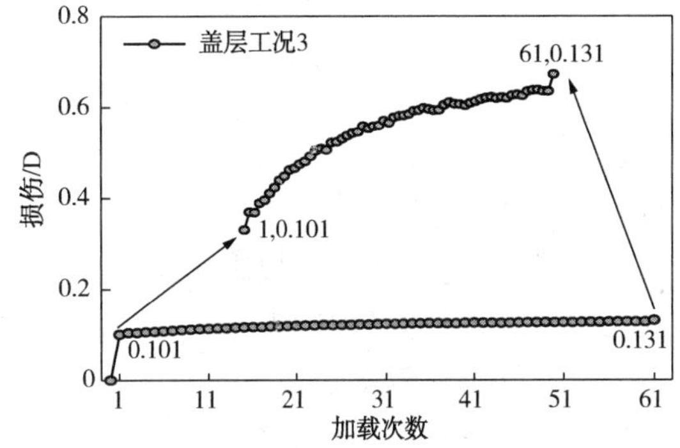

图6　盖层岩心损伤变量随交变次数演化规律
(以工况3为例)

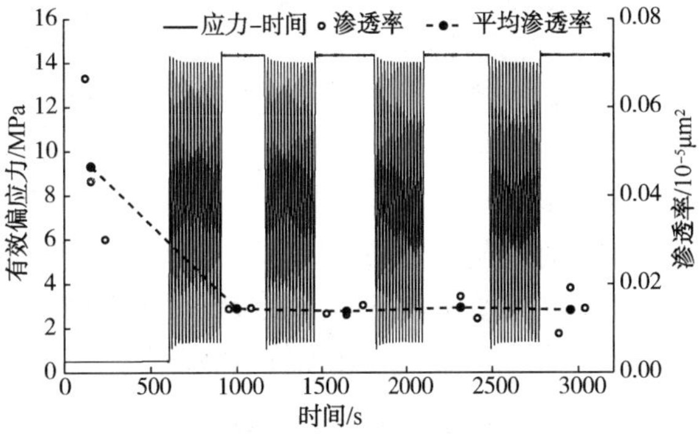

图7　盖层岩心渗透率随时间(交变次数)演化规律

试样4(工况4)初始平均渗透率为 $4.66\times10^{-5}\mu m^2$，每经过15次交变后渗透率平均值分别为 $1.44\times10^{-5}\mu m^2$、$1.38\times10^{-5}\mu m^2$、$1.47\times10^{-5}\mu m^2$ 和 $1.41\times10^{-5}\mu m^2$，渗透率在前15次明显降低，而后续变化不明显(图7)。分析认为，塑性应变通常由孔隙压密、裂缝萌生和扩展贯通导致的不可逆应变两部分组成，前者使试样密封能力得到强化，而后者使试样内部产生优势渗透通道，造成密封能力降低。前15次交变(结合损伤演化规律认为主要是第一次加载)使得岩石原生孔隙被大量压密，导致渗透率下降明显，而后续交变造成的孔隙压密程度较小，并且由于上限应力较小，难以使试样产生明显裂缝(优势渗流通道)，故渗透率几乎保持不变。表明在工况4下盖层动态密封能力不会发生劣化，有利于储气库安全运行。

4　结论

(1) 储气库应力变化机理是储层内应力与外

应力相互对抗的结果，孔隙弹性地层中的孔隙压力变化(通过生产枯竭或注入压力)不仅导致总水平应力的变化，进一步影响地层有效应力。

(2) S 储气库在开发与注采过程中，水平应力变化使得盖层地应力机制(即三个主应力相对大小)发生转化，储层与距储层较近的盖层地应力机制在逆-走滑-正断层机制的交替转换，而距离较远的盖层应力变化较小，注采过程中地应力机制不会发生转化。

(3) 基于盖层应力变化规律开展了盖层岩芯交变力学试验，在最危险的工况 3 下，岩心交变 60 次后的损伤值仅为 0.131，其中由交变应力造成的损伤仅为 0.03，试样仍处于损伤发展的初始阶段，尚未进入微裂隙稳定扩展的等速阶段，表明盖层岩石力学完整性良好。

(4) 盖层岩心在 60 次应力交变过程中，渗透率先下降后保持稳定，表明在危险工况 4 下岩心仍以孔隙压密为主，未产生优势渗流通道，盖层动态密封性能先强化后稳定，有利于储气库的安全运行。

(5) 通过解析方法，提供了一套适用于气藏型储气库的交变力学室内试验参数确定流程，可为储气库盖层动态密封性评价提供参考。

参 考 文 献

[1] 魏国齐，郑雅丽，邱小松，等. 中国地下储气库地质理论与应用[J]. 石油学报，2019，40(12)：1519-1530.

[2] 丁国生，王皆明. 枯竭气藏改建储气库需要关注的几个关键问题[J]. 天然气工业，2011，31(05)：87-89+123.

[3] 胥洪成，张士杰，李翔，等. 气藏改建储气库下限压力设计新方法[J]. 天然气地球科学，2020，31(11)：1648-1653.

[4] 郑得文，胥洪成，王皆明，等. 气藏型储气库建库评价关键技术[J]. 石油勘探与开发，2017，44(05)：794-801.

[5] Ahmed E R，Souvik S. Characterization of In-situ Stresses and its Implications for Production and Reservoir Stability in the Depleted El Morgan Hydrocarbon Field, Gulf of Suez Rift Basin, Egypt [J]. Journal of Structural Geology，2021，148(2021)：104355.

[6] Zhang P，Meng Z P，Jiang S，et al. Characteristics of In-situ Stress Distribution in Zhengzhuang Region, Southern Qinshui Basin, China and its Stress Path During Depletion [J]. Engineering Geology，2020，264(2020)：105413.

[7] Masoud K，Hossein J，Mosayyeb K. Investigation of caprock integrity for CO_2 sequestration in an oil reservoir using a numerical method[J]. Journal of Natural Gas Science and Engineering，2014，21：1127-1137.

[8] Sikandar K，Khulief Y A，AI-Shuhail A A. Numerical modeling of the geomechanical behavior of Biyadh reservoir undergoing CO_2 injection[J]. Environmental Earth Sciences，2016，75，Article number：1499.

[9] Rutqvist J，Birkholzer J T，Tsang C F. Coupled reservoir-geomechanical analysis of the potential for tensile and shear failure associated with CO_2 injection in multilayered reservoir-caprock systems [J]. International Journal of Rock Mechanics & Mining Sciences，2008，45(2008)：132-143.

[10] Rutqvist J，Tsang C F. A study of caprock hydromechanical changes associated with CO_2-injection into a brine formation [J]. Environmental Geology，2002，42(2-3)：296-305.

[11] Orlic B. Some geomechanical aspects of geological CO_2 sequestration[J]. Ksce Journal of Civil Engineering，2009，13(4)：225-232.

[12] Jeanne P，Zhang Y，Rutqvist J. Influence of hysteretic stress path behavior on seal integrity during gas storage operation in a depleted reservoir[J]. Journal of Rock Mechanics and Geotechnical Engineering，2020，12(4)：886-899.

[13] 隋义勇，林堂茂，刘翔，等. 交变载荷对储气库注采井出砂规律的影响[J]. 油气储运，2019，38(03)：303-307.

[14] 张广权，范照伟，曾大乾，等. 交变载荷下储气库储层与盖层损伤规律[J]. 断块油气田，2021，28(06)：769-774.

[15] 马新华，郑得文，申瑞臣，等. 中国复杂地质条件气藏型储气库建库关键技术与实践[J]. 石油勘探与开发，2018，45(03)：489-499.

[16] Sun J C，Xu H C，Wang J M，et al. Injection-production mechanisms and key evaluation technologies for underground gas storages rebuilt from gas reservoirs [J]. Natural Gas Industry B，2018，5(2018)：616-622.

[17] 隋义勇，林堂茂，刘翔，等. 循环应力对储气库岩石微观结构及力学性质影响数值模拟[J]中国石油大学学报(自然科学版)，2020，44(02)：78-84.

[18] Morita N，Fuh G F. Parametric Analysis of Stress Reduction in the Cap Rock above Compacting Reservoirs [J]. SPE Drilling & Completion，2008，24(04)：659-670.

[19] 袁俊亮，刘书杰，范白涛，等. 油气储层开发程度对地质力学的影响规律[J]. 科学技术与工程，2020，20(18)：7239-7244.

[20] Timoshenko S. Theory of plates and shells[M], New York: McGraw-Hill Book Company, 1940: 55-57.

[21] Young W C and Budynas R G, Roark's formulas for stress and strain[M], New York: McGraw-Hill Book Company, 2002: 488-489.

[22] 常永松，仲国生，陈振龙，等. 枯竭气藏型储气库圈闭封闭性评价研究[C]. 第31届全国天然气学术年会(2019)论文集(06储运安全环保及综合)，2019：234-239.

[23] Zhu S N, Zheng D W, Sun J C, et al. Experimental study on dynamic sealing capacity and safe threshold of caprock in underground gas storages[J]. Journal of Natural Gas Science and Engineering, 2022, 101(2022): 104521.

[24] 肖建清. 循环荷载作用下岩石疲劳特性的理论与实验研究[D]. 中南大学，2009.

低渗岩性气藏型储气库建设运行关键技术与前景展望

李进步[1,2]　夏　勇[1,2]　王德龙[1,2]　赵晨阳[1,2]　张建国[1,2]　王蕾蕾[1,2]　何依林[1,2]

（1 低渗透油气田勘探开发国家工程实验室；2 中国石油长庆油田分公司勘探开发研究院）

摘　要　鄂尔多斯盆地低渗岩性气藏改建地下储气库的储层条件多样，封闭条件复杂，局部含硫化氢等，地质评价和建设运行难度大。本文从储气库选址评价、指标设计、运行优化三方面开展研究攻关，总结了低渗岩性气藏型储气库建设运行关键技术和研究进展。通过研究：①建立了低渗岩性气藏型储气库选址评价技术：构建以岩性气藏侧向封闭性、生产动态指标、储层物性、流体性质、地面情况等为权重因子的库址筛选指标体系，筛选了低渗岩性气藏建库有利区。②形成低渗岩性储气库指标设计技术：通过放大油管尺寸、扩大生产压差等有效提升气井注采能力；多方法设计运行压力，提高经济性和安全性；优选注采井型和部署模式，有效支撑了四座储气库优化设计。③形成了储气库全生命周期运行评价技术：开展注采井网完善、上限压力提高、储层改造等可行性研究，提升在役储气库调峰能力；建立多参数耦合迭代的注采气预测方法，实时调整注采气安排；建立组分数值模型并分析 H_2S 气体变化规律，优选采气淘洗模式，提前达标；地质-井筒-地面一体化完整性管理评价，实现了低渗岩性储气库的长期安全运行。在此基础上展望低渗岩性气藏型储气库的发展前景，预计将在规模储气、新能源存储、碳封存等方面发挥重要作用。

关键词　低渗岩性气藏；储气库；库址筛选；指标设计；运行优化

引言

近年来，我国天然气消费量和对外依存度不断提高，但储气能力占总消费量不足 5%，制约了天然气冬季的充足保供。地下储气库是利用地下油气藏等空间实现天然气夏注冬采的一种天然气调峰设施，是天然气战略储备和应急调峰的主要技术手段。气藏型储气库工作气量约占全球储气库总工作气量的 75%，是最主要的储气库类型。鄂尔多斯盆地作为我国最大天然气生产基地和管网枢纽中心，天然气年产量超 500 亿 m^3。目前天然气生产持续满负荷运行，以低产气井提产为主要方式的调峰模式能力较弱，也会导致气井过早见水等情况发生，降低了采收率。由于天然气市场季节需求差异大，亟需加快储气库评价建设，采用淡季注气、旺季采气的方式，平衡气田生产，提高天然气调峰保供能力。

地下储气库一般要求储层封闭性好，物性好，能实现快注快采。与国内外典型储气库相比，鄂尔多斯盆地主要为低渗-致密的岩性气藏，具体表现在无断层或气水边界等明显封闭边界、储层物性较差、单井产能普遍较低、部分气藏含硫化氢，改建储气库无可借鉴案例，对储气库的库址筛选、指标设计和注采运行等造成严峻挑战。自 2010 年起，针对鄂尔多斯盆地复杂地质特点，通过不断的探索实践，研究形成了一套适用于低渗岩性气藏的库址筛选、指标设计、全周期注采运行等储气库关键技术，有效指导了长庆低渗岩性储气库的方案设计和规模化建设与运行。

1　低渗岩性气藏型储气库主要地质特点

与国内外典型储气库相比，鄂尔多斯盆地低渗岩性气藏改建储气库的地质特点，主要体现在储层条件的复杂性、封闭条件的复杂性、流体特征的复杂性。

1.1　储层条件的复杂性

鄂尔多斯盆地为典型克拉通盆地，内部为平缓的单斜构造，断层基本不发育，主要为岩性边界控制的低渗-致密气藏。主要含气层位对比可知，储层条件相对较好的有下古生界马家沟组马五 1 和马五 5 两套低渗碳酸盐岩气藏，上古生界山西组山 2 低渗砂岩气藏。马五 1 气藏岩性为细粉晶白云岩为主，平均孔隙度 5.5%，平均渗透率 2.63×10^{-3} μm^2，气井平均无阻流量 28.7 万 m^3/d，最高 201.6 万 m^3/d。马五 5 气藏为具裂缝的中-粗晶白云岩储层，平均孔隙度 5.0%，平均渗透率 0.54×10^{-3} μm^2，气井平均无阻流量 30.2 万 m^3/d，最高 454.7 万 m^3/d。上古生界山西组山 2 气藏为石英砂岩储层，平均孔隙度 6.2%，平均渗透率 4.85×10^{-3} μm^2，气井平均无阻流量 15.8 万 m^3/d，最高 168.5 万 m^3/d(表 1)。

与国内一般选取物性相对较好的储层相比，各层的储层条件总体较差，但局部相对优势储层具有较高的产量，可满足储气库注采产能的需要。

1.2 封闭条件的复杂性

鄂尔多斯盆地马五 1、马五 5、山 2 等岩性气藏，其盖层岩性为泥岩、炭质泥岩、泥质白云岩等，厚度一般在 30m 以上，封闭能力强。气藏侧向边界较为模糊，一般受岩性、物性、含气性变化等多重因素组合控制。

马五 1 气藏为地层—古地貌复合圈闭气藏，在靖边古潜台被侵蚀沟槽、致密岩性带、局部相对富水区等切割成多个相对独立的流动单元。马五 5 气藏为地层-岩性圈闭，主要发育在靖边古潜台西侧剥蚀带附近，侧向主要为白云岩与灰岩的岩性边界，部分为地层缺失形成的边界。上古生界山西组山$_2{}^3$气藏为陆相河流三角洲相沉积，高能河道是形成砂岩储层的主要沉积相带，其侧向为分流间湾沉积的泥岩、泥质粉砂岩等岩性边界；河道内砂体间发育薄层泥岩条带，具有较好的阻流作用；气藏的构造低部位局部存在地层水体；岩性边界、致密阻流带、局部水体共同构成了山$_2{}^3$气藏的封闭条件。三维地震技术受厚层黄土层的降阻效应影响，很难准确预测储层侧向岩性边界，库区封闭性评价难度大。

1.3 流体特征的复杂性

鄂尔多斯盆地下古生界奥陶系储层条件相对较好，但普遍含硫化氢。马五 1 气藏硫化氢含量在 50~900mg/m^3，平面分布差异性较大。对改建储气库来说，注入干净气之后，与原生气混合，导致采出气中仍含有一定量的硫化氢等酸性气体。随着储气库多周期的高速注采，原料气不断与注入气融合并被采出，各周期的流体组分变化和渗流规律复杂。

表 1 鄂尔多斯盆地典型气藏建库地质参数与展布特征对比

序号	气藏	孔隙度/%	渗透率/10^{-3}μm^2	试气无阻流量/(万 m^3/d)	最大累计产气量/亿 m^3	井均动储量/亿 m^3	H_2S 含量/(mg/m^3)	有效储层展布特征
1	盒$_8$山$_1$	8.9	0.731	7.8	1.6	0.29	0-15	单个砂体规模较小，复合砂体横向大面积连片分布
2	山$_2$	6.2	4.85	15.8	9.9	2.35	0-15	砂体局部厚层分布，大面积连片
3	太原	8.0	0.643	10.5	0.7	0.32	0-15	横向连片，南北向条带状展布
4	本溪	6.7	0.972	13.8	2.2	0.35	0-15	北部砂体连续，南部砂体呈透镜体状分布，整体规模较小
5	马五$_1$	5.5	2.63	28.7	9.1	2.14	50-900	大面积分布，被沟槽和局部致密带切割成多个独立单元
6	马五$_4$	6.5	1.109	7.3	2.9	0.41	200-4000	储层整体连续，高含水，硫化氢含量较高，局部高产富集
7	马五$_5$	5.0	0.54	30.2	8.2	0.50	0-5000	白云岩储层呈透镜状分布，局部高产富集

2 低渗岩性气藏型储气库建设运行关键技术

针对低渗岩性气藏改建储气库的地质特点和难点，从库址筛选、指标设计、运行优化三方面开展研究攻关，总结了低渗岩性气藏型储气库建设运行关键技术和研究进展。

2.1 低渗岩性气藏库址筛选技术

储气库库址筛选是以已开发油气藏为研究对象，综合考虑地质特征、地面建设、市场需求和老井状况等因素，通过开展圈闭密封性、储层物性、流体分布特征等研究评价，建立科学合理的指标评价体系，优选有利区块，落实后备建库资源基础。

2.1.1　岩性气藏地质体密封性评价

由于储气库注采运行过中受地层压力交替改变引发应力场扰动，导致盖层变形和疲劳破坏，引起气体规模化泄漏的风险。开展所选库址的密封性综合研究，评价建库气藏是否具备“纵向封存、横向遮挡、渗漏监测”能力是库址筛选的首要因素。针对低渗岩性气藏边界主要受岩性与含气性变化控制、无明显侧向边界的地质特征，建立了“岩性-物性-流体-动态”联动的岩性气藏侧向密封性评价方法(图1)：①通过地震精细处理与解释、侵蚀沟槽展布、三维地质建模等方法，开展侧向致密储层展布特征描述，落实库区侧向岩性变化发育情况；②分析储气层的孔隙空间和渗透率场分布，依据岩心突破压力实验，落实侧向致密储层封闭的边界和能力；③利用各区带之间硫化氢、二氧化碳等组分和产水特征等流体差异，评价井间连通性；对局部存在的地层水体，描述水体分布及生产过程中的变化，确定水体边界及能量；④对比各区带的原始地层压力，评价生产过程中压力降特征，结合压恢试井和干扰试井等动态分析，定性与定量评价结合确定气库边界。

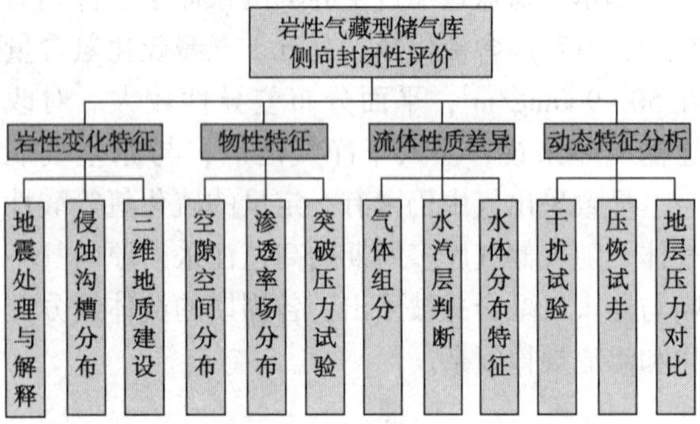

图1　岩性气藏储气库侧向封闭性评价技术体系

2.1.2　岩性气藏建库甜点区筛选

受复杂岩性展布、储层强非均质性、储气动边界扩展范围等多因素影响，低渗岩性气藏对于储气库来说单井产能低，采用传统整体建库模式成本高。通过储层导流能力试验评价和产能影响因素分析，确定建库甜点区的渗透率下限为 3.0 $\times10^{-3}\mu m^2$，可保证具备较好的生产能力；而形成动态封闭的渗透率下限为 0.1$\times10^{-3}\mu m^2$；介于 (0.1~3.0)$\times10^{-3}\mu m^2$ 的储层空间可动用，但相对低效。基于储层非均质性表征和流动单元分类评价，明确甜点区筛选的关键控制因素，落实目标气藏的“甜点”区域。在此基础上，形成了低渗气藏“核心区采气、中间区控制、外围区监测”的三区带联动建库模式(图2)。

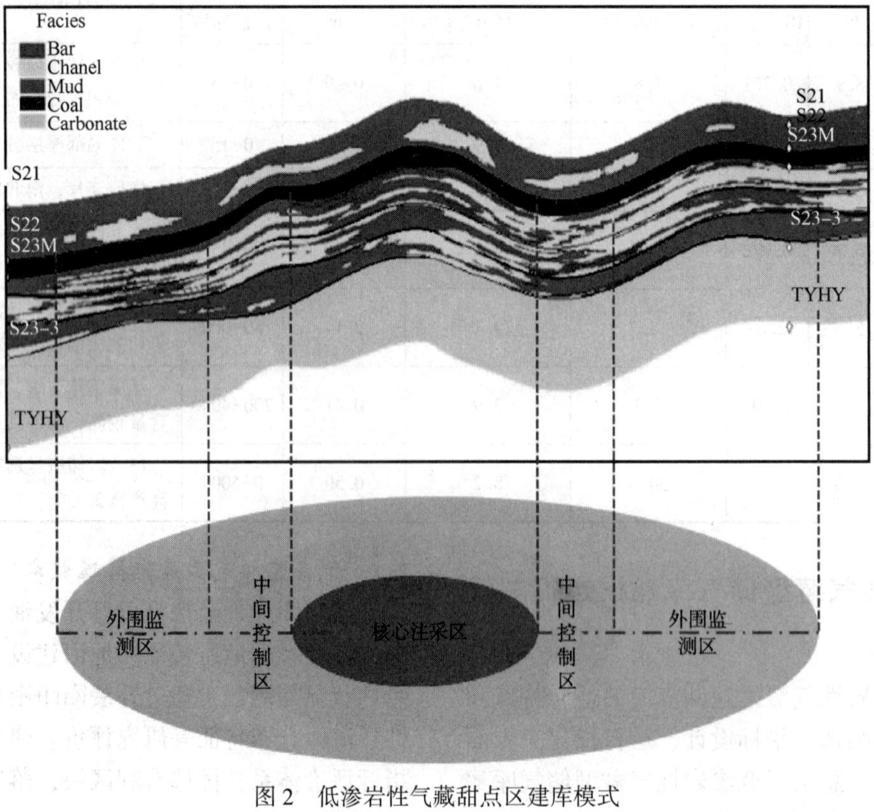

图2　低渗岩性气藏甜点区建库模式

2.1.3　多因素建库有利区筛选

采用模糊矩阵评价法，构建以气藏封闭性、生产动态指标、储层物性、流体性质、地面情况等因素为评价因子的库址筛选综合指标体系（表2），采用专家指标定性打分和权重定量评估，将两个矩阵相乘并进行归一化处理，根据最大隶属度原则和加权平均原则，实现定性与定量两级评价。利用该方法对鄂尔多斯盆地内的初筛气藏开展综合评价和量化打分，落实工作气量潜力100亿 m^3 以上。

表2　库址评价指标权重矩阵

一级指标	二级指标	权重	权重
圈闭密封性	本溪组厚度	0.125	0.25
气井产能	侧向封闭性	0.125	0.3
	动储量	0.1	
	无阻流量	0.1	
流体性质	前120天井均产量	0.1	0.1
	H_2S 含量	0.05	
	CO_2 含量	0.05	
储层条件	有效厚度	0.05	0.2
	物性参数	0.1	
地面条件	气藏中深	0.05	0.15
	地表情况	0.1	
	距净化厂距离	0.05	

2.2　岩性储气库指标评价技术

针对筛选建库有利区的地质特征，通过有效库容分析、注采产能评价、运行压力论证、注采井位优化部署等研究，进行低渗岩性储气库设计指标参数评价。

2.2.1　有效库容评价

有效库容是储气库在注采过程中参与流动的实际库容。低渗非均质储层存在较多致密孔隙，在储气库强注强采的条件下无法参与流动，导致存在一定数量的未动用库容。利用核磁共振、全直径注采模拟等室内试验评价当渗透率>0.1×$10^{-3}\mu m^2$ 时，可动流体饱和度快速增高至70%~90%。X储气库生产实践表明，在120天生产周期内，有效库容占气田开发动储量评价的70%~80%。综合室内试验和现场试验两方面因素，评价低渗岩性储气库的有效库容占气田开发阶段评价动储量的70%~80%，作为运行压力和产能评价的基础。

2.2.2　气井注采能力评价

气田开发阶段追求平稳产气，气井一般采用控压生产，而储气库需在短时间内充分释放气井产能。低渗储层气井产能普遍较低，考虑气井临界携液流量、冲蚀流量等因素，采用最大程度扩大油管尺寸、放大生产压差等措施，提高气井调峰生产能力。一是油管的摩擦阻力对储气库短期高速采气能力影响大，通过建立油管尺寸与摩阻关系，结合气井合理产量论证，将开发阶段一般选用2⅞in或3½in油管优化至3½in~4½in油管（图3）。二是将开发阶段气井初期生产压差5MPa放大到10~15MPa，以提高气井初期产气能力（图4）。新建注采井能力较开发气井提升25%~50%，实际注采能力符合率102.5%。

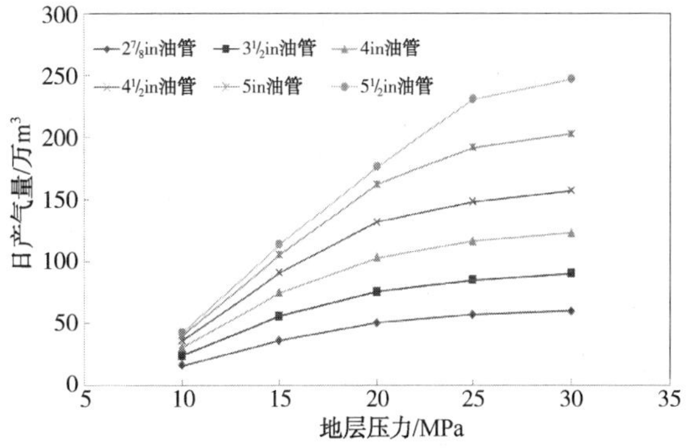

图3　不同油管尺寸下气井合理产量曲线

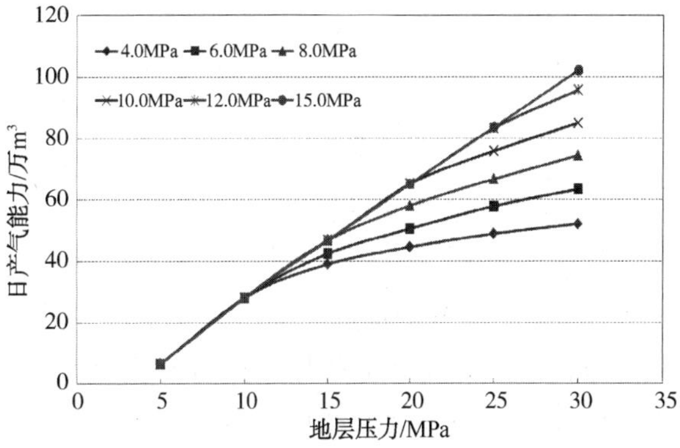

图4　不同生产压差下气井合理产量曲线

2.2.3　运行压力优化

储气库上限压力一般参考原始地层压力，在保证气库密封性的前提下提升上限压力，可有效提高库容、气井注采能力、工作气量和运行效率。在利用盖层动态突破压力、储层改造阶段破裂压力、岩石力学参数分析等评价的基础上，借鉴已运行储气库提压试验，对新建库进行提高上限压力设计。X储气库上限压力由原始地层压力29.2MPa提升到32.0MPa，提高至1.1倍。

低渗储气库下限压力决定了气库的末期调峰能力和经济性。一是在确定库容量和上限压力的基础上，基于地层压力与采气能力设计多套运行方案，在保证最大调峰能力的基础上，通过逐天耦合迭代计算所需最大采气井数，评价优选最经济有效的方案(图5)。二是根据不同地层压力下气井注采能力曲线，计算气井末期采气能力与运行压力区间内气库井均采气能力的比值，以日不均匀系数为依据确定下限压力(图6)。利用两种方法评价结果综合确定下限压力。

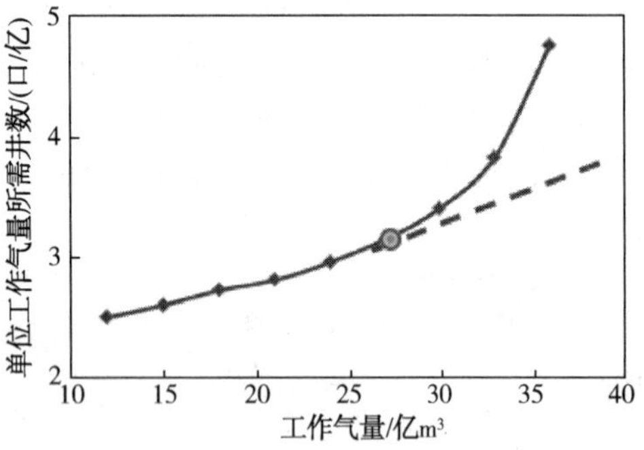

图5　Y储气库不同工作气量与气井数关系曲线

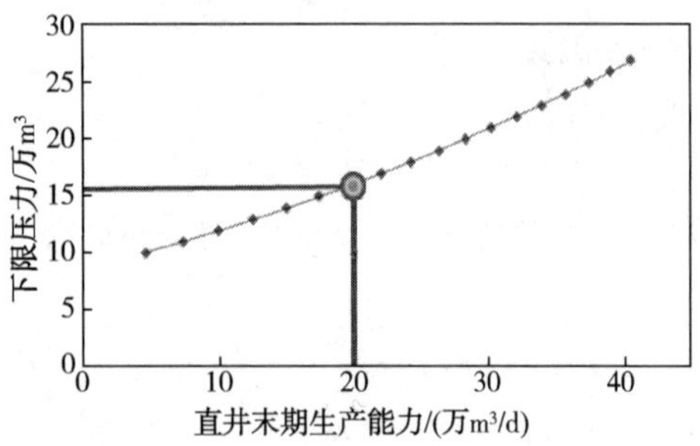

图6　Y储气库气井末期采气能力和下限压力关系

2.2.4　注采井位优化部署

针对马五$_1$低渗孔隙–裂缝型储层厚度薄(3～4m)、储量丰度低的特点，采用以注采水平井为主的部署方式，提高单井控制库容和生产能力。针对马五5低渗裂缝型储层，考虑储层厚度大、裂缝渗透性好但易漏失的特点，采用以注采直井为主、注采水平井为辅的部署方式。针对山2低渗孔隙型砂岩储层，砂体横向变化块，利用直井加密控制砂体展布，在局部相对高渗区采用注采水平井为主的部署方式，提高气库的注采气能力。通过针对不同储层条件优选注采井型和部署模式，实现了对不同类型甜点区库容的有效控制，实际控制库容与设计符合率达到96.4%。

2.3　储气库全生命周期优化运行技术

2.3.1　运行效率提升

针对在役的S储气库注采地层压力分布不均衡、库容动用程度低、运行效率低等难题，开展注采井网完善性、提高上限压力可行性、储层改造可行性等进攻性研究，提升在役储气库调峰能力。①开展注采动态评价，分析注采后地层压力展布和有效库容控制区，确定S储气库西南侧存在潜力并部署加密注采井4口，库容动用程度提升33%，调峰气量增加100万m³，工作气量提高1.0亿m³(图7)；②开展岩石突破压力实验及矿场注采试验，结合密封性监测、地层吸气能力评价等，论证提高上限压力可行性，将S储气库上限压力提高至原始地层压力1.07倍，工作气量提升0.4亿m³，X储气库上限压力提至1.1倍，工作气量提高1.0亿m³；③针对储层物性较差、盖层—隔层致密特点，开展注采井产能评价和储层改造试验，优化酸压施工排量，优选定点挤酸位置，优化酸液体系、配方与用量，在不破坏气藏密封性条件下对储层最大程度改造。注采水平井改造后产气能力提升3~5倍(图8)。

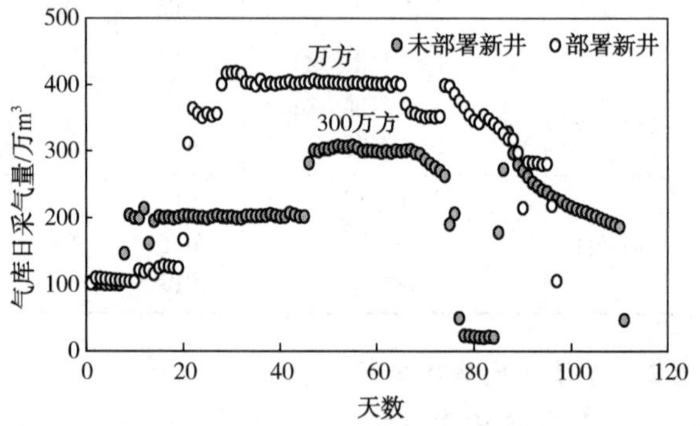

图7　S储气库加密前后采气对比

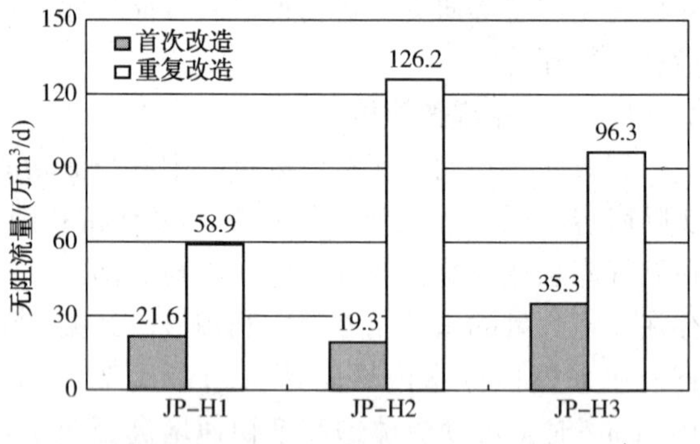

图8　注采水平井储层改造前后产能对比

2.3.2　实时注采能力预测

储气库注采气受气源、地层渗流、井筒管流及地面工况等多种因素影响。建立物质平衡方程、气井二项式产能方程、井筒管流方程等多方程迭代的注、采气预测方法(图9、图10)，基于天然气市场调峰需求，评价气库不同日注、采气规模时地层压力、注采能力的变化，并以此预测下步气库库存、产能、压力等状态，并优化制定下步注采制度。

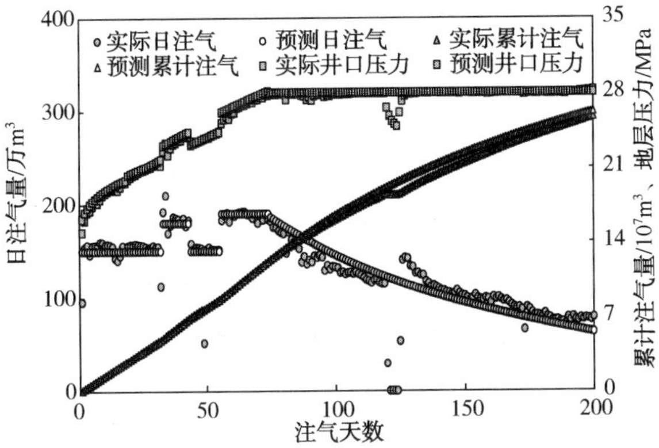

图9　S储气库注气预测与实际注气对比

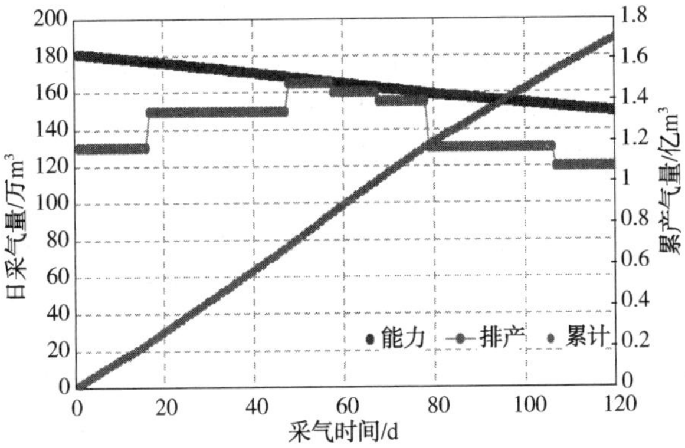

图10　S储气库采气能力及采气安排

2.3.3　酸气组分注采模拟与淘洗优化

酸气储气库采出气 H_2S 受气体组分分布、注采比、注采周期等影响，H_2S 拟合和预测难度大。建立含硫储气库“井筒双向压降、酸气组分拟合”数值模拟模型，注采气井历史拟合精度达到95%以上。分析表明 H_2S 含量呈外围高、内部低的分布特征，注采井、采气老井多周期采出气的 H_2S 含量变化呈幂指数下降的特征。设计采用“先外围、后整体”的采气淘洗模式，低谷期外围5口开井产气，高峰期10口井全部产气，预测 H_2S 含量可较全部开井采气的情况提前1周期达到6mg/m³的外输条件，这加快了酸气的淘洗速度，降低了脱硫成本(图11)。

2.3.4　地质-井筒-地面完整性管理评价

储气库注采过程压力变化幅度大且频繁，容易引起盖层-井筒-地面完整性破坏等安全问题，完整性管理贯穿于储气库整个生命周期全过程。针对运行过程中可能受地质灾害、地层应力、井筒与管道冲蚀、腐蚀等情况：①进行储气库微地震监测、盖层与围岩地层压力的全角度监测，评价气库多周期注采下的地质体密封性；②评价井口装置监测、井筒管柱腐蚀监测，落实多周期交变载荷运行下井筒管柱应力应变特征；③开展站内管道RBI评价及检测、动设备RCM评价及检测、采气管线腐蚀检测等，建立地面管道及设备风险识别及评估方法，实现地面管道完整性评估。目前Y储气库运行10年，S储气库运行8年，X储气库运行3年，均实现安全平稳。

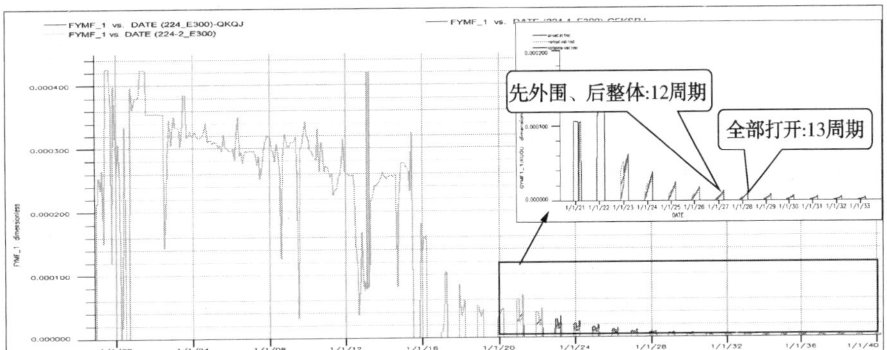

图11　S储气库采出天然气 H_2S 含量预测曲线

3　低渗岩性气藏型储气库发展前景展望

3.1　技术发展方向

低渗岩性气藏型储气库目前属于快速发展阶段，以岩性气藏局部甜点区建库为核心理念，开展泛连通动边界封闭-库容高效控制的储气库建设运行技术攻关，不断提升该类型储气库的运行效率和建库效益。一是通过完善的密封性监测体系，持续跟踪评价致密岩性边界的动态密封性，形成相应的监测机制和防控措施；二是研究低渗非均质储层孔隙空间的有效动用规律，明确低渗储层短期双向高速注采的驱替机理，探索加快酸气淘洗速率的方法，优化技术对策；三是持续攻关储气库注采井的储层保护和改造工艺技术，在保证密封性的前提下最大程度提高单井产能。

3.2 规模应用前景

鄂尔多斯盆地低渗岩性气藏型储气库的建设运行历经了10余年，目前已建成储气库2座，正建库2座，评价库10座，已形成工作气量7.0亿m^3，“十四五”末调峰气量可达27亿m^3。随着加快完善天然气产供储销体系建设步伐，推动储气能力快速发展的国家战略的实施，全国天然气需求预计在2035—2040年达6500亿m^3顶峰。鄂尔多斯盆地作为中西部储气中心，利用低渗岩性气藏型储气库将在2030年实现60亿m^3以上的工作气量，远景规划工作气量在100亿m^3以上，发挥越来越重要的调峰和应急保供枢纽作用。

3.3 新型储库应用展望

鄂尔多斯盆地煤炭、风光电等资源十分丰富，立足“双碳”目标和新能源业务快速发展，氦气、氢气、空气储能等新型气体资源产业正在加快布局和建设，低渗岩性气藏型储气库也逐渐向储能新型化、功能多样化的方向发展。目前已启动了低渗岩性气藏改建储氦、储氢、储能、CCUS-EGR等新型储库的选址评价和实验论证，探索新型气体资源的地质体密封有效性和注采渗流机理等研究。在新能源行业“产、供、储、销”体系中寻找着力点，也是加快复杂岩性气藏型储气库高质量快速发展、保障国家能源战略目标实施的有利措施。

4 结论

（1）鄂尔多斯盆地低渗岩性气藏改建地下储气库的储层类型多样，封闭条件受岩性边界、致密阻流带等因素控制，局部含硫化氢，建设评价难度大。通过构建以气藏侧向封闭性、生产动态指标、储层物性、流体性质、地面情况等因素为评价因子的库址筛选综合指标体系，筛选低渗岩性气藏建库工作气量潜力100亿m^3以上。

（2）形成了低渗岩性储气库指标评价体系。通过有效库容评价、气井注采能力优化、多方法运行压力设计、针对性注采井型和部署模式优选等研究，不同类型甜点区库容的控制程度设计符合率96.4%，新建注采井能力较开发气井提升25%~50%，设计符合率102.5%。

（3）通过注采井网完善、上限压力提高、储层改造等进攻性措施，可有效提升气库整体调峰能力。通过多参数耦合迭代的注采气预测方法，实现注采气实时准确预测。开展H_2S气体变化规律预测，优化采气模式，加快了淘洗速度。进行地质-井筒-地面一体的完整性管理评价，实现了低渗岩性气藏型储气库的全生命周期安全和运行。

参 考 文 献

[1] 马新华，郑得文，申瑞臣，等. 中国复杂地质条件气藏型储气库建库关键技术与实践[J]. 石油勘探与开发，2018，45(3)：489-499.

[2] 马新华，郑得文，魏国齐，等. 中国天然气地下储气库重大科学理论技术发展方向[J]. 天然气工业，2022，v.42；No.343(05)：93-99.

[3] 丁国生，魏欢. 中国地下储气库建设20年回顾与展望[J]. 油气储运，2020，v.39；No.373(01)：25-31.

[4] 张刚雄，李彬，郑得文，等. 中国地下储气库业务面临的挑战及对策建议[J]. 天然气工业，2017，v.37；No.279(01)：153-159.

[5] 魏国齐，郑雅丽，邱小松，等. 中国地下储气库地质理论与应用[J]. 石油学报，2019，40(12)：1520-1530.

[6] 曾大乾，张俊法，张广权，等. 中石化地下储气库建库关键技术研究进展[J]. 天然气工业，2020，40(6)：115-123.

[7] 郑得文，胥洪成，王皆明，等. 气藏型储气库建库评价关键技术[J]. 石油开发与开发，2017，44(5)：794-801.

[8] 丁国生，赵晓飞，谢萍. 中低渗枯竭气藏改建地下储气库难点及对策[J]. 天然气工业，2009，v.29；No.184(02)：105-107+144-145.

[9] 陈凤喜，闫志强，伍勇，等. 岩性气藏型储气库封闭性评价技术研究-以长庆靖边气田SH224储气库为例[J]. 非常规油气，2015，2(3)：58-64.

[10] Zhang Jianguo，Tan Zhongguo，LanYifei，et al. Construction of UGS in Low Permeability and Sulfur-Bearing Depleted Gas Reservoir[R]IFEDC2019，Xi' An：134-143.

[11] 孙军昌，胥洪成，王皆明，等. 气藏型地下储气库建库注采机理与评价关键技术[J]. 天然气工业，2018，38(4)：138-144.

[12] 刘鹏程，余浩杰，安红燕，等. 非均质性气藏储气库布井方式优化设计[J]. 西南石油大学学报(自然科学版)，2020，v.42；No.199(02)：141-148.

[13] 吕建，李治，付江龙，等. 酸性气藏地下储气库采出气组分变化规律研究—以鄂尔多斯盆地陕224储气库为例[J]. 天然气工业，2017，37(8)：96-101.

复杂断块储气库群高效扩容提产关键技术与规模应用

黄　颖　王权国　汪　赟　叶　萍

（中国石油大港油田分公司）

摘　要　储气库具有季节调峰、应急保供、战略储备和商业经营四大功能，在能源保障方面作用巨大。为实现复杂断块储气库群快速、效益、安全达容达产，开展了针对性的技术研究。研究形成全时域系统化提产技术、全要素效益化经营技术以及全方位安全化控制技术三个技术系列，技术应用效果良好，指标提升显著，加固了国内用气安全保障，支持了大气污染防治，并在国内同类型地下储气库日常运营、油气田开发与储气库协同建设以及碳封存业务中具有广大推广应用前景。

关键词　储气库；扩容；提产；效益；安全；评价

1　技术背景

储气库是将天然气重新注入到地下构造中，形成的一种人工气田或气藏，定位于季节调峰、应急保供、战略储备和商业经营四大功能，在天然气工业中发挥着不可替代的作用。本世纪初，大港油田率先开展地下储气库建设技术攻关，陆续建成大张坨、板876等储气库，有力保障了京津冀地区的能源安全。

大港储气库群经过20余年储气库运行积累了丰富的现场经验，但气库群实际运行中仍有一些需要迫切解决的问题，如何解决复杂断块储气库群快速扩容提产、效益扩容提产以及安全扩容提产的问题都需进行相应研究。

2　技术成果

2.1　复杂断块气藏型储气库全时域系统化提产技术

建立储气库全生命周期高效达容导向技术、订单式数值模拟优化方案技术、多元耦合一体化综合提产技术，形成了复杂断块气藏型储气库全时域系统化提产技术。

2.1.1　因库制宜全生命周期高效达容导向技术

（1）储气库群达容状况实时诊断技术

针对国内储气库普遍存在缺少达容达产数学模型支撑的问题，研究形成储气库“注采气量-运行压力-库存气量”的库容动态诊断技术，建立基于物质平衡原理的储气库库存量动态变化预测模型，多周期可视化跟踪分析及时调整纠偏，高效指导储气库扩容提产。

（2）储气库群扩容提产机理研究技术

针对储气库排水扩容提产机理尚不清晰的问题，设计实验方法和流程开展室内实验研究，通过建立驱替过程中岩心电阻和含水饱和度变化的关系，观察记录多轮次气/水互驱状态下各相态渗透率的变化规律，首次实现了多轮次水侵对库容影响程度的定量表征。

（3）储气库群扩容提产优化调整技术

应用储气库扩容机理研究成果，研究形成储气库排水扩容定量计算方法，建立水淹型储气库“高注低采、驱水扩容、局部加密”的优化调整技术，通过技术交流和上级大力推广，已成为国内含水型储气库日常运行和扩容提产的通用技术。

4.1.2　因地制宜订单式数值模拟优化方案技术

储气库数值模拟起步晚，过去对外依赖程度高。由于储气库承担调峰功能，其注采速度高，井筒、近井地带乃至整个井控范围内注采气高速非达西渗流，不同注采周期下压力条件不同，断层传导率不同，不同注采规模下气水界面水侵量也随之变化。地层压力同期快速变化引起地应力和有效应力改变，导致孔隙度、渗透率等储层物性周期压力敏感和和滞后效应，因而储层的应力敏感十分明显，在储气库数值模拟中无法完全忽略。针对储气库数模的“难点”“卡点”问题，研究形成储气库特色高速非达西渗流的数值模拟与生产协同技术，顺利实现注采气动态实时数模跟踪，有效支撑各类方案的实时优化，突破性实现储气库特色数模技术完全自主掌握。

2.1.3 因井制宜多元耦合一体化综合提产技术

1. 工作气量-调峰量-压力-气井数多元耦合技术

在上级调峰指令框架内宏观调控微观调节，特定调峰宽度要求下，现场有不同的开井策略。针对井数与产量的最佳匹配问题，赋予 Logistic 概率密度函数新定义，建立符合市场用气规律的储气库调峰量-压力-井数耦合模型，实现提高储气库运行效率。

2. 地层-井型-井筒一体化气井高效提产技术

针对制约储气库注采气生产的出砂、积液和管柱冲蚀等问题，研究形成储气库井最大生产能力预测方法，综合地层、井型、井筒关键参数，建立可视化动态预测数学模型指导方案优化。

3. 水淹型储气库产水气井产能修正与精准预测技术

针对含水型储气库注采井产能影响因素多、预测误差大、现场指导性不强的问题，研究形成产水量修正方法，建立含水型地下储气库气井产能修正数学模型，通过模型修正，产能预测精度大幅提高，有效指导了注采井提产提效。

2.2 复杂断块气藏型储气库全要素效益化经营技术

结合储气库注采运行特点，建立储气库注采气量本利最优解分析技术、储气库全生命周期投资筹资一体化决策技术以及控投降本与提质增效配套技术，形成了复杂断块气藏型储气库全要素效益化经营技术，实现储气库注采运行高效益。

2.2.1 储气库注采气量本利最优解分析技术

1. 储气库配产方案财务参预决策方法

以提高经济效益为导向，将财务专业深度融合到储气库具体业务当中。利用大港储气库特有的数据资源优势，建立储气库注气量-收支多线交汇财务模型，科学确定投入与产出的最佳平衡点，有效指导提高配产配注方案的可操作性和经济性。

2. 储气库注气方案财务优化决策方法

地面地下有机结合一体化决策是提高方案经济性的关键。研究形成储气库分区间注气决策方法，建立四方矩阵数学模型，通过压缩机能耗-注采井-调峰量等参数的拓列组合和矩阵回归迭代运算，支撑形成的量本利财务决策方案大幅降低了储气库日常运行成本。

2.2.2 储气库经营投资筹资一体化决策技术

1. 储气库群全生命周期盈利导延数学模型

针对近年来集团公司对储气库业务的投资政策新变化和资金配置的多解性，围绕实现利润最大化目标，创新储气库扩容提产全生命周期现金流数学模型，建立全生命周期现金流及经营利润分析流程和方法，为储气库各类资金配置和杠杆操作提供了技术支持。

2. 储气库群投资配置优化决策系统

基于储气库扩容提产全生命周期现金流数学模型和全生命周期现金流及经营利润分析方法流程，研发形成计算机软件系统。通过建立多元化的现金流及自我优化成长的投资系统，实现多参数、多方案、多周期循环迭代，叠加模拟，极大增加了决策选项并大幅提高了决策质量。

2.2.3 储气库控投降本与提质增效配套技术

1. 资金投入不对称性优化决策方法

针对注采井维护、压缩机维修等大额资金投入决策，创新数理统计和逻辑学原理，综合失效事件发生概率、影响程度、运维成本等因素，将管理会计工具集成化，形成 FMEA 储气库合理运维成本决策方法，支撑形成了若干以小投入换得大回报的投资案例。

2. 储气库特色工艺改造系列技术

针对储气库核心设备和关键节点，形成压缩机注油箱自动补油优化等技术，解决了全球“压缩机专业户”——英国 CPI 公司未能解决的因供油问题引发的机器故障；压缩机组燃料气截断阀放空管改造技术大幅减少了天然气放空所造成的储气库自耗气损失，应用效果良好。

2.3 复杂断块气藏型储气库全方位安全化控制技术

针对储气库高低压往复、高速注采、周期性交变的运行特点，建立了莫尔圆效应地质体动态密封性评价技术、复杂井筒条件下井完整性检测评价技术以及储气库“SRAD”安全体检辅助决策技术，形成了复杂断块气藏型储气库全方位安全化控制技术，实现储气库高效安全长寿运行。

2.3.1 莫尔圆效应地质体动态密封性评价技术

1. 控圈断层密封性与稳定性定量分析技术

储气库具有相对完善的监测系统，但有覆盖

面局限、及时性不够等不足。应用莫尔圆原理，结合地应力场演化特征和地应力测井，实现对各控圈断层各个部位的最小活化压力和最高封闭压差分布的定量描述，指导储气库群各条控圈断层附近合理运行压力的确定。

2. 盖层密封性分区阈值压力定量表征技术

针对盖层密封性定量评价，利用脆性指数BDI表征方法，实现对盖层封闭能力的定量计算；提出盖层封闭保持力的概念，根据地应力和孔隙压力测试，通过计算盖层封闭保持力的纵向和时移变化，实现对各库区盖层封闭性的定量评价。

3. 分布式光纤气水边界区封闭性监测技术

针对气水边界密封性的实时监测评价，拓展光纤测试的应用范围，通过多井分布式温度DTS实时演示边界区多相流三维立体温度剖面，通过分布式震动DAS实时演示边界区多相流三维压力剖面，实现对每层、每个边界不同压力条件下封闭性的定量评价。

4. 特殊敏感高后果区痕量泄漏实时检测技术

针对"通天断层"、复杂事故井等高后果区的泄漏监测，创新检测方法，通过经历高精度电化学、催化燃烧、红外、热导、PID光离子检测等技术筛选和现场试验，解决了高精度信号放大探头的技术难题，结合无线远传技术强力支撑对地质体泄漏风险的预判和处置。

2.3.2 复杂井筒条件下井完整性检测评价技术

1. 多功能缔合井完整性检测技术

针对储气库井完整性检测无主导技术、长期依赖国外的问题，优选应用CCFET过油管的完整性检测技术，小通径仪器一次性组合下井，管柱损伤-固井水泥-气体动力学测井综合一体，实现检测作业不占井、低风险。

2. 多因素簇合管柱剩余强度评价方法

利用短周期交变载荷工况下的评价方法，建立储气库井筒管柱内外壁椭圆度、剩余抗内压、抗外挤强度校核剩余强度评价方法，预测使用寿命。

3. 多参数校核环空带压分级评价方法

针对环空带压问题，结合监测的环空液面及各级环空压力，解决如何确定最大允许井口环空压力和最大安全运行压力两个核心技术问题，建立了环空压力危险性分级评价方法和图版，实现了对环空带压风险的定量评价。

2.3.3 储气库"SRAD"安全体检辅助决策技术

1. SRAD节点划分层次分析安全评价决策方法

针对地面工艺流程节点多、安全风险点多的问题，创新气藏型储气库安全体检SRAD方法，以安全为核心，划分节点、检测分析、诊断总结，建立"685"安全体检技术工作流，对储气库进行流水线式体检诊断，确保了储气库的连续安全平稳运行。

2. 地面管道风险预警与应急响应交互联动技术

针对地面管道高风险、高后果的问题，通过管道阴极保护、泄漏监测配套技术研究，实现管道信息多维度查询及可视化展示和运行状态自动检测，提升管道风险的预测预警与应急响应的交互联动。

3. 针对突发性事件程序化快速应急响应技术方法

针对应对储气库突发事件流程不完备、时效性不强的问题，建立储气库应急系统，演练计划周期提醒，应急流程模板导入，发令接报痕迹清晰，应急过程动态显示，人员车辆实时掌握，信息上报快速规范。

3 技术应用效果

应用系列技术，储气库的库容量、单位注气成本、压缩机故障率等关键技术指标、经济指标、安全指标得到明显改善。

应用系列技术一方面强有力加固了京津冀地区用气安全保障，增加有效库容和工作气，以实际行动落实了习近平总书记"能源的饭碗必须端在自己手里"重要指示精神；另一方面，强有力支持了京津冀地区大气污染防治，应用技术可减排二氧化碳、二氧化硫、氮氧化物及粉尘，落实十九大报告中"持续实施大气污染防治行动，打赢蓝天保卫战"要求。

4 推广应用前景

4.1 可推广应用于国内同类型地下储气库日常运营

国内现役气藏型储气库23座，目前达产率65%，可应用该技术促扩容提产；按照国家储气库设施建设工作气量占消费量16%要求，2030

年我国需要建成1000亿 m^3 储气调峰能力，该技术应用前景广阔。

4.2 可推广应用于油气田开发与储气库协同建设项目

气驱采油储气协同建设，在塔里木、吐哈油田开展先导试验，提高采收率26.7个百分点，中心井组提高了30个百分点。该技术促驱油储气效益双提升，推广应用前景广阔。

4.3 可在双碳背景下的能源转型和碳封存中发挥重要作用

碳达峰与碳中和促使天然气需求提速增长，带来碳封存业务新机遇。用储气库技术实现碳封存，可实现安全封存、规模封存、灵活封存、效益封存，储气库扩容提产技术在该方面有广阔的应用前景。

参考文献

[1] 李建君. 中国地下储气库发展现状及展望[J]. 河北，中国石油天然气股份有限公司管道分公司，2022.

[2] 杨树合，等. 产水气井产能方程改进[J]. 北京，中国化工信息中心，2013.

[3] 王正茂，等. 油藏型天然气储气库与提高石油采收率协同建设新技术[C]. 第32届全国天然气学术年会，2020.

[4] 江同文，等. 地下储气库与天然气驱油协同建设实践与认识[J]. 四川，四川石油管理局，2021.

[5] 蔡博峰，等. 中国二氧化碳捕集、利用与封存(CCUS)报告(2019)[R]. 生态环境部环境规划院气候变化与环境政策研究中心. 2020.

高强度凝胶井筒环空封堵实验研究

冷光耀[1,2]　闫　伟[1,2]　李　中[3]　邓金根[1,2]　徐正贤[1,2]　张婧茹[1,2]　王　智[1,2]　马泽林[1,2]

(1. 中国石油大学(北京)油气资源与探测国家重点实验室；
2. 中国石油大学(北京)非常规油气科学技术研究院；3. 中海油研究总院有限责任公司)

摘　要　储气库注采井的注气与采气、环空带压与泄压等情况使井筒反复承受加载卸载，水泥环因此受到不同程度的损害，严重时导致地层气体窜入环空。针对某储气库C环空上部水泥环的工况条件，通过流动性测试、三轴力学性能测试及封堵性能评价等实验技术手段，研究了高强度封堵剂封堵井筒环空的效果，以评价其封隔气体气窜的有效性。结果表明：稀释剂和固化剂的加量影响封堵剂的流动能力和抗压强度，稀释剂用量提高一倍，初始黏度由341.2mPa·s降低到228.8mPa·s，下降了32.9%；固化剂用量提高一倍，抗压强度由83.2MPa增加到100.5MPa，增幅20.8%。6种配方均表现出高抗压强度和低弹性模量，固化剂用量越大，抗压强度越大，弹性模量越低，但是缩短了固化时间，封堵剂可控制在200min以内具有较好的流动能力，最大抗压强度120.3MPa。封堵剂耐交变压力扰动能力较强，调整固化剂和稀释剂的用量可以使封堵剂承受交变压力扰动，13周期仍然保持完整性和密封性，封堵剂具有作为固井材料的潜力。

关键词　储气库；环空带压；环氧树脂；力学性能；封堵性

引言

固井水泥石能有效的封隔地层，防止流体在压差作用下发生窜流，确保油气开采顺利进行。但是水泥石存在脆性大、抗腐蚀性能差及耐久性不够的缺点。水泥石受到交变载荷的作用易产生微裂缝和微环隙，导致封隔失效。储气库生产不同于常规油气藏开采，储气库具有强注强采的特点，注采井B、C环空带压问题日益突出，造成固井安全隐患，直接影响气井安全生命周期。解决环空带压问题的关键是如何提高环空密封性，而环空密封性能取决于固井材料的充填程度和长期耐久性能。

近年来，为了解决储气库井筒环空带压问题，树脂成为了关注的热点。树脂是属于胶凝类材料，内部为全域交联的空间网状结构。树脂的抗压强度高、弹性模量低、韧性好、稳定性好，能有效抵抗外力冲击和酸性介质的腐蚀。因此，环氧树脂具有显著改善固井质量、解决环空带压问题的潜力。目前，国内外学者进行了可固化树脂胶凝材料的研究。Halliburton公司多次报道了WellLock树脂技术成功应用的案例，提高了套管-水泥环-地层的胶结强度，但材料处于保密状态。He将环氧树脂乳液与水泥混合，研究试样的封堵能力和应力-应变行为，表明树脂降低了水泥浆体的失水率，对增稠时间无不良影响。抗压强度随着树脂含量的增加而降低。Baldissera研究了环氧树脂共混物和水泥浆体的复合材料在暴露于CO_2时的化学降解，与未加固化剂的环氧树脂复合材料相比，含有固化剂的复合材料的CO_2降解率较低。Yan研究了环氧树脂乳液和苯丙胶乳对水泥石耐腐蚀性能的影响，表明环氧树脂乳液要优于苯丙胶乳。但是油溶性的环氧树脂应用于水基体系时需要配合乳化剂使用。目前，由于环氧树脂黏度较高，稀释剂对环氧树脂体系性能的影响以及固化剂对环氧树脂体系的强度影响尚不明确，学界对封堵井筒体系的环氧树脂力学性能的研究并不深入。

本文在室内以环氧树脂作为凝胶材料基体，通过稀释剂和固化剂的配比，研制了双酚A型环氧树脂工作液体系，采用流变性测试、三轴力学性能测试及防气窜性能评价等实验手段，从流动能力、抗压强度、弹性模量、承压能力和稳定性方面对该树脂体系性能进行了评价和优选。以期为改善储气库井筒环空封堵的长期完整性和密封性提供一定的借鉴作用。

1　实验准备

电子天平FA2004，沈阳科瑞永兴化玻仪器有限公司。美国Brookfield布氏黏度计。恒速搅拌器S212-40，上海申生科技有限公司。TAW-1000深水孔隙压力伺服实验系统，长春市朝阳试验仪器有限公司。气窜测试系统，江苏拓创有限责任公司。环氧树脂，江苏智派化学品有限公司。稀释剂甘油醚，济宁三石生物科技有限公司。固化剂聚醚胺，济南铭宇化工有限公司。消泡剂 X52H，自制。N_2，纯度 99.99%。

2　实验方法

2.1　封堵剂制备

将一定量的树脂与稀释剂配比后均匀混合，然后缓慢加入一定量的固化剂，搅拌均匀后倒入样品瓶中，室温密封放置。封堵剂原料配比见表 1。

表 1　封堵剂配制参数

配方	树脂乳液/g	固化剂/g	稀释剂/g
1	100	10	0
2	100	10	10
3	100	10	20
4	100	20	0
5	100	20	10
6	100	20	20

2.2　力学性能测试

测试环氧树脂的学性质的三轴实验，步骤为：①将直径 25mm，高 50mm 的样品用热缩管塑封，安装轴向、径向应变传感器；②打开液压油输送阀门，使液压油充满整个压力室，围压设为 15MPa；③采用位移控制对样品连续加载，移动速率为 0.06mm/min，记录加载时间、应力和应变等数据。

2.3　封堵性能测试

为了考察不同高度的环氧树脂与套管壁面的密封性。选用长度 7mm 的套管，向套管内分别注入 1cm、3cm 和 5cm 的环氧树脂液，室温下固化 48h 后，放入岩心夹持器中从一侧注入氮气，在压力突然下降时，表明壁面胶结已被突破，此时压力即为气体突破压力 P_{max}。

制得平行试样，考察交变压力条件下封堵剂与套管壁面密封能力，交变压力为 80% P_{max} 和 50% P_{max}，稳压 10min，周期性改变压力大小评价封堵剂承压周期(图 1)。

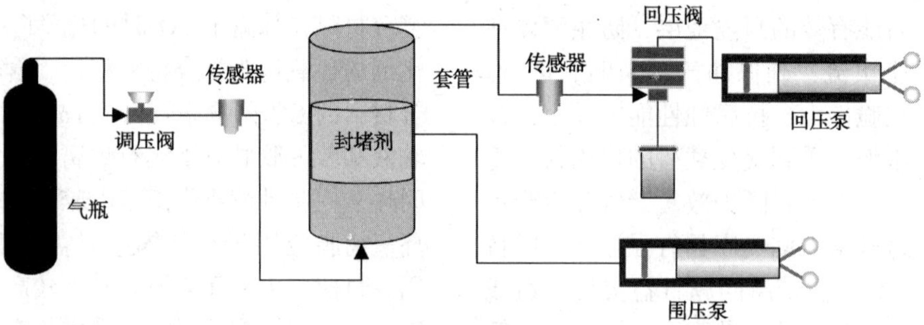

图 1　封堵能力测试示意图

3　结果与讨论

3.1　封堵剂流动性评价

测定了不同配方封堵剂的黏度，结果如图 2 所示。封堵剂乳液初始黏度较低，随着时间增加，黏度整体上呈现上升趋势。固化剂比例相同时，随着稀释剂比例的增加同时间下黏度降低，且稀释剂比例越大黏度上升越缓慢。配方 1 和配方 4 的黏度变化很剧烈，在不加稀释剂情况下 100min 后封堵剂溶液明显变稠，流动性很差。配方 2 和配方 3 的封堵剂溶液能够保持较长时间的低黏度区域，在 200min 后表现出黏度上升增加趋势。封堵剂流动性差会影响泵入能力和泵入时间，流动性高又会影响树脂性能和封堵效果，稀释剂的加入能够提高环氧树脂的流动性，但是降低了环氧树脂固化反应速率，所以延长了环氧树脂固化时间，同时稀释剂也降低了树脂体系的抗压强度。因此根据现场需要在满足实际应用的情况下，应该优化稀释剂的用量既可以顺利泵入又能够高强度密封(图 2)。

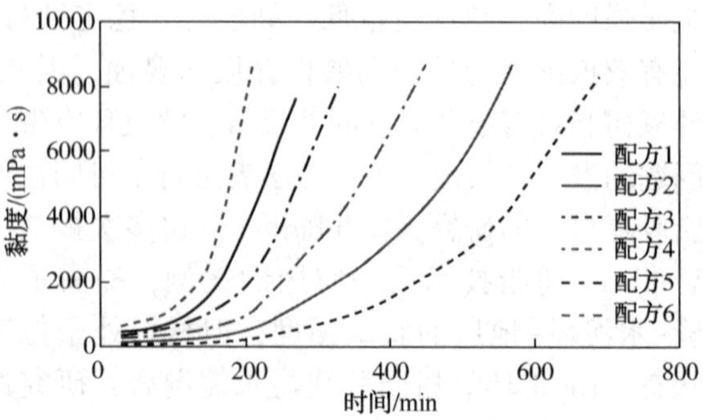

图 2　封堵剂乳液粘度变化

3.2 封堵剂力学性质分析

树脂体系的应力-应变曲线和相关力学性能参数如图3和表2所示。应力-应变曲线可以直观地反映树脂受力和形变的关系。相同差应力条件下，配方4和配方5具有较大的应变能力，固化剂的用量提高，树脂抗压强度增加，弹性模量却在降低。固化剂用量10g时，配方1不加入稀释剂，其抗压强度达到93.5MPa；随着稀释剂用量提高10g和20g，配方2和配方3的抗压强度逐渐降低，分别为83.2MPa和76.4MPa。固化剂用量为20g时，配方4不加入稀释剂，其抗压强度高达120.3MPa；随着稀释剂用量提高10g和20g，配方5和配方6的抗压强度虽然降低，但是仍然保持在很高值，分别为100.5MPa和93.7MPa，同时具有较低弹性模量，分别为3.3GPa和3.9GPa。配方4的弹性模量最低，泊松比和最大差应力最大，配方4的结构能承受更高的作用力，配方5次之。从图中看出，稀释剂用量越低固化剂用量越高，树脂弹性形变的应力区间越大，树脂能够在较大应力范围内保证井筒环空的密封性。综合比较来看，稀释剂和固化剂的用量影响树脂的弹性模量和差应力，但是固化剂其主要作用。

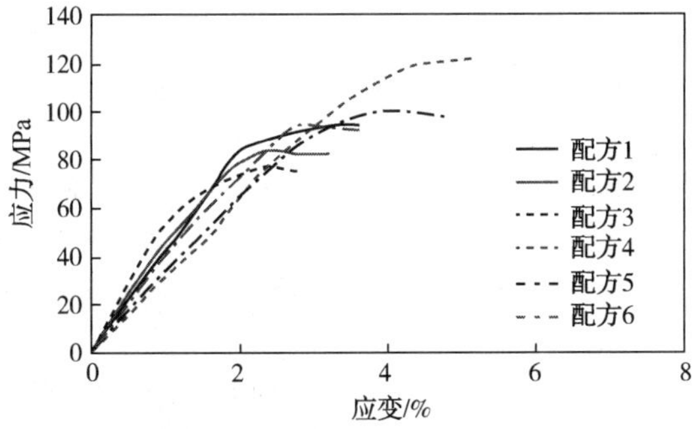

图3　封堵剂应力-应变曲线

表2　封堵剂力学性能参数

配方	差应力/MPa	泊松比	弹性模量/Gpa
1	93.5	0.168	4.075
2	83.2	0.162	4.325
3	76.4	0.137	4.95
4	120.3	0.282	3.025
5	100.5	0.276	3.325
6	93.7	0.215	3.925

树脂与普通的聚合物改性水泥石是不同的，普通聚合物虽然降低水泥石弹性模量但是同时降低了水泥石抗压强度。然而环氧树脂是一种高强度低弹模的高分子材料，优势在于降低弹性模量的同时提高抗压强度。

3.3 封堵剂封堵能力分析

储气库注采井在强注强采条件下会使得气体沿着胶结性较差的界面空隙窜流。胶结强度可以间接反映固井体系的界面防窜能力。气测胶结强度主要用于评价环氧树脂能否有效封隔油、气窜流通道，防止油气沿着井筒-环氧树脂-地层体系窜逸。配方1~配方6的试样长度分别为1cm、3cm和5cm，封堵剂长度与气体突破压力的关系如图4所示。1cm封堵剂试样的突破压力相对较低，随着封堵剂试样长度的增加突破压力增大，增幅减缓。在三种长度的试样中，配方4的封堵剂承压能力始终是最大的，1cm试样的突破压力为8.4MPa，5cm试样的突破压力高达20.5MPa。配方3的1cm试样的突破压力仅为1.2MPa，5cm试样的突破压力为5.8MPa，增幅最缓。固化剂量相同时，同长度试样随着稀释剂的减少承压能力增加，但是增幅也是减缓。综合分析，固化剂量越大，稀释剂量越小，封堵剂的承压能力越高，密封能力增强。封堵剂的长度与承压能力呈正比关系，但不是线性的。

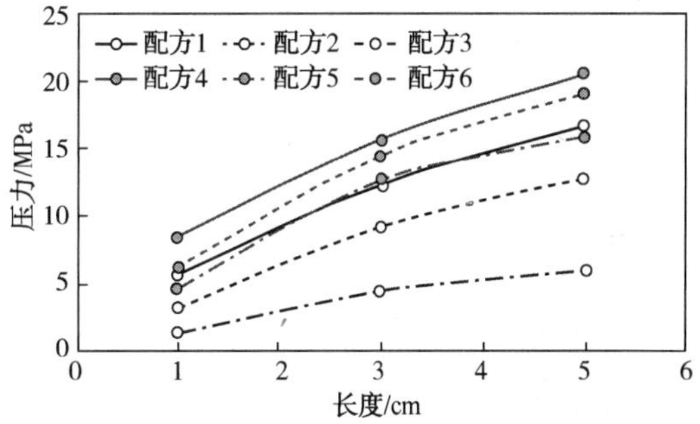

图4　封堵剂长度与封堵能力关系

储气库注采载荷变化对井筒环空水泥环完整性的影响很严重，对提高储气库注采井的环空封隔能力，探讨了环氧树脂受到交变注气时的密封完整性。实验中的最高压力为突破压力的80%，最低压力为突破压力的50%，交变循环注气直至封堵剂试样被突破，考察注气压力周期性变化对环氧树脂密封性的影响(图5)。配方3的封堵剂试样受到交变注气的作用，连续6个周期保持完整性，在第7个周期最大压力稳压过程中环氧树脂被气体突破，未能保持完整性。配方4的封堵剂试样受到交变注气的作用，连续18个周期保持完整性，在第19个周期最大压力稳压过程中环氧树脂被气体突破。由图6可见，固化剂量相同情况下，稀释剂的加入对封堵剂封窜能力影响较大，稀释剂越多，封堵剂承压周期越短。固化剂量增加，封堵剂抗压能力增强，工程上应该根据储气库现场实际注采压差优化封堵段长度，以达到最优最经济的方案。

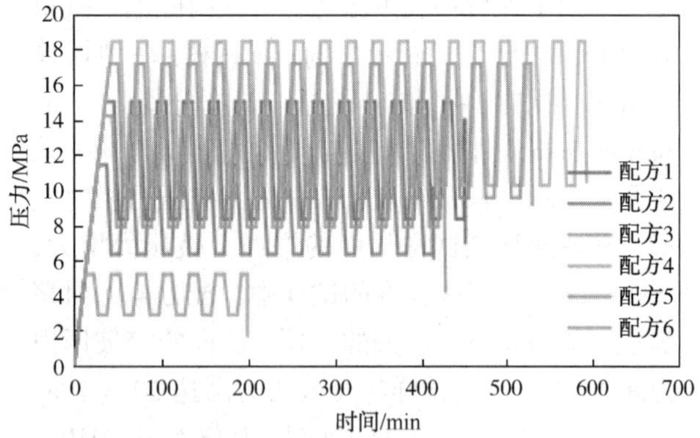

图5　交变压力对封堵能力的影响

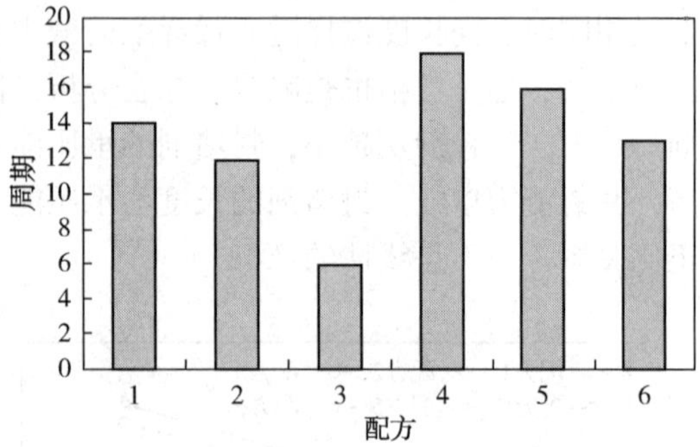

图6　封堵周期数对比

4　结论

环氧树脂具有高强度低模量的特性，稀释剂和固化剂的加量影响环氧树脂的流动能力和抗压强度，稀释剂可以提高体系的注入性，但是会延长固化时间，降低抗压强度，固化剂用量越大抗压强度越大，实验考察范围内，封堵剂可控制在200min以内具有较好的流动能力，最大抗压强度120.3MPa。

随着长度的增加，环氧树脂的气测胶结强度增加，防气窜能力增强。封堵剂耐交变压力扰动能力较强，调整固化剂和稀释剂的用量可以使封堵剂承受交变压力扰动13周期以上。树脂封堵剂具有作为固井材料的潜力，可以作为水泥石的替代，注入到井筒环空封堵水泥石防止气体上窜。工程上应该根据实际注采压差和固井质量的要求，选择合适的环氧树脂封堵长度。

参考文献

[1] 周浪，曾青松，汪传磊，等. 地下储气库注采井不同井段水泥环密封性能实验[J]. 天然气工业，2020，40(5)：104-108.

[2] 幸雪松，孙翀，许明标，等. 提高水泥层间封隔能力的低密度弹性密封水泥浆性能评价[J]. 油田化学，2022，39(2)：222-227.

[3] Hatambeigi M, Chojnicki K, Taha M R, et al. Visco-inertial gas flow through wellbore cement fractures[J]. Journal of Natural Gas Science and Engineering, 2020, 77: 103275.

[4] Valov A V, Golovin S V, Shcherbakov V V, et al. Thermoporoelastic model for the cement sheath failure in a cased and cemented wellbore[J]. Journal of Petroleum Science and Engineering, 2022, 210: 109916.

[5] Li J, Su D, Tang S, et al. Deformation and damage of cement sheath ingas storage wells under cyclic loading[J]. Energy Science & Engineering, 2021, 9(4): 483-501.

[6] 张智，蔡楠，赵苑瑾，等. 控制地下储气库强采强注井环空超压的氮气柱长度计算方法[J]. 天然气工业，2021，41(6)：83-88.

[7] 王建夫，张志胜，安国印，等. 气体示踪技术在盐穴地下储气库微泄漏监测中的应用[J]. 天然气工业，2021，41(12)：156-164.

[8] 王兆会，曲从锋，周琛洋，等. 基于环空压力的储气库井风险分级及管控程序[J]. 钻采工艺，2020，43(6)：17-20.

[9] Khalaf M S, Soliman N, El-Banbi A H. Wellbore storage removal in pressure transient analysis for gas wells[J]. Journal of Petroleum Science and Engineering, 2022, 208: 109712.

[10] Taghipour A, Ghaderi A, Cerasi P, et al. Novel laboratory setup for realistic wellbore cement and formation integrity studies[J]. Journal of Petroleum Science and Engineering, 2022, 208: 109664.

[11] Yousuf N, Olayiwola O, Guo B, et al. A comprehensive review on the loss of wellbore integrity due to cement failure and available remedial methods[J]. Journal of Petroleum Science and Engineering, 2021, 207: 109123.

[12] Ajayi T, Gupta I. Long term assessment of the geochemical integrity of offshore wellbore cement-results from numerical modeling[J]. Journal of Petroleum Science and Engineering, 2021, 201: 108443.

[13] 付洪琼，郭小阳，瞿雄，等. 一种添加环氧树脂乳液的优质固井水泥浆[J]. 天然气工业，2021，41

(11): 115-121.

[14] 赫英状, 易浩, 李斐, 等. 水溶性树脂固井工作液体系性能评价[J]. 油田化学, 2021, 38(4): 595-602.

[15] 步玉环, 杜嘉培, 柳华杰, 等. 深水弱胶结地层固井强度梯度层理论与固化材料性能[J]. 中国石油大学学报(自然科学版), 2021, 45(4): 74-83.

[16] 郭远曜, 许明标, 宋建建, 等. 用于提高水泥浆封固能力的树脂体系性能评价[J]. 油田化学, 2020, 37(4): 598-603.

[17] 曹成章, 步玉环, 田磊聚, 等. 可固化树脂基固井材料及其固化剂的优选[J]. 钻井液与完井液, 2020, 37(4): 498-506.

[18] 刘昱亮, 李早元, 薛元陶, 等. 固井水性环氧树脂水泥石力学性能研究[J]. 硅酸盐通报, 2019, 38(2): 339-343.

[19] 韩长武, 张健, 王晓辉, 等. 一种水溶性树脂对水泥石抗 CO_2 腐蚀性能的影响[J]. 科学技术与工程, 2018, 18(34): 169-175.

[20] 卢海川, 李宗要, 高继超, 等. 油气井用合成树脂胶凝材料研究综述[J]. 钻井液与完井液, 2018, 35(5): 1-7.

[21] Bosma M G R, Cormelissen E K, Reijrink P M T, et al. Development of a novel silicone rubber cement plugging agent for cost effective thru' tubing well abandonment[R]. SPE 39346.

[22] Urdaneta J A, Arroyave J M, Jones P, et al. Novel gas shutoff resin system for well abandonment applications in Colombia: A case history[C]//SPE Latin America and Caribbean Petroleum Engineering Conference 21-23 May 2014, Maracaibo Veneuala.

[23] Young S, Chew A, Mettath S, et al. Thermo-settable cross - linked polymer system for optimization of wellbore stability and zonal isolation[C]//Offshore Mediterranean Conference and Exhibition, 20 - 22 March 2013. Ravenna, Italy.

[24] He M, Song J, Xu M, et al. Effect of Epoxy Resin Emulsion on the Mechanical Properties of Oil Well Cement-Based Composites[J]. Advances in Civil Engineering, 2020, 2020.

[25] Baldissera A F, Schütz M K, Vecchia F D, et al. Epoxy-modified Portland cement: effect of the resin hardener on the chemical degradation by carbon dioxide[J]. Energy Procedia, 2017, 114: 5256-5265.

[26] Yan P Y, Yue L, Dai D, et al. Effect of epoxy resin emulsion on hydration process and mechanical properties of oil well cement[J]. Bulletin of the Chinese Ceramic, 2016, 7: 2019-2023.

流体活动性分析技术在板828储气库扩容达产井位调整中的应用

童　庆[1]　叶　萍[2]　闫家伟[1]　凌东明[1]　马跃华[1]　刘　薇[2]

(1. 中国石油东方地球物理公司研究院；2. 中国石油大港油田公司天津储气库分公司)

摘　要　在储气库扩容达产的诸多研究中，很少利用地球物理分析方法结合静动态地质、油藏、储气库运行认识来进行方案研究。本文在大港板828储气库的扩容达产方案设计研究中利用流体活动性分析技术指导采气井方案调整，达到了预期效果。

关键词　储气库扩容达产；地层吸收衰减；方案调整

引　言

随着储气库的建成投产，地下储气库逐步进入扩容达产阶段。对于储气库的扩容达产前人有很多研究。通过提前了解和掌握地下储气库库容量的达产规律和特征进而指导扩容及达产方案设计。通过逐步将压力运行区间、库存量向设计值靠拢，同时实现气液界面扩展和振幅逐步趋向稳定。研究储气库的扩容达产要对地质因素进行综合研究己分析。针对储气库未来扩容方向不明晰的问题，从气藏的地质特征和开发动态分析出发，综合运用动、静态资料和观察井监测数据，结合数值模拟技术，分析研究储气库的注采状况、压力变化、气液界面变化、圈闭密封性等情况，并在此基础上进行扩容调峰的潜力评价。在生产动态分析的基础上，结合区块地质特征，进行注采井方案部署从而达到扩容达产的目的。在储气库扩容、达容、达产、增产等诸多研究中，很少利用地球物理分析方法结合静动态地质、油藏、储气库运行认识来进行方案研究。本文在大港某储气库的扩容达产方案设计研究中利用流体活动性分析技术指导采气井方案调整，达到了预期效果。

1　研究区概况及问题

板828储气库构造整体为长芦断层控制的断鼻构造，位于长芦1号断层上升盘，圈闭受断层和岩性双重影响，构造边部为油环和水体封闭，圈闭条件有利；建库目的层为板4上油组；储层分布稳定，岩心统计孔隙度14.6%~20.7%，渗透率(35.7~133)×$10^{-3}\mu m^2$，属于中孔中低渗储层；为带窄油环，正常温压系统的高含量凝析油气藏。凝析气动态储量：6.84×10^8m^3。

自1979年投入天然能量衰竭式开发到2000年底断块共计生产井7口。原始地层压力37.28MPa。初期产能较高，天然气产量递减快(年均递减17.5%)。2006年9月末气藏因建库全面停采，时测地层压力16MPa左右。板852-1井区注水见效，有效期3个月。主力生产层集中在1、5小层，累计产量高(90%)，5小层连通性好。断块累计产气3.52亿m^3，累计产油8.91万t，累计产水4.89万m^3，累计注水50.4万m^3。天然气采出程度57.48%(图1、图2)。

对板桥油田北区板4上油组进行区域地层对比，板4上油组为反旋回沉积，顶部为砂泥互层，底部发育一套稳定的泥岩。主要含气层位为板4上油组顶部。根据旋回特征，板4上油组含油目的层细分为5个小层，1、3小层为高-中阻的反旋回，岩性由泥岩向上逐渐过渡为细砂岩；2、4小层均为两个中阻的反旋回薄层砂岩叠置组成，分布较稳定；5小层为高阻的反旋回厚砂岩组成，1、5小层是板4上油组主力含油气小层。随着研究深入，综合各单井注采能力分析，气库单井产能总体接近，高部位ku6-3和ku6-6井略低，主要是受储层物性影响。如何在后期研究中避开相对物性差的区域是该区扩容达产井位部署所面临的一个重要问题。

该区地震数据为2008年采集的三维地震数据，其采集参数见表1。该三维地震为2006年该区开发井停井后进行的三维地震采集，反应的

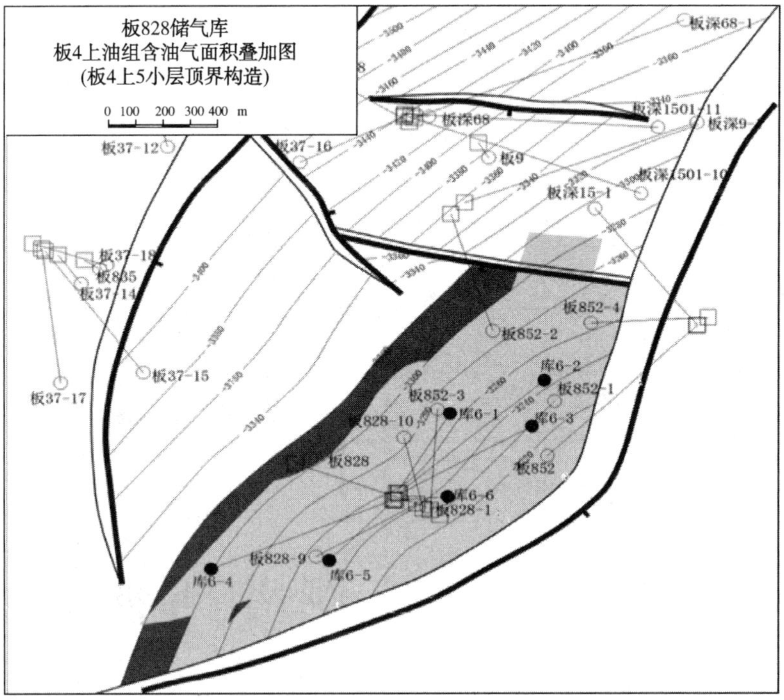

图1 研究区目的层含气面积图

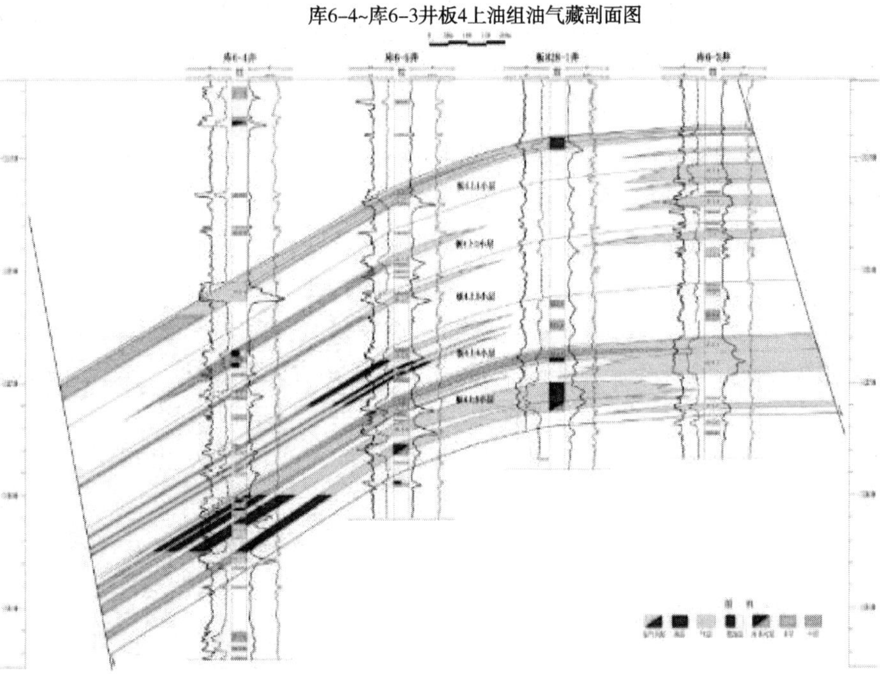

图2 研究区目的层段气藏剖面图

构造、储层、流体等特征代表了开发后、建库前的特征。地震数据覆盖次数与目前主流地震采集相比，覆盖次数低，采集密度低。相对来说其信噪比和分辨率一定程度上来说与当前主流的两宽一高地震采集数据相比，相对差一些。图3为目的层段井震标定情况，从图中可以看出，板4上①和②为一套地震反射，板4上③和④为一套地震反射，均在其砂体顶部；板4上⑤地震反射在其砂体底部。工区内其他各井地震反射特征类似。在地震标定基础上进行地震属性分析，并且选用地层流体活动性分析技术属性作为优选属性对达容扩产方案进行指导。

2 流体活动性分析技术原理

常规的地震波传播理论中，假设地层为完全弹性介质，描述地震波在地层中的传播只需用速

序号	地区	采集年度	仪器类型	震源类型	观测系统	覆盖次数	面元大小	最大偏移距	方位角/(°)
1	板桥	2008	SYSTEM- IMAGE 428XL	炸药 可控震源	8线4炮	6×22	25×25	4375	333

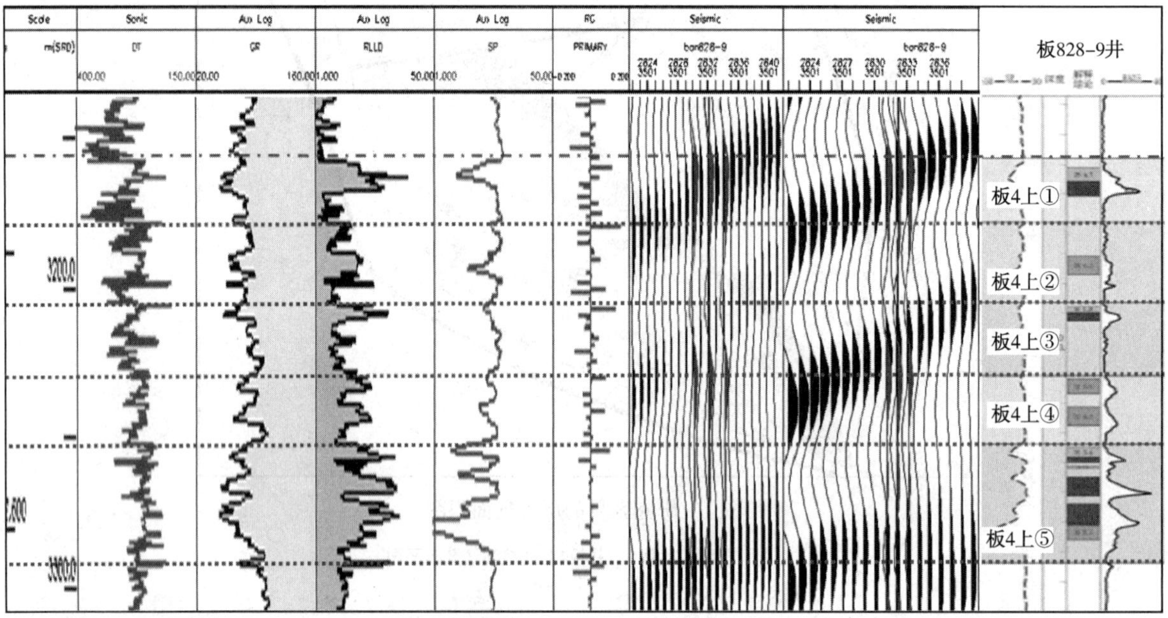

图3 研究区目的层井震标定

度和密度参数两个参数。但是实际地层并非是理想的完全弹性介质，地震波在地层中的传播会受到多方面的影响，比如地层的裂缝、非均质性、孔隙流体等等。实际地球介质并非完全弹性介质，地层吸收特性致使地震波在地层中传播存在能量衰减及速度频散现象。地球介质并非固相完全弹性介质，也非流相黏性介质，而是介于两者之间的一种介质。地震波在地层中传播时其能量衰减、振幅降低、速度频散、高频成分损失严重，特别是当介质中含有流体时，由于孔隙流体的相对运动、颗粒之间的摩擦、以及流体的喷射流使得部分能量转化成热能，地震波的总能量减少。地层吸收与岩石的岩性、渗透性、孔隙度、饱和度以及含流体类型有密切联系。地层的吸收系数受控于岩石骨架的弹性性质，同时也受控于地层的孔隙及孔隙中流体的性质，是反映储集层含油气的重要参数。利用地层的吸收系数变化特征，可以较好地追踪含油气储集层，特别是含气储集层。地震波向下传播过程中，地震波振幅会因吸收作用而导致振幅减小，因吸收引起的振幅衰减通常随传播距离 x 呈指数衰减，即：

$$A = A_0 e^{-ax} \quad (1)$$

式中：A_0初始振幅；A 经吸收衰减后的振幅；a 吸收系数。

通过理论分析可知，在地震频率范围内，吸收系数 a 与有效系数 a_e 直接和岩石弹性系数、密度等联系起来，这给油气预测提供了直接的重要信息。如果把 a_e 与影响它的参数稍加变换，用纵波速度 v_p 置换弹性系数，则可得到：

$$a_e = C/(2\rho v^3) \quad (2)$$

式中：C 待定常数；ρ 岩石密度；v 地层速度。

不难看出，岩层波速稍有变化，则吸收系数衰减信息就要比波速变化得更明显。换句话说，它反映地震异常的灵敏度要远远超出速度异常的灵敏度。当地震波在地下传播时，随着离震源距离的增加，能量逐渐衰减，而由于某些特定的因素可能加速能量的吸收，如岩石孔隙中天然气的存在会引起高频段的地震波异常高的吸收率。从而会出现含气层低频共振高频衰减现象。由于地震波传播过程中所经过的地层对地震波具有热耗散和吸收，而且这种吸收是随频率的增大而增大的，因此利用反射地震资料求取地震波的衰减参数就可以达到储层识别的目的。同时，实验室实验也证明，地层的吸收性质对岩性的变化具有很高的灵敏性，尤其是对于介质内流体性质的变化具有明显的反应。因此利用地层吸收系数可对储层进行识别，且在有利的条件下可以用来直接预测流体的存在。与地层吸收衰减相关的地震属性有很多种，其中 Golushubin 提出了一个描述频谱低频的属性即流体活动性。这种属性是求出频谱低频段的变化率，它很好地描述了低频能量的变化。低频能量的变化反映了储层的渗透性。流体活动性的计算公式为：

$$M \approx F\left(\frac{\rho}{\mu}\right)K \approx \left(\frac{\partial r}{\partial f}\right)^2 f \tag{3}$$

式中：M 为流体活动因子；F 为流体函数；K 为渗透率；ρ 为流体密度；μ 为流体黏度；f 为地震信号频率；r 为地震振幅近似。图 4 为流体活动性计算示意图。

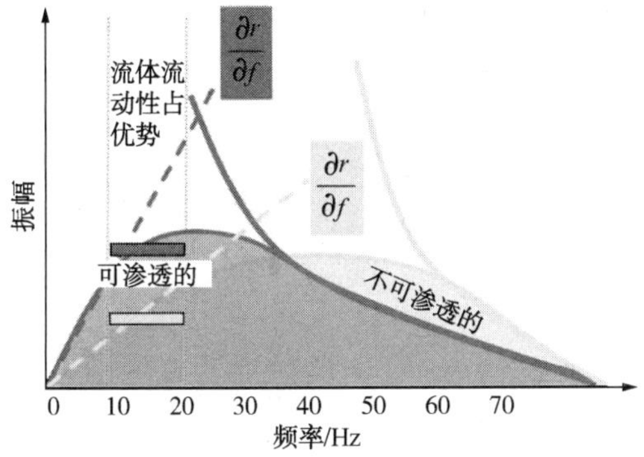

图 4　流体活动性原理示意图

如图 5，S1(蓝色线)为含气井旁地震所提取的实际频谱特征，S2(红色线)为非含气井(低于尤其界面的井)井旁地震道提取的实际频谱特征。图中黑色虚线频率范围内，含气层段呈现出低频共振特点；而粉色虚线范围内，含气层段呈现出高频衰减特征。由于实际地震存在较为明显的吸收衰减特性，所以，利用地层流体活动性分析技术属性进行优质含气储层预测是可行的。

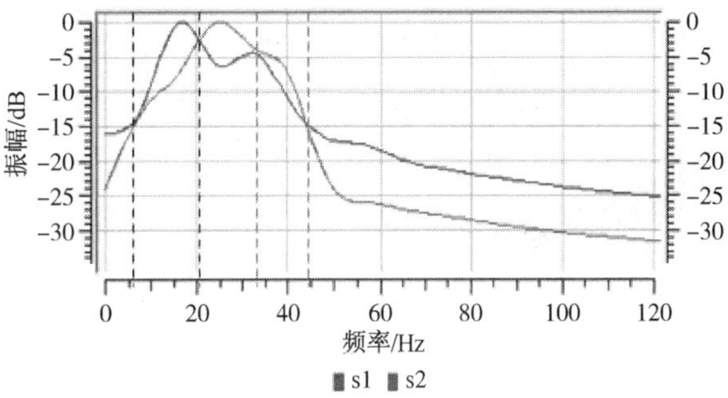

图 5　含气井与非含气井储层段频谱分析

3　应用效果分析

针对储层厚度相对稳定的板 4 上⑤小层进行平面属性提取，分别提取振幅差异属性及地层流体活动性属性。从两张属性分析图可以得到如下认识：振幅差异属性自东向西变化特征明显，与井揭示的小层个数和层厚度横向分布规律一致，由东向西，储层由单厚层到厚层-互层再到薄互层变化(图 6)。

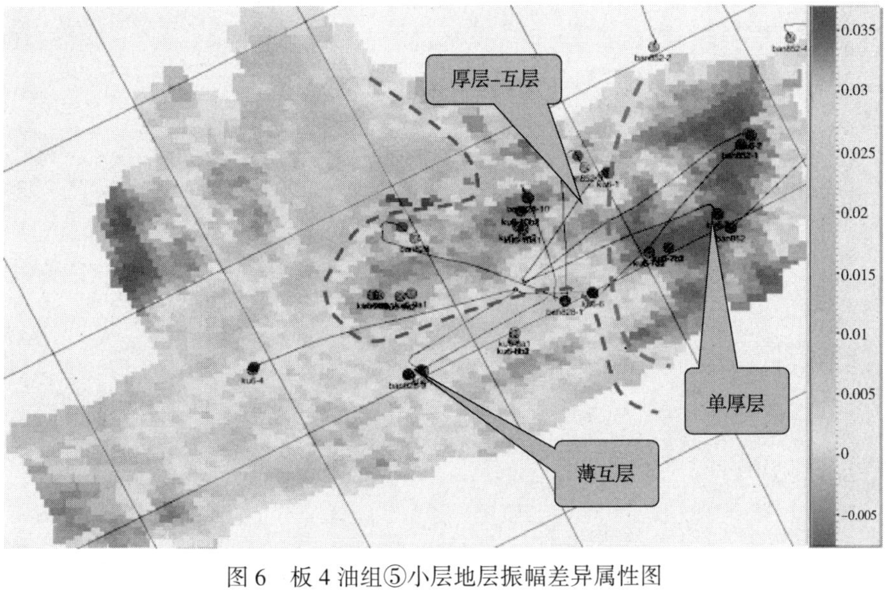

图 6　板 4 油组⑤小层地层振幅差异属性图

在利用振幅属性分析储层变化宏观规律基础之上，提取流体活动性属性。如图 7 所示，受储层物性影响，高部位已钻井 ku6-3 和 ku6-6 井单井产能较低，位于较小值区，反应该区域储层相对渗透率小，储层物性较差，而相对高值区储层渗透性较好，是扩容达产主要布井区域。按照分析，结合构造位置及井网部署情况，部署加密井 4 口，完善板 4 油组井控程度，增加库容动用率，提高气库工作气量。

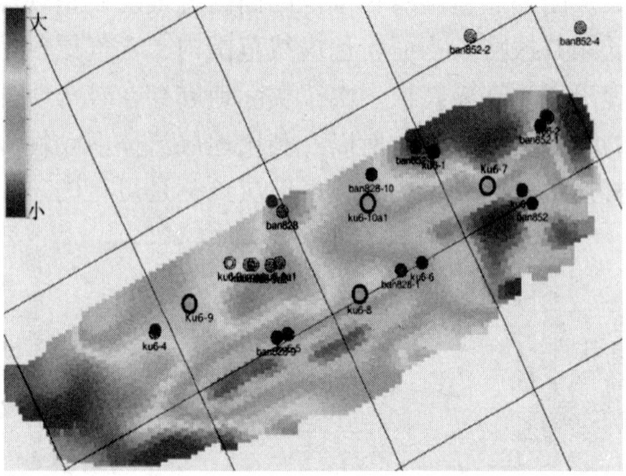

图 7　板 4 油组⑤小层流体活动性属性图

4　结论

在以往储气库扩容达产研究中很少会结合地震技术预测储层及优质储层发育程度，从而指导注采方案部署。本文，结合研究区扩容达产难点，即高部位已钻注采井产能低的问题，研究中特别应用与底层吸收衰减相关的流体活动性属性来对优质储层进行预测，从而刻画渗透性储层分布规律，指导扩容达产井位部署。

参　考　文　献

[1] 王东旭，马小明，伍勇，等. 气藏型地下储气库的库存量曲线特征与达容规律[J]. 天然气工业，2019，35(1)：115-118.

[2] 唐立根，王皆明，白凤娟，等. 基于修正后的物质平衡方程预测储气库库存量[J]. 石油勘探与开发，2014，41(4)：480-483.

[3] 王海燕. 考虑多因素影响的储气库气井注采能力优化[J]. 大庆石油地质与开发，2019，38(3)：54-58.

[4] 李晓光，户昶昊，闵忠顺，等，双 6 储气库运行综合评价及扩容潜力研究.

碳酸盐岩双重介质储层储气库综合建模技术

王权国[1]　童　庆[2]　闫家伟[2]　施金伶[1]　周春明[1]　杨爱敏[2]

（1. 中国石油大港油田公司天津储气库分公司；2. 中国石油东方地球物理公司研究院）

摘　要　复杂碳酸盐岩储气库评价存在诸多难题，其中，非均质储层建模难题制约储气库建库方案优选。本研究形成了完整的“地震-地质-开发-储气库建设”碳酸盐岩双重介质储层储气库综合建模技术系列。通过融合储层预测、裂缝预测等地球物理技术，对千米桥潜山“层状、垂向溶蚀及裂缝”复合非均质储层进行表征。在地震预测约束基础上，进行碳酸盐岩双重介质储层建模。在融合储层预测约束下，建立基质孔隙建模，优选有利储集体。在地震裂缝预测约束下，建立裂缝模型，表征主要的渗流通道。静态上，模型与地质情况、地震预测结果吻合，能够用于非均质储层优选。动态上，基于双重介质模型进行气藏数值模拟，客观反映了生产过程中沿裂缝方向的渗流过程，指导在近裂缝发育区部署建库井位，建库运行预测整体方案能够完成建库要求。本技术系列在复杂碳酸盐岩气藏改建储气库领域具有一定借鉴意义。

关键词　碳酸盐岩；双重介质；储气库；建模；千米桥潜山

引　言

气藏型储气库是经济有效的气源安全储备、季节供气调峰设施，具有重大战略意义，但国内目前储气库主体配套技术总体上仍处于初级阶段。复杂碳酸盐岩储气库评价存在诸多难题，普遍存在储气层埋藏深，储集层具有强非均质性、地层流体分布复杂，造成储气库可行性研究中，储层建模、生产动态模拟难度大。

千米桥潜山奥陶系碳酸盐岩气藏历经二十余年勘探开发历程，气藏规模近百亿方，累产天然气产量高，气藏构造落实，碳酸盐岩复合型储层储渗能力好，上覆中生界泥岩盖层封闭性好，具备改建地下储气库的地质条件。潜山复杂碳酸盐岩地层风化壳遭受剥蚀，内幕顺层岩溶，造成溶蚀孔洞和构造裂缝发育，储集空间及渗流通道复杂多样。对于岩溶储集体，利用波形指示反演有效预测非均质岩溶缝洞，在此基础上融合孔缝洞储层预测结果，进行多数据融合预测，能够体现地质模型与地球物理技术结合，实现合理的复杂碳酸盐岩储层预测。同时，基于地震属性，利用多个协同变量相互约束，对裂缝发育情况进行预测，采用随机建模和确定性建模方法相结合，降低井间离散裂缝建模的不确定性，实现主要渗流通道的表征。基于地震预测约束，进行基质和裂缝建模，能够降低储层建模的不确定性，通过动、静态多信息结合方法对多个离散分布模型进行优选，通过双重介质数值模拟技术，进行生产动态拟合，验证模型可靠性，表征气藏的非均质性。各项技术分别在不同探区得到应用，服务于储气库建库评价的综合建模涉及地质研究、地震预测、储层建模、数值模拟及储气库运行预测多项技术，目前缺少完整的复杂碳酸盐岩储气库评价综合建模技术流程，指导建库井位优选。

本研究综合前人理论研究和实践，在千米桥潜山 bs8 气藏改建储气库评价中，以地质研究为基础，利用地震约束建模技术建立双重介质模型，通过数值模拟合理拟合开发动态，最终服务于储气库运行评价，形成完整的“地震-地质-开发-储气库建设”一体化碳酸盐岩双重介质储层储气库综合建模技术系列，反映受层状、垂向溶蚀带和裂缝控制的复合型碳酸盐岩储层，在双重介质模型基础上优选建库井位，并进行数值模拟预测评价储气库运行动态，为研究区潜山碳酸盐岩气藏储气库建设奠定基础。

1　研究区概况

千米桥潜山位于黄骅坳陷岐口凹陷北大港构造带东翼，夹持于歧口与板桥生油凹陷之间，为一中低位古残丘型潜山，经历印支-燕山-喜山三期构造运动叠加改造复合成山，为残丘山古隆起沉积背景，地质条件好。潜山气藏历经二十余年开发实践，动态储量丰富，部分区块气藏开发近枯竭，其中 bs8 气藏自喷期十年，单井累产近 4 亿 m^3，产量高，目前由于能量递减停产，为拟建库目标区。

拟建库主要目的层为奥陶系上马家沟组碳酸盐岩储层。潜山原生孔隙少，多期抬升剥蚀与埋藏，使得奥陶系地层长期遭受风化淋滤、侵蚀及溶蚀，形成潜山顺层岩溶储层，同时局部此生裂缝带发育沟通储层，形成孔缝洞复合型储层。碳酸盐岩储集性能同时受层状、垂向溶蚀孔洞及裂缝影响，优势储集体受层状、垂向溶蚀孔洞控制，裂缝为主要的渗流通道，造成储层、气藏非均质性强(图 1)。

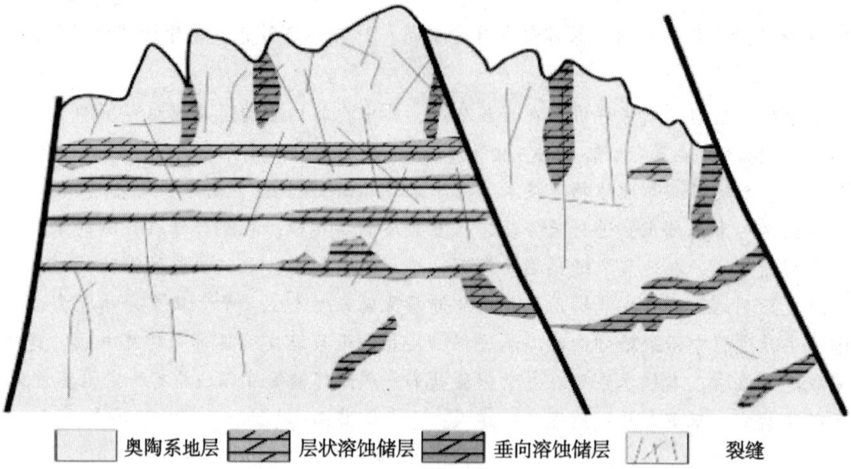

图 1　千米桥潜山典型储层模式图

2　岩溶储层基质建模

岩溶储集体在地震响应上，分别呈现层状溶蚀孔洞的弱反射及垂向缝洞的杂乱反射特征，实际钻探发现两种因素以不同程度共同控制有利储层发育。因此利用融合储层预测技术，表征复合岩溶储集体的分布。在地震预测的约束下，实现与地质研究相符合的岩溶储层体基质建模。

2.1　融合储层预测

垂向溶蚀带主要以大尺度的杂乱发射特征为主。地震分辨率主要与主频相关，频率越高，调谐厚度越小。低频资料对大尺度垂向缝洞体更为敏感，因此提取地震数据的低频段的相干体属性，刻画大尺度垂向溶蚀带，与钻井情况较为符合(图 2-a)。

层状溶蚀带主要以弱反射特征为主，地震响应较弱，因此需要采用井震联合反演进行预测。当地层中发育孔缝洞，会造成声波时差增大，密度降低，阻抗值偏低，同时，孔缝洞的存在造成电阻率值等产生较大波动，因此利用电阻率与阻抗进行重构用于重构阻抗反演。反演方法上，地震波形指示反演采用地震波形高效动态聚类的统计学方法，以地质统计学为基础，利用地震波形特征变化代替变差函数表征储层非均质性。该方法建立地震波形结构与高频测井曲线结构的映射关系，通过构建不同地震相类型的贝叶斯反演框架，实现相控反演，符合地震相趋势，降低井间预测的不确定性，同时纵向分辨率高，有效反映层状溶蚀孔洞控制的储层分布，与井吻合度高(图 2-b)。

由于储层发育同时受到层状溶蚀和垂向溶蚀控制，根据千米桥潜山奥陶系层状溶蚀孔洞整体发育，局部受垂向溶蚀沟通的地质特征，在地质模型的指导下，基于支持向量机的融合方法，将反演结果与低频相干预测结果进行多数据融合，能够同时体现层状和垂向复合溶蚀。预测结果表征了顺层溶蚀和风化壳差异岩溶作用共同控制储层发育，形成层状、垂向岩溶带储集空间的地质特征，与地质情况更为符合，井间预测真实性得到提高(图 2-c)。

2.2　岩溶储集体建模

利用融合储层预测技术，能够在少井区表征岩溶储集体的分布，地质认识与地震预测结果匹配。非均质储层井网控制程度低，融合预测体可以作为软约束来提高井间预测的可信度。在时间域的地震预测结果基础上，处理解释一体化结合，利用速度体转换，建立深度域地震预测体，基于预测结果进行基质建模，反映主要的储集空间(图 3)。对属性模型进行数值统计，孔隙度区间为 0～8%，与测井解释、岩心实验等结果相近，证实非均质模型静态上的合理性，能够有效指导储气库库容参数设计。

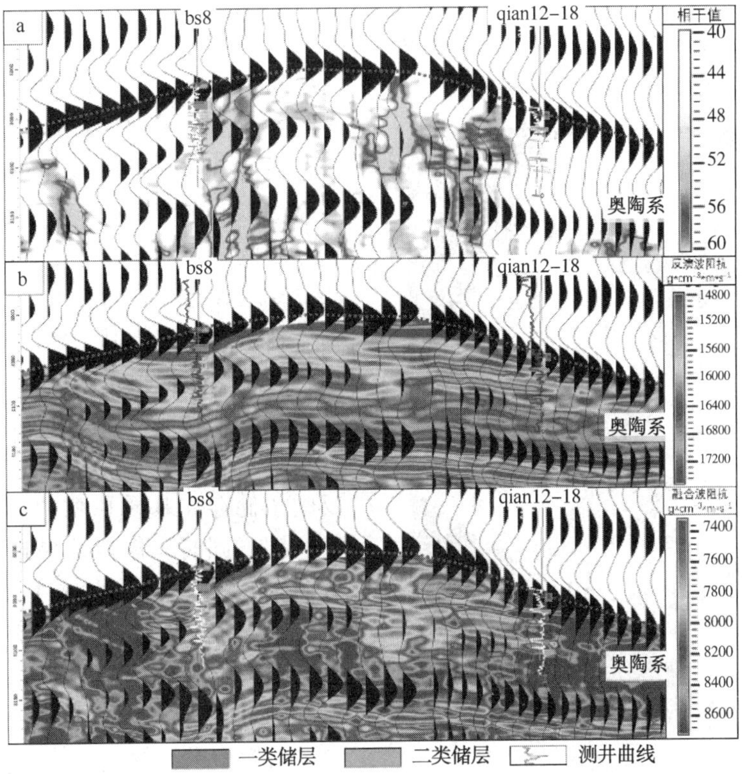

图 2　bs8 区块储层融合预测剖面

图 a—垂向溶蚀预测；图 b—层状溶蚀预测；图 c—融合储层预测结果

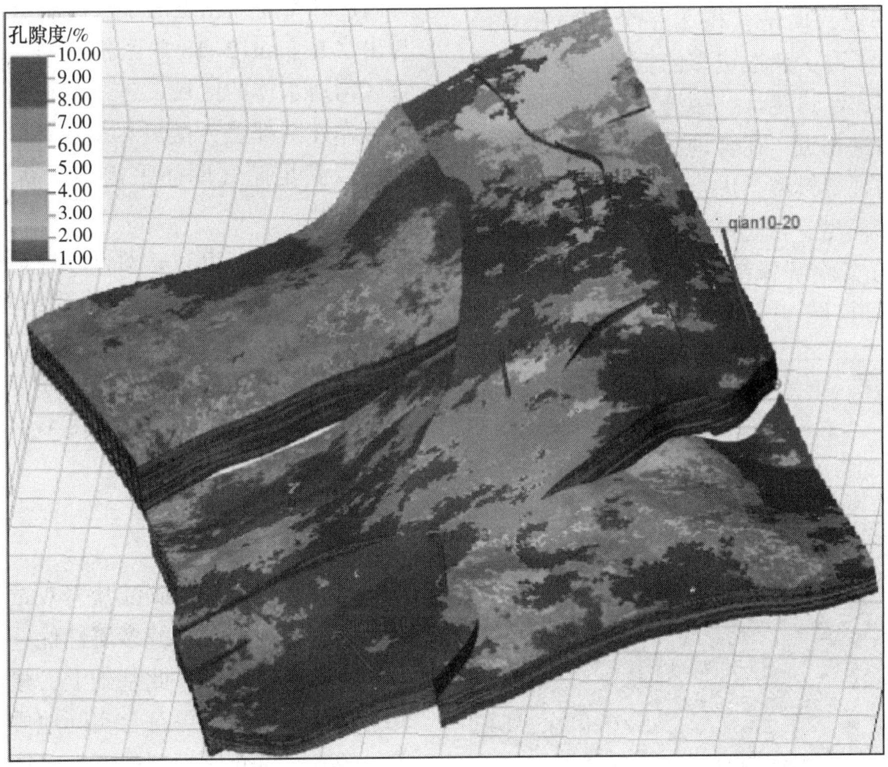

图 3　bs8 区块基质孔隙模型

3　裂缝建模

多资料揭示千米桥潜山中储层裂缝发育，是重要的渗流通道。裂缝预测需要通过多方法相互结合，才能够降低多解性。因此首先通过构造导向滤波对地震资料进行优化，后续开展相干体、曲率体、蚂蚁体等裂缝敏感属性的提取，以成像测井为基础对多属性进行优选，选取与测井结果相关度较高的蚂蚁体进行裂缝预测(图4)。

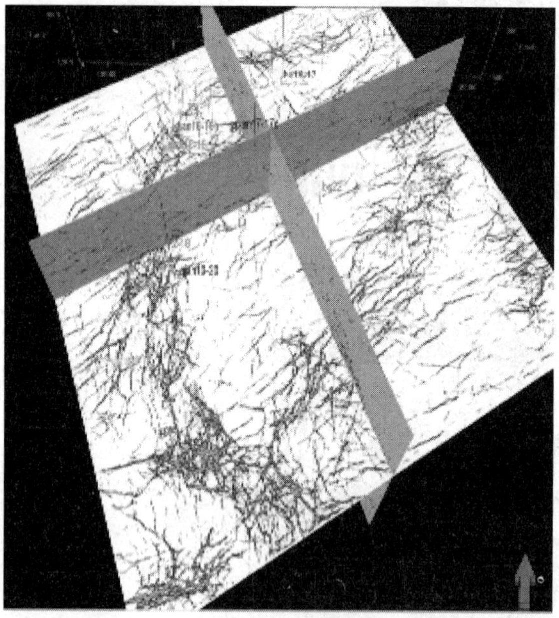

图4　bs8区块裂缝预测

基于多属性预测建立裂缝模型，模型建立过程中，对每一个空间点上的地质属性不是仅仅获得一个单一的值，而是获得了一个概率分布函数，这就获得了有关属性更多的信息，使得裂缝预测更为合理，经过统计，裂缝方位角、倾角等与测井解释结论相近，在合理区间。基于裂缝敏感属性生成的裂缝模型，进行高斯随机模拟，得到裂缝渗透率模型，渗透率区间为(0.1～1000)$\times10^{-3}\mu m^2$，与实验解释结果相符合，表征主要的裂缝渗流通道(图5)。

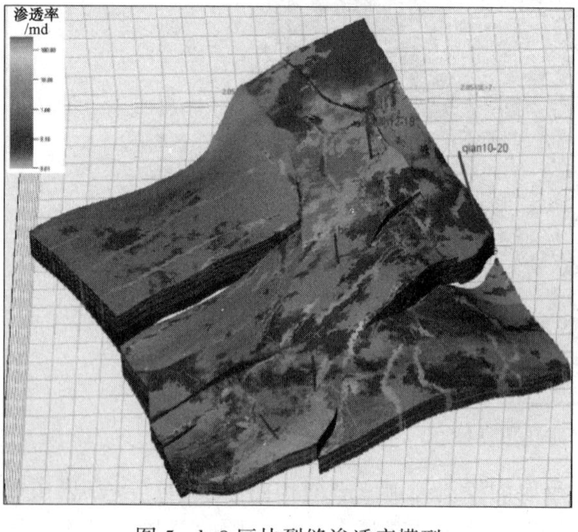

图5　bs8区块裂缝渗透率模型

4　模型验证及储气库建库应用

数值模拟技术通过输入流体、岩石及地质模型，基于渗流方程，对生产动态进行拟合，预测流体动态分布。基于双孔双渗模型的数值模拟，在常规渗流方程基础上，考虑裂缝渗流对油气水饱和度的影响，从动态上评估模型可靠程度，并指导储气库运行参数设计。

双重介质建模基于地震预测优化调整，合理地将裂缝渗流通道进行表征，在此基础上的数值模拟能够更好地对高产层的压降动态进行拟合，沿裂缝方向储层物性好，含气饱和度变化快，反映了储存在基质孔隙的油气沿裂缝通道运移的过程。同时，模拟结果指示外部水体沿裂缝方向推进的过程，水体主要来自北部低部位，沿裂缝渗流通道上升，与实际生产情况更为接近，更能够反映气藏非均质性，动态上证实模型较为可靠。

对模型进行静态、动态双重评估后，基于双重介质模型指导储气库布井方案。通过基质孔隙模型优选有利储层发育区，利用裂缝模型，优选与高产井bs8井相近的小尺度裂缝发育区，避免与出水井qian12-18井区相近的，大尺度裂缝发育区沟通水体的区域，进一步根据气藏模型控制储气库井网部署，摆放尽量控制全气藏范围(图6)，以满足储气库注采需求，新钻井井型为常规定向井。

基于该布井方案，对储气库运行进行动态预测，储气库运行过程中，沿裂缝通道压力变化快，注气时压力增加，采气时压力降低，预测于第五周期气库达到计划规模，实现达容，运行压力200～430bar(1bar = 100kPa)，完成建库工作气量要求(图7)。

5　结论

(1) 对于复杂的碳酸盐岩双重介质储层，利用融合储层预测、裂缝多属性优选等地震预测技术刻画有利储层，并此基础上，建立孔隙模型和裂缝渗透率模型，更符合实际地质情况。

(2) 双重介质模型静态上，体现了地震资料在地质建模中的应用，降低了传统井插值模型的不确定性，动态上，数值模拟证实了其对提高气藏描述准确性的重要作用，能够有效指导储气库建库评估。

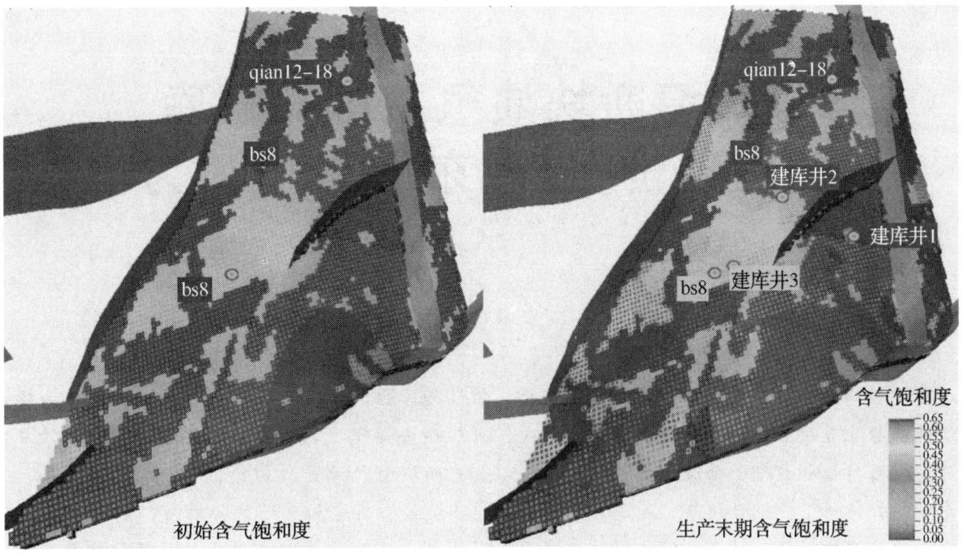

图6　bs8气藏含气饱和度分布图

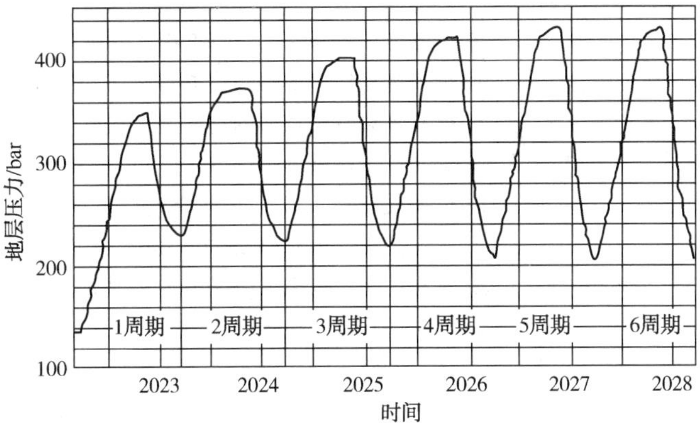

图7　bs8储气库运行压力预测图

（3）基于双重介质建模的储气库评价技术对同类型碳酸盐岩气藏建库评价具有一定的应用参考性。

参　考　文　献

[1] 郑得文，胥洪成，王皆明，等. 气藏型储气库建库评价关键技术[J]. 石油勘探与开发. 2017，44(5)：794-801.

[2] 马新华，郑得文，申瑞臣，等. 中国复杂地质条件气藏型储气库建库关键技术与实践[J]. 石油勘探与开发. 2018，45(3)：489-499.

[3] 韩长城，林承焰，任丽华，等. 基于地震波形指示的碳酸盐岩储集体反演方法——以塔河油田中-下奥陶统为例[J]. 石油与天然气地质，2017，38(04)：822-830.

[4] 闫家伟，王文庆，吕芳芳，等. 复杂碳酸盐岩储层多数据融合预测技术——以千米桥潜山奥陶系为例[J]. 石油地球物理勘探，2021，56(3)：583-592.

[5] 李建东，苏立萍，赵腊腊，等. 大港探区千米桥奥陶系潜山裂缝分布预测[J]. 中国石油勘探，2010，015(005)：48-53.

[6] 郎晓玲，郭召杰. 基于DFN离散裂缝网络模型的裂缝性储层建模方法[J]. 北京大学学报(自然科学版)，2013，49(6)：964-972.

[7] 邓晓娟，李勇，刘志良，等. 多尺度缝洞型碳酸盐岩油藏不确定性建模方法[J]. 石油学报，2018，39(9)：1051-1062.

[8] 史长林，纪友亮，廖前进，等. 黄骅坳陷奥陶系碳酸盐岩潜山成藏模式[J]. 油气地质与采收率，2009，016(006)：29-31.

[9] 陈彦虎，毕建军，邱小斌，等. 地震波形指示反演方法及其应用[J]. 石油勘探与开发. 2020，47(6)：1149-1158.

渤海湾断块油气藏型储气库封闭性评价-以冀东N油气藏为例

杨智斌[1]　段　彬[1]　高广亮[1]　商　琳[1]　邱小松[2]　孙军昌[3]　贾　倩[1]　胡彩云[1]

(1. 中国石油冀东油田分公司；2. 中国石油勘探开发研究院；3. 东北石油大学)

摘　要　枯竭油气藏是建设储气库的优选目标，但储气库强注采运行过程引起的区域地应力场周期性扰动对油气藏原生盖层和断层密封性具有重要影响，可能造成储气库的泄漏，因此油气藏密封性评价是决定储气库建设可行性和后期安全运行的关键。本文以冀东断块型N油气藏为例，系统对圈闭盖层、断层进行了静态密封性评价，并综合地质、地震、测井、室内各类岩心实验和矿场试验结果，建立了N油气藏区域四维动态地质力学模型，综合评价了强注采交变工况下储气库地质体动态封闭性。评价结果显示①冀东N油气藏型储气库盖层宏观上物性差、厚度大、分布范围广且稳定，微观上渗透率低、突破压力高，具有较强的静态封闭能力；②除边界断层NPF1和F2外，N油气藏区域其余断层规模均较小，对储气库地质体完整性影响较小；断层侧向岩性配置、断层泥比率、断面正压力和干扰试井等资料均显示N储气库断层具有良好的静态封闭性；③在区域大尺寸三维精细地质模型基础上，开展储层和盖层岩石力学试验，结合区域理论计算、矿场地应力测试结果与储层注采渗流数值模拟的动态模型，建立四维动态地质力学数值模拟模型，综合确定N储气库地质体保持动态密封可承受的最大地层压力为27.2MPa，具有提高运行上限压力及增加调峰能力的地质条件。上述评价结果综合表明冀东断块型N油气藏具有良好的静态与动态密封性，是有利的储气库建设目标，在正式建库时可逐步提高运行压力至27.2MPa。该评价结果为冀东N油气藏储气库建设可行性提供了重要技术指标，有助于确保储气库全生命周期的完整性及安全运行；还为将来形成断块型油气藏改建储气库密封性评价技术体系提供重要参考案例。

关键词　地下储气库；盖层封闭性；断层封闭性；地质力学模型；交变应力；动态密封性

引言

储气库选址评价是基于油气藏地下与地面多因素综合条件，通过对油气藏地质构造、圈闭密封性、储集层物性和流体分布等特征的分析评价，确定适宜的建库油气藏。其中，圈闭密封性是决定油气藏是否适合改建地下储气库的关键因素。储气库选址圈闭密封性评价不仅需考虑其原始静态密封性，而且需评价气藏建库后周期性注采交变地应力扰动下盖层弹塑性变形、断层滑移错动等对其原始密封性的影响，准确评估长期交变载荷作用下的圈闭动态密封性(吕延防等，1993；马新华等，2018)。地质构造越复杂，地应力场的扰动对油气藏盖层、断层静态密封性的影响也越大(董大伟等，2014)。尤其对于断块型油气藏，涉及复杂的构造圈闭、断层及盖层密封性差异。关于断层圈闭封闭性前人曾做过大量工作，最早Smith(1966；1980)提出了断层封闭性基本理论，建立了砂泥对接模型。Engelde et al(1974)通过分析断层泥及分布规律，证实了泥岩涂抹的封闭能力，提出了泥岩涂抹势、泥岩涂抹因子等概念及计算方法(Weber et al.，1978；Bouvier et al.，1989；Lindsay et al.，1993)。Allan(1989)提出了断面剖面图解法分析砂泥对接概念模型。上述工作主要从定性的方向对断层封闭性进行研究，但断层的封闭性不仅局限于封闭和开启，断层的封闭性是可以量化的。Yielding(1997)提出以断层泥比率(SGR)作为定量评价断层封闭性的重要指标。Knipe(1992)提出了Knipe图解法。通过对泥岩涂抹能力的大小进行定量表征，利用泥岩涂抹能力计算断层可支持的最大烃柱高度，指示断层封闭性(Watts；1987；Fisher et al.，1998)。在储气库盖层评价方面，主要包括盖层宏观和微观有效性评价。宏观封闭能力受盖层岩性、厚度及其连续性的影响；微观封闭能力则取决于盖层岩石的渗透性，孔隙度、渗透率、比表面和排替压力是反映盖层微观封闭能力的主要参数，其中排替压力是盖层岩石封闭能力的最直接、最根本的反映。研究者们通过系统分析影响盖层封闭性能的地质因素，建立了不同的评价指标和方法。如游秀玲(1991)建立孔隙度、中值半径及埋藏深度与突破压力的关系式，提出将宏观和微观相结合的定量评价方法；傅广等(1995)探讨了盖层自身封堵能力的综合评价方法；孙明亮等(2008)对我国 40 余个已发现气藏的盖层进行了统计分析，建立了中、高效气藏盖层的判断标准；张立含和周广胜(2010)认为盖层厚度、排替压力、断裂对盖层破坏程度、气藏压力和天然气黏度是影响气田盖层封气能力的主要因素；范明等(2011)则以比表面积与突破压力联合确定泥岩盖层评价标准；孙军昌等(2018)首次提出盖层动态突破压力的概念，从毛细管密封性及宏观力学特性两个方面定量评价盖层密封性；王晓波等(2010)提出将排替压力、天然气扩散系数及地球物理研究相结合的定量评价方法；林建品等(2015)综合盖层常规物性封闭和岩石力学评价方法，建立基于全应力应变特征的盖层岩石脆性评价模型；舒萍等(2019)通过突破压力试验和测井参数分析，建立了升平储气库盖层突破压力计算模型。上述断层与盖层的密封性评价取得的诸多进展对于储气库静态及动态密封性评价具有重要的借鉴意义，但由于油气藏建库后周期注采交变应力下盖层弹塑性变形、断层滑移等对原始密封性造成复杂的影响，目前关于储气库动态密封性评价仍相对缺乏(孙莎莎等，2016；马新华等，2018；张福强等，2021)。前人研究认为储气库周期注采引起地应力场扰动，改变盖层微观孔隙结构，局部应力集中会导致盖层宏观力学破坏(Zoback，2012；郑德文等，2017；孙军昌等，2018)。同样，交变应力作用下断层也会受应力场的扰动，存在失稳滑移的风险。部分学者已从实验模拟和三维地质力学数值模拟方法开展地应力场扰动下储气库密封性评价的尝试，获取复杂地质构造初始三维应力场及其随储气库注采所产生的动态扰动(Khaksar et al.，2012；Teatini et al.，2014；Sun et al.，2017；廖伟等，2021)。

目前关于利用枯竭的断块型油气藏改建地下储气库的密封性评价还未形成系统的技术体系。本文以渤海湾地区的冀东断块型 N 油气藏为例，系统对圈闭盖层、断层进行了静态密封性评价，并综合构造、地震、测井、室内各类岩心实验和矿场试验结果，建立了 N 油气藏区域尺度四维动态地质力学模型，综合评价了储气库强注采交变应力下的动态封闭性。该评价结果将为冀东 N 油气藏地下储气库的建设与安全运行提供技术资料支撑，还为形成断块型油气藏改建储气库密封性评价技术体系提供重要参考案例。

1　研究区概况

冀东油田毗邻京津冀协同发展经济圈，周边天然气市场需求量大，地面管网系统完善。

发掘利用该油田内濒临枯竭的油气藏改建储气库具有优越的地理位置和基础设施条件，此举将为京津冀地区冬季天然气调峰保供提供重要支持。冀东油田 N 油气藏位于河北省唐山市渤海海域，2008 年投入开发，目前处于人工注水开发的中后期阶段，综合含水高、采出程度低、采油速度低，属于多年开采油气后濒临枯竭的油气藏，是改建储气库的优选目标。该油气藏构造位置处于南堡凹陷西南部(图 1)，为被断层复杂的背斜构造，区内发育 7 条规模不等的断层，属于典型的断块型油气藏(图 2)。构造纵向为近东西向，构造东西长 4.5km，南北宽 2.2km，总体为层状岩性构造油气藏，发育气藏、气顶气藏和带气顶油藏 3 种类型，断块含气面积 4.74km^2，原油地质储量为 709.74 万 t，天然气地质储量为 9.67 亿 m^3，溶解气地质储量为 10.46 亿 m^3，闭合幅度 110m，高点埋深 2200m。馆陶组 NgⅣ②3-6 小层为该油气藏的产层，NgⅣ②1-2 小层和和上覆 NgⅣ①、NgⅢ段为油气藏盖层。储层为辫状河沉积长石岩屑砂岩，盖层为红色泥岩、黑色玄武质泥岩和黑色玄武岩。储集体有效体积可达 18.6 亿 m^3。

2　静态封闭性评价

2.1　圈闭有效性

圈闭是适合油气聚集，形成油气藏的场所，其中经钻探证实含有油气的圈闭为有效圈闭。冀东 N 油气藏圈闭中的油气经油源对比(梅玲等，2008)表明皆来自于下伏古近系沙河街组三段或一段至东营组三段烃源岩。这些源岩与上覆东二段、东一段之间被多套泥岩相隔，生成的油气不能通过地层孔隙直接向上覆中浅层运移，只能通过油源断裂向上覆中浅层中运移。地震资料揭示的南堡 N 区构造解析结果显示，区内断层主要

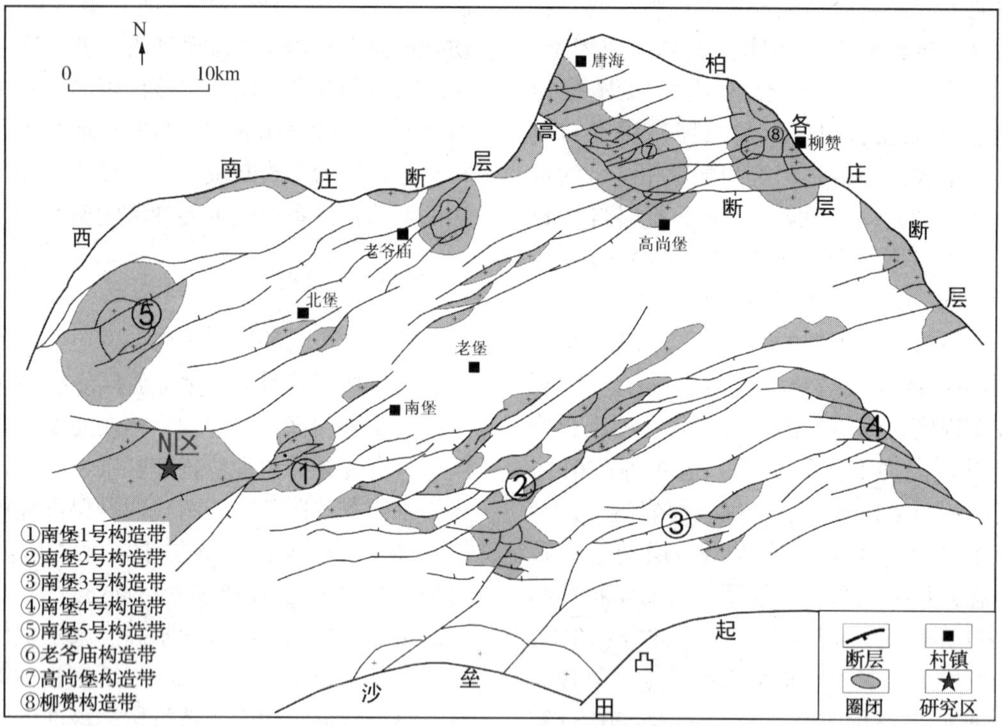

图1　冀东油田N储气库区域构造位置图

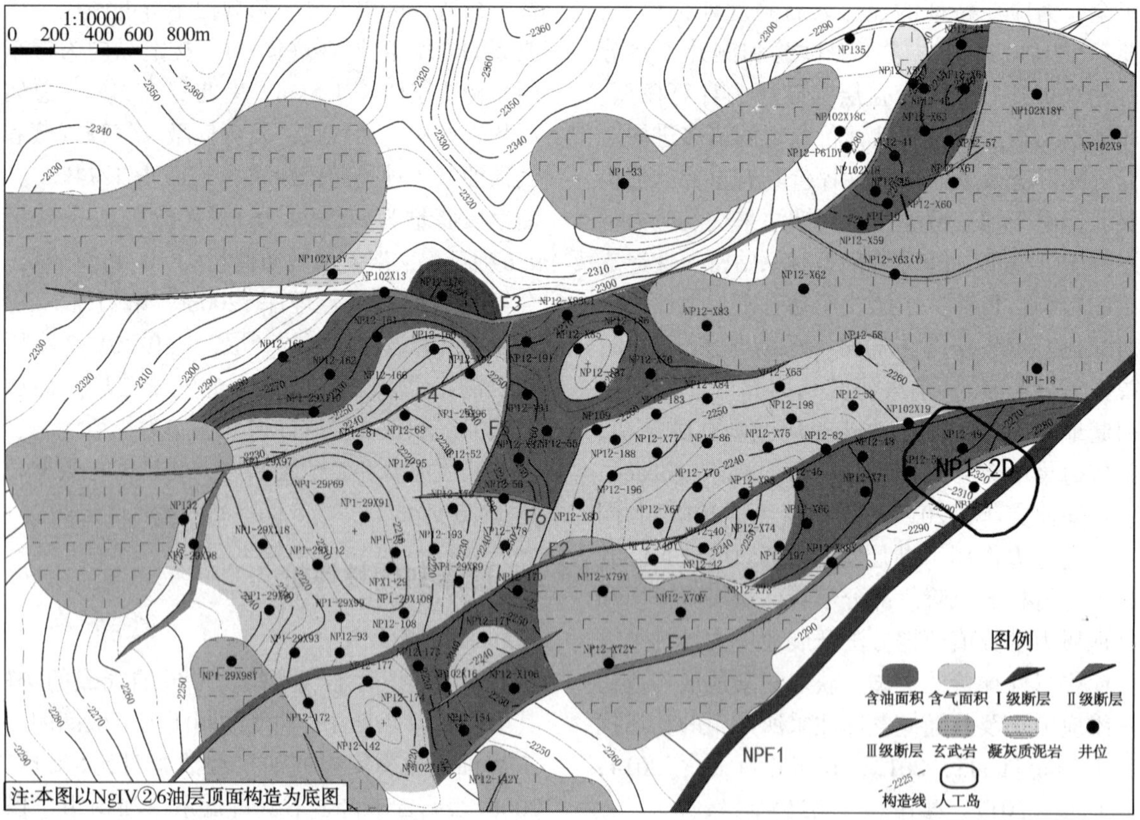

图2　冀东油田N储气库含油气面积构造图

呈东西向-北东东向展布，倾向差别较大(图2，表1)。根据地震资料对区内断裂断穿层位的拆分结果可知，N区油气藏主要受NPF1、F1和F3断层所控制(图2)。NPF1断层为早期形成的长期活动断裂，其西北部断层(F1-F6)主要为晚期古近纪-新近纪活动的断裂，其中F1与F2断层在工区东北部与NPF1号断层相交。根据断距、延伸长度和断开层位可将区内断层分为三类，第一类为NPF1断层，断距200~300m，延伸长度达11.2m，断至地面；第二类为F1、F2断层，断距为10~50m，延伸长达分别为4.7m和5.4m，均切穿玄武岩盖层；第三类为F3-F6断层，断距较小为5~35m，均未断穿盖层(表1、图2)。上述结果显示冀东N油气藏圈闭内断层整体规模较小，圈闭具有良好的完整性。

2.2 盖层静态封闭性评价

冀东油田N储气库盖层由直接盖层和间接盖层组合形成双盖层，间接盖层为上覆馆陶组三段厚度380~420m的区域盖层，岩性主要为碱性玄武岩夹薄层泥岩、玄武质泥岩，占比达95%；直接盖层为厚度15~25m的泥岩，分布范围覆盖整个工区(图3~图4)。通常认为盖层地层属于致密岩性岩层厚度大于10m具备基本的封盖条件(陈风喜等，2015；牟敦山等，2011；胡欣蕾等，2014)，因此N区盖层具有良好的封闭条件。

表1 N油气藏型储气库主要断层要素表

断层名称	分类	断距/m	延伸长度/m	走向	倾向	断开层位
NPF1	一类	200~300	11.2	北偏东	南偏东	断至地面
F1	二类	10~50	4.7	北偏东	南偏东	断穿玄武岩盖层
F2	二类	15~40	5.4	北偏东	南偏东	断穿玄武岩盖层
F3	三类	5~35	4.8	北偏东	北-北偏西	未断穿盖层
F4	三类	10~25	2.6	北偏东	北偏西	未断穿盖层
F5	三类	5~15	0.8	南-北	东	未断穿盖层
F6	三类	5~10	0.7	东-西	南	未断穿盖层
F7	三类	10~25	2.4	东-西	北	未断穿盖层

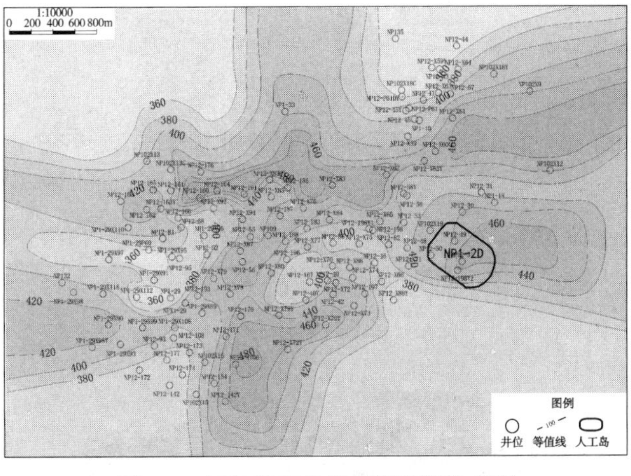

图3 N储气库玄武岩盖层厚度分布图

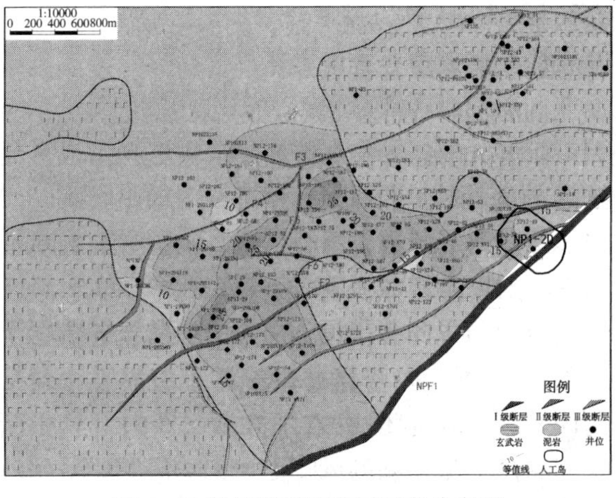

图4 N储气库泥岩盖层厚度分布图

冀东油田N区油气藏气油比高，为常规轻质油且具有原生气顶，说明盖层具有良好的封堵油气的能力。通过先导试验井对玄武岩、泥岩进行取心，系统开展了盖层的渗透率、突破压力和微观结构特征分析，获得以下参数与认识：①玄武岩盖层空气渗透率$(0.0001\sim0.0086)\times10^{-3}\mu m^2$，泥岩盖层空气渗透率$(0.00029\sim0.00187)\times10^{-3}\mu m^2$。根据前人对泥岩盖层的评价实验认识，渗透率$<0.01\times10^{-3}\mu m^2$属于良好致密岩性盖层(表2)；②泥岩盖层突破压力10.02~14.35MPa，玄武岩盖层突破压力介于0.95~10.75MPa，平均值为5.8MPa(表3)。玄武岩在50次疲劳加载试验后的结果显示，突破压力平均值为6.08MPa，表明玄武岩未发生明显的疲劳损伤(表3)，大于盖层密封有效的动态突破压力临界指标值5MPa(马新华等，2018)；③玄武岩样品铸体薄片表明玄武岩微观孔喉结构较不发育，部分矿物具有蚀变现象和斑状结构，气孔多被碳酸盐分期充填(图5)。

表 2 冀东油田 N 油气藏型储气库盖层疲劳前后突破压力数据表

样号	层位	岩性	长度/cm	直径/cm	渗透率/$10^{-3}\mu m^2$	疲劳前突破压力/MPa	疲劳后突破压力/MPa
6-11-21-1	NgⅣ	泥岩	49.99	25.08	0.00187	10.02	
7-7-35-1	NgⅣ	泥岩	47.54	25.01	0.00029	14.35	
3-1/28①	NgⅢ	玄武岩	5.09	2.5	0.0004	9.38	10.5
3-3/28①	NgⅢ	玄武岩	5.04	2.5	0.0069	2.36	3.0
3-6/28②	NgⅢ	玄武岩	5.16	2.5	0.0229	0.95	0.9
3-25/28②	NgⅢ	玄武岩	5.16	2.5	0.0001	8.50	9.32
3-26/28②	NgⅢ	玄武岩	5.05	2.5	0.0004	10.75	9.75
3-28/28③	NgⅢ	玄武岩	5.02	2.5	0.0086	2.88	3.0

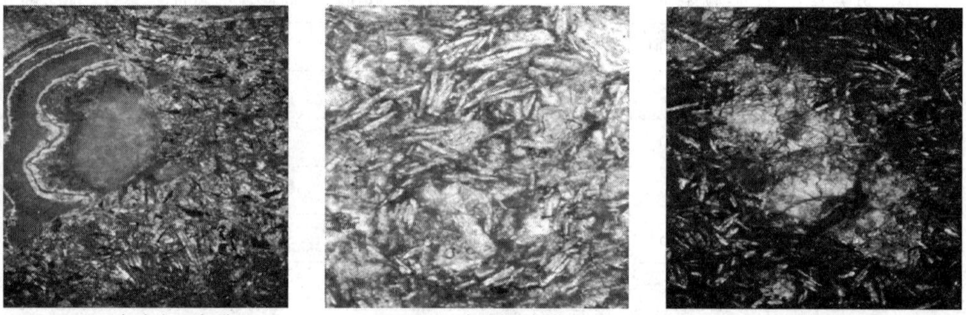

5×10(+)玄武岩。气孔被碳酸盐分期充填　　10×10(-)玄武岩，部分矿物蚀变，可见斑状结构，基质间粒-间隐结构　　5×10(+)玄武岩，部分矿物蚀变

图 5 冀东油田 N 油气藏型储气库玄武岩盖层铸体照片

2.3 断层静态封闭性评价

2.3.1 侧向密封性评价

利用三维地震资料对冀东油田 N 储气库断裂系统开展的精细构造解释，根据解释结果搭建了 N 储气库构造框架模型。由于馆陶组三段-四段地层发育大套泥岩和玄武岩，边界控藏断层 NPF1 断距 200~300m，储气库目的层位于断块上升盘，与下降盘大套泥岩层/玄武岩与储层对接而形成岩性对接封闭。因此，研究区发育对接封闭和断层岩封闭两种封闭类型(图 6)。其中断层岩封闭类型渗漏的风险更大，本次主要采用断层泥比率(SGR)方法定量评价断层封闭能力，预测由断裂机械过程导致的进入断层带的泥质含量，以实钻岩性资料进行标定，结合断层和层位解释结果构建的框架模型，最终预测断层面上每一点的泥质含量(图 7)。

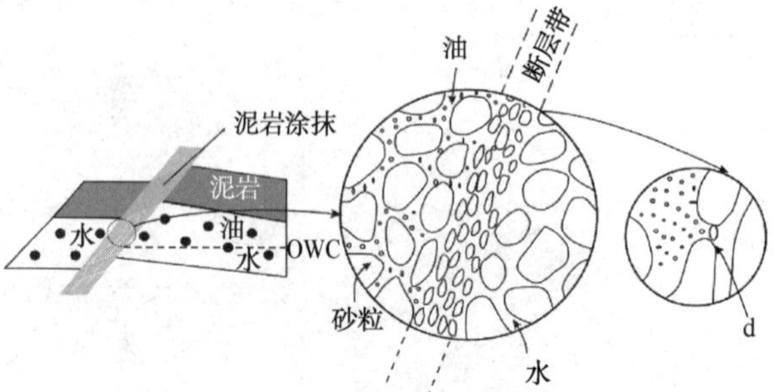

图 6 断层封闭油气机理模式图

图 7 N 储气库 F1 断层构造框架模型图

根据此方法采用 TrapTester 软件计算了 N 储气库各断层 SGR 值(表 3)。F1 断层 SGR 值范围为 8.8%~85.3%，F2 断层 SGR 值范围为 7.3%~78.3%，F3 断层 SGR 值范围为 10.3%~77.3%，F4 断层 SGR 值范围为 10.5%~68.4%，F5 断距 SGR 值范围为 12.3%~35.4%，F6 断层 SGR 值范围为 7.2%~46.8%。断层整体封闭性较好，SGR 值在断距小、断层逐步消亡位置数值变小，封闭性变差。

表3　N储气库各断层SGR值范围

断层名称	断距/m	SGR/%
NPF1	200~300	12.6~92.1
F1	10~50	8.8~85.3
F2	15~40	7.3~78.3
F3	5~35	10.3~77.3
F4	10~25	10.5~68.4
F5	5~15	12.3~35.4
F6	5~10	7.2~46.8

注水验证：分析断层两盘井的压力、油水分布等动态数据能更确切地认识断层封闭性(窦松江等，2010)。距离F2断层200m处水井N52井2019年测压压力系数0.91，NP50井2017年测压压力系数0.76，断层另侧390m处水井N77井2018年测压压力系数0.65，515m处油井NP183井2019年测压压力系数0.62，为不同压力系统，表明侧向封闭；距F3断层402m处水井N166井注示踪迹，断层另侧25m处油井N176井173d未见显示，表明侧向封闭；距F4断层55m处水井N81井注示踪迹，断层另侧275m处油井N161、405m处油井N162井287d未见显示，表明断层侧向封闭(表4)。

表4　南堡N油气藏注水示踪剂监测表

注入井	监测井	与注水井距离/m	投入示踪剂日期	初见示踪剂日期	天数/d	初见浓度/(μg/L)	水驱速度/(m/d)	备注
NP81	N161	432	2019.7.18	未见示踪剂。已监测287d，按区块平均水驱速度2.2m/d，最迟第196d见示踪剂				
	N162	318						
N166	N176	484	2019.11.9	已监测173d，未见示踪剂				
	N161	242		2020.1.28	80	0.439	3.03	同一断块井
	N162	305		2020.3.24	136	0.398	2.24	同一断块井

2.3.2　垂向密封性评价

断层的稳定性主要受控于断面所受应力、流体压力、断面摩擦系数和内聚力等因素。在对研究区的断层发育特征研究的基础上，根据格里菲斯-库伦破裂原理，采用断面正压力法对断层垂向密封性进行了分析。南堡凹陷现今最大水平主应力方向以近东西向为主，其次为北东向。断层紧闭程度通常取决于其所受正压力的大小，较大的正压力使得断面两侧地层在断层活动过程中趋于变形，甚至导致断层裂缝闭合。根据断面正压力的计算公式，计算的N储气库四条断层断面正压力介于14.98~15.45MPa之间(表5)，据吕延防等断层封闭性的定量研究方法，断层的垂向封闭性除与断面压力有关外，还受断移地层泥岩层含量的影响，当断层泥比率SGR大于50%时，断面正压力大于7.5时，断层垂向封闭性评价为好，说明断层垂向具有良好封闭性。

表5　N储气库断层断面正压力评价表

断层名称	井名	SGR_{min}/%	断面正压力/MPa	垂向封闭性
F3	N176	85	15.32	好
	N161	88		
F5	N87	91	15.04	好
	N96	89		
F2	N75	74	14.98	好
	N46	72		
NPF1	N51	51	15.45	好

干扰试井验证：优选N102X19井、N50和N198井采用脉冲干扰试井，N N102X19井为激动井，位于F2断层上盘。N50和N198为脉冲信号监测井，N50井与N198位于F2断层上盘，而N50井位于F2断层下盘(图8)。通过N102X19井注氮气，单井设计注气规模20万m^3/d，注入压力28.6MPa，注气期20d；同时对N50和N198井进行脉冲信号监测，以验证F2断层的侧向和垂向封闭性。在N102X19井激动注入期间，观测井N50井和N198井均未出现典型的脉冲式干扰信号波形态，表明两口观测井未收到来自激动井的干扰信号，指示断层F2具有良好的侧向及垂向密封性。

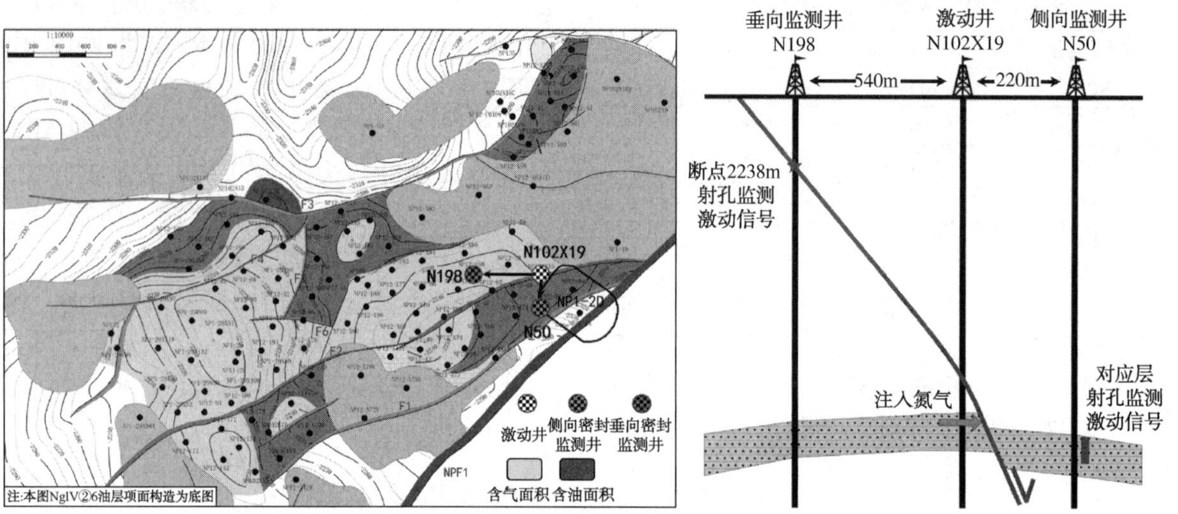

图 8　N 储气库扰试井方案部署图

3　动态封闭性评价

3.1　四维地质力学建模与模拟

储气库高速注采模拟与气藏开发数值模拟所要求的地质建模不同，储气库地质建模需以局部圈闭为对象，将储层、盖层、上覆地层、下伏地层及断层纳入建模范围(Ouelleta et al.，2011)，将原始含气储层平面扩大，纵向延展，根据储气库注采地应力扰动的范围合理确定地质建模范围大小。根据相关三维地质力学模拟的研究认为，地质建模范围平面一般扩大为原始含气储层范围的 3~6 倍，而纵向需将盖层和下伏地层纳入地质模型中(Ouelleta et al.，2011)。

针对冀东 N 储气库实际地质特点尤其是周边断层发育情况，以储气地质体为对象，建模范围涵盖 NgⅣ②3-6 小层储层、NgⅣ②1-2 小层直接泥岩和 NgⅢ段区域玄武岩盖层、上覆和下伏地层以及周边断层，精细刻画以储层为核心区域地质体构造和属性展布，模型范围是常规油田气开发地质模型的 3~5 倍(图 9)。结合区域地应力分布特征、玄武岩、泥岩和储层地质力学实验结果(表 6)，确定了地质力学模型参数，针对不同地层地质特点，设置了随深度变化的杨氏模量参数，以反映随着埋深增加引起的岩石强度变化，为地质力学模拟奠定基础。

四维地质力学模型是在三维地质力学建模和渗流数值模拟模型基础上，通过将二者耦合，建立起动态地质力学模型，以刻画注采扰动地层压力变化条件下三维动态地应力场分布，又称“圈闭地应力-储层渗流耦合模型”。通过模拟从油气藏开发到储气库注采地层压力，开展不同时段的地应力耦合数值模拟分析，同时开展储气库运行过程中不同压力系数条件下地应力敏感性分析，包括采气末、注气末两个时间阶段及注气末压力系数分别为 1.0、1.1、1.2、1.3 和 1.4，5 个压力系数开展研究(图 10)。

表 6　地质力学模型参数表

对象	杨氏模量/GPa	泊松比	密度/(g/cm^3)	摩擦角/(°)	单轴抗压强度/MPa	抗拉强度/MPa
间接盖层	45	0.19	2.6	37	67	6
直接盖层	12	0.2	2.4	35	20	1.5
储层	5.5	0.25	2	30	15	1

图 9　N 储气库地质体网格模型

3.2　储气库地质体极限承压能力综合评价

储气地质体极限承压能力评价主要包括盖层和断层两大对象，盖层承压能力包括毛细管动态封闭能力(渗流完整性)和力学完整性两个方面，力学完整性包括抗拉张和抗剪切破坏能力。对于储气库交变载荷和局部高压工况，断层极限承压

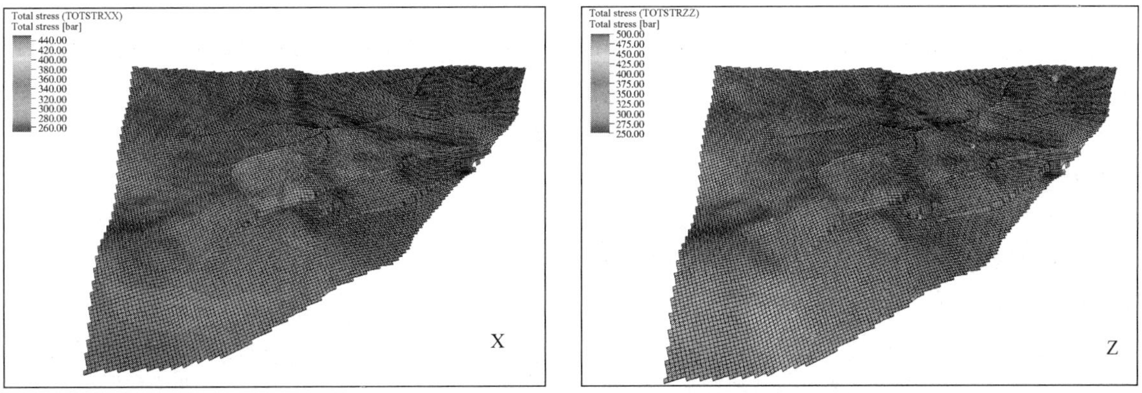

图 10　N储气库注气末XZ方向地应力分布图(地层压力系数1.4)

能力主要为其力学纵向稳定性。

3.2.1　盖层极限承压能力

对于盖层抗拉张破坏能力，目前国内外常用的标准是将最小主应力的80%作为其拉张破坏能力的上限，即要求最大注气压力必须小于最小主应力的80%，该评价方法已写入欧盟和澳大利亚等国家储气库标准。结合区域地应力分布规律及矿场地应力测试计算的平均最小主应力梯度(表7)，综合评价建库储气层顶界最小主应力为34.0MPa，综合确定盖层抗拉张破坏最高注气压力可达27.2MPa。

表 7　N17 地应力测试解释结果统计表

编号	测段深度/m		测段中点垂深/m	最小主应力/MPa	垂向应力/MPa	最小主应力梯度/MPa/m	备注
	顶深	底深					
1	2790	2792	2245	36.84	49.39	1.641	玄武岩盖层
2	2814	2816	2262	32.79	49.77	1.450	直接盖层地应力
3	2834	2836	2277	34.16	50.09	1.500	储层地应力
4	2882	2885	2315	33.72	50.93	1.457	储层地应力
5	2910	2912	2332	34.46	51.29	1.478	底板层地应力
平均						1.505	

注：垂向应力按密度0.022g/cm^{3}计算。

对于抗剪切破坏能力最经典的盖层剪切破坏风险评价方法是基于岩石力学中的库伦-摩尔准则，以该准则为基础，通过下式计算盖层安全因子：

$$\chi=1-\frac{(\sigma_1-\sigma_3)/2}{c\cos\phi+(\sigma_1+\sigma_3)\sin\phi/2}=1-\frac{\tau_m}{\tau_m^*} \quad (1)$$

式中：τ_m 为某一应力状态下的最大剪应力；τ_m^* 为剪切破坏发生时的临界剪应力；c 为内聚力；ϕ 为内摩擦角。

显然，当χ等于0时发生剪切破坏。为安全起见，在实际工程应用时参照盖层拉张破坏评价方法，将剪切安全指数χ下限取为0.2，以此为标准评价盖层抗剪切破坏能力。

从(1)式可以看出，影响盖层剪切破坏风险高低的主要因素包括两类，一是最大和最小有效主应力，其分别等于最大和最小主应力与地层压力之差；二是盖层岩石本身的力学参数，包括单轴抗压强度、内聚力、内摩擦角等。盖层岩石力学参数属不可改变的客观因素。因此，最大和最小有效主应力是影响盖层剪切破坏风险高低的主要因素，其与地层压力的变化密切相关。通过实验测试净上覆围压下盖层抗压强度平均高达304.1MPa，抗剪强度为136.6MPa，远高于目前三维地应力作用强度。根据摩尔-库伦准则，理论计算得到盖层剪切安全指数为0.37，高于破坏临界值(一般0.2)(图11)。基于有效应力理论反演计算盖层拉剪切破坏可承受的最大地层压力为30.6MPa。

$$P_{max}<\frac{1}{4}(2\cos\phi+S_1+3S_3) \quad (2)$$

式中：p_{max}为盖层拉剪切破坏可承受的最大地层压力；S_1为剪切破坏发生时的临界剪应力；S_3为目前地层条件下的剪应力。

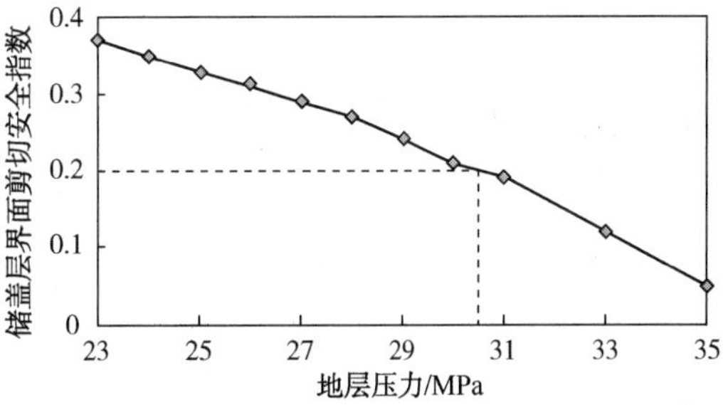

图 11　储盖层界面剪切安全指数随地层压力变化图

3.2.2　断层极限承压能力

冀东 N 储气库断层具有较好的封闭性。但随着储气库注采活动，断层具有滑移失稳风险，从而导致密封失效，而超高压和交变载荷作用下断层极限承压能力主要取决于其力学稳定性。断层面上的剪应力和正应力均与区域三维地应力场、断层特征等有关，断层滑移指标计算采用的是断层面有效正应力，其与储气库注采过程中储层压力变化紧密相关。因此，通过断层临界滑移指标计算，可以获得在储气库注采异常高压或低压条件下断层极限承压能力。以 N 储气库为对象，考虑断层力学参数不确定性，开展不同参数、不同运行工况四维地质力学模拟。得到 N 储气库断层的滑移指数分布在 0.50~0.97，均小于滑移临界值(1.0)。其中，NPF1、F4 滑移风险相对较高，从 NPF1 断层不同地层压力系数下储、盖层区域滑移指数数值模拟统计图中可以看出，随着地层压力系数的增大，断层滑移指数持续增加。在原始地层压力 22.5MPa(压力系数 1.0)附近时，断层滑移指数小于 0.8；当地层压力系数为 1.1 时，滑移指数超过 0.8；当地层压力系数接近 1.25 时，滑移指数达到临界值 1.0。通过数学拟合准确求解，此时对应的地层压力系数为 1.23(图 12)，地层压力为 27.2MPa。

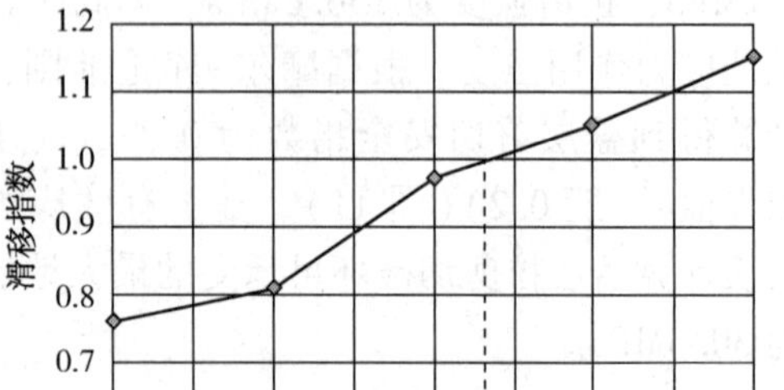

图 12　NPF1 断层滑移指数模拟结果

综上所述，从地质、渗流、力学等多项指标综合评价，N 储气库地质体保持动态密封可承受的最大地层压力为 27.2MPa。

4　结论与建议

(1) 冀东油田 N 油气藏型储气库盖层宏观上物性差、厚度大、分布范围广且稳定，微观上渗透率低、突破压力高，综合评价具有较强的静态封闭能力。

(2) 冀东油田 N 油气藏型储气库除边界断层 NPF1 和 F2 外，其余 6 条断层规模均较小，地质体完整性影响较小。通过定性评价断层侧向岩性配置，定量分析 SGR 和断面正压力，结合地层压力响应和干扰试井等资料，综合评价认为 N 储气库断层具有较好静态封闭性。

(3) 通过对 N 储气库各类资料的综合分析，建立了 N 储气库区域大尺寸三维精细地质模型，结合储层和盖层岩石力学试验、区域理论计算及矿场地应力测试结果，与储层注采渗流数值模拟动态模型耦合，进一步建立了四维动态地质力学数值模拟模型，综合确定 N 储气库地质体保持动态密封可承受的最大地层压力为 27.2MPa，具有提高运行上限压力及增加调峰能力的地质条件。

(4) 由于天然断层形态和力学参数的不确定性，N 储气库在正式建设时应逐步提高运行压力至 27.2MPa，同时加强微地震、光纤等先进监测手段部署，对地质体极限承压能力进行监测和调整优化，确保储气库全生命周期地质体的完整性及安全运行。

参　考　文　献

[1] 吕延防，陈章明，付广，等. 盖岩排替压力研究[J]. 大庆石油学院学报，1993，17(4)：1-5.

[2] 董大伟，李理，刘建，等. 准噶尔西缘车排子凸起东北部断层封闭性[J]. 石油与天然气地质，2014，35(5)：640-641.

[3] 王来斌，徐怀民. 断层封闭性的研究进展[J]. 新疆石油学院学报，2003，15(1)：11-15.

[4] 赵密福，信荃麟，李亚辉，等. 断层封闭性的研究进展[J]. 新疆石油地质，2001，22(3)：258-261.

[5] 付晓飞，李坤，董柔，，等. 断层封闭性研究综述[J]. 能源技术与管理，2021，46(3)：24-26.

[6] 窦松江，赵平起. 断层封闭性在油田开发中的应用[J]. 断块油气田，2010，17(1)：28-31.

[7] 曹瑞成，陈章明. 早期勘探区断层封闭性评价方法[J]. 石油学报，1992(1)：13-22.

[8] 朱海军. 断层封闭性研究现状与展望[J]. 科学技术与工程，2014，14(1)：124-131.

[9] 游秀玲. 天然气盖层评价方法探讨[J]. 石油与天然气地质，1991，12(3)：261-275.

[10] 傅广，陈章明，姜振学. 盖层封堵能力评价方法及其应用[J]. 石油勘探与开发，1995，22(3)：46-30.

[11] 孙明亮，柳广弟，李剑. 气藏的盖层特征及划分标准[J]. 天然气工业，2008，28(8)：36-38.

[12] 张立含，周广胜．气藏盖层封气能力评价方法的改进及应用——以我国46个大中型气田为例[J]．沉积学报，2010，28(2)：388-394.

[13] 范明，陈宏宇，俞凌杰，等．比表面积与突破压力联合确定泥岩盖层评价标准[J]．石油实验地质，2011，33(1)：87-90.

[14] 马新华，郑得文，申瑞臣，等．中国复杂地质条件气藏型储气库建库关键技术与实践[J]．石油勘探与开发，2018，45(3)：11.

[15] 王晓波，李剑，王东良，等．天然气藏盖层研究进展及发展趋势[J]．新疆石油地质，2010，31(6)：5.

[16] 林建品，贾善坡，刘团辉，等．枯竭气藏改建储气库盖层封闭能力综合评价研究——以兴9枯竭气藏为例[J]．岩石力学与工程学报，2015(S2)：9.

[17] 舒萍，高涛，王海燕，等．大庆油田升平储气库盖层密封性划分标准及评价[J]．大庆石油地质与开发，2019，38(5)：5.

[18] 张福强，曾平，周立坚，等．国内外地下储气库研究现状与应用展望[J]．中国煤炭地质，2021，33(10)：5.

[19] 廖伟，刘国良，陈如鹤，等．气藏型地下储气库动态密封性评价——以新疆H地下储气库为例[J]．天然气工业，2021.

[20] 孙莎莎，唐立根．多周期交变载荷工况下地下储气库密封性评价[J]．科学技术与工程，2016，16(6)：6.

[21] 马新华，郑得文，申瑞臣，等．中国复杂地质条件气藏型储气库建库关键技术与实践[J]．石油勘探与开发，2018，45(3)：11.

[22] 孙军昌，胥洪成，王皆明，等．气藏型地下储气库建库注采机理与评价关键技术[J]．天然气工业，2018，38(4)：138-144.

[23] 马克D佐白科．储层地质力学[M]．石林，陈朝伟，刘玉石，等译．北京：石油工业出版社，2012.

[24] 郑得文，胥洪成，王皆明，等．气藏型储气库建库评价关键技术[J]．石油勘探与开发，2017，44(5)：794-801.

[25] Khaksar A, White A, Rahman K, et al. Systematic geomechanical evaluation for short-term gas storage in depleted reservoirs[J]. APPEA Journal, 2012, 52(1): 1-16.

[26] Teatini P, Castelletto N, Gambolati G. 3D geomechanical modeling for CO_2 geological storage in faulted formations: A case study in an offshore northern Adriatic reservoir, Italy[J]. International Journal of Greenhouse Gas Control, 2014, 22(3): 63-76.

[27] Sun J, Wang J, Zheng D, et al. Regional scale 3D geomechanical modeling for evaluating caprock integrity and fault leakage potential during underground gas storage operations in a produced field[R]. SPE 186053, 2017.

[28] Smith D A. Theoretical considerations of sealing and non-sealing faults[J]. AAPG Bulletin, 1966, 50(2): 363-374.

[29] Smith D, A., Sealing and nonsealing faults in Louisiana Gulf Coast salt basin[J]. AAPG Bulletin, 1980.

[30] Engelder, James T. Cataclasis and the Generation of Fault Gouge[J]. Geological Society of America Bulletin, 1974.

[31] Weber K J, Mandl G J, Pilaar W F, et al. The Role Of Faults In Hydrocarbon Migration And Trapping In Nigerian Growth Fault Structures[C]// Off-shore Tech Conf. 1978: 2643-2653.

[32] Bouvier J D, Kaars-Sijpesteijn C H, Kluesner D F. Three-dimensional seismic interpretation and fault sealing investigations, Nun River Field, Nigeria[J]. Aapg Bulletin, 1989, 73(11): 1397-1414.

[33] Lindsay N G, Murphy F C, Walsh J J, et al. Outcrop Studies of Shale Smears on Fault Surface[M]. John Wiley & Sons, Ltd, 2009.

[34] Allan U S. Model for hydrocarbon migration and entrapment within faulted structures[J]. Aapg Bulletin, 1989, 70(7): 803-811.

[35] Yielding G, Freeman B, Needham D T. Quantitative fault seal prediction[J]. AAPG Bulletin, 1997.

[36] Knipe, R. J. Structural and Tectonic Modelling and its Application to Petroleum Geology ‖ Faulting processes and fault seal[J]. 1992: 325-342.

[37] Watts N L. Theoretical Aspects of CapRock and Fault Seals for Single and Two-Phase Hydrocarbon Columns: ABSTRACT[J]. AAPG Bulletin, 1985, 69.

[38] Fisher Q J, Knipe R J. Fault sealing processes in siliciclastic sediments[J]. Geological Society London Special Publications, 1998, 147(1): 117-134.

[39] Tenthoreye, Vidal-Gilberts, Backeg, et al. Modelling the geomechanics of gas storage: A case study from the Ionagas field, Australia[J]. International Journal of Greenhouse Gas Control, 2013, 13: 138-148.

[40] Ouelleta, Berardt, Desrochesj, et al. Reservoir geomechanics for assessing containment in CO_2 storage: A case study at Ketzin, Germany[J]. Energy Procedia, 2011, 4: 3298-3305.

相国寺储气库“地质体-井筒-地面”三位一体完整性管理探析与实践

蒋华全　李力民　杨　颖　陈家文

（重庆相国寺储气库有限公司）

摘　要　地下储气库生产运行不同于气田开发，具有周期往复注采特性，注采运行风险远高于气田开发。因此，储气库完整性管理是保障储气库安全运行的关键，储气库完整性管理对象为地质体、注采井井筒、地面注采设施。本文结合相国寺储气库运行管理实际，总结提出储气库完整性管理的一些实践做法：①地质体完整性，通过圈闭密封性监测与分析，跟踪注采能力，开展气藏数值模拟分析与库容，跟踪评价地质体完整性。②注采井井筒完整性，开展井口装置及油套管柱腐蚀检测评价、环空压力诊断测试及分析等，跟踪评价井筒完整性。③地面工程完整性，遵循中国石油完整性管理体系文件，开展地面设施全生命周期风险管控，实现管道及站场的完整性管理。同时结合我们的工作实践，从完善储气库微地震监测体系、推动智能化储气库建设、制定储气库完整性管理技术标准及规范等方面，提出下一步储气库完整性管理的工作建议。

关键词　相国寺储气库；地质体-井筒-地面；完整性管理

引　言

储气库是天然气产供储销产业链中的重要组成部分。地下储气库具有储气量大、调峰能力强、应急供气稳定等特点，已成为平衡季节用气峰谷差，应对长输管道突发事件的有效手段和国家能源安全的战略性基础设施。储气库生产运行不同于气田开发，日注采气量是开发生产井日采气量的8~10倍，在一个注采周期内运行压力波动可以达到10~20MPa，具有周期往复强注强采特性。随着储气库多周期生产运行，生产运行风险呈螺旋上升趋势，可能受到地质灾害、地层应力、盖层或封闭断层失效、井筒管柱密封失效、环空水泥环产生微裂隙、地面设施疲劳损伤等因素影响，极易引发火灾和爆炸事故，并可能造成灾难性后果，造成巨大的经济损失。因此，储气库应建立“地质体-井筒-地面”三位一体完整性管理管控模式，并践行全生命周期完整性管理理念，保障储气库的生产运行始终处于安全可靠状态。

相国寺储气库是西南地区首座地下储气库，由原相国寺气田石炭系气藏改建而成，为典型的碳酸盐岩枯竭气藏型储气库。该库于2013年6月投产，建成22口注采井。为了进一步发挥调峰保供能力，2018年开始实施扩容达产工程建设，新增注采井8口。截至2022年9月，历经“九注八采”，实际运行中最大日注气量1518万m^3，最大日采气量2884万m^3；历年累计注气146亿m^3，累计采气105亿m^3。相国寺储气库运行成效显著，得益于始终树立并践行“地质体-井筒-地面”三位一体完整性管理理念。本文以相国寺储气库为实例，重点总结从地质气藏、井工程、地面工程完整性管理的典型经验与做法，形成的可为其他同类型储气库的运行和管理提供借鉴。

1　储气库完整性管理概念和技术内涵

罗金恒等于2019年将储气库完整性概念定义（图1）：

一是地质体、注采井、地面工程设施各单元在物理上和功能上是完整的。

二是在设计、建设、注采运行和废弃等全生命周期内始终处于受控状态。

三是运营商已经并仍将不断采取技术、操作和组织管理措施防止天然气泄漏事故或在设计寿命期内全库报废发生。

郑雅丽等于2020年将油气藏储气库地质体完整性的内涵定义为在储气库全生命周期内，地

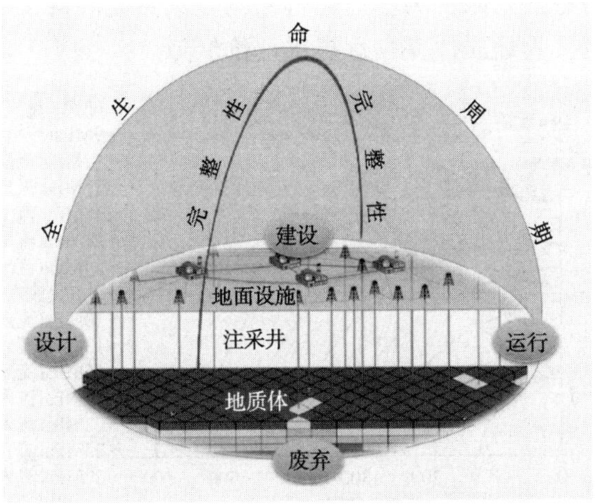

图1　储气库全生命周期示意图

质体的储层以及盖层、断层和圈闭可以为用户持续稳定提供气量，并保证储气库安全运行，并提出地质体完整性评价技术体系由圈闭有效性、盖层完整性、断层稳定性、储层稳定性4项评价技术构成。

魏东吼等2015年提出井的完整性应涉及设计、建设与运行管理的全过程，设计阶段充分考虑注采交变工况的管柱结构、密封和腐蚀等，建设阶段考虑高质量固井、长效性环空保护液、管柱丝扣密封性检测等，运行阶段以井的风险识别，完整性监测、检测与评估为重点。

针对地面设施，中国石油组织制定了管道与站场完整性管理规定，形成了指导各油气田开展地面设施完整性管理的体系文件，储气库站场及管道完整性管理可遵照执行，同时国内学者也开展了针对储气库地面设施的诸多研究。

2　储气库地质体完整性管理

通过对相国寺石炭系气藏静、动态资料分析，认为储气库受到强注强采、交变载荷影响，存在储层出砂、断层漏失、盖层及底托层漏失、气库超压运行、水体入侵等风险，影响储气库安全运行。为确保储气库地质安全及高效运行，需要合理部署监测系统，并做好储气库动态监测、动态分析、注采运行过程中地质安全预警等管理工作，实时评估风险，制定防控措施。

2.1　圈闭密封性监测与分析

结合相国寺构造地质特点和风险分析结果，部署相国寺储气库圈闭密封性监测体系。通过已部署的6口监测井（表1），基本满足盖层、水体、断层和气库储层等圈闭密封性监测功能。

表1　相国寺储气库监测井部署情况统计表

序号	井号	监测目的	备注
1	相监1	气库内部压力、温度，北部水体	新井（光纤监测）
2	相监2	浅层（嘉五段）	老井修复
3	相监3	④号断层	老井修复
4	相监4	盖层（栖霞组：第一渗透层）	新井
5	相监5	盖层（茅口组：第二渗透层）	老井修复
6	相储10	气库内部压力、温度	新井（光纤监测）

为保证储气库断层、盖层及底托层的完整性，控制风险，采取的管控措施包括：

（1）建立动态分析与动态监测相结合的评价方法，动态监测结果指导动态分析，动态分析结论优化动态监测方案，开展气藏及地质体实时动态分析，实现气库圈闭密封性监测与评价。

（2）建立所有监测井、封堵老井修井报告、试油报告等静态资料台账，为监测井、封堵老井后期是否异常带压等风险分析提供基础资料。

（3）强化跟踪监测，制定监测井、封堵井巡检周期及工作质量标准。压力与气质的监测与分析是重点，每年进行一次气质组分对比分析，跟踪气质变化情况，形成压力、气质分析数据库。

（4）对比分析油压、各环空压力、气质组分变化情况。当监测井发现压力、温度值异常时，应加密巡检周期，及时分析异常原因，制定风险控制措施。

2.2　注采能力分析评价

应用连续油管动态监测工艺（图2），开展了8口井11井次的注采能力测试，形成连续油管注采能力测试技术。通过对注采井进行非等温、非对称注采能力定量评价，形成不同注采阶段和地层压力下的注采能力图版（图3），制定各注采井不同地层压力对应的最大合理注采气量，实现储气库科学配注配采。通过注采能力评价，保障地质气藏安全注采运行。

2.3　气藏数值模拟分析

建立相国寺储气库三维气藏数值模拟模型，利用气藏数值模拟分析技术，形成了一套快速有效的注采方案预测方法，利用该方法制定相国寺储气库最佳注采气方案。注气期通过设置各注采井井底注气压力上限预警红线，根据注采井压力及时调整各井注气量，确保不超压注气(图4)。采气期，精准预测气库最大调峰能力及不同产量的稳产期限，为生产运行、调峰保供提供科学决策，为地质体完整性提供评价保障。

图2　连续油管注采能力测试作业现场

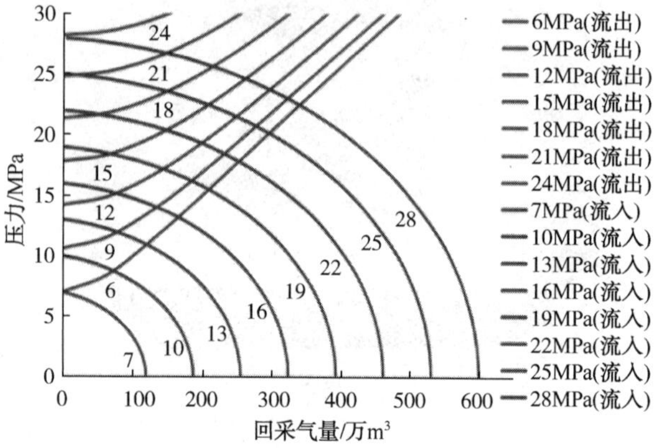

图3　注采气能力量化分析图版

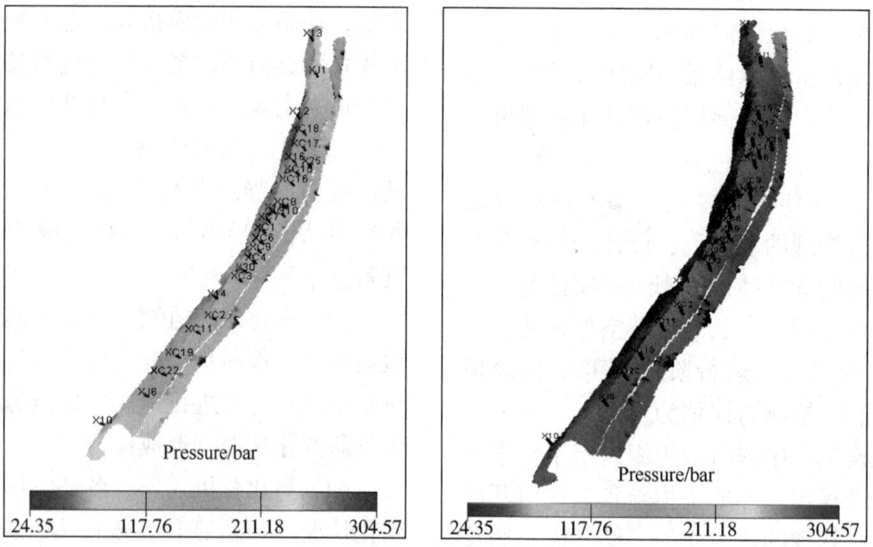

图4　数值模拟压力分布图

2.4　储气库库容分析

储气库注采转换平衡期末，开展注采井及储层监测井动态监测，录取平衡期末各井井底压力、温度值。根据实测地层压力和注采量，形成达容过程中拟压力-库存量关系(图5)，并复核库容，评价气库密闭性及地质完整性。通过多周期压力-库存量拟合，在地层压力28MPa下对应的可动库容量为42.3亿m^3。库容未发生明显变化，进一步证明储气库地质完整性好。计算并统计地面损耗气量和地质损耗气量，分析储气库总的损耗气量，验证储气库地质体完整性。

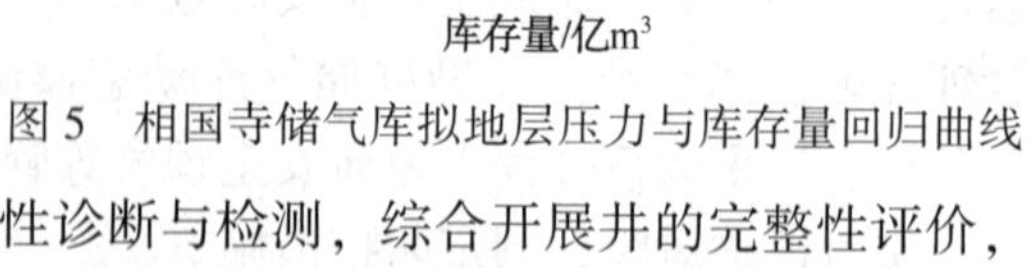

图5　相国寺储气库拟地层压力与库存量回归曲线

3　注采井井筒完整性管理

相国寺储气库注采井运行期间井完整性管理思路为：获取与井完整性相关的数据并进行集成和整合，开展井口装置、油套管、环空带压等完整性诊断与检测，综合开展井的完整性评价，对可能导致井失效的危害因素进行风险评估，有针对性地制定合理的管理制度与防治技术措施，形成监测及评价技术，保障注采井安全运行。

3.1　井口、油套管腐蚀检测评价

针对注采井“强注强采、交变载荷”生产

特点，跟踪评价井口装置及油套管的腐蚀冲蚀情况，针对腐蚀或冲蚀严重的井开展专项原因分析，调整优化生产制度，保障井筒的完整性。

井口装置检测是利用超声波相控阵成像扫描技术（图6），重点检测流向改变、过流面积变化，易导致采气树的腐蚀和加速壁厚减薄速率的点。2016—2017年，完成所有13口生产井井口壁厚值检测，后期优选6口井每年进行跟踪检测评价。22口井累计共检测了184个部位，存在一定轻微腐蚀情况的部位占比13%，总体状况良好。

油套管腐蚀探伤检测是应用MIT多臂井径和MID-K电磁探伤成像测井技术（图7），首先建立了所有生产井油套管损伤（结垢）数据基线，每口井以5年为一个检测周期持续跟踪检测评价，采用相同工艺开展跟踪测试，重复测试结果对比表明。其中，已检测井最大损伤均低于可靠的测量精度（1.0mm），属于轻微或损伤不明显，管柱受腐蚀、冲蚀影响小。

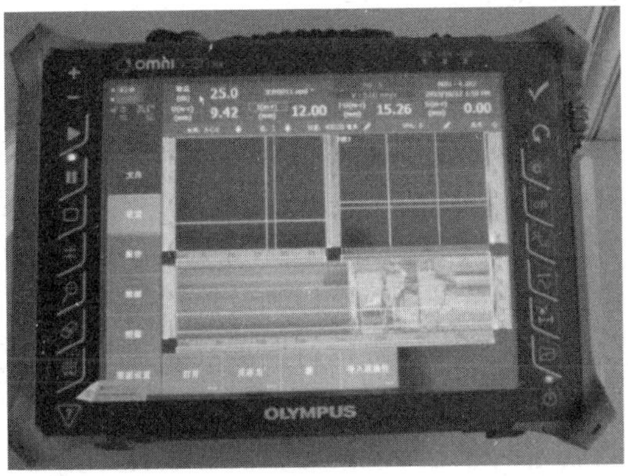

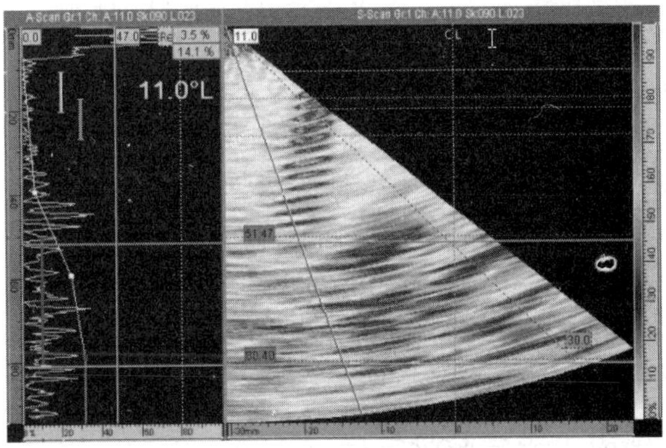

图6 相控阵冲蚀/腐蚀检测设备

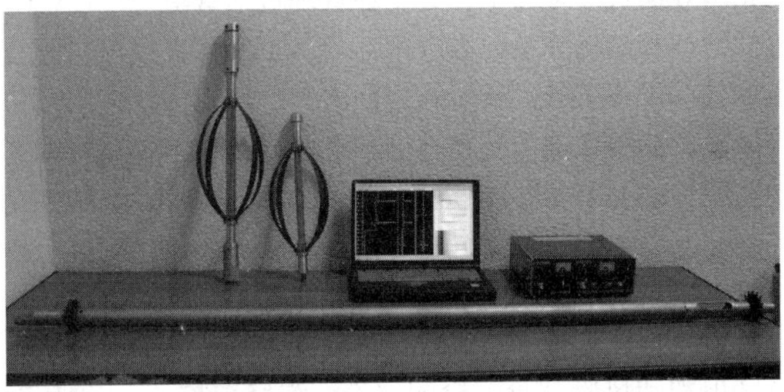

图7 井筒管柱冲蚀/腐蚀检测工器具

3.2 环空压力测试诊断及分析

通过气质分析诊断、压力诊断测试、生产过程诊断、井筒漏点检测等综合判断环空带压原因。通过计算各井环空最大允许压力值，目前环空带压井均未达到最大推荐环空允许压力，总体风险可控。对环空带压井开展风险评价，制定井筒完整性管理卡片，实现环空带压井风险分级管理。相国寺储气库投入生产的22口井中，目前其中Ⅰ类井（绿色）15口，管控措施按制度维护和生产监控；Ⅱ类井（黄色）7口，按制度维护，增加监控频率、注意记录、分析生产期间的动态数据。发现压力高于推荐压力，开展综合诊断分析（表2）。

表2 相国寺储气库注采井环空带压情况统计表

井号	各环空压力/MPa			环空带压原因分析
	A环空	B环空	C环空	
相储16	5.9	0	0	A环空：油管柱某处密封失效
相储8	18.0	0	0	A环空：油管柱某处密封失效
相储10	4.1	0	0	A环空：油管柱某处密封失效（光纤监测）
相储7	15.7	1.8	0	A环空：疑似油管接箍处（681.4~683.5m）微漏 B环空：浅层气沿水泥环窜入井口起压
相储1	13.7	0	0	A环空：油管柱某处密封失效

续表

井号	各环空压力/MPa			环空带压原因分析
	A 环空	B 环空	C 环空	
相储 6	22.9	2.8	0	A 环空：油管接箍处(1352.504m)微漏 B 环空：浅层气沿水泥环窜入井口起压
相储 2	0.8	15.9	0	B 环空：浅层气窜入井口起压
相储 19	0	9.5	0	B 环空：浅层气窜入环空起压
相储 22	3.0	8.6	0	A 环空：环空流体受温度变化影响 B 环空：浅层气窜入环空起压

3.3 注采井井筒完整性评价

注采井井筒完整性评价包括井屏障分析、静态分析、动态分析、完整性等级划分、风险评估，结合完整性监测与检测结果，重点评价管柱第一级、第二级井屏障元件的完整性，最后形成注采井井完整性控制要点卡片，持续跟踪评价井筒完整性。

4 地面工程完整性管理

相国寺储气库地面工程完整性管理包括管道完整性管理和站场完整性管理两部分。主要存在管道失效、设备失效、自然灾害、火灾、环境污染等风险，储气库地面完整性管理主要遵循中国石油完整性管理体系文件进行全生命周期风险管控。

4.1 管道完整性管理

管道完整性管理工作流程包括数据采集、高后果区识别和风险评价、检测评价、维修维护、效能评价 5 个环节。按照《中国石油天然气股份有限公司油田管道和站场完整性管理规定》《气田管道完整性管理手册》《气田管道技术导则》，管道建设期完整性管理主要开展了以下工作：规划设计阶段完成了高后果区识别和风险评价、编制完整性管理章节，施工阶段加强质量监督和工程验收管理、完成完整性管理相关数据采集，交工验收阶段开展管道走向、埋深、防腐层及阴极保护检测，竣工验收阶段完成基线检测(包括中心线测量、路由调查、内检测、外腐蚀检测等)和数据移交。运行阶段还定期开展智能检测、阴保有效性评价、地质灾害敏感及风险评价、外腐蚀直接评价、内腐蚀直接评价、防腐层补口及修复、智能检测缺陷修复、地灾治理等工作，保障管道安全运行。制定管道完整性方案和管道巡护方案，实现“一线一案”“一区一案”。开展管道高后果区识别与风险评价，共识别出 10 处高后果区管段，总长 7.145km，占管道全长的 4.67%。采用 kent 法对铜相线、相旱线、注采干线进行风险识别，均为中等风险，管道高后果区及重点施工点推行“三色”预警管理，远程视频监控全覆盖。构建管道网格化管理模式，建立地“三级”协防体系、“4+1”巡护机制、企地应急演练机制，保障管道的完整性。

4.2 站场完整性管理

站场完整性管理工作流程包括数据采集、风险评价、监/检测评价、维修维护、效能评价 5 个环节。按照《中国石油天然气股份有限公司油田管道和站场完整性管理规定》《气田站场完整性管理手册》《集输站场技术导则》确定建设期重点设备检测范围、取点原则及检测位置，结合失效分析、风险等级、运行期需求综合考虑设备设施监测及检测部位，设置监检测辅助设施、监/检测点等，为运行期的完整性管理奠定基础。主要开展了 RBI 评价、RCM 评价、SIL 评价、HAZOP 分析、压缩机组状态监测、压缩机进出口管线焊缝检测、低温设备服役适应性分析等检测评价工作，掌握了站场设备的基线水平和风险状况，识别出中高风险设备 41 项并制定了相应的控制措施。通过开展 3 年(2020—2022 年)滚动定点测厚，掌握监测弯头、三通等腐蚀冲蚀情况。通过技术攻关，开展井口高压流量计适应性改造，成功试验并优选注采井单井计量设备；开展压缩机组振动治理、除油器适应性改造、压缩缸及气阀等备件国产化研发，改进设备性能，保障储气库核心设备本质安全。

按照常规气田开发站场完整性管理开展工作。地面设施完整性管理与 QHSE 体系审核深度融合，将完整性管理要求与 QHSE 体系的“人、管、物、环”四个方面相结合，充分融入日常生产管理，站场完整性管理审核涵盖 7 个主程序 20 个子程序。

5 三位一体完整性管理工作展望

随着国家能源改革的推进，天然气在国家能源结构中占比进一步提升，中国将进一步加快天然气产运储销体系建设，储气库将迎来建设发展的黄金机遇期，大批储气库将投入规划建设与运行，储气库安全管理面临新的挑战和要求，储气库完整性管理是保障储气库本质安全及平稳运行的关键。通过对相国寺储气库地质体、注采井井筒、地面工程三方面阐述的完整性管理经验做法，有效的保障了储气库的安全运行。通过对现有完整性管理技术分析，针对储气库"地质体-井筒-地面"三位一体完整性管理，给出以下工作建议：

（1）引进新技术，完善储气库完整性监测体系。通过借鉴国外储气库提压运行经验，储气库提高运行上限压力，是增加工作气量，提升调峰能力的有效手段。但目前储气库普遍缺乏可以实时监测圈闭密封性和流体运移的最直接监测手段，建议储气库应开展四维地质力学建模研究及部署微地震监测系统，完善储气库完整性监测体系。

（2）推动智能化储气库建设。以创新驱动为引领，探索前沿技术应用，以趋势预测为参考前移风险管理关口，以数模技术为手段，提供优化决策支撑。建立地质-井筒-地面一体化数值模拟耦合模型，实现生产各环节自动监控，自动优化调节生产运行制度，实现储气库"地质-井筒-地面"完整性实时分析评价，实现动态风险预警的智能化管理。

（3）制定储气库完整性管理的技术标准和相关规范，使得储气库完整性管理工作有章可循。储气库业务与气田开发差异较大，需建立独特的储气库标准体系，如储气库完整性设计、完整性管理规范、储气库风险评估、监测体系与方法、检测评价等。

参 考 文 献

[1] 马新华，丁国生. 中国天然气地下储气库[M]. 北京：石油工业出版社，2018.

[2] 董绍华，张行. 石油及天然气储备库安全保障技术现状及展望[J]. 油气储运，2018，37(3)：241-247.

[3] 谢丽华，张宏，李鹤林. 枯竭油气藏型地下储气库事故分析及风险识别[J]. 天然气工业，2009，29(11)：116-119.

[4] 罗金恒，李丽锋，王建军，等. 气藏型储气库完整性技术研究进展[J]. 石油管材与仪器，2019，5(2)：1-7.

[5] 郑雅丽，孙军昌，邱小松，等. 油气藏型储气库地质体完整性内涵与评价技术[J]. 天然气工业，2020，40(5)：94-103.

[6] 魏东吼，董绍华，梁伟. 地下储气库完整性管理体系及相关技术应用研究[J]. 油气储运，2015，34(2)：115-121.

[7] 蔡克，罗金恒，赵新伟，等. 风险评分法在储气库集输管道上的应用[J]. 焊管，2011，34(4)：53-57.

[8] 董绍华，韩忠晨，费凡，等. 输油气站场完整性管理与关键技术应用研究[J]. 天然气工业，2013，33(12)：117-123.

[9] 熊建嘉，文明，毛川勤，等. 相国寺储气库建设与运行管理实践[M]. 北京：石油工业出版社，2020.

[10] 李力民，姚泳汐，蒋华全等. 浅析相国寺储气库地质风险及管控措施[J]. 石油管材与仪器，2019，5(02)：54-58

[11] 谭羽非，天然气地下储气库技术及数值模拟[M]. 北京：中国石油工业出版社，2007：129-137.

[12] 陈晓源，谭羽非，地下储气库天然气泄漏损耗与动态监测判定[J]. 油气储运，2011，30(7)：513-516.

交变注采下储气库完井管柱设计

敬　俊[1,2]　单鸿斌[1]　祝效华[1]　倪宗清[1]　秦溢曼[1]

(1. 西南石油大学机电工程学院；2. 油气藏地质与开发国家重点实验室)

摘　要　为了满足储气库长期交变应力条件下对生产套管强度的要求，本文改进了套管剩余强度评价方法，考虑了“注采交变载荷、腐蚀缺陷”等因素的影响，完善了储气库套管柱安全性评价体系，并提出了管柱临界强度和临界寿命相互耦合的设计方法，为储气库井套管柱设计提供更为合理的方案。研究结果表明：计算了3500m以下受腐蚀性气体环境影响井段临界基础腐蚀速率，上述井段需采用13Cr材质。由于腐蚀性气体环境影响，3500~3810m井段Φ244.5mm套管的实际剩余抗外挤强度无法保证抗外挤安全系数在许用范围之内。因此建议0~3800m生产套管管柱设计为：0~3500m采用Φ244.5mm套管，3500~3810m采用Φ177.8mm套管。以13Cr腐蚀试验数据为基础腐蚀速率，考虑腐蚀损伤和温度劣化对设计方案三向实际强度和剩余寿命进行校核，发现强度安全系数均在许用范围之内，剩余寿命均大于50年。研究结果对强注强采储气库设计、建设、运行具有重要指导意义。

关键词　储气库；交变应力；套管安全性；动态腐蚀速率；剩余寿命

引　言

面对国际低油价形势和油气资源供求矛盾，国土资源部面向油气领域提出降本增效的战略方针。储气库是国家天然气“产供储销”体系中的重要环节，在天然气战略储备、季节调峰、应急保供中发挥重要作用。国际上以气藏型储气库为主，国外1915年起步，已报道的16起储库重大泄漏事故，对人员、财产及环境安全产生了巨大影响，储气库安全关系国计民生和社会安定。我国储气库始于1999年，地质复杂，井深在3000m以上(国外800~2000m)、长周期(30年)、大排量，强注强采下储气库设计、建设、运行仍面临着巨大的技术挑战与难题。按照国家储气库发展规划，到2030年地下储气库的需求将超过500亿m^3，而目前我国储气库的调峰能力仅有117亿m^3，差距巨大，储气库建设力度仍将加大。

为了满足储气库长期交变应力条件下对生产套管强度的要求，应根据储气库运行压力按不同工况采用等安全系数法进行设计和三轴应力校核。生产套管材质应结合油气藏流体性质和外来气质进行选择。生产套管及上一层技术套管应选用气密封螺纹，套管附件机械参数、螺纹密封等性能应与套管相匹配。下套管作业应由专业队伍采用专用工具完成，生产套管应逐根进行螺纹气密性检测，螺纹密封检测压力为储气库井口运行上限压力的1.1倍。注采井完井管柱必须满足周期性交变应力条件下长期安全运行需要。根据储气库注采压力、温度变化以及极端工况情况，进行管柱力学分析和强度校核，并根据储层流体性质、外来气质确定防腐材质，以确保完井管柱的可靠性和完整性。注采管柱应选择气密封螺纹，下入过程中应由专业队伍采用专用工具完成，注采管柱应逐根进行螺纹气密性检测，螺纹密封检测压力为储气库井口运行上限压力的1.1倍。

本文改进了套管剩余强度评价方法，考虑了“注采交变载荷、腐蚀缺陷”等因素的影响，完善了储气库套管柱安全性评价体系，并提出了管柱临界强度和临界寿命相互耦合的设计方法，为储气库井套管柱设计提供更为合理的方案。

1　储气库注采管柱完整性评价方法

1.1　储气库注采管柱力学分析

储气库管柱在运行过程中受力复杂，且各种力均随着交变周期的改变而改变。同时套管受到非均匀地应力作用，极易发生挤毁破坏，再加上后期生产中，腐蚀影响的作用，套管更易破损，储气库套管柱的安全关系到整个储气库的安全运营。因此，本文着重研究储气库套管柱的受力情况，并给出其在三轴应力作用下的强度计算方法。

1. 储气库注采工况下套管柱轴向力

储气库管柱轴向力为重力效应、浮力效应、温度效应、鼓胀效应、活塞效应、摩阻效应和注采气时地应力而产生的轴向力叠加之和。

（1）重力效应。假设套管柱各段管柱的线密度相同，则管体自重产生的轴向拉力为：

$$F_z^G = \rho_c g(L-h) \tag{1}$$

式中：F_z^G 为管体自重产生的轴向拉力，N；ρ_c 为线密度，kg/m^3；L 为长度，m；h 为计算点深度，m。

（2）浮力效应。储气库井浮力效应主要由管内天然气产生：

$$F_z^B = \rho_g g V_c = K_b \rho_g g A_c(L-h) \tag{2}$$

式中：F_z^B 为浮力产生的轴向拉力抵消力，N；ρ_g 为天然气密度，kg/m^3；K_b 为浮力系数（=1-钻井液密度/套管材料密度）；A_c 为管柱横截面积，m^2。

（3）温度效应。温度效应产生的轴向拉力为：

$$F_z^T = \alpha E A_c \Delta T \tag{3}$$

式中：F_z^T 为温度变化产生的轴向拉力，N；E 为管柱弹性模量，Pa；α 为管柱材料线膨胀系数，1/℃；ΔT 为温度变化量，℃。

（4）活塞效应。油管柱内外压力的变化引起油管的伸长或缩短的这种现象称为活塞效应，如图1所示。假设管柱所受压缩力为正、张力为负，内压（封隔器下端受力情况）对管柱的作用力为：

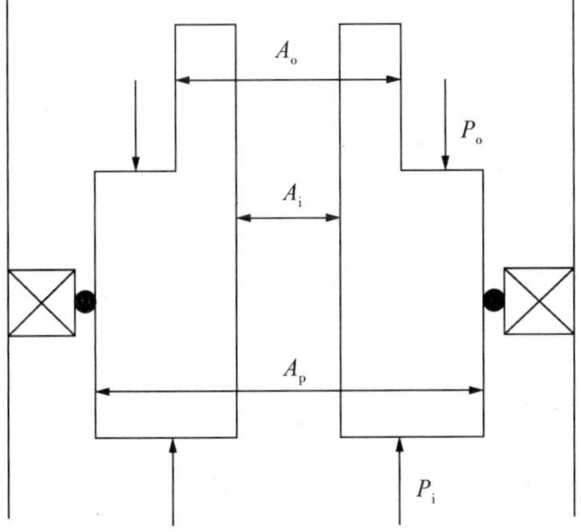

图1 活塞效应

$$F_P^i = \Delta p_P^i(A_p - A_i) \tag{4}$$

式中：F_P^i 为内作用力，N；Δp_P^i 为封隔器处压力变化，Pa；A_p 为封隔器密封腔的横截面积，m^2；A_i 为管柱内横截面积，m^2。

外压（封隔器上端受力情况）对管柱的作用力为：

$$F_P^o = -\Delta p_P^o(A_p - A_o) \tag{5}$$

式中：F_P^o 为外作用力，N；Δp_P^o 为封隔器处环空压力的变化，Pa；A_o 为管柱外横截面积，m^2。

在管柱管径变化处，内外压产生的活塞力为：

$$F_z^P = F_P^i + F_P^o = \Delta p_P^i(A_p - A_i) - \Delta p_P^o(A_p - A_o) \tag{6}$$

式中：F_z^P 为活塞效应产生的轴向力，N。

（5）鼓胀效应。由于储气库注采周期交替的影响，管柱内外压力频繁变化，因而整个管柱都会产生鼓胀效应，如图2所示。管柱受鼓胀效应力为：

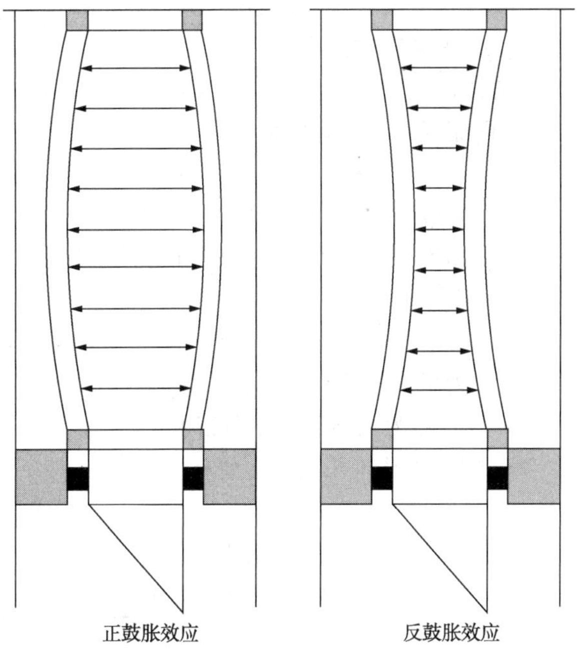

图2 鼓胀效应

$$F_z^E = -0.6(A_i \Delta \bar{p}_i - A_o \Delta \bar{p}_o) \tag{7}$$

式中：F_z^E 为鼓胀效应产生的轴向力，N；$\Delta \bar{p}_i$ 为管柱内平均压力变化，Pa；$\Delta \bar{p}_o$ 为管柱外（环空）平均压力变化，Pa。

（6）摩阻效应。摩阻效应计算公式为：

$$F_z^f = \frac{\pi}{4} D_i \Delta p_f \tag{8}$$

$$\Delta p_f = 6.26 \times 10^3 g \frac{\lambda L Q^2 \rho_g}{D_i^5} \tag{9}$$

式中：F_z^f 为摩阻效应产生的轴向力，N；D_i 为管柱内径，m；Δp_f 为摩擦压力，N；λ 为流态系数；L 为注采管柱长度，m；Q 为柱内气体流量，m^3/h。

（7）注气时地层膨胀引起的轴向拉力。忽略岩石倾斜角影响，可用岩石理论厚度等效套管伸长量：

$$\Delta H_s = \frac{C_f(p_s^i - p_s^o)}{1+\varphi} H_s \tag{10}$$

式中：ΔH_s 为储层岩石轴向变化量，m；C_f 为储层体积压缩系数，1/Pa；p_s^i 为储气库注气后的孔隙压力，Pa；p_s^o 为储气库原始孔隙压力，Pa；H_s 为储气库储层岩石厚度，m；φ 为初始孔隙度。

当套管与地层胶结良好时，套管伸长量与储层的垂向变形量相等，因此，套管所受的轴向拉为为：

$$F_z^S = A_c \varepsilon_z E = \frac{\Delta H_s}{H_s} A_c E \tag{11}$$

式中：ε_z 为套管轴向应变。

结合（1）、（2）、（3）、（4）、（5）、（6）、（7）可得储气库注采管柱轴向力：

$$F_z = F_z^G + F_z^B + F_z^T + F_z^P + F_z^E + F_z^f + F_z^S \tag{12}$$

2. 储气库注采工况下套管柱内压力

地层流体进入套管产生的内压和注采作业时产生的内压：

$$p_i = p_w e^{1.11548\gamma_g h} \tag{13}$$

式中：p_i 为管内压力，MPa；p_w 为储气库工作压力，MPa；γ_g 为天然气的相对密度。

3. 储气库注采工况下套管柱外挤力

环空流体压力以及地层孔隙内部气体产生的均匀外挤压力和非均匀围岩压力：

$$p_o = p_s^0 + p_o^l \tag{14}$$

式中：p_o 为管外压力，MPa；p_s^0 为地层原始孔隙压力，MPa。p_o^l 为环空介质压力，MPa。

储气库原始孔隙压力为：

$$p_s^0 = G_s H \tag{15}$$

式中：H 为储气库深度，m；G_s 为地层孔隙压力梯度，MPa/m。

环空介质压力为：

$$p_o^l = \rho_o g h \tag{16}$$

式中：ρ_o 为管外介质密度，kg/m³。

4. 储气库注采工况下套管有效压力

（1）地下储气库套管有效内压力。

$$p_{ie} = p_i^{max} - p_o = p_w^{max} e^{1.11548\gamma_g h} - G_s H - \rho_o g h \tag{17}$$

式中：p_{ie} 为有效内压力，MPa；p_i^{max} 为最大内压力，MPa；p_w^{max} 为井口最大工作压力，MPa。

（2）地下储气库套管有效外挤力。

$$p_{oe} = p_s + p_o - p_i^{min} = \frac{\mu_s}{1-\mu_s} G_s h + \rho_o g h - p_w^{min} e^{1.11548\gamma_g h} \tag{18}$$

式中：p_{oe} 为有效外压力，MPa；p_i^{min} 为最小内压力，MPa；p_w^{min} 为井口最小工作压力，MPa。

1.2　三轴应力状态下储气库注采管柱应力分析

考虑井筒载荷与腐蚀的耦合作用，建立储气库注采井力学分析模型。

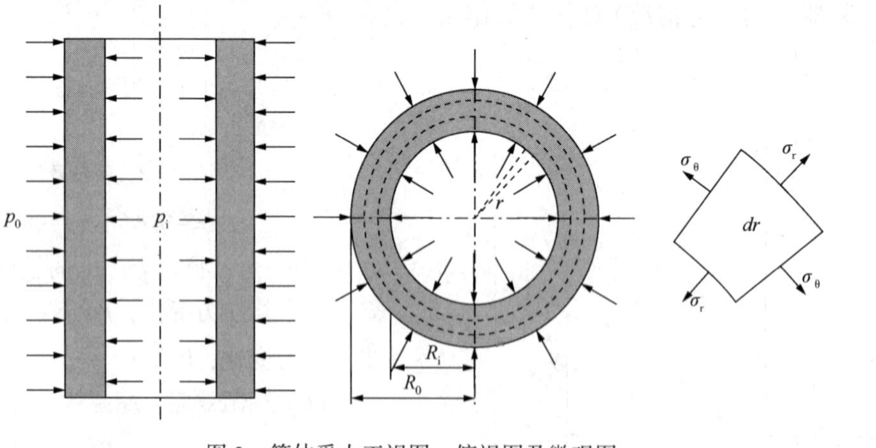

图 3　管体受力正视图、俯视图及微观图

该模型应满足下列假设：

（1）管柱所受应力为静应力，不考虑管体震动对腐蚀速率的影响。

（2）油套管腐蚀由内向外进行，管体的外部不受腐蚀的作用，即腐蚀由内向外单向进行。

（3）忽略流体对套管的冲蚀。

（4）假设管柱材料的力学性能不随温度变化而变化。

根据以上 4 点假设，再结合储气库注采井实际生产的受力状态，建立了如图 3 所示的储气库注采井生产套管受力分析的物理模型。考虑三轴应力和温度效应，根据 Lame 公式和热应力可得：

（1）周向应力：

$$\sigma_\theta=\sigma_\theta^M+\sigma_\theta^T \tag{19}$$

$$\sigma_\theta^M=\frac{p_iR_i^2-p_oR_o^2}{R_o^2-R_i^2}+\frac{(p_i-p_o)R_i^2R_o^2}{R_o^2-R_i^2}\frac{1}{r^2} \tag{20}$$

$$\sigma_\theta^T=\frac{E\alpha\Delta T}{2(1-\mu)}\left(\frac{1-\ln K_r}{\ln K}-\frac{K_r^2+1}{K^2-1}\right) \tag{21}$$

（2）径向应力：

$$\sigma_r=\sigma_r^M+\sigma_r^T \tag{22}$$

$$\sigma_r^M=\frac{p_iR_i^2-p_oR_o^2}{R_o^2-R_i^2}-\frac{(p_i-p_o)R_i^2R_o^2}{R_o^2-R_i^2}\frac{1}{r^2} \tag{23}$$

$$\sigma_r^T=\frac{E\alpha\Delta T}{2(1-\mu)}\left(-\frac{\ln K_r}{\ln K}+\frac{K_r^2-1}{K^2-1}\right) \tag{24}$$

（3）轴向应力：

$$\sigma_z=\sigma_z^M+\sigma_z^T \tag{25}$$

$$\sigma_z^M=\frac{p_iR_i^2-p_oR_o^2}{R_o^2-R_i^2} \tag{26}$$

$$\sigma_z^T=\frac{E\alpha\Delta T}{2(1-\mu)}\left(\frac{1-2\ln K_r}{\ln K}-\frac{2}{K^2-1}\right) \tag{27}$$

在套管柱内壁处 $K_r=K$，$r=R_i$，则可由(1)、(2)、(3)可得套管内壁处三轴有效应力 $\sigma=(\sigma_\theta+\sigma_r+\sigma_z)/3$：

$$\sigma=\frac{p_i(2R_o^2+R_i^2)-3p_oR_o^2}{3(R_o^2-R_i^2)}+\frac{E\alpha\Delta T}{3(1-\mu)}\left(\frac{1}{\ln R_o-\ln R_i}-\frac{2R_o^2}{R_o^2-R_i^2}\right) \tag{28}$$

式中：σ 为管内壁应力，MPa；σ_θ 为套管周向应力，MPa；σ_r 为套管周向应力，MPa；σ_z 为套管周向应力，MPa；σ_θ^M 为套管周向机械应力，MPa；σ_r^M 为套管周向机械应力，MPa；σ_z^M 为套管周向机械应力，MPa；σ_θ^T 为套管周向热应力，MPa；σ_r^T 为套管周向热应力，MPa；σ_z^T 为套管周向热应力，MPa；R_i为生产套管内半径，mm；R_o为生产套管外半径，mm；K_r为套管柱外半径与目标半径之比；K 为套管柱外半径与内半径之比。

对公式(29)进行对时间 t 的微分，则得到有效应力随不同时间的腐蚀壁厚的变化公式：

$$\sigma_t=\sigma_t^M+\sigma_t^T \tag{29}$$

$$\sigma_t^M=\frac{p_i\{2R_o^2+[R_i+\Delta\delta_t^A]^2\}-3p_oR_o^2}{3\{2R_o^2-[R_i+\Delta\delta_t^A]^2\}} \tag{30}$$

$$\sigma_t^T=\frac{E\alpha\Delta T}{3(1-\mu)}\left(\frac{1}{\ln R_o-\ln[R_i+\Delta\delta_t^A]}-\frac{2R_o^2}{R_o^2-[R_i+\Delta\delta_t^A]^2}\right) \tag{31}$$

式中：$\Delta\delta_t^A$ 为 t 时刻壁厚累计损失量，mm；σ_t^M 为 t 时刻套管内壁等效结构应力，MPa；σ_t^T 为 t 时刻套管内壁等效热应力，MPa。

1.3 储气库注采管柱寿命预测

采用三种寿命预测模型，将其中最小寿命作为注采管柱的最终有效剩余服役寿命。

1. 储气库注采管柱腐蚀寿命预测模型

腐蚀剩余使用寿命为：

$$p_{oe}=p_s+p_o-p_i^{\min}=\frac{\mu_s}{1-\mu_s}G_sh+\rho_ogh-p_w^{\min}e^{1.11548\gamma_gh} \tag{32}$$

式中：t_e为管柱剩余使用寿命，年；δ_e 为管柱实际剩余壁厚，mm；δ_{cr}为指定工作压力下的管柱临界壁厚，mm；v_t^c 为管柱实际腐蚀速率，mm/a。

临界壁厚为：

$$\delta_{cr}=\frac{S_iK_op_{ie}D_o}{2K_t\sigma_s}+\beta \tag{33}$$

式中：S_i为额定抗内压安全系数；K_o为套管试压时的过压系数(=1.10)；p_{ie}为套管有效内压，MPa；D_o为套管名义外径，mm；K_t为考虑壁厚偏差的系数(=0.875)；σ_s 为套管最小屈服强度，MPa；β 为套管螺纹处衰减修正值(=2)，mm。

2. 储气库注采管柱强度寿命预测模型

取微小时间增量 Δt，认为在 Δt 时间内按照相同速率进行，在时间 t 从 0，Δt，$2\Delta t$，…，$i\Delta t$(i 为整数)的变化过程中，从(i-1)到 i 的过程中瞬时腐蚀速率为腐蚀的壁厚：

$$\Delta\delta_i=v_i^c\Delta t \tag{34}$$

$$\Delta\delta_t^A=\sum_{i=1}^{t}\Delta\delta_i=\int_0^t v_i^c(t)\,dt \tag{35}$$

式中：$\Delta\delta_t^A$ 为 t 时刻的累计壁厚损失，mm；v_i^c(i=1、2、3…)为(i-1)到 i 时间段内管柱实际腐蚀速率，mm/a；$\Delta\delta_i$(i=1、2、3…)为(i-1)到 i 时间段内腐蚀壁厚损失，mm。

3. 储气库注采管柱疲劳寿命预测模型

管柱腐蚀后，螺纹牙根部宽度减薄，螺纹强度降低，为了承受接箍以下所受轴向力，需更多螺纹牙圈数，当所需螺纹牙圈数达到最多啮合圈数 z_{max} 时，管柱即到达服役寿命。则管柱疲劳寿命为：

$$t_e=\frac{b}{v_t^c}z_{max}-\frac{F_z}{\pi d_pv_t^c[\tau]} \tag{36}$$

式中：v_t^c 为管柱实际腐蚀速率，mm/a；F_z 为轴向力，N；d_p 为螺纹小径，mm；b 为螺纹牙根部的宽度，mm；$[\tau]$ 为许用剪切力，MPa。

2　CO_2/H_2S 环境对套管腐蚀实验

考虑到储气库长期服役于 CO_2/H_2S 腐蚀环境中，对套管安全性影响极大。本文通过室内模拟实验是根据腐蚀环境特征展开的腐蚀模拟实验。参照 NACE Standard RP0775—2013 标准，依照南堡 1-29 和堡古 2 两区块地质参数设置了实验组，针对常用套管钢级(N80，P110，1Cr，3Cr，13Cr)进行井下挂片腐蚀实验。

实验前将尺寸为 50×10×3(mm)的挂片分别用 320 号、600 号砂纸进行逐级打磨，经清水冲洗、丙酮除油，干燥后测量试样的尺寸并称重(图 4)。反应釜内加入模拟液后，挂片安装在聚四氟乙烯环上并置入装有腐蚀介质的高温高压反应釜中(图 5)。密封反应釜体，升温至 45℃ 排出氧气，再通入高纯氮进行除氧大致 2～4h，再通入 CO_2 排除釜内氮气，最后升温至预定温度(图 6)。然后将高温高压加热反应釜的压力和 CO_2 分压按各组实验条件设置，待读表稳定后开始计时，进行 3D 实验周期的腐蚀实验(图 7)。

实验结束，将样品取出，采用超声波清洗机，体积比 10：1(水：浓盐酸)的盐酸清洗腐蚀产物膜，再用清水、丙酮冲洗后电吹风吹 5min 充分干燥；最后用精度为 0.1mg 的电子天平称重(图 8)。

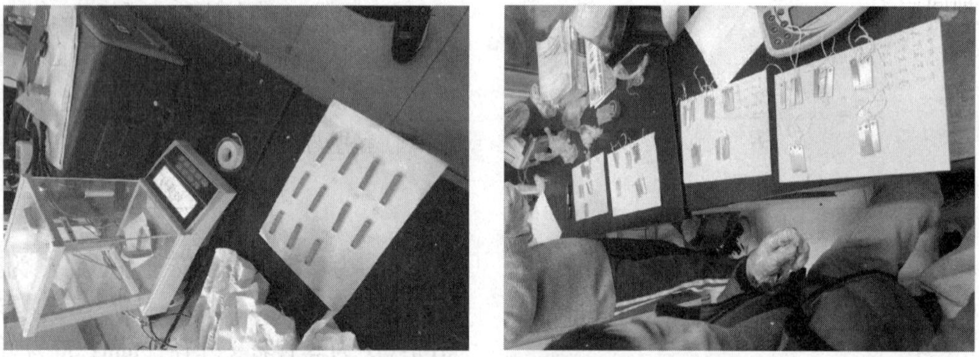

图 4　挂片测量称重

图 5　挂片入釜

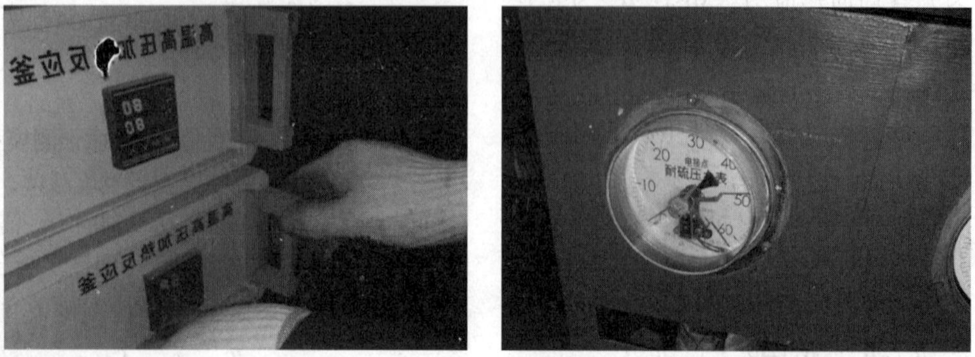

图 6　反应釜环境设置

图 7　挂片出釜

图 8　挂片清洗称重

试验结果如表 1 所示。

表 1　试验管材腐蚀速率

材质	腐蚀速率/(mm/a)					
	NP1-29			PG2		
N80	挂片 1	挂片 2	挂片 3	挂片 1	挂片 2	挂片 3
	0.2555	0.2555	0.2555	0.4568	0.4659	0.4541
P110	0.2958	0.2745	0.287	0.4991	0.4791	0.4549
1Cr	0.1576	0.1634	0.1645	0.198	0.198	0.198
3Cr	0.1787	0.1618	0.1753	0.198	0.198	0.198
13Cr	0.0551	0.054	0.0558	0.0758	0.0758	0.0758

图 9 显示了各组各材质的 3 组挂片腐蚀速率及其在 NACE 腐蚀程度标准中的分级状况。在该条件下，南堡 1-29 区块和堡古 2 区块中 N80 和 P110 材质均处于极严重腐蚀区，1Cr 和 3Cr 材质均处于严重腐蚀区，只有 13Cr 材质处于中度腐蚀区。

3　交变注采下储气库井管柱设计

储气库管柱应从区块地理性质、储层化学环境、管柱服役要求以及生产注采需求入手，综合考虑接头密封、固井质量、腐蚀，结合实验研究和理论计算进行设计，如图 10 所示，具体流程如下：

(1) 根据方程(1)~方程(18)计算管柱轴向力；根据管外水泥环固井状态和掏空率计算对应管柱内外载荷。

(2) 根据封隔器下深可判定腐蚀性气体环境作用井段：堡古 2 井封隔器下深 3850m；南堡 1-29 封隔器下深 2150m。根据三向载荷初步确定钢级强度后，计算对应管柱临界壁厚。

(3) 根据方程(19)~方程(31)计算管柱服役 $t=50$ 年条件的实际三轴抗内压强度、三轴抗外挤强度和三轴抗拉强度，对初步选材进行校核。若管柱实际强度仍可满足三向载荷安全系数要求，则选材可行，否则增加材料级别，直至全部校核结果满足三向载荷安全系数要求。

$$\Delta\delta_{\mathrm{t}}^{A}=\delta-\delta_{\mathrm{cr}}^{t} \tag{37}$$

式中：$\Delta\delta_{\mathrm{t}}^{A}$ 为给定服役年限的管柱累计损失壁厚，mm；δ 为管柱名义壁厚，mm。

(4) 服役 $t=50$ 年临界基础腐蚀速率：

$$v_0^c=(\delta-\delta_{\mathrm{cr}}^t)\frac{1-\mathrm{e}^{\left(\frac{V_{\mathrm{M}}\sigma_i}{RT}\right)}}{1-\mathrm{e}^{t\left(\frac{V_{\mathrm{M}}\sigma_i}{RT}\right)}} \tag{38}$$

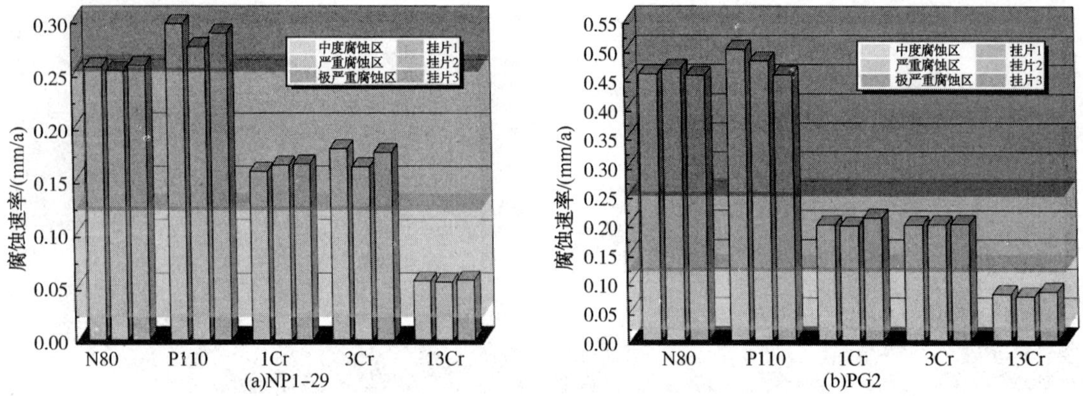

图 9　套管腐蚀实验结果

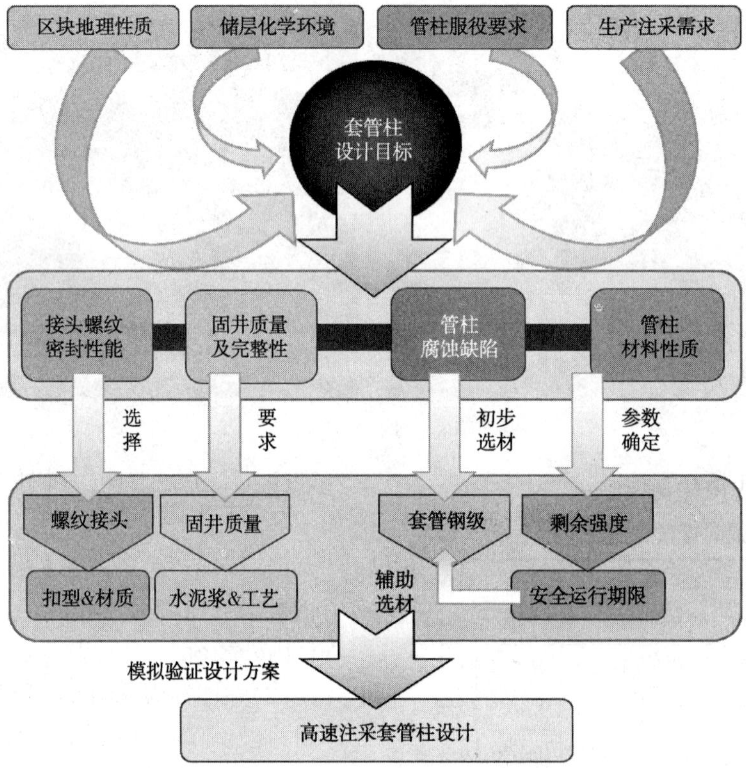

图 10　套管柱设计思路

根据套管材料腐蚀试验数据，以方程(38)计算结果选取腐蚀速率低于临界腐蚀速率材料。

(5) 根据所选取材料的基础腐蚀速率，计算对应动态腐蚀速率和动态应力，根据方程(32)~方程(36)对对应管柱的腐蚀寿命、强度寿命和接头螺纹寿命进行校验。若校验结果其剩余寿命均≥50 年则材料选取可行，否则增加材料级别，直至全部寿命校验结果均≥50 年。

(6) 计算过程基础参数如表 2 所示。

(7) 动态腐蚀速率

根据所计算的临界基础腐蚀速率和依照腐蚀试验选取的腐蚀速率计算两个区块共 4 个井段的动态腐蚀速率，如图 11 所示。

表 2　管柱设计基础参数

参数	取值	
	PG2	NP1-29
天然气相对密度	0.5682	
天然气密度/(kg/m^3)	0.8	
重力加速度/(N/kg)	9.801	
总井深/m	4577	3258
管柱材料密度/(g/cm^3)	7.870	
井口温度/℃	157	86
地层压力/MPa	40.17	22.63
管柱弹性模量/GPa	154.822	
管柱泊松比	0.28	
管柱线膨胀系数	(1.245~1.5)×10^{-5}/℃	
地层压力梯度/(MPa/m)	0.015	

续表

参数	取值	
	PG2	NP1-29
地层孔隙度/%	14.9	27.1
岩石泊松比	0.142	0.1817
岩石弹性模量/GPa	35.19	45.71
产量/(万 m^3/d)	43	50
地层水密度/(g/cm^3)	1.05	
管柱线密度/(kg/m)	29.76	
流态系数	$0.009407/(D_i)^3$	
储层体积压缩系数	0.0036	0.0050
岩石容重	27.1kN/m^3(泥质砂岩)	
壁厚偏差系数	0.875	
耗损因子	0.2	
设计弹性挤毁压力校正因子	0.825	
设计屈服挤毁压力校正因子	0.86	
管柱材料摩尔体积/(m^3/mol)	7.12×10^{-6}	
理想气体常数/(mol/K)	8.314J	
过压系数	1.1	
螺纹衰减修正值/mm	2	
许用剪应力	$0.6\sigma_s$	

由图 11 可知，以 13Cr 基础腐蚀速率计算的动态腐蚀速率均低于临界动态腐蚀速率，且随服役时间增加差值增大；南堡 1-29 区块 2707～2757m 井段和 3500～3810m 和堡古 1-29 区块 2757～3258m 井段临界动态腐蚀速率与 13Cr 的抗腐蚀能力较为接近，为保证储气库运行要求可以考虑适当增加该井段材料的抗腐蚀级别或增加进行防腐处理。

根据所计算的临界基础腐蚀速率和依照腐蚀试验选取的腐蚀速率计算南堡 1-29 区块 2 井的动态腐蚀速率，如图 12 所示。

图 12 为 3500～3810m 井段不同管柱规格以及 3760～3810m 井段尾管和 3810～4397m 井段筛管的动态腐蚀速率。从图中可看出，在 0～50 服役历程中，13Cr 动态腐蚀速率曲线均低于临界动态腐蚀速率曲线，根据曲线积分和动态腐蚀速率当量算法可得服役 50 年实际壁厚损失和当量腐蚀速率如下：

① 生产套管 3500～3810m 采用 Φ244.5mm 套管：实际壁厚损失 3.78449mm，壁厚损失率 33.11%，当量腐蚀速率 0.076mm/a。

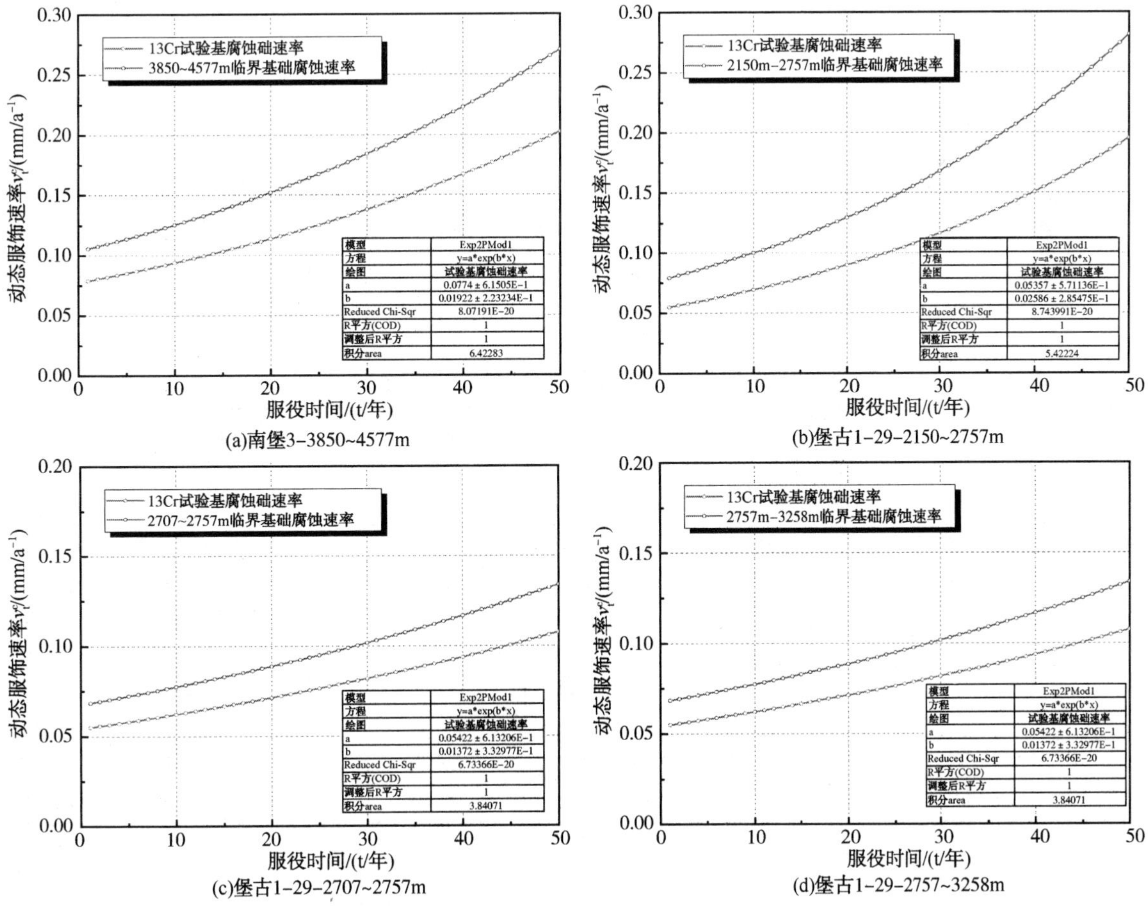

(a)南堡3-3850~4577m (b)堡古1-29-2150~2757m

(c)堡古1-29-2707~2757m (d)堡古1-29-2757~3258m

图 11　动态腐蚀速率

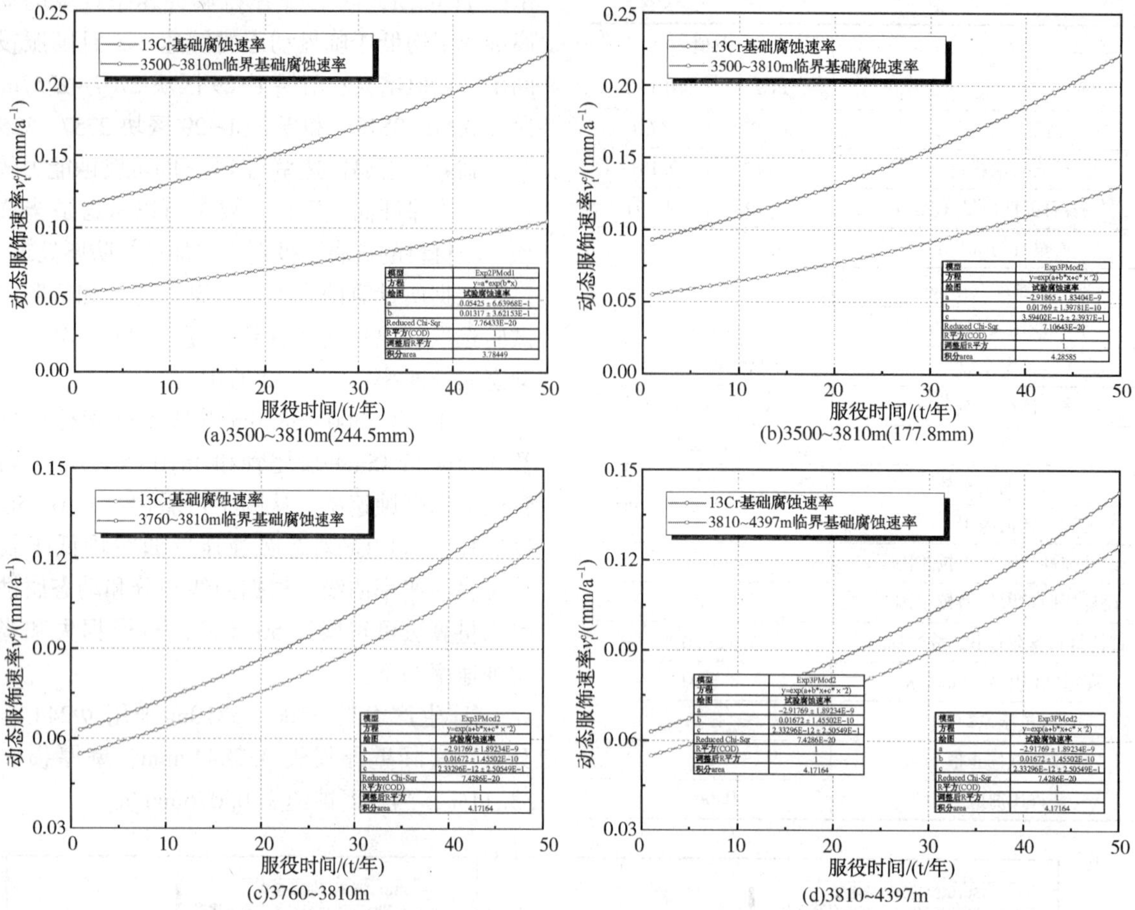

图 12　NP1-29 区块 2 井动态腐蚀速率

② 生产套管 3500～3810m 采用 Φ177.8mm 套管：实际壁厚损失 4.28585mm，壁厚损失率 41.36%，当量腐蚀速率 0.085mm/a。

③ 生产尾管 3760～3810m 采用 Φ139.7mm 套管：实际壁厚损失 4.17164mm，壁厚损失率 54.03%，当量腐蚀速率 0.083mm/a。

④ 生产筛管 3810～4397m 采用 Φ244.5mm 套管：实际壁厚损失 4.17164mm，壁厚损失率 54.03%，当量腐蚀速率 0.083mm/a。

表 3　腐蚀气体环境井段剩余寿命校核

区块	套管程序	井段/m	规范		钢级	临界剩余壁厚/mm	实际剩余壁厚/mm	临界基础腐蚀速率/(mm/a)	实际基础腐蚀速率/(mm/a)	腐蚀寿命/年	校核强度/MPa	许用强度/MPa	疲劳寿命/年
			尺寸/mm	壁厚/mm									
PG2	悬挂尾管	3850~4577	177.8	11.51	P110 13Cr	2.74	5.09	0.105	0.076	68.28	91.78	271.1	64.18
NP1-29（方案 1）	油套悬挂	2150~2757	177.8	10.36	P110 13C	2.36	4.94	0.079	0.055	73.77	57.71	273.7	50.69
	完井尾管	2707~2757	114.3	6.88	L80 13Cr	2.00	3.04	0.068	0.055	64.53	9.481	183.9	71.56
	完井筛管	2757~3258	114.3	6.88	L80 13Cr	2.00	3.04	0.069	0.055	64.53	9.481	183.9	71.56
NP1-29（方案 2）	生产套管	3500~3810	177.8	10.36	P110 13C	2.94	6.07	0.093	0.055	86.57	49.84	273.7	64.12
	生产尾管	3760~3810	139.7	7.72	N80 13Cr	2.84	3.55	0.063	0.055	58.43	47.97	239.3	65.88
	生产筛管	3810~4397	139.7	7.72	N80 13Cr	2.84	3.55	0.063	0.055	58.43	47.97	239.3	65.88

（8）剩余寿命校核

依照临界基础腐蚀速率选取材料后，根据管材腐蚀试验数据对对应管柱的剩余寿命进行校核见表 3。由于堡古 2 区块和南堡 1-29 区块采用防砂完井，套管冲蚀速率较小，因此主要讨论受腐蚀速率影响较大的腐蚀寿命、强度寿命和螺纹疲劳寿命。

① 腐蚀剩余寿命校核：

对动态腐蚀速率曲线在 0~50 年做积分即为管柱服役 50 年的壁厚累计损失量，将对比 13Cr 材料的动态腐蚀速率曲线积分与管柱名义壁厚的差值作为管柱实际剩余壁厚，通过对比临界剩余壁厚和实际剩余壁厚可初步校核腐蚀剩余寿命是否大于 50 年要求：若 $\delta_e^{50} \geqslant \delta_{cr}^{50}$，则腐蚀剩余寿命≥50 年；若 $\delta_e^{50} < \delta_{cr}^{50}$，则腐蚀剩余寿命<50 年。

② 强度剩余寿命校核：

基于实际累计损失壁厚，可计算 50 年服役时间的最大动态应力。通过比较该值与对应管柱许用应力，可对强度寿命进行校核。

③ 螺纹疲劳剩余寿命校核：

基于管柱对应螺纹参数和当量动态腐蚀速率，结合方程(36)可对螺纹疲劳剩余寿命进行校核。

4 结论

改进后的套管剩余强度评价方法考虑了“注采交变载荷、腐蚀缺陷”等因素的影响，完善了储气库套管柱安全性评价体系；提出的管柱临界强度和临界寿命相互耦合的设计方法，为储气库井套管柱设计提供更为合理的方案。根据计算结果可以得出一下结论：

(1) 根据储气库运行要求，计算了 3500m 以下受腐蚀性气体环境影响井段临界基础腐蚀速率，结果表明上述井段需采用 13Cr 材质。

(2) 由于腐蚀性气体环境影响，3500m~3810m 井段 Φ244.5mm 套管的实际剩余抗外挤强度无法保证抗外挤安全系数在许用范围之内。因此建议 0~3800m 生产套管管柱设计为：0~3500m 采用 Φ244.5mm 套管，3500~3810m 采用 Φ177.8mm 套管。经过腐蚀和剩余强度校核结果可知，该设计方案满足安全系数和剩余寿命要求。

(3) 以 13Cr 腐蚀试验数据为基础腐蚀速率，考虑腐蚀损伤和温度劣化对设计方案三向实际强度和剩余寿命进行校核，结果可知，三向强度安全系数均在许用范围之内，剩余寿命均大于 50 年。

参考文献

[1] 罗金恒，李丽锋，王建军，等. 气藏型储气库完整性技术研究进展[J]. 石油管材与仪器，2019，5(02)：1-7.

[2] 郭洁琼，周韬，李刚，等. 传统管理背景下中国地下储气库经营模式[J]. 油气储运，2022，41(09)：1004-1013.

[3] 范张川. 文 96 地下储气库风险评价技术研究[D]. 西南石油大学，2017.

[4] 王建军，路彩虹，贺海军，等. 气藏型储气库管柱选用与评价[J]. 石油管材与仪器，2019，5(02)：26-29.

[5] 诸艺璇. 新发展格局下天然气供应安全保障机制研究[D]. 浙江大学，2022.

[6] 杨春和，王同涛. 深地储能研究进展[J]. 岩石力学与工程学报，2022，41(09)：1729-1759.

[7] 李杰，杨健，马辉运，等. 相国寺储气库钻采工艺技术[M]. 北京：石油工业出版社，2018.

[8] 张守良，马发明，徐永高，等. 采气工程手册[M]. 北京：石油工业出版社，2016.

[9] 李碧曦. 腐蚀与力学共同作用下储气库管柱疲劳寿命预测[D]. 重庆科技学院，2016.

[10] 李旭阳. 井下作业管柱轴向变形的理论计算及应用研究[D]. 西安石油大学，2017.

[11] 万里平，王柏辉，谢荫，等. 盐穴地下储气库氮气阻溶管柱腐蚀寿命预测[J]. 石油机械，2022，50(02)：137-143.

[12] 徐帅. 注采过程对储气库管柱密封性影响研究[D]. 中国石油大学(北京)，2017.

[13] 王成峰. 分层注水井隔层测压封隔器解封机理[J]. 大庆石油地质与开发，2018，37(04)：87-90.

[14] 姜民政，王新民，尹兆国，等. 多级封隔器对注水管柱轴向变形的有限元分析[J]. 大庆石油学院学报，2007(05)：78-79+84+123.

[15] 蒋丽云. 盐穴型地下储气库注采系统完整性评价研究[D]. 西安建筑科技大学，2017.

[16] 梅伟，孙玉豹，张卫行，等. 海上热采注汽管柱设计方法及应用[J]. 石油化工应用，2021，40(01)：30-35.

[17] 王鹏，王思淇，张倩. 连续管水力喷射压裂管柱力学分析及现场应用[J]. 石油机械，2016，44(09)：98-103.

[18] 李碧曦，易俊，黄泽贵，等. 枯竭油气藏储气库注采管柱疲劳寿命预测[J]. 中国安全生产科学技术，2015，11(12)：105-109.

[19] 韩生超. 地下储气库注采管柱力学行为研究[D]. 中国石油大学(华东)，2017.

[20] 杜安琪. 枯竭油气藏型储气库井筒完整性研究[D]. 西南石油大学，2016.

[21] 高进伟. 复杂井况下套管的可靠性与风险评估研究

[D]. 中国石油大学, 2007.
[22] 王金龙著. 油气田非均匀地应力作用下的出砂机理及套管可靠性研究[M]. 北京: 中国环境科学出版社, 2013.
[23] 张智, 刘志伟, 谢玉洪, 等. 井筒载荷-腐蚀耦合作用对碳钢套管服役寿命的影响[J]. 石油学报, 2017, 38(03): 342-347+362.
[24] 贺海军. 大庆喇嘛甸储气库L井的井筒安全评估[J]. 石油管材与仪器, 2019, 5(02): 43-46.
[25] 闫伟, 邓金根, 邓福成, 等. 油套管力学-化学腐蚀规律分析[J]. 中国海上油气, 2014, 26(01): 87-91.
[26] 蒋敏. 复杂工况下的管柱力学模型研究及应用[D]. 中国石油大学(北京), 2017.
[27] NACE SP0775. Preparation, Installation, Analysis, and Interpretation of Corrosion Coupons in Oilfield Operations[S]. 2013. 00. 00.
[28] 李桂清, 赵晓栋, 侯少红, 等. 高矿化度 CO_2 环境中碳钢腐蚀行为研究[J]. 内江科技, 2015, 36(02): 86-87.
[29] 李琪, 李旭阳, 王再兴, 等. 压裂管柱轴向变形的理论计算及应用[J]. 石油钻采工艺, 2016, 38(04): 467-472+486.

基于国内天然气价格模式的储气能力价值评估模型研究

王盟浩 李森圣 王瀚悦

(中国石油西南油气田公司天然气经济研究所)

摘 要 本文研究了在国内现有天然气价格模式下的储气能力金融价值评估问题。对价格模式的分析表明，国内天然气市场化程度较低，欧美主流价值评估模型不适用国内现状。本文提出历史价格模型，通过针对历史价格曲线进行评估，并修改交易周期限制，可适用于低市场化程度价格模式下储气库的价值评估。计算显示：历史价格模型能够适用于国内现有价格模式的储气库价值评估，得出捕捉价格的高点与低点的最优工作气量路径，并计算相应现金流。

关键词 储气库；金融价值；价值评估；天然气价格模式

引言

天然气的需求通常随季节呈现大幅的波动，而天然气的生产则需要保持平稳。储气能力的建设能够帮助实现天然气不同季节的供需平衡，是天然气产业链中的重要组成部分。储气能力通常由储气库或LNG储罐提供，储气库能够提供的储气能力远大于LNG储罐，是季节调峰的主要手段。

储气库的储气能力结合天然气价格的市场波动，能够实现价差套利，具有金融属性。在高度市场化的天然气价格下，储气能力能够实现较高的金融价值，定量的储气能力价值评估有着重要意义。欧美储气库的运营中，储气能力的价值评估是储气服务定价的主要参考指标；对于储气服务的购买方，储气能力的价值评估作为购买储气服务的参考；而对于储气库的投资建设，储气能力的价值评估能够用于计算注采能力的需求，从而决策压缩机的投资。

储气能力的金融价值评估在欧美学术界已存在一系列研究。近二十年，多种储气能力价值评估模型被提出，按照不同计算思路分为四类，包括内在价值模型(Intrinsic approach)、滚动内在价值模型(Rolling intrinsic approach)、差价期权模型(Spread approach)以及现货交易模型(Spot trading approach)。其中，现货交易中的最小二乘蒙特卡洛模型由于其在现货交易估值中的灵活性和稳定性，成为了目前为主流的方法。

国内的储气库业务尚在发展初期，由于管网开放、天然气价格市场化等问题，储气库的运营模式尚在摸索中。2020年，国家五部委发布了《关于加快推进天然气储备能力建设的实施意见》，要求储气库建立健全运营模式，完善投资回报渠道，推行储气设施独立运营模式。未来储气库进行独立运营，提供储气服务，采用市场化的方式收回投资并获得收益，是国内储气库业务的发展趋势。储气库通过天然气价格波动进行买入卖出天然气获取收益的价值属性被称为其金融价值。要通过储气库业务获取收益，储气能力具有的金融价值是重要研究对象。

2020版《中央定价目录》明确了天然气门站价制度将会逐步停止使用，上游和下游的天然气价格放开，国家管控管输环节的价格。同年，国家管网公司成立，标志着“X+1+X”局面的初步成型。随着天然气市场化改革的进行，储气库金融价值会逐渐凸显。在此背景下，对储气能力价值评估问题的研究已经迫在眉睫。

国内现有的文献中，关于储气能力价值评估问题的研究极为缺乏。由于国内外天然气交易市场特征的显著不同，国外已有模型对国内实际具有显著的适应性问题，国外模型的交易背景为价格高度市场化、高流动性的天然气市场，而国内现有的交易环境并不满足国外模型的部分前提假设。国内的天然气市场目前处于变革与发展的阶段，研究现阶段国内天然气市场价格模式，并给出与之相适应的储气能力价值评估模型，对于国内储气库产业的发展具有理论价值。

本文在分析欧美天然气价格模式与国内差异的基础上，基于最小二乘蒙特卡洛模型，考虑国内价格模式，提出国内天然气市场不同发展阶段适用的储气能力价值评估思路，并建立历史价格模型用于低市场化程度下的储气库金融价值评估。研究填补了国内天然气市场化改革阶段中储气能力价值评估问题的理论空白，并提出了评估低市场化阶段储气能力价值评估的新方法。

1　天然气价格模式分析

1.1　欧美价格模式

对于欧美市场化程度较高的天然气市场，以美国 Henry Hub 为例，其 2018 年度现货与期货价格 P 的时间历程曲线如图 1 所示。从现货曲线(Spot curve)可以看出，天然气价格既存在短期的快速波动，也按照季节供需在供暖季有显著上浮，在供需极度不平衡的时候，价格会出现极大幅度的上涨或下跌，最高价与最低价差值接近 $3USD/MMBTU$，最大上浮幅值可达到 120%。期货曲线(Forward curve)走势与现货曲线比较接近，但短期波动幅度相比现货价格更小，价格相对平稳。

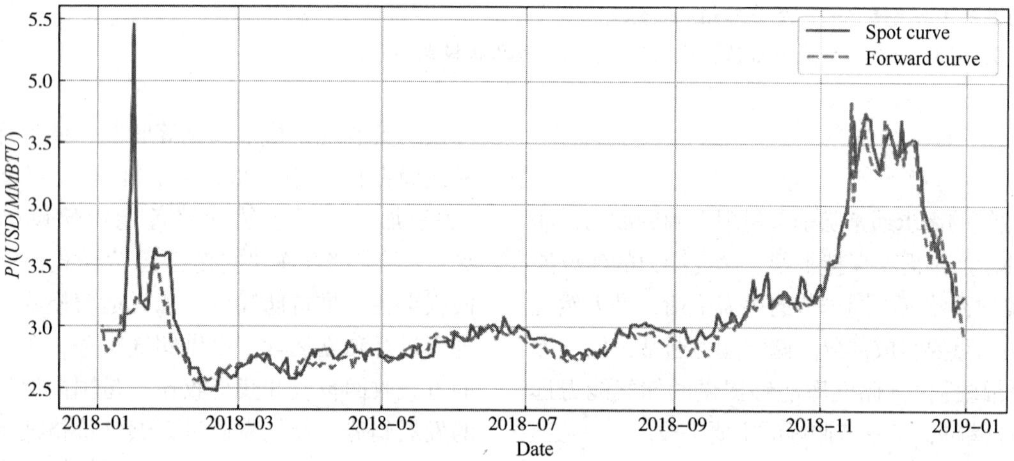

图 1　Henry Hub 现货曲线与期货曲线

当储气库工作气在 Henry Hub 交易时，针对其频繁且大幅的价格波动，能够提供较高的金融价值。在价格波动的前提下，欧美现货模型中金融价值的实现还对市场流动性有要求，主要体现在：①天然气市场足够庞大，并有足够多的交易者。储气能力拥有者买入和卖出任意量的天然气，都能够在当前价格下得到满足，且买卖行为不影响天然气价格；②天然气在每个交易日进行交易，价格以交易日为单位波动；③储气能力拥有者可以在任何交易日采取任何符合储气库物理限制的行动(采气、注气或维持现状)。

综合以上分析，欧美天然气价格模式有两点特征，一是足够的价格波动频率与波动幅值；二是足够的市场流动性来为金融价值的实现提供支撑。

1.2　国内现有价格模式

国内目前的天然气交易分为两类，一是合同内的交易，合同内交易过去长期受门站价限制，以门站价为基准进行上浮或下调，尽管 2020 年中央定价目录取消了门站价的限制，但目前大多省份仍然以门站价为参考定价，合同内交易价格由上游生产商决定，是非市场化的价格模式；二是合同外交易，随着交易中心的建立与发展，合同外交易量正在向交易中心转移。理论上，交易中心的价格应该由市场供需决定，但由于目前国内天然气生产商相对垄断，议价权仍掌握在上游，因此，交易中心的价格模式在目前的发展阶段并不具有市场化价格的完全特征，可以被视为半市场化的价格模式。

合同内交易的天然气价格 P 随月份变化曲线如图 2 所示。可以看出，合同内交易的价格按月发生变化，每月执行当月价格进行交易。全年价格只有少量明显的波动，即供暖季的价格上浮以及到夏季淡季时的价格下调。价格年度最大差值约为 $0.26CNY/m^3$，最大上浮幅值约为 16%，差价相对较小。

上海交易中心（华东区）加权平均价格 P 时间历程曲线如图3所示。可以看出，上海交易的交易周期并不固定，这是由于交易中心尚未建立起固定的工作日交易机制，交易主要由线上需求决定。天然气价格波动并不稳定，这是由于不同的交易日可能存在不同的供货商定价所导致。交易中心的市场参与者数量不足，价格的波动回归性不足，导致了价格短期在一定范围内的波动。两年内天然气价差最大约为 $1.4CNY/m^3$，最大上浮幅值约为78%。

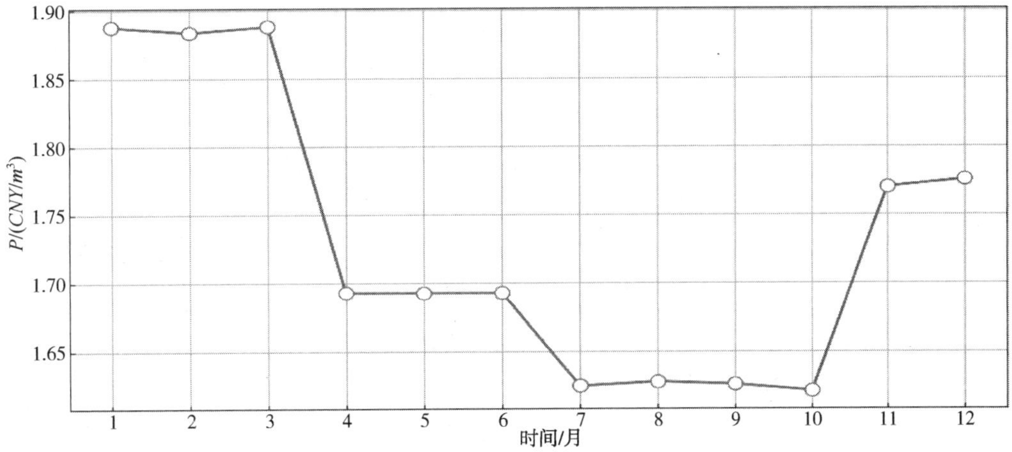

图2　合同内交易天然气价格 P 随月份变化曲线

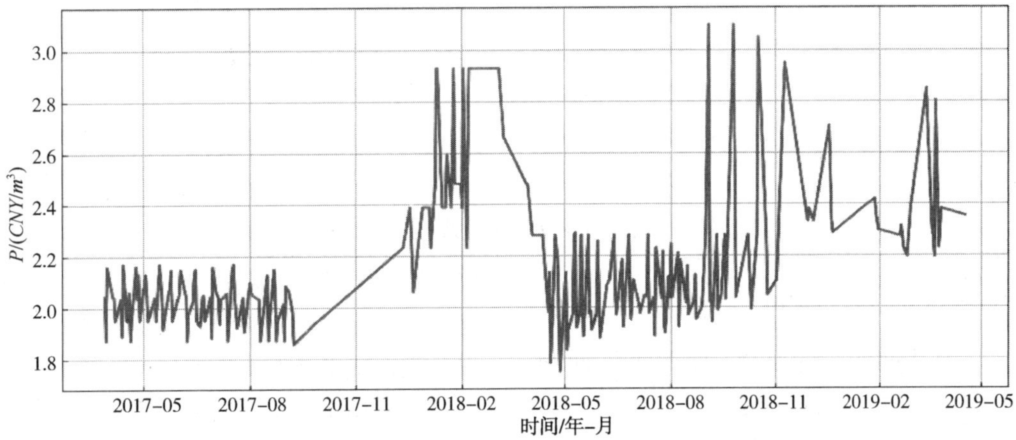

图3　上海交易中心（华东地区）加权平均价格 P 时间历程曲线

综合以上分析，合同内交易价格波动周期长，波动幅值小，能够提供的储气库金融价值极为有限；交易中心价格波动周期相对短，变化频率不固定，价格波动幅值相对大，能够提供相对高的储气库金融价值。但由于两种交易模式都存在交易流动性问题，理论上的金融价值实现起来会出现困难。

2　价值评估模型思路

要合理对储气库进行金融价值评估，就需要结合前节讨论的价格模式，给出针对性的价值评估模型。对于Henry Hub价格模式，国外已有一系列成熟算法，最为常用的模型为最小二乘蒙特卡洛模型。对于国内两种价格模式，则尚缺乏价值评估的方法研究。本节简单介绍最小二乘蒙特卡洛模型，提出历史价格模型来对国内现有价格模式进行储气库金融价值评估，并讨论这些模型在国内天然气发展中的应用。

2.1　最小二乘蒙特卡洛模型

Boogert等给出了最小二乘蒙特卡洛法的详细算法，本文仅介绍其基本思路。最小二乘蒙特卡洛模型进行价值评估思路为，通过模拟大量根据特征参数预测的未来价格曲线，并针对这些曲线进行价值评估，计算平均值作为最终的价值评估结果。针对单一的价格曲线，则通过数值算法计算出在该价格曲线下，在储气库的物理限制

(工作气量，注采能力)下进行可能的注采操作后，能够实现的最优价值。对于未来价格曲线的预测通常基于当下的远期曲线，如图4(a)所示。单因素价格模型写作

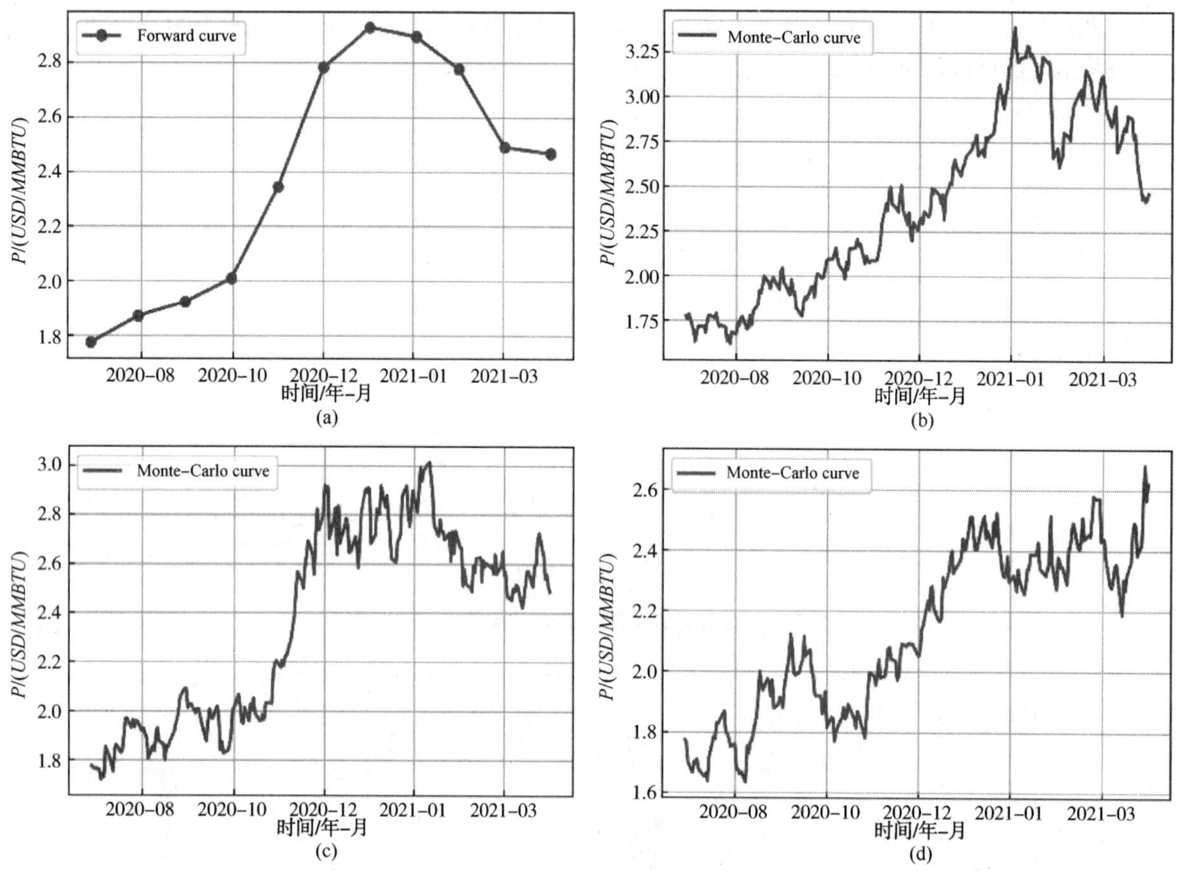

图4　远期曲线及由其生成蒙特卡洛曲线

$$\frac{\mathrm{d}S(t)}{S(t)}=\kappa[\mu(t)-\ln S(t)]\mathrm{d}t+\sigma\mathrm{d}W(t) \quad (1)$$

其中，$\mu(t)$为基准曲线的函数，κ为平均回归率，σ为波动系数。以远期曲线为基准时，由式(1)随机生成的蒙特卡洛价格曲线如图4(b)~(d)所示，当生成足够多蒙特卡洛价格曲线，数值结果就会收敛。

最小二乘蒙特卡洛法的计算需要两个主要条件，即基于市场价格模式的特征参数提取，以及基于远期曲线的未来价格走势预判。欧美高度市场化的天然气市场能够提供这些条件，并提供足够的流动性支撑。

2.2　历史价格模型

基于前节关于国内价格模式的讨论，本文提出使用历史价格曲线对适用于这些价格模式的储气库进行价值评估，称相应计算模型为历史价格模型，历史价格模型的详细算法在第四节中介绍。

历史价格模型使用天然气历史价格曲线对储气库能够实现的金融价值进行评估，通过计算储气能力在历史价格曲线上最优化操作能够实现的现金流，得出金融价值的估值。这一方法适用于天然气市场化程度较低的价格模式：由于市场化程度低，价格受短期因素影响小，主要影响因素为季节与气温，价格年度周期性变化更为明显，采用历史曲线进行估值可靠性高。同时，对于国内价格模式，参数化地描述市场特征并不可行，使用过去年份的价格更具有参考性。

2.3　应用场景

考虑到国内天然气市场化改革的大趋势，国内天然气价格模式显然会在未来根据政策、产业结构的变化，发生相应的变化。可以将合同内交易的价格模式作为市场化改革的起点，而国内交易中心现阶段的价格模式则是在市场化改革背景下的过渡形态，最终市场化改革完成的价格模式则可能呈现高市场化波动和高流动性。

相应的，国内储气库的价值评估方法也需要适应天然气市场的变化。在市场化程度低的阶

段，使用历史价格模型评估在交易方式和价格模式下的储气库金融价值；当市场化程度较高的交易方式和价格模式出现，则使用最小二乘蒙特卡洛法对其进行价值评估。在现阶段和短期的未来，历史价格模型是可行的价值评估方式。

3 历史价格模型数值算法

历史价格模型的对单一曲线的评估算法来源于 Booger 等，但基于国内实际，做了两方面的调整：修改模型交易时间限制，使之适用于非连续、非固定频率的交易周期；取消对蒙特卡洛曲线的生成与估值，转而对相应市场历史价格曲线进行估值。本节介绍调整后的数值算法。

储气能力受到三个维度的限制：工作气量、注采能力以及时间。考虑这样一份储气合同：最大工作气量占用为 $v_{\max}$，单日最大注气能力为 $i_{\max}$，单日最大采气能力为 $i_{\min}$，储气合同从 $t=0$ 开始，到 $t=T+1$ 结束。在储气合同时间范围内，一共有 N 个交易日，将这些交易日写作 t_n，$n=1, 2\cdots, N$，交易日对应的天然气价格写作 $S(t_n)$，两个相邻交易日之间的时间间隔写作 Δt_n，其中 t_n 为较前交易日的时间。

合同拥有者可以在任何交易日 t_n 选择将储气库中的天然气在市场上交易，从而改变储气库的工作气量。可以交易的天然气量 $\Delta v(t_n)$ 受储气库注采能力限制，为 Δt_n 时间内注采能力的总和，写作

$$-i_{\min}\times\Delta t_n \leqslant \Delta v(t_n) \leqslant i_{\max}\times\Delta t_n \qquad (2)$$

同时也受到总工作气量的限制，写作

$$0 \leqslant v(t_n)+\Delta v(t_n) \leqslant v_{\max} \qquad (3)$$

因此，在任何交易日 t_n，储气库可发生的工作气量变化为

$$D(t_n, v(t_n)) = \{\Delta v \mid 0 \leqslant v(t_n)-\Delta v(t_n) \leqslant v_{\max}, -i_{\min}\times\Delta t_n \leqslant \Delta v(t_n) \leqslant i_{\max}\times\Delta t_n\} \qquad (4)$$

储气库在时间 t_n 的现金流写作

$$h(S(t_n), \Delta v(t_n)) = -S(t_n)\Delta v(t_n) \qquad (5)$$

储气库合同价值定义为在最优的工作气量操作策略 Π 下能够获得的累积未来现金流，写作

$$sup_{\pi}E[\sum_{r=0}^{T} e^{\delta t}h(S(t), \Delta v(t)) + e^{-\delta}(T+1) q(S(T+1), v(T+1))] \qquad (6)$$

其中，δ 为利率，q 为在合同到期后，如果还有剩余工作气量的赔偿金额，如果没有相应的赔偿机制，则 $q=0$。

延续值为期权中的概念，引申到储气库价值评估中，其意义为在时间 t_n 采取特定交易策略后，未来能够达到最优现金流，写作

$$C(t, S(t), v(t), \Delta v) = E[e^{-\delta}U(t+1, S(t+1), v(t)+\Delta v)] \qquad (7)$$

其中，U 为储气库价值，写作

$$U(t, S(t), v(t)) = max_{\Delta v\in D(t,v(t))}\{h(S(t), \Delta v)+C(t, S(t), v(t), \Delta v)\} \qquad (8)$$

$$U(T+1, S(T+1), v(T+1)) = q(S(T+1), v(T+1)) \qquad (9)$$

以上公式表明，在每个交易日 t_n，储气合同拥有者都需要衡量各种可能的工作气量变化，考虑当日买进/卖出天然气的现金流与延续值的总和，并使之取得最大值。在取得最大值时的 $\Delta v(t_n)$ 即是当日的最优操作，记为 $\pi(t_n)$，相应的当日现金流和延续值之和，则为在时间 t_n 储气库能够实现的价值 $U(t, S(t), v(t))$。

要数值求解上述最优化问题，需要将储气能力在时间和空间上进行离散。由于交易日的限制，时间上本身是离散的。在空间上进行离散，将总工作气量分成 k 份，则有 $k+1$ 个体积点。在任意交易日 t_n，能够达到的工作气量为 $D(t_n, v(t_n))$ 内有限的体积点。计算每个点的 $U(t, S(t), v(t))$，选取其中的最大值对应的体积操作，则可求得 $\pi(t_n)$ 的值。

对于特定的价格曲线，从时间 $T+1$ 开始计算，逆向求得每一个交易日的 $\pi(t_n)$，直到 $t=0$，即可得到针对该价格曲线的最优操作路径 Π。在该路径下储气能力实现的总现金流 $U(0, S(0), v(0))$，即为在该价格曲线下储气能力的价值评估结果。

4 结果与讨论

为实现以上数值算法，基于 python 语言 numpy、scipy 等科学计算库，编制了历史价格模型储气能力价值评估程序。考虑合同内交易与交易中心交易两种价格模式，使用该程序进行价值评估的实例，验证前节算法对国内价格模式价值评估的可靠性。

4.1 计算参数

考虑特定储气能力，其主要参数如表 1 所示。需要注意的是，这类参数既可以表征储气库出售的储气服务，也可以表征储气库整体。后文中的计算均以表 1 参数作为边界条件。

表 1　储气能力限制参数

时长	最大注入速率/m^3/d	最大采出速率/m^3/d	最大工作气量/m^3/d	初始工作气量/m^3
1 年	2.5×10^5	5×10^5	2.5×10^7	0

4.2　合同内交易价值评估

当储气库工作气量在合同内交易时，采用某地区 2018 年 4 月 1 日至 2019 年 3 月 31 日的历史价格曲线作为其估值曲线，如图 5(a)所示。计算得到的优化工作气量路径如图 5(b)所示，在该路径操作下，储气合同最终能够实现的价值为 7.608×10^6 元。可以看出，优化的工作气量路径能够把握天然气价格随月份的波动，在低气价时判定买入，高气价时判定卖出，通过最优的操作路径，实现最优的现金流。这说明了历史价格模型能够适用于合同内交易的金融价值评估。

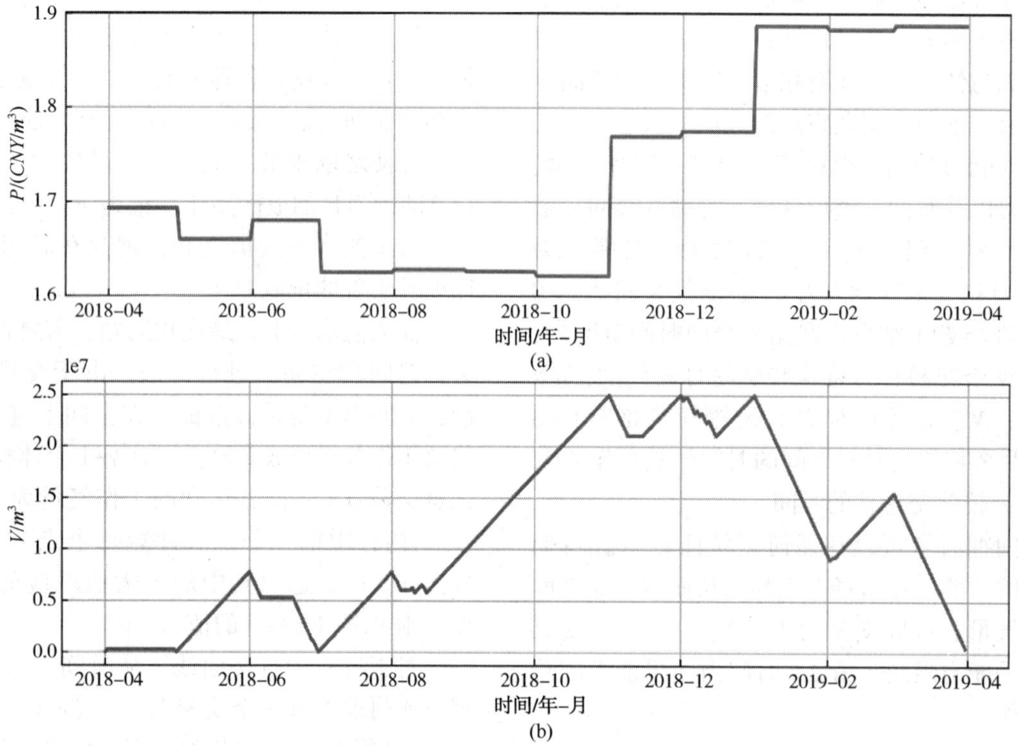

图 5　历史价格曲线及相应的优化工作气量路径(合同内模式)

4.3　交易中心交易价值评估

当储气库工作气量在交易中心交易时，采用 2018—2019 年度的价格曲线(上海交易中心华东数据)作为其估值曲线，如图 6(a)所示。计算得到的优化工作气量路径如图 6(b)所示，在该路径操作下，储气合同最终能够实现的价值为 2.797 万元。可以看出，即使在交易中心幅度较大的价格波动及不稳定的交易日期下，优化的工作气量路径仍能够良好地把握天然气价格的波动，实现最优的现金流。这说明了历史价格模型同样适用于交易中心模式下的储气库价值评估问题。

当采用 2017—2018 年度价格曲线(上海交易中心华东数据)作为其估值曲线时，如图 7(a)所示，计算得到的优化工作气量路径如图 7(b)所示。在该路径下，储气合同最终能够实现的价值为 2.891 万元。交易中心数据 2017—2018 年数据估值结果与采用 2018—2019 年的数据差异约 3%。这说明了在交易中心价格模式下，储气库金融价值的年度周期性较强，采用年度价格曲线进行价值评估结果具有较强参考性。

4.4　讨论

本质上，欧美现有价值评估模型均基于对未来天然气价格的预期，这个预期受到季节价差与短期市场波动两方面因素的影响。而历史价格模型的主要前提假设是，季节差异带来的影响是主要的价格波动来源，这才使得使用历史价格的估值具有参考性。

天然气价格市场化程度越高，欧美价值评估模型的可靠性越高，而历史价格模型的估值则越可能偏离实际。而在天然气市场化程度越低的情况，价格的影响因素越单一，历史价格模型的可靠性则越高。

历史价格模型适用于评估现有价格模式下的储气库金融价值，但随着国内天然气市场化改革的进行，历史价格模型的可靠性会发生降低。判断在更具市场性的价格模式下，应当何时将价值评估方法转为基于未来预期的模型类别，是值得进一步研究的问题。

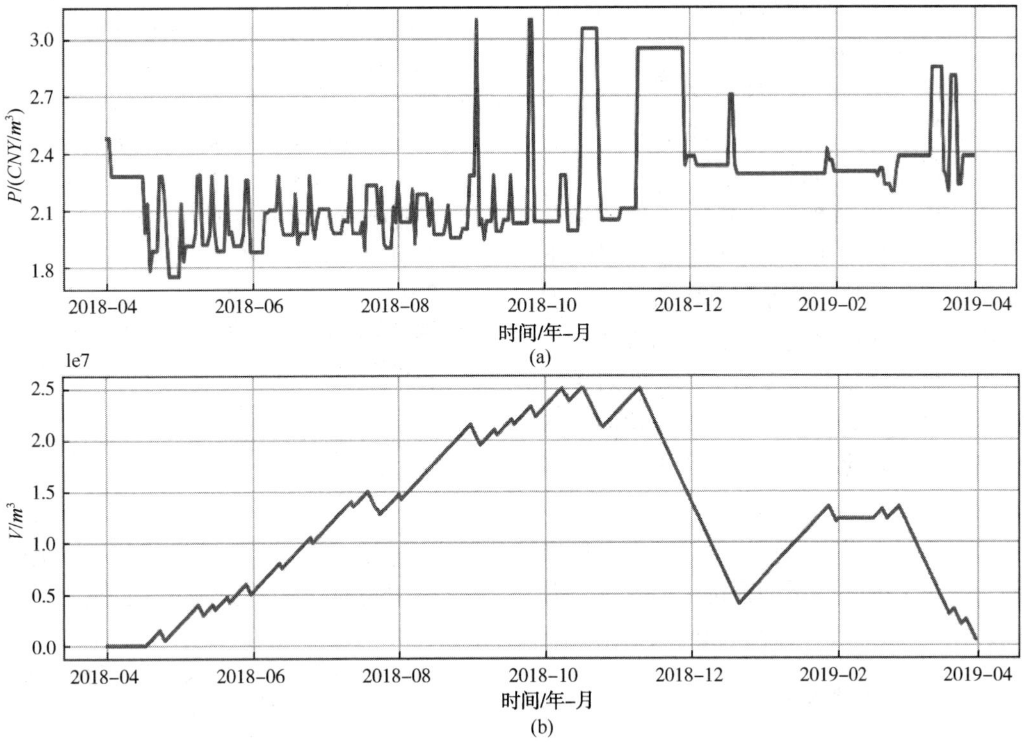

图 6　历史价格曲线及相应的优化工作气量路径(交易中心模式 2018-2019)

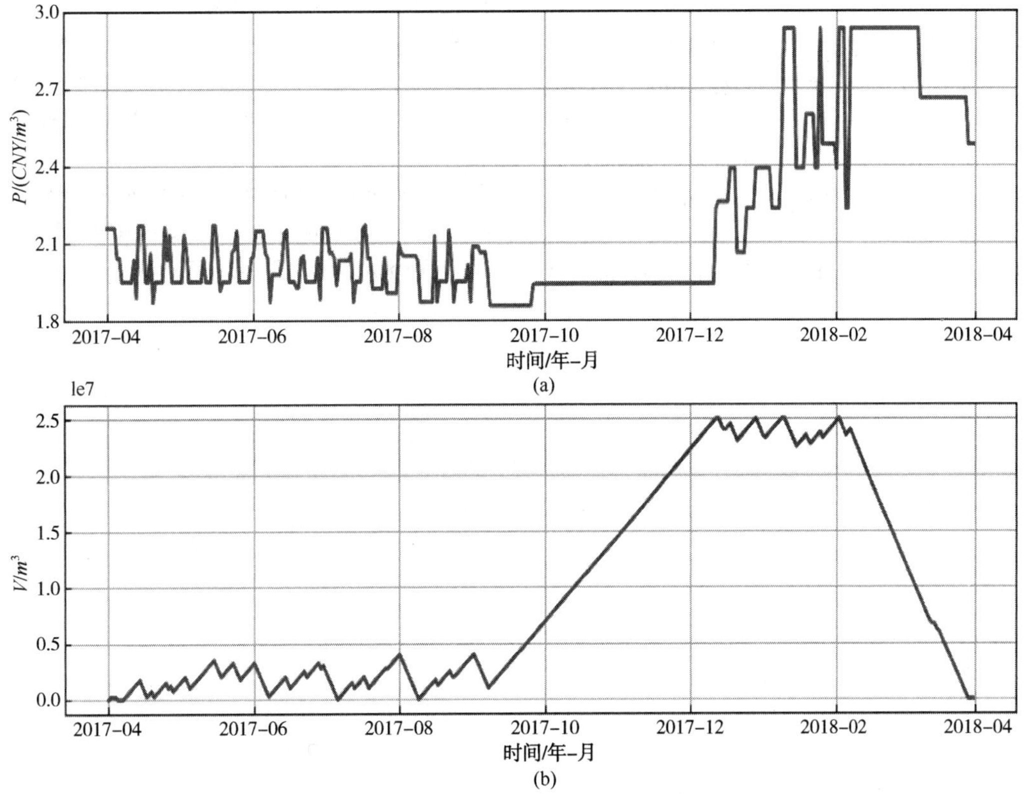

图 7　历史价格曲线及相应的优化工作气量路径(交易中心模式 2017-2018)

5 结论

本文基于欧美与国内天然气价格模式的差异分析，对储气库的金融价值评估模型方法进行了探讨，并建立了适用于低市场化程度的价值评估模型。主要得出如下结论：

(1) 欧美高市场化程度价格模式具有高波动性与高流动性特征，而国内现存两种价格模式则呈低波动性与低流动性特征。

(2) 考虑国内价格模式现有特征及未来变化，建立历史价格模型用于低市场化价格模式下的储气库价值评估，使用最小二乘蒙特卡洛模型作为价格模式市场化程度提高后的评估方法。

(3) 历史价格模型的主要特点为：针对单一历史价格曲线进行计算，同时适用于变化的交易周期。价格模式市场化程度越低，历史价格模型评估结果越可靠。

(4) 历史价格模型能够适用于国内现有价格模式的储气库价值评估，可捕捉价格的高点与低点的最优工作气量路径，并计算相应现金流。

参考文献

[1] 徐东，唐国强．中国储气库投资建设与运营管理的政策沿革及研究进展[J]．油气储运，2020，39(5)：481-491.

[2] 胡奥林，何春蕾，史宇峰，等．我国地下储气库价格机制研究[J]．天然气工业，2010，30(9)：91-96.

[3] De Jong C. Gas storage valuation and optimization [J]. Journal of Natural Gas Science and Engineering, 2015, 24: 365-378.

[4] Warin X. Gas storage hedging[G]. Numerical methods in finance. [S. l.]: Springer, 2012: 421-445.

[5] BOogert A, De Jong C. Gas storage valuation using a multifactor price process[J]. The Journal of Energy Markets, 2011, 4(4): 29-52.

[6] Bjerksund P, Stensland G, Vagstad F. Gas storage valuation: Price modelling v. optimization methods[J]. The Energy Journal, 2011, 32(1).

[7] Thompson M. Natural gas storage valuation, optimization, market and credit risk management [J]. Journal of Commodity Markets, 2016, 2(1): 26-44.

[8] Boogert A, De Jong C. Gas storage valuation using a Monte Carlo method [J]. The journal of derivatives, 2008, 15(3): 81-98.

[9] 粟科华，李伟，辛静，等．管网独立后我国储气库公司的经营策略探讨[J]．天然气工业，2019，39(9)：132-139.

[10] 李伟，粟科华，寇忠，et al. 美国独立地下储气库运营模式与启示——以 Youth Gas 储气库公司为例[J]．国际石油经济，2019，27(3)：73-80.

[11] 刘剑文，孙洪磊，杨建红．我国地下储气库运营模式研究[J]．国际石油经济，2018，26(6)：59-67.

[12] 张刚雄，李彬，郑得文，等．中国地下储气库业务面临的挑战及对策建议[J]．天然气工业，2017，37(1)：153-159.

[13] Borovkova S, Geman H. Seasonal and stochastic effects in commodity forward curves[J]. Review of Derivatives Research, 2006, 9(2): 167-186.

[14] Longstaff F A, Schwartz E S. Valuing American options by simulation: a simple least-squares approach[J]. The review of financial studies, 2001, 14(1): 113-147.

[15] Geman H, Ohana S. Forward curves, scarcity and price volatility in oil and natural gas markets[J]. Energy Economics, 2009, 31(4): 576-585.

相国寺储气库扩压增量技术应用

王 岩 李力民 蒋华全 杨 颖

（重庆相国寺储气库有限公司）

摘 要 跟新建储气库相比，扩大压力运行区间可在短时间不增加投资的前提下，提高储气库的工作气量。目前，国内外多家储气库都尝试提高了设计运行上限压力。在对单井基础资料、三维地震、测井、室内岩心实验、现场MDT测试、动态监测资料、生产动态资料的基础上，建立了相国寺储气库的地质模型、数模模型和地质力学模型，并开展耦合地质力学的动态数值模拟研究，从盖层、底托层完整性，断层密封性，以及毛细管压力密封性综合评价地质体完整性。综合地质完整性、井筒完整性、现有地面管网系统完整性等情况综合考虑，确定上限压力。同时，运用数值模拟技术模拟不同地层压力、不同井口压力和不同日注采气量等条件下的多套气藏工程方案，为相国寺储气库扩压增量提供了依据。

关键词 相国寺储气库；上限压力；地质力学；扩压增量

引言

中卫~贵阳联络线配套相国寺储气库项目于2010年启动，2011年10月正式开工建设，2013年6月开始注气，2014年12月开始采气。截至2022年9月，相国寺储气库已完成“九注八采”，正在进行第十个注气期。2021—2022采气期单日最高采气量创历史新高，达到2857万 m^3。

目前，国内外多家储气库都尝试提高了设计运行上限压力。跟新建储气库相比，扩大压力运行区间可在短时间不增加投资的前提下，提高储气库的工作气量。工作气量受到初始储气库地层压力(=最大工作压力)和运行下限压力的限制，改建储气库前的原始地层压力是在气藏形成的漫长地质历史时期形成的可维持圈闭稳定状态的压力，而下限压力则主要受制于地面工艺系统，因此提高储气库运行上限压力和降低设计运行下限压力必须建立在前期研究和充分论证基础上慎重决定。

在对单井基础资料、三维地震、测井、室内岩心实验、现场MDT测试、动态监测资料、生产动态资料的基础上，建立了相国寺储气库的地质模型、数模模型和地质力学模型，并开展耦合地质力学的动态数值模拟研究，从盖层、底托层完整性，断层密封性，以及毛细管压力密封性综合评价地质完整性。综合地质完整性、井筒完整性、现有地面管网系统完整性等情况综合考虑，确定上限压力。同时，运用数值模拟技术模拟不同地层压力、不同井口压力和不同日注采气量等条件下的多套气藏工程方案，为相国寺储气库扩压增量提供了依据。

在前期论证和研究的基础上，相国寺储气库于今年成功进行了扩压增量，工作气量由22.8亿 m^3 提升至25.2亿 m^3，下步工作气量将提升至26亿 m^3，届时工作气量将提高3.2亿 m^3，提高压力增加工作气量效果显著。通过加密巡检和每日跟踪分析表明，相国寺储气库地质体、井筒和地面管网系统完整性好，注气运行状况良好，提压风险可控。本文结合前期四维地质力学研究的成果，介绍了在相国寺储气库扩压增量工程中上限压力的确定方法，为其他油气藏型储气库扩压增量技术的应用提供了可借鉴的思路和方法。

1 地质特征概况

1.1 工区概况

相国寺储气库位于重庆渝北区境内，区内为山区地形，北高南低，海拔一般在400~820m，最高达1000m，山上人烟稀少，除农田外，尚有茶场、小型煤矿。其构造属川东南中隆高陡构造区华蓥山构造群，是华蓥山背斜带往南帚状分支中最东部的一受倾轴逆断层控制的“断垒型”狭长背斜，其东翼断层下盘为相东潜伏构造。构造走向为北北东向。

相国寺主体为一个不对称狭长高陡背斜构造，西北翼陡东南翼缓，储层高点海拔-1220m，最低圈闭线-1850m，区内圈闭面积23.2 km^2。

轴线大致呈北东向--北北东方向延伸，区内主要发育①⑤②④③号断层，断层规模较大，延伸较远。从下到上，主要盖层有梁山组、栖霞组、茅口组、长兴组、龙潭组、嘉陵江组等(图1、图2)。

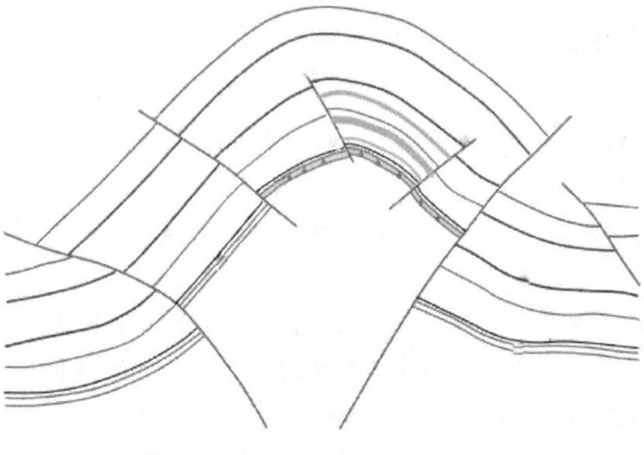

图1　相国寺气藏圈闭示意图

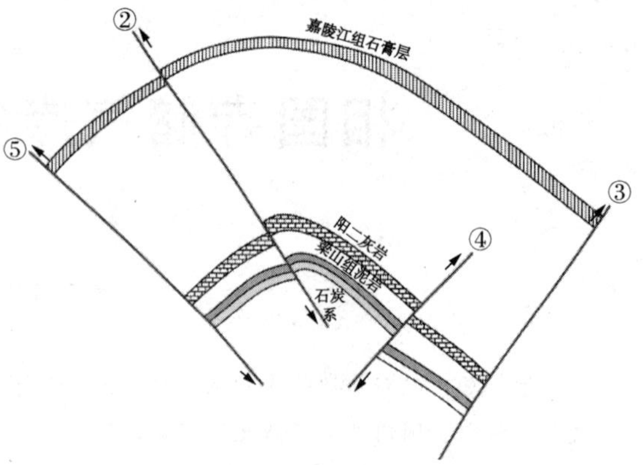

图2　相国寺储气库直接~间接盖层横剖面

1.2　注采运行概况

相国寺储气库2013年6月注气投产，22口注采井全部投用。截至2022年9月，历经“九注八采”，正在进行第十周期注气，历年累计注气146亿m^3，历年累计采气105亿m^3，全面实现达容达产(图3)。

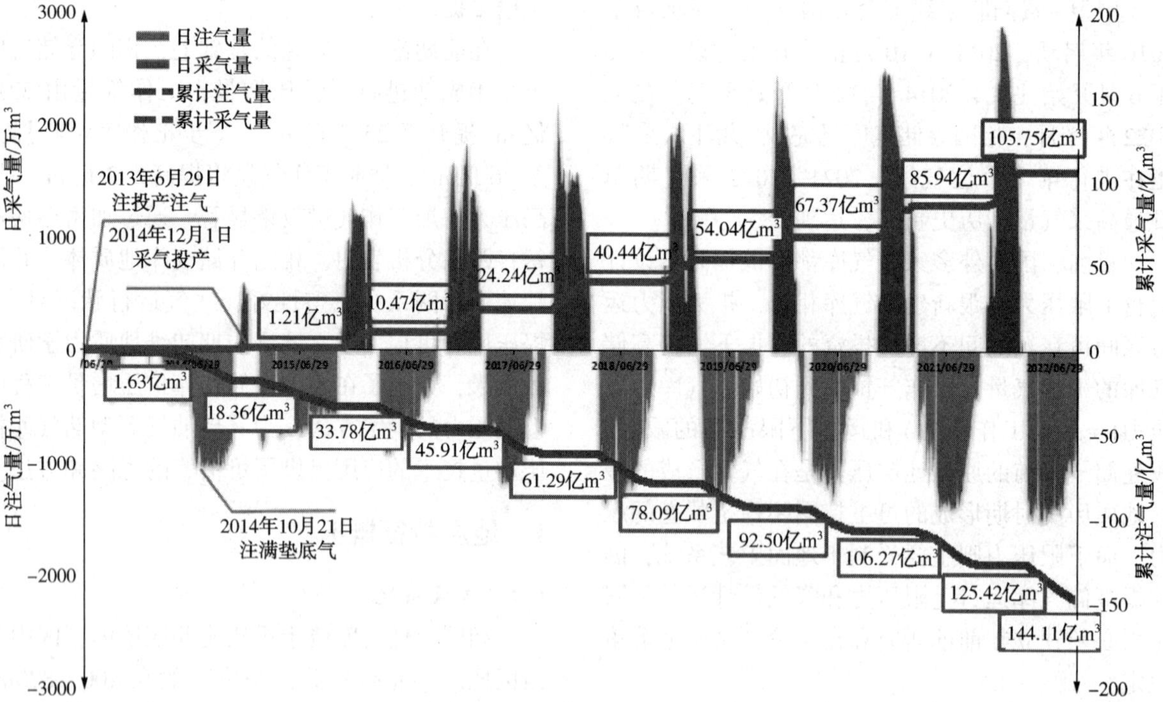

图3　相国寺储气库注采运行曲线

2　相国寺储气库上限压力分析

2.1　岩心实验分析

为研究岩石静、动态下毛管密封能力，对直接盖层梁山组、底托层韩家店组开展了岩石孔渗测定、微观结构分析(压汞、扫描电镜、X衍射、扩散系数)、静态突破压力、动态突破压力的实验。

2.1.1　盖层和基底岩层封闭能力综合评价

圈闭岩石覆盖在储层之上，是能够阻止气体向上逸散的致密岩层。密封性是盖层必要条件，也是圈闭岩石的基本特征，因此圈闭岩石必须具有较高的气体突破压力。为避免原生水和气体就可能通过盖层岩石排出，优质圈闭岩石的渗透率应该<10^{-2} μm²，突破压力应该>2MPa。本文参考根据孔隙结构参数定义的圈闭岩石评价标准，评定研究区盖层、底托层岩石封闭性能，具体见表1。

表1　岩石封闭能力评价

层位	类型	孔隙度/%	渗透率/10^{-3} μm²	扩散系数	突破压力/MPa	级别
龙潭	间接盖层	<6	<0.4	<1.67E-06	≥11.0	优
梁山	直接盖层	<0.7	<0.003	<8.51E-05	≥32.4	优
韩家店	底托层	<1.6	<0.6	<1.03E-05	≥4.1	优

盖层梁山组、龙潭组及韩家店组较为致密，盖层梁山组比表面积为2.129~7.316m²/g，孔隙度为0.04%~4.44%，渗透率为(0.0001~0.4340)×10^{-3} μm²，盖层排驱压力分布于26.23MPa~42.17MPa，最大孔喉半径在0.252~1.188μm，盖层、底托层突破压力≥4.1MPa，极限运行压力≥29.0MPa，盖层和底托层天然气密封性良好。

2.1.2　储盖层和基底岩层岩石力学特征研究

1）单轴抗张实验分析

通过岩石的单轴抗压、抗拉强度测试，研究了岩石的抗拉破坏能力。通过对龙潭组、梁山组、黄龙组、韩家店组岩心进行单轴抗压实验，测试获得了弹性模量及泊松比等参数，为地质力学建模提供重要的基础参数。实验证明：盖层及底托层单轴抗压强度较高，平均在68MPa左右，梁山和黄龙抗拉强度为4.4~4.6MPa。

2）三轴抗压强度实验

通过进行不同围压下三轴抗压强度测试实验，得到岩石抗压强度、内聚力和内摩擦角等参数以及岩石的弹塑性转换临界点，去评价岩石抗剪切破坏的能力。通过对龙潭、梁山、黄龙和韩家店的岩心进行三轴抗压强度测试实验可知：三轴压缩条件下，岩石随着围压的升高，强度逐渐升高，岩石的破坏形态以共轭剪切破坏模式为主，当围压高于30MPa以后开始表现出脆延性转换趋势，出现残余强度，残余强度是峰值强度的60%~80%；岩石体积膨胀点是峰值强度的70%~80%，随着围压增加变化不明显，说明在注采受力条件下，盖层岩石不会发生渗透率增加现象(图4、图5)。

3）周期加载疲劳实验

通过多周期疲劳实验可知：在疲劳实验前后岩石表观未发生宏观破坏，随着上限压力的升高，疲劳累积应变现呈现增加趋势。在1.5倍上限压力下，四种岩石的累积变形很小，残余塑性应变的量可忽略不计，从盖层安全角度说明具备提压可行性，不会对储气库密封性产生影响(图6)。

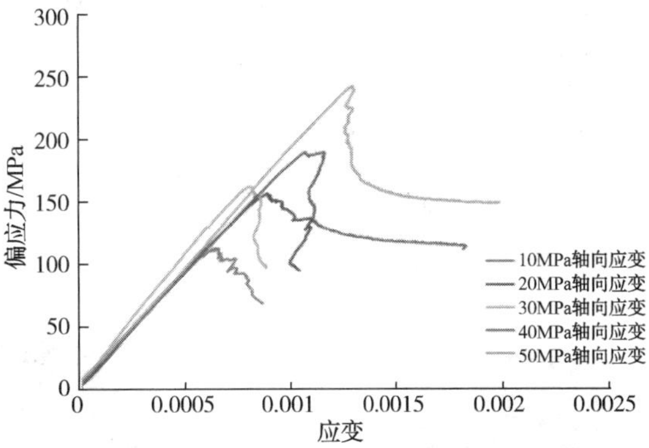

图4　梁山组泥岩三周抗压强度实验

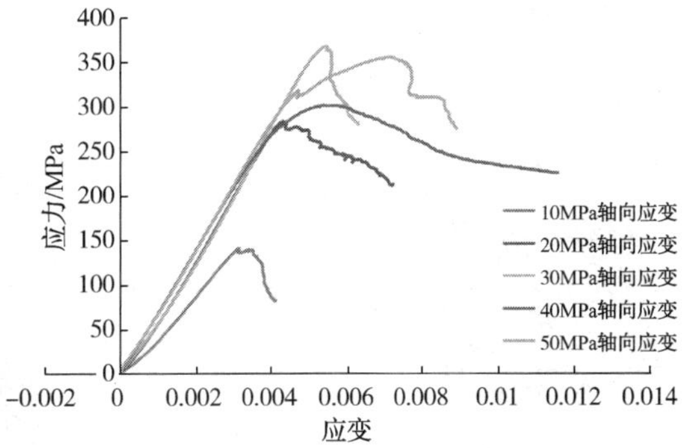

图5　梁山组泥岩三周抗压强度实验

建立了以岩石变形过程中体积膨胀点为界限的损伤因子，用于判定储气库圈闭密封的安全性。获得了相国寺储气库岩石注采及压力优化到1.5倍上限压力过程中岩石的损伤因子，所有岩石的损伤因子均远远小于1，说明岩石状态良好，无安全风险。

疲劳实验前后，盖层岩石的孔渗变化差异较小，突破压力有增大趋势，证明注采压力尚处于岩石变形的弹性压密阶段，同时CT扫描也表明长期注采疲劳对岩石结构变化影响不明显，不会对盖层产生结构性损害。

2.2　地质力学完整性分析

一维地质力学建模只能分析已钻井位置处的地质力学状态，三维地质力学可以分析储层特定地层压力条件下的地应力状态。在油气藏开发过程中储层的地层压力会随着开发生产而变化，进而导致储层的地应力状态产生相应的变化，因此开展四维地质力学模拟和研究，将储层流动模型与精细的有限元模型耦合来，精细模拟计算储层开发过程中不同时期的地应力状态的变化和分布规律(图7)，并以此为基础评估分析储层的地层压实、地层沉降、盖层的完整性、断层的活动性等。

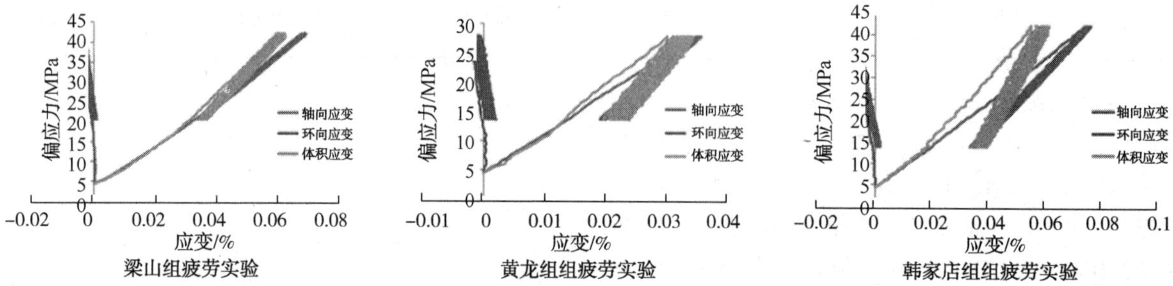

图6　循环加载疲劳实验结果

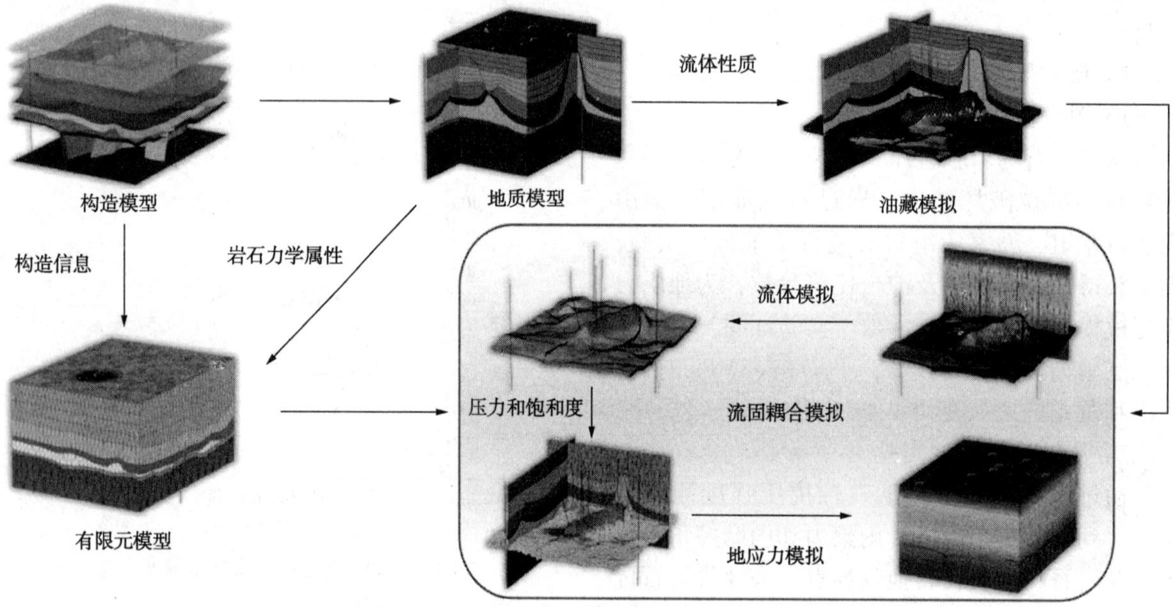

图7　四维地应力建模流程图

定义模拟仿真时间步骤：选择了16个地质力学模拟步骤来模拟分析储层压力的变化对地应力、应变和位移的影响。除了分析气田开始时初始阶段和平衡阶段之外，还增加了中间两个压降阶段的地层压力(出现主要压降的时间点)和在压降阶段结束时的最大地层压力压降。8个相国寺储气库阶段循环注采周期操作过程中黄龙组地层的最大和最小储层孔隙压力，即每个注采周期(即每年)结束时的地层压力分布，如图8所示。

2.2.1　盖层及底托层完整性分析

对相国寺储气库盖层、底托层力学完整性重点研究天然气注入引起的储层压力超过原始储层压力条件下的盖层完整性和断层稳定性。

分析了高于储层原始压力的四个注入压力，即假定在黄龙组储层原始压力的基础上分阶段地均匀地每次增加3MPa地层压力，黄龙组储层最顶部的压力从大约28MPa增加到40MPa。

1) 梁山组盖层力学完整性分析

通过对比注气后的储层压力与梁山组的最小主应力，分析了梁山组盖层在不同注气压力条件下的完整性。

通过分析梁山组盖层的拉张破坏风险后发现，相国寺构造中部区域的最小主应力是最小的。模拟当注气压力超过原始储层压力约+6MPa(34MPa)时，将接近盖层最小主应力不确定性范围的下限。相国寺构造北部地区，由于构造较深，预计将具有更高的最小主应力。相国寺构造南部地区的最小主应力略高于中部地区。模拟当注气压力超过原始储层压力约+8MPa(36MPa)时，将接近盖层最小主应力不确定性范围的下限。

在对比分析梁山组盖层在不同构造的部位其岩石剪切破坏的应力变化后发现，在假定的注入压力下，梁山组盖层发生剪切破坏的风险很小(图9)。

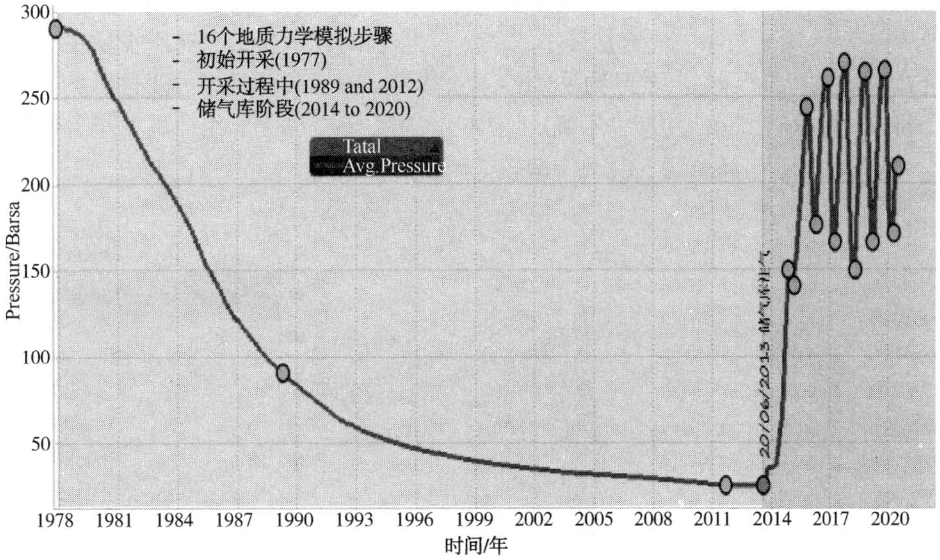

图8　四维地质力学模拟时间步的选择

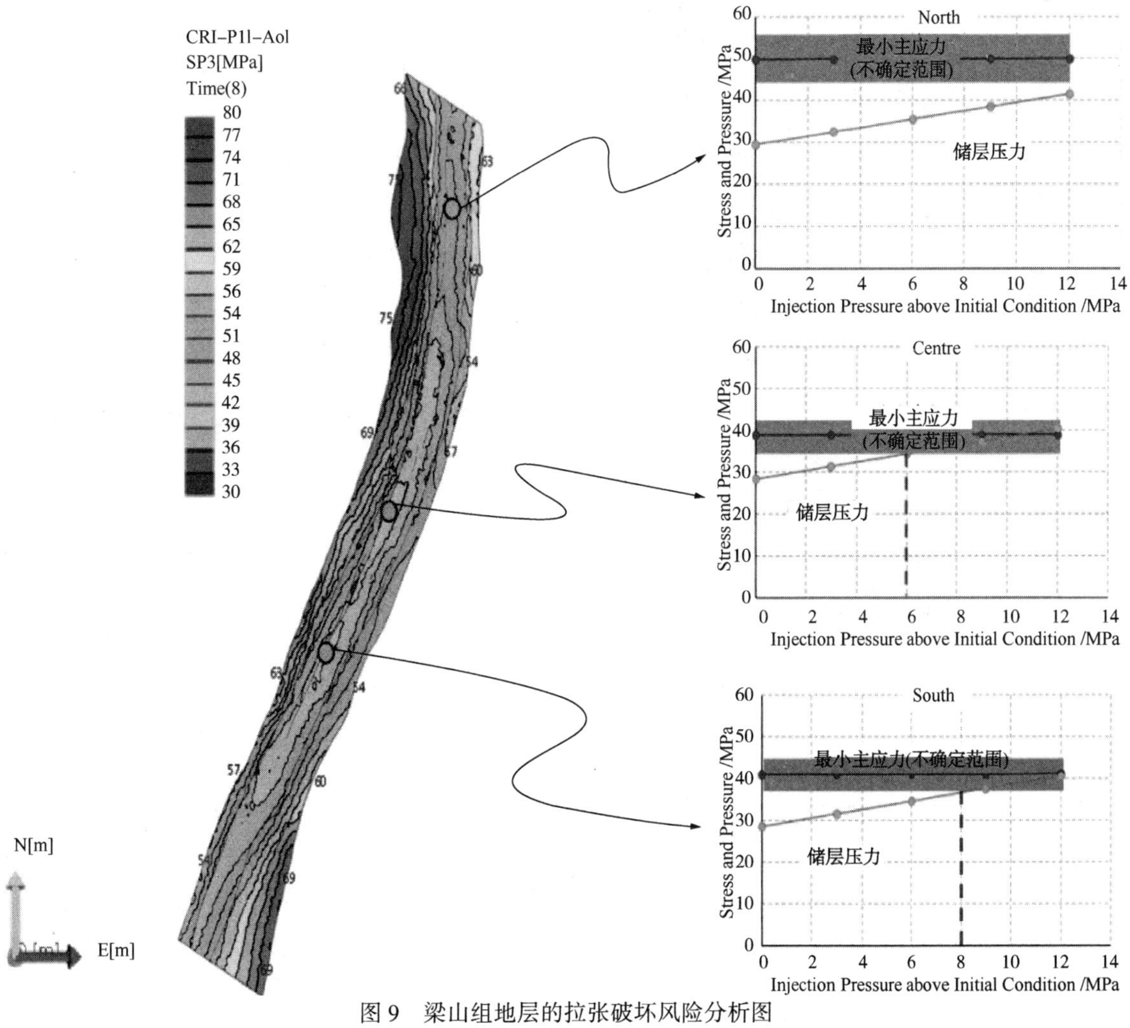

图9　梁山组地层的拉张破坏风险分析图

2）韩家店组底托层力学完整性分析

通过对比注气后的储层压力与韩家店组的最小主应力，分析研究了韩家店在不同注气压力条件下的完整性。

通过分析韩家店组底托层的拉张破坏风险后发现，相国寺构造中部区域的最小主应力是最小的。模拟当注气压力超过原始储层压力约+6MPa（34MPa）时，将接近韩家店组最小主应力不确定性范围的下限。相国寺构造北部地区，由于构造较深，预计将具有更高的最小主应力。模拟的注入压力未达到韩家店组中的最小主应力。相国寺构造南部地区的最小主应力略高于中部地区。模拟当注气压力超过原始储层压力约+8MPa（36MPa）时，将接近韩家店组最小主应力不确定性范围的下限。

在对比分析韩家店组盖层在不同构造的部位其岩石剪切破坏的应力变化后发现，在假定的注入压力下，韩家店组盖层发生剪切破坏的风险很小（图10）。

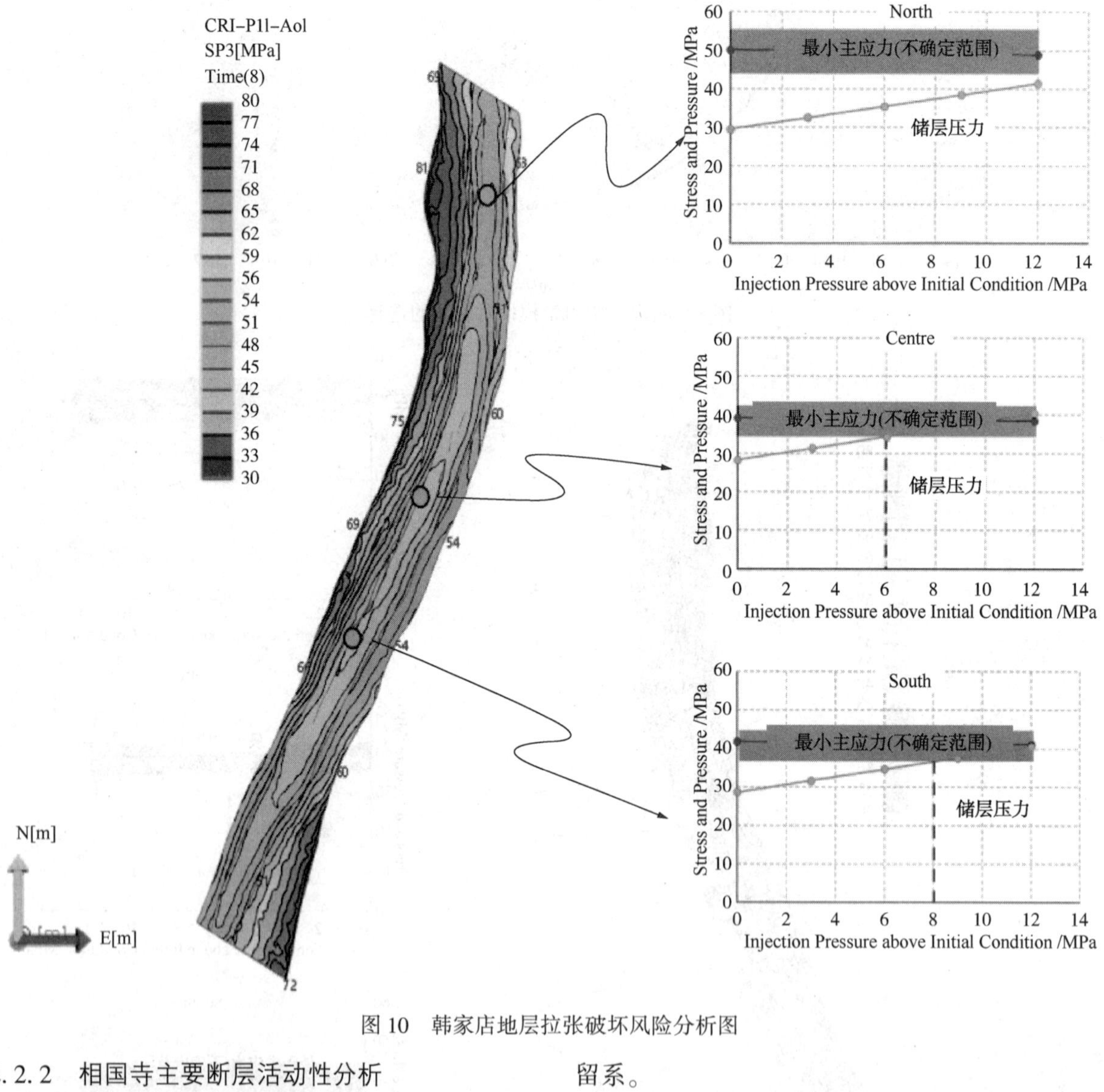

图10　韩家店地层拉张破坏风险分析图

2.2.2　相国寺主要断层活动性分析

相国寺区域内断层形成于喜山期，受到来自南东与北西方向的挤压，顺构造轴线方向展布。区块内主要发育6条断层，断层规模8~27km，其中①、③、⑤号断层横跨整个三维工区。断层主要断开二、三叠系地层，向上消失于三叠系，断开嘉陵江组内部；向下多滑脱消失于界志留系。

为了评估断层再激活的风险，将相国寺构造不同部分的应力摩尔圆与断层和天然裂缝的破坏包络线进行了比较。只要整个应力摩尔圆都在破坏包络线之内，就不会有断层或天然裂缝在激活的危险。将黄龙组地层不同部位的应力莫尔圆（在初始地层压力和高注入压力下）与断层和天然裂缝的破坏包络线进行了比较。

由于断层和天然裂缝的力学性质具有一定不确定，因此假设断层面的摩擦系数为 0.6，内聚力为 0 进行分析(图 11)。

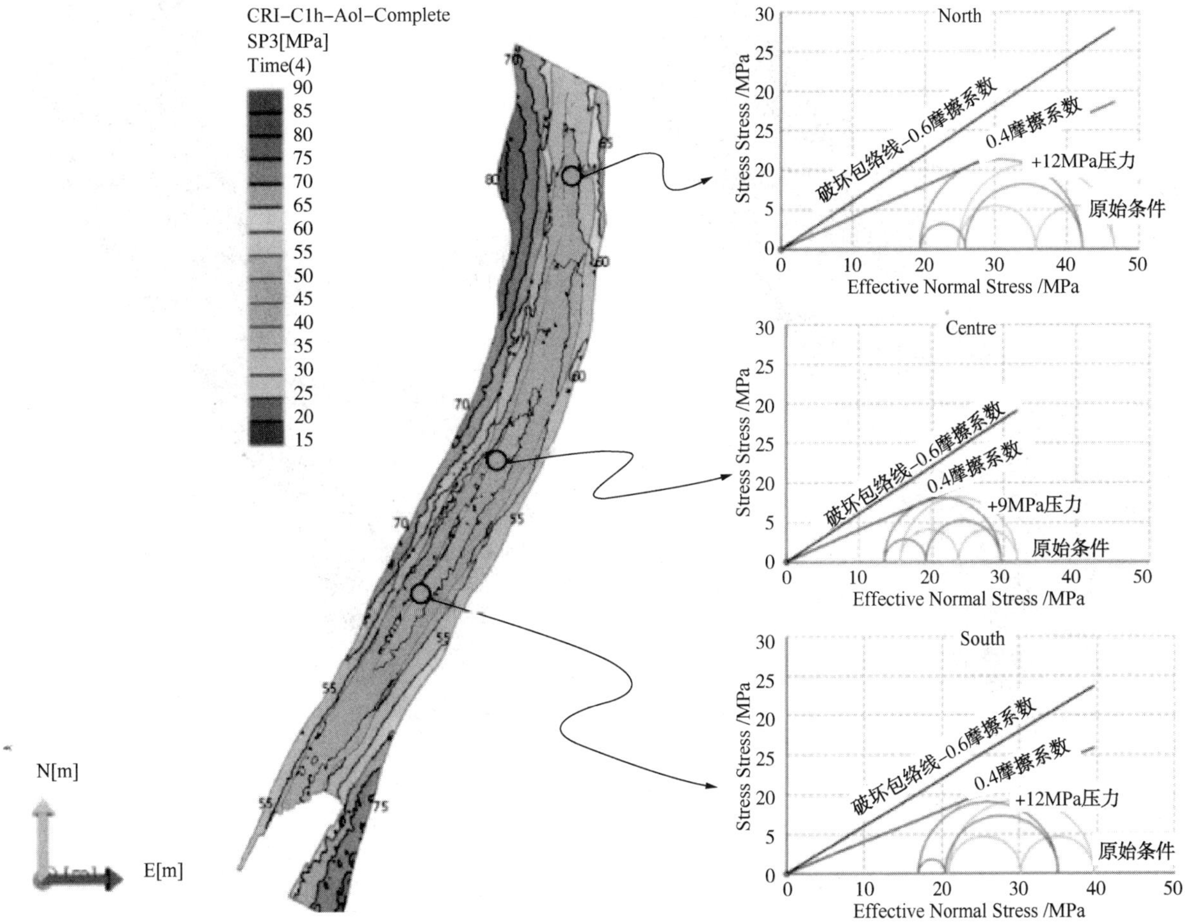

图 11 黄龙组地层中部、北部、南部区块断层活动性分析

与研究区的其余部分相比，构造中央部分的有效应力似乎更低。当注气压力超过原始地层压力约+9MPa 时的莫尔圆刚好接触了 0.4 摩擦系数的破坏包络线，但仍远低于摩擦系数为 0.6 的破坏包络线。

研究区构造北部由于构造较深，其有效应力通常较高。当注入压力超过原始地层压力约+12MPa 时的莫尔圆仍低于 0.6 摩擦系数的包络线，只需接近摩擦系数为 0.4 的包络线。总体而言，断层和断层再活化的风险较低。

南部的有效应力相对较低，但高于中部。当注入压力超过原始地层压力约+12MPa 的注射压力情况下，对于摩擦系数为 0.4 和 0.6 的情况下，都没有断层活化的风险。

将四维地应力模拟每个数值模拟步计算出的应力被映射到以黄龙为主储层的主要断层面上。根据地应力状态、孔隙压力以及断层的产状来计算作用在这些主要断层面的切应力和正压应力。根据断层面的正应力和剪应力来评估断层的稳定性。为此设定断层的摩擦系数为 0.6，内聚力为 0(这是保守的情况)，为此计算断层面的 T_{au} 比值，即断层重新激活的趋势(即 T_{au} 比值>1.0 表示重新激活)。总体上在所模拟，所有断层的 T_{au} 比值均小于 0.6。因此没有重新激活的风险。

图 12 是对五个主要断层(F1、F2、F3、F4、F5)开展了断层稳定性的分析。分析表明在 XGS 气田的过去数十年生产运行中，没有重新激活故障的风险。总体而言，由于储层压力没有超过初始条件，并且上覆岩层的应力变化可以忽略不计，因此在整个模拟步分析步整个储层的 T_{au} 比(断层活化趋势)远低于临界条件。

生产压降对断层稳定性的影响：油藏枯竭(油藏压力降低)增加了有效应力，增加了作用在断层上的有效法向应力，断层将趋于更加稳定(图 13)。

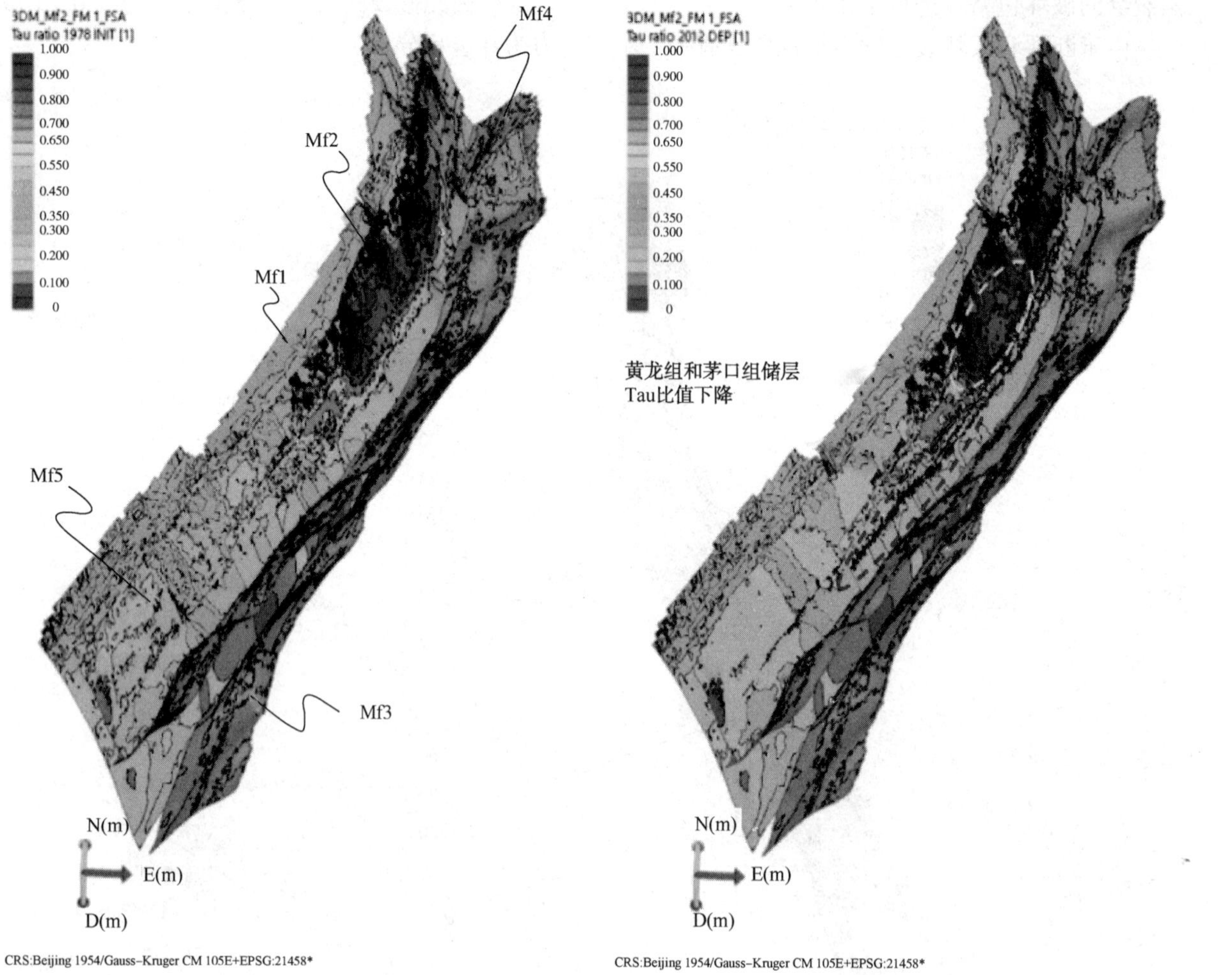

图 12　五个主要断层开采初期和压力衰竭末期断层活动性分析图

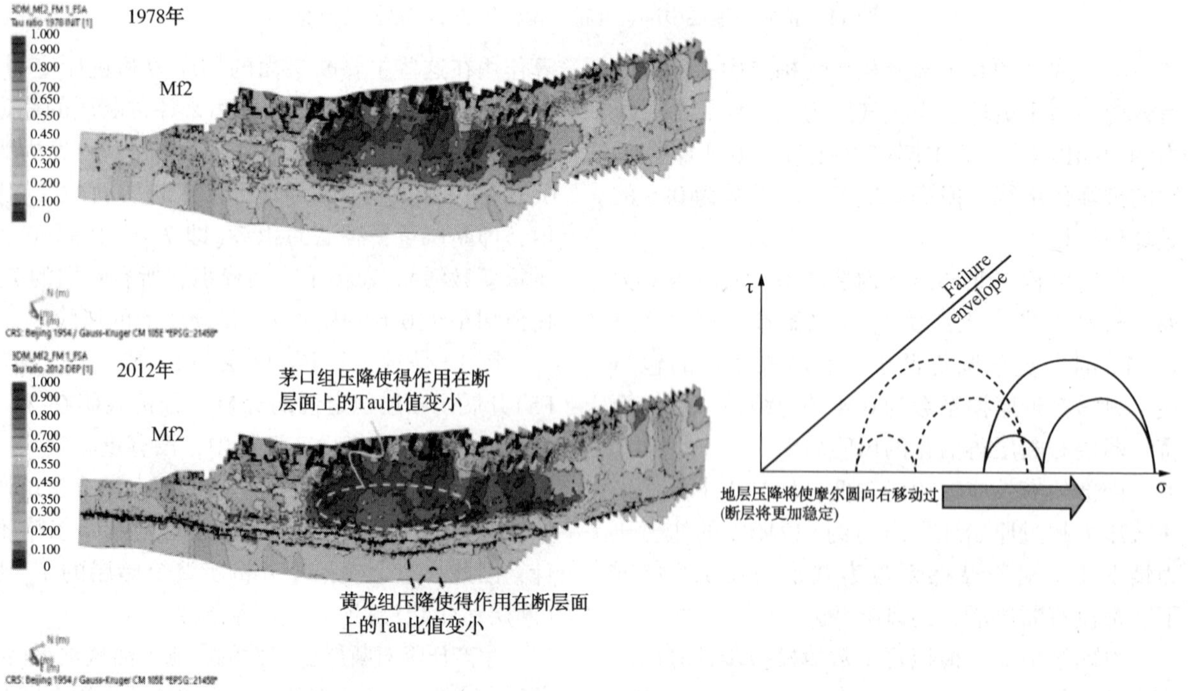

图 13　F2 断层开采初期和压力衰竭末期断层活动性分析图

通过对地质力学研究及封闭性评价，从地质体完整性来说，虽然在提压不超过6MPa情况下不会发生力学破坏，但提压过高可能会有气体突破风险；提压后气柱高度将增大，为降低气藏北部可能存在的逸散风险，提压幅度不宜太大；考虑一定安全范围及溢出风险，上限地层压力不宜超过30MPa。

2.3 井筒完整性分析

参考已有标准，基于井身结构、井口装置、完井管柱、完井封隔器的强度数据及压力等级，计算出井口装置可承受最高运行压力、封隔器以上油管可承受最高运行压力、封隔器可承受最高运行压力、封隔器下部油层套管可承受最高运行压力，得出单井可承受最高运行压力。通过对21口注采井进行分析，相国寺储气库21口注采井均可满足井口压力在35MPa条件下的注采。

2.4 地面管网完整性分析

从地面管网系统来说，相国寺储气库已建成现有地面管网系统设计压力不超过30MPa。根据相国寺历史运行数据，在不同注气量条件下，注气期气井井口压力通常比井底压力低1~3MPa。当注气末期上限地层压力达到30MPa时，井口压力不会超过30MPa。但考虑地面管网压力也应留有一定安全余地，上限地层压力建议在30MPa以内。

2.5 上限压力确定

从地质体完整性分析来说，上限地层压力建议在30MPa以内。从井筒完整性分析来说，注采井均可满足井口压力在35MPa条件下的注采。从地面管网完整性分析来说，上限地层压力建议在30MPa以内。

综合地质完整性风险、井筒完整性及适应性、现有地面管网系统现状等情况，相国寺储气库扩大运行压力区间上限地层压力不宜超过30MPa。

3 气藏工程方案

3.1 方案设计

结合相国寺储气库运行期间静动态资料及已建地面设施，本次扩大运行压力区间提高工作气量气藏工程方案遵循安全优先、分步实施、加强监测、经济可行的基本原则。以提高储气库工作气量及应急调峰能力为目的，综合现有地面条件，考虑提高上限压力、增加井数、降低下限压力、混合措施等方式设计16套方案(图14)。

3.2 方案优选

通过方案优选，选择了可控风险方案。该方案实施分步提压，提高上限地层压力到30MPa+降低下限井口压力到6MPa+增加最大调峰采气量到3000万 m^3/d，相国寺储气库工作气量可达26亿 m^3。该方案风险可控，且地面改造工作量适中，可作为推荐方案(表2)。

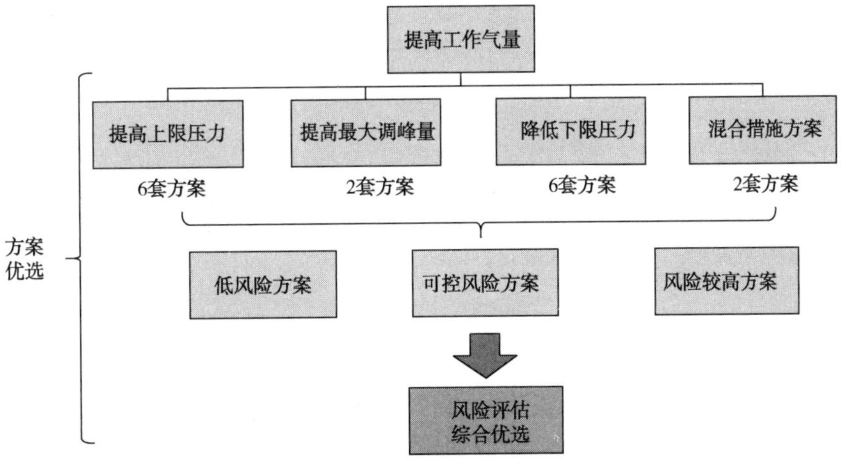

图14 扩大运行压力区间提高工作气量方案设计思路图

表2 26亿工作气量方案预测表

风险	采气日配产/(万 m^3/d)	上限地层压力/MPa	库容量/亿 m^3	最低井口下限压力/MPa	2855或3000万 m^3/d 稳产时间	2400万 m^3/d 稳产时间	采气期末日产产量/MPa	周期工作气量/亿 m^3
可控风险	1000(10天)+3000(10天)+2400	30	45	6	3000万 m^3/d 稳产10天	60	1318	26.0

3.3 风险分析

通过建立的四维地质力学模型与储气库数值模拟模型进行耦合研究显示，提压至 30MPa 地层压力后，盖层、底托层和上覆层的应力变化可以忽略不计。这是由于储层黄龙组储层岩石较刚硬(杨氏模量>50GPa)，且地层较薄(平均厚度为 10m)，储层和形变位移非常小(构造核部垂直位移平均为 2.5mm)，因此其对盖层、上覆层和底托层的地应力变化影响非常小。提高上限压力期间需时刻加强动态监测，方案中提高上限压力可行性分析主要基于四维地质力学模型，实际情况还需部署微地震网络不断监控地质体应力变化，实时更新分析气库提压运行风险。

4 结论

在对单井基础资料、三维地震、测井、室内岩心实验、现场 MDT 测试、动态监测资料、生产动态资料的基础上，建立了相国寺储气库的地质模型、数模模型和地质力学模型，并开展耦合地质力学的动态数值模拟研究，从盖层、底托层完整性，断层密封性，以及毛细管压力密封性综合评价地质完整性。综合地质完整性、井筒完整性、现有地面管网系统完整性等情况综合考虑，确定了相国寺储气库运行上限压力。同时，运用数值模拟技术模拟不同地层压力、不同井口压力和不同日注采气量等条件下的多套气藏工程方案，通过方案优选，确定了扩压增量的实施方案。在实际提压运行中，通过日常巡检和动态跟踪，表明储气库运行情况良好，注采风险可控。

参考文献

[1] 马新华，丁国生，等．中国天然气地下储气库[M]．北京：石油工业出版社，2018.

[2] 马新华，郑得文，申瑞臣，等．中国复杂地质条件气藏型储气库建库关键技术与实践[J]．石油勘探与开发，2018.

油藏型储气库先导试验设计方法及效果评价
——以冀东堡古2储气库为例

孙彦春[1] 何海燕[1] 王 淼[1] 孙军昌[2,3] 李 聪[4] 贾 倩[1] 段 彬[1] 胡彩云[4]

(1. 中国石油冀东油田公司勘探开发研究院；2. 中国石油勘探开发研究院地下储库研究中心；
3. 中国石油天然气集团公司油气地下储库工程重点实验室；4. 中国石油冀东油田分公司储气库建设项目部)

摘　要　先导试验作为储气库建设的重要环节，尤其对地质条件复杂、参数设计认识不清的复杂油气藏改建的储气库。目前国内外储气库建设主要以气藏建库为主，冀东油田堡古2储气库首次实施注水开发油藏改建储气库。由于相态渗流机理、建库方式、评价方法等方面远比气藏复杂，为了降低建库风险、核实关键建库参数，围绕油藏地质体完整性、次生气顶的形成、建库短期高速注气能力、油层提采扩容潜力等不确定因素，针对性开展试验区及老井注气井的选择、试验周期设计、新钻井部署、注采气能力评价、动态监测等方案设计，为整体建设方案提供依据。先导试验结果表明：①高精度地应力测试和四维地质力学模拟证实储气地质体密封性好；②动静态资料证实平面及纵向连通性好；③饱和度测试与数值模拟结果表明，注气后构造高部位自由气逐步富集；④试注试验表明，注气能力好于方案设计；⑤10口邻井气驱见效，阶段增油1059t，预计提采1.7%，气驱提采效果初显。国内油藏建库技术基本处于空白状态，堡古2储气库先导试验的成功开展指导了渤海湾第一座油藏建库地质方案设计和现场工程实施，也为当前形势下探索建库新模式提供新的思路和借鉴。

关键词　先导试验；注采气能力；极限承压能力；提采扩容；油藏

引言

储气库作为天然气“产供储销”产业链中重要组成部分，是保障天然气安全稳定供应的重大民生工程，加快储气库建设是完成国家储气能力建设任务的使命担当。2022年国内天然气对外依存度高达44%，储气能力占消费量仅为5.13%，远低于发达国家水平(11.8%)，天然气保供面临巨大压力。十四五期间随着优质气藏建库资源匮乏，储气库库址逐渐向复杂油藏等领域拓展，建库地质条件更加复杂，建库难度加大，加快储气设施建设面临巨大挑战。当前形势下，急需转变建库理念，创新油藏建库新模式，探索气驱采油与协同建库，实现储气能力快速提升。我国储气库以气藏型为主，技术相对成熟；油藏型储气库协同天然气驱油提高原油采收率一体化建库，是近年发展起来的新的储气库类型，被称为协同型储气库，在冀东、塔里木、辽河等油田开展注气试验，相关技术目前仍处于探索阶段。先导试验作为储气库建设过程中重要环节，旨在解决可行性研究过程中不确定性问题。油藏建库不同于气藏建库，面对气液交互滚动排驱，三相渗流相态复杂，次生气顶形成机理不清，注采气能力和储气空间评价难度大，油藏建库技术不足和经验缺乏等挑战，更需要开展先导试验夯实油藏建库关键参数、深化认识。关于油藏改建储气库先导试验方面目前未见相关文献报道，近年来，冀东油田堡古2储气库完成了先导试验，针对油藏型储气库先导试验方案设计、认识方面积累了一定的经验，可为同类油藏改建储气库先导试验提供借鉴。

1　先导试验目的

堡古2储气库为冀东油田首批建库目标，为发育在潜山背景上被断层复杂化的背斜构造，目的层Es1为湖底扇沉积，储层为砾、砂混杂的块状砂体，储层厚度大，平均为73.7m，分布范围广且纵向泛连通，，孔隙度平均14.9%，渗透率$189.4\times10^{-3}\mu m^2$，油藏埋深-3940～-4200m，为块状强挥发性油藏，地层原油密度为0.49g/cm^3，黏度为0.1mPa·s；投产初期单井产量高、气量大，单井日产油最高72.1～249t，平均119t，单井日产气最高9.4万~16万m^3，平均11.5万m^3，展示了良好的注采气能力。前期评价研究研究结果表明，该区块具备加快储气库建设的有利地质条件。

堡古2储气库开展可行性研究主要存在四方面不确定性，旨在通过矿场先导试验验证和核实，提高可行性研究方案指标的可靠性。

(1) 区内断裂发育、注气交变工况下储气地质体动态密封性需深入评价，进一步完善地质体完整性评价。

(2) 高强度注采导致流体分布复杂，次生气顶形成规律需深入评价。

(3) 老井的注气能力为理论求取，存在不确定性，需要通过矿场验证。

(4) 天然气驱油与储气库协同建设气驱提采效果需要通过矿场验证。

围绕油藏建库地质体完整性、次生气顶形成、单井注气能力、重力混相气驱提采扩容效果等可研方案研究不确定性问题，开展先导试验，实现提采扩容最大化、储集空间利用最大化，达到少井高产、高效建库的目标。

2　先导试验方案设计

先导试验方案设计涵盖试验区及注气井的选择、新钻井部署、单井注采气能力评价、试验周期设计、累计注气量设计、排采参数的优化、指标预测及动态监测体系设计等八大部分。

2.1　试验区及注气井的选择

试验区优选原则为：

(1) 具有一定储量基础，储层厚度大，具有建库潜力。

(2) 构造位置有利，地层倾角较大，易形成气顶重力驱。

(3) 砂体连通性好，能够形成有效驱替。

试验井优选原则为：

综合考虑地质条件和工程条件确定试验井。

(1) 优选构造位置高、有效储层厚度大、纵向非均质相对弱、地层压力保持水平低，易于形成次生气顶的具有代表性的井。

(2) 井筒质量完好，井下无复杂井况，工程上可实施。

基于优选原则，选择堡古2区块中部核心区天然能量不足，储量规模大、油层厚度大、地层倾角大的3个断块同时开展先导试验。地质工程相结合，在构造高部位优选三口老井开展先导试验，三口井均位于次生气顶范围内、构造位置有利、有效储层厚度大、储层渗透率高、井筒质量完好，均为三个断块的代表井。

2.2　新钻井部署

堡古2储气库先导试验部署一口大尺寸产能评价井，部署目的为评价大尺寸单井注采气能力、气体扩散及气顶形成规律，针对性开展盖层、储层取心，完善地质体完整性评价资料。

大尺寸产能评价井部署原则是部署于构造高部位、储层厚度大、物性条件较好的区域，优化井身轨迹，纵向盖层、储层全面揭示，按注采井进行设计，下入套管永久式光纤，满足资料监测需求。

2.3　单井注采气能力评价

单井注采气能力评价是油藏建库先导试验的主要目的之一，在矿场实施之前，需要通过理论方法评价单井注采气能力，为矿场试验提供参考。

目前针对单井注采气能力评价常用的方法为，以物质平衡为核心，综合考虑节点协调、临界携液、临界冲蚀流量、临界出砂压差、宏观注气速度、注入能力动态修正和气源条件等因素，优化确定合理单井注入量。建库前，油藏经历注水开发，三相渗流机理复杂，储气库交变注采工况下，不同流体饱和度条件下注采气能力差异大，常规产能设计方法仅为理论求取，存在一定误差。因此，条件允许的储气库应针对不同井型开展不同周期(不同压力不同含气饱和度下)注采气能力评价，指导井网部署，确保达容达产。

2.4　试验周期设计

试验周期的设计一般基于地区用气规律、油田生产现状、试验目的、总注气量等因素，并结合油田具体需求确定，注采运行应统筹注气、排液、动态监测、新钻井等合理规划。

堡古2储气库先导试验周期定为2021年1月至2022年3月，注气周期为2021年4月至2021年10月。

2.5　排采参数的优化

借鉴国外油藏注气排液腾空、协同采油增效建库实践经验，油藏建库一般构建高注低采、平面纵向差异化立体注采井网，总体按照稳定注气驱油、高效建库扩容思路，分批分阶段注气驱油、逐步形成和扩大次生气顶。按照注气过程地层压力恢复、流体运移控制影响因素和主要矛盾，达容前建库过程包括三个阶段：建库初期“稳定注气、高效恢复能量”、建库中期“差异注气、高效协同提采”和建库后期“强化注采、长期携液扩容”阶段。一般来说，先导试验属于第一个阶段，为全面实现先导试验目的，需开展注采高差、合理采液速度、不同井排开井时机、不同井排日产液量等关键排采参数论证。

通过先导试验区数值模拟论证，堡古2储气库排采方式为排液井全时率排液、排液井合理注采高差至少大于30m、合理采液速度为2%～3%，所有井排同时开井排液、不同井排的日产液比例为1∶2∶3最优，排液井关井时机为气液比达到2000m^3/t。

2.6 指标预测

基于试验井井位部署、单井注采气能力、试验周期预测先导试验期间的注采气量、排液量、气油比、地层压力、含气饱和度等指标。

堡古2储气库3口老井注气200天，累计注气3000万m^3，地层压力平均增幅为2.4MPa。

2.7 动态监测体系设计

针对先导试验目的需分阶段建立全过程动态监测框架方案，实时把握天然气、原油运动规律，防止气窜，进一步评价圈闭封闭性、注采气能力、次生气顶的形成及运移、气驱排采潜力等，达到先导试验目的。

监测手段常规与重点监测并重，常规手段为温度压力、产能试井、注采剖面、示踪剂、流体组分分析等，辅以微地震、光纤监测、干扰试井、饱和度测试、地应力测试等重点监测项目。监测目的为密封性监测、连通性监测、边界探测、界面监测、注采能力评价、流体运移监测、饱和度监测等。动态监测方案要针对具体油藏实际情况差异对待，可设置定点监测井。

3 先导试验效果评价

通过精心组织、及时跟踪评价，截至2022年3月，堡古2储气库已完成先导试验全部工作量，并在圈闭密封性、储层连通性、次生气顶形成、单井注气能力、扩容排采潜力等方面取得了重要认识。

3.1 地质体密封性

（1）基于动态监测、地应力测试及四维地质力学模拟，综合评价地质体安全承压能力45.1MPa，较原始地层压力高5MPa，具有良好密封性。

新钻注采井在盖层、直接泥岩盖层和储层取心，开展岩石力学实验，获取E、μ、多次疲劳后三轴抗压强度等关键力学参数，测试储盖界面最小水平主应力平均为61.5MPa，最高安全注气压力可提升至49.2MPa，根据摩尔-库伦准则计算不发生剪切破坏可承受的最大地层压力为59.7MPa。

根据盖层密封性、断层密封性及极限承压能力评价，断层与盖层渗流安全承压能力为45.1MPa，断层与盖层稳定性极限承压能力为56.3MPa，考虑到断层参数与地应力参数的不确定性取值计算值80%为安全承压能力，安全注气压力为45.0MPa。

（2）综合先导试验期间示踪剂、生产特征和压力响应，矿场证实断块边界断层密封性好。先导试验期间2口注气井注入示踪剂，区内井见到示踪剂，对盘未见示踪剂；同时对盘地层压力和井口压力未见响应。

3.2 储层连通性

综合新钻井取心及先导试验期间动态监测资料，动静态综合评价平面及纵向储层连通性好（表1）。

表1　堡古2储气库地质体理论极限承压能力及安全注气压力评价表

<table>
<tr><th>对象</th><th>分类</th><th>密封因素</th><th>评价指标</th><th>评价结果</th><th>极限承压能力</th><th>安全注气压力</th></tr>
<tr><td rowspan="5">盖层</td><td>静态</td><td>地质特征</td><td>岩性、厚度</td><td>227m 泥岩</td><td>-</td><td>-</td></tr>
<tr><td rowspan="4">动态</td><td>毛细管密封</td><td>动态突破压力</td><td>45.6MPa</td><td>45.6MPa</td><td>45.6MPa</td></tr>
<tr><td>抗拉张破坏</td><td>最小水平主应力</td><td>60.1MPa
（区域应力）</td><td>60.1MPa
（区域应力）</td><td rowspan="2">49.2MPa</td></tr>
<tr><td rowspan="2">抗剪切破坏</td><td rowspan="2">剪切安全指数</td><td>61.5MPa
（现场实测）</td><td>61.5MPa
（现场实测）</td></tr>
<tr><td>0.74</td><td>59.7MPa</td><td>47.8MPa</td></tr>
<tr><td rowspan="2">断层</td><td>静态</td><td>侧向封闭性</td><td>SGR（F2突破压力）</td><td>上盘突破
压力>5.6MPa</td><td>45.1MPa</td><td>45.1MPa</td></tr>
<tr><td>动态</td><td>垂向封闭性</td><td>滑移临界承压能力</td><td>56.3MPa</td><td>56.3MPa</td><td>45.0MPa</td></tr>
</table>

（1）基于新钻井连续取心厘米级描述，明确夹层岩性、电性，夯实油藏块状特征。岩心观察无明显夹层，针对水道间夹层薄片观察证实夹层岩性为不等粒岩屑长石细砂岩和部分泥质砂岩，储层整体纵向连通性好，进一步证实堡古2区块储层块状的油藏特征。

（2）地层压力、示踪剂监测结果表明，邻井有压力响应且部分油井见剂，动静态综合评价储层平面及纵向连通性好。注气过程中，试验区内78%油井井口压力有响应，响应时间35~170d，压力扩散速度3.8~11m/d，油压上升0.7~8.4MPa；82%井近井地层压力有上升，上升幅度0.9~3.7MPa；26%井见剂，见剂速度为3.6~6.8m/d，平均4.4m/d。

3.3 次生气顶形成

为评价次生气顶形成及流体分布，先导试验部署3口老井开展注气前后饱和度测试，并结合数值模拟及先导试验期间的地层压力、示踪剂、流体分析综合开展次生气顶形成及流体运移研究。

（1）饱和度测试与数值模拟结果表明，注气后构造高部位自由气逐步聚集，含气饱和度达20%~30%，较注气前提高约10%，次生气顶正逐步形成，如图1所示。

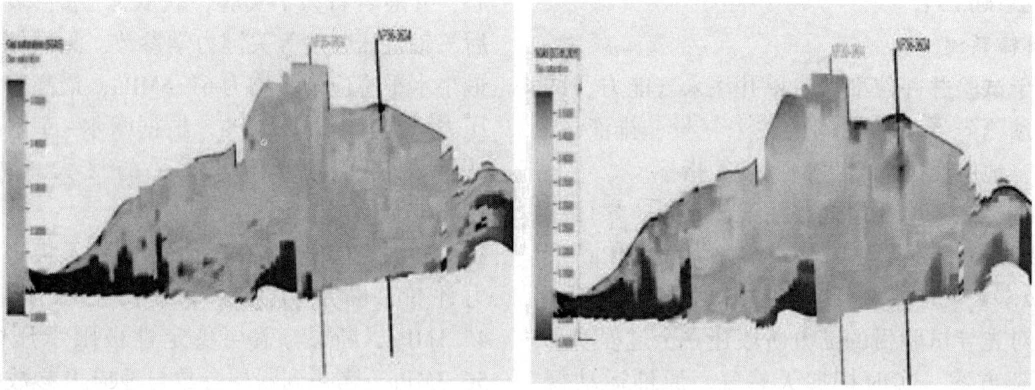

图1　注气前后含气饱和度剖面图

（2）数值模拟结果显示，注气前构造高部位自由气相对富集，构造高部位含气饱和度逐渐升高，为20%~32%，与饱和度测试结果基本一致（图1）。

（3）注气波及区域地层压力得到一定恢复，平均上升2MPa，构造高部位上升幅度相对较大。

（4）分析吸气剖面变化趋势，随注气量增加，剖面动用程度明显增大。

A为先导试验的一口试注井，于2021年5月25日开始注气，不同时间段的吸气剖面显示，随注气量增加，剖面动用程度明显增大，吸气指数明显改善，见表2。

表2　A井吸气剖面测试结果

测试时间	日注气量/万 m^3	注气压力/MPa	注气压差/MPa	射孔厚度/m	吸气厚度/m	吸气厚度比/%	吸气指数/（万 m^3/d·MPa^2）	累计注气量/万 m^3
2021.07.04	4.8	18.4	3.3	26	10.3	39.6	0.030	203.5
2022.05.17	10.6	20.3	2.6	26	12.4	47.7	0.078	2536.7

3.4 注气能力

为评价单井注气能力，先导试验方案设计在油藏构造高部位，利用3口老井开展差异化试注试验（表3）。

矿场注气效果表明，注气时间较长的2口老井注气能力远高于方案设计，如表3所示；基于注气动态数据修正了产能评价模型，深化了定向井注采气能力评价，预测建库初期不同饱和度下注气能力达49.3万~186.2万 m^3/d。

3.5 扩容排采

油藏建库的终极目标为尽可能排采扩容，实现采收率和库容的最大化。先导试验方案部署构造低部位17口老井排液，评价顶部注气排采效果。先导试验实施以来，排液井陆续开井14口，10口见效，6口井增油，累计增油1059t，注气后日产油增幅40%，预计提高采收率1.7个百分点，初步见到协同提采效果，但由于目前注气量较少，协同提采效果仍需进一步深入评价，典型井生产曲线如图2所示。

表3　单井注气情况统计表

注气井	启注时间	日注入量/(m^3/d)		注入压力/MPa		吸气指数/(万 m^3/d·MPa^2)		累计注入量/万 m^3
		方案设计	实际最高	设计最高	正常注气	方案设计	实际预测	
A井	2021.5.25	5	16.2	26.2	20.9	0.01	0.09	2351
B井	2021.4.29	5	7.8	23.9	25.8	0.01	0.01	842

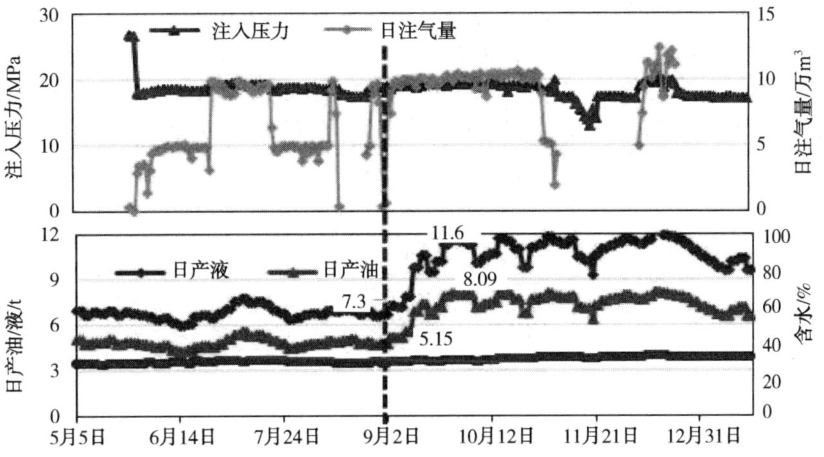

图2　A井注采曲线

A井为先导试验期间一口稳定见效井，距注气井Z平面距离407m。注气井于2021年5月25日开始注气，该井于2021年9月11日开始见效，见效时注气井累计注气526万m^3。见效后A井平均日增液4t，日增油3t，见效期125天，累计增油388t，目前该井持续有效。

4　结论

（1）先导试验作为储气库建设的重要环节，对于处于探索阶段的油藏改建储气库，尤为重要。本文从地质气藏角度入手，基于油藏建库存在的不确定性问题，提出了油藏型储气库先导试验方案设计思路和方法，对同类油藏具有一定借鉴意义。

（2）先导试验方案设计涵盖试验区及注气井的选择、新钻井部署、单井注采气能力评价、试验周期设计、累计注气量设计、排采参数的优化、指标预测及动态监测体系设计等八大部分。

（3）堡古2储气库先导试验的成功开展，证明堡古2储气库储气地质体密封性好、块状油藏平面及纵向连通性好、构造高部位自由气逐步富集、试注井注气能力均达到方案设计水平、注气驱油提采扩容效果初显，达到了先导试验的目睹，表明油藏改建储气库先导试验方案设计思路可行。

（4）由于先导试验注气量仅3300万m^3，注气量少、周期短、气驱排液量较少，可行性研究方案设计在水平井等不同井型注采气能力、次生气顶的形成与扩展规律、注气排液扩容效果等方面仍存不确定性，建议持续开展扩大注采试验，以夯实可行性研究基础。

参考文献

[1] 丁国生，李春，王皆明，等．中国地下储气库现状及技术发展方向[J]．天然气工业，2015，35(11)：107-112.
[2] 王皆明．北京地区地下储气库方案研究[J]．石油学报，2000，21(3)：100-104.
[3] 江同文，王锦芳，王正茂，等．地下储气库与天然气驱油协同建设实践与认识[J]．天然气工业，2021，41(9)：66-74.
[4] 江同文，王正茂，王锦芳．天然气顶部重力驱储气一体化建库技术[J]．石油勘探与开发，2021，48(5)：1061-1068.
[5] 杨俊丰，罗敏，彭海军，等．注气提采与战略储气

库协同建设经济评价—以塔里木油田 A 油藏为例[J]. 天然气技术与经济，2020，14(6).
[6] 胥洪成，朱卫平，李彬，等．复杂气藏型储气库先导试验方案设计方法[J]. 天然气工业，2020，40(6)：124-127.
[7] 赵树栋，王皆明．天然气地下储气库注采技术[M]. 北京：石油工业出版社，2000.
[8] 王皆明，郭平，姜风光．含水层储气库气驱多相渗流机理物理模拟研究[J]. 天然气地球科学，2006，17(4)：597-599.
[9] 范子菲，程林松，宋珩．带气顶油藏油气同采条件下流体界面移动规律[J]石油勘探与开发，2015，42(5)：624-631.
[10] 夏海容．注气混相及非混相驱替物质平衡方程的建立及应用[D]. 成都：西南石油学院，2003.
[11] 王皆明，姜风光．砂岩气顶油藏改建储气库库容计算方法[J]. 天然气工业，2007，27(11)：97-99.
[12] 胥洪成，王皆明，李春．水淹枯竭气藏型地下储气库盘库方法[J]. 天然气工业，2010，30(8)：79-82.
[13] 唐立根，王皆明，白凤娟，等．基于修正后的物质平衡方程预测储气库库存量[J]. 石油勘探与开发，2014，41(4)：480—484.
[14] 胥洪成，王皆明，屈平，等．复杂地质条件气藏储气库库容参数的预测方法[J]. 天然气工业，2015，35(I)：103-108.
[15] 陈元千，董宁宇．气藏和凝析气藏物质平衡方程式的新推导[J]. 断块油气田，1999，6(7)：24-28.

储气库应力重新分布和裂缝方位对储层裂缝渗透率影响规律研究

王梦雨[1]　李隆新[1]　于　鹏[1]　胡　勇[2]　罗　瑜[1]　赵昱超[1]

(1. 中国石油西南油气田公司勘探开发研究院；
2. 中国石油西南油气田分公司)

摘　要　在全球气候变化的大背景下，储气库建设对应急保供，保障民生用气及 CCUS 有重要意义。然而，和正常气藏开发显著不同的是，储层、直接盖层和底托层整个地质体的应力变化对储气库安全运行有重要影响。碳酸盐岩气藏储层裂缝发育，气藏建库后具有快速注采的特点，地应力变化对裂缝渗透率的影响巨大。而现有裂缝渗透率模型大都假设围岩应力恒定，因此，本文首先基于 Eshelby 理论推导计算考虑围岩作用下，储气库注采过程中的应力变化量，之后通过双重孔隙介质有效应力方程推导了作用在裂缝面上的法向有效应力，最后利用裂缝压缩系数推导建立裂缝渗透率模型。模型考虑直接盖层和底托层(围岩)的作用，研究了储气库注采过程中整个地质体的应力重新分布机制及对储层中任意方向裂缝渗透率的影响。结果表明：裂缝渗透率不仅与裂缝可压缩性有关，还与裂缝方位、储集体形状和包括储集体和围岩整个地质体的弹性性质有关；对于大多数盘形或椭圆形储集体，垂直裂缝比水平裂缝更不容易受到孔隙压力的影响，相同条件下，垂直裂缝渗透率下降可达 70%，而水平裂缝渗透率下降率仅为 30%；坚硬的围岩可以降低裂缝的应力敏感性，当弹性模量比(储集体与围岩弹性模量之比)为 0.1 时，裂缝渗透率下降率仅为 15%。

关键词　裂缝渗透率；裂缝方向；应力重新分布；储层形状；围岩；地下储气库

引言

随着全球工业化进程的加快，二氧化碳的大量排放导致气候变暖。二氧化碳捕集封存(Carbon Capture Utilization and Storage，CCUS)技术的应用可有效改善碳排放问题，是全球研究的热点。对二氧化碳进行地质封存长期潜力较大。地下储气库中的气体包括垫底气(base gas)和工作气(working)两个部分，基础气注入储层中以保持地层压力直到储存期结束。根据储气库的地下结构，基础气占总储气库量的 15%~75%，因此可以将二氧化碳等温室气体做为垫底气封存在储气库中，加快推进碳中和转型。另一方面，地下储气库作为天然气“粮仓”和巨能电池，在应对极寒天气、新冠疫情等突发情况中发挥了重要作用，可确保天然气的稳定安全供应。枯竭油气藏建库储气库是储气库的重要类型，储气库地质体包括直接盖层、储层及底托层，直接盖层和底托层统称为围岩，包裹在储层周围，形成具有封闭性的储气库地质体，而围岩的应力分布对储层具有较深的影响，在中国四川盆地，碳酸盐岩气藏丰富，然而储层孔洞缝发育，裂缝极大的影响了储气库库容参数的设计以及流体的注采平衡期，因此为了储气库高效科学的运行，必须认清围岩应力分布，以及考虑围岩应力重新分布的条件下，储层裂缝渗透率的变化机制，建立新的裂缝渗透率模型，准确预测围岩应力变化过程中储层的裂缝渗透率。

本文描述了基于指数模型的新渗透率模型的推导，该模型研究了在总应力随孔隙压力变化的油气生产过程中任意方向裂缝的渗透率行为。该模型可以用于预测考虑围岩的影响下储层裂缝渗透率，为裂缝型储气库库容参数设计优化提供理论支持。在 CCS/CCUS 方面，能减少温室气体的排放，助力实现国家“双碳”目标，在天然气注采过程中，又能实现气藏终极效益，达到经济效益与社会效益的双赢，对天然气藏的高效开发利用和减缓温室效应具有战略性意义。

1　地质背景

图 1 是共轭褶皱相关裂缝的照片(Nelson，

2001)，图中除了一组垂直于最小主应力方向的垂直裂缝外，还有两组剪切裂缝。

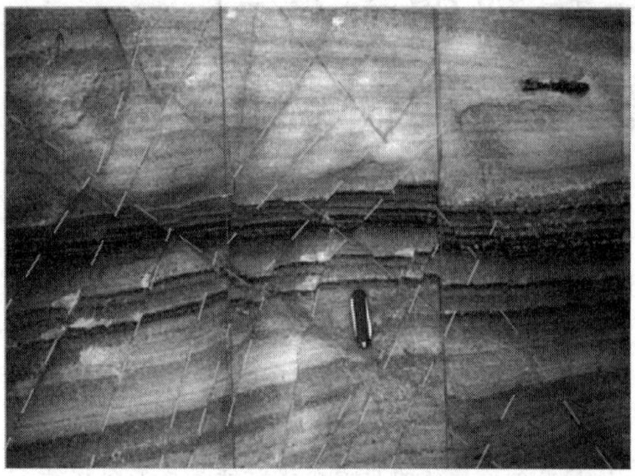

图 1　共轭褶皱相关裂缝(Nelson，2001)

考虑到复杂的地质过程，裂缝方向与最大主应力方向的夹角可以是任意的。因此，考虑一组任意方向的裂缝，如图 2 所示。裂缝的方位角为 δ，裂缝的倾角为 ω。裂缝和基质形成了储层，周围环绕着无数的围岩。裂缝渗透率是裂缝开度的唯一函数(Iwai，1976)，它与作用在裂缝上的有效应力和裂缝的压缩性(裂缝刚度或模量)有关。裂缝、基质和围岩是一个自平衡系统。孔隙压力的变化打破了这种平衡，改变了三者的应力状态，结果，作用在裂缝上的有效应力发生变化。因此，裂缝渗透率不仅与裂缝的特征(如裂缝压缩系数、裂缝密度、裂缝方位等)有关，还与基质和围岩的力学参数有关。

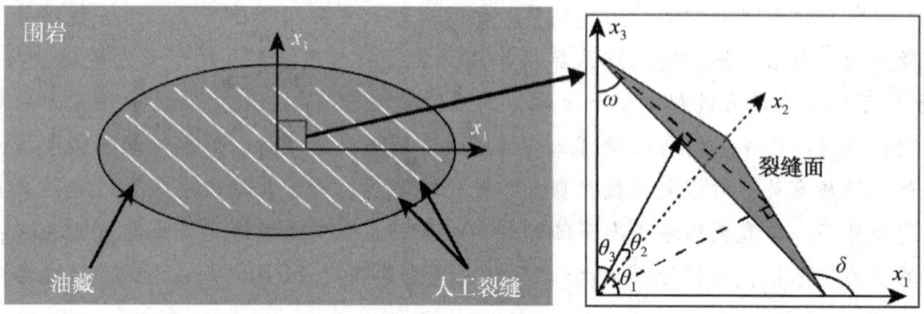

图 2　裂缝倾角和裂缝方位角示意图

2　方法

裂缝的内蕴渗透率与裂缝开度的关系可写为(Van Golf-Racht(1982))

$$k_0 = L_{fD0}\frac{b_0^3}{12} \tag{1}$$

其中：k_0 是裂缝的内蕴渗透率(下面简称为裂缝渗透率)，b_0 是裂缝的开度，L_{fD0}是裂缝线密度。

在产出或注入过程中，孔隙压力(包括基质压力和裂缝压力)变化，裂缝开度也随之变化。裂缝渗透率可写为：

$$k = L_{fD}\frac{b^3}{12} \tag{2}$$

取式(3)与式(2)的比值，并注意到线性裂缝密度的变化相对于裂缝开度的变化很小(Chacon&Tiab，2007)，可以获得与裂缝渗透率和裂缝孔径相关的表达式

$$\frac{k}{k_0} = \left(\frac{b}{b_0}\right)^3 = \left(1+\frac{\Delta b}{b_0}\right)^3 \tag{3}$$

其中：Δb 是裂缝开度的变化量，$\Delta b = b - b_0$。式(4)建立了裂缝渗透率与裂缝开度的关系式，下面小节推导考虑围岩影响的裂缝开度表达式。

2.1　裂缝开度

本小节的目的是导出式(3)中裂缝的开度方程。裂缝受到的有效应力与裂缝总应力和孔隙压力有关：

$$\Delta\sigma'_{ij} = \Delta\sigma_{ij} - \beta_m \Delta P_m \delta_{ij} - \beta_f \Delta P_f \delta_{ij} \tag{4}$$

其中：$\Delta\sigma'_{ij}$是裂缝有效应力的变化量，$\Delta\sigma_{ij}$是总应力的变化量；ΔP_m，ΔP_f 分别是基质和裂缝的压力变化量；δ_{ij}是克罗内克函数(Kronecker delta)；β_m，β_f 分别是基质和裂缝的有效应力系数：

$$\beta_m = \frac{(1-\varphi_f)K_{fr}}{K_m} - \frac{K_{fr}}{K_s} \tag{5}$$

$$\beta_f = 1 - \frac{(1-\varphi_f)K_{fr}}{K_m} \tag{6}$$

式中，φ_f 是裂缝孔隙度；K_{fr}，K_m 和 K_s 分别是颗粒、基质和骨架的体积模量。

转换式(4)中的应力张量，使得裂缝面垂直于法向有效应力：

$$\Delta\sigma'_n = \Delta\sigma'_{ij} l_i l_j = (l_1 \quad l_2 \quad l_3)\begin{pmatrix}\Delta\sigma'_{11} & 0 & 0\\ 0 & \Delta\sigma'_{22} & 0\\ 0 & 0 & \Delta\sigma'_{33}\end{pmatrix}\begin{pmatrix} l_1\\ l_2\\ l_3\end{pmatrix} \tag{7}$$

1、2 和 3 分别代表图 2 中 x_1、x_2 和 x_3 三个坐标轴。为了表示方便，式 3.35 中使用了重复指数的求和约定。l_1、l_2 和 l_3 是方向余弦：

$$l_1=\cos\theta_1$$
$$l_2=\cos\theta_2 \tag{8}$$
$$l_3=\cos\theta_3$$

方向余弦可以用裂缝方位角和倾角表示(van Golf-Racht，1982)：

$$\cos\theta_1=\sin\delta\cos\omega$$
$$\cos\theta_2=-\cos\delta\cos\omega \tag{9}$$
$$\cos\theta_3=\sin\omega$$

将式(4)代入式(7)可得裂缝法向有效应力的表达式：

$$\Delta\sigma'_n=\Delta\sigma_{ii}l_i^2-\beta_m\Delta P_m-\beta_f\Delta P_f \tag{10}$$

用裂缝压缩系数 c_f 表示裂缝的可压缩性，其定义可以写为(Tuncay & Corapcioglu，1995；Wang & Berryman，1996)：

$$c_f=-\frac{1}{\varphi_f}\frac{d\varphi_f}{d\sigma'_n}=-\frac{1}{b}\frac{db}{d\sigma'_n} \tag{11}$$

对式(11)积分可得：

$$b=b_0e^{-c_f\Delta\sigma'_n} \tag{12}$$

因此，裂缝的开度方程可写为：

$$b=b_0e^{-c_f\Delta\sigma'_n}=b_0e^{-c_f(\Delta\sigma_{ii}l_i^2-\beta_m\Delta P_m-\beta_f\Delta P_f)} \tag{13}$$

为方便地嵌入到油藏数值模拟软件，裂缝开度也可写成下式：

$$\Delta b=-b_rc_f\Delta\sigma'_n=-b_rc_f(\Delta\sigma_{ii}l_i^2-\beta_m\Delta P_m-\beta_f\Delta P_f) \tag{14}$$

2.2 总应力方程

油藏包裹于围岩中，孔隙压力下降时油藏的收缩趋势受围岩的制约而减弱，如图 3 所示，图中油藏初始状态为粗实线包裹的椭圆形区域，区域外表示围岩。

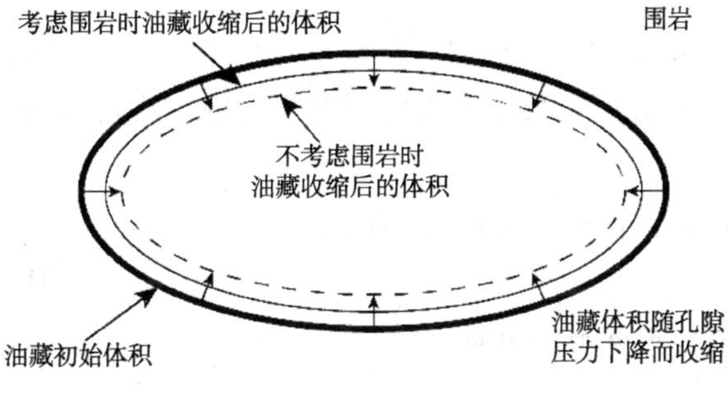

图 3　孔隙压力下降时，油藏收缩示意图

油藏实际应变 ε_{kl} 小于本征应变 ε_{kl}^*，它们之差($\varepsilon_{kl}-\varepsilon_{kl}^*$)表示围岩对油藏牵引作用所引起的弹性应变，正是这部分弹性应变导致了油藏总应力的减小，因此油藏总应力的变化量可写为：

$$\Delta\sigma_{ij}=C_{ijkl}^*(\varepsilon_{kl}-\varepsilon_{kl}^*) \tag{15}$$

其中 C_{ijkl}^* 是油藏的弹性模量。

油藏实际应变 ε_{kl} 与本征应变 ε_{kl}^* 之间存在如下关系：

$$\varepsilon_{ij}=S_{ijkl}\varepsilon^*{}_{kl} \tag{16}$$

其中 S_{ijkl} 是四阶张量，也称为 Eshelby 形状因子，它与油藏形状和围岩弹性模量有关。

将式(16)代入式(16)可得：

$$\Delta\sigma_{ij}=C_{ijkl}^*(S_{klmn}\varepsilon_{mn}^*-\varepsilon_{kl}^*) \tag{17}$$

由于本征应变是一个扩张应变(dilatational strain)，因此油藏实际应变 ε_{kl} 也是一个扩张应变。当油藏与围岩具有相同的弹性模量时，本征应变可写为：

$$\varepsilon_{ij}^*=\varepsilon_c^*\delta_{ij} \tag{18}$$

其中，ε_c^* 是扩张应变。对于各向同性储层，

$$\varepsilon_c^*=-\frac{\alpha_r\Delta P}{2(\lambda^*+\mu^*)}\quad(\text{for 2D})$$
$$\varepsilon_c^*=-\frac{\alpha_r\Delta P}{3\lambda^*+2\mu^*}\quad(\text{for 3D}) \tag{19}$$

其中 λ^* 和 μ^* 是油藏的拉梅常数，δ_{ij} 是克罗内克函数(Kronecker delta)，负号表示孔隙压力的减小导致压缩的本征应变。α_r 是 Biot 系数，ΔP 是孔隙压力变化量。根据式(4)可得：

$$\alpha_r\Delta P=\beta_m\Delta P_m+\beta_f\Delta P_f \tag{20}$$

当油藏弹性模量与围岩不同时，可以采用等效夹杂法(equivalent inclusion method)获得油藏本征应变：

$$[(C_{ijkl}^*-C_{ijkl})S_{klmn}+C_{klmn}]\varepsilon_{mn}^{**}=C_{ijkl}^*\varepsilon_{kl}^* \tag{21}$$

其中 C_{ijkl}^* 是油藏的弹性模量，C_{ijkl} 是围岩的弹性模量，对于弹性各向同性油藏和围岩，

$$C_{ijkl}^*=\lambda^*\delta_{ij}\delta_{kl}+\mu^*(\delta_{ik}\delta_{jl}+\delta_{il}\delta_{jk})$$
$$C_{ijkl}=\lambda\delta_{ij}\delta_{kl}+\mu(\delta_{ik}\delta_{jl}+\delta_{il}\delta_{jk}) \tag{22}$$

其中 λ 和 μ 是围岩的拉梅常数。将式(19)和式(22)代入式(21)可得：

$$[(C_{ijkl}^*-C_{ijkl})S_{klmn}+C_{klmn}]\varepsilon_{mn}^{**}=-\alpha_r\Delta P\,\delta_{ij} \tag{23}$$

Eshelby 形状因子与油藏形状相关。Eshelby 发现对于一个椭圆弹性体中均一的本征应变，S_{ijkl} 是一个与位置无关的四阶张量，即油藏实际应变是也均一的。对于图 4 所示的椭圆储层，Eshelby 张量的非零分量为：

$$S_{1111}=\frac{\eta[-3-2\eta+2v(1+\eta)]}{2(-1+v)(1+\eta)^2},$$
$$S_{1133}=\frac{\eta-2v\eta(1+\eta)}{2(-1+v)(1+\eta)^2},$$
$$S_{1313}=-\frac{1+\eta+\eta^2-v(1+\eta)^2}{2(-1+v)(1+\eta)^2},\tag{24}$$
$$S_{1331}=S_{1313}=S_{3113}=S_{3131},$$
$$S_{3311}=\frac{\eta-2v(1+\eta)}{2(-1+v)(1+\eta)^2},$$
$$S_{3333}=\frac{-2-3\eta+2v(1+\eta)}{2(-1+v)(1+\eta)^2}$$

其中 $\eta=b/a(0<\eta\leqslant 1)$，称为形状因子。

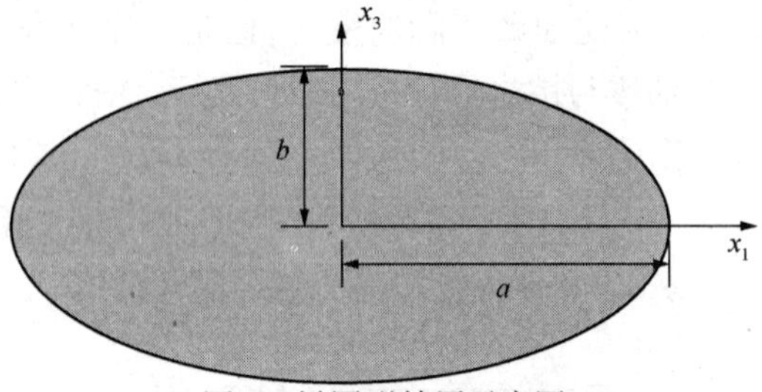

图4　椭圆形储层示意图

将式(24)代入式(23)并求解 ε_{mn}^{**} 可得：

$$\varepsilon_{11}^{**}=-\alpha_r\Delta P\frac{A}{2(\lambda+\mu)C},\ \varepsilon_{33}^{**}=-\alpha_r\Delta P\frac{B}{2(\lambda+\mu)C},\ \varepsilon_{13}^{**}=\varepsilon_{31}^{**}=0\tag{25}$$

其中

$$A=(\lambda+2\mu)[2\eta^2\mu(\lambda+\mu)+\mu^*(\lambda+2\eta\lambda-\eta^2\lambda+2\mu+4\eta\mu)],$$
$$B=(\lambda+2\mu)[2\mu(\lambda+\mu)+\lambda\mu^*(-1+2\eta+\eta^2)+2\eta\mu\mu^*(2+\eta)],$$
$$C=\lambda^*[\lambda\mu(1+\eta^2)+2\mu^2(1-\eta+\eta^2)+2\eta\mu^*(\lambda+3\mu)]+2[\eta\mu^2(\lambda+\mu)+\mu\mu^*(1+\eta^2)(\lambda+2\mu)+\eta\mu^{*2}(\lambda+3\mu)].$$

将式(22)、式(24)和式(25)代入式(17)并求解储层总应力 $\Delta\sigma$ 可得：

$$\Delta\sigma_{11}=\alpha_r\Delta P\frac{D}{C},\ \Delta\sigma_{33}=\alpha_r\Delta P\frac{E}{C},\ \Delta\sigma_{13}=\Delta\sigma_{31}=0\tag{26}$$

其中，$D=2\mu[\eta\mu(\lambda+\mu)+\mu^*(\lambda+2\mu+\eta\mu)]$，$E=2\eta\mu[\mu(\lambda+\mu)+\mu^*(\mu+\eta\lambda+2\eta\mu)]$。其他形状储层的储层总应力方程可以通过 Ansys 或 Abaqus 等数值软件获得。

当 $\eta=1$，$D=E$，也就是圆形储层，垂向总应力与水平总应力的变化量相等：

$$\Delta\sigma_{11}=\Delta\sigma_{33}=\frac{\mu}{(\lambda^*+\mu^*+\mu)}\alpha_r\Delta P,$$
$$\Delta\sigma_{13}=\Delta\sigma_{31}=0\tag{27}$$

当 $\eta\to 0$，也就是水平无限大储层，$E=0$，$\frac{D}{C}=\frac{2\mu^*}{\lambda^*+2\mu^*}$，总应力变化量可写为：

$$\Delta\sigma_{11}=\alpha_r\Delta P\frac{2\mu^*}{\lambda^*+2\mu^*},$$
$$\Delta\sigma_{33}=\Delta\sigma_{13}=\Delta\sigma_{31}=0\tag{28}$$

因此，对于横向无限储层，垂向总应力是恒定的，这就是为什么许多裂缝渗透率模型假设围压恒定的原因。然而，假设储层横向无限，并且只有当油井已经生产很长时间并且压降已经扩散得很远时，这种假设才能成立。对于长期未生产的井，这种假设是不成立的。

当储层的弹性参数与围岩的弹性参数相同时，储层总应力与弹性模量无关：

$$\Delta\sigma_{11}=\alpha_r\Delta P\frac{1-2v^*}{1-v^*}\frac{1}{1+\eta},$$
$$\Delta\sigma_{33}=\alpha_r\Delta P\frac{1-2v^*}{1-v^*}\frac{\eta}{1+\eta},$$
$$\Delta\sigma_{13}=\Delta\sigma_{31}=0\tag{29}$$

2.3　裂缝渗透率方程

将式(13)和式(26)代入式(3)可得裂缝渗透率方程：

$$\begin{aligned}k&=k_0e^{-3c_f\Delta\sigma'_n}\\&=k_0e^{-3c_f(\Delta\sigma_{11}\cos^2\theta_1+\Delta\sigma_{22}\cos^2\theta_2+\Delta\sigma_{33}\cos^2\theta_3-\beta_m\Delta P_m-\beta_f\Delta P)}\\&=k_0e^{-3c_f(\beta_m\Delta P_m+\beta_f\Delta P_f)\left(\frac{D}{C}\sin^2\delta\cos^2\omega+\frac{E}{C}\sin^2\omega-1\right)}\end{aligned}\tag{30}$$

适用于数值模拟的裂缝渗透率方程可写为：

$$\begin{aligned}\frac{k}{k_r}&=[1-c_f(\Delta\sigma_{11}\cos^2\theta_1+\Delta\sigma_{22}\cos^2\theta_2+\Delta\sigma_{33}\cos^2\theta_3-\beta_m\Delta P_m-\beta_f\Delta P)]^3\\&=\left[1-c_f(\beta_m\Delta P_m+\beta_f\Delta P_f)\left(\frac{D}{C}\sin^2\delta_n\cos^2\omega_n+\frac{E}{C}\sin^2\omega_n-1\right)\right]^3\end{aligned}\tag{31}$$

其中，k_r 是上一计算步的裂缝渗透率。事实上，式是式(31)的积分。

当 $\eta=1$，即圆形储层，将式(27)代入式(30)可得：

$$k=k_0e^{-3c_f(\beta_m\Delta P_m+\beta_f\Delta P_f)}\left[\frac{\mu}{\lambda^*+\mu^*+\mu}(\sin^2\delta\cos^2\omega+\sin^2\omega)-1\right]\tag{32}$$

对比式(30)和式(32)表明，对于同一组裂缝，由于储层形状的不同，裂缝渗透率的变化是不同的。

当 $\eta\to0$，$\omega=90°$，$\Delta P_m=\Delta P_f=\Delta P$，$\beta_m+\beta_f=1$，即对于横向无限储层中倾角为90°的一组裂缝，基质压力和裂缝压力的变化是相同的。式(32)可简化为：

$$k_n=k_{0n}e^{-3c_{fn}\Delta P} \tag{33}$$

对比式(33)与式(30)、式(32)可以发现，裂缝渗透率不仅与裂缝可压缩性有关，而且与裂缝方位、储层几何参数和裂缝储层及其围岩的地质力学参数有关。

3 结果

表1列出了计算裂缝渗透率需要的所有参数。

表1 人工裂缝渗透率模型所需的参数

物性参数	范围	典型值
储层弹性模量，E^*/GPa	0.4~64	13.0
储层泊松比，v^*	0.05~0.45	0.2
储层形状因子，η	0.02~1	0.2
围岩弹性模量，E/GPa	0.4~100	18.5
围岩泊松比，v	0~0.3	0.25
基质有效应力系数，β_m	0.096	0.096
裂缝有效应力系数，β_f	0.877	0.877
裂缝压缩系数，c_f/MPa	0.0149~0.0433[2]	0.023
裂缝倾角，ω/(°)	0~90	0
裂缝方位角，δ/°	0~90	90

3.1 储层形状因子对渗透率的影响

储层形状因子是储层短边和长边之比。图5(a)和(b)是不同储层形状因子下裂缝渗透率变化图。选择了三个形状因子，从0.02~1，分别用实线、虚线和虚线表示。图5(a)和图5(b)的区别在于裂缝倾角。图5(a)的倾角为0°，即垂直裂缝，而图5(b)的倾角为90°，即水平裂缝。模型其他参数取自表1中的典型值。两图对比表明，裂缝倾角影响储层形状因子对裂缝渗透率的影响。在图5(a)中，渗透率随着形状因子的减小而增加，而在图5(b)中，渗透率随着形状因子的减小而减小。这种差异可以在图6中更清楚地说明。

图6为不同储层形态因素下裂缝渗透率随倾角的变化率。裂缝压力和基质压力的下降等于20MPa，倾角从0°变化至90°，0对应于图5(a)，90°对应于图5(b)。在这两端可以观察到两种不同的相关性，并且形状因子和裂缝渗透率之间的相关性随着裂缝倾角的变化而变化。

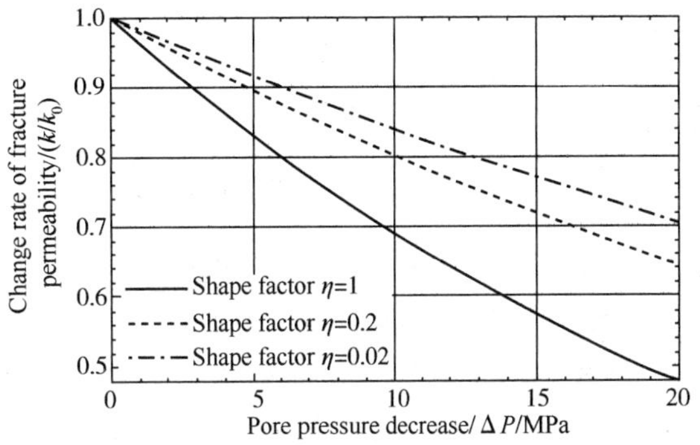

(a)裂缝倾角为0°

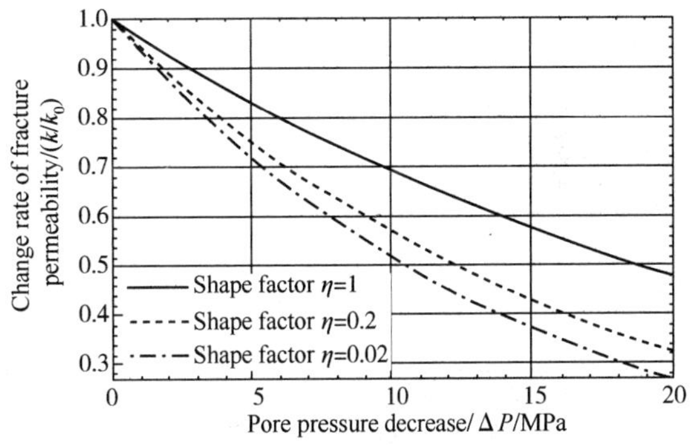

(b)裂缝倾角为90°

图5 储层形状因子对渗透率的影响

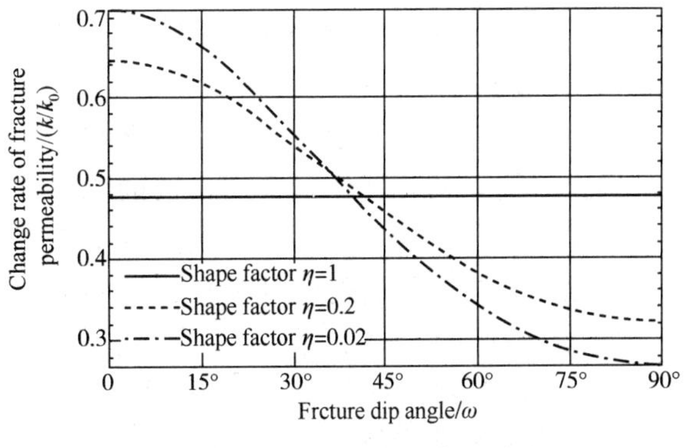

图6 不同储层形态因素下裂缝渗透率变化率与倾角的关系

3.2 裂缝倾角对渗透率的影响

图7绘制了裂缝倾角对裂缝渗透率的影响。选择了三个倾角，从0°~90°，分别代表垂直裂缝、倾斜裂缝和水平裂缝。可以看出，垂直裂缝的渗透率变化小于水平裂缝，因为垂直裂缝通常垂直于最小主应力方向，水平裂缝通常垂直于最大主应力方向。

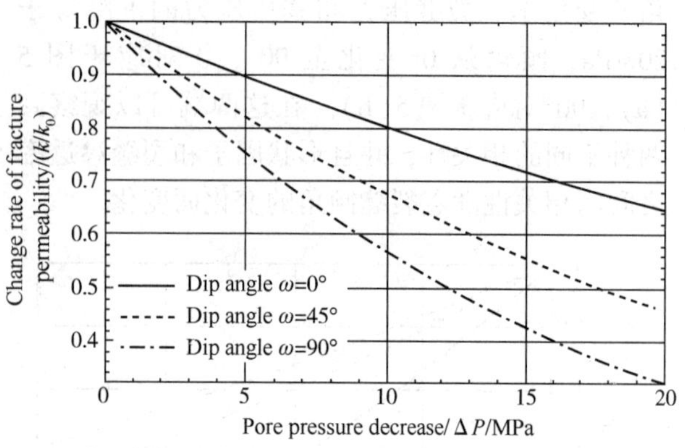

图 7　裂缝倾角对渗透率的影响

3.3　裂缝方位角对渗透率的影响

图 8 显示了裂缝方位角对裂缝渗透率的影响。分别计算了三个方位角 0°、45°、90°下的裂缝渗透率，当裂缝方位角为 90°时，裂缝渗透率的变化率最大。

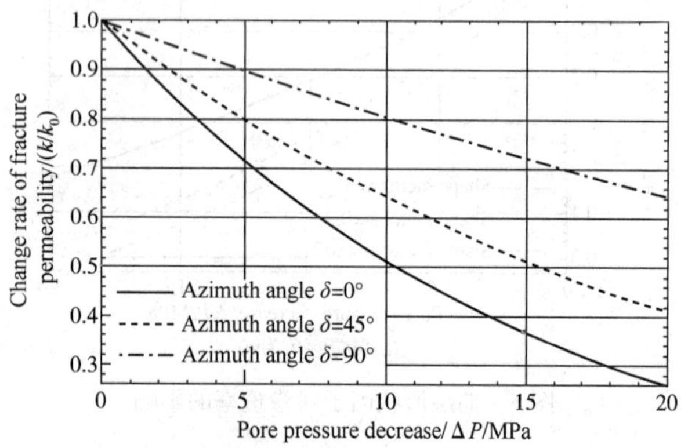

图 8　裂缝方位角对渗透率的影响

3.4　弹性模量比对渗透率的影响

弹性模量比定义为围岩与储层的弹性模量之比。通常，围岩的弹性模量大于储层的弹性模量，但也有较软的围岩，如超压封闭的页岩盖层。因此，储层与围岩的弹性模量比可能大于 1，也可能小于 1。分别计算了弹性模量比对水平裂缝渗透率和垂直裂缝渗透率的的影响，如图 9 所示，弹性模量比越大，裂缝渗透率变化越大，即围岩越软，产出过程中裂缝渗透率降低幅度越大，当围岩和储层弹性参数一致时，不考虑围岩的影响与实际有围岩的条件相比，垂直裂缝渗透率降低 34% 以上，水平裂缝渗透率降低较小。

3.5　泊松比对渗透率的影响

储层与围岩泊松比的影响分别如图 10(a) 和图 10(b) 所示。储层泊松比范围为 0.05～0.45，围岩泊松比范围为 0～0.3，如表 1 所示。对比两图可以发现，储层泊松比对裂缝渗透率的影响明显大于围岩泊松比对裂缝渗透率的影响。

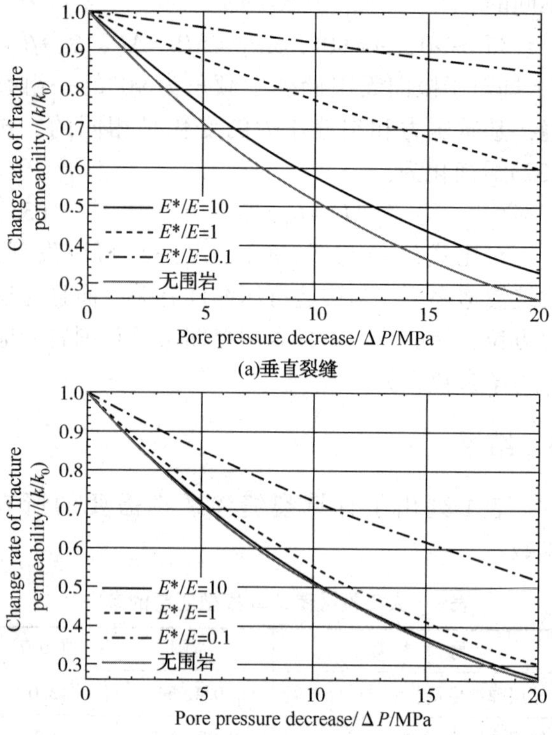

(a)垂直裂缝

(b)水平裂缝

图 9　储层与围岩弹性模量比对渗透率的影响

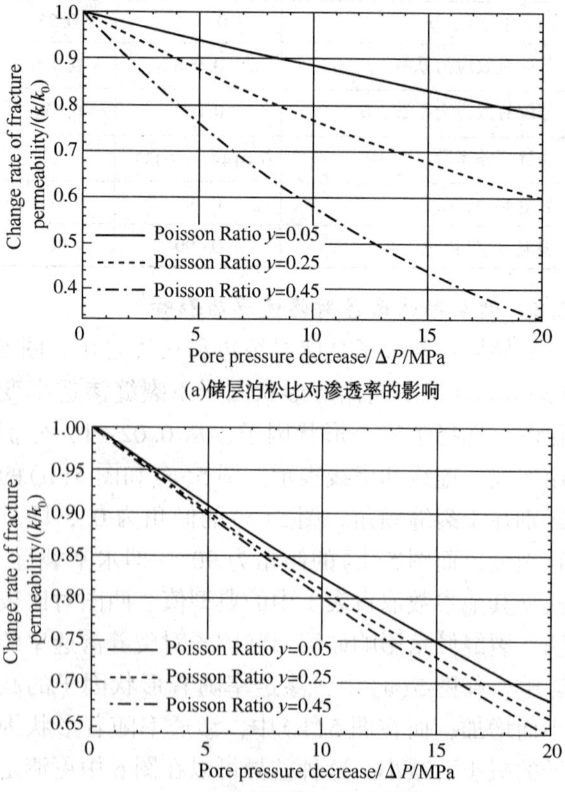

(a)储层泊松比对渗透率的影响

(b)围岩泊松比对渗透率的影响

图 10　储层(a)与围岩(b)泊松比对渗透率的影响

3.6 裂缝压缩系数对渗透率的影响

裂缝压缩系数对裂缝渗透率有显着影响。图11绘制了裂缝压缩系数对裂缝渗透率的影响。3个压缩系数分别为0.013、0.023和0.033。可以观察到，孔隙压力下降20MPa时，低压缩率和高压缩率的裂缝渗透率变化率相差近25%。

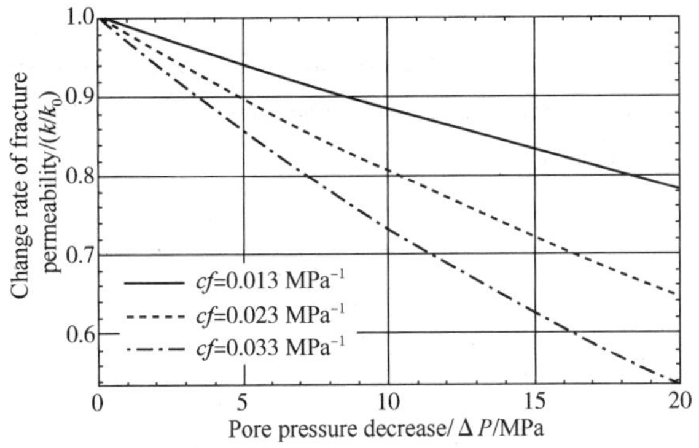

图11 裂缝压缩系数对渗透率的影响

3.7 基质压力对渗透率的影响

基质压力和裂缝压力并不总是相同的，特别是在低渗透或致密储层中，裂缝和基质之间的压力传递需要相当长的时间。图12显示了基质压力对裂缝渗透率的影响。由于基质的有效系数与裂缝的有效系数相比非常小，因此基质压力的变化对裂缝渗透率的影响相对较小。

4 结论

本文推导了一种考虑围岩作用的任意方向裂缝渗透率模型。该模型考虑了在油气生产、注入过程中可能发生的裂缝压缩性和储层总应力变化，结果表明：

（1）裂缝渗透率不仅与裂缝压缩系数有关，还与裂缝方位、储层形状和储层及围岩的弹性性质有关，储层形状和裂缝倾角决定了作用在裂缝上的总应力的变化。

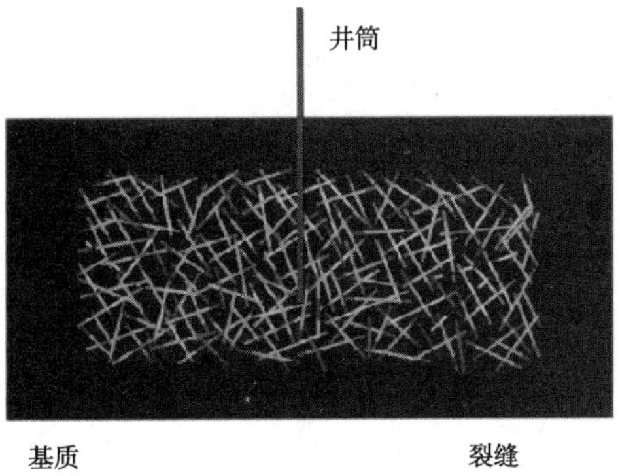

(a)基质裂缝示意图

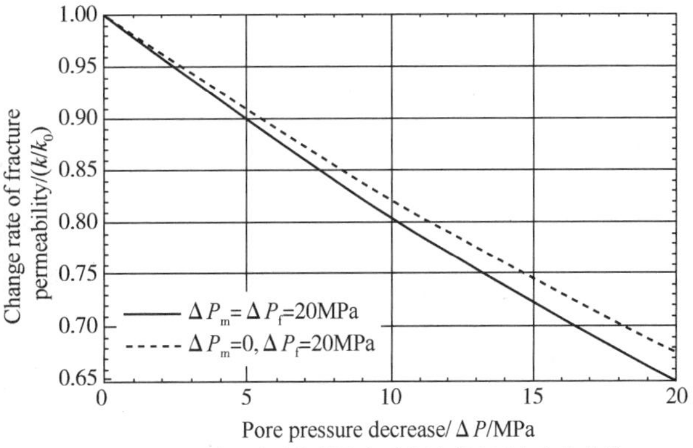

(b)不同基质压力裂缝渗透率随孔隙压力变化曲线

图12 基质压力对渗透率的影响

（2）围岩的弹性特性也是裂缝渗透率模型中的一个重要因素。坚硬的围岩可以降低裂缝的应力敏感性。当弹性模量比(储集体与围岩弹性模量之比)为0.1时，裂缝渗透率下降率仅为15%。

（3）对于大多数圆形或椭圆形储层，垂直裂缝比水平裂缝更不容易受到孔隙压力的影响。相同条件下，水平裂缝渗透率下降可达70%，而垂直裂缝渗透率下降率仅为30%。但随着储层厚度的增加，垂直裂缝和水平裂缝之间的这种差异会减小。

（4）实际生产中围岩对储层裂缝有保护作用，尤其是高角度缝，围岩的保护作用显著，在一定条件下，比无围岩时，垂直裂缝应力敏感性减弱34%以上。

参 考 文 献

[1] Constantinescu A, & Korsunsky A.(2007). Elasticity with Mathematica 8⑬ 8:53 Introduction to Continuum Mechanics and Linear Elasticity. Cambridge University Press.

[2] Aminu M D, Na Ba Vi S A, Rochelle C A, et al. A review of developments in carbon dioxide storage[J]. APPLIED ENERGY -BARKING THEN OXFORD-, 2017, 208(dec. 15): 1389-1419.

[3] Jwa B, Yl A, Sx C, et al. Change mechanism of pore structure and filling efficiency during injection production of sandstone underground gas storage. 2021.

[4] Yuetian L, Zupeng D, Yaguang Q, et al.(2011). The

characterization of fracture orientation and the calculation of anisotropic permeability parameters of reservoirs. ACTA PETROLEI SINICA, 32(5), 842-846.

[5] Nelson, R. (2001). Geologic analysis of naturally fractured reservoirs. Elsevier.

[6] Iwai, K. (1976). Fundamental studies of fluid flow through a single fracture. Ph. D. thesis, Univ. of California.

[7] Van Golf-Racht T D. (1982). Fundamentals of fractured reservoir engineering(Vol. 12). Elsevier.

[8] Chacon A, & Tiab D. (2007, January). Effects of stress on fracture properties of naturally fractured reservoirs. In Latin American & Caribbean Petroleum Engineering Conference. Society of Petroleum Engineers.

[9] Van Golf-Racht T D. (1982). Fundamentals of fractured reservoir engineering(Vol. 12). Elsevier.

[10] Tuncay, K., & Corapcioglu, M. Y. (1995). Effective stress principle for saturated fractured porous media. Water.

[11] Wang, H. F., & Berryman, J. G. (1996). On constitutive equations and effective stress principles for deformable.

铜锣峡储气库循环注采试井成果及应用效果分析

王 涵[1] 陈 黎[1] 张 娜[1] 欧阳沐坤[2] 刘 斐[3]

(1. 中国石油西南油气田分公司重庆气矿；2. 重庆天然气储运有限公司；3. 中国石油西南油气田分公司勘探开发研究院)

摘 要 试井解释技术是储气库前期评价重要的动态监测手段之一，试注阶段一般是尚未建设完善注气和采气完整的地面系统，往往获取地层渗透性及气质组分等参数周期较长。因此以铜锣峡储气库为实验区，创新性开展循环注采试井试验，通过试注期与生产期试井曲线叠合对比，并结合岩心试验，初步评价地层渗流能力，井下污染情况及硫化氢变化趋势，最终评估了该技术的应用效果及局限性，为后期合理注采提供可靠依据。得到以下认识：铜锣峡储气库两口井连通性好，铜4井区储层孔渗搭配好，表现为视均质特征，铜12井井底附近存在定向裂缝高渗通道。历次试井曲线显示地层渗透率均有所降低，综合岩性应力敏感实验结果，认为可能一定程度受地层应力敏感影响。多次循环注采气质组分监测表明，注入产品气将大幅降低硫化氢含量。该方法基于原有地面系统基础，可快速评价储气库地层的储渗能力，同时可以多次淘洗储气库垫底气，了解循环过程对气质组分的影响，但在获取远井区地层信息具有一定局限性。

关键词 铜锣峡储气库；循环注采试验；试井解释；应力敏感性；硫化氢变化

引言

试井解释技术是储气库早期前期评价重要的动态监测手段之一，可进一步确定井间连通性，评价储气库储渗性能，为后期合理注采提供可靠依据。常规监测方法，对于采气井和注气井是往往是分别进行注采实验，早期储气库评价阶段，尚未建设完善注气和采气完整的地面系统，同时受制于地面气源调配的影响，往往获取地层渗透性及气质组分等参数周期较长。

铜锣峡储气库2018年8月拟改建储气库气藏停产，处于早期评价阶段，设计库容量13.8亿m^3，工作气量9.2亿m^3，生产期硫化氢含量420mg/m^3，属于低含硫气藏。目前正在开展先导试验，利用生产老井2口，分别为一口注气井和一口采气井，井网简单，因此安排了对该储气库开展循环注采实验，采用铜4井采气后通过增压机组，通过铜12井直接向地层注气实现循环，该实验意在早期快速评价储气库地层的储渗能力，同时可以多次淘洗储气库垫底气，监测硫化氢含量，了解循环过程对气质组分的影响。

1 储气库简介

铜锣峡气田位于重庆市渝北区境内，区域构造背景上属于川东南中隆高陡构造区的华蓥山构造群，地表构造狭长。建库目的层为二叠系长兴组，埋深2600~2800m，长兴组气藏属于构造圈闭、裂缝-孔隙型储层、异常高压、低含硫干气气藏(图1)。气藏投产井2口(铜4、12井)。该气藏铜4井1987年5月首先投产，初期日产气约20.0万m^3。2018年8月气藏因拟改建储气库停产，停产前气藏生产井2口，日产气量3.6万m^3，累计产气16.89亿m^3。

在储气库设计中，铜12井为注气井，铜4井为采气井。铜12井于2018年8月—2018年11月开始一期试注，一期阶段注气量0.13亿m^3；2019年8月开始二期试注，截止2020年12月4日，二期阶段试注气量0.85亿m^3，累计注入气量0.98亿m^3(图2)。为了掌握铜锣峡储气库注气能力、地层渗流特征，落实井下污染解除情况，为铜锣峡先导试验工程提供数据支持，2020年12月19日—1月22日对铜4井及铜12井开展了循环注采实验。

2 循环注采工作流程

2020年12月19日—1月22日对铜4井及铜12井开展了循环注采实验，铜4井为采气井，铜12井为注气井，注气气源来源于铜4井采出的天然气。本次测试的流程为首先对铜4井开展了修正等时试井，共四个生产制度以及一个延长测试，随后铜12井停止注气开展压力降落试井，铜4井关井开展压力恢复试井。循环注采过程中，同时在每个制度下铜4井采气初期和末期各取流动气样品，后期开展气质组分分析(表1、图3)。

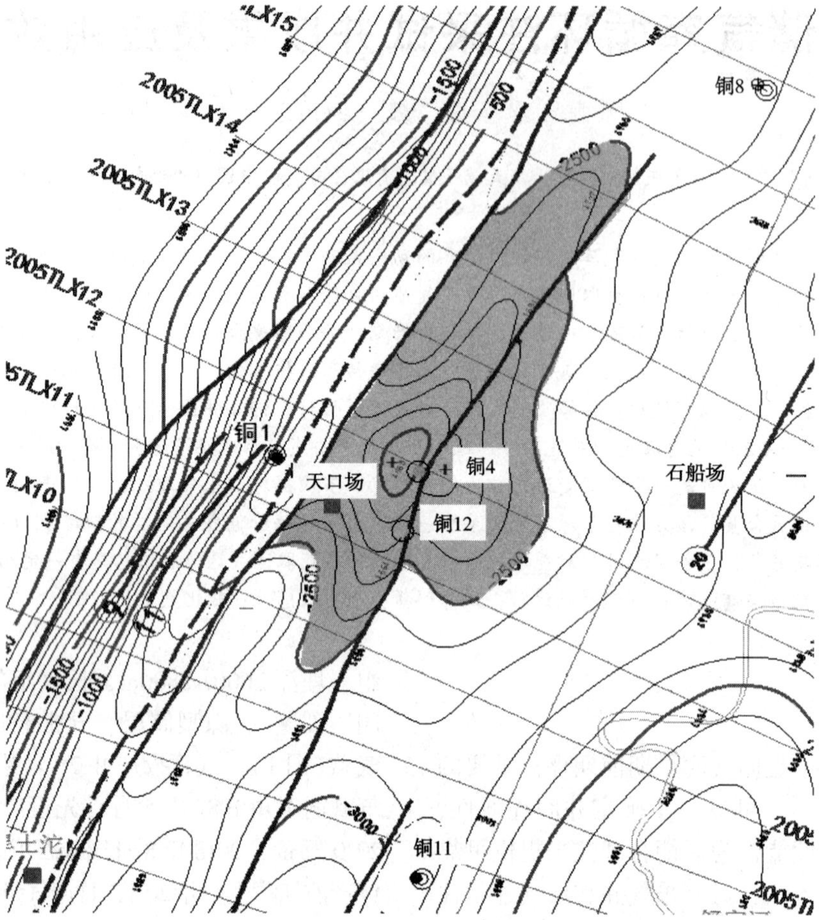

图1　铜锣峡构造天口场潜伏高点飞一底界地震构造图

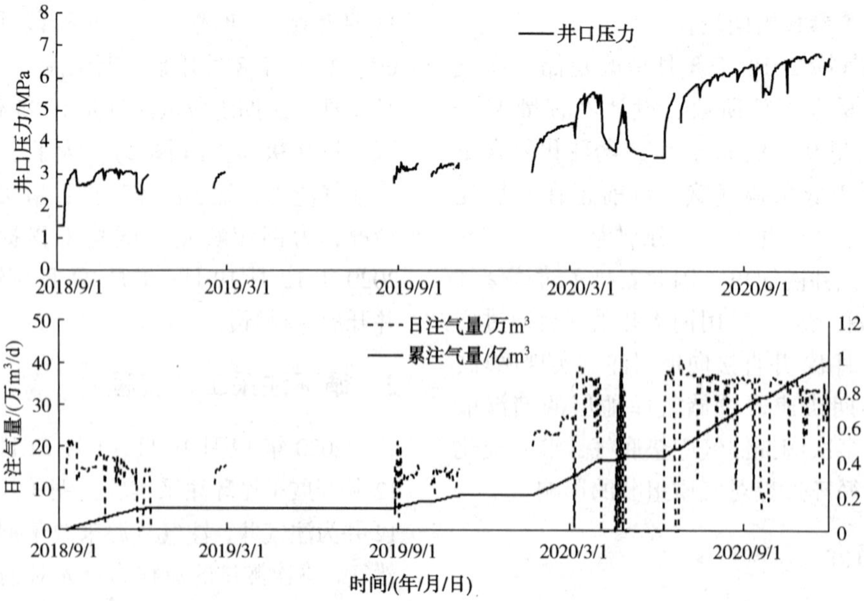

图2　铜12井注气曲线图

表 1　铜 4 井、铜 12 井循环注采试井工作表

序号	测试类型	阶段名称	阶段时间/h	步骤
1	修正等时试井	采气测试期	25	在 17.71 万 m^3/d 制度下稳定采气，连续录取井底压力、温度
		关井测试期	24	关井，增压机组工况调整
		采气测试期	24	在 22.2 万 m^3/d 制度下稳定采气，连续录取井底压力、温度
		关井测试期	24	关井，增压机组工况调整
		采气测试期	24	在 23.4 万 m^3/d 制度下稳定采气，连续录取井底压力、温度
		关井测试期	24	关井，增压机组工况调整
		采气测试期	24	在 22.5 万 m^3/d 制度下稳定采气，连续录取井底压力、温度
		关井测试期	24	关井，增压机组工况调整
		延长测试期	237	在 20 万 m^3/d 制度下稳定采气，连续录取井底压力、温度
2	压力恢复试井		386	关井，连续录取井底、温度

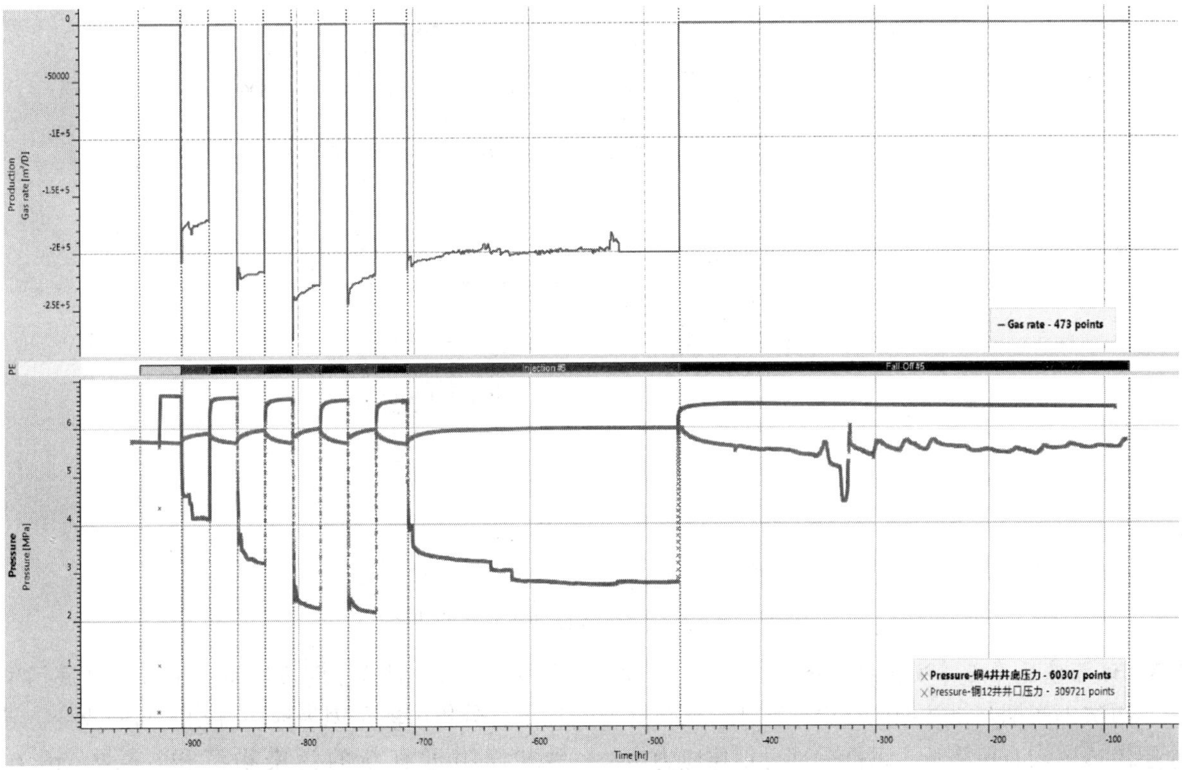

图 3　铜 4 井、铜 12 井循环注采试井曲线

3　循环注采解释成果

3.1　连通性评价

铜 4 井与铜 12 井连通性好，建立循环系统内压力平衡后，可明显见到压力向外传播干扰。铜 4 井本次开展了 386H 压力恢复试井，但在 55.71h 压力发生回落，主要是由于高压区向低压区补给的压力干扰，这种现象与常规气藏生产多井试井干扰现象类似。系统的压力传播分为两个阶段：①铜 12 井注气，压力从铜 12 井沿断层裂缝通道快速向铜 4 井传播；②在铜 4 井与铜 12 井压力达到平衡后，在近井区形成为一个相对高压系统，压力向远井区低压区传播，导致铜 4 井压力发生回落，呈现出试井压力导数曲线远井区曲线表现为封闭边界的特征，高低压区平衡边界传播距离 1693.38m。

3.2　地层模型

通过不稳定试井的压力恢复试井和压力降落试井，可解释地层模型，获取地下储层特征和渗流信息。铜 4 井区储层孔渗搭配好，表现为视均质特征，铜 12 井钻遇断层，试井曲线呈现裂缝导流模型，表征存在定向裂缝高渗通道。铜 4 井

试井曲线径向流段明显，地层渗透率高达 $154.2\times10^{-3}\mu m^2$，储层渗透性好，岩心资料表明储层裂缝发育，在2588~2618.57m取心井段上，共发现裂缝309条，缝密度10.3条/m。铜12井地层重复，钻遇逆断层，试井曲线中段为较长的线性流段，随后出现明显径向流阶段(图5)，为“变井储+裂缝无限导流+均质+无限大”模型。线性流主要是由断层破碎带构成的垂直井筒的高渗通道，具有较好的定向性，裂缝半长为700~800m，大致延伸到铜4井位置。

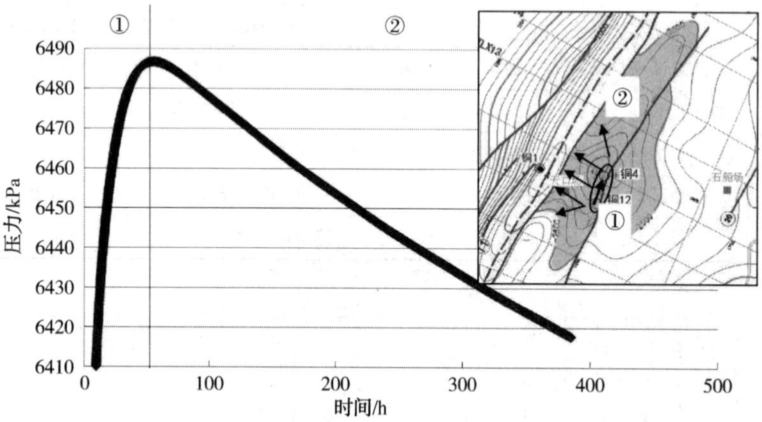

图4　铜4井压力恢复过程及压力传播示意图

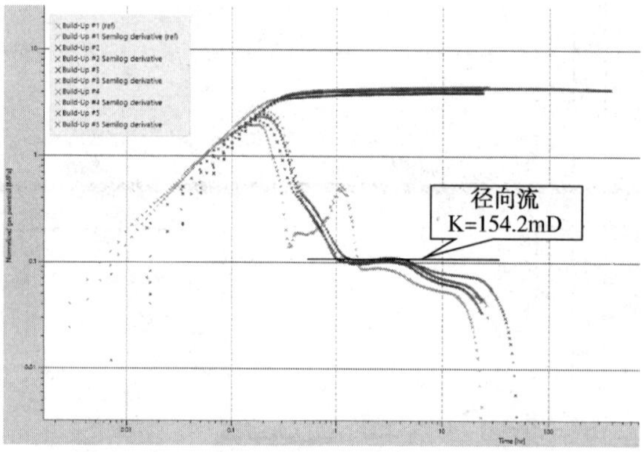

图5　铜4井压力恢复试井双对数曲线图

3.3　试井渗透率与表皮系数变化

历次生产期与试注期曲线叠合对比，两口井地层渗透率均有所降低，可能受部分地层应力敏感影响，铜4井井下均存在一定程度的污染。铜4井共开展过三次压力恢复试井，其中生产期2次，试注期1次。与生产期2002年及2013年曲线对比，循环注采曲线发生如下变化：早期变井储阶段试井形态未发生变化，曲线整体向上平移，近井区和远井区渗透率均明显出现下降，第三次压力回复试井渗透率下降明显约 $370\times10^{-3}\mu m^2$。铜12井为注气井，三次均为初期库早期评价阶段开展的压力降落试井，历次曲线形态较为一致，但2020年渗透率下降明显，2020年试井渗透率为(12.41~13.68)$\times10^{-3}\mu m^2$，相比于2018年下降 $7\times10^{-3}\mu m^2$。铜4井生产期表皮系数下降至5.5，但试注期表皮系数上升，井底污染加重，分析可能是因为地层流动方向的改变，导致井筒附近有新的污染物沉积(表2、图6、图7)。

岩心渗透率应力敏感测试表明，储层应力敏感性较强。本次共开展了6个岩心样品，采用覆压下岩石孔隙度和渗透率测定方法，其中三块样品渗透率最大损害率均大于70%，两块样品最大不可逆损害率大于70%，其余样品在循环之后渗透率低于 $1\times10^{-5}\mu m^2$，无法测试，以上实验数据均表明，岩石存在较强的应力敏感性(表3)。

综合试井及岩心试验表明，地层具有一定的应力敏感性。长兴组储层属于孔隙-裂缝型储层，该类型储层往往具有一定的应力敏感性，气藏改建前地层压力已由原始地层压力 53.65MPa 降至 1.78MPa，存在部分裂缝闭合，储层渗透率有所下降。在改建初期注气后，虽然地层压力由 1.78MPa 上升至 2020 年的 6.4MPa，但是对比来看，渗透率并未明显升高，认为裂缝闭合后，不能完全打开。

表 2 铜 4 井及铜 12 井试井解释成果表

井号		铜 4			铜 12		
测试时间		2002.3	2013.4	2020.12	2018.12	2020.4	2020.12
地层模型		复合	复合	均质	裂缝+均质		
地层部分	P_i	31.10	2.21	6.42	2.37	4.08	6.42
	S	16.5	5.5	16.8	0.16	0.16	0.18
	$K_1/10^{-3}\mu m^2$	600	528.3	154.2	20.67	12.41	13.68
	$K_2/10^{-3}\mu m^2$	61.7	22.3	后期干扰	/	/	/
	裂缝半长 X_f	/	/	/	752.80	829.76	408.33
备注		生产期	试注期		试注期		

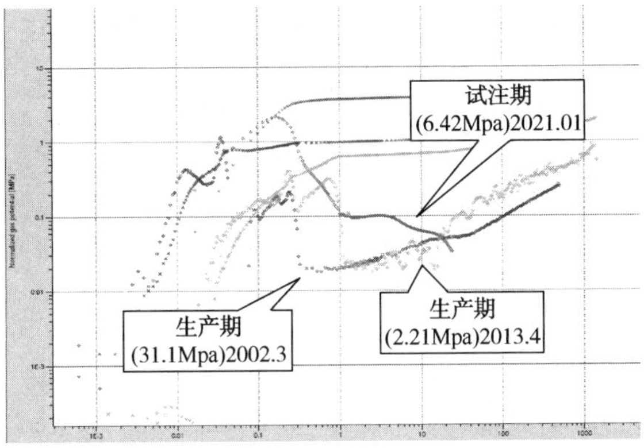

图 6 铜 4 井历次压力恢复试井双对数曲线图

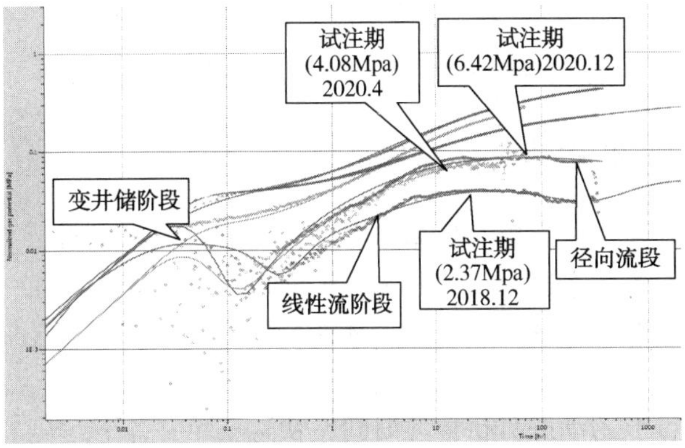

图 7 铜 12 井历次压力降落试井双对数曲线图

表 3 循环增减压应力敏感测试结果汇总

编号	井号	层位	深度/m	长度/cm	直径/cm	渗透率最大损害率/%	最大不可逆损害率/%	备注
1	铜 12 井	长兴组	2625.42	7.05	6.96	87.04	75.52	
2	铜储 1 井	长兴组	2673.79	3.60	2.52	77.30	73.30	
3	铜储 1 井	长兴组	2641.78	3.08	2.53	72.47	—	循环之后渗透率低于 $1\times10^{-5}\mu m^2$，无法测试
4	铜储 1 井	长兴组	2652.96	3.79	2.52	45.18	—	
5	铜储 1 井	长兴组	2673.9	4.59	2.53	—	—	
6	铜储 1 井	长兴组	2619.00	4.04	2.53	—	—	

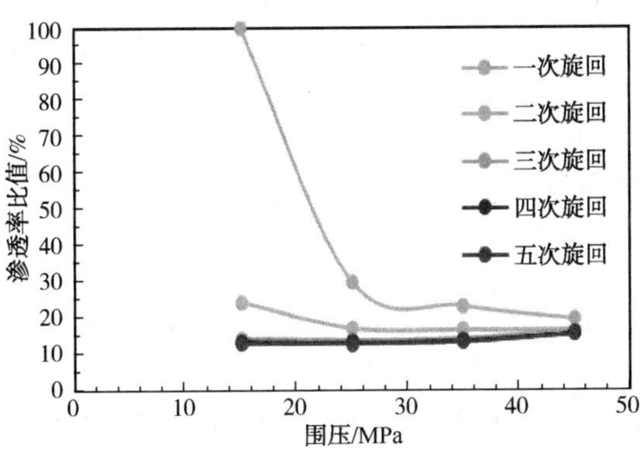

图 8 铜 12 井岩心旋回渗透率测试

3.4 硫化氢含硫变化

受重力分异影响，铜锣峡在生产期硫化氢含量呈逐渐上涨趋势，硫化氢的含量对改建储气库运行安全性和经济效益具有较大的影响，通过早期多次循环注采气质组分监测，可多次淘洗储气库垫底气，了解循环过程对气质组分的影响。试验表明注入产品气将大幅降低硫化氢含量。铜 4、12 井硫化氢含量在 2006 年气藏日产气大幅提高时逐渐上涨 420mg/m^3，但仍属于低含硫气范畴。为验证注入产品气后采出气硫化氢变化规律，两次循环注采试验，试验过程为铜 12 井注入一类气(硫化氢含量<6mg/m^3)，铜 4 井采气，监测采气井硫化氢变化规律；2020 年硫化氢含量由 54mg/m^3 降至 15mg/m^3 左右；2021 年采出气硫化氢含量保持在 5mg/m^3 左右。

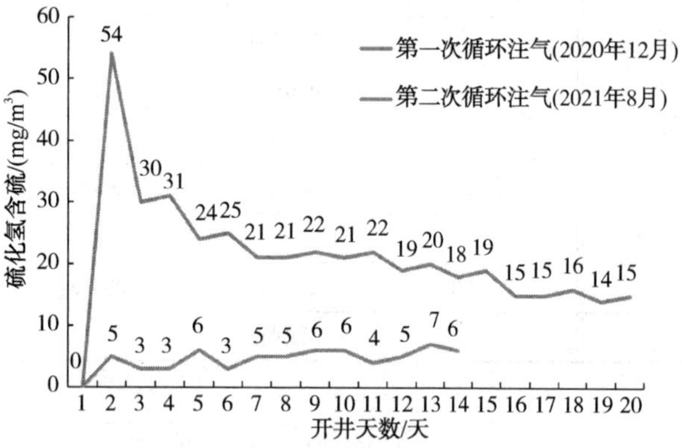

图 9　循环注气铜 4 井硫化氢含量变化曲线

4　循环注采效果评价

从本次解释成果来看，该方法可广泛应用于尚未建设完善注气和采气地面系统，储气库试注期的早期评价。通过循环注采的方式，开展采气井稳定试井及压恢试井、注气井压力降落试井，可节约动态分析监测时间，快速获单井井下污染情况以及地层渗流信息，初步了解地层渗透率变化。通过多次循环过程一方面可以多次淘洗储气库垫底气，另一方面通过监测硫化氢含量，了解循环过程对气质组分的影响。在本次测试过程中，也可明显看到地层干扰情况，建立循环注采系统后，目前获取的地层渗流特征主要表征为该循环系统内的地层渗流率，受到远井地层压力影响后，铜 4 井压力恢复试井开始下降，远井区地层信息和边界信息无法获取。

5　结论与建议

(1) 铜 4 井与铜 12 井连通性好。铜 4 井区储层表现为视均质特征，铜 12 井钻遇断层，试井曲线呈现裂缝导流模型，表征存在定向裂缝高渗通道。历次生产期与试注期曲线叠合对比，两口井地层渗透率均有所降低，可能受部分地层应力敏感影响，铜 4 井井下均存在一定程度的污染。多次循环注采气质组分监测，注入产品气将大幅降低硫化氢含量。

(2) 循环注采方法可广泛应用于储气库试注期的早期评价，该方法可节约动态分析监测时间，快速获单井井下污染情况以及地层渗流信息，了解地层渗透率变化及循环过程对气质组分的影响，但在获取远井区地层信息具有一定局限性。

(3) 建议持续开展储气库试井动态监测，在井网和地面管网完善后，采用常规试井手段开展动态监测，开展进一步评价储层渗流能力及循环注采方法的可靠性，为其他储气库早期评价提供快捷评价手段。

参考文献

[1] Hasan A R, Kabir C S. Pressure Buildup Analysis: A Simplified Approach (includes associated papers 11862 and 11867 and 11925 and 11926 and 13676)[J]. Journal of Petroleum Technology, 1983, 35(01): 178-188.

[2] 张士杰，赵婵娟，谢斌，等. 呼图壁储气库试井资料解释方法探讨[J]. 油气井测试，2016，v.25；No.158(05)：24-26+76.

[3] 钱勇钢. 呼图壁储气库试井资料解释及应用研究[D]. 西安石油大学，2016.

[4] 王耀博. 双 6 储气库试井解释方法与注采能力研究[D]. 中国石油大学(北京)，2018.

[5] Horner D R. Pressure build-up in wells[C]//3rd World Petroleum Congress. World Petroleum Congress, 1951.

[6] 刘能强. 实用现代试井解释方法(第五版)[M]. 北京：石油工业出版社，1996.

[7] Marhaendrajana T, Kaczorowski N J, Blasingame T A. Analysis and interpretation of well test performance at Arun Field, Indonesia[C]//SPE Annual Technical Conference and Exhibition. Society of Petroleum Engineers, 1999.

[8] Onur M, Serra K V, Reynolds A C. Analysis of pressure-buildup data from a well in a multiwell system[J]. SPE Formation Evaluation, 1991, 6(01): 101-110.

[9] 廖伟，郑强，张赟新，等. 多井试井解释技术在我国大型储气库的应用[J]. 科技创新导报，2019，v.16；No.472(04)：82-83.

[10] 周兴燕，张士杰，谢斌，等. 呼图壁储气库多井试井分析[J]. 新疆石油天然气，2016，v.12；No.46(03)：63-66+4-5.

[11] 刘成均. 文 96 地下储气库注采渗流机理研究[D]. 西南石油大学，2014.

[12] Cinco-Ley H, Viturat D. Pressure Transient Analysis for High-Permeability Reservoirs[C]//SPE Annual

Technical Conference and Exhibition. Society of Petroleum Engineers, 1985.

[13] 刘晓旭，周源，王霞，等．气藏型储气库注气期试井分析探讨[J]．特种油气藏，2021，v.28；No.145(02)：139-143.

[14] 赵伦，陈烨菲，宁正福，等．异常高压碳酸盐岩油藏应力敏感实验评价——以滨里海盆地肯基亚克裂缝-孔隙型低渗透碳酸盐岩油藏为例[J]．石油勘探与开发，2013，v.40；No.233(02)：194-200.

[15] 齐桂雪．枯竭气藏型储气库储层应力敏感性实验研究[J]．石油地质与工程，2020，v.34(03)：76-80.

[16] 李继强，赵冠群，戚志林，等．气藏型储气库多周期注采储集层应力敏感效应[J]．石油勘探与开发，2021，v.48；No.283(04)：835-842.

[17] 何健，康毅力，刘大伟，等．孔隙型与裂缝—孔隙型碳酸盐岩储层应力敏感研究[J]．钻采工艺，2005，(02)：84-86+93-116.

[18] 李农，杨雨，王丽，等．一种储气库用天然气中硫化氢淘洗实验装置[P]．四川省：CN113960259A，2022-01-21.

[19] 赵杰，谢娟，赵磊，等．Y22 含硫化氢地下储气库达容达产运行影响因素分析及对策[J]．录井工程，2020，v.31；No.124(04)：121-128.

[20] 赵杰，谢娟，孙国辉，等．华北地区含硫化氢地下储气库运行风险及技术对策[J]．油气田地面工程，2020，v.39；No.344(03)：56-63.

复杂断块油藏建库数值模拟研究

何海燕　贾　倩　孙彦春　商　琳　张　扬

（中国石油冀东油田分公司）

摘　要　调峰保供是储气库职能，建库指标精确预测事关新钻井数量及投资。复杂断块油藏改建储气库后，多周期高速注采过程均为油、气、水三相流动，油、气高压物性受温度影响十分大，未考虑冷气注入温度场扰动、高速非达西附加压力损失，均使现有储气库数值模拟方法指标预测精度偏低。为提高指标预测精度，针对国内一座复杂断块油藏型储气库，结合流体黏温及高速非达西实验，建立了渗流-温度双场耦合数值模拟模型，并高精度拟合了衰竭开发阶段区块、单井物质平衡及压力，实例开展了储气库运行指标敏感性分析。结果表明，井控温度范围随注气速度呈对数上升，油气相渗流能力大幅下降时水相渗流能力反而上升，使得采出液量增多、地层压力下降；高速非达西附加压力降造成天然气注入后部分采不出，天然气储量及压力逐周期增加。

关键词　复杂断块；油藏型储气库；高速非达西效应；冷气注入后温度场扰动；温度-渗流双场耦合；数值模拟技术

引言

中国大陆经历多期次构造运动，其东部形成一系列复杂断块，中西部形成褶皱构造，导致建库油藏大都断块多、非均质性强、边底水及人工注水侵入地层后流体关系复杂。因此，目前无论是已建库的京58储气库，还是正在建库的冀东油田南堡1-29储气库，都是复杂断块油藏型储气库。

复杂断块油藏改建储气库后，多周期高速注采过程均为油、气、水三相流动，注气周期注入冷气会扰动储层温度场，油、气、水的黏度、气油比等高压物性参数受温度影响十分大，传统油藏工程方法及常规数值模拟将储层视为恒温，加之未考虑储层多周期高速渗流过程中的高速非达西效应等关键机理，导致储气库多周期运行过程调峰、单井注采能力等生产动态指标预测精度低，最终造成新钻井数量、投资预测等误差大。为此，本文结合高速非达西实验及流体黏温实验，重点研究复杂断块油藏型储库周期注采过程储层温度交替变化及高速非达西附加压力损失对储层流体渗流及生产动态的影响。

1　高速非达西及流体高压物性实验

1.1　高速非达西实验

结合Forchheimer方程（式1）可拟合紊流因子β及渗透率k，为获取紊流因子拟合基础数据，设计了此次驱替实验。实验主要采用智能驱替模拟系统，选取N储气库代表性岩心，根据N储气库实际注采气量、地层厚度和井控半径等信息，分别设计采用0.5~0.95MPa共10组驱替压力，测试不同驱替压力下驱完2mL气体的气体流速（测试体积/测试时间）。实验气体为氮气，测试氮气体积为2mL，实验岩心长度为5.12cm，直径为2.53cm，驱替环压为10MPa，实验结果见表1。

表1　紊流因子测试实验数据

长度/cm	直径/cm	环压/MPa	驱替压力/MPa	测试体积/mL	测试时间/s	流速/(mL/s)
5.12	2.53	10	0.95	2	3.47	0.58
			0.90		3.89	0.51
			0.85		4.29	0.47
			0.80		4.72	0.42
			0.75		5.24	0.38
			0.70		5.90	0.34
			0.65		6.68	0.30
			0.60		7.65	0.26
			0.55		8.87	0.23
			0.50		10.31	0.19

$$-\frac{dp}{dX}=\frac{\mu v}{k}+\beta\rho v^2 \quad (1)$$

式中：p 为压力，atm；X 为流体流动方向；μ 为气体黏度，Pa·s；v 为流体流速，cm/s；k 为渗透率，$10^{-15}m^2$；β 为紊流因子，10^8m^{-1}；ρ 为流体密度，g/cm^3。

在此次驱替实验条件下，Forchheimer 方程可以表达为式 2。以 $MA(p_1{}^2-p_2{}^2)/(2zRT\mu l\rho_p Q_p)$ 为纵坐标，$\rho_p Q_p/\mu A$ 为横坐标，可以拟合出一条直线，该直线截距为 $1/k$，斜率为 β，即紊流因子。

$$\frac{MA(p_1{}^2-p_2{}^2)}{2zRT\mu l\rho_p Q_p}=\frac{1}{k}+\beta\left(\frac{\rho_p Q_p}{\mu A}\right) \quad (2)$$

式中：M 为气体相对分子质量，g/mol；A 为实验样品横截面积，cm^2；p_1 为实验样品入口压力，atm；p_2 为实验样品出口压力，atm；z 为气体压缩因子；R 为通用气体常数，82.0574587atm·cm^3/(mol·K)；T 为温度，K；l 为实验样品长度，cm；ρ_p 为泵中流体密度，g/cm^3；Q_p 为泵中流体速度，cm^3/h。

令式 2 中 $MA(p_1{}^2-p_2{}^2)/(2zRT\mu l\rho_p Q_p)$ 为 y，$\rho_p Q_p/\mu A$ 为 x，式 2 可以表达为式 3。

$$y=\frac{1}{k}+\beta x \quad (3)$$

通过紊流因子岩心实验，以 $MA(p_1{}^2-p_2{}^2)/(2zRT\mu l\rho_p Q_p)$ 为纵坐标，$\rho_p Q_p/\mu A$ 为横坐标，拟合绘制直线（图 1）的斜率（即紊流因子）为 1.63 亿 m^{-1}。为方便将实验结果敷设到数值模拟模型中，需将非达西效应产生的压降表示为惯性系数 D，结合式 4 将紊流因子代入，得到惯性系数 D 为 $4.06\times10^{-5}(m^3/d)^2$。

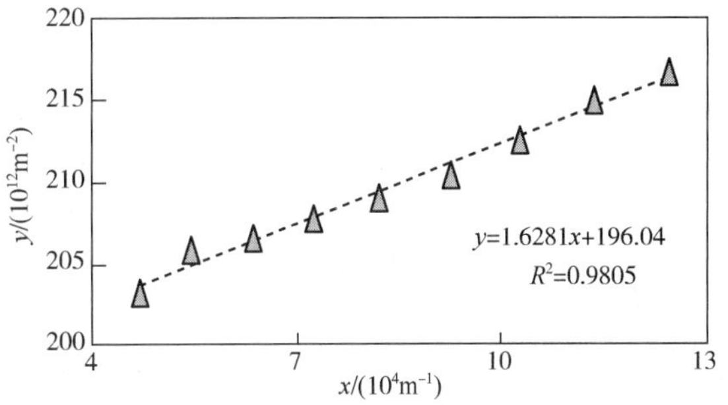

图 1　紊流因子岩心实验拟合图

$$D=2.191\times10^{-18}\frac{\beta\gamma_g k}{\mu h r_w} \quad (4)$$

式中：γ_g 为气体相对密度；h 为储层有效厚度，m；r_w 为井筒半径，m。

1.2　原油黏温实验

从 N 油藏储气库储层获取原油样品，依据标准“SY/T 7549—2000 原油黏温曲线的确定-旋转黏度计法”，采用自动密度黏度测定仪，测定剪切速率为 $60s^{-1}$ 时，不同温度（5.13～75.04℃）条件下原油黏度，实验数据见表 2。

1.3　气水黏温关系建立

黏度计算通常采用 4 种方法：Lohrentz-Brey-Clark（LBC 方法）、Pedersen（PFCT 方法）、Supertrapp 方法、Vesovic-Wakeham（VW 方法）。V Vesovic 等研究表明 Supertrapp 方法误差较小。因此储层压力（22.6MPa）条件下的气水黏度与温度关系基于 SuperTrapp 软件数据包，结合 SuperTrapp 模型计算获得（表 3、表 4）。

表 2　原油黏度-温度关系实验测定表

温度/℃	黏度/(mPa·s)	温度/℃	黏度/(mPa·s)	温度/℃	黏度/(mPa·s)	温度/℃	黏度/(mPa·s)	温度/℃	黏度/(mPa·s)
90.3	6.4	77.8	10.1	59.0	19.8	38.9	47.1	19.1	143.9
88.9	6.7	75.0	11.7	54.9	23.1	35.0	57.6	15.3	186.7
86.4	7.3	71.1	13.0	50.9	27.2	31.0	71.1	11.2	246.9
83.6	8.1	67.2	14.8	47.0	32.3	27.0	89.1	7.4	332.3
80.2	9.2	63.1	17.1	42.9	38.9	23.0	112.6	3.2	457.8

表 3　天然气黏度-温度关系表

温度/℃	黏度/(mPa·s)	温度/℃	黏度/(mPa·s)	温度/℃	黏度/(mPa·s)	温度/℃	黏度/(mPa·s)	温度/℃	黏度/(mPa·s)
0	0.02381	19	0.02166	39	0.02038	59	0.01973	79	0.01945
3	0.02339	23	0.02134	43	0.02021	63	0.01965	83	0.01942

续表

温度/℃	黏度/(mPa·s)	温度/℃	黏度/(mPa·s)	温度/℃	黏度/(mPa·s)	温度/℃	黏度/(mPa·s)	温度/℃	黏度/(mPa·s)
7	0.02289	27	0.02105	47	0.02006	67	0.01958	87	0.01940
11	0.02243	31	0.02080	51	0.01993	71	0.01952	91	0.01939
15	0.02202	35	0.02058	55	0.01982	75	0.01948	95	0.01939

表 4　水黏度-温度关系表

温度/℃	黏度/(mPa·s)	温度/℃	黏度/(mPa·s)	温度/℃	黏度/(mPa·s)	温度/℃	黏度/(mPa·s)
0	1.70388	25	0.923881	50	0.570391	75	0.388993
5	1.48912	30	0.831253	55	0.524589	80	0.363901
10	1.30994	35	0.751491	60	0.484282	85	0.341425
15	1.15941	40	0.682542	65	0.448672	90	0.321231
20	1.03214	45	0.622652	70	0.417094	95	0.303033

2　复杂断块油藏储气库数模实例

结合前期油气藏数值模拟、油气藏改建储气库数值模拟方法，建立了考虑储气库多轮注采过程冷气注入扰动储层温度场及高速非达西效应等机理模拟的油藏型储气库数值模拟方法和技术流程(图 2)。

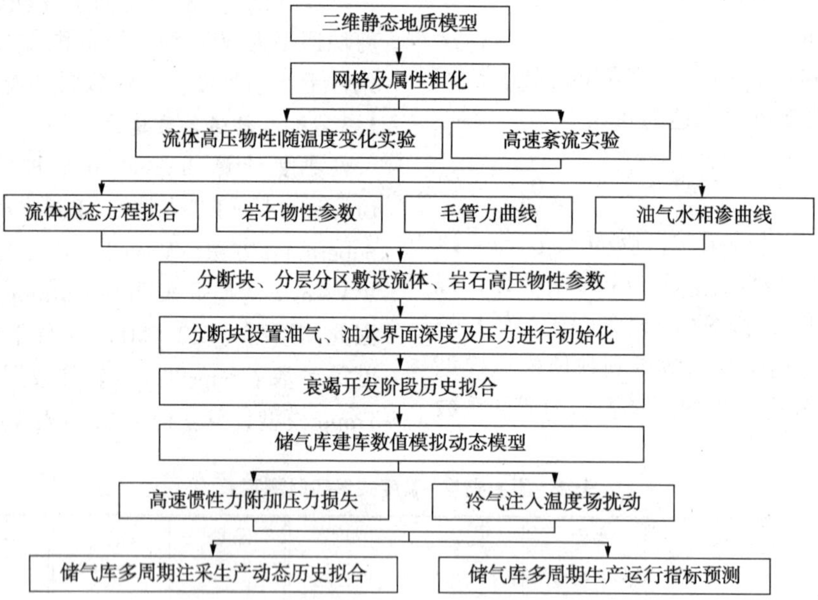

图 2　油藏型储气库数值模拟技术流程

2.1　工区简介

建库工区精细地质模型网格数为 2946 万(412×261×274)，X、Y、Z 方向平均步长分别为 20m×20m×0.5m，粗化后数模网格数为 94 万(206×131×35)，X、Y、Z 方向平均步长分别为 40m×40m×4m。储气库由带气顶弱边底水的饱和油藏改建而成，储层平均净毛比为 0.35，平均孔隙度为 0.08，平均渗透率为 $19\times10^{-3}\mu m^2$，由于有三个不同的流体系统组成，分断块分区(图 3)敷设相渗及毛管力曲线，其中 3 号气层(束缚水饱和度为 0.28)相渗分区，5 号油层(束缚水饱和度为 0.36)相渗分区，6 号油层(束缚水饱和度为 0.4)及之下水层相渗分区。

实例工区被断层分为 7 个断块，各断块气油水界面不统一，初始流体分布(图 4)十分复杂，在初始化时按断块、小层分 24 个区计算拟合了每个断块油、气储量。

2.2　历史拟合

建模阶段孔渗等属性模型资料来源于单井测井数据，一方面测井数据比较粗糙，另一方面井间储层物性参数都是通过地质统计学数据分析、插值生成的，存在较强的不确定性。因此，需要结合衰竭开发阶段气、水产量、静压、流压等一系列生产动态监测资料来反演井间储层物性参数，使模型计算结果与油气藏开发历史一致。首先对区块油气水产量及注水量进行拟合(图5(a)-(b))，从而保证区块物质平衡，然后检查单井瞬时产量拟合情况(图5(c))，在此基础上依次开展单井静压、流压拟合(图5(d))。

图3　相渗分区

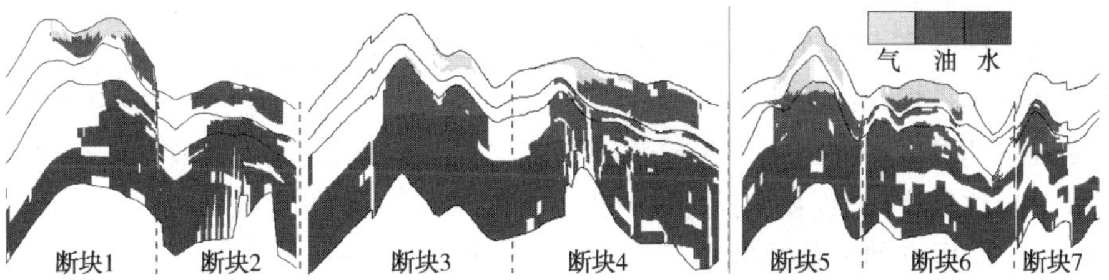

图4　初始化各断块油气水分布

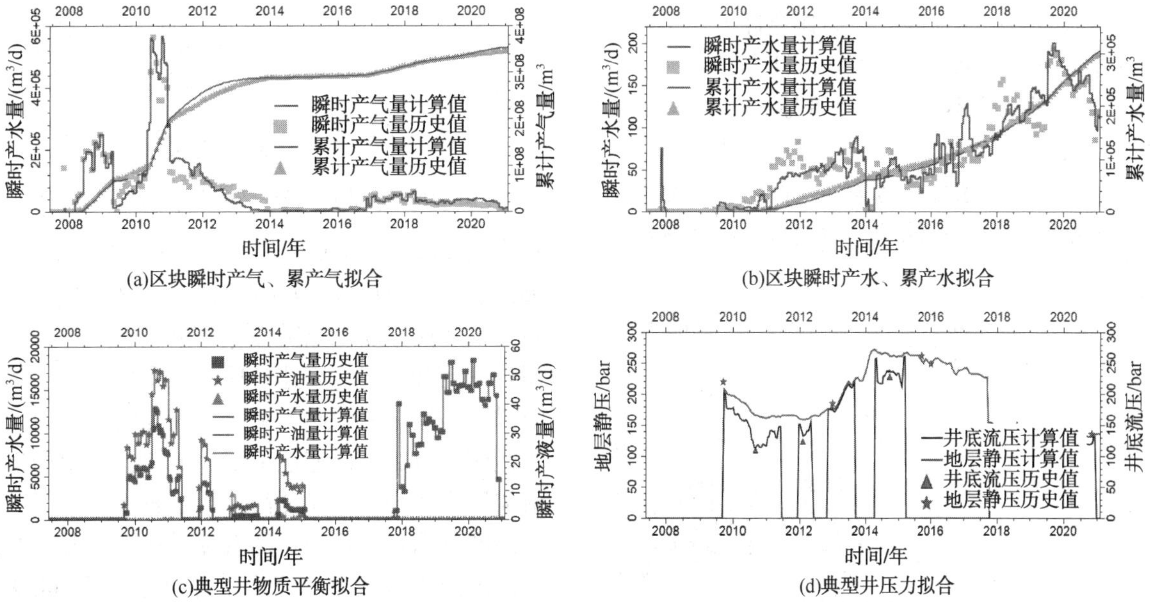

(a)区块瞬时产气、累产气拟合　(b)区块瞬时产水、累产水拟合

(c)典型井物质平衡拟合　(d)典型井压力拟合

图5　区块、典型井生产动态历史拟合

2.3　冷气注入对储气库生产动态的影响

在衰竭开发阶段历史拟合好的模型中，选取主力断块五口储气库井，采用群组控制方式，单井平均以11.2万m^3/d注气200天，20万m^3/d采气120天，注采平衡期均为15天，设计考虑温度场及高速非达西效应影响的方案。其中模型(图6)的注入气温度为25℃，储层中深温度为87.8℃，储层初始温度梯度为3℃/100m，流体黏度随温度变化规律依据黏温实验数据设置，高速惯性系数D依据非达西实验结果设置为$4.06\times10^{-5}(m^3/d)^2$。

流体黏温实验中储层温度从87.8℃下降到

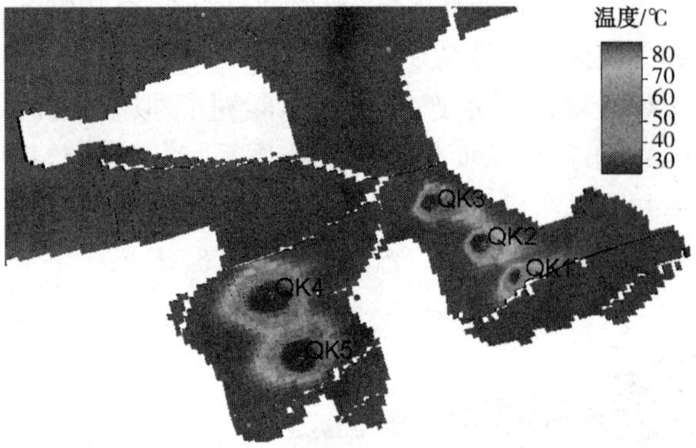

图 6　注冷气后储层温度场

20℃，油、气、水黏度分别增加 19.3、3.1、1.1 倍(表 2～表 4)，油气黏度大幅上升时水黏度几乎不变，这一特性使得油气相对渗流能力下降，水相对渗流能力反而上升。将流体黏温实验结果敷设于模型里，把不考虑温度场及非达西效应的方案设为基础方案。模拟结果表明，相较于基础方案，注冷气扰动温度场方案由于井控范围内储层温度下降，导致累产油量(图 8)下降，累产水量增加(图 9)，而累产油下降幅度小于累产水增加幅度，使地层采出液量增多，地层压力下降(图 10)。考虑非达西效应影响时，一方面，除了黏滞阻力产生压降外，高速惯性力还多产生了一部分压降，因此相同配产配注条件下，天然气注入后部分采不出，这使得地层天然气储量(图 7)及压力(图 10)逐周期增加；另一方面，在定产气量生产条件下考虑非达西效应，需增大生产压差才能产出相同的天然气量，因此多周期运行后油水累产量增加。

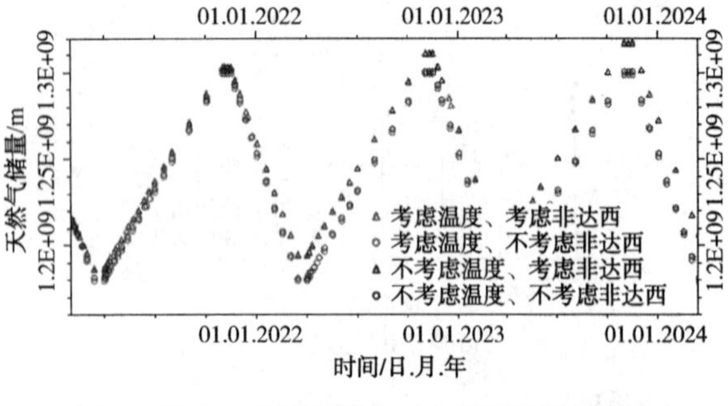

图 7　温度、非达西效应对多周期注采气影响

选取构造高部位 QK4 井，设计考虑高速非达西与不考虑高速非达西效应各 6 项注采方案(注 200 天，采 120 天)，方案采气速度分别为 10 万 m^3/d、20 万 m^3/d、40 万 m^3/d、60 万 m^3/d、80 万 m^3/d、100 万 m^3/d，对应的注气速度分别为 5.6 万 m^3/d、11.2 万 m^3/d、22.4 万 m^3/d、

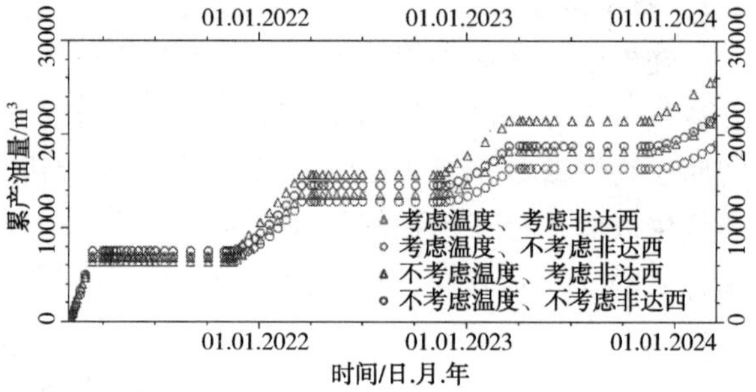

图 8　温度、非达西效应对多周期累产油影响

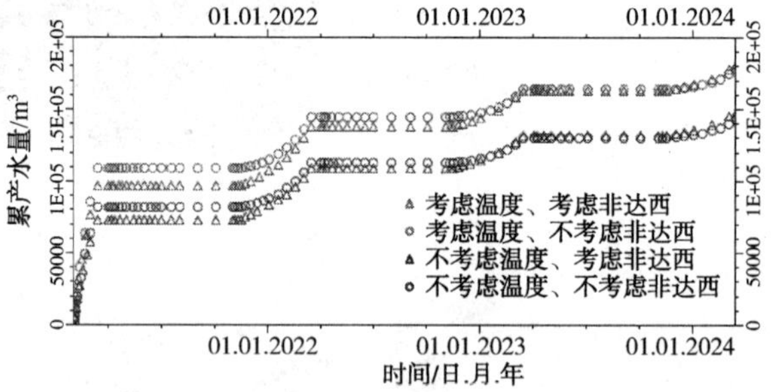

图 9　温度、非达西效应对多周期累产水影响

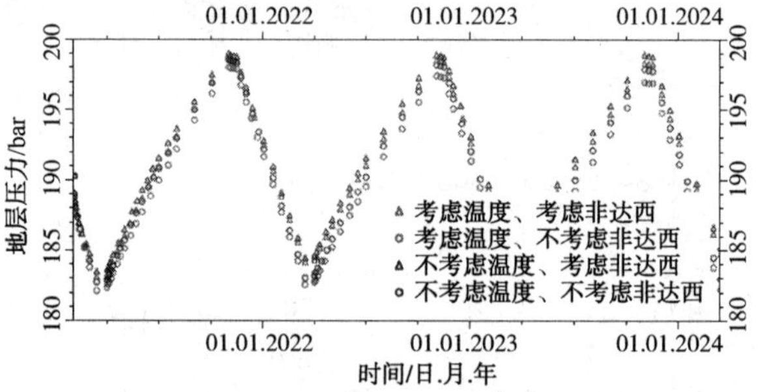

图 10　温度、非达西效应对多周期地层压力影响

33.6 万 m^3/d、44.9 万 m^3/d、56.1 万 m^3/d。结果(图 11)表明，在当前物性及配产配注条件下，注气末井控温度范围随注气速度呈对数上升，低速阶段上升较快，高速阶段由于受储层物性及有限时率强注强采限制，上升速度变缓；考虑高速非达西效应后，低速注采阶段流体惯性力产生的附加压降较小，对流体渗流影响较小，注气末井控温度范围几乎重合；随着注采速度上升，井控温度范围逐渐增大，但注气速度上升到 44.9 万 m^3/d 后，考虑高速非达西效应的方案注气末井控温度范围几乎恒定，未考虑高速非达西效应的方案仍在增加，这表明注采速度较高时，受非达西效应附加压降影响，该物性下单井注采能力已达到极限，而不考虑非达西效应影响的单井注采能力还有较大提升空间，因此，基于该极限，可以确定不同储层物性下受温度场扰动及高速惯性力影响的单井合理注采气能力。

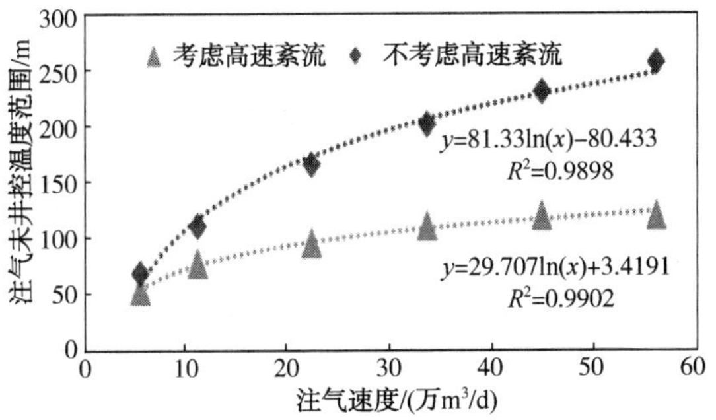

图 11　注气速度对注气末井控温度范围的影响

3　结论

（1）开展高速非达西实验，拟合惯性系数 D 为 $4.06\times10^{-5}(m^3/d)^2$；开展流体黏温实验，储层温度从 87.8℃下降到 20℃，油、气、水黏度分别增加 19.3、3.1、1.1 倍，油气黏度大幅上升时水黏度几乎不变，这一特性使得油气相对渗流能力下降时水相对渗流能力反而上升。

（2）结合流体高速非达西、黏温实验数据，建立渗流-温度双场耦合数值模拟模型。生产动态敏感性分析表明冷气注入造成井控范围内储层温度下降，该范围随注气速度呈对数上升，低速阶段上升较快，高速阶段由于受储层物性及有限时率强注强采限制，上升速度变缓；高速惯性力附加压力损失使相同配产配注条件下天然气注入后部分采不出，地层天然气储量及压力逐周期增加，定天然气量生产时所需生产压差会增大，多周期运行后油水累产量增加。

（3）该区块物性条件下，注气速度上升到 44.9 万 m^3/d 后，考虑高速非达西效应的方案注气末井控温度范围几乎恒定，未考虑高速非达西效应的方案仍在增加，表明注采速度较高时，受非达西效应附加压降及储层物性影响，单井注采能力已达到极限，基于该极限可确定不同储层物性下受温度场扰动及高速惯性力影响的单井合理注采气能力。

参考文献

［1］马新华，郑得文，申瑞臣，等．中国复杂地质条件气藏型储气库建库关键技术与实践［J］．石油勘探与开发，2018，45(03)：489-499.

［2］丁国生，魏欢．中国地下储气库建设 20 年回顾与展望［J］．油气储运，2020，39(01)：25-31.

［3］Wang J，Xie J，Hao L，et al. Numerical simulation on oil rim impact on underground gas storage injection and production［J］. Journal of Petroleum Exploration & Production Technology，2015，6(3)：1-11.

［4］Wu Y S. Numerical simulation of single-phase and multiphase non - Darcy flow in porous and fractured reservoirs［J］. Transport in Porous Media，2002，49 (2)：209-240.

［5］李士伦．天然气工程(第二版)［M］．北京：石油工业出版社，2008：85-90.

［6］SY/T 7549—2000，原油黏温曲线的确定 旋转黏度计法［S］．北京：国家石油和化学工业局，2000.

［7］石颖．油井井下温度场的数值模拟［D］．大庆石油学院，2004.

含水层地下储气库可视化物模实验研究

李　健[1]　廖成锐[2]　杨志伟[1]　张鲁钢[1]　王宇鹏[1]　李　雷[2]

（1. 中国石化胜利油田分公司勘探开发研究院；2. 中国石化胜利油田分公司油气开发管理中心）

摘　要　为研究含水层储气库在建库和运行过程中气水两相分布规律，设计了低压可视化物理模拟模型，开展了注采气过程的物理模拟实验研究，直观展现了驱替速度、注采轮次、地层倾角等因素对气水分布的影响。实验表明：当驱替速度从 1mL/min 增加至 2mL/min 时，模型内窜流现象更加明显；随注采轮次增加，模型内滞留区位置基本不变但滞留区面积逐步减小；地层倾角影响气水重力分异速度，从而影响模型内气水分布。

关键词　含水层储气库；可视化物理模拟；重力分异；渗流规律；气水互驱

引言

目前含水层型地下储气库主要建设于美国、欧洲、独联体等发达国家的大城市或工业中心附近。我国对储气库的研究起步较晚，截至 2021 年，在我国已建成的 27 座储气库中，还没有含水层型储气库。本文通过文献调研发现，国内外众多专家学者通过岩心微观核磁监测、可视化薄片等可视化物理模拟实验的方法研究了含水层地下储气库在建库及运行过程中气水两相的渗流规律。本文通过总结前人的实验方法，设计了低压可视化模型，并应用该模型从定量化角度研究了储气库建库和注采过程中气水两相的分布规律。本次研究的模型可以非常直观地展示地下储气库的建库和注采过程，研究结果能够为我国含水层储气库的建设提供一定的理论指导。

1　实验准备

1.1　实验模型制作

为了能够直观看到气水分布，研究各种注采现象，从定性化的角度解释含水层地下储气库在建库及运行过程中气水两相的渗流规律，从而决定采用可视化的方法进行实验研究。本次可视化实验对压力水平要求不高(0~0.3MPa)，但为了能够再现气水运移过程中的各种现象，模型需要一定的尺寸。

按上述要求，最终设计并制作了低压可视化物理模型，模型包括气液注入系统、二维可视化模型、图像采集系统三部分。图 1 和图 2 分别为可视化模型的设计图和实物图。结合两图可以看出模型由上下两块透明有机玻璃制作而成，其中下盖玻璃中间制作尺寸为 200mm×100mm×10mm 的内腔，填砂后可模拟储层。模型可承受 0~0.3MPa 的压力，为了增强模型的密封性，模型四周用螺丝固定，上下两块玻璃间采用上下压紧的 O 型密封结构。模具带翻转支架，在实验过程中可以旋转任意角度，用来模拟不同的地层倾角。实验时可以利用高清摄像头来记录实验过程中模型内发生的现象。从图 2 可以看出流体以点注入的方式进入模型，图中红色箭头所指位置分别为注采点，其中 A 端为气相注入及回收端，B 端为水相注入及回收端，两端分别与注入系统相连。气液注入系统主要包括平流泵、中间容器和气瓶，用于向模型里注入水和气。

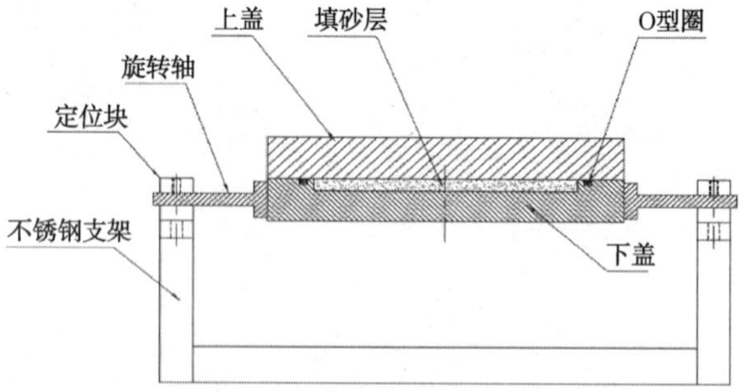

图 1　可视化模型设计图

1.2　实验条件

为了保证实验的安全进行，实验过程中使用的气体为氮气，纯度为 99.99%左右，密度为 1.25kg/m³；实验用水为蒸馏水；为了便于观察气水互驱过程中的气水分布规律，增加气水颜色对比度，利用曙红 y 将蒸馏水染成红色(氮气无色，实验过程中气体经过后模型颜色会变浅)。

图 2　可视化模型实物图

模型中能够充填的模拟砂体散样有两种，即石英砂和玻璃微珠，图 3 和图 4 分别是两种砂体染色后褪色情况。从图中可以观察到，石英砂亲水性很强，极易被染色，并且染色后无法褪色，影响气水多轮次互驱过程中气水分布的表征。玻璃微珠具有憎水性，不易被染色，实验过程中使用玻璃微珠能够较为方便的观察模型内颜色变化，所以实验过程中模型充填散样砂体选择玻璃微珠。

图 3　石英砂模型褪色情况

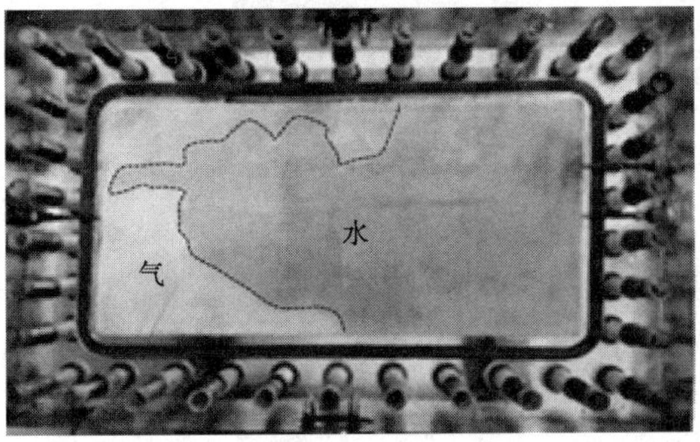

图 4　玻璃微珠模型褪色情况

2　实验步骤

在标准环境状况下，按表 1 中设计的参数进行气水互驱实验，观察模型内气水分布情况。具体实验过程为：①模型制作，采用 320 目的玻璃微珠，填充至模型中，并对模型进行压实，拧紧模型周围螺丝；②前期准备，用蒸馏水饱和模型，并对模型染色；③气驱水，按表 1 中设置的注入速度从模型 A 端向模型内注气驱水，在模型 B 端收集注气过程中驱替出来的水及气体。当收集到的水的体积不再增加时气驱水过程完成；④水驱气，利用平流泵按表 1 中设定的注入速度从 B 端向模型内注气，在 A 端通过排水集气法收集驱替出来的气体。以从 A 端开始出水作为水驱气过程结束标志；⑤按表 1 中设计方案重复 3、4 步骤，完成多轮次气水互驱实验；⑥实验时利用高清摄像头记录模型中气水在整个实验过程中的变化，并记录产气量和产液量；⑦清洗模型及玻璃微珠，总结各因素对模型中气水分布的影响规律。

表 1　可视化实验方案设计方案

编号	实验参数设计			变量
	地层倾角/(°)	注入速度/(mL/min)	驱替轮次/轮	
1-1	0	1	1	注入速度
1-2	0	1.5	1	
1-3	0	2	1	
1-4	0	1	4	轮次
1-5	0	1.5	-	地层倾角
1-6	15	1.5	-	
1-7	30	1.5	-	
1-8	60	1.5	-	

3　实验结果

3.1　注入速度对气水分布的影响

按实验 1-1、1-2、1-3 设计的参数进行气水互驱实验，各方案均累积注入 0.5PV 气体，观察同一时期内不同注气速度对气水分布的影响规律，实验结果如图 5～图 7 所示。

通过图 5～图 7 的结果可以直观看出，随着驱替速度的增加，相同时期进入平板模型中的气量逐渐增大，气体驱替动力随之增加，气体能克服更大的渗流阻力，模型内窜流现象更加明显。通过对比三组实验结果可以发现，到了驱替后期，驱替速度越大的模型中滞留区面积越小，位置越分散、因此，在实际的建库过程中可以通过保证适当的驱替速度来减少滞留区的形成。

3.2　注采轮次对气水分布的影响

按实验 1-4 的参数进行进行 4 轮次气水互驱实验，研究不同轮次下的气水分布规律，结果如图 8 所示。

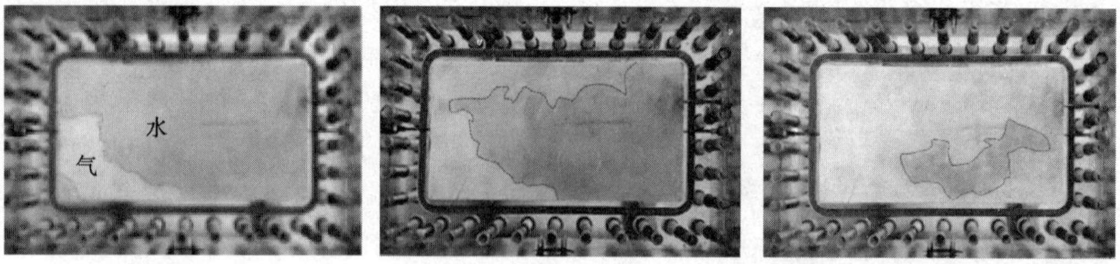

(a)驱替初期　(b)驱替中期　(c)驱替后期

图 5　实验 1-1 气驱水过程中气水分布图

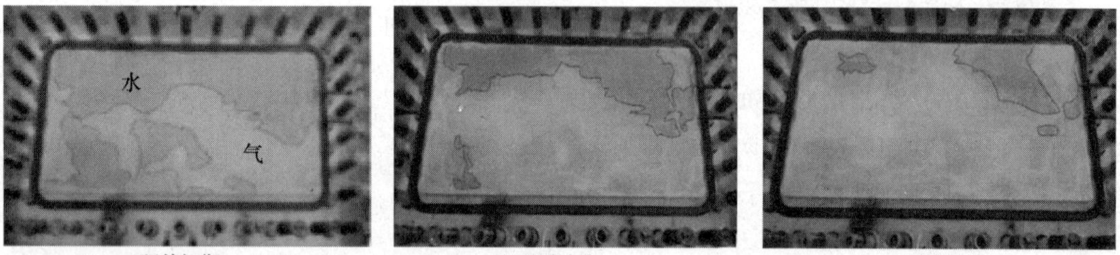

(a)驱替初期　(b)驱替中期　(c)驱替后期

图 6　实验 1-2 气驱水过程中气水分布图

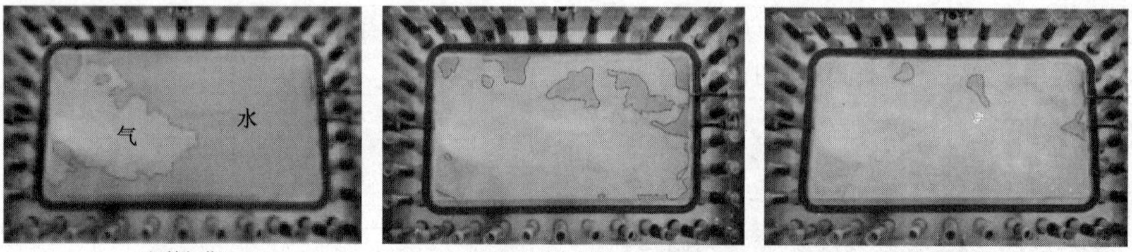

(a)驱替初期　(b)驱替中期　(c)驱替后期

图 7　实验 1-3 气驱水过程中气水分布图

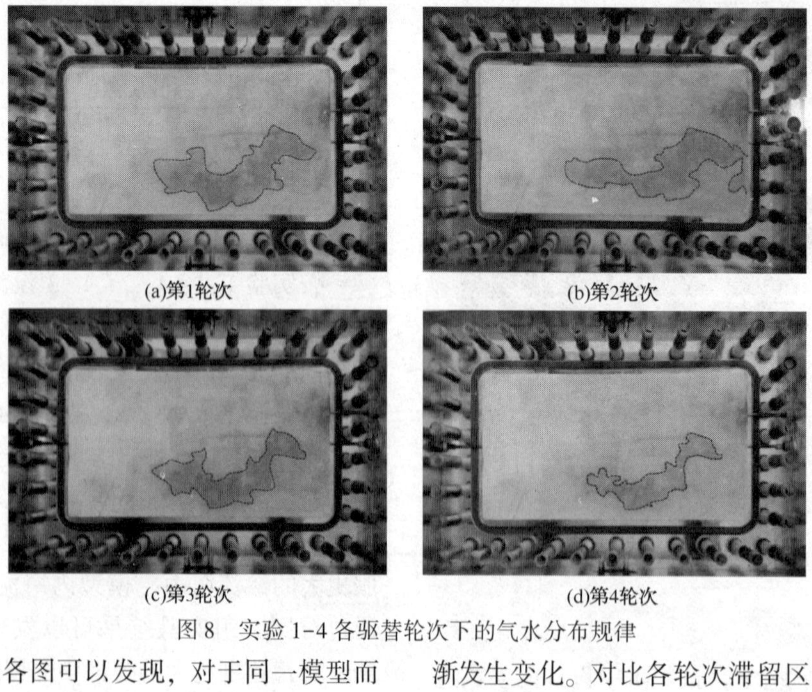

(a)第1轮次　(b)第2轮次

(c)第3轮次　(d)第4轮次

图 8　实验 1-4 各驱替轮次下的气水分布规律

通过图 8 中各图可以发现，对于同一模型而言，各轮次滞留区位置基本相同，但是形状有所变化，说明各轮次气体的运移路径基本相同，但是逐渐发生变化。对比各轮次滞留区大小可以明显看出，随着驱替轮次的增加，滞留区面积逐渐减小。

3.3 地层倾角影响规律研究

先将模型饱和水，然后按实验1-5至实验1-8所设置的参数向模型内注入0.2PV气体，将模型静置36h，每隔12h纪录一次模型中气水分布情况。具体结果如图9~图12所示。

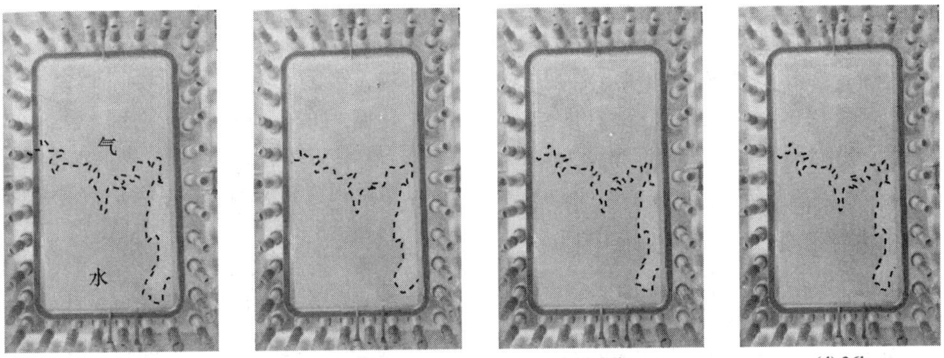

(a) 0h　(b) 12h　(c) 24h　(d) 36h

图9　方案1-5中气水分布

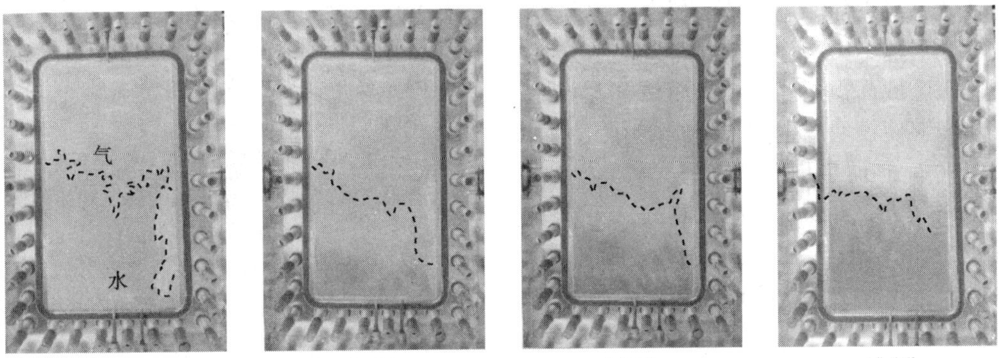

(a) 0h　(b) 12h　(c) 24h　(d) 36h

图10　方案1-6中气水分布

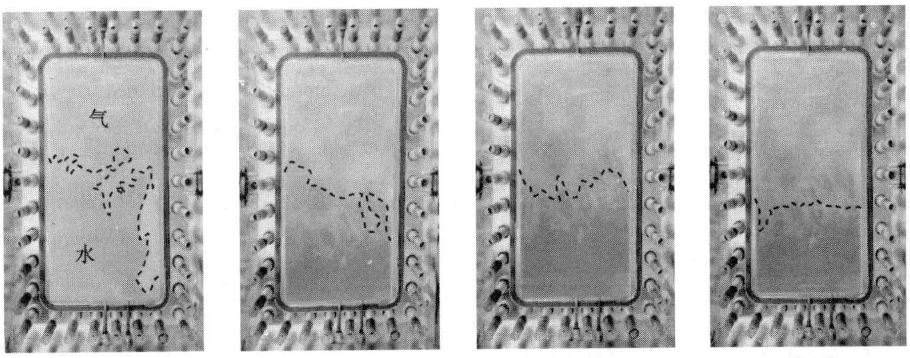

(a) 0h　(b) 12h　(c) 24h　(d) 36h

图11　方案1-7中气水分布

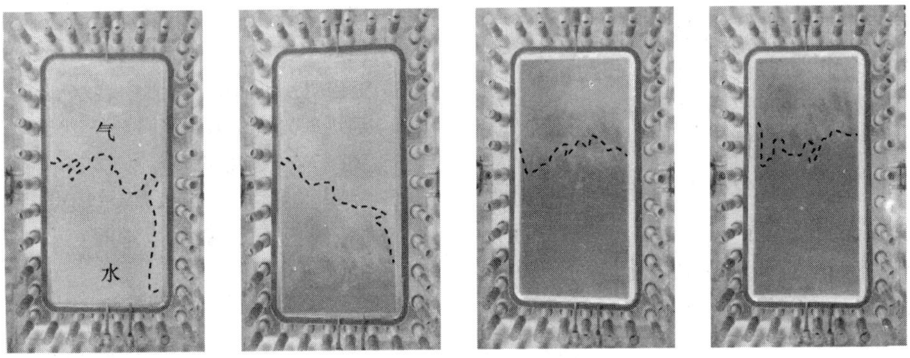

(a) 0h　(b) 12h　(c) 24h　(d) 36h

图12　方案1-8中气水分布

从以上各图中可以明显看出气体的窜流和绕流现象。模型中黑色虚线为气水分界线，可以看出分界线下部颜色比较深，为水相区，上部颜色较浅为气相区。实验 1-5 为对照组实验，1~5 地层倾角为 0°，即不受地层倾角影响。从实验 1-5 结果可以看出，静置 36h 后模型内气水分布基本没有发生变化。以实验 1-6 为例，对在有地层倾角影响的情况下，模型内气水分布情况进行分析。

图 9(a)为刚开始静置时模型内气水分布情况，模型内气体窜流和绕流现象明显。图 9(b)至图 9(d)是静置后模型内气水分布情况。从图中可以看出气水分界线的变化，气窜通道逐渐消失，分界线下部水相区颜色加深。模型静置 24h 后，气水分界线下部深色区域面积要比静置 12h 后模型气水分界线下部深色区域面积大，说明水相逐渐在模型下部聚集。静置 36h 后，气水分界线下部颜色深区域面积比静置 24h 面积更大，说明地层倾角能够使模型产生重力分异作用，从而对储气库中气水分布具有一定影响。

对比图 9~图 12 可以看出同一时刻，随着地层倾角的增加，模型中气水分界线下部深色区域面积明显增大，模型下部聚集的水量增多，重力分异作用逐渐增强。

上述实验结果说明，地层倾角对储气库中气水分布具有一定影响，地层倾角越大重力分异作用越显著，在储气库建库和运行过程中要予以考虑。

4 结论

（1）为了能够直观看到气水分布，研究各种注采现象，设计并制作了低压可视化模型，并明确了实验过程中使用的材料。

（2）在气驱水过程中，驱替速度从 1mL/min 增至 2mL/min 时，驱替动力逐渐增加，模型内窜流现象更加明显；到了驱替后期，随着驱替速度的增加，模型中滞留区面积逐渐减小，位置更加分散。

（3）研究驱替轮次对含水层储气库建库及运行过程的影响时发现，同一模型各驱替轮次气体的运移路径基本相同，但会逐渐发生变化；对比各轮次滞留区面积可以明显看出，随着驱替轮次的增加，滞留区面积逐渐减小。

（4）研究地层倾角对气水分布的影响时发现地层倾角能使模型产生重力分异作用。注气结束后，将模型静置一段时间，模型内流体在重力分异作用的影响下重新分布，气体窜流区域大幅缩小，窜流通道基本消失，气体在模型上部聚集，水在下部聚集。当地层倾角由 15°增至 30°、60°时，重力分异作用逐渐增强。

参考文献

[1] 程强．储气库：天然气工业的“粮仓”[N]．中国石化报，2021-04-26(005)．

[2] 石磊，王皆明，朱华银，等．水侵气藏型储气库气水微观渗流规律[J]．天然气勘探与开发，2020(1)：58-63.

[3] 王璐，杨胜来，彭先，等．缝洞型碳酸盐岩气藏多类型储层内水的赋存特征可视化实验[J]．石油学报，2018，039(006)：686-696.

[4] 常进，高树生，常洪刚，等．仿真模型模拟储气库建库与气库运行实验研究[J]．科学技术与工程，2015，015(017)：56-60.

[5] 公言杰，柳少波，姜林，等．油气二次运移可视化物理模拟实验技术研究进展[J]．断块油气田，2014，21(4)：458-462.

[6] 丁云宏，张倩，郑得文，等．微裂缝—孔隙型碳酸盐岩气藏改建地下储气库的渗流规律[J]．天然气工业，2015，35(01)：109-114.

[7] 潘毅，董卫军，冯靓，等．多层砂岩油藏可视化模型水驱油物模实验研究[J]．西南石油大学学报(自然科学版)，2012，34(6)：79-86.

[8] 石磊，王皆明，朱华银，等．水侵气藏型储气库气水微观渗流规律[J]．天然气勘探与开发，2020(1)：58-63.

[9] Malakooti R，Azin R. The Optimization of Underground Gas Storage in a Partially Depleted Gas Reservoir [J]. Liquid Fuels Technology，2011，29(8)：824-836.

[10] Aminian K，Brannon A，Ameri S. Gas Storage in a Depleted Gas/Condensate Reservoir in the Appalachian Basin[J]. 2006.

[11] 王保辉，闫相祯，杨秀娟，等．地下储气库天然气运移的等效渗流模型[J]．中国石油大学学报(自然科学版)，2011，35(6)：127-130.

[12] 王保辉，闫相祯，杨秀娟，等．含水层型地下储气库天然气动态运移规律[J]．石油学报，2012，33(2)：327-331.

[13] 王皆明，王丽娟，耿晶．含水层储气库建库注气驱动机理数值模拟研究[J]．天然气地球科学，2005，16(5)：673-676.

[14] 常进．高含水油藏改建储气库可视化物理模拟实验[J]．西安石油大学学报：自然科学版，2015(30)：56.

地下储气库井热致环空压力的影响机制

张 弘 袁光杰 庞宇晗 李景翠 刘天恩

(中国石油集团工程技术研究院有限公司)

摘 要 环空压力是影响地下储气库井安全运行的普遍现象，储气库生产中需区分热致环空压力和异常环空压力。针对温度变化导致环空体积和流体体积变化引起环空压力的问题，基于体积相容原理和井筒-地层耦合传热模型建立了多层次密闭环空压力的体积平衡计算方法，并通过实例计算分析了热致环空压力的影响因素。结果表明：热致环空压力主要来自于环空中液体的膨胀与气体的压缩之间的协调变形；影响热致环空压力的主要因素包括环空液体的压缩性和膨胀性、环空液体的导热系数和环空液体体积等；优选液面高度，采用可压缩、隔热性能良好的环空保护流体是减缓热致环空压力上升的有效方式，指导了异常环空压力的判别和热致环空压力的控制。

关键词 环空压力；热膨胀；体积相容；温度分布；环空保护液；异常环空压力

引言

环空带压(Annular Pressure Buildup，APB)是指不同环空在井口产生压力聚集的现象。有的经过释放压力保持低水平或不再恢复，有的泄压后经一定时间又重新恢复到泄压前的压力水平。环空压力是影响地下储气库井安全运行的普遍现象，也是井筒完整性问题的突出表现形式。天然气井环空带压主要有三种原因：一是由于人为作业(如气举，热采，A 环空注氮气垫等)；二是当生产调整时，环空温度变化以及鼓胀效应导致流体膨胀和管柱变引起成环空带压，称为热致环空压力；三是由于井屏障密封失效，造成地层流体窜流至井口导致环空带压。其中由作业施加的环空压力和热致环空压力在井口泄压后可以消除，称为密闭(正常)环空带压；由于油套管串、水泥环密封失效引起的环空压力在井口泄压后可以重新恢复，称为异常环空带压，属于井筒完整性问题。

据 2021 年底储气库井带压情况跟踪统计，A 环空带压超过 5MPa 的井占比在 65%以上，B 环空带压≥5MPa 井 15 口，占比 5.8%。开展井口环空压力的分析、评价和管控成为提高地下储气库井筒完整性管理水平，降低井运行风险的必要手段与现实需求。在储气库环空压力诊断中应首先明确正常环空压力和异常环空压力，从而定性判断井屏障的密封性和井屏障部件的完好程度，指导环空压力的分级评价与管控。

关于流体膨胀引起的环空带压，国内外学者多针对高温高压气井或海上油气井建立了相关压力预测模型并提出了热致环空压力的缓解措施。Lorder 等(2003)考虑了环空液体的压缩性和热膨胀，提出了利用海水静液压力补偿流体膨胀，从而降低环空压力的方法并依此建立了环空保护液柱最佳高度的方法。Azzola 等(2007)提出了采用真空绝热油管降低井口环空压力的措施。Hasan 等(2010)根据井筒中的质量守恒、动量守恒和能量守恒原理，严格描述了流体的流入与流出，基于稳态和非稳态传热原理，建立了环空压力的半稳态和瞬态模型。在此基础上，张波等(2015a，2015b)提出了计算深水油气井环空压力的迭代方法；车争安等(2010)建立了高温高压高含硫气井，由密闭环空流体受热膨胀而导致环空压力的计算模型；肖太平等(2012)分析了管柱鼓胀效应诱发的环空带压，基于弹性力学原理推导了油管柱的内压力与其膨胀量、环空带压值之间的关系。以上研究未能与储气库循环注采的工况结合，本文基于体积相容性原则、多环空相互作用的体积平衡方程和以井筒-地层耦合传热为基础的井筒温度场计算模型建立了热致环空压力分析预测模型，利用应用实例对其进行验证，从而形成异常环空带压的判别方法，揭示地下储气库运行中的热致环空带压机制，指导异常环空压力的判别。

1 模型建立

1.1 体积相容模型

井未投产前，井筒温度可认为与地层温度相同，井筒内的气体压力筒大气压，随着生产的进行，井筒温度逐渐上升，环空内的液体与气体会发生体积膨胀，超过有限环形空间的容纳能力，最终产生密闭环空压力。环空和环空内的液体及气体体积同时发生改变，液体、气体与套管之间的热物性差异导致环空的有限体积难以容纳受热膨胀以后的液体和气体，为满足体积相容性，气体体积受压缩、环空压力上升对液体体积产生压缩效应，从而使有限环空体积容纳热膨胀后的气液体。环空液体、气体与密闭环空体积三者的体积变化量满足：

$$\Delta V_{\mathrm{L}}+\Delta V_{\mathrm{g}}=\Delta V_{\mathrm{a}} \tag{1}$$

式中，ΔV_{L} 为环空中液体体积的膨胀量，m^3；ΔV_{g} 为环空中气体体积膨胀量，m^3；ΔV_{a} 为环空体积的变化，m^3。

当井筒内的温度压力发生改变时，环空液体的体积变化可分为三部分，分别是环空液体升温引起的膨胀体积、环空压力作用下的压缩体积和外部流体的进入，升温引起的环空液体体积增加量可以表示为：

$$\Delta V_{\mathrm{Lt}}=\alpha V_{\mathrm{L}}\Delta T_{\mathrm{a}} \tag{2a}$$

环空压力压缩环空液体引起的体积降低量可以表示为：

$$\Delta V_{\mathrm{Lp}}=\kappa_{\mathrm{T}}V_{\mathrm{L}}\Delta p_{\mathrm{a}} \tag{2b}$$

式中，Δp_{a} 为上升的环空压力，MPa；κ_{T} 为环空液体的等温压缩系数，MPa^{-1}；ΔT_{a} 为环空温度变化值，m^3；α 是环空液体等压膨胀系数,℃$^{-1}$.

对于液柱上方的气体，满足气体状态方程，假设初始条件下环空温度为 T_0，压力为 p_0，环空中气体体积为 V_{g}，则根据气体状态方程，不考虑实际气体压缩因子的差异，则气体体积变化为：

$$\Delta V_{\mathrm{g}}=\frac{(p_0\Delta T_a-\Delta p_{\mathrm{a}}T_0)}{(p_0+\Delta p_{\mathrm{a}})T_0}V_g \tag{3}$$

定义环空充填系数β为环空保护液占环空体积的比例，$\beta=\dfrac{V_L}{V_a}$。

考虑密闭环空的情形，可以忽略环空液体与外界直接的交换，则由式(1)~式(3)可得

$$\alpha V_{\mathrm{L}}\Delta T_{\mathrm{a}}-\kappa_{\mathrm{T}}V_{\mathrm{L}}\Delta p_{\mathrm{a}}+\frac{1-\beta}{\beta}CV_{\mathrm{L}}=\Delta V_{\mathrm{a}} \tag{4}$$

其中，$C=\dfrac{(p_0\Delta T_a-\Delta p_{\mathrm{a}}T_0)}{(p_0+\Delta p_{\mathrm{a}})T_0}$

为不失一般情况，考虑各级环空均存在气体和液柱，多环空的温度和压力同时发生变化，会对环空体积的变化产生影响，进而影响密闭环空压力，需要考虑环空之间的相互干扰。根据体积相容性原则，可建立多环空条件下求解密闭环空压力的体积平衡矩阵：

$$\begin{bmatrix}\alpha_1\Delta T_{\mathrm{a1}}-\kappa_{\mathrm{T1}}\Delta p_{\mathrm{a1}}+\frac{1-\beta_1}{\beta_1}C_1 & 0 & 0\\ 0 & \alpha_2\Delta T_{\mathrm{a2}}-\kappa_{\mathrm{T2}}\Delta p_{\mathrm{a2}}+\frac{1-\beta_2}{\beta_2}C_2 & 0\\ 0 & 0 & \alpha_3\Delta T_{\mathrm{a3}}-\kappa_{\mathrm{T3}}\Delta p_{\mathrm{a3}}+\frac{1-\beta_3}{\beta_3}C_3\end{bmatrix}\begin{bmatrix}V_{\mathrm{L1}}\\V_{\mathrm{L2}}\\V_{\mathrm{L3}}\end{bmatrix}=\begin{bmatrix}\Delta V_{\mathrm{a1}}\\\Delta V_{\mathrm{a2}}\\\Delta V_{\mathrm{a3}}\end{bmatrix} \tag{5}$$

从上述矩阵可知，密闭环空的压力取决于液体性质、温度分布和环空体积变化。在环空中液体确定的情况下，环空压力关键取决于井筒温度变化及环空体积的改变。根据弹塑性力学可知，环空体积变化是一个关于温度、压力的函数。

考虑到相邻环空的影响，温度导致的环空径向变化可分别表示为：

$$\Delta r_{\mathrm{t}}=\frac{\alpha_{\mathrm{s}}(1+\mu)}{r(1-\mu)}\int_a^r\Delta T_{\mathrm{d}}r\mathrm{d}r+\frac{\alpha_{\mathrm{s}}r(1+\mu)(1-2\mu)}{2(1-\mu)}\Delta T_{\mathrm{d}}+\frac{\alpha_{\mathrm{s}}a^2(1+\mu)}{2r(1-\mu)}\Delta T_{\mathrm{d}} \tag{6}$$

压力导致的环空径向变化可分别表示为：

$$\Delta r_{\mathrm{p}}=\frac{1}{E(b^2-a^2)}\left[(1-\mu)r(a^2p_{\mathrm{i}}-b^2p_{\mathrm{o}})-\frac{a^2b^2}{r}(1+\mu)(p_{\mathrm{o}}-p_{\mathrm{i}})\right] \tag{7}$$

整个环空的体积变化为：

$$\Delta V_a = \pi \int_{Z_i}^{Z_o} (r_o + \Delta r_{to} + \Delta r_{po})^2 - (r_i + \Delta r_{ti} + \Delta r_{pi})^2 dz - V_a \tag{8}$$

式中，Δr_t为温度引起的管径变化，m；μ 为套管泊松比；α_s为钢材线性膨胀系数，℃$^{-1}$；a 为管柱的内径，m；Z_i 为环空底部距离井底位置，m；Z_o为环空顶部距离井底位置，m；r 为计算点处的半径，m；ΔT_d 为计算点的温度变化，℃；Δr_p为压力引起的管径变化，m；E 为套管的弹性模量；MPa；b 为管柱的外径，m；p_i 为管柱内压，MPa；p_o为管柱外压，MPa；Δr_{ti}为温度引起的内径变化，m；Δr_{pi} 为压力引起的内径变化，m；Δr_{to}为温度引起的外径变化，m；Δr_{po}为压力引起的外径变化，m。

上述公式中，管柱的内压和外压分别是套管两侧的密闭环空压力。在已知环空液体性质和环空温度变化的情况下，可得到一个关于环空压力的非线性矩阵。采用误差试算法求解上述平衡矩阵，如图 1 所示。

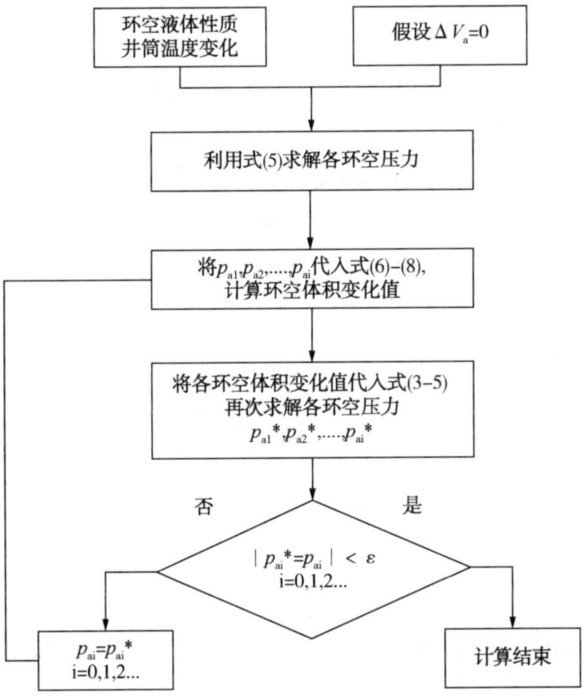

图 1　环空压力求解流程图

1.2　生产过程中环空温度变化

井筒环空温度场分布是求解密闭环空压力的必要条件。采用半稳态温度压力耦合计算方法，将传热分为两个部分，第一部分是油管中流体到最外侧水泥环之间的传热过程，第二部分是从水泥环外边缘到地层之间的热交换过程。因为井筒内的传热效率远大于地层中的热扩散速度，所以第一部分传热看作稳态过程。

1.2.1　油管内流体温度分布

在油管中取长度为 dz 的分段，进入该分段的流体在径向上发生热量散失，因此在纵向上温度会下降，对流经分段的流体温度变化取一级泰勒展开，温度变化可以表示为 dT_f。根据能量守恒定律，单位时间内进出该分段的热能、动能、压能和内能可以表示为：

$$-W_f C_f dT_f + (\Phi_{ki} - \Phi_{ko}) + (p_{zi} - p_{zo}) \frac{W_f}{\rho_f} + W_f g dz \cos\theta - \Phi_r = 0 \tag{9}$$

式中，W_f为油管内流体的质量流量，kg/s；C_f为流体比热容，J/(kg · ℃)；Φ_{ki}为进入微元体的动能，J/s；Φ_{ko}为流出微元体的动能，J/s；p_{zi}为进入微元体的流体压力，Pa；p_{zo}为流出微元体的流体压力，Pa；θ 为井斜角，°；Φ_r 为径向热流量，J/s。

油管流体在沿油管上升的过程中，重力势能上升，同时产生摩擦阻力，因此上式中的压降可分为重力压力降和摩阻压力降：

$$p_{zi} - p_{zo} = -\rho_f g \cos\theta dz + \frac{2f\rho_f v_f^2}{d_{to}} dz \tag{10}$$

其中，f 为无因次水力摩阻系数，如下式计算：

$$f^{-0.5} = -2\log\left[\frac{R_a/d_{to}}{3.7065} - \frac{5.0452}{Re} \log\left(\frac{(R_a/d_{to})^{1.1098}}{2.8257} + \frac{5.8506}{Re^{0.8981}}\right)\right] \tag{11}$$

式中，ρ_f为流体密度，kg/m^3；g 为重力加速度，m/s^2；v_f为流速，m/s；R_a 为油管内壁的粗糙度，m；d_{to}为油管直径，m；v_f为油管内流体流速，m/s；Re 为雷诺数。

井筒径向传热分为从油管中心到水泥环边缘的一维稳态传热和从水泥环边缘到地层的一维非稳态传热两个过程，两个过程的热量传递守恒。油管中心到水泥环边缘的径向单位时间内的热量交换为：

$$\Phi_{rw} = \frac{T_f - T_h}{R_{to}} dz \tag{12}$$

式中，T_h 为计算点处的水泥环外边缘温度，℃；R_{to}为径向传热总热阻，m. ℃/W×。

$H-K$ 模型认为水泥环边缘与地层之间的传热符合傅里叶导热定律，水泥环边缘到地层的一维非稳态传热过程可表示为：

$$\Phi_{rf}=\frac{2\pi\lambda_e(T_h-T_e)}{T_D}dz \tag{13}$$

式中，λ_e 为地层导热系数，W/(m·℃)；T_e 为地层温度，℃；T_D 为无因次地层温度。

地层非稳态传热的无因次时间 T_D 可采用 Hasan-Kabir(1991)公式计算。

则由 $\Phi_r=\Phi_{rw}=\Phi_{rf}$ 可得井筒外边缘温度：

$$T_h=\frac{T_D T_f+2\pi\lambda_e R_{to}T_e}{T_D+2\pi\lambda_e R_{to}}$$
$$\Phi_r=\frac{2\pi\lambda_e(T_f-T_e)}{T_D+2\pi\lambda_e R_{to}}dz \tag{14}$$

联立式(9)、式(10)和式(14)，得到关于油管内流体温度的一阶线性非齐次微分方程：

$$\frac{dT_f}{dz}+\frac{T_f}{A}=\frac{T_e}{A} \tag{15}$$

其中 $A=\frac{W_f C_f[T_D+2\pi\lambda_e R]}{2\pi\lambda_e}$。

上式为地层产出流体在油管中的温度分布，利用常数变易法求解得：

$$T_f(z,\ t)=T_0+g_f(A+h-z)+A\frac{fv_f^2}{r_{to}C_f}+Ce^{\frac{-z}{A}} \tag{16}$$

式中，T_0 为地表温度，℃；h 为井深，m；z 为计算点与井底之间的距离，m；C 为待定系数，由井身结构确定；g_f 为地温梯度，℃。

式中 C 为待定系数。需要把井筒按照纵向上的结构变化进行分段，然后代入不同的边界条件以确定每段的待定系数。从井底开始，第一段产出流体在井底的温度等于地层的温度，因此第一段井筒的边界条件为：$T_f(z=0,\ t)=T_0+g_f h$。根据连续性原则，下一分段起始处的产出流体温度应等于上一分段截止处的温度。

1.2.2 环空中温度分布

根据井筒径向传热规律和热阻分布即可求得环空的温度分布。流体向周围地层传热的形式可分为流体与固体之间的表面对流传热、环空液体内部的导热过程和固体内部的热传导。其中产出流体与油管内壁之间属于强制对流换热，环空液体与环空内外壁之间属于热传导，而环空液体内部的热量传递热对流和热传导同时存在，油管内外壁、套管内外壁和水泥环内外壁之间属于热传导，如图 2 所示。

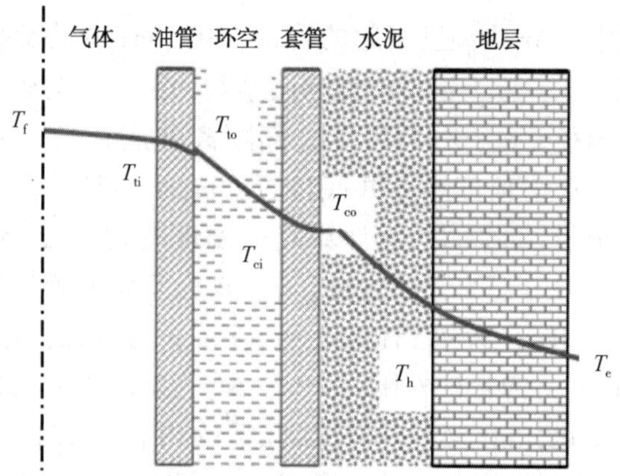

图 2　井筒-地层传热示意图

径向导热总热阻符合热阻串联原理。多环空条件下，水泥环、套管和环空液体的数量也随之增加，因此多环空条件下径向传热热阻可以表示为：

$$R_{to}=R_{cht}+R_{tct}+\sum_{k=1}^{m}R_{tcck}+\sum_{j=1}^{n}R_{tcsx}+\sum_{y=1}^{u}R_{tcfy} \tag{17}$$

式中，R_{cht} 为产出流体对流传热热阻，m·℃/W；R_{tct} 为油管导热热阻，m·℃/W；R_{tcc} 为套管导热热阻，m·℃/W；k 为套管编号；m 为套管层数；R_{tcs} 为环空液体传热热阻，m·℃/W；j 为环空编号；n 为环空总数量；R_{tcf} 为水泥化导热热阻，m·℃/W；y 为水泥环编号；u 为水泥环层数。

根据径向总热阻和井筒内外温差的关系，则井筒任意位置、任意时间的温度为：

$$T(z,\ r,\ t)=T_f+\frac{T_h-T_f}{R_{to}}R_{zro}$$
$$=\frac{T_f(1+T_D)+2\pi\lambda_e T_e(R_{to}-R_{zro})}{T_D+2\pi\lambda_e R_{to}} \tag{18}$$

式中，R_{zro} 为计算点与井筒外边缘之间的传热热阻，m·℃/W。

取环空中心处的温度作为环空液体的平均温度。

2　案例分析

对于储气库注采井，注气中受压缩机口温度影响，进口温度较高，但一般达不到地层温度，因此温度随井深呈现先降低后升高的趋势。采气中的温度分布同常规气井，随井深逐步升高。

以某储气库注采井为例分析注采中的温度分布。储气库运行压力为11.7~28.0MPa，为满足调峰需要，单井最低采气量不低于40万m^3/d。假设储气库以恒定质量流量注采，地温梯度3.0℃/100m，地表温度10℃，地温呈线性分布。该井井身结构如图3所示，其他参数见表1。

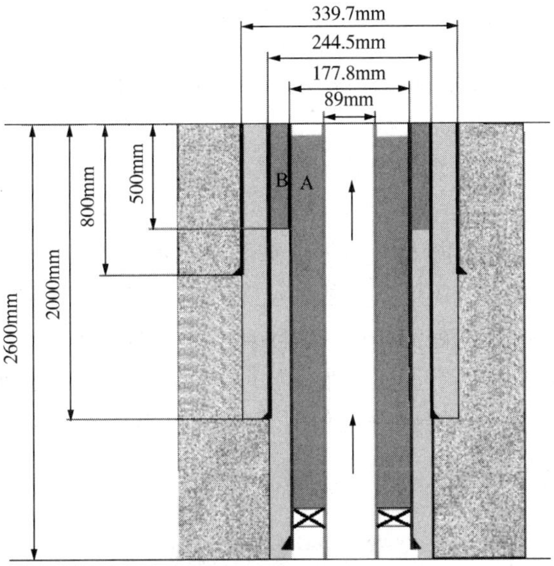

图3　案例井井身结构

表1　案例井基础数据

参数类型	数　值
封隔器下深/m	2500
注气流量/(m^3/d)	40×10^4
采气流量/(m^3/d)	80×10^4
注气井口温度/℃	50.0
套管弹性模量/GPa	210
套管泊松比	0.3
油管粗糙度/m	2.5×10^{-5}
套管线性膨胀系数/$℃^{-1}$	1.25×10^{-5}
A环空液面/m	150
注气时间/d	150
采气时间/d	120
地层热扩散系数/(m^2/s)	1.17×10^{-6}
管材导热系数/W/(m·K)	45.35
水泥导热系数/W/(m·K)	0.95
地层导热系数/W/(m·K)	2.06
环空流体导热系数/W/(m·K)	0.60
气体相对密度	0.554
B环空液面/m	10

根据以上基础数据，注气150天和采气120天后的井筒温度分布如图4所示。可以看出，A、B环空的温度由内向外依次降低，并且沿着从井底到井口的方向降低。假设在投产之前井筒已经与地层之间已经发生了充分的热交换，即地层温度分布与井筒温度分布一致，由图4可知，环空中的流体温度发生了一定程度的上升，与初始温度之间产生了温度差，具备了产生密闭环空压力的条件。

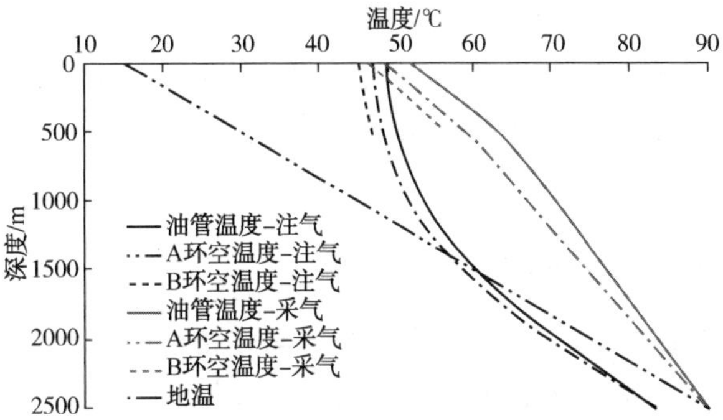

图4　注采中温度分布计算结果

在获取环空液体的等温压缩系数和等压膨胀系数后，就可求取密闭环空压力。设定环空液体的等温压缩系数和等压膨胀系数平均值分别为0.000483MPa^{-1}和0.000465$℃^{-1}$，表2所示的是A、B环空温度变化数值和环空压力大小。

表2　储气库生产前后环空平均温度和压力变化

工况	环空	生产前平均温度/℃	生产后平均温度/℃	环空压力/MPa
注气	A	52.5	67	1.2
	B	22.5	46	4.6
采气	A	52.5	72	2.4
	B	22.5	52	5.1

可见，本井由于温度变化引起的热致环空压力较小，注采气中A、B环空温度均有所上升，总体采气期各级环空平均温度高于注气期。在注气中，由于低于地层温度的气体持续注入，总体上环空平均温度上升有限，B环空温度上升幅度高于A环空。由此产生的热致压力B环空高于A环空，A环空压力既包括本身流体膨胀，又包括B环空带压对生产套管挤压和油管膨胀造成的A环空体积减小。

在上述计算结果中，表3表示流体与环空的体积变化。

表3　A环空流体与环空的体积变化

工况	ΔT_a/℃	环空压力/MPa	$\Delta V_L/m^3$	$\Delta V_g/m^3$	$\Delta V_a/m^3$
注气	15	1.2 、	2.72	−2.97	−0.25
采气	20	2.4	2.76	−2.36	0.40

从上述结果可知，密闭环空热致环空压力的产生主要来自于液体的膨胀与气体的压缩之间的协调变形，环空管柱在仅考虑径向变形的情况下对环空体积的影响较小，注采气中环空容积的变化对热致环空压力的贡献较小。但是若考虑注采管柱纵向上的变形及可能发生的屈曲则会对环空有效容积造成较大影响，从而显著影响环空压力。

3　讨论与分析

3.1　温度上升与环空液体体积的影响

如果液体不返至井口，留出部分气垫，由于气体压缩性显著高于液体则能够有效避免热致环空压力。为此，研究环空液体与环空的体积比与环空压力之间的关系对于储气库井优化设计气垫高度避免热致环空压力具有重要意义。不同环空充填系数情况下采气中环空压力随温度变化如图5所示。

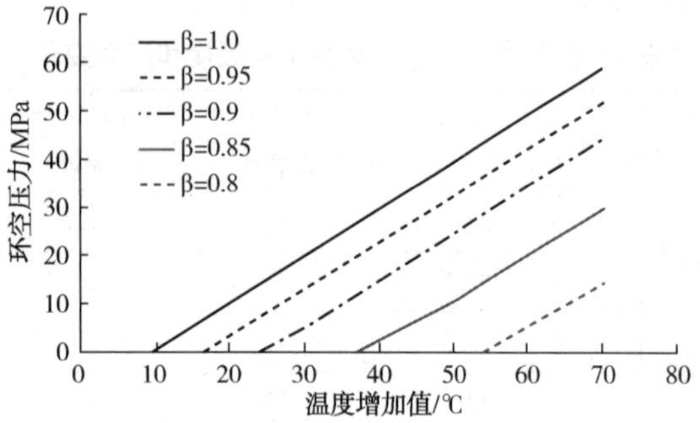

图5　不同环空饱和度条件下环空压力与温度上升的关系曲线

从图5可知，在案例井条件下，环空压力随温度升高值整体呈线性变化，特别是在环空充填程度高、即环空保护液液面较高的情况下，温度升高30℃可引起热致环空压力高达20MPa。在环空压力随温度变化关系中，当温度增加超过一定范围才导致环空压力线性上升，这主要是由于在该温度增加值范围内，环空空间的增大可以冲抵环空中液体的膨胀，未对气体产生压缩。

曲线同时表明，环空充填度能够显著影响环空中热致环空压力的产生，环空中气体占比越高，引起环空压力上升的临界温度增量增大，但气柱长度并不影响环空压力随温度增量的上升速度，表明气柱存在对热致环空压力的上升有缓冲作用，甚至可以避免环空压力。

从储气库安全生产的角度，考虑注采周期中最大平均井筒温度增加30℃、生产可接受的A环空热致压力带压值不超过10MPa，则推荐本井的A环空保护液填充度范围为0.9~0.95，对于本井液面应为125~250m。

3.2　环空液体等压膨胀系数和等温压缩系数的影响

图6是为上述案例采气中A环空液体的膨胀性与可压缩性对A环空压力影响。由图可知，环空压力随着液体等压膨胀系数的增加而增加，随着等温压缩系数的增加而减小，二者对环空压力的影响趋势相反。密闭环空压力整体变化趋势随着液体等温压膨胀系数和等温压缩系数增加而变缓，增加到一定值时环空压力不再发生明显变化。

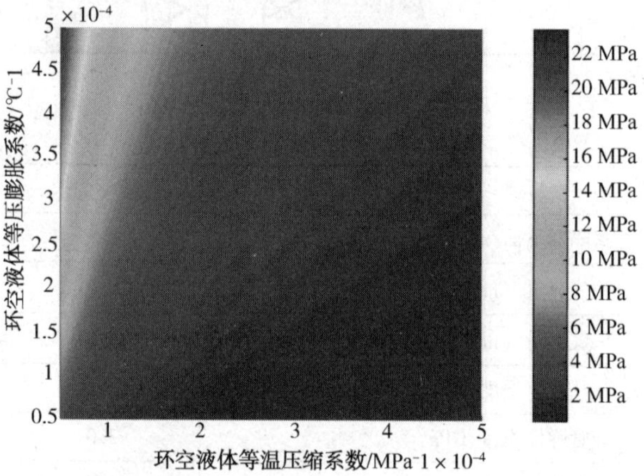

图6　液体膨胀性与可压缩性对环空压力影响

图7所示为不同注气量下环空压力均随着液体等温压缩系数的变化，可知不同范围的等温压缩系数对环空压力影响的敏感程度不同。以采气量80万 m^3 为例，环空液体等温压缩系数在 $(3.0\text{~}6.0)\times10^{-4}MPa^{-1}$ 范围变化时，调控效果明显。当等温压缩系数超过 $8.0\times10^{-4}MPa^{-1}$ 后，环空压力的变化幅度偏小。由上可知，提升环空液体的压缩性能够降低热致环空压力。

综上所述，环空液体的膨胀压缩性质对密闭环空压力具有显著的影响。对于储气库井，A环空通常为专用的环空保护液，B环空为残留的完井液，不同类型的环空液体的膨胀与压缩性质造成热致环空压力值不同。在工程应用中，选用压

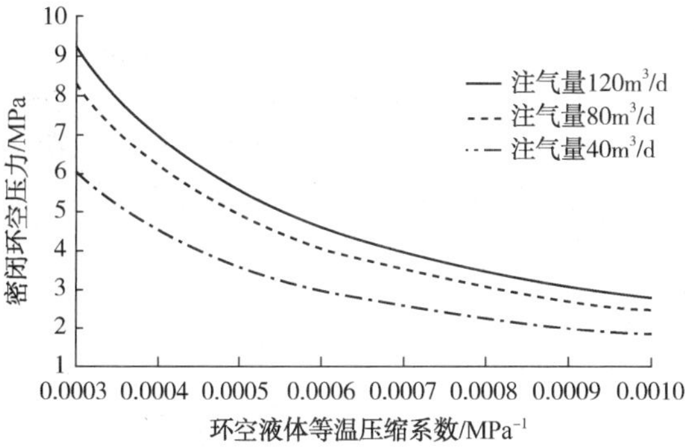

图7　环空压力与液体等温压缩系数的关系曲线

缩性能良好、膨胀性差的环空液体有助于缓解热致环空压力，推荐为不低于 $6.0\times10^{-4}MPa^{-1}$。

3.3　环空液体的导热系数的影响

图8是环空压力随着油套环空(A环空)液体导热系数的变化曲线。

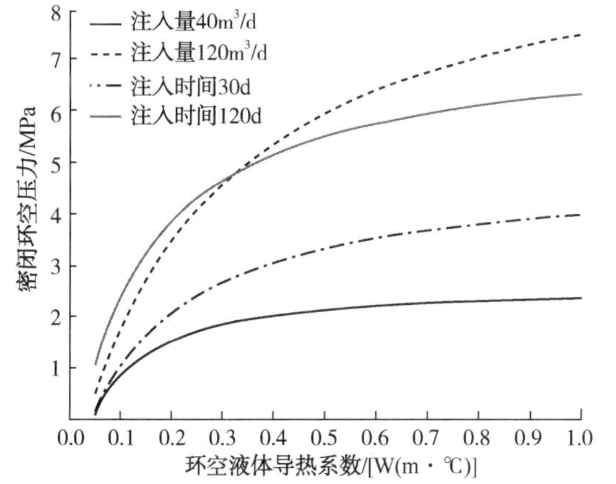

图8　环空压力与环空液体导热系数的关系曲线

根据曲线形态可知，整体上环空压力随导热系数的增加而增加，增加的速度随着导热系数的增加而降低。这是由于环空液体导热系数的降低增加了井筒径向传热热阻，从而减缓了环空温度上升的速度和幅度，进而降低了环空压力。对比不同条件下的曲线可知，当环空液体导热系数大于0.3W/(m·℃)时，各曲线差值较大，对气量的影响尤为显著。当导热系数在0.1W/(m·℃)以下时，差值显著减小，在0.05W/(m·℃)处基本处于同一数值范围。这表明，较小的环空液体导热系数对于不同时间和气量的环空压力均具有较好的调控效果，实际工程应用中推荐环空液体导热系数不高于0.2W/(m·℃)。可以通过在环空中注入高性能隔热液体来控制密闭环空压力。同理，采用隔热油管或套管也能提高井筒的径向导热热阻，实现降低密闭环空压力的目标。

4　结论

(1)密闭环空的有限体积和热膨胀的环空气体、液体之间的矛盾是热致环空压力上升的根本原因。热致环空压力主要来自于液体的膨胀与气体的压缩之间的协调变形，储气库生产中管柱径向变形对环空体积的影响较小，对热致环空压力的贡献较小。

(2)热致环空压力随温度升高值整体呈线性变化，气柱对热致环空压力有缓冲作用，甚至可避免环空压力的产生。通过优化设计合适的环空保护液高度可有效控制热致环空压力的范围。

(3)在工程应用中，选用压缩性能良好、热膨胀性差、绝热性质良好的环空液体有助于缓解热致环空压力，推荐环空保护液压缩系数不低于 6.0×10^{-4} MPa^{-1}，环空液体导热系数不高于0.2W/(m·℃)。

(4)环空压力应区分热致环空压力和异常环空带压，通过预测生产中出现的最大热致环空压力，可有效判别异常环空带压。

参考文献

[1] Oudeman P, Kerem M. Transient behavior of annular pressure build - up in HP/HT wells. SPE 88735, Society of Petroleum Engineers, October, 2004. Doi: 10.2118/88735-MS.

[2] Lorder T, Evans J H, Griffith J E. Prediction of and effective preventative solution for annular fluid pressure buildup on subsea completed wells - case study. SPE 84270, Society of Petroleum Engineers, October, 2003. Doi: 10.2118/84270-MS.

[3] Azzola J, Tselepidakis D, Pattillo P D, et al. Application of vacuum insulated tubing to mitigate annular pressure buildup [J]. Spe Drilling & Completion, 2007, 22(1): 46-51.

[4] Hasan A R, Izgec B, Kabir S. Sustaining production by managing annular-pressure buildup[J]. Spe Production & Operations, 2010, 25(2): 195-203.

[5] 张波，管志川，张琦，等. 高压气井环空压力预测与控制措施[J]. 石油勘探与开发，2015a，42(4)：518-522.

[6] 张波，管志川，张琦. 深水油气井开采过程环空压力预测与分析[J]. 石油学报，2015b，36(8)：1012-1017.

[7] 车争安，张智，施太和，等. 高温高压含硫气井环空流体热膨胀带压机理[J]. 天然气工业，2010，

30(2)：88-90.

[8] 肖太平，张智，石榆帆，等．基于井下作业载荷的A环空带压值计算研究[J]．钻采工艺，2012，35(3)：65-66.

[9] 杨海波，曹建国，李洪波．弹性与塑性力学简明教程[M]．北京：清华大学出版社，2011.

[10] Hasan A R，Kabir C S. Heat transfer during two-phase flow in wellbores：part Ⅰ-formation temperature. SPE 22866. Society of Petroleum Engineers，October，1991.

[11] 吴建发，钟兵，冯曦，等．相国寺石炭系气藏改建地下储气库运行参数设计[J]．天然气工业，2012，32(2)：91-94.

高水淹深层碎屑岩油藏气驱协同储气库建设数值模拟机理研究

——以塔里木盆地塔中402CⅢ油藏为例

邵光强[1] 周代余[1] 卞万江[1] 范 坤[1] 廉黎明[2] 孙军昌[2] 石 磊[3] 闫更平[1] 樊 瑾[1]

(1. 中国石油塔里木油田公司；2. 中国石油勘探开发研究院；3. 西南石油大学)

摘 要 油藏型储气库气驱协同储气库建设过程中，因油藏水驱开发后期转注天然气提高采收率后相态变化复杂，周期注采油气运移及成库机理与衰竭气藏或者咸水层建设储气库不同，如何确保大幅度提高原油采收率，同时确保驱替效率，提高库容控制，存在一定的不确定性。为明确高水淹油藏注气开发机理和多轮互驱油气两相渗流规律，开展了岩心驱替室内实验和数值模拟机理研究。研究结果表明，塔中402CⅢ油藏水驱开发后期高水淹注气开发改建储气库是可行的，目前地层条件下，注天然气为非混相，高水淹层系驱油效率低于70%，影响提高采收率效果，可通过天然气+轻烃模式实现混相驱替，奠定大幅度提高采收率基础；注气驱油过程中，油相相对渗透率比油驱气过程的油相相对渗透率高，气相相对渗透率则相反；随互驱次数增加，残余油饱和度呈下降趋势，残余气饱和度则有所上升，储气库库容有所减小；物性越好，对应残余油饱和度和残余气饱和度相对越低，高渗储层储气库渗流能力、库容也越大，更适合储气库建设和运行；油藏注气开发协同储气库建设组分模型应充分考虑多轮互驱相渗滞后效影响。

关键词 高水淹油藏；油藏型储气库；注气开发；数值模拟；油气协同；机理研究

地下储气库(以下简称储气库)是将从天然气田采出的天然气重新注入地下可以保存气体的空间而形成的一种人工气田或气藏。储气库作为一种安全供气、调峰的手段和方法，目前被世界各国开发利用天然气时所广泛采用，它可以很好的解决供气的不稳定性与安全平稳供气要求之间的矛盾。目前国内外在役注气开发油藏改建储气库领域，技术规范及标准和可借鉴经验几乎是空白，目标油藏水驱开发后期转注天然气+轻烃复合驱后相态变化复杂，周期注采油气运移及成库机理与衰竭气藏或者咸水层建设储气库不同，如何提高库容控制，确保驱替效率，存在一定的不确定性，需开展试验研究探索深层高水淹油藏气驱协同储气库建设技术，为类似开发中后期高水淹油藏注气开发提高采收率和储气库建设提供技术借鉴及矿场经验。

油藏水驱开发中后期，水驱开发潜力趋近极限，调整空间很小，需要转变开发方式，而实践表明注气开发是大幅度提高采收率的有效技术手段，但需要在投入开发前，进行机理研究，明确注气开发机理。数值模拟方法是开展水驱开发油藏转变开发方式，明确气驱开发机机理，制定开发技术政策，以及气驱协同储气库建设前期评价、可行性研究、周期注采关键参数和储气库运行预测与跟踪研究的必备手段。而根据实际油藏特征开展的室内实验可为机理研究和数值模拟研究提供必要的数据和认识支撑。将室内试验和数值模拟手段相结合，针对塔中402CⅢ油藏水驱开发后期高水淹注气开发提高采收率协同储气库建设的特点，在注天然气膨胀实验、最小混相压力实验、长岩心驱替实验、PVT筒高压接触实验和油气水多轮互驱实验数据基础上，基于前期水驱开发历史拟合、注天然气开发组分模型基础上，对注天然气+轻烃复合驱开发、周期注采相渗滞后效应影响等方面开展数值模拟机理研究。

1 油藏地质及开发概况

塔中4油田构造位置在塔里木盆地中央隆起带塔中隆起中央断裂背斜带东端，构造整体为受一组南倾逆断裂控制的呈北西-南东走向的长轴背斜群，断裂分布在构造北翼，塔中402CⅢ油藏是其主力油藏，储层类型为三角洲及滨岸相砂岩，油藏埋深3500~3620m(图1)。塔中402CⅢ油藏储层非均质性强，但自上而下呈减弱趋势，其中，CⅢ4～CⅢ5 小层平均孔隙度 15.01%，平均渗透率 $457\times10^{-3}\mu m^2$，CⅢ6～CⅢ8 平均孔隙度为 17.75%，平均渗透率为 $385\times10^{-3}\mu m^2$，均属中孔、中渗储层。塔中 402CⅢ油藏油气水分布受构造及夹层影响，CⅢ1～CⅢ3 小层为带凝析气顶的层状边水油藏；CⅢ4～CⅢ8 小层(油水界面-2510 之上)为块状底水油藏。塔中 402CⅢ油藏为正常温度压力系统，地层温度 106～110℃，原始地层压力 42.5MPa；CⅢ1～CⅢ3 小层原油属挥发～轻质特低～低黏度油，CⅢ4～CⅢ8 小层原油属轻质低黏度油，原油黏度(50℃) 0.69～4.04mPa·s。

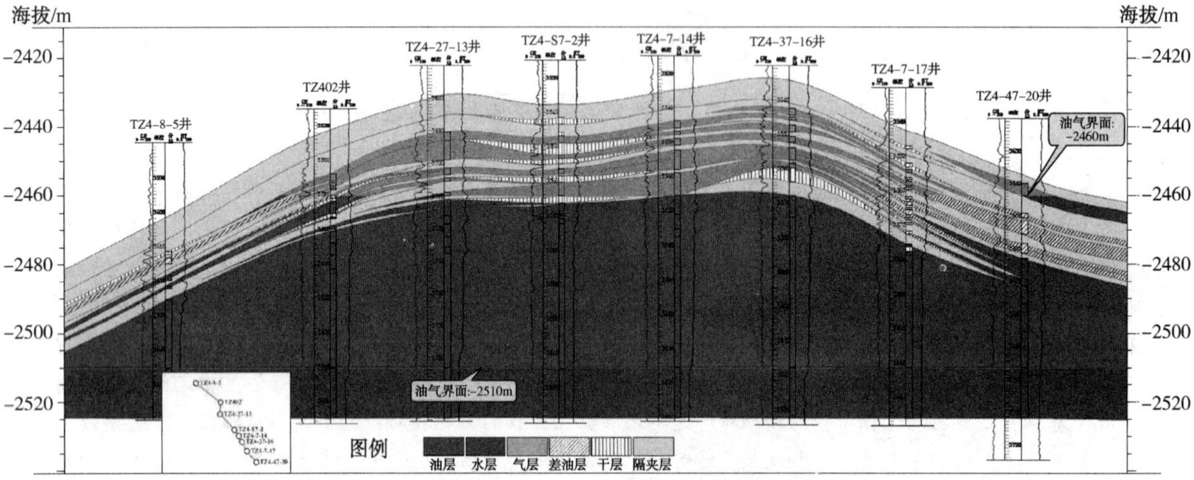

图 1　塔中 402CⅢ油藏剖面图

塔中 402CⅢ油藏整体为带凝析气顶的块状底水油藏，埋藏深度大，是典型的地层温度高、地层水矿化度高、地层水钙镁离子含量高的“三高”油藏，目前两套开发层系均已转为注天然气+轻烃复合驱提高采收率重大开发试验，并以注气重大开发试验为基础，进行气协同开发，开展油藏型储气库先导试验。油藏核算地质储量原油 2000×10^4t 左右，气顶部分折凝析油储量近 40×10^4t，凝析气 $5\times10^8m^3$。截止目前，油藏综合含水 92%，地质储量采出程度 50.3%，日注天然气近 $40\times10^4m^3$/天，累计注气超 $1\times10^8m^3$。

2　改建储气库可行性评价

2.1　改建储气库前期评价

针对储气库建库关键要素(圈闭密封性、老井井筒完整性、建库空间)开展了储气库库址筛选评价。前期评价研究表明塔中 402CⅢ油藏构造整装、带凝析气顶、盖层全区稳定分布、库区内部断裂不发育，封闭性强，具备建成储气库的先天条件。建库对象石炭系东河砂岩段，地层发育稳定，与上覆下泥岩段形成优质储盖组合。塔中 4 油田油气充注强度较高，工区范围内完整的圈闭基本全部充满，塔中 402CⅢ圈闭被烃类充满至溢出点，圈闭封闭程度强。通过断裂和盖层封闭性综合评价认为：油藏内部发育两条断裂，其开启临界压力为 68.04MPa，远超过气库运行上限压力 38MPa，不存在断裂开启的风险；盖层泥岩厚度 29～54m，评价其气体平均突破压力 24.4MPa，可有效封闭气柱高度 500m 以上，远高于塔中 402CⅢ油藏圈闭幅度 76m。该油藏构造倾角 5.7～8.7°，油气层厚度 60m，孔隙度 9～18%，渗透率 84～450mD，物性好。

表 1　含水层储气库选址(技术因素)

分级	有效厚度/m	孔隙度/%	圈闭容积/10^8m^3	储层渗透率/mD	埋深/m	圈闭特征
Ⅰ	>80	>25	>50	>100	250～1000	完整背斜
Ⅱ	80～30	15～25	30～50	50～100	1000～2000	单面断层
Ⅲ	30～10	5～15	10～30	3～50	2100～3500	断块
Ⅳ	<10	<5	<10	<3	>3500	复杂断块

表 2　含水层储气库选址(地质安全因素)

分级	盖层				断层		区域地震特征
	岩性	厚度/m	连续性	封气能力/MPa	垂向密封压力/MPa	侧向封堵性	
Ⅰ	泥岩	>300	连续、稳定	>10	—	—	记载历史地震活动很弱
Ⅱ	含砂泥岩	150~300	较连续、稳定	5~10	>5	侧向大套泥岩、膏岩封堵	记载历史地震活动较弱
Ⅲ	砂质泥岩	50~150	稍连续、稳定	1~5	1~5	泥岩涂抹断面封堵	近期无大的历史地震
Ⅳ	泥质砂岩、页岩、致密灰岩	<50	不连续、稳定	<1	<1	随机封堵或储层物性封堵	近期有大的历史地震

从动态评价来看，2020 年 7 月注气重大开发试验正式投注气以来，塔中 4 CⅢ1~CⅢ3 小层注气以来未出现天然气通过盖层、断层和井筒环空逸散的情况，证明油藏封闭性良好。综上所述，塔中 402CⅢ油藏带凝析气顶、断层和盖层封闭性强，改建储气库的地质条件优越。从静态评价来看，表 1 和表 2 从技术因素和地质安全因素两个方面对该油藏建设储气库址评价进行了研究。评价结果为Ⅱ及和Ⅰ级，表明塔中 402 CⅢ油藏具备储气库建库条件。

但是，由于原始气顶收缩，反凝析油、侵入油以吸附作用、毛细凝聚作用附着在孔隙表面和微小吼道间，且存在局部水淹形成液性圈闭，下部均质段整体高水淹，导致注采过程中油气水三相共存，流体分布复杂，将会影响到流体的聚集、运移、扩展，极易导致气窜、气油(水)互锁，需评价单井注采能力和油藏扩容能力。CⅢ1~CⅢ3 小层为三角洲前缘沉积，隔夹层相对发育，非均质性较强，注气优势通道尚不清楚，存在不确定性，气液界面能否均匀推进、次生气顶能否稳定形成需进一步认识；在探索带衰竭凝析气顶油藏开发后期转为高部位天然气驱与储气库联动建库新模式，塔中 4 储气库建设分为先导试验提采评价、扩容达产、全油藏循环注采运行等三个阶段，不同阶段的技术界限均需落实。

基于以上油藏特点和开发需求，进行了系统的室内试验和数值模拟机理研究。

3　注天然气提高采收率机理研究

3.1　注气膨胀实验

为了研究加入不同比例注入气对目前地层流体相态的影响，确定注气驱油机理，并为数值模拟提供相态拟合基础参数，对塔中 402 CⅢ油藏设计了注气膨胀实验、细管实验及长岩心驱替实验。注入气均为塔三联出口干气，临界温度为 192.3K，临界压力为 4.523MPa，气体组成见表 3。

表 3　注入气组成　　　　%

组分	注入气组成	组分	注入气组成	组分	注入气组成
N_2	2.81	C3	0.33	nC5	0.07
CO_2	0.53	iC4	0.1	C6	0.05
C1	94.8	nC4	0.17	C7+	0
C2	1.1	iC5	0.07		

注干气膨胀实验表明：随着注烃类气量增大，原油的泡点压力由 30.6MPa 增大到 48.2MPa，上升幅度较大；气油比从 168m³/m³ 上升到 320m³/m³，表明原油溶解干气能力较大；原油密度从 0.64g/cm³ 降低到 0.53g/cm³，原油黏度从 1.05mPa·s 下降到 0.76mPa·s，降幅明显；地层体积系数由 1.36 增大到 1.81；膨胀系数由 1 增大为 1.33，增幅明显(图 2)。数据表明原油溶解干气能力强，流体性质变好，利于原油开发。

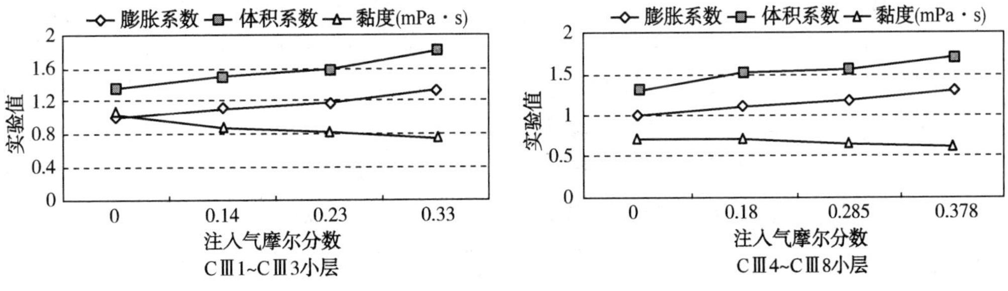

图 2　塔中 402CⅢ油藏注干气后膨胀系数、体积系数和原油黏度变化

3.2 最小混相压力实验

针对两套层系分别开展了细管实验，来确定气注天然气的最小混相压力。其中，实验压力在33.2MPa、38MPa时，注入1.20倍孔隙体积时，塔中402 CⅢ1-CⅢ3小层注入气体驱替驱油效率为69.21%、80.15%，为非混相。实验压力在32.4MPa、40.6MPa时，注入1.20倍孔隙体积时，塔中402CⅢ4~CⅢ8小层注入气体驱替驱油效率为60.31%、82.97%，也是非混相。当实验压力大于等于45.6MPa时注入1.20倍孔隙体积时的驱油效率均超过90%，即认为达到混相状态。由注入1.20倍孔隙体积时的驱油效率与驱替压力关系曲线的拐点，确定CⅢ1~CⅢ3最小混相压力为41.16MPa，CⅢ4~CⅢ8小层原油的最小混相压力为42.31MPa(图3)。但是目前油藏两套层系的地层压力均低于40MPa，注天然气驱为非混相，影响驱油效率，尤其是高水淹的均质段，提高采收率幅度有限。

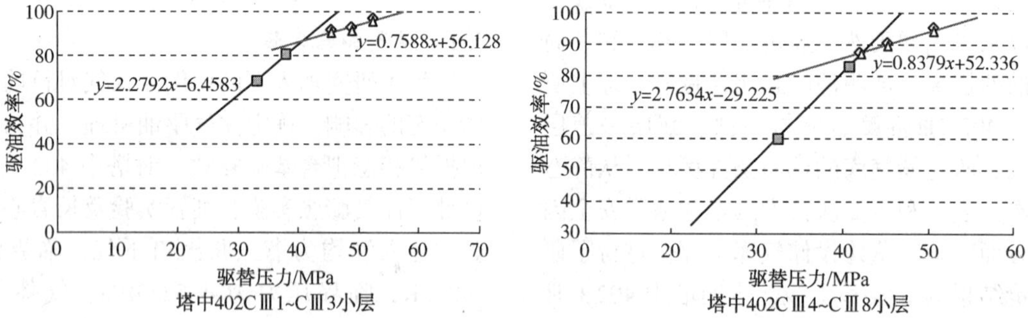

图3　塔中402 CⅢ油藏驱油效率与实验压力关系曲线图(104℃)

3.3 混相驱技术对策研究

膨胀实验表明塔中402 CⅢ油藏原油注气后，体积膨胀、黏度下降，但是细管实验表明，塔中402 CⅢ油藏原油在地层条件下注烃类气不能混相。为提高油藏注烃类气驱提高采收率效果，必须在地下实现注干气混相驱。塔中地区有丰富的轻烃资源，主要组分为C4~C6，组分含量达到82%。根据三元相图可以看出(图4)，轻烃与原油的连线、轻烃与拟注入天然气的连线均没有穿越两相区，说明轻烃与地层原油、拟注入天然气都能分别形成一次接触混相。蚀刻玻璃驱替实验表明(图5)，注轻烃能与原油一次接触混相，水驱后注轻烃再注天然气驱，驱油效率接近100%。

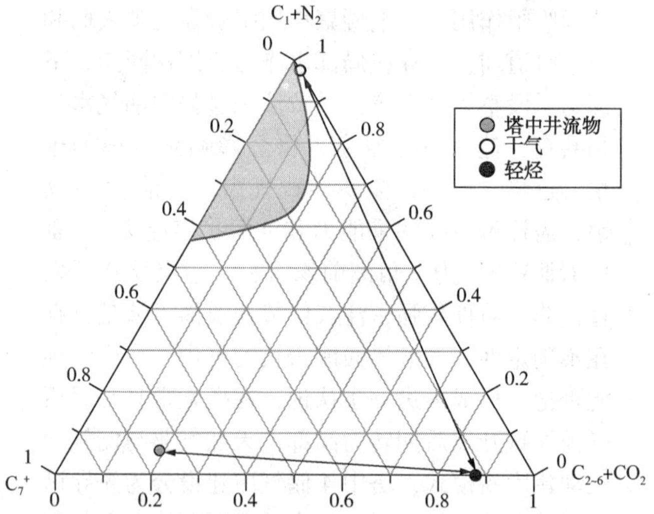

图4　轻烃与原油一次接触混相

PVT筒加气实验表明，注入轻烃能够在地层条件下与天然气一次接触混相。在38MPa的地层条件下，轻烃中注入天然气后，10分钟内两相相界面消失(图6)。

3.4 天然气+轻烃复合驱岩心驱替模拟

基于以上实验数据，利用数字岩心技术，基于Micro CT测试数据，获得油藏实际岩心微观孔隙结构特征，并计算得到孔隙度场和孔隙度与渗透率关系系，进而建立骨架模型，计算得到低、中、高三类相渗，第二步，依据孔隙度对相渗分区，建立属性模型；第二步利用局部网格加密技术，建立38万网格的精细岩心柱塞样数值模拟模型；第三步拟合连续气驱、二氧化碳驱、轻烃段塞驱等岩心驱替实验数据，分析不同注入介质和驱替模式对岩心中残余油饱和度的影响。可以看出注入轻烃段塞后，能够大幅度降低残余油饱和度，排除断面效应的影响后，驱油效率接近100%(图7)。通过注入容易与地层原油混相的轻烃段塞溶剂，再注入天然气，通过与轻烃的组分交换，形成富气驱实现混相驱，从而大幅度提高采收率。

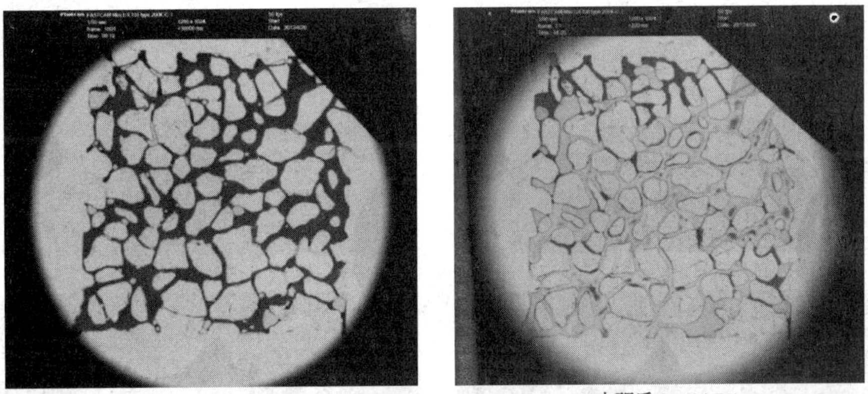

(a)初始状态 Sor 100% (b)水驱后 Sor 24.7%

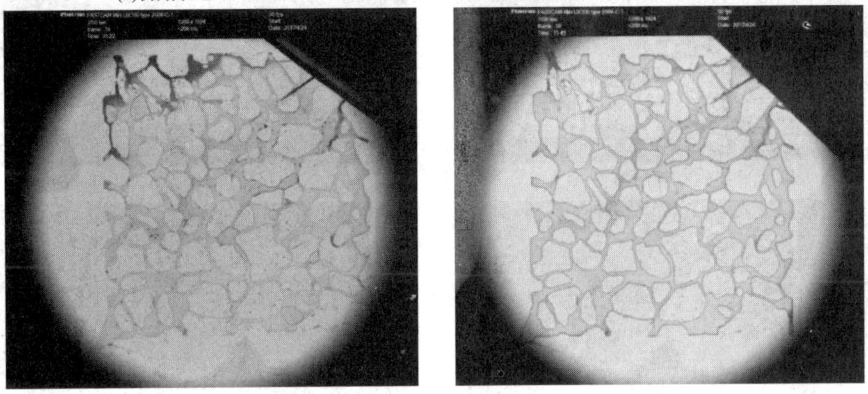

(c)轻烃混相驱 Sor 4.22% (d)天然气驱 Sor 2.1%

图 5 蚀刻玻璃驱替实验结果

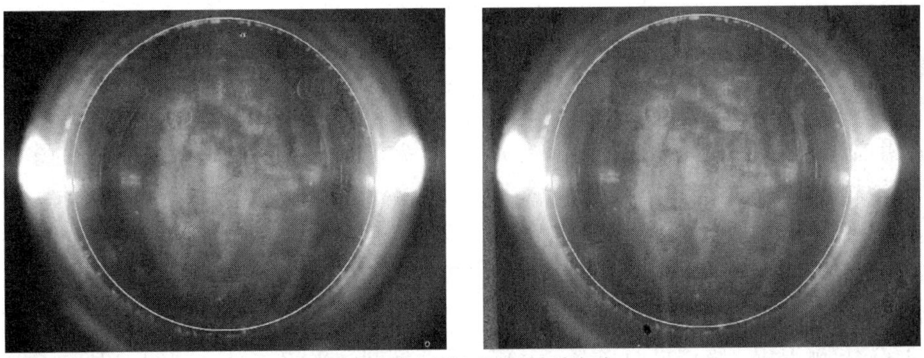

(a)轻烃中注入干气,相界面未消失时

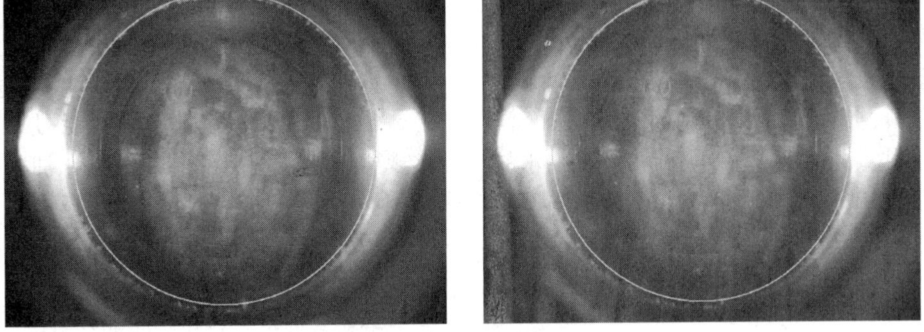

(b)轻烃中注入干气,5~10分钟后相界面消失时

图 6 PVT 筒中轻烃与干气一次接触混相情况

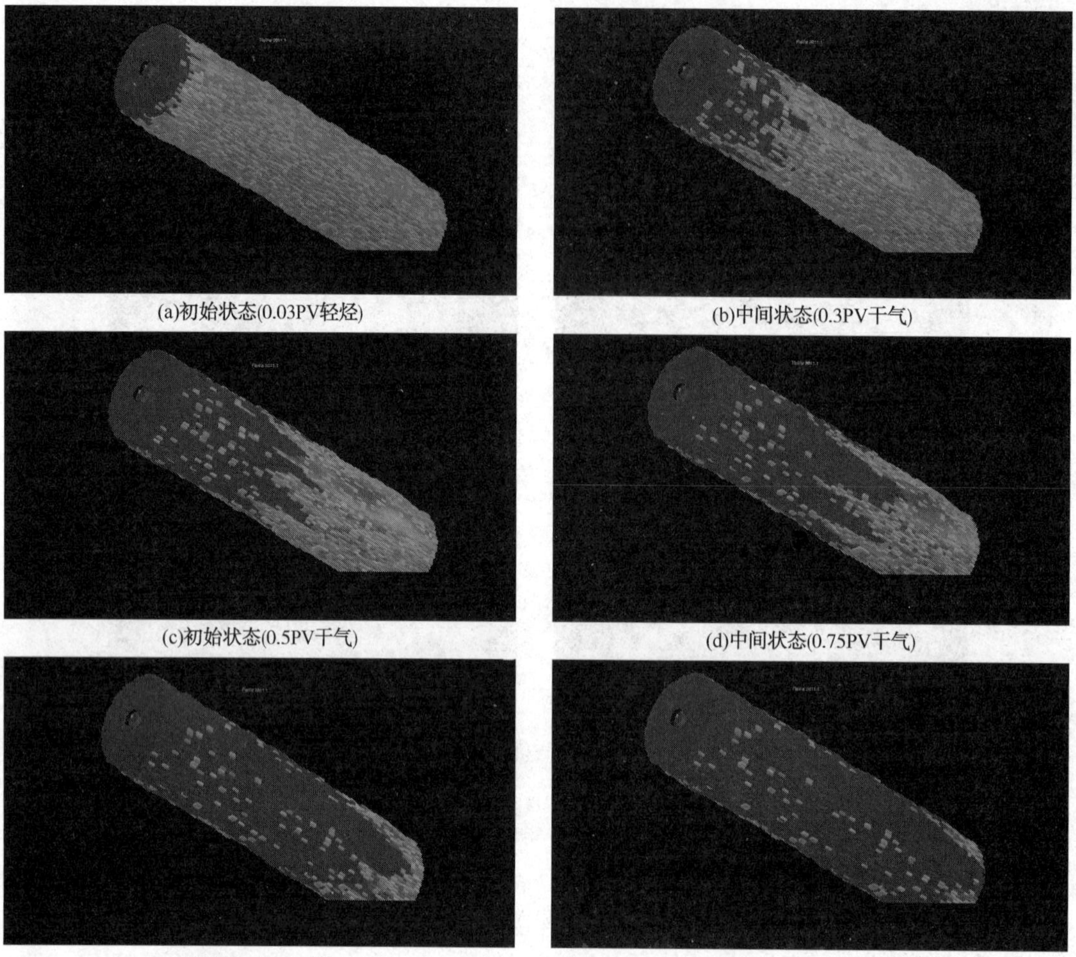

(a)初始状态(0.03PV轻烃)　(b)中间状态(0.3PV干气)

(c)初始状态(0.5PV干气)　(d)中间状态(0.75PV干气)

(e)初始状态(1PV干气)　(f)最终状态(2PV干气)

图7　数字岩心模拟段塞气驱驱油效率

3.5　天然气+轻烃复合驱模式设计

通过系统室内实验和数值模拟研究，明确了塔中402CⅢ油藏可通过天然气+轻烃的复合驱模式实现高水淹后再次大幅度提高采收率。塔中402CⅢ1~CⅢ3小层存在层多、层薄、物性较差等特点，一方面采用烃气段塞驱能够降低气窜、提高注入气波及系数；另一方面能够活化气液接触面的流体，实现接触面的多次接触混相，降低界面张力，大幅提高注入气驱油效率。针对塔中402 CⅢ4~CⅢ8小层储层物性好、构造倾角大、油层厚度厚的特点，创新性的设计了重力辅助复合气驱技术。该技术原理是采用三排井网，自上而下分别部署注气井、注轻烃井、采油井，利用干气、中间烃、原油、水的自身重力超覆作用，干气自上而下推动轻烃与原油接触，实现混相驱。

4　多轮互驱周期注采室内实验

4.1　实验过程

为评价油藏改建储气库多轮次油气互驱两相渗流特征，按照GB/T 28912—2012“岩石中两相流体相对渗透率测定方法”，采用非稳态法恒压法开展了常温常压条件下实际油藏岩心的多轮次油气互驱实验。实验按照“岩心饱和地层水—油驱水—气驱油—油驱气—气驱油—油驱气”的顺序开展，其中气驱油、油驱气各进行6次，如此循环往复，研究高水淹油藏改建储气库油气两相渗流特征和多轮互驱周期注采流体流动规律。选取了渗透率分别为290mD和451mD的两块岩心开展实验。

4.2　多轮次油气互驱流体流动规律

从两块岩心6次油气互驱实验结果来看(图8)，6次油气互驱条件下渗流能力具有相同的变化规律，均表现出气驱油过程比油驱气过程的油相相对渗透率高，气相相对渗透率则相反。随互驱次数的增加，气相相对渗透率降低，油相相对渗透率增加，等渗点逐渐左移。

分析其原因，首次气驱油结束后，油藏孔隙中存在残余气，导致油相饱和度无法恢复到初始，所以第二次气驱油相相对渗透率远低于首次气驱油，但随着不断互驱，注入气可以波及更多微小孔道的油相，使油相相对渗透率有所恢复；反之，油驱气时油相会优先驱替大孔道，其次是较小孔道，残余气饱和度降低，气相相对渗透率降低。

对比六轮气油互驱相对渗透率曲线(图9)，可以得出在相同饱和度下，物性对不同流体的相对渗透率具有影响，物性好，油或者气相的相对渗透率高；随着驱替次数的增加，共渗区的范围增加，并且等渗点饱和度降低、等渗点渗透率增加，原因是油藏物性越好，流体流动阻力越小，气相和油相的残余饱和度降低。随着油气互驱次数的增加，残余油饱和度降低，残余气饱和度增加，可动含气饱和度大致呈增加趋势，含气空间利用率则降低。

综合两组实验，随着互驱次数的增加，残余油饱和度呈下降趋势，残余气饱和度则有所上升，且变化幅度逐渐减小(图10)，随注采周期的增加注入气的损失有所减小，储气库库容也有所减小。比较两组实验，岩心绝对渗透率越高，对应残余油饱和度相对越低、残余气饱和度相对越低，高渗储层储气库渗流能力、库容也越大，更适合储气库建设和运行。

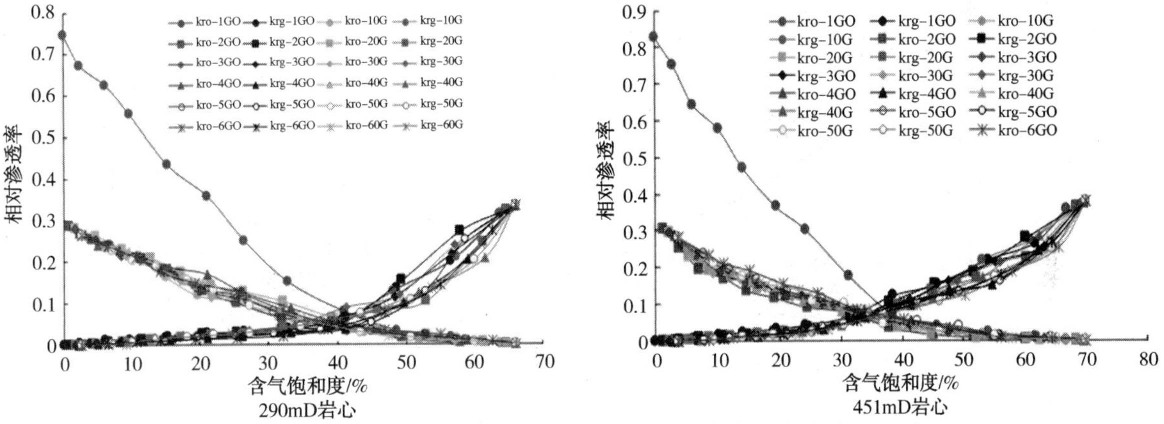

图8　不同渗透率岩心多轮气油互驱相对渗透率曲线

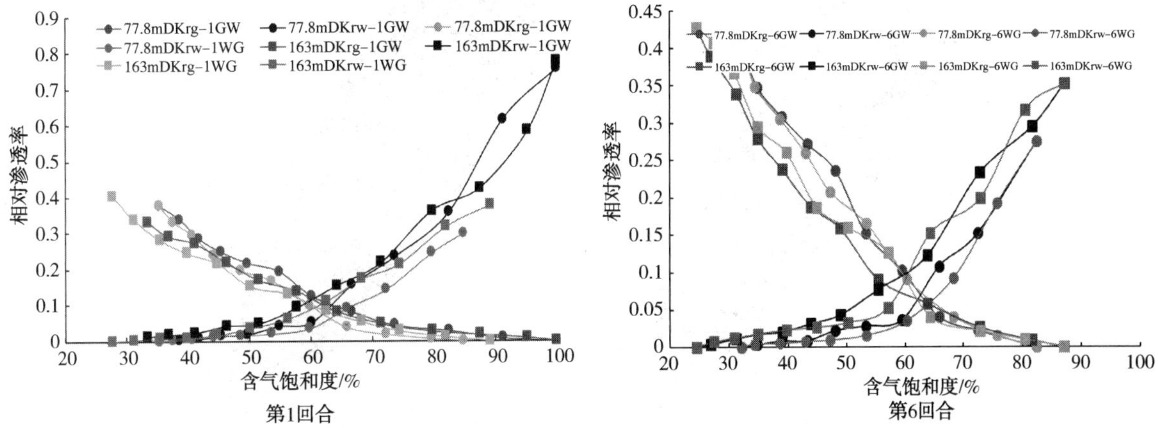

图9　气水互驱相对渗透率曲线

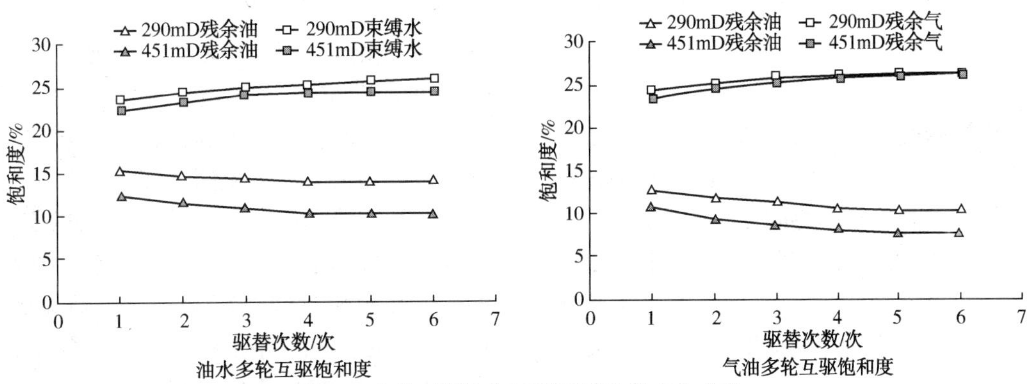

图10　多轮互驱饱和度随驱替次数变化曲线

4.3 建立基于实验的数值模拟模型相对渗透率曲线

油藏注气开发协同储气库建设，在扩容过程中，油气互驱后，含油饱和度大幅度降低，气相相对渗透率增加，油气相对渗透率曲线向左偏移，存在多轮相渗滞后效应(图 11)。因此，在建立塔中 402CⅢ油藏改建储气库数值模拟模型的过程中，应考虑多轮相渗滞后效应，使用往复注采相对渗透率曲线，评价其对驱油效率和库容影响，进而降低多轮互驱相渗滞效应数值模拟模型指标预测的影响。

对比应用后的组分模型，考虑了油气驱替相渗滞后效应的模型表现出，多轮次周期注采模拟后，在扩容过程中，油气互驱后含油饱和度大幅度降低，气驱后油藏平均含气饱和度高(图 12)。

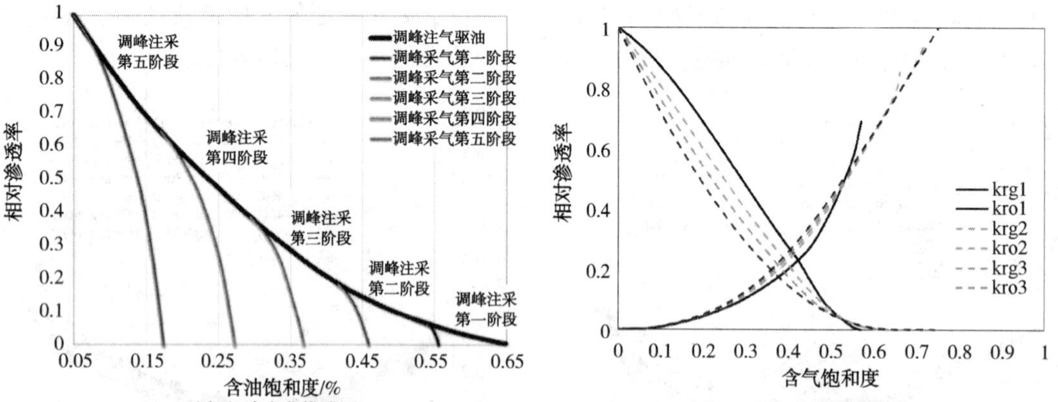

油气相渗变化模式图　　油气相渗变化曲线

图 11　塔中 402CⅢ油藏气驱协同储气库建设模型往复注采相对渗透率曲线

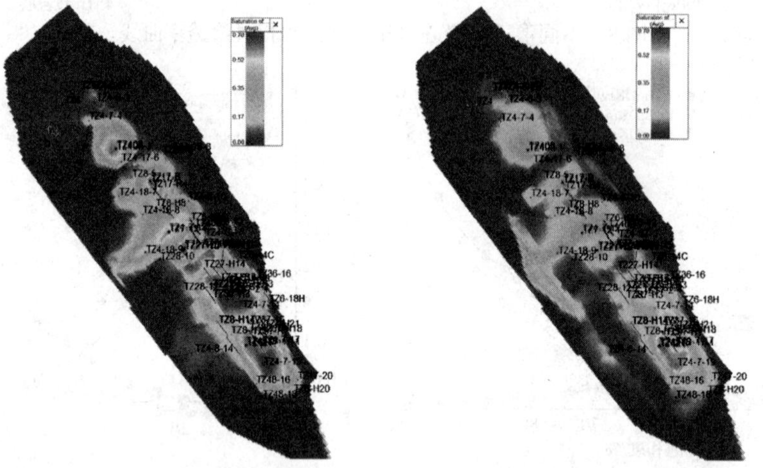

CⅢ1-CⅢ3小层更换油气相渗曲线　　CⅢ1-CⅢ3小层未更换油气相渗曲线

图 12　塔中 402CⅢ油藏改建储气库模型含气饱和场对比图

5 结论

(1) 从技储气库库址筛选前期评价来看，塔中 402CⅢ油藏具备建设储气库的基本地质条件，可以开展气驱提高采收率协同储气库建设。

(2) 塔中 402CⅢ油藏目前地层条件下，注天然气为非混相，高水淹层系驱油效率低于 70%，影响水驱开发后转注气开发的提高采收率效果。

(3) 微观实验表明水驱后开展复合驱替驱油效率可接近 100%，奠定大幅度提高采收率基础。结合油藏特征，创新设计了天然气+轻烃段塞复合驱和重力复合驱两种模式。

(4) 多轮油气互相非稳态相渗透实验表明，注气驱油过程中，油相相对渗透率比油驱气过程的高，气相相对渗透率则相反。随互驱次数增加，残余油饱和度呈下降趋势，残余气饱和度则有所上升，储气库库容也有所减小

（5）岩心绝对渗透率越高，对应残余油饱和度相对越低、残余气饱和度相对越低。说明高渗储层储气库渗流能力、库容也越大，更适合储气库建设和运行。

（6）油藏注气开发协同储气库建设组分模型应充分考虑多轮互驱相渗滞后效影响。

参考文献

[1] 江同文，王锦芳，王正茂，等．地下储气库与天然气驱油协同建设实践与认识[J]．天然气工业，2021，41(9)：66-74.

[2] 马新华，郑得文，申瑞臣，等．中国复杂地质条件气藏型储气库建库关键技术与实践[J]．石油勘探与开发，2018，45(3)：489-499.

[3] 丁国生，李春，王皆明，等．中国地下储气库现状及技术发展方向[J]．天然气工业，2015，35(11)：107-112.

[4] 马新华，丁国生．中国天然气地下储气库[M]．北京：石油工业出版社，2018：1-22.

[5] 丁国生，魏欢．中国地下储气库建设 20 年回顾与展望[J]．油气储运，2020，39(1)：25-31.

[6] 2015-2018 Triennium Work Reports. Working committee 2：Underground gas storage[C]//the 27th World Gas Conference，15-28 June 2018，Washington DC，USA.

[7] 郑雅丽，孙军昌，邱小松，等．油气藏型储气库地质体完整性内涵与评价技术[J]．天然气工业，2020，40(5)：94-102.

[8] 郭平，苑志旺，廖广志．注气驱油技术发展现状与启示[J]．天然气工业，2009，29(8)：92-96.

[9] 袁广均，王进安，王兴忠，等．天然气驱提高原油采收率试验研究[J]．内蒙古石油化工，2013(4)：142-143.

[10] Wei Zhou，Daiyu Zhou，Kun Fan，et al. EOR Technology Practice of Natural Gas Flooding：A Case Study on DongheI Carboniferous Reservoir with the Characteristics of Ultra - Deep，Very Thick and 3 Highs [C]. IPTC-19744，2020.

[11] Tongwen Jiang，Daiyu Zhou，Yiming Wu，et al. Research Method of Phase Behavior in Gas-Crude System and the Application in L Block with HP/HT [C]. IPTC-21267-MS，2021.

[12] 李士伦，孙雷，郭平，等．再论我国发展注气提高采收率技术[J]．天然气工业，2006，26(12)：30-34.

[13] 廖广志，王连刚，王正茂．重大开发试验实践及启示[J]．石油科技论坛，2019，38(2)：1-10.

[14] 周炜，张建东，唐永亮，等．顶部注气重力驱技术在底水油藏应用探讨[J]．西南石油大学学报(自然科学版)，2017，39(6)：92-100.

[15] Wei Zhou，Daiyu Zhou，Kun Fan，et al. EOR Technology Practice of Natural Gas Flooding：A Case Study on DongheI Carboniferous Reservoir with the Characteristics of Ultra - Deep，Very Thick and 3 Highs [C]. IPTC-19744，2020.

[16] Tongwen Jiang，Daiyu Zhou，Yiming Wu，et al. Research Method of Phase Behavior in Gas-Crude System and the Application in L Block with HP/HT [C]. IPTC-21267-MS，2021.

[17] 邵光强，卞万江，王开宇，等．东河 1 石炭系具稠油垫油藏注气开发数值模拟[J]．新疆石油地质，2019，40(10)：473-480.

[18] 朱思南，孙军昌，魏国齐，等．水侵气藏型储气库注采相渗滞后数值模拟修正方法[J]．石油勘探与开发，2021，48(1)：166-174.

油藏气驱协同储气库建设三相流产能评价方法

黄　兰　周代余　伍藏原　张建业　闫更平　范家伟　张　亮　李　杨

（中国石油塔里木油田公司）

摘　要　现有储气库多数是在废弃气藏基础上建成，气井产能一般基于单相流或者气水两相流原理。而油藏改建储气库过程中，注气协同驱油同时存在油气水三相复杂流动。本文基于多相渗流原理，考虑了油气水同产的三相流特点，从达西渗流定律出发，根据物质守恒原理，引入油、气、水三相流拟压力，同时考虑气体高速非达西流动，建立了油气水三相综合产能预测模型，并且详细描述了根据生产动态数据求解产能方程的步骤。对某油藏型储气库实际井组生产动态数据进行分析计算，得到不同生产气液比下的油气产能方程及IPR曲线，并将计算结果与不考虑非达西性计算结果对比。计算结果表明，在同一井底流压下，随气液比增加，气产量上升，油产量下降；在相同产气量下，随着气液比增加，生产压差将会增大；同一生产压差下，气体高速非达西性导致产能减小。

关键词　油藏型地下储气库；气驱协同；三相流；产能评价；拟压力；

近年来，随着天然气需求量的不断增大，储气库建设已成为保障天然气供给的热点，目前储气库多数是在废弃气藏或者废弃油藏基础上进行改建，产能计算一般基于单相和两相渗流模型。自 MaSkat 在 1936 年提出油气水三相渗流的微分方程以来，国内外许多学者开始研究多相流产能计算方法。目前，已提出油气两相（如溶解气驱油藏以及凝析气藏）、油水两相以及油气水三相流动的试井分析理论和分析方法，都是以 Maskat 提出的多相渗流方程为基础。Vogel 使用数值模拟方法，经统计回归得到了 Vogel 方程，提出了油气两相流开发初期油井的产能分析方法。Standingt 在 Vogel 的基础上提出了油气两相流不完善井 $S\neq0$ 的产能分析方法。Fetkovich 引进拟压力函数研究油气两相流的稳定试井。Raghavan 也把拟压力函数引进到溶解气驱的试井分析中，并给出了一种根据生产气油比和相对渗透率曲线计算这种拟压力函数的实用方法。Wiggins 通过数值模拟提出了三相流的流入动态关系，提出了三相流的产能分析方法；Petrobras 将油相的 Vogel 方程与水相恒定的产水指数相结合，可以直接应用于现场生产，但是误差较大。国内学者杨雷应用物质平衡原理建立了多相渗流数学模型，通过定义拟函数将多相渗流方程变换为单相流体渗流方程相似形式，从而为多相流试井分析提供实用方法；程时清等引入油气水多相流拟压力，建立了凝析气井的三相流产能方程，给出了无阻流量计算公式。王皆明等人采用有限差分方法，建立了一种以地下储气库实际动态数据为基础的二元回归分析模型，预测出储气库压力和注采气量之间的对应关系。徐耀东等人建立了储气库无水条件下的气井产能方程，通过建立注采倍数与相对渗透率关系方程来修正无水产能方程中的相对渗透率值，建立含水储气库在不同周期的产能方程。然而，上述方法考虑气相流动为经典达西渗流，而储气库产气量较大，气相属于高速非达西流动。

目前塔里木油田东河塘油藏型储气库经历了注水开发和注气协同采油，注气增油效果显著，这类储气库存在典型的三相渗流。现有产能方程一般基于气相流高速非达西性，也考虑了气水两相流动，缺乏适用于油藏型储气库的三相流产能方程。本文探索了油藏注气协同采油储气库三相流产能计算方法。

1　三相流产能方程建立

对于水驱油藏晚期阶段转为储气库的油藏，在计算油气同采井产能时，首先考虑如下假设条件：

（1）油藏中同时存在油气水三相渗流；

（2）油藏均质、水平、等厚且各向同性；

（3）油水流动符合达西定律，气属于非达西流动；

（4）气水彼此互不相溶；

（5）原始地层压力恒为定值，忽略重力影响。

在径向流条件下，取一微元渗流单元体为研究对象，储层流体为气、油、水三相组成，定义气液比为：

$$R=\frac{V_{(气)}}{V_{(液)}} \tag{1}$$

每相的相对渗透为 k_{ri}，$i=o，q，w$，流动方程为：

$$\frac{1}{r}\frac{\partial}{\partial r}\left[\left(\frac{k_{rg}}{\mu_g B_g}+\frac{k_{ro}}{\mu_o B_o}R_s\right)r\frac{\partial p}{\partial r}\right]=\frac{\phi}{k}\frac{\partial}{\partial t}\left(\frac{S_g}{B_g}+\frac{S_o}{B_o}R_s\right) \tag{2}$$

$$\frac{1}{r}\frac{\partial}{\partial r}\left[\left(\frac{k_{ro}}{\mu_o B_o}\right)r\frac{\partial p}{\partial r}\right]=\frac{\phi}{k}\frac{\partial}{\partial t}\left(\frac{S_o}{B_o}\right) \tag{3}$$

$$\frac{1}{r}\frac{\partial}{\partial r}\left[\left(\frac{k_{rw}}{\mu_w B_w}\right)r\frac{\partial p}{\partial r}\right]=\frac{\phi}{k}\frac{\partial}{\partial t}\left(\frac{S_w}{B_w}\right) \tag{4}$$

边界条件为：

$$q_g(t)=2\pi kh\left(\frac{k_{rg}}{\mu_g B_g}+\frac{k_{ro}}{\mu_o B_o}R_s\right)r\frac{\partial p}{\partial r}\bigg|_{r=r_w} \tag{5}$$

$$q_o(t)=2\pi kh\left(\frac{k_{ro}}{\mu_o B_o}\right)r\frac{\partial p}{\partial r}\bigg|_{r=r_w} \tag{6}$$

$$q_w(t)=2\pi kh\left(\frac{k_{rw}}{\mu_w B_w}\right)r\frac{\partial p}{\partial r}\bigg|_{r=r_w} \tag{7}$$

外边界条件为：

$$p(t，r)\mid_{r=r_e}=p_i \tag{8}$$

初始条件为：

$$p(r，t)\mid_{t=0}=p_i \tag{9}$$

下面引入三相流拟压力，确定油气同采井拟压力产能方程。

从 r_e 到 r_w 积分方程(8)，考虑边界条件(11)，记拟压力为：

$$\psi(r，t)=\int_{p_{ref}}^{p(r，t)}\left(\frac{k_{rg}}{\mu_g B_g}+R_s\frac{k_{ro}}{\mu_o B_o}R_s\right)\mathrm{d}p \tag{10}$$

有

$$\psi(r_e，t)-\psi_{wf}(t)=\frac{q_g}{2\pi kh(r_e^2-r_w^2)}\left[\ln\frac{r}{r_w}-\frac{1}{2}\right] \tag{11}$$

将式(10)代入(11)，考虑表皮效应 S，可以得到气相方程为：

$$\int_{p_{ref}}^{p_R}\left(\frac{k_{rg}}{\mu_g B_g}+\frac{k_{ro}}{\mu_o B_o}R_s\right)\mathrm{d}p=\frac{q_g}{2\pi kh}\left[\ln\frac{r_e}{r_w}-\frac{1}{2}+S\right] \tag{12}$$

同理定义油相和水相拟压力，类似可以得到

$$\int_{p_{ref}}^{p_R}\left(\frac{k_{ro}}{\mu_{og}B_o}\right)\mathrm{d}p=\frac{q_o}{2\pi kh}\left[\ln\frac{r_e}{r_w}-\frac{1}{2}+S\right] \tag{13}$$

$$\int_{p_{ref}}^{p_R}\left(\frac{k_{rw}}{\mu_w B_w}\right)\mathrm{d}p=\frac{q_w}{2\pi kh}\left[\ln\frac{r_e}{r_w}-\frac{1}{2}+S\right] \tag{14}$$

方程(13)与(14)相加，得

$$\int_{p_{ref}}^{p_R}\left(\frac{k_{rw}}{\mu_w B_w}+\frac{k_{ro}}{\mu_o B_o}\right)\mathrm{d}p=\frac{q_w+q_o}{2\pi kh}\left[\ln\frac{r_e}{r_w}-\frac{1}{2}+S\right] \tag{15}$$

将油和水相的产量折算成等效气的产量，即将方程(13)和(14)两边同乘以$\frac{\alpha\rho_o}{M_o}$和$\frac{\alpha\rho_w}{M_w}$(其中 α 为单位换算常数，ρ_o 和 ρ_w 分别为油和水的密度，M_o 和 M_w 分别为油和水的分子量)并与(21)合并，记

$$\psi_R-\psi_{wf}=\int_{p_{wf}}^{p_R}\left(\frac{k_{rg}}{\mu_g B_g}+\frac{k_{ro}}{\mu_o B_o}R_s+\frac{k_{rw}}{\mu_w B_w}\right)\mathrm{d}p \tag{16}$$

可以类似得到：

$$\psi_R-\psi_{wf}=\frac{q_t}{2\pi\pi kh}\left[\ln\frac{r_e}{r_w}-\frac{1}{2}+S\right]+\Delta\psi_n \tag{17}$$

式中，q_t 为油气水等效总产量，$q_t=q_g+q_{oc}+q_{we}$，q_{oe}和 q_{wc}分别为油和水等效气产量。

对于非达西项，根据 Forchheimer 方程，相当于增加非达西流动压降 $\Delta\psi_n$，用拟压力表示为：

$$\Delta\psi_n=\frac{q_t^2}{4\pi^2h^2}\int_{r_w}^{r_e}\left(\frac{k_g}{\mu_g B_g}+\frac{k_{ro}}{\mu_o B_o}R_s\right)\beta\rho_g f_g^2\frac{1}{r^2}\mathrm{d}r \tag{18}$$

式中，

$$f_g=\frac{q_g}{q_g+q_{oe}+q_{we}} \tag{19}$$

记

$$A=\frac{1}{2\pi\pi kh}\left[\ln\frac{r_e}{r_w}-\frac{1}{2}+S\right] \tag{20}$$

$$B=\frac{1}{4\pi^2h^2}\int_{r_w}^{r_e}\left(\frac{k_g}{\mu_g B_g}+\frac{k_{ro}}{\mu_o B_o}R_s\right)\beta\rho_g f_g^2\frac{1}{r^2}\mathrm{d}r \tag{21}$$

于是，三相流的气井综合产能方程为：

$$\psi_R-\psi_{wf}=Aq_t+Bq_t^2 \tag{22}$$

$$\psi(p_{wf})=\psi(p_e)-Aq_t^2-Bq_t \tag{23}$$

油气水三相渗流规律出发，定义油气水三相拟压力式(16)，推导出三相流的综合产能方程

式(22)、(23)，为多相流条件下的气井产能分析提供了理论基础。

2　三相流模型计算方法

可以知道，k_{ro}、k_{rg}、k_{rw}、ρ、μ、均为压力的函数。也就是说，油气水微分方程(8)中各参数值取决于该点的压力值。因此，该方程是高度非线形化的，迄今为止，还没有寻求到求解该类方程的有效解析解，本文采取一种近似求解的方法巧妙地解决了这一问题。

油气水三相流动约束方程为：

$$s_o+s_g+s_w=1 \tag{24}$$

根据达西渗流定律，定义油气水三相质量流量分别为：

$$m_v=q_g\rho_g=2\pi rh\frac{KK_{rg}\rho_g}{\mu_g}\frac{\partial p}{\partial r} \tag{25}$$

$$m_l=q_w\rho_w=2\pi rh\frac{KK_{rw}\rho_w}{\mu_w}\frac{\partial p}{\partial r} \tag{26}$$

$$m_o=q_o\rho_o=2\pi rh\frac{KK_{ro}\rho_o}{\mu_o}\frac{\partial p}{\partial r} \tag{27}$$

定义气水质量比、气油质量比分别为：

$$\alpha=\frac{m_v}{m_l}=\frac{K_{rg}\rho_g/\mu_g}{K_{rw}\rho_w/\mu_w} \tag{28}$$

$$\beta=\frac{m_v}{m_o}=\frac{K_{rg}\rho_g/\mu_g}{K_{ro}\rho_o/\mu_o} \tag{29}$$

由式(28)、(29)可以得到：

$$\frac{K_{rg}}{K_{rw}}=\alpha\frac{\rho_w/\mu_w}{\rho_g/\mu_g}=\alpha\frac{\mu_g\rho_w}{\mu_w\rho_g} \tag{30}$$

$$\frac{K_{rg}}{K_{ro}}=\beta\frac{\rho_g/\mu_g}{\rho_o/\mu_o} \tag{31}$$

根据式(30)、(31)，气与水的质量流量之比α正比于气与水的流度比；气与油的质量流量之比β正比于气与油的流度比。在地层压力保持较高的情况下，忽略油水的黏度和密度随压力的变化。由于气体黏度和气体的密度与压力有关，因此，气水质量比α、气油质量比β与地层压力有关。在稳定渗流中，一个测试油嘴的产气量、产水量和产油量可以保持稳定，即生产气水质量比α为常数，生产气油质量比β为常数。由于测试持续时间一般较短，在这个过程中，可以认为地层压力不变，并且可以认为在不同测试油嘴下生产气水质量比α、气油质量比β保持不变。

不考虑不同测试油嘴下的气水、气油质量比的变化，即一个压力值p，对应一个气体黏度与密度值。代入式(30)、(31)，可以计算出$\frac{K_{rg}}{K_{rw}}$、$\frac{K_{rg}}{K_{ro}}$。这样，就可以得到不同压力下的$\frac{K_{rg}}{K_{rw}}$、$\frac{K_{rg}}{K_{ro}}$，也就是可以得到$\frac{K_{rg}}{K_{rw}}\sim p$、$\frac{K_{rg}}{K_{ro}}\sim p$的关系。

借助油气水相对渗透率曲线(图1)，得到$\frac{K_{rg}}{K_{rw}}\sim S_w$、$\frac{K_{rg}}{K_{ro}}\sim S_w$(图2)。由上述方法求出的$\frac{K_{rg}}{K_{rw}}$、$\frac{K_{rg}}{K_{ro}}$，可以得到$S_w$、$S_o$值，从而得到$K_{rg}$、$K_{ro}$和$K_{rw}$。

通过计算或者气藏高压物性试验数据，可以得到气、水相的密度和黏度，同时，相对渗透率K_{rg}、K_{ro}和K_{rw}通过上面计算得到。从而可由数值积分方法求出拟压力函数，式(16)，得到拟压力$\psi(p)$与压力p的关系曲线。

利用油气水同产井的测试资料和上述计算，就可以线性回归确定系A和B。从而确定出可靠的三相流产能方程，即(23)，建立油气水同产井流入动态关系。通过这个方法可以求出可靠的三相流流入动态曲线方程，这对于油气水同产井生产动态预测，确定合理产能是十分重要的。

3　实例应用

东河1CⅢ油藏目前地层压力55.73MPa，原始地层温度140℃，温度梯度2.4℃/100m。储层平均孔隙度15.1%，平均渗透率$68.1\times10^{-3}\mu m^2$。平均单井日产油25t/d，日产气量$1.4\times10^4m^3/d$，日产水量32t/d，综合气液比为$595m^3/t$。产出气的地下密度为$195.38kg/m^3$，产出气地面密度为$0.68kg/m^3$，原油地面密度为$0.88kg/m^3$，原油黏度为9.127mPa·s天然气黏度为0.0158mPa·s。

利用该油藏某油气水同产井测试资料(表1)、相对渗透率资料进行数值积分计算拟压力，确定该井压力与拟压力关系曲线(图3)，并进行拟合得到压力与拟压力关系方程(式32)。

表1　测试资料

井底流压/MPa	产水/(m^3/d)	产油/(m^3/d)	产气/(10^4m^3/d)
34.01	45	26.29	3.09
33.92	56	26.8	3.33
33.11	67	28.19	3.34
32.52	68	29.35	3.73
31.21	80	30.74	3.94

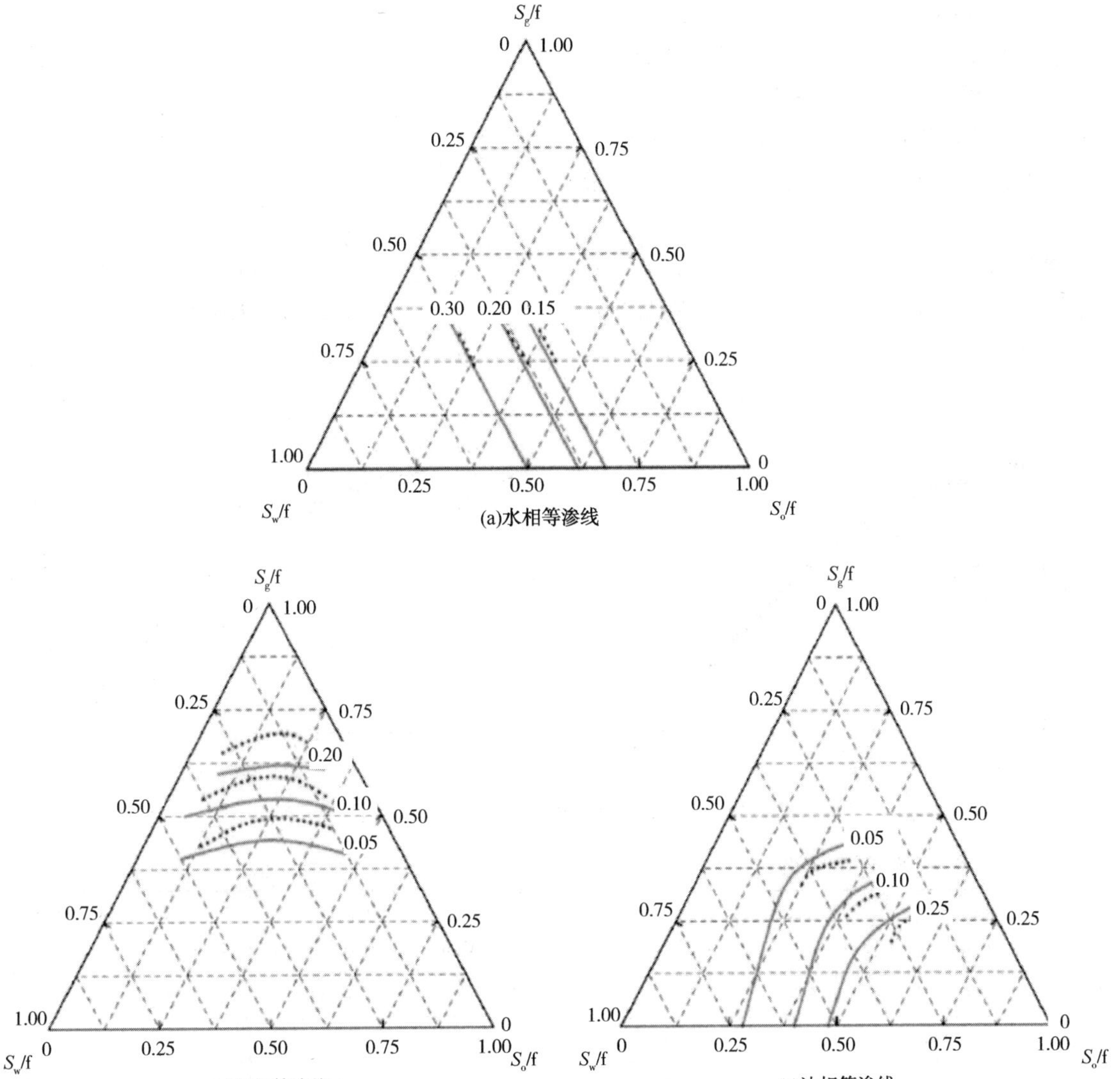

(a)水相等渗线

(b)气相等渗线

(c)油相等渗线

图 1　油气水相对渗透率曲线

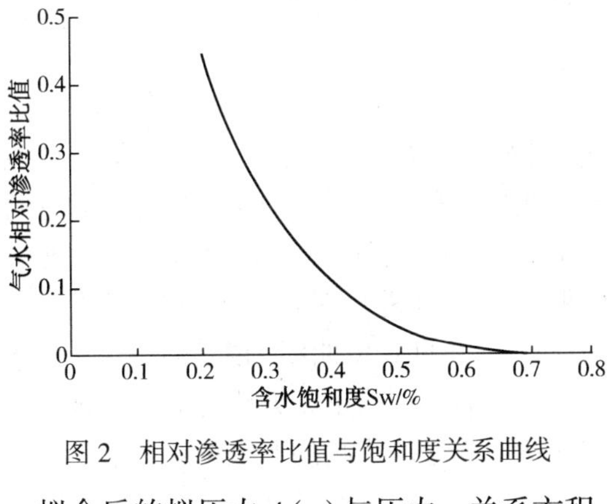

图 2　相对渗透率比值与饱和度关系曲线

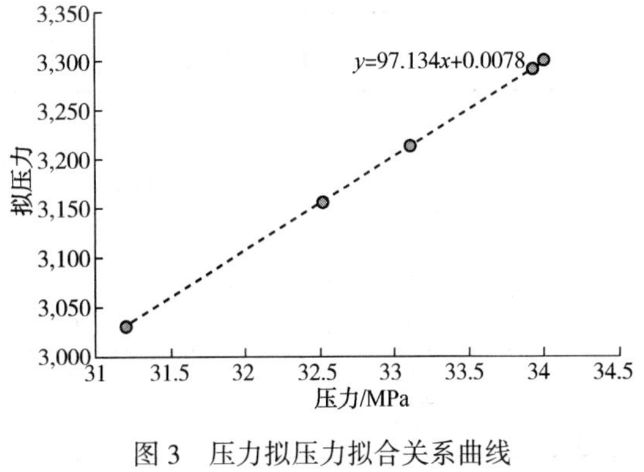

图 3　压力拟压力拟合关系曲线

拟合后的拟压力 $\psi(p)$ 与压力 p 关系方程：

$$\psi(p)=97.134p+0.0078 \tag{32}$$

利用(式 32)可以计算任意压力下对应的拟压力，将(式 22)进行变化得到：

$$\frac{\psi(p_e)-\psi(p_{wf})}{q_t}=Aq_t-B \tag{32}$$

计算不同压差下对应的质量流量与拟压力差/质量流量，拟合后得到 $q_t-(\psi_{(pe)}-\psi_{(pw)})/q_t$ 关系曲线(图 4)，确定二项式产能方程中的常数系数值。得到二项式产能方程为：

$$\psi(P_{wf})=\psi(P_e)-0.0216m_t^2-27.047m_t \quad (34)$$

将生产井生产气油比、产水率带入得到该井的产油 IPR 曲线与产气 IPR 曲线(图 5)。根据 IPR 曲线可以确定生产井最大无阻流量，同时可根据目标井的气液比在 IPR 曲线图上进行产量预测。

下面利用油田实际井进行计算以验证上述方法的正确性。某油藏三口井的生产测试数据见表 2、表 3、表 4。

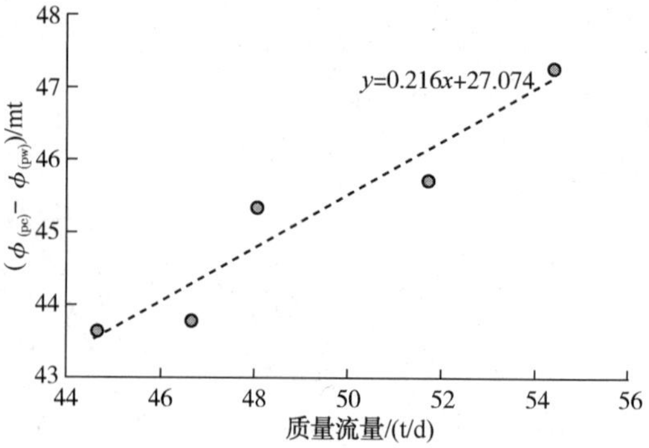

图 4　质量流量与拟压力差/质量流量关系曲线

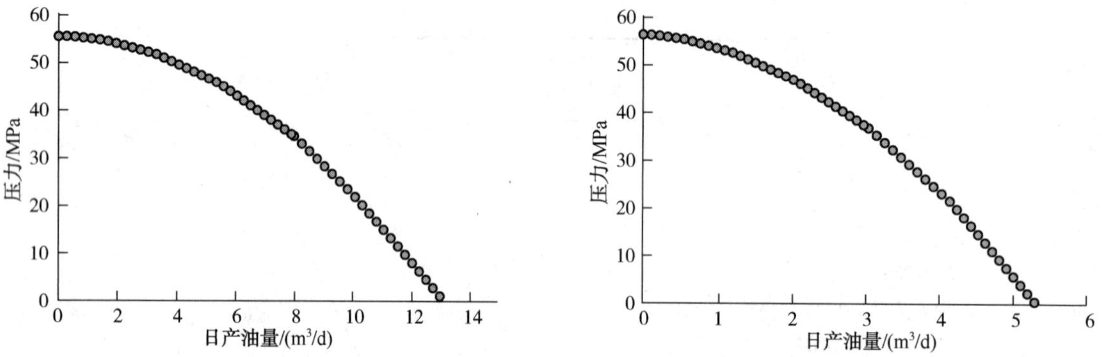

图 5　测试井产油 IPR 曲线与产气 IPR 曲线

表 2　X 井($R>2500$)

流压/MPa	地面产气量/($10^4m^3/d$)	产油量/(m^3/d)	产水量/(m^3/d)
48.62	1.5993	6.3972	14
44.01	2.2847	9.1388	13
41.92	3.0816	12.3264	14
37.81	3.3087	13.2348	13
36.21	3.4036	13.6144	21

表 3　Y 井($500<R<2500$)

流压/MPa	地面产气量/($10^4m^3/d$)	产油量/(m^3/d)	产水量/(m^3/d)
36.41	2.4772	40.01	34
35.92	2.504401	38.33	43
35.11	2.6642	42.43	42
34.32	2.849	43.11	45
33.21	2.9398	48.23	41

表 4　Z 井($100<R<500$)

流压/MPa	地面产气量/($10^4m^3/d$)	产油量/(m^3/d)	产水量/(m^3/d)
42.21	0.608	12.68	96

续表

流压/MPa	地面产气量/($10^4m^3/d$)	产油量/(m^3/d)	产水量/(m^3/d)
41.92	0.6057	15.87	121
41.31	0.654	14	142
41.92	0.6808	16.52	150
40.21	0.73	16.51	160

计算得到三口井对应的产油、产气 IPR 曲线(图 6)、(图 7)。

从 3 口不同生产气液比井的计算结果和 IPR 曲线(图 6 与图 7)可以看出，实测数据点与流入动态曲线拟合程度较高。图 7 中将考虑非达西效应的 IPR 曲线(实线)与不考虑非达西效应的 IPR 曲线(虚线)进行对比，可以发现考虑非达西效应计算出的 IPR 曲线与实测点拟合程度更好，精度更高。证明了新方法适应性较好。同时考虑非达西效应的影响的产气量要高于不考虑非达西的产气量；而且产量越大，二者的差距越明显。原因是因为产量越大，气相相对渗透率越大，渗流速度越大，气体的高速非达西性就越明显，因此对产量的影响也就越大。

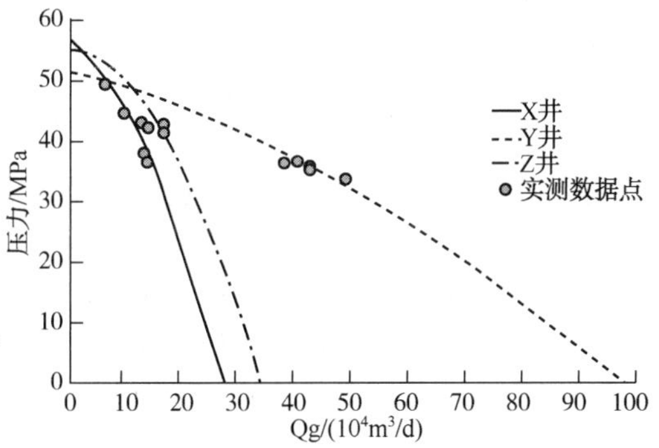

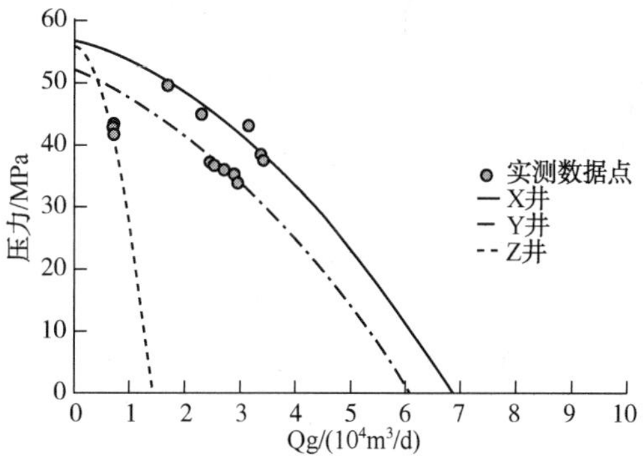

图 6　井组产油气 IPR 曲线

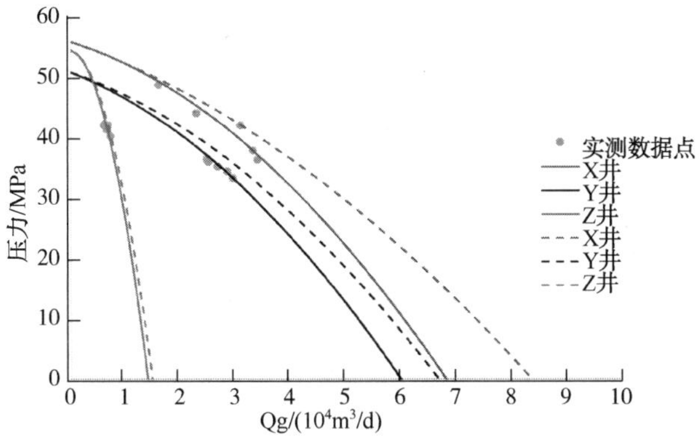

图 7　考虑非达西流动与不考虑非达西流产气 IPR 曲线对比图

4　结论

（1）从渗流基本原理出发，建立了油气水三相渗流模型，并利用数值方法对模型进行求解，得到考虑气体高速非达西流动的油气水三相流的产能方程。

（2）根据东河油藏实际生产动态、油藏静态等数据带入产能模型求解油藏三相流产能方程，得到不同气液比下的 IPR 曲线。计算结果表明在同一井底流压下，随气液比增加，气产量上升，油产量下降；在相同产气量下，随着气液比增加，生产压差将会增大；同一生产压差下，气体高速非达西性导致产能减小。

（3）目前国内外也鲜有气驱油藏协同储气库建设的先例，该方法对深层油藏改建储气库三相产能评价及预测具有一定的指导意义。

符号注释：

p，p_e，p_{wf}——压力，供给压力和井底压力，Pa；

r——距离井筒的距离，m；

h——气层厚度，m；

μ_g，μ_o——气、油的黏度，Pa·s；

K——单相渗透率，m^2；

K_{rg}，K_{ro}——气、油相对渗透率；

ρ_g，ρ_o——气、油的密度，kg/m^3；

Q_g，Q_o——气、油的质量流，kg/s；

m_t——气油质量流量之和，kg/s；

q_g，q_o——气、油的体积流量，m^3/s；

V_g，V_o——气、油的体积流量，m/s；

Q_{sc}——标准状况下气的产量，m^3/s；

ρ_{sc}——标准状况下气的密度，kg/m^3

R_e，R_w——供给半径和井半径，m；

S——表皮系数；

参考文献

[1] 丁国生．全球地下储气库的发展趋势与驱动力[J]. 天然气工业，2010，30(8)：59-61.

[2] 丁国生，李春，王皆明，等．中国地下储气库现状及技术发展方向[J]. 天然气工业，2015，35(011)：107-112.

[3] 阳小平，程林松，何学良，等．地下储气库多周期运行注采气能力预测方法[J]. 天然气工业，2013，33(004)：96-99.

[4] Vogel, J. V. Inflow Performance Relationships for Solution-Gas Drive Wells[J]. Journal of Petroleum Technology, 1968, 20(01): 83-92.

[5] Standing, M. B. Inflow Performance Relationships for Damaged Wells Producing by Solution - Gas Drive [J]. Journal of Petroleum Technology, 1970, 22(11): 1399-1400.

[6] Fetkovich M J. The Isochronal Testing of Oil Wells [C]// Fall Meeting of the Society of Petroleum Engineers of AIME. 1973.

[7] 郭树文，周芙蓉，王晓冬．IPR 发展与应用[J]. 油气井测试，2001，10(005)：7-9.

[8] Wiggins, M. L. Generalized Inflow Performance Relationships for Three-Phase Flow[C] 1993.

[9] 杨雷，黄诚，舒能益，等．溶解气驱油藏油气多相试井分析方法研究[J]．西南石油学院学报．
[10] 程时清，谢林峰，李相方，等．产水凝析气井三相流产能方程[J]．天然气工业，2004.
[11] 程时清，李菊花，李相方，等．用物质平衡-二项式产能方程计算气井动态储量[J]．新疆石油地质，2005(02)：181-182.
[12] 程时清，李跃刚．低速非达西渗流试井模型的数值解及其应用[J]．天然气工业，1996，016(003)：27-30.
[13] 周航．多相流产能评价方法及其应用研究[D]．西安石油大学，2013.
[14] 王皆明，姜凤光．地下储气库注采动态预测模型[J]．天然气工业，2009，29(002)：108-110.
[15] 徐耀东．永安油田永 21 块地下储气库气井产能的确定[J]．新疆石油地质，2011，32(1)：71-73.

采油管柱尺寸对火山岩储气库注采能力的影响研究

张宇昊[1,2]　王向阳[1]　艾兴波[3]　李政州[3]　何爱国[1]　乔　磊[1]　刘奕杉[1]

(1. 中国石油集团工程技术研究院有限公司；2. 东北石油大学；3. 大庆油田有限责任公司)

摘　要　火山岩气藏改建为地下储气库属于国内首次尝试，建造过程中为了明确采油管柱尺寸对火山岩储气库注采能力的影响，通过节点分析法对火山岩储气库不同油管尺寸的极限注采能力进行计算，并同时考虑冲蚀、积液等因素优选合适油管尺寸。研究结果表明：火山岩储气库的极限注采能力远大于一般砂岩气藏型储气库，需要选用更大尺寸的油管来满足火山岩储气库大吞大吐的要求，最终确定外径为 4.5 寸的油管满足Ⅰ类储层水平井极限注采气量分别达到(159.28，219.47)×$10^4m^3/d$；Ⅱ类储层水平井极限注采气量分别达到(87.12，98.04)×$10^4m^3/d$ 的要求。并同时预防油管冲蚀和积液现象的发生。

关键词　火山岩气藏；储气库；注采能力；油管尺寸

天然气作为一种新能源具有分布不均，需求具有季节性等特点，因此需要储气库来满足季节调峰需求，避免出现“气荒”。截至 2017 年，已有超 700 座各种类型的地下储气库建成，主要包括：油气藏型、含水型、盐穴型和矿坑型 4 大类。其中气藏型储气库工作气量占比为 83%，岩石类型主要以砂岩和石灰岩为主。双坨子储气库属于砂岩储气库，单井单日注气量与采气量均不超过 50×$10^4m^3/d$；文 23 储气库由砂岩气藏改建，其单井单日注气量不超过 95×$10^4m^3/d$，采气量不超过 117×10^4m^3d；呼图壁储气库属于砂岩储气库，极限注气量达到 120×$10^4m^3/d$，极限采气量为 171×$10^4m^3/d$。但至今还没有将火山岩气藏改建为地下储气库的先例。火山岩储气库因其储层的性质，其极限注采气量要大于一般气藏型储气库，需要配套合理的采油管柱，以满足注采过程大吞大吐的特点。同时天然气中存在酸性气体等杂质，易与管道铁反应，生成黑色杂质固相，若注采气量过高则会冲蚀磨损油管内壁，给油管带来严重的损害；又因地层水的存在，若采气量过低，则会造成积液现象，影响储气库注采能力。为了满足地质方案要求，满足地面工艺注采生产实际的需要，同时预防管道冲蚀，积液等现象发生，对火山岩储气库注采油管尺寸设计尤为重要。因此本文采用节点分析法对不同油管尺寸下水平井单日注采气量进行计算，优选出合适尺寸的油管以满足火山岩储气库注采要求。

1　火山岩储气库基本概况及产能方程

气藏工程根据火山岩储气库储层的基础物性、孔隙结构、单井产能等特征将储气库储层划分为两类储层，并针对不同类型储层提出了注采方案，方案具体内容如表 1 所示。

表 1　注采方案相关参数

项　目	方　案
上限运行压力/MPa	34
下限运行压力/MPa	22
Ⅰ类水平井单井日注气量/($10^4m^3/d$)	31.3~152
Ⅱ类水平井单井日注气量/($10^4m^3/d$)	11.6~80.6
Ⅰ类水平井单井日采气量/($10^4m^3/d$)	88~181
Ⅱ类水平井单井日采气量/($10^4m^3/d$)	51.6~91.1
建库时地层压力/MPa	25.8
注入井口压力/MPa	34

本文计算水平井产能采用节点分析法，综合考虑现场应用的方便性和计算精度，采用校正点二项式流入动态模型，其公式为：

$$P_r^2-P_{wf}^2=AQ_g+BQ_g^2 \tag{1}$$

其中：

$$A=\frac{12.69\bar{\mu}_g\overline{ZT}}{K_hH}\left(\lg\frac{0.472r_{eh}}{r_{wh}}+S\right) \tag{2}$$

$$B=\frac{12.69\bar{\mu}_g\overline{ZT}}{K_hH}\cdot D \tag{3}$$

$$r_{eh}=\sqrt{\frac{\pi r_e^2+2r_eL_e}{\pi}} \tag{4}$$

$$r_{wh}=\frac{r_{eh}L_e}{2a\cdot\left[1+\sqrt{1-(L_e/2a)^2}\right]\cdot(\beta h/2\pi r_w)^{(\beta\cdot H/L_e)}} \tag{5}$$

$$a=(L_e/2)\left[0.5+\sqrt{0.25+(2r_{eh}/L_e)^4}\right]^{0.5} \tag{6}$$

$$\beta=\sqrt{K_h/K_v} \tag{7}$$

式中，P_r 为地层压力，MPa；P_{wf} 为井底流压，MPa；Q_g 为气井产量，$10^4m^3/d$；A，B 为水平井产能方程系数，$MPa^2/(10^4m^3)$；$\bar{\mu}_g$ 为气体平均黏度，MPa·s；$\bar{Z}$为平均气体偏差系数；$\bar{T}$为平均温度，K；K_h 为水平渗透率，$10^{-3}\mu m^2$；K_v 为垂向渗透率，$10^{-3}\mu m^2$；H 为有效厚度，m；D 为非达西流系数，$10^4m^3/d^{-1}$；r_{eh}，r_{wh}，r_e 为水平井供气半径，水平井井底半径，直径段供气半径，m；L_e 为水平井段长度，m。

根据表 1 的注采相关参数，带入上式(1)～式(7)可计算出Ⅰ类储层的产能方程，其中：

Ⅰ类储层水平井产能方程为：

$$P_r^2-P_{wf}^2=2.89Q_g+0.0014Q_g^2 \tag{8}$$

Ⅱ类储层水平井产能方程为：

$$P_r^2-P_{wf}^2=2.41Q_g+0.0795Q_g^2 \tag{9}$$

式中，P_r 为地层压力，MPa；P_{wf} 为井底流压，MPa；Q_g 为气井产量，$10^4m^3/d$。

通过产能方程，结合注采方案参数，计算火山岩储气库Ⅰ、Ⅱ类储层水平井单井单日极限注采气量，优选配套油管尺寸。

2　火山岩储气库极限注采能力下油管优选

2.1　注气过程油管尺寸优选

节点系统分析法是通过系统工程理论来研究油藏开发系统与油藏集输工程之间压力、流量关系，以确定油田压力保持的界限方法。因此，结合Ⅰ，Ⅱ类储层水平井产能方程，计算在不同地层运行压力，不同油管尺寸下的单日注采气量，优选出符合注采方案的油管尺寸。由于需计算火山岩储气库极限注气能力，因此选用最最大井口压力进行计算。

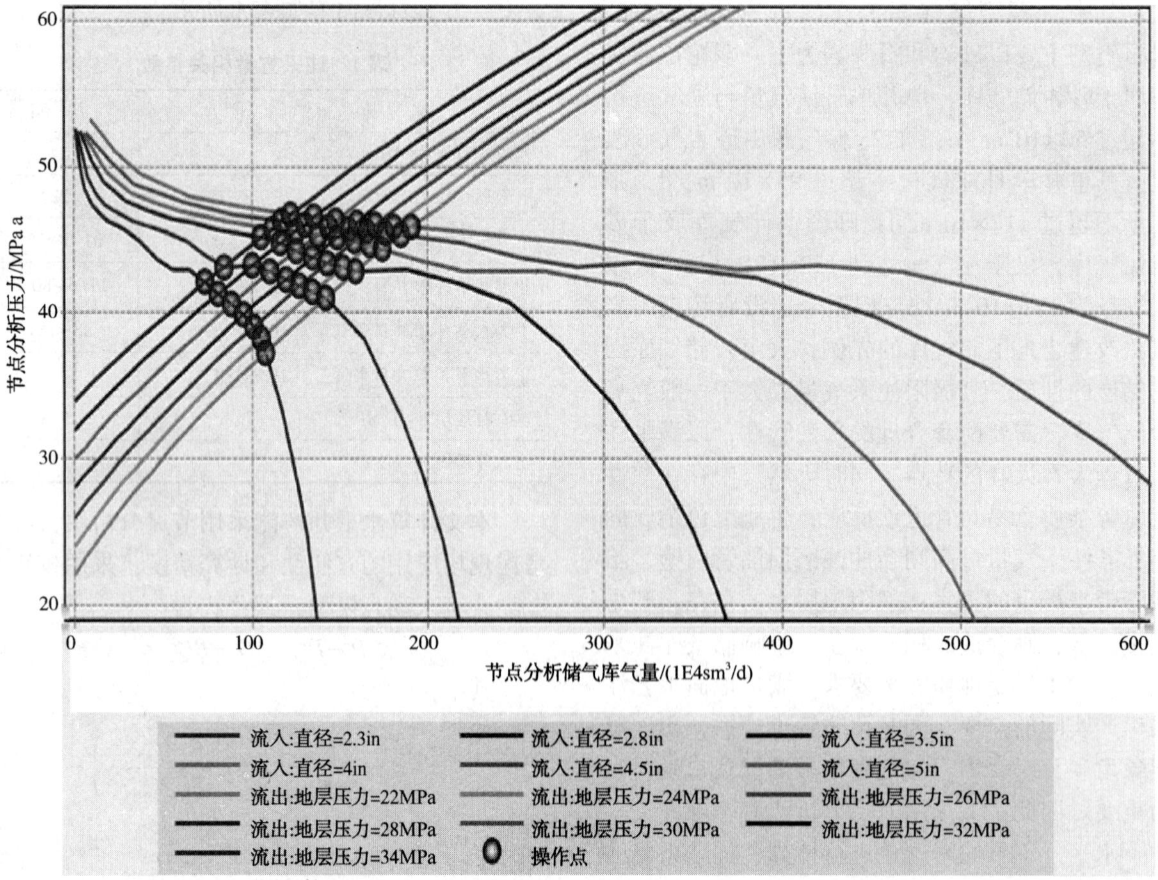

图 1　水平井注气过程节点分析(井口压力 34MPa)

表2　Ⅰ类储层水平井不同油管尺寸下的单日注气量

油管外径/in	地层压力/MPa							井口压力/MPa
	22	24	26	28	30	32	34	
2.875	107.51	104.98	101.23	95.35	88.79	81.59	73.73	34
3.5	141.27	134.53	127.12	119.01	110.2	100.64	84.25	
4	159.28	151.24	142.85	134.24	125.38	115.92	105.18	
4.5	174.64	166.85	158.17	148.41	137.41	124.99	111.88	
5	185.72	176.17	165.85	154.73	142.87	130.28	117.04	
5.5	190.87	181.25	170.84	159.65	147.73	135.12	121.87	

图1、表2是Ⅰ类储层水平井在最大井口压力下节点分析的结果。由图中可以看出，随地层压力的增大，单日注气量减小；随油管尺寸增大，单日注气量增大。由表中数据可以得知，当油管外径尺寸超过4in时，单日注气量在地层压力22MPa下可达到159.28×$10^4 m^3$/d，满足方案对Ⅰ类储层水平井极限注气量要求。

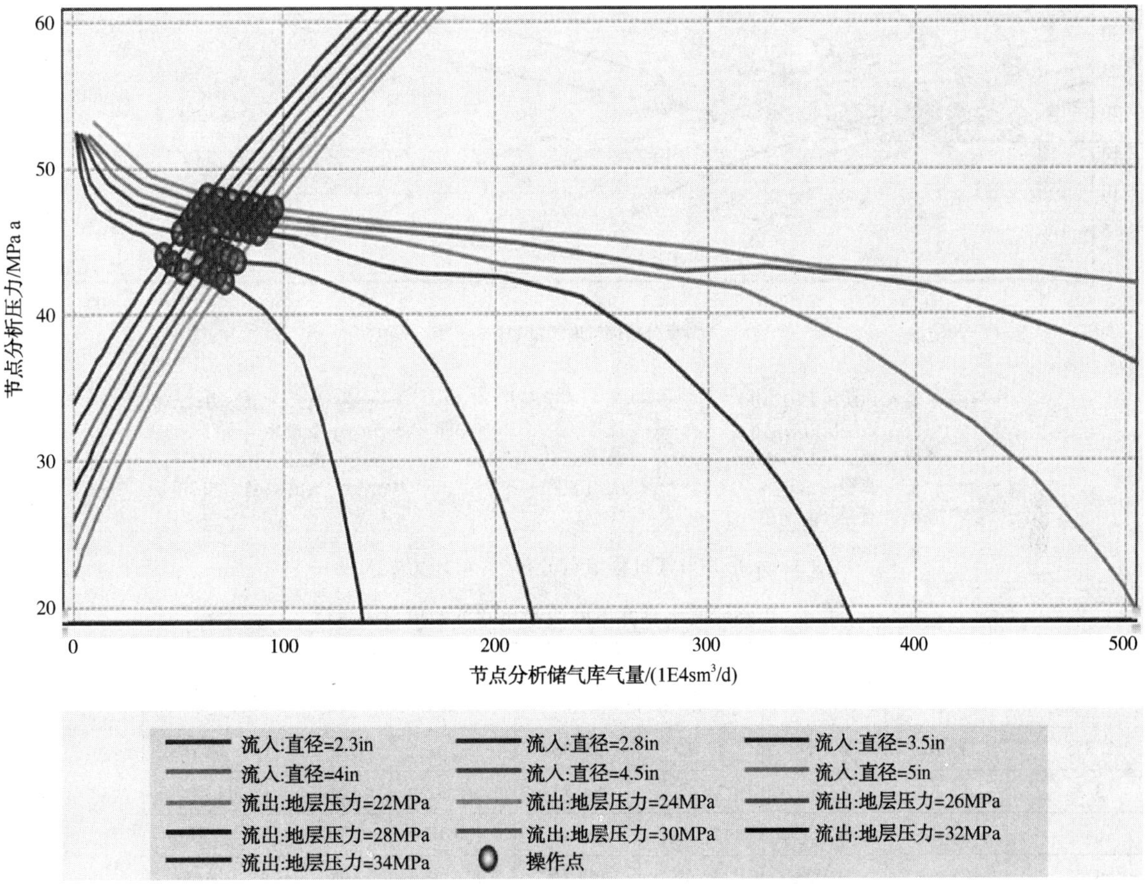

图2　水平井注气过程节点分析(井口压力34MPa)

表3　Ⅱ类储层水平井不同油管尺寸下的单日注气量

油管外径/in	地层压力/MPa							井口压力/MPa
	22	24	26	28	30	32	34	
2.875	71.34	67.84	64.01	59.83	52.09	47.65	43.35	34
3.5	77.47	73.93	70.18	66.14	61.65	56.54	50.61	
4	87.12	82.64	77.8	72.59	67.03	61.13	54.92	
4.5	89.95	85.45	80.57	75.35	69.78	63.89	57.7	
5	92.53	88.03	83.18	77.97	72.44	66.6	60.49	
5.5	95.06	90.59	85.78	80.62	75.14	69.36	63.32	

图2、表3是Ⅱ类储层水平井在最大井口压力下节点分析的结果，其规律与Ⅰ类储层相似。由表中数据可以得知，当油管外径尺寸超过4in时，单日注气量在地层压力22MPa下可达到87.12×$10^4m^3/d$，满足方案对Ⅱ类储层水平井极限注气量要求。

2.2 采气过程油管尺寸优选

采气过程与注气过程相同，需要井口与地层之间有大压差，才能满足方案对极限采气能力的要求。因此，选用最小井口压力进行计算。

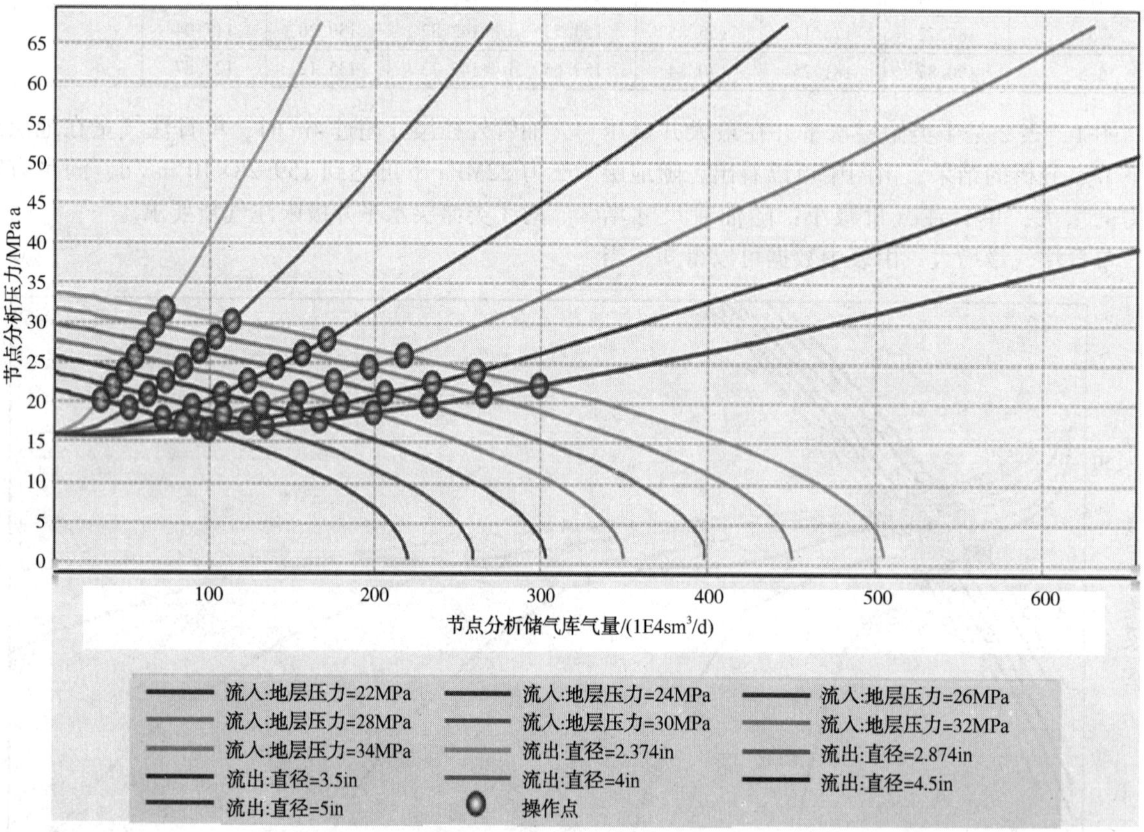

图3　水平井采气过程节点分析(井口压力12MPa)

表4　Ⅰ类储层水平井不同油管尺寸下的单日采气量

油管外径/in	地层压力/MPa							井口压力/MPa
	22	24	26	28	30	32	34	
2.875	35.62	42.69	49.32	55.76	62.03	68.15	74.15	12
3.5	52.33	63.74	74.48	84.75	94.61	104.34	113.97	
4	72.47	90.54	107.82	124.49	140.65	156.43	171.8	
4.5	85.64	109.25	132.18	154.68	176.63	198.25	219.47	
5	95.42	123.94	152.25	180.45	208.38	236.14	263.72	
5.5	101.77	134.52	167.37	200.63	234.12	267.72	301.39	

图3、表4是Ⅰ类储层水平井在最小井口压力下节点分析的结果，可以看出在同一地层压力下，单日采气量随油管尺寸增加而增大。由表中数据可以得知，当油管外径尺寸超过4.5in时，单日注气量在地层压力34MPa下可达到219.47×$10^4m^3/d$，满足方案对Ⅰ类储层水平井极限采气量要求。

图4、表5是Ⅱ类储层水平井在最小井口压力下节点分析的结果，与Ⅰ类储层相同，在同一地层压力下，油管尺寸越大，采气量越大。由表中数据可以得知，当油管外径尺寸超过4.5in时，单日注气量在地层压力34MPa下可达到

$98.04\times10^4m^3/d$，满足方案对Ⅱ类储层水平井极限采气量要求。

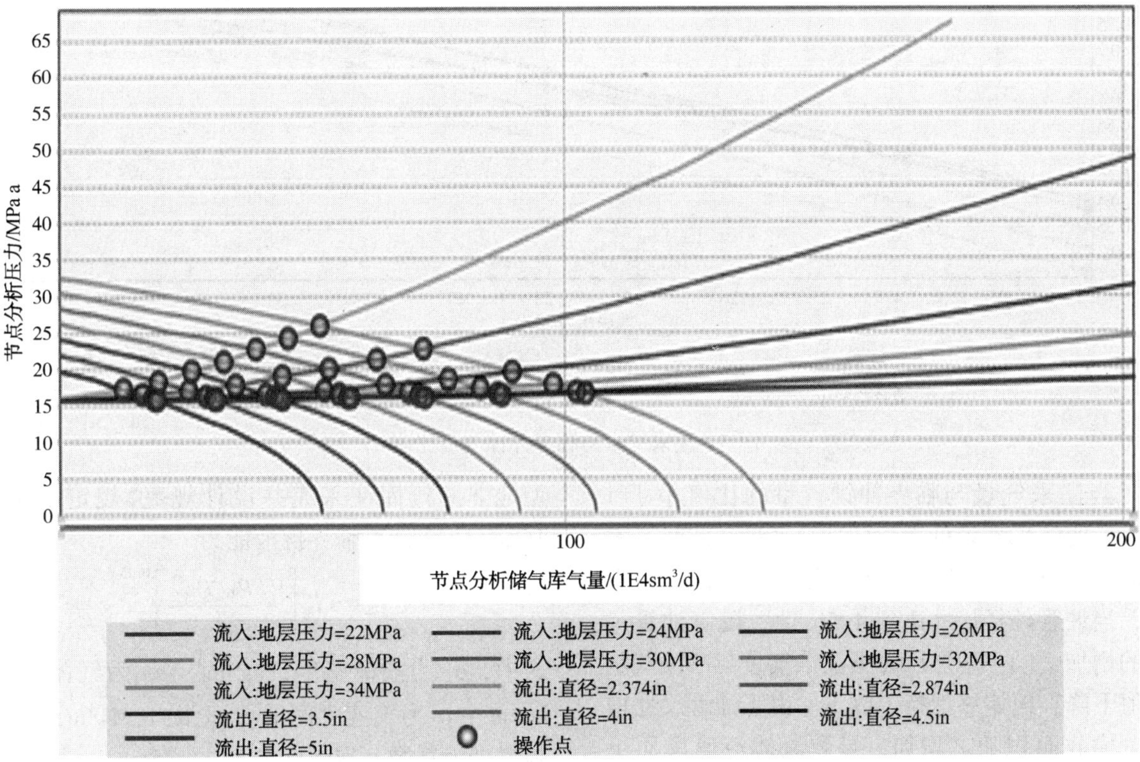

图4　水平井采气过程节点分析(井口压力 12MPa)

表5　Ⅱ类储层水平井不同油管尺寸下的单日采气量

油管外径/in	地层压力/MPa							井口压力/MPa
	22	24	26	28	30	32	34	
2.875	21.64	27.74	33.7	39.53	45.25	50.94	56.61	12
3.5	25.08	33.38	41.6	49.88	58.23	66.58	74.95	
4	26.75	36.5	47	57.46	68.28	79.42	90.84	
4.5	27.32	37.58	48.48	60.24	72.47	85.02	98.04	
5	27.52	38.06	49.37	61.38	74.11	88.05	102.07	
5.5	27.58	38.29	49.79	62.07	75.18	89.05	103.68	

3　油管尺寸对冲蚀与积液的影响

3.1　油管尺寸对冲蚀的影响

由于火山岩储气库为“大吞大吐”的运行特点，在注采过程中，当日注采气量过大时，流体流速过快，导致流体中的固相对管柱造成冲蚀。Q/SY 01012—2017《油气藏型地下储气库注采完井设计规范》规定了冲蚀的计算公式：

$$q_e=2.5\times10^4\frac{Apv_e}{ZT}\tag{3}$$

其中：

$$v_e=\frac{C}{\rho_m^{0.5}}\tag{4}$$

式中，q_e 为日冲蚀气量，10^4m^3；A 为油管横截面积，m^2；p 为压力，MPa；Z 为天然气偏差系数；T 为温度，K；v_e 为临界冲蚀气流速，m/s；$\rho_m^{0.5}$ 为气体密度，kg/m^3；C 为冲蚀系数，$(kg/(s^2m))^{0.5}$，取 240。

考虑注采方案要求的火山岩储气库Ⅰ，Ⅱ类储层水平井极限注采压力要求，选用Ⅰ类储层在不同地层压力下的极限注采气量与临界冲蚀气量对比，进行冲蚀分析。

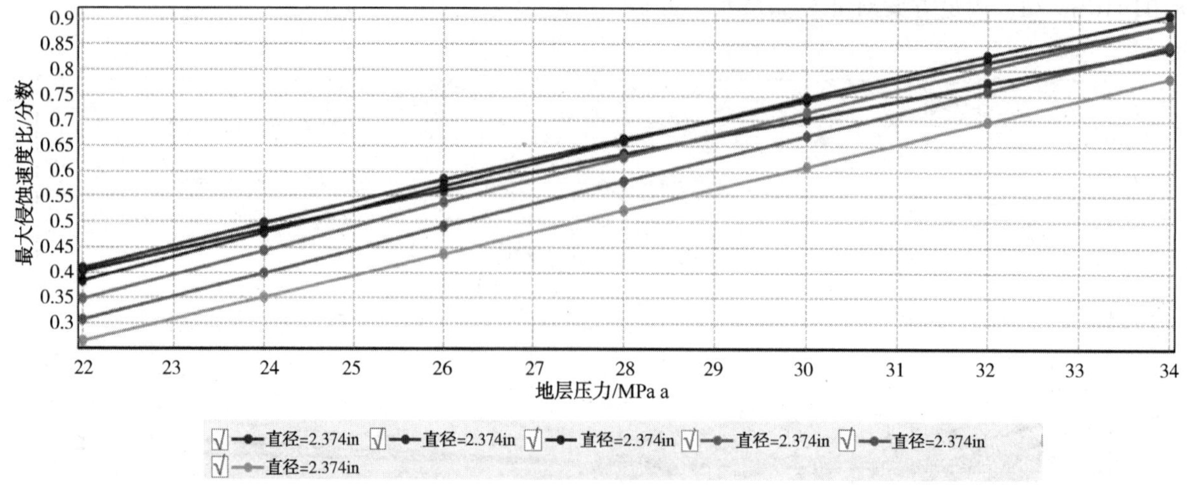

图 5　注采气量与临界冲蚀气量比值

当注采气量与临界冲蚀气量的比值小于 1 时，说明注采气量低于管柱冲蚀气量，此时不发生冲蚀，反之则有冲蚀的风险。如图 5 所示看出，当油管外径尺寸达到 4. 5in 时，随着油管尺寸的增加，同一地层压力下注采气量与冲蚀气量比值下降，但始终保持 1 以下。由于油管尺寸增加，横截面积随之增加，导致流体流速反而下降，注采气量与临界冲蚀气量的比值减小，使得冲蚀风险减小。管油尺寸 4. 5in 时，没有冲蚀风险。

3. 2　油管尺寸对积液的影响

火山岩储气库存在较强的边底水，因此需对积液风险进行预测。Q/SY 01012—2017《油气藏型地下储气库注采完井设计规范》规定了按照 Turner 方法计算临界携液能力。

$$v_{\text{crit}-T_0}=T_0\left[\frac{\sigma(\rho_L-\rho_G)}{\rho_G^2}\right]^{0.25} \tag{5}$$

式中，ρ_L 为液体密度，kg/m^3；ρ_G 为气体密度，kg/m^3；σ 为气液之间的界面张力，N/m；T_0 为临界携液系数，取 5. 5。

当临界携液气量与采气量比值小于 1 时，说明采气量高于临界携液气量，此时不会产生积液。如图 6 所示，临界携液气量与采气量比值随油管尺寸增加而增大，但始终不超过 1，因此选用外径为 5. 5in 以下的油管能有效预防积液，但油管尺寸越小，预防效果越好。

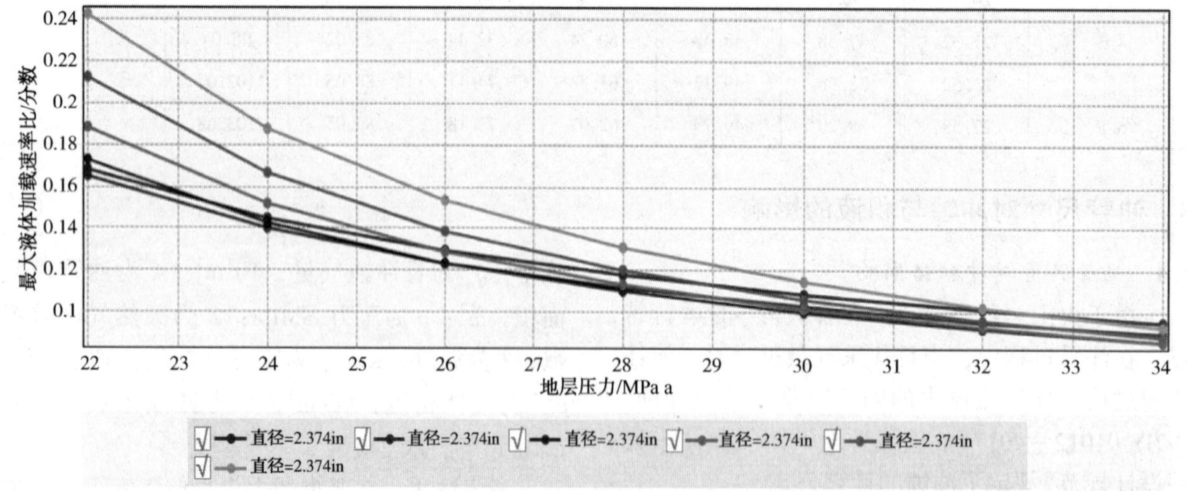

图 6　不同油管尺寸下临界携液气量与采气量比值

综合对火山岩储气库极限注采能力，临界冲蚀气量和临界携气气量的研究计算，最终优选外径为 4. 5in 的油管进行注采作业，既可满足注采方案要求的极限注采能力，又使注采过程中不发生冲蚀和积液。

4 国内外典型储气库油管尺寸优选对比

通过对比火山岩储气库与一般气藏型储气库油管尺寸与极限注采气量，可以发现火山岩储气库较之一般气藏型储气库，其极限注采气量有着大幅度的提升，因此在油管尺寸的选择上尺寸更大，要求更高更复杂。对比数据见表6。

表6　火山岩储气库与气藏型储气库油管尺寸与极限注采气量对比表

储气库	储层岩性	储层类型	井型	油管尺寸/in	极限注气量/(10^4m^3/d)	极限采气量/(10^4m^3/d)
火山岩储气库	火山岩	Ⅰ类	水平井	4.5	159.28	219.47
双坨子储气库	砂泥岩	/	大斜度井	3.5	50	43.95
文23储气库	砂泥岩	/	水平井	3.5	54.4	76.4
呼图壁储气库	砂泥岩	/	水平井	4.5	120	171

从表6中可以看出，火山岩储气库的极限注采能力远大与一般气藏型储气库，油管也可以选用较大尺寸。这是由于火山岩质地较其他岩石坚硬，抗压实能力强，因此能够使储气库极限注采能力得到提升。除此之外，火山岩岩石结构紧密，不易出砂，能在大吞大吐的注采过程降低冲蚀带来的影响，提高油管尺寸的选择范围，优先选用大尺寸的油管。

5 结论

（1）火山岩储气库的极限注采能力远大于一般气藏型储气库，因此需要更大尺寸的油管来满足注采方案要求。

（2）火山岩储气库极限注采气量与临界冲蚀气量的比值随油管尺寸增加而降低，临界携液气量余极限注采气量的比值在油管尺寸为5.5in时仅为0.24，说明对于火山岩储气库来说，油管尺寸选择范围大幅度提高，可以选用大尺寸油管以满足更大的注采气量要求。

（3）通过对火山岩储气库水平井单日注采气量，临界冲蚀气量，临界携液气量的计算，选用外径为4.5in的油管可以同时满足Ⅰ、Ⅱ类储层水平井单井单日注气量和采气量的要求。

（4）对于火山岩储气库水平井，油管外径尺寸4.5in以上时，可满足注采方案单日注采气量要求，同时可以有效预防油管冲蚀现象，并有效预防积液现象。

参考文献

[1] 魏欢，田静，李建中，王影．中国天然气地下储气库现状及发展趋势[J]．国际石油经济，2015，23(06)：57-62.

[2] 李建中，李奇．油气藏型地下储气库建库相关技术[J]．天然气工业，2013，33(10)：100-103.

[3] 尹虎琛，陈军斌，兰义飞，等．北美典型储气库的技术发展现状与启示[J]．油气储运，2013，32(08)：814-817.

[4] 梁光川，田源，蒲宏斌．国内地下储气库发展现状与技术瓶颈探讨[J]．煤气与热力，2014，34(02)：1-6.

[5] 丁国生．中国地下储气库的需求与挑战[J]．天然气工业，2011，31(12)：90-93+131.

[6] 霍瑶，黄伟岗，温晓红，等．北美天然气储气库建设的经验与启示[J]．天然气工业，2010，30(11)：83-86+124-125.

[7] 王海波．我国地下储气库发展现状及地质导向的应用[J]．西部探矿工程，2021，33(07)：84-86.

[8] 苏展．全球地下储气库发展趋势研究及对我国储气调峰体系建设的启示[J]．质量与市场，2021，{4}(07)：143-145.

[9] 郑雅丽，孙军昌，邱小松，等．油气藏型储气库地质体完整性内涵与评价技术[J]．天然气工业，2020，40(05)：94-103.

[10] 张鹏翥，舒萍．含边底水火山岩气藏改建地下储气库的可行性——以徐深气田D区块为例[J]．天然气工业，2015，35(06)：104-109.

[11] 杨金辉．吉林油田双坨子气藏数值模拟单井注采能力研究[J]．石油知识，2018，{4}(04)：46-47.

[12] 何祖清，伊伟锴，李军，等．文23储气库注采管柱冲蚀规律与极限注采气量分析[J]．石油管材与仪器，2020，6(05)：46-49.

[13] 廖伟，郑强，张赟新，等．大型储气库库容评价及注采能力分析技术——以准噶尔盆地呼图壁储气库为例[J]．中国石油和化工标准与质量，2019，39(08)：82-83.

[14] 王鑫，王金鑫，刘正．不同因素对临界携液流量的影响[J]．辽宁化工，2021，50(06)：876-878.

[15] 秦国伟，罗明良，蒲春生，李玮，徐文波．节点分析法在分层注采系统中的应用研究[J]．西南石油

大学学报(自然科学版)，2008，{4}(01)：85-88+11+10.

[16] 王昌龄，李治，董昭，王效明，白小佩，王治国．碳酸盐岩储气库注采管柱动态形变测试与分析[J]．油气井测试，2017，26(02)：58-59+63+78.

[17] 刘进博，王明锋，赵楠，张哲，于涛．地下储气库油管轴向变形安全评价研究[J]．新疆石油天然气，2017，13(04)：86-91+6.

盐穴储气库声呐检测室内实验装置设计

张紫珊 王 宇 陈 刚 杨海燕

（西华大学机械工程学院）

摘 要 声呐设备及时对盐穴形状和腔体体积进行测量和评价，是保证盐穴在造腔过程中，按设计形状和体积建造的必要手段和措施。声波作为声呐探测技术的核心，研究声波在盐溶液种类和浓度、温度以及不溶颗粒大小不同的盐穴环境中，声波衰减特性的变化，对提高设备探测效率和探测精度，具有至关重要的作用。根据分析超声的传播环境，搭建声波衰减测量实验平台，选择不同种类的盐、不同直径的颗粒以及温度测量和加热设备，完成实验材料选择以及温度控制部分；设计并制作了超声换能器夹持部分、盐穴粗糙壁面三维模型；使用多通道超声仪等设备作为数据采集和数据处理部分，完成实验平台搭建。结合实验和理论计算结果，得到声波在高温条件与复杂环境中的声波衰减变化规律，针对结果对使用理论模型进行讨论，对盐穴储气库检测设备的研制具有较好的工程应用价值。

关键词 声呐检测；盐穴储气库；实验装置；声波频率；传播距离

1 引言

天然气作为清洁高效的低碳化石能源，其在推动我国天然气海外供应体系多元化发展和能源保障方面，起着不可或缺的作用。21 世纪以来，中国天然气消费量从 2007 年的 705 亿立方米增长至 2010 年的 3259 亿立方米，国内天然气消费呈现爆发式增长，我国每年在进口天然气上花费高至数亿美元，解决天然气资源的调峰保供问题已迫在眉睫。地下储气库是天然气调峰保供的一种有效手段，其中盐穴储气库因广泛的适用性，已经成为未来天然气地下存储的重要发展方向。在国外，盐穴型地下能源储备库已成为能源储备的主要方式。

地下能源储气库主要选择岩盐等具有极低孔隙度、渗透率和稳定力学性能的地下岩层，岩盐被国际上公认为是能源储备的最佳场所，目前世界范围内已经有 108 座盐穴储气库已经建成并投入使用。盐穴储气库需要定期对溶腔形状进行安全性勘探和评估，近年来我国和世界各国的地下储气库均发生过一些事故，造成工作人员的受伤和国家经济的损失，导致一些储气库被迫关停，极大地降低了储气库安全使用效率和寿命。目前对盐穴储气库的检测主要使用声呐探测设备，声波是唯一能够在复杂介质中进行远距离传输的有效载体，完成储气库形状探测任务，目前使用德国的声呐探测设备已经成功完成对浙江金坛储气库的探测。盐穴储气库形状的测量主要通过声程得到壁面点云数据，在后期处理中对点云进行三维重建得到盐穴溶腔的形状。

掌握和了解声波在盐穴储气库中的衰减特性对指导声呐探测设备的开发和生产具有重要的意义。本文根据盐穴储气库的环境，进行了超声在高温条件与复杂环境耦合下的实验设备购买与相关实验配件的选型，完成了实验测量平台搭建，通过文献调研得到不同盐穴溶腔介质的主要成分以及不同颗粒物的直径分布范围，提供实验材料选择的依据；根据实验要求选择了相应的加热保温设备，加热设备温度控制精度较高，使用泡沫作为保温材料，满足实验要求；针对不同频率超声换能器尺寸不同问题，设计了专门的超声换能器夹持装置，方便实验中更换超声换能器，确保实验顺利、高效、准确开展；实验中使用的多通道超声仪所具备功能较齐全，配合数据采集设备，能完成实验中超声换能器信号读取和滤波操作以及后续的实验数据处理。

2 实验设计思路

由于盐穴储气库需要测量得到声波在不同声波频率、不同直径的不溶物颗粒、不同传播介质及浓度、不同温度条件下，声波的衰减变化特性。故本文的实验需要不同频率超声换能器、不同直径颗粒物、不同种类盐以及实验容器和加热保温装置、超声仪器，根据实验要求，本文拟定的总体设计方案如图 1 所示。

3 实验设备及材料

3.1 超声换能器选择

对于超声换能器的频率的选择范围，本文主要依据不同换能器频率的声束指向性以及声压分布情况的影响结果进行选择，通过对圆形单极子声源的指向性进行分析，得到圆形单极子换能器声束指向性的变化规律，假设声波传播速度为 1500m/s，中心频率分别为 500KHz、1MHz、2MHz，圆形换能器活塞半径分别为 5mm、10mm、35mm，得到的计算结果如图 2 所示。

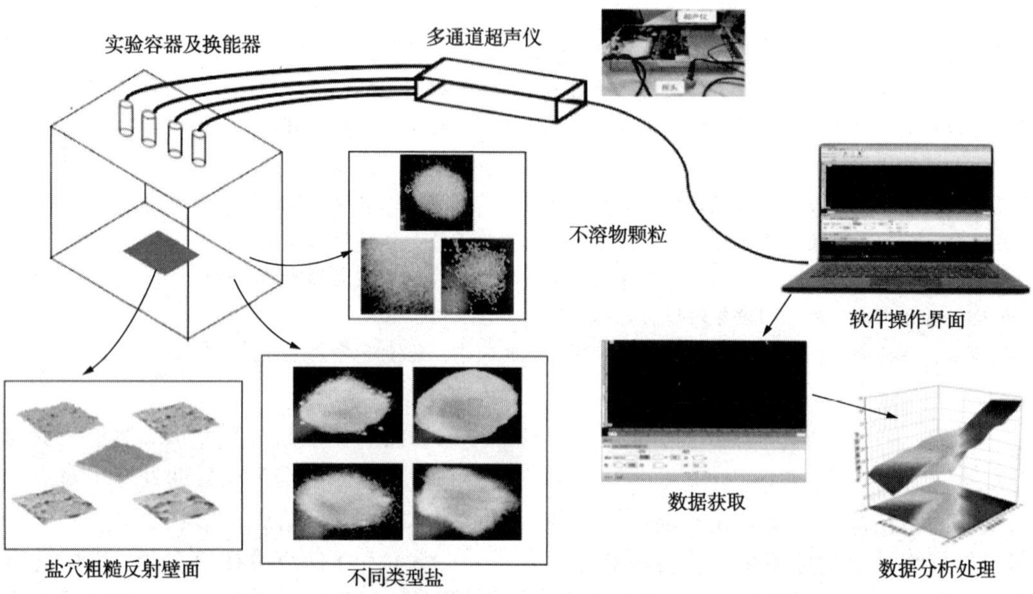

图 1 总体方案设计示意图

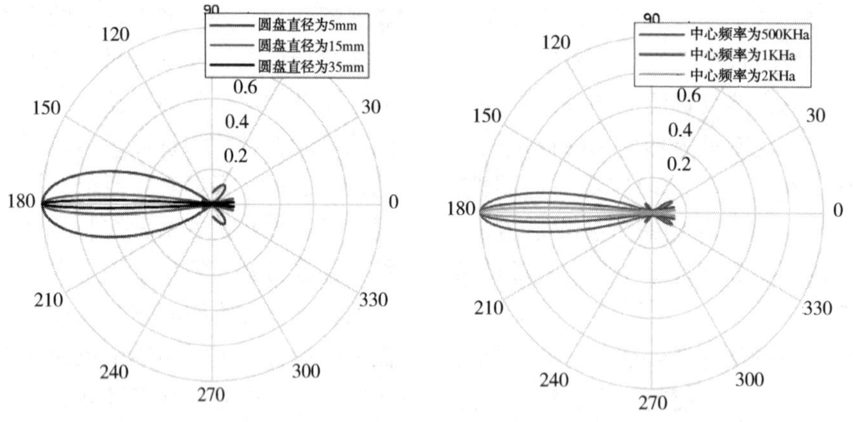

(a)圆形换能器直径与指向性关系　(b)圆形换能器中心频率与指向性关系

图 2 圆形单极子换能器声束指向性变化关系

从图 2 可以看出，换能器尺寸越大，声束指向性越窄，声波旁瓣越小，声束指向性越好；反之，声波旁瓣越大，声束指向性越差。通过改变换能器中心频率得到的计算结果可以看出，声波频率越高，声束指向性越窄，声波旁瓣越小，声束指向性越好；反之，声波旁瓣越大，声束指向性越差。

对不同频率超声换能器的声压分布进行研究，通过在 COMSOL 软件中建立换能器的二维轴对称模型，模型为直径为 20mm 的圆，取其四分之一进行仿真研究。圆外半径为硬声场边界，在圆心位置有直径为 10mm 的圆形换能器，在换能器上施加激励信号，激励信号频率为 500KHz、1MHz、1. 5MHz、2MHz，对模型进行扫频分析，计算结果如图 3 所示。

由图 3 可以看出，换能器中心频率越大，声波在传播相同距离后，接收到的声压越高，但声波的传播距离随换能器中心频率增加而减小。为满足本文后续实验要求，选择的换能器频率不宜过大，换能器尺寸越小越好。

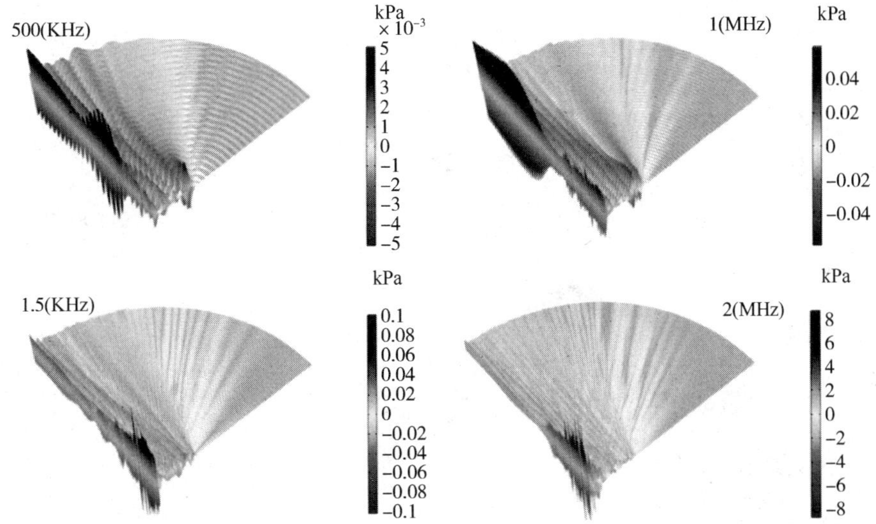

图 3　不同中心频率换能器声压分布情况

根据上面的分析，结合目前市面上常见的超声换能器型号，本文所涉及的实验装置选择杭州安布雷公司生产的 DYW-500-03A、DYW-1M-01R、DYW-2M-01B、DYW-3.1M-5、DYW-4M、DYW-5M-01B 水用超声波换能器，如图 4 所示。换能器尺寸范围为 10mm~40mm。换能器工作频率分别为 500KHz、1MHz、2MHz、3.1MHz、4MHz、5MHz，量程为 0.01m-30m，驱动电压为 24V，同时，本文由于需要模拟 50 摄氏度的高温环境，且实验环境具有腐蚀性，故超声换能器需要有一定抗腐蚀能力，同时能够在 50 摄氏度左右的高温环境中不发生损坏。该公司生产的换能器外壳材料为防腐材料，其余部分为复合材料，能适应的最高工作环境压力为 1MPa。通过采用不同频率超声激励信号激励该换能器，能够得到与激励信号频率近似的声波频率。各频率超声换能器详细参数如表 1 所示。

表 1　超声换能器相关参数

型号	工作频率	量程	驱动电压	工作温度	最高工作压力
DYW-500-03A	500KHz±5%	0.3~30m	24V	-40~+80℃	1MPa
DYW-1M-01R	1MHz±5%	0.05~3m	24V	-40~+80℃	1MPa
DYW-2M-01B	2MHz±5%	0.05~3m	24V	-40~+80℃	1MPa
DYW-3.1M-5	3.1MHz±5%	0.3~3m	24V	-40~+80℃	1MPa
DYW-4M	4MHz±5%	0.01~1m	24V	-40~+80℃	1MPa
DYW-5M-01B	5MHz±5%	0.01~1m	24V	-40~+80℃	1MPa

3.2　超声仪及换能器夹持装置

超声仪采用自主设计研发多通道超声仪，该仪器可以同时采集八路超声换能器信号，仪器工作频率为 0.2MHz~20MHz，即该仪器最低可驱动 0.2MHz 超声换能器，最高可驱动工作频率为 20MHz 超声换能器正常工作，同时可以调节信号增益，增益信号调节范围为 0dB~80dB，脉冲重复频率(RPF)最高可设置为 2KHz，仪器默认使用的采样频率为 20MHz，多通道超声仪如图 5 所示。

因超声换能器的尺寸与形状各异，故需要单独针对六种不同频率超声换能器，设计专门的超声换能器夹持及固定装置，如图 6 所示。该装置固定超声换能器，同时方便对容器中介质进行更换，方便在实验中对声程距离进行测量，为后续声波衰减实验与声波数据处理做准备。

图 4　六种不同频率的超声换能器

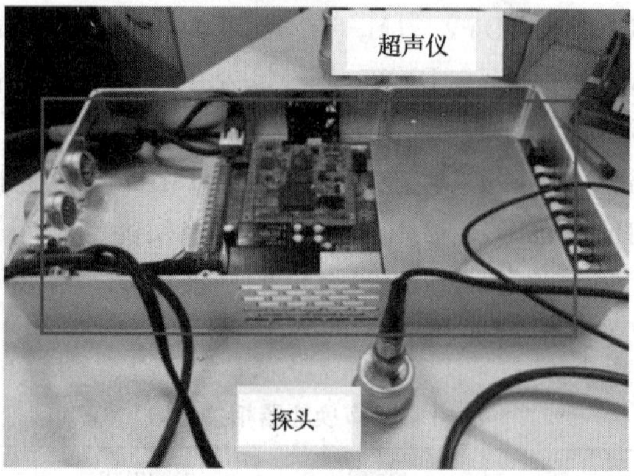

图 5　超声仪内部图

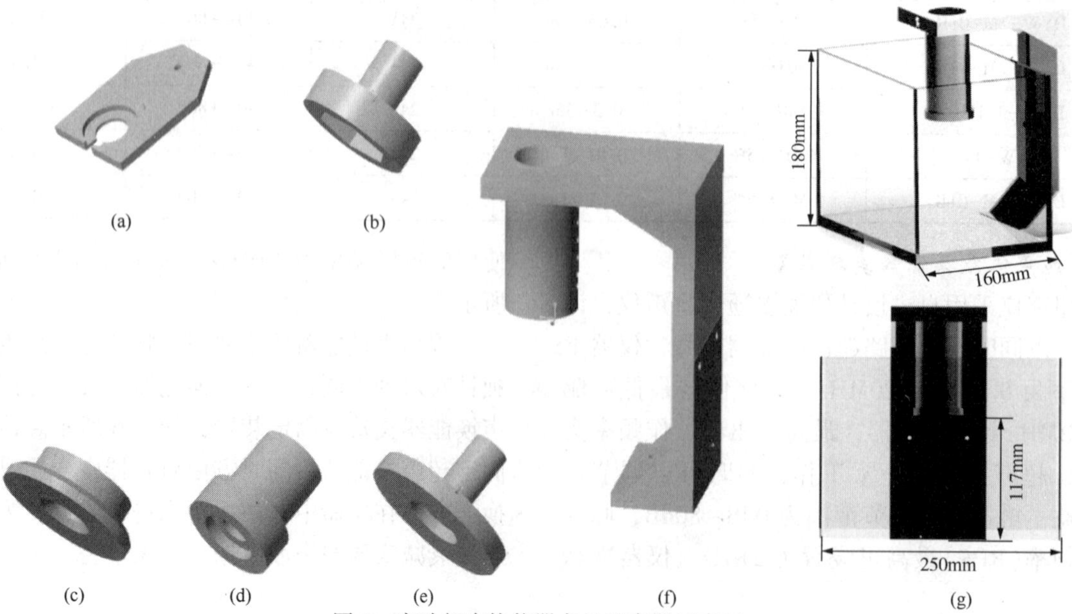

图 6　实验超声换能器夹具及容器示意图

3.3 加热及保温设备选择

实验中需要对溶液进行加热，同时需要保证温度基本在设定值不发生改变，故选择橡胶加热带作为实验加热及保温装置，如图7所示。加热带尺寸为800mm×180mm，电压为220V，功率为300W，拥有PID温度调节器以及温度传感器，可以对包裹物品进行加热和保温，控制精度为正负1度，实验时，加热带紧密包裹在容器外表面，对容器进行保温和加热。

3.4 实验平台搭建

根据上述关键设备的旋转，实验装置实物如图8所示，该装置通过超声仪驱动超声换能器发射和接收声波，声波数据通过外部设备获得，记录实验数据，最后对实验数据进行处理。使用外部加热设备和泡沫度对容器进行保温，保证实验温度在设定值附近不发生改变，最后改变实验装置中的介质，研究得到声波在不同介质下的衰减变化情况。

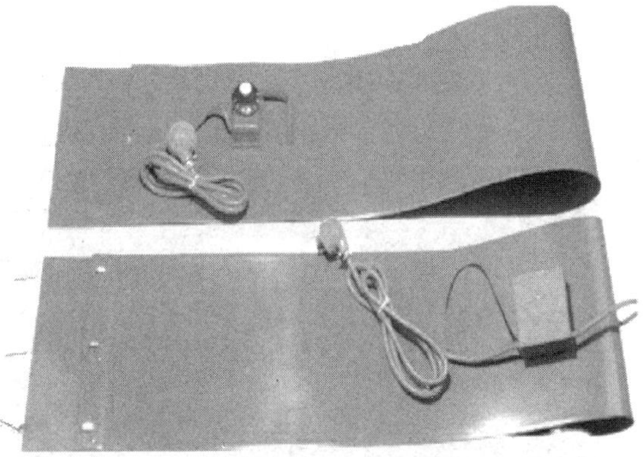

图7　容器外部PID调节加热带

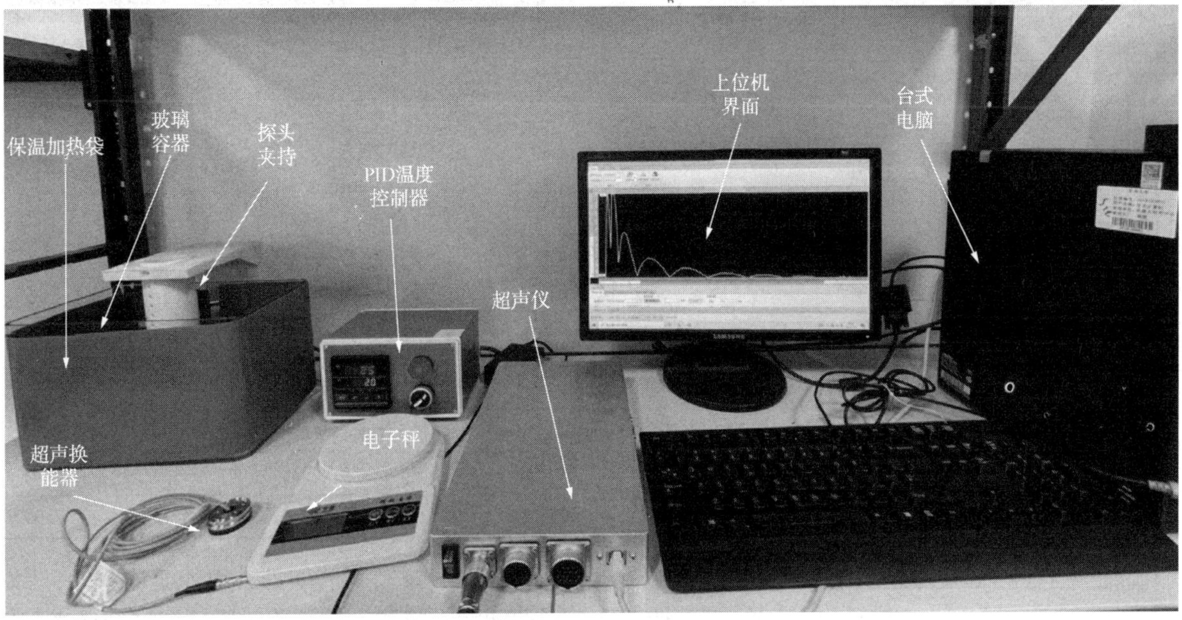

图8　整体实验平台

4　纯净水中的声波衰减特性实验验证

利用上述实验平台在纯净水环境中进行实验，实验中需要保证容器中液面不发生晃动，降低因液面晃动引起的噪声，同时方便记录实验数据，实验中为避免杂质的干扰，纯净水选择娃哈哈牌纯净水。实验中超声换能器距离容器底面的高度固定为145mm、117mm、127mm、127mm、129mm、114mm。设置超声换能器的激励电压为150V，为降低杂波引起噪音，声波的增益设置为0dB，采样频率设置为定值25MHz，重复脉冲频率RPF为2KHz，对接收到的声波进行均值滤波。测得实验中溶液的温度为18.2摄氏度，超声仪操作及数据展示界面如图9所示：

记录实验中声波的两次回波电压峰值，从图9可以看出，随着回波次数的增加，声能量逐渐降低，分别记录纯净水中，五种不同频率下声波两次回波的波峰电压和回波时间，多次测量取平均值后，实验测得的数据如表2所示。

超声波衰减系数的测量，通过计算超声波两次声波幅值与声波传播距离之间的关系得到，由以下公式进行计算：

$$\alpha = -\frac{\ln(E/E_0)}{L} \tag{1}$$

其中：E_0为第一次声波幅值，V；E为第二次声波幅值，V；L为超声换能器距离反射壁面的距离，m，为定值；声波两次幅值也可由实验测出，通过上式可以计算出声波的衰减系数，(V/m)。

通过实验数据计算声波在纯净水中的声速与超声波在纯净水中的衰减系数变化如图 10 所示。

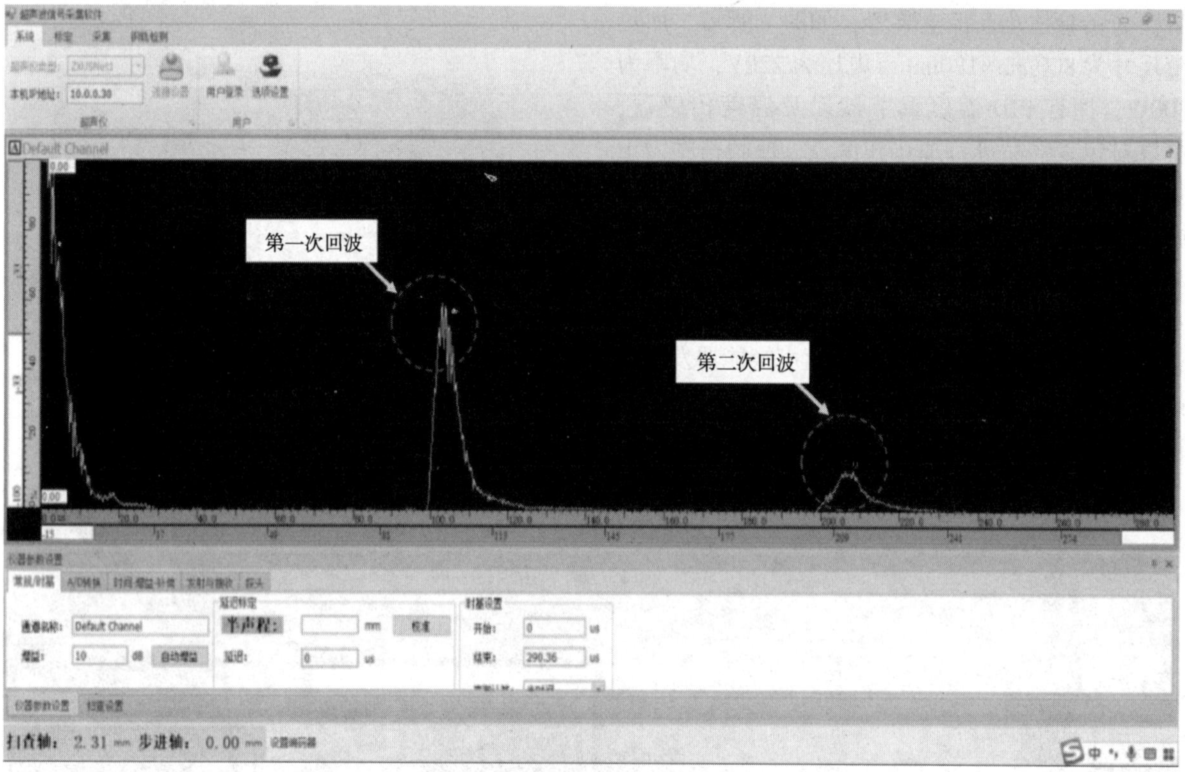

图 9　超声仪数据展示界面

表 2　纯净水介质中声波数据　　(18.2℃)

	0.5MHz		1MHz		2MHz		5MHz	
	电压/V	时间/ns	电压/V	时间/ns	电压/V	时间/ns	电压/V	时间/ns
回波 1	59.22	99.5	52.94	80.13	52.16	79.8	53.33	78.3
回波 2	11.76	208.1	12.94	165.01	12.55	159.82	8.1	157.99

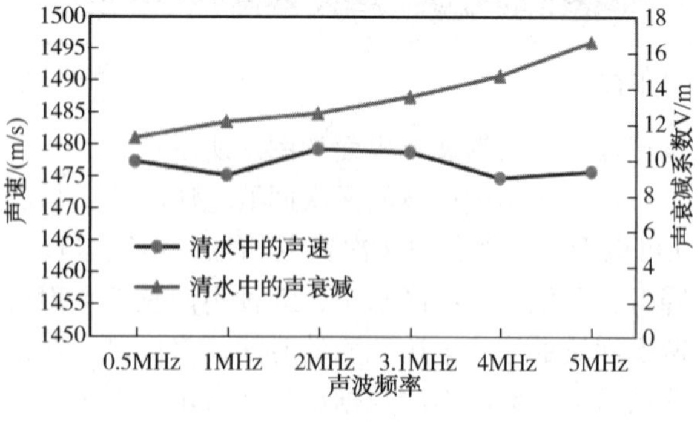

图 10　纯净水中声速与声波衰减随声波频率变化

从图 10 可以看出，纯净水中的声速大概在 1475m/s 左右，考虑到实验过程中以及实验数据的处理带来的误差，与目前水中理论声速 1480m/s 数据相近，说明通过该种测量声速的方式是可行的。通过实验中声衰减的实验结果可以看出，随着声波频率的增加，声衰减系数逐渐增加；随着声波频率的增加，声速基本保持一致，说明随着声波频率增加，对相同温度纯净水中传播声速没有明显影响。

5　结论

本文根据实验环境与实验要求，确定超声换能器的各项参数指标，设计并制作了实验所需的结构，完成了实验平台的搭建；根据文献调研结果，确定了不同盐矿的主要成分与盐矿介质中的不溶粒子直径分布范围，为后续实验相关材料的选择提供依据；安装和调试换能器驱动设备的软、硬件，最后进行了整个实验系统的调试与验证，证明改实验装置可用于盐穴储气库声波衰减特性分析的实验研究。

参考文献

[1] 钟雁明．天然气进口助力实现“双碳”目标[J]．中国海关，2021(08)：54-55.

[2] 陆争光．中国地下储气库主要进展、存在问题及对策建议[J]．中外能源，2016，21(06)：15-19.

[3] 武志德，郑得文，李东旭，等．我国利用废弃矿井建设地下储气库可行性研究及建议[J]．煤炭经济研究，2019，39(05)：15-19.

[4] 张博，安国印，刘团辉，等．平顶山地下盐穴储气库建库盐层分布预测[J]．盐科学与化工，2021，50(02)：5-9+13.

[5] 梁卫国．盐类矿床水压致裂水溶开采的多场耦合理论及应用研究[D]．太原：太原理工大学，2004.

[6] Pfeifle T W，Brodsky N S，Munson D E. Experimental determination of the relationship between permeability and microfracture - induced damage in bedded salt [J]. International Journal of Rock Mechanics and Mining Sciences，1998，35(4-5)：593-594.

[7] 王保辉，闫相祯，杨秀娟．基于环空带压的地下储气库老井泄露量预测研究[J]．科学技术与工程，2013，13(26)：7749-7753.

[8] 谢丽华，张宏，李鹤林．枯竭油气藏型地下储气库事故分析及风险识别[J]．天然气工业，2009，29(11)：116-119+150.

[9] 赵云松，陈峰．金坛大口径“S”型盐穴储气库井地质因素分析及采用的钻井技术措施研究[J]．中国盐业，2020(07)：56-59.

[10] 钱建国，熊涛，罗雪．基于CGAL的盐穴表面重建研究[J]．测绘与空间地理信息，2020，43(04)：11-14.

水淹油藏改建储气库扩容机理研究

朱华银[1,2] 孙军昌[2,3] 王皆明[1,2] 李 春[1,2] 周代余[4] 郭 平[5]
高广亮[6] 伍藏原[4] 杜建芬[5] 乐 平[5] 孙彦春[6] 石 磊[1,2]

（1. 中国石油勘探开发研究院；2. 中国石油天然气集团有限公司油气地下储库工程重点实验室；
3. 东北石油大学环渤海能源研究院；4. 中国石油塔里木油田公司；5. 西南石油大学；6. 中国石油冀东油田公司）

摘 要 水淹油藏改建储气库是未来我国建设储气库的主要类型之一。但与气藏气驱扩容不同，油藏建库需通过排液腾空方式置换出储气空间，库容形成机理和建库指标设计方法与气藏型储气库具有显著差别。本文在对水淹油藏建库机理、影响因素和指标设计方法现状等分析基础上，开展了气油(水)多轮驱替相渗、交变工况滚动排驱长岩心物理模拟和数值模拟等系统研究，揭示了水淹油藏建库扩容机理。研究表明：随气水/气油互驱次数增加，水淹油藏建库储层束缚水和残余油饱和度都有所下降，可动含气饱和度增加，渗透率越高，含气空间利用率越高；油藏水淹后气驱和滚动排驱，气驱原油采收率持续增加，但增幅逐渐减小，实验样品吞吐加滚动驱替二者总和可达到提高17%以上的采收率效果，数值模拟与长岩心实验具有很好的趋势一致性；以XY典型水淹油藏为例，通过划分三个流体分布区带，对比了考虑和不考虑滚动排驱对有效储气空间和自由气库容量的影响。

关键词 水淹油藏；油藏型储气库；三相渗流；多轮相渗；采收率；扩容机理；库容

1 引言

在我国不断提高能源保供要求的背景下，地下储气库建设迅速发展，目前已建成年调峰能力约170亿方，但仍存在较大缺口，根据相关能源机构预测，预计到2035年国内天然气调峰需求将超过600亿方。面临我国复杂的地质条件，早期的地下储气库建设以建库条件相对较好的气藏为主，今后的建库地质条件更加趋向复杂化，转向复杂气藏、盐穴、油藏多类型共建，目前多个油田已开展油藏改建储气库的前期评价或先导试验，油藏建库将成为今后的一个主要方向。

然而，油藏建库与气藏建库存在巨大差异。首先从地质开发特征来看，不论是油气藏的原始状态、对气体的密封性，还是开发方式、开发过程中的流体渗流特征，以及运行方案及其参数设计，二者都存在巨大的差异，这就从本质上决定了其建库机理与方式的不同。其次是油藏建库库容形成机理与气藏建库具有本质差别，气藏为气驱扩容，主要体现为气驱渗流-扩散增压或气驱水扩容，主控因素为储层非均质性和气驱效率，周期相对较短，油藏则为气驱采油腾空增容，体现为气驱油水扩容及注气混相驱油增加储气空间，主控因素为驱油效率、混相传质等复杂因素。三是油藏建库指标设计影响因素更多，气藏建库设计方法不适用，气藏具有丰富的采气资料，采用物质平衡、IPR修正方法等设计关键指标，而油藏一般缺乏采气动态资料，气驱油过程中存在注气溶解、吸附、混相驱油等复杂效应，因此库容设计需考虑驱油腾空、注气溶解等因素，同时由于储层气相渗流能力未知，储气库井产能设计无法借鉴油藏开发IPR方程。另外，油藏改建储气库与单纯的气驱采油也具有显著差异，气驱采油以提高采收率为核心，采取温和注采，降低气窜风险，油藏内的压力波动较小，且注入的天然气是朝向某一个方向单向运移(气液界面持续向前推进)，而储气库的运行是周期注采天然气，注采流量大、地层速度高、压力振幅大，气液界面的运移可能存在往复运动。

从全球来看，油藏型储气库数量较少、整体规模小、建设难度大。自1934年美国在CALG的纽约城首次利用油田储气，开启了油藏型储气库建设先河，先后在纽约城、Opal、Playa del Rey、Montebello等油藏建成储气库，后来德国、匈牙利、尼日利亚等国也开展了油藏转建储气库研究与建设，然而受制于建库风险、经济效益等因素，建库数量较少，截止2020年底，全球建成油藏型储气库38座，工作气量208亿立方米，占所有储气库总工作气量之比仅为5%。在我国利用油藏改建储气库尚无先例，目前已建成的储气库主要由衰竭气藏改建，少数几座为带油环的气顶油藏改建，例如京58和双六储气库，主要还是利用气顶建库，没有利用纯油藏改建储气库的实例。早期虽然开展了一些研究，主要是通过物理模拟和数值模拟研究注气驱油机理、孔隙空间动用能力及损失量、建库过程控制、注采动态优化等机理性问题，对建库的总体设计和技术方法尚不明确。因此，我国油藏改建储气库还存在许多技术需要开展针对性研究，比如地层流体分布、相态特征、多相渗流机理，次生气顶形成过程及库容扩展机理等。

本文通过岩心物理模拟实验与数值模拟等技术方法，研究了储气库周期注采工况条件下的天然气驱油机理与孔隙空间的存气扩容能力，建立油藏改建储气库库容计算模型，解决水淹油藏改建储气库在多轮交互驱替过程中的驱油效率与库容参数计算问题。

2 多轮注采物理模拟实验

2.1 油藏型储气库天然气周期注采驱替模式与机理

一般来说，油藏改建储气库，早期需要注入气体形成一定规模的次生气顶，然后在气顶区进行周期注采，同时外围持续排液，逐步扩大存气区增大库容(图1)，在此过程中，天然气驱液一是排驱孔隙中的水，二是进一步将孔隙中的剩余油采出。

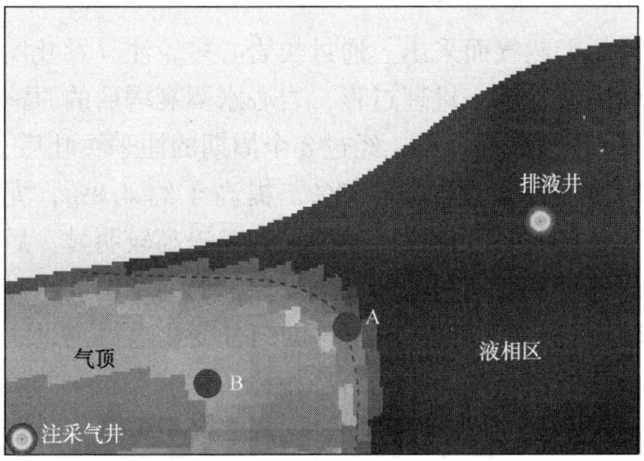

图1　油藏改建储气库气驱液库容形成过程示意图

在储气库周期注采气工况下提高原油采收率存在两种机理，一是注入气与原油接触产生互溶抽提作用，原油中的部分轻质组分被抽提进入气相中，随采出气体而被产出；二是地层孔隙中部分剩余原油，在周期的注采气过程中，受注入气反复滚动向前驱替，然后在排液井或远端采气井中采出。

2.2 实验方法

2.2.1 多轮相对渗透率测试

依据非稳态相对渗透率测试方法，选取X油藏不同物性岩样开展多轮气水和气油及油水相对渗透率测试，岩样基础参数见表1，分析油气水的渗流规律。实验过程是将烘干的岩样饱和水(油)，然后恒压法气驱水(油)，直到不出水(油)为止，再进行水(油)驱气测试，如此循环往复，测试6个轮次。

表1　多轮相渗测试岩心基础物性参数统计表

序号	岩样编号	长度/cm	直径/cm	孔隙度/%	渗透率/mD	实验类型
1	8-2	5.66	2.48	16.7	77.8	气水
2	8-12	6.21	2.49	12.8	163.0	气水
3	10-33	5.14	2.49	19.3	290.0	气油/油水
4	10-47	6.06	2.47	20.0	452.0	气油/油水

2.2.2 长岩心注采物理模拟实验

为模拟不同状态下的气驱排液及驱油机理，建立了两种长岩心注采物理模拟实验，一是仿真模拟气驱液前缘(图1中A点)天然气吞吐对原油的反复抽提，二是模拟次生气顶区域(图1中B点)天然气对原油的反复滚动排驱。

实验岩心选自X油藏，由15块直径规格为2.5cm的柱塞岩样拼接成长度为88.239cm长岩心模型，孔隙度18.0%～20.5%，平均为19.38%，渗透率219～508mD，平均为357.81mD。实验模拟地层温度110℃，地层压力43MPa。实验用油按地层温压条件配制的气油比220m^3/m^{3}饱和地层油，注入气为甲烷含量94.8%的干气。

气驱液前缘多轮注气吞吐实验过程：(1)将岩心饱和地层水；(2)在模拟地层温和压力条件下进行油驱水，建立束缚水，形成原始油藏；(3)从出口端进行衰竭，直到压力衰竭到28MPa，每一级衰竭2～3MPa，记录每一级衰竭采出油、气、水量及相应的衰竭压力，同时取每一级气样做组分分析；(4)关闭岩心出口端，从入口端向岩心注入干气，压力上升到40MPa(上限压力)时停止注气，焖井6小时；再将岩心入口阀门打开，从入口端进行衰竭开采，每一级衰竭 2~3MPa，记录每一级衰竭采出油、气量及相应的衰竭压力，直到 28MPa(下限压力)停止衰竭，同时取每一级气样做组分分析，至此完成一次注采吞吐。如此重复进行 8 次注采吞吐。

次生气顶区多轮注采滚动排驱实验过程：(1)~(2)步同上；(3)采用恒速驱替的方式模拟地层水驱采油过程，驱到不出油为止；(4)从入口端恒速驱替的方式注入干气驱替液体，驱到不出油为止；(5)从出口端进行衰竭采气，每一级衰竭 2~3MPa，记录每一级衰竭采出油、气量及相应的衰竭压力直到压力衰竭到 28MPa；(6)关闭岩心出口端，从入口端向岩心注入干气，压力上升到 40MPa 时关闭入口停止注气，焖井 6 小时，再将出口阀门打开进行衰竭开采，压力到 28MPa 时停止衰竭，至此完成一次脉冲注采气。如此重复进行 8 次脉冲注采气。

2.3 实验结果分析

2.3.1 多轮相渗特征

不论是气水相渗还是气油相渗，多轮互驱两相相对渗透率总体变化不大(图 2)。渗透率越高，两相共渗区的范围越大，随气水/气油互驱次数增加，束缚水和残余油饱和度都有所下降，可动含气饱和度略有增加(图 3)；渗透率越高，可动含气饱和度、含气空间利用率也越高，说明油藏改建储气库后，随注采周期的增加孔隙空间储气能力增加，库容将有所增加。由于岩样的亲水性特征，实际储层在气驱过程中，残余在小孔隙和孔隙壁的以束缚水为主，因此从气驱水的残余水饱和度来看，其值在 25%~35%之间，可见气驱后储层孔隙含气饱和度应在 65%~75%之间，储层物性越好，最终含气饱和度越高。

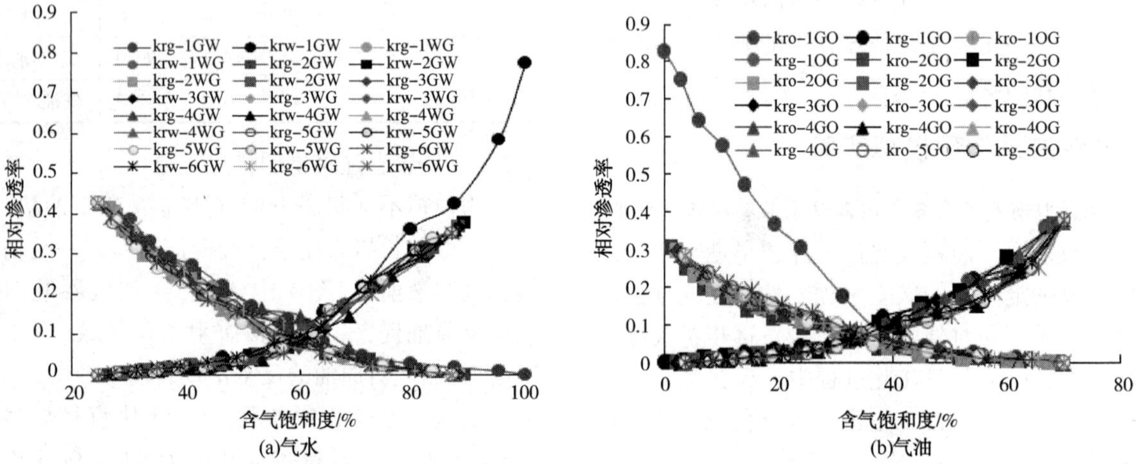

图 2　气水/气油多轮驱替相对渗透率实验测试曲线

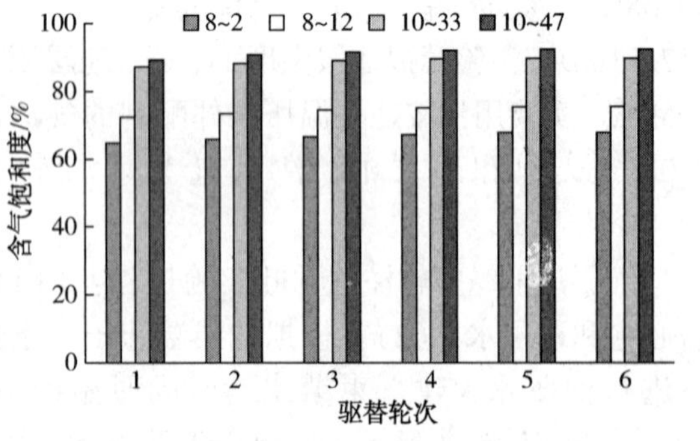

图 3　多轮相渗驱替后含气饱和度

2.3.2 储气库周期注采工况下的驱油效率

储气库交互注采工况下，由于天然气对油具有较好的驱替作用，在气驱液前缘原油逐渐富集，含油饱和度较高，注入的天然气在气驱液前缘与油接触产生互溶抽提作用，部分原油将随回采的天然气而采出。通过长岩心多轮注气吞吐实验模拟了这一机理过程，岩心水驱衰竭后的原油采收率为 23.68%，经过 8 个周期的注采吞吐后，原油采收率达到 28.52%，提高了约 4.8%，尤其是在前三个轮次，原油采收率提高较明显，后面随注采周期的增加，采出原油的增加幅度相对较小(图 4)。这从采出气的组分变化也得到进一步验证，与注入气的组分相比，在前三轮次的采出气中，C1 含量相对减少，C2~C6 含量相对增加，说明原油中的部分轻烃组分进入气中被采出。

长岩心多轮注采滚动排驱物理模拟实验中，水驱至产出液含水率达 99%以上，原油采收率为 60.35%，然后注入干气进行气驱，注入 0.7PV 后提高采收率约 3.4%，衰竭后开始脉冲注采气，开始几个轮次，原油采收率增长较明显，到第4个注采轮次后，采收率增长幅度减小，8个轮次的注采滚动驱替提高采收率约8.8%(图5)。因此，对多轮注采驱油效率来说，二者总和可达到提高12.2%以上的采收率效果。

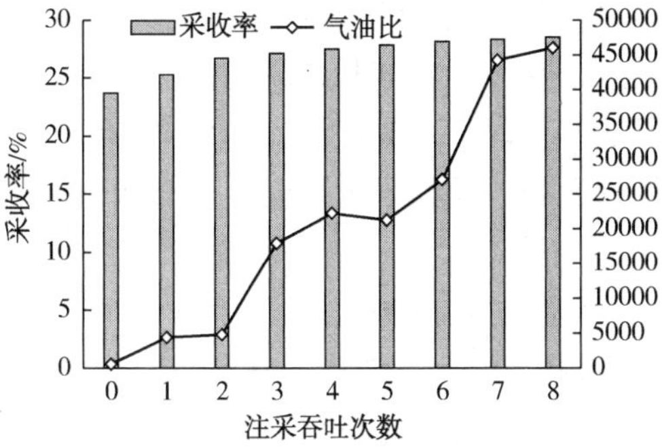

图4　多周期注采吞吐对原油的采出程度
(横坐标的0表示由初始高压40MPa
衰竭到低压28MPa的过程)

对每次驱出液体的分析表明，气驱采出液体以原油为主，开始注气时产出液主要为水，当注入气达到0.2PV以后，含水率下降，产出液含油量增大，驱至0.6PV以后，含水率又开始上升，驱出油量减少(图6)，说明一次气驱驱油效率下降，转为脉冲注采进行滚动气驱，这时随着注采次数的增加，含水率又进一步下降，在第2个轮次注采以后，产出液的含水率基本在20%~40%之间，说明滚动驱替具有较好的驱油效率。

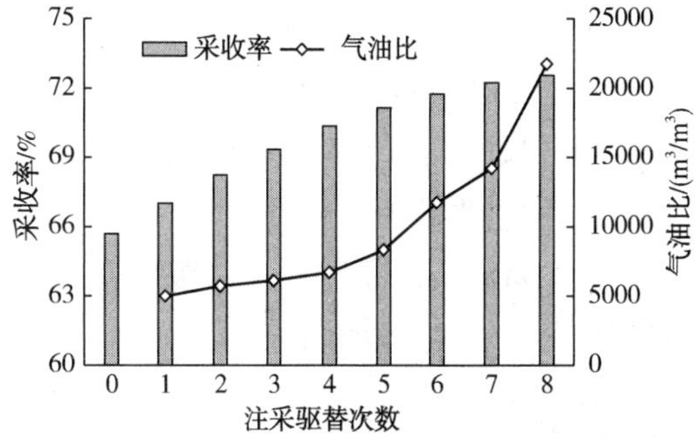

图5　多周期注采滚动驱替对原油的采出程度
(横坐标的0表示由初始高压40MPa
衰竭到低压28MPa的过程)

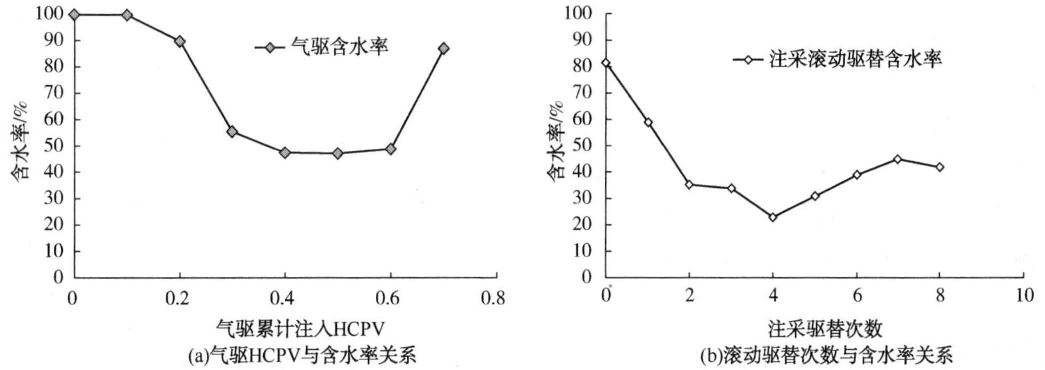

图6　多周期注采滚动驱替采出液体含水率

对X油藏的实验分析表明，在储气库周期注采工况条件下，可获得较好的提高原油采收率效果，一是注采气溶解抽提可增加4.8%的采收率，二是滚动驱替可增加12.2%以上的采收率，因此，将X油藏改建为储气库以后，通过储气库的注采运行，至少可增加17%以上的原油采收率，获得较好的开发效益。

2.3.3　岩石孔隙空间储气能力分析

储层岩石孔隙空间的储气能力受两个因素影响，一是气驱液效率，二是气驱波及效率。在此仅分析气驱液效率，前面的多轮相渗测试表明，达到气驱极限的端点后，岩石孔隙空间的含气饱和度可达到约65%~75%。但在长岩心多轮注采滚动排驱物理模拟实验中表明，周期注采气驱液扩容是一个缓慢的过程，每一个轮次驱替采出的液量有限。在上述多周期注采滚动驱替实验中，开始进行的0.7PV气驱后，岩心内含气饱和度仅为21.95%，8个轮次注采驱替后，含气饱和度增长到32.33%，图7给出含气饱和度和库容增长曲线，可见开始几个周期增长较快，越往后增长越慢。

3　数值模拟研究

3.1　*数值模拟模型建立与注采模拟*

在上述室内岩心物理模拟基础上，建立一维数值模拟精细模型，研究油藏改建储气库交互注

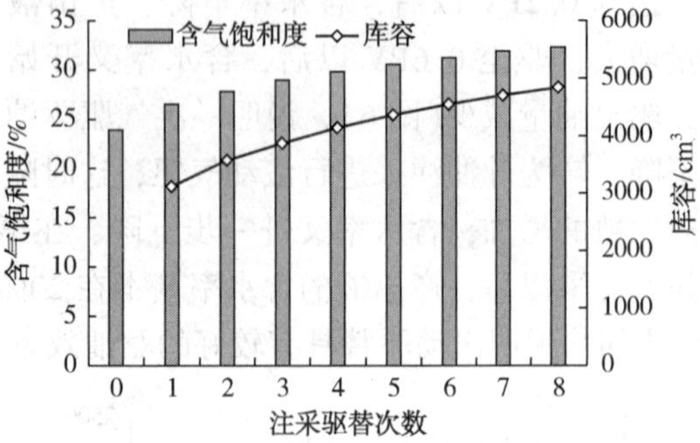

图 7　多周期注采孔隙空间含气饱和度变化

采过程气油过渡带流体分布和储气空间动用机理。模型总网格维数为 400×1×1=400 个，网格尺寸为 1m×1m×1m，模型平均孔隙度和渗透率分别为 17.7%和 245.20mD。

同时，为研究重力对储气库交变工况气驱采油孔隙空间动用的影响，建立了二维精细剖面模型，模型网格维数为 500×1×80=40000 个，网格步长为 1m×0.6m×0.625m。

以 X 油藏为实例，采用建立的一维模型数值模拟，首先进行注天然气单向气驱模拟，驱替压力恒定为 30MPa，分析常规气驱采油模式下气油界面运移和流体宏观分布特征。

在恒定气驱完成后，开展 8 轮次的注采吞吐数值模拟，设置注采运行压力区间为 28～40MPa，即注气时最高地层压力为 40MPa，采气时最低地层压力为 28MPa，统计每一次衰竭采出油、气量、气油比，分析气相区、两相区、混相区、油相区变化规律。

3.2　气驱采油扩容规律分析

3.2.1　气驱采油动用特征

注气吞吐过程基本无原油产出，衰竭过程和第一次注气吞吐过程原油黏度基本一致；但不同压力下过渡带原油黏度变化较为明显，压力越低过渡段越长。图 8 为不同压力交互注采过程中模型含气饱和度数值模拟分布图，左侧 I 为注气井，右侧 P 为采油井。

从图 8 可以看出，注气压力越高时，模型含气饱和度整体越大，即气驱采油孔隙空间动用程度越高。自左向右，模型含气饱和度逐渐降低，越靠近入口端，含气饱和度越高，表明由于高压注气驱油，该区域大量原油已被采出。而距离注气井较远区域，原油采出程度相对较低，对应含气饱和度相对较小。

3.2.2　考虑重力影响垂向精细模型孔隙空间动用特征

图 9 为不同吞吐运行周期原油采出程度和气驱自由气库容量数值模拟变化图。从图中可以看出，随着注气吞吐多周期运行，原油采出程度和自由气库容量持续增加，前 5 周期原油采收率达到约 55%，自由气库容量约 $250×10^4m^3$，但原油采出程度和自由气库容量整体增幅逐渐降低，第 5 周期后基本保持不变。通过对注采动态分析，第 5 周期后由于底部采油（排液）井气窜，导致关井，模型采油排液通道受限，因此原油采出程度和自由气库容量增幅显著降低直至基本保持不变。

通过剖面精细模型可知，油藏建库交互滚动气驱可持续提高原油采收率和孔隙空间动用效率，从而持续增加自由气库容量。因此，油藏建库库容参数设计过程中，气驱有效建库孔隙空间的预测须考虑交变工况的影响，位于构造低部位的采油和排液井对气驱协同建库效率具有至关重要的影响，其不仅作为气驱采出原油的对应通道，而且地层赋存液体的排出也显著增加了自由气储集空间。

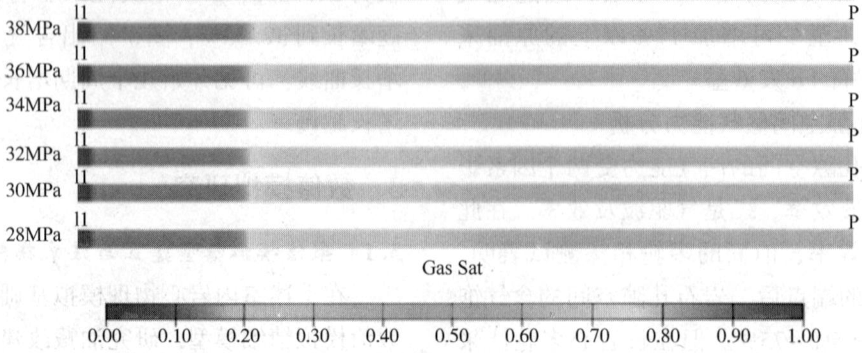

图 8　不同压力下一维模型含气饱和度数值模拟分布图

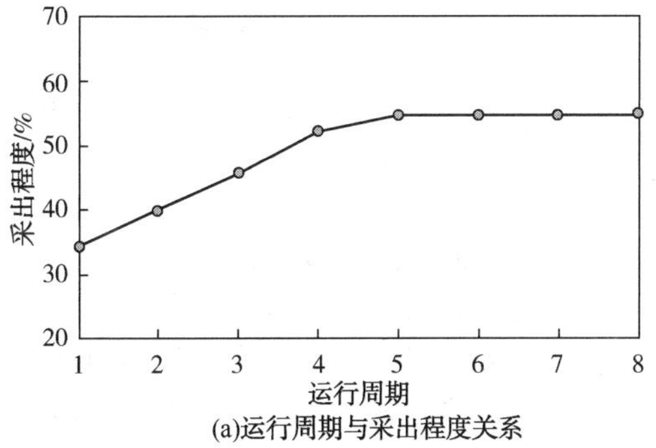

(a)运行周期与采出程度关系

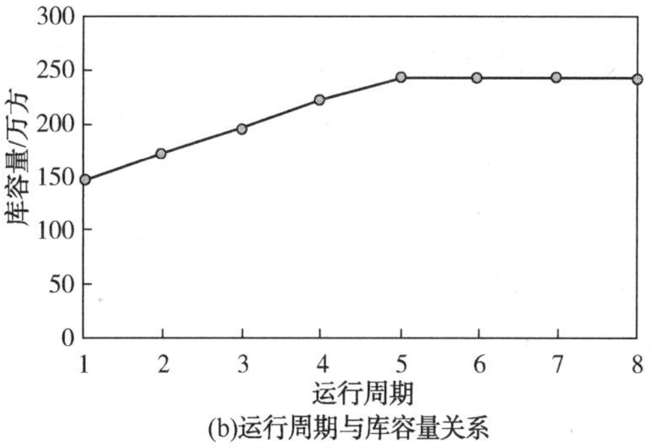

(b)运行周期与库容量关系

图 9 不同周期原油采出程度数值模拟对比图

实际水淹油藏建库过程中，由于储层不同程度存在非均质性，如果注气速度过大或注气与采油速度配置对应关系不合理，将一定程度增大局部气窜风险，导致储层边翼部或构造低部位采油和排液井过早气窜，降低排液效率和自由气有效库容量。因此，优选设置合理的注气速度及其相匹配的采油和排液井生产制度，是提高油藏建库效率的关键决定因素之一。

4 水淹油藏改建储气库有效库容量预测

4.1 水淹油藏建库库容形成影响因素

与定容或水驱气藏建库库容形成不同(气藏库容形成为注气膨胀或气驱水恢复库容，原始含气孔隙空间仍然存在或仅受到天然水侵影响)，经历天然或人工注水开发的水淹油藏建库库容形成过程更加复杂，一是地层赋存流体为复杂的气油水三相，建库过程为气驱液(油、水)，气油(水)三相交互驱替，渗流机理复杂；二是油藏建库前储层孔隙内部基本被液体饱和，有效储气空间的形成不确定程度高，宏观气驱波及程度和微观气驱液效率受复杂因素影响，需要通过逐步稳定的气驱排液采油，使得液体“腾出”空间实现储气形成次生气顶(图 10)。

非混相建库模式主要是通过注入天然气对储层剩余油、可动水的驱替排出(具有采油、排液系统和连通水体的油藏建库)和压缩等腾出储气孔隙空间，从而形成次生气顶。注气驱油、驱液(剩余油+可动水)效率与储层物性、非均质性、注气速度和宏观控制以及油水分布状态密切相关，整体而言，储层物性越好、非均质性越弱，则气驱液效率越高。

对于地层压力具有一定衰竭的水淹油藏而言，油藏开发过程中当地层压力低于泡点压力后，部分天然气将从原油中脱出而聚集在构造顶部。纯油带是指目前地层压力下未受到底部注入水和天然水侵影响的原油富集区，该区域剩余油分布相对较为简单，但其中不同程度含有一定量的脱出气，以自由气泡的形式赋存在原油中，由于毛管力束缚等作用未运移至储层顶部。水淹残余油带是指目前地层压力下受到注入水和水侵影响的剩余油富集区，该区域流体分布较为复杂，底部注入水、天然侵入水和剩余油交错分布，储层流体分布如图 10 所示。

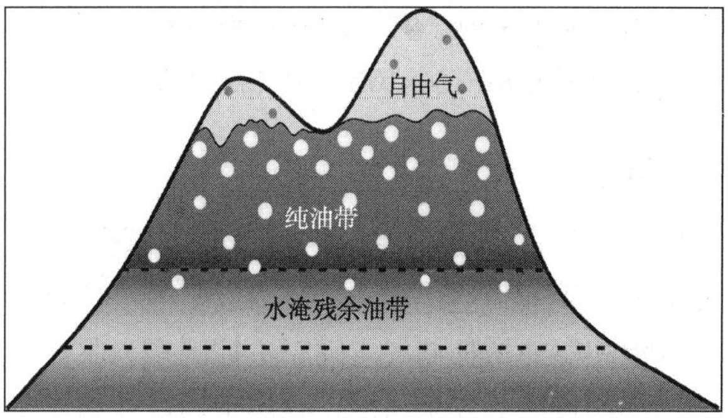

图 10 水淹油藏建库注气前流体分布示意图

在建库注气过程中，随着注入天然气的驱替和运移，将发生气驱油、气驱液(油、水)过程。显然，由于不同区带流体分布的差异，纯油带、水淹残余油带不同区域微观气驱效率和宏观波及系数具有不同程度差别。因此，应针对储层流体分布的不同差异化计算库容量。

4.2 典型水淹油藏建库有效库容量预测

XY 油藏为一背斜构造，储层为湖底扇沉积块状中孔中渗砂岩，平均孔隙度 14.9%，平均渗透率 189.4mD。油藏自 2011 年投入开发，先后经历滚动建产、注水开发两个阶段，目前综合含水 73.3%。

根据综合地质研究，筛选的适合建库区原油地质储量 502.3×10^4t，原油动态储量 478×10^4t，计算得到油藏原始含油孔隙体积为 1569.73×

10^4m^3。根据油藏开发动态，纯水驱采油量为 37.4×10^4t，即去除挥发油溶解气驱和弹性驱采油量，结合室内水驱油实验最终标定的水驱采收率为35%。根据岩心水驱油效率、残余油饱和度和水驱波及系数，可以计算出注入水和天然水驱波及的范围，最终计算出水淹带原始含油孔隙体积为 $351.1\times10^4m^3$，纯油带含油孔隙体积为 $1218.6\times10^4m^3$。

根据室内岩心实验和矿场动态分析结合，纯油带和水淹带建库气驱效率分别为70.2%和45.7%，水淹区和纯油区宏观气驱波及系数分别为60.1%和64.4%。根据前述交变工况实验结果，滚动气驱可以提高原油采收率17%。因此，若考虑交变工况滚动气驱，纯油带和水淹带建库气驱效率将分别为82.4%和57.9%。根据上述确定的水淹带和纯油带微观气驱效率、宏观波及系数，不考虑交变工况滚动气驱时，XY水淹油藏建库有效储气孔隙体积为 $647.74\times10^4m^3$，对应自由气库容量为 $15.80\times10^8m^3$，而考虑交变工况滚动气驱原油提采时，有效储气孔隙体积和自由气库容量分别为 $816.64\times10^4m^3$ 和 $19.92\times10^8m^3$。

5 结论

（1）与气藏建库气驱扩容不同，水淹油藏建库为气驱采油腾空增容，体现为气驱油水扩容及注气混相驱油增加储气空间，主控因素为驱油效率、混相传质等复杂因素，建库指标设计和影响因素更加复杂。

（2）针对水淹油藏建库，随气水/气油互驱次数增加，束缚水和残余油饱和度都有所下降，可动含气饱和度增加，储层物性越好，渗透率越高，可动含气饱和度、含气空间利用率也越高。

（3）水淹油藏在交互气驱和滚动排驱过程中，初期几个注采轮次，原油采收率增长较明显，第4个注采轮次后，采收率增长幅度减小，实验样品吞吐加滚动驱替二者总和可达到提高17%以上的采收率效果。

（4）将XY典型水淹油藏建库前储层孔隙空间划分为顶部纯气带、含油带和水淹带，对比不考虑和考虑交变工况气驱原油提采，两种条件对应的有效储气孔隙体积分别为 $647.74\times10^4m^3$ 和 $816.64\times10^4m^3$，自由气库容量分别为 $15.80\times10^8m^3$ 和 $19.92\times10^8m^3$。

参考文献

[1] 丁国生，魏欢．中国地下储气库建设20年回顾与展望[J]．油气储运，2020，39(1)：25-29.

[2] 马新华，郑得文，申瑞臣，等．中国复杂地质条件气藏型储气库建库关键技术与实践[J]．石油勘探与开发，2018，45(3)：489-499.

[3] 江同文，王锦芳，王正茂，等．地下储气库与天然气驱油协同建设实践与认识[J]．天然气工业，2021，41(9)：66-74.

[4] 王皆明，张昱文，丁国生，等．任11井潜山油藏改建地下储气库关键技术研究[J]．天然气地球科学，2004，15(4)：406-411.

[5] 常进，高树生，熊伟，等．水淹油藏改建储气库可视化物理模拟实验[J]．西安石油大学学报(自然科学版)，2015，30(1)：52-56.

[6] 班凡生，高树生，王皆明．枯竭油藏改建储气库注采运行机理研究[J]．天然气地球科学，2009，20(6)：1005-1008.

[7] 王皆明，赵凯，李春，等．气顶油藏型地下储气库注采动态预测方法[J]．天然气工业，2016，36(7)：88-92.

[8] 潘洪灏，刘斐，刘纯高，等．气驱开发油藏改建地下储气库的库容量及其影响因素—以兴古7古潜山油藏为例[J]．天然气工业，2014，34(7)：93-97.

[9] Joop de Kok，Torsten Clemens. Combined Underground Gas Storage and Enhanced Oil Recovery in a Fractured Reservoir[J]. IPTC 11992，2008.

[10] C. I. C. Anyadiegwu. Development of Depleted Oil Reservoirs for Simultaneous Gas Injection for Underground Natural Gas Storage and Enhanced Oil Recovery in Nigeria[J]. Society of Petroleum Engineers. SPE184270-MS，2016.

[11] Perreaux，M.，Bontemps，C.，& Egermann，P. Reitbrook Case Study：Enhancing Oil Recovery Through the Underground Gas Storage Activity [J]. Society of Petroleum Engineers. SPE174647-MS，2015.

[12] L. S. Keisey and E. C. Babson. Performance Of The Playa Del Rey Gas - Storage Reservoir. Petroleum Transactions，AIME. VOL. 198，1953.

[13] Philippe Coffin，Geneviève Lebas. 2007. Converting the Pécorade Oil Field Into an Underground Gas Storage [J]. European Association of Geoscientists & Engineers.

[14] Perreaux，M.，Bontemps，C.，& Egermann，P. (2015，August 11). Reitbrook Case Study：Enhancing Oil Recovery Through the Underground Gas Storage Activity. Society of Petroleum Engineers. doi：10.2118/174647-MS.

注气提高采收率与地下储气库协同建设模式优化技术

王锦芳[1] 王正茂[2] 李 彬[2] 周代余[3] 马宏斌[4]

(1. 中国石油勘探开发研究院; 2. 中国石油油气与新能源分公司;
3. 中国石油塔里木油田公司; 4. 中国石油辽河油田公司)

摘 要 与其他国家相比，中国储气库建设起步较晚，建设经验缺乏。中国建库地质条件复杂，中国储气库建库类型单一，以气藏型储气库为主，进一步限制了储气库建设的规模发展。如何突破常规气藏储气库类型的限制，拓展建设油藏型储气库，便是中国快速发展储气库建设亟需解决的难题之一。文中通过室内实验和油藏数值模拟方法，详细论证了油藏型储气库建设与天然气驱油提高油藏采收率协同开发的机理和方法。同时，对不同注入介质和不同井别的协同模式进行了探讨，有助于丰富地下储气库的类型、功能和模式。利用文中的新技术优选了适合建库的四个油藏，前期先导试验阶段提高原油采出程度5%以上，目前油藏顶部已存天然气10亿方，初步具备了储气库生产调峰和战略保供能力，既能够使老油田再次焕发青春，又有效提升了储气库生产调峰和战略保供能力，可实现油气全产业链效益最大化。

关键词 天然气重力驱；协同建设；提高采收率；地下储气库

天然气重力驱是指向油藏顶部注入天然气，依靠重力作用从油藏高部位向低部位驱替原油，该项技术气体波及体积大、驱油效率高，能够大幅度提高原油采收率，同时，注入油层的天然气在油藏高部位储集并形成次生气顶，便可看作一个地下储气库。顶部注入的天然气在驱替原油的同时与储气库协同建设，逐步扩容达产建成战略储气库，促进天然气安全保供，保障国家能源安全。

1 技术现状

1.1 储气库项目现状

欧美国家地下储气库建设可以追溯到上世纪初，距今已有近百年历史。据国际天然气联盟(IGU)最新资料统计，目前世界上共有689座地下储气库，总工作气量达4165.3亿立方米，约占全球天然气总消费量(35429亿立方米)的12%，其中主要发达国家工作气量占消费量的19.5%。其中北美地区占39%，独联体占28%，欧盟占26%(图1)。美国地下储气库数量及工作气量居全球首位，共拥有393座，工作气量达到1360亿立方米，占年消费量的17.5%，俄罗斯为18%(表1)。全球地下储气库总工作气量中，油气藏型储气库工作气量最大，占总工作气量的80%，盐穴型占比9%，含水层型占比11%(图2)。

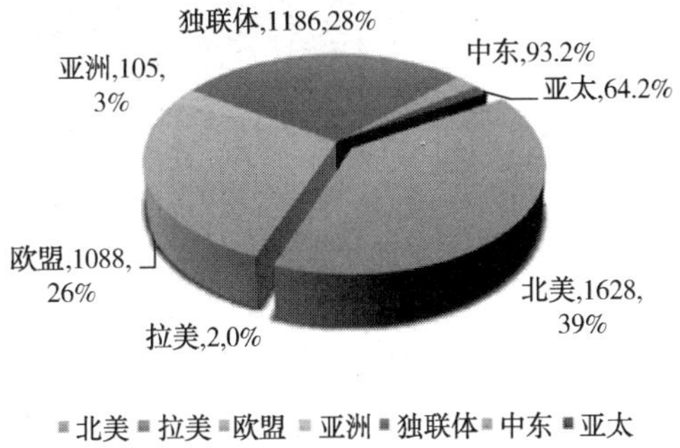

图1 不同地区储气库工作气量占比

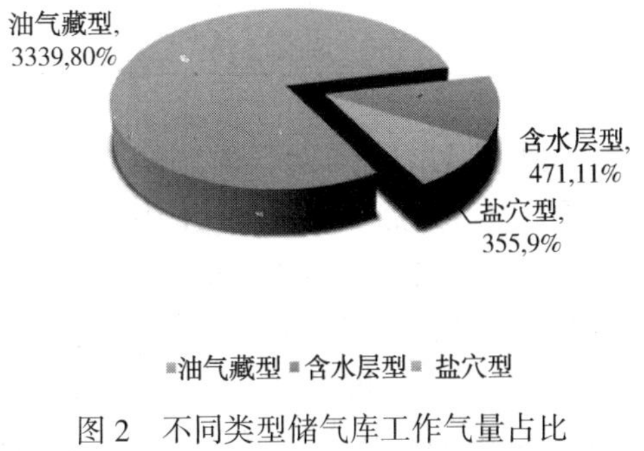

图2 不同类型储气库工作气量占比

我国储气库建设开始于1999年，经过20余年发展，先后建成大张坨、京58、呼图壁等储气库，已从起步探索阶段跨入了快速发展阶段。截至2019年底，我国已建成27座地下储气库，主要分布于环渤海、长三角等主要消费市场区和重点管道附近(图3)。设计总库容500亿方，总工作气量219亿方(气藏型占比86%)，目前已建成调峰能力130亿方，占全国天然气消费量的4.2%。

表1　主要发达国家储气库建设规模

国家	消费量/亿方	总数/座	调峰能力/亿方	工作气能力占比/%
美国	7786	393	1360	17.5
俄罗斯	3909	23	718	18.4
加拿大	999	66	265	26.6
德国	805	49	238	29.6
意大利	645	12	173	26.9
中国	3067	27	130	4.2
发达国家合计	14144	543	2754	19.5

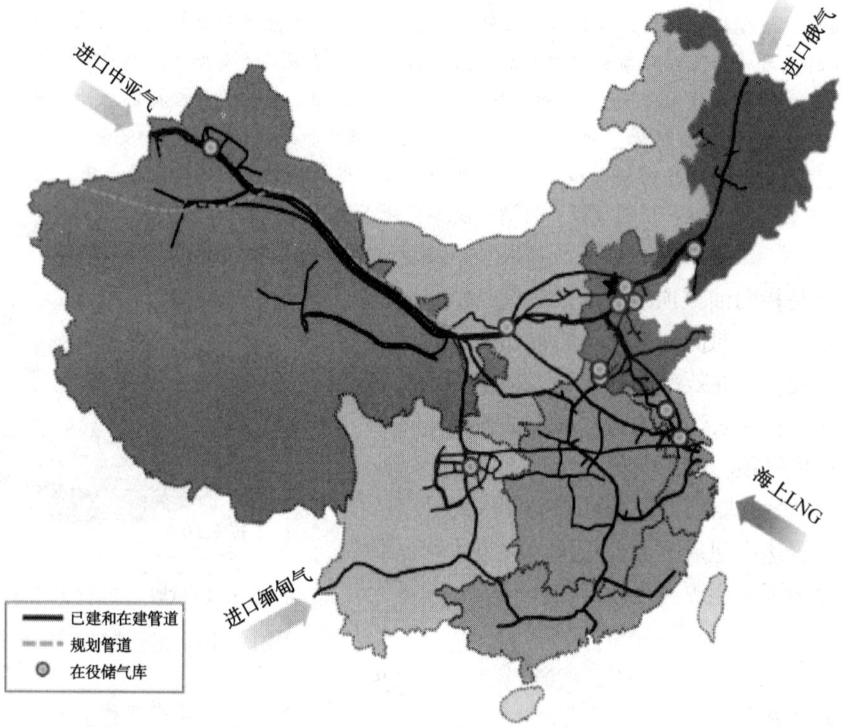

图3　中国储气库分布图

与国外相比，我国储气库调峰能力严重不足，调峰能力占天然气消费量比例仅为发达国家平均水平的三分之一(图4)，储气库建设任重道远。2010年以后，我国天然气消费量以年均15%的速度增长，2019年达到3067亿方，预计2030年将达到6000亿方。因此，大力推动油藏型储气库建设，对于丰富储气库类型和建库技术，快速大幅度提升我国储气库库容和工作气量、保障国计民生、维护国家能源安全具有十分重要的意义。

我国建设的京58油藏型储气库是由一个衰竭的气顶油藏改建而成，建库层位主要为沙四上段Ⅰ~Ⅳ砂组(图5)，奥陶系白云岩储层，平均孔隙度26.4%，平均渗透率191mD。1989年投入开发，累计产油53.8×10^4t，累计产气$7.4\times10^8m^3$。2006年开始建库，设计库容8.1亿方，工作气量3.9亿方。

1.2　气驱采油项目现状

20世纪50年代，国外开始研究注CO_2驱油机理；70~90年代，开始连续气驱、气水交替(WAG)和注气重力驱的试验和工业化推广，一大批气驱商业化项目启动，美国建成了Kuparuk River油田烃气混相驱和Hawkins油田氮气重力驱项目，加拿大建成了Weyburn油田CO_2捕集、驱油和埋存一体化（CCS-EOR）项目；到 21 世纪初，国外大力发展大储层孔隙体积（PV）注气技术，注气体积达到 1～1.5PV。2016 年，全球气驱产油量达 3671×10^4t，其中美国为 2346×10^4t，占全球气驱产量的 64%。国外 90%以上气驱产油量主要依靠 CO_2 驱，其他气体驱油介质（如 N_2、天然气、烟道气、空气等）矿场应用较少。世界上最大天然气混相驱项目位于美国阿拉斯加北部的 Prudhoe Bay 油田，为带气顶的构造油藏，1982 年开始注气，采出气全部回注气顶，日注气 1.96 亿方，衰竭后注气采收率提高至 45%。

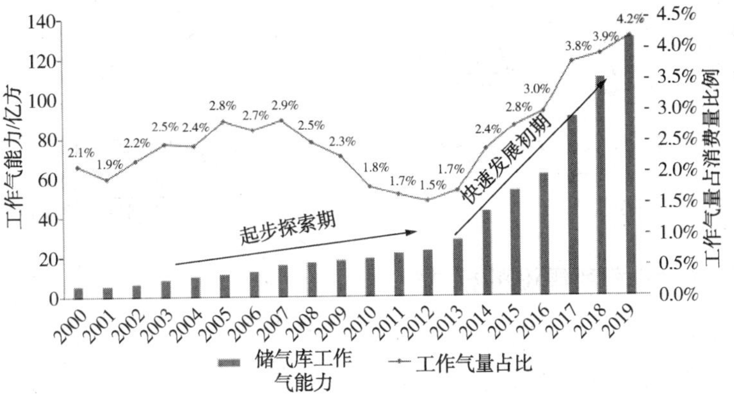

图 4　全国储气库工作气能力及占比

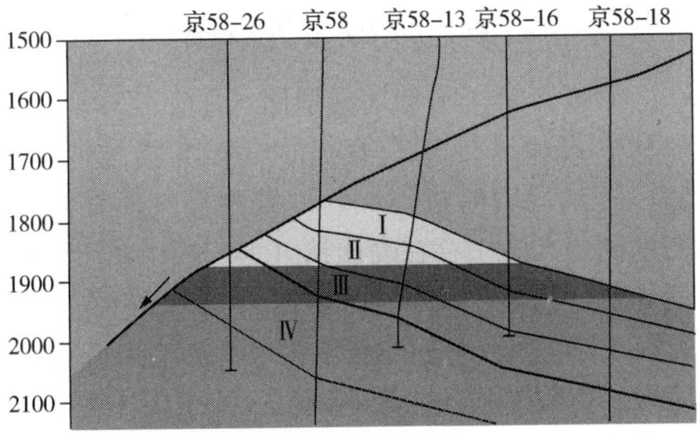

图 5　京 58 断块纵向油气分布图

中国注气技术研究几乎与世界同时起步，1958 年先后在玉门石油沟和新疆黑油山开展注空气火驱试验，1967 年大庆开展了单井组 CO_2 驱试验；此后，受压缩机质量、注空气易爆炸以及腐蚀等问题影响沉寂了近 30 年，20 世纪 90 年代才陆续启动华北雁翎氮气重力驱和辽河科尔沁稠油火驱试验；21 世纪以来，尤其是近 10 年，我国注气技术飞速发展，新疆油田红浅和辽河油田杜 66 区块稠油注空气火驱项目、吉林油田 CCS-EOR 项目、塔里木油田东河塘烃气重力混相驱项目、长庆油田五里湾一区减氧空气驱项目都取得了重大突破。中国石油天然气集团有限公司（简称中国石油）正在运行的注气开发项目共 27 项，涉及的气体类型主要有 CO_2、天然气、烟道气、N_2 和空气等。目前，我国注气开发从技术水平到产量规模总体处于加速追赶阶段。国内已开展的天然气混相驱项目注气增油效果明显。涠洲 12-1 油藏为断块封闭的构造油藏（图 6），地质储量 1200 万方，前期衰竭开发，2008 开始注气，截至 2019 年 6 月累计注气 4.4 亿方，累计采油 175 万方；W4 段目前采出程度 22.4%，注气预期采收率 40%。

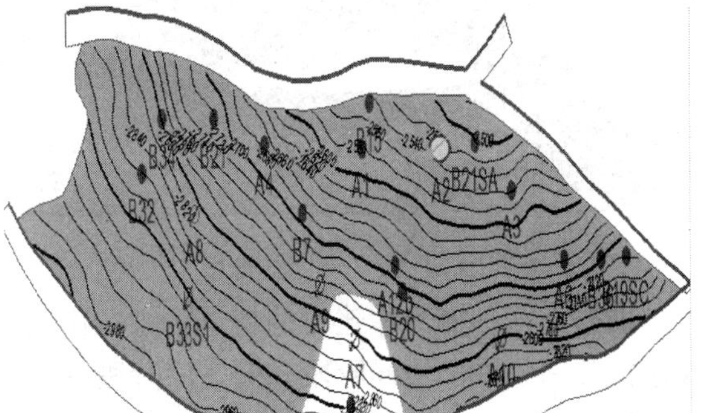

图 6　涠洲 12-1 油藏顶面构造图

葡北油田是短轴背斜构造（图 7），闭合高度 105m；油藏目的层三间房组；含油面积 4.43km²；地质储量 259×10^4t；试油产量 39.3～152.7m³/d。油田开发经历了注气受效、注入气突破以及转注水三个阶段。虽然全油藏未能实施水转气切换，但是延长了无水及低含水采油期，实现了连续五年高速稳产，峰值年产油 18 万吨，采油速度6.9%。

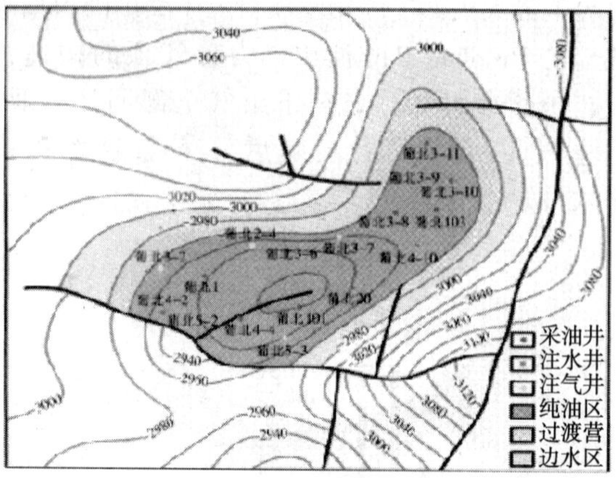

图7　葡北构造位置图

2　天然气重力驱协同储气库建设的模式

2.1　协同建设的基本模式

天然气重力驱油协同战略储气库建设是指向油藏顶部注入天然气，形成次生气顶并不断扩大，利用重力作用将地层中的油水驱替出来实现大幅度提高原油采收率的目的；与此同时，注气驱油使得油藏向气藏转变，并逐步扩容达产，最终建成油藏型储气库(图8)。

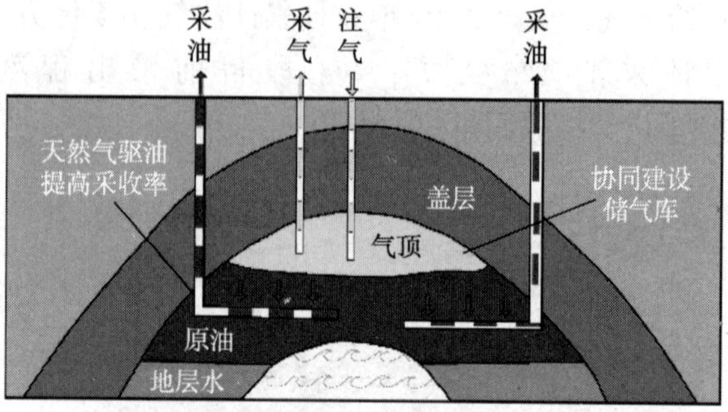

图8　驱油储气协同建设示意图

根据油藏型储气库建设的特点，协同建设模式包括驱油阶段、协同阶段和储气库阶段三个阶段(图9)。

(1) 驱油阶段的主要任务是，通过注入天然气，尽量保持油藏压力在最小混相压力以上，大幅度提高驱油效率和原油采收率，因此，此阶段需要维持较高的地层压力开发。DH油藏最小混相压力52MPa，驱油阶段地层压力一直保持在52~56MPa之间，确保注入的天然气与地层原油始终处于混相状态，大幅度提高原油采收率。

(2) 协同阶段的主要任务是，当初步形成一定规模次生气顶后，兼顾驱油和储气库扩容、调峰任务，油藏下限工作压力可以降低到最小混相压力以下，原油在天然气重力驱作用下进一步采出，原油剩余可采储量越来越少，油藏储气量越来越大，已经具备一定规模的天然气调峰能力。

(3) 储气库阶段的主要任务是实现储气库扩容达产稳定运行，优化设计合理的上限压力，进一步降低油藏型储气库下限工作压力，有效提升油藏型储气库的工作气量。

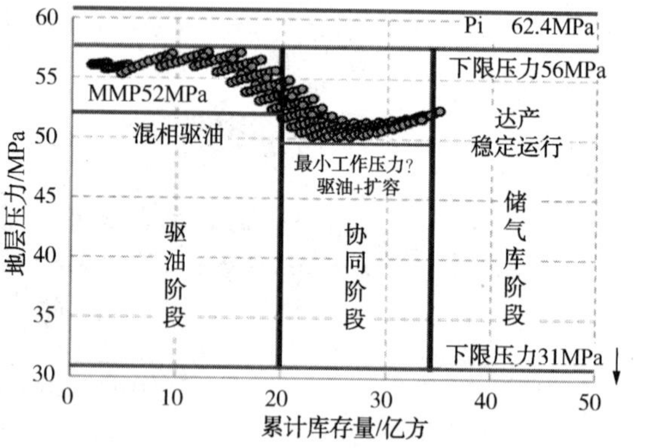

图9　驱油协同储气压力运行蜗牛图

油藏型储气库与气藏型储气库在建库时机、盈利模式和运行方式等方面有着本质区别(表2)。一是建库时机不同。油藏型储气库在建库初期储层孔隙中存在高压油气水三相，在驱油阶段为了达到混相状态，油藏压力一直保持高位运行，上下限压力区间较窄，在协同和储气库运行阶段，下限工作压力逐渐降低，上下限压力区间逐渐变宽，运行模式逐渐向气藏型储气库靠近；而气藏型储气库在建库初期气藏孔隙中仅存在低压饱和气体，气藏压力接近废弃压力。二是盈利模式不同。油藏型储气库建设初期能大幅提高单井原油产能，中期能实现单井油气产能兼顾，后期能实现天然气生产调峰，通过增加原油产量和天然气储转费两种模式盈利；气藏型储气库则只能按照工作气量收取储转费的模式盈利。三是运行方式不同。油藏型储气库在建库初期为高压注气，中后期逐步过渡到中等压力规模注气，从初期的小吞小吐逐步过度到大吞大吐，注气驱油阶段周期应力变化不强；气藏型储气库基本维持中等压力规模注气，整体上始终保持大吞大吐运行，注采周期内存在高强度应力变化。因此，与气藏型储气库建设和营运相比，油藏型储气库的建设和营运更加复杂，更需要加强基础理论、关键技术和管理模式研究。

表 2 驱油储气协同建设与气藏型储气库对比表

参数对比		气藏型储气库	驱油协同储气库
建库时机	地层压力	接近废弃压力	保持程度较高
	气藏孔隙	低压饱和气体	油气水三相饱和
	垫气规模	需要规模垫气	驱油后天然形成
盈利模式	注采规模	尽量提高单井产能	提高单井油+气产能
	工作气量	尽量提高工作气量	从少到多的过程
	盈利模式	按工作气收储转费	增油+天然气储转费
运行方式	注气压力	压力中等	高压注气
	运行方式	大吞大吐	小吞小吐到大吞大吐
	应力变化	高强度应力变化	周期应力变化不强

2.2 协同建设的优势

2.2.1 大幅度提高原油采收率

(1) 重力驱替：天然气与地层原油、地层水有密度差，存在重力超覆作用；因此，选择具有一定构造幅度且封闭型好的油藏，采取顶部注气方式，利用注入气的重力分异可实现重力驱替，延缓气窜，从而大幅度提高注气波及体积。以DH油藏为例，在地层条件下天然气密度为0.15g/cm^3，地层原油密度为0.64g/cm^3，地层水密度为1.2g/cm^3，通过数值模拟研究表明天然气重力驱相比水驱提高采出程度20个百分点(图10)。

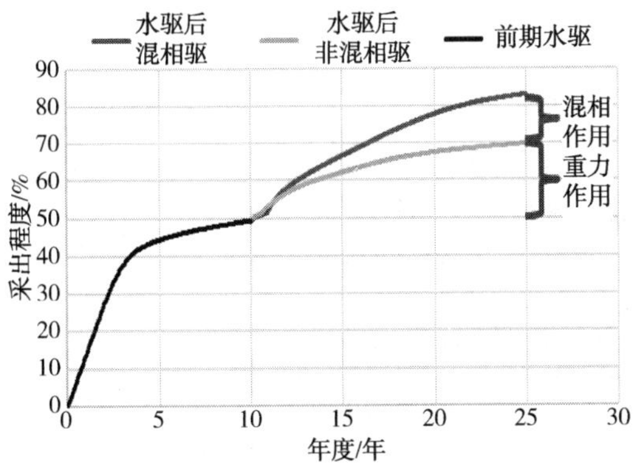

图 10 重力和混相作用对采出程度影响

(2) 混相驱替：通过提高注气压力或改变注入天然气组分使注入气与地层原油混相，从而大幅度提高驱油效率。如DH油藏细管实验表明注干气最小混相压力43.5MPa，混相驱驱油效率达90%以上(图11)，比非混相驱提高30个百分点以上(图12)。由于混相的作用，采出程度可在重力驱的基础上再提高10个百分点(图10)。

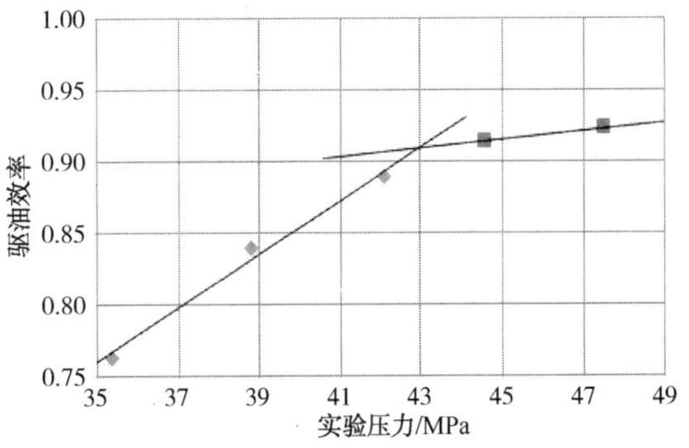

图 11 天然气驱油实验压力与驱油效率关系曲线

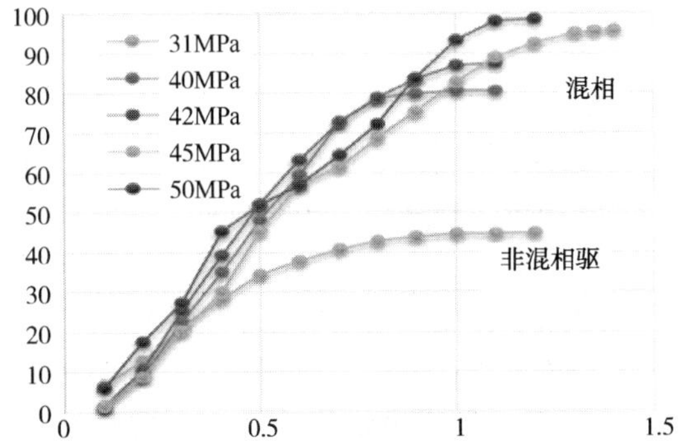

图 12 天然气驱油混相非混相注入PV数与驱油效率关系曲线

(3) 夏注冬采：长岩心实验表明，注入0.8PV气体突破后驱油效率63.74%，提压焖井累注6.5PV驱油效率88.45%，提高24.7%。提压焖井可发挥气体对基质深部渗析洗油作用(图13)，发挥流体交互驱替的脉冲作用。

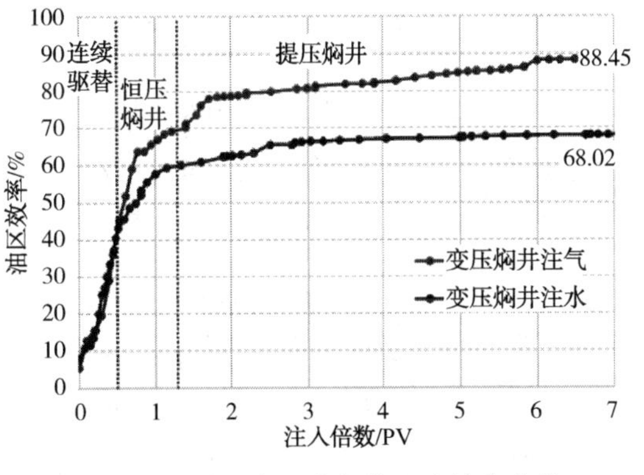

图 13 原始注气注水焖井驱油效率曲线

XG油藏数值模拟预测显示，夏注冬采驱油储气协同模式最终采收率可达40.43%，而连续天然气驱替模式最终采收率仅30.55%，夏注冬采的驱油储气协同模式可进一步提高采收率9.88个百分点(图14)。

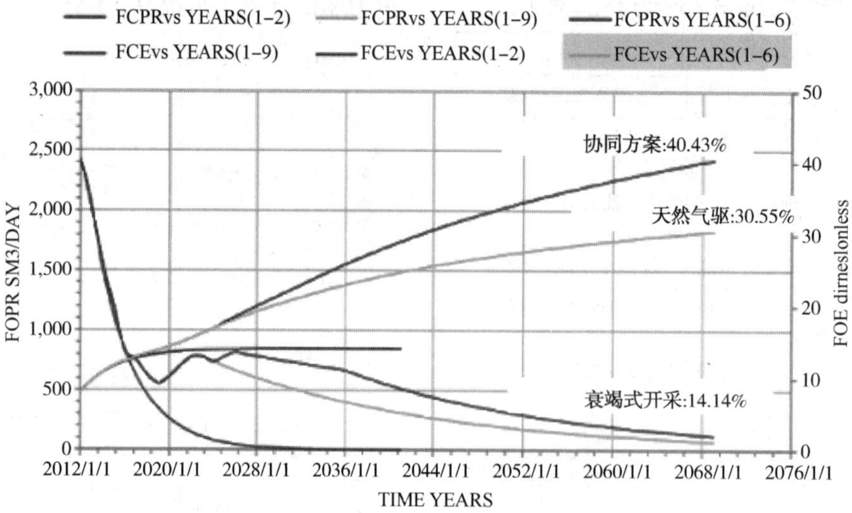

图 14　不同方案预测采收率曲线

(4) 膨胀降黏：通常情况下，对于一个开发中后期的油藏，地层压力相对较低，此时注气一般不能形成混相驱，但是室内实验表明，天然气溶解到原油中，能大幅增加原油膨胀能力。在注入量达到 0.65PV 时，原油体积系数增大 57%(图 15)，原油黏度可降低 83%(图 16)，因此，注天然气可大幅度提高地层原油的流动能力。

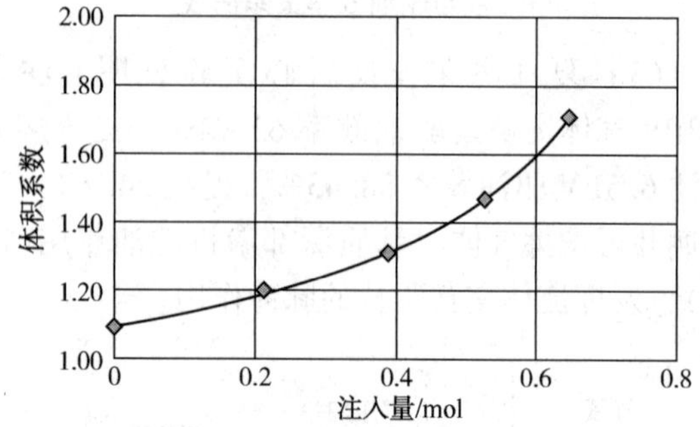

图 15　天然气驱油体积系数变化曲线

2020 年，中国石油筛选了 DH、TZ、XG 和 PB 四个油藏开展天然气驱与储气库协同建设试验。这四个油藏覆盖地质储量 7797 万吨，目前采出程度 25.5%，年产油 35 万吨，采油速度仅 0.4%，亟需转换开发方式。开展驱油储气协同建设，可以大幅度提高此类油藏的原油采收率，实现老油田再次焕发青春。

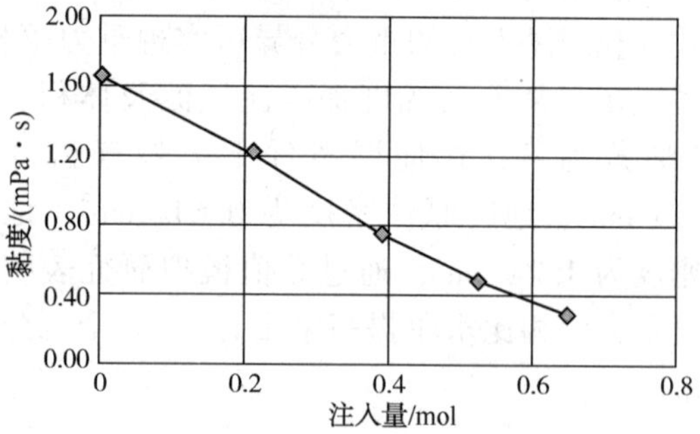

图 16　天然气驱油黏度变化曲线

四个协同项目转注气后峰值年产油达 104 万吨，产量增长 3 倍，提高采收率 26.7 个百分点，新增可采储量 2084 万吨，相当于新探明了四个类似油藏，最终采收率可达 52.2%(表 3)。

表 3　天然气驱油与储气库协同建设油藏参数及主要开发指标

试验区	油藏类型	地质储量/万吨	构造幅度/m	渗透率/mD	原油黏度/mPa · s	采出程度/%	峰值年产规模/万吨	提高采收率/%	增加可采储量/万吨	最终采收率/%
DH	块状底水	2274	120	13~120	4.36	38.6	43.2	29.7	675.4	70.0
TZ	块状底水	804	146	76~450	2.34	40.3	11.9	24.7	198.6	66.0
XG	裂缝块状底水	4492	1100~1300	0.01~40.6	0.38	14.2	42.6	25.9	1163.4	40.1
PB	短轴背斜	227	120	94~125	0.45	44.9	6.5	20.6	46.8	65.5
合计		7797	–	–	0.4-4.4	25.5	104.2	26.7	2084.2	52.2

2.2.2　提升储气库生产调峰和战略保供能力

近年来，我国冬季天然气需求量逐年增加，对天然气冬季保供提出了更高要求(图 17)。四个油藏型储气库建成后，总库容 189.7 亿方，工作气量83亿方；2025年开始具备调峰能力，最大日调峰能力0.77亿方，冬季保供气量近10亿方，可大幅度增加储气库库容和工作气量，有效提升储气库战略保供能力(表4)。

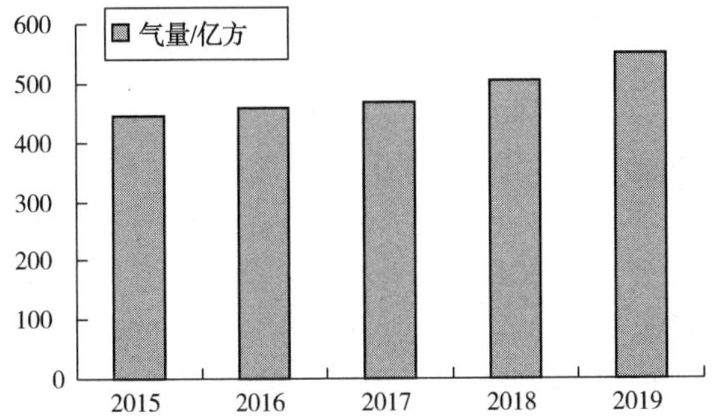

图17　我国近年来冬季保供天然气量

表4　天然气驱油与储气库协同建设储气库指标统计表

试验区	库容量/亿方	工作气量/亿方	调峰能力/(万方/天)	运行压力/MPa
DH	62.0	28.0	2400	31~56
TZ	43.9	19.8	1650	20~38.7
XG	70.1	28.3	3010	22~43
PB	13.7	6.8	650	19~37.6
合计	189.7	82.9	7710	-

储气库的生产调峰能力可有效平抑气田生产的峰谷差，保持气田的平稳生产，延缓水侵，确保气藏较高采收率和井筒安全；同时，还可以保证天然气长输管道的平稳运行。我国某气田天然气生产冬夏峰谷差达2500万方/天(图18)，实施驱油储气协同建设，夏季油藏多注气对气田生产进行“抑谷”，冬季油藏停止注气转采气对气田生产进行“平峰”，使气田始终保持科学合理的开发秩序，维持气田长期平稳生产。

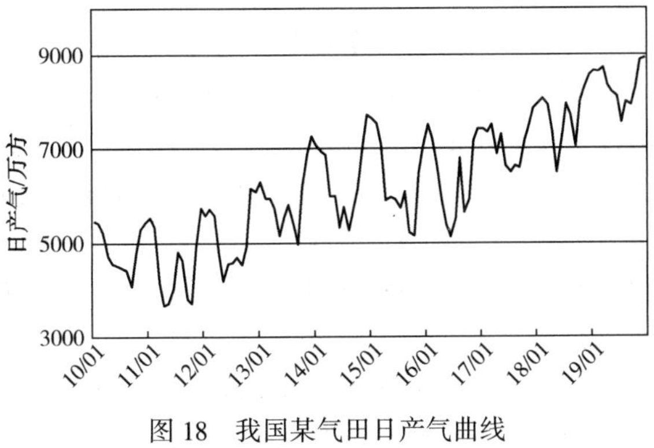

图18　我国某气田日产气曲线

2.2.3　实现油气全产业链效益最大化

一是可实现天然气的高效利用。将天然气注入油藏，作为提高采收率的驱替介质，建成储气库后，天然气储转将产生效益。二是可实现钻井和地面建设一次性投入。驱油储气协同建设的井型和井网设计，可以同时满足驱油提高采收率和后期储气库大吞大吐生产的需要；钻完井管柱的固井质量、管材抗压等级和抗腐蚀等级均满足储气库需要，后期储气库可以直接利用；地面建设中的地面处理系统、集输系统、压缩机注入系统等均满足储气库建设相关标准，后期储气库运行阶段不需要再进一步改建和更换，进一步节约投资。三是天然气驱油与储气库建设协同，各自都能达到行业基准内部收益率要求，协同项目总体也具有较好的经济效益。四个协同试验项目，评价期40年，按45美元/桶固定油价评价，内部收益率均超过6%，其中DH和TZ协同试验项目内部收益率超过8%(表5)。四个驱油储气试验项目的顺利实施，中国石油将建成“百万吨油田和百亿方气库”的驱油储气示范工程。

表5　天然气驱油与储气库协同建设经济评价统计表

试验区	评价期/年	总投资/亿元	总成本/亿元	内部收益率/%	投资回收期/年
DH	40	111.37	308.60	8.68	16.5
TZ	40	72.01	206.59	9.77	16.1
XG	40	142.58	424.42	6.24	24.9
PB	40	25.30	95.10	6.70	17.5
合计	40	326.00	939.60	7.85	18.7

2.3　注气提采与地下储气库协同模式展望

2.3.1　不同介质协同模式

依据重力、混相、脉冲、膨胀等机理，可以实现地质体能量的补充与封存。注入气体介质不同，地下储气库的功能和作用不同。注采时机不同，地下储气库功能和模式也不同。从不同注入介质来说，以碳源、空气源、氢源、氦源和核废料源为注入介质，则分别可以协同建成地下储碳库、地下储能库、地下储氢库、地下储氦库和地下储核库等地下设施。如果注采时机不同，可以建成长周期的战略储气库或者储能库。对于油藏而言，顶部注入气体后，油藏中的油相，聚集在气顶下部，形成地下储油库。这对于濒临废弃油藏、剩余油高度分散油藏意义重大。挖潜濒临废弃油藏的开采潜力，将剩余油潜力培育成天然的地下储油库，探索低成本开发方式下实现剩余油的二次聚集、残余油的深度挖潜理论技术，作为原油产量供应弹性的战略后备资源，对于富煤贫油少气国情的应对措施，具有探索意义。

如图 19 所示，地下空间可以形成高部位储气单元、中部位储油单元和低部位储能单元(底水地热能)。同时，采出流体属于高温高压流体，可利用压差发电和温差供暖，形成储气储油储能一体化协同模式。

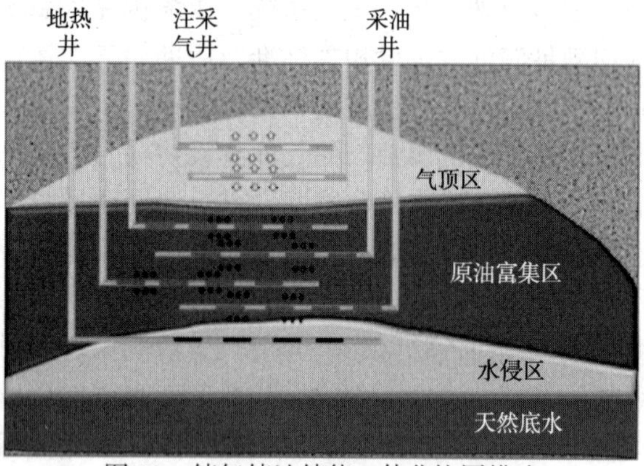

图 19　储气储油储能一体化协同模式

2.3.2　不同井别协同模式

世界上有万有引力、生物界有自身免疫力，油藏地下空间岩石流体之间、不同流体之间也有弹性力、毛管力和浮沉力等自发驱替力，这些自驱力都是天生的、不需额外投资费用的。但是，以前注采水驱是一个往前推动的过程，这些自发驱替力一定程度上都是阻力、副作用力，过去异井补能、他井注采的开发理念是通过各种加密井、细分层、化学剂，减弱这些副作用力。如何将阻力、副作用力变为动力、正作用力是降低地层能量损耗的关键。通过本井补能、自我驱替方式，可以强化激活、充分利用油藏天生的自驱力，弥补了过去注采井组驱替的弊端。自驱开发将传统的注入井、采出井变为既是注入井、又是采出井、还是受效井，节约了钻井数、征地面积和投资。

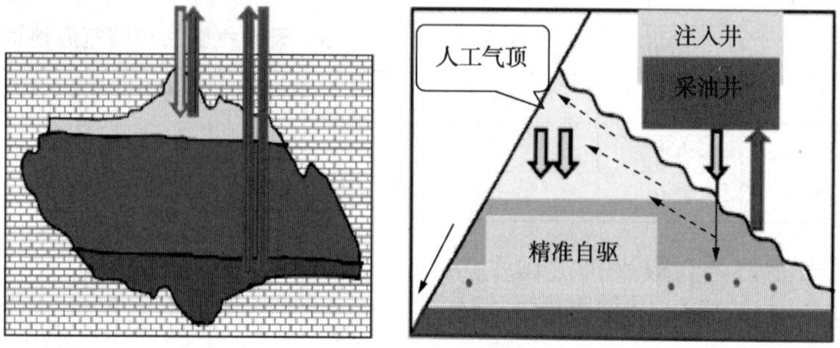

图 20　本井自驱开发模式

3　注气驱油型储气库建设项目进展

3.1　DH 油田

DH 油藏构造上整体表现为由北东向西

南倾伏的大型鼻状隆起，油藏中深 5760m，原始地层温度 140℃，原始地层压力 62.38MPa，地层水矿化度 23.4×10^4mg/L，为深层高温高盐油藏；油藏构造倾角 4.5～12°、油柱高 120m、地面原油密度 0.85～0.87g/cm^3、地面原油黏度 5.23～12.47mPa·s(图 21)。

DH 油田可划分为 6 个开发阶段(图 22)：①1990～1993 年为单井试采阶段，7 口油井撬装试采；②1994～1996 年，油田正式投产，采用边缘底部注水方式开发；③1997～2000 年，完成了第一次井网调整，注水方式由边缘底部注水调整为边缘+局部对应注水，原油峰值产量达 60 万吨；④2001～2005 年，进入开发调整稳产阶段，开发调整为利用直井开发底部 4、5 砂层组、利用水平井开发顶部低渗层 1、2 砂层组；⑤2006～2013 年，油藏分 1 砂层组、2 及以下砂层组两套注采井网进行开采；⑥2014～2020 年，天然气重力混相驱重大开发试验阶段。

截止 2020 年 6 月底，DH 油田累注气 5.2 亿方，注气产油 86.63 万吨，累存气 3.04 亿方，初步具备了天然气调峰能力。地层压力上升，受效井 17 口，13 口井产量翻倍，10 口井转自喷，培育 100 吨井 2 口、50 吨井 8 口。DH 油田产量也实现了多年以来首次止跌回升，综合递减由 14.3%降低到 2.7%，含水上升率由 8.13%降低到 -2.76%，平均单井日产油量由 14t 增加到 27t。

面对今年新冠疫情叠加油价断崖式下跌的严峻形势，国内天然气需求减缓，进口管道气“到付不议”，国内天然气市场供大于求，压减国内天然气产量的压力巨大，但是天然气具有明显的价格优势，是低油价下上游开发业务效益实现的主体。通过向该协同建设项目注入天然气，每天可少压减天然气产量 200～300 万方，在疫情和油价下跌的双重影响下，该项目的实施对于提质增效和气田平稳生产具有重要的现实意义。

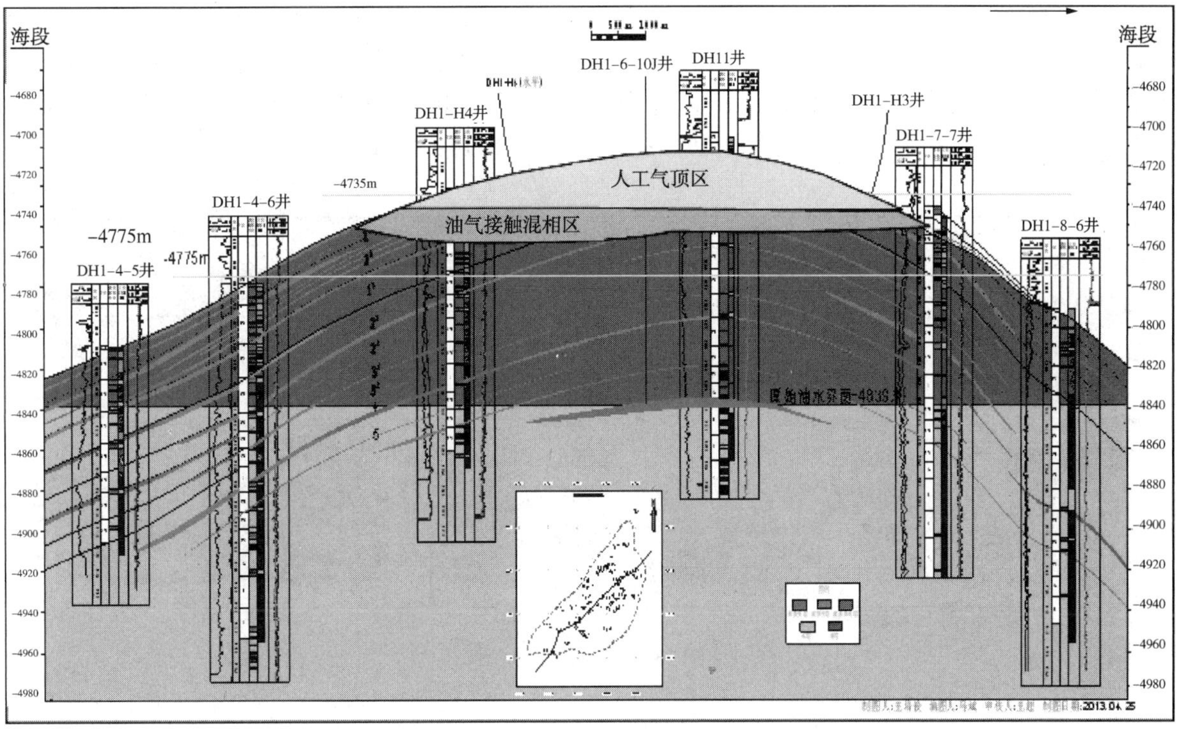

图 21　DH 油田注气开发试验区油藏剖面图

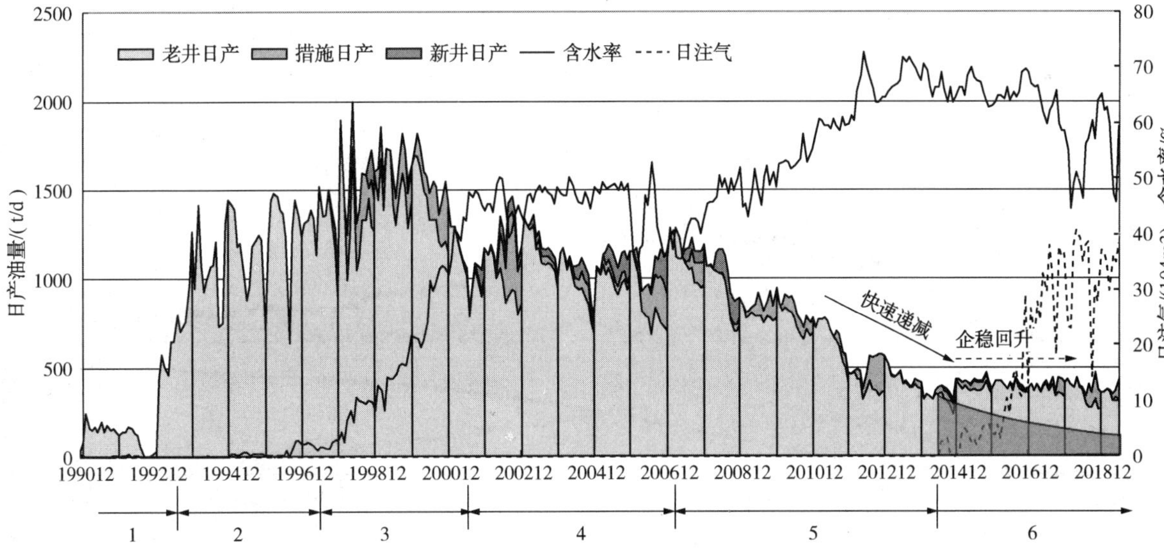

图 22　DH 油田油田生产曲线

3.2　XG 潜山

XG 潜山地质上位于某坳陷西部凹陷中段，构造面积 85km^2(图 23)，平均有效厚度 189.7m，地层原油密度 0.6442g/cm^3、地层原油黏度 0.384mPa·s、饱和压力 21.3MPa。

开发历程大致可分为三个阶段(图 24)：第一阶段为开发先导试验阶段(2007～2009 年)，2007 年在 XG 巨厚潜山实施 6 口大斜度井，投产后均获高产工业油流。区块按照四段七层水平井，平面井距 300m，垂向井距 200m 共实施水平井 19 口。第二阶段为规模实施建成百万吨生产能力阶段(2010～2015 年)，按照“整体部署、分批实施”的原则开发，太古界以直井控制储层、水平井开发为主；中生界储层物性差，需压裂改造，采用350m正方形井网开发，2012年高峰年产油达到100×10^4t。潜山带建成百万吨产能后，受地层压力下降和底水侵入的双重影响，产量进入递减阶段，截至2015年底，区块共投产各类井155口(水平井77口)，阶段末日产油1808.0t，累产油612.68×10^4 t，采油速度0.59%，采出程度6.02%。第三阶段为气驱试验及有序建产持续稳产阶段(2016年~目前)，建立了XG潜山注气开发先导试验区，采用顶部注气为主辅助中下部注气的开发方式，规模注气后，彻底扭转潜山产量持续递减局面，注气后潜山水平井全面受效，单井递减大幅减缓，增油特征明显，14口井累积增油达26.8万吨，累注天然气$8915\times10^4m^3$。

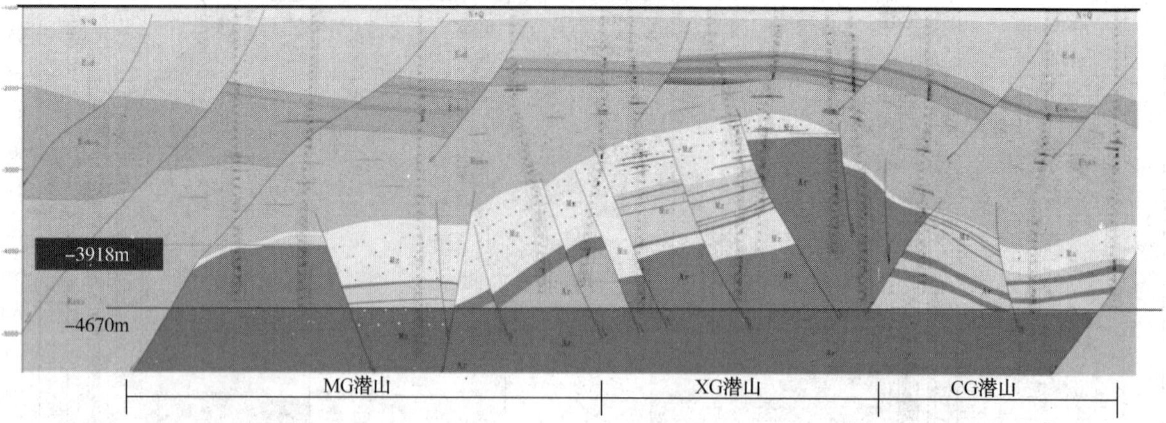

图23 XG油藏剖面图

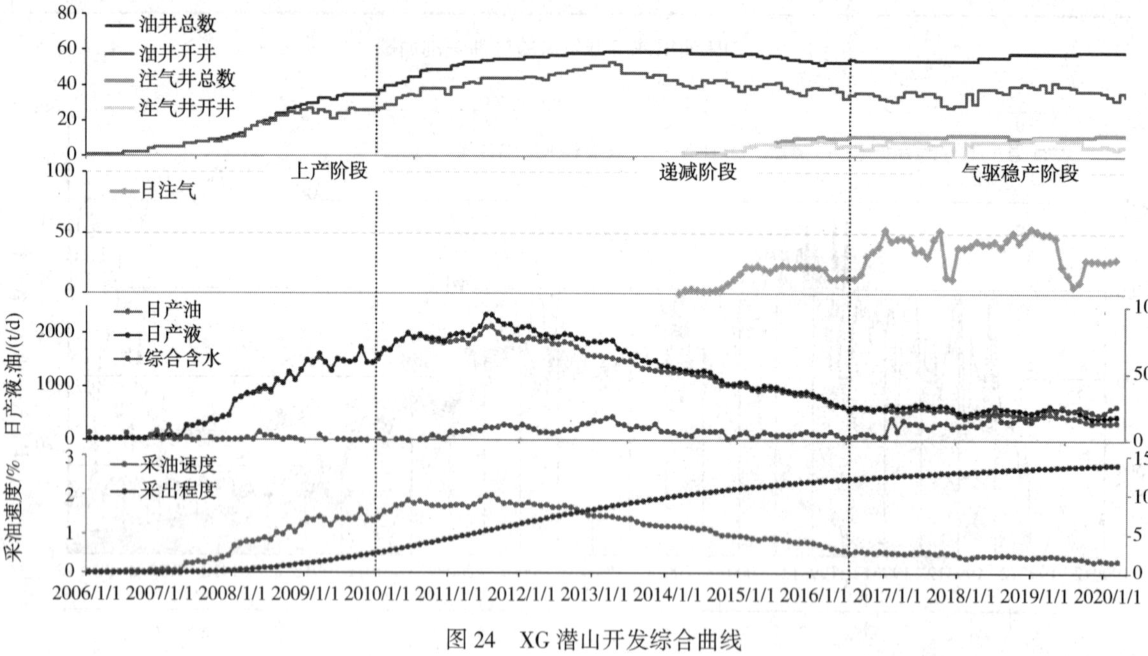

图24 XG潜山开发综合曲线

4 结论与建议

(1) 在油价下跌、疫情蔓延的双重冲击下，我国提高原油采收率和储气库建设工作更为重要和迫切。天然气驱油提高采收率与战略储气库协同技术具有驱油和储气双重功能，可实现油气全产业链价值最大化，是上游业务提质增效的典范。

(2) 油藏型储气库建设有利于弥补气藏型储气库的限制，拓展了储气库选库建库的领域和范围，极大丰富了我国储气库类型，同时为积极探索地下储油库建设提供参考。对不同注入介质和不同井别的协同模式进行拓展，有助于丰富地下储气库的类型、功能和模式。

(3) 深化注气开发区老井井况及其治理对策研究；优化驱油、协同和储气库三个阶段生产运行的合理转换时机和上下限工作压力；研究制定油藏型储气库筛选标准；探索油藏型储气库全生命周期项目管理及评价方法等。

参考文献

[1] 马新华，丁国生．中国天然气地下储气库[M]．北京：石油工业出版社，2018：1-22.

[2] 2015-2018 Triennium Work Reports. WORKING COMMITTEE 2：UNDERGROUNG GAS STORAGE[R]．第27届世界天然气大会 WGC WASHINGTION DC 2018

[3] 丁国生，魏欢．中国地下储气库建设20年回顾与展望[J]．油气储运，2020，39[1]：25-29.

[4] Canada-World leader in hydrocarbon miscible flooding. Mungan，Nick. Journal of Canadian Studies. 2002.

[5] 袁广均，王进安，王兴忠，刘超．天然气驱提高原油采收率试验研究[J]．内蒙古石油化工．2013(04).

[6] 刘英．水驱与天然气驱结合提高厚油层油井产能实践[J]．钻采工艺．2012(02).

[7] 李光．锦2-6-9大凌河油层天然气驱可行性研究[J]．中国石油和化工标准与质量．2011(12).

[8] 郭永伟，杨胜来，李良川，等．长岩心注天然气驱油物理模拟实验[J]．断块油气田．2009(06).

[9] 高弘毅，侯天江，吴应川．注天然气驱提高采收率技术研究[J]．钻采工艺．2009(05).

[10] 赵燕芹，李巧梅，陈德斌，等．低渗油藏天然气驱适应性研究[J]．断块油气田．2009(02).

[11] 魏浩光，岳湘安，赵永攀，等．特低渗透油藏天然气非混相驱实验[J]．石油学报．2011(02).

[12] Analysis of Mass Transfer Mechanisms Occurring in Rich Gas DisplacementProcess. Lee，S-T，Lo，H，Dharmawardhana，B. T. SPE18061-MS. 1988.

[13] ComParative Study of RBA，P-x，Muiti-contact and Slim Tube Results. Fbse，X. L，Zhou，A. Journal of Canadian Petroleum Technology. 1994.

[14] Vertical Conformance in an Alternation Water-Miscible Gas Flood. H. L. Stone. SPE11130.

[15] Application of hydrocarbon gas miscible flooding for water flooding reservoir. Shimizu T. SPE57297. 1999.

盐穴储气库地质体注采运行风险分级与管控

郑雅丽[1,2]　邱小松[1,2]　赖　欣[1,2]　完颜祺琪[1,2]　李　康[1,2]

(1. 中国石油勘探开发研究院；2. 中国石油天然气集团有限公司油气地下储库工程重点实验室)

摘　要　盐穴储气库的地下盐穴在其储气压力与地应力作用下，如果盐穴运行压力不合理，易形成体积收缩，严重的引起地面塌陷，故需要进行注采运行储气库地质体的风险识别与管控。目前盐穴储气库地质体概念、风险分析与风险等级划分尚属空白。为此，在分析气藏储气库地质体相关研究成果的基础上，提出了盐穴储气库地质体的概念，建立了盐穴储气地质体风险识别体系。结果表明：①盐穴储气地质体可定义为“以含盐地层与其内部的盐腔为主，包含上覆地层与相邻断块等构造在内的地质单元”；②；盐穴储气地质体风险分析以盐腔体积收缩率、天然气渗漏量和地面沉降值3项指标的分析为主；③风险等级从低到高可划分为Ⅰ级、Ⅱ级、Ⅲ级，分别对应可接受、可容忍、不可接受三类。结论认为，盐穴储气库地质体风险分析与分级体系的建立，弥补了储气库风险分析缺少地质体的缺陷，为盐穴储气库安全运行管理提供了重要支撑。

关键词　地下储气库；盐穴储气地质体；风险分析、风险分级、管控措施

地下储气库是集地下储气地质体、储气库各类井、地面各类设施为一体的系统工程。从储气库建设利用的地质构造与其中储存流体性质不同可分为气藏、水层、油藏、盐穴、矿坑等类型，其中盐穴储气库是利用地下较厚的含盐地层或盐丘构造，通过注水溶解盐岩等可溶物质形成盐穴，再向盐穴中注入并储存天然气的方式建设的地下储气库。目前，全球共有储气库701座，工作气量为$4162\times10^8 m^3$，其中盐穴储气库106座，占储气库总数的15.1%，工作气量为$372\times10^8 m^3$，占储气库总工作气量的9.0%。目前，中国在役储气库(群)17座，总工作气量为$247\times10^8 m^3$，形成工作气量$164\times10^8 m^3$。仅有气藏与盐穴两种类型，其中盐穴储气库3座。盐穴储气库日提取量大、垫底气量少、注气与采气转换灵活，在国内外战略储备中日益得到重视和利用。

从国外储气库的建设运行经验来看，尽管在储气库设计时充分考虑了运行风险，并开展了针对性设计，但在运行过程中储气库事故仍时有发生。例如，1980年9月17日，美国得克萨斯州Montlvieu地区某储存液化石油气的盐穴注采井生产期间，井内天然气经由套管腐蚀处泄漏，并沿断层与疏松土壤迁移，最终在附近某居民区积聚并由于电器打火点燃发生爆炸；1992年4月7日，美国得克萨斯州Brenham盐丘发生事故，储存在盐穴内的液化石油气由于注气过多发生溢出，天然气经由注采井涌进邻近盐井并泄漏到地表，最终发生爆炸。同时，欧美盐穴储气库也曾发生由于盐岩蠕变造成的安全事故。此外，国内金坛盐穴储气库在运行过程中亦出现过环空异常带压的问题。综上，储气库长期安全问题亟待解决，其中地质方面的安全风险与失效管控问题亦不容忽视。

针对储气库地质安全风险，国内学者在选址评价阶段密封性，方案设计阶段稳定性、注采运行阶段监测与评价等方面取得了进展，但针对盐穴储气库地质体(以下简称盐穴储气地质体)的研究较少。2019年魏国齐等首次明确了气藏储气地质体的基本概念，但未对盐穴储气地质体予以定义。2022年郑雅丽等进一步完善了气藏储气地质体的概念，并对气藏储气地质体的风险分级进行了阐述，但仍限于气藏储气地质体，未为将盐穴储气库纳入其中。

在国内储气库加快建设和高速运行的背景下，为了保证储气库长期安全有效运行，储气库全生命周期风险管控意义重大。为此，借鉴气藏储气地质体概念与内涵，分析储气盐腔天然气渗漏机理，提出盐穴储气地质体基本概念，并从盐穴储气地质体危害因素识别、建立以风险分析与分级体系，以期健全完善储气库风险管控体系。

1 盐穴储气地质体基本概念与内涵

气藏储气库与盐穴储气库因其储气空间的不同，储气地质体的含义也不尽相同。下面参考气藏储气地质体的概念与内涵，给出盐穴储气地质体的基本概念，为盐穴储气地质体风险管控体系的建设提供依据。

气藏储气地质体是由储气层与其密封要素组成的储气构造和储气层的密封要素受交变载荷影响密封性失效后，天然气渗漏可能波及到的地下三维空间内地层、构造、流体等构成的集合体。其基本内涵是“储气层与储气库构造为核心，以天然气渗漏可能波及的范围为约束的地下空间内的地层、构造、流体等的集合体”。气藏储气地质体概念的建立，明确了气藏储气库地质研究的范畴不再局限于储气层与储气构造，还将储气构造密封性失效渗漏的天然气可能波及到的地层与构造范围纳入研究范畴。

参照气藏储气地质体的概念，盐穴储气地质体应以储气盐腔和盐腔所处的含盐构造为核心，以盐腔储存的天然气渗漏可能波及的范围为约束，因此，首先来看储气盐腔所在的构造情况。我国含盐地层以陆源湖相沉积为主，含盐地层多呈层状分布，同时受多期构造运动叠加的影响，常发育规模不等的多期次构造断层。层状含盐地层与断裂构成的含盐地层通常呈近水平的层状地层。含盐地层上覆地层受构造发育的继承性影响，很少发育局部构造，亦多为近水平的层状地层。含盐地层与上覆地层结构简化示意如图 1。图中的含盐地层由盐层与夹层组成，反映了我国内陆盐湖相成因的含盐地层中除了盐层外，还发育数量不等的泥岩、硬石膏岩、钙芒硝岩等非盐层组成的隔夹层的特点。然后来看储气盐腔如发生密封性失效，天然气渗漏可能波及的范围。为了了解储气盐腔天然气渗漏波及范围，必须明确储气盐腔天然气渗漏的机理。储气盐腔天然气渗漏主要有以下两种机理：

（1）力学破坏

储气盐腔是通过水溶的方式在含盐地层中形成的空腔。这个空腔在地下受腔内注采运行压力、垂直应力、水平应力(最小水平主应力、最大水平主应力)三种力的影响，当腔内压力超过腔壁围岩的最小应力时，腔壁围岩可能发生拉张破坏，造成天然气渗漏，由于盐岩的蠕变特性，即盐岩发生微细裂缝可以自愈合，那么天然气渗漏最可能的部位就是泥岩等岩性构成的夹层(图 1①)。另外，夹层的渗漏也可能是由于盐腔多周期注采运行压力在上限压力和下限压力之间循环波动，造成夹层岩石的力学损伤，当力学损失积累至一定程度将产生剪切破坏形成微细裂缝，这些裂缝相互连通时导致天然气渗漏(图 1①)。无论是拉张破坏还是剪切破坏造成的夹层渗漏的天然气抵达断层，如该断层在多周期注采应力影响下发生活化，渗漏至断层处的天然气将沿断层继续渗漏至上覆的渗透层中(图 1②)。

（2）盐岩蠕变与力学破坏耦合

因盐岩的蠕变特性，储气盐腔在腔内注采运行压力、垂直应力、水平应力及盐岩蠕变的共同作用下，体积会发生收缩。让盐腔收缩量达到一定程度，上覆地层会有不同程度的沉降(如图 1 中盐腔 A 上覆地层界面附近红色虚线所示)。若盐腔收缩量造成盐腔顶预留盐层及盖层沉降超过其岩石力学强度，将会发生力学破坏产生微细裂缝，届时可能引起腔内天然气的渗漏至上覆渗透层(图 1③)，造成天然气损失。如上覆地层的沉降逐层向上传到至地面，引发地面塌陷(如图 1 中盐腔 A 上覆地面)(图 1④)天然气将渗漏至地表。此外，由于盐岩遇水即发生溶解，上覆盖层沉降幅度超过其岩石力学强度产生的裂缝等渗漏通道，不仅会导致腔内储存天然气向上渗漏，还可能使上覆渗透层的地层水向下渗流与盐层沟通。当渗流的地层水与盐腔顶部预留的盐层接触时，盐层会发生不可控溶解(图 1⑤)，严重的也将导致上覆盖层坍塌，引起地面塌陷、天然气渗漏至地面(图 1④)，引起火灾或爆炸。

综上，以天然气渗漏可能波及的范围为指导，盐穴储气地质体纵向上以储气盐腔的含盐地层为基准，向上延伸的范围应至地面。平面上除了盐腔建造区块，还应将相邻的断块纳入其中。为此，盐穴储气地质体可定义为“以含盐地层与其内部的盐腔为主，包含上覆地层与相邻断块等构造在内的地质单元”。其中与盖层接触的上覆渗透层是用于监测盖层与断层密封性失效天然气渗漏的层位，也称为“上监测层”。

2 盐穴储气地质体风险因素识别

从盐穴储气地质体概念分析来看，受运行压力从上限至下限压力循环交替变化的影响，盐穴储气地质体中的盐腔、夹层、断层、盖层的性能在储气库多周期运行过程中有变差的风险，因此将上述4项作为危害因素识别的四个基本单元，并对这四个单元的危害因素逐一识别，给出各危害因素可能造成的后果(表1)。

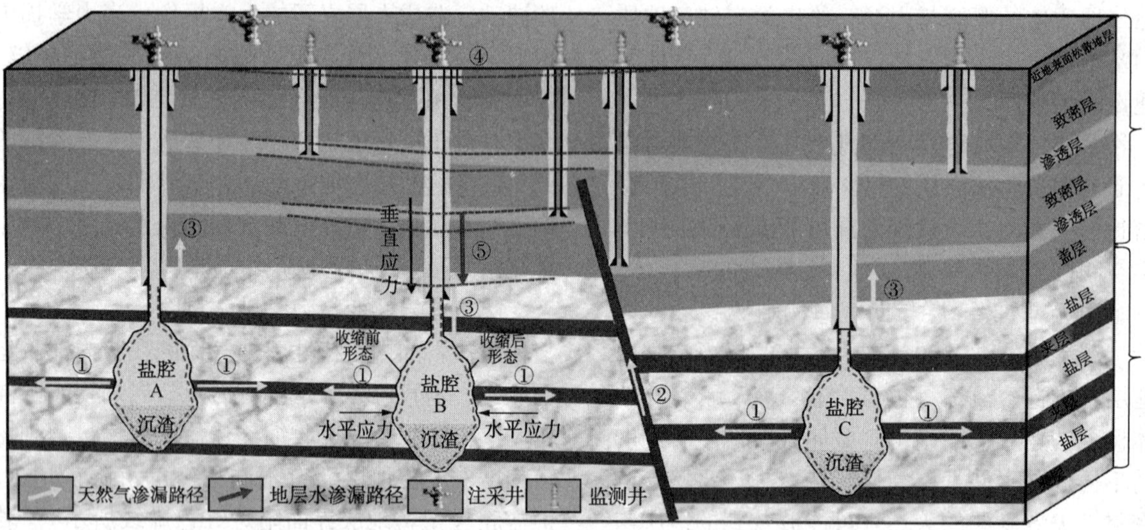

图1　盐穴储气地质体中储气盐腔密封性失效渗漏示意图

注：①夹层破坏天然气渗漏；②断层激活天然气渗漏；③盖层破坏天然气渗漏；④地面塌陷天然气渗漏；⑤地层水渗漏溶解腔顶盐层天然气渗漏

表1　盐穴储气库地质体危害因素分类表

识别单元	危害因素	后果
盐腔	盐岩蠕变	盐腔体积减少，储气量减少
	盐岩蠕变+学破坏	盐腔体积缩小引发地层沉降传导至地面，地面塌陷，天然气渗漏到地表，引起火灾或爆炸，盐腔废弃(图1④)
夹层	力学破坏	过量注气，盐腔内压力过高导致夹层拉张破坏，或多周期注采岩石损伤导致夹层剪切破坏引起夹层密封失效，相邻腔体连通(图1①)
断层	力学破坏	多周期注采岩石损伤导致断层激活，天然气渗漏至上覆渗透层，造成储气量损失，盐腔废弃(图1②)
盖层	盐岩蠕变+力学破坏	盐腔体积缩小地层沉降，沉积幅度超过盖层力学强度，盖层破坏天然气渗漏至上覆渗透层，盐腔废弃(图1③)； 地层沉降盖层密封失效，地层水渗流溶解腔顶预留盐层使腔体失稳，地面塌陷天然气渗漏至上覆渗透层或地表，盐腔废弃(图1⑤)

3　风险分析

盐穴储气地质体注采运行在一年内可能包含多个注气与采气小周期，因此，应依据注采气量与压力变化规律，在固定时间间隔内进行一次风险分析，如常规评价每年一次，如遇注气气量与压力关系发生异常时，须立刻开展风险分析，查找危害因素，为制定应对措施提供依据，以保证储气库的安全运行。

由盐穴储气地质体基本内涵分析可知，盐腔、夹层、断层及盖层4个危害因素识别单元之间风险相互影响，其危害因素表现出来的风险后果从低到高可归纳为盐腔体积收缩储气量减少，盐腔密封失效天然气渗漏至上覆地层造成的天然气量的损失、地面沉降天然气渗漏发生火灾或爆炸，因此将盐腔体积收缩率、天然气渗漏量和地面沉降值作为风险分析的评价指标。

盐腔体积收缩率反映了储气能力的减少量，可通过对比分析声呐测得的不同时期的盐腔体积得到，但盐穴储气库监测方案中大多规定5年开展一次盐腔监测。在缺少测腔数据的情况下，常利用库容核实法获得盐腔体积收缩率，即根据注采气量计算盐腔库存量，再根据腔内温度压力计算单腔体积，与投产时的单腔体积进行对比分析得到。

天然气渗漏量反映了因盐腔密封失效造成的天然气损失量，可利用声呐测腔体积、注采气量与温度压力变化规律综合进行评价。

地面沉降值反映地表的变形程度，可通过对比分析地面沉降监测系统测得的数据获得。

此外，为评价夹层、盖层、断层等其他单元的安全程度，基于单腔注采气量、压力、温度等资料，或综合微地震事件，利用数值模拟方法对已有单腔与腔群的地质力学模型进行反演，校正其地应力场参数后，加载注采运行数据计算夹层、断层、盖层等处的应力损伤及变形位移量，分析各识别单元的失效风险。

4　风险分级评估与管控

盐穴储气地质体一旦发生发生安全事故，盐腔中储存的天然气可能渗漏至地表引起火灾和爆炸，造成经济损失，甚至造成人员伤亡，后果十分严重。可将盐腔体积收缩率、天然气渗漏量和地面沉降值 3 项作为风险评价指标，利用其安全临界值将风险等级从低到高划分为Ⅰ级、Ⅱ级、Ⅲ级、Ⅳ级。三项判定指标的临界值最好可以量化，但目前国内只有金坛一座盐穴储气库，这个临界值还没有标准可循，目前评价仅参考国外的经验，如盐腔年体积收缩率不大于 1% 等。未来，随着盐穴储气库运行和研究，可以总结出较为科学的评价指标，故表 2 中给出“以标准规定值或统计经验临界值”作为评判标准。这四级风险中Ⅳ级风险为最严重的风险，其评判标准除了 3 项指标“超过标准规定值或统计经验临界值”，还可从“评价时已经发生了地面塌陷和天然气渗漏至地表现象”进行判定。这类风险最严重的后果是“发生火灾或爆炸”造成生命财产的损失的严重损失，也有可能只表现了地面塌陷，地表可检测到有天然气泄露，还未发生火灾等严重后果。这四级风险采用风险可接受程度准则判定为可接受、可容忍及不可接受 3 类，针对不同等级风险采取不同的应对措施(表 2)。

表 2　盐穴储气地质体风险判定与应对措施表

风险等级	风险类别	盐腔体积收缩率	地面沉降值	天然气渗漏量	应对措施
Ⅳ	不可接受	超过标准规定值或统计经验临界值，已经发生了地面塌陷、天然气渗漏至地表，已发生或未发生火灾或爆炸			立刻关闭并废弃；相邻盐腔调整注采运行方案，加强监测与评价
Ⅲ		超过标准规定值或统计经验临界值			
Ⅱ	可容忍	接近标准规定值或统计经验临界值			调整注采方案，增加监测与评价次数
Ⅰ	可接受	低于标准规定值或统计经验临界值			正常运行，按要求定期监测和评价

5　结论

通过分析气藏储气地质体研究成果，提出盐穴储气地质体的概念，建立了盐穴储气地质体风险管控体系，弥补了储气库地质体风险管控方面的欠缺，为盐穴储气库长期安全有效运行管理提供了支撑，具有一定的指导意义和应用价值。

(1) 盐穴储气地质体是以含盐地层与其内部的盐腔为主，包含上覆地层与相邻断块等构造在内的地质单元。

(2) 盐穴储气地质体风险识别单元可归纳为盐腔、夹层、断层、盖层四类，风险分析以盐腔体积收缩率、天然气渗漏量和地面沉降值为评价指标。

(3) 将盐穴储气地质体风险等级从低到高划分为Ⅰ级、Ⅱ级、Ⅲ级、Ⅳ级，其中Ⅰ级为可接受风险、Ⅱ级为可容忍风险、Ⅲ级与Ⅳ级为不可接受风险。

盐腔体积收缩率、天然气渗漏量和地面沉降值 3 项风险评价指标的安全临界值目前还没有标准进行规定。文中提出的统计经验值，受国内唯一一座金坛盐穴储气库运行时限及研究程度的限制，还需要进一步研究，以期给出科学的量化评价指标。

参考文献

[1] 郑雅丽，赵艳杰．盐穴储气库国内外发展概况[J]．油气储运，2010，29(9)：652-655，663.

[2] 李建君．中国地下储气库发展现状及展望[J]．油气储运，2022，41(7)：780-786.
[3] 谢丽华，李鹤林，赵新伟，等．盐穴地下储气库事故统计及风险分析[J]．中国安全科学学报，2009，19(9)：125-131.
[4] 李丽锋，赵新伟，罗金恒，等．盐穴地下储气库失效分析与预防措施[J]．油气储运，2010，29(6)：407-410.
[5] 李海伟．储气库老腔改造井环空带压现象探讨[J]．石化技术，2015(8)：160.
[6] 杨海军，李建君，任众鑫．盐穴储气库井注采外环空带压问题探讨[J]．石油化工应用，2016，35(7)：
[7] 郑雅丽，完颜祺琪，邱小松，等．盐穴地下储气库选址与评价新技术[J]．天然气工业，2019，39(6)：123- .
[8] 袁光杰，田中兰，袁进平，等．盐穴储气库密封性能影响因素[J]．天然气工业，2008，28(4)：105-107.
[9] 陈祥胜，李银平，尹洪武，等．多夹层盐矿地下储气库气体渗漏评价方法[J]．岩土力学，2018，39(1)：11-20.
[10] 丁双龙．金坛盐穴储气库微渗层分布规律及物理特性研究[J]．石油钻采工艺，2020，42(4)：454-458.
[11] 王同涛，闫相祯，杨恒林，等．多夹层盐穴储气库群间矿柱稳定性研究[J]．煤炭学报，2011，36(5)：790-795.
[12] 王粟，武志德，王汉鹏，等．地下盐穴储气库周期注采运行稳定性评价[J]．油气储运，2018，37(7)：775-779.
[13] 孔君凤，李银平，杨春和，等．盐穴储气库群地表铁路路基变形及运输安全评价[J]．岩石力学与工程学报，2012，31(9)：1776-1784.
[14] 井岗，何俊，陈加松，等．盐穴储气库稳定性的实时微地震监测[J]．油气储运，2018，37(7)：751-756.
[15] 何春海，姚威，刘玉刚，等：盐穴储气库地面沉降监测与分析[J]．土工基础，2017，31(4)：476-478.
[16] 罗金恒，李丽锋，赵新伟，等．盐穴地下储气库风险评估方法及应用研究[J]．天然气工业，2011，31(8)：106-140.
[17] 李丽锋，罗金恒，赵新伟，等．盐穴地下储气库风险评估技术与控制措施[J]．油气储运，2010，29(9)：648-651.
[18] 魏国齐，郑雅丽，邱小松，等．中国地下储气库地质理论与应用[J]．石油学报，2019，40(12)：1519-1530.
[19] 郑雅丽，邱小松，赖欣，等．气藏型地下储气库地质体注采运行风险分级与管控[J]．天然气工业，2022，42(3)：114-119.
[20] 吴煜，李从东．二拉平原则(ALARP)应用分析——以工业系统风险评价为例[J]．山东财经大学学报，2005，(3)：47-49.

盐穴地下储氢库稳定性研究

刘冰冰[1,2] 武志德[1,2] 丁国生[1,2] 姬振兴[3] 石孝明[4] 刘旭正[4]

(1. 中国石油勘探开发研究院；2. 中国石油天然气集团公司油气地下储库工程重点实验室；
3. 华北科技学院；4. 中国矿业大学(北京))

摘 要 在当前碳达峰，碳中和的大背景下，为充分挖掘氢能对净零排放的重要贡献潜力，满足未来新能源战略储备需求，急需开展大规模氢气地下储存研究。本文以国内已建某盐穴储气库为背景，基于流-固耦合理论分析盐穴地下储氢库实际注采运行条件下的稳定性及密封性表现。结果表明：盐岩结构致密，孔隙度和渗透率极低，对大规模氢气地下存储十分有利。盐穴储氢库运行期间围岩整体呈向内收缩趋势，夹层处变形形状不规则。内压恒定7MPa、12MPa、17MPa顶板下沉量为3.9m和2.35m和0.96m。采气期间腔体体积收缩较快，运行30a体积收缩率为16.38%。腔体中上部及顶部渗透率明显增大，运行30年围岩最大渗透率增长约2倍。高频率注采会对盐岩造成损伤，导致渗透率明显增高，氢气具有沿腔体中上部裂隙流动趋势。研究结果为氢气地下存储技术可行性及安全性提供有益借鉴。

关键词 氢气；地下储氢；盐穴储气库；流固耦合；稳定性

1 前言

氢气是一种清洁、零碳的二次能源，具有能量密度大、获取方式多样、利用率高等优点。作为未来理想的清洁能源载体，氢能是最有希望取代传统化石燃料的能源，将成为第三次能源变革的重要媒介。然而，光伏、风电等可再生能源制取氢能的方法存在间歇性与波动性，需要发展大规模的存储技术充当氢能制取与利用环节间的桥梁。目前常规的储氢方式有高压气态储氢、低温液态储氢、固态储氢及有机物液体储氢。在当前碳达峰，碳中和的大背景下，为充分挖掘氢能对净零排放的重要贡献潜力，满足未来新能源战略储备需求，急需开展大规模氢能储存研究。

地下储氢技术由于储存规模大，综合运行成本低，安全性高等优点在国际上已得到广泛关注。盐岩作为能源储存的一种理想介质，具有低渗透性、良好的密封特性及损伤自修复功能，能够保证储库的密封性和长期稳定性，是石油、天然气地下存储以及核废料地下封存的主要介质，同时也将成为未来氢能地下存储的重要方式。目前，美国、英国、德国、荷兰和丹麦等国家均开展了利用地下盐穴储氢作为大规模储氢库的相关研究。

氢气作为自然界最小的分子，具有扩散速度快、低密度、低黏度等特性，在地下注采过程中对地质体密封性及注采期间围岩稳定性提出重要考验。我国已开展大量盐穴储气库相关研究，但由于氢气同天然气分子相比差异较大，盐穴地下储氢库注采运行的稳定性和密封性需经过专门论证，目前研究尚处空白。本文以国内已建某盐穴储气库地质资料为背景，基于流-固耦合理论分析盐穴地下储氢库实际注采运行条件下的稳定性及密封性表现，为氢气地下存储技术可行性及安全性提供有益借鉴。

2 模型与参数

2.1 地质模型

参考国内已建某天然气盐穴地下储气库相关背景资料，根据该地区储气库真实地质资料建立数值模型，图1为模型纵剖面示意图，图2为模型网格剖分示意图。腔体形状采用上大下小的梨型溶腔，该形态溶腔最符合稳定性要求，同时也适合容纳不溶物杂质堆积在腔底形成的残渣。建库层段盐岩层整体厚度155m，其中预留顶板44.5m，底板25m建腔。腔体整体高95m，宽70m，由顶部长半轴60m，短半轴35m的半椭球体和底部半径35m的半球体组成，体积$24.36\times10^4m^3$，中心埋深位于地下1085m。腔体上、下两部分均有夹层穿过，分别位于地下1035m和1102m处，厚度分别为3.5m和3m。根据模型顶部地层实际埋深776m施加模型顶部上覆地层压力为19.6MPa，对模型底面施加垂直方向简支约束，四个侧面施加各面法线方向的简支约束，不允许其产生法向移动。

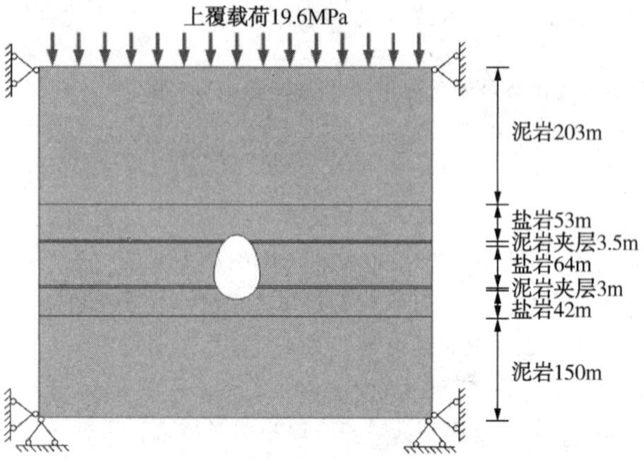

图1　某储气库地质剖面及拟建储氢库示意图

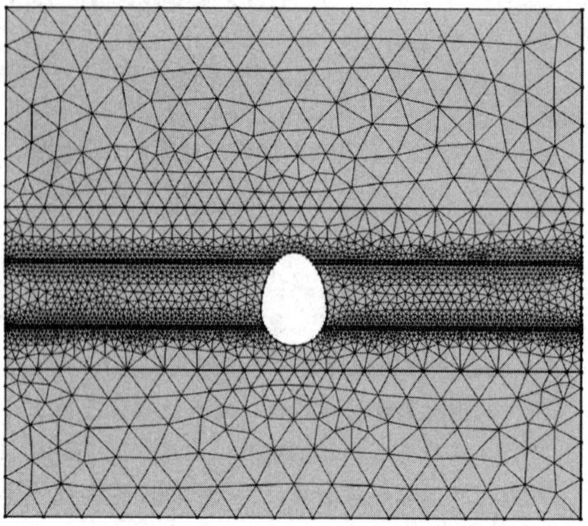

图2　模型网格剖分纵剖面示意图

2.2　计算理论与参数

数值模拟力学计算理论采用Mohr-Coulomb强度理论。该理论是一种剪应力强度理论，较全面的表征了岩石的破坏特征，同时适用于塑性岩石和脆性盐岩的剪切破坏，也反映了岩石抗拉强度远小于抗压强度这一特性。假设压应力为负，拉应力为正，则Mohr-Coulomb强度条件的屈服函数为：

$$f_s=\sigma_1-\sigma_3 N_\varphi+2C\sqrt{N_\varphi}\,,\ f_t=\sigma_3-\sigma^t \tag{1}$$

式中：$N_\varphi=\dfrac{1+\sin\varphi}{1-\sin\varphi}$；c为黏聚力，MPa；$\varphi$为内摩擦角,°；$\sigma^t$为盐岩的抗拉强度，MPa。

蠕变模型采用CPOWER模型，该模型结合了黏弹性双组分Norton-Power模型和Mohr-Coulomb弹塑性模型的行为，更好地描述了岩石稳态蠕变阶段蠕变率随时间指数增长的现象，表达式如下：

$$\dot{\varepsilon}_{cr}=A\,\overline{\sigma}^n,\ \overline{\sigma}=\sqrt{3J_2} \tag{2}$$

其中，$\dot{\varepsilon}_{cr}$为稳态蠕变率；A、n为蠕变常数；$\overline{\sigma}$为Von-Mises应力，MPa，J_2为第二应力偏量不变量。

通过室内岩石力学实验获得建库地区盐岩和泥岩的数值模拟参数(表1)：

表1　数值模拟力学参数

岩性	密度/(kg/m³)	弹性模量/GPa	黏聚力/MPa	内摩擦角/°	泊松比	抗拉强度/MPa	蠕变常数A_0	蠕变指数n
盐岩	2200	18.6	11.4	39	0.33	1.5	3.4×10^{-6}	3.5
泥岩	2500	10.5	7.7	30	0.24	3.3	3.8×10^{-7}	1.7
泥岩夹层	2400	8.8	6.5	36	0.25	1.5	4.0×10^{-7}	1.7

氢气地下存储的稳定性研究在借鉴已有天然气地下储气库建设经验的基础上，需要充分考虑氢气与天然气分子的特性对比，二者标况下常规物理性质见表2。可以看出，氢气相比于天然气，分子量很小，导致其密度，黏度、压缩性等物理参数均小于天然气，具有较高的流动性，地下存储更易发生泄露风险。尤其在向顶板上方扩散的趋势及盐岩层与泥岩夹层间流动需要重点关注。

表2　氢气标况下常规物理性质

气体	平均摩尔质量/(g/mol)	密度/(kg/m³)	比热容/[kJ/(kg·K)]	气体常数/[J/(kg·K)]	动力黏度/mPa·s	运动黏度/(m²/s)
天然气	16	0.7174	14.05	518.75	0.0106	1.45×10^{-5}
氢气	2	0.0898	2.165	412.67	0.00852	9.3×10^{-5}

氢气在盐岩层及夹层中的流动数值模拟采用经典的达西渗流定律计算，见式(3)、式(4)。

$$\frac{\partial}{\partial t}(\varepsilon_p \rho)+\nabla \cdot (\rho u)=Q_m \tag{3}$$

$$u=\frac{k}{\mu}\nabla p \tag{4}$$

其中，t 为时间，s；ε_p 为介质孔隙度,%；ρ 为氢气密度，kg/m^3；u 为氢气流速，m/s；k 为孔隙度，m^3；μ 为氢气动力黏度，Pa·s；p 为应力，Pa。

盐穴通常埋藏较深，地层压力大。在未扰动时的盐岩结构极为致密，孔隙度和渗透率极低，对大规模氢气地下存储十分有利。但氢气分子量很小，密度低，向上沿顶板及四周扩散速度极快，泥岩夹层孔隙度和渗透率明显大于盐岩，长期注采运行期间对泥岩夹层易造成损伤，内部易产生微小裂隙。这些裂隙可能成为氢气分子渗流泄露的通道，影响盐穴储氢库的密封性。

通过开展该地区覆压条件下孔隙度、渗透率测试实验，获得岩石孔隙度、渗透率随围压变化关系。实验测得该地区建库层段盐岩平均孔隙度为0.35%，渗透率为0.000658mD，结构极为致密，故视盐岩渗透率与孔隙度为常数，不考虑盐岩渗透率随应力变化关系。泥岩夹层的渗透率和孔隙度随应力如图3所示，地层压力低于20MPa时，随着应力的增加，泥岩夹层的渗透率与孔隙度均有明显降低，表明在低围压下，应力的增加对泥岩夹层内部裂隙的产生和扩张具有明显抑制作用。泥岩夹层渗透率和孔隙度随压力变化可拟合呈幂指数函数关系，见式(5)。由于该地下储气库埋深大于1000m，上覆地层应力高于20MPa，该压力下渗透率对应力变化敏感性较弱，有利于氢气地下存储。

$$\varphi=0.1841p^{-0.421},\ k=0.0273p^{-1.025} \tag{5}$$

采用式(6)、(7)将应力与渗流关系耦合：

$$\nabla \cdot [S-\alpha_B(p_A-p_{ref})]+F_V=0 \tag{6}$$

$$\rho_f S\frac{\partial p_f}{\partial t}+\nabla \cdot (\rho_f u_f)=Q_m-\rho_f \alpha_B\frac{\partial \varepsilon_{vol}}{\partial t},$$

$$S=\varepsilon_p \chi_f+\frac{(1-\alpha_B)(\alpha_B-\varepsilon_P)}{k_d} \tag{7}$$

其中，α_B 为，Biot-Willis系数；P_{ref}为参考应力，MPa；F_V为体积应力，MPa；S 为介质常数，1/Pa；Q_m为气体质量源，kg/(m^3·s)；ε_{vol}为介质孔隙度,%；χ_f 为氢气压缩系数。

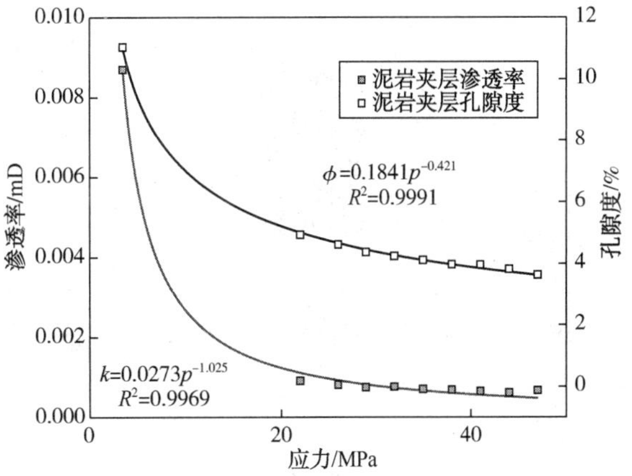

图3 泥岩夹层孔隙度和渗透率随应力变化

3 稳定性评价

结合莫尔-库伦破坏理论与气体渗流力学理论对盐穴储氢库开展流-固耦合稳定性计算。参考该地区已建天然气地下储气库设计经验，确定该盐穴储氢库运行压力区间为7~17MPa。

3.1 围岩变形与应力分布

模拟盐穴储氢库在不同运行压力下恒压运行30年的围岩变形情况。内压恒定7MPa和17MPa下位移分布云图如图4所示，围岩整体呈向内收缩趋势，腔体整体形状与初始形状变化不大，顶板与底板以发生竖向变形为主。顶板下沉量略高于底板上鼓量，越靠近腔体的围岩变形量越大。由于泥岩夹层处弹性模量与蠕变参数不同于盐岩段，随着运行时间增加，在夹层处发生变形不协调，导致该处腔体形状不规则。

建库的盐岩地层呈韵律分布，通常与泥岩、钙芒硝岩、石膏岩等互层。由于泥质岩石的渗透率与孔隙度明显高于盐岩，变形能力较弱且不具备损伤自愈合特征，不宜作为储氢库的直接顶板。在水溶造腔时，需要预留一定厚度的盐岩作为盐腔的直接顶板，防止氢气从顶板处向上逸散。不同运行压力顶板下沉量随时间变化规律如图5所示。腔体运行压力越低，顶板变形量越高。因此，应尽量减少储氢库低压运行时间。内压恒定7MPa、12MPa、17MPa运行30年最终顶板下沉量为3.9m和2.35m和0.96m，相对于初始腔高95m整体变形量不超过5%，整体变形量较小。

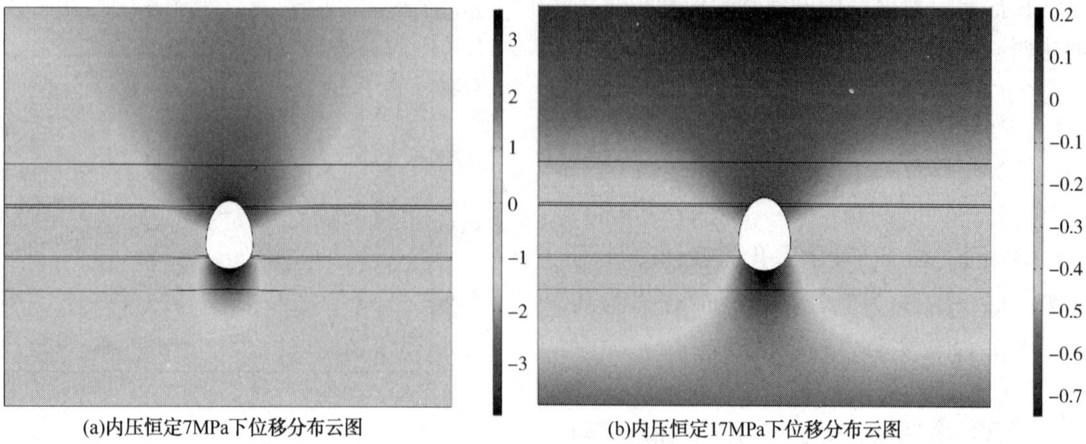

图 4　不同运行压力下位移分布云图

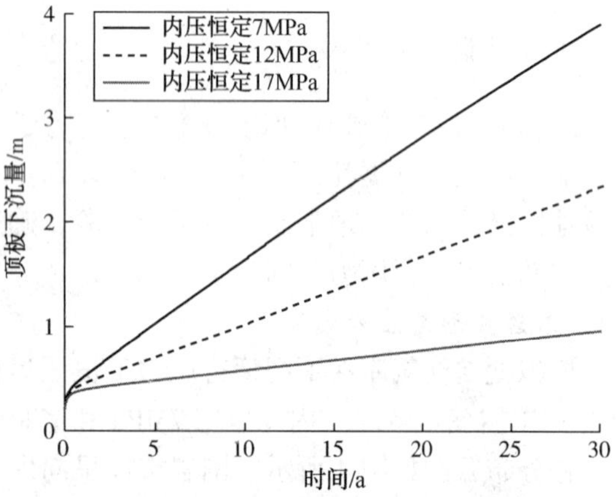

图 5　不同运行压力顶板下沉量随时间变化规律

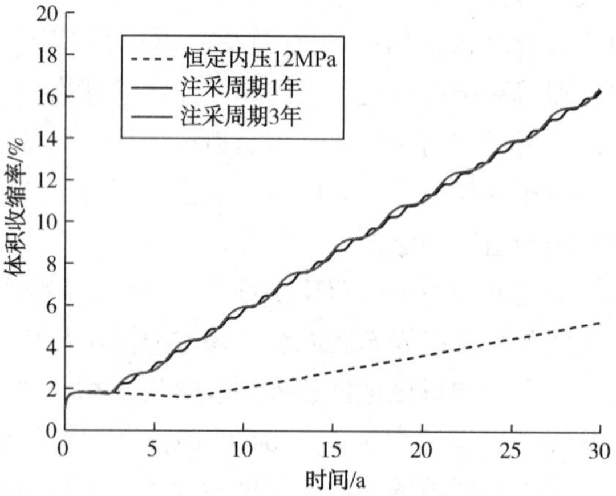

图 6　不同注采周期体积收缩率随时间变化规律

3.2　注采周期的影响

图 6 为盐穴储氢库不同注采运行工况下运行 30 年间体积收缩率变化。对比内压 7-17MPa 间注采周期 1 年和 3 年与恒定内压 12MPa 运行三种不同工况体积收缩率变化，可见注采运行工况下，腔体体积收缩率关于注采气规律呈波浪式上升。注气期间腔体体积几乎无收缩或收缩缓慢，采气期间腔体体积收缩很快，该阶段围岩变形收缩剧烈，甚至产生损伤破坏。注采周期越短，腔体体积收缩率变化频率越高。恒压 12MPa 储存 30a 体积收缩率很小，近似呈线性增长，仅为 5.27%。表明盐穴储氢库设计应减少注采气循环频度并避免高速率采气，以防对盐岩层及夹层造成损伤。不同注采周期下盐穴储氢库最终体积收缩率相同，均为 16.38%，平均 0.55%/a，满足盐穴储气库对体积收缩率的设计要求。

3.3　密封性评价

基于泥岩夹层与盐岩层的应力-渗流耦合机理分析盐岩储氢库运行过程中由于长期蠕变与注采气影响引起的渗透性能变化规律，分析盐穴储氢库长期运行条件下的密封性能力。

以注采周期 1 年为例，盐穴储氢库运行 30 年渗透率分布云图如图 7 所示。盐穴储氢库腔体四周围岩渗透率均有明显降低趋势，渗透率明显增大范围集中在腔体中上部及腔体顶部，这是氢气密度明显小于围岩密度向顶板附近及四周逸散导致的。运行 30 年腔体附近渗透率最大 0.00072mD。图 8 为不同运行工况下腔体顶板处最大渗透率变化。由图可知，注采周期一年腔体顶部最大渗透率随着注采运行工况呈波浪式增长，由最初 0.00038mD 增长至 0.00072mD。三年注采周期的条件下，渗透率增长明显低于一年注采周期，最终为 0.00066mD。高频率注采会对盐岩造成损伤，导致渗透率增高，氢气具有沿腔体中上部裂隙流动趋势。

4　结论

本文以国内已建某盐穴储气库为背景，基于

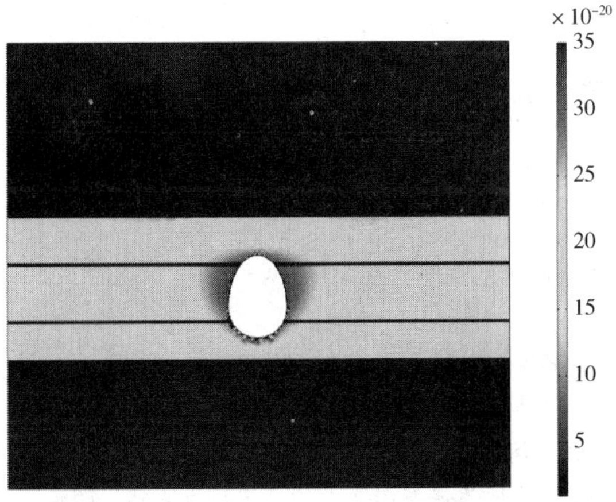

图 7　渗透率分布云图

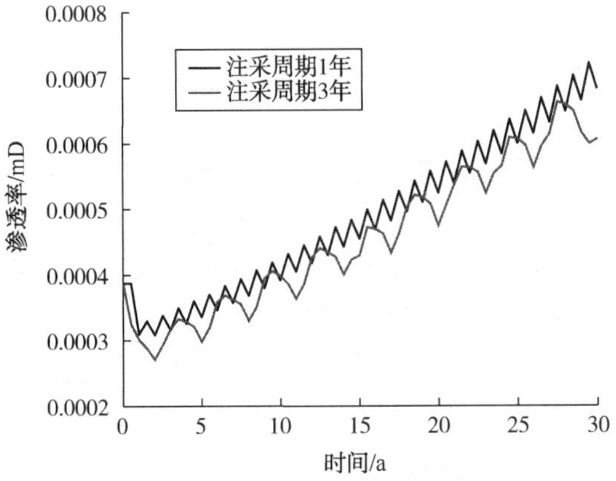

图 8　腔体顶部渗透率随时间变化规律

流-固耦合理论分析盐穴地下储氢库实际注采运行条件下的稳定性及密封性表现。主要结论如下：

（1）盐岩结构致密，孔隙度和渗透率极低，对大规模氢气地下存储十分有利；泥岩夹层孔隙度和渗透率明显大于盐岩，长期注采运行期间对泥岩夹层易造成损伤，影响盐穴储氢库的密封性。

（2）盐穴储氢库运行期间围岩整体呈向内收缩趋势，顶板发生下沉，底板上鼓，越靠近腔体的围岩变形量越大，腔体整体形状与初始形状变化不大，夹层处变形形状不规则。腔体运行压力越低，顶板变形量越大，应尽量减少储氢库低压运行时间。内压恒定 7MPa、12MPa、17MPa 顶板下沉量为 3.9m 和 2.35m 和 0.96m，相对于初始腔高 95m 整体变形量不超过 5%，整体变形量较小。

（3）盐穴储氢库体积收缩率关于注采气规律呈波浪式上升，运行 30a 体积收缩率为 16.38%，采气期间腔体体积收缩较快。盐穴储氢库运行设计应减少注采气循环频度并避免高速率采气，以防对盐岩层及夹层造成损伤。

（4）盐穴储氢库运行期间腔体中上部及顶部渗透率明显增大，运行 30 年围岩最大渗透率增长约 2 倍。不同注采周期对比显示高频率注采会对盐岩造成损伤，导致渗透率明显增高，氢气具有沿腔体中上部裂隙流动趋势。

参　考　文　献

[1] 丁国生，丁一宸，李洋，等．碳中和战略下的中国地下储气库发展前景[J]．油气储运，2022，41(01)：1-9.

[2] 邹才能，何东博，贾成业，等．世界能源转型内涵、路径及其对碳中和的意义[J]．石油学报，2021，42(02)：233-247.

[3] 赵永志，蒙波，陈霖新，等．氢能源的利用现状分析[J]．化工进展，2015，34(09)：3248-3255.

[4] 刘坚，钟财富．我国氢能发展现状与前景展望[J]．中国能源，2019，41(02)：32-36.

[5] 邹才能，薛华庆，熊波，等．“碳中和”的内涵、创新与愿景[J]．天然气工业，2021，41(08)：46-57.

[6] 李璐伶，樊栓狮，陈秋雄，等．储氢技术研究现状及展望[J]．储能科学与技术，2018，7(04)：586-594.

[7] 曹军文，覃祥富，耿嘎，等．氢气储运技术的发展现状与展望[J]．石油学报(石油加工)，2021，37(06)：1461-1478.

[8] 陆佳敏，徐俊辉，王卫东，等．大规模地下储氢技术研究展望[J/OL]．储能科学与技术：1-9[2022-09-20].

[9] 柏明星，宋考平，徐宝成，等．氢气地下存储的可行性、局限性及发展前景[J]．地质论评，2014，60(04)：748-754.

[10] 方琰藜，侯正猛，岳也，等．一种应用于氢能产业一体化的新型多功能盐穴储氢库[J]．工程科学与技术，2022，54(01)：128-135.

[11] 郑雅丽，赵艳杰．盐穴储气库国内外发展概况[J]．油气储运，2010，29(09)：652-655+663+11.

[12] 完颜祺琪，丁国生，赵岩，等．盐穴型地下储气库建库评价关键技术及其应用[J]．天然气工业，2018，38(05)：111-117.

[13] 杨海军．中国盐穴储气库建设关键技术及挑战[J]．油气储运，2017，36(07)：747-753.

[14] 付盼，罗淼，夏焱，等．氢气地下存储技术现状及难点研究[J]．中国井矿盐，2020，51(06)：19-23.

夹层界面强度对盐穴储气库稳定性的影响

武志德[1,2]　丁国生[1,2]　刘冰冰[1,2]　李　康[1,2]　冉莉娜[1,2]

（1. 中国石油勘探开发研究院廊坊分院；2. 中国石油地下储库与工程重点实验室）

摘　要　层状岩体是地质构造运动形成的一种天然材料，其变形特性和变形参数也明显不同于单一岩体。盐岩地下储库建设中，盐岩与夹层之间的交界面强度对储气库稳定性的影响是目前需要重点解决的问题。本文基于国内某层状盐穴储气库地质条件，针对界面强度对溶腔稳定性的影响进行了数值模拟研究，认为界面强度对腔体稳定性影响显著，主要起到传递和协调两种不同岩体之间变形的作用，为保证溶腔稳定性，界面强度不应低于原始0.5倍。腔体内压越高，界面效应越明显。当界面强度很低时，两溶腔间的夹层上部塑性区出现联通情况，不利于溶腔稳定性。界面强度在0.5-1倍强度范围内时，溶腔之间相互作用减弱，变形量基本与单腔体的变形一致。

关键词　层状盐岩；盐穴储气库；夹层；界面强度；数值模拟

1　引言

随着我国国民经济的发展，国内进行着大量的土木工程建设以及能源开采与储备工程。在水电工程、采矿工程、土木工程以及石油天然气核废料贮存等工程建设中，都大量存在着层状岩石力学问题。层状岩体是地质构造运动形成的一种天然材料，其变形特性和变形参数也明显不同于单一岩体。尤其在我国盐岩地下储库建设中，受地质条件限制，建库层段多位于层状盐岩地层中——泥岩、钙芒硝和石膏层等夹层与盐岩共存。在外力作用下，不同岩性的岩体在变形上会相互影响，以及受到层间界面强度的影响，有可能产生变形不协调、不匹配，影响着层状岩体的力学性质。盐岩地下储库建设中，盐岩与夹层之间的交界面强度对储气库稳定性的影响是目前需要重点解决的问题。

针对层状岩石力学特性的研究，国内外学者从理论、实验及数值模拟角度作了大量的研究与探讨。姜德义等分析不同浸泡时间对盐岩中泥质硬石膏夹层软化效果的影响，认为泥质硬石膏力学性能随卤水浸泡时间劣化明显。章求才建立了水饱和夹层的热-孔隙水-力三场耦合作用模型，提出边坡临界滑塌过程中夹层内摩擦增温诱发的灾变机理和准则。张顶立等将含夹层岩体视为一个完整的力学系统，建立了含夹层岩体组合系统力学模型，揭示了含夹层岩体的破坏及失稳机理。张玉军等根据层状岩体在平行和垂直层面的方向上具有不同的强度特性，开发了一个可以处理层状岩体强度异向性的弹塑性的平面有限元程序，并进行界面强度计算。在层状盐岩力学的研究方面，针对湖北云应盐矿含众多夹层的互层盐岩体，杨春和等对湖北云应盐矿的层状盐岩，建立了基于 Cosserat 介质扩展本构模型，其中包括二维，三维弹性本构模型，并在实验研究的基础上，对层状盐岩的破损特征进行了理论分析和数值模拟验证。王安明针对层状盐岩中变形不协调的现象，建立了层状盐岩体各项异性的蠕变增量型的本构方程，通过数值模拟方法对实验过程中岩体的变形现象进行了分析，并基于建立的本构方程进行了溶腔的稳定性研究。刘江在层状盐岩基本力学特性实验的基础上进行了层状盐岩的界面抗剪强度试验，扫描电镜试验，结果显示湖北云应层状盐岩界面不是一个弱面等。

本文基于对层状盐岩力学研究的基础上，以国内某盐穴储气库资料为背景，采用 FLAC3D 软件针对层状盐岩界面强度对储气库稳定性的影响开展研究。

2　含夹层储气库模型的建立

国内某盐穴储库建库层位位于地下 1000m 深位置（图 1），根据该区的工程地质条件，采用 FLAC3D 软件建立数值模型。图 2 为建立的 800m×800m×800m 地质模型剖面，单元类型为四面体网格，剖面包括 203m 厚的盐岩层（红色）及泥岩夹层（蓝色），盐岩层上下各取 300 米厚的泥岩层，黄色部分为盐岩与泥岩夹层的界面。水平面为 XY 坐标系平面，取竖直方向为坐标系 Z 轴方向。拟建溶腔为椭球形，长轴半径 70m，短轴半径 30m。将上覆岩层的重力简化为立方体模型的上表面的荷载，根据地层实际厚度及地层平均密度计算得等效荷载为 16MPa。立方体下表面采用 Y 方向简支约束，四周纵表面受垂直于表面的法向简支约束。

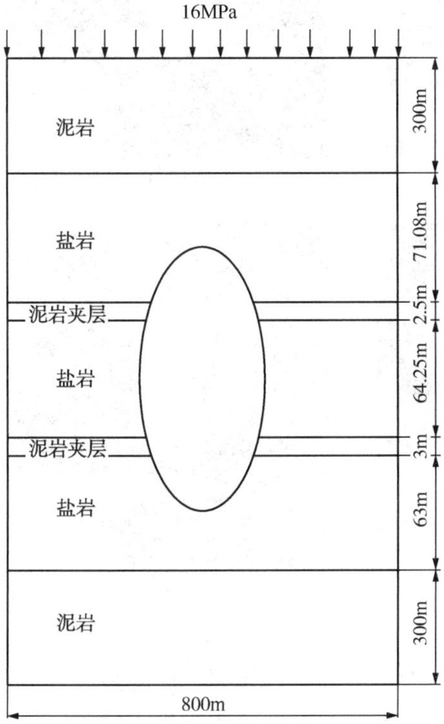

图 1　地质剖面示意图

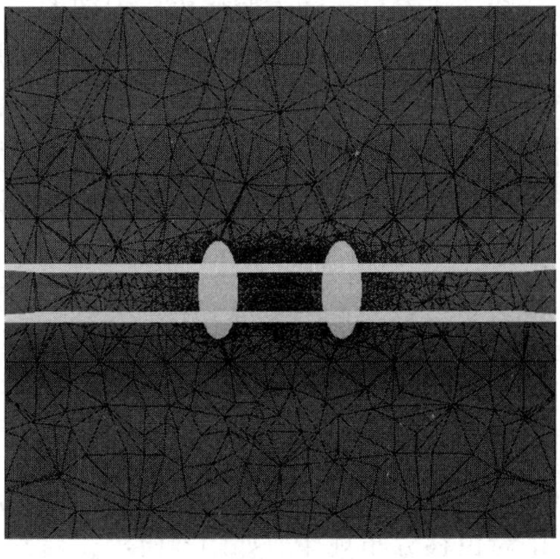

图 2　数值模型网格剖分图

3　计算参数的选取

3.1　岩石力学参数

采用摩尔-库伦弹塑性本构模型进行力学计算。根据该地区储气库盐岩、泥岩以及泥岩夹层的岩石力学实验确定计算参数，如表 1 所示。

表 1　岩石计算力学参数

地层	弹性模量/GPa	泊松比	黏聚力/MPa	摩擦角/(°)	抗拉强度/MPa
泥岩	10	0.27	1.0	35	1
盐岩	18	0.3	1.0	45	1
泥岩夹层	4	0.3	0.5	30	0.5

3.2　界面力学参数

与岩石界面强度相关的岩石力学参数包括黏结力、膨胀角、内摩擦角、法向刚度、切向刚度和抗拉强度等，根据 FLAC3D 中法向刚度与剪切刚度的设定，界面强度表达式为：

$$k_n = k_s = 10\max\left[\frac{\left(K+\frac{4}{3}G\right)}{\Delta z_{\min}}\right] \tag{1}$$

其中，K 为体积模量，G 是剪切模量，$\Delta z_{\min}$ 是接触面法向方向上连接区域上的最小尺寸。

夹层界面力学参数分别取原本界面强度强度的 0.1 倍、0.3 倍、0.5 倍、0.7 倍、1 倍和 2 倍作为对比，其他岩石力学参数随之变化。具体方案如表 2 所示。

表 2　界面强度参数表

界面强度参数	法向刚度/GPa	剪切刚度/GPa	黏聚力/MPa	内摩擦角/(°)	抗拉强度/MPa
0.1 倍	23	23	0.1	45	0.1
0.3 倍	23	23	0.3	45	0.3
0.5 倍	23	23	0.5	45	0.5
0.7	23	23	0.7	45	0.7
1 倍	23	23	1	45	1
2 倍	23	23	2	45	2

4　计算结果

4.1　变形场分析

图 3 为夹层不同界面强度条件下的溶腔变形云图。从位移分布图上看，界面强度越降低，对溶腔整体的影响越大。当界面强度为原始的 0.5 倍时，围岩受影响的范围逐渐加大，溶腔周围产生剪切滑移；当界面强度为为 0.3 倍时，在最顶层的夹层附近产生沿界面的滑移，并带动下部的界面层发生变形；当界面强度为 0.1 倍时，发生沿着界面的整体滑动变形，界面整体失效，界面

已经起不到协调变形的作用，同时带动了整体溶腔的巨大变形。从变形量来看，当强度为0.1倍时，盐腔的变形量为12cm，随着强度的增高，变形逐渐减少，当强度高于0.5倍抗拉强度时，变形量小于1cm。

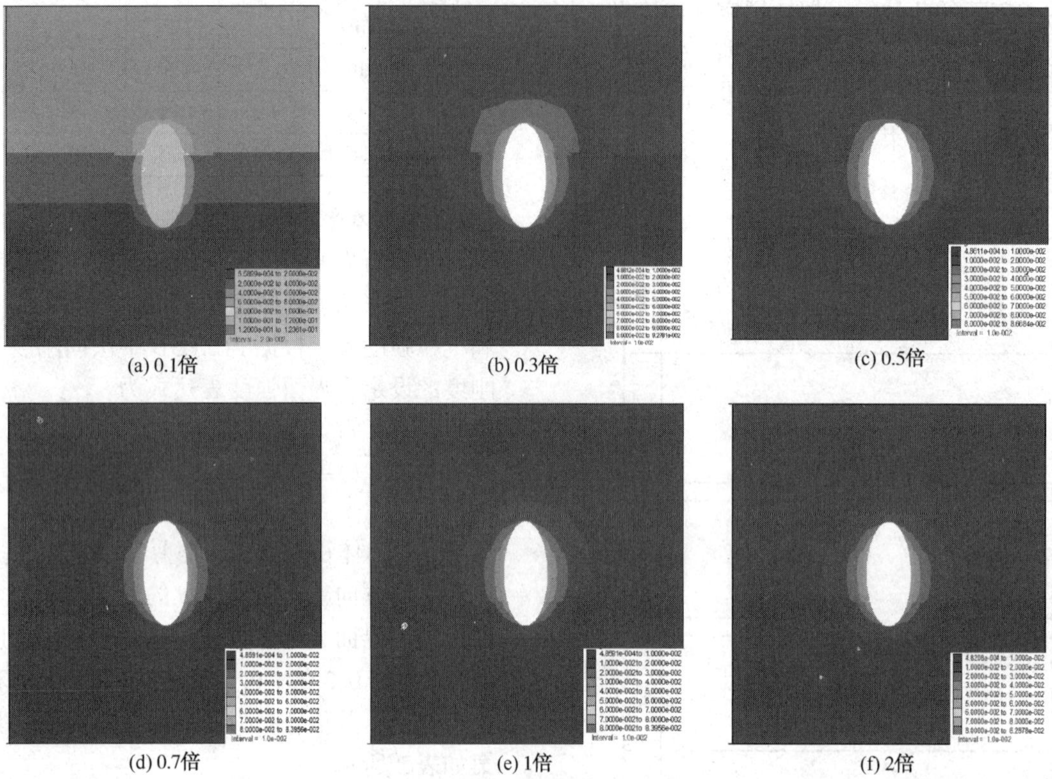

(a) 0.1倍　(b) 0.3倍　(c) 0.5倍

(d) 0.7倍　(e) 1倍　(f) 2倍

图3　不同界面强度下腔周位移分布图

4.2　应力场分析

分析围岩腔周应力分布云图(图4)，从图中可以看出当界面为原始强度时，界面附近承受压应力；而当界面强度高于或者低于原始强度时，在界面附近出现了拉应力集中现象。表明在溶腔整体变形时，当界面强度高于原始强度时，岩体的变形在界面附近出现阻隔，无法传递。界面的强度与原始强度相近时，界面与岩体成为整体，随着岩体同步变形，并且随着强度的降低应力集中程度明显增大。当界面强度低于原始强度时，应力集中效果最为明显，开始逐渐出现拉破坏，随着强度的进一步降低，界面拉破坏导致应力释放。通过以上的分析，推断认为界面主要起到传递和协调两种不同岩体之间变形的作用，当界面强度较高时，变形通过界面由泥岩向盐岩中扩展时，容易引起盐岩的脆性断裂，起不到调解应力的作用。当界面强度低时，容易造成界面在较低应力下发生脱黏、滑移，难以传递有效变形。

4.3　腔体压力对腔体变形的影响

纯盐岩地层中建造的溶腔在恒定内压下变形通常不大。但层状岩体中建造的溶腔受夹层间抗变形能力不同的影响可能发生不稳定的破坏。图5为在溶腔内压为3~15MPa下腔周变形分布云图，从图中可看出，随着腔体内压力增大，界面对腔体变形的影响范围逐渐增大，当腔体内压为3MPa时，变形范围较小，且变形比较协调，界面对变形的影响不大，仅在腔顶界面处出现明显的分界；当内压大于5MPa时，界面效应逐渐明显，变形圈出现台阶；当压力大于13MPa时，界面效应非常明显，虽然变形量很小，但变形不协调更严重，且变形影响范围更大。

4.4　界面强度对腔体之间变形的影响

为分析界面强度对腔体间稳定性的影响，建立双腔储气库模型，以恒定内压10MPa为例，分析围岩位移分布规律。如图6所示，当界面强度为0.1倍原始强度时，两溶腔间岩体的变形不协调显著，变形范围非常大，腔间的夹层上部塑性区出现联通情况，不利于溶腔稳定性。随着界面强度的升高，溶腔的变形减小。界面强度在0.5~1倍强度范围内时，溶腔之间相互作用减弱，除了在在单个腔体附近变形有微小的不协调现象外，双腔之间变形不协调随内压增大影响逐渐减弱，界面强度对溶腔的影响越来越低。当界面强度大于原始强度时，变形量基本与单腔体的变形一致。

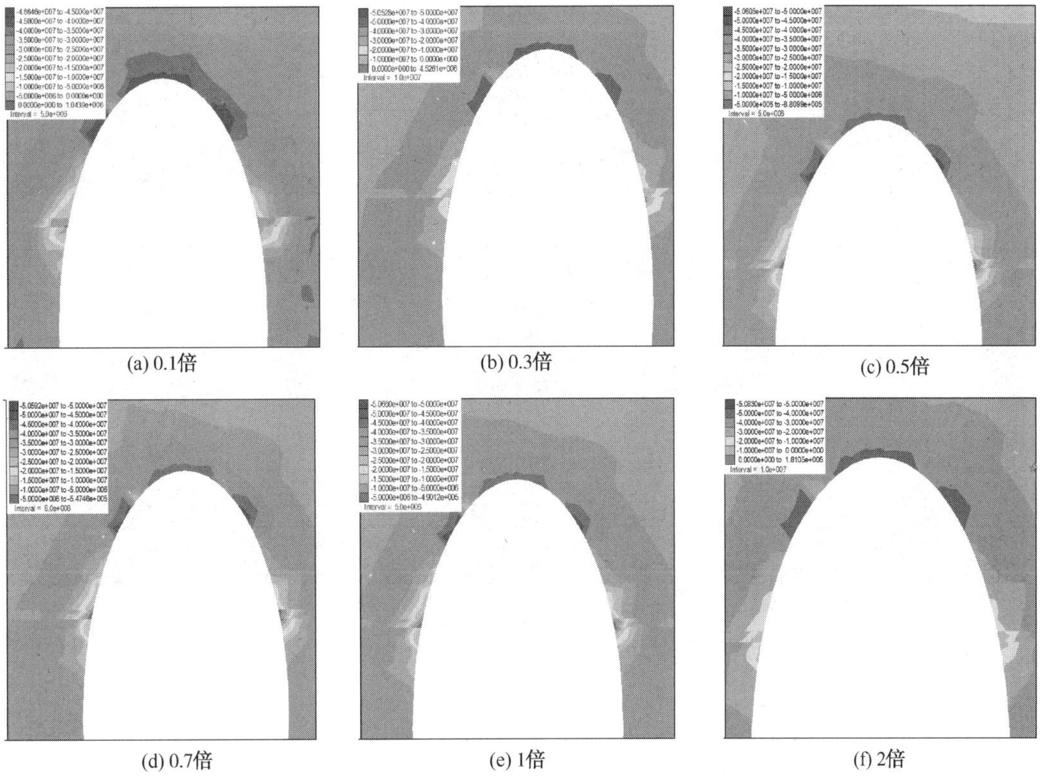

图 4　不同界面强度下腔周最小主应力分布图

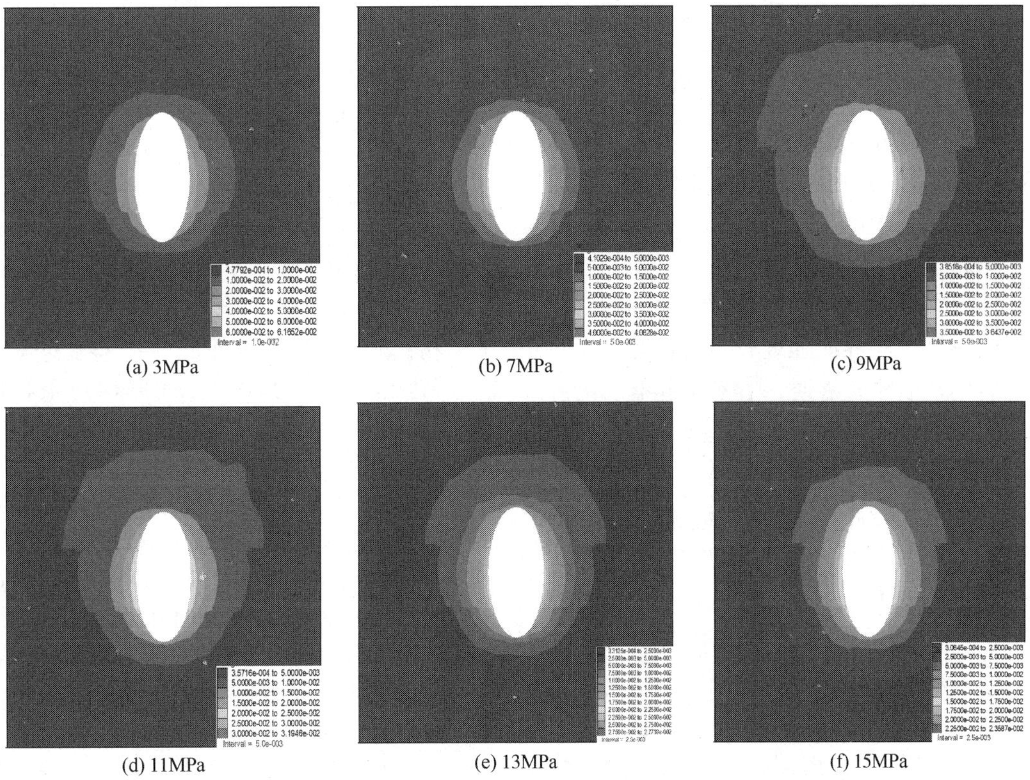

图 5　一倍盐岩强度下不同内压腔周变形图

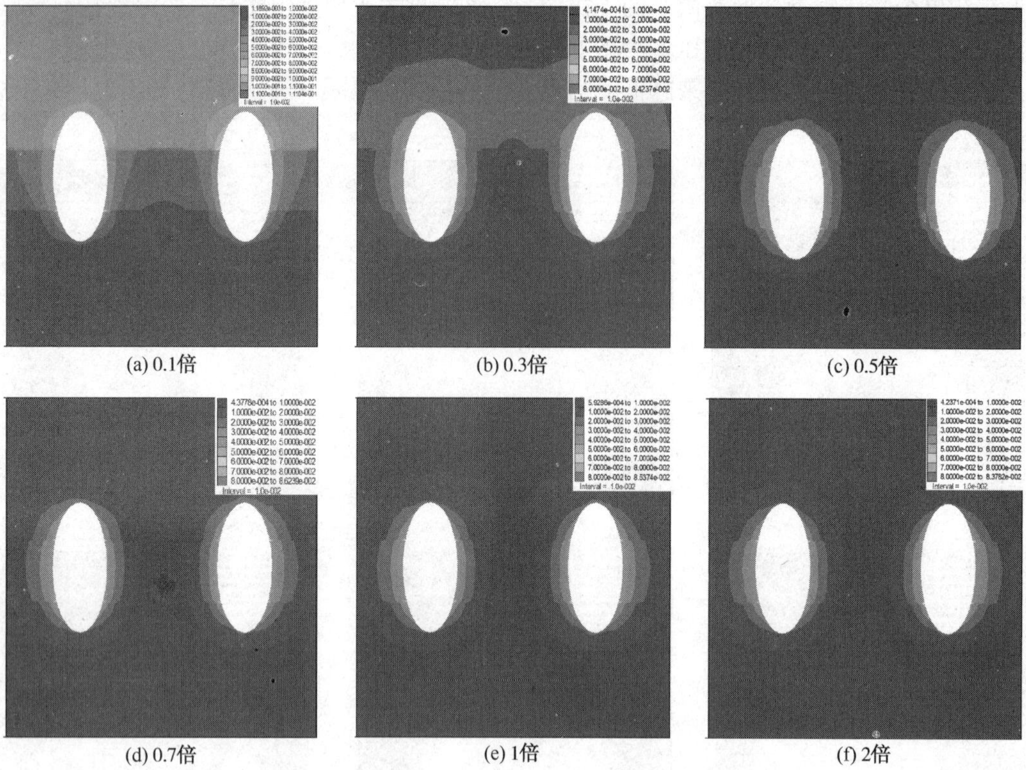

图6　内压10MPa下不同界面强度腔位移分布

5　结论

针对不同界面强度对溶腔的稳定性的影响进行了讨论，分析了界面强度对盐岩溶腔稳定性的影响。认为界面强度对腔体稳定性影响显著，具体结论如下：

(1) 为保证溶腔稳定性，界面强度不应低于原始0.5倍。随着界面强度的增高，围岩变形逐渐减少。当界面强度为原始的0.1倍时，盐腔的变形量很大；当强度高于0.5倍原始强度时，变形量小于1cm。

(2) 界面主要起到传递和协调两种不同岩体之间变形的作用，当界面强度较高时，变形通过界面由泥岩向盐岩中扩展时，容易引起盐岩的脆性断裂。当界面强度低时，容易造成界面在较低应力下发生脱黏、滑移，难以传递有效变形。

(3) 腔体内压越高，界面效应非常明显。高内压下虽然变形量很小，但变形不协调更严重，且变形影响范围更大。

(4) 随着界面强度的升高，溶腔的变形减小。当界面强度很低时，两溶腔间的夹层上部塑性区出现联通情况，不利于溶腔稳定性。界面强度在0.5~1倍强度范围内时，溶腔之间相互作用减弱，变形量基本与单腔体的变形一致。

参考文献

[1] 谢和平，许唯临，刘超，等．地下水利工程战略构想及关键技术展望[J]．岩石力学与工程学报，2018，37(04)：781-791. DOI：10.13722/j.cnki.jrme.2017.1058.
[2] 张媛媛，叶灿滔，龚宇烈，等．地下储能技术研究现状及发展[J]．华电技术，2021，43(11)：49-57.
[3] 杜晓丽．采矿岩石压力拱演化规律及其应用的研究[D]．中国矿业大学，2011.
[4] 范文，俞茂宏，李同录，等．层状岩体边坡变形破坏模式及滑坡稳定性数值分析[J]．岩石力学与工程学报，2000(S1)：983-986.
[5] 杨春和，李银平，屈丹安，等．层状盐岩力学特性研究进展[J]．力学进展，2008(04)：484-494.
[6] 杨海军．中国盐穴储气库建设关键技术及挑战[J]．油气储运，2017，36(07)：747-753.
[7] 郑雅丽，赵艳杰．盐穴储气库国内外发展概况[J]．油气储运，2010，29(09)：652-655+663+11.
[8] 李建中．利用岩盐层建设盐穴地下储气库[J]．天然气工业，2004(09)：119-121+16.
[9] 王同涛，闫相祯，杨恒林，等．多夹层盐穴储气库群间矿柱稳定性研究[J]．煤炭学报，2011，36(05)：790-795.
[10] 完颜祺琪，丁国生，赵岩，等．盐穴型地下储气库建库评价关键技术及其应用[J]．天然气工业，

2018，38(05)：111-117.

[11] 章求才．热水力耦合作用下红层边坡软弱夹层力学行为及破坏机理的模拟研究［D］．南华大学，2018.

[12] 张玉军，唐仪兴．考虑层状岩体强度异向性的地下洞室平面有限元分析[[J]，岩土工程学报 1999，21(3)：307-310.

[13] 杨春和，李银平等互层盐岩体的 Cosserat 介质扩展本构模型．岩石力学与工程学报[J].2005，24(23)：4336-4232.

[14] 王安明．层状岩体变形机理及非线性蠕变本构模型［M］．中国科学院武汉岩土力学研究所博士论文.2008.

[15] 刘江，杨春和，吴文，等，盐岩短期强度和变形特性试验研究[J]．岩石力学与工程学报，2006，25增(1)：3104-3109.

大型低渗泛连通气藏开发与储气库协同建设新模式及应用

王皆明[1,2]　李　春[1,2]　张建国[3]　孙军昌[2,3]　夏　勇[3]　钟　荣[1,2]　裴　根[1,2]　屠　坤[1,2]

（1. 中国石油勘探开发研究院；2. 中国石油天然气集团有限公司油气地下储库工程重点实验室；
3. 中国石油长庆油田公司；4. 东北石油大学环渤海能源研究院）

摘　要　针对常规中高渗背斜整体建库理念在低渗泛连通气藏改建储气库中的局限性，结合大面积岩性气藏边界不明确、整体低渗局部高渗等典型地质特点，创新提出了大型低渗泛连通气藏开发与储气库协同建设的新理念，构建了适合大型低渗泛连通气藏地质特点的"三区"协同建设新模式，"三区"指功能定位、边界范围等具有差异的三个区域，即注采核心区、外溢控制区及开采外围区，并以榆林气田为例进行了应用。研究发现：榆林气田整体具有"三低"显著特征，但局部相对高渗的核心注采区是存在的，这就为新模式的实现奠定了物质基础；控制区范围渗流边界远小于岩性边界范围，表明可以形成注采渗流动态封闭边界条件；并以核心区和外溢控制区静动态划分为基础，建立了三区带模式下库容参数和井网井型设计方法，经济评价表明三区带模式可以显著降低投资和成本费用，投资效益好。

关键词　大型低渗；泛连通气藏；储气库；三区协同；外溢控制；新模式

随着天然气消费量的不断增加和对外依存度的持续攀升，天然气调峰保供需求快速增加。地下储气库（以下简称储气库）具有季节调峰、应急保供和战略储备等功能，是目前主要的储气调峰设施。储气库四种主要类型中，气藏型储气库工作气量约占全球储气库总工作气量的75%，是储气库建设运营的主体。按照国家相关要求，2025年我国需形成不低于销售量16%的储气能力，快速提升储气能力任务艰巨，但优质库已基本建成，库址资源劣质化显著，建库难度和技术挑战升级。目前大面积低渗岩性气藏、高含水油藏等新库址已纳入"十四五"建库范畴，其建库理念技术的突破将激活一大批库址资源，意义重大。

目前针对常规中高渗背斜气藏改建储气库，国内外在地质气藏、钻采工程等方面已形成一套成熟的技术手段和方法。马新华等考虑储气库周期性大流量强注强采交变载荷工况，建立了涵盖选址评价、优化设计、钻采工程、地面工程、风险预警与评估等内容的气藏型储气库建库关键技术；郑得文等考虑储气库交变往复注采工况的特殊性和复杂性，提出了气藏型储气库建库评价关键特色技术；孙军昌等综合采用物理模拟和数值模拟两种技术手段，重点研究了复杂地质条件气藏改建储气库渗流机理，建立了盖层、断层动态密封性评价和库容参数评价的关键技术。总体而言，目前气藏改建储气库主要考虑整体建库的理念，其通常要求储层中高孔渗，基本为背斜圈闭构造，建库封闭性强、储层物性好、连通性好、效率高。目前整体建库技术相对成熟、经验丰富，我国已经陆续建成了包括华北、大港、辽河、四川、新疆、中原等近30座天然气地下储气库（群）。

以榆林为代表的大面积低渗泛连通气藏已成为中西部建库主要对象，具有低丰度、低孔、低渗的"三低"显著特征，导致低渗岩性气藏建库存在多方面难题：一是相比于构造气藏储气库，岩性气藏圈闭边界不明确，建库运行将出现气体外溢现象；二是储层物性差、非均质性强，建库周期长、运行效率低、经济性差，并且低渗储层单井产能低，导致储气库井网部署难度大，整体建库运行效率低。因此，大面积低渗泛连通气藏无法直接套用常规整体建库理念和技术，亟需建立此类气藏建库新模式，攻关解决建库瓶颈新技术。

本文针对大型低渗泛连通气藏常规整体建库面临的难题，充分考虑该类气藏建库地质条件的特殊性，创新提出了大面积低渗泛连通气藏开发与储气库协同建设的新理念，构建了以注采核心区、外溢控制区及开采外围区为基础的协同建设新模式。解决了实现外溢可控和高效建库两大核心关键技术问题，科学指导了该类气藏建库科学设计与优化运行。

1 大型低渗泛连通气藏协同建设新模式

1.1 气田+拟储气库调峰新理念

为了平衡气田开发与储气库调峰需求之间的矛盾，国外提出并实施了典型的格罗宁根调峰系统模式。该系统由格罗宁根气田、附近2个储气库和周边小气田组成，周边小气田淡季生产气注入储气库，用气旺季通过格罗宁根系统承担调峰保供任务，保障小气田均衡生产，延长大气田生命周期，即实现了气田开发产量与经济效益，又保障了季节调峰需求与安全平稳供气。

借鉴格罗宁根系统的调峰模式，提出了气田+拟储气库调峰的新理念，即由气田原有开发井组和新部署注采井组（拟储气库）组成，原有开发井组均衡稳定开发，淡季利用新部署注采井组注入气田内（形成拟储气库），用气旺季通过原有开发井组和新注采井组进行采气，实现“两个提高”，即提高冬季调峰能力和天然气产业链经济效益。气田+拟储气库调峰模式见图1。

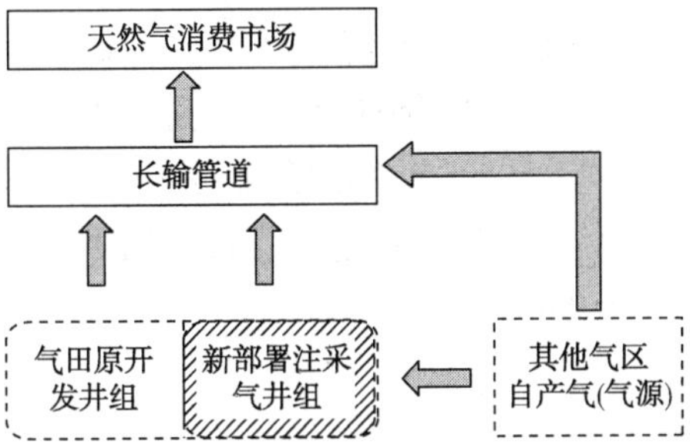

图1　气田+拟储气库调峰示意图

1.2 协同建设新模式

基于气田+拟储气库调峰模式以及低渗泛连通气藏常规整体建库面临的难题，通过深入分析大面积气藏边界不明确、整体低渗局部高渗等特殊地质特点，创新提出了大型低渗泛连通气藏开发与储气库协同建设的新思路，构建了适合低渗泛连通气藏地质特点的“三区”协同建设新模式（图2），“三区”指功能定位、边界范围等具有差异的三个区域，即注采核心区、外溢控制区及开采外围区。

（1）注采核心区。从大面积连片分布的低渗透砂岩气藏中，优选有效砂体厚度大、平面连通

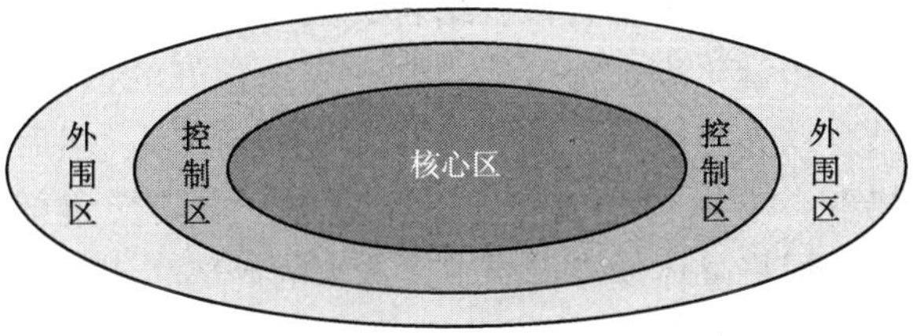

图2　协同建库新模式示意图

性好、储层物性好的局部“甜点区”作为建库核心区域，依靠局部“甜点区”的有利条件，从而实现常规整体建库更高的运行效率和经济效益。作为大面积泛连通气藏建库的主体部分，能否从整体低渗储层中筛选出局部高渗“甜点区”，这是协同建设新模式实现的首先必备条件，但由于河流相储层的大面积分布、河道频繁迁移、砂体纵向多期叠置，再加上开发井网稀疏距（2km以上），砂体精细刻画、注采核心区筛选难；同时还需要充分挖潜潜力才能进一步提高其调峰能力和建库效益，因此需攻关核心区评价与筛选、建库优化设计等核心关键技术。

（2）外溢控制区。与核心区相比，该区物性变差、渗流能力降低，以气田老井或新钻井辅助采气的形式实现核心区外溢气回采，控制天然气不再向外围区扩散，起着类似封闭边界的作用，实现泛连通气藏无明确地质封闭边界条件下的渗流边界封闭的目的。与常规圈闭构造储气库以背斜或断层作为封闭边界不同，外溢控制区是一个流体渗流的概念和区域，而不是常规地质的概念和规则区域，会随着核心区与控制区物性参数、注采条件等变化而变化，其范围是不规则和可变的，因此评价预测控制区的范围既是实现渗流边界封闭的核心难题，也是解决泛连通气藏逸散控制的关键所在。

（3）开采外围区。兼具气田开发与流体运移监测功能，一方面气田老井正常开发，保障天然气年产量；另一方面通过老井或新钻井，采用流体饱和度、微地震等多种监测手段，根据流体运移方向，优化调整注采区及控制区注采策略，进一步控制天然气逸散量、提高建库效率。

2 注采核心区评价与筛选

2.1 基本思路

通过小层细分、砂体构型与刻画、沉积微相、流动单元等储层精细地质研究，评价砂体纵向和平面展布规律与分布特征，首先从静态地质

指标明确砂体发育区；结合气藏开发动态指标，进一步量化表征渗流能力强、连通性好的区域；结合动静态指标，对细分小层筛选核心区，然后将各小层优选的核心区进行叠加，取其交集部分，即将整体低渗储层中优选出的局部高渗区作为注采核心区。

2.2 静态指标

在储层精细地质描述与地质建模研究的基础上，提出了“五相”约束下的综合静态地质指标，“五相”包括沉积微相、成岩相、岩石物理相、渗流结构相以及流动单元相，静态地质指标包括沉积微相、砂体厚度、孔隙度、渗透率、储层分类、流动单元等；在此基础上，提出了核心区筛选静态地质指标的具体批判标准(表1)，由于不同指标本身的差异性，每种指标评判标准是不同的，沉积微相、储层类别以及流动单元以定性表述为主，砂体厚度、孔隙度、渗透率等指标可量化下限值。

表1　静态地质指标评判标准表

类型	沉积微相	累计砂厚	单层砂厚	孔隙度	渗透率	储层类别	流动单元
核心区	心滩相为主	>8m	>4m	>7%	>6mD	Ⅰ类Ⅱ类为主	E类G类为主

2.3 动态指标

静态指标仅代表静态条件下储层的优劣程度，不能反映储层真实的渗流能力。基于气田开发历史，提出了以储层渗透率、气井井控储量和产能为核心的三项动态指标，并通过聚类分析将其划分为四级(表2)。根据分级及评判标准，Ⅰ和Ⅱ类井有效渗透率高、井控储量大、无阻流量高，可以将其作为动态参数约束下的注采核心区划分依据。

表2　动态地质指标分级评判标准表

动态指标	Ⅰ	Ⅱ	Ⅲ	Ⅳ
井控储量/(10^8m^3)	>5	2~5	1~2	<1
原始无阻流量/(10^4m^3/d)	>30	10~30	5~10	<5
有效渗透率/mD	>4	2~4	1~2	<1

2.4 核心区筛选分析

结合气田基础地质研究成果，利用上述核心区静动态筛选指标，榆林南气田共筛选出核心区3个(表3)。地质评价表明，核心区渗透率大于4.6mD、孔隙度大于8.1%，核心区以外渗透率基本小于1mD、孔隙度低于5%，因此大面积整体低渗储层中能够筛选出局部高渗“甜点区”，这就为协同建设新模式的实现奠定了物质基础。榆林南核心区合计地质储量143.2×10^8m^3，占总储量的19.9%。

表3　榆林南区核心区筛选结果表

建库区	面积/km^2	孔隙度/%	渗透率/$10^{-3}\mu m^2$	有效砂厚/m	孔隙体积/10^4m^3	地质储量/10^8m^3
榆37	22.8	9.4	4.7	12	2459	43.5
陕215	43.8	9.8	4.8	11	4717	74.9
陕209	18.7	8.1	4.6	9	1364	24.8
合计	85.3	—	—	—	8540	143.2

3　外溢控制区动态渗流模型

3.1 物理模型

外溢控制区范围可采用压力界限进行评价，即在给定的注采运行条件下，离井中心某一距离的压力变化幅度超过给定或允许的压力差，可以认为此距离为控制区的范围，但压力传导规律及变化特征与核心区半径、注采流量、注采时间、离井中心的距离等参数密切相关。

从协同建库新模式可知，核心区内部可认为多井注采干扰而形成各井独立的封闭边界，但核心区边界向控制区延伸的方向不具备封闭条件，因此评价的关键是核心区边部向控制区的压力变化规律及传导半径。图3以水平井为例给出了一个矩形线性复合的物理模型示意图，考虑其为三边封闭、一边开放的复合模型，边界距离由储渗参数和注采条件计算而得。

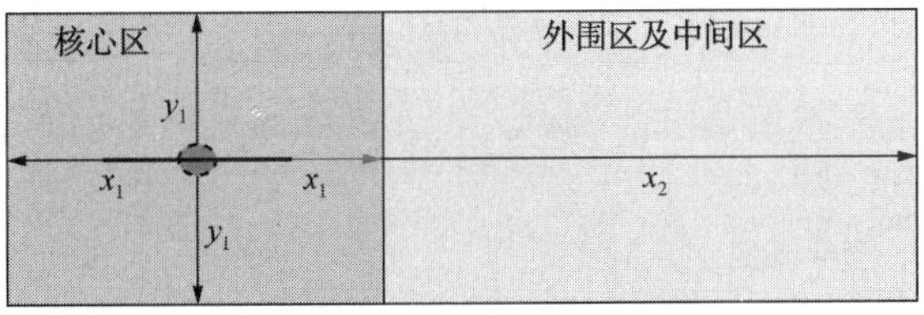

图3　水平井矩形线性复合模型示意图

3.2　数学模型及求解

基于复合储层物理模型及相关假设条件，建立无因次数学模型如下：

核心区基本方程：

$$\frac{\partial^2 p_{1D}}{\partial x_D^2}+\frac{\partial^2 p_{1D}}{\partial y_D^2}+L_D^2\frac{\partial^2 p_{1D}}{\partial z_D^2}=\frac{\partial p_{1D}}{\partial t_D} \tag{1}$$

控制区基本方程：

$$\frac{\partial^2 p_{2D}}{\partial x_D^2}+\frac{\partial^2 p_{2D}}{\partial y_D^2}+L_D^2\frac{\partial^2 p_{2D}}{\partial z_D^2}=\frac{1}{\sigma}\frac{\partial p_{2D}}{\partial t_D} \tag{2}$$

外边界条件：

$$\left.\frac{\partial p_{2D}}{\partial x_D}\right|_{x_D=x_{1D}}=0,\quad \left.\frac{\partial p_{2D}}{\partial x_D}\right|_{x_D=x_{2D}}=0,\quad \left.\frac{\partial p_{2D}}{\partial y_D}\right|_{y_D=x_{1D}}=0 \tag{3}$$

内边界条件：

$$\int_{-1}^{1}\frac{2}{\pi}\left(z_{wD}\left.\frac{\partial p_{1D}}{\partial y_D}\right|_{y_D=y_{wD}}+y_{wD}L_D^2\left.\frac{\partial p_{1D}}{\partial z_D}\right|_{z_D=z_{wD}}\right)\mathrm{d}x_D=-1 \tag{4}$$

初始条件：

$$\left.p_{1D}\right|_{t_D=0}=\left.p_{2D}\right|_{t_D=0}=0 \tag{5}$$

为了获取核心区及控制区的压力分布，上述渗流数学模型(式1至式5)的求解采用数值方法，首先进行剖分网格，然后利用有限差分数值方法求解获得不同时刻不同距离处的压力值，最后根据压力变化界限值判定控制区范围。本次以采气结束后压力值为依据，并以0.1MPa作为压力界限值进行范围评价。

3.3　评价结果

以筛选出的榆37区块为例，根据相关渗透率参数和注采条件，计算得到了不同组合下的外溢控制区范围，其结果见图4。计算结果表明：核心区与控制区渗透率越高，控制区范围越大，但控制区渗透率的影响程度更大；核心区渗透率4~6mD、控制渗透率0.2~1mD时，控制区范围为957~2108m，远小于岩性边界范围，这进一步说明可以形成注采渗流动态封闭边界的，新模式下控制区的理念也是成立的。

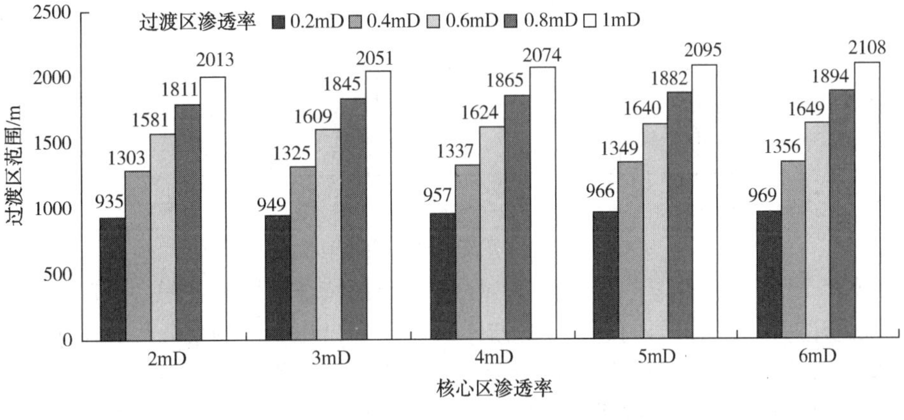

图4　榆37区块控制区范围计算结果图

4　建库关键参数设计方法

4.1　有效库容量设计方法

与常规整体建库不同，协同建设新模式下注末压力分布与库容量构成模式见图5。从图中可知，核心区运行于上下限压力之间，有效库容量、工作气量、垫气量等参数按正常设计；控制区属于建库区的一部分，运行于下限压力与注末平均压力之间，注末平均压力对应的天然气量应计入有效库容量，下限压力对应的天然气量应为垫气量；外围区为气田正常开采区块，不应纳入建库参数计算范畴。因此建库参数应为核心区与控制区相应参数之和，数学表达式为：

$$G_{\max} = G_{\max h} + G_{\max k} = V_h B_{\max} + V_k B_{av} \tag{6}$$

$$G_{\min} = G_{\min h} + G_{\min k} = V_h B_{\min} + V_k B_{\min} \tag{7}$$

$$G_{work} = G_{\max} - G_{\min} \tag{8}$$

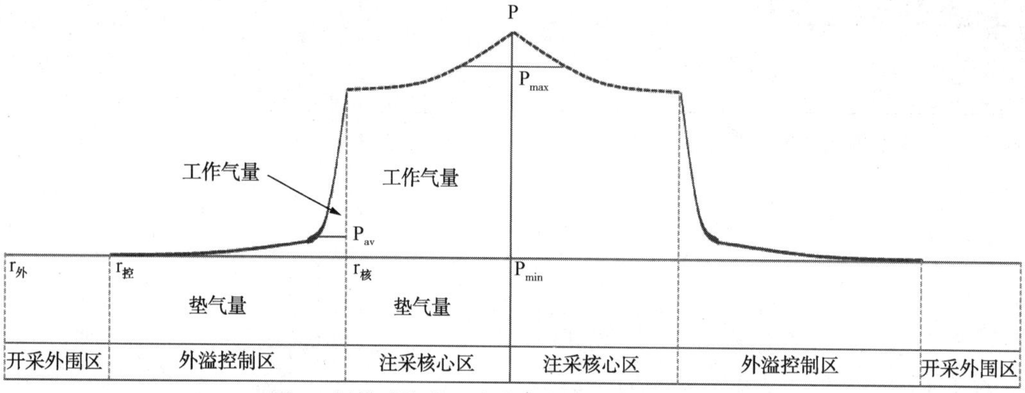

图5　新模式注末压力分布与库容量构成示意图

根据库存量与压力关系曲线，榆 37 井区核心区库容量为 $45.9\times10^8\text{m}^3$、垫气量 $19.7\times10^8\text{m}^3$；外溢控制区注末平均压力下库容量 $14.8\times10^8\text{m}^3$，下限压力对应垫气量 $13.0\times10^8\text{m}^3$。因此榆 37 井区库容量 $60.7\times10^8\text{m}^3$，垫气量 $32.7\times10^8\text{m}^3$，工作气量 $28.0\times10^8\text{m}^3$。

4.2　井型优化

与常规直井相比，水平井、多分支井、鱼骨井等井型具有增大储层接触面积、提高可采储量和单井产能的优势，是低渗储层建库提高单井产能的重要手段。如图 6 所示，当水平分支井数为 1~4 时，相应无阻流量为 187、301、373、434 万方，是直井的 1.9~4.5 倍；鱼骨型分支井产能为直井的 2.9 倍，为普通水平井的 1.5 倍；多分支井和鱼骨井提升单井产能效果显著，综合考虑增产倍数和钻井成本，推荐 1~2 分支水平井或鱼骨井。

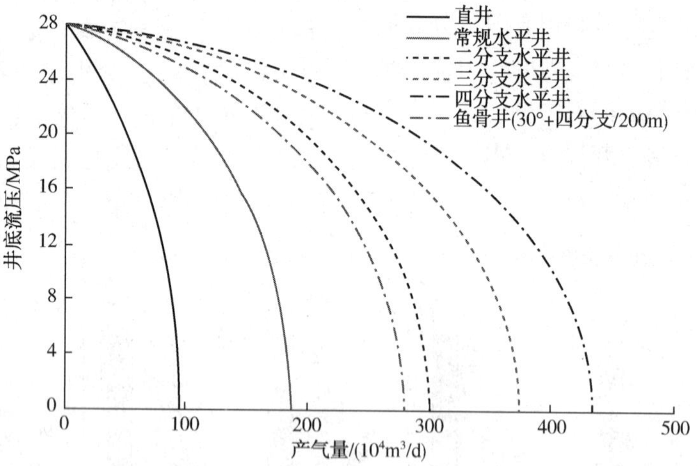

图6　不同井型流入动态曲线对比图

4.3　注采井网优化

井网优化既是建库设计的重要内容，又是提高注采核心区运行效率的重要方向，其关键参数是井控半径。针对储气库短时强注强采的特殊工况，认为井间干扰可以形成类似封闭边界拟稳态渗流的特征，同时考虑上下限压力、合理注采气量、井口压力等约束条件，基于不稳定渗流、气井产能、井筒管流以及物质平衡，建立了渗流-管流耦合的井控半径预测方法，其中水平井数学模型如下：

井底压力：

$$\bar{p}_{wD} = \sum_{m=-\infty}^{\infty}\sum_{n=-\infty}^{\infty}\int_{-1}^{1}\left[\frac{1}{2s}K_0\left(r_{D,n,m}\sqrt{s}\right) + \frac{1}{s}\sum_{i=1}^{\infty}K_0\left(r_{D,n,m}\sqrt{s+i^2\pi^2L_D^2}\right)\cos(i\pi z_{wD})\cos(i\pi(z_{wD}+r_{wD}L_D))\right]dx_{wD} \tag{6}$$

气井产能：

$$m(P_r)-m(P_{wf})=Aq+Bq^2 \tag{7}$$

井筒管流：

$$\frac{\mathrm{d}p}{\mathrm{d}z}=\rho g\sin\theta-\rho u\frac{\mathrm{d}u}{\mathrm{d}z}-f\frac{\rho u^2}{2d} \tag{8}$$

物质平衡：

$$\frac{p_{\min}}{Z_{\min}}=\frac{p_{\max}}{Z_{\max}}\left(1-\frac{\sum q(t)}{\pi r_e^2 h\varphi S_g/B_g}\right) \tag{9}$$

榆37井区计算结果表明（图7），井控半径随渗透率和注采时间增加而增加，但增幅趋缓；按核心区渗透率4~6mD、采气120天计算，常规水平井井控半径为485~520m，则所需注采井数为24~30口；若主井眼长1000m、四分支且各分支长200m，鱼骨井井控半径为600~650m，则所需注采井数为17~21口。

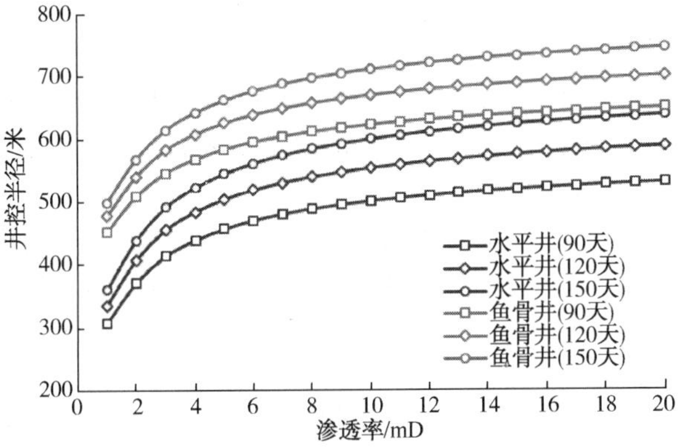

图7　不同井型渗透率与井控半径关系图

4.4　技术经济评价方法

与常规整体建库相比，协同建设新模式效益显著。①协同建设模式下既要计算储气库工程效益，又要计算外围区开发效益、油田公司出售资产和储量的效益。榆37井区不仅形成28亿方的调峰能力，而且外围区后续开发产量达到7.2亿方。储气库加快了建设节奏、节省了注入垫底气的费用，提前实现扩容达产和一定的经济效益；油田既能使建库区的资产和储量快速变现，又通过外围区开采带来效益。②在产气田建库存在比较好的协同效益。枯竭气田建库10-20年后才能实现效益，且需要垫底气投资和注入费用，净现值指标远小于在产气田；同时调峰气田投资高、产量递减难以满足调峰需要，气藏开发与储气库协同建设更具有较好的经济效益。③投资、成本及储转费均低于整体建库。协同建设投资、成本及储转费分别为2.01、0.27、0.4元/方，而整体建库分别为3.53、0.33、0.53元/方，由于投资和成本费用显著降低，达到基准收益率的储转费水平降低，投资效益更好。

5　结论

本文创新提出了大型低渗泛连通气藏开发与储气库协同建设的新理念，构建了适合低渗泛连通气藏地质特点的“三区”协同建设新模式，“三区”指功能定位、边界范围等具有差异的三个区域，即注采核心区、外溢控制区及开采外围区。

紧密围绕大型低渗泛连通气藏开发与储气库协同建设新模式，提出了注采核心区评价与筛选、外溢控制区评价与优化、建库参数设计与优化三项瓶颈新技术，明确了核心区筛选量化指标，建立了控制区范围、井控半径、库容参数评价预测数学模型，为大面积低渗泛连通气藏建库外溢可控和高效运行提供了有力理论技术支撑。

实例应用证明，榆林气田整体具有“三低”显著特征，但局部相对高渗的核心注采区是存在的，这就为新模式的实现奠定了物质基础；控制区范围渗流边界远小于岩性边界范围，表明可以形成注采渗流动态封闭边界条件；并以核心区和外溢控制区静动态划分为基础，优化设计了三区带模式下库容参数和井网井型；新模式经济评价表明三区带模式建库可以显著降低投资和成本费用，投资效益好。

符号注释：

P_{1D}——核心区无因次压力；

x_D——x方向无因次距离；

y_D——y方向无因次距离；

z_D——垂直方向无因次距离；

L_D——水平井段无因次距离；

t_D——无因次时间；

P_{2D}——控制区无因次压力；

x_{1D}——核心区无因次边界距离；

x_{2D}——控制区无因次边界距离；

z_{wD}——垂直方向无因次边界距离；

y_{wD}——y方向无因次边界距离；

G_{max}——有效库容量，10^8m^3；

G_{maxh}——核心区有效库容量，10^8m^3；

G_{maxk}——控制区有效库容量，10^8m^3；

V_h——核心区孔隙体积，10^4m^3；

V_k——控制区孔隙体积，10^4m^3；

B_{max}——上限压力对应的体积系数；

B_{max}——控制注末平均压力对应的体积系数；

G_{min}——垫气量，$10^8 m^3$；

G_{minh}——核心区垫气量，$10^8 m^3$；

G_{mink}——控制区垫气量，$10^8 m^3$；

B_{min}——下限压力对应的体积系数；

G_{work}——工作气量，$10^8 m^3$；

P_{max}——上限压力，MPa；

P_{min}——上限压力，MPa；

P_{av}——控制区注末平均压力，MPa；

$\bar{p}_{wD}$——拉氏空间无因次井底压力；

s——拉氏空间变量；

K_0——变型第二类零阶 Bessel 函数；

$r_{D,n,m}$——无因次距离；

r_{wD}——无因次井筒半径；

m——拟压力函数，$MPa^2/(Pa \cdot s)$；

P_r——地层压力，MPa；

P_{wf}——井底流压，MPa；

A——二项式方程层流系数，$MPa/(10^4 m^3/d)$；

B——二项式方程紊流系数，$MPa^2/(10^4 m^3/d)^2$；

ρ——气体密度，kg/m^3；

u——气体流速，m/s；

f——摩阻系数；

D——管子内径，m；

P_{min}——下限压力，MPa；

Z_{min}——下限压力对应的压缩因子；

P_{max}——上限压力，MPa；

Z_{max}——上限压力对应的压缩因子；

r_e——气井井控半径，m；

h——储层厚度，m；

s_g——含气饱和度；

B_g——体积系数；

φ——孔隙度。

参考文献

[1] 丁国生，李春，王皆明，等．中国地下储气库现状及技术发展方向[J]．天然气工业，2015，35(11)：107-112.

[2] 丁国生，魏欢．中国地下储气库建设20年回顾与展望[J]．油气储运，2020，39(1)：25-31.

[3] 郑得文，王皆明，丁国生，等．气藏型储气库注采运行优化技术[M]．北京：石油工业出版社，2018.

[4] 魏国齐，丁国生，何刚，等．储气库地质与气藏工程[M]．北京：石油工业出版社，2020.

[5] 张刚雄，李彬，郑得文，等．中国地下储气库业务面临的挑战及对策建议[J]．天然气工业，2017，37(1)：153-159.

[6] 孙军昌，胥洪成，王皆明，等．气藏型地下储气库建库注采机理与评价关键技术[J]．天然气工业，2018，38(4)：138-144.

[7] 郑得文，胥洪成，王皆明，等．气藏型储气库建库评价关键技术[J]．石油勘探与开发，2017，44(5)：794-801.

[8] 郑得文，张刚雄，魏欢，等．中国天然气调峰保供的策略与建议[J]．天然气工业，2018，38(4)：153-160.

[9] 马新华，郑得文，魏国齐，等．中国天然气地下储气库重大科学理论技术发展方向[J]．天然气工业，2022，42(05)：93-99.

[10] KNEPPER G A. Underground storage operations[J]. Journal of Petroleum Technology，1997，49(10)：1112-1114.

[11] 尹虎琛，陈军斌，兰义飞，等．北美典型储气库的技术发展现状与启示[J]．油气储运，2013，32(8)：814-817.

[12] 袁光杰，杨长来，王斌，等．国内地下储气库钻完井技术现状分析[J]．天然气工业，2013，33(2)：61-64.

[13] 马新华，郑得文，申瑞臣，等．中国复杂地质条件气藏型储气库建库关键技术与实践[J]．石油勘探与开发，2018，45(3)：489-499.

[14] WANG J K，ZHANG J L，XIE J，et al. Initial gas full-component simulation experiment of Ban-876 underground gas storage[J]. Journal of Natural Gas Science & Engineering，2014，18：131-136.

[15] 曾大乾，张俊法，张广权，等．中石化地下储气库建库关键技术研究进展[J]．天然气工业，2020，40(6)：9.

[16] 刘传喜，姚合法，严谨．低渗岩性气藏开发选区评价方法研究[J]．石油与天然气地质，2008，29(05)：697-702.

[17] 陈凤喜，闫志强，伍勇，等．岩性气藏型储气库封闭性评价技术研究-以长庆靖边气田SH224储气库区为例[J]．非常规油气，2015，2(03)：58-64.

[18] 刘鹏程，余浩杰，安红燕，等．非均质性气藏储气库布井方式优化设计[J]．西南石油大学学报(自然科学版)，2020，42(02)：141-148.

[19] 张金冬．低渗透气藏天然气地下储气库渗流理论及模拟研究[D]．哈尔滨工业大学，2021.

[20] 朱维耀，亓倩，马千，等．页岩气不稳定渗流压力传播规律和数学模型[J]．石油勘探与开发，2016，

43(2)：261-267.
[21] 王皆明，李春，孙军昌，等．气藏型储气库井注采动态不稳定流分析方法[J]．石油勘探与开发，2022，49(1)：156-165.
[22] 吕帅．多分支井产能评价研究[D]．西安石油大学，2017.
[23] 唐立根，王皆明，白凤娟，等．基于修正后的物质平衡方程预测储气库库存量[J]．石油勘探与开发，2014，41(4)：480-484.
[24] 胥洪成，王皆明，屈平，等．复杂地质条件气藏储气库库容参数的预测方法[J]．天然气工业，2015，35(1)：103-108.

火山岩储气库断层动态密封性评价研究

高　涛　曹宝军　王海燕　顾超　鲁　健

（大庆油田有限责任公司勘探开发研究院）

摘　要　储气库建库参数评价对于储气库高效建设至关重要，在高强度注采交变载荷工况下，储气库存在断层失稳造成气体泄漏、注入气损失以及相邻生产区块相互干扰的高风险因素，这些风险产生的重要原因就是注采过程中地层压力的急剧变化以及由此引起的库区地下应力场的变化。火山岩底水气藏改建储气库属于世界首创，由于存在多个火山体和气藏底水，具有岩性岩相变化快，储层低孔低渗、易发生水侵等难题。针对这些难题，本文利用有限元模拟技术建立三维动态地应力模型，开展储气库30个周期生产运行动态应力变化研究，考虑断层面不同几何参数(倾角、方位角、埋深)，分析断层面正应力和剪应力的空间分布状态，利用库伦破坏准则，评价断层动态稳定性，从而指导火山岩储气库合理建库参数的确定，对于类似储气库的建库参数评价具有借鉴意义。

关键词　储气库；火山岩；上限压力；断层稳定性；建库参数

1　引言

研究区为火山岩气藏，存在多条断层，给储气库断层动态密封性的评价带来了较大难度。因此，本文利用有限元模拟技术建立三维动态地应力模型，开展储气库30个周期生产运行动态应力变化研究，考虑断层面不同几何参数(倾角、方位角、埋深)，分析断层面正应力和剪应力的空间分布状态，利用库伦破坏准则，评价断层动态稳定性，从而指导火山岩储气库合理建库参数的确定。

2　断层动态密封性评价评价方法

采用地质-地质力学一体化模拟手段，通过建立储气库圈闭地应力—渗流耦合模型开展断层动态密封性评价。准确反演获得复杂地质构造断层周边初始三维地应力场及其随储气库注采地层压力交替变化所产生的动态扰动，是评价断层动态稳定性的关键。

首先根据测井、钻井、测试资料建立一维地应力模型，包括三轴主应力、孔隙压力、岩石强度、杨氏模量、泊松比、脆性等岩石力学参数。然后结合三维地质模型和一定的方法技术，进一步得到三维空间应力场的分布。通过储气库三维地应力建模，精细刻画了断层三维空间展布形态并充分反映了复杂构造和地层岩石力学参数非均质性对地应力场的影响，为断层稳定性评价提供了准确基础参数。

在三维精细应力场模型基础上，结合数值模拟成果以及有限元模拟手段，得到随时间变化的应力应变成果；下一步利用动态地应力研究成果，完成断面三角剖分，将应力数据采集到断面，并转换为正应力及剪应力，根据库伦准则，评价储气库注采扰动下的断层稳定性。

库伦破损函数(CFF)：

$$CFF=\tau_{net}-\mu(S_n-P_p) \tag{1}$$

式中：τ_{net}为三轴主应力在裂缝面产生的剪切分量之和；μ为裂缝面滑动摩擦系数，一般0.6~1.0；P_p为孔隙压力；$\sigma n=(S_n-P_p)$为有效正应力，值越大，密封性越强。

断层稳定性力学判别标准：CFF<0断层稳定；CFF>=0断层活动(注采时临界Pp)。

S_n、τ分别为断面正应力、剪应力，可通过断面三向应力、断面产状，进行力的合成分解，其中垂直断面的力为正应力，沿断面方向的为剪应力。当剪应力τ等于摩擦系数与有效应力的乘积$\mu(S_n-P_p)$时，即CFF=0，断层活动。因此，提高断层面的孔隙压力Pp(比如流体注入)会引起有效正应力降低，从而可能导致断层发生滑动(图1)。

CFF=0，断层活动，可以推导出断层临界滑动压力公式为：

$$P_p=S_n-\tau/\mu \tag{2}$$

$$S_n=\frac{(\sigma_1+\sigma_3)+(\sigma_1-\sigma_3)\cos2\alpha}{2} \tag{3}$$

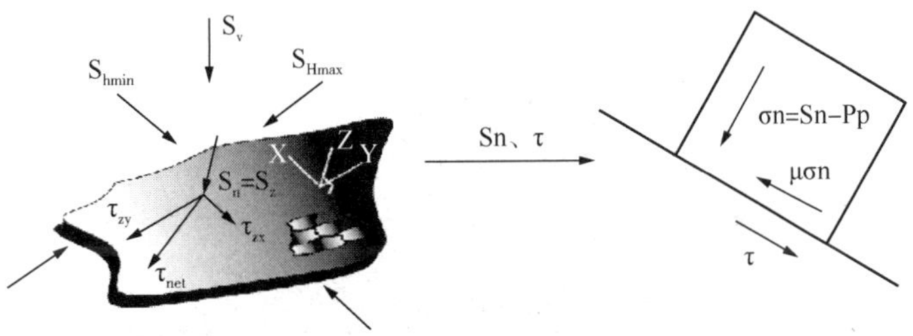

图 1　库伦破损函数示意图

$$\tau=\frac{(\sigma_1-\sigma_3)\sin 2\alpha}{2} \tag{4}$$

式中：σ_1：最大主应力；σ_2：最小主应力；α：断面倾角。

临界滑动压力 P_p 与三轴应力大小和水平主应力方向、地层孔隙压力、断层面几何参数(倾角、方位角、埋深)等密切相关。其中倾角影响最大，倾角越大，断面正应力 S_n 越小，断层越易滑动。

利用断层滑移指数 ST，评价储气库注采扰动下的断层稳定性。

$$ST=\frac{\tau_s}{\sigma_n} \tag{5}$$

根据地质力学研究，上式中当 $ST<0.6$ 时断层力学稳定，当 $ST\geqslant 0.6$ 时断层存在失稳滑移风险，ST 越大，失稳滑移风险越高。

复杂地质构造不同地应力状态(包括正断层、逆断层和走滑断层 3 种)，作用在断层面的有效正应力和剪应力将随气藏地层压力的改变而改变，地层压力下降幅度越大，地应力扰动越明显。当二者满足 $ST=\tau_s/\sigma_n\geqslant 0.6$ 时，表明气藏断层发生失稳滑移，断层原始纵向密封性遭到一定破坏，该类气藏建库圈闭密封性风险较高，国内外多个断层发育的大气田开发过程中诱发的地震事件即是由于地应力扰动断层失稳滑移导致的结果，充分表明地层压力变化对区域地应力场和断层稳定性具有不同程度的影响，气藏地层压力衰竭后的断层密封性不能等效于其原始状态的静态密封性，并且这种原始密封性在储气库往复注采运行交变应力作用下也可能发生变化。

3　储气库当前应力下断层密封性评价

图 2 为不同断层在目前设计上限压力下滑指数分布图。根据地应力模型模拟结果，目前设计压力区间下，气藏内部和周边断层滑移激活风险很小，滑移指数平均仅 0.2 左右。根据断层网格滑移指数统计可以看出，在目前设计区间下，断层没有滑移风险。

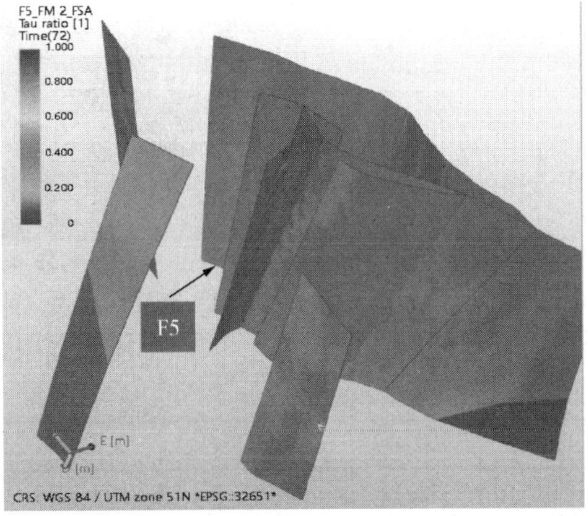

图 2　Tau 值(断层稳定系数)

根据地应力模型模拟当前地层压力下的应力结果，模拟计算断层激活极限压力分布在 37.9MPa~50.6MPa 之间，最小的断层临界滑动地层压力为 37.9MPa，断层临界滑动压力高于目前孔隙压力，断层静态封闭性较好(图 3、图 4)。

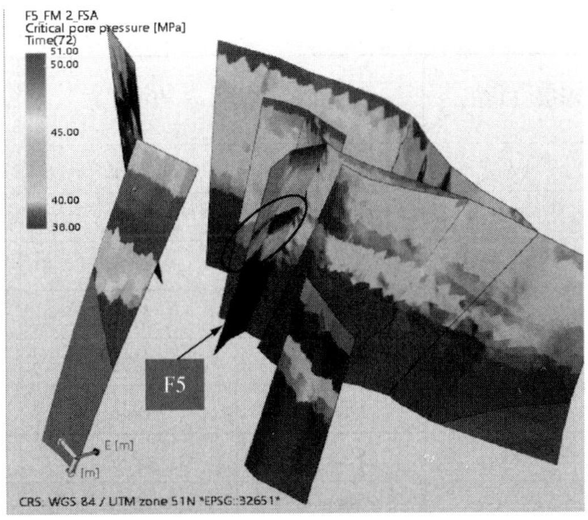

图 3　临界滑动孔隙压力

F5 断层倾角较大，从 S_n 计算结果可以看出，断面正应力 S_n 最小，因此 F5 断层临界滑移应力较低。(表 1、表 2)

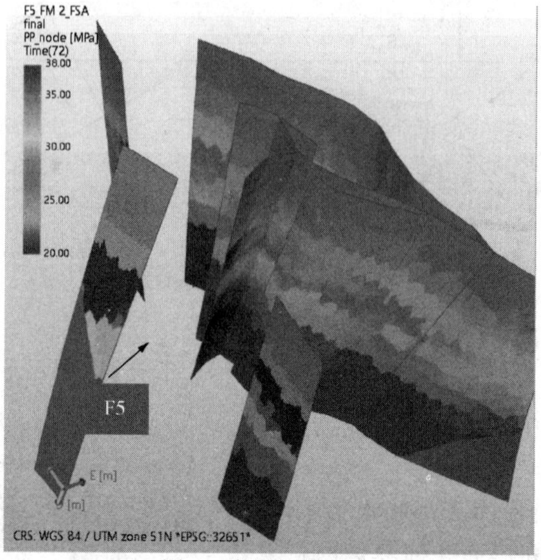

图 4　实际孔隙压力

表 1　断层正应力、剪应力、临界地层压力系数计算表

断层	邻井	断面倾角/°	断层正压力系数 Sn	剪切应力系数 τ	有效正应力系数 Sn-Pp	临界地层压力系数 Pp	深度/m
F3	SS2-7	58	2.02	0.25	0.43	1.59	3050
F7	SS2-12	70	1.9	0.24	0.4	1.5	2950
F8	SS2-17	86	1.72	0.1	0.16	1.56	2850
F17	SS202	52	2.15	0.23	0.37	1.78	2900
F11	SS202	68	2.05	0.15	0.25	1.8	2850
F22	SS2-25	62	2.12	0.36	0.58	1.54	3000
F40	SS2-25	60	1.85	0.35	0.56	1.29	3000
F259	SS2-5	65	1.8	0.27	0.45	1.35	3050
F2	SS2-7	71	2.01	0.3	0.49	1.52	2850
F329	SS202	62	2.08	0.18	0.3	1.78	2850
F383	SS202	64	2.05	0.2	0.32	1.73	2900

表 2　断层分析结果统计表

断层(13 条)	邻井	当前状态	最大地层压力系数(SG)	最大地层压力/MPa	深度
F3	SS2-7	稳定	1.59	47.5	3050
F7	SS2-12	稳定	1.5	43.4	2950
F8	SS2-17	稳定	1.56	43.6	2850
F17	SS202	稳定	1.78	50.6	2900
F11	SS202	稳定	1.8	50.3	2850
F22	SS2-25	稳定	1.54	45.3	3000
F40	SS2-25	稳定	1.29	37.9	3000
F259	SS2-5	稳定	1.35	40.4	3050
F2	SS2-7	稳定	1.52	42.5	2850
F329	SS202	稳定	1.78	49.7	2850
F383	SS202	稳定	1.73	49.2	2900
F5	SS2	稳定	1.29	37.9	3000

4　储气库断层动态密封性分析

4.1　F5 断层附近 30 个周期三轴主应力变化

模拟储气库运行 30 个周期后 F5 断层附近区域三轴主应力变化。应用应力动态变化模拟，30 个注采周期之后，注气末储层最小主应力分布范围 40.6MPa～51.6MPa，最大主应力分布范围 46.7MPa～63.3MPa，垂向应力分布范围 58.2MPa～77.9MPa，孔隙压力分布范围 28.1MPa～36.6MPa；采气末储层最小主应力分布范围 30.8MPa～51.3MPa，最大主应力分布范围 38.7MPa～62.6MPa，垂向应力分布范围 51.3MPa～75.9MPa，孔隙压力分布范围 15.0MPa～34.8MPa(图 5～图 12)。

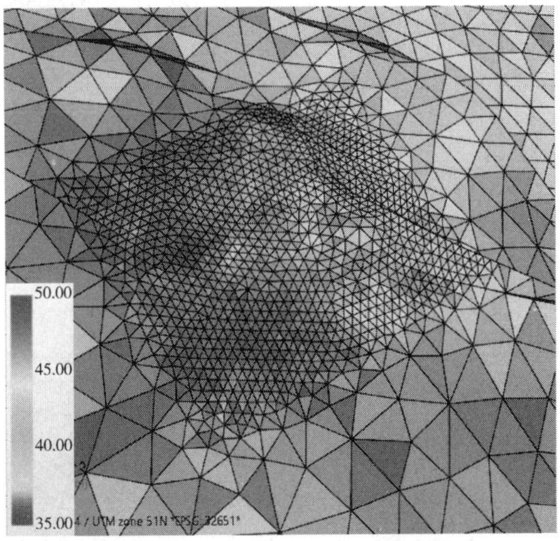

图 5　第 20 周期注气末最小主应

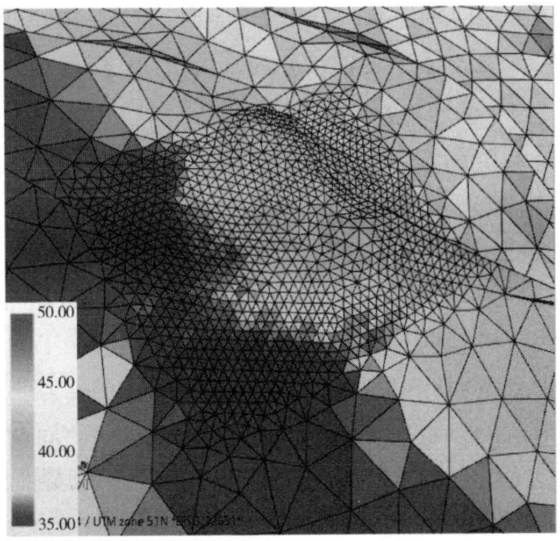

图 6　第 20 周期采气末最小主应力

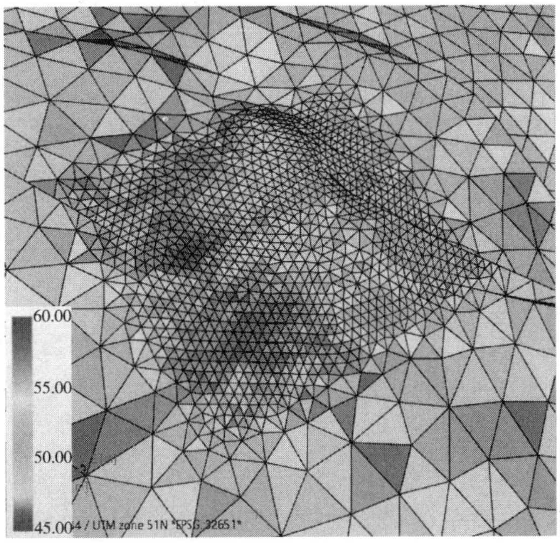

图 7　第 20 周期注气末最大主应力

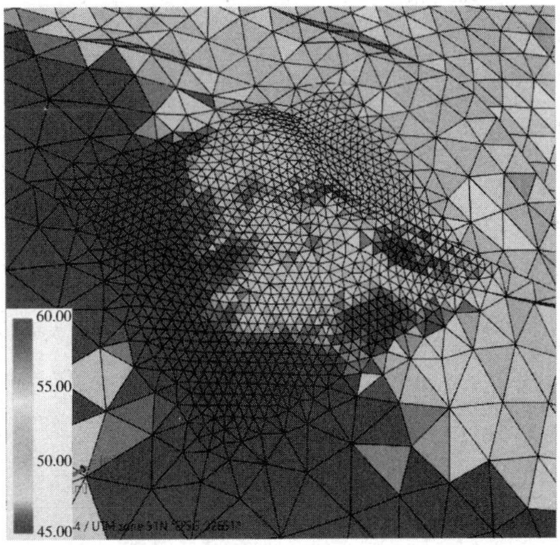

图 8　第 20 周期采气末最大主应力

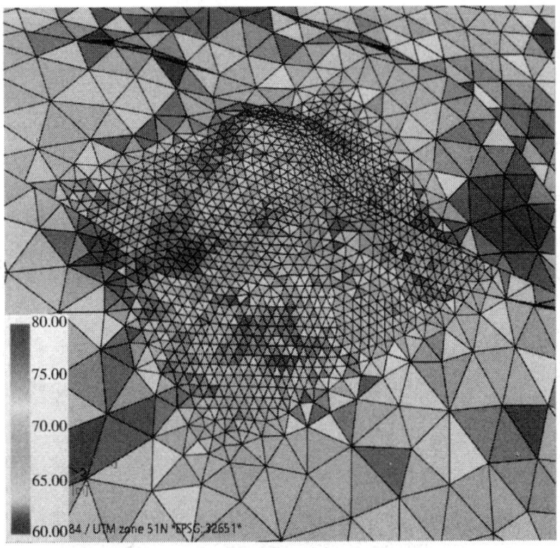

图 9　第 20 周期注气末垂向应力

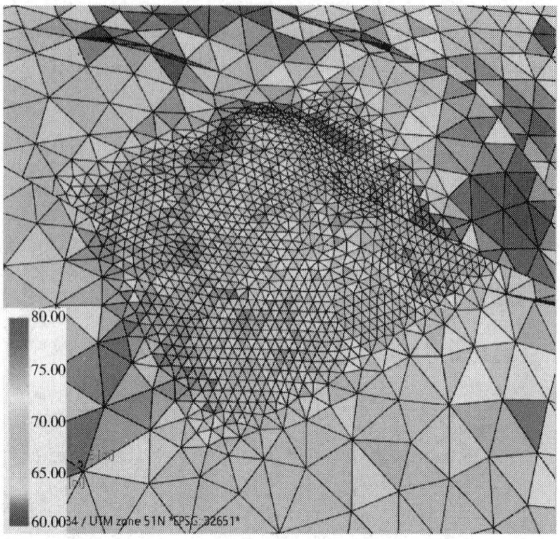

图 10　第 20 周期采气末垂向主应力

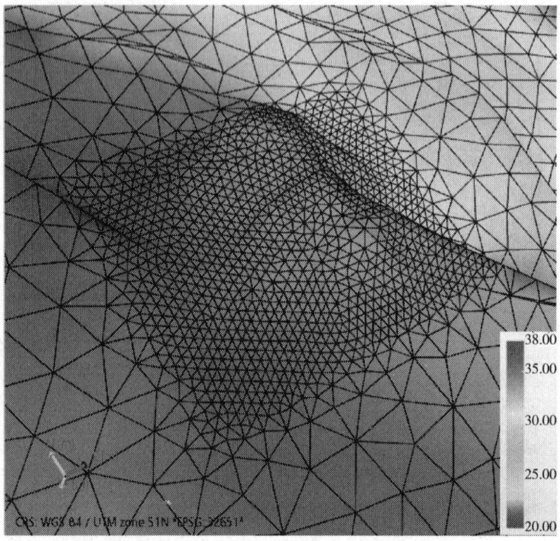

图 11　第 20 周期注气末孔隙压力

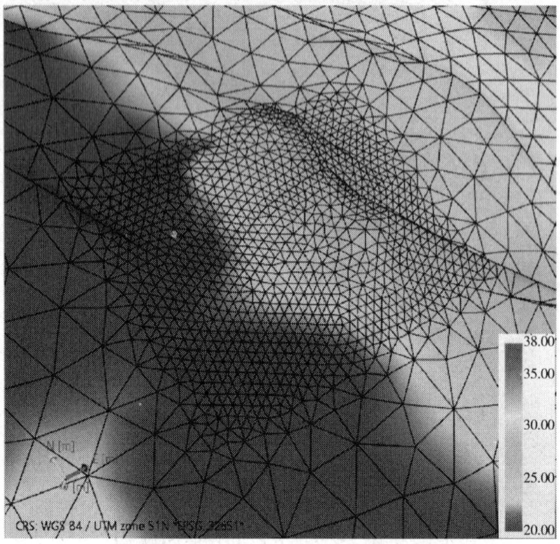

图 12　第 20 周期采气末孔隙压力

4.2　F5 断层 30 个周期断层面有效正应力和剪应力

由图 13～图 14 可见，F5 断面有效正应力分布范围在第 30 个周期注气末为 11.3MPa～23.9MPa，采气末分别为 11.1MPa～23.8MPa；F5 断面剪应力分布范围在第 30 个周期注气末分别为 2.8MPa～13.9MPa，采气末分别为 2.8MPa～14.8MPa。

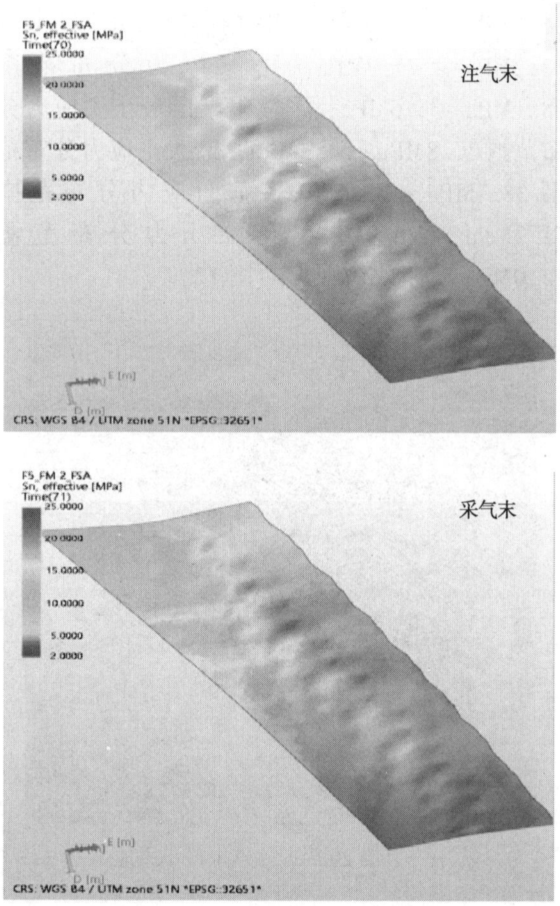

图 13　F5 断层第 30 周期注采末期有效正应力分布

4.3　F5 断层算 30 个周期断层稳定系数(Tau)及临界滑动孔隙压力

断层稳定系数 Tau = 剪切应力/(滑动摩擦系数×有效正应力)，Tau<1 时，断层稳定。

F5 断层注采 30 个周期实际孔隙压力一直低于临界滑动孔隙压力，通过提取断层的 Tau 值，判断三维地应力状态下，断层的封堵性，Tau 值介于 0.3～0.5 之间，法向应力大于剪应力，断层未滑动，说明 F5 断层在交替注采 30 个周期都是稳定的。第 30 年采气期末断层最低临界滑动压力 37.84MPa，注气期末临界滑动压力达到 45MPa 以上(图 15～图 17)。

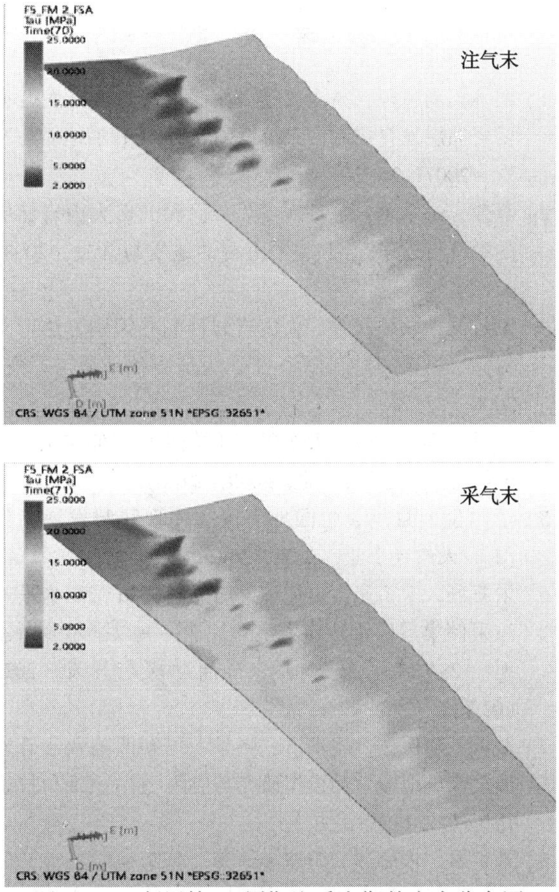

图 14　F5 断层第 30 周期注采末期剪应力分布图

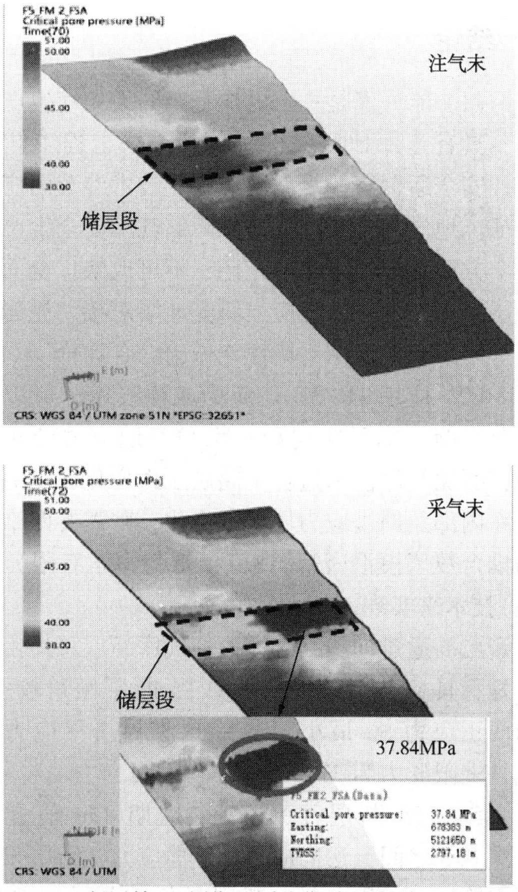

图 16　F5 断层第 30 周期注采末期临界滑动压力分布图

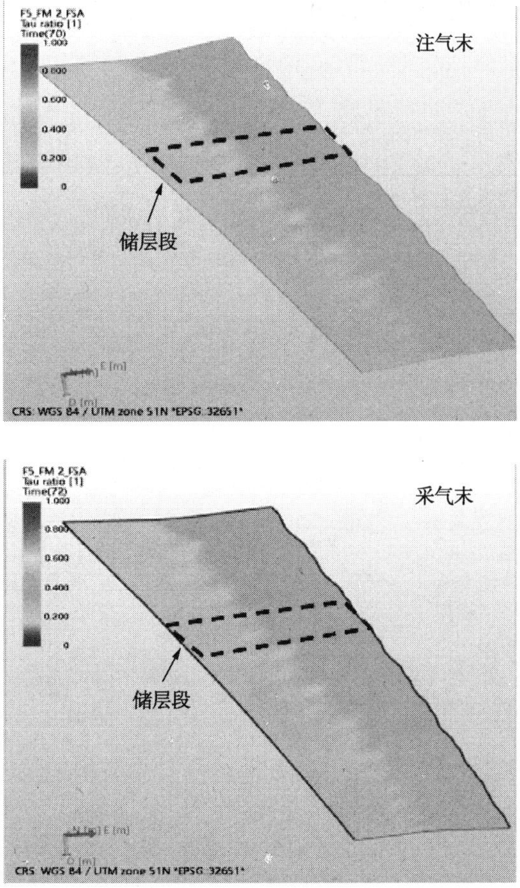

图 15　F5 断层第 30 周期注采末期 Tau 值分布图

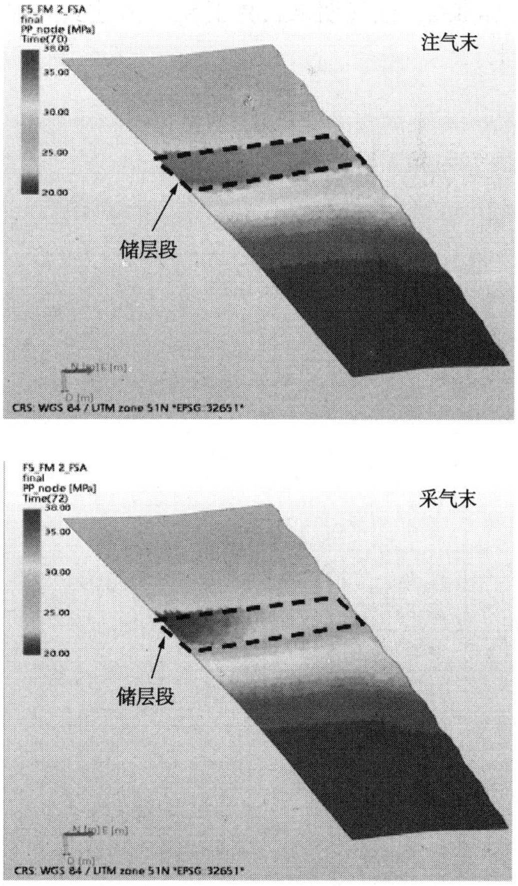

图 17　F5 断层第 30 周期注采末期实际孔隙压力分布图

5 结论

（1）储气库是一个更加复杂的天然气生产系统，具有建库地质条件苛刻、注采工程工艺复杂、安全运营管控难度大、专业技术涉及面广等特征。地质力学研究仅是保障储气库安全生产的一个方面，但是重要的一环，不可或缺！全面的断层封堵性分析，还应当研究地层对接、泥岩涂沫等因素，对断层封堵性能做出综合评价。

（2）应用 1D/3D 地应力建模技术，可以分别获得储气库区纵向和三维静态地应力分布特征；而储气库注采过程中储层压力变化引起的储气库内部及周边应力场动态变化，则需要四维流固耦合数值模拟（流体数值模拟与力学有限元模拟）技术来实现。

（3）通过动静结合评价储气库断层总体密封性好，具备建库条件，其中 F5 断层倾角较大，断面正应力 Sn 最小，F5 断层临界滑移应力较低，上限压力为 37.9MPa。

（4）F5 断层注采 30 个周期 Tau 值介于 0.3～0.5 之间，法向应力大于剪应力，断层未滑动。第 30 年采气期末断层最低临界滑动压力 37.84MPa，注气期末临界滑动压力达到 45MPa 以上。

参考文献

[1] 闫林，周雪峰，高涛，等．徐深气田兴城开发区火山岩储层发育控制因素分析[J]．大庆石油地质与开发，2007，26(2)

[2] 舒萍，纪学雁，丁日新，等．徐深气田火山岩储层的裂缝特征研究[J]．大庆石油地质与开发，2008，27(1)．

[3] 王建国，耿师江等．火山岩岩性测井识别方法以及对储层物性的控制作用[J]．大庆石油地质与开发，2008，27(2)．

[4] 丁日新等．徐深气田徐深 21 区块火山岩储层预测与分类[J]．天然气工业，2009，29(8)．

[5] 丁国生，谢萍．中国地下储气库现状与发展展望[J]．天然气工业，2006，26(6)．

[6] 朱海燕，宋宇家，雷征东，唐煊赫．致密油水平井注采储集层四维地应力演化规律——以鄂尔多斯盆地元 284 区块为例[J]．石油勘探与开发，2022(01)．

[7] 秦勇，李保柱，胡水清，张景．玛湖凹陷致密砾岩油藏四维地应力场模拟研究与应用[J]．石油科技论坛，2022(02)．

[8] 刘英君，朱海燕，唐煊赫，等．基于地质工程一体化的煤层气储层四维地应力演化模型及规律[J]．天然气工业，2022(02)．

浅层砂岩储气库注采气优化研究

顾 超 王永卓 高 涛 王海燕 王晓蕾

（大庆油田有限责任公司勘探开发研究院）

摘 要 储气库气井注采能力是储气库应急调峰的关键，影响因素较多，其指标制定的合理与否直接影响到上游气田和整个天然气管网的调配生产。大庆油田S储气库构造特征为一北东—南西方向的长轴背斜，储层厚度薄，非均质性强，气井注采能力确定难度较大。针对这一问题，本次研究从气藏地质、气藏工程等方面入手，分析不同地层压力、储层物性、温度等因素的影响，量化评价现阶段单井注采能力影响因素。其中在采气能力影响因素中，储层渗透率、压力、有效厚度是主控因素；在注气能力影响因素中，压力对注气能力影响最大，温度影响最小。针对其主控因素提出分类气井注采能力优化方法，确定合理的单井注采气指标，为储气库配产配注优化提供了支撑。

关键词 储气库；注气能力；采气能力；配产配注

1 引言

S储气库构造特征为一北东—南西方向的长轴背斜，储层厚度5~7m，岩性为夹泥岩的粉砂、细砂岩，平均孔隙度27.4%，平均空气渗透率$550.1\times10^{-3}\mu m^2$，储层渗透率变异系数为1.14，渗透率级差为1506.42，渗透率突进系数为4.77，反映了储层具有较强非均质性，这也使得气井注采能力确定难度较大。通过开展单井注采影响因素敏感性分析，评价不同类型影响因素对注采气能力影响的比重，建立单井注采气参数优化方法，优化单井注采气参数，进而指导储气库合理配产配注。

2 注采气能力敏感性分析

2.1 地层压力及井口压力

目前产能测试普遍采用修正等时试井和单点试井等方法，通过建立压力平方的生产压差与产气量函数关系，得到井底流压为大气压时气井的绝对无阻流量，进而开展气井产能分析。本次研究采用二项式产能方程来进行气井注采能力分析。

$$p_i^2 - p_{wf}^2 = \frac{4.242\times10^4 \bar{\mu}_g \bar{Z} T p_{SC}}{K h T_{SC}} \cdot q_g \left[\lg \frac{8.091\times10-3Kt}{\varphi \bar{\mu}_g \bar{C}_t r_w^2} + 0.8686 S_t \right] \quad (1)$$

式中：P_r为地层原始静压，MPa；P_{wf}为井底流动压力，MPa；q_g为气井井口产量，$10^4m^3/d$；K为地层有效渗透率，mD；h为地层有效厚度，m；$\bar{\mu}$为气层平均状态下的参考粘度，mPa·s；P_{SC}，T_{SC}为气体标准状态下的压力和温度，P_{SC}=0.1013MPa，T_{SC}=273.15K；Φ为气层孔隙度；C_f为地层综合压缩系数，MPa^{-1}；t为时间，h；S_a为视表皮系数；S为真表皮系数；D为非达西流系数，$(m^3/d)^{-1}$；r_w为井的折算半径，m。

通过分析可知，气井采气能力随着地层压力升高而增加，随着井口压力的增加而降低；气井注气能力随着地层压力升高而减小，随着井口压力的增加而增加（图1，2）。

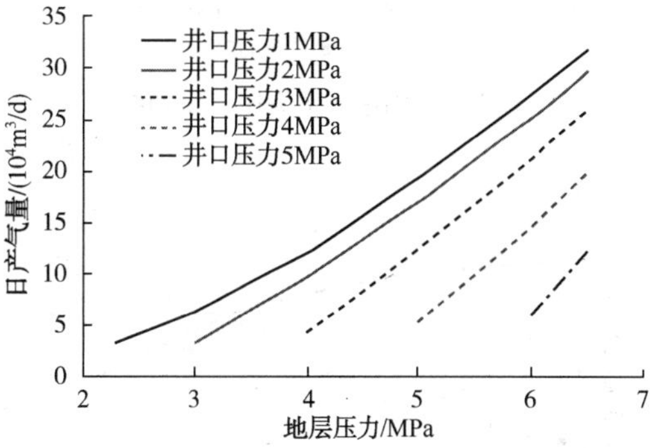

图1 不同地层压力下采气能力图

2.2 储层物性

在储层物性中，影响气井产能的主要因素是渗透率和储层有效厚度，储层各向异性因有效厚

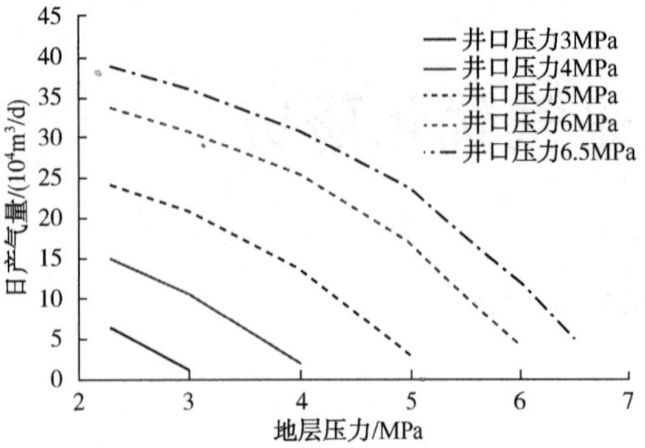

图 2 不同地层压力下注气能力图

度较薄(5~7m)影响不大，本次研究分别对渗透率和储层有效厚度进行了分析。

(1) 渗透率

在给定储层厚度为 5m、地层压力 6MPa 条件下，分别计算不同储层渗透率(5~500mD)单井无阻流量，研究不同储层渗透率对采气产能的影响，储层渗透率越高，采气无阻流量越高，且变化幅度较大，无阻流量范围 2.2~133.2×10^4 m^3/d；在给定储层厚度 5m、地层压力 2.3MPa、井口压力 6MPa 条件下，分别计算不同储层渗透率(5~500mD)单井注气能力，注气能力范围 2.1~58.8×$10^4m^3/d$(图 3、4)。

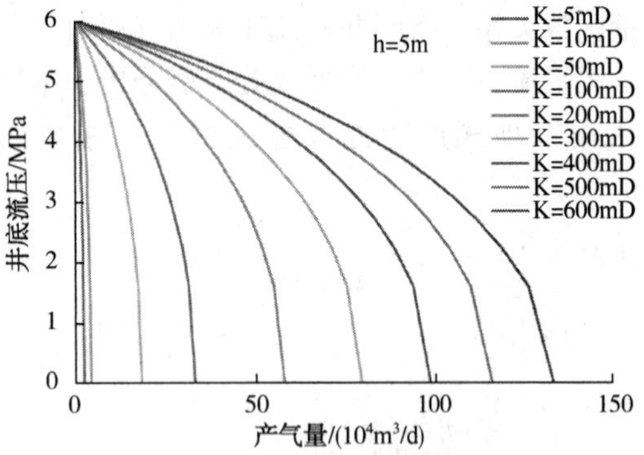

图 3 不同渗透率无阻流量曲线

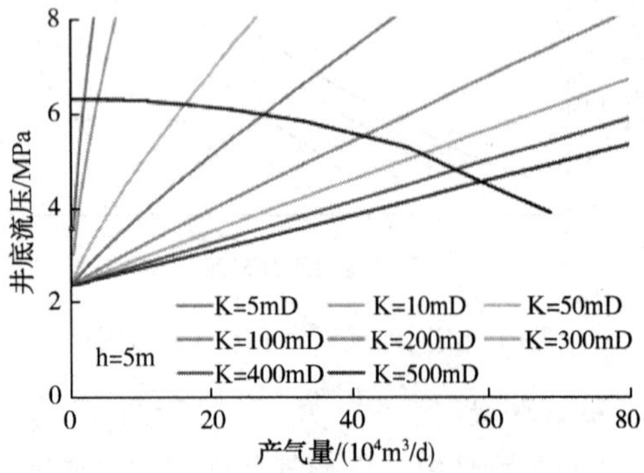

图 4 不同渗透率注气能力曲线

(2) 有效厚度

在给定渗透率为 100mD、地层压力 6MPa 条件下，分别计算不同储层有效厚度(1~10m)单井无阻流量，研究不同储层有效厚度对采气产能的影响，储层渗透率一定的状况下，储层有效厚度越高，采气无阻流量越高，无阻流量范围 6.6~66.1×10^4 m^3/d；在给定渗透率为 100mD、地层压力 2.3MPa、井口压力 6MPa 条件下，分别计算不同储层有效厚度(1~10m)单井注气能力，注气能力范围 8.3~35.2×10^4 m^3/d(图 5、6)。

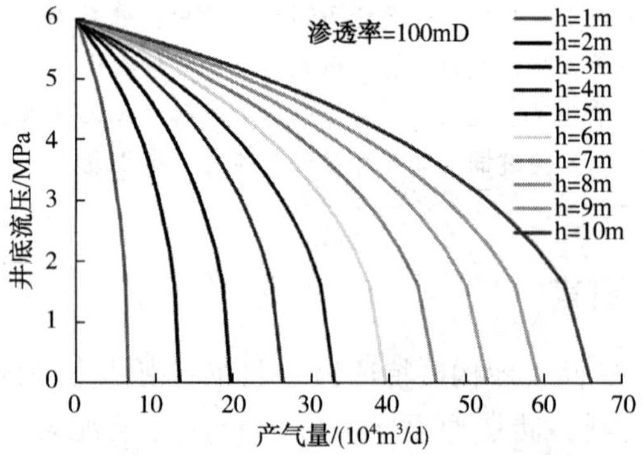

图 5 不同有效厚度无阻流量曲线

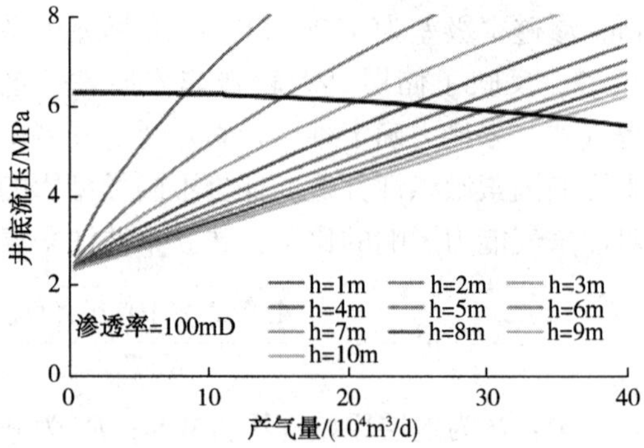

图 6 不同有效厚度注气能力曲线

2.3 水气比

应用校核单井采气图版，分别计算井口压力 2MPa，不同水气比 0.01~5($m^3/10^4m^3$)直井、水平井流入流出交汇曲线，确定了不同条件下的生产协调点，结果均表明随着水气比的增加，产气量呈下降趋势(图 7、8)。

2.4 表皮系数

表皮系数可以反映气井完井质量以及地下井筒附近储层污染情况，表皮系数的大小也会影响到单井注采气能力。本次分别计算井口压力 2MPa、地层压力 6MPa 时不同表皮系数(-5~10)单井流入、流出交汇曲线，随着表皮系数的

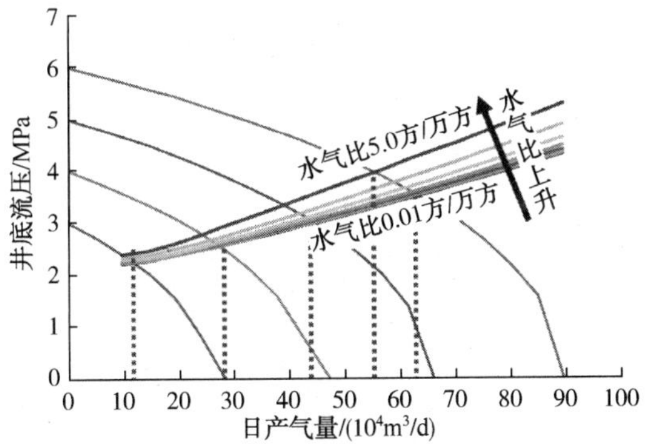

图 7　直井不同水气比合理采气曲线

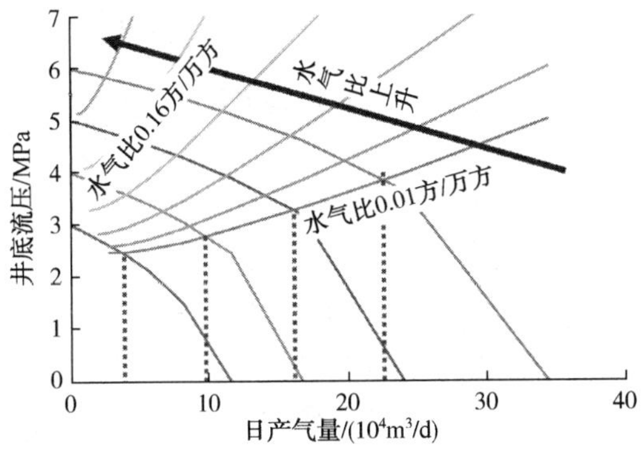

图 8　水平井不同水气比合理采气曲线

增加，产气量呈下降趋势，即直井产气量 12.8～21.9×$10^4m^3/d$，水平井产气量 48.8～84.8×$10^4m^3/d$；计算地层压力 2.3MPa、井口压力 6MPa 时不同表皮系数（-5～10）注气曲线，随着表皮系数的增加，注气量呈下降趋势，直井注气量 6.6～20.8×$10^4m^3/d$，水平井注气量 81～84.9×$10^4m^3/d$，可以看出，表皮系数对水平井注气能力影响较小（图 9～12）。

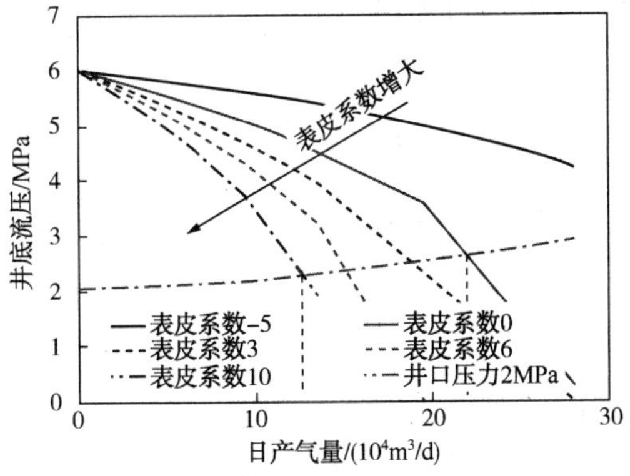

图 9　直井不同表皮系数采气曲线

2.5　温度

地下近井筒地带的温度变化会使储层发生热胀冷缩，从而影响到储层孔隙空间的大小，进而影响气井注采气量。本次分别计算井口压力 2MPa、地层压力 6MPa 时不同温度（0～40℃）单井流入、流出交汇曲线，确定了不同条件下的生产协调点，随着温度的增加，产气量呈下降趋势，即直井合理产气量 21.7～26.4×$10^4m^3/d$，水平井合理产气量 69.2～78×$10^4m^3/d$；计算地层压力 2.3MPa、井口压力 6MPa 时不同温度（0～40℃）单井流入、流出交汇曲线，确定了不同条件下的生产协调点，随着温度的增加，注气

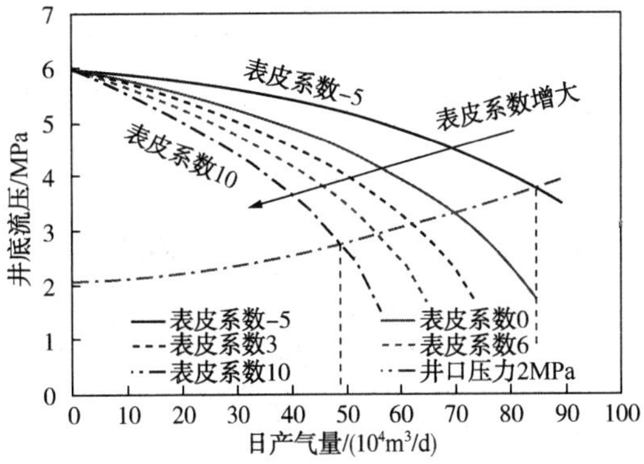

图 10　水平井不同表皮系数采气曲线

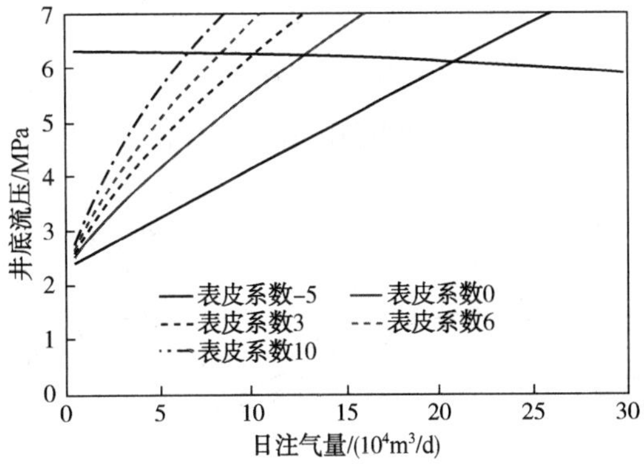

图 11　直井不同表皮系数注气曲线

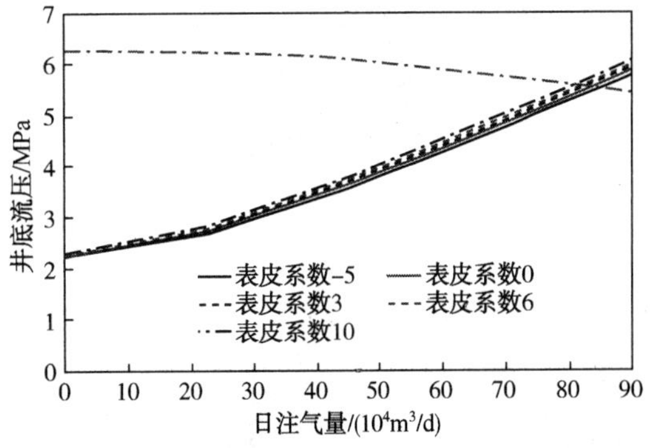

图 12　水平井不同表皮系数注气曲线

量呈下降趋势，即直井注气量 12.6～15.6×10⁴ m³/d，水平井注气量 83.3～89.5×10⁴ m³/d。整体来看，温度对单井注采气量的影响十分有限(图 13～16)。

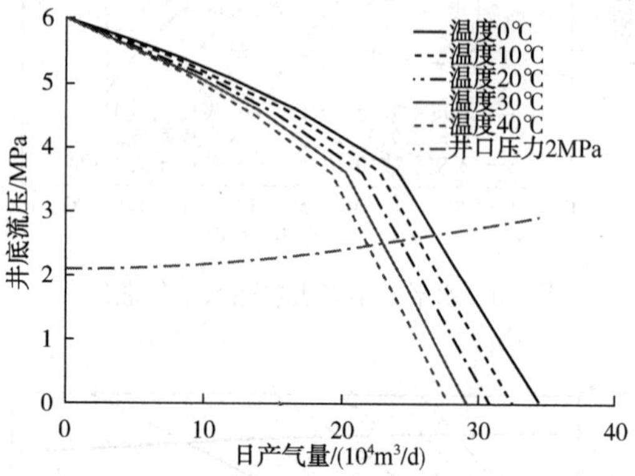

图 13　直井不同温度采气曲线

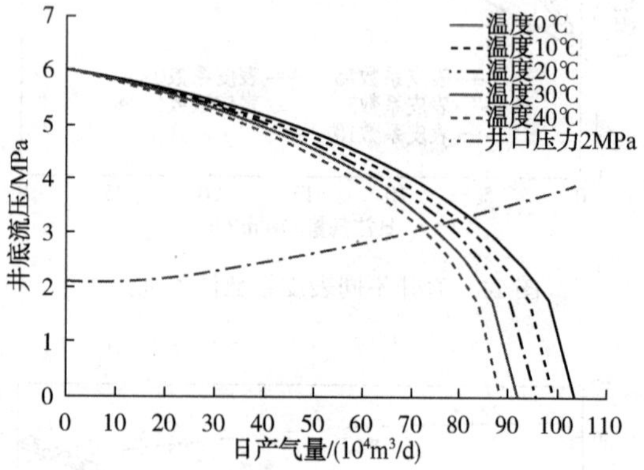

图 14　水平井不同温度采气曲线

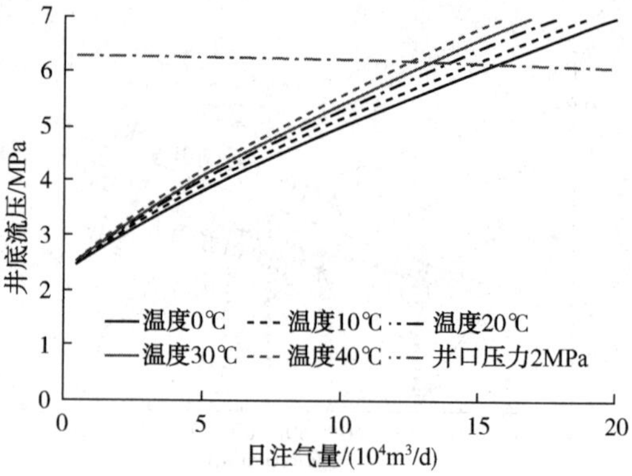

图 15　直井不同温度注气曲线

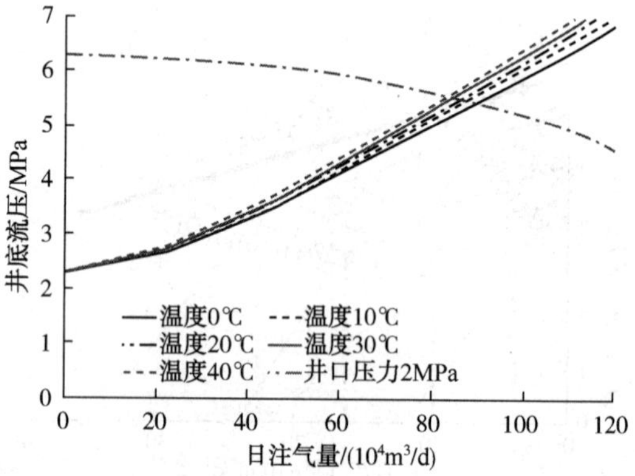

图 16　水平井不同温度注气曲线

2.6　影响因素比重

为分析各因素在注采气能力中的影响比重，本次研究采取各参数单位变化量影响的注采气量大小来量化各影响因素，实现对注采气影响因素占比的定量评价。评价结果表明，储层渗透率、有效厚度、压力影响气井注采气能力的主控因素，其中储层渗透率对气井采气能力影响最大，压力对气井注气能力影响最大(图 17、18)。

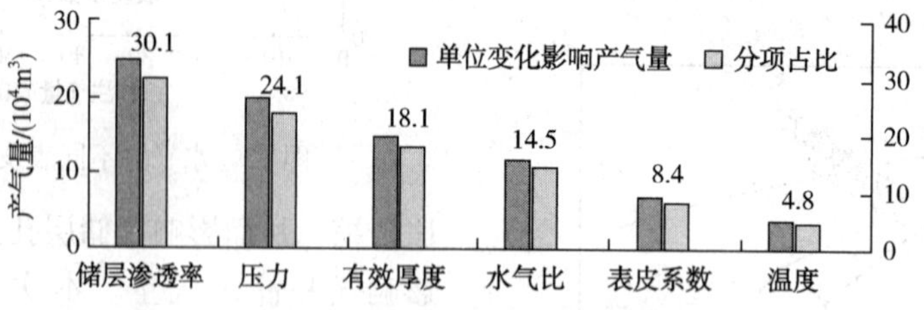

图 17　采气能力影响因素占比图

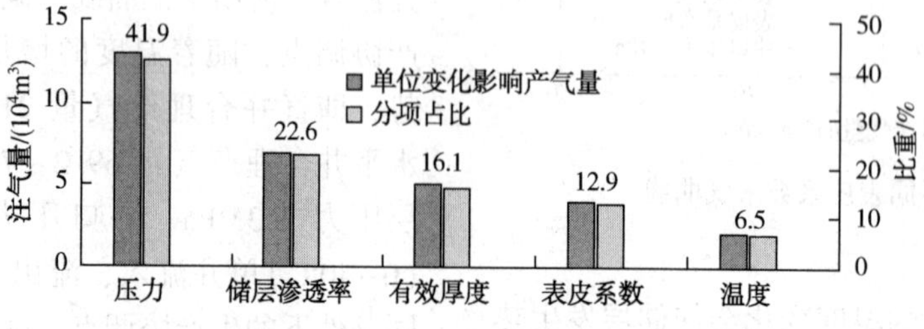

图 18　注气量影响因素占比图

3 单井注采气参数优化

3.1 储层分类

鉴于本区影响注采气井产能的主要因素是储层渗透率和有效厚度，同时研究区储层具有一定的非均质性，本次通过叠合计算地层系数(Kh)平面图(图19)，将储层划分为三类，对气井注采气参数进行分类优化(表1)。

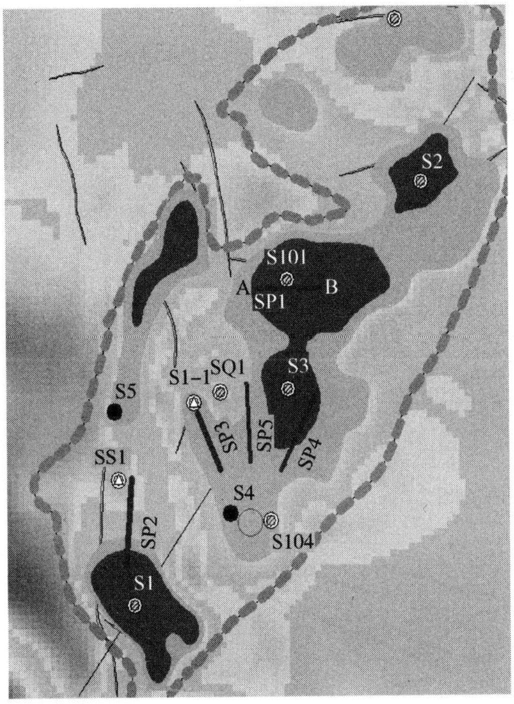

图19 S储气库地层系数平面图

表1 四站储气库群储层分类依据

分类	有效厚度/m	测井渗透率/mD	地层系数/mD·m
Ⅰ类	>3	>1000	>3000
Ⅱ类	2~3	200~1000	400~3000
Ⅲ类	<2	<200	<400

3.2 运行压力优化

（1）上限压力

储气库运行上限压力设计要确保储气圈闭密封性不遭到破坏，需要考虑包括断层密封性、盖层密封性等多方面因素。

① 断层临界滑动地层压力

通过主要断层的分析，气藏最小的断层临界滑动地层压力为10.8MPa左右(表2)。

表2 主要断层统计分析表

断层名称	当前状态	临界滑动地层压力系数	临界滑动地层压力
F7	稳定	2.22	13.2
F21	稳定	2.26	11.5
F27	稳定	2.14	10.8
F28	稳定	2.13	10.8
F46	稳定	2.17	14.8
F67	稳定	2.23	11.3
F73	稳定	2.15	12

② 盖层突破压力

根据突破压力实验结果可知，四站气藏盖层突破压力为3.7MPa(表3)。

表3 四站、朝51气藏岩样突破压力测试结果

井号	岩心号	取样深度/m	岩心高度/cm	渗透率/mD	突破压力/MPa
S1	61	656.77	4.338	5.25	0.024
	66	680	5.725	0.0251	1.344
	67	680	5.820	0.0226	1.412
	65	661	4.244	0.0910	3.583
S2	56	492.5	5.832	0.169	3.790

综上所述，为不破坏气藏原有的断层密封性，储气库上限压力初步设计为6MPa(表4)。

表4 S储气库上限压力取值表

上限压力/MPa		
断层临界滑动地层压力	盖层岩石突破压力	综合取值
10.8	9.5	6

（2）下限压力

储气库运行下限压力设计时既要保持合理的工作气规模，还要考虑压缩机入口压力不低于1.6MPa，反推所需井口压力2MPa，综合考虑多种因素确定储气库运行下限压力为2.3MPa。

表5　S储气库下限压力取值表

运行下限压力/MPa	工作气量/10^8m^3	工作气比例/%	末期单井平均产能/10^4m^3	井底流压/MPa	井口压力/MPa	压缩机入口压力/MPa
2.3	3.05	59	4.6	2.2	2	1.6

3.3　单井注采能力评价

（1）注气能力

通过绘制节点法流入流出曲线，分别建立不同类型注气井单井模型。其中Ⅰ类直井注气量为1～38.5×10^4m^3/d，平均注气量17.6×10^4m^3/d，Ⅰ类水平井注气量为6.8～92.3×10^4m^3/d，平均注气量51.9×10^4m^3/d。Ⅱ类直井注气量为0.6～14.9×10^4m^3/d，平均注气量6.7×10^4m^3/d，Ⅱ类水平井注气量为0.8～38.9×10^4m^3/d，平均注气量16.4×10^4m^3/d（图20～23）。

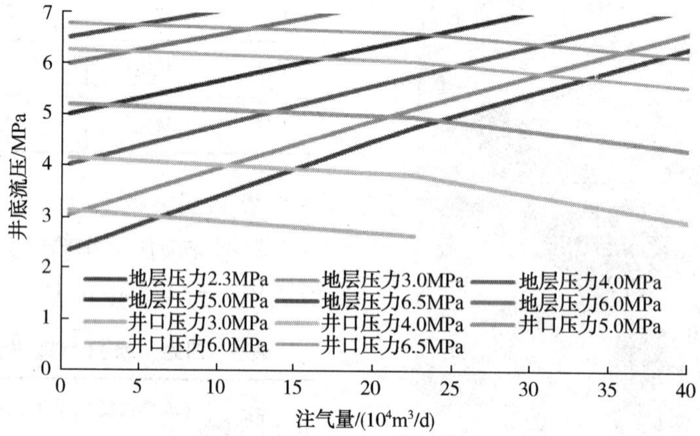

图20　Ⅰ类直井注气能力曲线

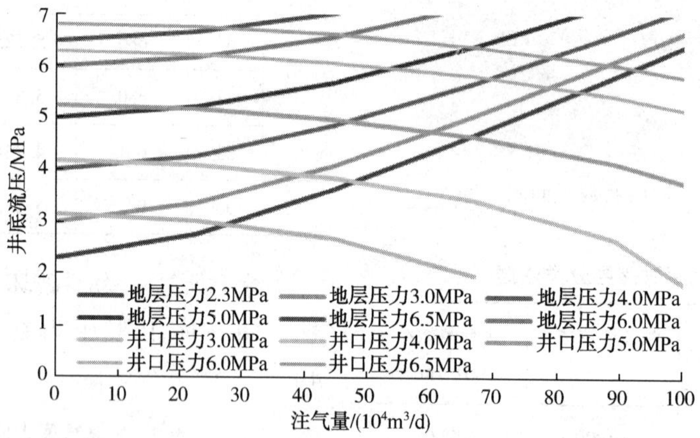

图21　Ⅰ类水平井注气能力曲线

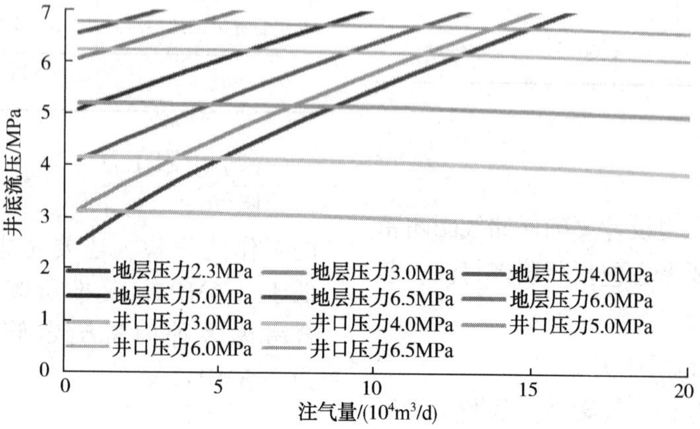

图22　Ⅱ类直井注气能力曲线

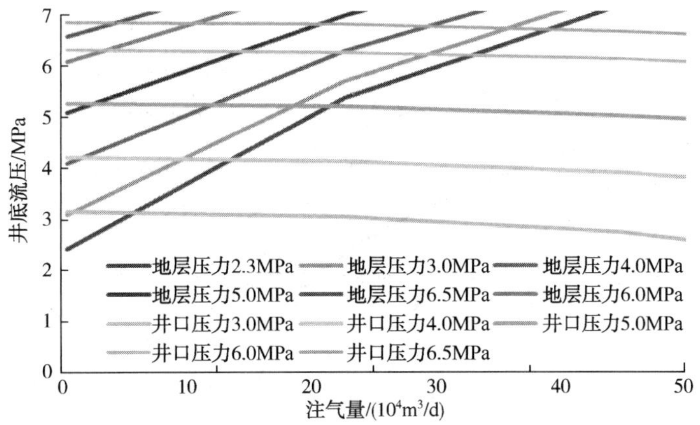

图 23　Ⅱ类水平井注气能力曲线

(2) 采气能力

通过绘制节点法流入流出曲线，分别建立不同类型注气井单井模型，其中Ⅰ类直井产气量为 0.5～29.6×10⁴m³/d，平均产气量 15.1×10⁴m³/d，Ⅰ类水平井产气量为 2.3～69.1×10⁴m³/d，平均产气量 35.7×10⁴m³/d。Ⅱ类直井产气量为 0.4～13.1×10⁴m³/d，平均产气量 6.5×10⁴m³/d，Ⅱ类水平井产气量为 0.8～40.6×10⁴m³/d，平均产气量 20.7×10⁴m³/d(图 24～27)。

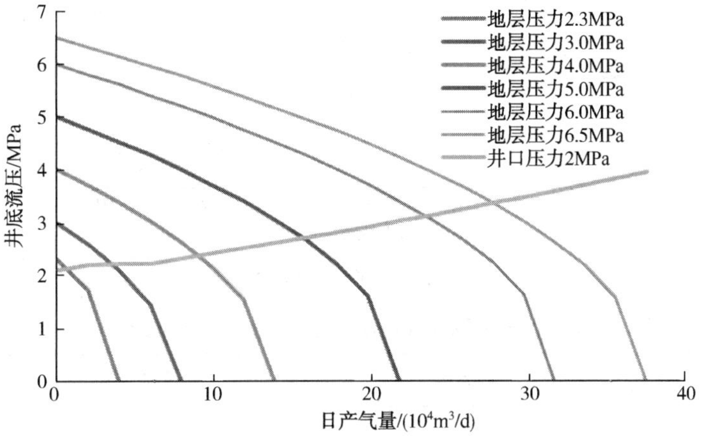

图 24　Ⅰ类直井采气能力曲线

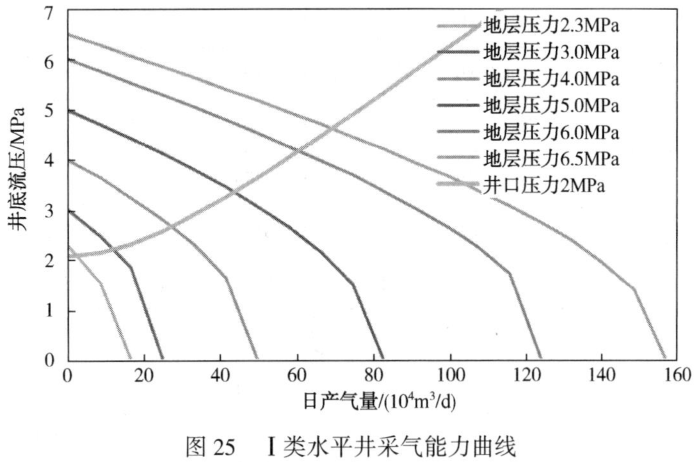

图 25　Ⅰ类水平井采气能力曲线

3.4　单井配产配注

根据不同井型气井注采气能力并结合区域实际调峰用气需求进行储气库优化配产配注。储气库注气井 10 口，初期最大日注气 323×10⁴m³/d(表 6)，采气井 8 口，初期最大日采气 352×10⁴m³/d(表 7)。

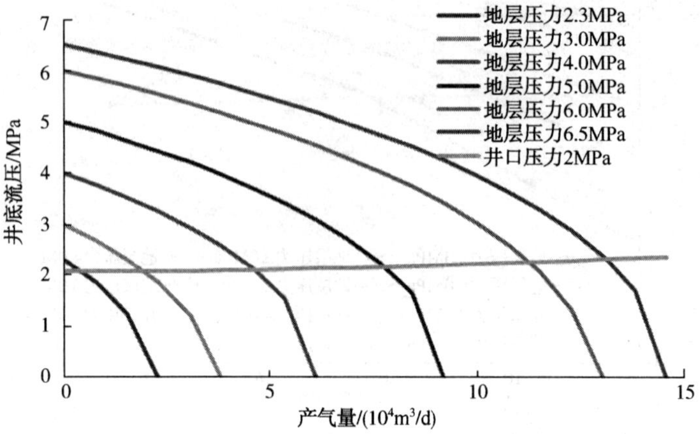

图 26　Ⅱ类直井采气能力曲线

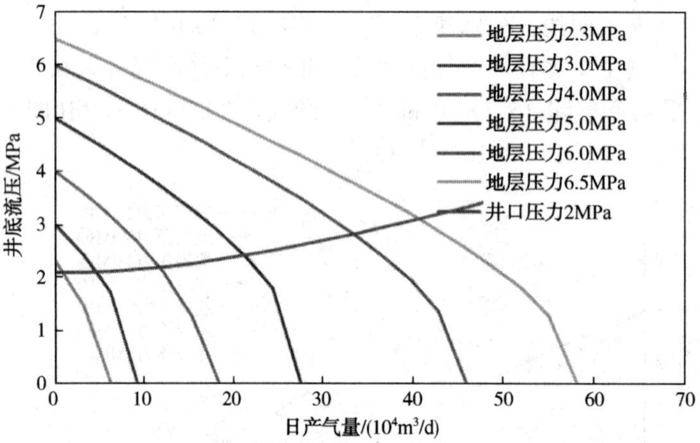

图 27　Ⅱ类水平井采气能力曲线

表 6　四站储气库气井合理注气量计算结果表(P_{wh}=6MPa)

序号	井号	产能方程系数		节点法协调点(10^4m^3d)	
		A/($kPa^2/(m^3/d)$)	B/($kPa^2/(m^3/d)^2$)	初期 Pe=6.0MPa	末期 Pe=2.3MPa
1	S1	62.5141	0.000054	33.5	4
2	S2	178.0680	0.000192	15.2	1.7
3	S3	260.3580	0.000391	12.7	1.4
4	S4	164.3620	0.000174	16.6	1.9
5	S5	96.1810	0.000125	24.9	3.2
6	SP1	1.9247	0.000032	84.1	16.3
7	SP2	35.7388	0.000035	48.8	6.5
8	SP3	64.2467	0.000071	33.3	3.9
9	SP4	98.7108	0.000120	24.1	2.7
10	SP5	75.5466	0.000086	29.5	3.5
合计				323	45

表 3　四站储气库气井合理采气量计算结果表($P_{wh}=2MPa$)

序号	井号	产能方程系数		节点法协调点/($10^4m^3/d$)	
		A/($kPa^2/(m^3/d)$)	B/($kPa^2/(m^3/d)^2$)	初期 Pe=6.0MPa	末期 Pe=2.3MPa
1	S1	110.7350	-0.000006	25.4	0.8
2	S3	93.1713	0.000121	28.1	1.2
3	S4	69.2190	-0.000078	38	1.5
4	S1	73.3258	0.000085	70.5	2.9
5	S2	78.0116	-0.000004	35.5	1.1
6	S3	97.8180	-0.000044	33.4	1
7	S4	32.7489	-0.000004	60.5	2.2
8	S5	29.9139	0.000001	60.5	2.6
合计				352	13

4　结论

(1) 本次研究应用单位变化量影响的产能大小来量化评价注采能力影响因素。其中在采气能力影响因素中，储层渗透率、压力、有效厚度是主控因素；在注气能力影响因素中，压力对注气能力影响最大，温度影响最小。

(2) 考虑气藏原始断层、盖层密封性、储气库合理工作气量规模以及管网系统压力限制，综合确定储气库运行压力区间为 2.3MPa~6MPa。

(3) 结合单井注采气能力及区域调峰用气需求，进行储气库配产配注气量优化。初期最大日注气 $323\times10^4m^3/d$，最大日采气 $352\times10^4m^3/d$。

参　考　文　献

[1] 王海燕．考虑多因素影响的储气库气井注采能力优化[J]．大庆石油地质与开发，2019，38(3)：54-58.

[2] 陈显学，温海波．辽河油田双 6 储气库单井采气能力评价[J]．新疆石油地质，2017，38(6)：715-718.

[3] 吕建，李眉扬，汤敬，等．陕 224 储气库注采井注采能力影响因素分析[J]．石油化工应用，2015，34(11)：43—46.

[4] 阳小平，程林松，何学良，等．地下储气库多周期运行注采气能力预测方法[J]．天然气工业，2013，33(4)：96—99.

[5] 舒萍，高涛，朱思南．火山岩气藏改建地下储气库注采能力[J]．大庆石油地质与开发，2015，34(6)：48-53.

[6] 梁涛，郭肖，付德奎，等．R 油藏改建地下储气库单井注采能力分析[J]．西南石油大学学报，2007，29(6)：157-160.

喇嘛甸油田气顶储气库注采评价

苏延昌　凡文科

（大庆油田有限责任公司）

摘　要　喇嘛甸油田储气库是利用正在开发油田的气顶建设的，气顶属于原生饱和气顶，建库前未投入开发，具有天然库存。储气层与正在开发中的油区属于同一个沉积体，具有统一的油气界面和水动力系统，开发过程中需要兼顾气区注采和油区开发，保持油气界面稳定。受地质条件制约，储气库压力运行区间小，调峰能力受限，运行管理难度大。储气库1975年投运，截至2021年底，累积注气$22.42\times10^8m^3$，累积采气$24.00\times10^8m^3$，在确保油气界面相对稳定的前提下，实现了油区的正常开发和储气库的平稳运行。为提高注采认识，优化注采运行，合理配产配注，综合评价了气库密封性、油气界面稳定性、储层注采适应性和调峰能力，进一步指导储气库的运行管理。

关键词　喇嘛甸油田；气顶储气库；注采评价；密封性；油气界面；调峰能力

1　储气库概况

1.1　地质特征

喇嘛甸油田位于大庆长垣最北端，是一个受背斜构造控制的层状砂岩气顶油藏，东翼倾角3~6°，西翼倾角12~21°，南端倾角小于1°，北端以3~4°倾角向北倾没，整个构造被北西方向延伸的37#和51#两大断层切割成面积不等的北、中、南三大块。

油藏具有统一的水动力系统，油气界面深度920m，油水界面深度1200m。油田从下至上发育高台子、葡萄花和萨尔图三套油层，储层为砂岩和泥质粉砂岩组成的一套湖相—河流三角洲相沉积砂体。构造顶部存在气顶，气顶气主要集中在萨零1~萨Ⅲ4-7共11个砂岩组的25个小层中，平均气砂厚度41.7m。平面上，油、气、水呈环带状分布，从构造轴部向翼部分为纯气区、油气过渡带、纯油区和油水过渡带，边部有边水衬托；纵向上，自上至下气顶面积逐渐缩小，萨一组含气面积为$32.3km^2$、萨三组含气面积仅为$1.5km^2$。全油田含油面积100平方公里，原油地质储量8.17×10^8t，天然气地质储量$99.59\times10^8m^3$（图1、2）。

储气库的注采层位为北块萨零组、萨一组气层，均属下白垩统嫩江组沉积，原始地层压力10.08MPa。萨零组气层：条带或零星分布，单层厚度在0.3~1.3m之间，储层物性差，分布面积小；平均空气渗透率$38\times10^{-3}\mu m^2$，有效孔隙度22.0%，地质储量$8.5\times10^8m^3$。萨一组气层：大面积分布的薄层含气砂岩，单层厚度以1~2m为主；平均空气渗透率$547\times10^{-3}\mu m^2$，有效孔隙度26.0%，地质储量$32.7\times10^8m^3$。

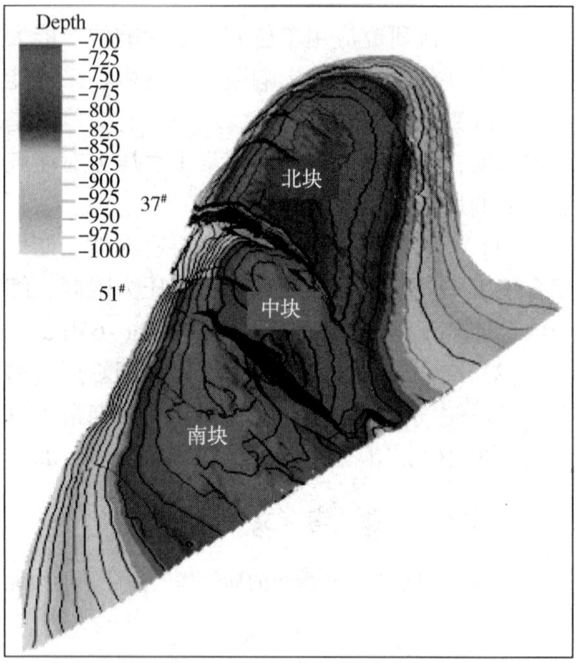

图1　喇嘛甸油田构造图

1.2　开发及建设情况

为防止油气互窜，开发初期制定了“油气藏开发分两步走，先集中力量搞好油区开发，后期再根据国家需要开发利用气顶气资源”的总体开发原则。1973年，油藏部分全面投入开发，气藏部分至今未开发。

1975 年，为解决油田季节性用气量不均衡的矛盾、合理利用天然气资源，在北块设计建造了储气库，作为季节调峰、优化供气系统、事故应急和战略储备的一项重要保障措施。初期投产气井 10 口，储采层位为萨Ⅰ1、Ⅰ2 及萨零组下部，日注气能力 $30×10^4m^3/d$。运行初期为了倒出库容，气井只采不注，1983 年建成地面注气站后断断续续注入少量天然气。

1998 年，结合大庆夏季多余的放空气量和冬季用气需求，对地下和地面系统进行了扩建。目前共有生产井 14 口，储气层为萨零组、萨一组气层，平均单井射开气砂厚度 19.6m，其中一类气砂厚度 7.9m，天然气地质储量 $35.7×10^8m^3$。注气系统配备 4 台国产往复式压缩机，规格为 $20×10^4m^3/d$ 和 $30×10^4m^3/d$ 各 2 台，组合运行排量范围为 $18～120×10^4m^3/d$。地面配套建设了注采气过滤分离、脱硫等净化工艺和单井管道电伴热、防冻堵及高压气体计量等配套设施。

储气库冬采夏注，截至 2021 年底，累积注气 $22.42×10^8m^3$，累积采气 $24.00×10^8m^3$，地层压力 8.36MPa，总压差 −1.72MPa，油气区压差 0.12MPa。

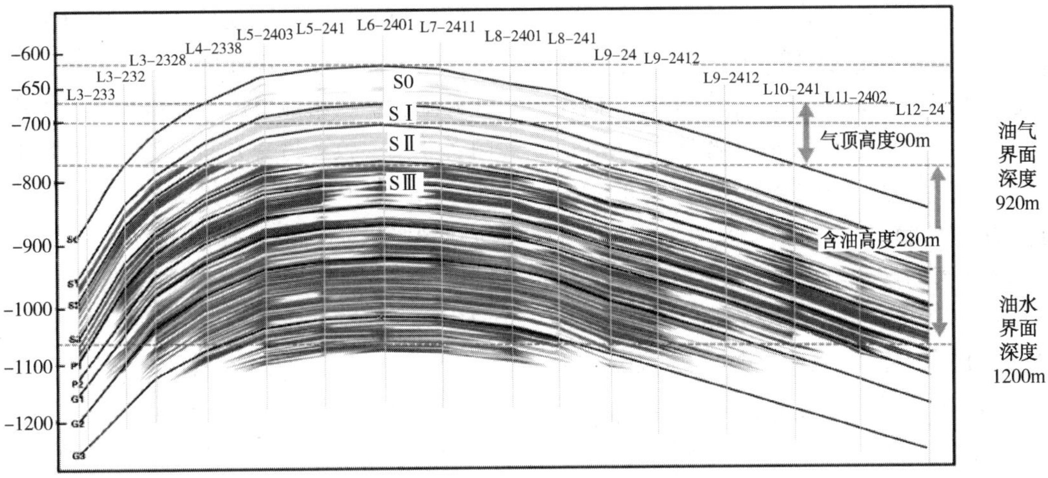

图 2　喇嘛甸油田横向油藏剖面图

2　圈闭密封性评价

2.1　盖、隔层密封性评价

储气层萨零组上部发育 200～250m 全区稳定分布的嫩一、二段黑色泥岩，萨零组和萨一组之间有 16.5m 厚的黑色泥岩隔层，萨一组与萨二组之间有 15.8m 厚的黑色泥岩隔层。

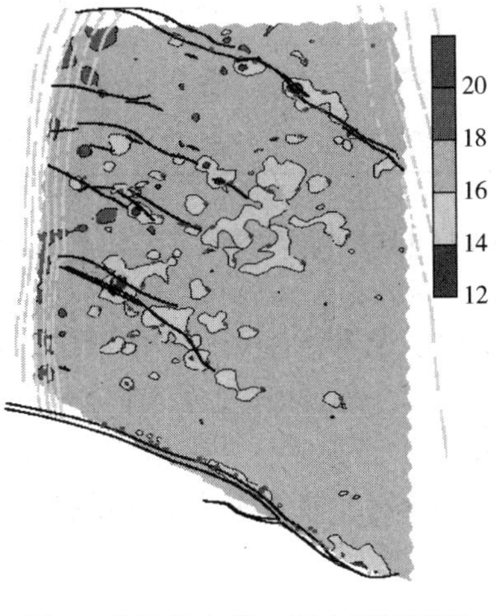

图 3　萨零组与萨一组之间隔层图

从 7 口取心井样品分析来看，泥岩隔层排替压力高，比表面积大，孔隙峰值分布区分散，孔径极小，渗透率在 $10^{-8}～10^{-6}μm^2$ 之间，分布稳定、泥质纯，是良好的隔层(图 3、4、表 1)。

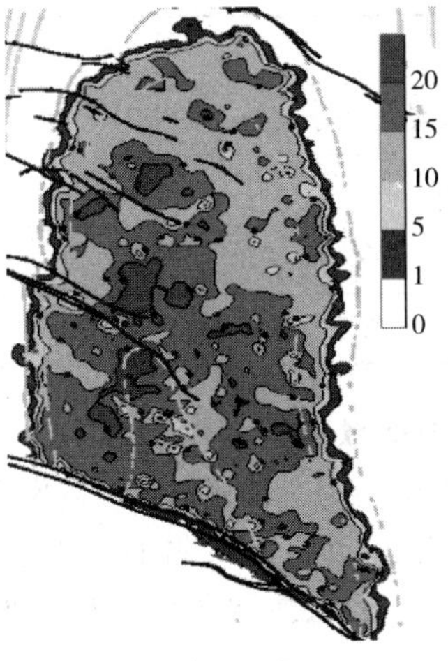

图 4　萨一组与萨二组之间隔层图

表1　喇嘛甸油田储气库隔层特征参数

层位	岩石密度/（g/cm³）	比表面积/（m²/g）	排替压力/MPa	孔隙度参数					渗透率参数			
				孔隙度/%	半径中值/mm	最大孔喉半径/mm	峰值	峰位	分选系数	渗透率/$10^{-7}\mu m^2$	峰值	峰位
S0~SⅠ	2.13	24.85	6.81	13.14	0.010	4.864	44.3	0.008	3.5	4.7	63.3	4.43
SⅠ~SⅡ	2.10	25.18	4.34	9.37	0.011	5.913	36.4	0.008	4.2	4.7	55.9	5.09

根据哈宁等人利用毛细管压力曲线对泥岩的封闭能力的经验公式：

$$P_{max} = P_i + P_{c(g/w)} \quad (1)$$

$$P_{c(g/w)} = \frac{\sigma_{wg}}{\sigma_{wo}} P_o \quad (2)$$

式中：P_i 为原始地层压力，MPa；P_{max} 为盖隔层最大承注压力，MPa；$P_{c(g/w)}$ 为毛管突破压力，MPa；P_o 为岩样饱和煤油排替压力，MPa；σ_{wg} 为油气界面张力，$\times10^{-3}$N/M；σ_{wo} 为油水界面张力，$\times10^{-3}$N/M。

计算萨零组与萨一组之间、萨一组与萨二组之间的隔层最大承注压力分别为 11.93MPa、12.08MPa。储气库注气时井口压力小于 10.0MPa，地层压力保持在 6.5~10.0MPa 之间，均低于隔层最大承注压力和气层原始地层压力，储气库注采不会对地下结构造成不良影响。

从压力及气组分监测结果来看，隔层起到了良好的封隔作用，天然气并没有通过隔层发生串流。一方面，储气层地层压力随着注采出现规律性升降，萨二组地层压力保持稳定，大小及变化两者并不一致；另一方面，受注入气影响，储气库采出气含有较高的硫化氢和二氧化碳，甲烷含量在 90%左右，萨二组气顶气不含硫，二氧化碳含量非常低，甲烷含量在 95%左右，气组分存在较大的差异(图 5、表 2)。

图 5　北块储气库与萨二组气顶压力变化曲线

表2　北块储气库与萨二组气顶气组分监测结果表

分类		化验时间	总硫/（mg/m³）	硫化氢/（mg/m³）	甲烷/%	二氧化碳/%
原始气顶气		1975	<1	<0.1	95.07	0.09
储气库（萨零组、萨一组）	注入气	2021-7-23	48.4	45	89.06	7.43
	采出气	2022-1-25	40.1	35	90.88	4.22
萨二组气顶气		2022-4-15	<1	<0.1	95.08	0.09

2.2 断层密封性评价

储气库位于构造轴部，区域内发育大小断层 23 条，均为正断层，以北西向为主，倾角在 45~70°之间。断层主要集中在构造西翼，其中 37#断层最大，葡一组顶面延伸距离 5.4km，断层倾角为 47°，油层最大断距 108.2m，断失层位为高Ⅰ17~高Ⅲ3 油层上；最小断距 1.0m，断失层位为高Ⅱ22 中下。32#断层最小，葡一组顶面延伸距离 0.115km，最大断距 3.2m，断失层位高 I9 底。

从生产状况看，注采过程中断层两侧并未监测到油气窜流。从萨一组目前含气分布来看，37#断层两侧形态独立，并无延续性，说明 37#断层保持封闭稳定，储气库注采并没有对断层密封性产生影响。

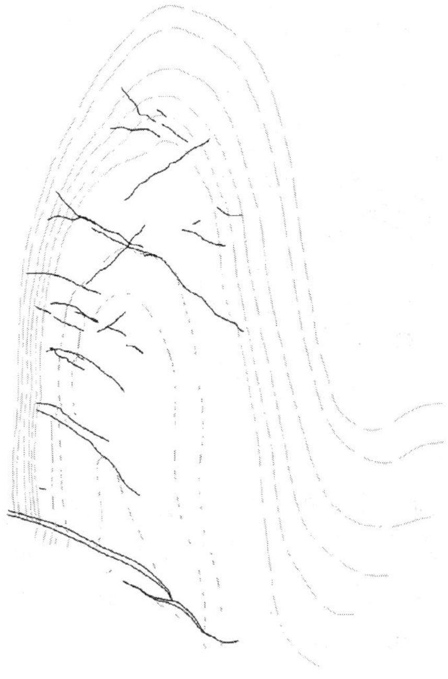

图 6　喇嘛甸油田北块萨Ⅰ组断层分布图

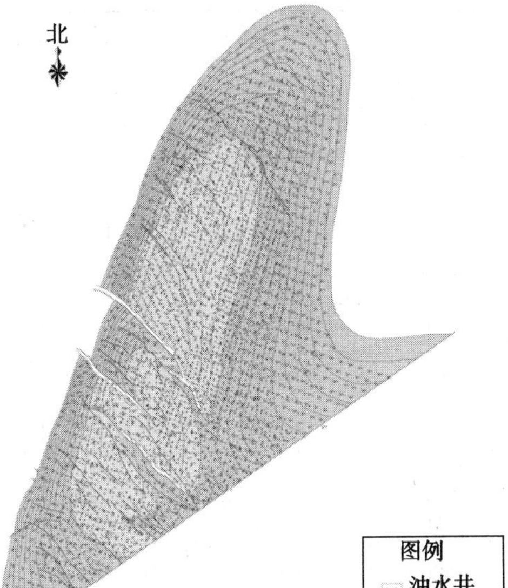

图 7　喇嘛甸油田萨Ⅰ组含气分布图

3　油气界面稳定性评价

3.1　油气界面调控主要做法

储气库在运行过程中，为保持油气界面稳定，主要采取了以下几种做法：

一是建立油气运移缓冲区，平稳油气区压力。缓冲区建立原则：(1)油水井中的气层和油气同层以及距油气边界不足 300m 的油层一律不射孔，防止平面上油侵气窜；(2)300 米以外的第一排射孔井必须是油井，水井暂不射孔，防止注入水将原油驱入气顶；(3)在气顶内部的油水井中，射孔顶界与气层或油气同层之间应有不小于 3m 的泥岩隔层，防止气顶气纵向上窜流。按照上述原则，气顶外形成一个 450~600m 的未射孔油环，即油气缓冲区，对油气互窜起到缓冲和控制作用。

二是合理部署监测井点，定期监测油气界面变化。主要由气区观察井、油区观察井、油气界面观察井三部分组成。观察对象，选择气顶分布范围大，厚度大，油气接触关系好，对油区开发影响大的油气层。观察井，尽量利用已有的探井、资料井和生产井网中的井，把观察井布置在油气易于窜流的井区。观察方法，通过气顶压力观察井测压，观察气顶内压力变化；通过油区压力观察井分层测压，观察各层油气边界以外第一排生产井的压力变化；通过油区生产指标观察井监测，观察是否发生气窜；通过油气界面观察井中子—中子测井，观察油气界面移动情况。同时，逐步完善建立了井温流压梯度、气体组分分析等一整套测试分析方法。监测系统建立以来，录取了大量资料，发现油气界面运移 48 处，为分析及调整提供了大量依据。

三是及时注采调整，确保油气界面稳定。根据油气区压力及油气界面监测情况，对两区压差超标或单层存在油气运移的情况，及时调整储气库气井及油气边界附近油水井的工作制度，降低油气区压差，保持油气界面稳定。调整依据：(1)地层压力不平衡，局部区域油气区压差超过 0.5MPa；(2)中子-中子测试放射性比值显示储层性质发生变化；(3)生产井伴生气量显著增加，达到或超过正常值的 2.0 倍。2020 年以来，共发现油气界面变化 6 处，对应调整油、气、水井工作制度 24 井次。

四是优化储气库生产制度，确保压力均匀分布。根据 14 口气井距油气边界距离、所处位置关系及压力相对大小，确定了储气库内、外部井，要求注气时先压力低井再压力高井，采气时先压力高井再压力低井，由内向外逐步开井，确保压力均匀分布。同时，间隔选取开井，且每口井连续开井时间在 10~15 天左右，减少井间干扰并防止局部气层压力升降过快，导致油侵气窜。

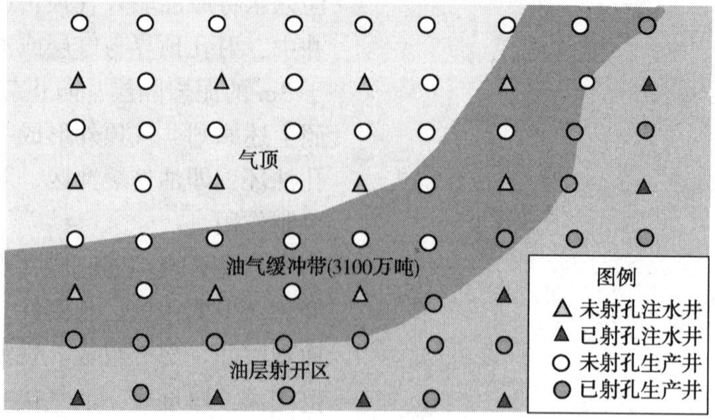

图 8　喇嘛甸油田油气缓冲带示意图

3.2　油气界面变化分析

从储气库萨一组油气界面中子-中子监测结果来看，气顶略有扩张，气底深度平均下移了3.5m。分析认为主要有两方面的原因，一是储气库周期性注采，有外力助推；二是油区萨一组容易套损，注水井停注，地层压力相对较低。从监测井点分布来看，变化幅度大的井均分布在东侧或北端，主要是区域构造倾角小，油气串流克服的阻力更小(表 3)。

表 3　喇嘛甸油田北块萨一组油气界面测试结果表

序号	井号	测井解释			目前中子测试			气底深度变化/m
		解释时间	气底深度/m	气底层位	测试时间	气底深度/m	气底层位	
1	L6-1538	1985	920.7	SⅠ4+5	2020	920.4	SⅠ4+5	-0.3
2	L9-2537	1983	922.7	SⅠ4+5	2020	922.7	SⅠ4+5	0.0
3	L4-FP2200	2014	912.5	SⅠ4+5	2020	912.5	SⅠ4+5	0.0
4	L5-1631	1991	919.5	SⅠ4+5	2020	919.5	SⅠ4+5	0.0
5	L4-1927	1983	918.0	SⅠ2	2020	918.4	SⅠ2	0.4
6	L8-1531	1991	917.0	SⅠ2	2020	919.2	SⅠ3	2.2
7	L8-2327	1983	920.2	SⅠ4+5	2015	923.2	SⅠ4+5	3.0
8	L8-182	1974	915.7	SⅠ3	2020	921.2	SⅠ4+5	5.5
9	L8-1922	1992	921.2	SⅠ3	2020	927.1	SⅠ4+5	5.9
10	L9-P2635	1994	920.4	SⅠ4+5	2020	926.8	SⅠ4+5	6.4
11	L8-1627	1985	918.5	SⅠ1	2020	925.0	SⅠ2	6.5
12	L8-2028	1983	919.8	SⅠ3	2020	926.4	SⅠ4+5	6.6
13	L4-233	1974	921.1	SⅠ3	2020	927.7	SⅠ4+5	6.6
14	L8-2222	1992	920.2	SⅠ2	2020	931.3	SⅠ4+5	6.7
平均			919.1			923.0		3.5

结合储气库运行过程来看，早期采多注少，地层压力下降，萨一组气顶收缩；后期加大注气规模，地层压力有所恢复，气顶呈扩张态势。1990 年以前，储气库累计注气 $0.29\times10^8m^3$，累计采气 $7.5\times10^8m^3$，地层压力由原始的10.08MPa 下降到 7.30MPa，低于油区 0.70MPa左右，受油区挤压，气底深度平均上抬了 0.4m。1998 年以来，储气库累计注气 $21.18\times10^8m^3$，累计采气 $16.10\times10^8m^3$，地层压力恢复到 8.60MPa左右，略高于油区压力，气底深度平均下移了 3.9m。

整体来看，油气界面虽有一定波动，但变化幅度不大，并未对储气库注采及油区开发产生影响，证明为控制油气界面采取的做法是合理有效的。

4 储层注采适应性评价

4.1 储层发育及连通状况

萨零组气层在剖面上多呈透镜状，在平面上呈不规则的条带状，平均单井发育二类气砂厚度8.5m，单层厚度在0.3m~1.3m之间，其中萨零2、萨零3、萨零6、萨零7各小层平均单井厚度大于1m，萨零3平均单井最厚为1.3m，萨零1平均单井厚度仅为0.3m。从连通上来看，萨零1、萨零4层砂体横向和纵向连通性较差，其余各小层砂体横向和纵向连通性较好(图9)。

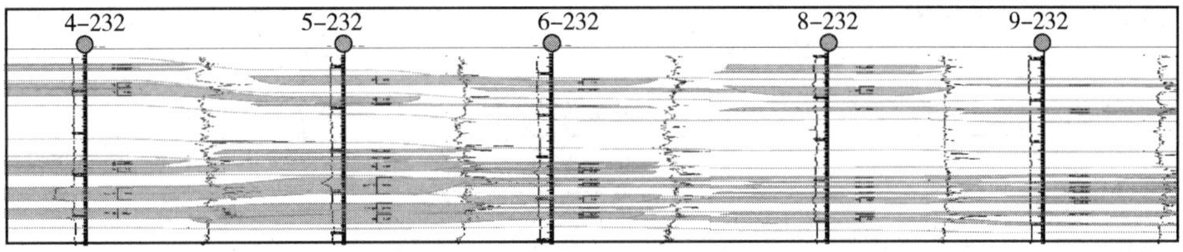

图9 萨零组气层连通剖面图

萨一组气层在剖面上基本连续分布，在平面上以条带、席状砂分布为主，平均单井发育二类气砂厚度9.1m，一类气砂厚度6.1m，单层厚度以1~2m为主。从连通上来看，萨一组各小层纵横向连通状况均较好，其中萨Ⅰ4+5层发育厚度最大，连通最好(图10)。

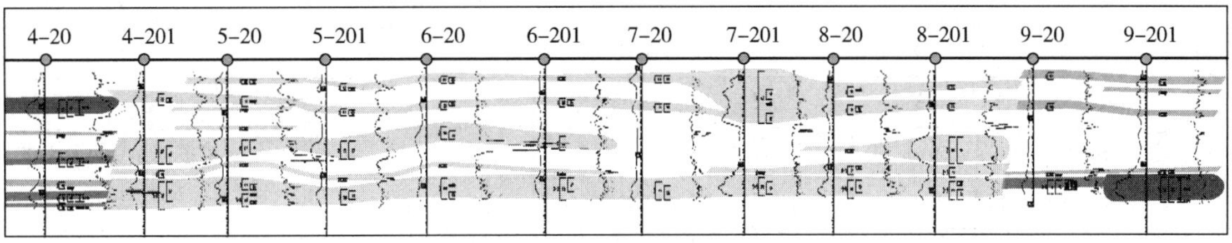

图10 萨一组气层连通剖面图

4.2 储层注采气能力评价

4.2.1 储层能够满足快速注采的需要

从压力恢复测试结果来看，生产期井底流压和静压相差小，说明储层连通好，供气能力足，压力恢复快。采气期末关井瞬间井底压力为7.35MPa，和静压仅相差0.47MPa，关井1天后的压力基本能代表地层压力；注气期末关井瞬间井底压力8.47MPa，和静压仅相差0.07MPa，压力平衡快(表4)。

表4 测试不同时间地层压力恢复速度

井号		测压深度/m	压力恢复方法下不同时间对应测试压力/MPa										静压/MPa
			0h	0.5h	1h	5h	10h	25h	55h	85h	115h	125h	
采气末	L253	840.7	7.33	7.68	7.68	7.69	7.70	7.73	7.75	7.77	7.78	7.79	7.75
	LQ104	840.4	7.41	7.56	7.58	7.61	7.62	7.63	7.64	7.65	7.66	7.67	7.89
	LQ107	857.5	7.20	7.31	7.39	7.65	7.73	7.77	7.8	7.82	7.83	7.85	7.86
	LQ111	818.0	7.45	7.73	7.74	7.74	7.75	7.75	7.76	7.77	7.77	7.78	7.77
	平均	839.2	7.35	7.57	7.60	7.67	7.70	7.72	7.74	7.75	7.76	7.77	7.82
注气末	LQ101	866.2	8.37	8.39	8.39	8.39	8.39	8.40	8.40	8.40	8.40	8.40	8.39
	LQ103	844.9	8.47	8.47	8.47	8.46	8.45	8.44	8.44	8.44	8.43	8.43	8.39
	LQ105	850.0	8.54	8.53	8.53	8.51	8.50	8.49	8.47	8.46	8.46	8.45	8.41
	LQ106	843.6	8.58	8.58	8.59	8.59	8.60	8.60	8.59	8.57	8.56	8.55	8.51
	LQ109	814.7	8.41	8.38	8.37	8.35	8.35	8.33	8.32	8.32	8.32	8.31	8.27
	LQ112	864.0	8.42	8.42	8.42	8.42	8.41	8.41	8.40	8.40	8.40	8.39	8.43
	LQF102	851.1	8.50	8.46	8.45	8.45	8.45	8.45	8.44	8.44	8.44	8.44	8.38
	平均	847.8	8.47	8.46	8.46	8.45	8.45	8.45	8.44	8.43	8.43	8.42	8.40

4.2.2　萨一组为主要注采层位

从萨零组 8 口井 15 个层试气解释结果来看，全部层位平均二开井最大产气量为 $2.2\times10^4m^3/d$，平均无阻流量为 $6.7\times10^4m^3/d$，单井采气能力按绝对无阻流量的四分之一确定，日产气能力为 $1.7\times10^4m^3/d$ 左右。同时，由于萨零组气层砂体分布零散，岩性边界较多，导致产气能力较低，供气能力不足(表 5)。

表 5　北块萨零组 8 口试气井试气解释结果表

井号	试气层位	射开厚度/m	参数解释结果	试气解释结果	二开井稳定产气量/(m^3/d)	无阻流量/($10^4m^3/d$)
LQ005	S08	2.4	气层	工业气层	5125	0.6
	S021、22	1.2	疑似气层	低产气层	487	产量极低无法进行系统试气
LQ010	S07-8	4.3	疑似气层	干层	4	产量极低无法进行系统试气
	S051、52	3.4	气层	工业气层	18941	2.1
	S03	1.3	气层	低产气层	194	产量极低无法进行系统试气
LQ011	S06	3.2	气层	工业气层	79014	20.8
	S02	2.3	疑似气层	干层	5	产量极低无法进行系统试气
LQ015	S03-8	9.1	气层	工业气层	49951	6.6
LQ016	S06-7	1.9	气层	工业气层	79570	14.9
	S021、22	1.3	气层	低产气层	1161	产量低无法进行系统试气
LQ018	S051	2.3	疑似气层	干层	23	产量极低无法进行系统试气
	S01-8	7.0	气层	工业气层	19131	2.0
LQ019	S01-7	5.1	气层	工业气层	9008	1.0
	S01	1.8	气层	工业气层	15739	1.6
LQ020	S01-8	4.9	气层	工业气层	59417	10.6
平均		3.4			22518	6.7

从 3 口生产井注气剖面吸气状况来看(表 8)，萨零组基本不吸气。从喇 153 井封堵萨一组后萨零组吸气状况来看，仅萨零 2、萨零 5、萨零 6 吸气，且吸气能力有限；全井日吸气 $1.36\times10^4m^3$，吸气强度仅 $1787m^3/(m\cdot d)$，吸气层位主要为萨零 6，占总吸气量的 86.3%(表 6)。

表 6　喇 153 井吸气状况成果表

层位	层段深度/m	标准状态下合层吸入量/(m^3/d)	标准状态下分层吸入量/(m^3/d)	相对吸入量/%	地层条件下分层吸入量/(m^3/d)
S02	835.2~836.1	13580	678	5	6.2
S05	854.3~856.0	12902	1182	8.7	10.8
S06	860.2~863.0	11720	11720	86.3	107
S07	863.8~864.4	0	0	0	0
S08	866.6~868.2	0	0	0	0

从萨一组气层单独试气结果来看，15 口井平均单井试气厚度 4.7m，日产气 $11.79\times10^4m^3$，采气强度 $2.50\times10^4m^3/(m\cdot d)$，具有较强的注采气能力。其中喇 192 井射开气砂厚度 3.2m，日产气 $24.44\times10^4m^3$，采气强度高达 $7.64\times10^4m^3/(m\cdot d)$(表 7)。

表 7　喇嘛甸油田萨一组气层试气成果表

井号	试气时间	试气层位	试气厚度/m	油嘴/mm	日产气量/m^3	采气强度/[m^3/(m·d)]	静压/MPa
LQ101	1975 年	萨一组	4.4	10	163844	37237	10.09
LQ104	1975 年	萨一组	4.8	10	144742	30155	10.18
LQ107	1975 年	萨一组	2.8	12	187877	67099	10.16
LQ108	1975 年	萨一组	5.6	12	196364	35065	10.20
LQ109	1975 年	萨一组	3.6	12	177887	49413	10.63
L153	1969 年	萨一组	7.0	14	166000	23714	10.20
L253	1973 年	萨一组	10.2	12	153800	15078	9.91
L192	1966 年	萨一组	3.2	畅流	244400	76375	10.00
L173	1968 年	萨一组	4.8	12	73380	15288	9.75
L144	1973 年	萨一组	2.4	8	52475	21865	9.72
L154	1968 年	萨一组	9.8	10	137615	14042	10.11
L162	1968 年	萨一组	4.4	12	1615	367	10.24
L72	1965 年	萨一组	2.0	8	55600	27800	9.90
L8-J29	1998 年	萨一组	1.3		185	142	
L43	1967 年	萨一组	4.4	6	12627	2870	
平均			4.7		117894	25013	10.08

4.3　储量动用评价

应用物质平衡方程和非理想状态气体方程推导出压降与产量无因次关系式，对储气库生产数据进行拟合，1980 年、2000 年、2021 年动用储量分别为 $16.0\times10^8m^3$、$25.0\times10^8m^3$ 和 $32.2\times10^8m^3$，呈逐步上升趋势，2021 年动用程度达到 90.2%。主要由于储气库扩建后，提高了调峰能力，增加了注采气量，有效提高了储量动用程度（图 11）。

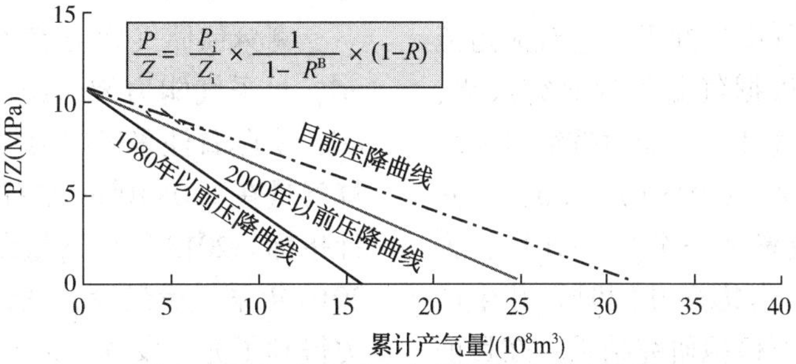

图 11　储气库实际生产数据拟合压降曲线

从 3 口注气剖面测试结果来看，仅喇气 107 井萨零组气层吸气，且吸气强度较低。分析认为萨零组气层虽然射孔注采气，但受储层性质、层间干扰等因素影响，动用程度相对较低(表 8)。

表 8　储气库 3 口注气剖面吸气状况表

井号	气层	射孔厚度/m	吸气厚度/m	注气量/(m^3/d)	吸气强度/[m^3/(m·d)]
Q109	萨零组	6.9	0	0	0
	萨一组	14.6	9.8	81487	8315
Q107	萨零组	6.0	4.0	978	245
	萨一组	13.4	13.4	87679	6543
L253	萨零组	2.1	0	0	0
	萨一组	15.1	5.6	125633	22434

5 调峰能力评价

喇嘛甸油田气顶属于原生饱和气顶，建库前未投入开发，储气层与正在开发中的油区属于同一个沉积体，开发过程中需要兼顾气区注采和油区开发，保持油气界面稳定，导致储气库压力运行区间小，调峰能力受限。

5.1 地下系统调峰能力评价

喇嘛甸油田油气界面一直保持相对稳定，储气库可以看成是一个没有油浸入的封闭气藏，根据物质平衡方程可以推导出储气库在保持油气界面相对稳定条件下的理论调峰能力。

注气调峰能力 Q_i 可由(3)式求出：

$$Q_i = \frac{(P_{ogmax} + P_{og}) Z_i G}{Z_t P_i} \tag{3}$$

采气调峰能力 Q_j 可由(4)式求出：

$$Q_j = \frac{(P_{ogmax} - P_{og}) Z_i G}{Z_t P_i} \tag{4}$$

P_{ogmax} 为油气区极限压差，MPa；

P_{og} 为目前油气区压差，MPa；

Z_i、Z_t 为原始状态和 t 时刻的偏差因子；

G 为动用地质储量，$10^8 m^3$；

P_i 为原始地层压力，MPa。

结合储气库实际参数，$P_{ogmax}=0.5$MPa、$G=32.2\times10^8m^3$、$P_i=10.08$MPa、$Z_i=0.851$、$Z_t=0.873$，当储气库地层压力与油区压力 8.38MPa 持平时，计算地下系统注采气调峰能力相等，均为 $1.30\times10^8\ m^3$；当地层压力为下限压力 7.88MPa 时，注气调峰能力最大，为 $2.60\times10^8\ m^3$；当地层压力为上限压力 8.88MPa 时，采气调峰能力最大，为 $2.60\times10^8m^3$。

5.2 地面系统调峰能力评价

地面系统调峰能力取决于压缩机运行台数及其运行时间。地面注气站配备 4 台国产往复式压缩机，规格为 $20\times10^4m^3/d$ 和 $30\times10^4m^3/d$ 各 2 台，组合运行排量范围为 $18\sim120\times10^4m^3/d$。按照运 3 备 1 日注气 $80\times10^4m^3$，生产 150 天计算，注气调峰能力为 $1.20\times10^8m^3$。

5.3 气井注采气能力评价

根据气井二项式产能方程，推导出目前储气库气井产能公式为：

$$q = 22.1338 \times \left[\sqrt{0.0113 + 0.0904 \times (p^2_{\ R} - p^2_{\ wf})} - 0.1064\right] \tag{5}$$

q 为日产气量，$10^4m^3/d$；

P_R 为地层压力，MPa；

P_{wf} 为井底流压，MPa。

根据上式计算，储气库气井平均绝对无阻流量为 $51.72\times10^4m^3/d$。根据气藏工程研究成果，结合储气库运行经验，气井产气能力按绝对无阻流量的四分之一计算，为 $12.93\times10^4m^3/d$，气井注气能力按绝对无阻流量的三分之一计算，为 $17.24\times10^4m^3/d$。同时，考虑多井同时开井生产存在井间干扰，根据数值模拟研究结果，在目前气井 800m 注采井距情况下，多井同时开井的井间干扰系数为 0.85，计算气井注采气能力分别为 $14.65\times10^4m^3/d$ 和 $10.99\times10^4m^3/d$。

喇嘛甸储气库方案设计日注气能力 $80\times10^4\ m^3$，日采气能力 $80\times10^4m^3$，工作气量 $1.0\times10^8\ m^3$；实际日注采气能力均达到 $100\times10^4m^3$，年调峰气量在 $1.0\times10^8m^3$ 左右，均达到或超过方案设计指标。2013 年注气量最高，达到 $1.30\times10^8m^3$，2016 年采气量最高，达到 $1.21\times10^8\ m^3$，调峰能力得到了充分发挥(图 12)。

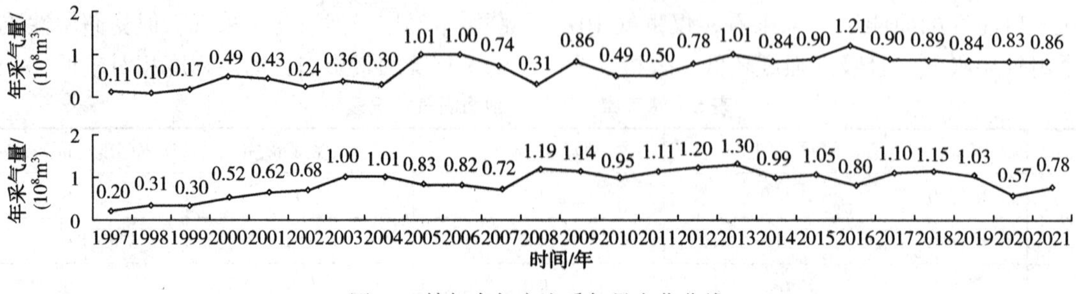

图 12　储气库年度注采气量变化曲线

6 结论及认识

(1) 储气库盖、隔层属于全区稳定分布的黑色泥岩隔层，承压能力高，具有较好的密封性；断层两侧并未监测到油气窜流，含气分布独立，注采并未对地下构造造成破坏。

(2) 通过建立油气运移缓冲区、合理部署监测井点、及时调控油气区压力、优化储气库生产制度，确保了油气界面的基本稳定，实现了油区的正常生产和储气库的平稳运行。

(3) 储气层能够满足快速注采的需要，其中萨一组发育好、渗透率高，是主要的注采层；萨零组发育相对较差，虽然射孔注采气，但受储层性质、层间干扰等因素影响，基本不吸气，动用较差。

(4) 储气库日注采气能力均达到 100×10^4 m^3，年调峰气量在 $1.0\times10^8 m^3$左右，均达到或超过方案设计指标，调峰能力得到了充分发挥。

参 考 文 献

[1] 王启民，许运新，韩景江等．喇嘛甸层状砂岩气顶油藏[M]．北京：石油工业出版社，1996. 28-29.

国内最浅四站储气库群先导性试验成果

汪长浩

(大庆油田有限责任公司)

摘　要　四站储气库群是利用正在开发的 A 和 B 气田改建而成，两个气田平均气层深度分别为 570m 和 700m，为国内最浅储气库。目前国内已勘探开发浅层油气藏普遍具有易出水、出砂；产能比低；稳产难度大；生产过程中地层压力下降快；弹性产率低等特点，改建成“注得进、采得出、存得注”，短期高产，高低压往复注采的储气库难度较大。因此 2019 年大庆油田正式开展四站储气库群先导试验井部署及注采试验工程建设，通过 5 个阶段注采试验，5 口老井评估检测作业及 4 项配套研究。核实了气井注采能力及动静态储量规模，评价了盖层、断层密封性，优化可行性方案参数设计，验证了低压条件下，钻完井工艺的适应性，为后续储气库高效建设奠定了坚实基础。

关键词　最浅储气库；先导性试验；注采能力；密封性；参数设计；钻完井工艺

1　储气库地质特征

四站储气库群由 A 和 B 两个小型枯竭气藏组成。其中 A 气藏为北东—南西方向的长轴背斜，主要发育三角洲平原亚相，储层为白垩系下统姚一段葡萄花油层葡一组，岩性为夹泥岩的粉砂、细砂岩，平均孔隙度 26.9%，空气渗透率 532.6mD。气藏埋深 570m，原始地层压力 5.81MPa，于 1990 年提交天然气探明地质储量 $4.8\times10^8m^3$，含气面积 $14.6km^2$。B 气藏为一断鼻构造，主要发育三角洲平原亚相，岩性为含泥混合粗砂岩，平均孔隙度 25.6%，空气渗透率 383mD。埋深 636 ~ 723m，原始地层压力 6.36MPa，于 1986 年提交探明天然气地质储量 $2.51\times10^8m^3$，含气面积 $5.8km^2$(图 1)。

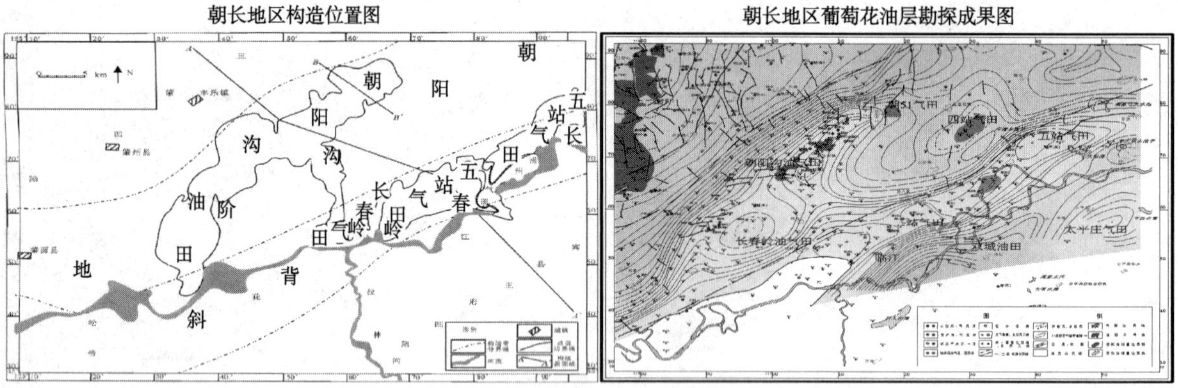

图 1　A、B 区块区域构造特征图

2　先导性试验优化设计技术

2.1　井位优化设计技术

以“兼顾有井及无井控制区域、兼顾不同储层物性区域、优选构造相对有利、优选储层相对发育”为原则，共设计新钻先导试验注采井 5 口，其中直井 2 口，斜井 2 口，水平井 1 口(表 1)。

表 1　四站储气库群先导试验注采井部署情况表

序号	井号	射开层位	射开层厚	部署目的
1	A 库试 1 井	5、6Ⅰ、6Ⅱ号层	559.6m~569.8m	位于 A 气藏西侧砂岩条带，主要目的为落实西侧砂岩条带与东侧砂岩条带的连通性，储层取心，进行岩心分析。

续表

序号	井号	射开层位	射开层厚	部署目的
2	A 库试斜 2 井	6I、6II 号层	585.4~585.4m	位于 A 气藏东北部位，主要目的为落实岩性圈闭构造、砂体展布、储层发育。
3	A 库试斜 3 井	6I-7 号层	569.6~578.6m	位于 A 气 1 东部，主要目的为主要目的为落实本区块注采能力。
4	A 库试平 1 井	8I-8Ⅶ号层	733~1276m	位于 A101 井南侧部位，为构造相对有利、储层相对发育部位。
5	B 库试 1 井	8-9Ⅳ号层	680.8~695.4m	位于 B 区块中部，主要目的为落实岩性圈闭构造、砂体展布、储层发育。

2.2 钻完井优化设计技术

针对浅部地层成岩性差，胶结疏松，易井漏、易井塌；嫩二段地层发育大段泥岩，吸水水化膨胀易剥落，造浆性能强易泥包钻具；待钻区块断层发育，钻遇断层及距断层较近等难点提出四项优化措施。

(1) 由于气层埋藏浅，结合气藏压力和老井实钻情况，同时考虑气田运行压力小(2MPa~8MPa)，以“降本增效、安全生产”为指导思想，直井和水平井均优选了两层套管的井身结构，完井方式为筛管完井。

(2) 直井采用微泡沫钻井液体系，水平井采用高性能水基钻井液体系。利用屏蔽暂堵技术进行油气层保护，屏蔽暂堵材料主要为超细碳酸钙。

(3) A、B 储气库产出天然气中，计算 CO_2 最大腐蚀速率为 0.055mm/a，直井生产套管选用 L80 材质，水平井生产套管选用 P110 材质即可满足生产要求。

(4) 固井水泥采用低温增韧早强水泥浆体系，该体系能够满足低温固井要求，能够减少水泥浆产生的自由水对储层造成伤害，增韧剂使水泥环具有一定的韧性，能够满足储气库的注采需求。

2.3 地面工程优化设计技术

为节省投资，利用已有 A101 井改建为试验站站场，保留采暖炉、采暖泵、甲醇罐。已建 A101 井井场北侧为井口、加热炉区，南侧为设备区，拆除南侧设备区内已损坏停运的三甘醇脱水橇及分离器，新建一座氯化钙脱水塔。在设备区新建阀组 1 套、排污罐及收发球筒各 1 座、放空立管一座。注气气源接自外输管线进出站阀组预留口，经新建输气联络线输至 A101 井站，经过滤分离后进入注气管汇，再分别经单井计量，进入单井注气管道分别输至各井口，注气期天然气均自压注入各注气井。试验气井采出天然气直接经单井采气管道输至试验站，分别进行单井计量后进入采气管汇，再经脱水后就近接入已建 A101 井站至集气站输气管线，汇入天然气集输管网。

3 储气库先导性试验成果

3.1 先导试验运行情况

四站储气库群 2019 年 7 月开始投产共完成三注二采，累注 7165×10^4 m^3，累采 $2432\times10^4m^3$。

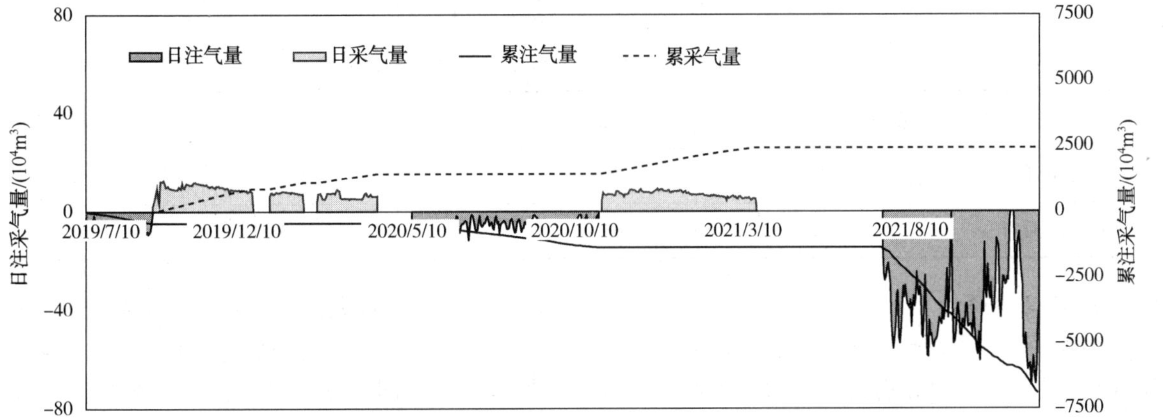

图 2 四站储气库群注采完成情况图

3.2 储层评价

以圈闭为基本评价单元，建立气藏型储气库地质综合评价模式和流程，以层序划分和相控理论为基础，精细刻画构造、沉积、储层特征，建立三维精细地质模型，形成满足储气库评价需求的圈闭级地质精细描述技术，深化了储层再认识，发现了新增未动用库容。一是追踪井间区域标志特征，以岩性和电性旋回为依据，井震结合实现了四站储气库群葡萄花产层的精细划分。二是线、面、体结合准确落实断裂及微幅度构造特征。三是以相控为约束，建立了包含姚二三段、姚一上段盖层和姚一段储层和青二、三段底板层的圈闭级三维精细地质模型。南部区带 A 库试 1 井试气获高产工业气流，地层压力 4.64MPa，新增地质储量 $0.97\times10^8m^3$，与预可研相比增加库容 $0.87\times10^8m^3$（图 3、4、表 2）。

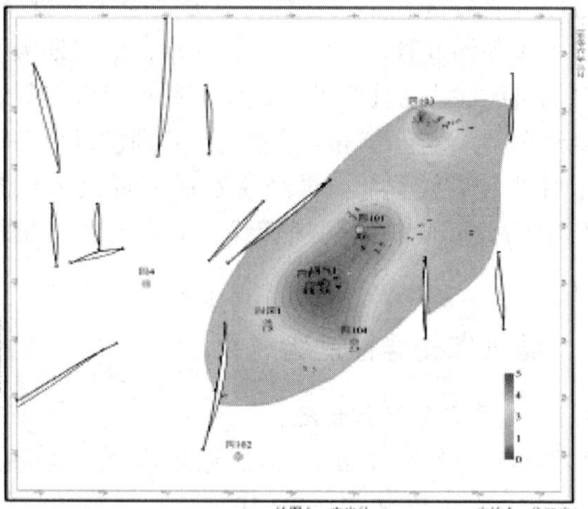

图 3　葡萄花油层有效厚度等值图

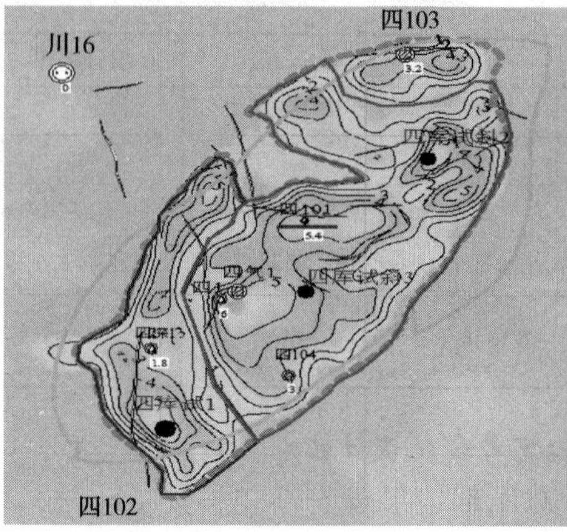

图 4　葡萄花油层二砂组有效厚度等值图

表 2　四站储气库群库容参数表

项目	原库容/10^8m^3	现库容/10^8m^3	原工作气量/10^8m^3	现工作气量/10^8m^3
已动用区	2.12	2.12	1.3	1.2
南部区	0	0.87	0	0.5
B 区块	2.18	2.18	1.4	1.35
合计	4.3	5.17	2.7	3.05

3.3 盖层密封性评价

通过构造精细解释，研究区发育盖层厚度大、平面分布广泛，岩性为泥岩夹极少量油页岩、粉砂岩，分布稳定，泥岩占盖层厚度百分比多数达 95% 以上。对盖层岩心进行高压压汞实验，结果显示 A、B 气藏盖层岩心孔喉整体偏细，岩心孔喉半径小，最大汞饱和度低，排驱压力大，退汞效率相对较低，毛细管压力曲线歪度偏细，表明研究区盖层岩心封闭性好。盖层岩心突破压力测试结果显示，气体突破压力与岩心气测渗透率和孔隙度均具有较好相关性，随岩心气测渗透率和孔隙度增加，气体突破压力减小，盖层泥岩厚度、孔渗、突破压力指标均优于评价标准（表 3）。

表 3　盖层封闭性评价标准与本区盖层参数对比表

项目	盖层泥岩厚度/m	盖层孔隙度/%	盖层渗透率/($\times10^{-3}\mu m^2$)	突破压力/MPa
评价标准	>10	<1	<0.05	>2
四站储气库群	388.7	0.065~0.147	0.0025~0.0155	7.1~16.2

3.4 储采能力评价

开展注采能力影响因素分析，分析地质和工程因素的影响，优选出合理的井型、管径、临界生产条件，考虑各类约束条件，预测合理注采能力。其中井型、储层渗透率、储层厚度、压力对注采能力影响较大，管径对直井注采能力影响不大，对水平井注采能力影响较大。四站注采试验期间，A 试斜 3 井、A 试 1 井预测符合率达到 92%。

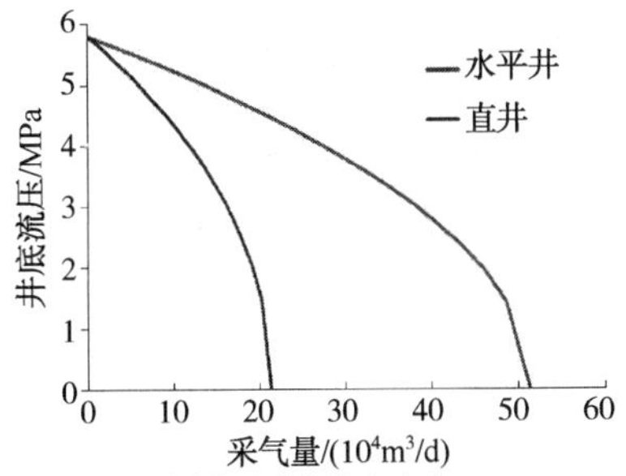

不同井型采出能力变化

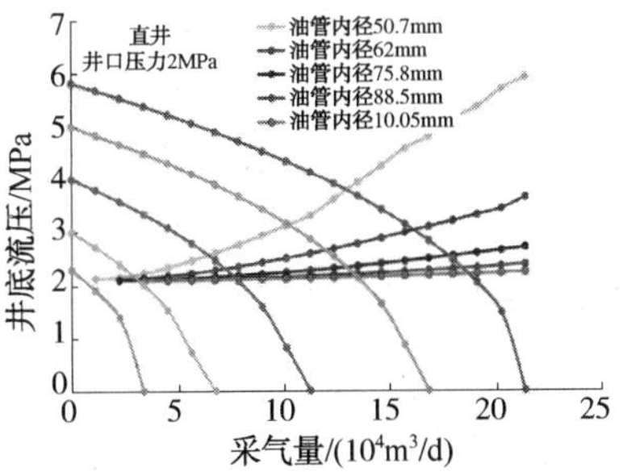

直井不同管径采出能力变化

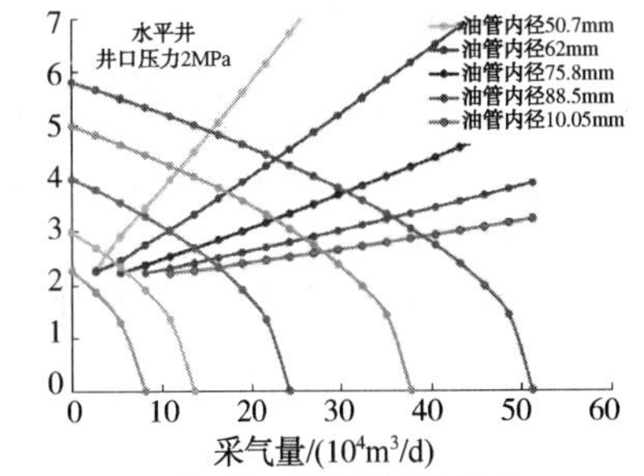

水平井不同管径采出能力

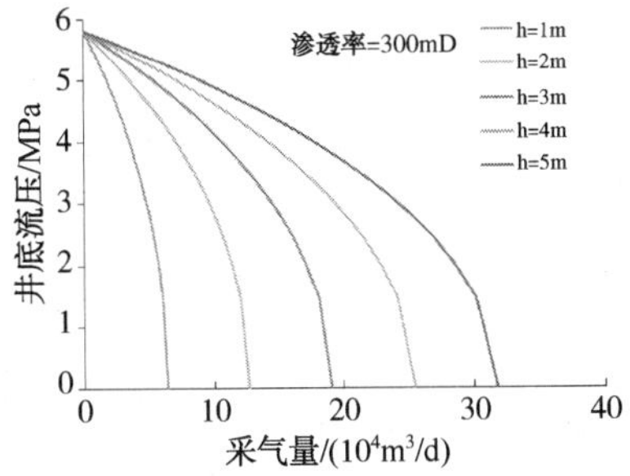

直井不同储层厚度采出能力变

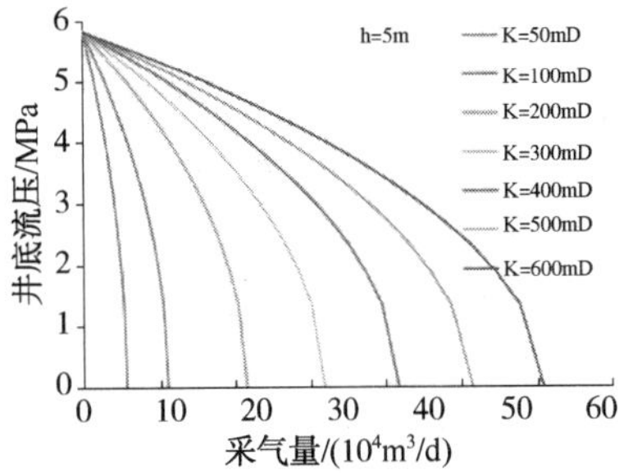

直井不同渗透率采出能力变化

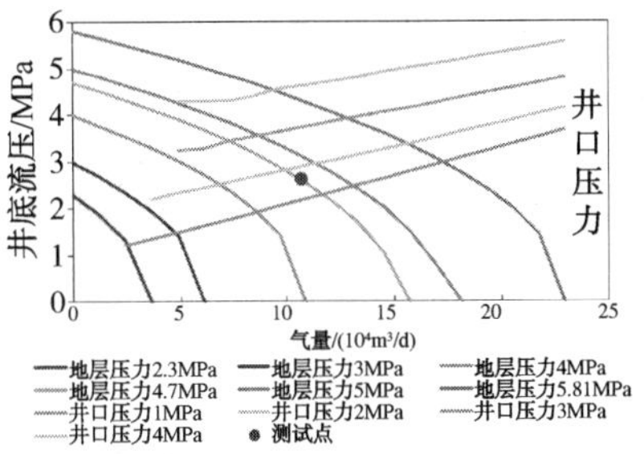

直井不同压力采出能力变化

3.5 工作气量评价

综合考虑断层、盖层、不封闭流体密封性不遭破坏等因素，储气库上限压力综合确定为原始地层压力，为保证较高的工作气规模、较高的末期单井产能，考虑压缩机入口压力制约，综合设计下限压力为 2.3MPa。以物质平衡法为核心方法，从静态储量分析入手，开展动态储量评价以及水侵和驱动机理分析，综合确定库容为 5.17×10^8m^3，工作气量 3.05×10^8m^3(表 4)。

表 4　四站储气库群不同下限压力库容参数

运行下限压力/MPa	工作气量/(10^8m^3)	工作气比例/%	末期单井平均产能/(10^4m^3)	井底流压/MPa	井口压力/MPa	压缩机入口压力/MPa
2	3.3	64	4	1.9	1.8	1.4
2.3	3.05	59	4.6	2.2	2	1.6
3	2.5	48	7.7	2.8	2.6	2.2
4	1.68	32	13.8	3.7	3.5	3.1

4 结论及认识

(1) 四站储气库群先导性试验核实了气井注采能力及动静态储量规模，评价了盖层、断层密封性，优化可行性方案参数设计，验证了低压条件下，钻完井工艺的适应性，为国内最浅储气库高效建设奠定了坚实基础。

(2) 以"兼顾有井及无井控制区域、兼顾不同储层物性区域、优选构造相对有利、优选储层相对发育"为原则，设计了新钻先导试验注采井 5 口，取得了较好的试验效果。

(3) 针对浅部地层成岩性差，胶结疏松，易井漏、易井塌；嫩二段地层发育大段泥岩，吸水水化膨胀易剥落，造浆性能强易泥包钻具，钻井过程中注意防井塌卡钻；待钻区块断层发育，钻遇断层及距断层较近等难点提出较好的钻完井措施，并得到了实际验证。

(4) 形成满足储气库评价需求的圈闭级地质精细描述技术，深化了储层再认识，发现了新增未动用储量，综合确定库容为 5.17×10^8m^3，工作气量 3.05×10^8m^3。

参 考 文 献

[1] 刘岩．气藏储气库注采井井筒监测技术现状及发展方向[J]．天然气技术与经济，2016，10(1)：35-37.

[2] 王伟佳．地下储气库完整性管理体系及相关技术应用研究[J]．油气储运，2015，34(2)：116-121.

[3] 李明、温冬云、吴艳等．相国寺地下储气库采出气脱水方案的选择[J]．天然气与石油，2011.(4).

[4] 陈显学，温海波．辽河油田双6储气库单井采气能力评价[J]．新疆石油地质，2017，28(6).

朱家墩枯竭气藏改建储气库地质可行性研究

奥立德　施润琪　姚富来

(中国石化江苏油田分公司勘探开发研究院)

摘　要　气藏型储气库是目前全球主要的地下储气库类型，在调峰和保障供气安全等多方面都有着非常重要的作用。从储气库多周期大流量强注强采的基本特点出发，综合采用室内实验和数值模拟等技术手段，重点研究了气藏改建储气库圈闭动态密封性机理，进行盖层、断层动态密封性评价，库容参数评价，注采能力评价和储气库运行参数评价等关键技术。为提高气藏型地下储气库建库地质方案设计的科学性和可靠性，优化储气库运行参数，指导储气库建设方案的编制。朱家墩气藏构造相对简单，储层发育稳定，物性为中孔中渗储层，气藏砂体连通性好，圈闭密封性好，盖层突破压力远高于气藏原始压力，注采能力较强，有利于储气库的注采调峰。

关键词　气藏型地下储气库；圈闭动态密封性；库容参数；产能评价；注采能力；运行参数

伴随能源消费的升级，中国对天然气的需求增速明显，季节性、区域性差异也更加明显，地下储气库在调峰和保障供气安全方面的作用和意义也愈发凸显。作为天然气产供储销产业链中的重要一环，储气库的作用不可代替。储气库是集季节调峰、应急供气、能源战略储备等功能于一体的能源基础设施。而建设储气库主要解决“注得进、存得住、采得出”等重大难题。因此，研究复杂地质条件下枯竭气藏改建储气库的盖层密封性、圈闭动态密封性和注采能力评价以及储气库运行参数确定等关键技术尤为重要。

1　气藏地质特征

朱家墩气藏是由盐②、盐③两条北掉断层夹持、依附于盐③断层的北东向长轴背斜构造，高点埋深3750m，圈闭幅度50m(图1)。主力含气层位为阜一段，沉积相主要发育水下分流河道、决口沉积和河道间等沉积微相，其中河道砂体是最重要的储集层。阜一段储层属于中低孔、中低渗储层，平均孔隙度15.03%，渗透率$111.8\times10^{-3}\mu m^2$。气藏埋深3760m~3812m，储层呈层状展布，气藏地层压力36.87MPa~38MPa，地层压力系数0.94~1.03；地温梯度为(3.22~3.58)℃/100m，为正常温度压力系统，气藏类型为地层水次活跃受构造控制的层状干气藏。自2005年开发以来，气藏压力下降29.1MPa，目前压力水平0.22，适合建库。

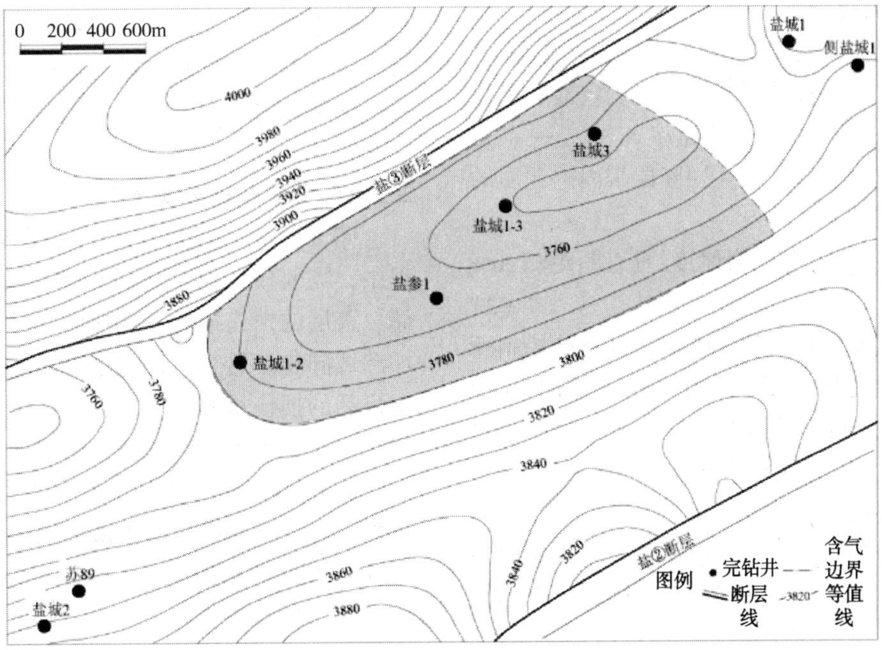

图1　朱家墩气藏阜一段气层顶面构造图

2　圈闭密封性研究

2.1　盖层密封性研究

（1）盖层分布

朱家墩气藏构造是由盐②、盐③两条北掉断层夹持并依附于盐③断层的北东向长轴背斜构造，圈闭高点埋深3750m，圈闭幅度55m。盐③断层延伸长度大于18km，为气藏边界控制断层。断层两盘为泥岩对接，具有天然的封堵条件。阜一段气藏泥岩盖层厚度大，发育比较稳定，其中主体部位厚度达到400~600m左右，其孔隙度的0.06~0.6%，渗透率为0.08~0.09×10^{-3}μm^2。

（2）盖层泥岩突破压力空间分布

通过力学实验预测突破压力：当加载的压力为单轴抗压强度的65%时，岩石内部开始产生微裂缝，可认为其对应的应力为岩石的突破压力，即P=65%UCS。通过单轴/三轴抗压实验或者经验公式计算获得单轴抗压强度UCS，其中常用McNally公式：

$$UCS=\rho \cdot V_S^2 \cdot \frac{(3V_P^2 - V_S^2)}{(V_P^2 - V_S^2)} \tag{1}$$

其中，ρ：地层岩石密度，g/cm^3；V_P：纵波速度m/s；V_S：横波速度，m/s。

可通过测井取得ρ、V_S、V_P，三者之间存在函数转换关系，因此单轴抗压强度也可表示为$UCS\approx f(\rho, V_P)$或$UCS\approx f(V_P)$。

通过计算朱家墩气藏盖层的UCS≈73MPa，转换突破压力P为47.8MPa，远高于气藏原始地层压力37.6MPa。

2.2　断层密封性研究

（1）断层静态封闭性研究

断层面泥岩涂抹分析法是定量确定断层密封性的一种方法，其中断层泥比率SGR是一个重要参数，该方法对砂泥岩互层断层带内的泥质的质量分数的表征。

计算公式是：SGR=∑泥岩厚度/垂直断距×100%　（2）

朱家墩气藏发育的盐③断层是气藏的控制断层，气藏上覆泥岩厚度约500m，断层向上延伸到泥岩顶部，断距平均200m。断层泥比率(SGR)达到2.5，说明盐③断层封闭性较好。

（2）断层动态密封性评价

断层开启与封闭状态主要由断面上正应力和流体压力的关系确定。断层面所受到正应力的大小决定了断层面结构间的紧密度，从而决定了断层的开启与封闭状态(图2)。如果断层面受到的压力越大，断层面的紧闭程度就越好；反之就越差。

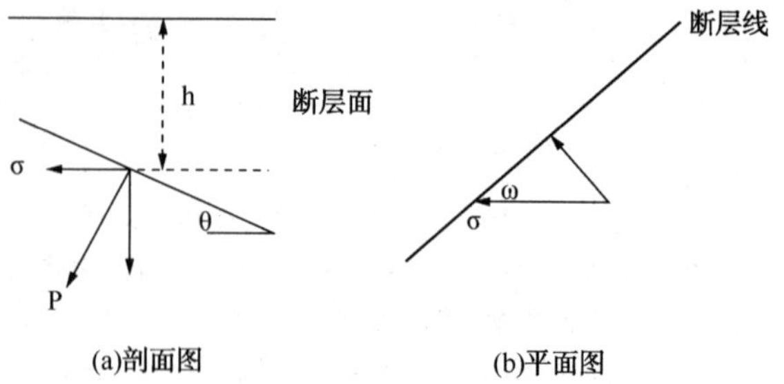

图2　断层面压力示意图

断层面压力计算公式为：

$$P=h(\rho_\alpha-\rho_\beta)g\cos\theta+\sigma\sin\theta\sin\omega \tag{3}$$

式中：P是断层面承受的正压力，MPa；h是断层面的埋深，m；ω是地应力与断层走向间的夹角，°；g是重力加速度，m/s^2；ρ_β是地层水密度，g/cm^3；ρ_α是上覆地层的平均密度，g/cm^3；θ是断层面倾角，°；σ

断层封闭系数(I_f)指断层面所受正应力与流体压力的比值，即

$$I_f=P/f\rho_w gh \tag{4}$$

式中：h是断层面的埋深，m；ρ_w为水的密度，1.0g/cm^3；f为异常压力系数。

当I_f≤1时，断层开启，成为油气运移的通道，I_f值越小，断层开启程度就越高。当I_f>1时，断层呈封闭状态，I_f值越大，断层封闭程度就越高；

根据朱家墩气藏断层参数计算断面的开启压力为45.8MPa，气藏原始地层压力37.6MPa，因此朱家墩储气库上限压力用原始地层压力不会破坏密封性，其作为储气库是安全的。

2.3　圈闭动态密封性评价

储气库寿命一般为50年，在储气库设计过程中，需要模拟储、盖层在多周期交变载荷下，储、盖层的损伤情况。选择泥岩样品，进行三轴加卸载同步渗透实验，通过分析渗透的变化，揭示样品的损伤过程，建立损伤演化模型，模拟储气库注采过程中盖层的损伤情况。

XINZHU1-82-3样品载荷增加，泥岩渗透系数增加；样品内部产生微裂缝损伤，形成连续裂缝，直至样品破坏；总加卸载循环60次后，样品破坏(图3)。

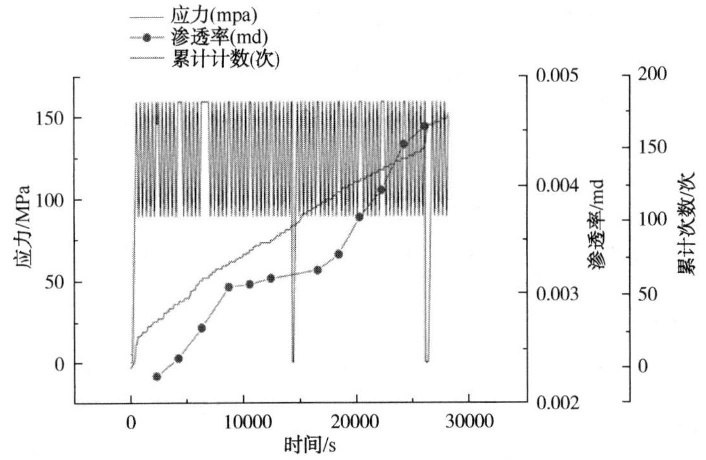

图 3 盖层泥岩三轴加载损伤曲线

3 多因素耦合的注采能力评价

3.1 动态模型法确定产能

储气库气井合理注采气能力需要根据不稳定试井等矿场测试资料建立气井产能方程，利用节点压力综合评价方法，充分考虑储层特征、地层渗流、井筒动气柱、气体冲蚀、临界携液等，多因素耦合确定合理注采气能力。由于气库需具备短期大吞大吐能力满足市场用气需求，因此气井尽量采用大管径、长水平段水平井等。可以借用气藏开发井产能测试资料，评价建库后气井平均注采产能。

利用确定的单井动态模型，应用不稳定流动法对月度不连续、不规整的生产数据进行分析，模拟每一制度下稳定的井底流压，根据拟稳定流原理，建立了二项式产能方程。

$$P_r^2-P_{wf}^2=0.0139q_g^2+7.0793q_g \quad (5)$$

式中：P_r为地层原始静压，MPa；P_{wf}为井底流动压力，MPa；q_g为气井井口产量，$10^4m^3/d$。

汇总 4 口生产井的动态分析结果，气井的无阻流量平均接近 $102\times10^4m^3/d$。如表 1 所示。

表 1 朱家墩气藏动态分析成果表

解释参数名	盐城 1-3 井	盐城 3 井	盐参 1 井	盐城 1-2 井	平均
S	-2.08	-2.41	0	0.7	-0.95
$K/10^{-3}\mu m^2$	8	7.4	9.078	4.03	7.13
$Kh/10^{-3}\mu m^2.m$	138.4	66.6	150.7	49.2	101.23
泄气范围/m	450	430	515	240	408.75
动态储量/10^8m^3	1.48	1.04	3.67	0.42	1.65
注采能力/$10^4m^3/d$	128.07	87.5	149.5	44.8	102.47

3.2 节点分析法确定注采能力

朱家墩储气库根据气藏特征结合配套管网外输要求，确定井口最低压力 9MPa，进而确定储气库上限压力和下限压力分别为 37.6MPa 和 16.8MPa。利用多因素耦合系统确定气井的 IPR、冲蚀曲线，计算不同地层压力下的注采气量。

通过常规井不同管径在井口最小压力 9MPa 时对应地层压力的采气量，其产气能力随地层压力下降而减小。气井的注气能力随地层压力增加而显著降低。选择 Φ88.9mm 油管，最大采气能力 $89.38\times10^4m^3/d$，最大注气能力 $101.37\times10^4m^3/d$(表 2)。

表 2 常规井不同管径–地层压力下的注采气量计算

地层压力/MPa	不同管径下最大采气量/(10^4m^3/d)（井口采气最低压力 9MPa）		不同管径下最大注气量/(10^4m^3/d)（井口注气压力 34MPa）	
	Φ88.9mm	Φ101.6mm	Φ88.9mm	Φ101.6mm
16.8	21.88	23.73	101.37	115.48
20.7	35.32	39.12	95.41	108.56
25	49.47	55.58	86.92	98.70
34	78.14	89.34	60.01	67.45
37.6	89.38	102.69	43.28	48.10

4 储气库运行参数评价

（1）库容确定

利用气藏压降法计算气藏动态储量，朱家敦气藏累计产气 4.58 亿方，气藏压力下降了 29.1MPa，单位压降产气量 1573 万方/MPa，累积采出量与压力降呈良好的线性关系，确定朱家墩气藏动态储量 6.62 亿方。

运用现代递减图版分析法，拟合单井 Blasingame 图版、NPI 图版，确定单井动态储量，在此基础上，确定气藏动态储量。计算朱家墩气田动态储量 6.61 亿方，与气藏压降较接近。

（2）上限压力确定

气库上限压力确定原则主要是不破坏储气库的封闭性，同时，兼顾气库的目标工作气量与气井产能，以及对注气压缩机性能参数的影响。朱家墩气藏原始地层压力 37.6MPa，结合朱家墩储气库盖层突破压力、断层开启压力及地应力分布特征，综合分析，朱家墩储气库合理上限地层压力确定为 37.6MPa。

（3）下限压力确定

满足调峰能力需求、满足处理及外输压力需求、避免边水影响、尽量减少垫气量。采用节点系统分析方法，预测了不同产量下气井的井底流压、地层压力，在满足单井最低调峰产量 15 万方/天的条件下，储气库下限地层压力为 16.8MPa(表 3)。

表 3 外输压力(9MPa)下不同产量的地层压力预测

产量/(10^4m^3/d)	井底流压/MPa	盐参 1 井	盐城 3 井	盐城 1-3 井	盐城 1-2 井	压力加权平均/MPa
5	12.16	13.50	13.97	13.15	16.20	13.74
10	12.33	14.88	15.84	14.31	19.63	15.36
15	12.61	16.26	17.70	15.54	22.71	16.8
20	13	17.63	19.57	16.85	25.56	18.59
25	13.5	19.01	21.44	18.23	28.26	20.23
30	13.97	20.31	23.24	19.56	30.79	21.79

（4）有效工作气量

上限地层压力 37.6MPa，下限地层压力 16.8MPa 时，设计库容参数如下。动态库容：6.62 亿方；工作气量：3.29 亿方。

5 结论

（1）根据朱家墩气藏断层参数计算断面的开启压力为 45.8MPa，气藏原始地层压力 37.6MPa，因此朱家墩储气库上限压力用原始地层压力不会破坏密封性，其作为储气库是安全的。

（2）利用多因素耦合系统确定气井的 IPR、冲蚀曲线，计算不同地层压力下的注采气量，确定朱家墩储气库的注采气能力。

（3）通过储气库运行参数、井型井数论证、上下限压力及优化储气库建库方案，确定了储气库库容 6.62 亿方，工作气量 3.3 亿方，库容利用率 50%。

参 考 文 献

[1] 丁国生，李春，王皆明，等. 中国地下储气库现状及技术发展方向[J]. 天然气工业，2015，35(11)：

107-112.

[2] 马新华，郑得文，申瑞臣，等．中国复杂地质条件气藏型储气库建库关键技术与实践[J]．石油勘探与开发，2018，45(3)：489-499.

[3] 张益炬．枯竭油气藏型地下储气库方案优选及安全性评价方法研究[D]．成都：西南石油大学，2014.

[4] 温凯，何蕾，虞维超，等．枯竭油气藏型储气库地层压力的计算方法[J]．油气储运，2017，36(7)：781-788.

[5] 孙军昌，胥洪成，王皆明，等．气藏型地下储气库建库注采机理与评价关键技术[J]．天然气工业，2018，038(4)：138-144.

[6] 林建品，贾善坡，刘团辉，等．枯竭气藏改建储气库盖层封闭能力综合评价研究—以兴9枯竭气藏为例[J]．岩石力学与工程学报，2015(增刊2)：4099-4107.

[7] 孟令东．塔南凹陷断层封闭性综合定量评价[D]．大庆：东北石油大学，2012.

[8] 童亨茂．断层开启与封闭的定量分析[J]．石油与天然气地质，1998，19(3)：215-220.

[9] 邓婷婷，查明，高长海．廊固凹陷旧州断层封闭性研究[J]．石油地质与工程，2013，27(4)：9-12，145.

[10] 魏国齐，郑雅丽，邱小松，等．中国地下储气库地质理论与应用[J]．石油学报，2019(12)：1519-1531.

[11] 方亮，高松，沙宗伦．地下储气库注气系统节点分析方法研究[J]．大庆石油地质与开发，2000，19(2)：27-29.

[12] 王彬，陈超，李道清，等．新疆H型储气库注采气能力评价方法[J]．特种油气藏，2015，22(5)：78-81.

[13] 胥洪成，王皆明，屈平，等．复杂地质条件气藏储气库库容参数的预测方法[J]．集输与加工，2015，35(1)：103-108.

低渗岩性气藏改建储气库可行性评价

王振嘉　王德龙　韩兴刚　杨琼警　夏　勇　王蕾蕾

（中国石油天然气股份有限公司长庆油田分公司）

摘　要　S区块位于鄂尔多斯盆地榆林气田西南侧，区块中心区域储层发育，物性好、产能高，外围区致密储层发育，无明显边界特征，属于典型的岩性气藏，该类气藏是否具备改建为储气库是本文研究重点。本文首先开展地质研究与动态评价，宏观认识到建库区北、南及西南侧存在岩性、物性及流体封闭条件，密封性较好；其次开展单砂体精细解剖与注采试验分析，微观认识到建库区东北侧与长北接壤过渡区储层间发育泥质隔夹层、岩性渐变带，同时也属于低渗高压区，对建库注气流动具有阻滞阻隔作用；最后，开展建库数值模拟研究认识到，初期储气库多注少采补充垫气，容易导致建库区域之间天然气流动，注采平衡后天然气流动快速降低；建库采取外围井采气方式，可快速实现储气库注采平衡，保障外围区天然气不会向长北区溢散，具备改建储气库可行性。

关键词　岩性气藏；储气库；岩性渐变带；阻流作用；溢散风险

S区块山$_{23}$气藏属于榆林气田，位于我国中西部天然气管网集输中心附近，地理位置优越，储层条件相对较好、单井产量较高、不含水与H_2S等优势，是长庆建库评价有利目标区域。储层地质研究认识到，该区块山$_{23}$气藏区域盖层、底板发育，单层厚度大、分布稳定，封闭性良好，但该区块气藏侧向与长北区域无明确边界特征，建库可能存在溢散风险，因此需进一步评价建库地质体侧向动态密封性评价。本文开展地质与动态研究，评价储层侧向封闭性，论证注采阻流作用，低渗高压带的阻隔作用，采用数值模拟预测建库溢散，论证S区块山$_{23}$气藏建库可行性。

1　侧向密封性评价

储气库的封闭强度取决于四周的密封性。密封性评价除了盖层与底板的封堵性评价、还需要进一步评价侧向密封性。通过气藏地质剖面分析，论证气藏侧向密封性，S区块北侧气井生产情况较差，部分井山$_{23}$段砂体缺失或尖灭，区块北侧封闭性较好；南侧砂体发育程度较差，普遍为干层、物性致密，存在岩性、物性及流体封闭，封闭性较好；西南侧向砂体厚度逐渐变薄、河道变窄，储层致密，砂体尖灭，构成了气藏西南侧有效遮挡(图1)。东侧向长北区及S82-5井区沉积体系连续，存在两个较为明显的岩性渐变区，泥岩发育，物性差，具有阻流作用(图2)。

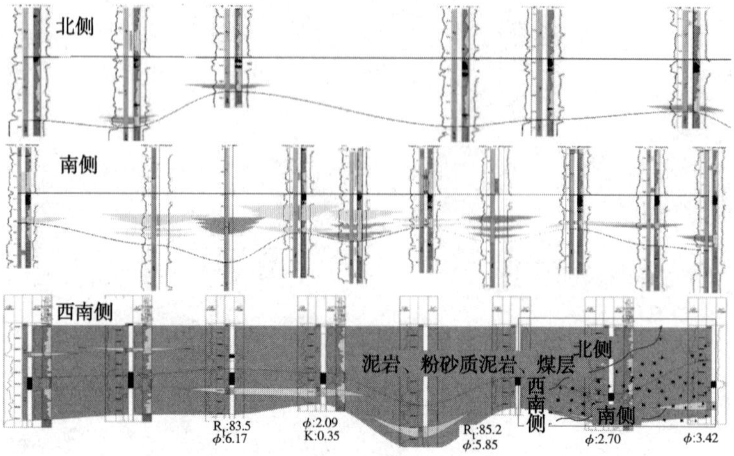

图1　北侧、南侧、西南侧储层联井剖面图

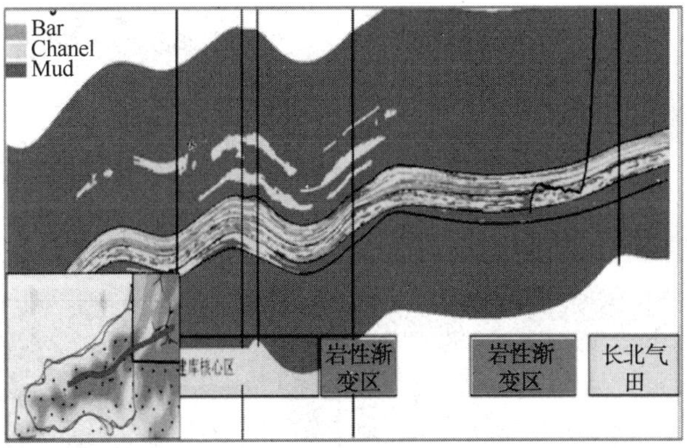

图 2　东侧与长北区储层联井剖面图

2　岩性渐变带阻流分析

开展储层野外露头分析，山$_{23}$砂体呈叠瓦状多期切割叠置，反映了辫状河道侧向迁移特征。河道间发育细粉砂-泥质条带，对渗流起阻滞作用(图 3)。岩心描述认识山$_{23}$砂体内部普遍发育泥质、炭质薄夹层，厚度在 1～20cm(图 4)。S 区块建库有利区山$_{23}$多层砂体叠置，泥质隔夹层发育，对天然气流动具有阻滞作用。

注采试验表明：由于建库储层非均质性及泥质隔挡，S7-1H、S7-2H 两口注气井周围可形成局部高压，注气扩散范围有限(图 5)。距长北方向 2.0～3.3km 的监测井 S81-3、S81-4、S82-4、S82-4A 井的压力，无论在注气还是采气期间，均表现为缓慢上升趋势(图 6)，表明岩性渐变的过渡区泥质发育，具有阻流作用，因而气井压力不受注采气的影响。

3　低渗高压阻隔分析

依据 S 区块、长北区气井储层物性、地层压评价，分析认识到建库区与长北区之间过渡区的渗透率相对较低，压力相对较高，存在低渗高压带(图 7、图 8)。该过渡区最大地层压力为 22MPa，而 S 区块改建储气库达容达产后，数值模拟预测建库区边部地层压力为 20MPa，小于过渡区域的地层压力，说明存在侧向低渗高压带具有阻隔作用，进而表明建库区不会通过过渡区会向长北区补充天然气。

4　注气溢散风险预测

根据 S 区块储层地质研究，建立三维储层地质模型，在气田开发数值模拟拟合基础上，将 S 建库区域划分核心、中间与外围 3 个区，考虑与建库区东北部接壤的长北区，开展多周期注采模拟，分析相邻各区域之间注采天然气流入流出状况(图 9)。

注采数值模拟研究表明：2024～2025 年长时间多注少采，补充垫气，注气局部地层压力快速升高，导致核心区向中间区、中间区向外围区初期相互流动较大；当气库周期注采达到平衡，年流动气量逐步降低(图 10)。

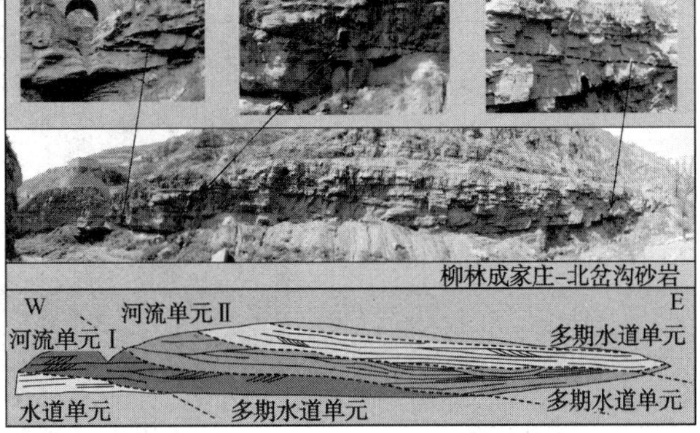

图 3　野外露头剖面与沉积模式对比图

S 区块与长北区之间的低渗高压-岩性渐变

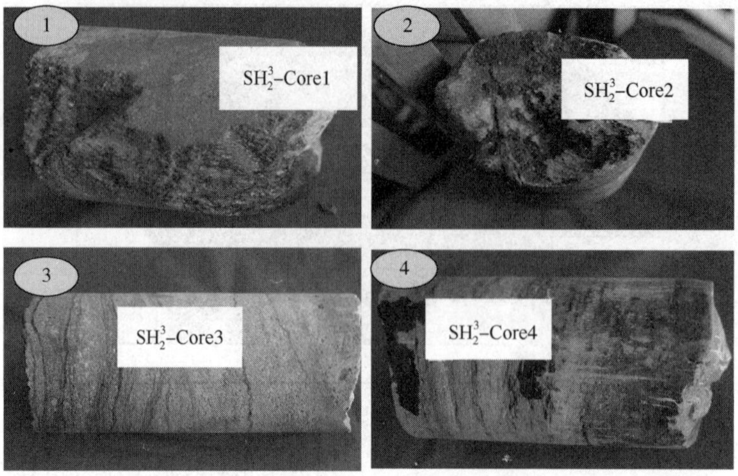

图 4　x 井储层段岩心岩性照片

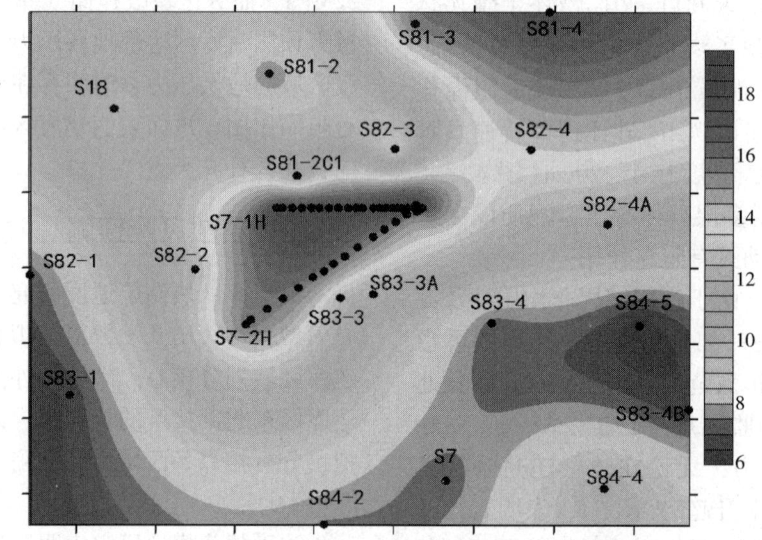

图 5　井区注气末压力分布图

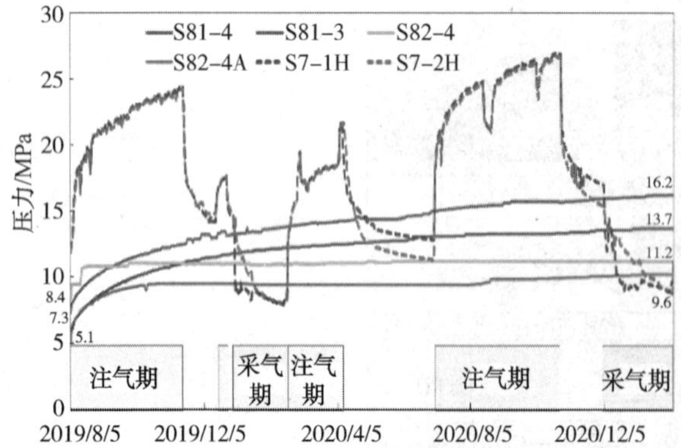

图 6　井区注采井与监测井井口压力变化图

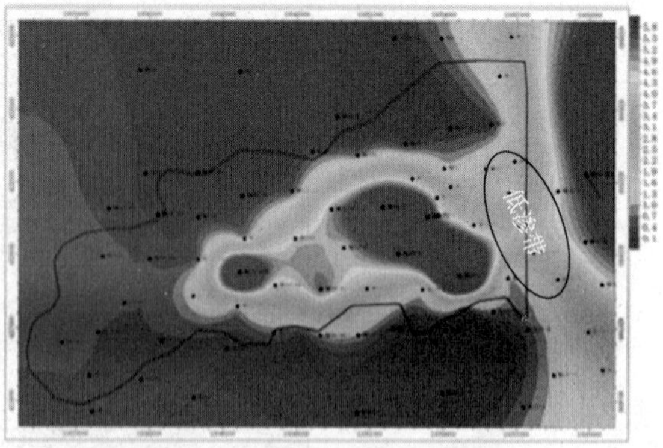

图 7　区块储层渗透率分布图

带具有阻流阻隔作用，一定程度上降低了区间流动量。为了进一步降低外围区向长北区的天然气流量，充分利用过渡区 8 口气田开发井采气，控制向长北方向的压力平衡，预测外围区向长北区天然气流动量可降为零(图 10)。因此，老井回采可作为控制天然气流动的保障措施。

综合研究表明：S 区块储层盖层、底板封盖能力强，侧向储层岩性尖灭，低渗高压带发育，同时过渡区岩性渐变带的泥质阻流作用明显，建库地质体具备良好密封条件；在建库设计中，利

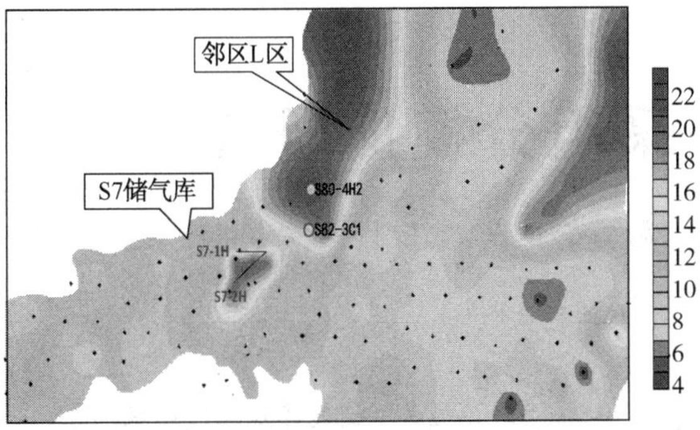

图 8　S 气田西南部目前地层压力分布图

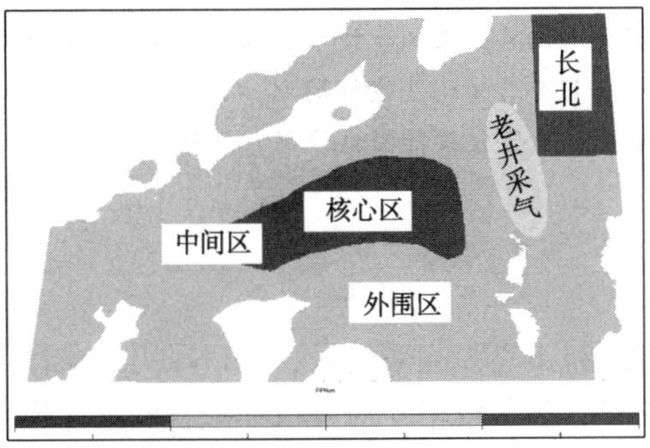

图 9　S7 井区建库分区示意图

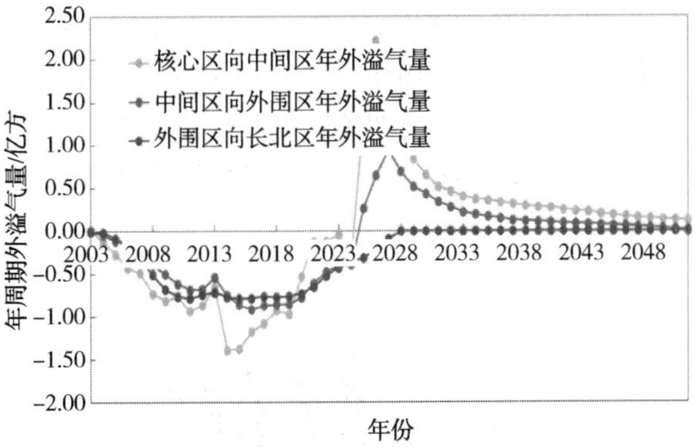

图 10　不同区域间天然气流动量曲线

用过渡区老井采气，预测外围区向长北区天然气可实现无溢散流量，具备建库可行性。

5　结论

通过储层地质评价、注采试验分析及数值模拟研究，分析建库区侧向密封性、评价注采泥质阻流作用、高压阻隔作用，研究建库区向长北区域溢散风险等，具体有以下认识：

（1）S 区块盖层与底板泥岩封盖能力强；南、北及西侧普遍存在岩性尖灭、致密储层及流体封闭，密封性好，东侧与长北区之间的过渡带存在岩性渐变带，泥岩发育。

（2）通过野外地质、地层岩性特征分析，储层间泥质阻流带发育；注采试验表明由于过渡区为岩性渐变带，发育泥岩阻流带，对天然气横向流动具有阻滞作用。

（3）S 区块与长北区之间的过渡区域存在高压带，建库区外围地层压力小于过渡区域的地层压力，说明存在侧向高压带具有阻隔作用。

（4）通过数值模拟研究，储气库前期补充垫气时，容易导致建库区域之间天然气流动，注采平衡后，流动气量逐步降低。采取外围采气可保障储气库不溢散，具备建库可行性。

参　考　文　献

[1] 闫伟鹏，杨涛，李欣，等．中国陆上湖相碳酸盐岩地质特征及勘探潜力[J]．中国石油勘探，2014，19(4)：11-16.

[2] 高发连．地下储气库建设的发展趋势[J]．油气储运，2005，24(5)：15-18.

[3] 奥林・弗拉尼根．储气库的设计与实施[M]．张守良，陈建军，万玉金，等译．北京：石油工业出版社，2004.

[4] 杨毅，李长俊，张红兵，等．模糊综合评判法优选地下储气库方案设计研究[J]．天然气工业，2005，25(8)：112-114.

[5] 何自新，郑聪斌，陈安宁，等．长庆气田奥陶系古沟槽展布及其对气藏的控制[J]．石油学报，2001，2(4)：35-38.

[6] 陈凤喜，闫志强，伍勇，等．岩性气藏型储气库封闭性评价技术研究——以长庆靖边气田 SH224 储气库区为例[J]．非常规油气，2015，2(3)：58-64.

[7] 陈凤喜，兰义飞，夏勇．榆林气田南区建设地下储气库圈闭有效性评价[J]．低渗透油气田，2011，16(1)：77-81.

[8] 王改云，杨少春，廖飞燕，武群虎．辫状河储层中隔夹层的层次结构分析[J]．天然气地球科学，2009，20(3)：378-383.

[9] 刘群明，唐海发，吕志凯，王泽龙，等．辫状河致密砂岩气藏阻流带构型研究——以苏里格气田中二叠统盒 8 段致密砂岩气藏为例[J]．天然气工业，2018，38(7)：25-33.

[10] 王丽娟，何东博，冀光，贾成业，刘群明．阻流带对子洲气田低渗透砂岩气藏开发的影响[J]．天然气工业，2013，33(5)：56-60.

含硫气藏型储气库注采组分模拟研究

王蕾蕾　吴　正　徐　文　王德龙　安文宏　何依林

（中国石油天然气股份有限公司长庆油田分公司）

摘　要　X 储气库是国内外首座低渗酸性气藏型储气库。针对低渗酸性气藏型储气库注采周期短、速度高、压差大，注采渗流复杂；注入气与原酸性垫底气融合，组分变化规律不明确；硫化氢淘洗预测难等评价技术难题，建立酸性气藏型储气库数值模拟模型，分析储层非均质性，分析 H_2S 含量采出影响因素与流动规律，研究酸性气体"注气外推，采气回流"流动规律，形成硫化氢采出拟合技术流程，实现酸性储气库注采多参数精细拟合，开展优化采气淘洗模式，预测 X 储气库 H_2S 含量淘洗达标周期，总结注采酸性气体产出规律，完善低渗酸性储气库精细描述技术，为钻采和集输工艺优化设计提供依据，并为同类储气库数值模拟研究提供技术参考。

关键词　酸性储气库；组分模型；井筒压降；历史拟合；H_2S 含量

1　前言

X 低渗酸性气藏型储气库，相比气藏开发时期，储气库气井距小，短周期高速采气，产量、压力、流体组分变化大(图 1)，针对低渗酸性碳酸盐岩气藏型储气库注采精细描述遇到的技术难题，采用气藏工程手段描述储气库地层渗流、流体组分变化规律难度大。数值模拟是精细描述储气库地下注采三维动态变化的有效手段。相比气藏开发，该类型储气库数值模拟精细历史拟合参数多，例如气井注采气量、井口压力、酸性气体组分等，多参数相互约束精细拟合储气库模型难度大；相比其他储气库，酸性气藏型储气库存在注入气与原酸性垫底气融合，注采组分变化复杂，不同井型采出气 H_2S 含量存在较大差异，其变化也受储层非均质性、地层 H_2S 平面分布、气库采气量、注采周期等影响。综合考虑注采气量、注采压力、H_2S 含量等多参数拟合储气库注采历史难度大。

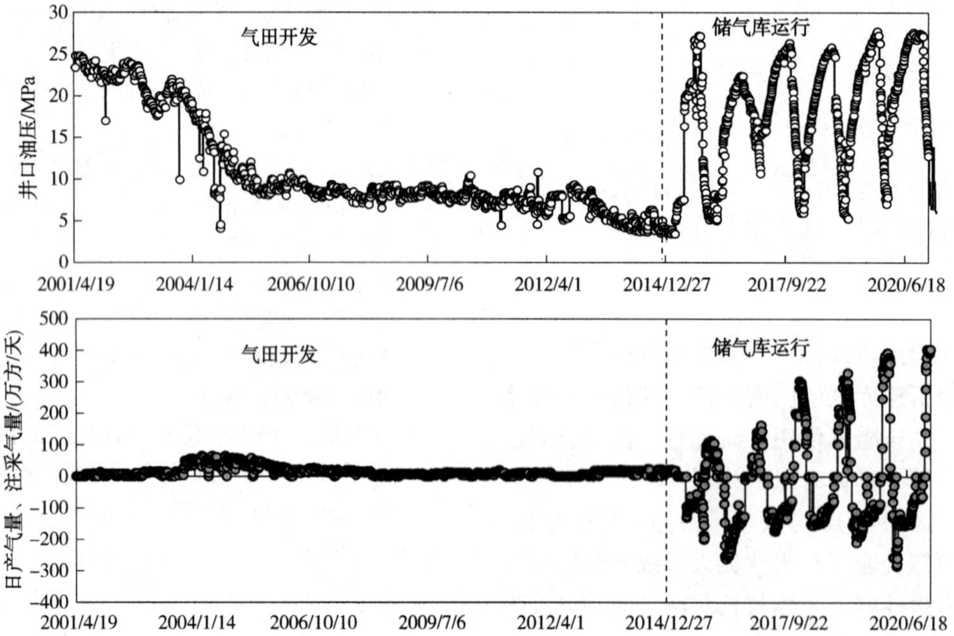

图 1　气田开发与储气库的日采气量、井口油压对比图

针对酸性气藏型储气库，主要开展天然气流体组分劈分，建立储气库组分模型，精细化处理网格，分析气井注采井筒摩阻、井间干扰及酸性气体注采流动规律，研究影响储气库注采运行的天然气酸性组分变化的主控因素与酸性组分变化规律，建立酸性组分参数拟合技术流程，实现储气库注采气井历史精细拟合，预测储气库酸性气体产出规律。

2 酸性气藏型储气库数模模型建立

相比较气田开发而言，酸性气藏型储气库数模模型在储层精细地质建模基础上，重点于建立酸性流体组分模型、高速注气、采气的井筒压降VFP模型，为储气库注采模拟提供可靠初始模型。

2.1 建立流体组分模型

针对酸性气藏型储气库，采出酸性流体变化快等特点，需要建立组分模型。主要通过状态方程优选、组分劈分、归并及优化拟合等研究，建立典型气样高压物性模型，为组分模拟提供了合理的高压物性参数，建立储气库流体组分模型(图2)。

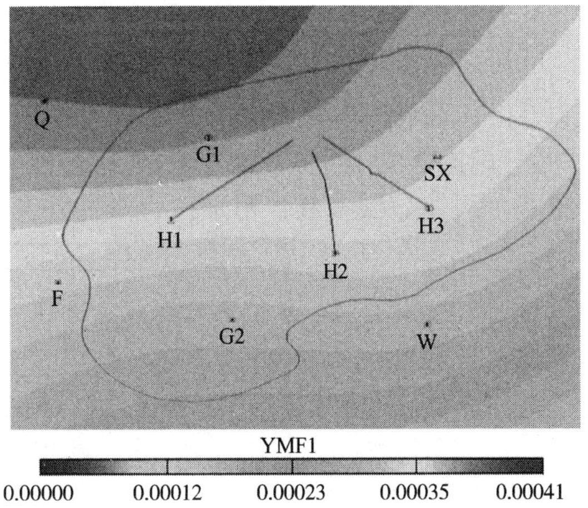

图2 X储气库原始 H_2S 含量组分模型

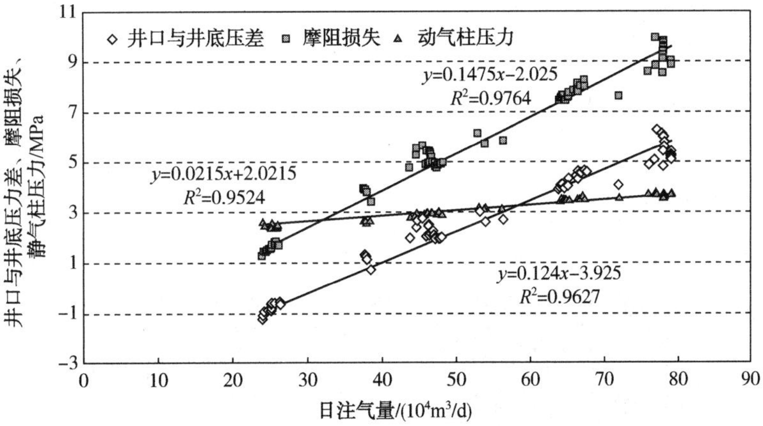

图3 气井注气筒摩阻损失与动气柱压力分析

2.2 建立注采气井VFP井筒压降模型

针对储气库气井注采井筒压力损失评价难点，需要分析注采井口压力与井底压力关系特征。在储气库注气阶段，需要分析井筒摩阻损失、动气柱压力参数，建立注气井筒压降模型(图3)；在储气库采气段、采用气田开发的低速采气的井筒压降模型无法较好应用于储气库气井高速采气压降分析，拟合效果差，开展动态压力监测，重新建立高速采气VFP井筒压降模型，保障储气库气井井口压力准确拟合。

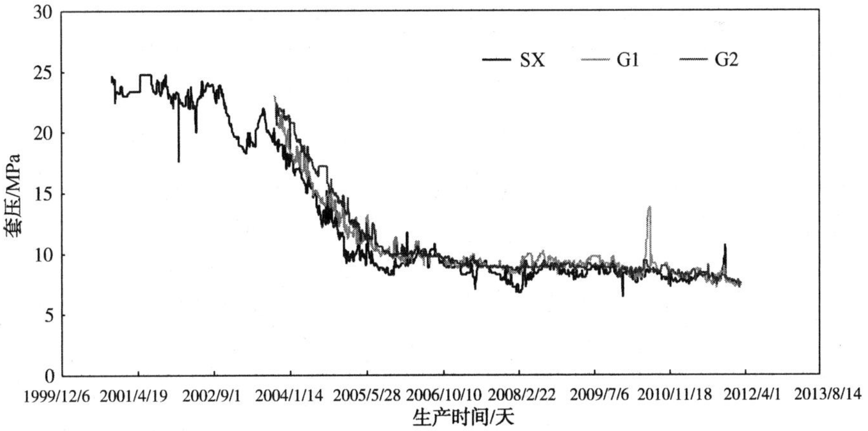

图4 X储气库原3口老井生产压力变化曲线

3 酸性气藏型储气库精细历史拟合

针对低渗酸性碳酸盐岩储气库储层非均质强，高速注采渗流规律复杂，开展动静态资料分析，研究井间储层非均质性，拟合注采井井口压力；分析储气库采出 H_2S 的影响因素，分析地层 H_2S 含量在储气库注采过程中“注气外推，采气回流”的流体变化规律，建立 H_2S 参数拟合技术流程，调整储层参数，精细拟合气井注采历史。

3.1 注采井口压力拟合

基于气田开发资料认识，G1、SX、G2 井开井产气，井口压力下降曲线几乎重合，表明气井之间储层连通较好(图 4)。但后期该区块建库，开展井间干扰试验，G1 井生产，SX 关井压力持续恢复，G2 井前期地层压力恢复，后期受 G1 井产气干扰，压力下降，说明 SX 与 G1 井间存在致密储层，在高速渗流中起阻流作用(图 5)。

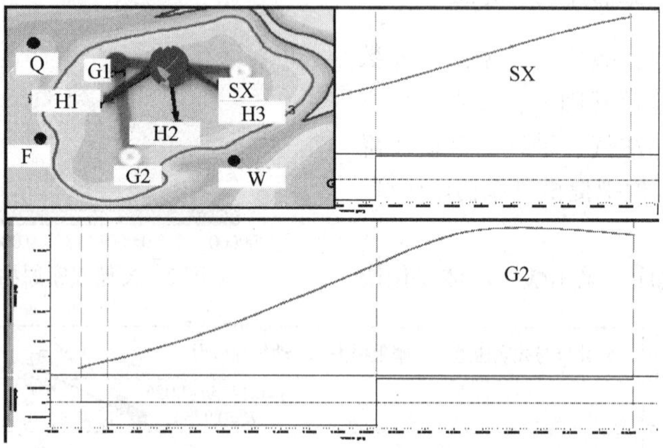

图 5　在井间干扰中不同井的压力变化曲线

根据动态分析，针对气田开发建立的模型进行储层物性参数修正，减小 H2 水平井注气控制范围，计算注气压力抬升，H2 水平井注气井口压力拟合精度进一步提高(图 6~图 9)。

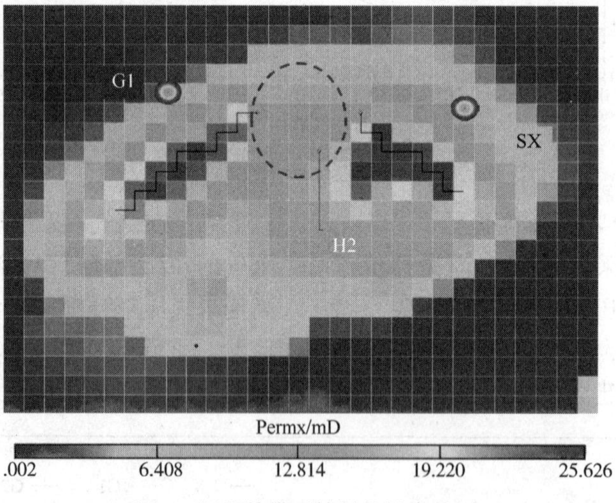

图 6　调整前模型储层物性参数图

3.2 采气 H_2S 含量拟合

根据酸性碳酸盐岩储气库注采运行特点，分析采出气 H_2S 含量影响因素与变化规律，建立采出气 H_2S 拟合技术流程，并不断修正地质模型，实现“注采气量-压力-气质组分”多参数同步拟合。

酸性碳酸盐岩储气库的影响因素与技术参数主要从 3 个阶段分析：(1)当酸性气藏型储气库注气时，注入天然气为干气(不含 H_2S)，此时只有注采井注气压力、注气量及不注气老井压力等数据，没有 H_2S 含量变化数据，无法对地层 H_2S 变化进行数据分析。由于注入干气逐步外推驱体原来含硫垫底气，因此需要分析储层非均质性、天然气注气速度，地层扩散能力等均对 H_2S 含量分布的影响。(2)当酸性气藏型储气库注气关井后，由于气井间地层压力再平衡，注气前缘

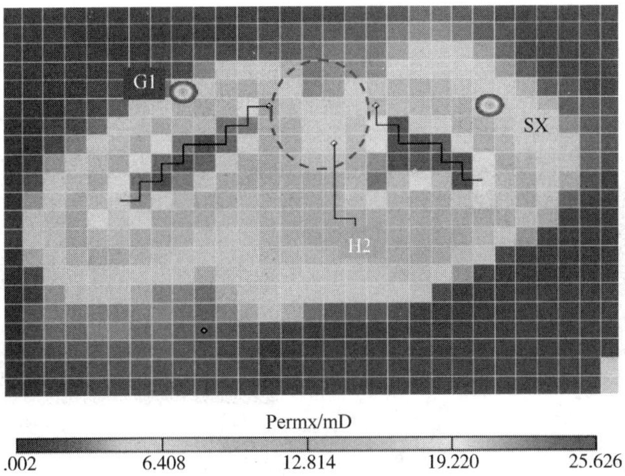

图 7　调整后模型储层物性参数图

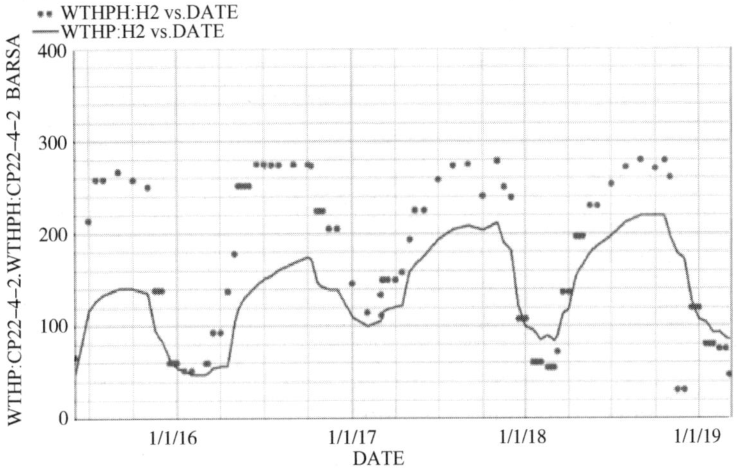

图 8　调整前 H2 水平井注采压力拟合曲线

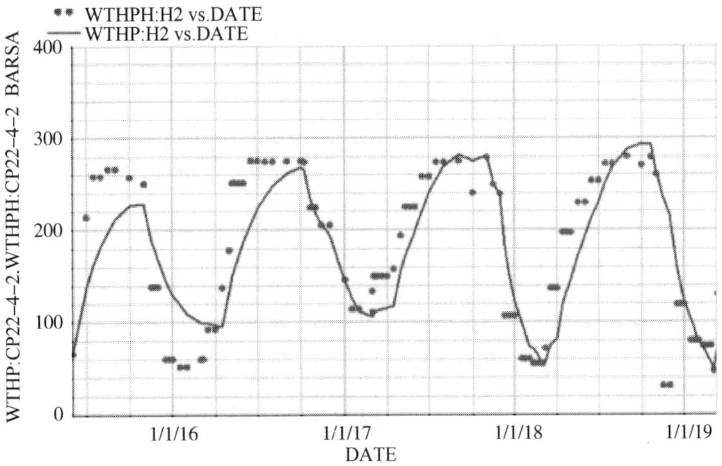

图 9　调整后 H2 水平井注采压力拟合曲线

会发生变化，注入气与原垫底气融合，需要分析两种天然气融合程度，评价注气前缘。(3) 当注采气井、老井同时采气时，需要分析注入气回采边缘，分析 H_2S 含量平面分布非均匀性，拟合各井初期 H_2S 含量。基于上述注采渗流分析，多次调整储层物性参数，较好拟合气井采气 H_2S 含量参数。

陕 X 区块 H3 井为注采水平井，初期拟合该井各个周期采气 H_2S 含量普遍偏低，分析认识到注气时，注入气主要向两侧区域分流；采气时，该井 H_2S 产出与 SX 有密切相关性。分析前期注气推进速度、注气回采边缘，储层非均质性等，兼顾 SX 产出气拟合，适当调整模型参数，再次拟合 H3 井注采压力、注采气量及 H_2S 含量，最终较好拟合 H3 井 H_2S 含量曲线，实现储气库注采精细描述(图 10~图 13)。

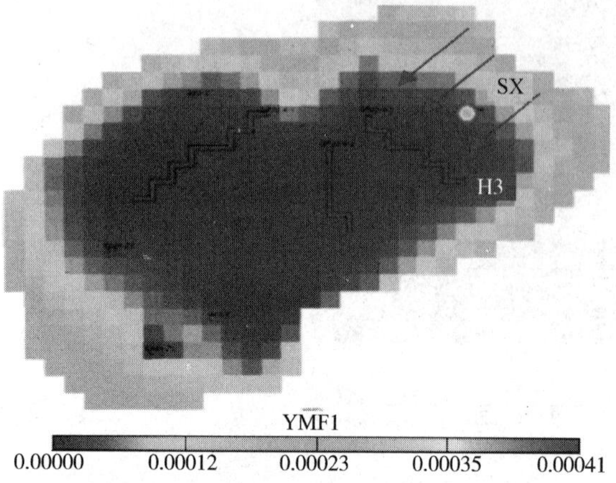

图 10　储气库注气后 H2S 含量平面分布图

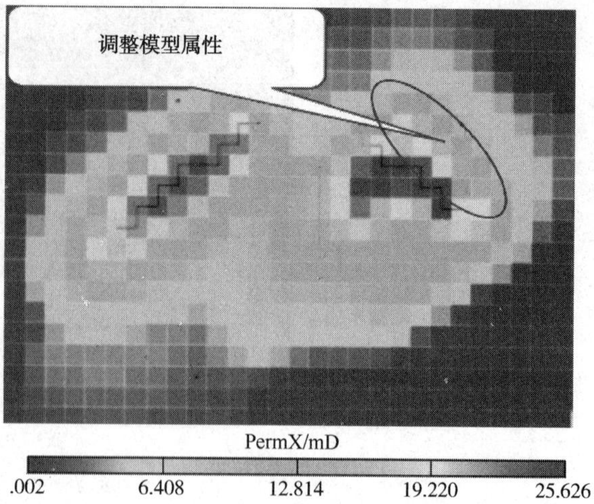

图 11　储气库储层物性参数调整区域图

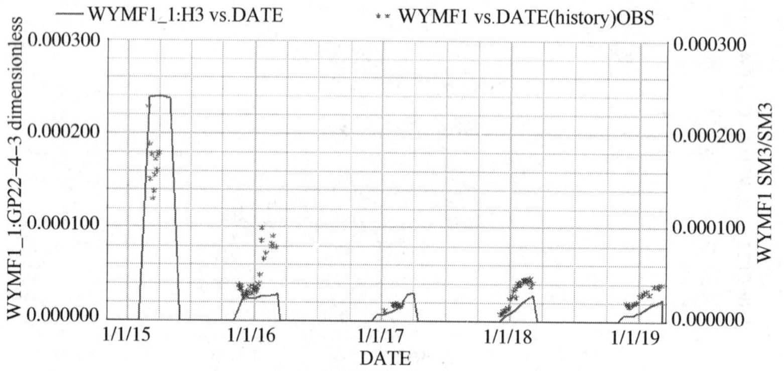

图 12　调整前 H3 井 H_2S 含量拟合曲线

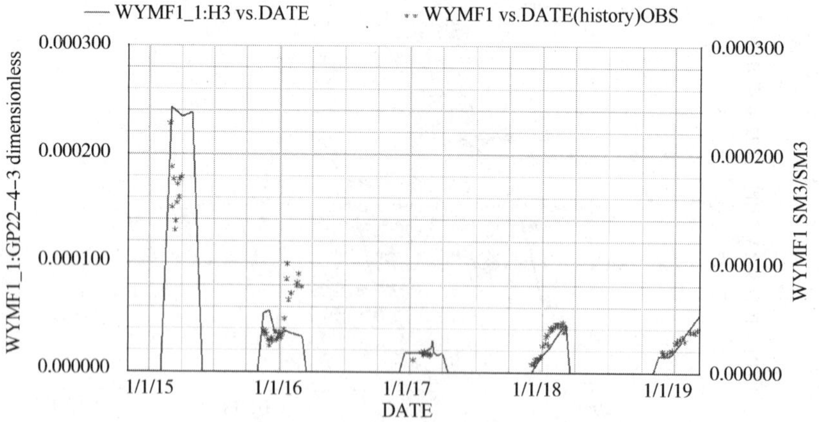

图 13　调整后 H3 井 H_2S 含量拟合曲线

2015~2019 年 X 储气库已完成 5 个周期的注采运行，根据最新生产历史资料对 3 口注采水平井、3 口老井完成两个注采周期的历史拟合工作，模型整体拟合程度达 90%，为后期酸气预测提供了保障。

4　H_2S 采气淘洗模式优化

在储气库注采历史精细拟合基础上，分析储气库注气前后地层酸性组分含量平面分布特征，认识到储气库核心区注入干气不断向外围推进，注入井附近 H_2S 含量低，远端 H_2S 含量高，认识到储气库注气后“H_2S 内低外高”特征(图 14)。

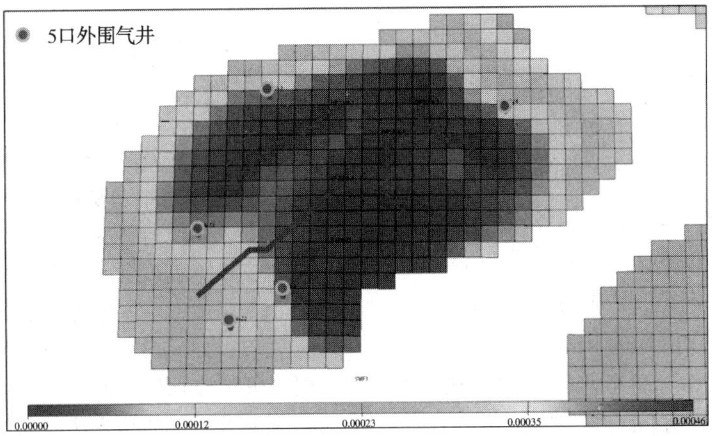

图 14　储气库多周期注采后 H_2S 分布与井位分布图

根据储气库注气后"H_2S 内低外高"特征，结合天然气采气需求，优化储气库采气制度，加快 H_2S 淘洗，预测采出气 H_2S 含量可达安全标准（≤6mg/L）注采周期，降低脱硫处理时间与费用。

研究分析认为在原有采气制度（10 口储气库井同时开采）情况下，采气期采出气主要为注采水平井的注入气为主，地层原有含 H_2S 的天然气较少；注采前段周期采出 H_2S 前期含量低，淘洗速度慢，后段周期含量高；到 2032 年 H_2S 可达安全标准。

在优化后采气制度（在早期低产阶段（11 月 12 月）先开外围 5 口气井（图 14），高峰期 10 口气井全开）情况下，采气初期采出气主要为储气库外围的原有含 H_2S 天然气，注采前段周期采出 H_2S 前期含量高，淘洗速度快，后段周期含量低，截至到 2031 年 H_2S 可达安全标准（图 15~16），相比原采气制度，可提前 1 年达到安全标准。

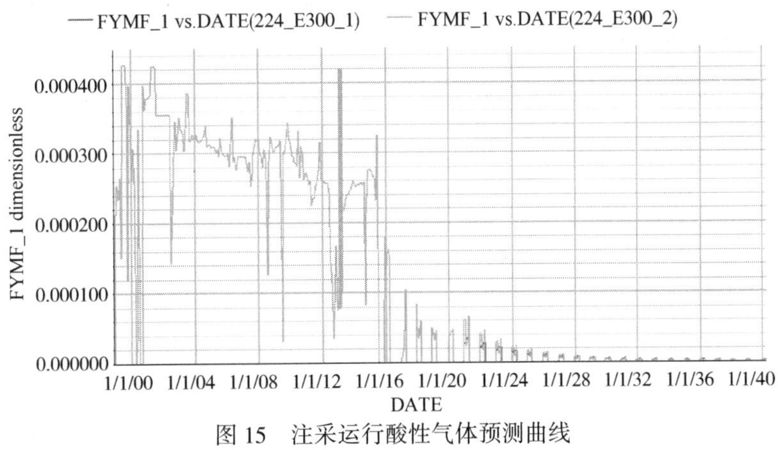

图 15　注采运行酸性气体预测曲线

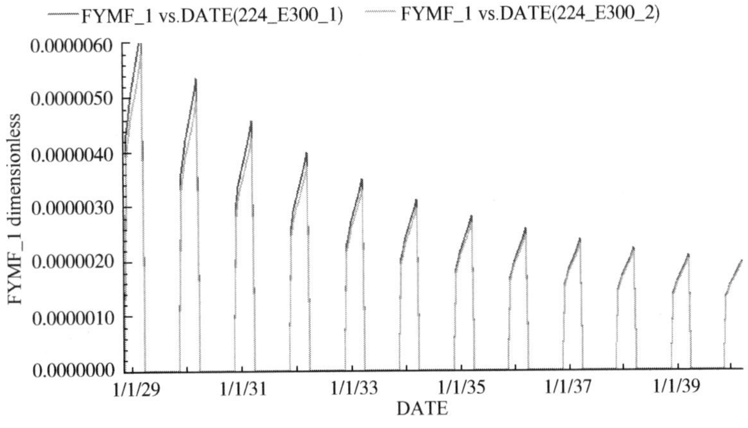

图 16　不同采气方式酸性气体预测（2029-2040）

5 认识与结论

针对酸性气藏型储气库短周期高速注采，地层渗流复杂、流体组分变化快等难题，开展储气库注采数值模拟研究工作，有以下几点认识：

（1）建立三维储层精细地质模型，以 H_2S 和 CO_2 作为拟组分，模拟储气库天然气高压物性，分析气井注采双向 VFP 井筒压力损失，建立酸性气藏型储气库数值模拟模型。

（2）基于气田生产与动态监测资料分析储层非均质性，认识到注采井间存在致密储层，在储气库高速采气中起阻流作用，调整储层地质模型参数，提高储气库气井注采井口压力拟合效果。

（3）在酸性气藏型储气库注采过程中，分析研究硫化氢含量采出规律与拟合影响因素，调整储层地质模型参数，实现 H_2S 含量参数精细拟合，实现低渗酸性储气库注采精细描述。

（4）分析储气库注采后地层硫化氢含量分布特征，认识到酸性储气库多轮注采“H_2S 内低外高”特征，创新“低谷外采、高峰全采”淘洗模式，优化采气淘洗模式，可进一步加快储气库酸性组分淘洗，缩短淘洗达标周期。

参 考 文 献

[1] 谭羽非．天然气地下储气库技术及数值模拟[M]．北京：石油工业出版社，2007.

[2] 蒲建，杨树合，何书梅，等．大张坨地下储气库数值模拟研究[J]．天然气工业，2002，20(1)：9-11.

[3] 伍勇，兰义飞，蔡兴利，等．低渗透碳酸盐岩气藏数值模拟精细历史拟合技术研究[J]．钻采工艺，2013，36(2)：52-54.

[4] 兰义飞，王东旭，伍勇，等．靖边气田地质建模及其数值模拟一体化技术的研究[J]．天然气开发技术专刊：230-233.

[5] 李勇，李保柱，胡永乐，等．碳酸盐岩凝析气藏组分粗化数值模拟方法研究[J]．西南石油大学学报(自然科学版)，2010，32(1)：97-99.

[6] 李勇，刘慧卿，刘永革．井筒压降对水平井注采系统的影响研究[J]．科学技术与工程，2013，31(13)：9197-9200.

[7] 王海燕．考虑多因素影响的储气库气井注采能力优化[J]．大庆石油地质与开发，2019，38(3)：54-57.

[8] 张云钧，付玉，艾庆林，等．低含硫气藏储气库酸气变化规律研究[J]．石油化工应用，2016，35(3)：89-91.

[9] 吕建，李治，付江龙，等．酸性气藏地下储气库采出气组分变化规律研究——以鄂尔多斯盆地陕X储气库为例[J]．天然气工业，2017，37(8)：96-100.

陕 224 储气库高效注气优化策略及关键技术

张　超

（中国石油长庆油田公司）

摘　要　为充分发挥陕 224 储气库的“填谷”作用，2021 年第七周期注气将原来的西气东输气源调整为长庆自产天然气，气源压力由 5.6MPa 变为 4.3MPa。为适应进气压力工况变化，将 2 个二级气缸调整为单作用，并采取相应的措施保证了压缩机安全运行，注气量为历年最高，且单位能耗最低。同时为实现高效注气，对压缩机运行制度进行优化，提出不同注气阶段的运行模式，制定了注气运行图版，可以对最快最大、低能耗、“填谷”等不同需求的注气计划，进行模拟和提供指导。

关键词　储气库；气源调整；压缩机能耗；注气运行优化

长庆靖边气田陕 224 储气库 2015 年 6 月正式投产，设计采气期 120 天，注气期 200 天，最大井口注气压力 28MPa，平均注气规模 $185\times10^4 m^3/d$、产气规模 $308\times10^4 m^3/d$，工作气量 3.7 亿方，至 2021 年初完成“六注六采”运行，为长庆气区冬季供气发挥了重要“调峰”作用。

靖边气田自 1997 年投入开发，每年夏季进入天然气销售淡季，主要为下游用气量减少，管网压力升高，2020 年夏季气田累计降产近 2 亿方。为缓解夏季天然气产销矛盾，有效发挥储气库“填谷”作用，因此开展了陕 224 储气库高效注气优化策略及关键技术研究，进一步提升气田运行效益。

1　工艺及生产简况

现有 2 路注气流程，即西气东输陕京气源流程、长庆第一净化厂/第五处理厂气源流程，均可为陕 224 储气库供气。集注站内设置 3 台 ARIEL 电驱往复式双作用压缩机，单台机组功率 4500KW，二级压缩，注气采用“一用两备”或“两用一备”的模式。投产初期气源压力范围 4.8～5.7MPa，要求进气压力不低于 4.8MPa，出口压力不大 28.5MPa。

其中，前六个注气周期均采用西气东输气源注气，气源压力平均为 5.6～5.7MPa，单台处理气量 $135\sim150\times10^4 m^3/d$。

2　注气优化策略

陕 224 储气库自 2015 年至 2020 年完成的前六轮注气，气源均来自西气东输，未发挥其“填谷”作用，因此计划将注气气源调整长庆自产天然气。通过对 2 处气源共 5 种方案进行可操作性和经济评价，最终确定采用长庆第一采气厂第一净化厂天然气作为新的气源（压力 4.3～4.45MPa）。而通过 Ariel performance 软件核算进气压力 4.3MPa，在排气压力 23～25MPa 的工况，出现十字头反向量超标（标准要求 25%以上）。十字头反向角不满足要求时，会造成十字头滑履角度过大，可能存在润滑不到位的情况，造成十字头滑履偏磨及十字头销间隙偏大。

为解决反向量超标问题，可以拆除二级气缸中 2 个气缸的进气阀（轴侧端），两个气缸由双作用改为单作用，经过软件模拟核算结果十字头反向量合格。原因为将二级气缸的两个进气阀拆除后，二级气缸吸入气量的能力降低，倒逼一级气缸做功增加，二级气缸做功下降，二级活塞杆受力下降，使十字头反向量符合要求。

3　运行模式优化及注气预测

3.1　压缩机气量调节方式

为提高压缩机的运行效率，降低单位能耗，注气过程中压缩机的运行方式需要与地层的吸收能力相匹配。随着地层吸收能力的逐渐下降，压缩机运行的台数和配注气量需要相应的降低，在不改变压缩机运行数量且不打回流的基础上，可以采取调节一级余隙和二级气缸单作用改造的方式，来进一步降低处理气量，以更好的适配地层的吸收能力（图 1）。

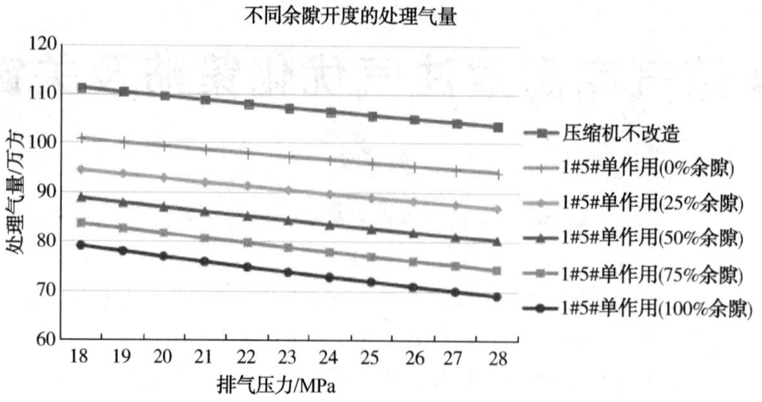

图1　压缩机不同条件下处理气量对比图

3.2　运行模式优化及注气预测

（1）注气运行模式

根据历史注气实际运行数据，绘制2台压缩机双作用、2台压缩机单作用以及1台压缩机单作用时排气压力的变化曲线，可以看出是三条斜率分别为0.101、0.0861、0.0649的直线(图2)。

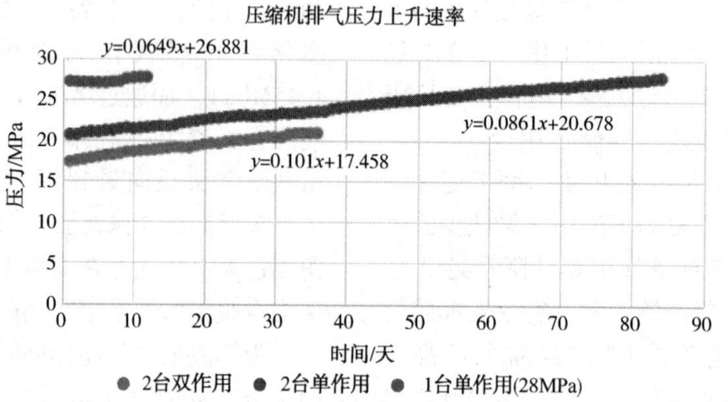

图2　注气不同工况下压缩机排气压力曲线图

为降低压缩机能耗，压缩机运行需遵守三个原则：一是前期2台后期1台运行；二是合理利用注气时间，避免过早完成注气任务，尽量延长单机运行时间；三是禁止“打回流”运行，排气压力达到28MPa时，依次采取调节余隙、单作用改造的方式降低气量，维持压力不超28MPa。依据上述原则制定注气制度，分6个阶段：

①2台压缩机双作用运行，排气压力上升速度约0.101MPa/d；

②2台压缩机单作用运行(排气达到21MPa时对压缩机1#、5#气缸完成单作用改造)，排气压力上升速度约0.0861MPa/d；

③2台压缩机单作用运行至28MPa时，通过调节一级气缸余隙的方式，以维持压力不超28MPa。单台调节范围20万方，单台减少$4\times10^4m^3/d$，运行时间约5天；

④1台压缩机运行，排气压力下降约0.9MPa，日处理气量约97.2万/天，排气压力上升速度约0.0649MPa/d，运行时间约13天；

⑤单机运行至28MPa时，注气量96.4万/天，通过调节一级气缸余隙的方式，每日降产$1\times10^4m^3$，至注气量76.4万方，运行时间约20天；

⑥单机运行至28MPa且余隙开度已100%时，为进一步降低处理气量以维持压力不超28MPa，可对1台压缩机的3#气缸单作用改造，改造后处理气量约$60\times10^4m^3/d$，排气压力下降约0.15MPa，运行时间约15天。这个阶段为极限情况下注气，通常前5个阶段就可满足注气需求。

具体如图3所示。

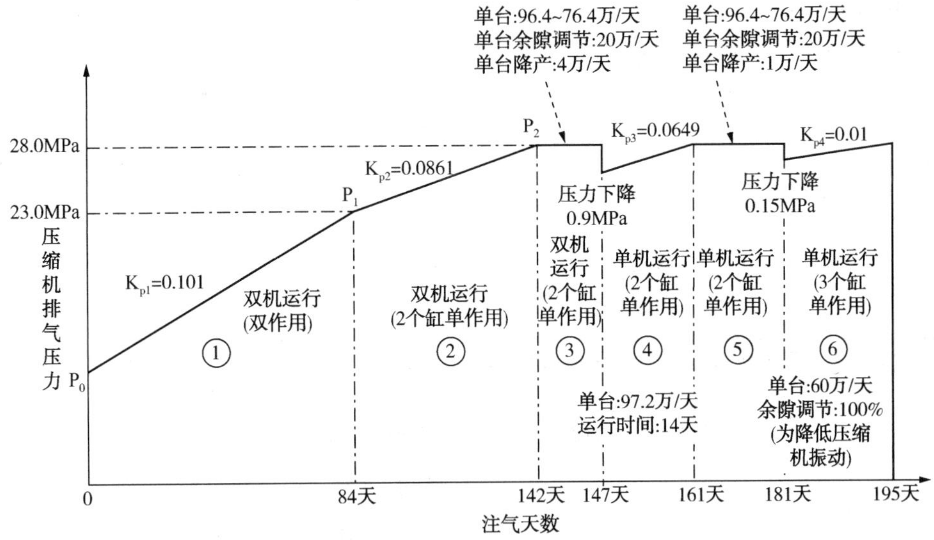

图 3　陕 224 储气库压缩机运行图版

(2) 注气运行优化

依次按照图版中 6 个阶段的压缩运行模式，可以实现压缩机最大最快注气，但能耗是最高的。

为尽量降低压缩机能耗，需在压缩机能耗低时多注气。根据压缩机工况表可以看出排气压力越大时，处理气量越小同时耗电量越大，即压缩机的效率最低(图 4)。双机运行比单机运行的排气压力高且压升速度快，所以双机运行效率比单机运行效率低。所以在完成注气任务的前提下，为降低注气单位能耗应尽量减少双机运行时间。

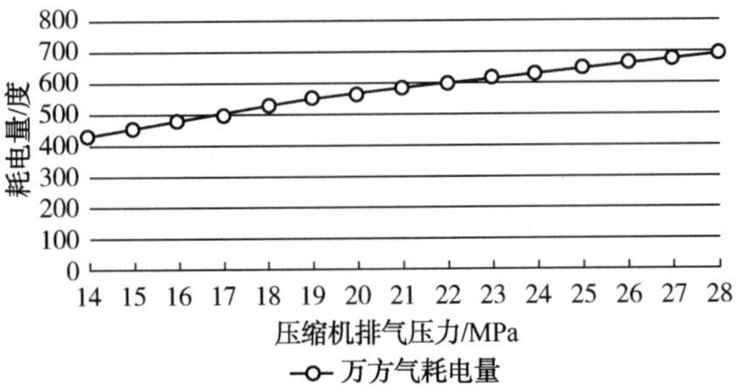

图 4　万方气耗电量曲线图

根据陕 224 储气库压缩机运行图版，已知前 5 个阶段即可满足注气需求，并且为降低压缩机运行能耗，应尽量减少双机运行的时间。第 3 运行阶段双机运行，且排气压力一直维持在接近 28MPa，但压缩机耗电量最大且处理气量不断降低(通过调节一级余隙气量最低至 76 万/天)，但压缩机的运行效率是最低的。因此，为在满足注气任务的前提下尽量降低能耗，可以依次按照第 1、2、4、5 阶段的模式运行，减少第 3 阶段运行时间，避免第 6 阶段运行。同时，还需按照压缩机运行制度图版，根据不同阶段排气压力的上升速度和处理气量，确定双机转单机的压力节点，合理安排单、双机运行时间。

(3) 注采时间节点优化

对陕 224 储气库 8 个注采周期运行数据统计分析可知，注气开始时间基本在 4 月 1 日－15 日，其中第 7、8 周期注气时间为 4 月 2 日，而采气时间多在为 11 月 15 日~27 日，以注气 200 天计算，注气结束日期为 10 月 17 日，造成注-采平衡期长达 29~41 天。注-采平衡期过长会造成地层压力进一步降低，进而降低采气能力。

以第 6、7 周期为例，采气前库容均为 9. 1 亿左右，但第 7 周期的注-采平衡期比第 6 周期长 19 天，导致采气前井口油压降低 1MPa，400 万方稳产时间减少 7 天。

建议注气开始日期确定为 4 月 15~20 日，可使 7~9 月双机运行时间增加 15~20 天，多注气 1500~2000 万方，同时缩短注-采转换期，延长采-注转换期。另外，如需进一步发挥储气库的“填谷”作用，可采取前期单机运行 20 天左右，后转为双机运行的模式，这样双机运行的时间基本可以覆盖 7~9 月共 90 天的天然气销售低谷期。

(4) 注气模拟

根据陕 224 储气库压缩机运行图版和修正后的工况表，对第 8 周期注气进行预测。4 月 2 日开始注气，排气压力 21MPa 时压缩机单作用调整，可以看出日注气量和日耗电量的实际运行曲线和预测曲线具有较强的一致性。因此，陕 224 储气库压缩机运行图版可以为制定合理的注气计划和灵活调配提供可靠指导(图 5)。

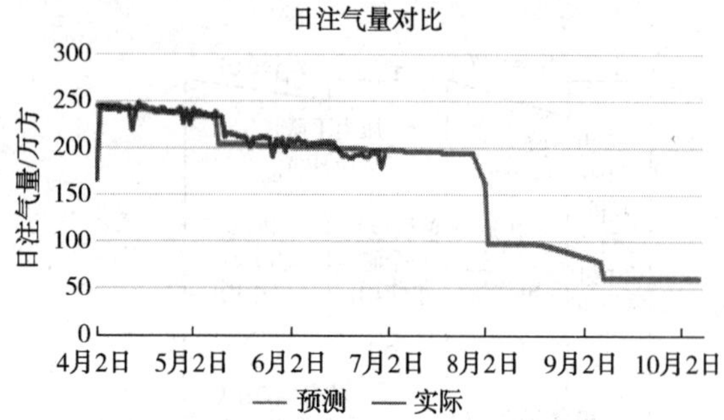

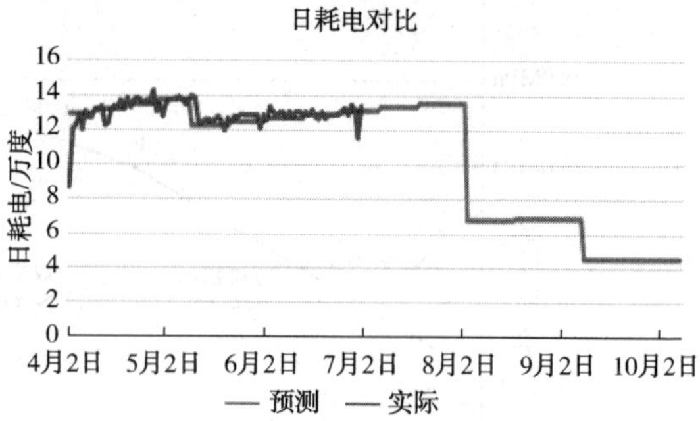

图 5　第 8 周期注气实际运行和模拟预测对比图

4　实际运行效果

4.1　改造后缩机运行情况

第七周期注气期间排气压力达到 21MPa 时，拆除二级气缸一拐及五拐缸头侧进气阀，并对机组进行 72 小时运行考核。

根据 Ariel 的软件模拟计算，改造后压缩机工况正常，反向角在 25%以上，同时处理气量和功率下降，改造前后压缩机模拟工况见下表。

表 1　压缩机改造前后模拟工况表

进气压力/MPa	排气压力/MPa	改造前			改造后		
		处理气量/万方	功率/W	备注	处理气量/万方	功率/W	备注
4.3	18	111.2	2441				
4.3	19	110.3	2510				
4.3	20	109.5	2574				
4.3	21	108.7	2634		97.6	2332	
4.3	22	107.9	2691		96.9	2381	
4.3	23	107.1	2744	工况异常，反向量<25%	96.2	2428	
4.3	24	106.4	2795		95.5	2472	工况正常，反向量>25%
4.3	25	105.6	2844		94.9	2515	
4.3	26	104.9	2890		94.2	2555	
4.3	27	104.2	2933		93.6	2593	
4.3	28	103.5	2975		93	2630	

改造后，单台日处理气量 100 万(减少 8~12 万方)；一级活塞杆负荷由原来的 43% 升到 65%，二级活塞杆负荷由原来 57%将至 46%；一级负荷增加导致一级气缸温度由 50~60℃上升至 85~105℃；压缩机组驱动端振动由 4.0~4.5mm/s 升至 5.2~7.1mm/s，根据往复活塞压缩机机械振动分级(JB/T 8541—1997)，烈度为 B 级，属于运行良好。

4.2　问题分析及措施

(1) 问题分析

陕 224 储气库压缩机为两级平衡式压缩机，在进气压力 5MPa、4.3MPa，排气压力 15~28MPa 时，一、二级气缸做功之比分别为 1.71~1、1.45~0.95(图 6)，由于一、二级十字头和平衡螺母配重不同，使得压缩机两侧基本处于平衡状态。但当将二级气缸的 1#、5#气缸改为单作用后，二级气缸的处理气量减少，负荷显著降低，使得一、二级之间的受力失衡，造成压缩机振动增大。

从下图中可以看出，改造后压缩机一、二级负荷比值明显增大，在进气压力 4.3MPa，排气压力 20MPa~28MPa 时，一、二级负荷比值为 2.04~1.44。同时随着排气压力的增大，一、二级负荷比值逐渐降低，因此在压缩机运行后期，振动值有所降低。

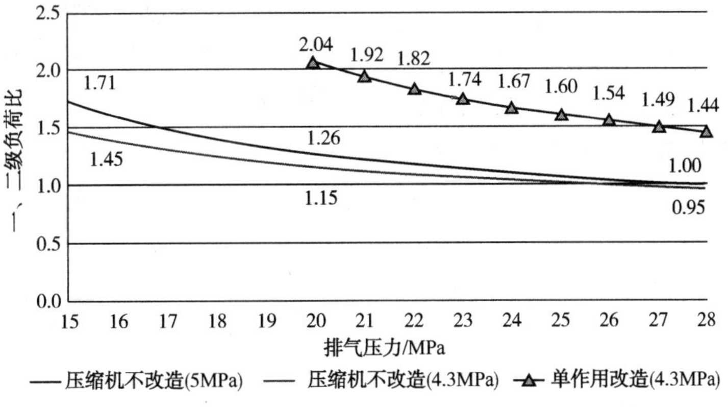

图 6　压缩机一、二级负荷比值曲线图

(2) 解决措施

通过上述分析可知降低一二级的负荷比能够有效降低机组整体振动，因此将一级余隙开度调至 100% 以降低处理气量，进而降低一级的负荷。经测试发现，调整后压缩机驱动端振动均值由调整前的 6.21mm/s 下降至 5.22mm/s，降低约 1mm/s(表 2)。

表 2　压缩机调整余隙前后振动数据统计表

序号	时间	调整前振动/(mm/s)	调整后振动/(mm/s)
1	16：00	6.73	5.89
2	18：00	6.79	6.15
3	20：00	6.73	6.02
4	22：00	6.79	6.05
5	0：00	6.79	5.74
6	2：00	6.58	5.61
7	4：00	6.20	5.55
8	6：00	5.92	5.42
9	8：00	5.69	5.28
10	10：00	5.53	5.41
11	12：00	5.32	5.46
12	14：00	5.43	5.80
平均值		6.21	5.22

4.3　注气结束后停机检查情况

注气结束后对未拆气阀的十字头进行检查以判断实际运行中十字头反向角是否超标，以评估调整气缸单双作用的方案是否可行。打开三台机组的二级缸中体侧盖，共 9 个气缸。经过检查并未发现连杆及十字头瓦有异常磨损，与调整前检查一致，因此判断实际运行中十字头反向角并未超标，与理论计算一致。

4.4　第七周期运行情况及能耗

第七周期注气 193 天，累计注气 3.4 万方，最大日注气量 243 万方。压缩机耗电总量 2155.258 万度，万方气耗电 620 度。与前六个周期相比，第七周期为历年注气最多，且万方气耗电量最少，比第六周期降低 82 度，据此计算假设第六周期与七周期均注气相同，则第七周期即可减少耗电 278.8 万度电，节省电费 167.28 万元(0.6 元/度电)。

4.5　生产运行效益

2021 年陕 224 储气库供气采用一净气源，自 4 月 1 日至 10 月 11 日共计注气 3.4 亿方，缓解了用气淡季的外输压力，确保在销售淡季靖边区域不降产且第一净化厂外输压力控制在允许范围内。

利用现有流程注入自产气，仅需对压缩机进行单作用改造(费用 9.5 万元)，但极大提升了生产主动性，供气低谷期可日注 200-220 万方，每年最多可增加天然气销售 3.7 亿方，有效缓解淡季天然气无出路，上游被迫降产的问题。

5　结论及认识

(1) 采用长庆自产天然气注入陕 224 储气库，充分发挥了储气库的“填谷”作用，可以极大提升生产主动性，供气低谷期可日注气 200~220 万方，能有效缓解天然气产销矛盾。

(2) 气源压力 4.3 条件下在排气压力 23~25MPa 时压缩机反向量超标，可以在 23MPa 前将 2 个二级气缸调整为单作用，经软件核算和实际运行验证可行。调整后压缩机振动增大，但仍在合理范围内符合标准规范要求，可以采取调节一级余隙降低处气量的方式降低振动。气源压力降低和压缩机单作用调整，导致压缩机处理气量降低，但可以满足陕 224 储气库的注气需求，同时单位能耗为各周期最低。

(3) 根据气源调整后不同工况条件下压缩机排气压力的变化情况和修正的工况表，制定出陕 224 储气库注气全过程共 6 个阶段的运行图版，在此基础上可以对注气进行模拟预测，为制定最快注气、最低能耗、夏季填谷等多种注气计划提供指导。

地下储气库四维地质力学特征研究与完整性评估

李力民[1]　黄星宁[4]　王　磊[4]　赵昱超[2]　周　堤[3]　杨　颖[1]

(1. 重庆相国寺储气库有限公司；2. 中国石油西南油气田公司勘探开发研究院；
3. 中国石油西南油气田公司开发管理部；4. 贝克休斯(中国)油田技术服务有限公司)

摘　要　为保障国家调峰保供需求，目前相国寺地下储气库(以下简称储气库)提出并正在进行扩容达产工程，为有效指导储气库运行上限压力优化，同时确保储气库长期安全运行，亟需对相国寺储气库开展盖层完整性及断层稳定性评估。本文综合地质、地震、测井、动态监测资料以及各类室内岩心实验数据，建立相国寺储气库三维静态及四维动态地质力学模型，分析储气库不同层系地应力特征，分别对不同储层压力特征下的盖层、底托层、断层稳定性进行模拟及评价。结果表明：①5 条控藏断层在储气库前期运行及现今应力条件下没有断层活化风险，密封性较好；②梁山组盖层以及韩家店组底托层在储气库运行过程中产生的地层形变量较小；③当储层压力高于原始地层压力 6MPa 时，储气库完整性存在失稳风险；研究成果精细定量化评估了储气库在动态应力场影响下的运行安全，为优化储气库运行方案具有重要的指导意义

关键词　地下储气库；四维动态地质力学；盖层完整性；断层密封性；应力应变模拟；

1　引言

相国寺石炭系气藏是四川盆地首个发现并投入开发的石炭系气藏，也是开发效果最好的石炭系气藏。储层物性好，为裂缝—孔隙型储层，平均孔隙度 7.26%，渗透率 257.20mD ~ 360.55mD；气藏连通性好，似均质；气质纯，天然气组分以甲烷为主，不含硫化氢；压力系数为 1.24，属常压气藏。

作为四川盆地首座储气库，于 2011 年 10 月开工建设，2013 年 6 月开始注气，2014 年 12 月调峰采气，至今，经历“八注七采”共累计注气 $106.28\times10^8m^3$，累计采气 $85.94\times10^8m^3$。为保障储气库安全高效稳定运行，有效地指导运行上限压力调整，进一步满足国家天然气调峰保供需求，相国寺储气库开展了地质力学特征与完整性评价研究。

2　地质力学建模

利用地震、钻井、测井、试井及室内实验分析等资料，将储层流动模型与精细有限元模型耦合，能够精细模拟计算储层开发过程中不同时期的地应力状态，实现从气藏生产衰竭到改建储气库后的高速注采整个生产过程中的地质力学特征分析及地质完整性评价。

2.1　一维地质力学特征研究

单井力学特征分析包括岩石力学参数、孔隙压力以及主应力的大小和方向。其中，岩石力学参数可通过密度、孔隙度和声波等测井曲线计算，再由岩石力学实验结果校正获得(表 1)。

表 1　岩石力学特性与参数相关性统计表

层位与岩性	V_S/(km/s)	静态杨氏模量/GPa	静态泊松比	内聚力/MPa	内摩擦系数
上覆云岩地层	$0.3739\times V_P+0.7672$	$0.9\times E_{dyn}$	PR_{dyn}	$0.0018\times e^{(3.7938\times RHOB)}$	$\tan[18.532\times V_P 0.5148]$
龙潭组页岩	$0.5037\times V_p+0.0521$	$0.45\times E_{dyn}$	$0.65\times PR_{dyn}$	$0.221\times E_{sta}0.712$	$\tan(\text{asin}((V_P-1)/(V_P+1)))\times0.7$
上覆灰岩地层	$-0.019\times V_{P2}+0.693\times V_P-0.416$	$0.9\times E_{dyn}$	PR_{dyn}	$0.0018\times e^{(3.7938\times RHOB)}$	$\tan[18.532\times V_P 0.5148]$
梁山组页岩	$0.5037\times V_P+0.0521$	$0.45\times E_{dyn}$	$0.65\times PR_{dyn}$	$1.65\times E_{sta}0.89$	$\tan(\text{asin}((V_P-1)/(V_P+1)))\times0.7$
黄龙组云岩	$0.3696\times V_P+1.1682$	$0.9\times E_{dyn}$	PR_{dyn}	$96.62\times e^{(-0.94\times PHI)}$	$\tan[18.532\times V_P 0.5148]$
韩家店组页岩	$0.5037\times V_P+0.0521$	$0.45\times E_{dyn}$	$0.65\times PR_{dyn}$	$0.221\times E_{sta}0.712$	$\tan(\text{asin}((V_P-1)/(V_P+1)))\times0.7$

孔隙压力通过对钻井井史与早期生产井原始压力解释获得，浅层为正常压力，长兴组压力系数升高至1.4~1.5，梁山组以下则降至1.2~1.3，黄龙组地层压力系数约为1.2。

垂直主应力通过密度积分直接获得，计算石炭系上覆地层压力，压力系数为2.67~2.70。水平应力方向用成像测井资料观察到的井眼崩落数据进行分析，工区最大水平主应力方位为103±10°N。通过井壁崩落特征，结合该层段岩石力学强度、钻井泥浆比重、上覆地层压力、孔隙压力等数据进行应力多边形计算得出最大水平应力系数(S_{Hmax})约为2.9~3.0。计算最小水平应力的方法有很多种，包括基于测井曲线的计算公式和直接测量法，如地漏试验、拓展地漏试验、微压裂测试、水力压裂等。

$$ESR_{FIT/LOT} = \frac{(FITorLOT - P_P)}{(S_V - P_P)} \quad (1)$$

式中：FIT 为地层承压实验结果(MPa)；LOT 为地层漏失压力实验结果(MPa)；P_P 为孔隙压力(MPa)；S_V 为上覆岩层垂向压力(MPa)。

确定地层的$ESR_{S_{hmin}}$与$ESR_{S_{Hmax}}$系数，得出泥岩地层$ESR_{S_{hmin}}$与$ESR_{S_{Hmax}}$分别为0.55与1.18，碳酸盐岩地层$ESR_{S_{hmin}}$与$ESR_{S_{Hmax}}$分别为0.7与1.3。

$$S_{hmin} = ESR_{S_{hmin}} * (S_v - P_p) + P_p \quad (2)$$

$$S_{Hmax} = ESR_{S_{Hmax}} * (S_v - P_p) + P_p \quad (3)$$

式中：P_P 为孔隙压力(MPa)；S_V 为上覆岩层垂向压力(MPa)。

2.2 三维静态及四维动态地质力学特征研究

三维静态地质力学模型是四维动态地质力学模型的基础，可精细化表征地质力学特征在三维空间的展布规律，但是三维静态地质力学模型仅表征气藏开发初期原状应力特征，无法精确表征气藏应力特征随着开发时间的动态变化规律，所以我们需要将应力特征研究“动静结合”，准确表征储气库在不同时期的应力特征，研究成果为注采方案优化提供技术支撑(图1)。

图1　研究区三维构造层面模型

本文选择了16个地质力学模拟步来模拟分析储层压力的变化对地应力、应变和位移的影响。除了分析气田开发初始阶段(1977年)和平衡阶段(2013年)之外，还包括中间两个压降阶段(快速下降与平缓下降)的地层压力(即对应的1989年和2012年)和在压降阶段结束时的最大地层压力压降。13个相国寺储气库阶段循环注采周期过程中黄龙组地层的最大和最小储层孔隙压力，即每个注采周期(即每年)结束时的地层压力分布(图2)。

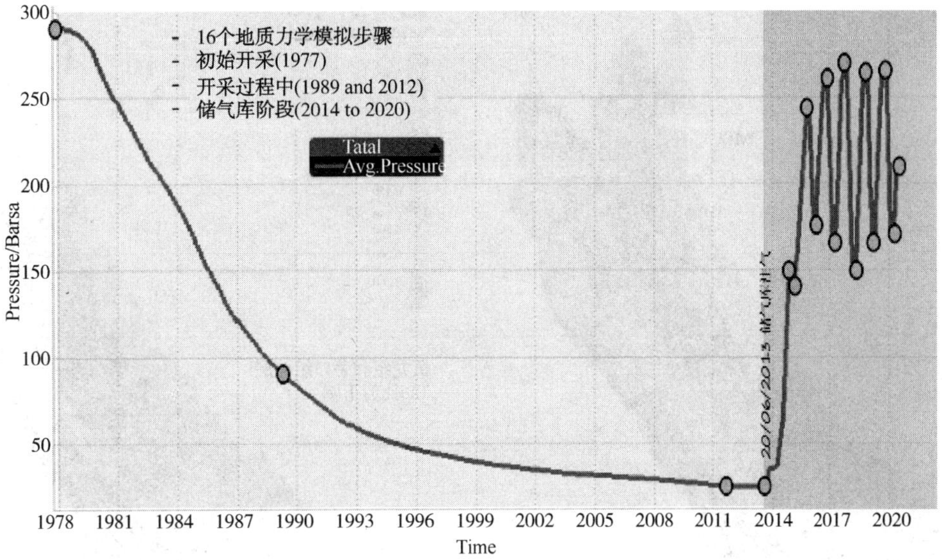

图2　四维地质力学模拟时间步的选择

3　断层稳定性评估

为了评估断层再激活的风险，将相国寺构造不同区域的应力摩尔圆与断层和天然裂缝的破坏包络线进行了比较。只要整个应力摩尔圆都在破坏包络线之内，就不会有断层或天然裂缝在激活的危险。

3.1　相国寺主要断层稳定性分析

图3是对五个主要断层（F1～F5）开展了断层稳定性的分析。分析表明在相国寺气田的过去数十年生产运行中，均没有重新激活故障的风险，这是因为储层孔隙压力降低增加了作用在断层上的有效正应力，进而降低了断层面上的Tau比值，使层将趋于更加稳定。总体而言，由于储层压力没有超过初始条件，并且上覆岩层的应力变化可以忽略不计，因此在整个模拟步分析步整个储层的Tau比（断层活化趋势）远低于临界条件。

将四维地应力模拟每个数值模拟步计算出的应力映射到主要的控藏断层面上。根据地应力状态、孔隙压力以及断层的产状来计算作用在这些主要断层面的切应力和正压应力。根据断层面的正应力和剪应力来评估断层的稳定性。通过计算断层面的Tau比值，当即Tau比值>1时则表示断层将重新激活。总体上在所有的模拟，所有断层的Tau比值均小于0.6。故没有重新激活的风险（图4）。

3.2　黄龙组地层断层稳定性分析

通过模拟大于储层原始地层压力的注入压力（+3MPa、+6MPa、+9MPa、+12MPa）条件下，将黄龙组地层不同部位的应力莫尔圆（在初始地层压力和高注入压力下）与断层和天然裂缝的破坏包络线进行了比较。

通常在处理时我们一般使用摩擦系数为0.6进行评价，但由于模型断层和天然裂缝的力学性质具有一定不确定性，因此在假设内聚力为0的条件下，即断层面的摩擦系数为0.4进行分析最为保守。

与研究区的其他区域相比，构造中部的有效应力更低。当注气压力超过原始地层压力约9MPa时的莫尔圆刚好接触了0.4摩擦系数的破坏包络线，但仍远低于摩擦系数为0.6的破坏包络线；

研究区构造北部由于构造较深，其有效应力较高。当注入压力超过原始地层压力约12MPa时的莫尔圆仍低于0.6摩擦系数的包络线，只接近摩擦系数为0.4的包络线；

南部的有效应力相对较低，但高于中部。当注入压力超过原始地层压力约12MPa的注射压力情况下，对于摩擦系数为0.4和0.6的情况下，都没有断层活化的风险。

当注入压力不超过原始地层9MPa时，断层再活化的风险较低

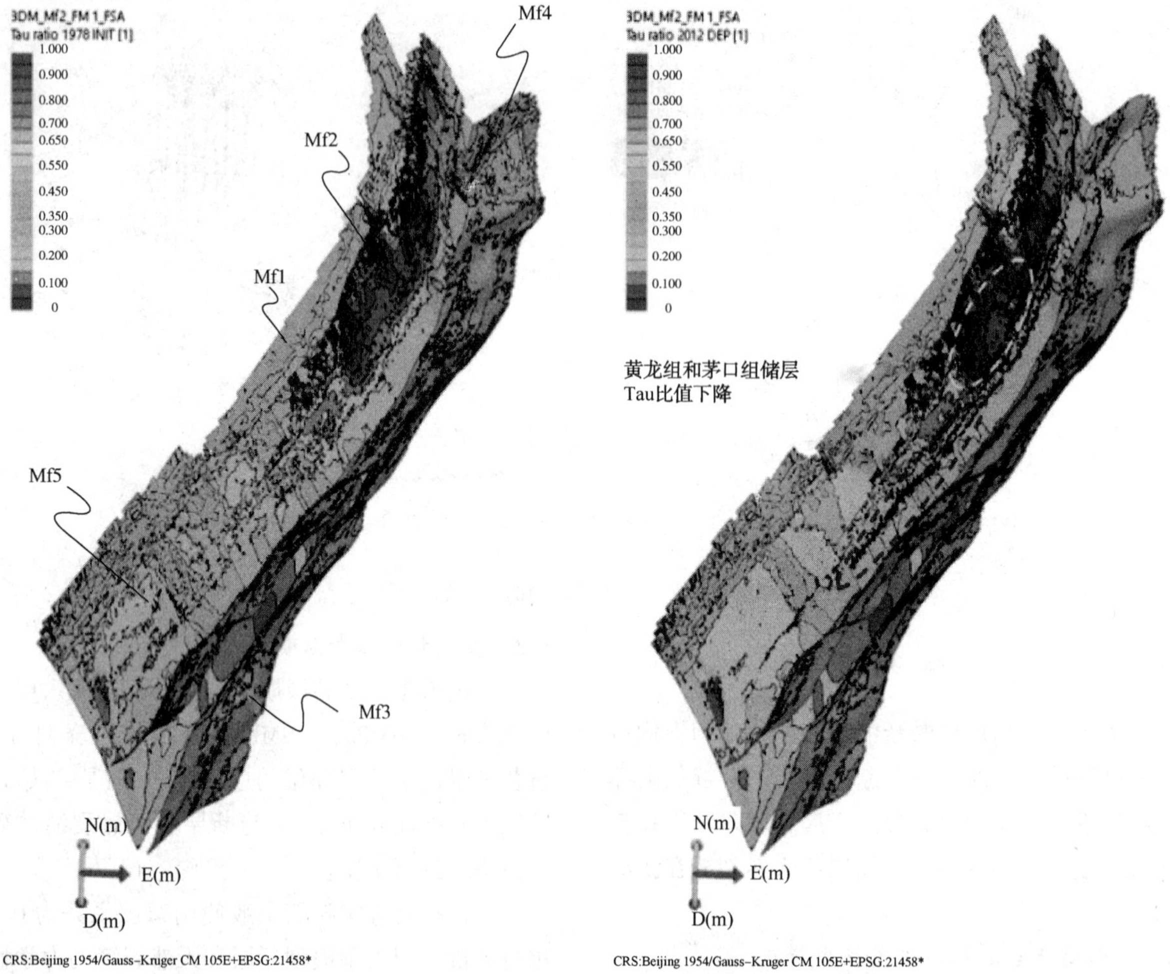

图 3　五个主要断层开采初期和压力衰竭末期断层活动性分析图

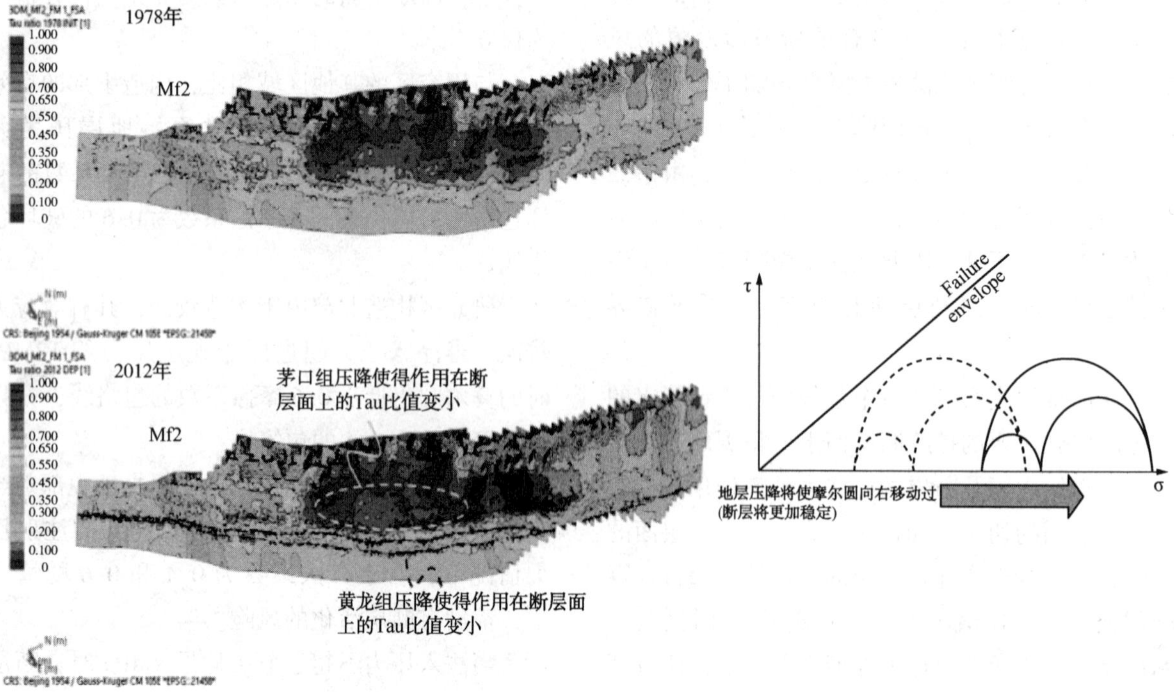

图 4　F2 断层开采初期和压力衰竭末期断层活动性分析图

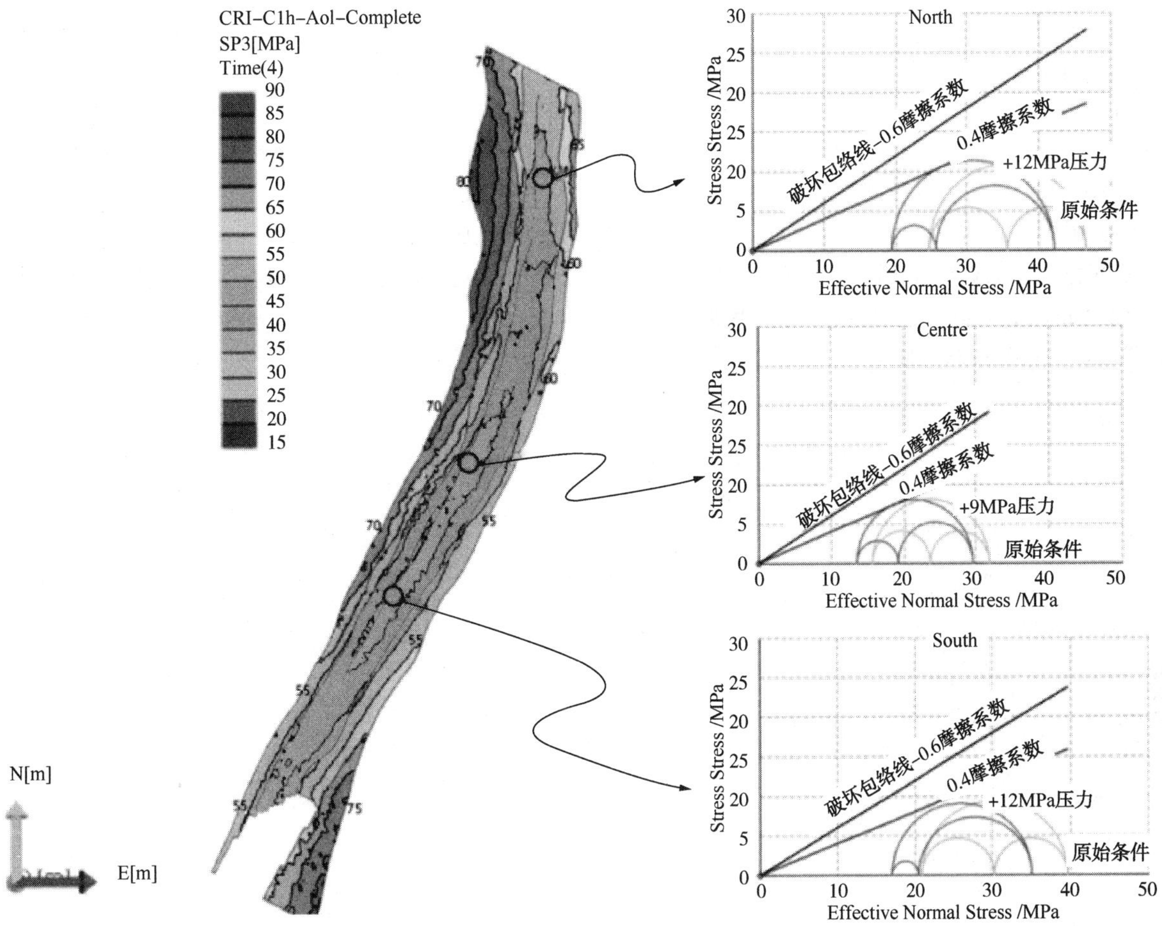

图 5　黄龙组地层中部、北部、南部区块断层活动性分析

4　结论

（1）在综合分析储气库三维地震资料、测井数据、室内实验数据、试井数据以及钻完井工程参数等，建立精确的三维静态动态地质力学模型在原状应力模型基础上结合不同时期的注采数据模拟不同时间段的动态应力模型，共选择了 16 个地质力学模拟步骤来模拟分析储层压力的变化对地应力、应变和位移的影响，分别为 3 个气藏开发阶段时间节点和 13 个储气库阶段注采时间节点。

（2）由于储层相对较硬且薄，储层中的位移非常小，上覆盖层与下伏底托层由储层压力变化而引起的地应力变化非常小；盖层与底托层发生剪切破坏的风险小，可保障储气库长期安全运行。

（3）断层稳定性分析表明：相国寺的 5 条主要断层在气藏开发阶段和储气库阶段所有断层的 Tau 比值均小于 0.6，均没有活化风险；通过模拟提高注入压力分析断层稳定性认为，当注入压力不超过原始地层 9MPa 时，相国寺储气库断层再活化的风险较低。对于整个相国寺储气库地质完整性来说，当模拟注入压力超过原始地层压力 6MPa 时完整性将被破坏，存在气体泄漏的风险。将破坏地质体的完整性。

参 考 文 献

[1] 郑雅丽，孙军昌，邱小松，等．油气藏型储气库地质体完整性内涵与评价技术[J]. 天然气工业，2020，40(5)：94-103.

[2] 丁国生，魏欢．中国地下储气库建设 20 年回顾与展望[J]. 油气储运，2020，39(1)：25-31.

[3] 曾大乾，张俊法，张广权，等．中石化地下储气库建库关键技术研究进展[J]. 天然气工业，2020，40(6)：115-123.

[4] 徐俊杰，王起京，许明，等．碳酸盐岩底水气藏型储气库动态特征及水淹机制[J]. 油气储运，2019，

38(5)：522-527

[5] 马克 D. 佐白科．储层地质力学[M]．石林，陈朝伟，刘玉石，等，译．北京：石油工业出版社，2012.

[6] 温凯，何蕾，虞维超，等．枯竭油气藏型储气库地层压力的计算方法[J]．油气储运，2017，36(7)：781-788.

[7] 孙军昌，胥洪成，王皆明，等．气藏型地下储气库建库注采机理与评价关键技术[J]．天然气工业，2018，38(4)：138-144.

[8] 马新华，郑得文，申瑞臣，等．中国复杂地质条件气藏型储气库建库关键技术与实践[J]．石油勘探与开发，2018，45(3)：489-499.

[9] 游利军，邵佳新，高新平，等．储气库注采过程中有效应力变化模拟试验[J]．石油钻探技术，2020，48(6)：104-108.

[10] 王成虎，高桂云，贾晋，等．H 储气库注采诱发应力场及断层滑动趋势变化[J]．天然气工业，2020，40(10)：76-85.

基于声呐技术的国产盐穴储气库检测系统设计与实现

熊记宁[1]　徐开杰[2]　姚　忠[2]　黄　益[2]　许首奇[1]　刘　敏[1]

（1. 武汉天汉达科技发展有限公司；2. 中国石油集团测井有限公司华北分公司）

摘　要　声呐探测技术是盐穴储气库造腔和注采气过程中常用的腔体形状检测技术，国内长期不具备地下盐穴声呐测量相关设备的制造能力。本研究基于双频声呐探测技术，采用高温高压电机控制、快速智能解算、弱信号检测等理论和方法，实现了具有自主知识产权的盐穴储气库腔体形状智能检测的设计，高温高压环境下地下盐穴储气库的形状检测。与国外同类系统相比，具有精度高、稳定性好、解算高效、三维呈现逼真等优点。该系统的成功研制，对于打破国外技术垄断，满足日益增多的盐穴储气井腔体形态测量需求，服务国家能源储备战略意义重大。

关键词　盐穴储气库；检测系统；声呐；弱信号检测；回转控制

1　引言

地下盐层的形成经历了漫长的地质沉积和构造运动，盐层一般都具有较高的非均质性，例如不同含量的泥质夹层、不同含量的矿物质等分布在盐层的各个部位和层位，由于不同物质在水中的溶解速度不同，使盐穴腔体形状在造腔过程中呈现出极大的不确定性，形成各种各样的复杂形状，任何不受控制的溶解都可能造成盐穴造腔的失败和经济损失。因此，盐穴储气库造腔过程中必须通过及时检测腔体形状，特别是发现腔体异常变化，再通过一定造腔工艺手段进行调整，使盐穴腔体的发展变化始终规范在设计的可控能力范围内。盐穴储气库在正常注采气过程中，地质结构变化等不确定因素影响，也需要适时对腔体进行检测，获取其形态的准确性息，以及时发现问题。

目前，该类设备主要为美国、德国和俄罗斯所研发。国内长期不具备声呐测量相关设备的制造能力，严重依赖进口，在实际使用中受到极大制约。本研究全部采用自主专利技术，基于双频声呐检测技术，实现了具有自主知识产权的国产盐穴储气库形状智能检测的设计，填补了该领域国内空白。

2　系统设计

2.1　总体设计

本系统按硬件分，可分为：上位机、地面辅助设备、井下设备三部分。系统结构如图1所示。上位机功能是系统总体控制、检测数据接收处理等，地面辅助设备用于通信、供电传输的电缆等，井下设备即盐穴腔体声呐检测设备主体。

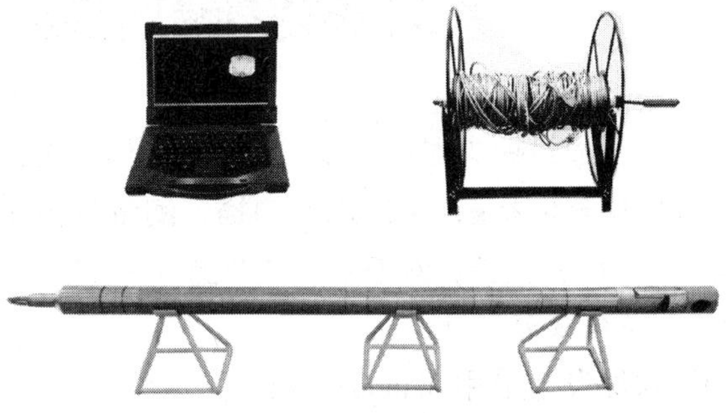

图1　系统组成框图

按功能分，可分为：地面控制、数据处理、井下控制、声呐检测、数据采集、陀螺稳定，电机控制等7个子系统。系统结构如图2所示。

2.2　工作原理

上位机与地面辅助设备电缆与井下设备相连后，利用悬吊方式将井下设备放入地下被测盐穴腔体；通过远程上位机控制井下设备的俯仰和旋转，全方位扫描被测腔体，获得井下设备声呐换能器与腔体内壁之间的距离；将测量结果通过通信总线将数据传输到上位机；经数据解析得到盐穴腔体的准确信息，包括腔体三维图、切面图，以及多种数据、表格等表述的综合测量结果。井下测量主要分三个阶段，如图3所示：

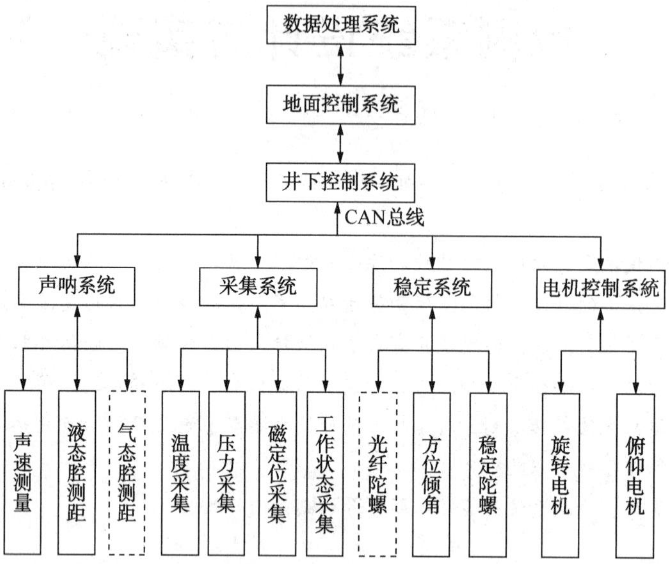

图2　系统功能框图

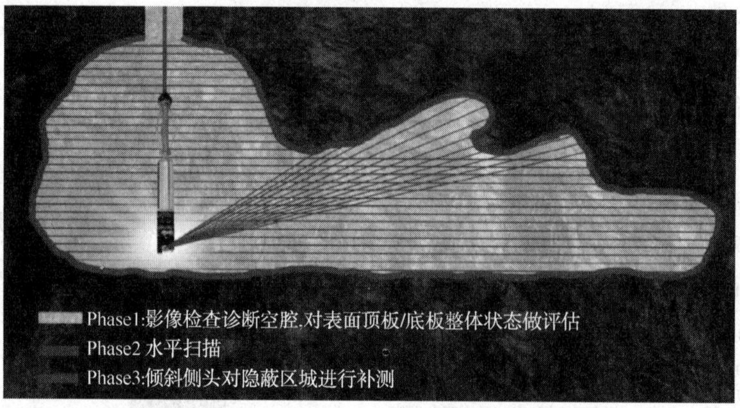

图3　腔体测量示意图

（1）通过探头测量底部、顶部和四周，大致评估腔体整体状态；（2）水平扫描，测量整体轮廓；（3）倾斜扫描，对隐蔽区域补测。

2.3　软件设计

软件设计采用Windows XP操作系统，VC#开发软件，Oracle数据库。软件包括控制和采集子系统、数据处理子系统，解释模块是数据处理的关键部分，其运行流程见图4。

解释软件以现场散点图为基础，对现场测井的规则有一定要求；其中，解释模块生产两个数据表文件，其中之一是全盘保存，其中之二是初步解析数据，供后续解释之用。

解释原则：

（1）横切面解释时，需要结合上下剖面、对比文件、垂直剖面信息选择正确的测量点；大部分是以最大幅度回波为腔体的真实回波，所以从安全角度考虑用最大距离模式，且同一方位角度，结合上下水平剖面，要有渐变的趋势。同一水平面还可以参考上次测腔的变化趋势。

（2）纵切面解释时，需要选择合适的回波或测量点，按5度间隔解释，点连线原则是按照从最左开始、顺时针顺序连接。解释原则：水平与倾斜测量交汇时，优先选择水平测量点；考虑每5度切面渐变趋势；结合上次测腔资料成果。

（3）因为腔体体积是用水平测量点(即腔体直径)通过微积分的方法计算，所以，在腔体的顶部和底部这两个无法测得水平点的地方，需要插入水平面(利用倾斜的测量点换算)，这就是构造；

(4) 构造面后，需要人工判断内兜外兜。所谓“兜”，是一个连续区域，内兜是计入面积计算的连续区域，外兜是在面积计算时，需要排除的连续区域；

(5) 报告里含大量图片，所以生成报告前需要核对、生成图形，报告会自动提取相应图形。

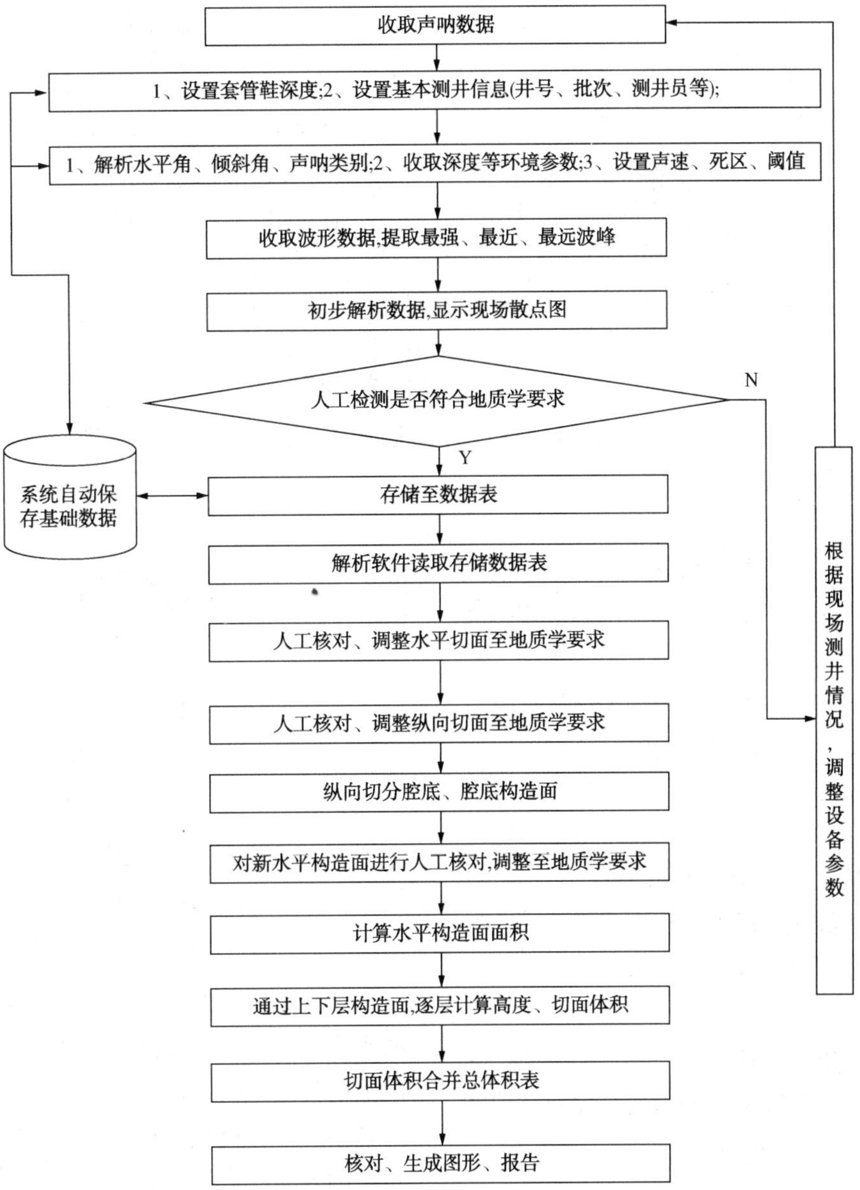

图 4　解释模块流程图

2.4　硬件设计

系统硬件包括声呐信号处理和采集、陀螺稳定、电机控制等功能模块。其中信号处理和采集时系统设计的重点，组成见图 5 所示。

其工作原理及工作过程如下：

(1) 指令下发

地面设备通过谣传下达工作指令，谣传通过 CAN 通信总线将指令传输到 MCU，MCU 解析出控制功能，控制设备工作；如：设备起动指令，旋转指令、声呐启动指令，PWM 发送控制指令等。

(2) 发射

MCU 通过发送 PWM 控制信号给 H 桥驱动电路，H 桥驱动电路驱动 H 桥工作，H 桥控制变压器初级线圈产生交变磁场，从而使变压器次级线圈产生 500V 以上峰峰值电压驱动信号驱动

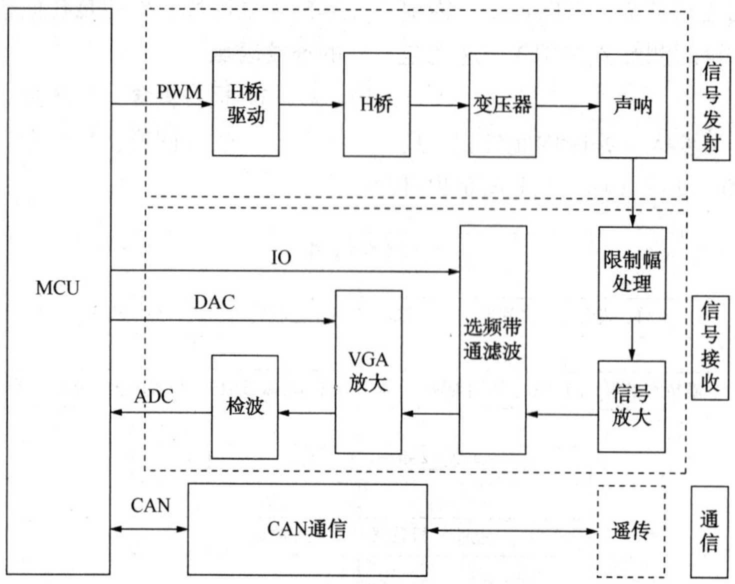

图 5 信号处理和采集模块组成框图

声呐换能器发射声呐信号。发射信号强度由 PWM 占空比，脉冲数量决定。

(3) 接收

当声呐信号碰到反射面后信号反射被换能器收；换能器接收到的信号经过电路限幅处理将高电压限制到安全电压以下，小信号不受影响。限幅后的的信号通过信号放大电路，将原始信号放大到合适的程度；放大的信号传输到选频滤波网络将无关信号滤除，保留有效信号。保留的有效信号通过 MCU 产生 DAC 信号控制 VGA 可控增益放大器根据接收信号的衰减情况对信号放大。得到的信号最后经过检波处理得到视频信号，送到 MCU 的 ADC 端口进行 ADC 采集。

(4) 数据传输

MCU 采集到的数据经过初步处理后由 CAN 通信总线通过谣传将数据传输到地面设备。地面设备对信号进行解析和处理。

3 关键技术

3.1 声呐测距

声呐探测设备的核心是声呐换能器，也称超声换能器。声呐换能器有多种类型，如电声型声呐换能器(包括压电换能器，磁致伸缩换能器，电动式和电磁式换能器，流体动型换能器(包括气流激励的振腔哨，旋涡哨，旋笛，圆板哨及流体喷注激励的簧片哨等)。本设计选用的声呐波换能器为压电换能器。主要指标：谐振频率、灵敏度、指向性、定向准确度，如图 6 所示。

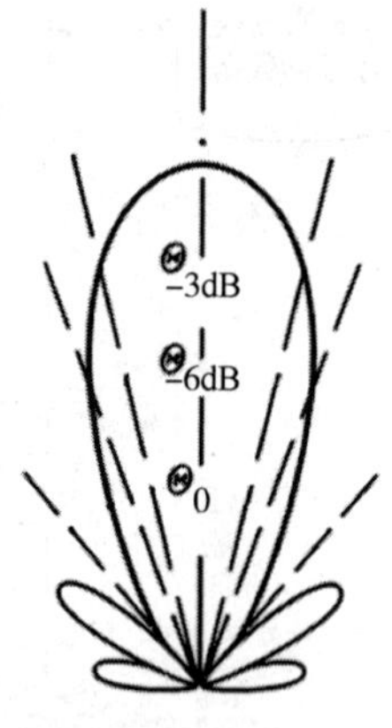

图 6 锐角度和波束角示意图

系统采用单波束声呐扫描技术，实现对目标的水平或三维空间探测。系统利用数字技术，将声呐信号处理由模拟处理变为数字处理，使整个声呐系统计算机化，提高了可靠性、自动化程度和探测效能。声呐终端除显示目标距离外，还显示目标判决的条件、结果、声呐工作状态、接收信息强度、目标形态、工作环境参数和声呐作用距离预报参数等。

声呐测距系统的指向性灵敏度与频率负相关。为更好的发挥设备的精度，声呐工作在多个频率点，用来探测不同介质、不同距离、不同类型的目标，频率范围从 200KHz 至 900KHz。瞬态发射电功率达 0.5KW～0.8KW，发射电压约为 1500Vpp，最大量程可达 150M。波束宽度半

功率角 -3dB 角度为 8°±10%，锐度角为 18°±10%，能够实现较小目标的测量。经验证，由于声呐的瞬态发射功率为定值，增加发射时间也能增加系统发射能量，系统发射频率和发射脉冲数量由地面控制系统控制。系统发射脉冲数量从 2 个到 15 个。

此外系统在电路设计及算法做了大量优化，进一步发挥声呐探测的性能。声呐采用对称互补功率输出控制，输出信号平稳；变压器和探头经过协整调试，耦合较好，能够充分发挥探头的性能。声呐接收端初级采用输入阻抗较高的分立元件，采集到的结果跟精准，设备采用噪音仪表放大器前级放大，采用对数增益曲线控制信号放大。信号经过带通滤波后，经过相敏检波处理后的到最终结果。

3.2 磁定位

磁定位即磁性定位，是测井最常用的设备之一，用来与地面仪器配合，测量井下套管接箍和油管接箍曲线，得到接箍位置参考深度的井下设备。

当磁定位设备在套管、油管中滑行经过接箍处由于仪器周围磁介质(接箍环形缝隙)发生变化，引起磁力线重新分布，使仪器中线圈的磁通量发生变化，从而产生感应电势，测量出接箍曲线。

在测井作业中，通常使用的磁定位仪包括两个磁钢(产生磁场)、一个线圈、放大器。2 个磁钢同极性对着摆放中间有一个线圈，此时线圈内磁通量为零不变。仪器接在马龙头下面，下井在没有干扰时磁场强度不变线圈中通过的磁通量不变，此时也不会产生感应电动势，无数值输出。但是在套管接头位置套管厚度发生变化，改变了磁场的分布，线圈内磁通量就会发生变化，因此在磁定位仪下到接箍位置时线圈中的磁通量会发生变化。根据这些变化得道相应的曲线。由于其简单性和效率，这种方式多年来并没有看到很多变化。

为满足 2 层接箍的探测要求，上述方法都不实用。本设计根据实际需求重新构造了一种感应传感器，该传感器检测套管内部的间隙，其中两个管道接头在一个管内连接。沿共同轴的两个相同的圆柱形线圈以桥的结构连接，并由交流信号驱动。当一个线圈接近间隙时，它的电感略大于另一个线圈，使桥不平衡。该传感器在有线工具中实现，并在井中进行测试。现场数据显示，每次工具通过一个项圈时，桥有清晰的交流信号双脉冲。这个传感器比使用永磁铁更小、更轻，使它适合小型和无绳等要求更高的测试平台。结构框图如图 7 所示。

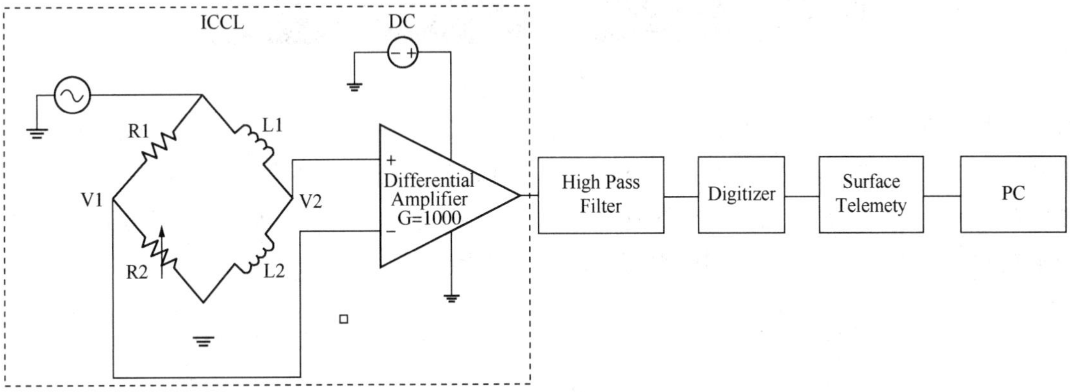

图 7　磁定位结构框图

在磁探测过程中，设备下放速度越大，采集到的数据密度越低，接箍识别越不明显，接箍尖端不容易找到，软件越无法正常识别接箍深度，并且在测速较高时，测量的深度也会不准确。本设计指标选择周期为 80ms，测速为 1000～2000m/h。

3.3 陀螺稳定

陀螺稳定器被用来稳定设备的状态。陀螺稳定器也叫做陀螺稳定平台，是当载体受到外界冲击时，使得载体能够在原有状态下保持稳定。通常在飞机、人造卫星等航空航天器上得到使用。陀螺仪是利用高速回转体的动量矩敏感壳体相对惯性空间绕正交于自转轴的一个或二个轴的角运动检测装置，利用其他原理制成的角运动检测装置起同样功能的也称陀螺仪。

陀螺仪有两个基本特性：定轴性、逆动性，这两种特性都是建立在角动量守恒的原则下。定轴性指当陀螺转子以极高速度旋转时，就产生了惯性，这惯性使得陀螺转子的旋转轴保持在空间，指向一个固定的方向，同时反抗任何改变转子轴向的力量，这种物理现象称为陀螺仪的定轴性或惯性。其惯性随以下的物理量而改变：转子质量愈大，惯性愈大转子旋转半径愈大，惯性愈大转子旋转速度愈大，惯性愈大。逆动性指在运转中的陀螺仪，如果外界施一作用或力矩在转子旋转轴上，则旋转轴并不沿施力方向运动，而是顺着转子旋转向前90°垂直施力方向运动，此现象即是逆动性。逆动性的大小也有三个影响的因素：外界作用力愈大，其逆动性也愈大；转子的转动惯量愈大，逆动性愈小；转子的角速度愈大，逆动性愈小。而逆动方向可根据逆动性原理取决于施力方向及转子旋转方向。

设备采用专用高速陀螺电机，转速在20000转/分钟以上。实验证明，4组十字交叉电机确保其稳定性。

4　实验成果

本设计的样机如图1所示，从研发、内部测试、外场验证、实际盐穴测试等环节，认为功能完全满足探测要求。下面以任丘外场测试为例进行说明。系统挂接在中石油西安测井中心CPlog大系统中，利用现有工程探测车探测地下2500m深度井下环境；并取得了较为理想的结果；如图8所示为工作现场。

图8　测试现场

测试现场分为下井过程探测和盐穴结构探测。下井过程探测主要检测井下设备所处的温度、压力和管套磁变化结果。盐穴结构探测主要利用声呐技术测量当前状态声呐测到的距离，并绘制出完整的结构模型。图9和图10分别为下井过程曲线图和声呐单点距离测量。图中可以看出声呐能够测量到70m处的接箍信号。图11为解析结果。

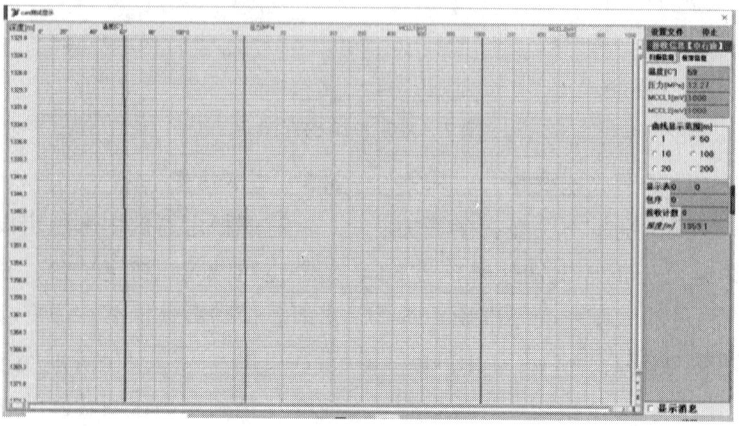

图9　下井过程测量曲线图

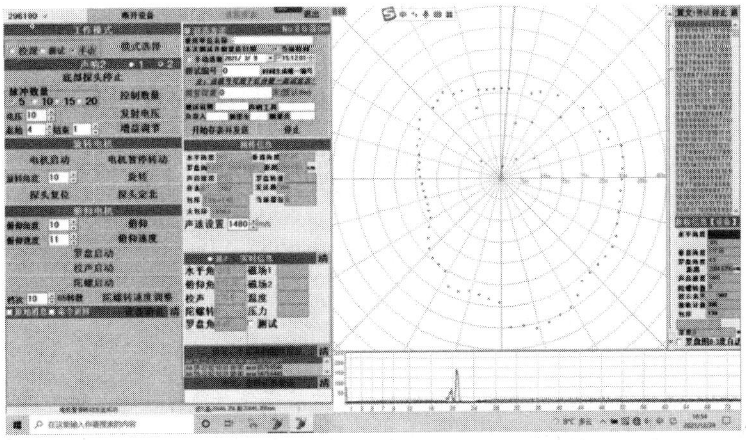

图 10　声呐具体测量

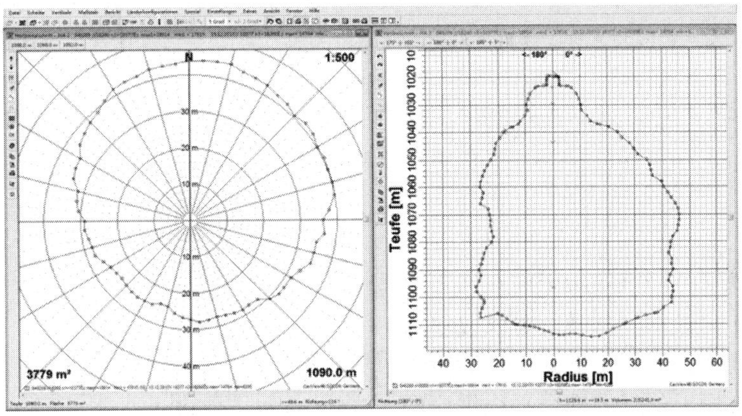

图 11　解析数据

通过与国外设备测试数据比较，测试结果具有很好的一致性。

5　结束语

经过不断探索和改进，本系统达到了设计要求。为真正实现具有我国完全知识产权的探测系统，摆脱在盐穴造腔过程中严重依赖国外技术的困境，冲破国外在此方面的技术封锁围堵，达到安全可控、精准造腔的目标，还可在几下几个方面进行探索、实验和研究：(1)优化设备的机械、电气设计，在降低设备的生产和维保难度同时，提高设备的可靠性和可使用度，达到进一步提高设备探测性能的目的；(2)探讨测量数据的完整性，优化数据解析，提升系统测量精准度；(3)构建标准试验场地，完善产品的验证标准和验证方法，实现产品的功能和细节的优化；(4)开展气态腔技术研究，实现天然气腔的测量，完成从造腔到腔体储气整个过程探测。

金坛储气库动态监测技术应用及运行时期监测技术探讨

李　莉　张建军

（中石化经纬有限公司华东测控分公司）

摘　要　金坛储气库建设过程中，动态监测技术能够快速提供井筒质量和溶腔排卤过程中需要的参考数据。在近十年的监测过程中，主要对井筒固井质量、造腔过程中的密封测试进行了测井，针对影响气密封测井及气液界面测井效率的主要因素，通过优化测井工艺、测井工具，克服不利因素的影响，提高测井作业效率和施工安全性；针对储气井的特殊情况，规范了储气井各项测井技术的施工流程，提高储气井测井施工效率，为储气井的运行提供了井筒密封安全保障。对储气库长期使用过程中的井筒质量监测技术进行了探讨与补充。

关键词　优化测井工艺；井筒质量监测；气液界面；中子伽马；电磁探伤；固井质量

1　引言

金坛盐穴天然气地下储气库是中国石化建设的第一座盐穴储气库，是季节调峰、事故应急处理、优化天然气输气管网运行不可缺少的储能工程，保障下游目标市场天然气的安全平稳供应和上游气田平稳生产，对天然气用户安全用气有着重要作用。金坛储气库库区面积约 8 平方公里。设计储气井 36 口、监测井 4 口，金坛储气库一阶段地面工程于 2013 年 9 月正式开工，于 2016 年 5 月 30 日正式投产运行。盐穴储气库的监测内容主要包括动态参数的实时监测、密封性监测、油水界面监测、腔体监测、井筒完整性及储层监测等等。结合金坛储气库的实际情况，截止 2021 年，完井后由华东测控分公司完成的 196 井次主要为固井质量、气密封、气液界面三项技术(图 1)。

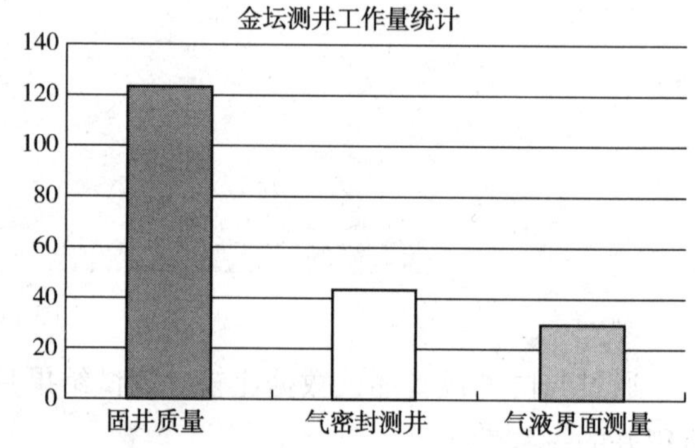

图 1　金坛储气库工作量统计

针对金坛储气井储气性能的检测，通过固井质量评价、中子伽马测井评价分别在完井后井身固井质量评价、融盐造腔以及注气储气后进行气密封测试和气液界面检测，改进了测试过程的遇到的各种问题；通过仪器改造、防喷头结构修改、加工井口变扣工具、放射性源仓固定部件重新设计等关键环节的重新设计，规范了气密封测井及气液界面测井的施工环节，为金坛储气库建设提供依据。对于储气库的长期运行中井身质量监测参考地方加气站井质量监测和油气井运行过程中井身质量监测进行了分析，提出后期运行过程中的监测建议。

2　储气库监测技术应用

2.1　不同阶段的测井技术应用

储气库建设过程中，各类测井技术发挥了不同的作用，首先对储气库不同阶段的测井技术应用进行了梳理(表 1)。

2.1.1　钻井阶段(裸眼井测井)

测井的作用是根据盐岩地层中不同矿物成分的测井响应特征，定性识别不同的矿物成分；在此基础上，进行盐岩地层的定量评价；实现盐岩地层测井精细评价，为溶腔库容计算提供准确的数据，已实施完成。

2.1.2　造腔阶段(套管井测井)

造腔前：井筒气密封测井是盐穴储气库中重要的检测项目，井筒的密封性直接关系到储气库的运行安全。在气密封检测时，采用中子测井监测测试管柱外气液界面的方式进行，根据需要检测部位调整气液面位置，通过液面位置的变化分析气密性。已实施

造腔中：(1)阻溶剂控制，脉冲中子测井，通过油水界面监测控制阻溶剂位置，控制腔体形态发展；未实施，有需求。

(2)腔体形态控制，声呐测腔，监测腔体形态，掌握腔体发展规律；未实施，有需求。

2.1.3 完井投产(套管井测井)

注采完井作业：腔体气密封测试，采用中子测井监测排卤管柱外气液界面的方式进行，根据需要检测部位调整气液面位置，通过液面位置的变化分析腔体及管柱气密性，已实施多口井次。

注气排卤：气液界面监测，采用中子测井监测排卤管柱外气液界面的方式进行，实时掌握气液界面位置，保障井控安全，纠正计量误差。已实施多口井次。

2.1.4 运行阶段(套管井测井)

腔体形态监测：储气运行期间，定期检测储气条件下腔体形态，掌握腔体形态，了解腔体垮塌及蠕变的影响，核算腔体库容。

井身质量控制：储气运行期间，对储气井单井井身固井质量，井筒套管质量定期检测，掌握抽气注气对井身质量的影响，确保井筒密封及安全。未实施，今后有需求。

表1 储气库运行监测技术

序号	储气库进程	类别
1	建设时监测	气密封
2		油水界面
3		腔体监测
4	运行中监测	温度、压力、流量
5		井筒带压监测
6		腔体带压监测

从以上的各阶段运行过程需求中可以看出，气密封、气液界面检测以及溶腔检测对整个储气库建设中的过程控制及其重要，下面对储气库运行中的主要监测技术进行介绍。

2.2 气密封、气液界面测井技术应用

2.2.1 气密封、气液界面测井原理

气密封和气液界面测井原理：利用中子源向外界发射快中子，快中子与外界介质发生多种反应产生的减速特性，并通过仪器探测到这种变化从而来判断出气液界面位置。中子减速特性强弱主要受到外界介质中含氢指数的影响。气体中含氢指数远远小于在液体中，在气体中所探测中子伽马曲线数值显示高。气密封测试运用中子伽马仪器在气体与液体中所探测伽马数值的差异变化曲线来确定气液界面。

仪器组合：电缆头以下依次连接加重、磁定位、中子伽马、中子源仓和加重。

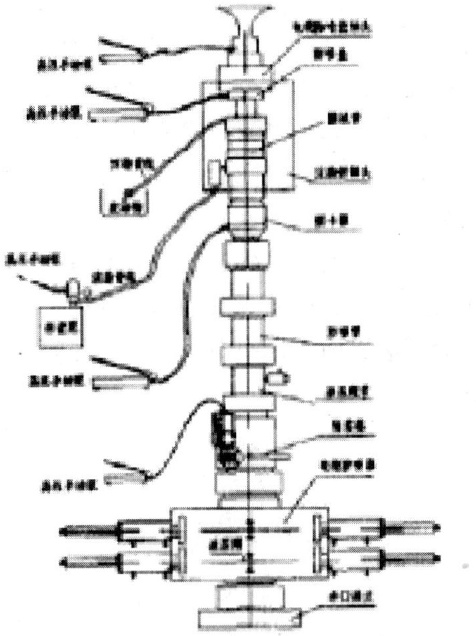

图2 ×××气密封测井示意图

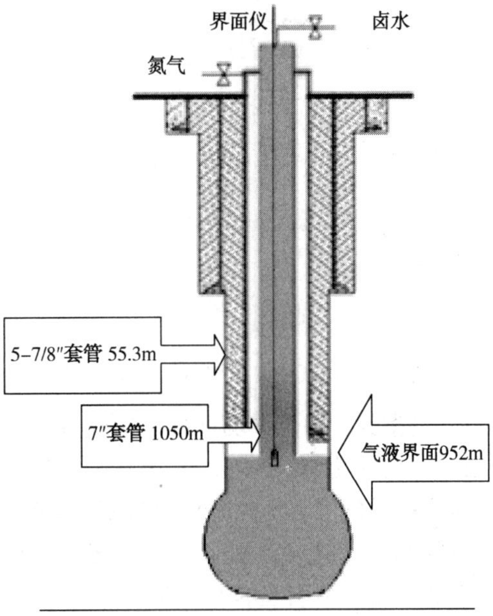

图3 井口防喷装置示意图

气密封测试(图2)属于带压测井，这种带压测井施工重点则是做好井口防喷装置。井口防喷装置其密封装置主要包括防喷控制头、顶抓器、

防喷管、防掉器、防喷器(BOP)、手压泵、注脂泵(林肯泵)控制系统、供气系统(气泵)等组成(如图3)井口人员在地面将防喷控制头和防喷管依次组装旋紧各个接头、连接注脂泵控制系统管线(注脂管线及回脂管线)、手压泵管线、供气管线(可接钻井队气泵或使用气泵打气)。气密封测井中需要井队与氮气提供方配合施工。通过向测试管柱和生产套管之间的环形空间注入氮气(图3)，并使气液界面深度位于生产套管鞋以下10m位置，且生产套管鞋处气的压力达到储气库最大运行压力的1.1倍后停止注气，保持整个系统温度平衡8~10h。完成注气施工后使用中子伽马测井仪器对气液界面进行24h连续监测，并根据测井资料读取界面深度。

气液界面的测试(图4)，属于储气井在储存气体后对气液界面的测试。测试过程中已经形成稳定的气液界面，运用中子伽马测井完成界面的测试。

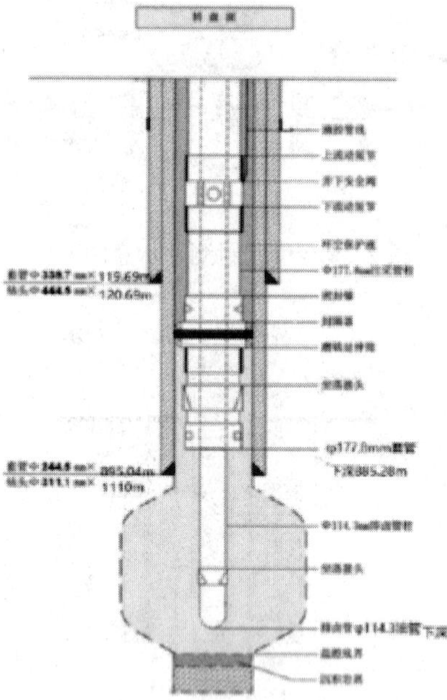

图4　×××气液界面测试管柱示意图

2.2.2　气密封、气液界面测井技术改进

2.2.2.1　规范气密封、气液界面施工流程

为了提升气液界面测井作业效率，缩短现场施工时间缩。引进了新型遥测中子伽马测井仪器，降低仪器故障引起的返工频次；改进、制作相应的适用工具，减少施工作业时间；同时通过对放射性中子源安装工具改进，减少安装人员受辐射时间，降低人员所受伤害!

2.2.2.2　工艺及设备的改进

通过对近年来储气井气密封测试及气液界面检测的综合分析分析，通过购置、改进、制作等手段解决相应的问题，从而提高了测井成功率及作业效率。

2.2.2.3　研发新型遥测中子伽马仪器并推广应用

原分压式中子伽马仪器已经严重老化，呈现出故障频发的态势，严重影响了测井现场施工的效率，技术人员重新设计并定制了新型遥测中子伽马三参数仪器，在多口井中应用，性能稳定，效果良好。

2.2.2.4　改进并提高防喷控制头性能

改进原有的常规防喷系统。原溢流口接头卸下，更换为回脂管快速接头；另外在两节阻流管中间点的外壳体上开孔并攻丝使之可接注脂管快速接头，使该防喷头能够正常注脂密封(图5，6)。

图5　开孔前防喷头外壳

图6　开孔后防喷头外壳图

开孔攻丝之后能够连接注脂快速接头，但是穿电缆时发现电缆无法通过开孔位置，注脂快速接头旋入过深，阻挡住了电缆通道，需要将接头反转一扣才能使电缆正常通过。后来改造时开孔至1/2处，攻丝至1/3处，并不完全攻到底部，也就避免了此种情况。密封脂用量不多，上部尼龙胶塞刮油脂效果明显优于橡胶塞，注脂效果良好。

2.2.2.5　制作合适的井口变扣

测井小队使用的井口短节均为3.5in标准油管扣，无法与储气井采油树法兰盘相连接，现在需要通过借作业队的变扣才能实现连接，然而该变扣内径较小与测井防喷设备并不完全匹配，严重影响测井施工的正常开展，因此需要制作一个井口法兰直接转换3.5in标准油管扣，且内径与油管一致的转换短节，使仪器能够顺利通过，节约时间，节省人力，同时也降低了人员受辐射时间(图7)。

图7　新变扣及辅助工具

该变扣短节下部带有密封圈，通过由壬连接采油树，无需使用管钳打紧，非常方便，密封性能也能够得到保证。另外制作的辅助工具，使变扣短节便于吊车起吊坐于井口安装连接。

2.2.2.6　改进放射源仓固定部件

放射源安装工具为丝扣连接，将中子源与仪器底部的丝扣用手拧紧，再用管钳打紧，确保中子源丝扣在井下不会松动导致中子源落井，但是安装时间长，照射幅度强度大，影响测井人员的身体健康。

图8　仪器尾部母扣

将丝扣连接方式改为软连接的“和尚头”下挂方式，该方式只有在中子源与仪器呈90度角时才能安装或取下中子源，确保了中子源在井下的安全性，不会因中子源松扣而落井。同时在母头上设计一个快速保护套，防止中子源在井下晃动(图8~11)。

材料全部使用耐腐蚀的不锈钢，保证了井下中子源的安全，又比以往丝扣装源方式缩短了装源时间以及大量的装源准备时间，既减少了装源人员受到的照射剂量，也提升了施工作业效率。

经过近几年的施工总结，2017年底基本完善气密封测井工艺的施工方案。同时也完善了气液、油液界面的施工方案。

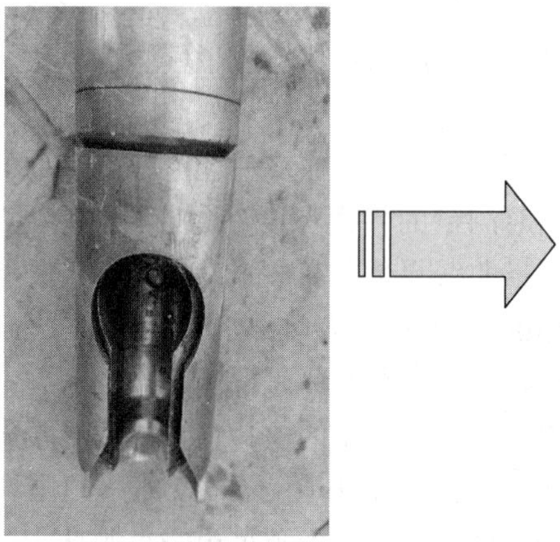

图9　保护筒与母头

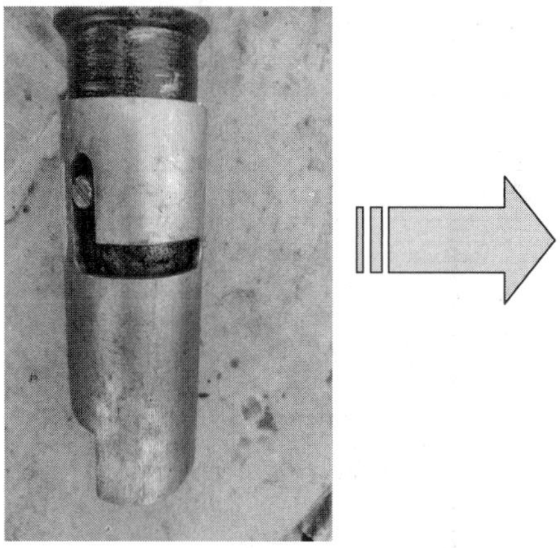

图10　旋转保护筒

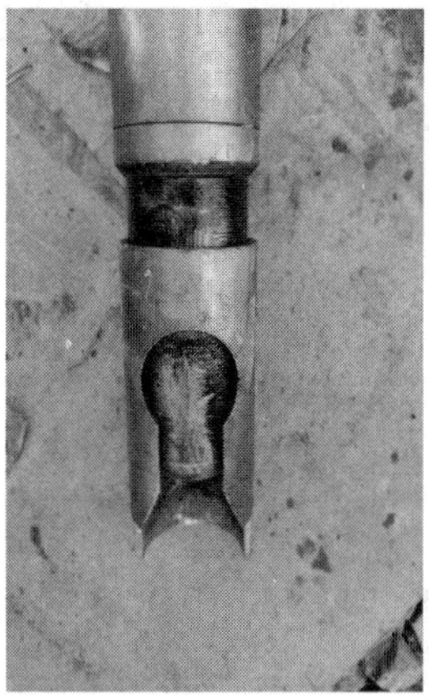

图11　固定保护

2.2.3　在气密封监测的测试应用

结合测试深度的变化、环空压力和管柱压力(图2)的变化可以判断出井的密封性能的好坏。

测试过程中，在注气之前先测量一条伽马曲线作为基线(图12)。注气之前仪器在整个测量过程中都处于管柱与环形空间都是液体的环境中。将此基线与完井所测组合图进行对比校准深度，且结合套管下深数据对比磁定位深度。之后，在完成注气过程后进行24小时监测。注气后仪器所处测量环境发生变化了，环形空间气液界面之上的介质由液体换成了气体，测量显示出曲线在液面之上伽马值明显变高。根据与基线的对比校深，选取伽马曲线变化半幅点读取的深度作为当时测量的界面深度(图 12)。完成测量后对比测量曲线界面位置变化(图 13)并根据以下评价标准对气库的密封性进行评价：(1)气体泄漏率随时间的变化趋势是逐渐减小的，并在测试时间内达到一个稳定的值；(2)测试时间内气水界面深度变化小于 1m。若两点都达到则认为密封性是合格的；如果不满足第一点则认为腔体密封性不合格；如果不满足第二点则需要延长测试时间且及时汇报甲方。

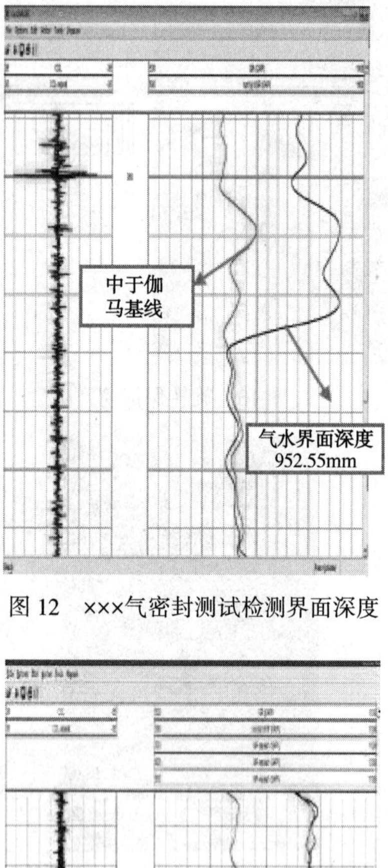

图 12　×××气密封测试检测界面深度

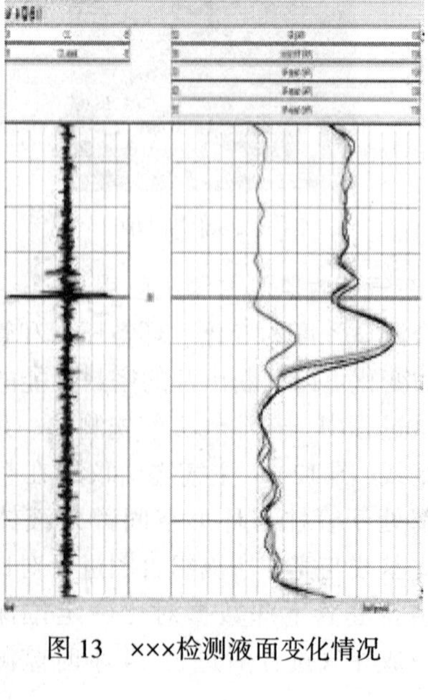

图 13　×××检测液面变化情况

此类井共完成数十口井。测井准备和井口安装及拆卸或测井时间平均时间明显比往年缩短。

2.2.4　在储气井气液界面监测应用

气液界面测试中，井内已经处于储气状态，只需在测试管柱中测到气液界面即可。气液界面的测量最关键的问题是深度的校正，此时在测井操作应用时需要注意的是尽可能多测量出伽马变化大的地方(图 14)，如盐层部位、套管鞋部位等。通过利用此特殊部位中子伽马值的变化和特殊工具处的磁定位位置来对比校正深度采用伽马变化半幅点读取办法得到准确的界面深度(图 15)。

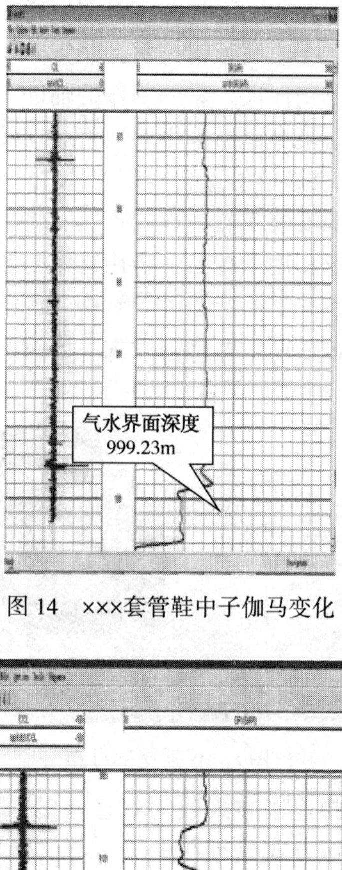

图 14　×××套管鞋中子伽马变化

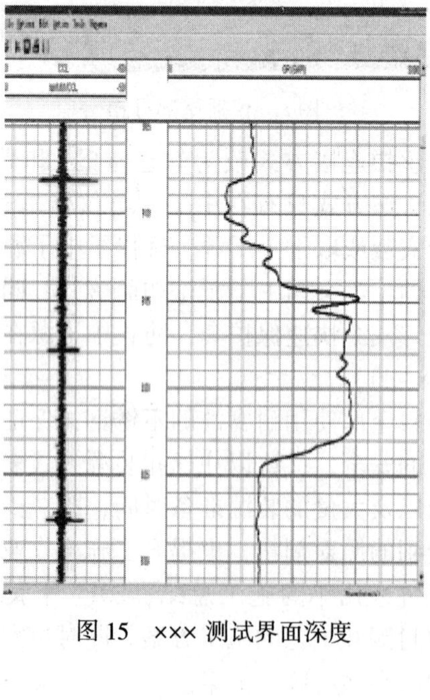

图 15　××× 测试界面深度

中子伽马测井在气密封测井和气液界面测井中的合理应用。结合当前 J102 储气井前后 3 次分析的储气情况和后期气液界面测试的结果表明中子伽马测井在储气井中的应用已经可以成熟的完成对储气井气密性的检测工作。测井平均时间明显比往年缩短。

2.2.5 在排卤井中确定油水隔离界面监测应用

在油水界面测试中，双层套管之间内已经处于卤水与隔离液的，现只需在测试管柱中测到油水界面即可分析井内溶腔的深度。油水界面的测量最关键的问题是深度的校正，此时在测井操作应用时需要注意的是尽可能多测量出伽马变化大的地方(图 16)，如盐层部位、溶腔部位等。

这是在 2017 年第一次进行油水界面测井，获得很好的施工经验和解释经验，后面是该井造腔后的气液界面图(图 17)。

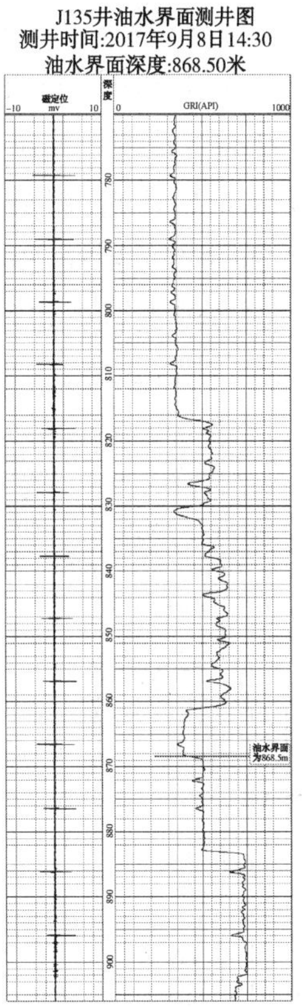

图 16 TF 油水界面深度测井图

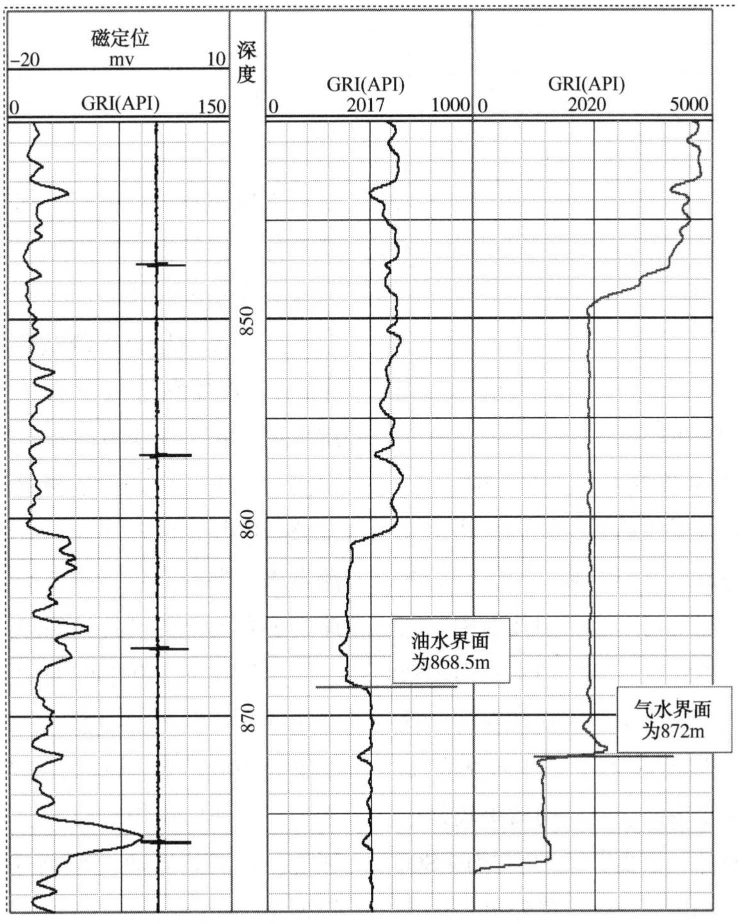

图 17 TF 油水界面和气液界面对比图

2.2.6　注气产卤工程测井监测应用

进行了注气排卤找漏测井测量井段 1.00–35.00m 井温、压力、持率、流量曲线都有不同程度的异常变化(图 18)；测量井段 900.00–975.00m 井温、持率有负异常(图 19)。

根据曲线综合分析悬挂器处有漏失。

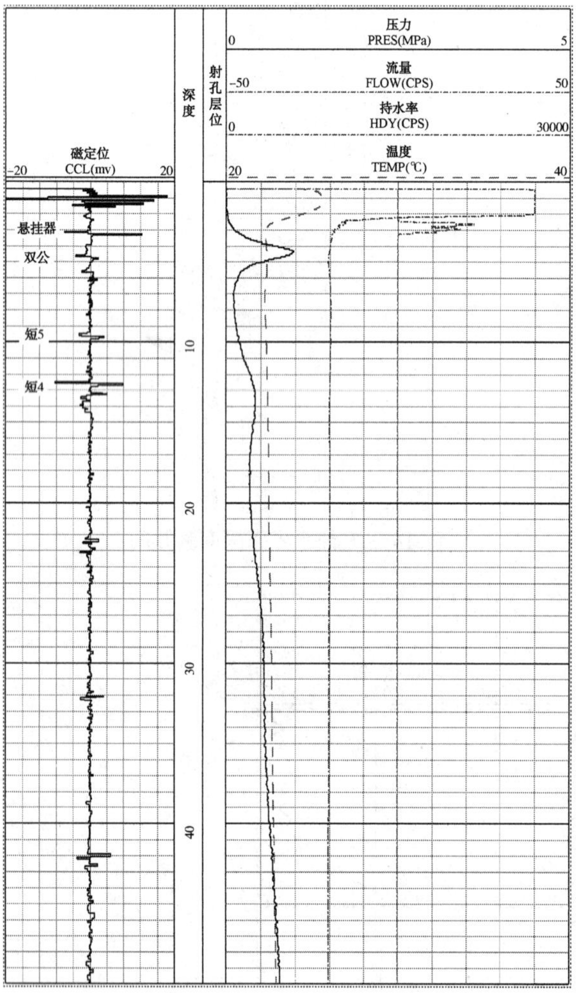

图 18　AA 井成果曲线图

2.3　储气库建设时的盐溶腔声纳测量技术

盐穴储气库的运行监测体系主要包括两个方面：储气库建设时的密封监测、储气库运行后的监测情况，金坛地区建设初期这三项技术中气密封、油水界面都进行了测量，其中油水界面多数使用的电极监测方法，这个是固定在井内的，这里不多阐述。但腔体监测技术受到了极大的制约。国内提供服务所使用的仪器应用效果较好的声呐仪器基本为国外进口仪器，主要有德国 SOCON、俄罗斯 SCANNER 等少数几家公司，国产

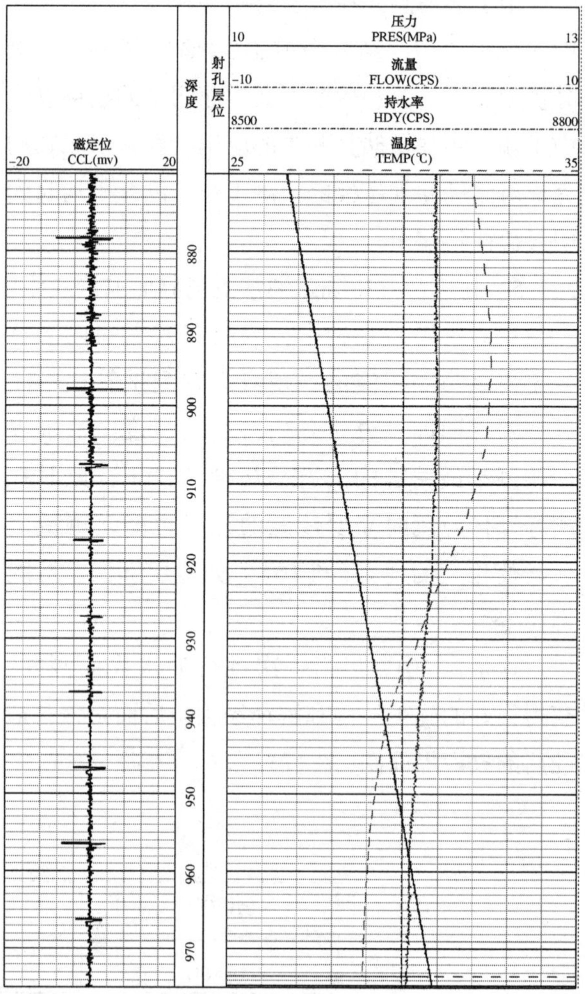

图 19　AA 井成果曲线图

仪器太原理工、重庆大学都有仪器雏形报告，主要部件为国外进口，实际应用几乎空白。国内目前进口声呐测腔仪器保有量不超过 5 套，且设备对不同情况的盐腔探测适应性较低(耐温、探测半径)，仪器在维修及后续保养上使用成本高，维修周期长，无法及时满足国内的测试需求，延误测试进度。建议实现测腔仪国产化，将打破国外公司的技术服务垄断，有效维护储气库腔体监测需求，保障测腔服务市场，为我国的盐穴储气库发展和安全提供技术保障。

对岩盐采卤井溶腔的测量，目前国际上通常采用的是声纳测量技术。利用此项技术，以定量了解腔体的结构、形状，计算溶腔的体积和采收率等。主要应用于对盐矿现有采卤井腔体的检测评价，及溶腔储油(气)库新腔建造与安全运行管理等(图 20)。

图 20　搜空公司测井图

3　储气库运行时期监测技术探讨

储气库运行中的监测过程中为全程带压测试，金坛储气库运行时，进行监测的井筒内中心管柱直径为 4.5 英寸，对后期的测试仪器都要求为小直径测井仪器，中国特检院和各地方特检院在四川某地加气站储气井爆炸后，对用于天然气存储的气站储气井进行了一系列规范，其中常用的是固井质量+电磁探伤两项技术对井筒进行定期监测。

用于检查套管损伤变形的测井方法有常规的机械、声波、放射性、光学、电磁等方法。对于井内双层管柱，目前应用效果最突出的为电磁探伤仪器。

3.1　电磁探伤测井技术应用

3.1.1　电磁探伤技术的常规应用

电磁探伤可以解决在油管内探测套管的厚度、腐蚀、变形破裂等问题，可准确指示井下管柱结构、工具位置，并能探测套管以外的铁磁性物质(如套管扶正器、表层套管等)。能够直接测量双层套管质量，其中电磁探伤测井在中心管内检测中心管和套管的损坏情况，以及在套管内检测套管和表层套管的损坏情况，节省了检查套管情况时起下中心管的作业费用和时间，这一特点使得对井身结构进行普查成为可能。因此，它可及时发现井身结构的变形，预发预防和控制损坏。

3.1.2　电磁探伤技术的时间推移测井

利用电磁探伤对二氧化碳产气井油套管定期体检，了解套管变化情况。HT1 井随着时间推移油、套管腐蚀变形加剧(图 21)。

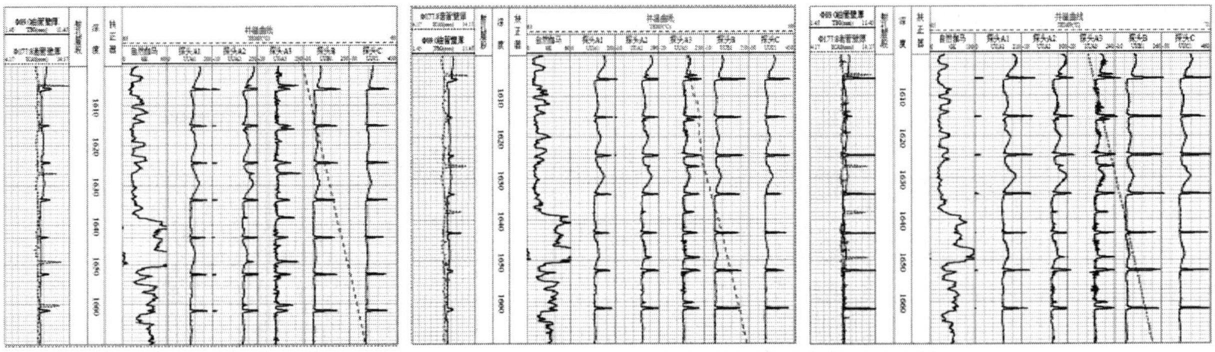

图 21　HT1-2016 年、2017 年、2021 年电磁探测测井情况对比图

3.2　声波变密度测井技术应用

声波变密度测井是利用水泥和泥浆(或水)其声阻抗的较大差异对沿套管轴向传播的声波的衰减影响来反映水泥与套管、套管与地层的胶结质量。

3.2.1　固井质量检测

在储气库井的建设过程中，声波变密度技术广泛应用于检测套管外固井水泥胶结，了解一、二界面水泥环胶结情况。金坛储气库建设至今，累计使用声波变密度测量固井水泥胶结情况 122 井次(图 22)，为掌握储气库建设施工质量提供了依据。

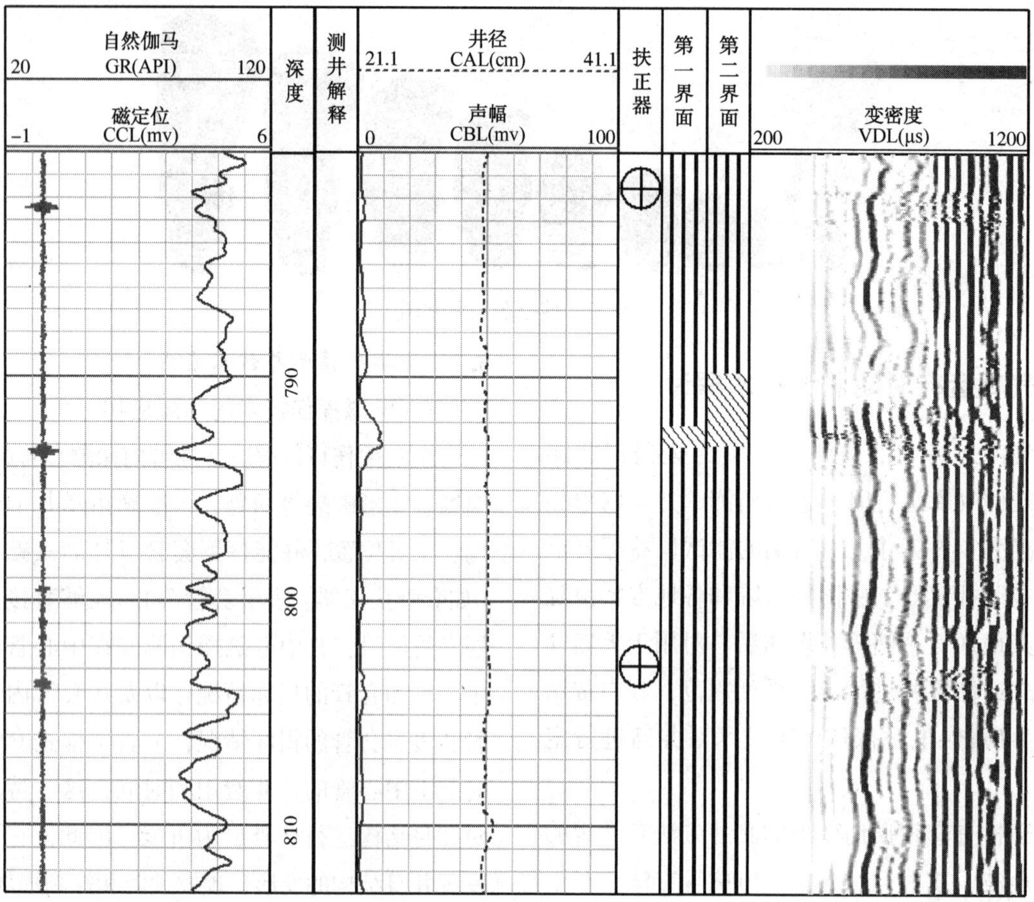

图 22　固井质量解释成果图

3.2.2　监测溶腔顶部位置

储层中的盐溶解后使得水泥环与地层之间充满盐溶液，变密度图上套管波清晰，无地层波，声幅值变大。溶腔顶位于声幅曲线快速升高的半幅度点处。该方法在江苏盐井上进行了应用，使用该技术与采出卤水体积综合计算，预测盐腔体形状和大小(图 23)。

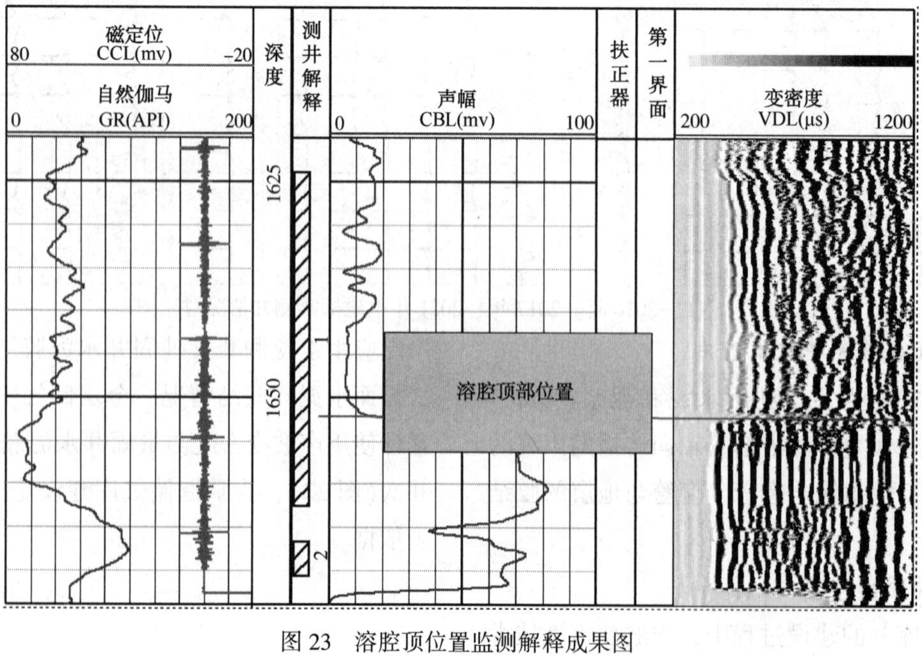

图 23　溶腔顶位置监测解释成果图

4 结论与建议

4.1 结论

4.1.1 储气井密封性能的好坏直接决定了盐穴是否能够储存天然气以及储气库的安全，关乎到储气库的使用运行，气密封测井必须测量精确。

4.1.2 储气井在大强度的调峰作用下，井筒密封性能作为安全性的第一关卡必须得到重视。

4.1.3 影响测试结果的因素非常多，根据出现的具体情况要及时提前采取措施降低风险，且需要进一步加强。

4.1.4 小直径固井质量仪器和电磁探伤组合能够快速高效的进行井筒质量监测，做好安全监测工作。

4.2 建议

4.2.1 引进并推广小直径(直径<50mm)的脉冲式中子测井仪，用以减少常规同位素放射性的危害。

4.2.2 新技术中有很多技术可以引进推广，做到取长补短，更好的提高测井效益。

参 考 文 献

[1] 李建中，等．盐穴地下储气库气密封检测技术[J]. 集输工程，2011.

[2] 艾炜．中子伽马测井在储气井中的技术探讨与应用[J]. 中国石油和化工标准与质量，2017.

[3] 梁先贵等．储气井大通径油管完井中工艺实施浅谈[J]. 钻采工艺，2015.

呼图壁储气库勺形水平井钻完井技术

党文辉　钟守明　宋　琳　舒振辉　叶　成　高　飞

(中国石油天然气股份有限公司新疆油田分公司)

摘　要　勺形水平井是解决地面井位和地下井网条件限制、充分动用丛式井平台下放储层的重要技术手段。全球以美国为代表，率先在Barnett页岩气开展了该项技术的研究与实践，大幅提高了非常规油气勘探开发经济效益。但针对复杂山前构造储气库勺形水平井钻完井领域，国内外未见报道，无成熟经验可供借鉴。本文对呼图壁井区勺形水平井钻完井技术挑战开展了创造性研究，基于呼图壁井区地质特点和勺形水平井相关理论开展了A井优化设计研究，建立了钻井液抑制技术设计图版，形成适合安集海河组巨厚强水敏泥岩地层的强抑制、封堵性的钾钙基聚胺有机盐体系配方，通过提高起步密度和优化关键处理剂加量，保障了定向作业井下安全；研究制定了螺杆钻具定向钻井降摩减阻技术措施和Φ244.5mm套管防磨方案，创新设计扶正器、模拟引鞋等确保安全通井，优化套管串结构及送入钻具等确保了套管的安全下入。本文创新形成复杂地质条件下勺形水平井六大钻完井配套技术，自主设计并成功实施了国内陆上首口大尺寸勺形水平井A井，该井最大反向位移达261m，有效水平段长较常规设计增加188m，创造了区块最大完钻井深、最长水平段和安集海河组强水敏泥岩首次造斜等多项纪录。实践证明本文研究的技术方案是合理、可行的，勺形水平井打破了常规水平井靶前位移条件限制，进一步拓宽了水平井的适用范围，该技术的前景非常广阔，对减少“死油(区)”、促进非常规油气资源高效动用和老区井网加密调整具有重要意义。

关键词　准噶尔盆地；南缘山前构造；地下储气库；勺形水平井；钻完井技术

地下储气库是应对地缘政治危机、进口气减供、管道中断、极寒天气等造成突发供气短缺的重大基础设施，在保障国家能源安全和国计民生的作用不可替代。新疆地处“一带一路”能源战略通道咽喉，呼图壁储气库肩负西气东输战略储备和北疆地区天然气调峰双重作用。

呼图壁储气库位于准噶尔盆地南缘山前，地质构造和压力系统复杂，埋藏深(3600m)，调整工程钻井工区地面地下井位条件受限，A、B两井为平台井，为有效动用井口下方优质储层，A井采用勺型井眼轨迹，以增加有效水平段长、提高单井注采能力(图1)。

图1　呼图壁储气库A井地面井位条件

美国在Barnett页岩气平台采用勺形井增加水平段长度，开发效益大幅提高。近年来，国内学者开展了勺形水平井设计方法研究，并在大庆、辽河油田等相继进行了该项技术的探索应用，取得了一定的设计和实践经验。但国内外目前针对复杂山前构造储气库勺形水平井钻完井技术的研究和应用尚属空白，加快技术配套迫在眉睫。

1　储气库勺形井主要技术挑战

呼图壁储气库地质条件复杂，水平井钻完井难度大，完钻井工期长达346.88天，复杂时率16.31%。勺形水平井由于井眼轨迹和钻具受力复杂，加之储气库井筒密封完整性要求极高，进一步增大了钻完井难度，主要面临如下挑战：

(1) 纵向有多套压力系统，复杂层位多，必须下入四层套管(图2)。

(2) 安集海河组厚度738~947.5m，地层水敏性强(黏土矿物总量65%，伊蒙混层含量46.3%)，同时受山前构造高地应力影响，井眼极不稳定，钻井阻卡频繁。

（3）安集海河组为储气库盖层，井筒质量和固井质量要求高，三开轨迹精细控制防止与平台邻井发生碰撞、套管是否下到位和固井质量事关整个气库安全。

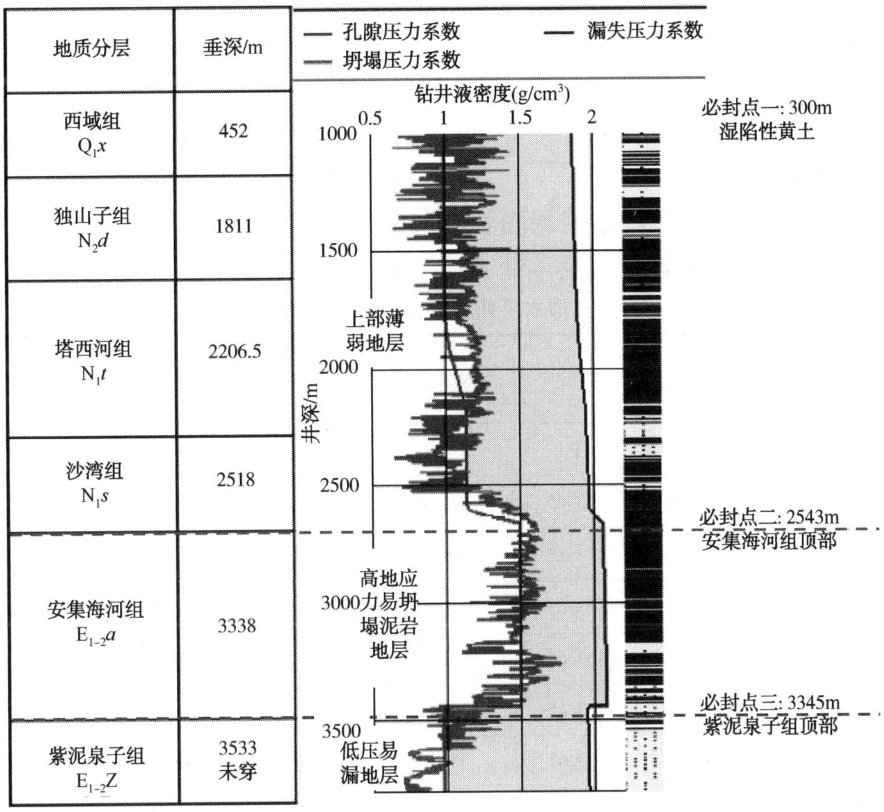

图 2　呼图壁井区地层三压力剖面与必封点分析

（4）Φ244.5mm 技套所处井身剖面类型复杂，如何解决四开作业对其磨损，确保井筒密封完整性。

（5）四开紫泥泉子组三段泥岩强水敏易垮塌，水平段泥岩隔夹层发育，轨迹调整频繁，台阶面及“大肚子”井眼交错，如何安全通井以避免划出新井眼？国内外无成熟的复杂地质剖面勺形井通井经验可供借鉴，合理通井方案仍面临探索（图 3）。

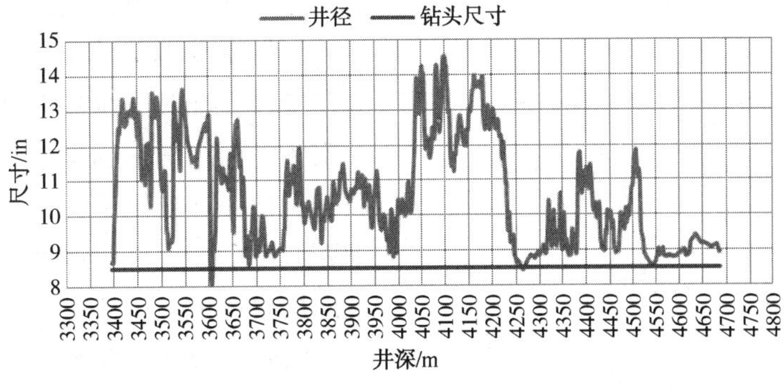

图 3　四开紫泥泉子组地层井径曲线图

（6）勺形井轨迹及管柱受力复杂，负位移的存在将增加套管侧向力及摩阻，较常规水平井套管安全下入难度更大。

2　勺形水平井优化设计

2.1　井身结构设计

结合呼图壁储气库地质情况，勺形水平井设

计四开井身结构：Φ508.0mm 表层套管下至井深300m，Φ339.7mm 技术套管进入安集海河组地层25m，Φ244.5mm 技术套管进入紫泥泉子组地层5m，Φ177.8mm+Φ139.7mm 油层尾管下至完钻井深，完井回接 Φ177.8mm 套管至井口，各级套管固井水泥返至地面。

2.2 井眼轨道优化设计

考虑导向工具造斜能力、摩阻和完井封隔器安放要求等，根据勺形水平井设计理论，对A井进行勺形轨道设计。造斜点选在安集海河组地层顶部，从Φ311.2mm 井眼井深2603m 开始反向造斜，设计采用旋转导向工具以4°/30m 造斜率增至25.85°后进行稳斜钻进，稳斜至最大反向位移满足设计要求后，换弯螺杆钻具以6.8°/30m 造斜率降斜，井斜降至0°后以同样造斜率反方位增斜至中完井深；四开Φ215.9mm 井眼全程采用旋转导向工具施工，设计剖面数据见表1。

表1 勺形水平井A井井身剖面优化设计

井段	斜深/m	井斜/°	方位/°	垂深/m	北坐标/m	东坐标/m	狗腿度/(°/30m)	备注
直井段	2603	0	0	2603	0	0	0	造斜点
反向增斜段	2796.86	25.85	123.65	2790.35	−23.82	35.79	4	
稳斜段	3216.52	25.85	123.65	3168.02	−125.2	188.1	0	
降斜段	3330.55	0	123.65	3278.23	−139.2	209.15	6.8	
增斜段	3408	17.55	303.65	3354.47	−132.7	199.35	6.8	技套鞋
	3726.09	89.65	303.65	3531	0	0	6.8	入靶点A
水平段	4222.58	89.65	303.65	3534	275.1	−413.3	0	控制点C
	4262.61	87.15	302.74	3535.12	297	−446.78	2	
	4581.63	87.15	302.74	3551	469.3	−714.8	0	终靶点B

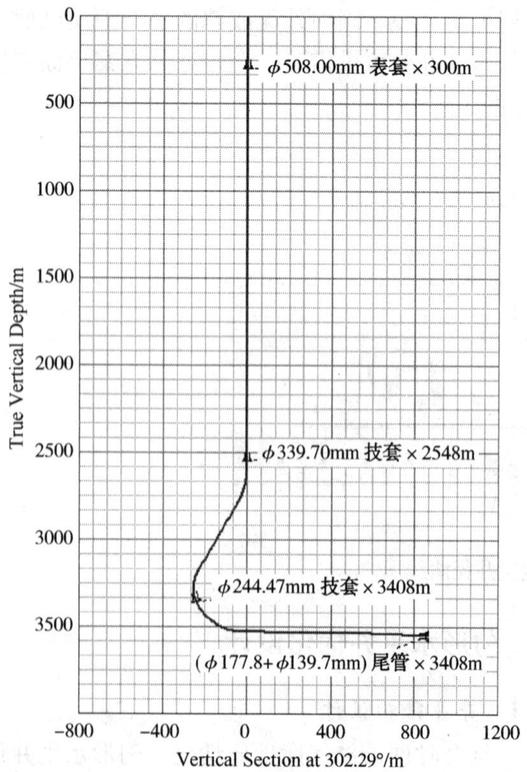

图4 A井设计井眼轨道垂直投影图

3 勺型水平井钻井技术研究与现场应用

3.1 井壁稳定技术

基于多元协同抑制、封堵理论，开展地层理化特性和钻井液抑制配方评价实验，建立了钻井液抑制技术设计图版(图5)。为保证勺形井段造斜工况时安全钻井和盖层井眼质量，三开安集海河组优选强抑制、封堵性的钾钙基聚胺有机盐钻井液体系，评价结果表明，该体系下膨润土16h线性膨胀率为13.2%，安集海河组地层岩屑16h滚动回收率为98%。

同时，分析邻井地层承压能力，优化三开和四开起步密度，进一步加大勺型水平井抑制、封堵等关键处理剂加量(用量与指标对比见表2和表3)，保障了井壁稳定和安全钻井作业。

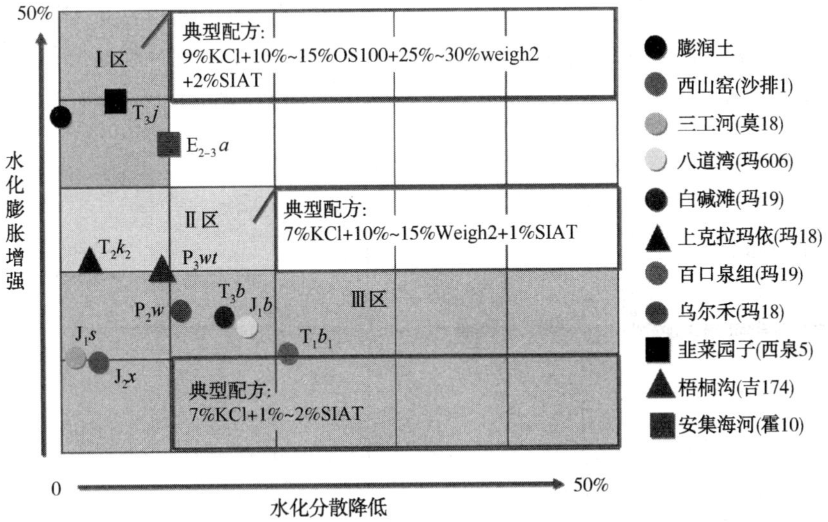

图 5　钻井液抑制技术设计图版

表 2　呼图壁储气库勺型水平井与常规水平井关键处理剂用量对比

开次	处理剂类型	处理剂名称	常规水平井加量	勺形水平井加量
三开	降滤失剂	Redu1、SP-8	0.7%	2%
	包被剂	PMHA-2、IND10	0.7%	1.5%
	抑制剂	KCl	9%	20%
		Weigh2	27.5%	40%
		Weigh3	12.5%	20%
		MFG	0.5%	0.9%
	封堵剂	PHT、NFA-25	7%	9%
		QS-2	/	1.6%
	润滑剂	液体润滑剂	0.5%	5%
		固体润滑剂	/	3.4%
	提切剂	黄原胶	/	0.3%
四开	抑制剂	KCl	6%	9.3%
	封堵剂	PHT	8%	12.2%
	润滑剂	液体润滑剂	2%	4.6%
		固体润滑剂	2%	3.7%

表 3　勺型水平井钻井液及固控设备指标

开次	指标	实际性能
三开	起步密度	1.89g/cm^3
	K^+浓度	≥42000mg/L
	API 滤失量	≤3mL
	振动筛开动率	100%
	除砂器开动率	100%
	振动筛筛布目数	240 目
	除砂器筛布目数	260 目
四开	起步密度	1.28g/cm^3
	K^+浓度	≥30000mg/L

3.2　井眼轨迹精细控制技术

A 井三开前与平台邻井 B 井进行防碰扫描分析，确定危险井段为 2690m~2730m 及 3650m 附近，为确保安全距离，将造斜点上提至 2571m，提前造斜扭方位。由于本井三开未能组织到旋转导向工具，采用 1.5°和 1.75°弯螺杆，优选贝克休斯具有良好导向性能的 5 刀翼双排 16mm 切削齿的 TD505SXPDC 钻头控制轨迹，通过实时跟踪轨迹、提前预判和加强待钻设计确保实钻与设计轨道吻合。

四开选用贝克休斯高造斜率旋转导向工具 AutoTrak Curve，采用近钻头伽马+MWD 进行水平井地质导向，通过实时伽马，对比邻井数据，结合地质录井，及时判断层位和调整轨迹，提高储层钻遇率(图 6)。

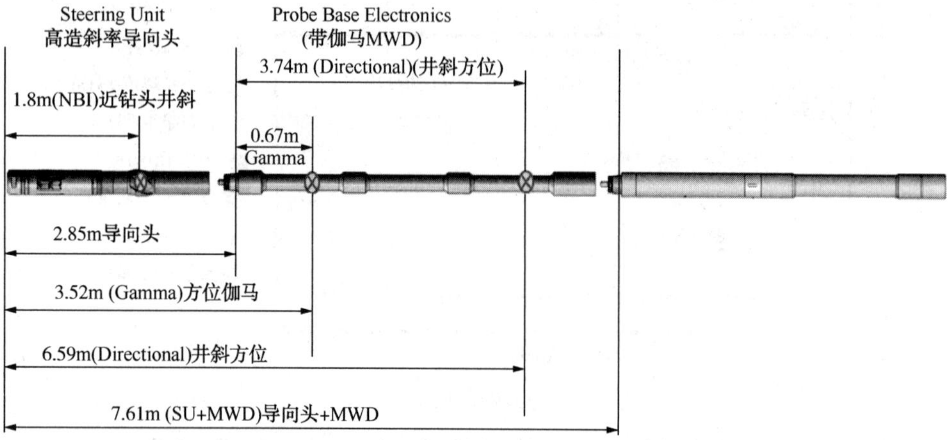

图 6 旋转导向 AutoTrak Curve 示意图

3.3 降磨减阻技术

三开采用螺杆钻具滑动钻进托压尤为严重(钻压 15t，日进尺仅 1m)，由于不稳定泥岩地层限制了水力振荡器的使用，从钻井液、钻井设备与工具、工程措施方面进行优化完善，探索出一条综合降摩减阻技术途径。

(1) 固、液体润滑剂协同作用，采用固体润滑剂聚合醇 PGCS-1，石墨粉和液体润滑剂复配使用，保持钻井液中含油量在 4%~5%；

(2) 振动筛筛布 240 目，除砂器筛布 260 目，使用中速(2500rpm)、高速(3200rpm)可回收一体化离心机清除钻井液中有害固相，以“净化”保“优化”；

(3) 黄原胶提高钻井液悬浮能力，防止重晶石粉的沉降。在三开大井眼钻进时使用黄原胶维护泥浆合理粘切，使井眼中的钻屑及时带出，维护井眼清洁；

(4) 在托压井段尝试使用手动扭摆，根据本井的特点，配合观察泵压的变化，摸索出手动扭摆的规律，减少了托压造成的钻时慢的影响；

(5) 将螺杆扶正器的倒角由 45°优化为 30°来减少托压；

(6) 托压严重时对新钻井段进行短起，主动划眼，消除虚泥饼；

(7) 实时跟踪井眼摩阻情况，记录每柱上提下放的悬重，在软件中模拟回归，判断井下状态(井眼清洁和缩径等)。

3.4 Φ244.5mm 套管防磨技术

通过评估不同防磨技术井下风险，优选钻杆敷焊耐磨带技术，根据钻具与套管硬度参数优选钻杆耐磨带材料，把对套管内侧的径向磨损降至最低，制定以下技术措施综合来解决套管防磨问题：

(1) 全井使用Φ127mmS135 钢级 18°斜坡钻杆，敷焊安科 300XT 耐磨带；

(2) 出口由录井放置磁铁，监测有无异常铁屑返出，如有异常，调整钻进参数。

(3) 施工中途利用起下钻时间检查钻具耐磨带磨损情况，如有异常磨损或破损进行钻具更换或倒换，确保起到保护套管作用。

四开作业过程中，现场监测无铁屑返出，表明该防磨技术措施是正确、有效的。

3.5 安全通井和下套管技术

3.5.1 三开 Φ244.5mm 技术套管中完

针对勺形井三开、四开井段岩性复杂，井眼不规则，下钻通井易划出新井眼的难题，创新设计了球形扶正器、铣柱扶正器、模拟引鞋等井下工具，起到了修整井壁和钻具导入作用，确保了安全通井。

三开通过模拟通井钻具组合与套管刚度比，采用先小尺寸球形扶正器通井，逐步提高钻具刚度，倒划眼方式修整井壁的通井策略，制定以下中完通井作业方案：

表 3　三开中完通井作业程序

序号	作业程序	钻具组合	刚度比
1	单扶通井	ϕ297mm 扶正器(棱长 0.4m)	
2	中完电测		/
3	单球扶通井	ϕ308mm 球扶(棱长 0.15m)	1.31
4	双扶通井	ϕ308mm 球扶+ϕ297mm 扶正器	1.38
5	单扶通井	ϕ309mm(棱长 0.45m)扶正器通井	1.39

根据三开井眼轨迹特点，通过优化扶正器类型和安放位置，在保证套管居中度(平均 91.06%)前提下将管串刚度降低了 8%，提高了套管下入能力(表 4、图 7)。

表 4　三开技术套管串方案优化对比

原方案		优化方案	
直井段 300~2580m	整体式弹性扶正器间距 30m	直井段 300~2580m	整体式弹性扶正器，间距 30m
斜井段 2580~3400m	刚性滚轮扶正器间距 20m	造斜段 2580~2800m	每 3 根套管安装 2 整体式弹性扶正器+1 个刚性滚轮扶正器
		稳斜段至井底 2800~3400m	每根套管装 1 个整体式弹性扶正器
管串刚度	0.001431	管串刚度	0.001317

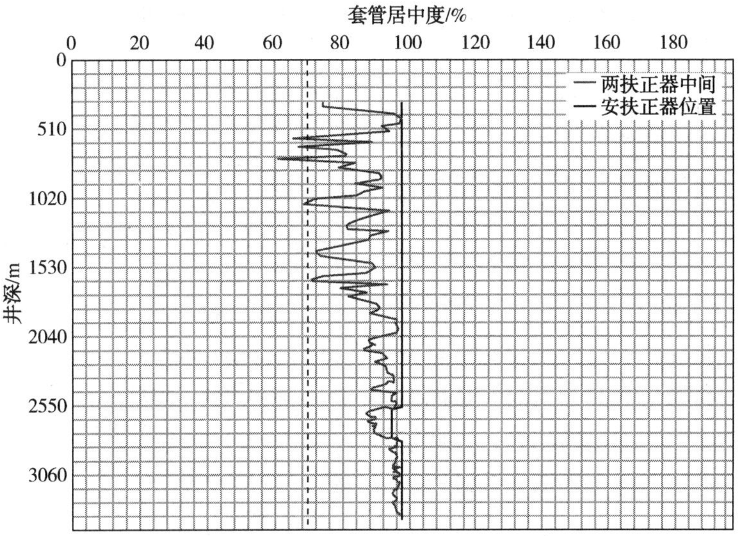

图 7　三开技术套管居中度

3.5.2　四开 Φ177.8mm+Φ139.7mm 油层尾管

按照 165mm 模拟引鞋引导钻具，铣柱扶正器修整井壁，上提钻具遇阻采用倒划眼方式修整井壁的思路，研究制定以下通井作业方案(表 5)：

表 5　四开通井作业方案

序号	作业程序	钻具组合	刚度比
1	单扶通井	ϕ215.9mm 钻头+ϕ127mm 加重钻杆 1 根+ϕ211mm 扶正器	1.66
2	完井电测	电测接头+ϕ127mm 钻杆模拟	/
3	单铣柱通井	ϕ165mm 模拟引鞋+ϕ127mm 加重钻杆 1 根+ϕ208mm 铣柱	1.51
4	双扶通井	ϕ165mm 模拟引鞋+ϕ211mm 扶正器+ϕ127mm 加重钻杆 1 根+ϕ211mm 扶正器	1.87

根据邻井四开尾管采用 5in 钻杆送入，均出现不同程度下入困难情况，通过对本井进行分析，发现悬挂器之上 5in 钻杆受压会发生屈曲，尾管存在下不到位的风险。经与固井方和悬挂器厂家论证，固井胶塞和座封投球均可通过的条件下，现场在刮壁称重时进行了钻杆胶塞通过小内径加重钻杆试验，胶塞完好。采取悬挂器以上加装 14 柱加重钻杆的送入方案，可增大下入力 14t，确保尾管安全下到位。

油层尾管采用整体式弹性扶正器替代刚性滚轮扶正器，提高套管串通过台阶或轨迹调整点的能力，根据通井钩载反推裸眼段摩阻系数 0.5，预测尾管下入摩阻 50～60t，与现场符合度达到 95%以上。

4 现场实施效果

本文研究形成复杂地质条件下勺形水平井钻完井配套技术有力指导了呼图壁储气库 A 井的安全高效实施，全井钻井工期 147 天，无复杂事故发生。2020 年 6 月，A 井加深钻至 4710m 完钻，最大反向位移 261m，水平段长 966m，创区块最长水平段和最大完钻井深纪录，由于本井在四开段提前实施造斜，四开实际造斜率控制在 7°/30m，实现了造斜段和水平段一趟钻，而邻井为避开在不稳定的安集海河组造斜率，由于第二层技术套管鞋与目标 A 点垂深差的限制，造斜率高达 10～12°/30m，仅造斜段采用螺杆钻具需要 3～4 趟钻。

本井以固井质量为中心，从井眼准备、下套管作业、水泥浆化验到固井施工，按照技术实施一体化理念，严格控制各施工环节，固井质量合格率 100%。

5 结论

（1）勺形水平井通过产生反向位移，可将常规水平井的正靶前位移降为零甚至反向，从而解决丛式井平台下方储层无法动用的问题，因此该技术应用前景非常广阔，对非常规油气经济有效开发具有重要意义。

（2）集成协同抑制、封堵理论研制的钾钙基聚胺有机盐钻井液体系配方，能够满足巨厚强水敏泥岩安集海河组地层安全定向施工，A 井的成功探索为准噶尔盆地南缘地区安集海河组地层的定向造斜作业提供技术储备。

（3）安全通井和下套管是勺形水平井成败的关键，对于复杂岩性和轨迹剖面通井首先要解决钻具导入和井壁修整问题，刚度比对指导通井方案具有重要意义，根据轨迹特点和井径个性化设计扶正器类型和安放位置是确保套管安全下入的必要环节。

参 考 文 献

[1] HUMMES O, BOND P, SYMONS W, et al. Using advanced drilling technology to enable well factory concept in the Marcellus Shale [C]. SPE151466, 2012: 1-16.

[2] 刘修善，张海山．欠位移水平井的设计方法[J]．天然气工业，2008，28(10)：61-63.

[3] 赵明君．欠位移水平井设计公式的推导[J]．石油地质与工程，2010，24(4)：80-81.

[4]孟壁桥，周伯年，付志，等．勺形水平井在四川长宁页岩气开发中的应用[J]．特种油气藏，2017，24(5)：165-169.

[5] 苏义脑．水平井井眼轨道控制[M]．北京：石油工业出版社，2000：172-179.

[6] 韩志勇．定向井设计与计算[M]．北京：石油工业出版社，1989：133-140.

[7] 任志杰．中曲率水平井入靶设计与控制技术[J]．特种油气藏，2006，13(5)：82-84.

地下储气库注采管柱内压力计算方法

申昭熙[1]　杜　旭[2]　郝学磊[3]　赵　楠[4]　王建军[1]

（1. 中国石油集团工程材料研究院有限公司石油管材及装备材料服役行为与结构安全国家重点实验室；
2. 中国石油集团测井有限公司长庆分公司；3. 中国石油长庆油田公司第一采气厂；
4. 中国石油新疆油田储气库有限公司）

摘　要　现行标准里给出的储气库注采管柱内压计算方法未考虑温度梯度，也未区分注气和采气过程，其计算结果存在较大误差。为使计算结果更加精确，本文引入温度梯度和气体运动摩阻方向影响，基于力平衡原理建立直井段注采管柱压力微分方程，求解得到了考虑温度梯度和运动影响的管柱压力计算解析方程。实际管柱内压计算显示，该解析方程计算结果与内压实测值相差小于1%。结果表明，该内压计算方程计算过程简便，结果相对更加精确。

关键词　注采管柱；内压；气体；温度梯度

地下储气库是指用枯竭的气藏或油气藏、孔性含水岩层、盐岩层等地下构造储存天然气的场所，目的是解决季节性气体供需的不平衡，降低管道最大输气负荷。例如夏季用气较少，可把天然气管道送来的过剩气体送往储气库；冬季耗气量大时，再从储气库中取出气体补充管道供气量的不足。储气库除用于供气调峰外，还可用于管道在发生事故时的应急供气、维护气田生产、战略储备和价格套利等。与其他储气方式相比，地下储气库具有以下优点：一是储存量大，机动性强，调峰范围广；二是经济合理，虽然一次性投资大，但经久耐用，使用年限长；三是安全系数大，其安全性要远远高于地面设施。

与天然气井生产管柱不同，储气库井的生产管柱不仅要把天然气从地下库中取出，还要承担把管道输送来的天然气注入地下储气库的功能。储气库井油管柱的受力与天然气生产井油管柱也有所不同，需考虑注气和采气两种过程中摩阻方向不同导致的内压分布影响。套管柱载荷计算有法可依，如SY/T 5724。查阅现有文献，对气井油管柱的载荷计算还没有明确的标准或规范。相关标准和文献提供了储气库井注采管柱的选用与设计推荐做法，对注气、采气过程中内压计算方法直接引用了传统计算方法。简化的气井管柱内压计算方法存在两个问题：(1)未考虑气柱温度梯度的影响；(2)计算未区分注气和采气。实际上，不管注采过程中还是关井气井，管柱内总是存在温度梯度的；注气和采气过程中，由于摩擦对管柱内压及轴向载荷影响的方向是不同的，由此导致计算结果与实际偏差较大。也有商业软件基于迭代求解计算方法编制了求解程序，供客户使用。

在储气库井注采管柱的选用与设计中，管柱内压的计算非常重要。为了方便用户计算，提高计算精度，本文利用微分方程方法，引入温度梯度和气体运动摩阻方向影响，基于力平衡原理建立直井段注采管柱压力微分方程，得到了考虑温度梯度和运动影响的管柱压力计算解析方程。对实际储气库注采管柱计算表明，计算结果与内压实测值相差小于1%。显然，引入温度的影响更符合实际服役条件。本文方法可为快速准确计算储气库井注采管柱内压提供技术支持。

1　计算条件

储气库井深结构复杂多变，为了计算方便，本文基于如下条件进行注采管柱内压计算方法推导：

1）直井或近似直井，不考虑管柱外表面的接触摩擦力。

2）所有载荷作用下，注采管柱仍处于弹性状态，可利用弹性叠加原理分析管柱受力状态。

3）只对注气和采气过程进行计算，油管柱内只有气体。关井状态时，体积流速按0计算即可。

4）不考虑注气和采气过程中气体与管柱的热交换，直接利用实测或经验的井口和井底温度，并假定温度沿井筒线性分布。

5）局部均匀内压或外压在其作用位置的油管柱内产生的环向及径向应力可适用拉梅公式。

6）天然气满足理想气体状态方程。

2　油管柱内压计算

在注采气过程中，管柱内只有气体，如图 1 所示。已知井口压力 p_{jk}，封隔器井深 H，天然气在标准状态下的密度为 ρ_0，气体在油管内密度为 ρ，运动摩阻系数为 λ。截取中间一段长 Δl 的气柱，如图 2 所示。

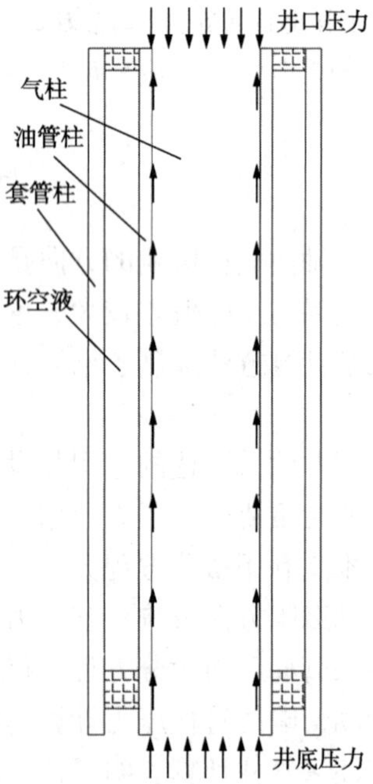

图 1　油管柱整体服役条件

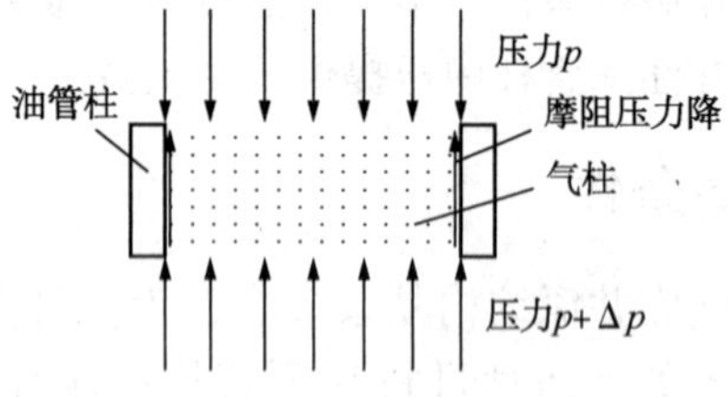

图 2　油管柱分析微单元

由理想气体状态方程：

$$\frac{pV}{T}=\frac{p_0V_0}{T_0}$$

可得 ρ 与标准状态气体密度 ρ_0 关系：

$$\rho=\frac{pT_0}{p_0T}\rho_0$$

以及气体体积流速关系式：

$$Q=\frac{p_0T}{pT_0}Q_0$$

对天然气，可参照达西－韦斯巴赫（Darcy－Weisbach）公式计算摩阻压力降：

$$\Delta p'=\frac{8\lambda Q_0^2\rho_0p_0}{\pi^2d^5T_0}\frac{T}{p}\Delta l \tag{1}$$

由图 2 可知，向井底方向，管柱内的内压增量为 $\rho g\Delta l\pm\Delta p'$。为了比较分析，本文分两种思路进行管柱内压推导计算。

2.1　间接计算管柱内压

为了方便计算，在计算管柱内压力时，不考虑摩阻力 Δp。计算出管柱内压力后，再计算并减去压力降。可得：

$$\Delta p=\rho g\Delta l=\frac{T_0\rho_0}{p_0}\frac{p}{T}g\Delta l$$

即：

$$\frac{\Delta p}{\Delta l}=\frac{T_0\rho_0}{p_0}\frac{p}{T}g \tag{2}$$

$$T=T_{jk}+k_0l$$

将公式(2)进行微分求解，可得：

$$p=c\ (T_{jk}+k_0l)Y/k_0 \tag{3}$$

$$Y=\frac{T_0\rho_0}{p_0}g$$

2.1.1　已知井口压力

在已知井口压力的情况下计算管柱内压力。已知在井口 $l=0$ 处，管柱井口内压为 p_{jk}，代入公式(3)，可得：

$$c=p_{jk}\ (T_{jk})\ -Y/k_0 \tag{4}$$

将 c 代入公式(3)，可得气井注采管柱内压力分布 p。将 p 代入公式(1)得：

$$\Delta p'=\frac{8\lambda Q_0^2\rho_0p_0}{\pi^2d^5T_0}\frac{T}{p_{jk}\ (T_{jk})\ -Y/k_0\ (T_{jk}+k_0l)Y/k_0}\Delta l \tag{5}$$

对公式(5)两边从 0 到 l 进行积分，可得油管柱井口到井底内部摩阻压力降总和：

$$p'=\frac{8\lambda Q_0^2\rho_0p_0}{\pi^2d^5T_0}\frac{(T_{jk}+k_0l)2-Y/k_0-T_{jk}2-Y/k_0}{p_{jk}T_{jk}-Y/k_0(2k_0-Y)} \tag{6}$$

故已知井口压力时，任意位置 l 处管柱内压为：

$$p=c\ (T_{jk}+k_0l)Y/k_0\pm\frac{8\lambda Q_0^2\rho_0p_0}{\pi^2d^5T_0}\frac{(T_{jk}+k_0l)2-Y/k_0-T_{jk}2-Y/k_0}{(2k_0-Y)p_{jd}/T_{jk}\ Y/k_0} \tag{7}$$

公式(7)中，注气时取“-”，采气时取“+”。

2.1.2　已知井底压力

在需要用井底运行压力控制井口注采气压力或流量时，将 $l=H$ 及储气库运行井底压力 p_{jd} 代入公式(3)，可得：

$$c=p_{jd}/(T_{jk}+k_0H)Y/k_0 \tag{8}$$

可得储气库运行压力控制下，管柱内任意位置 l 处内压为：

$$p=c(T_{jk}+k_0l)Y/k_0 \pm \frac{8\lambda Q_0^2\rho_0 p_0}{\pi^2 d^5 T_0}\frac{(T_{jk}+k_0H)2-Y/k_0-(T_{jk}+k_0l)2-Y/k_0}{(2k_0-Y)p_{jd}/(T_{jk}+k_0H)Y/k_0} \tag{9}$$

公式(9)中，注气时取“+”，采气时取“-”。

2.2 直接计算管柱内压

由图 2 可知，管柱内微单元的压力降为 $\rho g\Delta l \pm \Delta p'$，即：

$$\frac{\Delta p}{\Delta l}=\frac{T_0\rho_0}{p_0}\frac{p}{T}g \pm \frac{8\lambda Q_0^2\rho_0 p_0}{\pi^2 d^5 T_0}\frac{T}{p} \tag{10}$$

将公式(10)化为微分方程：

$$p'=\frac{T_0\rho_0}{p_0}\frac{p}{T}g \pm \frac{8\lambda Q_0^2\rho_0 p_0}{\pi^2 d^5 T_0}\frac{T}{p}$$

两边同时乘以 p，得：

$$pp'=\frac{T_0\rho_0}{p_0}\frac{p^2}{T}g \pm \frac{8\lambda Q_0^2\rho_0 p_0}{\pi^2 d^5 T_0}T \tag{11}$$

令 $X=p^2$，代入公式(11)得：

$$X'=2\frac{T_0\rho_0}{p_0}\frac{X}{(T_{jk}+k_0l)}g \pm 2\frac{8\lambda Q_0^2\rho_0 p_0}{\pi^2 d^5 T_0}(T_{jk}+k_0l) \tag{12}$$

求解微分方程(12)，得：

$$X=c(T_{jk}+k_0l)2\frac{gT_0\rho_0}{k_0p_0} \pm \frac{8\lambda Q_0^2\rho_0 p_0}{\pi^2 d^5 T_0\left(k_0-\frac{gT_0\rho_0}{p_0}\right)}(T_{jk}+k_0l)^2$$

管柱内压为：

$$p=\sqrt{c(T_{jk}+k_0l)2\frac{gT_0\rho_0}{k_0p_0} \pm \frac{8\lambda Q_0^2\rho_0 p_0}{\pi^2 d^5 T_0(k_0-\frac{gT_0\rho_0}{p_0})}(T_{jk}+k_0l)^2} \tag{13}$$

在井口 $l=0$ 处，管柱内压为 p_{jk}，代入公式(13)，可得：

$$c=\left[p_{jk}^2 \pm \frac{8\lambda Q_0^2\rho_0 p_0}{\pi^2 d^5 T_0(k_0-\frac{gT_0\rho_0}{p_0})}T_{jk}{}^2\right]/(T_{jk})2\frac{gT_0\rho_0}{k_0p_0}$$

将公式(13)代入公式(1)可计算微单元处的摩阻压力降：

$$\Delta p'=\frac{8\lambda Q_0^2\rho_0 p_0}{\pi^2 d^5 T_0}\frac{1}{\sqrt{c(T_{jk}+k_0l)2\frac{gT_0\rho_0}{k_0p_0}-2 \pm \frac{8\lambda Q_0^2\rho_0 p_0}{\pi^2 d^5 T_0(k_0-\frac{gT_0\rho_0}{p_0})}}}\Delta l \tag{14}$$

对公式(14)两边从 0 到 l 直接进行积分困难，可利用数值方法计算结果。式中“±”，注气时取“+”，采气时取“-”。

以上式中 c 为微分方程求解系数；d 为油管内径；g 为重力加速度；H 为封隔器井深；l 为计算位置井深；p 为油管柱内压力；p_0 为标准状态压力；p_{jd} 为井底压力；p_{jk} 为井口压力；p' 为摩阻压力降；Q 为油管内气体体积流速；Q_0 为对应的标准状态下体积流速；V 为气体体积；V_0 为标准状态下体积；T_0 为标准状态温度；T_{jk} 为气体井口温度；k_0 为油管柱内气柱温度梯度；ρ 为气体在油管内密度；ρ_0 为天然气在标准状态下的密度为；λ 天然气运动摩阻系数。

3　与传统简化方法比较

选择一个储气库注采管柱，在不考虑温度梯度和摩阻压力降的时候，将公式(3)与钻井手册

(甲方)上册第三章气柱压力计算公式

$$p = p_{jk}/e^{0.00011549G(H-l)} \quad (15)$$

相比，计算结果非常接近，见图3，表明本文方法是准确可靠的。式(15)中G为重力加速度，单位 m/s^2，H 和 l 单位m。当气柱与地层等温时，随着井深增加，公式(3)计算结果越来越小。原因是井深增加，温度增加，气体密度相对减小，所以使得计算结果减小。把管柱内气体温度设为与地面接近，温度梯度降低到小于0.3℃/100米时，公式(3)与公式(15)计算结果基本一致。公式(3)考虑了温度的影响，计算结果更符合实际情况。

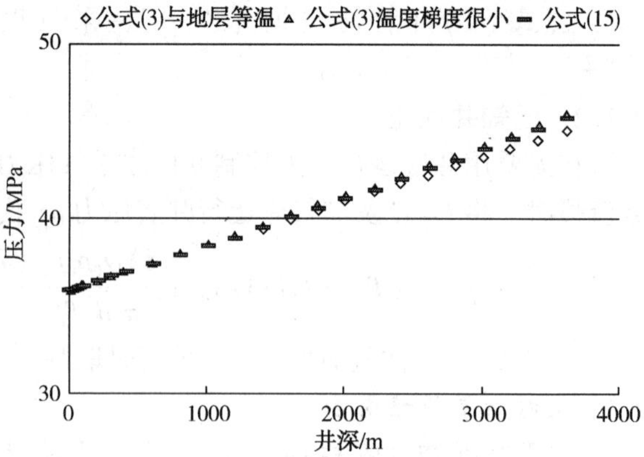

图3　计算结果对比

4　计算分析

以储气库注采管柱参数为例(表1)，利用上述公式计算管柱内压，结果见图4和图5。

表1　储气库注采管柱参数

参数	数值	参数	数值	参数	数值
油管外径	139.70mm	封隔器井深	3600米	井口最大采气压力	15MPa
油管壁厚	9.17mm	井口最大注气压力	35MPa	采气井口温度	60℃
油管钢级	N80	注气井口温度	25℃	采气封隔器温度	90℃
天然气相对比重	0.6	注气封隔器温度	35℃	采气体积流速	$15m^3/s$
地面温度	20℃	注气体积流速	$20m^3/s$	摩阻系数	0.035
封隔器处温度	95℃	标准状态压力	0.101MPa	标准状态温度	273.15K
井底最大运行压力	45MPa	井底最小运行压力	20MPa	井底运行压力	45MPa

由图4可知，注气时，直接计算管柱内压的公式(13)结果比间接公式(7)偏低。从理论上可知，沿管柱向下，摩阻压力降减小了管柱内压，内压降低又减小了气体密度，二者相互影响，直接计算应该比间接相减计算结果要偏小。采气时，二者非常接近，因为沿管柱向下，摩阻压力降增加了管柱内压，内压增加又提高了气体密度，二者相互影响，直接计算公式(13)结果比间接公式(7)偏大。两种情况下，二者偏差均未超过1.3%。

根据上述推导过程，摩阻压力降公式(14)的理论基础更可靠，计算结果理论上更准确，但必须借助工具用数值法计算。由图5可知，注气与采气时，公式(6)结果与公式(14)均比较接近，相差小于5%。注气时公式(6)结果大于公式(14)，采气时相反。公式(6)、公式(3)-公式(13)的差值与公式(14)计算结果相差最大分别为4%和12%。

公式(6)和(7)用于地下储气库注采管柱内压力计算的精度可满足工程需求。

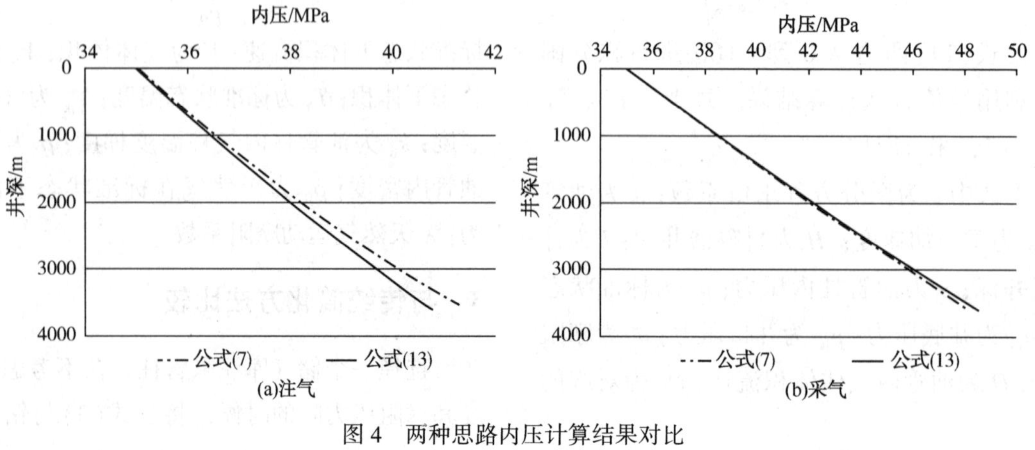

图4　两种思路内压计算结果对比

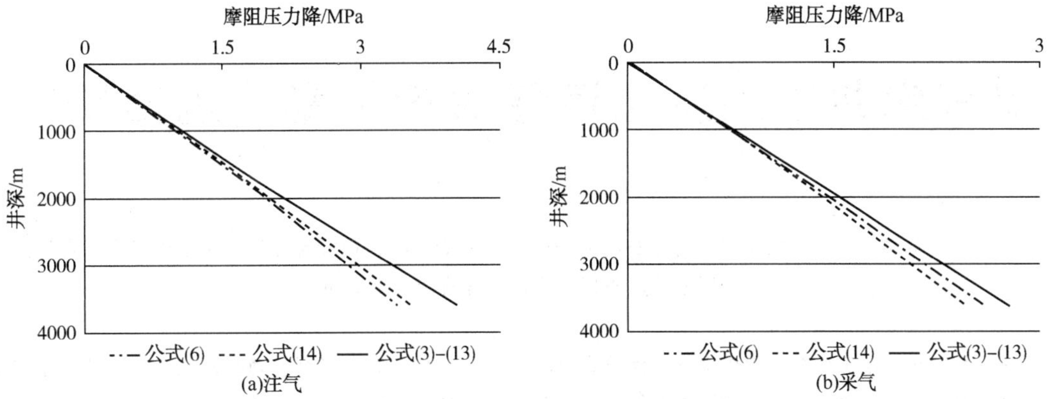

图 5　三种方法计算摩阻压力降对比

将井口、井底的温度与压力数据代入公式(6)，得到内压计算结果与实测内压的偏差如图6所示，计算结果比实测内压和商业软件计算内压均偏低，最大偏差不大于1%。

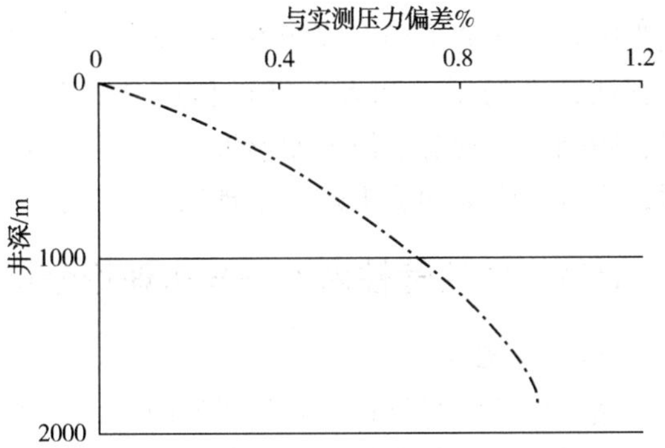

图 6　公式(6)计算结果与实测压力偏差

5　结论

综上所述，本文研究表明：

(1) 在不考虑温度和摩阻的时候，基于微分方程方法推导的储气库注采管柱内压计算方法结果与传统方法一致，对实际储气库的计算结果与实测内压相差很小，本文方法可用于注采管柱内气柱的压力计算；

(2) 微分方程方法推导的管柱内气柱压力分布考虑了温度和注采气摩阻的影响，符合工程实际，结果比传统方法更精确，过程比商业软件简单；

(3) 使用气柱压力间接计算方法比直接计算方法更简单，计算结果精度可满足工程需求。

参　考　文　献

[1] 邹才能. 天然气工业崛起与储气库能源“安全底气”[N]. 中国石油报，2020-06-23(006).

[2] 武志德，郑得文，李东旭，邓雪杰. 我国利用废弃矿井建设地下储气库可行性研究及建议[J]. 煤炭经济研究，2019，39(05)：15-19.

[3] 王建军，路彩虹，贺海军，等. 气藏型储气库管柱选用与评价[J]. 石油管材与仪器，2019，5(02)：26-29.

[4] 于洋，李力民，董宗豪，等. 相国寺储气库注采井井筒温度压力预测[J]. 石油管材与仪器，2019，5(02)：35-38.

[5] 闫怡飞，张胜跃，闫相祯. 储气库注采井失效模式与风险评估技术[J]. 石油管材与仪器，2019，5(02)：8-12+25.

[6] 李力民，姚泳汐，蒋华全，宁飞. 浅析相国寺储气库地质风险及管控措施[J]. 石油管材与仪器，2019，5(02)：54-58.

[7] 金根泰，李国韬. 特殊螺纹气密封性检测装备国产化及其应用[J]. 石油管材与仪器，2019，5(02)：17-19.

[8] 钻井手册(甲方)编写组，钻井手册(甲方)上册[M]. 北京：石油工业出版社，1990.

储气库井注采流体运移对管柱影响规律研究

杨尚谕[1] 孙建华[2] 王建军[1]

(1. 中国石油集团工程材料研究院有限公司石油管材及装备材料服役行为与结构安全国家重点实验室
2. 国家管网集团中原储气库有限责任公司)

摘 要 针对储气库井油管弯曲段气蚀严重的问题，利用 $k-\varepsilon$ 湍流模型，通过理想气体状态方程确定了油管内天然气流动的初始条件和边界条件，基于有限元方法，研究了不同注气速度、弯曲角度等对油管任意截面位置处静压、波动压力、速度场分布的影响规律。结果表明：储气库油管内压力波动大小与注采气密度、速度等相关，且与注采气速度平方成正比；在油管弯曲段由于能量的急剧转化导致油管内压力出现波动，而垂直段和水平段内压力变化较为平缓，弯曲段油管 B 点压力波动程度较 A 点明显降低，而该截面静压分布则刚好相反，且油管内压与注气速率之间呈现非线性关系。

关键词 储气库；流动压力；注气速度；$k-\varepsilon$ 湍流模型

地下储气库注采管柱是保证气体注入、采出的安全通道，一般的，储气库井设计寿命要求≥30 年，因此，对储气库井注采管柱提出更高的要求。地下储气库注采管柱不同于一般采气井完井管柱，储气库井注/采气压力在 13MPa 到 42MPa 范围内波动，压力波动范围较大。同时，储气库井采气时完井管柱承受拉伸载荷，注气时承受压缩载荷，该压缩载荷高达管柱额定抗拉强度的 80%以上，且在油管弯曲段部位发现明显的气蚀和腐蚀现象，此时储气库注采管柱单独考虑拉伸下的气密封特性已明显不足。国内外专家学者对储气库井油管柱管体和接箍的选材、优化设计以及受力等做了详细的研究，形成了相应的标准规范。

考虑到现场储气库井油管注采气过程油管载荷工况复杂多变，而井斜角度、弯曲角度、注采气速率、油管尺寸等对油管的受力状态影响较大，同时，基于理论的方法研究油管的受力状态尤为困难。笔者采用有限元方法，研究了注采气过程油管内的压力和天然气运移速度的变化规律，明确了油管弯曲段内变形失效的主要影响因素，为现场降低油管失效概率提供技术支持。

1 储气库井油管柱内流场分布理论分析

1.1 控制方程

储气库井注采管柱开始注采气时，油管入口速度较高，且针对大斜度井，弯曲段内流体呈湍流流动状态，笔者采用 $k-\varepsilon$ 湍流模型，该模型主要考虑了湍流粘度系数 vt、湍流动能 k 及湍流动能耗散率 ε 的相互影响，关系表达式如式(1)所示：

$$v_t = C_\mu \frac{k^2}{\varepsilon} \tag{1}$$

将湍流动能和湍流动能耗散的生成、扩散和耗分别代入 $k-\varepsilon$ 方程，假定湍流动能扩散系数=1，则得到封闭方程如式(2)和式(3)所示：

$$\frac{\partial k}{\partial t} + (u_k)\frac{\partial k}{\partial x_k} = 2v_t(S_{ij})\frac{\partial (u_i)}{\partial x_j} - \frac{\partial}{\partial x_k}((v+v_t)\frac{\partial k}{\partial x_k}) - \varepsilon \tag{2}$$

$$\frac{\partial \varepsilon}{\partial t} + (u_k)\frac{\partial \varepsilon}{\partial x_k} = C_{\varepsilon1}\frac{\varepsilon}{k}[2v_t(S_{ij})\frac{\partial (u_i)}{\partial x_j}] - \frac{\partial}{\partial x_k}((v+v_t)\frac{\partial \varepsilon}{\partial x_k}) - C_{\varepsilon2}\frac{\varepsilon^2}{k} \tag{3}$$

其中：C_μ、$C_{\varepsilon1}$、$C_{\varepsilon2}$为无量纲系数；S_{ij}为油管内气体流速张量表示。

采用数值模拟与室内试验对比的方法，基于渐进性原则，确定了 $k-\varepsilon$ 湍流模型中各参数的取值，如表 1 所示。

表 1 $k-\varepsilon$ 湍流模型各参数取值

参数	C_μ	$C_{\varepsilon1}$	$C_{\varepsilon2}$
取值	0.09	1.92	1.44

1.2 注采气体状态方程

假定储气库井注采气体为理想气体，其状态

方程为

$$PV = nRT \tag{4}$$

其中：P 为油管内气体压力，MPa；V 为油管内气体体积，m^3；n 为油管内气体物质的量，mol；T 为油管内气体温度，℃；R 为通用气体常数，$R=8.31MPa\times m^3/(mol\times k)$。

1.3 注采管柱内气体密度方程

根据状态方程(4)得到：

$$\rho = \frac{Mp}{ZRT} = \frac{28.97\gamma p}{ZRT} = 3484.48\gamma\frac{p}{ZT_f} \tag{5}$$

其中，Z 为气体压缩因子，无因次；M 为气体分子量，无因次；γ 为气体比重，无因次。

1.4 注采管柱内气体流速方程

注采管柱内气体速度方程为：

$$v = B \cdot v_{sc} = \frac{q_{sc}B}{s} = 5 \times 10 - 9\frac{q_{sc}}{d^2}\frac{ZT_f}{p} \tag{6}$$

其中，v_{sc} 为标准状态下气体流速，m/s；q_{sc} 为标准状况下的排量，m^3/d。

2 储气库井油管柱内流场分布数值分析

2.1 储气库井注采管柱有限元模型建立

以新疆油田某储气库井为例进行研究，该井最大井斜角度 90°，如图 1 所示，采用 P110 钢级 ϕ73.03mm×5.51mm 油管注采气。取管材的弹性模量 206GPa、泊松比 0.3，密度 7800kg/m^3，重力加速度 9.8m/s^2。考虑到该井注气介质为天然气，取天然气相对密度 0.55g/cm^3。k-ε 湍流模型中各参数的取值如表 1 所示，现场注采气过程工况参数如表 2 所示。

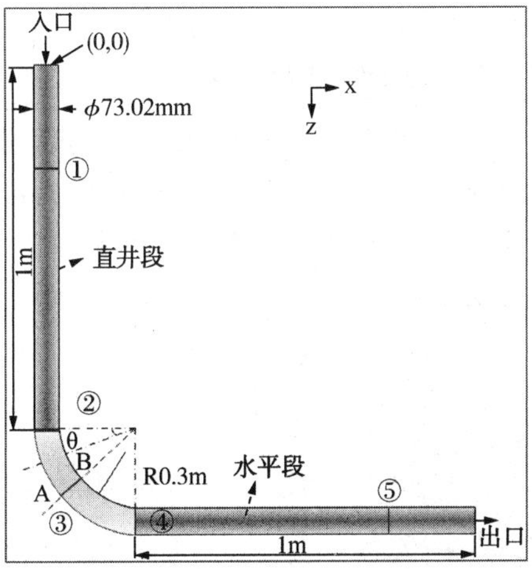

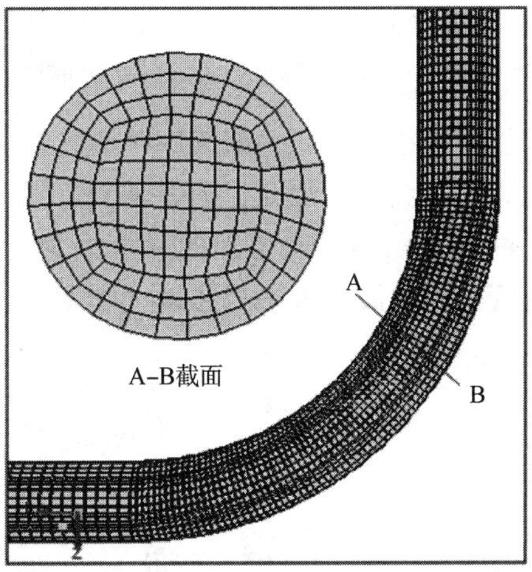

图 1　注采管柱几何尺寸及有限元模型图

表 2　储气库井注采过程工况参数

工况	日注气量/万方	井口压力/MPa	井底流压/MPa
1	10	11.33	13.06
2	15	13.14	15.15
3	20	15.16	17.45
4	25	17.3	19.87
5	30	19.58	22.39
6	35	21.95	24.97
7	40	24.4	27.6

2.2 储气库井注采管柱内流场影响因素分析

(1) 油管内压力场变化规律研究

储气库井油管注气过程中，油管弯曲段的压力呈现递增态势，考虑到弯曲段离心力的存在，弯曲段处横截面压力从内侧(A)到外侧(B)方向依次增加，如图 2 所示。油管任意截面处内外侧压力的不平衡使流体质点的运动发生变化，从而改变流动轨迹，各流体质点互相交换能量进而形成湍流的脉动作用。因此，在注采气过程中，当气流经弯曲段拐点发生转向，且加之弯曲段内侧气流挤压，使得油管内能量发生转化，弯曲段外侧压力明显升高。宏观表现为弯曲段外侧更容易发生磨损以及应力腐蚀。

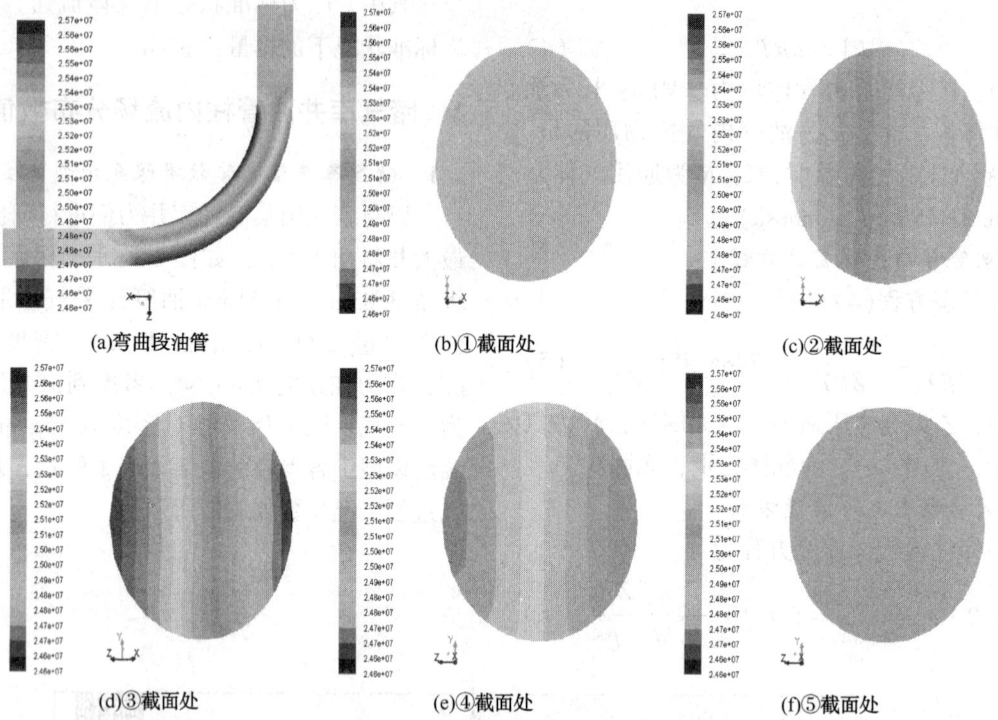

(a)弯曲段油管　(b)①截面处　(c)②截面处

(d)③截面处　(e)④截面处　(f)⑤截面处

图 2　排量为 40 万 m^3/d 时油管内不同位置处静压力场分布云图

理论研究及现场检测表明，储气库井油管注采气过程中压力存在波动，因此，笔者基于有限元方法确定了油管内压力波动范围的影响因素。结果表明：油管内压力波动大小与注采气密度、速度等有关，且与注采气流动速度平方成正比关系，油管弯曲位置处外侧压力波动程度明显降低，与管柱内静压分布刚好相反，如图 3 所示。

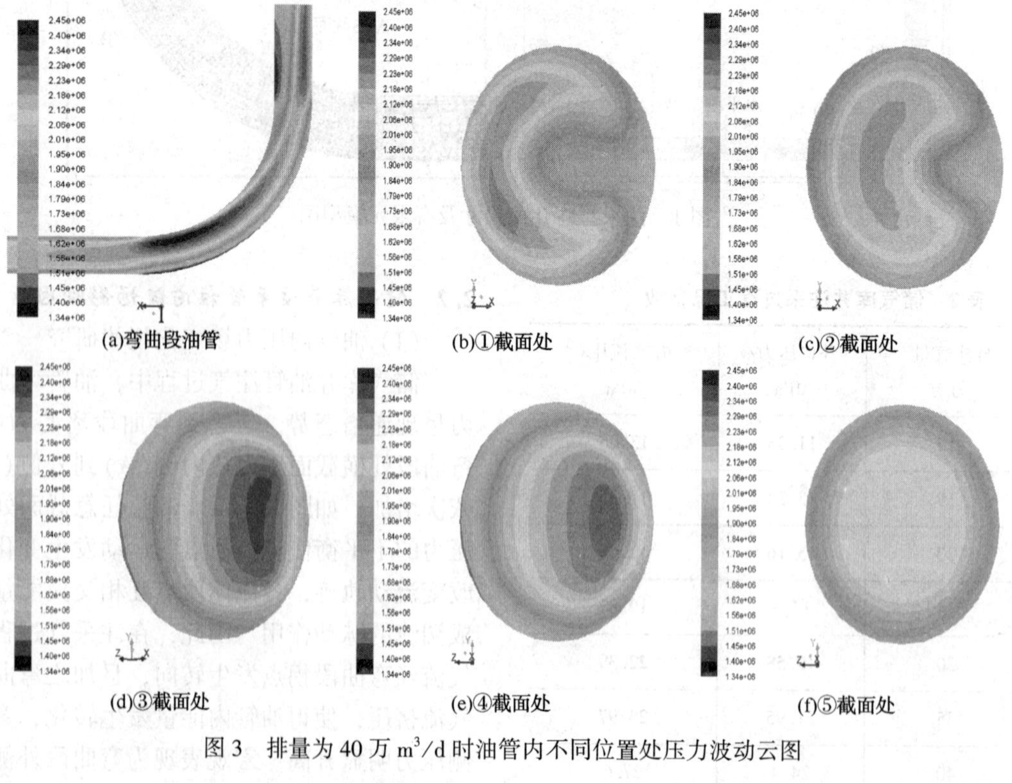

(a)弯曲段油管　(b)①截面处　(c)②截面处

(d)③截面处　(e)④截面处　(f)⑤截面处

图 3　排量为 40 万 m^3/d 时油管内不同位置处压力波动云图

该工况下油管不同位置处压力与井斜深的关系曲线如图 4 所示。图 1 中②和④截面处由于能量的急剧转化导致油管内压力出现波动，而垂直段和水平段油管内压力变化较为缓慢。

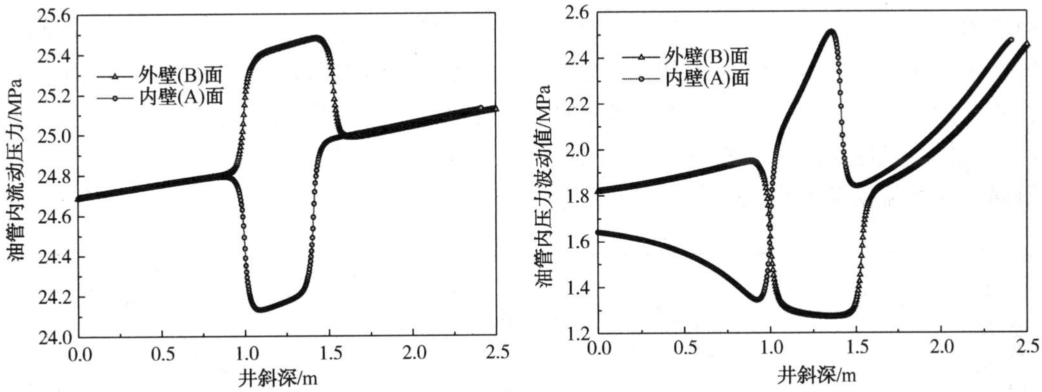

图 4　注气量 40 万 m^3/d 工况下油管内压力与井斜深关系曲线

随着油管弯曲程度的增加，天然气对注采管柱的作用力显著改变，压力损失明显增大，表明弯曲油管显著改变了该处的流场，如图 5 所示。

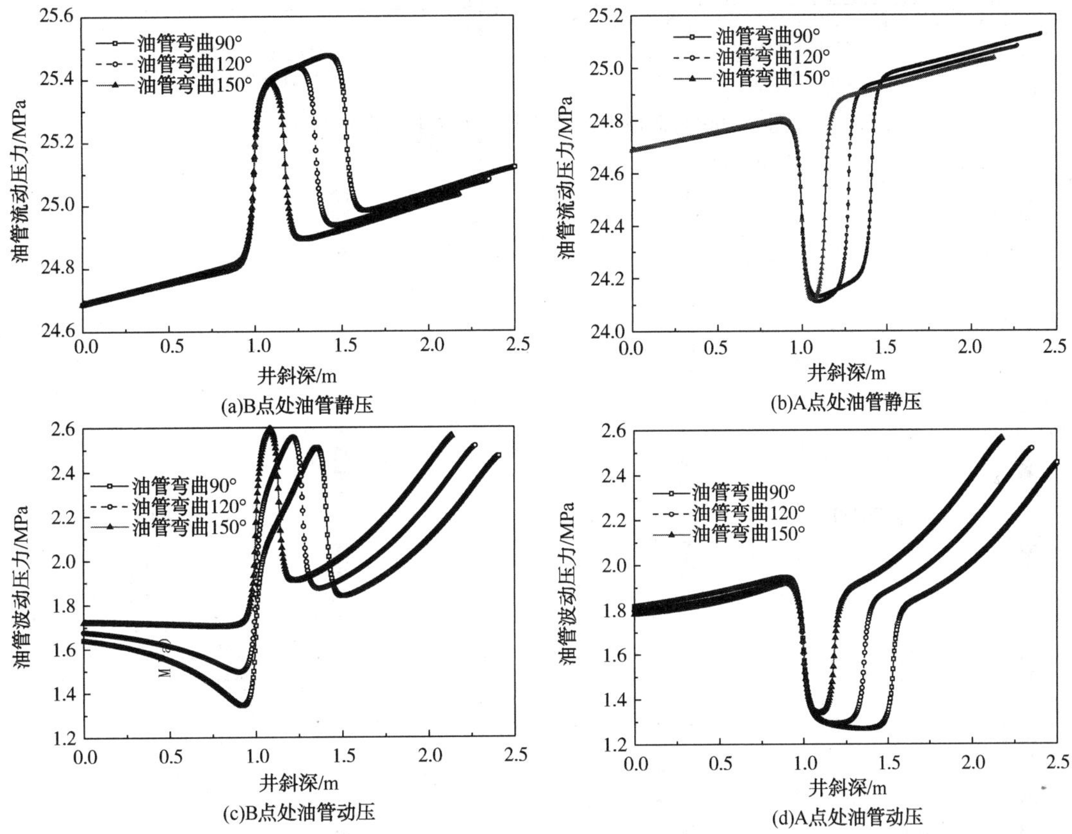

(a)B点处油管静压　(b)A点处油管静压
(c)B点处油管动压　(d)A点处油管动压

图 5　注气量 40 万 m^3/d 时油管弯曲角度与流体压力的对应关系

随着日注气量的增加，流体质量增加，导致油管内天然气压缩程度增大使得管内压力上升，弯曲段附近压降梯度明显增加。同时，随着日注气量的增加，天然气流经油管的波动压力相应增加，而油管弯曲段任意截面内外壁面压力差的存在将导致油管振动。当该激振力的频率与油管固有频率相等时，将诱发油管发生共振，加剧油管的疲劳破坏。油管注气速度对管内压力的影响规律如图 6 所示：

通过拟合得到弯曲角度为 90°时油管内压力与注气速率的关系表达式如公式(7)和(8)所示：

$$P_{静} = 0.00251Q^2 + 0.33544Q + 8.28297 \quad (7)$$

$$P_{动} = -2.82 \times 10 - 5Q^3 + 0.00164Q^2 + 1.27505 \quad (8)$$

（2）油管内速度场分布规律研究

油管内天然气的流动速度可根据公式(6)进

行计算，考虑到油管内气体流速并不均匀，且在油管弯曲段内壁(A)面处速度最大，在外壁(B)面处速度最小；而在油管出口位置处内壁面处速度较小，外壁面处速度相对较大，且存在明显的过度区域。气体经过弯曲段由于离心力的作用形成二次漩涡，导致流场发生明显改变，气流流速瞬间增加，气体分子相互碰撞，油管内压力急剧上升，造成弯曲段压头损失，同时伴随有气体抬升力和横向摆动力，如图 7 所示。由于二次漩涡的存在，油管弯曲位置处易发生气蚀现象致使失效。

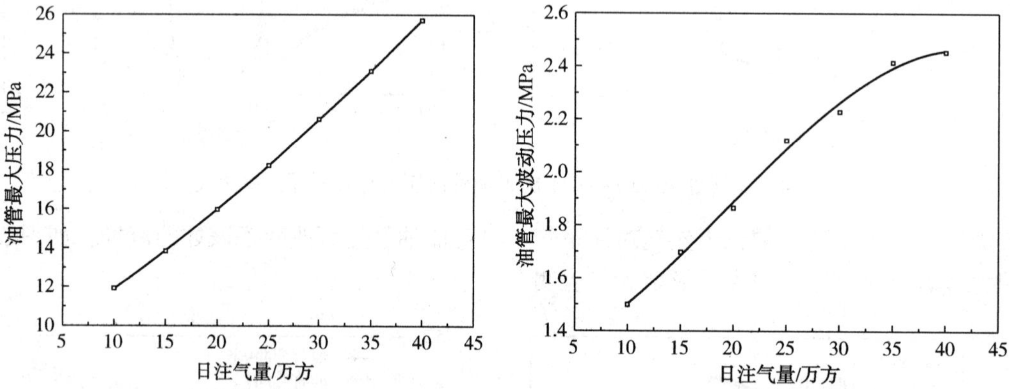

(a)油管内静压　　(b)油管内动压

图 6　90°弯曲段内流动压力与注气速率关系曲线

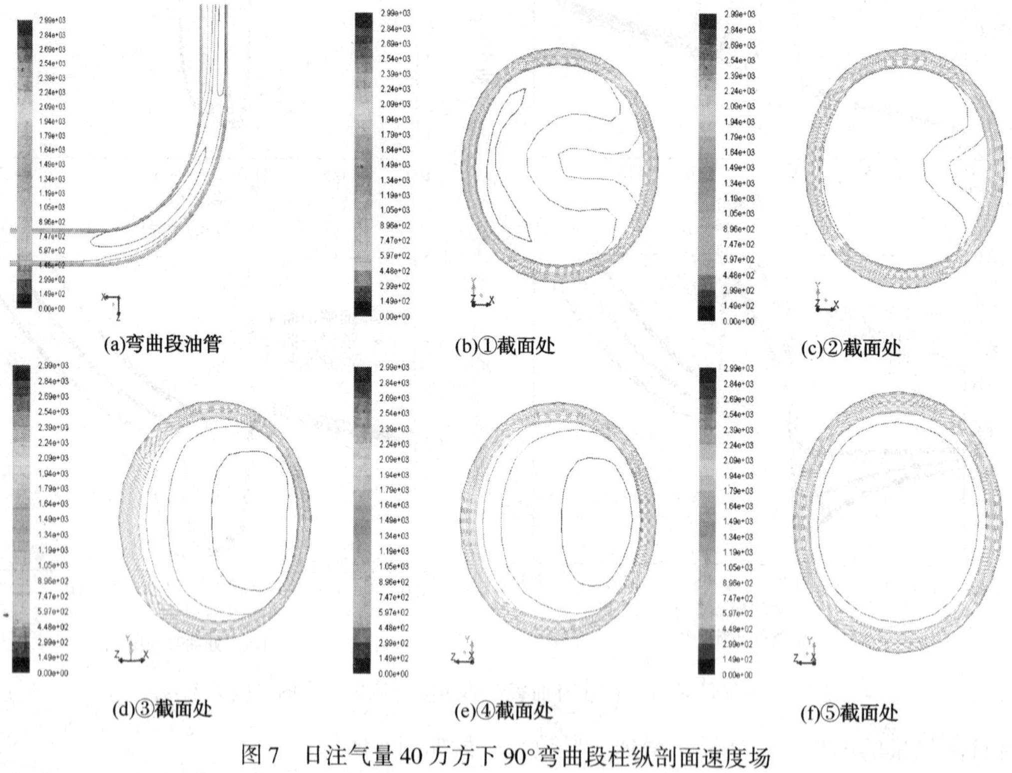

(a)弯曲段油管　　(b)①截面处　　(c)②截面处

(d)③截面处　　(e)④截面处　　(f)⑤截面处

图 7　日注气量 40 万方下 90°弯曲段柱纵剖面速度场

综上所述，通过有限元方法研究了储气库井油管注采气过程中弯曲段内流体静压力、波动压力和流动速度的变化规律，明确了油管弯曲段内易产生气蚀、应力腐蚀和断裂失效的原因，为后续控制套管腐蚀速率，降低油管失效概率提供技术支持。

3　结论

（1）采用了标准湍流的 k-ε 模型，对现场储气库油管注采气过程中油管弯曲段气蚀腐蚀现象进行了研究，表明 k-ε 模型能较好的运用于储气库高速注采气过程模拟；

（2）给出了储气库油管内压力与注气速率的

关系模型，可得到任意工况下油管内压的最大值；

（3）明确了储气库油管弯曲段易发生失效的原因，为解决注采气过程油管失效的问题提供理论依据。

参 考 文 献

[1] 于刚，杜京蔚，邹晓燕，等．华北储气库注采气井管柱优选研究[J]．天然气地球科学，2013，05：1086-1090.

[2] 付太森，腰世哲，纪成学，等．文96地下储气库注采井完井技术[J]．石油钻采工艺，2013，06：44-47.

[3] 李国韬，宋桂华，张强，等．大港地下储气库注采气井修井难点分析及对策[J]．天然气勘探与开发，2010，01：80-82.

[4] 李碧曦，易俊，张鹏，等．储气库注采管柱腐蚀规律及保护措施[J]．油气田地面工程，2015，10：27-29.

[5] Sean B. Walker，Ushnik Mukherjee，Michael Fowler，et al. Benchmarking and selection of Power-to-Gas utilizing electrolytic hydrogen as an energy storage alternative [J]. International Journal of Hydrogen Energy，2016，41(19)：7717-7731.

[6] Amid，D. Mignard，M. Wilkinson. Seasonal storage of hydrogen in a depleted natural gas reservoir[J]. International Journal of Hydrogen Energy，2016，41(12)：5549-5558.

[7] 李碧曦，易俊，黄泽贵，等．枯竭油气藏储气库注采管柱疲劳寿命预测[J]．中国安全生产科学技术，2015，12：105-109.

[8] 汪雄雄，樊莲莲，刘双全，等．榆林南地下储气库注采井完井管柱的优化设计[J]．天然气工业，2014，01：92-96.

[9] 刘坤，何娜，张毅，徐峰，王尧．相国寺储气库注采气井的安全风险及对策建议[J]．天然气工业，2013，09：131-135.

[10] 王建军．地下储气库注采管柱密封试验研究[J]．石油机械，2014，11：170-173.

[11] 石油管材专业标准化委员会．基于应变设计的热采井套管柱　第1部分：设计方法 SY/T 6952.1-2014 [S]．北京：石油工业出版社，2014.

[12] 陈献翠．枯竭砂岩气藏储气库注采井完井技术[D]．青岛：中国石油大学(华东)．2012.

[13] 王保辉．衰竭油气藏型地下储气库天然气注采运移及库存量动态预测研究[D]．青岛：中国石油大学(华东)，2012.

[14] 王霞．储气库井生产动态分析方法及应用[D]．成都：西南石油大学，2015.

一种大直径特殊螺纹接头设计及有限元分析

潘志勇[1]　张　超[2]　王建军[1]　刘蕊祎[2]　李方坡[1]

（1. 中国石油集团工程材料研究院有限公司石油管材及装备材料服役行为与结构安全国家重点实验室；
2. 中国石油长庆油田公司第一采气厂）

摘　要　根据油田现场工况设计了一种大直径特殊螺纹接头。参考 API 偏梯形螺纹性能计算公式对该特殊螺纹接头连接强度和密封性能进行了计算分析。根据力学模型并利用有限元仿真分析方法，对螺纹接头在上扣、内压及拉伸条件下的受力进行了分析。最后对设计的螺纹接头的连接强度和密封性能进行了实物验证。结果表明：设计的大直径套管螺纹接头连接强度达到 7193kN，螺纹接头内压泄漏抗力达到 77MPa，螺纹接头连接强度和密封性能满足工况要求。

关键词　大直径；特殊螺纹接头；有限元；连接强度；密封性能

套管柱通过螺纹接头进行连接，套管失效部位也主要集中在螺纹部位，所以螺纹接头一直是研究的热点和难点，正确设计和选用螺纹接头是保证套管经济可靠服役的关键。石油行业使用最广泛的螺纹是 API 圆螺纹和 API 偏梯形螺纹，API 圆螺纹密封效果好但连接强度低，API 偏梯形螺纹连接强度高但密封性差，所以这两类螺纹接头需要根据工况进行选用。油田现场由于工艺的特殊要求，有时无法选出合适的 API 规格套管，这就导致螺纹接头需要设计和开发，参考成熟的螺纹接头并进行性能计算和分析是获得优良螺纹接头的重要手段。

1　管体设计

生产套管使用在含少量天然气的垂直油井中，其中天然气中伴随少量硫化氢，浓度约为 0.076mg/L。油井设计井深为 7700m，最大压力为 95MPa，压力衰减快，套管通径要求大于 168.28mm。根据标准 SY/T 5724《套管柱结构与强度设计》选用套管柱安全系数：抗拉安全系数为 1.60，抗内压安全系数为 1.05，抗外挤安全系数为 1.0。

干燥的硫化氢对金属材料无腐蚀破坏作用，而含湿气的硫化氢会对金属产生均匀腐蚀、氢致开裂、硫化物应力腐蚀开裂。硫化物应力腐蚀开裂的破坏原理是硫化氢产生的氢原子渗透到钢的内部，溶解到晶格中，导致钢材脆性，在外加拉应力或残余应力作用下形成开裂。硫化物应力腐蚀开裂属于低应力破坏，发生开裂时的应力远低于材料的抗拉强度，而且具有突发性特点，即裂纹扩展迅速，主要发生于高强度钢、高内应力构件上。由于高钢级套管存在较高的缺口敏感性和应力腐蚀开裂倾向，与 P110 钢级的套管进行比较，套管 C110 套管具有更好的抗硫化氢应力腐蚀开裂性能，所以套管材质选用 C110 经济型抗硫套管。

为满足油田工况要求，基于现有套管规格 Φ200.03mm×10.92mmC110 进行生产套管柱的设计。通径 168.28mm 时，规格为 Φ200.03mm×14.285mm C110 套管抗内压安全系数为 0.997，不能满足基于现有套管外径设计要求。由于井深 7700m 时单一规格生产套管柱抗拉安全系数不能满足要求，故将生产套管柱设计成双规格复合管柱，即井深 0~2500m 的上部套管柱规格设计为 Φ206.38mm×15.8mm C110，井深 2500~7700m 的下部套管柱规格设计为 Φ200.03mm×14.2mm C110。套管柱最小抗拉安全系数为 1.61，最小抗内压安全系数为 1.07，最小抗挤安全系数为 6.26，设计的 Φ206.38mm×15.8mm C110 套管管体规格满足工况要求。

2　接头设计

API 螺纹包括圆螺纹和偏梯形螺纹，其中圆螺纹接头的连接强度低，仅为管体强度的 60%~80%。API 偏梯形螺纹接头连接强度大，可达等管体强度，具有较好的螺纹接头水密封能力，但气密封能力较差。由于油井中气体占比小，生产压力下降速度快，达到 2MPa/d，故 Φ206.38mm

×15.8mm C110 生产套管螺纹接头采用偏梯形螺纹。内外螺纹形状及尺寸采用 API 偏梯形螺纹，参考邻近尺寸 API 套管偏梯形螺纹接头尺寸进行设计的螺纹接头尺寸见表 1。

表 1　螺纹接头尺寸

参数名称	临近 API 规格螺纹参数（小于设计规格）	设计参数	临近 API 规格螺纹参数（大于设计规格）
公称外径/mm	193.68	206.38（非 API 规格）	219.08
管端外径/mm	194.08	206.78	219.48
每 25.4mm 螺纹牙数	5	5	5
不完整螺纹长度/mm	50.3936	50.3936	50.3936
完整螺纹长度/mm	61.049	64.224	64.224
管端至消失点总长度/mm	111.4426	114.6176	114.6176
中径/mm	192.507	205.207	217.907
机紧后管端至接箍中心/mm	12.7	12.7	12.7
手紧后管端至接箍中心/mm	25.4	25.4	25.4
接箍端面至中径平面长度/mm	45.3136	45.3136	45.3136
管端至三角形标记长度/mm	119.0625	122.2375	122.2375
手紧紧密距牙数	1	1	1
接箍外径/mm	215.9	228	244.475
接箍镗孔直径/mm	197.231	209.931	222.631
接箍最小长度/mm	263.525	269.875	269.875

偏梯形螺纹套管接头连接强度为管体螺纹强度及与管体端部手紧啮合位置的接箍螺纹根部的断裂强度二者的较小值。根据标准 ISO/TR 10400 采用公式（1）和（2）计算偏梯形螺纹套管的连接强度。

管体螺纹强度为：

$$p_j = 0.95A_P f_{umnp}[1.008 - 0.0396(1.083 - f_{ymnp}/f_{umnp})D] \tag{1}$$

接箍螺纹强度

$$p_j = 0.95A_{jc} f_{umnc} \tag{2}$$

式中：

A_{jc} 为接箍横截面面积，$A_{jc} = \pi(W^2 - d_1^2)/4$，$in^2$（1in = 25.4mm）；$A_p$ 为管体横截面面积，$A_p = \pi(D^2 - d^2)/4$，in^2；D 为管体名义外径，in；d 为管体名义内径，$d = D - 2t$，in；d_1 为机紧后外螺纹端部对应的接箍螺纹根部内径，$d_1 = E_7 - (L_7 + I_B)T_d + h_B$，in；$f_{umnp}$ 为管体最小名义抗拉强度，psi（1psi = 0.006895MPa）；f_{umnc} 为接箍的最小名义抗拉强度，psi；f_{ymnp}——为管体最小名义屈服强度，psi；p_j——为接头连接强度，lb（1lb = 453.59g）；t——为名义壁厚，in；W——为接箍名义外径，in；E_7——为中径，in；h_B——为偏梯形螺纹齿高，0.062in；I_B——为接箍端面到手紧位置的三角形底边的长度，4-1/2″套管为 0.400in，5″~13-3/8″套管为 0.500in，超过 13-3/8″的为 0.375in；L_7——为完整螺纹长度，in；T_d——为螺纹锥度，外径小于等于 133/8″的套管为 0.0625in/in，更大外径规格的锥度为 0.0833in/in。

经过计算，Φ206.38mm×15.8mm C110 套管管体抗拉强度为 7171kN，管体螺纹强度为 7296kN，接箍螺纹强度为 7193kN，所以接头连接强度为 7193kN，满足设计要求。

偏梯形螺纹套管接头内压泄漏抗力最薄弱部位为中径面，该处内压泄漏抗力最低，根据标准 ISO/TR 10400 采用公式（3）计算接头内压泄漏抗力。

$$p_{iL} = ET_d Np(W^2 - E_S^2)/(2E_S W^2) \tag{3}$$

式中：

E 为弹性模量；E_S 为密封面中径，对于偏梯形螺纹为 E_7，英寸；N 为螺纹上扣旋转圈数，对于外径小于或等 13⅜in 的偏梯形螺纹套管为 A+1½，对于大于或等于 16in 的偏梯形螺纹套管为 A+1；p 为螺距，对偏梯形螺纹套管为 0.200in；p_{iL} 为泄漏内压，psi；T_d 为螺纹锥度，外径小于等于 133/8″的套管为 0.0625in/in，更大外径规格的锥度为 0.0833in/in；W 为接箍外径，in；A 为手紧紧密距。

经过计算，Φ206.38mm×15.8mmC110 套管螺纹接头内压泄漏抗力为 77MPa，在压力以 2MPa/d 的幅度进行下降的条件下，经过 9 天后即使油管发生泄漏套管也能满足工况的要求。

3　接头应力分析及实物验证

根据设计的 Φ206.38mm×15.8mm C110 套管螺纹接头尺寸进行有限元分析，将接箍中性横截面轴向固定，径向为自由状态，螺纹间摩擦系数为 0.02，材料强选取 API C110 钢级套管的名义值，采用理想弹性模型进行分析。螺纹接头几何模型如图 1 所示，螺纹接头网格划分如图 2 所示，螺纹接头在 50% 管体强度拉伸下的应力分布如图 3a 所示，在 77MPa 内压条件下的应力分布如图 3b 所示。

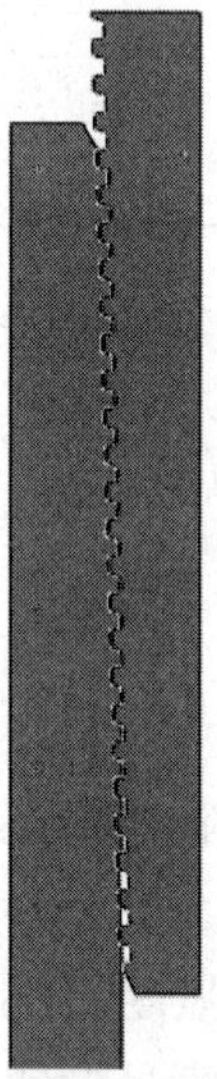

图 1　螺纹接头几何模型

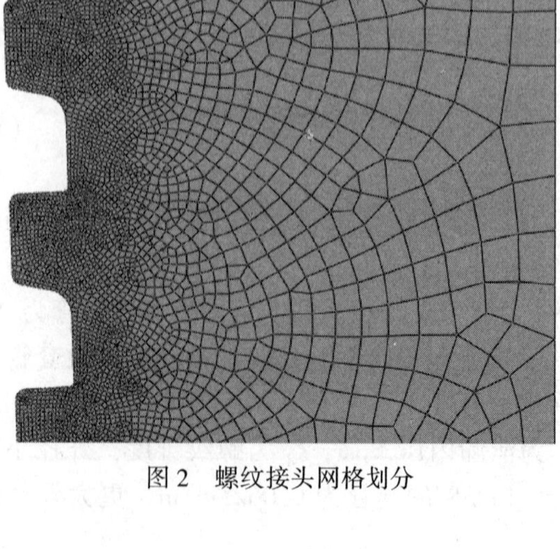

图 2　螺纹接头网格划分

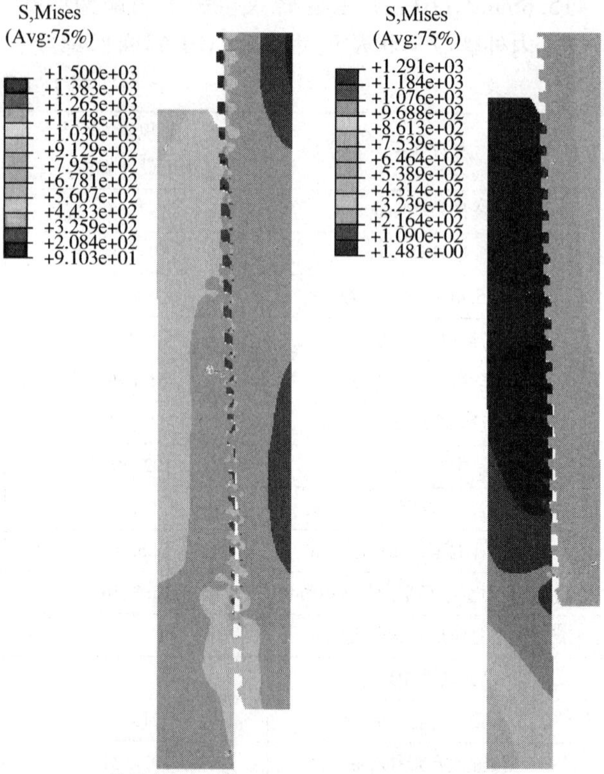

(a)拉伸条件下　　(b)内压条件下

图 3　螺纹接头应力分布

从螺纹接头有限元应力分布可见，螺纹最大应力产生在管端外螺纹第 1 扣和接箍内螺纹第 1 扣，所以这两处是螺纹容易发生粘扣的部位。套管小端处和接箍大端处是基体应力较大的部位。螺纹接头在轴向拉伸条件下管体外螺纹大端第一非完整扣承载面首先屈服失效，第二非完整扣承载面应力和第三非完整扣承载面应力逐步减少，起主要承载作用的完整螺纹及大部分非完整螺纹均处于较小应力状态下。螺纹接头在 77MPa 内压条件下的应力分布显示管体外螺纹受到的应力较小，而接箍内螺纹受到的应力较大，但除大端第 1 扣外其余各丝扣所受到的应力均小于材料屈服强度。

为检验螺纹接头的连接强度和密封性能，在内外螺纹上涂抹螺纹脂后按最佳位置上扣，一根试样进行实物拉伸试验，另一根试样进行内压条件下的水密封试验。将拉伸试样两端固定在 1500t 拉伸试验机上后施加轴向拉伸载荷，最终接头未发生脱落，管体发生断裂失效，失效时的最大载荷为 8429kN，说明螺纹接头连接强度大于管体，拉伸性能达到设计要求。在内压试样两端焊接堵头后进行内压条件下的静水压试验，先施加 77MPa 的水压，保压 15min 未见泄漏，然后将水压增加到95MPa，保压15min仍未发生泄漏，说明螺纹接头密封性能达到设计要求。

4 结论

1）设计的Φ206.38mm×15.8mm C110非API尺寸套管管体抗拉安全系数为1.61，抗内压安全系数为1.07，抗挤安全系数为6.26，满足SY/T 5724标准要求。

2）设计的Φ206.38mm×15.8mm C110非API尺寸套管螺纹接头连接强度为7193kN，螺纹接头内压泄漏抗力为77MPa，螺纹接头连接强度和密封性能满足工况要求。

参考文献

[1] 潘志勇，燕铸，刘文红，等．两起套管脱扣失效的典型案例分析[J]．钻采工艺，2012，35(5)：83-86.

[2] 潘志勇，陈鹏，王建军，等．某井偏梯形螺纹接头脱扣原因分析[J]．金属热处理，2012，37(4)：124-127.

[3] 潘志勇，韩礼红，王建军，等．长圆螺纹套管接头工厂端滑脱失效原因分析[J]．钢管，2018，47(3)：72-75.

[4] 高连新，史交齐，金烨．上扣扭矩对圆螺纹套管连接强度的影响[J]．天然气工业，2005，25(2)：87-89.

[5] 齐俊林，罗维东，张宏，等．圆螺纹套管接头上扣与滑脱的数值模拟[J]．石油大学学报(自然科学版)，1998，24(4)：68-71.

[6] 潘志勇，佘伟军，宋生印．一种螺纹连接结构：201210382862.6[P]．2015-01-21.

[7] 潘志勇，林凯，杨扬．一种油井管特殊螺纹接头：201611229820.3[P]．2019-01-18.

[8] 潘志勇，罗金恒，王建军．一种石油管螺纹连接结构：201711039265.2[P]．2019-09-03.

盐穴储气库腔体偏溶的量化评价、影响因素及后果分析

陈　飞[1]　李景翠[2]　李锐敏[1]

(1. 中国石油天然气股份有限公司盐穴储气库技术研究中心；2. 中国石油集团工程技术研究院有限公司)

摘　要　金坛盐穴储气库设计的溶腔形状为以井眼为轴线的对称、规则的“梨形”，但在实际造腔过程中，存在腔体偏溶的现象。金坛盐穴储气库腔体偏溶具有盐穴的垂直剖面、水平剖面不以井眼轴线为轴线对称、盐穴大部分深度的水平剖面的重心偏离井眼轴线、盐穴形状不规则(即“畸形”)三个特征，其中盐穴的不对称性是最主要的、是决定性的特征。提出采用盐穴腔体的偏心系数的概念及计算方法，以对盐穴偏溶进行量化评价。比较了地层倾角、腔体高度、造腔循环方式、井底位移(井斜)等地质条件、工程参数等因素对盐穴偏心系数的影响。地层倾角、造腔循环方式是影响盐穴偏溶的两个主要因素，地层倾角越大，腔体偏心系数越大；采用正循环造腔方式的腔体偏心系数比采用反循环方式的腔体偏心系数高41%左右。对盐穴偏溶造成的后果从腔体最大半径、注气排卤效率、腔体稳定性评价三个方面进行了比较分析，随着腔体偏心系数增加，腔体最大直径也随之增大；随着腔体偏心系数增加，注气排卤腔体体积损失率也是上升的。

关键词　盐穴储气库；偏溶；特征；偏心系数；井斜；地层倾角；注气排卤效率；稳定性评价

随着我国天然气消费量的不断增长，建设地下储气库进行天然气调谷调峰的需求越来越大。盐穴储气库具有安全性好、工作气占比高、注采灵活、库容利用率高、采气气质好、地面工艺流程简单的特点，越来越受到重视，在地下储气库中占有一定的比例。我国盐穴储气库建设已有十多年的历史，目前已在金坛地区钻井超过100口用于建设盐穴储气库，已有近四十口盐穴投入注采运行。云南安宁、江西樟树、河南平顶山等地正在开展利用盐穴建设储气库的研究工作，江苏金坛、山东泰安等地还开展了利用盐穴储能发电的前期工作。因此，有必要对已经建成的盐穴储气库存在的技术问题进行总结分析，以对下一步利用盐穴空间提供指导。盐穴的偏溶问题是困扰我们多年的技术难题，根据现有技术资料对盐穴偏溶问题进行分析研究则尤为重要。

目前地下盐穴储气库均采用钻一口直井造一个溶腔(如图1)，设计的溶腔形状一般为以井眼为轴线的对称、规则的“梨形”。但在实际上，造腔结束后形成的溶腔往往是不规则的、不以井眼为轴线对称的，这种盐穴形状不以井眼为轴线对称的情况即为盐穴的偏溶(如图2)。Andrzej S等人利用UBRO软件对盐穴的不对称性进行了模拟；Maria等人研究了地质条件对盐穴形状的影响并对盐穴开采后期形状的变化进行了预测；杨海军、于胜男等人研究了盐腔偏溶与井斜的关系；王文权等人的研究认为盐腔的偏溶与注水排量相关；姜德义等人研究了浓度、温度、流量和偏应力对岩盐溶解速率的影响；齐得山等人的研究认为盐穴偏溶的表现为“畸形”，并提出了量化评价方法。国内外针对盐穴的偏溶问题已开展了相关研究，但是上述研究在盐穴偏溶的本质以及偏溶与畸形的关系上并不具体，盐穴的偏溶程度量化评价以及影响因素的研究方面鲜见报道。基于此，结合金坛盐穴储气库的地质条件、工程参数及腔体偏溶情况进行统计分析，采用偏心系数评价盐穴腔体偏溶程度，分析影响盐穴偏溶的地质、工程因素，并对盐穴偏溶的后果进行研究。

图 1　真实溶腔形状(左)与设计溶腔形状(右)

1　盐穴偏溶特征

采用水溶法造腔过程中，由于地质条件、造腔工艺等因素的影响，形成的溶腔形状往往与设计并不一致，这种盐穴形状不以井眼轴线为轴线对称、重心偏离轴线、不规则的情况即为盐穴的偏溶。一般来说，盐穴储气库腔体偏溶具有如下特征：(1)盐穴的垂直剖面、水平剖面不以井眼轴线为轴线对称，如图 2(a)、2(b)所示，该腔体 0~180°方向垂直剖面、水平剖面明显不以井眼轴线对称，且偏离较大；(2)盐穴大部分深度的水平剖面的重心偏离井眼轴线，整体的重心也偏离井眼轴线，如图 2(a)所示，该腔体深度 1063 m 水平剖面的重心完全偏离井眼轴线；(3)盐穴形状不规则(即“畸形”)，这也是盐穴偏溶的特征之一。发生偏溶的盐穴往往不论在垂直剖面、还是在水平剖面上，其形状都不是规则的，如图 2(a)、2(b)所示。以上三个特征中，盐穴的不对称性起到决定性作用。

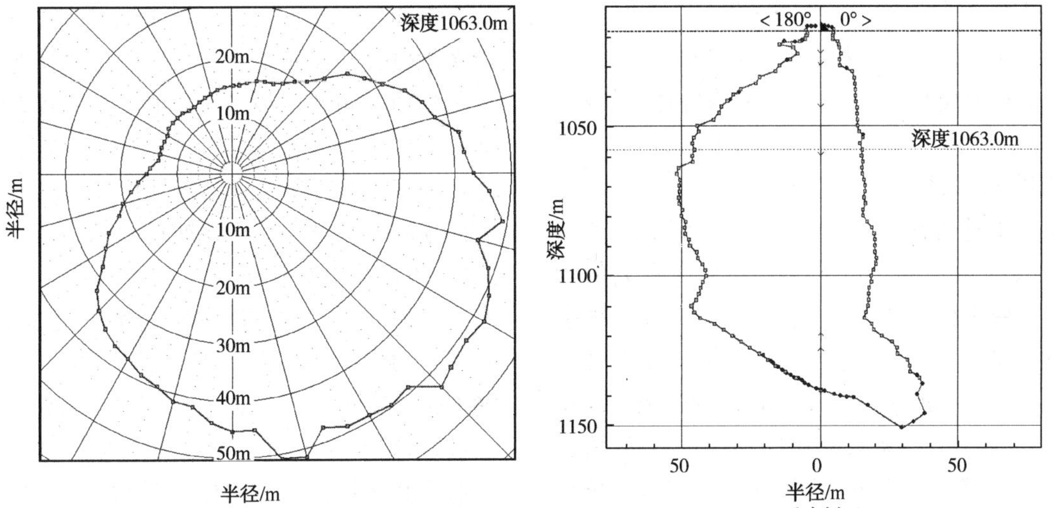

(a)水平剖面　　(b)垂直剖面

图 2　腔体声呐测腔形态图

如有的盐穴腔体在某一水平面上，形状不规则(如接近对称的椭圆形甚至正方形)而沿井眼轴线对称，这样的腔体形状即不符合“偏溶”的特征；而有些盐腔腔体在某一水平面上形状是很规则的圆形，但中心偏离了井眼轴线，这样的腔体形状则符合“偏溶”的特征。因此，对盐穴偏溶的量化评价应从“不对称性”这一特征入手。

2　盐穴偏心系数的建立

基于现场声呐测腔数据，采用偏心系数对盐穴偏溶程度进行量化评价，首先应引入偏心距的概念。偏心距即腔体某一深度水平面实际中心偏离井眼轴线的垂直距离。因此腔体某一深度水平面的偏心系数即为偏心距与该水平面平均半径的比值，其整体偏心系数用上述腔体各深度水平面偏心系数的加权平均值表示。

以井眼轴线与水平面的交点为原点建立水平坐标系如图 2 所示，将同一水平面上测腔所得的顶点数据转换为坐标数据($x_{t(i)}$，$y_{t(i)}$)，计算盐穴在某一水平面的中心坐标(x_t、y_t)为：

$$x_t = \frac{\sum_{i=1}^{n} x_t(i)}{n} \qquad y_t = \frac{\sum_{1}^{n} y_{t(i)}}{n} \tag{1}$$

计算盐穴在某一水平面的偏心距：

$$\Delta L_t = \sqrt[2]{x_t^2 + y_t^2} \tag{2}$$

计算盐穴某一水平面的偏心系数：

$$f_{e(t)} = \frac{\Delta L_t}{\bar{r}_t} \times 100\% \tag{3}$$

重复上述步骤，计算盐穴所有深度水平面的偏心系数：

$$f_e = \frac{\sum_{1}^{t} f_{es} s_i \Delta H}{V} \quad f_e = \frac{\sum_{1}^{m} f_{es} s_i \Delta H}{V} \tag{4}$$

计算整个盐穴偏心系数：

$$f_e = \frac{\sum_{t=1}^{m} f_{e(t)} s_t \Delta H}{V} \tag{5}$$

式中：ΔH 为测腔时两个相邻水平面之间的垂直距离，m；t 为腔体测腔时，从上到下水平面的编号，总数记为 t；n 为腔体测腔时，腔体某一深度水平面测得的顶点数编号，总数记为 n；$x_{t(i)}$，$y_{t(i)}$为腔体从上至下第 t 个水平面测得的第 i 个顶点横坐标、纵坐标，m；x_t，y_t为腔体从上至下第 t 个水平面中心坐标，m；ΔL_t为腔体从上至下第 t 个水平面偏心距，m；S_t为腔体从上至下第 t 个水平面面积，m^2；$\bar{r}_t$ 为腔体从上至下第 t 个水平面平均半径，m；V 为腔体总体积，m^3；$f_{e(t)}$为腔体从上至下第 t 个水平面偏心系数；f_e为腔体偏心系数。

采用上述方法计算了金坛盐穴储气库 28 口已经投入注采气的溶腔的偏心系数，最大值为 37.9%，最小值为 1.3%，平均值为 15%。根据溶腔的偏心系数进行偏溶程度分类，分为轻微(偏心系数≤10%)、中等(10%<偏心系数≤20%)、严重(偏心系数>20%)三类，28 口溶腔中偏溶程度轻微的为 10 口(占比 35.7%)，偏溶程度中等的为 11 口(占比 39.3%)，偏溶程度严重的 7 口(占比 25%)。

3　盐穴偏心系数的影响因素

影响盐穴偏心系数的因素包含盐层地质条件、井筒参数、造腔工艺的多个方面，直接比较某一方面因素的影响，往往由于受到其它因素的干扰，最终不能得到该因素对盐穴偏心系数真实的影响关系。在分析比较过程中应尽可能地排除其它因素的干扰，这是一个相当困难的过程，因此，首先要找到影响盐穴偏心系数的主要因素，然后再逐步比较其它次要因素的影响。

按照这一方法，我们比较了地层倾角、腔体高度、造腔循环方式、井底位移(井斜)等方面因素对盐穴偏心系数的影响。由于造腔循环方式较易区分，在进行其它因素对比时按正循环、正/反循环两组对比。

3.1　地层倾角的影响

上述 28 口井，其它 27 口井的地层倾角只有通过相邻井相同盐层深度差值、井距进行计算，计算所有小层倾角的工作量将非常巨大，因此只计算了 27 口井盐层顶界、底界的地层倾角，取其平均值作为单井平均地层倾角进行对比。这种方法显然是存在一定的误差的，但用来评价盐穴腔体的偏溶基本上是可行的。

上述 28 口井 912.5～1007.1m 之间的盐层顶界深度变化不大，1062.5～1245.5m 之间的盐层底界深度变化较大。因而，比较普遍的情况是盐层底部的倾角较大，盐层顶部的倾角较小。图 3 分别是 16 口采用正循环方式(上)、12 口井反循环方式(下)造腔井的偏心系数与平均地层倾角的关系曲线。因此，在盐穴储气库部署井位时，应考虑较大地层倾角的影响，优先选择地层倾角较小的地区布井；如必须在地层倾角较大的盐层造腔，应充分考虑地层倾角引发盐穴偏溶的风险。从图 4 可以看出，随着地层倾角的增大，盐腔的偏心系数基本上也是增大的。

3.2　循环方式的影响

如前所述，金坛盐穴储气库上述 28 口井中有 16 口井一直采用正循环工艺造腔，另 12 口井初期采用正循环，后期采用正/反循环交替进行造腔。这 16 口采用正循环工艺造腔的井，盐穴偏心系数平均值为 17.1%，而 12 口采用正/反循环交替进行造腔的井盐穴偏心系数平均值为 12.1%，前者比后者高 41%左右。由此可以看出，对于控制盐穴腔体的偏溶来说，采取反循环方式造腔是有利的。造成这种现象的原因是：Φ114.3mm 造腔内管相比较于 Φ177.8mm 造腔外管更容易变形、摆动，正循环造腔过程中，淡水从变形、摆动较大的内管流出，优先溶解腔体一侧的盐，对盐穴腔体偏溶影响较大；而反循环造腔过程中，淡水从变形、摆动较小的外管流出，对盐穴腔体偏溶影响较小。很多采盐企业采用割管的方法采盐，形成的腔体形状往往很规则、偏溶程度很低，也正是这个原因。因此在盐穴储气库造腔过程中，在具备条件的情况下，应优先采取反循环方式造腔，以降低腔体的偏溶。

3.3　井斜的影响

为了满足造腔及其它后期作业的要求，盐穴

储气库对于新钻直井井身质量要求较高，井斜一般不超过 1.5°。盐穴腔体的偏溶并不会直接与井底井斜存在关系，而应是与井口到生产套管鞋位置的平均井斜存在一定的关系，因此，将盐穴的偏心系数与生产套管鞋位置的位移进行了比较，见图 4。

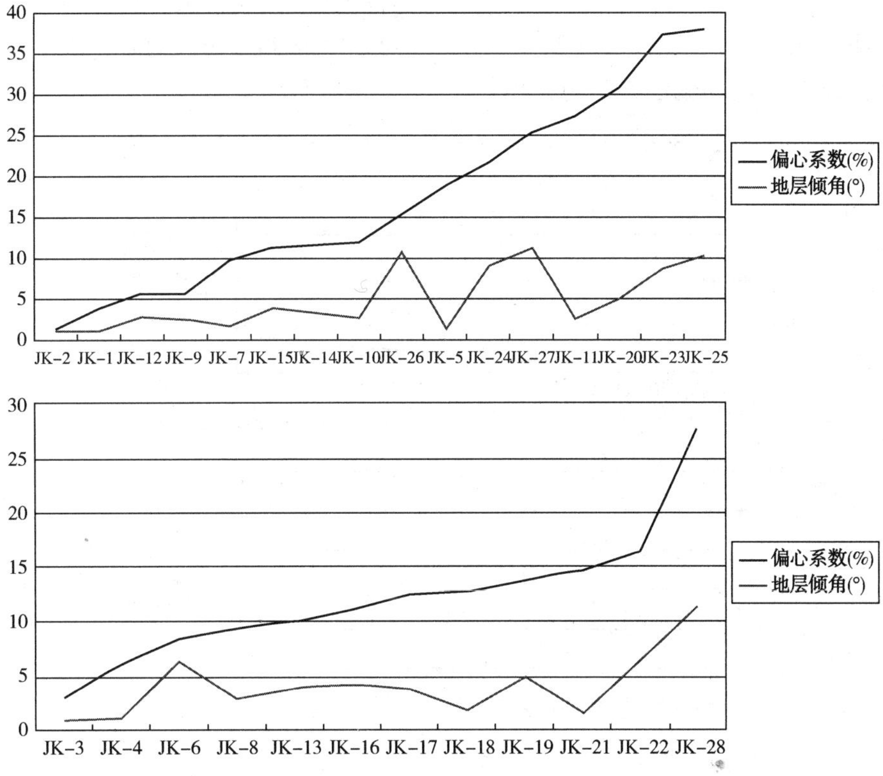

图 3　正循环方式(上)与反循环方式(下)造腔井的偏心系数与平均地层倾角的关系

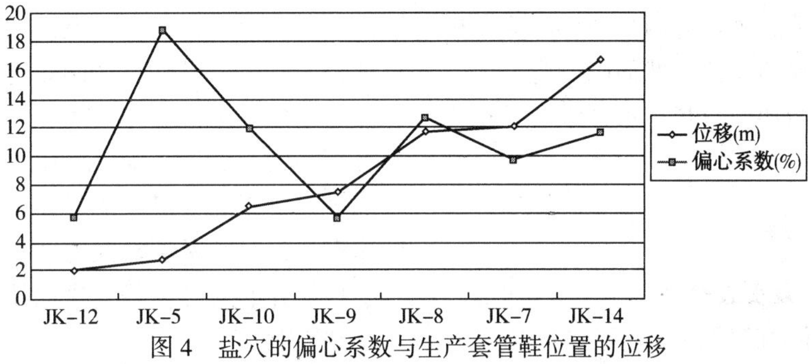

图 4　盐穴的偏心系数与生产套管鞋位置的位移

从图 4 可以看出，除 JK-5、JK-9 井以外，其它各井偏心系数均随生产套管鞋位置位移增大而增大。这也说明盐穴储气库钻井井身质量的要求高于油气田开发井是正确的，同时，也从侧面说明在盐穴储气库采用定向井，在造腔过程会增加腔体偏溶的风险。据了解，土耳其某盐穴储气库在钻井过程中，使用 MWD（Measure While Drilling）技术控制井斜，将井眼控制在 1°以内，为后期造腔、注气排卤提供了良好的井眼条件。表 1 对比了土耳其某盐穴储气库某井与金坛盐穴储气库 JK-14 井的主要井身质量指标，从表 1 可以看出，土耳其某盐穴储气库某井的井身质量指标明显优于盐穴储气库 JK-14 井。

表 1　井身质量指标对比

区块	土耳其某盐穴储气库	金坛盐穴储气库
井号	UGS-＊＊	JK-14
实际井深/m	1471.00	1250.00
垂直井深/m	1470.95	
轨迹类型	MWD	
设计井底闭合位移/m	<25	<20
实测井底闭合位移/m	3.18	18.27
最大井斜/°	0.86	3.02

综上所述，控制井身质量对盐穴储气库有着十分重要的意义，在盐穴储气库钻井设计、施工中应采取措施，控制井斜、井底闭合位移，提高井身质量。

3.4 盐层厚度的影响

图5统计了28口井腔体偏心系数与盐层厚度的关系，上图的循环方式为正循环，下图的循环方式为正/反循环。可以看出，随着盐层厚度的增加，采用正循环和正/反循环两种循环方式进行造腔，腔体的偏心系数基本都是上升的。这一结论与齐得山等人的研究结果一致。

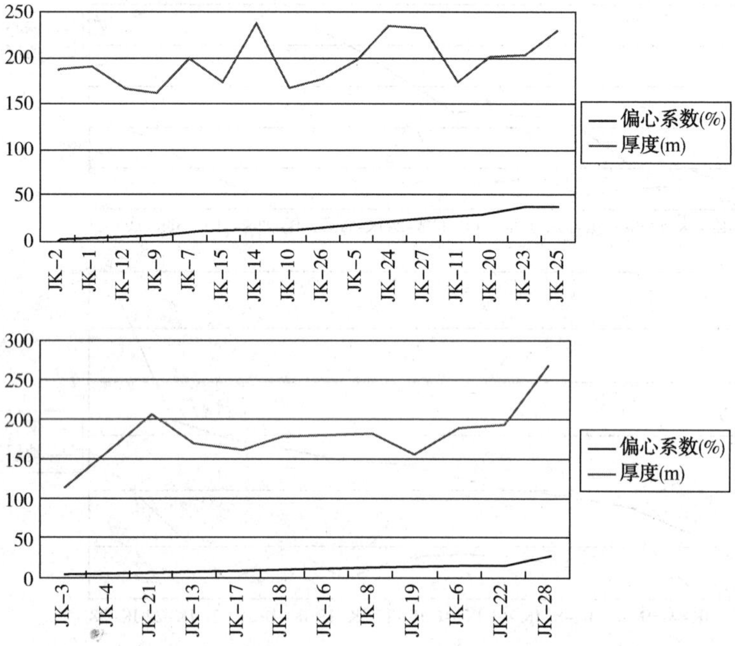

图5 腔体偏心系数与盐层厚度的关系曲线

除上述四个方面以外，还尝试对比了夹层厚度、地应力方向、造腔排量等因素对偏心系数的影响，没有发现明显的规律。然而随着金坛储气库盐穴数量的不断增加，资料更加详细，相信以后会有新的发现。

4 盐穴偏溶的后果

4.1 腔体最大半径超出设计值；

统计了27口井的腔体最大直径与腔体偏心系数的关系如图6所示。金坛盐穴储气库腔体设计半径为40m，但实际上，大部分盐穴腔体最大半径并不符合设计，从图6可以看出，随着腔体偏心系数增加，腔体最大直径也随之增大，JK-25井偏心系数最高，腔体最大半径达61.2m。部分井由于腔体最大半径超出设计，为了保障腔体安全，必须保证盐穴之间的安全矿柱，只有减小相邻井的造腔半径，进而使相邻井的腔体体积受到影响。

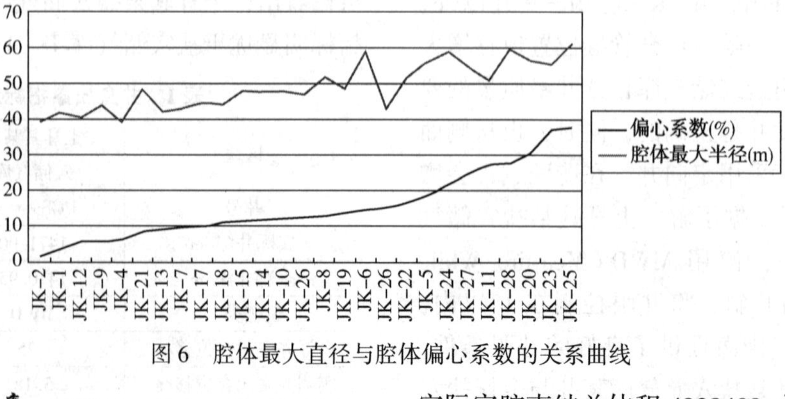

图6 腔体最大直径与腔体偏心系数的关系曲线

4.2 注气排卤效率

统计了24口井的注气排卤情况，24口井，实际完腔声纳总体积4928409m^3，注气利用体积4624266m^3，利用率93.8%，剩余卤水体积

304143m^3，平均腔体体积损失率(腔底剩余卤水体积与腔体有效体积的比值)6.2%。

腔体偏心系数与注气排卤过程中的腔体体积损失率的关系见图7。从图7可以看出，随着腔体偏心系数增加，注气排卤腔体体积损失率也是上升的。腔体体积损失最大的三口井(JK20、JK24、JK25)偏心系数都比较高。腔体体积的损失意味着大量的卤水不能排出地面，造腔形成的腔体有效体积不能形成库容，从而造成投资效益的下降。究竟是盐穴偏溶直接导致这样的结果，还是上述影响因素导致这一结果，还有待进一步研究。

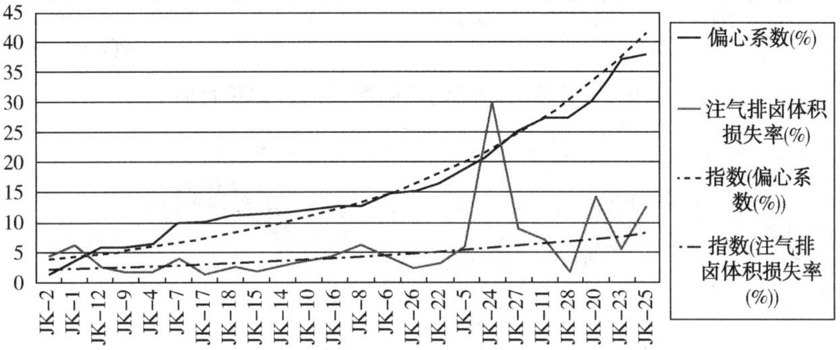

图7 腔体偏心系数与注气排卤过程中的腔体体积损失率写的关系曲线

4.3 腔体稳定性

通常建腔后期直至注气排卤过程中，随着压力的增加腔体内会出现应力分布不均的现象。另外由于盐腔本身形状的不规则性，局部区域会出现明显的应力集中，并伴随有体积收缩、腔壁局部隆起、腔壁大位移、腔壁脱落以及失稳破坏的风险。针对单独腔体，可以通过观察腔体体积收缩情况、腔壁位移变形两方面评价储气库的稳定性(图8)。

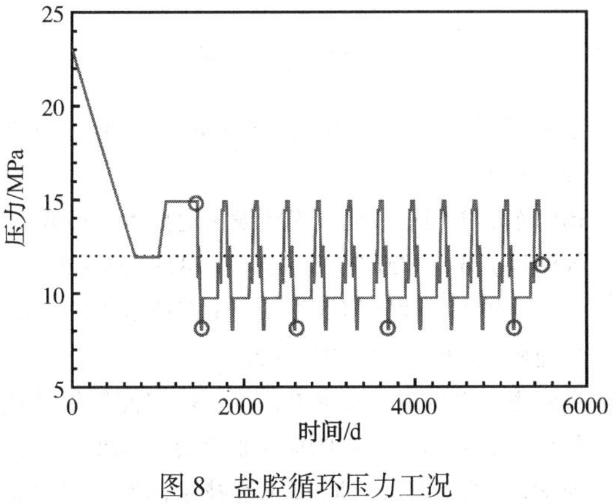

图8 盐腔循环压力工况

为了分析腔体偏溶性对储气库腔体稳定性的影响，利用有限元软件模拟该设计溶腔与实际溶腔(图1)在图8所示的注采工作压力下运营十年的情况。图8给出了每年盐腔内部循环压力的情况，洞穴持续水溶造腔时间为740天，腔体内压由盐岩层原始地应力下降至饱和卤水压力；经历30天的压力恒定期，待腔体内稳定后腔体注气排卤期持续95天，此时洞穴内充满14.92MPa的气体，待气体稳定后，洞穴将经历十年的注采压力循环。

通过上述数值模拟以及结果对比发现，二者在运营十年年后的体积收缩情况如图9所示，设计溶腔十年周期注采后体积收缩了7%左右，而实际溶腔在十年周期注采后体积收缩率达到了30%。通常情况下根据国内外储气库运行经验，对于大体积盐岩储气库运行一年的体积收缩率不应该超过1%。上述实际溶腔并不符合安全运营标准，体积收缩明显导致腔体周围微裂纹的产生。

盐腔的不规则性导致腔壁处也呈现出不规则的变形，图10给出了两个腔体运营十年后腔周垂向变形的位移演化云图，对比发现设计溶腔和实际溶腔的上部和下部均出现了较明显的变形区，实际溶腔变形量明显大于设计溶腔。经调研发现一般情况下储气库安全运营期间腔周的位移量不得超过腔体径向直径的10%。在地层压实作用下，垂向分布的腔周垂向变形不明显甚至无垂向位移，然而大变形区主要集中在上部下部水平分布的腔壁处。同时通过对比发现较强的偏溶性会加剧变形区的产生，位移变形沿着垂向地层不断延伸，这会导致腔体体积收缩明显，严重时伴随储气库盐腔内壁脱落，腔体密封失效等危险事故发生。因此造腔期间偏心系数对腔体稳定性具有一定的影响，使偏心系数控制在合理范围内将有利于储气库运营过程中的稳定性和使用效率。

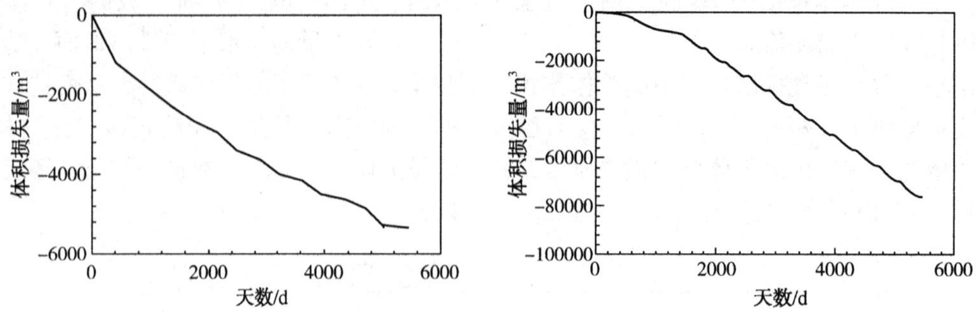

图 9　设计溶腔(左)与实际溶腔(右)体积收缩

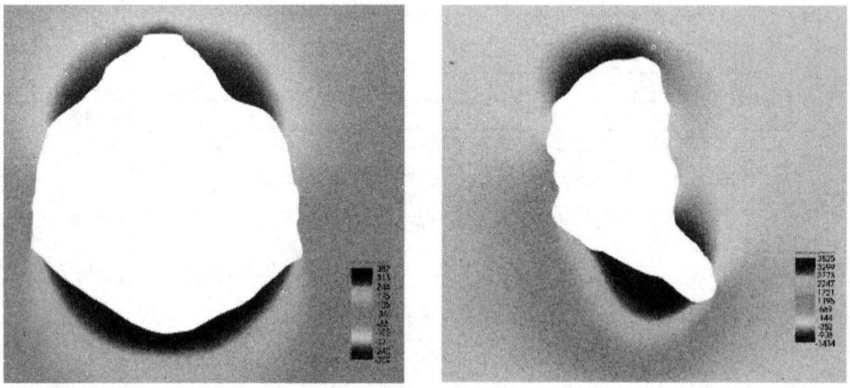

图 10　腔周位移变化云图

5　结论

(1) 金坛盐穴储气库采用水溶法造腔，形成的盐穴存在偏溶情况，盐穴的偏溶具有不以井眼轴线为轴线对称、重心偏离井眼轴线、形状不规则三个特征，其中盐穴的不对称性是最主要的、是决定性的；

(2) 基于盐穴偏溶的特征提出了偏心系数的计算方法，以对盐穴偏溶进行量化评价。计算了金坛盐穴储气库 28 口已经投入注采气的溶腔的偏心系数，最大值为 37.9%，最小值为 1.3%，平均值为 15%。28 口溶腔中偏溶程度轻微的占比 35.7%，偏溶程度中等占比 39.3%，偏溶程度严重的占比 25%；

(3) 影响盐穴偏心系数的因素包含盐层地质条件、井筒参数、造腔工艺的多个方面，比较了地层倾角、腔体高度、造腔循环方式、井底位移(井斜)等因素对盐穴偏心系数的影响。地层倾角、造腔循环方式是影响盐穴偏溶的两个主要因素，地层倾角越大，腔体偏心系数越大；采用正循环造腔方式的腔体偏心系数比采用反循环方式的腔体偏心系数高 41%左右。

(4) 对盐穴偏溶造成的后果进行了比较分析，盐穴的偏溶导致腔体最大半径超出设计，为了保障腔体安全，必须保证盐穴之间的安全矿柱，只有减小相邻井的造腔半径，进而使相邻井的腔体体积受到影响；随着腔体偏心系数增加，注气排卤腔体体积损失率也是上升的。

参 考 文 献

[1] 丁国生等．盐穴地下储气库[M]．石油工业出版社，2010.

[2] 杨海军．中国盐穴储气库建设关键技术及挑战．《油气储运》[J]．．2017，07(36)：747-753. [3] 田中兰，夏柏如．盐穴储气库造腔工艺技术研究[J]．现代地质，2008(01)：97-102.

[4] 袁光杰，申瑞臣，袁进平，等．盐穴储气库快速造腔技术研究[C]．//中国石油学会．2008 年中国石油学会《地下储气(油)库工程技术国际研讨会论文集》. 2008：83-90.

[5] Andrzej S. Kunstman, Kazimierz M. Urbanczyk CHEMKOP, Wybickiego 7, 31 - 261 Krak6w, POLAND. The New UBRO Version - Leaching Simulation Code for Asymmetrical Caverns-Results of Applying to a Mogilno Gas Cavern. Presented at the SMRI - Fall Meeting 1994 Hannover, Germany

[6] A. S. Kunstman and K. M. Urbanczyk. UBRO - A COMPUTER MODEL FOR DESIGNING SALT CAVERN

LEACHING PROCESS DEVELOPED AT CHEMKOP. CHEMKOP - Research and Development Centre for Mining of Chemical Raw Materials ul. Wybickiego 7. 31-261 Krak6w. POLAND
[7] Maria Kalaga Bartlomiej Ralowicz. Analysing Cavern Geometry Development Based on Sonar Measurements from the Point of View of Geological Deposit Structure. CHEMKOP ul. Wybickiego 7 31-261 Cracow, Poland Presented at the Spring 1997 Meeting Cracow, Poland May 11-14, 1997
[8] 杨海军、于胜男等．金坛地下储气库盐腔偏溶与井斜的关系[J]. 油气储运，2015，02，145-149.
[9] 王文权．盐穴储气库溶腔排量对排卤浓度及腔体形态的影响[J]. 油气储运，2015 年 02 期
[10] 姜德义等．三轴应力作用下岩盐溶解速率影响因素分析[J]. 岩土力学，2013，04.
[11] 齐得山等．金坛盐穴储气库腔体偏溶特征分析[J]. 西南石油大学学报(自然科学版). 2019，02.
[12] 谢明廉．一种计算地层倾角的新方法[J]. 测井技术，1987，05.
[13] 刘在同等．土耳其盐穴地下储气库大井眼钻井技术[J]. 石油钻采工艺. 2015，02.
[14] 李景翠等．提高盐穴储气库腔体稳定性的设计方法[J]. 油气储运. 2017，08.
[15] 王粟，武志德，王汉鹏，朱华银，李正杰．地下盐穴储气库周期注采运行稳定性评价[J]. 油气储运，2018，37(07)：775-779+789.

气藏型储气库盖层动态密封性“原位”仿真实验评价方法探讨

朱思南[1]　曾大乾[1]　郑得文[2]　张广权[1]　贾跃玮[1]　孙军昌[3]　杨小松[1]　王丹丹[1]

（1. 中国石油化工股份有限公司石油勘探开发研究院；2. 中国石油勘探开发研究院；3. 东北石油大学）

摘　要　气藏型储气库多周期高速循环注采会引起储层流体高低压交替变化和地应力扰动，进而影响到盖层密封能力。本文基于储气库注采运行时盖层“原位”应力变化，建立了盖层岩石“原位”仿真突破压力评价方法，针对储气库矿场实际盖层样品开展了动态密封能力分析。通过研究发现，①不同毛细管动态封闭性评价方法测试结果差异较大；②储气库运行过程中盖层密封能力发生持续性变；③针对取芯储气库，多周期效应会导致盖层局部密封能力增强；提高上限压力会导致局部密封性减弱；局部盖层力学破坏风险低于毛细管封闭失效。研究结果表明，通过地应力“原位”仿真模拟，可较大程度还原盖层岩石在地应力条件下的孔喉结构，实现相对准确的实验评估。

关键词　气藏型储气库；盖层；动态密封性；突破压力；毛细管封闭；“原位”应力仿真

1　前言

季节调峰型气藏储气库可保障我国能源安全，但其具有独特的多周期注采运行方式。根据天然气市场需求，储气库一般需要在1年内完成一个或多个注采周期，为实现储气库循环利用，此类运行方式需在一个气藏地质构造中持续多年，与常规气藏压力衰竭式开发存在显著差别，国外的部分气藏储气库已有超过50年的运行历史。但随着气藏型储气库的大批投建，其安全运行与调峰能力之间的矛盾逐渐突显。其中，储气库高强度注采过程中的盖层密封性问题已成为国内外学者关注的焦点。

盖层密封性的研究，起源于油气成藏和油气勘探领域，为了寻找油气地质资源，前人基于地质和油气成藏演化方式，发现了盖层存在毛细管封闭、烃浓度封闭和超压封闭等多种油气封闭形式并奠定了坚实的理论基础。随着技术的发展和地质资源利用的多元化，在油气开发、二氧化碳埋存和储气库调峰等领域，盖层密封评估逐渐从突破压力、排替压力和截断压力等静态指标向力学完整性和流-固耦合等动态因素转变。其中，气藏型储气库在多周期高速循环注采运行过程中，会引起储层高低压交替变化和地应力扰动，由此导致储气库盖层宏观上发生弹塑性变形，微观上形成岩石孔隙和裂缝结构改变，进而影响盖层密封能力。

目前，针对气藏型储气库盖层静态密封性指标，通过物理模拟和力学完整性数值模拟方面的研究相对较多，而多周期注采条件下储气库盖层毛细管动态密封能力的物理模拟研究相对较少，仅Sun等2018年开展了间接动态突破压力测试，Zhu等2022年开展了“原位”仿真条件下盖层动态密封性综合分析。本文对比了不同分析方法测试结果差异，建立了储气库盖层动态密封能力综合分析方法，并基于储气库实际盖层岩芯样品开展了临界密封能力分析，揭示了不同压力系数下，储气库注采综合效应对盖层密封性的动态影响，为气藏型储气库盖层动态密封性分析提供参考依据。

2　研究方法

2.1　盖层毛细管封闭

储气库盖层的密封能力与岩石连通孔隙喉道裂缝特征和力学强度存在关联。盖层岩石多含有地层水，我国大部分储气库盖层以毛细管封闭为主。在盖层中，地层水为润湿流体，毛细管压力阻碍了储层中天然气向盖层泄露。当储层气相流体压力大于盖层排驱压力，盖层局部毛细管密封则会失效。根据油层物理中描述的经典毛管力理论看出，盖层岩石孔喉的毛细管力与孔喉半径、界面张力有关。因此，随着储气库多周期高强度注采，岩石本身会发生弹塑性变形，在界面张力和润湿角不改变的前提下，岩石内部孔喉半径受到储气库注采周期和所受有效应力的影响（式1）。

$$P_c(n, \sigma') = \frac{2\sigma_i \cos\theta}{r(n, \sigma')} \quad (1)$$

式中，P_c 为毛管力，MPa；σ_i 为界面张力，MPa；θ 为润湿角，°；n 为注采周期；σ' 为有效应力，MPa。

盖层密封性评估可通过多种指标开展测试分析（图1），从盖层泥岩毛管力曲线可以判定排驱压力与突破压力等指标。从气水相渗曲线也可以解释，气驱水时气体开始流动时岩石样品内的气体突破。对于天然岩芯样品来说，开展突破压力测试更具有可行性。需要注意的是，盖层样品具有非均质性，岩石内部的孔喉半径存在较大差异，流体一般先进入样品端面上较大的孔隙，若内部孔径变窄，则气体则需要更高的压力才能通过整个岩石样品。因此，突破压力一般大于排驱压力。而在实际地层中，盖层具有一定厚度，气体一旦在盖层内部突破并开始连续流动，将会形成缓慢的天然气泄漏。若盖层厚度较大，随着气体在盖层岩石内不断运移和压差降低，气体则会停止流动。因此，盖层中局部毛细管封闭失效，会增加天然气泄漏的概率。

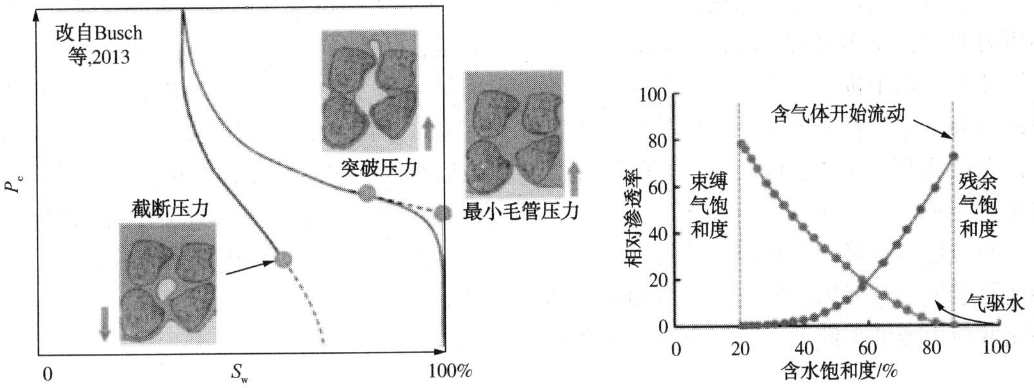

图1　泥岩毛管力曲线与两相流体渗流示意图

2.2　实验方法

我国大部分气藏型储气库埋藏在地下2000-5000米之间，由于深部地层孔隙压力和岩石所受地应力较高，综合考虑不同实验设备参数限制和操作安全性，可通过加载有效应力开展相关实验研究。根据经典有效应力理论（式2），在实际评估中岩芯试样上加载的有效应力需综合考虑地应力和流体压力变化。为客观研究储气库多周期注采时有效应力变化对孔隙结构和密封性的影响，需针对盖层岩石开展地层有效应力“原位”仿真同步密封指标测试。

$$\sigma' = \sigma - \alpha P_P \quad (2)$$

式中：σ 为岩石上总应力，MPa；σ' 为有效应力，MPa；P_P 为孔隙压力，MPa；α 为Biot系数。

地应力与储气库地质构造和岩石物理属性是密切相关的，通过解析法可对局部应力开展分析，也可通过地质力学建模和数值模拟研究确定岩体变形量、局部地应力变化和孔隙压力震荡，由此计算取芯位置样品的有效应力变化。通过数值模拟研究发现，盖层不同区域岩石所受有效应力存在差异。如在盖层中部，由于毛管力作用，孔隙流体未发生流动，有效应力变化来自于盖层局部区域地应力变化的影响。在储盖层交界处，孔隙压力和地应力均会随着储气库注采存在周期性改变（图2）。因此，在实验方案设计时，应综合考虑盖层取芯样品所在不同地质构造位置，结合实际情况开展方案设计。

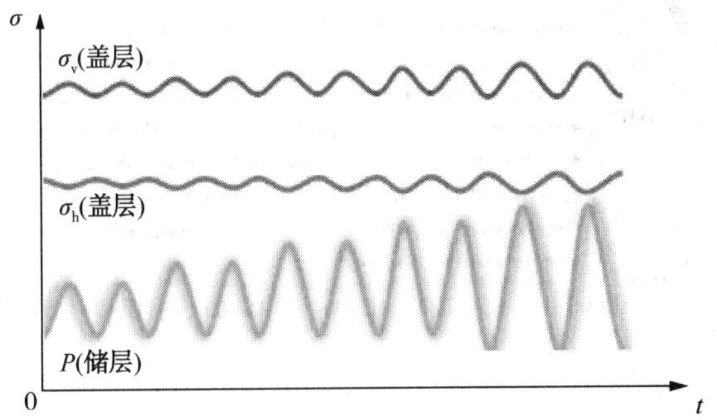

图2　某气藏型储气库注采过程中局部盖层地应力变化图

为研究储气库多周期注采过程中盖层密封性演化特征，可结合储气库精细地质研究，并开展盖层取芯，加工并选取代表性岩石样品，开展动态突破压力测试实验。假设，储气库多周期注采过程中盖层孔隙界面张力和润湿角恒定不变；地层水对盖层孔隙结构影响较小，没有发生化学作用；储层与盖层的部分孔隙连通，当盖层被压缩时，内部孔隙可以排水；盖层处于相对稳定的压应力状态。针对储气库多周期注采运行工况下的动态突破压力实验研究方法如下：

（1）间接测量法：首先在静水压条件下对饱和地层水盖层样品开展第一次静态突破压力测试，然后在三轴岩石力学实验机上开展交变应力疲劳加卸载，随后在静水压条件下对样品进行烘干并再次饱和地层水，开展第二次静态突破压力测试。该方法可以实现盖层样品疲劳前后两次静态突破压力对比，操作可行性较强。但需要在岩石流体饱和仪、烘干机、岩石力学实验机和突破压力测试仪等多个设备上分别开展样品准备和实验分析，无法实现样品“原位”应力仿真条件下的实时在线测量。

（2）原位仿真直接测量法：模拟地应力条件对饱和地层水岩芯开展第一次突破压力测试，随后开展交变应力疲劳加卸载，第二次充分饱和地层水并开展突破压力测试。整个实验过程在同一套设备上开展，可精细分析不同运行条件下突破压力值。但大部分盖层岩石孔隙致密，泥质矿物含量较高，在耦合实验机中充分饱和地层水难度较大，容易造成流体饱和不充分，实验成功率较低，实验难度较大。

（3）原位仿真转换测量法：可在模拟储气库强注强采时，测试原位仿真有效应力条件下，不同应力状态和周期次数的盖层岩石渗透率，最后开展动态突破压力转换计算。该方法可较大程度保持岩石原有孔隙结构，准确研究复杂应力对盖层岩石孔隙结构的单因素影响，实验成功率较高，但需对区域样品建立可靠的“原位”渗透率（孔隙度）与静态突破压力转换图版。值得注意的是，从流体渗流角度看，同一地区岩石的渗透率与突破压力/排替压力均存在较好的相关性（图3）。因此，若在“原位”仿真应力条件下，先后对同一块岩石样品严格测量渗透率和突破压力，并针对目标区块大量盖层样品建立关系式，可对储气库运行过程中的动态突破压力提供参数标定。

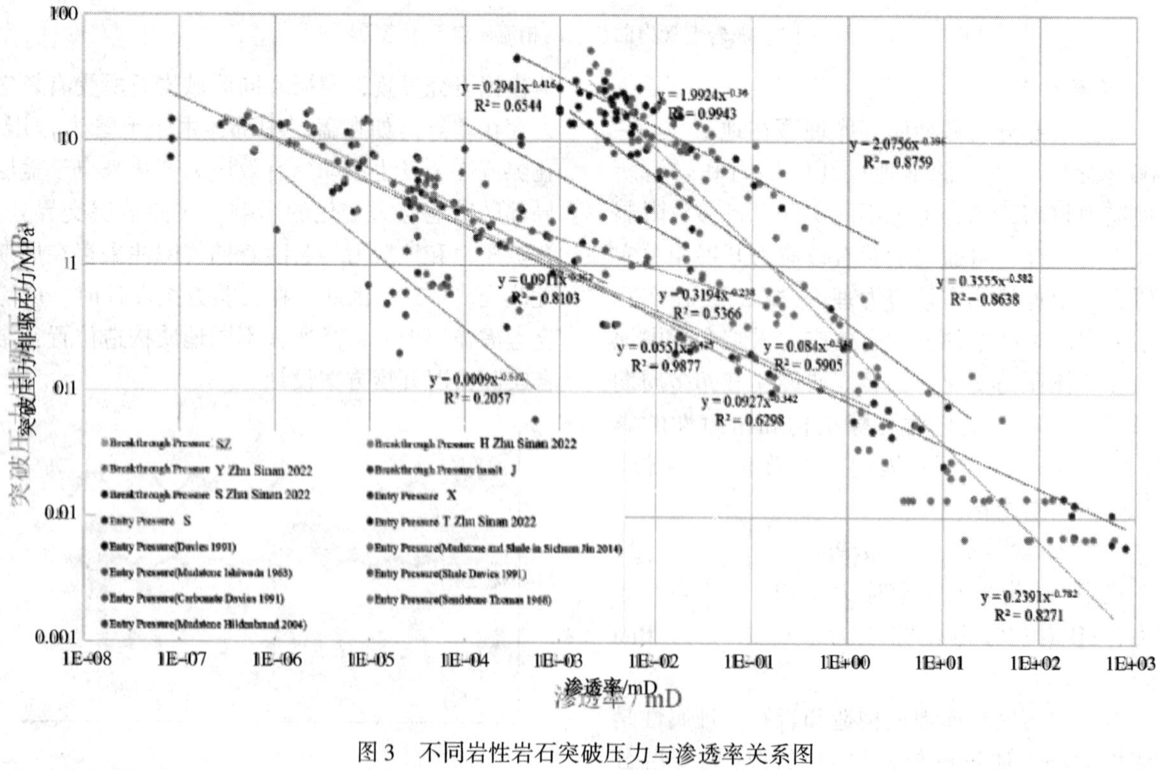

图3　不同岩性岩石突破压力与渗透率关系图

2.3 研究方案

本次研究分别从三个典型气藏型储气库钻取盖层样品，经筛选后按照不同方向加工成直径25mm，长度50mm的圆柱体试样。利用TC200

型脉冲孔渗联测仪对制备好的岩芯开展孔隙度和渗透率基础物性测试。盖层岩石孔隙度介于0.6~10.4%之间，渗透率介于0.0014~0.163mD之间。研究区非均质性较强，渗透率较低，部分盖层样品渗透率低于设备测量极限，未检测出数值，选取物性适中的盖层样品开展密封性实验分析(表1)。

表1 盖层岩芯样品基本参数

储气库	样品岩性	平均孔隙度/%	平均渗透率/mD
A	粉砂质泥岩/泥岩/	6.22	0.0132
B	粉砂质泥岩/泥岩	2.57	0.0126
C	泥岩/泥质粉砂岩	2.42	0.0002

针对不同储气库的岩心样品共设定两组实验方案，由于方法二和方法三实验所得结果类似，本次研究分别利用突破压力间接测量法(方法一)(图4)和原位仿真转换测量法(方法三)(图5)开展测试。其中，原位仿真转换测量法在改造后的MTS岩石力学试验机上开展。岩心样品的应力加载范围以储气库实际运行压力区间和地应力为依据，最大注入压力设置为原始地层压力的倍数，最小注入压力由单井采气能力、库容动用等综合因素确定，在样品上加载不同方向的地层“原位”仿真有效应力，在岩石力学机上以偏应力的形式加载。在每个地层压力系数条件下分别模拟50次注采循环周期，并在不同时间点记录应力、应变和渗透率等参数，最后根据严格标定的区域图版开展突破压力计算。

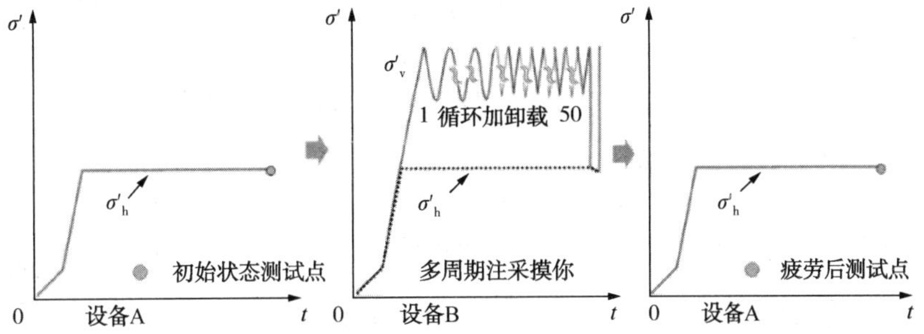

图4 静水压间接测试实验方案示例图

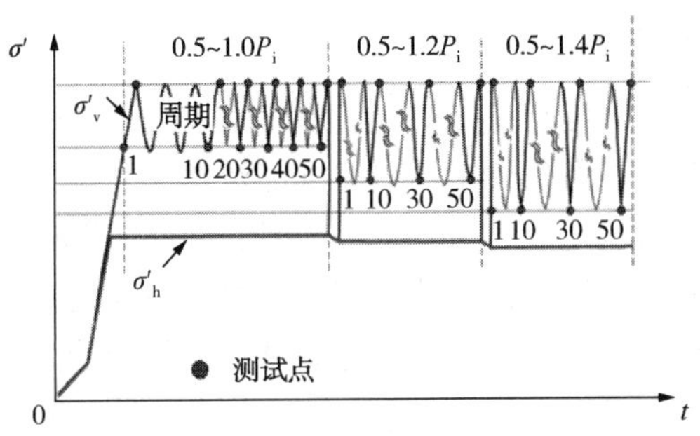

图5 “原位”仿真应力实验方案示例图

3 盖层岩石动态突破压力演化特征

通过对三个储气库盖层样品开展实验测试，并对其动态突破压力与初始静态突破压力进行归一化处理得到图6。其中，图6(a)为静水压间接测量法实验结果，图6(b)为原位仿真应力转换测量法实验结果。若提高上限运行压力，放大运行压力区间，两种测试方法均体现出盖层整体密封能力下降的趋势。其中，从图6(b)也可看出，当A储气库试样在压力系数为1.2条件时，C储气库试样的压力系数为1.4时，动态突破压力小于初始突破压力。此结果表明，当上限压力增加到一定水平时，毛细管封闭能力会比初始状态时更弱，气体泄漏的风险比初始条件更高。

而针对疲劳效应对盖层密封能力影响问题上，两种测试方法实验结果存在差异。从静水压间接测量法实验结果看出(图6(a))，A和C储气库盖层在50周期疲劳作用下密封能力减弱，B储气库盖层密封能力在交变应力作用下增强，大部分盖层样品出现了密封能力弱化的现象。而原位仿真转换测量法(图6(b))测试出了整个注采过程中的密封能力演化特征，直观表明储气库注采过程中盖层密封能力会出现实时改变。从图6(b)可看出，三个储气库区域盖层样品在模拟1.0、1.2和1.4压力系数条件下，不同地区的盖层突破压力增幅不同，但是整体趋势一致，均随多周期注采密封能力增强。说明在地层“原位”仿真应力作用下，由于应力差的存在，盖层密封性演化趋势与静水压间接测量法在A和C储气库上得到的结果截然相反。同时，在实验结果中可以看出，三个储气库样品在上限压力条件下的突破压力均低于下限压力条件的突破压力。随着多周期注采模拟，试样在前10个加卸载循环中突破压力上升明显，随后逐渐趋于稳定。A、B 和 C 储气库盖层在循环加卸载 30 周期后，上限压力条件下的突破压力平均提高 0.7%、1.3%和 1.7%，在下限压力条件下的突破压力平均提高 2.3%、2.5%和 4.9%，整体上略高于上限压力。这表明，随着多周期循环注采，盖层封闭性增强并逐渐趋于稳定。

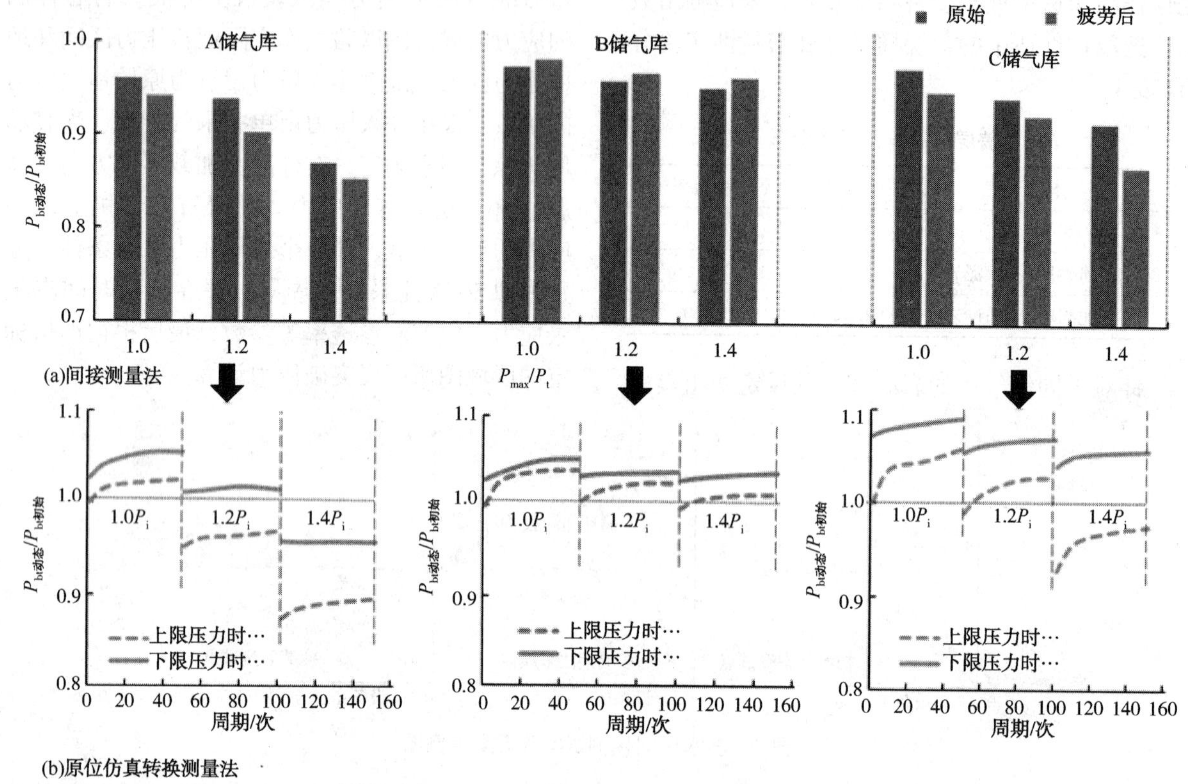

图 6　不同测试方法储气库盖层突破压力演化规律对比

4　分析与讨论

4.1　储气库盖层力学参数演化与动态密封机理

从盖层的力学完整性来看，以 C 储气库盖层样品为例，随着储气库多周期循环注采，盖层岩石样品发生累积塑性应变(图 7(a))。盖层岩石虽然受到复杂储气库注采工况的影响，但对比其压缩至破坏的全应力-应变关系(图 7(a))可以看出，多周期阶段，模拟上限压力时，岩石处于压密阶段，轴向的累积塑性应变随多周期注采而增加。模拟下限压力时，接近岩石弹性阶段，累积塑性应变相对较小。C 储气库的盖层岩石具有较高的抗压强度，其注采循环阶段的偏应力远低于试样岩石的屈服强度和抗压强度，是其注采运行过程中相应偏应力的 8 倍。在同步研究中发现，此类储气库盖层岩石富存脆性矿物和黏土矿物，使其不易发生变形，具有较高的抗压强度，原始密封性较好。应力敏感性较强，“原位”仿真有效应力条件下的盖层样品渗透率是未覆压条件下的 5.3 倍。在应力加载时，样品内部的渗流通道，包括较大孔隙和部分矿物会发生变形，因此导致了密封能力的变化。从盖层岩石力学参数演化上可以看出(图 7(b))，随着多周期注采，弹性模量为非线性上升趋势，泊松比为下降趋势，表明岩石变形减弱、刚性增加。随着注采压力运行区间增大，上限压力系数越高，曲线在弹性区覆盖范围越大，非线性拟合关系越好。泊松比随着上限压力提高，离散性减弱，并呈现下降趋势。随着多周期循环注采仿真模拟，盖层岩石的累积塑性应变相对增大。从图 8 可以看出，在 50 周期交变应力作用下，部分黏土孔隙发生塑性变形，孔隙直径出现不同程度的下降，从而影响到盖层密封能力。

4.2　储气库运行动态突破压力分析

为定量评价储气库盖层动态封闭能力并预测不同压力系数下的盖层密封性变化趋势，根据朱思南等 2022 年建立的盖层极限承压能力分析图

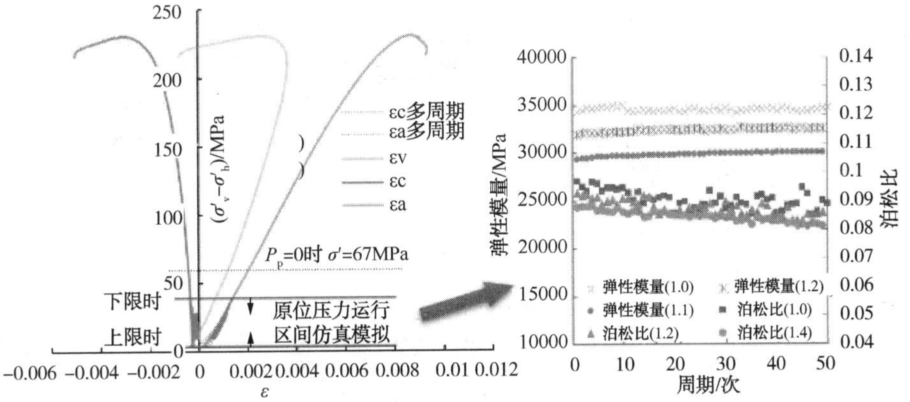

图 7　C 储气库盖层样品应力-应变关系与多周期注采盖层力学参数演化

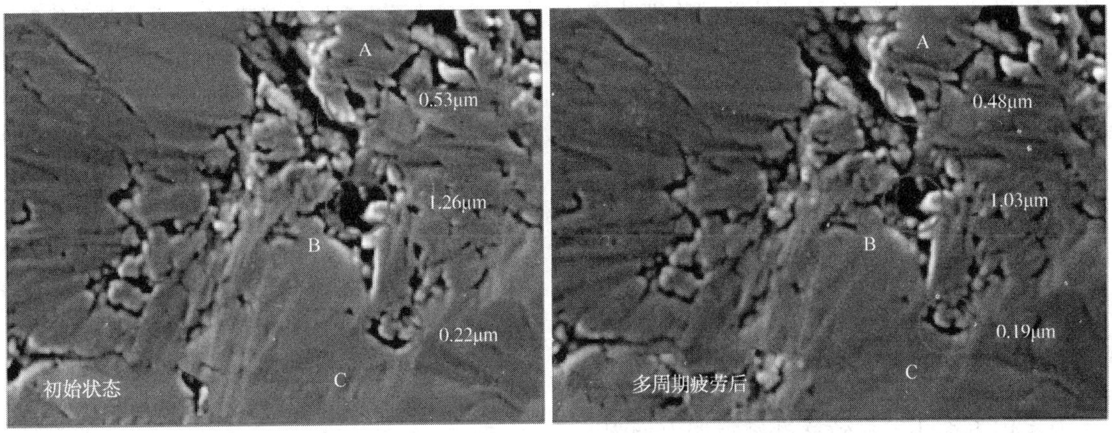

图 8　C 储气库盖层样品力学疲劳后局部孔隙塑性变形

版，将本次实验结果引入图版开展储气库盖层动态密封性分析和不同实验方法的结果差异性对比。

以 C 储气库为例，从图 9 中可以看出其盖层动态突破压力随地层压力升高而减小(图中实线所示)，储、盖层流体压差随地层压力的升高而增大(图中虚线所示)，两线交点代表临界注气压力系数。结合间接静水压测量法实验结果获得交点 B，临界注气压力系数为 1.19；原位仿真测量法实验结果获得交点 C，临界注气压力系数为 1.35。同时，地层发生拉张破坏时的注气压力系数为 1.86，高于使毛细管封闭失效的临界注气压力系数。

本次研究中，由于多周期注采疲劳效应的存在，C 储气库盖层岩石出现了密封性增强的特征(图 6)，从盖层极限承压能力分析图版(图 9)中看出，注采疲劳效应使此盖层动态突破压力曲线往基准线上方偏移，整体提压运行潜力较高。在使用图版分析极限承压能力时，可结合不同的储气库运行特征对临界注气压力系数进行修正。值得注意的是，在储气库实际运行过程中，天然气易在盖层缺陷区发生局部密封性失效，若利用“原位”仿真应力盖层密封性评价方法开展研究，可实现盖层动态密封能力的评估。但储气库盖层局部区域位置岩芯样品的密封指标仅代表客观突破压力变化的平均水平，找到盖层中最为薄弱的区域，需结合地质认识开展综合研究。

5　结论

(1) 不同毛细管动态封闭性测试方法在评价疲劳效应对盖层密封能力影响时，测试结果差异较大。间接测量法的测试结果在 A、C 储气库的密封性变化趋势与原位应力仿真法测试结果相反。以 C 储气库为例，基于盖层极限承压能力分析图版，间接法和“原位”法评价的盖层临界注气压力系数分别为 1.19 和 1.35。

(2) 通过原位应力仿真法实验结果证明，储气库运行过程中盖层密封能力发生持续性改变，从上限压力到下限压力之间循环注采时，盖层密封能力也会出现周期性波动，这与注、采气压力

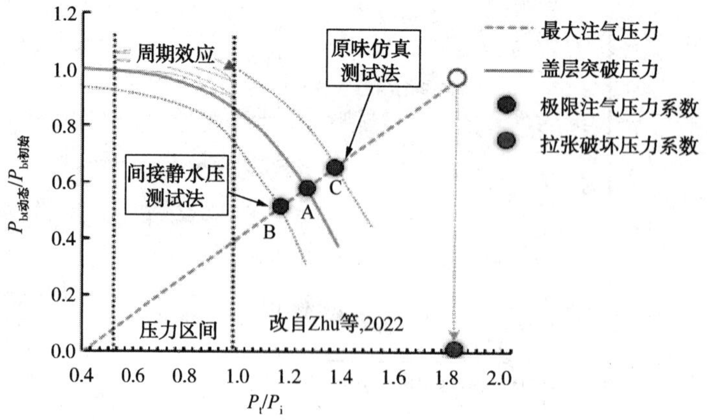

图 9　C 储气库盖层岩石极限承压能力分析图版

和其引起的局部地应力扰动导致的盖层物性改变存在直接关联。

（3）针对取芯的三个典型储气库盖层样品，多周期注采效应均导致了盖层局部密封能力增强，而提高上限压力则会导致盖层局部密封性减弱，盖层密封能力的变化取决于综合效应的叠加。从力学完整性看，局部盖层岩石压剪破坏和拉张破坏的风险低于毛细管封闭失效的风险。结合盖层岩石力学参数和 SEM 等辅助分析，证实盖层渗流通道发生累积塑性变形，且局部孔隙在交变应力作用下缩小，导致样品密封能力增强。因此，通过地应力“原位”仿真模拟，可较大程度还原盖层岩石在地应力条件下的孔喉结构，实现相对准确的实验评估。

参　考　文　献

[1] 郑得文，胥洪成，王皆明，等．气藏型储气库建库评价关键技术[J]．石油勘探与开发，2017，44(05)：794-801.

[2] 丁国生，丁一宸，李洋，等．碳中和战略下的中国地下储气库发展前景[J]．油气储运，2022，41(01)：1-9.

[3] 曾大乾，张俊法，张广权，糜利栋．中石化地下储气库建库关键技术研究进展[J]．天然气工业，2020，40(06)：115-123.

[4] 马新华，郑得文，申瑞臣，等．中国复杂地质条件气藏型储气库建库关键技术与实践[J]．石油勘探与开发，2018，45(03)：489-499.

[5] Walls J D. Tight gas sands - permeability, pore structure, and clay[J]. Journal of Petroleum Technology, 1982, 34(11): 2, 708-2, 714.

[6] 吕延防，付广，高大岭，等．油气藏封盖研究[M]．北京：石油工业出版社，1996：118-120.

[7] 付晓飞，吴桐，吕延防，等．油气藏盖层封闭性研究现状及未来发展趋势[J]．石油与天然气地质，2018，39(3).

[8] Rutqvist J, Tsang C F. Coupled hydromechanical effects of CO2 injection[J]. Developments in Water Science, 2004, 52: 649-679.

[9] Zoback M D. Reservoir Geomechanics[M]. Cambridge University Press, 2007.

[10] 贾善坡．付晓飞．王建军 孔隙型地下储气库圈闭完整性评价　科学出版社，2020

[11] Tenthorey E, Vidal - Gilbert S, Backe G, et al. Modelling the geomechanics of gas storage: A case study from the Iona gas field, Australia[J]. International Journal of Greenhouse Gas Control, 2013, 13: 138-148.

[12] Zhu Sinan, Sun Junchang, Wu Yingjie, Zhao baoyun, Zhang Li, Zhang Xin, Wang Binyuan. Experimental Study on Mechanical Properties of Gas Storage Sandstone under Water Content[J]. Advances in Civil Engineering, 2021(9).

[13] Sun J, Zheng D, Wang J, et al. Comprehensive Evaluation of the Dynamic Sealing Capacity of Clayey Caprocks in a Large Underground Gas Storage[C]//SPE Europec featured at 80th EAGE Conference and Exhibition. OnePetro, 2018.

[14] Boulin P F, Bretonnier P, Vassil V, et al. Sealing efficiency of caprocks: Experimental investigation of entry pressure measurement methods[J]. Marine & Petroleum Geology, 2013, 48: 20-30.

[15] Biot, M. A., 1962. Mechanics deformation and acoustic propagation in porous media. Journal of Applied Physics 33, 1482-1498.

[16] Gensterblum Y, Ghanizadeh A, Cuss R J, et al. Gas transport and storage capacity in shale gas reservoirs-A review. Part A: Transport processes[J]. Journal of Unconventional Oil and Gas Resources, 2015, 12:

87-122.

[17] Jin Z, Yuan Y, D Sun, et al. Models for dynamic evaluation of mudstone/shale cap rocks and their applications in the Lower Paleozoic sequences, Sichuan Basin, SW China[J]. Marine & Petroleum Geology, 2014, 49: 121-128.

[18] Kameya H, Takeshima J, Azuma H, et al. Evaluation of the sealing efficiency for CCS (a case study for Osaka Bay)[C]. Formation Evaluation Symposium of Japan. 2010.

[19] Kano Y, Fujii T, Uehara S, et al. Experimental study of sealing performance: Effects of particle size and particle-packing state on threshold pressure of sintered compacts[J]. Journal of geophysical research. Solid earth: JGR, 2014.

[20] Wu T, Pan Z, Connell L D, et al. Gas Breakthrough Pressure of Tight Rocks: A Review of Experimental Methods and Data[J]. Journal of Natural Gas Science and Engineering, 2020, 81: 103408.

[21] 孙军昌，胥洪成，王皆明，等．气藏型地下储气库建库注采机理与评价关键技术[J]．天然气工业，2018，38(04)：138-144.

[22] 朱思南，孙军昌，魏国齐，等．水侵气藏型储气库注采相渗滞后数值模拟修正方法[J]．石油勘探与开发，2021，48(01)：166-174.

[23] 胥洪成，张士杰，李翔，郑得文，王皆明，宋丽娜，赵凯，裴根，殷子横．气藏改建储气库下限压力设计新方法[J]．天然气地球科学，2020，31(11)：1648-1653.

[24] Busch A, Amann-Hildenbrand A. Predicting capillarity of mudrocks[J]. Marine & Petroleum Geology, 2013, 45(4): 208-223.

[25] Wang Z. C., Li W, J Liu, et al. A review on state-of-the-art of underground gas storage and causes of typical accidents[J]. Hazard Control in Tunnelling and Underground Engineering, 2019, 1(2): 49-58.

某储气库用环空保护液缓蚀效果的腐蚀试验研究

李丽锋　朱丽霞　罗金恒　马乾芝　武　刚

（中国石油集团工程材料研究院石油管材及装备材料服役行为与结构安全国家重点实验室）

摘　要　环空保护液是储气库注采管柱腐蚀防护的主要措施。为明确某储气库注入气气侵环境下环空保护液的缓蚀效果，采用电化学腐蚀试验、失重腐蚀试验，以某储气库实际工况为例，通过测试开路电位、动电位极化曲线和电化学阻抗谱(EIS)及腐蚀速率，研究了缓蚀剂配比、CO_2含量和地层水在70℃时对VM80S腐蚀性能的影响，确定其显著影响因素，并评价该环空保护液在气侵环空下的缓蚀效果。结果表明：该储气库用环空保护液在70℃下腐蚀速率高于0.076mm/a的要求，在缓蚀剂比5%NaCl溶液配比而成的环空保护液缓蚀效果优于纯缓蚀剂溶液；在缓蚀剂溶液和缓蚀剂比5%NaCl溶液1：10的环空保护液中，通入CO_2后，VM80S常温常压下的抗电化学腐蚀能力最大，CO_2气侵对缓蚀剂及环空保护液的缓蚀性能具有正向催化作用。

关键词　VM80S；缓蚀剂；极化曲线；电化学阻抗谱；腐蚀失重试验

随着全球经济快速发展，低碳清洁的天然气需求急剧增长，天然气安全平稳供给形势日益严峻，地下储气库作为天然气调峰保供的主要手段迎来黄金发展机遇期，战略地位举足轻重。储气库安全运行是其发挥季节调峰的保障，注采管柱作为储气库井的第一井屏障部件，一旦密封性失效，将导致A环空异常带压威胁储气库井安全运行。相比常规气井，储气库注采管柱有着“强采强注”的特点，在承受交变载荷的同时还处于含有来自注采气的酸性气体以及地层水等腐蚀介质的腐蚀环境中，腐蚀是储气库管柱失效的主要原因之一。

为预防储气库注采管柱发生腐蚀，常在油管与套管之间的环形空间加注环空保护液。加注环空保护液的方式具有操作过程简单，节约财力人力，不受结构限制，可通过调整缓蚀剂的种类或浓度达到不同防腐效果等优点，该方法广泛应用于油气井管柱腐蚀防护。然而国内储气库运行实践表明，部分注采井由于管柱螺纹在拉压交变载荷下发生密封失效，使含CO_2的天然气侵入环空，并导致环空保护液防腐性能下降，发生油管外腐蚀和生产套管内腐蚀，甚至导致多处腐蚀穿孔造成油套同压，致使储气库井风险增加。

目前国内外对于储气库管柱腐蚀风险研究多集中在地层水下套管腐蚀、低含水下注入气CO_2腐蚀、电偶腐蚀等方面，对气侵环空保护液下管柱腐蚀风险认识不足。另外，由于储气库多周期注采工况，管柱螺纹密封失效导致气体侵入环空的可能性较大，气侵致环空保护液防腐性能失效的风险存在，而大多储气库环空保护液选型时多采用油田常用的环空保护液类型，并未充分考虑该因素，因此，亟需开展环空保护液防腐有效性评价，防止气侵环空保护液下管柱腐蚀发生。为评价气侵环空保护液环境下管柱是否存在腐蚀风险，本研究以某储气库工况为例，采用电化学试验及失重腐蚀试验方法模拟不同气侵下环境溶液对VM80S钢管进行了腐蚀试验，分析了VM80S在不同气侵环境溶液中的电化学腐蚀行为，总结了不同气侵环境对VM80S腐蚀性能的影响规律。

1　试验材料及方法

1.1　腐蚀环境调研及试验参数选取

某储气库井注入气和采出气中的酸性气体组分主要以CO_2为主，气侵环空保护液环境下管柱会发生CO_2腐蚀。研究表明影响CO_2腐蚀的因素主要为温度、CO_2分压、介质溶液成分、流速、pH值。油管与套管环空环境中不存在注采气流动及环空保护液等流动，故流速对腐蚀的影响可忽略不计；经试验测量在缓蚀剂及环空保护液中加入地层水或通入CO_2至饱和状态下，溶液的pH值变化较小波动范围在0.2个单位之间，故pH值对腐蚀的影响也可忽略不计。综上，本次试验应考虑CO_2、地层水(溶液成分)以及温度对腐蚀速率的影响。

据统计某储气库实际数据，各井井口和运行实测温度在46~67.8℃之间；注入气或采出气中CO_2分压在0~0.61MPa之间，地层水中矿化度在0.39~59.09g/L之间。国内学者外对碳钢CO_2腐蚀影响因素的研究结果表明，在其他条件不变的情况下，温度对于碳钢CO_2的腐蚀速率影响规律呈现先上升后下降趋势，拐点在80℃~110℃之间；环境溶液中杂质离子对CO_2腐蚀有促进作用，杂质离子含量越高腐蚀速率越快，腐蚀越严重[16-20]。

依据上述工况结合腐蚀规律，选取腐蚀环境最恶劣的情况进行腐蚀试验并分析，试验温度取70℃，地层水依据矿化度取59.09g/L，并在环境溶液中通入CO_2使之饱和，环境溶液选取某型缓蚀剂溶液和现场用该缓蚀剂与清水1：10配置而成的环空保护液。将电化学腐蚀试验分为两大组，第一组环境溶液为某型缓蚀剂溶液，第二组为某型环空保护液；每大组模拟三种腐蚀环境分别为未气侵、CO_2气侵、CO_2和地层水同时侵入。失重腐蚀试验也分为三组，通过在环空保护液中通入CO2，或加入配置地层水，来模拟不同气侵环境，研究腐蚀挂片在不同腐蚀环境中的腐蚀行为，分组详情见表1和表2。

表1　电化学腐蚀实验分组

组别	编号	温度/℃	模拟环境	环境
缓蚀剂组	1-1	70	未气侵	缓蚀剂溶液
	1-2	70	CO_2气侵	缓蚀剂CO_2饱和溶液
	1-3	70	CO_2和地层水同时侵入	缓蚀剂CO_2饱和溶液加10%配置地层水
环空保护液组	2-1	70	未气侵	环空保护液
	2-2	70	CO_2气侵	环空保护液CO_2饱和溶液
	2-3	70	CO_2和地层水同时侵入	环空保护液CO_2饱和溶液加10%配置地层水

表2　失重腐蚀实验分组

组别	编号	温度/℃	时间/h	CO_2分压/MPa	模拟环境	环境
缓蚀剂组	A-1	70	336	0	未气侵	缓蚀剂溶液
	A-2	70	336	0.61	CO_2气侵	缓蚀剂CO_2饱和溶液
	A-3	70	336	0.61	CO_2和地层水同时侵入	缓蚀剂CO_2饱和溶液加10%配置地层水
环空保护液组	B-1	70	336	0	未气侵	环空保护液
	B-2	70	336	0.61	CO_2气侵	环空保护液CO_2饱和溶液
	B-3	70	336	0.61	CO_2和地层水同时侵入	环空保护液CO_2饱和溶液加10%配置地层水

1.2 试验材料和溶液制备

试验所采用的试样为某储气库用VM80S油管，化学成分如表3所示。

表3　试验材料的化学成分　　%

Element	C	Si	Mn	P	S	Cr	Mo	Ni	Nb	V	Ti	Cu
Percent	0.22	0.21	0.99	0.015	0.0036	0.24	0.041	0.080	0.0014	0.0049	0.042	0.16

电化学试验工作电极为10 mm×10 mm×t(t为油管设计壁厚)立方体，并将导线焊接在电极一正方形表面引出，用环氧树脂将电极与导线密封，再依次用240#~1200#砂纸打磨另一正方形表面，用丙酮去除电极表面污渍。实验前利用流动性较好的硅橡胶对电极与环氧树脂的交界处进行密封，以防止缝隙腐蚀的发生，封装完成后电极的有效工作面积为1cm^2，制备完成后保存在干燥箱中备用。

失重腐蚀试样依据JB/T 7901—1999《金属

材料实验室均匀腐蚀全浸试验方法》标准，从VM80S钢管管体截取片状试样。试验前首先将试样依次用240#、400#、600#、800#、1000#砂纸进行逐级打磨试样，蒸馏水冲洗，丙酮除油，无水酒精脱脂，烘干后放置干燥器内，用于高温高压斧失重试验、微观形貌观察及腐蚀产物分析，腐蚀失重试验前用游标卡尺测量试样的实际尺寸，对每个试样的重量和尺寸按顺序进行详细记录。试样安装在高压釜专用的试样架上，试样间保持一定距离确保试样无接触，然后将装好试样的试样架安装在国产高压釜中进行试验。

实验所用环境溶液为某储气库用缓蚀剂溶液及环空保护液，通过在缓蚀剂溶液或环空保护液中通入CO_2，或加入配置地层水，来模拟不同气侵环境，研究工作电极在不同腐蚀环境中的电化学腐蚀行为。环空保护液是由缓蚀剂与5%NaCl溶液1：10配比而成。地层水离子浓度根据某储气库采出水样实际数据所配置，其中KCl为0.05376g/L，NaCl为0.6403g/L，$CaCl_2$为31.2382g/L，$MgCl_2 \cdot 6H_2O$为64.5263g/L，$SrCl_2 \cdot 6H_2O$为0.669g/L，NaBr为0.0316g/L。

1.3 实验方法

1.3.1 电化学试验

采用Corrtest CS235电化学工作站，三电极体系，VM80S油管试样为工作电极，饱和甘汞电极(SCE)为参比电极，碳棒为辅助电极，对三组不同腐蚀环境的试样进行开路电位测试、电化学交流阻抗测试和极化曲线测试。所有实验均在70℃下进行。

开路电位(OCP)测量设置为1800秒。以0.5mV/s的扫描速率在-0.9V至-0.4V范围内(vs SCE)获得动电位极化曲线。电化学阻抗谱(EIS)测试采用10 mV振幅交流电压信号、5mHz~100kHz的频率范围进行。利用ZSimpWin软件对等效电路进行实验数据拟合，获得电化学腐蚀过程的等效电路和电化学参数。在控电位的电化学极化过程中，电极的极化电位和极化电流密度的关系满足Butler-Volmer方程：

$$I=I_{corr}\left\{\exp\left[\frac{2.303(E-E_{corr})}{b_a}\right]\right\}-\exp\left[\frac{2.303(E_{corr}-E)}{b_c}\right] \tag{1}$$

式(1)中：I为极化时的净电流密度；E为极化电位；I_{corr}为自腐蚀电流密度；E_{corr}为自腐蚀电位；b_a为阳极Tafel常数；b_c为阴极Tafel常数。

在弱极化区超电位范围内，$\eta=|E-E_{corr}|<50mV$。利用式(1)对试验测得的极化曲线进行解析，即可求出b_a、b_c和I_{corr}的值。

1.3.2 失重试验

将环境溶液装入高温高压反应釜中，用支架将试样分别置于环境溶液中，将参数调至试验参数进行试验，待试验结束后将试样取出，依据标准GB/T 16545《金属和合金的腐蚀腐蚀试样上腐蚀产物的清除》对试样进行清洗，首先将试样置于置于去膜液(100ml盐酸+1000ml去离子水+7g六亚甲基四胺)中超声清洗试样表面腐蚀膜，然后用蒸馏水冲洗，酒精脱水，冷风吹干后放入干燥器，试样充分干燥后经分析天平称量，计算质量损失及腐蚀速率。试样的腐蚀速率V(mm/a)按式(2)进行计算：

$$V=(3650\times(m_0-m))/(A\cdot\rho\cdot t) \tag{2}$$

式中：m_0为腐蚀试验前试片的原始质量(g)；m为腐蚀试验后，去除腐蚀产物后的试片质量(g)；ρ为试样密度，g/cm^3；A为试样表面积，cm^2；t为腐蚀试验的时间，d。

2 试验结果与分析

2.1 电化学试验结果

2.1.1 开路电位

图1显示了VM80S在缓蚀剂溶液和环空保护液中不同腐蚀环境下开路电位随时间的变化趋势。由图1可知，试样在缓蚀剂溶液中三组试样的开路电位随时间的增加变化较小，曲线较为平稳；在环空保护液CO_2和地层水侵入环境中试样的开路电位先是随着时间的增加下降，随后趋于稳定，其他两组试样的开路电位较为稳定，开路电位随时间的增加变化较小。在缓蚀剂溶液中，试样的开路电位在600s后更为稳定，在环空保护液中试样的开路电位在1200s后更为稳定。

由图1可知，在缓蚀剂中，CO_2气侵后，试样的开路电位相对未气侵环境稍向正向移；CO_2与地层水同时入侵后，开路电位相对未气侵环境明显负移；试样在环空保护液中的开路电位与在缓蚀剂中的开路电位变化呈相同规律。根据热力学定律，开路电位越负，说明材料的热力学稳定性越差[24]，因此在环境溶液中通入CO_2后，VM80S的热力学稳定性略有提高，在环境溶液中加入地层水并且通入CO_2后，VM80S的热力学稳定性下降。

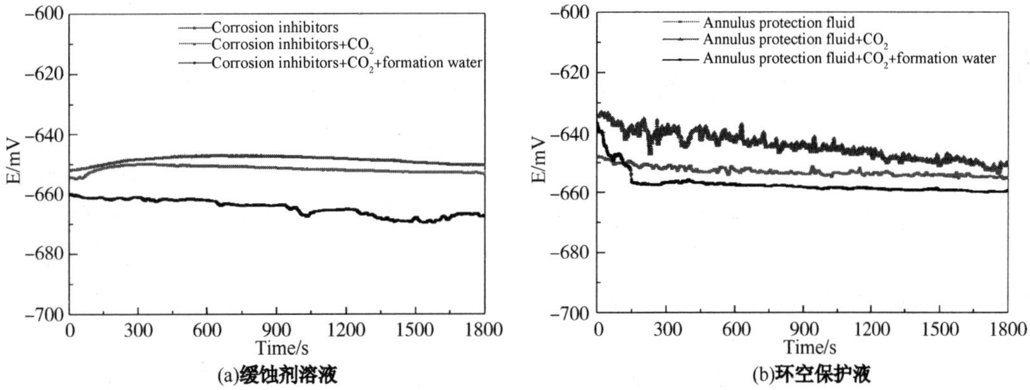

图 1　VM80S 在不同腐蚀环境中的开路电位

2.1.2　极化曲线

图 2 为 VM80S 在缓蚀剂溶液和环空保护液中不同腐蚀环境下的极化曲线。从图 2(a) 可以看出，未气侵缓蚀剂溶液中试样的阳极极化程度较弱，曲线无明显钝化区，阳极极化程度不大；在 CO_2 气侵环境下试样的自然腐蚀电位相对未气侵环境向正电位方向移动，材料的阳极反应也相对难发生，此时主要通过阻碍阳极反应提高了材料的耐蚀性；在 CO_2 及地层水同时侵入环境下试样的自然腐蚀电位相对未气侵环境降低，说明该环境下试样更易发生腐蚀。从图 2(a) 可以看出，在缓蚀剂溶液中 CO2 气侵环境下，材料极化曲线存在明显钝化区，当阳极极化电位增加至 -0.6V 时，开始进入钝化区，继续增加其电极电位，电流密度几乎保持不变；而在无气侵缓蚀剂溶液中和 CO_2 及地层水同时侵入环境中试样极化曲线无明显钝化区。

从图 2(b) 可以看出，环空保护液中试样的阳极极化程度均较弱，曲线无明显钝化区；在 CO_2 气侵环境下试样的阳极极化曲线斜率相对无气侵环境大，材料的阳极反应也相对难发生，但阴极极化曲线斜率相对无气侵环境小，材料的阴极反应更易发生；在 CO_2 及地层水同时侵入环境下试样的自腐蚀电流均相对于无气侵环境增大，说明该环境下试样更易发生腐蚀。

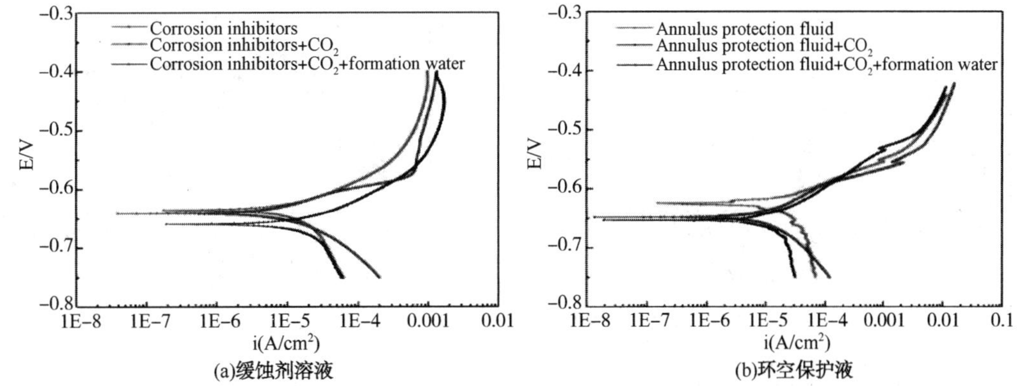

图 2　VM80S 在不同腐蚀环境中的极化曲线

表 4　VM80S 在不同环空保护液环境中的极化曲线拟合结果

组别＼参数	分组	环境	ba/mV	bc/mV	i_{corr}/(A/cm^2)
缓蚀剂	1-1	缓蚀剂	104	519.18	3.77×10^{-5}
	1-2	$+CO_2$	80.31	110.89	1.96×10^{-5}
	1-3	$+CO_2$、地层水	93.85	543.11	4.75×10^{-5}
环空保护液	2-1	环空保护液	49.81	166.55	1.22×10^{-5}
	2-2	$+CO_2$	47.158	99.386	1.03×10^{-5}
	2-3	$+CO_2$、地层水	72.094	463.95	2.15×10^{-5}

表 4 为采用公式 1 拟合得到的不同腐蚀环境下的电化学参数。由表可知，在缓蚀剂溶液和环空保护液两组环境溶液中，试样表现出相同的腐蚀规律，即在 CO_2 单一侵入条件下，VM80S 的自腐蚀电流密度最小，在 CO_2 和地层水同时侵入条件下，VM80S 的自腐蚀电流密度最大。由 Farady 第二定律可知，极化电流与腐蚀速率之间存在一一对应关系，极化电流越大，腐蚀速率越大。自腐蚀电流密度随着 CO_2 的加入而减小，自腐蚀电流密度随着 CO_2 和地层水的加入而增大；即 VM80S 在两组溶液中的耐腐蚀性能均是在 CO_2 侵入环境中最佳，在地层水和 CO_2 同时侵入条件下最差。

Tafel 斜率的大小反映了对电极反应的影响程度，即同一种材质 Tafel 斜率越大对试样电极反应影响越大，试样的阳极斜率 ba 明显小于阴极斜率 bc，说明阴极反应对试样腐蚀的影响程度大于阳极反应。

2.1.3　电化学阻抗谱

图 3、4 分别为 VM80S 在缓蚀剂溶液和环空保护液中不同腐蚀环境下的电化学阻抗谱。如图 3(a)、4(a) 所示，Nyquist 图容抗弧的半径反映了电荷转移电阻的大小，容抗弧半径越大，电荷转移电阻就越大，材料的耐蚀性能越好。因此，从图 3(a)、4(a) 中可以看出，相对于未气侵环境溶液中，CO_2 气侵环境下试样的容抗弧半径最大，即材料的耐蚀性能随着 CO_2 加入有所提高；CO_2 和地层水同时侵入的环境下最大，材料的容抗弧半径相对未气侵环境下小，即材料的耐蚀性在该环境下最差。

如图 3(b)、4(b) 所示，Bode 图中 | Z | - 频率曲线的低频区代表电化学过程中的电荷传递电阻 Rt，可以看出，VM80S 试样在 CO2 侵入环境溶液中对应的电阻值最大。相角-频率曲线在频率 1Hz-100Hz 之间出现相位角峰值。在电化学阻抗测试中，一般通过对极化电阻 Rp、最大相位角的比较来评价材料的耐蚀性。由图 3(b) 可知，在不同气侵缓蚀剂环境下，CO_2 气侵时相位角峰值最大；由图 4(b) 可知，在不同气侵环空保护液环境下试样的相位角峰值变化不大。因此，主要通过极化电阻来判断其耐腐蚀特性。

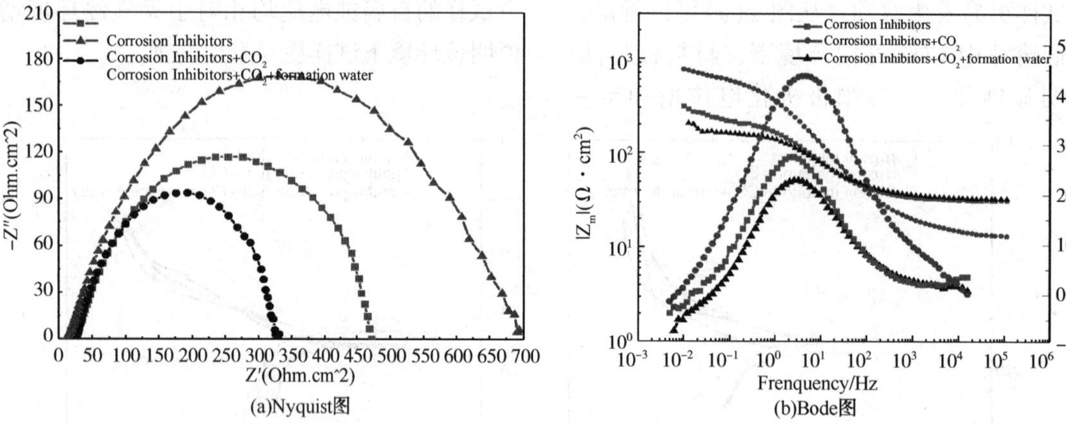

(a)Nyquist图　　(b)Bode图

图 3　VM80S 在不同环境缓蚀剂中的电化学阻抗谱(a) Nyquist 图，(b) Bode 图

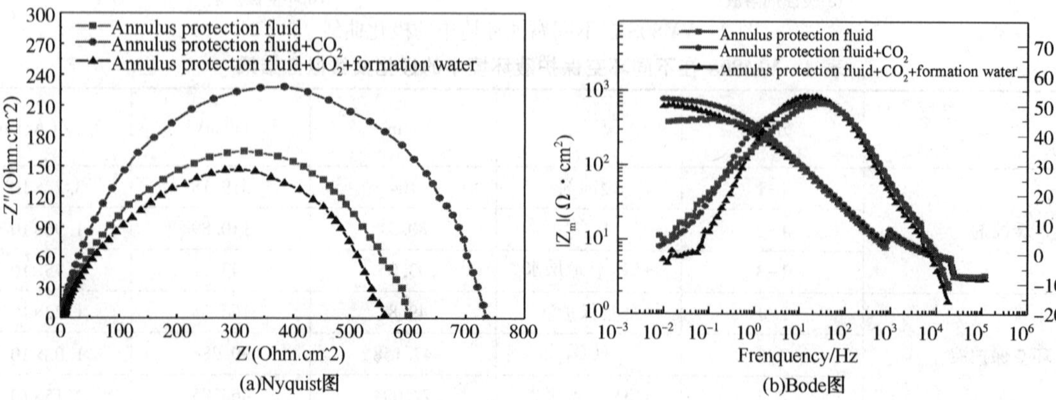

(a)Nyquist图　　(b)Bode图

图 4　VM80S 在不同环境环空保护液中的电化学阻抗谱(a) Nyquist 图，(b) Bode 图

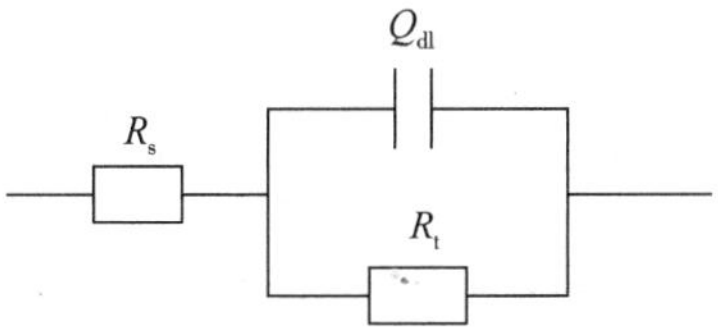

图 5 电化学阻抗谱 R(QR) 等效电路图

采用如图 5 所示的等效电路图对电化学阻抗谱进行拟合，等效元件分别为溶液电阻 R_s，电荷传递电阻 R_t，双电层常相位角元件 Qdl。采用 ZSimpWin 阻抗拟合软件，拟合得到相应的电化学参数列于表 5 中。对电化学阻抗谱进行拟合可获得腐蚀过程的极化电阻 R_p，极化电阻为溶液电阻和电荷传递电阻之和，即 $R_p=R_t+R_s$，其值越大，表明材料耐腐蚀性能越好。由 Farady 第二定律可知，腐蚀电流密度与极化电阻成反比，即 R_{p-1}越大，表示腐蚀速率越高。由表 5 可知，与未气侵环境相比，在环境溶液中加入 CO_2后试样 Rp 明显增加，而在环境溶液中加入 CO_2和地层水后试样 Rp 明显减小，即在单一 CO_2侵入环境中 VM80S 的腐蚀速率最低，CO_2和地层水同时侵入环境中 VM80S 的腐蚀速率最高。

表 5 不同腐蚀环境中的电化学阻抗拟合参数

参数/组别	分组	环境	$R_s/(\Omega\cdot cm^2)$	$Q_{dl}/(F\cdot cm^{-2}\cdot S^{n-1})$	n	$R_t/(\Omega\cdot cm^2)$	$R_p/(\Omega\cdot cm^2)$
缓蚀剂	1-1	缓蚀剂	31.26	0.00124	0.60	228.4	259.66
	1-2	+CO_2	13.68	0.00061	0.61	705.0	718.68
	1-3	+CO_2、地层水	33.19	0.00116	0.61	143.5	176.69
环空保护液	2-1	环空保护液	3.53	0.00098	0.57	687.1	690.63
	2-2	+CO_2	4.04	0.00007	0.59	866.1	870.14
	2-3	+CO_2、地层水	4.59	0.00057	0.66	450.0	454.59

2.2 失重腐蚀试验结果

表 6 是模拟 VM80S 钢管管体在一级井屏障失效后不同腐蚀环境中的腐蚀失重结果，可以看出，对于 VM80S 钢管，在气侵环空下的不同腐蚀环境中均发生了不同程度的腐蚀行为，试样在未气侵缓蚀剂中的平均腐蚀速率为 0.1727mm/a；在缓蚀剂中通入 CO_2后平均腐蚀速率降低为 0.0459mm/a，这可能是由于在该环境下试样表面产生了腐蚀产物膜对基体起到了保护作用；在缓蚀剂中通入 CO_2且加入一定量的地层水后试样平均腐蚀速率增大至 0.2595mm/a，这可能是由于在该环境中有催化腐蚀反应进行的物质。试样在未气侵环空保护液中的平均腐蚀速率为 0.1056mm/a，高于中石油企标 Q/SY 01012—2017《油气藏型地下储气库注采完井设计规范》中对水基环空保护液腐蚀速率应小于 0.076mm/a 的要求，在环空保护液中通入 CO_2后平均腐蚀速率增大为 0.1106mm/a，在环空保护液中通入 CO_2且加入一定量的地层水后试样平均腐蚀速率增大至 0.2471mm/a。

对比缓蚀剂组和环空保护液组可发现环空保护液组的未气侵环境及 CO_2和地层水同时侵入环境下试样的腐蚀速率均小于缓蚀剂组，这可能是由于在缓蚀剂中加入 5%NaCl 溶液后其含氧量有所提高所导致的；而在 CO_2气侵环境下，缓蚀剂组试样的腐蚀速率小于环空保护液组，这是由于该组试样表面打标记处和试样固定处试样处理不干净局部存在杂质离子而导致局部点腐蚀的发生，故对腐蚀速率会产生一定影响。整体来看，试样的腐蚀速率均是在 CO_2气侵环境中较低，在 CO_2和环空保护液同时侵入环境下最大。

表 6 模拟气侵环空保护液下不同腐蚀环境的失重结果

组别		腐蚀前质量/g	腐蚀后质量/g	质量差/g	面积	腐蚀速率/(mm/a)	平均腐蚀速率/(mm/a)	试验后溶液 pH
AA-1	A-1-1	8.7432	8.6868	0.0564	11.0607	0.1694	0.1727	5.2
	A-1-2	8.5436	8.4859	0.0577	10.8938	0.1759		

续表

组别		腐蚀前质量/g	腐蚀后质量/g	质量差/g	面积	腐蚀速率/(mm/a)	平均腐蚀速率/(mm/a)	试验后溶液 pH
AA-2	A-2-1	8.8063	8.7897	0.0166	11.1082	0.0496	0.0459	5.2
	A-2-2	8.7583	8.7442	0.0141	11.1115	0.0421		
AA-3	A-3-1	8.8555	8.7659	0.0896	11.1568	0.2667	0.2595	5.2
	A-3-2	8.6385	8.5549	0.0836	11.0050	0.2523		
BB-1	B-1-1	9.2209	9.1827	0.0382	11.1330	0.1140	0.1056	5.3
	B-1-2	9.2226	9.1899	0.0327	11.1589	0.0973		
BB-2	B-2-1	9.2556	9.2242	0.0314	11.0988	0.0940	0.1106	5.4
	B-2-2	9.1552	9.1127	0.0425	11.0966	0.1272		
BB-3	B-3-1	9.0758	8.9852	0.0835	11.0853	0.2502	0.2471	5.4
	B-3-2	9:1971	9.1108	0.0819	11.1429	0.2441		

2.3 分析与讨论

图 6 为 VM80S 在不同腐蚀环境中的极化电阻及自腐蚀电流密度值。由电化学测试结果可知在缓蚀剂溶液和环空保护液中，与未气侵环境相比 VM80S 均在 CO_2气侵环境中，极化电阻 Rp 最大，自腐蚀电流密度 icorr 最小；在 CO_2和地层水同时侵入环境中，极化电阻 Rp 最小，自腐蚀电流密度 icorr 最大；因此其在 CO_2侵入下耐腐蚀性能最好，在 CO_2和地层水同时侵入时耐蚀性能最差。

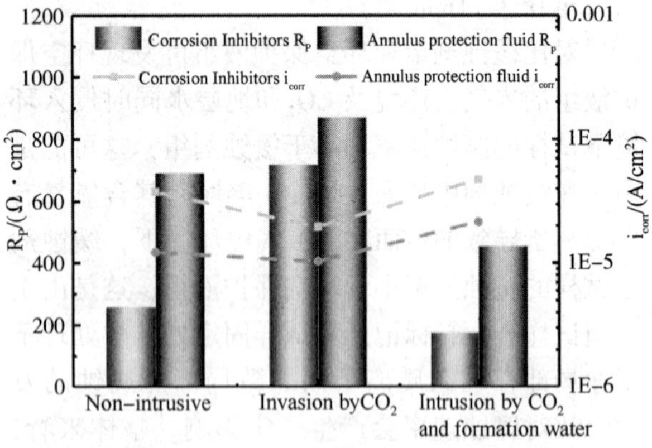

图 6　不同腐蚀环境下 VM80S 的极化电阻(Rp)及自腐蚀电流密度(icorr)

图 7 为三组试样失重腐蚀试验腐蚀速率结果，由图可知在失重试验缓蚀剂溶液的三种不同环境中，地层水和 CO_2 同时侵入环境溶液下，VM80S 的腐蚀速率最快，而在 CO_2 侵入环境溶液中，VM80S 的腐蚀速率最慢。在环空保护液的三种不同环境中地层水和 CO_2同时侵入环境溶液下，VM80S 的腐蚀速率最快，而在未侵入环境溶液中，VM80S 的腐蚀速率最慢。但在环空保护液中 CO_2气侵环境下试样在标记处及固定处出现局部较为严重的点腐蚀，这会对腐蚀速率产生一定影响，由于是局部存在，考虑可能是由于试样表面处理不当所导致，故不能判定其存在点腐蚀风险。但在实际应用中应考虑管材局部划痕或杂质聚集造成的腐蚀风险。

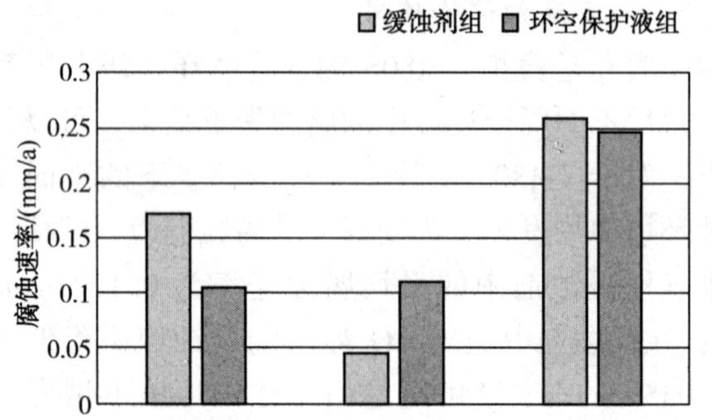

图 7　不同环境下 VM80S 的平均腐蚀速率

这是由于该试验所采用的缓蚀剂及环空保护液为咪唑啉类缓蚀剂，此类缓蚀剂是一种常见的 CO_2腐蚀抑制剂。咪唑啉缓蚀剂的分子结构，可以简化表示为图 8(a)的化学通式，其中的五元杂环中有富电子的酰胺基序(-N=C-N-)、疏水 R^1和亲水 R^2取代基。一些研究者认为，R^2发挥了较大的缓蚀作用，但也存在反面意见。具有氨基氮结构的咪唑啉分子，如图 8(b)，是最常用的 CO_2腐蚀抑制剂。在含有 CO_2和 H_2O 的环境中，该缓蚀剂会形成碳酸氢盐，部分水解后转化为酰胺。在酸性 pH(CO_2饱和水环境)中，咪唑啉类缓蚀剂是两亲性的。由于存在亲水的质子化酰胺基序和疏水的烷基尾，咪唑啉缓蚀剂具有阳离子表面活性剂的性质。通常，咪唑啉类缓蚀剂是吸附型缓蚀剂，在金属表面会形成疏水膜，薄膜减少了与腐蚀反应有关的物质和电荷的转移，从而降低腐蚀速率。

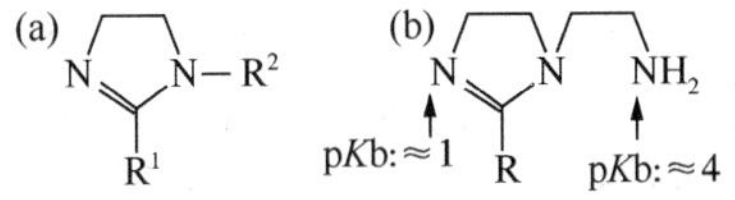

图 8　咪唑啉缓蚀剂分子结构

3　结论

本论文通过电化学测试分别对 V80S 在两组不同腐蚀环境中的腐蚀规律进行了研究，试验结果表明：

（1）电化学试验结果表明，在缓蚀剂溶液中与环空保护液中，VM80S 在不同环境下的腐蚀规律呈相同趋势即在 CO_2 侵入条件下 VM80S 的开路电位最高、自腐蚀电流最小、容抗弧半径最大，即在该条件下材料的耐蚀性能最好；且在缓蚀剂溶液中试样的极化曲线存在明显钝化区。失重腐蚀试验结果表明，缓蚀剂中 CO2 和地层水共存条件下腐蚀速率最大，加入 CO_2 条件下腐蚀速率最小；环空保护液中 CO2 和地层水共存条件下腐蚀速率最大，未气侵环境中腐蚀速率最小；环空保护液加 CO2 条件下，由于试样表面清洁不彻底，导致局部存在严重腐蚀现象，不应与其他组实验结果进行对照。

（2）CO_2 对该型缓蚀剂溶液及环空保护液存在正向催化作用，其主要通过在材料表面形成疏水膜，薄膜减少了与腐蚀反应有关的物质和电荷的转移，从而降低腐蚀速率。

（3）在 CO_2 和地层水同时侵入时材料存在较高腐蚀风险，在储气库注采管柱选材或缓蚀剂选型时应充分考虑该风险因素。试验还证明，VM80S 在不同气侵环境下无点蚀风险，但在实际工况中应充分考虑其表面处理不当如划痕或杂质离子聚集所造成的腐蚀风险。

（4）试样在未气侵环空保护液中的平均腐蚀速率为 0. 1056mm/a，高于中石油企标对储气库用水基环空保护液腐蚀速率应小于 0. 076mm/a 的要求，建议进一步优选环空保护液和结合管柱检测结果评价环空保护液实际运行效果。

参　考　文　献

[1] 马新华，丁国生等．中国天然地下储气库[M]．北京：石油工业出版社，2018. 11：1-7.

[2] 罗金恒，李丽锋，王建军，等．气藏型储气库完整性技术研究进展[J]．石油管材与仪器，2019，5(02)：1-7.

[3] PETROLEUM AND NATURAL GAS INDUSTRIES. Materials for use in H_2S-containing environments in oil and gas production：Part 3：Cracking - resistant CRAs (cor - rosion - resistant alloys) and other alloys：ISO15156 - 3[S]. Geneva，Switzerland：International Organization for Standardization，2015.

[4] PETROLEUM AND NATURAL GAS INDUSTRIES. Materials for use in H_2S-containing environments in oil and gas production：Part 2：Cracking-resistant carbon and low-alloy steels，and the use of cast irons：ISO15156-2[S]. Geneva，Switzerland：International Organizationfor Standardization，2015.

[5] Ijaola A，Farayibi P K，Asmatulu E. Superhydrophobic Coatings for Steel Pipeline Protection in Oil and Gas Industries：A Comprehensive Review[J]. Journal of Natural Gas ence and Engineering，2020，83：103544.

[6] 唐晨飞，张广文，王延平，等．美国 Aliso Canyon 地下储气库泄漏事故概况及反思[J]．事故分析与预防，2016，16(7)：5-8.

[7] 吕晓芳．地下储气库注采管柱腐蚀风险分析及安全设计[D]．中国石油大学(华东)，2018.

[8] 白真权，李鹤林，刘道新，等．模拟油田 H_2S/CO_2 环境中 N80 钢的腐蚀及影响因素研究[J]．材料保护，2003(04)：32-34.

[9] Song H E，Xi - Jin X，Shu - Jie L，et al. Corrosion Rules of Commonly Used Oil Well Pipes in Hydrogen Sulfide Environment[J]. Surface Technology，2018.

[10] 高纯良，刘明亮，李大朋，等．CO_2 分压对 N80 油管钢 CO_2 腐蚀行为的影响[J]．腐蚀与防护，2014，35(10)：975-978.

[11] 王建军，付太森，薛承文，等．地下储气库套管和油管腐蚀选材分析[J]．石油机械，2017，45(01)：110-113.

[12] 宋诗哲．腐蚀电化学研究方法[M]．北京：化学工业出版社，1988：120.

[13] Xiaoqing Jiang，Yang Han，Shujun Chen，et al. Microstructure and texture investigation on electrically assisted friction stir welded titanium alloy [J]. 2020，36(15)：1628-1638.

[14] Ping Hu，Rui Song，Xiao-jing Li，et al. Influence of concentrations of chloride ions on electrochemical cor-

rosion behavior of titanium - zirconium - molybdenum alloy[J]. 2017, 708, 367-372.

[15] 赵旭，梁丹莹，张聪惠，荣花，李南南. 表面强化处理对工业纯钛焊接接头电化学耐腐蚀性能的影响[J]. 稀有金属材料与工程, 2020, 49(10): 3510-3518.

[16] Du H Y. Study of the inhibition mechanism of imidazoline amide on CO2 corrosion of Armco iron[J]. Corrosion Science, 2001.

[17] Liu X, Chen S, Ma H, et al. Protection of iron corrosion by stearic acid and stearic imidazoline self-assembled monolayers[J]. Applied Surface Science, 2006, 253(2): 814-820.

[18] Liu X, Okafor P C, Zheng Y G. The inhibition of CO(2) corrosion of N80 mild steel in single liquid phase and liquid/particle two-phase flow by aminoethyl imidazoline derivatives[J]. Corrosion science, 2009, 51(4): 744-751.

[19] Al-Muallem, Hasan A, Mazumder, et al. The effects of N-pendants and electron-rich amidine motifs in 2-(p-alkoxyphenyl)-2-imidazolines on mild steel corrosion in CO2-saturated 0.5 M NaCl[J]. Corrosion Science: The Journal on Environmental Degradation of Materials and its Control, 2015.

[20] Qiao W, Zheng Z, Shi Q. Synthesis and Properties of a Series of CO2 Switchable Surfactants with Imidazoline Group[J]. Journal of Surfactants & Detergents, 2012, 15(5): 533-539.

[21] Heydari M, Javidi M. Corrosion inhibition and adsorption behaviour of an amido - imidazoline derivative on API 5L X52 steel in CO2-saturated solution and synergistic effect of iodide ions[J]. Corrosion Science, 2012, 61(Aug.): 148-155.

[22] Brian, Kinsella, Yao, et al. Atomic Force Microscopy Study of the Adsorption of Surfactant Corrosion Inhibitor Films[J]. Corrosion: The Journal of Science and Engineering, 2014, 70(3): 247-260.

在储气库生产运行环节中井完整性管理技术评价体系的研究与应用

赵　楠[1]　徐长峰[1]　王明锋[1]　罗海涛[1]　李晓宏[1]

(中国石油新疆油田公司)

摘　要　储气库井设计寿命在30年以上，压力波动变化较大且不存在压力衰减，关键是注采周期频繁交替带来拉压交变载荷影响管柱服役，易导致管柱发生泄漏。本文主要研究在储气库生产运行环节中井完整性管理技术评价体系。首先根据井屏障分类及失效机理，形成了适应于呼图壁储气库井完整性监测及评价技术体系，实现实时监控，工程测井技术全方位评价并相互验证，确保储气库井完整性管理真实、可靠。其次通过对中国石油高温高压及高含硫井完整性管理规范的细化，形成井屏障失效风险等级划分流程图，制定了呼图壁储气库作业区井屏障失效井分类管理表，便于管理及现场实施。

关键词　储气库；井完整性管理；工程测井；风险分级

井完整性是综合运用技术、操作和组织管理的解决方案来降低油气井在全生命周期内地层流体不可控泄漏的风险，其核心是在各个井筒阶段都必须建立有效的井筒屏障。井筒屏障是指直接阻止地层流体无控制向外层空间流动的结构单元。井完整性贯穿于油气井方案设计、钻井、试油、完井、生产、修井、弃置的全生命周期。井喷或严重泄漏都是由于井屏障失效导致的重大井完整性破坏事件。

井完整性管理是目前国际油公司普遍采用的管理方式，主要是通过测试和监控等方式获取与井完整性相关的信息并进行集成和整合，对可能导致井失效的危害因素进行风险评估，有针对性地实施井完整性评价，制定合理的管理制度与防治技术措施，从而达到减少和预防油气井事故发生、经济合理地保障油气井安全运行的目的，最终实现油气井安全生产的程序化、标准化和科学化的目标。对于储气库而言，井完整性管理更是重中之中，这里我们主要研究在储气库生产运行环节中井完整性管理技术评价体系的研究。

1　呼图壁储气库基本情况

呼图壁储气库气井采用了气密封油管+井下安全阀+永久式封隔器一体化完井管柱。主要的井下工具是安全阀和永久式封隔器，型号分别为NE型自平衡式井下安全阀、MHR永久封隔器。井下安全阀入井施工过程中液压控制管线需保压；MHR永久封隔器采用打压坐封，坐封前需要钢丝投梭标堵塞器对井筒憋压，坐封完毕提出堵塞器。采气树选用压力级别5000psi，温度等级L-U，材料等级EE(表1)。

表1　井口装置及采气树参数

序号	名称	采用标准	压力等级	规范等级	性能等级	材料等级	温度等级	
1	采气树	API 6A 19TH	35MPa(5000psi)	PSL-3G	PR-2	EE	L-U	储气库项目
2	油管头		35MPa(5000psi)	PSL-3G	PR-2	EE		
3	三级套管头		35MPa(5000psi)	PSL-3G	PR-2	EE		
4	二级套管头		35MPa(5000psi)	PSL-3	PR-2	EE		
5	一级套管头		14MPa(2000psi)	PSL-2	PR-2	DD		

续表

序号	名称	采用标准	压力等级	规范等级	性能等级	材料等级	温度等级	
1	采气树	API 6A 19TH	35MPa(5000psi)	PSL-3G	PR-2	CC	L-U	调整工程
2	油管头		35MPa(5000psi)	PSL-3G	PR-2	CC		
3	三级套管头		35MPa(5000psi)	PSL-3G	PR-2	EE		
4	二级套管头		35MPa(5000psi)	PSL-3	PR-2	EE		
5	一级套管头		14MPa(2000psi)	PSL-2	PR-2	DD		

依照目前完井方式及井身结构，按照井完整性管理中对于井屏障的划分，如表2所示，并依据高温高压及高含硫井井完整性系列标准给出各屏障的监管要求。

表2　储气库注采井井屏障组件及监管要求

井屏障组件	监管要求
第1个井筒屏障	
就地地层	在第1次(初始)检验之后监管
套管水泥(套管鞋在生产封隔器处)	在第1次(初始)检验之后监管
套管(在生产封隔器以下)	在第1次(初始)检验之后监管
生产封隔器	A-环空的连续压力监测
完井管柱	A-环空的连续压力监测
完井管柱部件	定期的测漏失压力测试
井下安全阀(包括控制管线)	定期的测漏失压力测试
第2个井筒屏障	
就地地层	在第1次(初始)检验之后监管
套管水泥(在生产封隔器之上)	B-环空每日监管/监测
生产套管(在生产封隔器之上	B-环空每日监管/监测
有密封装置的(采油)生产套管挂	B-环空每日监管/监测
井口装置及环空阀	环空阀定期进行漏失测压
油管挂(体部密封)	定期进行漏失测压以及A-环空连续进行压力监测
井口装置(含井口采油树连接装置)	定期进行漏失测压
油管挂(颈部密封)	定期进行漏失测压
地表采气树	阀闸定期漏失测压

储气库注采管柱不同于一般采气井完井管柱，地下储气库注采管柱是保证气体注入、采出的安全通道，且储气库井设计寿命在30年以上，注气/采气压力从最小18MPa到最大34MPa，压力波动变化较大，关键是注采周期频繁交替带来拉压交变载荷影响管柱服役，易导致管柱发生泄漏，譬如目前呼图壁储气库已有6口井出现套管带压问题，通过现场取样及工程测井(40臂+电磁探伤)及压力泄放-恢复实验分析，初步判定HUK21为管柱丝扣微漏，HUK3、HUK23、HUK11、HUK9为封隔器失效，HUHWK6井目前初步判断为油管挂密封失效。

呼图壁储气库气质二氧化碳含量占比达1.89%，分压达到0.64MPa，属严重腐蚀，生产管柱封隔器以上套管材质为VM125HC，不具备抗二氧化套腐蚀能力。虽然油套环空加入了15#工业白油作为保护液，但是若发生井屏障失效致环空带压，将严重影响呼图壁储气库安全生产及气库运行寿命。

2　实时监控及工程测井检测技术

井屏障的失效，最直观的反映就是现场各级

环空的异常带压，储气库注采井环空带压的主要原因可以分为以下几类：

（1）固井过程中由于水泥浆设计不合理导致层间封隔不好是导致气窜的主要原因。若水泥浆失水量大，将导致水泥浆密度分布不均匀，使所形成的水泥石强度不一致；固井时在水泥浆候凝过程中发生的水泥浆失重将丧失部分遏制流体侵入井筒的能力；若水泥基质渗透性高的话，气体很容易在由基质形成的水泥微通道或微环空中运移，造成环空带压。

（2）注采井生产管柱的不完整性会造成最严重的环空带压问题，这包括由于油管或套管螺纹连接不好导致接头处出现微渗；封隔器坐封不稳或失封导致A环空压力异常变化；井下恶劣环境导致油管或套管出现腐蚀；管柱热应力破裂或机械破损。

伴随着注采井的生产时间的延长，井下温度和压力变化对水泥环的影响是造成环空带压的主要原因。通过对注采井特性及环空泄露可能途径的认识，作出风险因素模板，便于日常管理和分析（图1）。

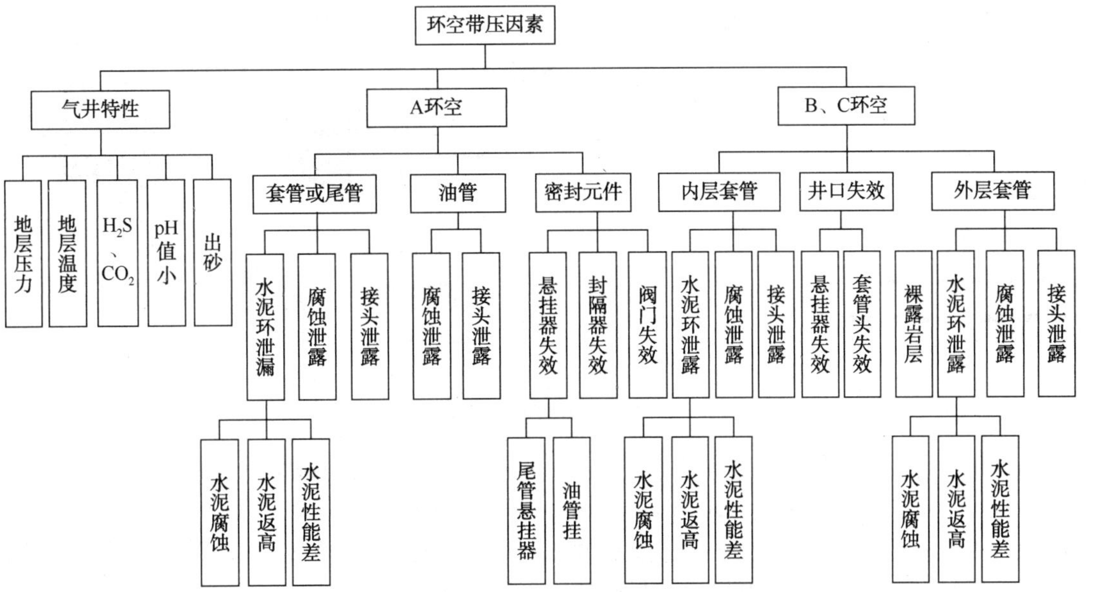

图1 环空带压风险因素模板

针对以上风险因素模板，通过技术调研及现场实施效果对比，逐步形成现场监控和测试方式，在满足标准的基础上，各项技术相互支撑，确保监控及测试结果真实、可靠。

2.1 各级环空压力实时监测

工业数据采集传输的方式分为有线和无线采集传输两种。有线数据采集的信号传输稳定性比较好，抗干扰能力较强；但需铺设电缆，井场必须配套RTU或者PLC对信号进行采集，施工量大、投资成本高。无线数据采集采用无线通讯方式进行数据采集，施工较为灵活，无需挖沟布线，施工难度低、建设投资少，但信号传输受地形和传输距离的影响较大，无线仪表的信号传输距离一般在800m左右（可视情况下）如表3所示。

表3 有线仪表与无线仪表优缺点对比

名称	优　点	缺　点
有线仪表	① 信号稳定可靠 ② 大规模使用，技术成熟 ③ 可实现数据的实时传输（传输频率达到秒级）	① 必须外部电源供电 ② 施工量大，必须铺设电缆 ③ 井口必须配套RTU或PLC ④ 投资较大
无线仪表	① 施工安装方便，安装费用低 ② 不需配套RTU或PLC，总体费用较低 ③ 自带电池，不需外部电源	① 信号传输距离短，传输稳定性受地形、距离限制，长距传输时需加中继 ② 抗干扰能力不如有线仪表

（1）注采井和监测井环空压力监测

储气库注采井和监测井的井口数据采用稳定可靠的有线光缆进行传输，环路光缆与储气库主体工程同时建成投用。采气树环空压力选用智能压力变送器对各级环空压力进行实时采集，并上传至井口 RTU 进行数据处理，通过自愈式光纤环网上传至集注站 SCADA 实时服务器。监控人员可在 SCADA 操作站对气井环空压力进行实时监控，同时可对压力参数进行四级报警设置，随时对环空压力异常进行报警提示(图 2)。

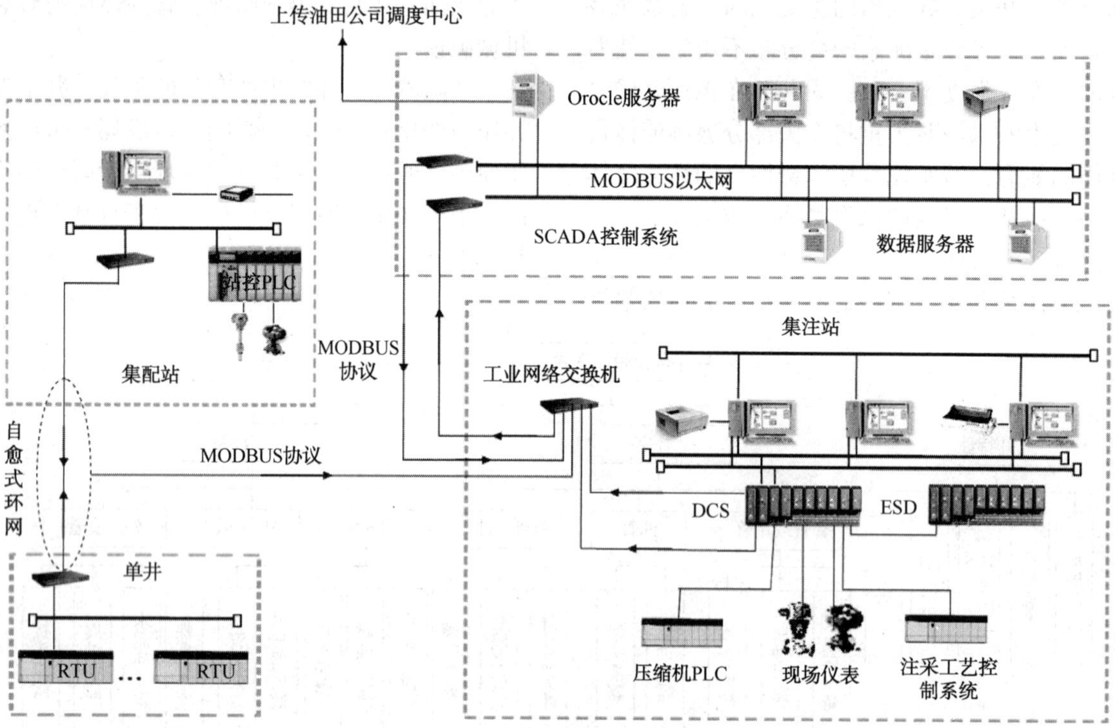

图 2　环空压力监测数据传输流程

(2) 封堵井环空压力监测

封堵井距离就近的生产井最大距离为 400m (呼 002 除外)，满足无线仪表信号稳定传输的距离要求，且储气库井站所处地形平坦，封堵井可以直视就近的生产井，可充分利用储气库以建有线通讯资源进行信号传输。综合考虑项目投资、施工难度、信号稳定性等因素，采用无线+有线的通讯方式对储气库封堵井的压力数据进行在线采集。

工作原理：封堵井选用无线压力变送器对 ABC 各级环空压力信号进行采集，并通过无线仪表互相通讯的特性接入无线网关(无线网关安装于就近的生产井)，无线网关采用 TCP/IP 通讯协议，利用生产井至集注站的已建光缆，将现场设备的信息传送到集注站 SCADA 系统。无线仪表通讯采用 WirelessHART 无线通讯协议，单台仪表数据传输距离为 800m，稳定可靠，精度高。

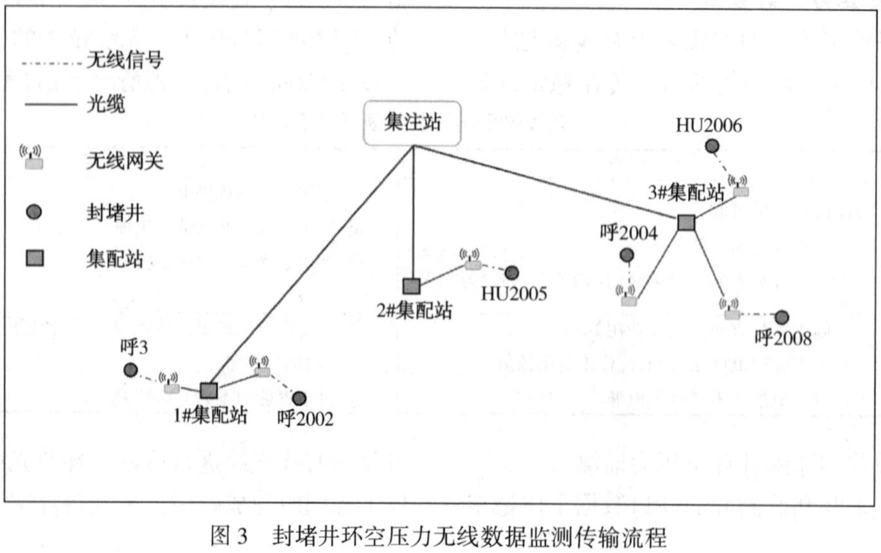

图 3　封堵井环空压力无线数据监测传输流程

技术特点：采用无线+有线的通讯方式对储气库封堵井的压力数据进行在线采集，最大程度的利用了储气库已建光纤资源，即减少了封堵井口建设的投资，又确保了信号传输的稳定，实现在中心控制室 SCADA 系统操作站对封堵井各级环空压力进行远程实时在线监控。根据管理需求，可在 SCADA 系统进行报警参数的设定，该方式相对有线传输的方式，工程投资降低了80%以上，且大大降低了后期的维修工作（表4）。

表4　无线采集设备技术指标

无线智能变送器	测量介质	气体、天然气
	工作压力	60MPa
	测量精度	量程精度 0.055%，量程比 100：1
	测量类型	表压、绝压
	信号类型	4~20 mA，基于 HART® 协议的数字信号
	采集频率	1 分钟/次（可根据需求设定）
	用户报警	4 级（HH、H、L 和 LL）
	防爆性能	本质安全
	变送器电池寿命	5 年以上
	电源模块	5 年以上寿命，>99 可靠性
智能网关	通讯类型	以太网、Modbus、串行、OPC、以太网 /IP 和 HART
	可靠性	>99 可靠性
	系统功能	热备能力和自动故障检测
	冗余选项	网关冗余能力
	网络路由	自组织、适应网状路由
	更新速率、工作频率及协议	可组态更新速率，2.4 GHz DSSS，WirelessHART
	网络安全	加密、鉴权、验证、抗扰和密钥管理
	采集频率	1、2、4、8、16、32 秒或 1~60 分钟
	网络延迟	小于 5 秒

2.2　40 臂+电磁探伤评价管柱状况及变化趋势

（1）多臂井径仪

多臂井径仪原理：多臂井径测井仪是一种接触式测量仪器，即通过仪器的测量臂（24、40、64 个）与套管内壁接触，将套管内壁的变化转为井径测量臂的径向位移，通过井径仪内部的机械设计及传递，变为推杆的垂直位移；差动位移传感器将推杆的垂直位移变化转换成电信号。电动机拖动测量臂扶正臂的打开与收拢，井径仪在居中情况下进行测量。仪器的测量臂由弹簧支撑，沿套管内壁运动，测量臂随套管内壁变化而变化。每支测量臂都对应一支无触点移位传感器，每个测臂的位移变化直接反映到相应的传感器上。将这些位移量处理、编码、传送到地面，由地面将其还原成像。

技术特点：多臂井径成像测井仪用于工程测井中套管井的形变测量，检测金属套管的质量状况，确定（识别）套管的变形、错断、弯曲、孔眼、裂缝与沾污以及套管外部腐蚀或缺损等状况。在成像软件的支持下，可绘制套管形变得立体成像图和成像解释成果图（表5、图4）。

表5　40 臂测井仪技术指标

最高工作温度	175℃
最大工作压力	100MPa
直径	Φ43
连接长度	1335mm
重量	约 8.5kg
短测量臂	45mm~114mm
长测量臂	45mm~178mm
半径测量精度：	±0.76mm
短测量臂分辨率	0.076mm
长测量臂分辨率	0.127mm
方向测量范围：	典型值±4.5°倾角在 5~100°之内
倾角测量范围	典型值±4.5°倾角在 5~60°之内
臂的分部间隔	最大 23.1mm 在 177.8mm 孔径中 最小 5.8mm 在 44.5mm 孔径中
测井速度：	典型值 30ft/min（推荐）最大 60ft/min
最大井斜：	水平（超过 60°要使用扶正器）

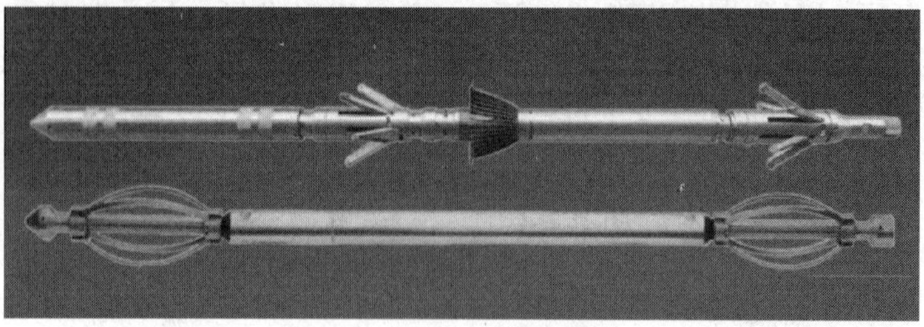

图 4　多臂井径成像测井仪

（2）电磁探伤测井

工作原理：应用电磁感应方法，测量低频远场涡电流和高频近场涡电流，检测和识别油、套管腐蚀造成的金属损失，凹坑和腐蚀孔。仪器主体外径 21/8in，具有 18 个极板成像传感器。电磁探伤测井仪（EMDS-TM-42E）可在油管内检测油管和套管的损坏情况，以及在套管内检测套管和表层套管的损坏情况。电磁探伤测井仪能够测量单层管串，或同时测量双层管串的损坏情况、腐蚀区域，提供可量化的圆周方向的平均壁厚信息、并绘制示意图或提供数据表格，能够精确到毫米级；同时，对内层管串还能够确定损坏的扇面所在方位。

技术特点：利用远场涡流（低频 LF-RFEC）可定量测量单层和多层管串总厚度；利用高频近场涡流（高频 HF-NFEC）识别内/外腐蚀并成像；分析评价单层套管的外表面腐蚀；分析评价外层套管腐蚀；测量管串内径（有磁性套管）和电磁性能；在任何井下流体内作业（气井或空井筒）；可与所有的 PSP 工具可组合（表 6、图 5）。

表 6　电磁探伤技术指标

温度	150℃
压力	100MPa
仪器外径	Φ43mm（111/16in）
仪器长度	1850mm
仪器重量	约 10kg
最大测量范围	Φ63-324mm
双层壁厚探测范围	最大 25mm
温度分辨度	0.01℃
测量精度	±0.3mm（2.5in 单管）
	±0.4mm（5in 单管）
	±0.7mm（5in 过油管套管）
最小可探测轴向裂缝长度	15（2.5in）
	30（5in 单管）
	70（5in 过油管套管）
最小可探测径向裂缝长度	1/8 周长

图 5　电磁探伤测井

现场应用情况：2016 年～2019 年呼图壁储气库均开展 40 臂+电磁探伤工程测井，评价管柱情况。总体来看历次测量结果基本一致，局部点位腐蚀速率偏大。

随着注采生产油管均存在减薄现象。对于油管，单井下部管柱损失程度要高于上部管柱。对于套管随着注采生产 177.8mm 套管均存在腐蚀减薄现象，减薄速率与井深无明显关系（图 6～8）。

2.3　井下视像测井技术直观判断井筒情况

工作原理：鹰眼 DHV 测井是近几年发展起来的新型光学测井技术，利用数字图像处理、图像分割和边缘跟踪技术，可以直观地监测井下油管或套管的内层损伤状况，同时可辅助井下事故排查和落鱼打捞工作。该仪器由地面仪器和井下仪器两部分组成。测井时，井下摄像镜头分别在侧置和后置光源的照明下，对套管内管壁和井筒进行摄像，井下仪器的电子线路对图像信号进行放大处理，产生频率脉冲信号，通过单芯电缆将频率脉冲信号送至地面接收器，地面接收器对其进行放大解码，形成图像。

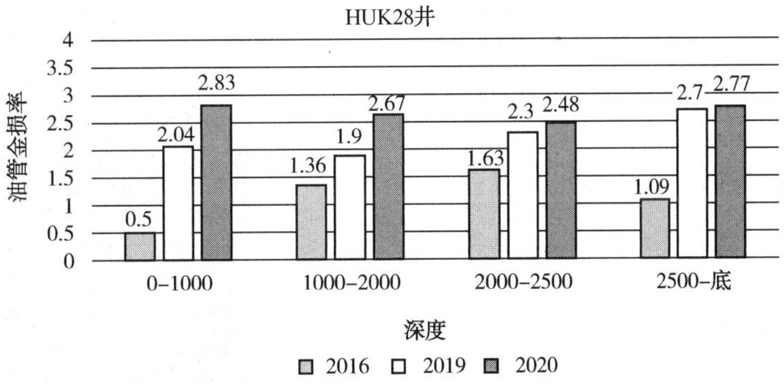

图 6　HUK28 井历次测量 114. 3mm 油管金损率对比

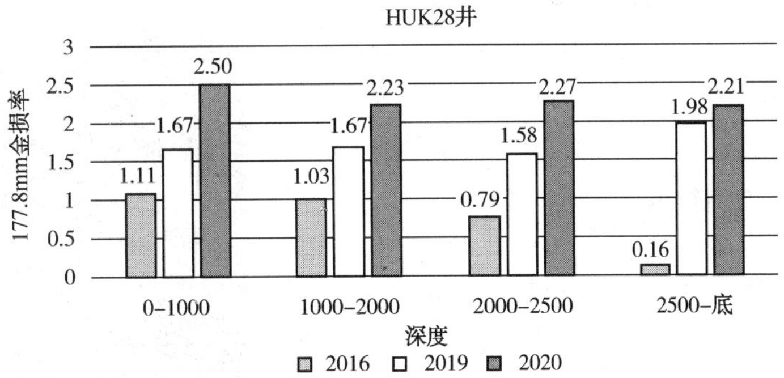

图 7　HUK28 井历次测量 177. 8mm 套管金损率对比

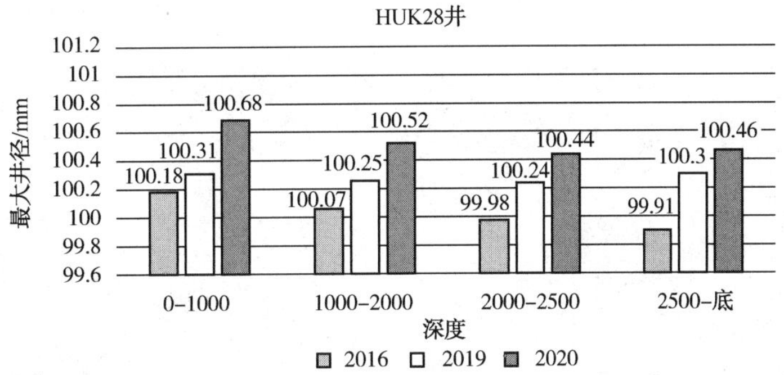

图 8　HUK28 井历次测量最大井径对比

技术特点：独特的镜头设计优化了光源，使图像的质量达到最佳化。LED 灯光线亮度可以从地面实时控制，这样当处在反射环境下灯光便可以减弱，例如烙油管内；而在黑暗环境下光线则可增强成像视角可从地面进行实时控制，并可实现侧视和下视视角的自由切换。画面的分辨率和刷新速度均可以从地面控制，使操作人员具备最大灵活性，更容易捕捉到我们所需的图像信息。井下电视系统制作高度密集，易于通过飞机或其它具有快速移动性的方式运输（表 7）。

表 7　鹰眼 DHV 测井技术指标

直径	54mm(2-1/8″)
长度	1. 80m(下视视角和侧视旋转视角)
耐压	15000psi/20000psi
耐温	125℃/150℃(257℉/302℉)
摄像头	黑白
焦距	1″到无穷大
连接类型	GO 型
视场角	90 度
传输速率	1. 5 帧/秒，单芯@ 460p * 460p
地面视频	连续视频/影像
套管/油管尺寸	3″到 17″
井液	水/气/高含水油(标准量桶内投硬币可见为限)
电缆	7/32″单芯电缆(Camesa)
测井深度	7000m(可用于连续油管电缆作业，边冲边照相)

2020年完成7口井的鹰眼井下电视检测（DHV），井下摄像镜头在后置灯光的照明下，对套管内管壁和井筒进行摄像，井下仪器的电子线路对图像信号进行放大处理，产生频率脉冲信号，通过单芯电缆将频率脉冲信号送至地面接收器，地面接收器对其进行放大解码，形成图像对井下设备的运行状况形成直观的认识。此次DHV测井的主要测试目的是采用井下电视工具查看井口油管挂运行情况并拍照；查看井下安全阀工具工作情况并拍照；查看2000m-2020m内一根油管接箍连接运行情况；查看SSR插入密封与MHR封隔器及其上下工具串并拍照。

通过鹰眼井下电视检测，检测井的井口小四通和油管挂并无无异常，油管挂内螺纹清晰可见无缺陷；安全阀位置内部结构清晰可见，阀瓣开启与关闭功能正常，井下工具可顺利通过；2000~2020m处接箍清晰可见，形状规则，功能完好(图9~13)。

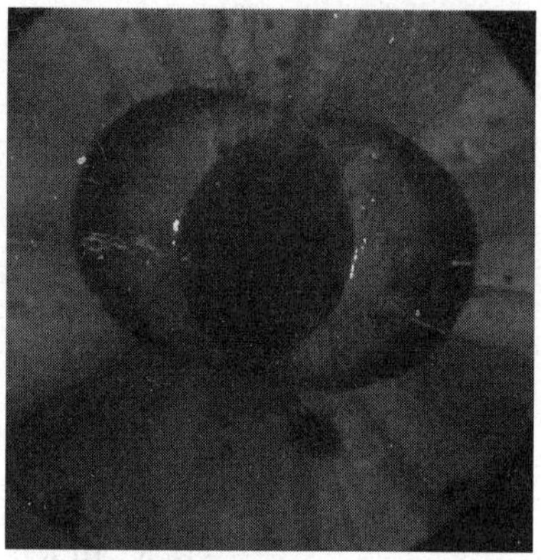

图9　HUHWK6采气树小四通

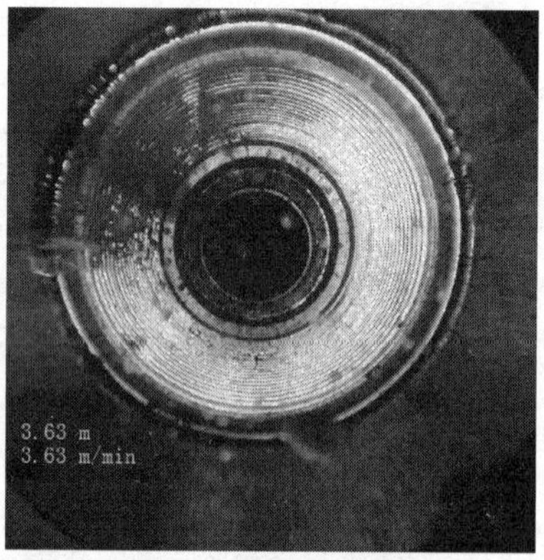

图10　HUHWK6油管挂内螺纹

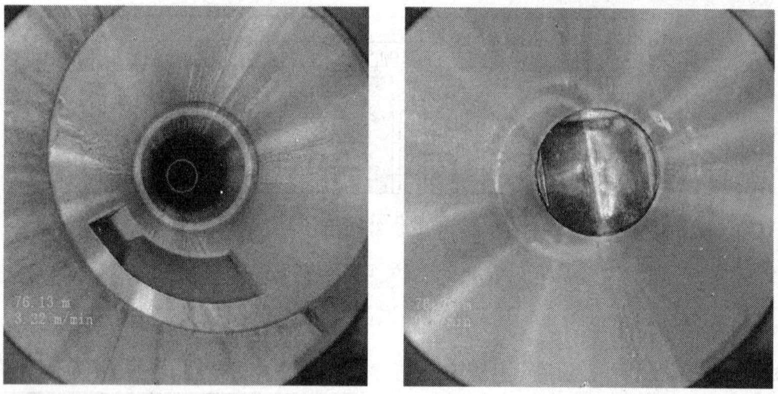

图11　HUHWK6井下安全阀内部结构、阀瓣关闭状态

经DHV数据观测得出HUHWK6井插入密封与封隔器总长为3.23m，与该井的完井管柱串吻合，据此判断SSR插入密封已完全插入封隔器。

在HUK9井经检测发现均有SSR插入密封未插入封隔器的现象。DHV数据观测结果计算插入密封脱出约0.7m；发现插入密封下端面橡胶密封件破损，推测此异物为插入密封外密封组件。HUK18井在校深短接及封隔器以下结垢严重(图14~19)。

此次对七口井的鹰眼井下电视观测，首先对检测井的井下设备和运行情况有了直观的认识和

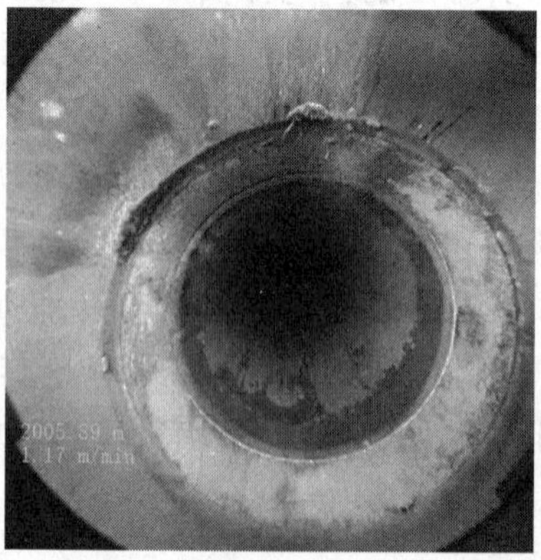

图12　HUHWK6井2005.89m-油管接箍

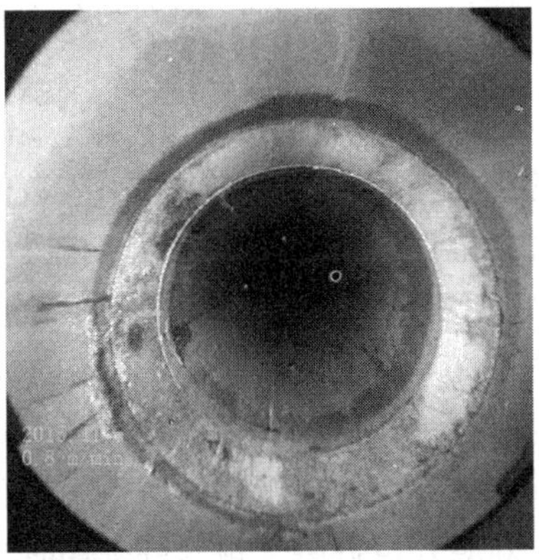

图 13　HUHWK6 井 2015.41m-油管接箍

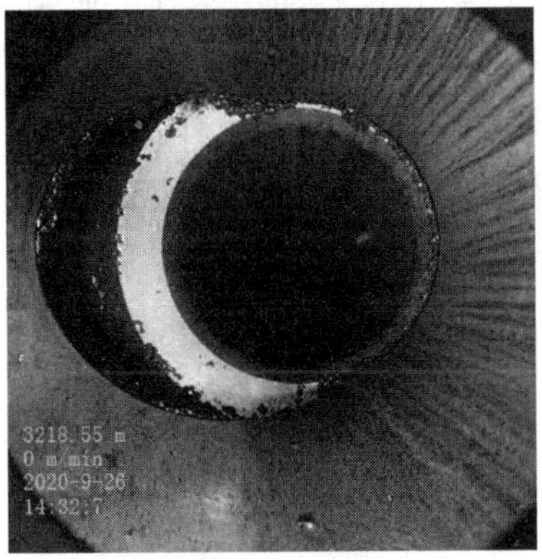

图 14　HUHWK6 井插入密封下端面(俯视)

图 15　HUHWK6 井插入密封下端面(侧视)

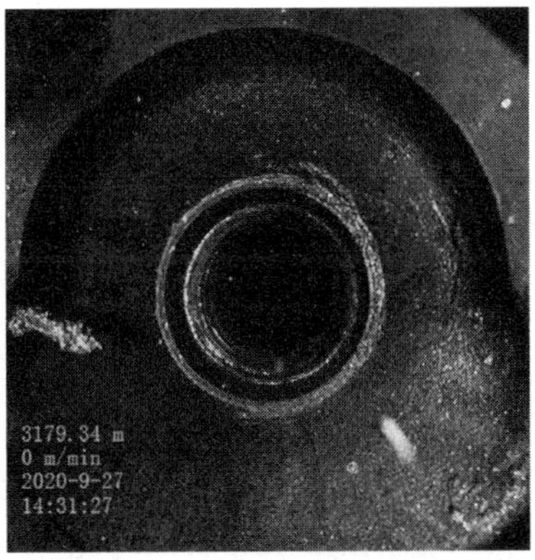

图 2-16　HUK9 井插入密封下端面(俯视)

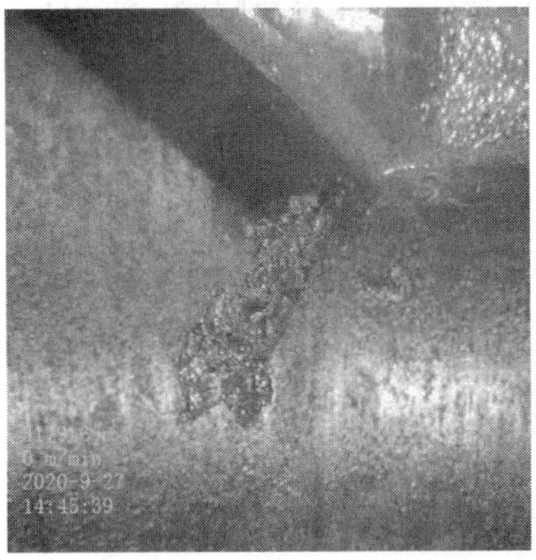

图 2-17　HUK9 井插入密封下端面(侧视)

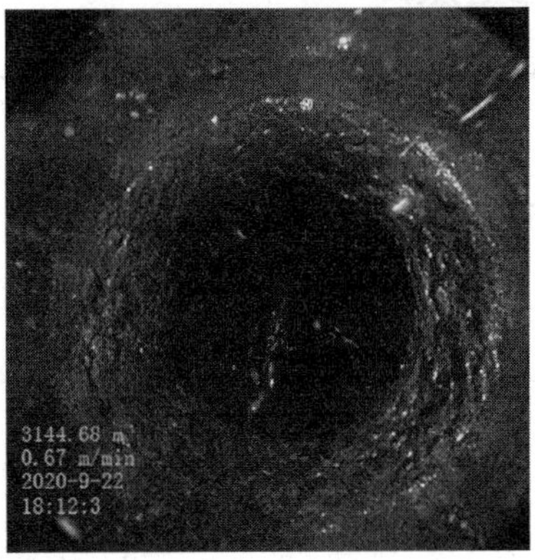

图 2-18　HUK18 井插入密封下端面(俯视)

了解，从中发现的封隔器插入密封问题，可作为今后注采井的观测的重点关注方向，为同时也为注采井环空带压提供证据支撑。对于 HUK18 井管柱下部结垢问题，考虑结合该井环空带压情况，需继续分析产生原因。

2.4　环空测液面辅助判断管柱密封

工作原理：ZJY-7 井筒积液诊断装置是一种长期放置于井上，能够点测或自动连续测试井筒环空液面深度的专用测试仪器。仪器通过放气击发发声方式远程监测高压气井环空液面深度，并能按固定或可变时间间隔自动击发、自动采集声音信号、分辨节箍波和液面波，自动计算声速和液面深度。仪器通过 GPRS 无线方式将数据发送至远端监控平台，平台积液诊断软件存储和显示液面曲线，并自动计算井筒积液量。呼图壁储气库现场采用点测的方式进行。

技术特点：该测试技术能自动计算声速、液面深度；可长期安装于套管口，自动击发和采集，无线数据传输、远程设置和控制，也可以随时安装到气井井口测试；连续监测期间采用太阳板供电，无需外接电源；气体发声低于 15 分贝，不产生噪声污染；最高工作套压能达到 24MPa；

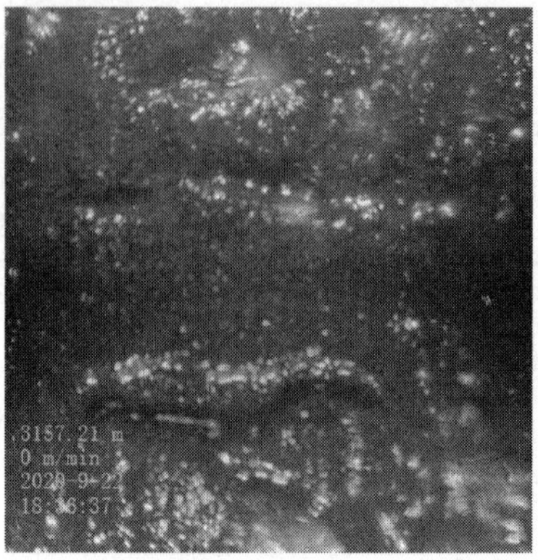

图 2-19　HUK18 井插入密封下端面(侧视)

气井液面测试深度超过 4000m(图 20)。

现场应用情况：2020 年对呼图壁储气库 42 口井开展了环空液面检测，特别是环空带压井，液面反应均在封隔器附近，辅助判断为封隔器失效导致环空白油泄露。

2.5　井口装置在线检测技术

在常规无损检测的基础上，引入数值仿真技术、金属磁记忆检测技术、超声相控阵检测技术(S 扫、A 扫、B 扫、C 扫)实现了在役井口装置在正常生产工况下泄漏诊断、阀体内部缺陷检测，初步探索了井口装置在线检测技术，对井口装置的维护保养及正常使用提供技术支持。目前国内外在开展井口拆解、检修等工作时，仅能依据 API Spec 6A《井口装置和采油树设备规范》和 GB/T 22513-2013《石油天然气工业钻井和采油设备井口装置和采油树》等产品制造规范，而对在役井口装置的在线检测及评估方面尚无相关标准和规范(图 21)。

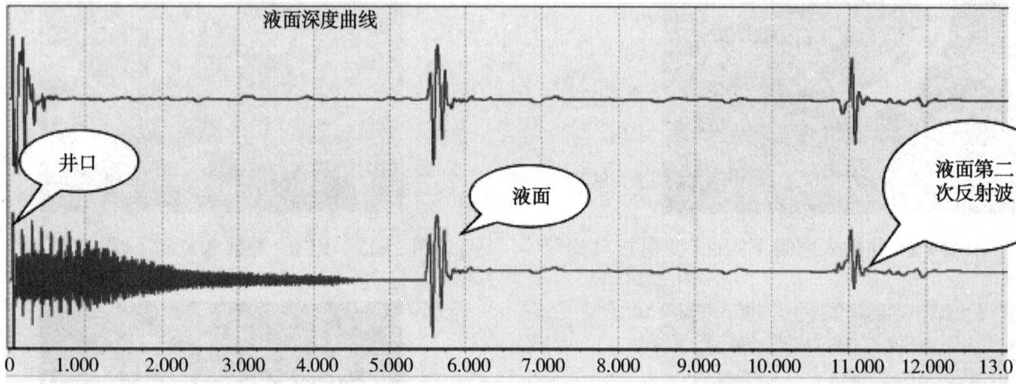

图 20　现场测试液面曲线缩略图

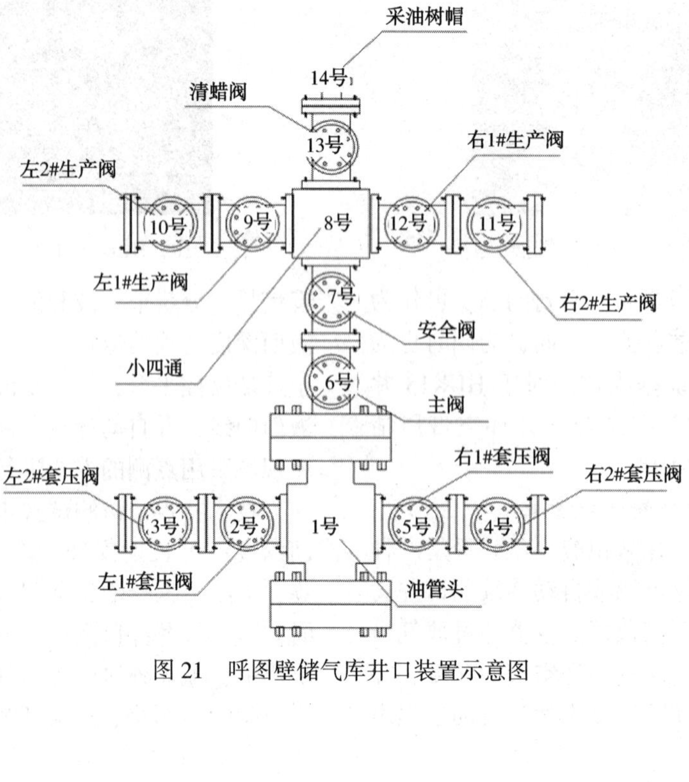

图 21　呼图壁储气库井口装置示意图

(1) 金属磁记忆检测技术：适用于井口装置由于内部腐蚀、流体冲蚀等因素造成本体缺陷引起的应力集中检测，及时发现应力集中区裂纹、疲劳损伤等缺陷。

(2) 超声相控阵检测技术：利用超声相控阵动态聚焦、成像和易对复杂结构检测的特点，通过S扫、A扫、B扫、C扫等扫查方式，采用专项检测工艺，定期对同一阀门本体、进出口通道以及法兰端面进行扫查，通过使用前后图谱对比确定缺陷位置、形状和大小。

采用超声测厚对井口装置的关键部位颈部、底部进行检测，经壁厚检测，16套井 口装置关键部位壁厚存在轻微减薄现象(其中HUHWK4号井4#阀颈部B面最大壁厚减 薄值为2.8mm)，经壁厚强度校核全部满足要求(表8)。

表8　HUHWK4井4#阀颈部AB面测厚记录

井号	部件	截面编号	原始外径	公称通径	设计壁厚	测量值/mm				
						1	2	3	4	最小壁厚
HUHWK4	4#阀	A	162	103	29.5	28.8	29.2	28.5	28.5	28.5
		B				27.2	26.7	26.8	26.8	26.7

使用超声相控阵对储气库16套井口110个阀门和20个大小四通进行了内部缺陷检测，根据标准NB/T47013.3-2015《承压设备无损检测 第3部分：超声检测》均评为Ⅰ级；通过检测未发现明显内部缺陷(图22)。

阀颈部无缺陷信号　四通无缺陷信号　法兰密封面无缺陷信号

图22　超声相控阵检测

综合检测情况来看，目前呼图壁储气库作业区注采井采气树运行状态良好各项检测均达到检测标准。

3　细化井完整性分级及管理措施

3.1　环空带压井风险分级

参照中国石油高温高压及高含硫井完整性管理规范制定的井完整性分级及管理措施(表9)，作业区根据现场实际情况进行细化，形成动态评估及分级管控措施。

表9　井完整性分级及管理措施(中国石油高温 高压及高含硫井完整性管理规范)

类别	分级原则	管理措施	管理原则
红色	第1道屏障失效，第2道屏障受损(或失效)，风险评估确认为高风险，或已经发生泄漏至地面	红色井确定后，必须立即治理，行业管 理部门应立即组织编制治理方案，生产 单位立即采取应急预案，实施风险削减 措施，防控风险；组织实施治理方案	油田公司领导批准治理方案，行业管理部门 组织协调，监管部门进行事中、事后监管，生 产部门组织实施
橙色	第1道屏障受损(或失效)，第2道屏障完好；或第1道屏障受损(或失效)，第2道屏障虽然受损，经过风险评估后，确认为中或低风险，尚可暂用，但应及时处理	首先制定应急预案，根据情况进行监控生产或采取风险削减措施，减少调产，尽量减少对环空实施泄压或补压；严密跟踪生产动态，发现问题及时评估并采取相应措施	行业管理部门组织技术支撑单位和生产部门共同制定监控措施；生产单位及其监管部门负责监控生产，若发生重大变化，上报行业管理部门，并组织技术支撑单位分析变化原因及影响，提出处置意见

续表

类别	分级原则	管理措施	管理原则
黄色	第1道屏障完好，第2道屏障受损，经过风险评估后，确认为低风险	采取维护或风险削减措施，保持稳定生产，严密监控各环空压力的变化情况；尽量减少对环空采取泄压或补压措施	由生产单位自行监控生产，若发生重大变化，上报行业管理部门，并组织技术支撑单位分析变化原因及影响，提出处置意见
绿色	第1道及第2道屏障均处于完好状态	正常监控和维护	由生产单位常规地监控生产，若发生重大变化，上报行业管理部门，并组织技术支撑单位分析变化原因及影响，提出处置意见

使用综合评估方法对环空带压风险影响因素的失效可能性和失效后果进行评估，将失效可能性和失效后果分为五类，给予不同的分值，以“失效可能性×失效后果=风险”的模式，确定风险级别高低，将风险值与标准表中的分值相比较，建立风险评估模型，进行风险等级划分(表10~13)。

表10　失效可能性

分数	等级	事故发生的可能性
0.1	I	很不可能可以设想
1	II	可能性小，完全意外
3	III	可能，但不经常
6	IV	相当可能
10	V	完全可以预料

表11　失效后果

分数	等级	发生事故可能造成的后果的严重性
4	I	引人注目，不利于基本的安全健康要求
7	II	伤亡1人或财产损失100万以下
15	III	伤亡2人或财产损失200万以下
40	IV	伤亡3人或财产损失300万以下
100	V	伤亡3人以上，财产损失400万以上

表12　风险值标准表

分数值	风险等级	危险程度
<20	I	稍有危险，加强对井口环空压力的监控
20—69	II	一般危险，定期对压力进行排放
70—219	III	一般危险，密切关注压力，按照放压/压力恢复测试，通过自动压力泄放装置控制压力
220—320	IV	一般危险，密切关注压力，安装自动泄压装置，进行漏点检测，必要时采取修井作业
>320	V	高度危险，需立即修井(立即停止作业)

为了更直观的表示，将风险值大小做出对应的矩阵图，如图23所示。将风险分为三大类，其中红色部分表示高度危险，需要做好应急预案，考虑修井等补漏措施；黄色部分表示一般危险，需要加强管理，找出泄漏源，控制环空压力；绿色部分表示稍有危险，做好监控。

		失效可能性				
		非常低	低	中等	高	非常高
失效后果	灾难	M	M	H	H	H
	重大	L	M	开井	关井	H
	中等	L	L	M	M	H
	一般	L	L	L	M	M
	轻微	L	L	L	L	M

图23　风险评估模型分级矩阵图

对待评价井，首先根据生产各层套管压力的监测分析情况判断各层套管压力是否异常；然后对照风险分析模板，结合综合评估方法、按照风险评估模型进行评估分级；最后根据评价结果制订相应的预防和控制措施(图24)。

3.2.2　环空带压隐患管控建议和分类管理

通过储气库注采井实际运行和管柱等方面的综合考量，研究计算并制定了储气库注采井ABCD环空的压力值上限，便于现场管理和判断(表13)。

针对储气库实际情况，结合最大允许值评估方法、泄压/恢复压力评估方法，将风险评价模型分为3类5级(图25)。

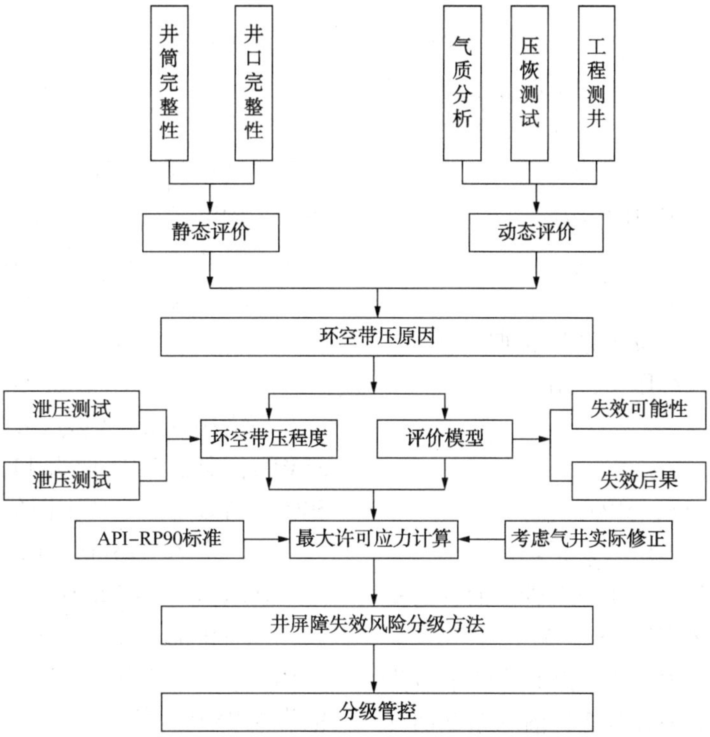

图 24　井屏障失效风险等级划分流程图

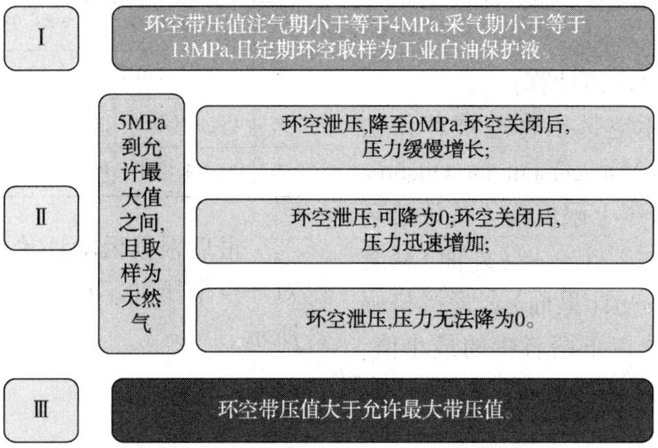

图 25　“3 类 5 级”等级划分图

表 13　呼图壁储气库注采井管柱参数

管柱尺寸	114.3mm	177.8mm	244.5mm	339.7mm	508mm
抗内压/MPa	85.6	87.9	78	34	16
抗外挤/MPa	73.6	84.4	56	16.1	5.3

A 环空最大允许值计算：

（1）校核 A 环空套管头安全性

套管头强度校核安全系数取 1.2，通过套管头工作压力校核得出 A 环空最大许可压值 P_{A1}。

（2）校核生产套管强度

生产套管是隔离 A 环空和 B 环空的屏障。完井封隔器处的套管为相对薄弱的环节。内此，对该处生产套管的抗内压强度进行校核，得出 A 环空最大许可压力 P_{A2}。

则 A 环空最大许可压力 P_{A2} 为：

$$P_{A2}=\frac{\sigma_b}{S_b}+P_B+(\rho_B gh-\rho_A gh)/10^6$$

式中管柱抗内压设计安全系数 S_b 取 2.0；

P_{A2}–A 环空最大许可压力，MPa；

P_B–B 环空带压值，MPa；

h–危险点深度，m；

σ_b–套管抗内压强度，MPa；

ρ_A–A 环空保护液密度，kg/m^3；

ρ_B–B 环空液体密度，考虑最恶劣的固井环境密度取值，通常取 $1000kg/m^3$。

(3) 校核油管强度

考虑在储气库不同工况下 A 环空油管柱封隔器处的抗外挤性能，其实际安全系数不能小于设计安全系数，得到不同油压下的 A 环空最大许可压力 P_{A3}。

则 A 环空最大许可压力 P_{A3}为：

$$P_{A3}=\frac{\sigma_c}{S_c}+P_i-\rho_A gh/10^6$$

式中油管抗外挤设计安全系数 S_C取 2. 0

P_{A3}-A 环空最大许可压力，MPa；

P_i-油压，MPa；

h-危险点深度，m；

σ_c-油管抗外挤强度，MPa；

ρ_A-A 环空保护液密度，kg/m^3；

综上，通过对套管头、生产套管、油管的安全性进行分析，分别得到了各工况下 A 环空最大许可压力 P_{A1}、P_{A2}、P_{A3}取三者中的最小值为 A 环空最大许可压力。通过计算目前呼图壁储气库作业区 A 环空 P_{A1} = 28MPa、P_{A2} = 43. 95MPa、P_{A3} = 36. 8MPa，取三者中的最小值，A 环空最大许可压力为 28MPa。

B、C、D 环空最大允许值计算：

依据《海上油气井环空带压管理推荐作法(Annular Casing Pressure Management for Offshore Wells)》API RP90 环空带压上限值为：待评价环空套管抗内压强度的 50%，上一层(外面)套管抗内压强度的 80%，下一层(里面)套管抗挤强度的 75%。表层套管，取以下两者中的最小值：表层套管抗内压强度的 30%，下一层(内层)套管抗挤强度的 75%。

B 环空为：84. 4/2 = 42. 2MPa

78×0. 8 = 62. 4MPa

73. 6×0. 75 = 55. 2MPa

三者中的最小值为 42. 2MPa，大于目前井口装置 35MPa，安全起见取井口装置额定工作压力 60%，则 B 环空带压上限值为 21MPa。

C 环空为：78/2 = 36MPa

34×0. 8 = 27. 2MPa

84. 4×0. 75 = 63. 3MPa

三者中的最小值为 27. 2MPa，目前井口装置 35MPa，安全起见取井口装置额定工作压力 50%，则 C 环空带压上限值为 17. 5MPa。

D 环空为：16×0. 3 = 4. 8MPa

16. 1×0. 75 = 12. 075MPa

二者中的最小值为 4. 8MPa，目前井口装置 14MPa，取三者中的最小值，则 D 环空带压上限值为 4. 8MPa(表 14)。

表 14　呼图壁储气库 ABCD 环空带压上限值(下表标黄)

A	P_{A1} = 35MPa	P_{A2} = 43. 95MPa	P_{A3} = 36. 8MPa	28MPa
B	P_{B1} = 42. 2MPa	P_{B2} = 62. 4MPa	P_{B3} = 55. 2MPa	21MPa
C	P_{C1} = 36MPa	P_{C2} = 27. 2MPa	P_{C3} = 63. 3MPa	17. 5MPa
D	P_{D1} = 4. 8MPa	P_{D2} = 12. 075MPa	/	4. 8MPa

最后根据风险评价模型所给出的 3 类 5 级，对环空带压井不同类型，给出分类管理如表 15 所示。

表 15　井屏障失效井分类管理表

类型	管理措施	技术措施			其他措施
		泄压/压恢测试频次	外排		
			类型	标准	
I	远程数据实时监测	/	/	/	
II-1	远程数据实时监测	环空压力值≥0. 7 最大允许带压值，年测一次	编制专项方案手动泄压	环空压力达到 0. 7 最大允许带压值	3 年 1 次井筒完整性评估
II-2	远程数据实时监测	环空压力值≥0. 5 最大允许带压值，半年一次	编制专项方案手动泄压	环空压力达到 0. 5 最大允许带压值	2 年 1 次井筒完整性评估
II-3	远程数据实时监测	/	编制专项方案建议自动泄压	环空压力达到 0. 7 最大允许带压值	1 年 1 次井筒完整性评估，漏点检测，必要时采取修井作业
III	油田公司备案，远程实时监测	/	编制专项方案建议自动泄压	保持定压	制定应急预案，立即治理

4 结论及建议

（1）根据井屏障分类及失效机理，形成了适应于呼图壁储气库井完整性监测及评价技术体系，实现实时监控，工程测井技术全方位评价并相互验证，确保储气库井完整性管理真实、可靠。

（2）通过对中国石油高温高压及高含硫井完整性管理规范的细化，形成井屏障失效风险等级划分流程图，制定了呼图壁储气库作业区井屏障失效井分类管理表，便于管理及现场实施。

（3）在储气库生产运行环节中井完整性管理内容多，储气库注采井井筒全生命周期较一般采油、采气井时间长，井筒在服役期内可能开展 1 次及至多次测试、大小修和措施作业等，最后不可避免要关停乃至报废，所以储气库注采井在运行管理环节特别需要运用和发挥井完整性理念，运用好、监管好井屏障。

（4）呼图壁储气库完井管柱使用的管柱、油管挂、井下安全阀、井下仪表以及地面井口装置类别很多，在注采作业期内所服役的井筒屏障及其组件可能需要更换，油气藏（油气层）及油气井的压力、温度、液流流速等的动态变化及出砂、结垢、结蜡、形成水合物等复杂情况；还有套管水泥环的损坏、采油作业管柱的腐蚀、磨损等难以完全避免的问题，所以储气库在生产运行环节特别要全程对每个工作部件及屏障组件进行监管监测，按标准安全、有效地进行检查测试及时及早发现风险、处理风险、建立应急处理和预警处理程序等，还要重视资料、信息、档案的建立与管理。

参 考 文 献

[1] 罗阳. 气井管柱完整性技术研究进展与展望[J]. 化学工程与装备，2021,：231-233

[2] 张绍槐. 采油作业应用井筒完整性标准[J]. 石油钻采工艺，2018，40(5)：601-613

[3] 宋立志，齐真真，孙晓明，等. 电磁探伤与多臂井径组合测 井的应用[J]. 石油仪器：2010，24(5)：28-30.

[4]孙富强. 闫怡飞. 张胜跃. 等. 储气库注采井环空带压监测与风险分级[J]. 石油管材与仪器，2021，7(1)：38-43.

大型边底水气藏型储气库多周期运行存在问题及技术对策

——以呼图壁储气库为例

张士杰　刘国良　廖　伟　陈月娥　张赟新　郑　强　王明锋　李欣潞

（中国石油新疆油田公司呼图壁储气库作业区）

摘　要　呼图壁储气库设计库容107亿方，工作气量45.1亿方，共部署注采井30口。经过五个周期注采运行后仍表现出井网利用率低、调峰能力不足的特征，且强注强采使地层压力交替、剧烈变化，注采气量合理配置及跟踪调控较为困难，随着储气库逐步达容，地层压力已趋近设计上限地层压力，区域断裂、盖层等均存在漏失风险，极大的威胁了注采安全。通过配产配注、跟踪数值模拟与注采参数实时预测技术相结合实现注采气量合理配置及跟踪调控，调峰能力评价及水侵区动用技术逐步改善注采运行效果，利用库容诊断及微地震监测评价气库的动态密封性，为注采方案优选和气库达容达产提供了技术支持，实现了多周期安全、平稳、高效运行。

关键词：储气库；边底水气藏；多周期运行；调峰能力；库容评价；达容达产

1　基本情况

呼图壁储气库位于准噶尔盆地南缘，是由受岩性构造控制、带边底水的砂岩贫凝析气藏改建而成。共部署新井42口，设计运行上限压力34.0MPa，下限压力18.0MPa，库容量$107.0\times10^8m^3$，工作气量$45.1\times10^8m^3$，日均注气量$1550.0\times10^4m^3$，应急日均采气量$2789.0\times10^4m^3$，季节调峰日均采气量$1333\times10^4m^3$。

2　储气库多周期运行存在问题

呼图壁储气库于2013年6月投运，截止2017年11月已累积投运注采井25口，注气$82.50\times10^8m^3$，采气$33.61\times10^8m^3$，注采过程中主要暴露出以下几个问题。

2.1　注采速度高，注采气量配置及跟踪调控困难

呼图壁储气库采用强注、强采的运行模式，周期注采地层压力变化速度快。注采过程中为满足高气量注采需求，仅能录取井口的油压、注采气量和少量未投运井的静压数据，无法利用常规关井复压等方式准确获取地层压力，地层压力预测及控制难度大，导致无法准确评价气井注采能力，注采气量合理配置及跟踪调控困难。

2.2　注采井利用率低，井网调峰能力不足

呼图壁储气库改建于气藏开发中后期，受边底水侵入影响，有7口井因试气时见地层水或不出而无法正常注采利用，井网利用率仅77%。注采期对边部井实施了试注、试采，效果均较差。已利用的23口井经过多周期注采吞吐储层污染部分解除后，应急采气能力为$1458\times10^4m^3/d$，仅达到初设方案$2789\times10^4m^3/d$的52.3%。

2.3　气藏断裂发育，存在漏失风险

呼图壁气藏内部主要发育有4条近东西向南倾的逆断裂，其中呼图壁断裂、呼图壁北断裂和H001井北断裂均断穿了目的层（图1）。注采期气藏内部地层压力周期交替、剧烈变化，从而气藏内部断裂、盖层均受到了周期性、交替性的应力变化，存在较大破坏风险，注采动态密封性亟需得到验证。同时随着气库逐步达容，注气末期地层压力33.5MPa，已接近设计的上限地层压力34MPa，压力窗口逐渐变窄，注气超压风险增大，严重影响了储气库安全运行。

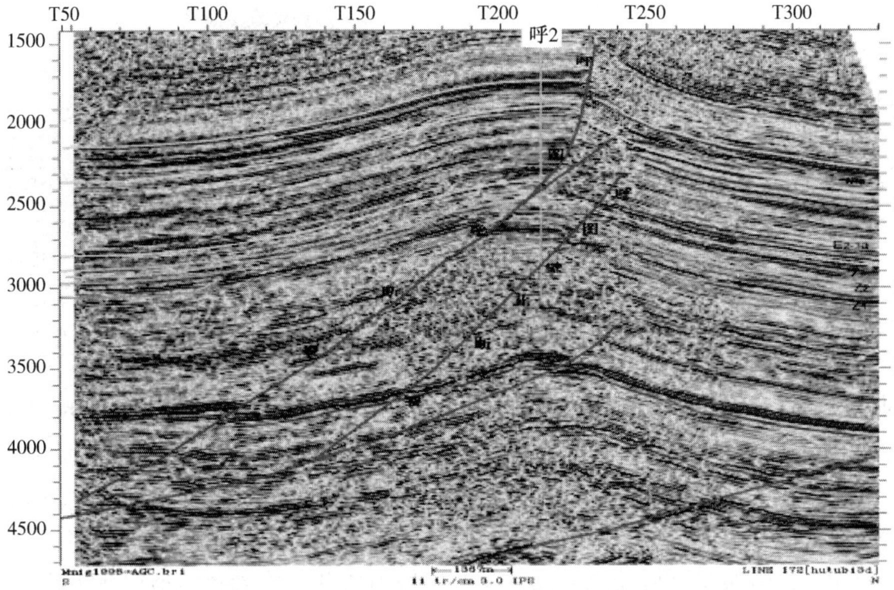

图1　呼图壁储气库主要断裂地震地质解释剖面图

针对上述问题，通过呼图壁储气库注采技术对策研究，逐步改善储气库注采运行效果，实现注采参数的精确预测控制、圈闭动态密封性准确评价，保障储气库安全平稳注采运行。

3　储气库多周期运行注采技术对策

3.1　优选注采方案，合理配置注采气量

3.1.1　气库能力评价

基于有水气藏型地下储气库多周期注采运行规律，根据库容参数评价方法[1]，建立了储气库多周期运行库容、动用区剩余储集能力及工作气量评价数学模型。

利用物质平衡法，计算气库可动用库存量表达式如下：

$$G_{rm(i-1)}=\frac{(-1)^{i}Q_{(i)}}{(P/Z)_{i-1}-(P/Z)_{i}}(P/Z)_{i-1} \quad (1)$$

结合气体PVT状态方程，则可计算储气库可动地下含气孔隙体积：

$$V_{m(i)}=\frac{P_{sc}T_{i-1}}{T_{sc}}\frac{G_{rm*i-1)}}{(P/Z)_{i-1}} \quad (2)$$

动用区剩余储集能力：

$$G_{储集能力}=\frac{V_{m(i)}P_{\max}}{3.458\times Z_{\max}T_{\mathrm{i}}}-G_{rm(i-1)}+(-1)^{i}Q_{i} \quad (3)$$

动用区形成工作气量：

$$G_{工作气量}=G_{rm(i-1)}+(-1)^{i}Q_{i}-\frac{V_{m(i)}P_{\min}}{3.458\times Z_{\min}T_{\mathrm{i}}}G_{rm(i-1)} \quad (4)$$

第五周期注气期为例，注气初期地层压力为26.8MPa，动用区地下含气孔隙体积$3836\times10^{8}m^{3}$，计算动用区剩余储集能力为$17.78\times10^{8}m^{3}$。

3.1.2　井控区域能力评价

注采期受注采扩散速度和利用井点限制，无法确保动用区域地层压力均衡变化。引入物质平衡拟时间，结合不稳定分析法拟稳态流动段拟合计算井控半径。结合单井注采影响半径、储集层发育厚度、孔隙度和含气饱和度，则可求取单井控制区域内的地层压力和周期累积注采气量，从而确定投运井网控制区域内的周期剩余储集能力和形成工作气量：

$$G_{\mathrm{injmax}(i)}=\sum_{j=1}^{n}G_{\mathrm{injmax}(j)}=\sum_{j=1}^{n}\frac{P_{\max}V_{j(i)}T_{sc}}{P_{sc}Z_{j(i)}T_{j(i)}}-G_{\mathrm{r}}\mathrm{mj}(i) \quad (5)$$

$$G_{\mathrm{pmax}(i)}=\sum_{j=1}^{n}G_{\mathrm{pmax}(j)}=G_{\mathrm{rmj}}(i)-\sum_{j=1}^{n}\frac{P_{\min}V_{j(i)}T_{sc}}{P_{sc}Z_{j(i)}T_{j(i)}}-G_{\mathrm{r}}\mathrm{mj}(i) \quad (6)$$

第五周期单井平均注气井控半径为431m，井网控制库存量为$83.04\times10^{8}m^{3}$，井控区域剩余储集能力为$16.16\times10^{8}m^{3}$，以周期注气天数198天计算，日均注气量为$816\times10^{4}m^{3}$。

3.1.3　注采方案优选

同时为满足储气库强注、强采的需要，还需综合考虑气井注采节点能力。以注气为例，利用节点分析模型，获取气井注采气量与井口压力的

关系，从而结合地面注气压力工艺限制条件，确定不同地层压力条件下单井最大注气能力：

$$q_{\max(t)}=\frac{-A+\sqrt{A^2-4[B+\alpha](P_t^2-P_{wh}^2e^{2s})}}{2[B+\alpha]} \tag{7}$$

$$\alpha=1.3242\lambda T_{av}Z_{av}{}^2(e^{2s}-1)/d^5 \tag{8}$$

$$\sqrt{P_{wh}{}^2e^{2s}-\alpha q_{max(t)}{}^2}-P_t=\Delta P_{\max} \tag{9}$$

$$P_{wh}\leqslant P_{工艺限制} \tag{10}$$

以压缩机出口压力 30MPa 为限，考虑管柱冲蚀、储层出砂，计算第五周期投运注采井网注气初期最大瞬时注气能力为 $1657\times10^4\text{m}^3/\text{d}$，注气末期地层压力达到 34MPa 时瞬时注气能力为 $1183\times10^4\text{m}^3/\text{d}$。

综合考虑储气库含气孔隙体积动用特征、单井井控特征及注采能力，落实第五周期最大注气能力 $16.16\times10^8\text{m}^3$。同时，为规避边部井注入气向水侵区域指进风险，需控制边部井注气速度，确保注气前缘稳步外推。

为评价注采指标，确保平稳运行，利用数值模拟技术，根据平面地层压力变化(图 2)、气库注气扩散趋势(图 3)及注入气指进情况(图 4)进行拟合分析，准确评价注入气体的推进扩散及注气通道气水前缘的变化情况，进行方案优选，确保储气库最优化运行，最终确定第五周期配置注气量 $15.12\times10^8\text{m}^3$。

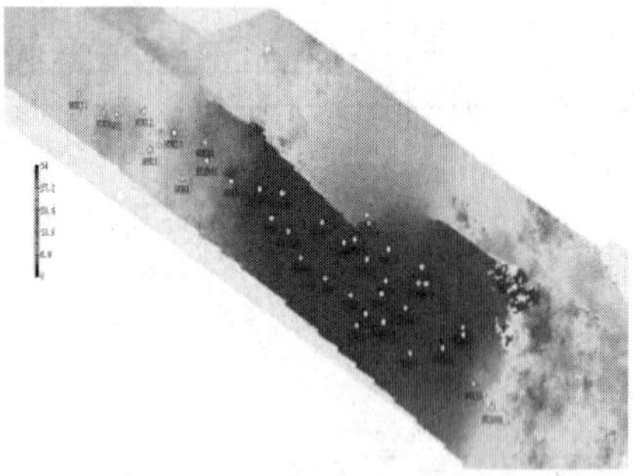

图 2　注末地层压力分布图

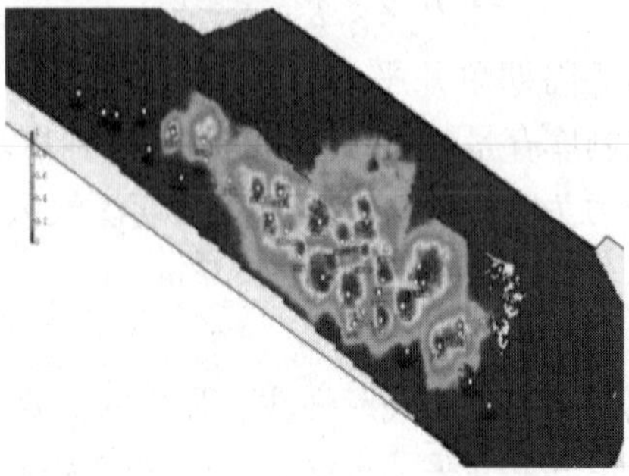

图 3　注气扩散效果拟合图

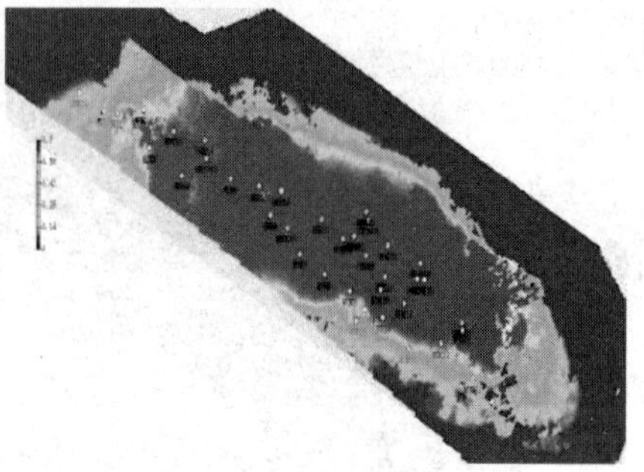

图 4　注末含气饱和度场图

3.2　合理注采调控，保障井间均衡注采

注采期内，为满足注采气量频繁调整的需求，通过不断修正井控半径，实时预测地层压力，确保通过单井注采气量合理调整，实现注采区域内单井及气库整体地层压力均控制在方案设计压力区间内：

$$P_t=\frac{Z_tT_t}{Z_iT_i}P_i+\frac{3.458\times10^{-4}ZTQ_{ti}}{\pi r_e{}^2h\phi S_g} \tag{11}$$

通过单井注气量的合理控制，第五周期注气末期 21 口注采井测试地层压力均在了 34MPa 以内，实测地层压力 33.5MPa，与预测结果 33.7MPa 差异仅 0.55%，地层压力预测精度较高。

同时为确保油压需求满足地面工艺条件，建立了单井不同时刻的油压预测公式：

$$p_{wh}=\sqrt{\frac{P_t^2+Aq_g+Bq_g^2+1.3243\lambda q_g{}^2T_{av}{}^2Z_{av}{}^2(e^{2s}-1)/d^5}{e^{2s}}} \tag{12}$$

注采井油压预测与实际基本一致。以 HK16 井为例，历次调产前后预测油压符合程度均较高，实际注气平均油压 25.5MPa，预测注气平均油压为 25.4MPa，差异仅 0.4%(图 6)。通过建立地层压力与油压预测模型，保障了井间气量的优化调整，实现了全区均衡注气。

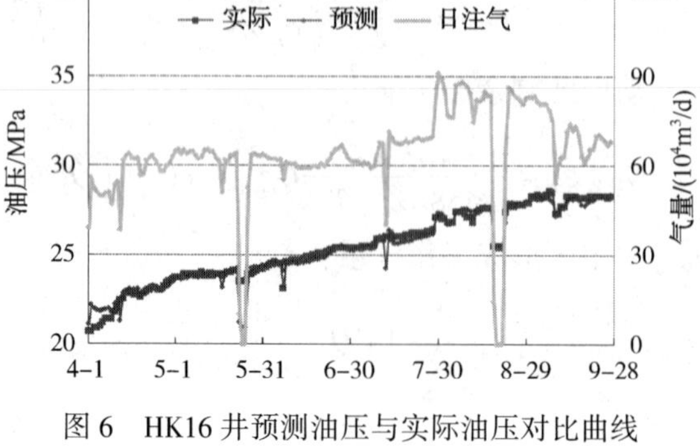

图 6　HK16 井预测油压与实际油压对比曲线

3.3 落实临界注采条件，提高井网调峰能力

呼图壁储气库建库方案设计时以老井开发后期系统试井产能为依据，设计应急下限压力25MPa、临界生产压差3.5MPa时单井应急采气能力为$89\times10^4m^3/d$。

新井测井解释成果显示，气藏平面非均质性较强，不同区域有效厚度及物性差异较大。东区构造中高部位储层发育厚度大且物性好，边部区域储层有效厚度逐渐变薄。因此，仅利用构造中高部位气井产能无法用于指导全区产能预测。结合储层发育状况，结合气井产能控制因素(公式3)，对气井产能表皮因子敏感性实施评价。根据气井产能方程与表皮因子的关系，预计经过多周期注采吞吐，储层污染解除后，气井的采气能力将逐渐提升，达到目前的1.12倍(图7、图8)：

$$P_r^2-P_{wf}^2=Aq_g+Bq_2^2 \tag{13}$$

$$A=\frac{42.42\times10^3\mu_g ZTP_{sc}}{KhT_{sc}}\left(\lg\frac{8.091\times10^{-3}Kt}{\phi\mu_g C_t r_w^2}+0.8686S\right) \tag{14}$$

$$B=\frac{36.85\times10^3\mu_g \overline{ZTP_{sc}}}{KhT_{sc}}\times\frac{2.212\times10^{-14}K\beta\gamma_g}{\mu_g hr_w} \tag{15}$$

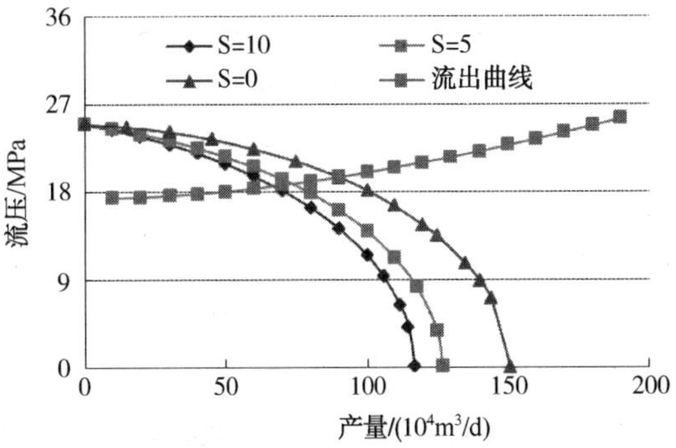

图7 气井表皮因子敏感性分析曲线

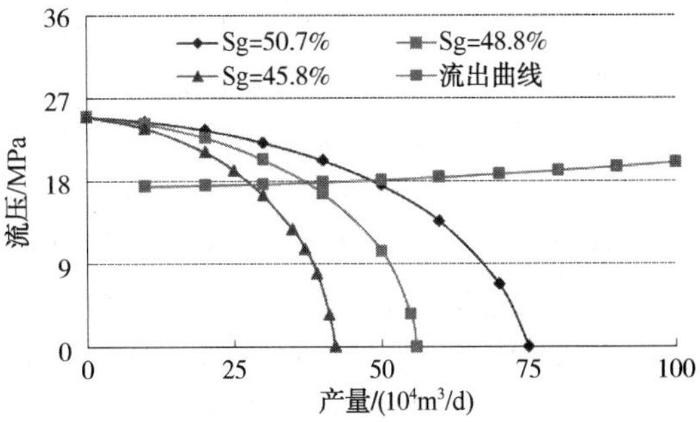

图8 储层含气饱和度敏感性分析曲线

根据气井产能分布，结合储层污染的解除速度，对气库已利用的25口采气井实施分类预测，其中21口产能相对较高，预计污染完全解除后气库设计应急压力区间内24口井调峰采气能力为$1574\sim1922\times10^4m^3/d$(表1)，采气能力仍无法满足方案设计要求。

表1 气井污染解除前后应急采气能力对比

类别	井数/口	应急采气能力/($10^4m^3/d$)					
		地层压力34MPa			地层压力25MPa		
		S=10	S=5	S=0	S=10	S=5	S=0
中高产井	21	77	80	85	63	67	70
低产井	4	30	32	34	24	26	28
合计	25	1674	1808	1922	1419	1511	1574

因此，为提高井网调峰能力，必须进一步放大采气压差。利用岩石力学参数、Mohr-Coulomb、抗张强度法、产层岩石坚固程度判断指数"C"公式法、井壁稳定性等5种方法落实储层临界出砂条件，计算出砂压差，并取最小值为储层临界出砂条件。结果显示，储层出砂压差与地层压力呈正比：

$$\Delta P_{max}=0.3543P_e-4.5462 \tag{16}$$

以计算临界出砂压差为限制，预计污染完全解除后气库设计应急压力区间内25口井平均单井采气能力$70\sim118\times10^4m^3/d$，井网调峰采气能力为$1699\sim2674\times10^4m^3/d$(表2)。

表2　气井放大生产压差后应急采气能力对比

类别	井数/口	应急采气能力/($10^4m^3/d$)					
		地层压力 34MPa			地层压力 25MPa		
		S=10	S=5	S=0	S=10	S=5	S=0
中高产井	21	110	114	118	71	73	75
低产井	4	45	47	49	27	29	31
合计	25	2490	2582	2674	1599	1649	1699

3.4　明确注采利用界限，恢复边部井注采利用

利用注采井东西向连井对比发现，气藏气水界面较气田开发初期明显提升，气水界面已整体推进至-3043m，较原始气水界面上升了4m。同时气田开发后期，$E_{1-2}z_2{}^1$地层水由西向东逐步横侵，西区边部区域受水侵影响较大。由于地层水侵入，使储层含水饱和度增加，水相渗透率快速提高，钻井及试气阶段对储层更易造成污染，边部井试气时复压解释储层渗透率仅5.53mD，表皮系数高达22.73，储层污染严重，从而导致供气能力不足。受地层水侵入及储层污染影响，共7口井无法实施注采利用。

针对地层水侵入和储层污染造成边部7口井无法利用的现状，采用构造中高部位井注气平面驱替实现边底水的逐步外推，降低地层水饱和度，逐步增大含气饱和度，恢复储层渗流条件；并通过对边部井点开展试注、试采试验，解除储层污染，逐步改善储层渗流能力，提高边部井点注采能力，恢复注采利用。

为评价注采平面驱替效果，规避边部井利用风险，利用示踪剂数值模拟技术和试井边界识别技术，确定气水边界，采用迪茨法计算合理注采制度：

$$q_{ginj} \leqslant \frac{LK\ K_r g/\mu_g A\phi(\rho_w-\rho_g)gSin\alpha}{(M_{inj}-1)B_g} \quad (17)$$

以HK13井为例，计算其临界采气量与其距边底水的距离呈正比，边底水外推至距井底距离1200m左右时，气井临界产量可达到$30.1\times10^4m^3/d$。

3.5　封闭性评价，保障注采安全运行

3.5.1　库容诊断技术

利用呼图壁储气库前五周期库存量与视地层压力关系曲线右移(图9)，表明存在扩容或者漏失的情况。单位压力库存量基本保持稳定，单位压力差库存量增量初期快速增加、后期基本保持稳定(图10)，表明气库不存在漏失，处于快速扩容到平稳扩容的阶段。

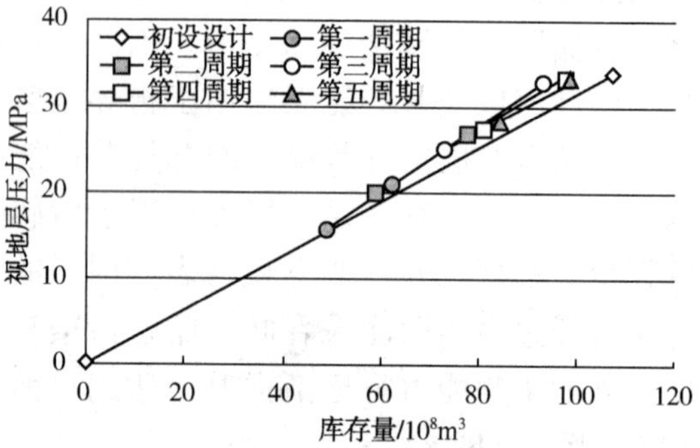

图9　视地层压力与库存量曲线

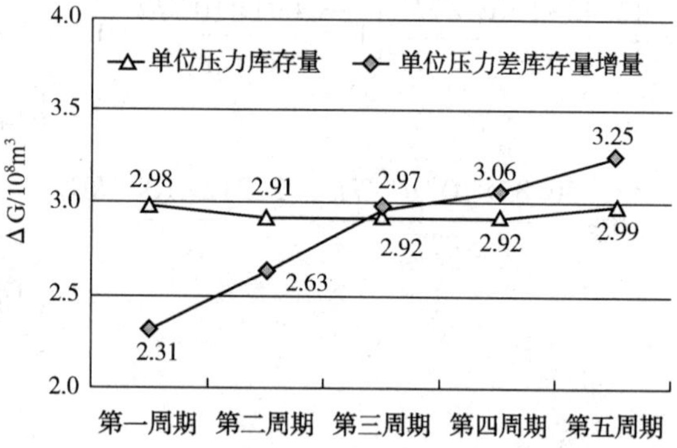

图10　库存增量曲线

3.5.2　微地震监测技术

为进一步验证圈闭的动态密封性，储气库部署了一套微地震监测系统，包括3口深井(1200m)和6口浅井(70m)，系统灵敏度达-0.8N·m，可监控能级在-3以上级别的微地震事件，定位精度30m。

微地震监测系统于2013年底开始部署实施，2014年底已完成3口深井、3口浅井地下感应器部署，地面数据录取、传输、存储系统也部署完成。利用注采井偶极声波建立地层速度初始模型，利用可控震源实施反褶积相位转换，实施速度反演，从而对速度模型实施优化，建立准确的速度模型。

利用建立的储气库速度模型，对微地震监测数据实施解释，微地震事件198次，其中工区内事件共40次。(图11)为储层相关的微地震事件。事件分布于浅监测井与深监测井之间，震级

为-1.6～-0.5，储层应力变化小于0.1MPa。因此初步判断，目前储层受到的应力变化较小，区域断裂、夹层、盖层、注采井筒均未发生损坏，具备良好的动态密封性。

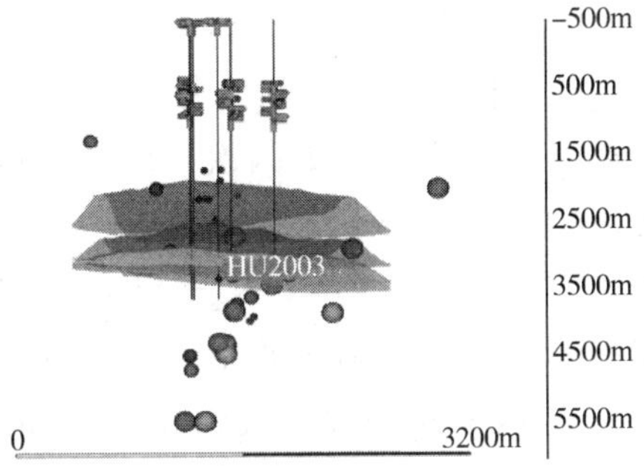

图11　深度部微地震事件分布位置图

4　应用效果

4.1　精细跟踪调控，实现周期平稳注采

利用注采参数的实时预测计算，在注采需求发生变化时，通过井间注采气量的合理调整，确保了井间的均衡注采。第五周期注气末期全区地层压力分布更加均衡，注气末期集中区域井平均地层压力达到33.6MPa(图12)，基本接近上限压力34MPa，周期实际注气量$14.48\times10^8m^3$，与方案设计注气量基本一致，注采气量配置更加合理。

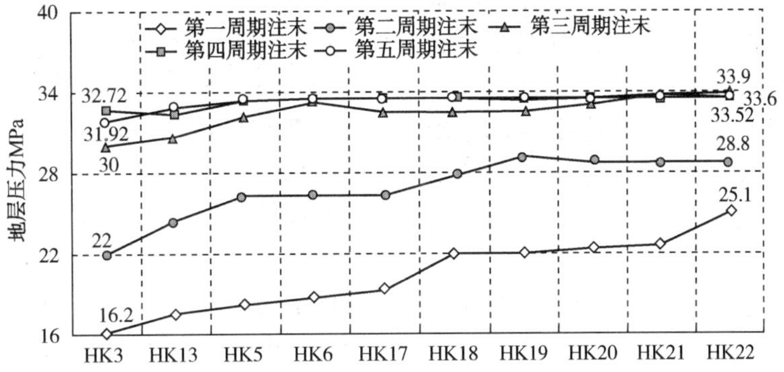

图12　多周期HK3-HK22井压力对比剖面图

4.2　完善井网利用，改善注采动用效果

在多周期平面注采驱替的基础上利用HK13井不稳定试井测试，落实恒压边界距离为1066m，以该恒压边界圈定气驱前缘位于HK2井区域。HK2井与HK13井距离为1155m，试气由于水淹井筒积液不出，西部井试气情况与HK13井定压边界响应特征一致。

因此，在东部井注气驱替实现边水外推的基础上，分批次优选HK1、HK3和HK13等5口井进行试注和试采，实现日注气量$59.5\times10^4m^3$，日采气量$108.8\times10^4m^3$。气库注采利用井数由第一周期的15口逐渐增加至第四周期的27口，井网利用程度由初期的52%上升至93.1%。

随着全区利用井网的增加，气库动用效果逐步变好，第五周期注气期动用含气孔隙体积增加至$3865\times10^4m^3$，动用程度达97.4%，气库全区基本已得到有效动用。

4.3　落实注采界限，提高井网调峰能力

第四周期采气期以方案设计最大生产压力3.5MPa为限制，计算储气库设计压力区间18～34MPa井网的调峰能力为$997\sim1503\times10^4m^3/d$。实际运行时，为落实井网最大调峰能力，开展了临界出砂压差测试，其中HK6等5口井测试最大生产压差5.9MPa，最大日产气量$129\times10^4m^3$，储层均未监测到出砂迹象，与临界出砂压差计算结果较为匹配。

为规避出砂风险，以生产压差4.5MPa为限制开展了最大产量测试，井网测试采气能力达到$1815\times10^4m^3/d$。第四周期采气期将井网采气量上调至$1628\times10^4m^3/d$后，气井均能保持稳定生产且储层均未监测到出砂迹象，井网调峰能力得到了充分的发挥。

4.4　气库封闭性良好，整体注采安全

通过地层压力的精准控制，注气末期井点地层压力均低于储气库设计上限压力，有效规避了超压风险。目前注采井套管间环空基本不带压。2016年选择了4口井实施了电磁探伤与多臂井径测试，结果显示生产套管完整性良好，未发生管柱破损现象。

盖层监测井HJ5井历次测试静压值基本保

持稳定，气库盖层、断裂及气井井筒均具备良好的动态密封性，与库存诊断及微地震监测解释结果一致。动态密封性评价结果可靠，储气库注采安全得到了有效保障。

4　认识与结论

（1）储气库强注强采的运行模式下，需综合考虑库容、注采井产能、井控及井筒举升等因素，实施“储气库气藏-井筒举升-地面管网”的一体化分析，可有效实现注采气量的合理配置和注采参数的精准控制。

（2）对于边底水气藏型储气库，水侵区域应尽量少布井或晚布井，以降低低效井风险；对处于水侵区域的注采井，可通过“注气驱替+注采吞吐”的方式，改善储层渗流能力，恢复注采利用，并制注采速度，抑制边水进一步侵入。

（3）储气库在建库前实施封闭性评价的基础上，开展库容诊断及微地震监测可有效评价注采动态密封性，确保安全运行。

符号注释

$G_{rm(i-1)}$—第 i 周期储气库动用库存量，10^8m^3；$Q_{(i)}$—第 i 周期储气库注采气量(注气为正，采气为负)，10^8m^3；P_i—第 i 周期注采后平均地层压力，MPa；Z_i—第 i 周期注采后天然气偏差因子；T_i—第 i 周期注采后地层温度,℃；P_{i-1}—第 i-1 周期注采前平均地层压力，MPa；Z_{i-1}—第 i-1 周期注采前天然气偏差因子；T_{i-1}—第 i-1 周期注采前地层温度,℃；$V_{m(i)}$—第 i 周期动地下含气孔隙体积，10^8m^3；$G_{储集能力}$—注采动用地下孔隙剩余储集能力，10^8m^3；

$G_{储集能力}$—注采动用地下孔隙形成工作气量，10^8m^3；$G_{injmax(j)}$—第 j 口井控制区域内剩余储集能力，10^8m^3；$G_{pmax(j)}$—第 j 口井控制区域内剩形成工作气量，10^8m^3；A—二项式产能方程层流项系数，$MPa^2/(10^4m^3/d)$；B—二项式产能方程紊流项系数，$MPa^2/(10^4m^3/d)^2$；μ_g—天然气粘度，mPa. s；K—储层渗透率，mD；H—储层有效厚度，m；Z—天然气偏差因子，无因次；T—储层温度,℃；P_{sc}—标准压力，MPa；T_{sc}—标准温度,℃；β—紊流系数，无因次；C_t—综合压缩系数，1/MPa；S—表皮系数，无因次；t—稳定生产时间，s；φ—孔隙度,%；r_w—井半径，m；$\bar{\mu_g}$—平均天然气粘度，mPa · s；$\bar{Z}$—平均天然气偏差因子，无因次；$\bar{T}$—平均温度,℃；γ_g—天然气相对密度，无因次；ΔP_{max}—临界出砂压差，MPa；P—地层压力，MPa；q_{ginj}—迪茨法临界注气量，$10^4m^3/d$；K_{rg}—气相相对渗透率，mD；A—渗流横截面面积，m^2；ρ_w—地层水密度，g/cm^3；ρ_g—天然气密度，g/cm^3；g—重力加速度，m/s^2；α—储层倾角,°；M_{inj}—气水流度比，无因次；B_g—天然气体积系数，无因次；Z_t—t 时刻天然气偏差因子，无因次；T_t—t 时刻储层温度,℃；r_e—注采影响半径，m；S_g—含气饱和度,%；G_{injmax}—周期最大注气量，10^8m^3；G_{pmax}—周期最大采气量，10^8m^3；P_{max}—储气库设计上限压力，MPa；P_{min}—储气库设计下限压力，MPa；λ—生产管柱阻力系数；T_{av}—井筒内平均温度,℃；Z_{av}—井筒内平均压力下偏差因子；d—生产管柱内径，m；q_e—井口冲蚀流量，$10^4m^3/d$；P_{wh}—井口油压，MPa；s—无因次量；$P_{工艺限制}$—地面集输井口临界压力，MPa。

参 考 文 献

[1] 杨光荣，余元州，贾广雄，等．物质平衡法计算天然气地下储气库的库容量[J]．天然气工业，2003，23(2)：96-99.

[2] 陈海龙，关文均，赵伟，等．物质平衡拟时间在低渗气藏动态分析中的应用[J]．天然气技术，2007，01(6)：53-56.

[3] 罗天雨，麻慧博，艾尼瓦尔，等．呼图壁储气库合理生产压差数值分析[J]．中外能源，2011.06：43-46.

[4] 李晓平，杨桦. 气水分界面稳定运动的渗流力学条件研究[J]. 钻采工艺，2001.03：39-40.

[5] 王东旭，马小明，伍勇，等．气藏型地下储气库的库存量曲线特征与达容规律[J]．天然气工业，2015，33(1)：115-119.

呼图壁储气库边底水水侵前缘动用及注采风险评价

廖　伟　刘国良　李欣潞　张赟新　郑　强　陆　叶

（中国石油新疆油田分公司呼图壁储气库作业区）

摘　要　具边底水储气库注采容易引起气水界面移动，水侵前缘运移及注采风险评估，对储气库水侵区库容的恢复和动用及注采井调峰能力的提升极其重要。以呼图壁储气库为例，评价了边底水储气库气水前缘恢复动用的可行性，利用示踪剂数值模拟技术确定注气前缘位置，通过多轮次注气驱替，提高储集层渗流能力。建立了影响注采井水侵的动、静态参数评价指标体系，并评价了呼图壁储气库30口投产注采井的见水风险等级。研究区高水侵风险井仅有

3口，主要位于储气库的西部水侵区。制定了边底水储气库水侵预警机制，其要点在于生产过程中加大动态监测力度，及时跟踪中—高水侵风险井产水量、水气比、产水中Cl-含量、井口压力等变化，调整优化注采速度及注采气量，从而控制气水前缘推进速度。

关键词：呼图壁；储气库；边底水；水侵；注气前缘；库容；调峰能力；风险评价；预警机制

近些年来，中国加快了地下储气库的建设，储气库在冬季天然气调峰、战略储备等方面发挥了重要作用。目前，中国由天然气藏转建的储气库基本为水侵型衰竭气藏，深入研究水侵型储气库水侵前缘动用能力，提出动用政策，对改善储气库注采运行效果具有重要意义。

随着储集层压力降低，水侵型储气库的边底水周期性侵入储集层，且水侵前缘的运移受储集层非均质性、储集层压力、注采强度等因素的影响大。地层水是否平稳运移，对气水过渡带宽度影响极大，直接影响储气空间动用效率。前人针对气水互驱导致 的注气损耗，提出了水侵型储气库多周期注采能力预测模型；为确定水侵型储气库初期投产的配注量，建立了以物质平衡原理为基础、以气水界面稳定运移临界流速为约束的配注量确定方法；以二项式产能方程为基础，建立了基于有效渗透率的储气库单井增产潜力模型；利用吸吮-排驱相渗评价技术和多次注采循环核磁共振技术，研发了水侵型储气库的物理 模拟实验装置，揭示了多周期水侵过程中气水运移微 观机理。但是，对水侵型储气库水侵前缘动用政策以及动用风险评价的研究仍然较少。

本文以准噶尔盆地呼图壁储气库为例，分析了边 底水储气库水侵前缘恢复动用的可行性，提出了储气 库水侵前缘动用对策，建立了影响注采井水侵的动、静态参数评价指标体系，制定了边底水储气库水侵预 警机制。

1　呼图壁储气库概况

呼图壁储气库由带边底水砂岩气藏改建而成，位 于准噶尔盆地南缘冲断带霍玛吐背斜带东段，受喜马 拉雅运动的挤压应力作用，构造形态为近东西向展布的长轴断背斜，东西长约20km，南北宽约3.5km，构造闭合高度约180m。构造内部主要发育3条北西—南东走向、南西倾向的大型逆断裂，分别为呼图壁断裂、呼图壁北断裂和呼001井北断裂(图1)，均断穿了储集层和直接盖层，其中，呼图壁断裂和呼图壁北断裂向上断穿了新近系安集海河组区域盖层。储气库储集层为古近系紫泥泉子组，顶界埋深约3500m，包括紫泥泉子组二段一砂组和二砂组，岩性以细砂岩和粉砂岩为主，厚度约120m。其中，一砂组的平均孔隙度为16.4%，平均渗透率为39.3mD；二砂组的平均孔隙度为18.13%，平均渗透率为31.7mD。气藏直接盖层为紫泥泉子组三段泥岩，厚度约150m；气藏区域盖层为

新近系安集海河组泥岩，厚度约870m。气藏属于受构造和岩性控制的具边底水凝析气藏，驱动类型以凝析气的弹性膨胀能量为主，建库前气藏西部低部位具边水弱水侵。

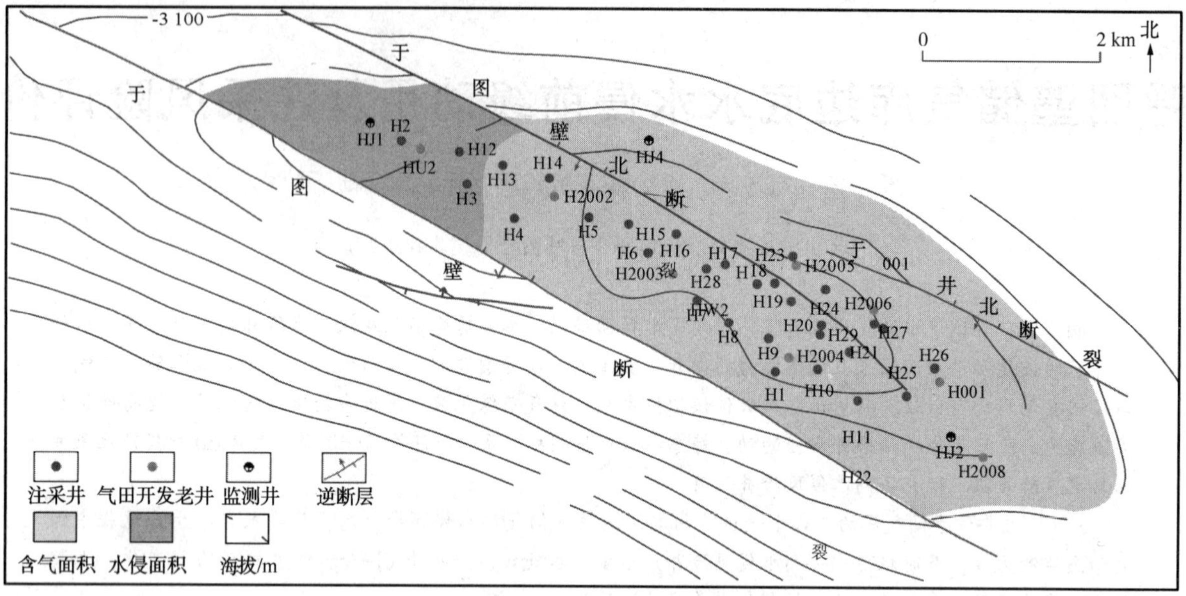

图1　呼图壁储气库构造及第七注采周期含气面积示意

呼图壁储气库2013年建成投运，设计运行压力为18.0~34.0mPa，设计库容量为107.0×108m3。储气库现有35口注采井，共经历了7个注采周期，总体运行平稳，注采气量逐步增大，地层压力稳步提升。截至第七周期，累计注气113.8×108m3，累计采气78.2×108m3，库存量为99.8×108m3，达容率为93.2%。

2　水侵区及气水前缘动用的可行性

呼图壁储气库水体不活跃，水体能量有限，水侵区域局限于H2002井以西构造低部位(图1)，面积为2.41km^2。储气库扩容过程具有先快后慢的特点，主要扩容在建库前纯气区和气驱水纯气区，即储气库中部及东部主体区域，加大周期注气量。第一到第三注采周期，储气库地层压力低，注入气以弥补亏空空间为主，有效库容量增加较快；第四注采周期起，随着储气量增多，地层压力提高，不同周期的有效库容量随压力变化的趋势基本一致，增容幅度变小(图2)，单位压力下库容的变化量，即弹性库容率变化也很小，表明储气库扩容难度增大。只有通过水侵区(储气库西区低部位区域)的恢复动用，才能达到储气库扩容的效果。投产的35口注采井，整体上产水量及水气比均较低，水气比保持在1.0g/m^{3}左右。从第三周期开始，在西区位于水侵前缘的H13井实施低气量试注和试采，从第三至第七周期实现了连续注采气，累计注气1.37×108m^3，累计采气0.90×10^{8}m^3，平均日注气23.03×10^{4}m^3，平均日采气22.91×104m^3。表明气库西部构造低部位注采井整体利用风险较小，为水侵区的有效动用提供了依据。

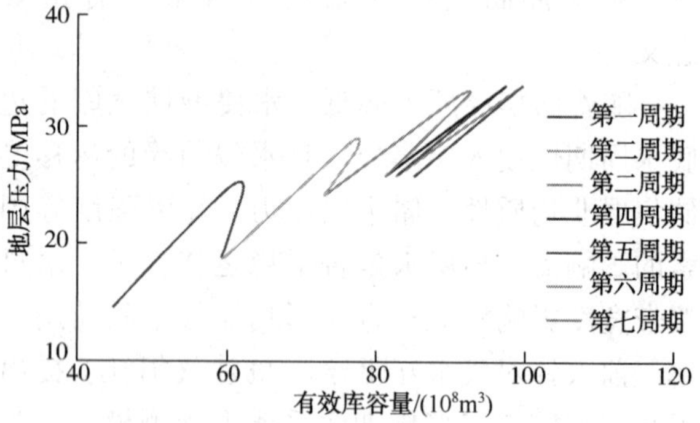

图2　呼图壁储气库有效库容量变化

与2012年建库前含气饱和度相比，通过7个周期注采，到2019年的第七注采周期末，西区水侵区含气饱和度增大，气驱扩容显著(图3)；东区受地层非均质性和气水渗流能力差异影响，局部存在气窜，气驱水现象明显，含气饱和度增加，北区也存在微弱扩容。位于华北地区的苏桥储气库为典型的水驱气藏型储气库，其多周期注采结果表明，由于注采井注采速度和储集空间物性的差异，气水过渡带宽度为50~

200m。因此，针对呼图壁储气库西区水侵区的地质条件及地层压力状况，采取合理的注采政策，水侵区及气水前缘具有恢复可动用性，具备继续扩容潜力。

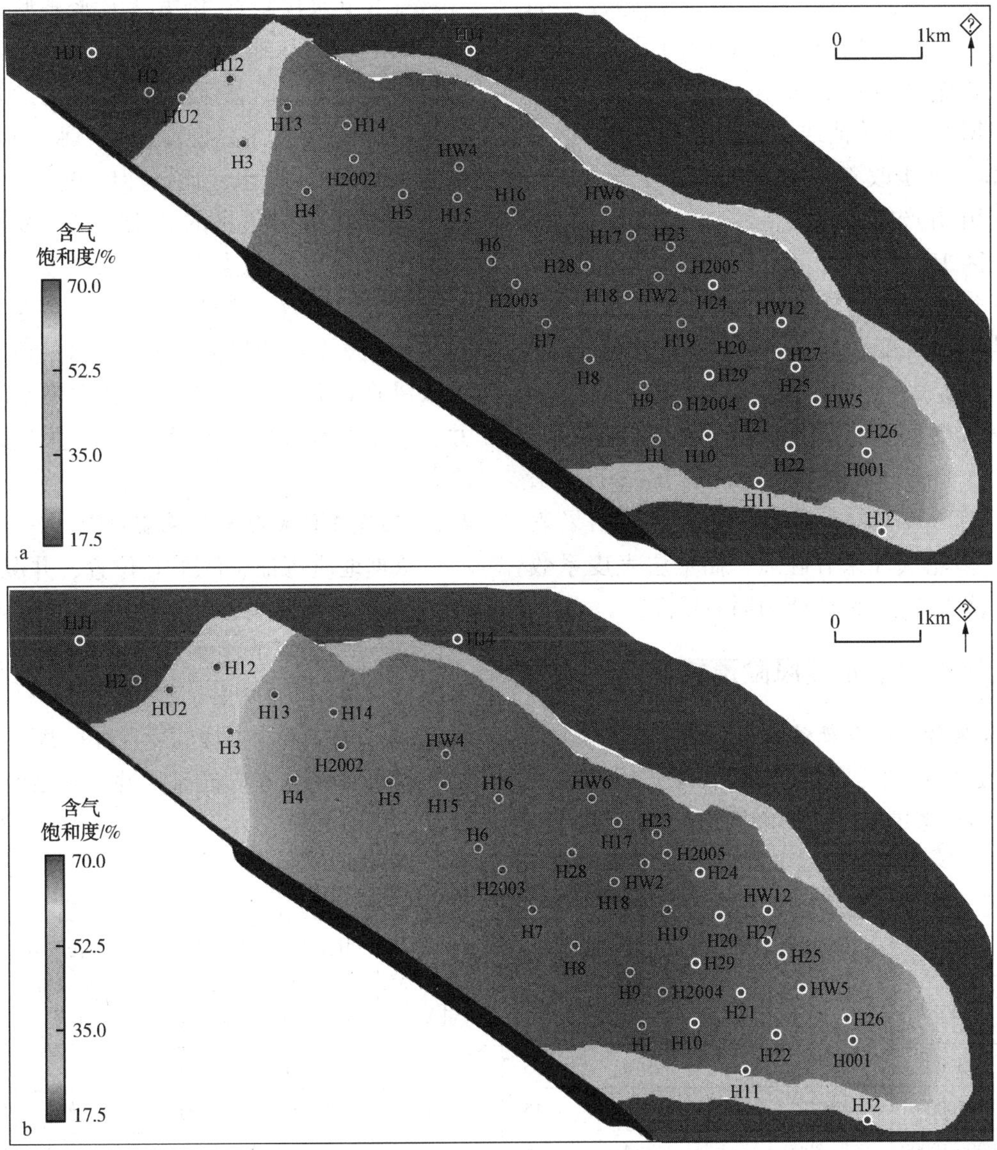

图 3　呼图壁储气库建库前(a)和第七次注采周期末(b)含气饱和度对比

3　水侵区及水侵前缘动用对策

3.1　水驱前缘位置的确定

在现场注气过程中，对气体进行了示踪剂标识，采用气相色谱仪测量产出气体中示踪剂浓度的变化。将该数据输入示踪剂数值模拟器(CMG-STAR)，对历史拟合数据进行校正。根据示踪剂浓度的变化，对注入气体进行标识，从而识别注气前缘形态及变化趋势。

利用示踪剂实时追踪注气前缘推进发现，注气初期地层压力低，注入气体迅速扩散，井眼周围注入气浓度高，随着注入时间增加，地层压力逐步增大，注入气扩散变缓；由于储集层物性差异，注入气影响范围具有选择性和方向性，气藏边部区域由于构造较平缓，容易出现指进现象，需要减缓注气速度。利用单井不稳定模型参数和数值模拟，确定气水前缘位置，制定单井注采方案，克服了平面非均质性的影响，注入气体逐渐向西部和东部扩散(图 3)，有效动用了水侵区，增大了储气库容积。

3.2　渗流能力的提高

呼图壁储气库地层倾角仅 5°左右，重力作用可以忽略，驱替主要受注气压力的影响。在储气库注气过程中，气水过渡带逐渐变窄。在注入压力的作用下，天然气逐渐进入气水过渡带，随着注入压力的不断增 大，更多气体进入地层岩石孔隙中，较小的孔隙也逐 渐被注入的天然气所占据，气体在注采过程中的干燥 作用，使得地层水饱和度不断减小，含气饱和度逐渐增大。根据岩石相渗曲线，多次注采气相渗透率逐步 提高，逐步改善了储集层的渗流能力，有益于未利用 井产能的提高。

以东区 H1 井为例，该井处在构造较低部位，位于气水前缘(图 1)，2015 年 4 月投产，第二周期到第五周期日注采气量小于 30×104m3，经过 3 个周期的注气驱替，含气饱和度增大且气水前缘明显外推，气相渗透率 增加，储集层的渗流能力增强。注采 6 周期后，日注采气量提高到 $50\times10^4m^3$ 以上。复压测试结果表明，通过 多轮次注采吞吐后，储集层表皮系数由 8.7 下降至 3.2，渗流能力明显提高。

4　储气库动用后水侵风险预警

4.1　水侵风险评价指标体系

对含边底水储气库的多周期注采进行风险评价，不仅需要考虑众多的影响因素，而且需要考虑各因素 的相互作用，考虑因素过多或过少，均会影响到评价 的准确性。在调研国内外水驱气藏气井见水风险评 价方法及水淹型储气库库容影响因素的基础上，结合 呼图壁储气库运行状况，建立了影响注采井水侵的 动、静态参数评价指标体系，动态参数包括产水矿化 度、产水 Cl-含量、生产水气比、油压下降速度、实际产 气量与临界产气量的关系、射孔段至气水前缘的距离 等，静态参数主要包括最低射孔层段与水侵层间是否 有隔层、固井质量等。该体系具体包括 9 个评价指标，将水侵区的注采井依据见水风险划分为 4 个等 级，分别为水侵高风险井、水侵中风险井、水侵低风险 井及无水侵风险井(表 1)。

4.2　储气库注采井水侵风险评价

依据地质特征、注采井位置、井况等资料，参考动 态监测资料，结合注采井的注入及采出气情况，分析 第七注采周期末单井的水侵风险等级，其中，有 H4 井、H2 井和 H11 井 3 口高风险井，H3 井、H12 井、H13 井、H27 井、H28 井和 H29 井 6 口低风险井，其余的 21 口井均为无风险井。

表 1　呼图壁储气库水侵风险评价指标

分级	产出水矿化度/（$mg\cdot L^{-1}$）	产出水 Cl^-含量 $mg\cdot L^{-1}$）	日产水量/t	生产水气比/（$g\cdot m^{-3}$）	油压/MPa	实际产量与水锥临界产量关系	射孔段至气水前缘的距离的/m	最低射孔层段与水侵层是否有隔层	射孔段与水层的固井质量	综合评价得分
无风险	<5000	<2000	≤1	≤4	≤15	≤1	≥1200	有	好	≤0.40
低风险	<5000	<2000	≤1	≤4	≤15	≤1	1200~900	有	好	0.40~0.50
中风险	5000~10000	2000~3000	>1	≥4	<15	>	900~600	无	差	0.50~0.55
高风险	>10000	>3000	>1	≥4	<15	>	≤600	元	不合格	≥0.55
权重	0.25		0.10	0.20	0.10	0.05	0.05	0.15		

无水侵风险井占总井数的 70%，主要位于储气库的中部和东部主体部位，采气周期内平均日采水量小于 1t，水气比小于 $4g/m^3$，产出水中 Cl^-含量小于 2 000mg/L，射孔层段与气水前缘距离大于 1200m，射孔段与水层及中间段固井质量较高，综合评价得分小于 0.4。

水侵低风险井占总井数的 20%，主要位于储气库的西部水侵前缘和紫泥泉子组二段第二砂层组注采井，采气周期内平均日采水量小于 1t，水气比小于 $4g/m^3$，产出水中 Cl^- 含量小于 3000mg/L，射孔段距离气水前缘 900~1200m，射孔段与水层及中间段固井质量较高，注入气井口压力小于 15mPa，综合评价得分为 0.4~0.5。

水侵中风险井平均日采水量大于 1t，水气比大于 $4g/m^3$，产出水中 Cl^-含量在 2000~3000mg/L，射孔层段距离气水前缘 600~900m，射孔段与水层及中间段固井质量合格，实际产量大于水锥临界产量，综合评价得分为 0.50~0.55。研究区无水侵中风险井。

水侵高风险井占总井数的 10%，主要位于储气库的西部水侵区，采气周期内平均日采水量大于 1t，水气比大于 $4g/m^3$，产出水中 Cl^-含量大于 3000mg/L，射孔层段距离气水前缘小于 600m，射孔段与水层及中间段固井质量为合格，实际产量大于水锥临界产量，综合评价得分大于 0.55，如果水侵区的井射孔段与水层段固井质量不合格，直接判定为水侵高风险井。

4.3 水侵风险预警机制及抑制水侵管控

水侵风险预警机制是指根据不同水侵等级有针对性地区别管理注采井，特别是针对高风险井，通过实时跟踪动态数据，加大动、静态数据采集密度，并对数据进行及时分析，从而优化与调整生产参数，为气库有效扩容及抑制水侵前缘推进提供重要保障。

（1）根据产水量和水气比变化断定水侵风险根据储气库 7 个周期单井日产水量及水气比数据统计（图 4），日产水量大于 1 t 且水气比大于 4 g/m3 时，生产地层水，应该立即关井，防止水侵进一步加重。

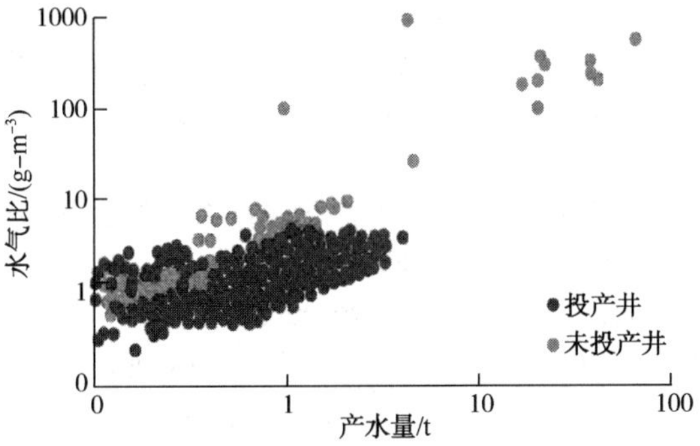

图 4　呼图壁储气库注采井产水量与水气比交会图

（2）依据 Cl^- 识别法控制水侵速度针对地层产水与凝析水的矿化度及 Cl^- 含量不同，加强注采井水样分析化验，运用凝析水-混合水-边底水的 Cl^- 识别单井产水性质，水性分析资料直接反映了该井的水侵程度，再通过排查单井生产地层水产水量大小、水气比等情 况，控制单井产水量，保证储气库的优良运行。

（3）依据井口压力变化判断水侵影响储气库 7 个周期注采实践表明：正常投产的注采井，在注气期 随着注入气量的增加，井口压力缓慢上升，注采气压力与油压的差值始终能保持 ±0.1MPa，且油压始终不低于 15MPa。水侵区的未利用井，在现场实施试注、试采过程中，由于地层水的影响，试注时油压快速上升到 注气压力、井口流量计无气量显示，在第六周期实现短期试注的注采井井口压力上升的斜率为 0.0744，油压上升速度是已投产井的 1.6 倍；在实施试采时，依据注采井与水侵前缘的不同距离，井口压力在开井短期内快速下降至进站门限压力（低于 10MPa），然后无气量产出，该水侵区的注采井应该立即关井，防止 水侵进一步加重。

（4）调整优化注采速度及注采气量，控制气水前 缘推进速度通过示踪剂数值模拟单井不同周期临 界产气量与其距边底水的距离，从而预测潜在水侵的 注采井。依据水侵高风险井生产动态数据，调整注采 速度及注采气量，采取多注、少采对策，抑制水侵速 度，从而达到扩容及应急调峰目的。以 H13 井为例，数值模拟结果表明，该井临界采气量与其距边底水距 离正相关（图 5）。当边底水外推至距本井 1200m 时，该井临界采气量为 $30.1\times10^4m^3/d$，而实际采气量不能大于该数值。

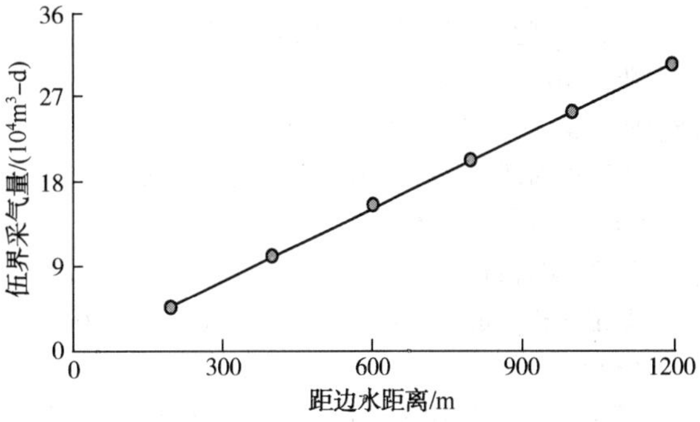

图 5　呼图壁气库 H13 井临界采气量与距边底水距离的关系

结论

（1）以呼图壁储气库为例，评价了边底水储气库

（2）建立了影响注采井水侵的动、静态参数评价 指标体系，将注采井依据见水风险划分为 4 个等级。以呼图壁储气库为例，评估目前无水侵风险井 21 口，占总井数的 70%，主要位于储气库的中部和东部主体部位；低水侵风险井 6 口，占总井数的 20%，主要位于储气库紫泥泉子组二段第一砂层组的西部水侵前缘和第二砂层组靠近底水区的注采井；高水侵风险井 3 口，占总井数的 10%，主要位于气库的西部水侵区。

（4）制定了边底水储气库水侵预警机制，在生产管理过程中加大动态资料监测力度，及时跟踪中—高水侵风险井的产水量及水气比变化、产水 Cl^- 矿化度判别、井口压力变化等，调整优化注采速度及注采气量，从而控制气水前缘推进速度。

参考文献

[1] 丁国生．全球地下储气库的发展趋势与驱动力[J]．天然气工业，2010，30(8)：59-61.

[2] 丁国生．中国地下储气库的需求与挑战[J]．天然气工业，2011，31(12)：91-93.

[3] 陆争光．中国地下储气库主要进展、存在问题及对策建议[J]．中外能源，2016，21(6)：15-19.

[4] 王皆明，朱亚东，王莉，等．北京地区地下储气库方案研究[J]．石油学报，2000，21(3)：100-104.

[5] 郑得文，赵堂玉，张刚雄，等．欧美地下储气库运营管理模式的启示[J]．天然气工业，2015，35(11)：97-101.

[6] 徐博，张刚雄，张愉，等．我国地下储气库市场化运作模式的基本构想[J]．天然气工业，2015，35(11)：102-106.

[7] 丁云宏，张倩，郑得文，等．微裂缝-孔隙型碳酸盐岩气藏改建地下储气库的渗流规律[J]．天然气工业，2015，35(1)：109-114.

[8] 何学良，黄世军，孙常伟，等．水淹枯竭气藏型储气库多周期注采气水相渗变化规律[J]．油气储运，2015，34(2)：150-153.

[9] 张涛，李相方，杨立峰，等．关井时机对页岩气井返排率和产能的影响[J]．天然气工业，2017，37(8).

[10] 胥洪成，王皆明，李春．水淹枯竭气藏型地下储气库盘库方法[J]．天然气工业，2010，30(8)：79-82.

[11] 石磊，王皆明，廖广志，等．水驱气藏型储气库运行指标动态预测[J]．中南大学学报(自然科学版)，2013，44(2)：701-706.

[12] 石磊，廖广志，熊伟，等．水驱砂岩气藏型地下储气库气水二相渗流机理[J]．天然气工业，2012，32(9)：85-87.

[13] 陈超，庞晶，李道清，等．呼图壁储气库全周期交互注采动态评价方法[J]．新疆石油地质，2016，37(6)：709-714.

[14] 何顺利，门成全，周家胜，等．大张坨储气库储层注采渗流特征研究[J]．天然气工业，2006，26(5)：91-94.

[15] 王彬，陈超，李道清，等．新疆H储气库注采气能力评价方法[J]．特种油气藏，2015，22(5)：25-30.

[16] 李春，王皆明，赵凯，等．水侵砂岩气藏型储气库注采气能力预测方法[J]．油气储运，2017，36(3)：274-278.

[17] 胥洪成，董宏，吕建，等．水侵枯竭气藏型储气库运行初期合理配注方法[J]．天然气工业，2017，37(2)：92-96.

[18] 王泉，陈超，李道清，等．基于有效渗透率的单井增产潜力定量评价：以新疆H储气库为例[J]．新疆石油地质，2020，41(4)：450-456.

[19] 石磊，王皆明，朱华银，等．水侵气藏型储气库气水微观渗流规律[J]．天然气勘探与开发，2020，43(1)：58-63.

[20] 张希晨，马德龙，魏凌云，等．准噶尔盆地南缘呼图壁背斜变形机理物理模拟实验[J]．新疆石油地质，2020，41(1)：120-126.

[21] 李补鱼，李雪松，宋敏，等．文88块天然气驱中的气体示踪剂监测技术[J]．油田化学，2008，25(4)：309-311.

[22] ALI E，CHATZICHRISTOS C，AURDAL T，et al. Tracer Simula-tion to improve the reservoirmodel in the Snorre field[C]// Society of Petroleum Engineers，International Oil and Gas Conference and Exhibition in China，Beijing，China，2000.

基于油压监测下储气库水平井临界出砂预警模型及应用

王　泉　王　彬　赵晶磊　邬　敏　张　艺　哈斯亚提

（中国石油新疆油田公司）

摘　要　新疆H储气库作为国内最大的气藏型砂岩储气库，为天然气季节调峰和应急安全供气提供了重要保障。气库调整方案采用水平井整装部署，单井具备强注强采和大排量吞吐的特点，若生产压差过大不仅破坏岩石骨架造成井筒砂堵，而且携带的砂粒冲蚀生产管柱甚至导致停产关井，直接影响储气库的整体调峰能力。开展了基于油压监测的水平井临界出砂预警模型研究，首先利用满足H储气库的物质平衡方程、状态方程和流动方程建立水平井动态生产压差监测模型；同时开展水平井临界出砂压差现场测试，优选岩石坚固程度判断指数“C”模型来预测临界出砂压差，二者有机结合形成水平井动态出砂压差预警模型，模型压力符合率达93%以上。该模型不仅实现对水平井动态生产压差的实时监测，而且为水平井最大调峰能力评价和后续调峰配产奠定扎实基础。

关键词：储气库；水平井；压力监测；生产压差；临界出砂压差；预警模型；最大调峰能力

新疆H储气库是中国目前规模最大的气藏型砂岩储气库，在调整方案中采用水平井整装部署，设计库容量达$107.0\times10^8\,m^3$、工作气量达$45.1\times10^8\,m^3$，为天然气季节调峰、安全供气和战略储备提供有力保障。受天然气市场和西气东输二线供气需求的影响，水平井的调峰能力评估和后续调峰配产至关重要。储气库水平井具备快速响应强注强采和大排量吞吐的特点，生产压差过大将造成井底出砂，不仅会破坏地层骨架结构，还会损坏井筒、调节阀等设备，甚至可能导致关井停产，影响储气库的应急调峰能力，因此，动态生产压差的监测和临界出砂压差的确定十分重要。H储气库水平井采气能力超$100\times10^4\,m^3/d$，常规井下电缆悬挂测压要求产气量小于$60\times10^4\,m^3/d$，单井无法满足井底压力和动态生产压差实时监测的条件。相国寺储气库率先采用连续油管测试技术对水平井进行生产压差动态监测和单井注采能力评价，但连续油管测试费用较高，且H储气库水平井管柱尺寸较大，无法开展更小尺寸连续油管高产测压作业。此外，在水平井临界出砂压差预测方面，前人主要依据岩石力学静态参数，利用多个模型计算求取平均值，但是缺乏临界出砂现场测试验证，难以实现生产过程的动态出砂风险预警。

本文利用物质平衡方程、状态方程和流动方程，建立水平井动态生产压差监测模型，同时开展临界出砂压差现场测试，优选岩石坚固程度判断指标“C”公式模型作为临界出砂约束模型，最终建立一种基于压力监测的水平井临界出砂预警模型，实现对水平井动态生产压差的实时监测，评价水平井最大调峰能力，为储气库后续调峰配产提供依据。

2　砂岩储气库出砂影响因素及机理

在气藏型砂岩储气库大排量强注强采生产方式下，地层压力、流体流速、生产压差和完井方式是影响其生产出砂的关键因素。

2.1　地层压力

钻井钻至储集层后，砂岩骨架局部被破坏，可能产生裂缝，使储集层抗剪强度降低，更容易出砂。而储气库需在短时间内大排量高速开采，地层压力下降导致岩石所承载的应力增大，超过岩石抗拉强度时，岩石骨架会被破坏而引起出砂，导致水平井调峰能力降低。

2.2　流体流速

当砂岩储集层内流体流速小于临界流速时，

微粒在孔喉处堆积，形成砂拱(砂砾堆积形成拱形砂桥)，阻挡微粒运移；当储集层内流体流速大于临界流速时，砂拱体积增大，稳定性降低，在高速气体冲蚀下坍塌出砂。

2.3 生产压差

生产压差对出砂的影响主要体现在生产过程中会产生径向摩擦拖曳力，将岩石表面颗粒向井眼内拖曳，使近井地带岩石骨架拉伸破坏，产生的游离砂朝着流体流动方向运动。通常生产压差越大，流体摩擦拖曳力越大，出砂风险越高。

2.4 完井方式

完井方式影响因素包括井眼尺寸、井斜、射孔参数等，均会对出砂造成一定影响。其中，在相同的产量条件下，由于水平井与气层的接触面积较直井大得多，因此水平井的临界出砂压差较直井小。

综上可知，当明确储集层条件和气井完井方式后，在高速注采过程中合理控制生产压差，减小注采井气体流速，可以有效避免储集层出砂。

3 水平井临界出砂预警模型

建立基于压力监测的水平井临界出砂预警模型，该模型主要由以井口压力表征的动态生产压差监测模型和临界出砂压差预测模型 2 部分构成，分别起到压差监测和出砂预警的作用。

3.1 动态生产压差监测模型

以现场试气解释结果为基础，依托物质平衡方程、状态方程以及流动方程，建立动态生产压差监测模型，为后续水平井最大调峰能力和稳产时间评价奠定基础。

3.1.1 物质平衡方程

H 储气库在衰竭式开发气藏基础上改建，边底水能量弱，多周期注采后气水界面保持不变，水侵能量较小，利用经典物质平衡方程监测水平井不同累计产量下的动态地层压力：

$$\begin{cases} \dfrac{p}{z}=\dfrac{\mathrm{p_i}}{z_i}\left(1-\dfrac{G_p}{G}\right) \\ Z=A(1-A)\exp(-B)+Cp_{pr}^{D} \\ A=1.39\,(T_{pr}-0.92)^{0.92}-0.36T_{pr} \\ B=(0.62-0.23T_{pr})p_{pr}+\left(\dfrac{0.066}{T_{pr}-0.86}-0.037\right)p_{pr}^{2}+0.132\times10^{-9(T_{pr}-1)}p_{pr}^{6} \\ C=0.132-0.32\log(T_{pr}) \\ D=10^{(0.3106-0.49T_{pr}+0.1824T_{pr}^{2})} \end{cases} \tag{1}$$

3.1.2 状态方程

基于稳定点二项式产能方程，依据适用于 H 储气库的修正产能状态方程，监测水平井单井日产气量对应地层压力下的井底流压：

$$\mathrm{p}_i^2-\mathrm{p}_{wf}^2=A'q_g+Bq_g^2 \tag{2}$$

其中，

$$\mathrm{A}'=29.22\frac{\overline{\mu_g ZT}}{K\ln(0.32K)/[(1+0.68K)h]}\left(\lg\frac{0.472r_e}{r_w}+\frac{S}{2.302}\right) \tag{3}$$

$$\mathrm{B}'=12.69\frac{\overline{\mu_g ZT}}{K\ln(0.32K)/[(1+0.68K)h]}gD \tag{4}$$

$$D=\frac{1.35\times10^{-7}\gamma g}{K^{0.47}\varphi^{0.53}hr_w\mu_g} \tag{5}$$

3.1.3 流动方程

储气库注采井流体主要为单相均质稳定流动的气体，根据气井流动方程折算井口压力，与实测井口压力拟合进行模型校正。

$$p_{\mathrm{wh}}=\sqrt{\frac{p_{\mathrm{wf}}^2}{\mathrm{e}^S}+\frac{13.16\times10^{-10}\lambda Z_{\mathrm{av}}^2q_{\mathrm{g}}^2T_{\mathrm{av}}^2(\mathrm{e}^S-1)}{d^5\mathrm{e}^S}} \tag{6}$$

其中，

$$\mathrm{S}=\frac{0.06833\gamma_{\mathrm{g}}}{T_{\mathrm{av}}Z_{\mathrm{av}}} \tag{7}$$

综上所述，依据物质平衡方程预测不同累计产气量下的动态地层压力；利用单井状态方程求取不同产量下的井底流压，结合流动方程折算井口压力并与实测井口压力进行校正，计算得到生产压差：

$$\Delta\mathrm{p}=p_i-p_{wf} \tag{8}$$

建立以井口压力表征的水平井动态生产压差监测模型，采用定产降压方式，将模型预测井口压力与 HW4 井实测井口压力拟合，吻合率超93%（图 1），证明该模型预测井下动态生产压差可靠性较高。

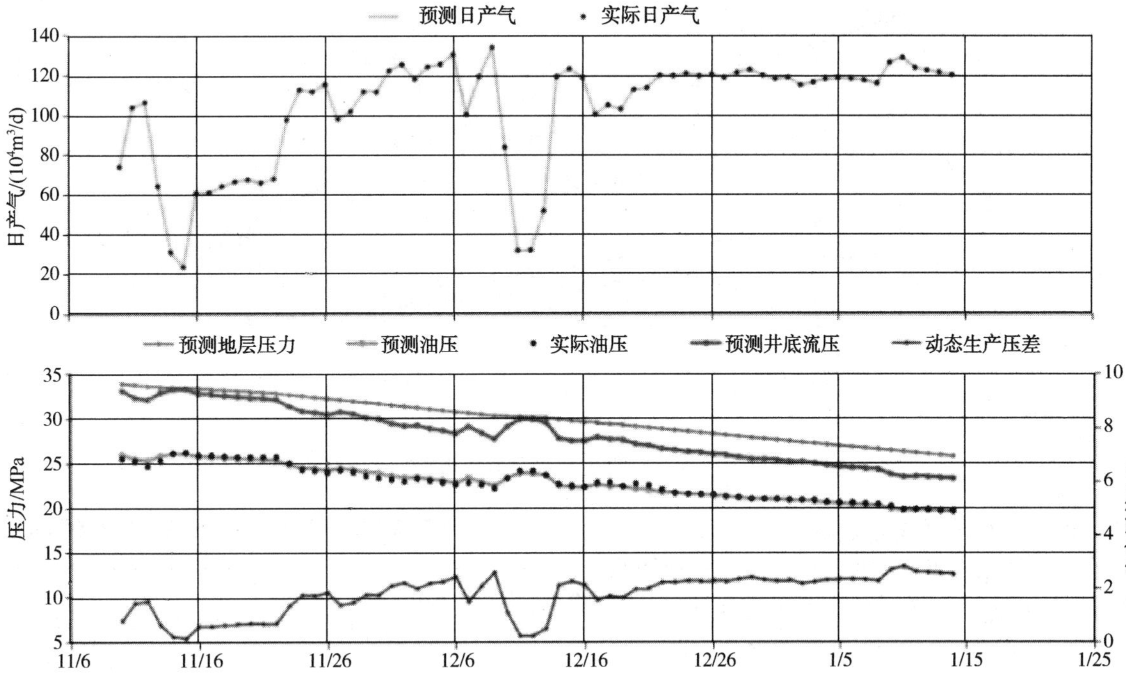

图 1　HW4 井产量及压力拟合曲线

3.2　临界出砂压差预测模型及现场测试

3.2.1　临界出砂压差预测模型

确定产层条件和完井方式后，生产过程中需要控制水平井产量，确保生产压差低于临界出砂压差，从而避免出砂，因此，预测临界出砂压差对于最大程度释放水平井产能尤为重要。前人以岩石力学参数、地应力等为基础，采用经验公式法、摩尔-库伦准则法、岩石抗张强度法、井壁稳定性法、岩石坚固程度判断指标“C”公式模型法等多种方法预测临界出砂压差，本文主要依据储气库构造高部位新钻井 HJ3 井的岩石力学参数设定输入参数（表 1），采用上述方法对临界出砂压差进行预测。5 种临界出砂压差预测模型整体趋势均是随地层压力减小，临界出砂压差减小（图 2），这是由于地层压力越大，地层骨架拉伸破坏及微粒运移越难发生，地层砂越不易被气体携带出。但 5 种模型对生产井井型、井壁稳定性和岩石力学强度的敏感性不同，导致预测结果差异较大，因此有必要通过现场测试临界出砂压差与多种模型比对，优选出适用于 H 储气库的临界出砂压差预测模型。

表 1　HJ3 井岩石力学参数

参数名称	单位	取值	数据来源
垂向应力	MPa	82.0	岩石 Kaiser 效应声发射测试
最大水平主应力	MPa	91.1	岩石 Kaiser 效应声发射测试
最小水平主应力	MPa	66.5	岩石 Kaiser 效应声发射测试
泊松比	无因次	0.15	声波时差计算得到三轴力学试验数据
弹性模量	GPa	13.8	三轴力学实验数据
岩石单轴抗压强度	MPa	21.0	依据莫尔强度准则，由摩擦角和内聚力计算得到
岩石三轴抗压强度	MPa	88.0	取三轴力学实验数据（50.0~90.5mPa）
岩石内聚力	MPa	16.8	三轴力学实验数据平均值
岩石内摩擦角	°	23.2	三轴力学实验数据平均值
Biot 系数	无因次	0.53	依据 Biot 系数算法

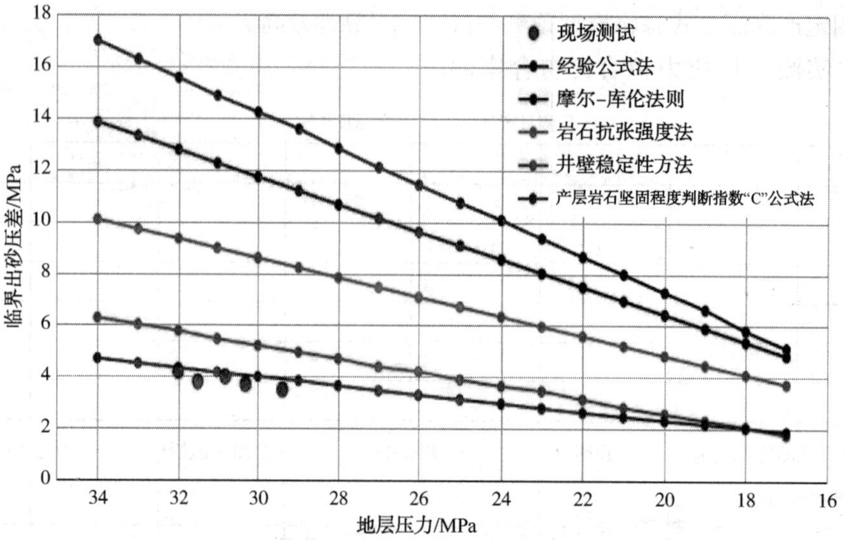

图 2　不同方法预测临界出砂压差与现场测试压差对比

3.2.2　临界出砂压差现场测试

以 H 储气库水平井 HW4 井为例，临界出砂压差测试步骤如下：①采用修正等时试井法计算无阻流量为 $353\times10^4m^3/d$，水平井合理配产 $160\times10^4m^3/d$；②测试地层压力为 32.0mPa 条件下，相邻的直井产

量上调至历史最大值；③在井口安装超声波出砂监测仪，采用阶梯型调产方法测试，产量从 $130\times10^4m^3/d$ 增至 $150\times10^4m^3/d$ 时，显示强烈出砂信号，出砂压差为 4.2mPa，邻井产量和压力保持平稳，未受到井间干扰的影响。测试结果表明，HW4 井测试临界出砂流量为 $150\times10^4m^3/d$，临界出砂压差为 4.2mPa。此外，测试 H 储气库其他 4 口水平井的临界出砂流量和压差，结果如表 2 所示。

表 2　H 储气库 5 口水平井临界出砂流量和压差测试数据

井名	无阻流量/($10^4m^3/d$)	测试地层压力/MPa	临界出砂流量/($10^4m^3/d$)	临界出砂压差/MPa
HW4 井	353	32.0	150	4.2
HW5 井	323	31.5	130	3.8
HW6 井	301	30.3	130	3.9
HW11 井	319	29.4	120	3.7
HW12 井	332	30.8	140	4.5

受现场临界出砂测试风险控制，后续投产井无法继续开展测试，因此将现有 5 口井的测试临界出砂压差投射到多种临界出砂模型曲线中(图 2)。对比发现，测试临界出砂压差与经岩石坚固程度判断指数“C”公式模型(9)式计算压差的符合率超 85%。

$$\Delta p=p_i-p_{wf}\leq 0.5C-\frac{3}{2}\left[(10^{-6}\rho_f gH-p_i)\cos\theta+\frac{\nu([10^{-6}\rho_f gH-p_i])\sin\theta}{1-\nu}\right]-\frac{1}{2}\left[\frac{\nu([10^{-6}\rho_f gH-p_i])\sin\theta}{1-\nu}+\frac{\nu([10^{-6}\rho_f gH-p_i])\cos\theta}{1-\nu}\right] \tag{9}$$

这是由于该模型反应了岩石胶结程度所决定的岩石抗压强度及生产压差与井壁岩石所承受的切向地应力的内在联系，综合考虑井型、井壁稳定性、摩尔-库伦准则、砂粒组成、孔隙类型等多因素，与 H 储气库岩性以细砂岩和粉砂岩为主、孔隙类型以粒间孔为主、杂基含量较高等储集层特征相匹配。最终依据水平井动态生产压差监测模型，结合储集层岩石坚固程度判断指标“C”公式模型作为临界出砂压差预测模型，建立了基于压力监测的水平井临界出砂预警模型。

4　实际应用

4.1　指导已投产水平井阶段调峰配产

以 HW4 井为例，调峰测试时地层压力为 32.0mPa，现场测试临界出砂产量为 $150\times10^4m^3$，临界出砂压差为 4.2mPa。为避免地层出砂，HW4 井合理配产 $140\times10^4m^3$，稳产 20d 后，地层压力降至 28.7mPa，生产压差达 3.7mPa，对应预测临界出砂压差为 3.7mPa，预警井口压力为 18.5mPa，若继续保持 $140 \times 10^4 m^3$ 的速度生产，生产压差将超过临界出砂压差，造成井筒出砂，需要及时降低配产，此时的井口压力就是 HW4 井的预警压力。当达到临界出砂压差预警值时，采用阶梯降产的方式为水平井后续调峰进行合理配产(图 3)。

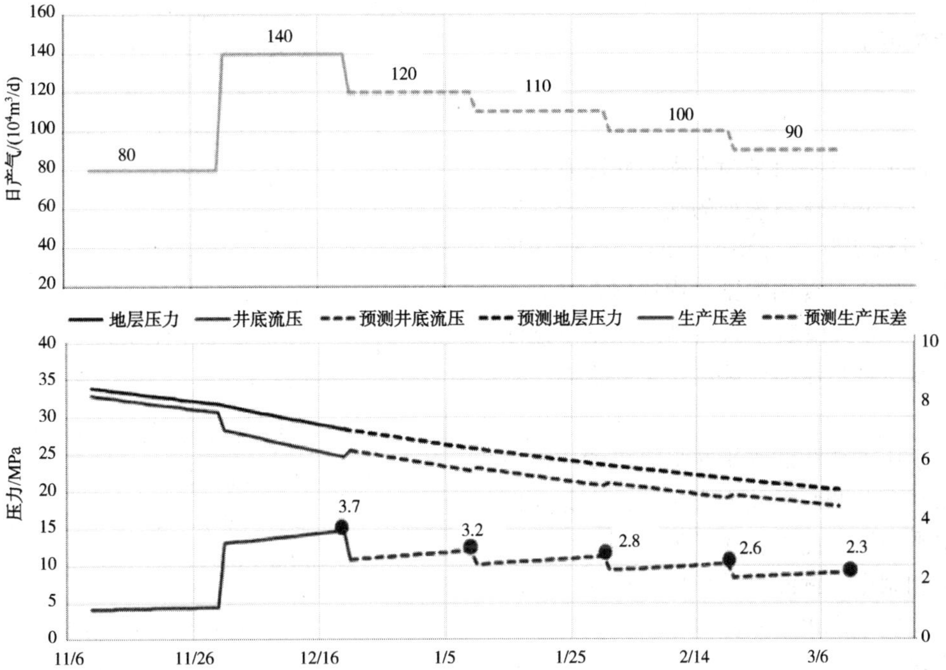

图 3　HW4 井产量及压力预测曲线

4.2　评价未投产水平井最大调峰能力

通过超声波出砂监测仪开展现场出砂和调峰能力测试，易导致水平井井口调节阀损坏，无法正常生产，影响气井调峰能力。基于压力监测的水平井临界出砂预警模型，可实现预测水平井对应地层压力下最大调峰能力和稳产时间。

以未投产 HW8 井为例，依据水平井临界出砂预警模型，预测 HW8 井调峰初期地层压力为 32.0mPa 下，稳产 20d 的最大日调峰能力为 $120 \times 10^4 m^3$，达到预警压力后采用阶梯降产，为水平井后续调峰进行合理配产(图 4)。

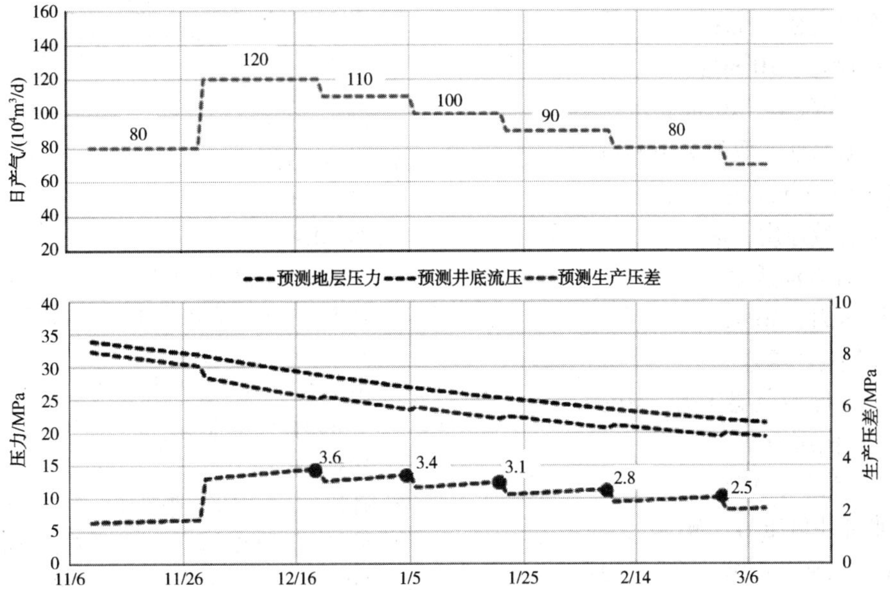

图 4　HW8 井产量及压力预测曲线

综上所述，建立基于井口压力监测的储气库水平井临界出砂预警模型，一方面可以对水平井动态生产压差进行实时监测，有效避免水平井出砂，指导水平井调峰阶段合理配产；另一方面，为后期调整方案部署的未投产水平井能力评估和合理化配产奠定基础。

5 结论

（1）依据水平井物质平衡方程、状态方程和流动方程建立以井口压力表征的动态生产压差监测模型，模型与实际符合率超93%；同时开展水平井临界出砂压差现场测试，优选岩石坚固程度判断指标“C”公式模型作为临界出砂压差预测模型，建立基于井口压力监测的水平井临界出砂预警模型。

（2）基于压差监测的水平井临界出砂预警模型不仅可以动态监测水平井生产压差，避免井口出砂影响水平井调峰能力，还可为评估水平井最大调峰能力和制定后续配产计划提供依据，为同类气藏型砂岩储气库水平井产能建设提供借鉴。

符号注释

A、B、C——物质平衡方程系数；

A'——修正的二项式产能方程稳流系数，$[MPa^2 \cdot (mPa \cdot s)^{-1}]/(10^4 m^3 \cdot d^{-1})$；

B'——修正的二项式产能方程紊流系数，$[MPa^2 \cdot (mPa \cdot s)^{-1}]/(10^4 m^3 \cdot d^{-1})$；

D——非达西流系数，$(10^4 m^3/d)^{-1}$；

d——油管内直径，cm；

G——地质储量，$10^8 m^3$；

G_p——累计产气量，$10^8 m^3$；

g——重力加速度，取值为$10 m/s^2$；

H——储集层中部深度，m；

h——地层有效厚度，m；

K——地层有效渗透率，mD；

p——地层压力，MPa；

Δp——动态生产压差，

MPa；p_i——原始地层压力，MPa；

P_{pr}——视对比压力；

P_{wf}——井底流压，MPa；

P_{wh}——油管井口压力，MPa；

q_g——气井水平井产能，$10^4 m^3/d$；

r_e——井控半径，m；

r_w——井筒半径，m；

S——综合表皮系数；

$\bar{T}$——地层条件下天然气平均温度，K；

T_{av}——井筒内动气柱平均温度，℃；

T_{pr}——视对比温度；

Z——天然气偏差系数；

Z_1——地层条件下天然气平均偏差系数；

Z_{av}——井筒内动气柱平均偏差系数；

Z_i——原始地层压力下天然气偏差系数；

γ_g——天然气相对密度；

θ——井斜角，(°)；

λ——油管阻力系数；

μ_g——地层压力下天然气黏度，mPa·s；

υ——泊松比；

ρ_f——上层岩石密度，kg/m^3；

φ——地层孔隙度，%；

$\bar{\mu}$——地层压力下天然气平均黏度，mPa·s；

参 考 文 献

[1] 丁国生，李春，王皆明，等．中国地下储气库现状及技术发展方向[J]．天然气工业，2015，35(11)：107-112.

[2] 张刚雄，李彬，郑得文，等．中国地下储气库业务面临的挑战及对策建议[J]．天然气工业，2017，37(1)：153-159.

[3] 郑得文，张刚雄，魏欢，等．中国天然气调峰保供的策略与建议[J]．天然气工业，2018，38(4)：153-160.

[4] 谢南星，孙风景，王威林，等．适用于大注采气量水平井注采能力测试的连续油管测试技术：以重庆相国寺地下储气库为例[J]．天然气工业，2019，39(2)：61-65.

[5] 王彬，陈超，李道清，等．新疆H型储气库注采气能力评价方法[J]．特种油气藏，2015，22(5)：78-81.

[6] 罗天雨，麻慧博，艾尼瓦尔，等．呼图壁储气库合理生产压差数值分析[J]．中外能源，2011，16(6)：43-46.

[7] 隋义勇，林堂茂，刘翔，等．交变载荷对储气库注采井出砂规律的影响[J]．油气储运，2019，38(3)：303-307.

[8] 孙贺东，常宝华，张静楠，等．裂缝性致密砂岩气藏出砂原因及对产气量的影响：以塔里木盆地克深气田为例[J]．天然气工业，2018，38(11)：52-58.

[9] 董长银，张启汉，饶鹏．气井系统出砂预测模型研

究及应用[J]. 天然气工业，2005，25(9)：98-100.
[10] 王嘉淮，罗天雨，吕毓刚，等. 呼图壁地下储气库气井冲蚀产量模型及其应用[J]. 天然气工业，2012，32(2)：57-59.
[11] 唐立根，王皆明，丁国生，等. 基于开发资料预测气藏改建储气库后井底流入动态[J]. 石油勘探与开发，2016，43(1)：127-130.
[12] 陈超，庞晶，李道清，等. 呼图壁储气库全周期交互注采动态评价方法[J]. 新疆石油地质，2016，37(6)：709-714.
[13] 孙军昌，胥洪成，王皆明，等. 气藏型地下储气库建库注采机理与评价关键技术[J]. 天然气工业，2018，38(4)：138-144.
[14] 陈显学，温海波. 辽河油田双6储气库单井采气能力评价[J]. 新疆石油地质，2017，38(6)：715-718.
[15] 唐立根，王皆明，白凤娟，等. 基于修正后的物质平衡方程预测储气库库存量[J]. 石油勘探与开发，2014，41(4)：480-484.
[16] 王泉，陈超，李道清，等. 基于有效渗透率的单井增产潜力定量评价：以新疆H储气库为例[J]. 新疆石油地质，2020，41(4)：450-456.
[17] 胡文革. 顺北油气田断溶体油藏油井产能评价新方法[J]. 新疆石油地质，2021，42(2)：168-172.
[18] 陈元千. 气井垂直管流计算方法的推导与应用[J]. 断块油气田，2010，17(4)：443-447.
[19] 王彦利，陈小凡，邓生辉，等. 疏松砂岩临界出砂压差的计算方法研究及应用[J]. 西南石油大学学报(自然科学版)，2009，31(1)：78-80.
[20] 王小鲁，杨万萍，严焕德，等. 疏松砂岩出砂机理与出砂临界压差计算方法[J]. 天然气工业，2009，29(7)：72-75.
[21] 熊友明，潘迎德. 产层岩石坚固程度判断指标“C”公式及其应用[J]. 西南石油学院学报，1994，16(2)：67-73.

气藏型地下储气库完整性管理体系及风险识别

马曾辉　徐长峰　王明锋　许　鹏　姬　康　张海明

（中国石油新疆油田公司）

摘　要　为保证气藏型储气库安全运营，保障天然气储配调峰系统的正常运转，对气藏型储气库进行完整性管理及风险识别。本文明确气藏型地下储气库完整性管理的对象为地面站场系统、储气库井、地质体三大模块，以地质体完整性管理为气藏型储气库完整性管理的特点及难点，并基于管道完整性管理的理念，提出气藏型储气库完整性管理的六步循环：数据采集、单元识别、风险评价、完整性评价、维修与维护、效能评价，详细阐述了各模块的完整性管理体系内容并进行了风险因素识别及危害因素分析。最后，结合储气库生产运营情况及管理原则，提出了气藏型储气库完整性管理的相关建议。

关键词：气藏型；地下储气库；完整性；风险识别

地下储气库作为天然气产业中储配系统的重要组成部分，具有储量大、稳定性能好、调峰能力强的优点，能够有效调节天然气产销环节中的不平衡、不均匀；同时，作为现目前最大的储气“容器”，能有效弥补天然气管网系统的应急能力较差的缺陷。

自我国第一个储气库喇嘛甸投产以来，随着我国储气库陆续建设及投产运行，在注采运行中出现环空异常带压、套管密封塞的破损、地面设施缺陷、超压，盐岩蠕变，浸出等引起的运行失效、井口压力缺失、管柱腐蚀等完整性问题，阳小平等采用定性与定量的评价方法对地下储气库断层的完整性评价，但未对地下地质结构条件进行评价。魏东吼等限定了储气库完整性评价的对象，提出储气库地面设施完整性管理的具体内容与储气库井完整性管理流程，但未提出储气库井以及地质体完整性管理的内容。范张川对文 96 地下储气库进行了风险评价技术研究，主要对地面工程进行研究分析，未深入涉及到地下工程完整性管理。罗金恒等提出储气库的完整性包括地层-井筒-地面三个方面，并提出地层-井筒-地面立体化检测体系，但尚未具体明确地质体的概念。郑雅丽等提出地质体完整性的基本内涵及评价技术，其主要包括圈闭有效性、盖层完整性、断层稳定性、储层稳定性评价技术，但未对井筒、地面系统完整性进行归纳。从以往研究成果来看，主要是储气库的地面系统、注采系统方面的完整性研究。

目前，气藏型储气库为有效地进行其运行管理，实现优化运行，主要采取地下储气库气藏管理、地下储气库压缩机组管理及地下储气库注采压力限值管理等管理措施，以达到提高注采气压缩机组的运行效率，有效保护地层，并能够在保证安全的情况下，不断扩大有效储层面积，增大库容的目的，如表 1 所示。而我国储气库在安全环保管理、风险管控能力等安全管理方面较发达国家有一定差距，表现为安全管理意识不强、管理制度不健全、管理专业人员缺乏、管理模式陈旧。

表 1　气藏型储气库运行管理现状

大类措施	小类措施
地下储气库气藏管理	(1)制定合理的注采气生产操作程序。 (2)做好油气水量的计量。 (3)正确进行气藏压力的录取。
地下储气库压缩机组管理	(1)启/停压缩机组的管理。 (2)备用压缩机组的维护检查。 (3)严格控制压缩机组的运行工况。 (4)储气库辅助系统的检测和控制。 (5)压缩机组润滑油管理。 (6)压缩机组的 HSE 管理。
地下储气库注采压力限值管理	(1)建立并完善储气库注采压力限值台账。 (2)标记高低压临界点位置，重点巡检。 (3)安装就地及远传压力指示仪表，随时监控。 (4)安装“8”字盲板，切断压力泄漏的途径。 (5)导通低压端与安全泄放系统。

“强注强采”是地下储气库与常规气田最为显著的区别，使储气库承受不稳定的地应力，同时与可能出现的腐蚀、冲蚀、岩层蠕变、地质活动等潜在危险因素相结合，会极大的威胁储气库的稳定和安全可靠性。国外储气库惨痛的教训得知：长时间以及大规模对储气库强注强采会造成圈闭及盖层等地质构造失稳，固井结构以及生产套管失效，地面设施故障，甚至发生泄漏、燃烧或爆炸的事故。储气库完整性管理作为一种新的管理模式和工具，不仅能够安全保障储气库正常运行，也能为储气库全生命周期管理提供指导意义。

1 储气库完整性内涵与管理体系

1.1 储气库完整性内涵

对于气藏型地下储气库完整性，既要从空间上承接管道与油气井完整性的特点，也要从时间上贯穿地质体、储气库井与地面设施功能始终处于安全可靠的服役状态，其内涵主要包括三个方面：①地质体、储气库井与地面站场设施各单元在物理上与功能上是完整的；②在设计、建造、运营及废弃等全生命周期内始终处于可靠受控状态；③运营方将不断地采取相关措施防止地下储气库事故的发生。气藏型储气库完整性管理包含但不局限于管道完整性管理的内容，管理与评价内容对象不同、管理的方式方法不同、对风险管理的要求亦不同。本文基于管道完整性管理的六步循环提出气藏型储气库完整性管理的六步循环：数据采集；单元识别；风险评价；完整性评价；维修与维护；效能评价。

1.2 储气库完整性管理体系

气藏型储气库是基于已经开采枯竭废弃或开采到一定程度的气藏，掌握油气层的孔隙度、渗透率、水浸现象、岩层厚度、井身结构等方面的数据、利用对各种地下岩层的改造而形成的储气库。基于管道与井筒完整性管理提出储气库完整性管理，主要分为六个环节：数据采集、单元识别、风险评价、完整性评价、维修与维护、效能评价。对于气藏型储气库完整性管理而言，其特点与重点在于对地质体完整性管理。地质体作为气藏型储气库的核心单元，其完整性状态是决定建造储气库的先决条件，其安全稳定的工作状态是保证储气库安全运行的基本条件。对气藏型储气库进行完整性管理主要分为地面站场系统完整性管理、储气库井完整性管理、地质体完整性管理，如图1所示。本文基于此，对地面系统、储气库井、地质体完整性管理体系进行分析。

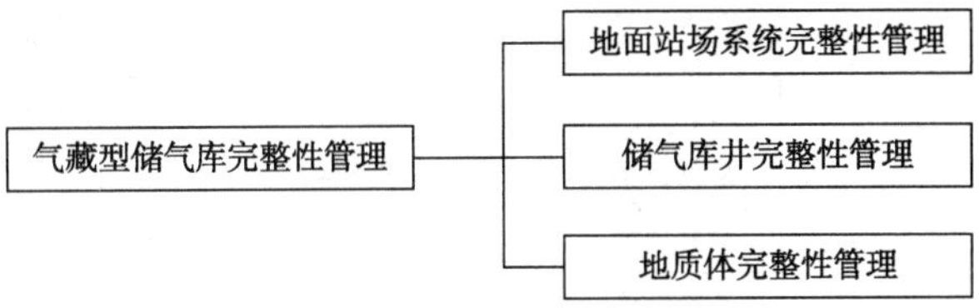

图1 气藏型储气库完整性管理内容

(1) 地面站场设施完整性管理体系

储气库地面设施完整性管理与一般的站场完整性管理大同小异，国内外诸多学者展开了研究。站场地面设施完整性管理的对象主要包含站场风险评价、站场完整性评价、站场运行状态管理、管道完整性检测/监测等，具体管理体系结构如图2所示。

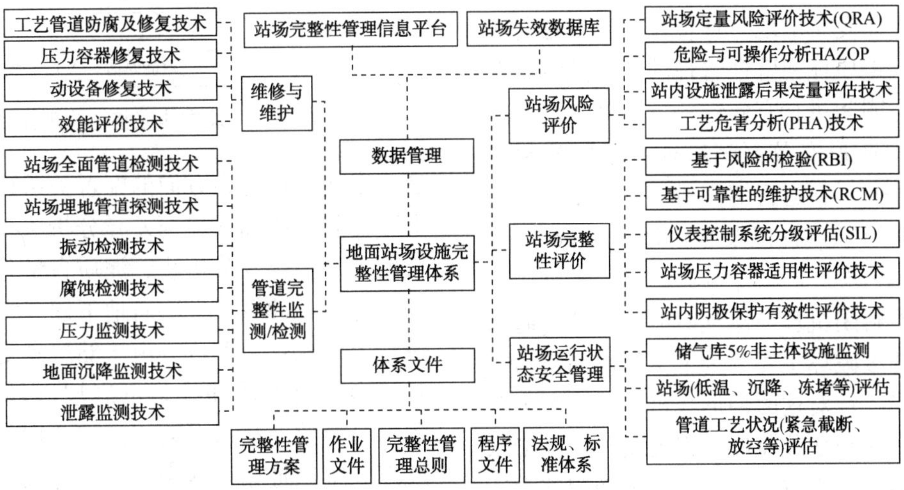

图2 地面站场设施完整性管理体系

（2）储气库井完整性管理体系

储气库的井完整性管理从时间跨度上应贯穿其设计、建设、运营等全过程。在每一个过程的主要目标是对储存流体的有效的控制与监测。采集树/井口装置、生产套管与注采管柱、固井结构是储气库井完整性的关键组成部分。储气库井的完整性设计应涵括井口装置、套管、管柱的密封完整性设计；由于储气库有“强采强注”的特点，套管/管柱材质及结构应适注采循环的工况；并根据地下岩层岩性选择抗腐蚀材料。在建设期主要是延长固井结构的寿命；确保地层-水泥环-套管的胶结质量、管柱丝扣密封性、环空保护液的时效性等技术。运营期间储气库井完整性管理体系如图3所示，主要包括采气树/井口装置完整性检测、套管/油管柱完整性检测、环空压力危险性评价、固井结构完整性检测、效能评估等。

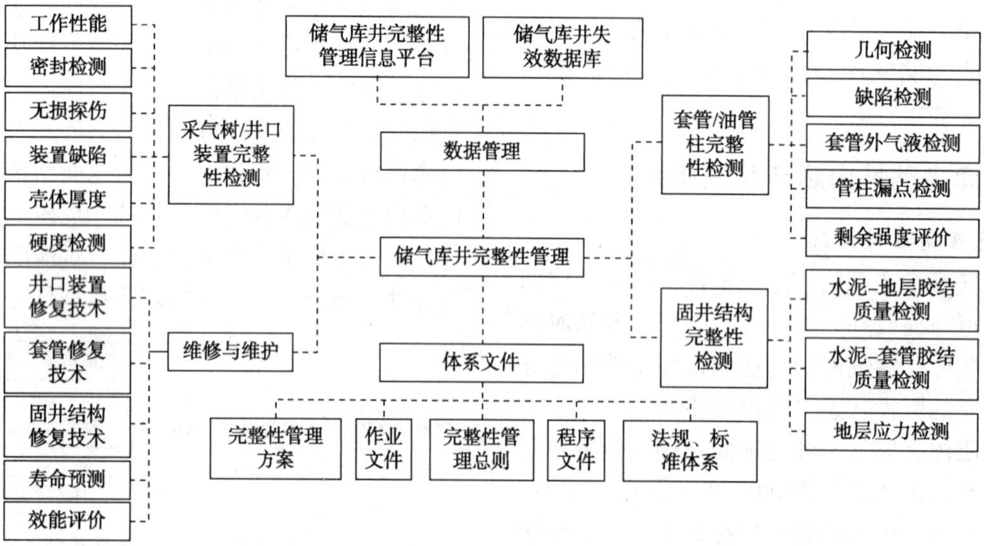

图3　储气库井完整性管理体系

（3）地质体完整性管理

对储气库地质体进行评价涉及到圈闭构造地质学、储层地质学、气藏流体学等多学科交叉，地质体是由盖层、储层、断层、监测层及流体的圈闭组成，其评价的内涵是设计前的储气空间规划，库容设计，地质体原始状态、强注强采下不同阶段的密封性，以保证储气库长期安全高效运行。由于地质体复杂的地下环境及监测设备与技术的局限性，地质体完整性管理的难点是设计及建设期，需对圈闭进行有效性评价，其主要包含三个方面：构造形态及圈闭特征；断层的封堵性；盖层封盖性。在运行期需对盖层完整性、储层稳定性、断层稳定性以及水体侵入进行评价，如图4所示。

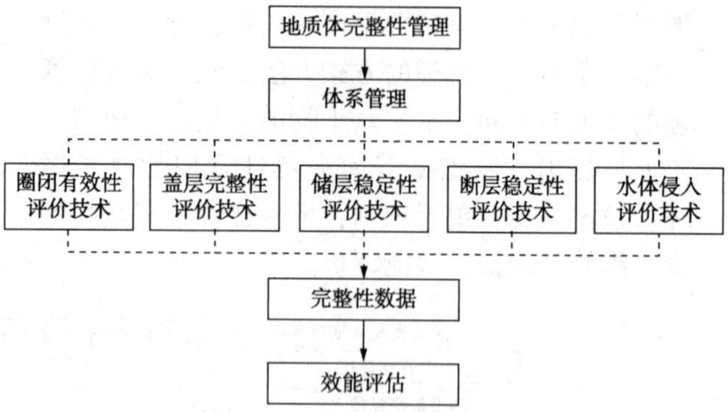

图4　地质体完整性管理体系

根据盖层封闭机理与储气库的特性结合起来对盖层完整性被破坏主要分为毛细管渗漏与力学破坏两种形式。针对这两种形式可以用测定突破压力值、多周期交变载荷疲劳损失实验、小型水力压裂获最小水平主应力、数值模拟预测等方法对盖层完整性的评价。可以采用活动时期评价法、走向与地应力方向的配置关系评价法、断层上下盘岩性或油气界面差异分析法、断层两侧储层的生产差异性分析法、泥质含量分布率法、泥岩涂抹因子计算等方法对地下储气库断层完整性进行定性或定量评价。由于储层易受储气库强采强注影响而致使井底附近岩层破坏出现出砂现象，可导致储层遭受剪切破坏及拉张破坏，基于此以三维地址模型为基础，建立储层岩性模型，充分考虑注采压差，地应力等因素的影响，利用有限元方法对模型进行数值模拟，通过预测出砂压差评估储层的稳定性。

1.3 气藏型储气库完整性管理的应用

利用数据采集、单元识别、风险评价、完整性评价、维修与维护、效能评价六步循环对气藏型储气库进行完整性管理，在建造储气库的基础资料之上，对储气库地质体、储气库井、地面站场系统数据进行采集。根据储气库运营方对风险管理的要求，对单元识别与划分，各单元对应指标；对各单元通过定量或定性的方法对其进行风险评价，再由数学方法(如层次分析法等)对各级指标进行加权计算，最终对储气库进行风险评价，得到储气库的风险等级；对各单元采用数学或物理的方法对其进行完整性评价，根据风险评价与完整性评价结果对储气库采取一定的维修维护措施，最终对储气库进行效能评价，气藏型储气库完整性管理技术如图5所示。

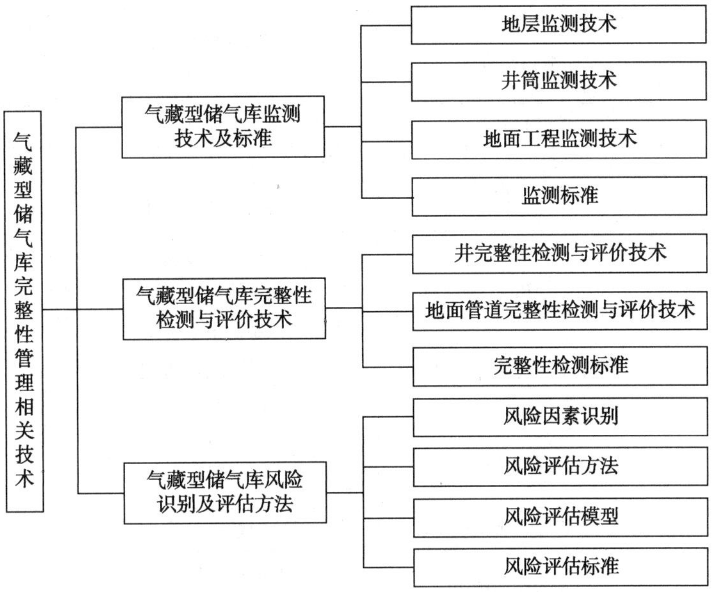

图5　气藏型储气库完整性管理相关技术

2 储气库风险识别

据统计，全球枯竭气藏型地下储气库事故共发生16起，包括储层密封性失效引发气体泄漏，注采气系统失效以及地面设施失效[15]。为确保我国地下能源储备系统的安全发展，需要有效识别气藏型地下储气库建设运营期间遇到的各种风险、建立有效的风险评价方法、采取有效地调控优化措施并最终构建完善的枯竭气藏型储气库风险评价管理体系。对储气库进行风险识别，既有利于储气库完整性管理，也利于保障储气库安全运行。本文主要从安全环保风险方面对地面站场系统、储气库井和地质体的风险进行识别与分析，可作为建立气藏型储气库事故树图的基础，对完成储气库的风险评估与评价、储气库的失效概率与后果起到一定的作用，为管理储气库提供安全的运行保障以及风险管控。

2.1 地面系统风险识别

有效识别与评估地面系统的风险危害因素，如表2所示，其中主要包括管道、压力容器、压缩机，分析失效可能性及其后果，从而采取有效的防范措施，可以有效保障储气库的安全运行和操作人员的生命安全。

表2　地面系统风险识别及分析

危害因素	有害因素分析
管道泄露或破裂	(1)设计、安装存在缺陷，承压能力不足； (2)焊接质量缺陷或焊接工艺不规范； (3)腐蚀致管道壁厚减薄、外防腐层被破坏； (4)系统故障或操作不当致压力突升；
压力容器泄露或爆裂	(1)设计制造存在缺陷，承压能力不足； (2)压力元件失效； (3)操作失误，压力等测仪表、安全阀失效；
压缩机燃烧爆炸	(1)吸排气阀失灵，密封不严； (2)轴封处泄漏； (3)阀门泄气； (4)机组及管线腐蚀，疲劳断裂； (5)温度压力过高；
压缩机振动引起的危害	(1)连接管线处开裂，法兰松动； (2)仪表失灵，损坏； (3)阀门密封性失效；

2.2 储气库井风险识别

储气库井风险管理是完整性管理中重要的环节，对储气库井进行风险识别，风险因素评估，采取有效性的维修与维护措施来降低或避免风险因素带来的灾害。其主要内容是对采气树及井口装置、注采井筒、固井结构进行风险识别，风险因素如表3所示。

表3　储气库井风险识别及分析

区域	事故类型	危险、有害因素分析
采气树/井口装置	闸阀泄露	(1)阀板磨损、阀杆密封损坏 (2)压盖损坏、压冒松动 (3)油脂注入接头处内密封损坏
	闸阀冻堵	(1)安全阀半开存在节流 (2)一级节流比不合理
	注脂口损坏	(1)内部部件损坏
	法兰处泄露	(1)螺栓松动 (2)内部钢圈松动或损坏
套管/油管装置	套管/油管泄露或破裂	(1)腐蚀造成管壁破损 (2)强度或承压能力不足，应力开裂
	套管/油管断脱或变形	(1)丝扣连接质量差致断脱 (2)套管/油管断裂或脱落 (3)套管/油管变形或弯曲
	油管漏气或堵塞	(1)套管/油管出现砂眼、裂隙、断脱 (2)油管堵塞
固井结构	套管外区域带压	(1)套管密封性能失效
	水泥环带压	(1)生产套管密封性能失效 (2)水泥环密封性能失效
	套管与油管之间带压	(1)技术套管密封性能失效

2.3 地质体风险识别

地质体完整性是保障储气库运行功能重要的一环，是天然气储存的容器，其受地质结构的影响，是影响天然气储存的主要因素。对地质体进行风险识别，其事故类型主要分为断层密封、盖层及底托层密封、封堵井密封性失效及水体侵入，主要有害因素如表4。

表4　地质体风险识别及分析

事故类型	危险、有害因素分析
断层密封性失效	(1)垂向漏失 (2)侧向漏失
盖层及底托层密封性失效	(1). 毛管压力泄露 (2)最大主应力超过岩石抗压强度 (3)岩石产生裂缝或滑移 (4)孔隙度、渗透率、突然压力过大
封堵井密封性失效	(1)固井质量损坏 (2)水泥胶结不合格 (3)井眼泄露
水体侵入	(1)过度强注强采致渗透率增加

3　结论与建议

基于储气库在调控天然气供求的平衡关系、优化管网运营、应急预案、战略储备中扮演的重要角色以及迅速发展的现状，完善气藏型储气库完整性不仅能够安全保障储气库正常运行，也能对为实现储气库全生命周期完整性管理提供指导意义。本文阐明储气库完整性管理概念，将储气库完整性管理内容分为地面系统、储气库井、地质体，并分别阐明其各自管理体系内容，以地质体完整性管理作为气藏型储气库完整性管理的核心，并提出气藏型完整性管理的六步循环，并基于此对储气库进行风险识别以及危害因素分析，通过对储气库进行完整性管理体系内容分析，结合储气库实际生产情况及管理原则，给出以下建议：

(1) 在储气库前期选址、评价及建设可行性研究阶段，圈闭的有效性评价是必不可少的。利用地震、钻井、测井等相关资料，通过对构造形态与地层带精细刻画，结合断层侧向和纵向封堵性定性与定量分析以及盖层宏观分布统计、微观参数室内测定和水力压裂现场测试等手段，利用圈闭埋藏深度、圈闭面积、闭合高度、断层与盖层的密封性能、溢出点与溢出压力等评价储气圈闭的有效性。

（2）利用岩石力学实验，模拟气藏型储气库的运行有效压力并建立地质模型，采用地质力学—渗流双向耦合数值模拟方法预测断层面各点处的疲劳损伤累计应变来评价断层稳定性，预测出砂压差评价储层稳定性，并化储气库圈闭动态密封性评价、微地震监测、强注强采下套管柱安全选用与优化设计、储气库注采井动态风险预警、废弃准则及处置等完整性关键技术研究，以及井筒泄漏超声波检测及定位技术的研发与国产化，并搭建基于大数据的储气库监测预警管理平台。

（3）借鉴国外较为成熟的独立运营模式，结合我国的国情，从天然气整体的产业链发展、市场化与“双碳”战略角度出发，形成市场化的调峰储备体系及健全的管理运营机制，建立促进储气库可持续发展的独立运营模式，保证运营主体职责明确、确立气藏型储气库各单元完整性管理责任制，以保证整个天然气产业链快速、平稳、可持续发展，使储气库得以安全、经济高效的运行。

（4）在目前储气库工程建设及管理的数字化成果的基础上，构建地质体、储气库井、地面系统四维一体的信息化管理平台。通过对全要素实体管理、全方位安全监测、全过程数据采集、全周期风险管理、精细化注采设计、智能化生产运行，实现安全生产、动态监测、运营优化、智能管控一体化管理。

参 考 文 献

[1] 魏东吼，董绍华，梁伟．地下储气库完整性管理体系及相关技术应用研究[J]．油气储运，2015，34(02)：115-121.

[2] 张哲，赵勇，谭猛，等．油气藏型地下储气库注采井环空带压初步研究[J]．当代化工研究，2006(7)：96-97.

[3] 李海伟．储气库老腔改造井环空带压现象探讨[J]．石化技术，2015，22(8)：160.

[4] 王者超，李崴，刘杰，等．地下储气库发展现状与安全事故原因综述[J]．隧道与地下工程灾害防治，2019，1(02)：49-58.

[5] 阳小平，程林松，何学良，等．地下储气库断层的完整性评价[J]．油气储运，2013，32(6)：578-582.

[6] 范张川．文96地下储气库风险评价技术研究[D]．成都：西南石油大学，2017.

[7] 罗金恒，李丽锋，王建军，等．气藏型储气库完整性技术研究进展[J]．石油管材与仪器，2019，5(02)：1-7.

[8] 郑雅丽，孙军昌，邱小松，等．油气藏型储气库地质体完整性内涵与评价技术[J]．天然气工业，2020，40(05)：94-103.

[9] 蔡克，罗金恒，赵新伟，等．风险评分法在储气库集输管道上的应用[J]．焊管，2011，34(4)：53-57.

[10] 董绍华，韩忠晨，费凡，等．输油气站场完整性管理与关键技术应用研究[J]．天然气工业，2013，33(12)：117-123.

[11] 王兆会，陈俊，李军鹏，等．储气库井环空带压相对风险评估[J]．钻采工艺，2018，41(5)：38-41.

[12] 蒋丽云．盐穴型地下储气库注采系统完整性评价研究[D]．西安：西安建筑科技大学，2017.

[13] 岳昕．国内外地下储气库安全管理及技术综述[J]．当代化工，2017，46(05)：921-924.

[14] D J Evans. An appraisal of underground gas storage technolo-gies and incidents for the development of risk assessmentmethodology[R]. RR605 Research Repot.

[15] 杨琴，余清秀，银小兵，等．枯竭气藏型地下储气库工程安全风险与预防控制措施探讨[J]．石油与天然气化工，2011，40(04)：410-412+418+327-328.

新疆 H 储气库低效井增产潜力定量评价方法

赵晶磊　王　彬　王　泉　李　道　邬　敏　张　艺

（中国石油新疆油田公司）

摘　要　地下储气库作为季节调峰及应急安全供气的手段，具有单井注采能力大、快速响应强注强采和大排量吞吐等特点。新疆 H 储气库作为国内最大的地下储气库，在前四周期的注采运行过程中，存在同一构造区域内单井产能差异大、优化注采界限增产幅度有限的问题，因此开展了基于有效渗透率的增产潜力定量评价方法研究。首先利用动、静态生产资料对单一产能主控影响因素进行分析；同时，以稳定点二项式产能方程为基础，建立了一种基于修正有效渗透率的增产定量评价模型及图版，从而实现对单井增产潜力进行定量描述。截至第六周期采末，使用增产定量评价图版指导的现场 5 口措施井已完成酸化作业，累计增产 $191.0\times10^4m^3/d$，模型预测符合率达 93.8%，气库整体调峰能力提升至 $1691.0\times10^4m^3/d$。该方法不仅为气库后续增产评价奠定理论基础，更为国内天然气冬季调峰提供有力保障。

关键词：地下储气库；产能评价；增产潜力分析；增产定量评价；现场酸化措施

新疆 H 储气库作为国内最大的地下储气库，其设计库容量 $107.0\times10^8m^3$、工作气量 $45.1\times10^8m^3$，自改建至 2017 年 3 月已完成四个周期的注采运行，在国内天然气冬季调峰、安全供气和战略储备中发挥了重要作用但气库仍处于建库的早期阶段，在气库前四周期运行过程中，存在单井产能差异大及增产对策不明确的问题。因此，以产能主控因素分析为基础，依托稳定点二项式产能方程，建立了修正有效渗透增产定量评价模型及图版，实现对单井产能增产潜力进行定量评价，并制定具有针对性的提产措施，进一步提升气库整体调峰能力，并为储气库后续增产评价提供理论参考。

1　气库单井增产潜力分析

前期根据生产动态特征和节点分析法计算出合理单井产能，结合注采能力、井控半径和构造部位将 30 口注采井分为高、中、低产井(表 1)。

表 1　高、中、低产井分类标准表(生产压差 3.5MPa)

类别	注采能力/($10^4m^3/d$)		井控半径/m		井数/口	占比/%	分布特征
	采气	注气	采气	注气			
高产井	>70	>55	>390	>400	14	47	构造高部位、污染轻
中产井	30~70	30~55	220~390	230~400	9	30	局部高构造、污染较重
低产井	<30	<30	<220	<230	7	23	构造低部位、污染严重
合计					30	100	

其中，7 口低产井中含有 5 口位于气库西区构造低部位，受储层污染、井筒积液、边底水影响为边部未利用井。而位于构造中、高部位的中产井与高产井单井产能差异较大，分布在 $20\times10^4m^3/d\sim107\times10^4m^3/d$ 之间，缺乏对产能主控影响因素分析(图 1)。此外，前期通过优化注采界限，采用强注强采方式以清除近井地带污染提高中产井采气能力，但单井增产能力有限，相应增产对策较为单一。综合分析认为气库构造高部位的中产井和东部区域的低产井具有一定增产潜力，有必要开展产能主控因素分析，制定具有针对性的增产措施。

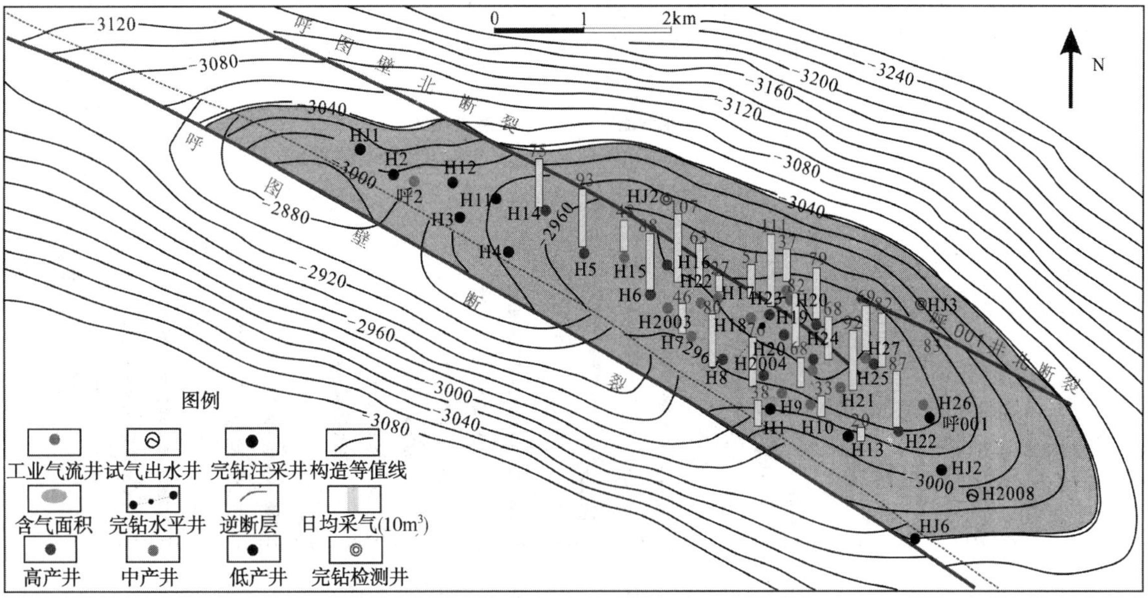

图1　30口注采井在气库平面构造分布图

2　产能主控影响因素分析

为寻找同一地质构造区域内单井产能差异大的原因，首先需要确定影响气井产能的单一主控因素，在相同的地层压力条件下，从地层参数(有效厚度、有效渗透率)、生产压差、表皮系数3个方面对气井产能进行分析，为后续建立增产定量评价模型奠定基础。其中5口边部未利用井不计入产能影响因素分析中。

(1) 有效厚度对气井产能的影响

高、中产井的储层有效厚度主要分布在24m~33m之间，采气能力整体都比较大，分布均匀，并无明显差异；低产井有效厚度在15m~20m之间，受地层污染、边底水的影响，采气能力较小，25口注采井的有效厚度与采气能力关系性不大、相关性较差(图2)。分析认为，生产实际过程中有效厚度受隔夹层分布、地层非均质性和储层污染等影响因素，使有效厚度同采气能力之间的关系性较差。

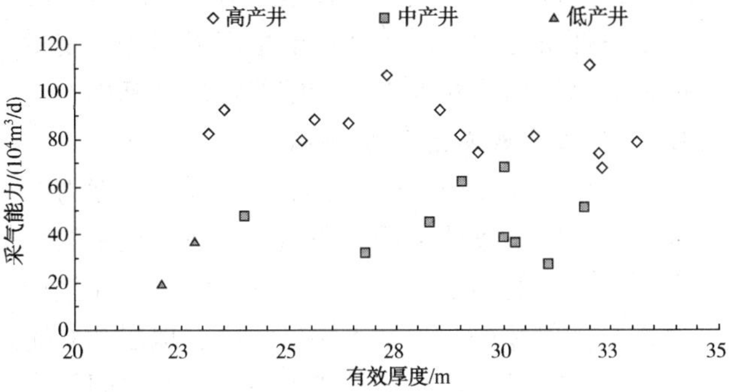

图2　单井日产气与有效厚度散点图

(2) 有效渗透率对气井产能影响

随着有效渗透率的增加，单井产能增长趋势逐渐变缓，增长幅度变小，二者之间呈现出良好的对数关系(图3)，这是由于低产井在气库东部及西区边部区域，受地层能力和边底水影响，部分井采气能力较小；随着渗透率的增加，中、高产井采气能力逐渐增大，但受储层污染、地层非均质性和井筒能力的限制，使得采气能力增幅逐渐减缓，渗透率与采气能力趋于对数关系。其中HW2井是气库唯一水平井，受井型限制不参与采气能力与渗透率之间的回归。

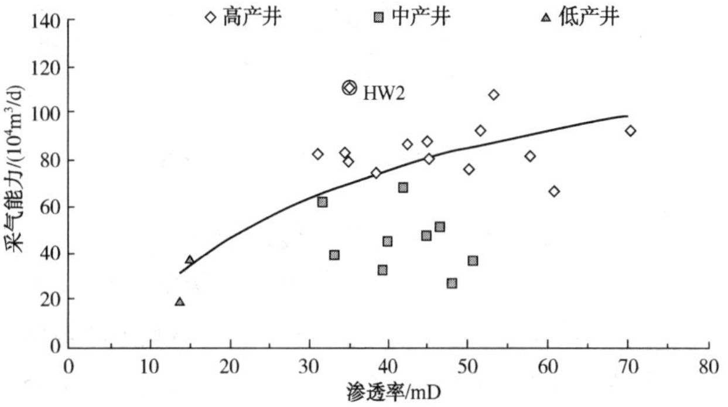

图3　单井日产气与有效渗透率散点图

(3) 表皮的系数对气井产能的影

从左至右依次建立为14口高产井、9口中产井和2口低产井的产能和表皮系数之间的关系(图4)，高产井的表皮系数明显小于中、低产井的表皮系数，说明高产井近井污染程度小于中、低产井的近井污染程度，表皮系数与气井产能呈负相关性，通过解除近井地带储层污染可以提高气井产能，较高的表皮系数说明中、低产井具有一定增产潜力。

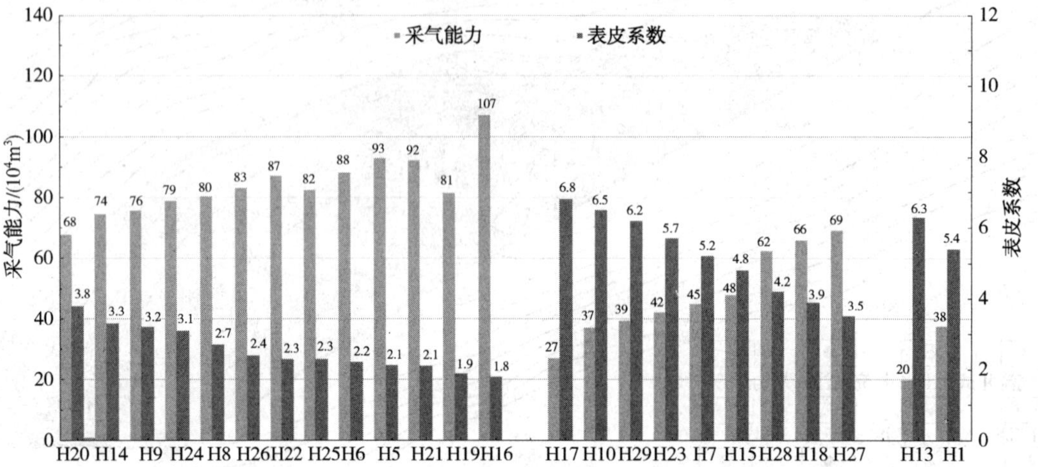

图4 高、中、低产井对应总表皮系数柱状图

（4）生产压差对气井产能的影响

单井采气能力受到生产制度的调整，相应增加或减小，气井产能随生产压差增大而增大，生产压差 3.5MPa 时，气库调峰能力为 $1500\times10^4m^3$，生产压差增大到 4.5MPa 时，气库调峰能力上升至 $1700\times10^4m^3$（图5）。

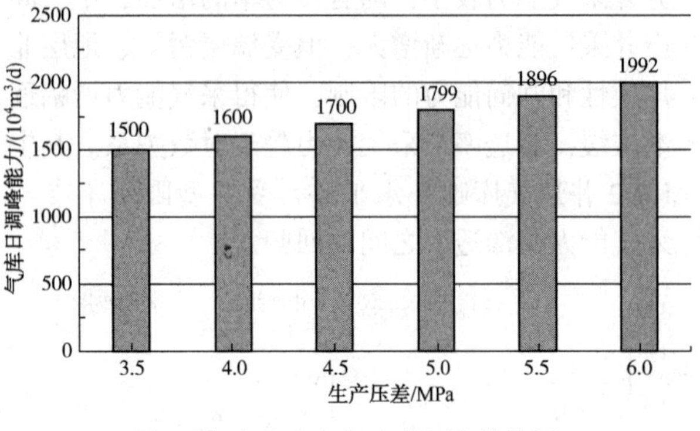

图5 气库日产气与生产压差柱状图

（5）地层压力对气井产能的影响

为确定地层压力对气井产能的影响，建立了气库西部至东部，且分布在构造中高部位的典型井随周期注末地层压力变化曲线（图6），可知分布于气库的典型井在第四周期注末地层压力趋于相同，但第四周期单井采气能力差异仍然较大，说明第四采气期单井产能暂未受到地层压力的影响。

综上所述，分别对地层参数（有效厚度、有效渗透率）、生产压差和表皮系数以及地层压力影响产能的控制因素进行分析，认为有效渗透率与生产实际采气能力呈良好的对数关系，故将有

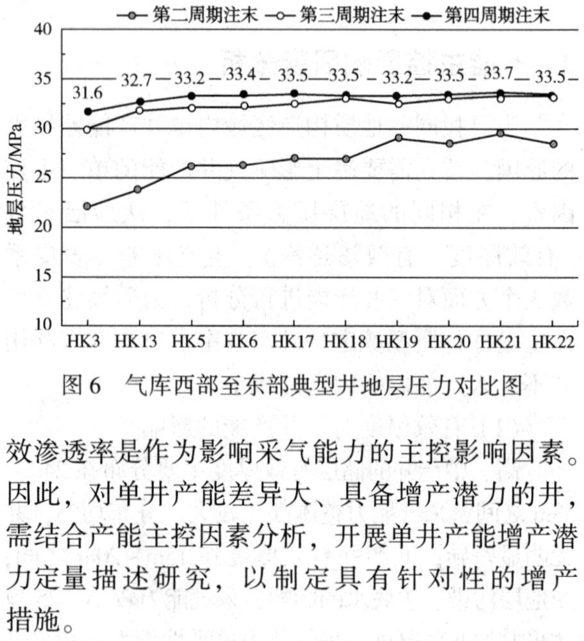

图6 气库西部至东部典型井地层压力对比图

效渗透率是作为影响采气能力的主控影响因素。因此，对单井产能差异大、具备增产潜力的井，需结合产能主控因素分析，开展单井产能增产潜力定量描述研究，以制定具有针对性的增产措施。

3 基于有效渗透率的增产定量评价方法

以产能主控因素渗透率为基础，依托稳定点二项式产能方程，建立一种基于有效渗透率的增产定量评价方法，对单井产能增产潜力进行定量描述，为提出针对性提产措施奠定理论基础。

3.1 修正有效渗透率 K' 函数

根据径向流裘比公式可知，单井采气能力同渗透率之间呈线性关系，即随着有效渗透率的增大，单井产能随线性增大（图7）；但在实际生产过程中，单井产能受制于储层污染、地层和井完善程度等因素，使得采气能力与渗透率之间呈一定对数关系（图8）。为建立基于有效渗透率的增

产定量评价模型，指导气库实际生产，因而首先建立含有一定对数关系的修正有效渗透率 K' 函数，使修正后理论产能与有效渗透率也呈一定对数关系（式 1）。

$$K'=Kln(\alpha K)/(1+\beta K) \qquad (3-1)$$

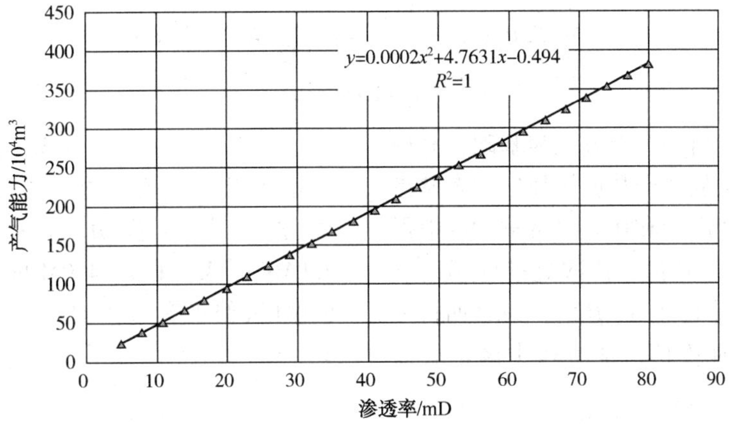

图 7　裘比理论采气能力与渗透率关系图

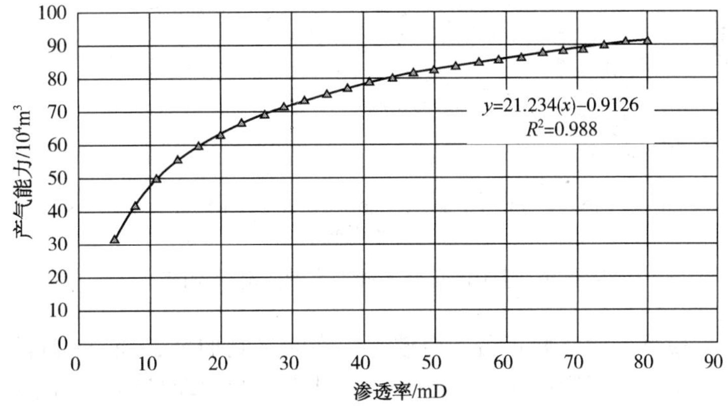

图 8　引入对数关系 K' 后产能与渗透率关系图

3.2　产能模型及图版的建立

以稳定点二项式产能方程为理论基础，将修正有效渗透率 K' 函数引入稳定点二项式产能方程中：

$$P_R^{\ 2}-P_{wf}^{\ 2}=A'q_g+B''q_g^{\ 2} \qquad (2)$$

其中：

$$A'=\frac{29.22\overline{\mu}_g\bar{Z}\bar{T}}{K'h}\left(lg\frac{0.472r_e}{r_w}+\frac{S}{2.302}\right) \qquad (3)$$

$$B'=\frac{12.69\overline{\mu}_g\bar{Z}\bar{T}}{K'h}gD \qquad (4)$$

其中

$$D=\frac{1.35\times10^{-7}\gamma_g}{K^{0.47}\varphi^{0.53}hr_w\mu_g} \qquad (5)$$

进而

$$A'=\frac{29.22\overline{\mu}_g\bar{Z}\bar{T}}{Kln(\alpha K)/(1+\beta K)h}\left(lg\frac{0.472r_e}{r_w}+\frac{S}{2.302}\right) \qquad (6)$$

$$B'=\frac{12.69\overline{\mu}_g\bar{Z}\bar{T}}{Kln(\alpha K)/(1+\beta K)h}gD \qquad (7)$$

最终建立采气能力 q_g 和地层有效渗透率 K 存在如下关系式：

$$q_g=\frac{\sqrt{\left[29.22\overline{\mu_g}\,\overline{Z}\,\overline{T}(1+\beta K)\left(lg\frac{0.472r_e}{r_w}+\frac{S}{2.302}\right)\right]^2 gK^{0.94}\varphi^{1.06}r_w{}^2h^2+6.85\times10^{-6}\gamma_g\overline{ZT}(1+\beta K)(P_R{}^2-P_{wf}{}^2)K^{1.47}\varphi^{0.53}r_w hln\alpha K}-29.22\overline{\mu_g}\left(lg\frac{0.472r_e}{r_w}+\frac{S}{2.302}\right)K^{0.47}\varphi^{0.53}r_wh^2}{3.43\times10^{-6}\gamma_g} \tag{8}$$

单井以试井解释出的产能方程为基础，利用不稳定产量分析方法从生产数据解释出动态储渗参数，多组实际生产产量和压差带入式(8)中得到单井渗透率修正 α、β 值，依次类推计算出气库内25口单井渗透率修正 α、β 值，最后加权平均得到新疆H储气库整体产能方程中修正有效渗透率K′函数中 $\alpha=0.32$、$\beta=6.88$；同时根据修正产能与有效渗透率之间的关系(式3-8)，建立生产压差分别为2.0MPa、2.5MPa、3.0MPa、3.5MPa、4.0MPa、4.5MPa、5.5MPa、6.0MPa修正渗透率增产潜力评价模型图版(图9)。

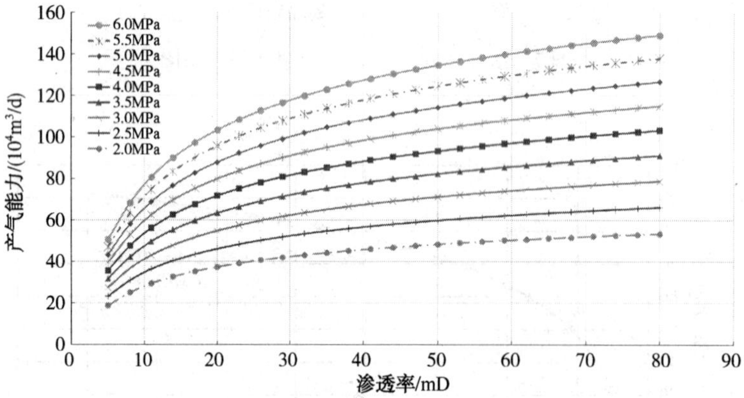

图9　基于修正有效渗透率的产能模型图版

根据增产潜力评价模型图版，修正后的有效渗透率与单井采气能力呈一定对数关系，且随着生产压差的增大，采气能力随渗透率增大的幅度也逐渐提高。

3.3　单井增产潜力定量描述

首先，抽稀合理生产压差3.5MPa~4.5MPa产能预测曲线，将25口注采井投射到图版上；其次，利用动静结合的注采井分类评价技术，划分出三类区域和高、中、低产三类井(图10)。

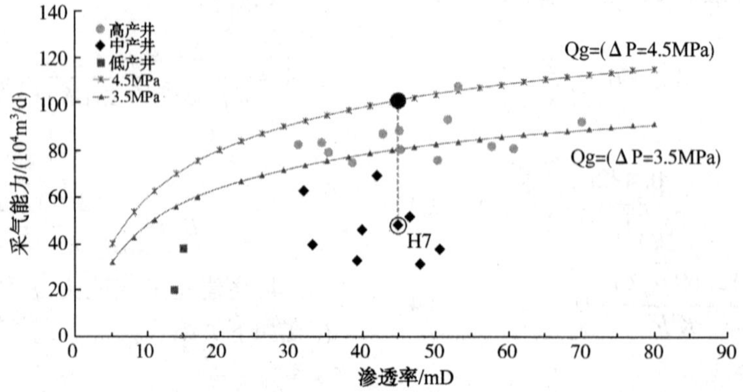

图10　采气井理论产能与实际产能对比图

以H7井为例，当生产压差控制在3.5MPa时，解除近井地带污染后预测产能应在A点，

增产潜力在 $33\times10^4m^3/d$，通过放大生产压差至4.5MPa时，解除近井污染后预测产能应在B点，增产潜力在 $53\times10^4m^3/d$。同理，统计了中、低产井在生产压差3.5MPa~4.5MPa条件下相应的模型预测产能范围，得出单井产能增产潜力区间(表2)。

表2　模型预测产能与实际产能增产潜力对比表

类别	序号	井号	实际生产压差/MPa	措施前日产气/($10^4m^3/d$)	预测增产潜力/($10^4m^3/d$)	措施后日产气/($10^4m^3/d$)	措施增产幅度/($10^4m^3/d$)	模型复合率/%	实施批次
中产井	1	H7	3.6	45.0	32.9~52.8	98.0	53.0	100.0	第一批
	2	H10	3.7	37.0	40.6~60.9	65.0	28.0	69.0	第一批
	3	H18	3.7	66.0	14.9~36.1	95.0	29.0	100.0	第一批
	4	H23	3.5	42.0	40.5~62.2	98.0	56.0	100.0	第一批
	5	H15	3.6	47.8	34.6~53.4				第二批
	6	H17	3.8	27.0	56.7~75.8				第二批
	7	H27	3.5	69.0	12.1~30.6				第二批
	8	H28	3.7	62.5	13.1~30.0				第二批
	9	H29	4.0	39.3	37.0~54.2				第二批
低产井	1	H1	4.4	37.6	21.6~34.1	59.0	25.0	100.0	第一批
	2	H13	4.5	0.0	22.5~33.5				第二批
合计							191.0		

由于前期通过优化注采界限提升单井增产的能力有限，所以依据单井增产潜力的定量评价结果，有针对性地优选改善近井地带渗透率的增产措施，以提高中、低产井的单井产能。

4　增产方法优选及现场实施效果

4.1　增产措施优选评价

根据产能主控影响因素有效渗透率、表皮系数以及增产潜力的定量评价结果，分析认为选择改善表皮系数，提高近井地带渗透率的增产措施。其中，对比酸化工艺、压裂工艺和酸压工艺三种主要增产措施，综合考虑措施的波及范围以近井地带储层为主、气库井身结构特殊性和气库砂岩地层出砂情况，确定以酸化工艺作为气库针对性增产措施(表3)。同时，优选出地面施工条件、井筒工况较好且具备提产潜力的4口中产井和1口低产井实施第一批酸化措施，剩余6口中、低产井依照第一批酸化效果于2020年进行第二批酸化措施(表2)。

表3　三种主要措施优缺点对比表

项目	酸化	压裂	酸压
反应类型	以化学反应为主	以物理力学为主	以化学反应和物理造缝相结合
波及范围	解除近井地带污染	人工造缝形成近井渗流通道	刻蚀裂缝和人工造缝，对储层改造较充分
水窜风险	不易沟通水流动通道	易沟通水层引起水窜	岩心酸溶蚀率要高，更易沟通水层引起水窜
气库适用性	满足气库近井地带使用	气库高渗地层易出砂	气库井筒结构不满足酸化高压措施
推荐度	推荐	不推荐	不推荐

4.2　现场实施效果评价

依据增产潜力的定量评价结果，结合地面施工条件和井筒工况优选5口井进行酸化措施，截至2019年9月，措施井已经全部实施完毕，合计增产 $191.0\times10^4m^3/d$(图11、表2)。

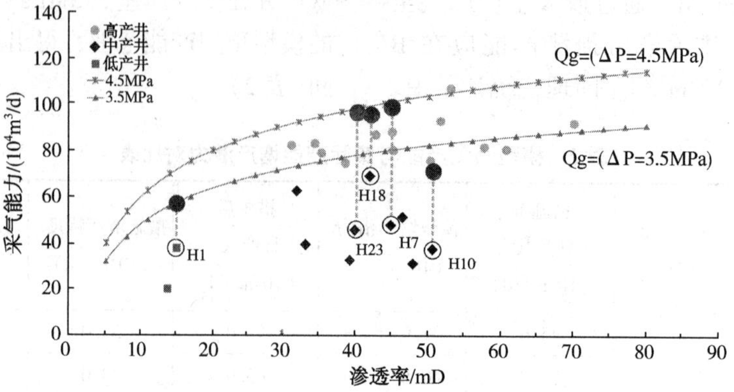

图 11　5 口井措施前后单井产能对比图

措施后产能与模型预测产能基本一致(表 2)。其中，3 口中产井措施后单井产能与模型预测产能符合率为 100%，由于 H10 井地层砂体亏空导致酸化作业调整为酸洗作业，作业强度降低，增产能力低于预测产能，模型平均符合率为 93.8%。

通过对比措施前后 5 口措施井有效渗透率和表皮系数(图 12)，发现措施后表皮系数均有所降低，单井有效渗透率得到提高，说明措施后近井地带污染被改善，表皮系数降低，有效渗透率增加，单井采气能力得到释放。截至第六周期采末，气库整体调峰能力得到提升，由第五周期的 $1500\times10^4m^3/d$ 提升至 $1691\times10^4m^3/d$，进一步提高了气库应急调峰能力，为天然气冬季保供夯实基础。

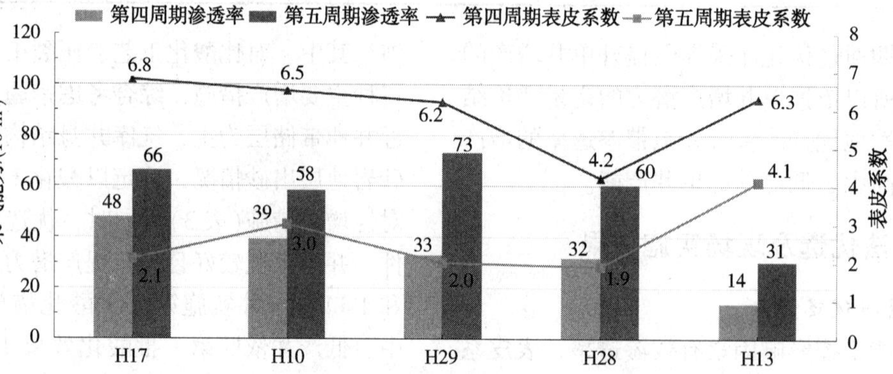

图 12　5 口井措施前后单井渗透率和表皮系数对比图

5　结论及建议

5.1　结论

(1) 以产能主控影响因素分析为基础，创新形成了一种基于有效渗透率的增产定量评价方法，对气库注采井单井产能进行定量评价并提出针对性提产措施。

(2) 经过酸化后的 5 口注采井合计增产 $191\times10^4m^3/d$，模型符合率达 93.8%，第六周期采末气库整体调峰能力提升至 $1691\times10^4m^3/d$，为国内天然气冬季应急调峰提供重要保障。

5.2　建议

中产井措施后得到有效提产，说明近井地带地层受钻井液污染导致有效渗透率下降，进一步佐证了第二批酸化增产的必要性；此外，为避免钻井液对近井地带污染，建议在气库新钻水平井投产前，及时开展酸化解堵措施。

符号注释

A——二项式产能方程稳流系数，[MPa^2/($mPa\cdot s$)]/($10^4m^3/d$)；

B——二项式产能方程紊流系数，[MPa^2/($mPa\cdot s$)]/($10^4m^3/d$)；

A'——修正二项式产能方程稳流系数，[MPa^2/($mPa\cdot s$)]/($10^4m^3/d$)；

B'——修正二项式产能方程紊流系数，[MPa^2/($mPa\cdot s$)]/($10^4m^3/d$)；

D——非达西流系数，$(10^4 m^3/d)^{-1}$；

h——气层有效厚度，m；

K——地层有效渗透率，mD；

K'——修正有效渗透率，mD；

P_R——地层原始静压，MPa；

P_{wf}——井底流压，MPa；

P_{sc}——气体标准状态下压力，$P_{sc}=0.1013MPa$；

q_g——气井井口产量，$10^4 m^3/d$；

r_e——井控半径，m；

r_w——井筒半径，m；

S——综合表皮系数，无量纲；

$\overline{T}$——地层条件下的平均气体温度，K；

T_{sc}——气体标准状态下温度，$T_{sc}=293.16K$；

$\overline{Z}$——地层条件下的平均气体偏差系数，无因次；

α，β——有效渗透率修正参数，无量纲；

μ_g——气体在井底附近的黏度，mPa·s；

$\overline{\mu_g}$——气层平均状态下的参考黏度，mPa·s；

φ——地层孔隙库，无量纲；

γ_g——天然气相对密度，无量纲；

参考文献

[1] 丁国生，谢萍，等．中国地下储气库现状与发展展望[J]．天然气工业，2006，26(6)：111-113.

[2] 王彬，陈超，李道清，等．新疆H储气库注采气能力评价方法[J]．特种油气藏，2015，22(5)：25-30.

[3] 王彬，邱恩波，庞晶，等．新疆H储气库改建关键问题测井评价[J]．西南石油大学学报(自然科学版)，2016，38(1)：46-52.

[4] 王晖，张培军，成友友，等．基于改进的回压试井方法评价低渗气藏气井产能[J]．石油勘探与开发，2014，41(4)：453-456.

[5] 何顺利，门成全，周永胜．大张坨储气库储层注采渗流特征研究[J]．天然气工业，2006，26(5)：91-94.

[6] 王嘉怀，罗天雨，吕毓刚，等．呼图壁储气库气井冲蚀产量模型及其应用[J]．天然气工业，2012，32(2)：57-59.

[7] 唐立根，王皆明，丁国生，等．基于开发资料预测气藏改建储气库后井底流入动态[J]．石油勘探与开发，2016，43(1)：127-130.

[8] 孙军昌，胥洪成，王皆明，等．气藏型地下储气库建库注采机理与评价关键技术[J]．天然气工业，2018，38(4)：138-144.

[9] 丁云宏，张倩，郑得文，等．微裂缝-孔隙型碳酸盐岩气藏改建地下储气库的渗流规律[J]．天然气工业，2015，35(1)：109-114.

[10] 陈元千：油气藏工程计算方法[M]．北京：石油工业出版社，1990.

[11] 庄惠农：气藏动态描述和试井(第二版)[M]．北京：石油工业出版社，2009.

[12] BlASINGAME TA，JOHNSTON JL，LEE WJ. Type curve analysis using the pressure integralmethod[R]. California：SPE California Regionalmeeting，1989.

[13] 孙贺东：油气井现代产量递减分析方法及应用[M]．北京：石油工业出版社，2013.

[14] 孙贺东，朱忠谦，施英，等．现代产量递减分析Blasingame图版制作之纠错[J]．天然气工业，2015，35(10)：71-77.

[15] AGARWALA RG，GARDNER DC，KINSTEIBER SW. Analyzing well production data using combined type curve and decline curve concepts[J]. SPE Reservoir Evaluation & Engineering，1999，2(5)：479-485.

文 96 储气库注采管柱腐蚀监测研究与实践

腰世哲　熊万里　丁世浩

（中国石化储气库分公司）

摘　要　文 96 储气库已经历九个完整注采周期，注采井反复高强度注采运行，井筒管柱密封性要求更为严格。文中结合文 96 气田气井管柱历史腐蚀情况，从注采井管柱腐蚀环境入手，着重开展电化学腐蚀、气流冲蚀分析研究，综合确定注采井气井管柱腐蚀机理。结合前期腐蚀机理研究成果，对比优选注采井管柱腐蚀监测方法；采用挂片法在线监测管柱腐蚀情况，选取两口注采井，开展为期两年的现场腐蚀监测。矿场试验结果表明，在文 96 储气库现有环境下，两口注采井井筒管柱与地面管线的腐蚀速率均未超过 0.025mm/a，属于轻度腐蚀；后续选取一口注采井开展电磁探伤测井，验证所选管柱腐蚀监测技术可靠性。研究成果为同类型储气库注采井管柱腐蚀监测提供了参考，也可指导后期气库建设管柱选型。

关键词：储气库；注采井；管柱；电化学；挂片；电磁探伤

天然气地下储气库是大型输气管网季节调峰与事故应急的重要保障设施。根据国内外已建成的储气库生产资料表明，气井管柱在压力、温度、流动介质等多种因素的作用下，容易出现管柱腐蚀穿孔、断裂落井等现象，严重危及储气库的注采运行。因此注采运行过程中须加强注采井管柱腐蚀监测与维护。

1　腐蚀机理分析

1.1　文 96 气田腐蚀状况

文 96 气田开发过程油管腐蚀情况见表 1。

腐蚀较快的均是高产井，腐蚀速率达 0.075～0.22mm/a；中低产井为 0.01～0.05mm/a；产气量小，产水量大的井腐蚀速率最小，为 0.006～0.02mm/a。全井管柱都有不同程度的腐蚀，但 0～1500m 较严重，其中穿孔井段集中下 200～1000 米处，尤其是油管丝扣腐蚀严重，600～1000 米处的腐蚀速度是井口的 3～4 倍。腐蚀多以孔洞为主，. 直径 3～12mm。

表 1　文 96 气田部分井腐蚀情况统计表

井号	使用时间/月	检管日期	检管目的	腐蚀情况
文 96-1	60	1998. 03	上返补孔	起出全部油管 269 根，出现腐蚀的有 192 根，其中第 69 根和第 72 根穿孔孔眼直径 12mm。
文 96-2	8	2000. 08	检管	第一根油管下第二根短节处脱扣。
文 92-47	48	1998. 03	压裂	起出全井油管 261 根，自 90 根往下至 150 根腐蚀较重，主要腐蚀部位是公扣部位，为凹坑斑点状。
	32	2000. 11	上返补孔	第 98 根油管上部腐蚀有一直径 4mm 孔。

1.2　管柱腐蚀环境

管柱腐蚀环境是影响腐蚀规律的重要因素，为了掌握文 96 储气库管柱腐蚀规律，需要全面了解文 96 储气库腐蚀介质和环境，主要包括气组分、水组分、气水比、注采期的温度和压力、管径变化等。

（1）气分析

根据文 96 储气库气样显示，除了 CO2 以外的气体组分都不会产生腐蚀。在外部环境下，能造成腐蚀的只有 CO2，所以文 96 储气库运行过程中，CO2 是影响气库管柱腐蚀的气体。

(2) 水组分

采集水样分析结果表明，pH 值为 6.12，氯根为 169625mg/L、矿化度 279087mg/L，为高矿化度地层水。

(3) 气水比

基于文 96 储气库注采周期采气期数据，统计一个采气期共产气 15489 万方，产水 1756 方，计算平均气水比为 8.82 万方/方。

(4) 压力和温度

压力和温度对管柱腐蚀速率、腐蚀形态影响显著，文 96 储气库注采压力和温度变化较大，如表 2 所示。

表 2　文 96 储气库压力、温度

名称	位置	采气	注气
压力/MPa	井口	6.0~22.5	10.8~22.5
	井底	12.9~27.0	12.9~27.0
温度/℃	井口	11.4~34.5	30.6~50.8
	井底	72.8~82.6	72.6~75.9

(5) 管径变化

文 96 储气库注采井管柱组合工具较多，以储 9 井为例，内径变化情况如表 3 所示。

表 3　储 9 井管径变化情况

名称	长度/m	底部深度/m	内径/mm
油管	2.0	93.5	76.00
流动短节	0.9	94.4	75.01
安全阀	1.7	96.2	71.37
流动短节	0.9	97.1	75.01
油管		2229.7	76.00
滑套	1.3	2231.1	71.37
油管		2257.4	76.00
座落短节	0.4	2257.8	71.45
油管		2268.4	76.00
封隔器	2.1	2270.6	82.55
磨铣延伸筒	0.7	2271.3	94.84
油管		2295.1	76.00
座落短节	0.4	2295.5	71.45
油管		2334.6	76.00
剪切球座	0.2	2334.8	74.93
喇叭口	0.4	2335.2	76.00

由上表可见，管柱内径变化幅度较小。

通过腐蚀环境和腐蚀介质分析，可见管柱内径变化幅度较小，流动诱导腐蚀影响弱，注采井管柱腐蚀以电化学腐蚀及冲刷腐蚀为主。

1.3　管柱电化学腐蚀

注气阶段，注入气为干气，油管内壁为干性环境，不会产生电化学腐蚀，但是注气量过大时，会产生冲蚀。在采气阶段，随着地层水的流入和凝析水的析出，油管内壁会出现一层水膜，为电化学腐蚀创造了条件，同时采气量过大时，还存在冲蚀现象。

(1) 腐蚀机理

文 96 储气库产出气中不含 O_2、H_2S 和 SRB，CO2 含量为 1.09%，水样的 pH 值为 6.12。因此，确定管柱腐蚀是以 CO_2+H_2O 酸性腐蚀为主的电化学腐蚀。另外，气井压力、温度、产气量、产水量、气水比等因素也影响着气井的腐蚀速度。

(2) 温度对腐蚀的影响

以储 5 井为例，井底温度 92.5℃、井口温度 26.5℃、日产气量 16.8 万方，计算得出 1400m 位置处温度为 60℃。钢表面形成一种具有保护性的腐蚀产物—$FeCO_3$ 膜，此温度区间内局部腐蚀突出，即管柱在 1400~1600m 局部腐蚀会较重。

(3) CO2 分压的影响

根据现场取分析得知，产出气的 CO_2 含量为 1.09%。选取储 5 井计算采气时 CO_2 分压，见表 4。

表 4　储 5 井井筒 CO2 分压计算结果

位置	压力/MPa	CO_2 分压/MPa
井口	12.35~15.73	0.1408~0.1793
井底	15.36~18.84	0.1751~0.2148

从文 96-储 5 井井筒 CO_2 分压的结果可以看出，管柱在采气期容易发生小孔腐蚀。

1.4　管柱冲蚀

气井管柱冲蚀流量计算公式选取 Beggs 公式，文 96 储气库管柱工具内径不一致，内径最小的首先达到最大冲蚀点。为了分析冲蚀流量的临界点，利用 PiPesim 软件计算，最大冲蚀流速位置为管柱内径最小的安全阀处。

(1) 注气冲蚀分析

最大冲蚀流速的计算点选取管柱内径最小的安全阀，以储 9 井注气为例，当地层压力

10MPa，根据不同的井口注气压力计算对应的生产气量和冲蚀流速比，见表5。由计算结果可以看出，当井口压力为20.0MPa时，流速比为0.9862，越接近冲蚀流速。即当井口注气压力越大时，流速比越大，说明发生冲蚀的可能性越大。

表5　文96-储9井冲蚀流量计算

井口压力/MPa	气量/(10^4m^3/d)	流速比
10.0	8.47	0.1646
12.0	19.83	0.3498
14.0	31.85	0.5207
16.0	44.45	0.6808
18.0	57.43	0.8356
20.0	70.22	0.9862

（2）采气冲蚀分析

以储5井采气为例，当地层压力为20.8MPa时，根据不同的井口压力计算对应的产气量和冲蚀流速比。井口压力为5MPa时，流速比为0.8194，这时流速比最大，越接近冲蚀流速。即当井口注气压力越小时，流速比越大，说明发生冲蚀的可能性越大，当流速比大于1时，说明开始发生冲蚀。

2　腐蚀监测技术研究

2.1　注采井井身结构

文留区块钻井历史资料显示现场施工过程顺利，地层比较稳定，没有异常压力和异常岩性地层。定向井钻井过程需多次更换钻具组合，因此，必须保证浅层井眼的稳定，设计表层套管下深300m，封平原组流砂层及松软地层。由于沙二下、沙三上地层压力系数为0.18~0.63，为严重欠压地层，二开技术套管座在欠压地层的顶部，为三开正常钻进提供保障，同时钻遇井下复杂情况便于处理，有利于三开安全钻进。

综合考虑文96气藏情况、注采要求和钻井施工安全等因素，井身结构设计如表6所示。

表6　注采井井身结构基本数据表

	井段 /m	钻头尺寸/mm	套管尺寸/mm	套管钢级	套管壁厚/mm	水泥返深/m
一开	0~300	444.5	339.7	J55	9.65	地面
二开	~2450	311.15	244.5	P110	11.43	地面
三开	~2776	215.9	177.8	P110	11.51	地面

2.2　监测技术比选

为能够准确监测文96储气库管柱腐蚀情况，需要有针对性的选取腐蚀监测技术。目前常用的腐蚀监测技术有：挂片法、电阻探针法、电化学法、电位监测法及介质分析法等。结合文96储气库目前生产运行状况在不影响正常注采情况下，考虑气井井下环境(井深、井下温度、压力、气流流量等)条件的因素限制，最终确定挂片失重法。

2.3　监测评价

采用挂片失重法测定腐蚀速率。

（1）挂片失重法

挂片失重法是一种经典监测的腐蚀的有效方法。将已知重量和尺寸的试件置于被监测的腐蚀系统中，经过一定时间后取出，清洗腐蚀产物后称重，根据试件质量变化、表面积和接触时间的关系计算其平均腐蚀速率。

（2）评价标准

采用美国腐蚀工程师协会NACE RP 0775-99油田油、气生产系统碳钢腐蚀等级划分标准(表7)。

表7　油气生产系统碳钢腐蚀速率定性等级划分

分类	均匀腐蚀速度/(mm/a)	点蚀速度/(mm/a)
轻度腐蚀	<0.025	<0.127
中度腐蚀	0.025~0.125	0.127~0.201
严重腐蚀	0.126~0.254	0.202~0.381
极严重腐蚀	>0.254	>0.381

2.4　挂片材质优选

根据地面、井下油管型号选用同材质试件，地面采用16Mn材质挂片，井筒每个脱挂器挂3Cr、P110、J55三种不同材质挂环、挂片，见图1。

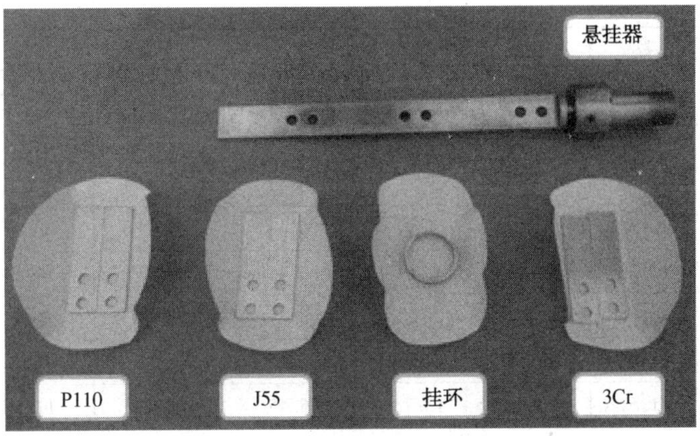

图 1　文 96 储气库腐蚀监测挂片

3　现场实施

选取储 5、储 9 井进行为期两年腐蚀挂片监测，如下图 2 所示，结果见表 8。

图 2　文 96 储气库注采井管柱腐蚀监测

表 8　注采井腐蚀监测结果对比表

井号	阶　段	16Mn 腐蚀速率/(mm/a)	3Cr 腐蚀速率/(mm/a)
文 96 储 5 井	第 1 年	0.0026	0.0013
	第 2 年	0.0198	0.0185
文 96 储 9 井	第 1 年	0.0020	0.0017
	第 2 年	0.0207	0.0223

为进一步验证腐蚀监测结果，判断注采井的油、套管损伤情况，预防油套管腐蚀穿孔漏失隐患，确保注采安全生产；选取文储 9 井采用俄罗斯 MID-K 多层管柱电磁探伤测井仪，开展电磁探伤测井，落实井内管柱腐蚀情况，测井成果解释见表 9。

表 9　储 9 井电磁探伤测井成果表

序号	评价井段/m	套管壁厚/mm	套管剩余壁厚/mm	套管壁厚损失率/%	油管壁厚/mm	油管剩余壁厚/mm	油管壁厚损失率/%	解释评价
1	185.0~195.0	10.36	10.35	0.10	6.45	5.76	10.70	油管轻度腐蚀
2	293.0~298.0	10.36	10.24	0.19	6.45	5.74	11.01	油管轻度腐蚀
3	1060.0~1070.0	10.36	10.35	0.10	6.45	5.81	9.92	油管轻度腐蚀

续表

序号	评价井段/m	套管壁厚/mm	套管剩余壁厚/mm	套管壁厚损失率/%	油管壁厚/mm	油管剩余壁厚/mm	油管壁厚损失率/%	解释评价
4	1486.0~1496.0	10.36	9.81	5.31	6.45	6.44	0.16	套管轻度腐蚀
5	1572.0~1584.0	10.36	9.79	5.50	6.45	6.43	0.31	套管轻度腐蚀
6	1895.0~1905.0	10.36	10.35	0.10	6.45	5.77	10.54	油管轻度腐蚀
7	2003.0~2008.0	10.36	9.84	5.02	6.45	6.44	0.16	套管轻度腐蚀
8	2096.0~2104.0	11.51	9.96	13.47	6.45	6.44	0.16	套管轻度腐蚀
9	2268.0~2335.2	11.51	9.93	13.73	6.45	5.73	11.16	油管、套管轻度腐蚀

根据电磁探伤测井曲线特征，测量井段内油管有轻微腐蚀的井段 185.0~195.0m、293.0~298.0m、1060.0 ~ 1070.0m、1895.0 ~ 1905.0m、2268.0 ~ 2335.2m；测量井段内套管有轻微腐蚀的井段：1486.0 ~ 1496.0m、1572.0 ~ 1584.0m、2003.0 - 2008.0m、2096.0~2104.0m、2268.0~2335.2m。

4 结论与认识

（1）注采井管柱腐蚀主要为 CO2 及其他腐蚀环境引起的电化学腐蚀；CO2 的分压会引起不同程度的腐蚀，注气期容易引起局部腐蚀，采气期容易引起均匀腐蚀。。

（2）依据文 96 储气库的运行模式，注采期压力、温度的变化，确定采气运行井口压力为 5.0MPa、气量超过 29.0 万方出现冲蚀；注气压力为 20.0MPa、注气量大于 70.22 万方时出现冲蚀。

（3）结合气库运行特点优选注采井管柱腐蚀监测方法，现场实施两口注采井，监测两年后证实腐蚀速率(最大为 0.0223mm/a)均未超过标准(<0.025mm/a)，属于轻度腐蚀；选取储 9 井开展电磁探伤测井，证实油、套管腐蚀程度弱，基本为轻度腐蚀，验证了所选用的腐蚀监测技术可靠。

（4）定期开展气井管柱使用年限进行测评，基于腐蚀评价结果，制定防护措施，外防腐可利用腐蚀涂层；内防腐可在腐蚀环境介质中采用注入缓蚀剂的方式，减小管柱腐蚀。

参 考 文 献

[1] 付太森，腰世哲，纪成学，等. 文 96 地下储气库注采井完井技术[J]. 石油钻采工艺，2013，35(6)：44-47.

[2] 王正樵，吴幼林，潘健武. 金属腐蚀及防护术语和定义[M]. 冶金工业出版社 2003，(10)，7-10.

[3] 腰世哲，等. 文 96 地下储气库运行实践探讨[J]. 天然气技术与经济，2018，12(1)，48-51.

[4] 刘佳佳，林建国，李保存，等. 文 96 储气库腐蚀监测与应用分析[J]. 石油化工腐蚀与防护，2015，32(6)，43-45.

[5] 陈家晓，崔晓燕，陈智，等. 气井井下刮片腐蚀监测工艺研究与应用[J]. 石油与天然气化工，2015，44(1)，63-66.

[6] 张居峰，杜月侠，兰云峰，等. 腐蚀监测技术及其适用性选择[J]. 腐蚀与防护，2012，33(1)，75-78.

[7] 腰世哲，张延斌，纪成学，等. 文 96 地下储气库注采井钻井技术[J]. 西部探矿工程，2015，43(3)，45-47.

[8] 阚子健. 腐蚀监测技术在油气田的应用[J]. 盐科学与化工，2019，48(9)：7-11.

[9] 赵国仙. P110 钢高温高压下 CO2 腐蚀产物组织结构及电化学报，2006，10. 73-74.

[10] 范冬艳. DCMS 井下腐蚀监测的应用研究[J]. 辽宁石油化工大学学报，2017，37(2)，45-47.

[11] 任众鑫，巴金红，刘岩，等. 盐穴注采气井腐蚀监测现场试验[J]. 石油化工应用，2018，37(7)，58-70.

中原储气库高效注采技术试验与应用

孙宏伟[1] 孙 伟[2] 李战良[3] 简楚雄[4]

(1. 中国石化中原油田分公司天然气产销厂；2. 中国石油化工股份有限公司油田勘探开发事业部；
3. 中国石化中原油田分公司油气开发管理部；4. 中国石化中原油田分公司濮东采油厂)

摘 要 为保障我国能源安全，完善能源产供储销体系，中国石化“十四五”期间加大了地下储气库建设力度，截至2021年，中原储气库群已建成，已建和在建储气库达到了13座，如何发挥气库的储气能力、形成较大工作气量，达到储气库季节和应急调峰的功能，实现油田新的盈利增长点，是急需解决的问题。针对边水型储气库建库研究提供了大量的注采运行数据和借鉴经验，凝析气藏型储气库通过高效注采试验，形成了一系列成果。

关键词：中原储气库；边水驱替扩容达产；凝析气藏型储气库协同建库

1 边水气藏型储气库驱替扩容技术

中原油田边水型气藏数量众多，是中原储气库群建设的主要目标之一，其中2012年已建成的文某储气库，2021年新投文13西储气库，2022年规划建设的文24储气库都是该类型的储气库。

1.1 边水水侵评价技术

1.1.1 水体能量评价

以文某储气库为例，截止建库前气藏累积产水为 $8.9788\times10^4m^3$，气水比 $1.39m^3/10^4m^3$，说明该气藏边水整体并不活跃，水体倍数小。根据气藏流体分布、开发状况的不同，纵向上分三套层系分析水侵状况及能量。

1.1.2 水侵对气藏开发的影响

水侵对库容和工作气量的影响主要表现在3个方面，一是减小含气孔隙体积，延缓达容进程。储气库快速采气生产导致边水侵入气库内部，水侵量占据部分孔隙空间，减小可动含气孔隙体积。水体能量愈强则侵入程度越强，而退出程度越弱，库容扩散难度越大。二是降低储层渗流能力，影响单井吸气能力：库内存在的水体(尤其是井底附近的水体)封堵了气体渗流通道，降低了注入气的渗流能力和散布范围，少量注气就会造成井区压力快速达到上限压力，使注气过程被迫停止，但气库实际的平均地层压力明显小于设计的上限压力。三是降低储层供气能力，影响单井产能：水体的影响导致气井含水后出现高压停采，使得气库运行下限压力高于设计的下限压力，缩小了地下储气库运行的真实运行区间，严重影响了地下储气库的达容速度和工作气量。

1.2 注采气制度调整技术

1.2.1 注气制度调整技术

采用10×10网格，开展数值模拟研究，数值模拟结果证实，不同开井制度对累积注气量影响较大，平稳驱替边水，由高到低梯次开井，有利于降低注气压力，增加最终注气量。注气原则为由高到低梯次注气驱水。

(1) 高部位井优先注气，使得高部位形成高压区，向中部位驱水。

(2) 待高部位井注气量到达腰部位井后，腰部位井开井注气，形成次压区，向低部位驱水。

(3) 待中高部位井的注气量到达低部位后，低部位井适当的开井注气，形成低压区，整体形成构造由高到低、压力由高到低的状态，力求由高到低的驱水效果。注气期末逐步压力平衡。

1.2.2 采气制度调整技术

受边水影响，不同开井制度对累积采气量影响较大，为科学管控边水，减小边水运移速度，避免注采井过早水淹，通过高部采气，低部阻水方式，保证注采井产能。采气原则为高部采气，低部阻水

(1) 高部位开井采气，压降漏斗缓慢延伸至低部位气水边界，减小驱水压差；

(2) 同时低部少量开井，形成低压区，发挥阻水效果，使高部位形成纯气区；

(3) 采气中后期，地层压力低于18MPa，全气库开井，使地层压力平衡降低，增加供气范围，减小天然气运移距离，提高采气效率。

数值模拟采气开井制度，高采(开文某-储2、3、5、6、8、9、12共7口井)，低采(开文某-储2、1、13、4、7、10、11共7口井)，高采气低阻水(先高采60天，地层压力18MPa后，注采井全开采气)。

模拟文某储气库第五周期采气生产，数值模拟高采气、低采、高采气低阻水三种采气制度日采气$200\times10^4m^3$，高采连续采气67天，低采52天，高采气低阻水达到71天，说明高采、高采气低阻水制度均有利于提高采气能力，高采气低阻水相较于高注，由于开井数量多，平均单井采气量小，供气范围大更有利于增加采气压差，从而增加累积采气量。

2　高凝析气藏型储气库协同建库技术

2021年，中石化积极推进储气调峰设施，中原油田结合实际提出了开展凝析气藏储采一体化的发展思路，凝析气藏注气既能进行储气库建设，发挥调峰保供作用，亦能兼顾提高老区凝析油采收率。中原油田有众多的凝析气藏，白某凝析气藏具有一定的代表性，该凝析气藏改建储气库的成功实施，为下步凝析气藏型储气库的建设提供了借鉴。

2.1　凝析气藏开发特征分析

2.1.1　气藏产能特征分析

白某气藏沙三中-沙三下气藏属于构造岩性气藏，沉积相属于湖底扇，内部小断层较多，平面相变较快，不同部位凝析油含量、储层物性等均有明显差异；气井产能与沉积微相关联性较强，而且投产方式、初期产能、稳定生产能力、生产效果、反凝析对产能的影响程度等差异明显，主要有以下特征：

(1) 气藏具有较高产能，受反凝析影响，产能下降快

一是受投产层位及厚度差异，气井单井产能变化较大，累产较高。由于白某块纵向层系发育比较多，单井投产层段不一，多段均具有产能；统计不同分段投产的单井初期日产气量在$(0.35\sim4.5)\times10^4m^3$，沙三中—沙三下层段全部投产的单井日产气量为$(3.1\sim12.6)\times10^4m^3$，气井单井累产较高，累产油气当量在$(0.035\sim0.437)\times10^8m^3$，平均为$0.219\times10^8m^3$。高产井主要分布在工区范围内有效储层厚度大的西北区域，气井累产油气当量在$(0.035\sim0.437)\times10^8m^3$，平均$0.219\times10^8m^3$，低累产井主要分布在东南储层较薄区。

二是气井无阻流量较高，折算全井段投产的单井无阻流量在$(21\sim33)\times10^4m^3/d$。分析系统试井资料，分别建立无阻流量Qaof和地层系数KH，无阻流量Qaof与紊流系数B的关系式，结合白某块单井的实际地层系数，建立单井产能方程。三是气井投产初期(高于露点压力)产能高，随着地层压力下降，出现反凝析并逐渐加重，产能也逐渐下降。

2.1.2　气藏反凝析状况评价

在凝析气藏的开采过程中，当地层压力高于露点压力时，地层流体为气态。当地层压力低于露点压力时，地层中便有凝析油析出，即发生层内反凝析。析出的凝析油积于地层，减少了流体流动的孔隙空间，并使得气液渗流阻力增加。

凝析气藏反凝析对地层的伤害，最终表现为气相相对渗透率的下降，在原始地层条件，生产30天时，气井近井地带气相相对渗透率由单相0.615下降至0.325，下降幅度47.15%。远端(单相区)气相相对渗透率由单相0.615下降到0.417，下降幅度32%。同时，从凝析气藏气相相对渗透率随时间和距离变化中可以看出生产时间一段时间之后，气相相对渗透率略有提升，此阶段为反凝析油的不断聚集，反凝析油达到了临近流动饱和度，伴随反凝析油的流动，近井地带反凝析油含量略有降低，气相相对渗透率略有升高，但升高幅度有限，反凝析油伤害自身无法解除。同时，生产后期反凝析液聚集到一定程度流到井底，井底积液与近井带储层堵塞一样，使气井产能严重降低，甚至停喷。

2.1.3　注天然气解除反凝析污染

凝析油聚集机理理论研究中普遍采用三区模型来描述凝析油气的流动：①近井筒区域的凝析油气两相流动区；②介于两相区和干气区之间的

凝析油段塞区，地层压力低于露点压力，但凝析油不可动；③远离井筒的干气区，地层压力高于露点压力。

气藏早期采用衰竭式开发，地露压差较小、储层物性差，井底及近井地带的污染问题影响着气井的产能。低渗储层多孔介质由于其巨大的比面积而具有较强的吸附能力，对凝析油气将产生不可忽略的吸附作用，凝析油析出后，在地层中会出现自由的油、气相与吸附的凝析油气相三相共存和自由的油、气两相渗流。由于吸附相不参与流动，所以相当于堵塞了部分渗流通道，增大了气相渗流阻力，脱附出的凝析油气与反凝析液也会堵塞一定渗流空间，出现气相有效渗透率降低，表皮增大的现象。流体储层条件下吸附量的多少、赋存状态，不仅与流体的组成、状态有关，更受油气储集层的孔隙结构特征影响。

不同于大涝坝、柯克亚、雅克拉等中高渗凝析气藏，由于白某储层的物性较差，孔隙小孔隙主要以段塞方式存在，对天然气、凝析油采收率均有较大影响。尤其是近井地带反凝析污染比远井地带严重的多，解除近井地带的反凝析污染尤为重要。

2.2 动态储量及潜力评价

2.2.1 动态储量评价

将凝析油折算成地下等当量的气量，采用凝析气藏物质平衡方程计算气藏的动态储量，评价白某块气藏可利用井 9 口的动态储量为 $3.73\times10^8m^3$，其中沙三中 $0.62\times10^8m^3$，沙三下 $3.11\times10^8m^3$。依据动态储量储量，采用径向流模型评价 S3 下平均泄气半径 165.4m，S3 中平均动用半径 112.9m。可利用井 9 口在地层压力 58MPa 时，井控动态储量 $3.73\times10^8m^3$；按照上限压力 53MPa 计算库容，储量为 $3.59\times10^8m^3$。

2.2.2 剩余油气状况评价

白某块依据历年生产资料，按分层投产状况与地层系数相结合的原则，采用数理统计法评价各层剩余油气状况。

气藏剩余天然气 $11.75\times10^8m^3$，凝析油储量 48.46×10^4t；其中 8 个主力小层剩余气主要分布在沙三中 41、沙三下 13、沙三下 51 和沙三下 61 小层；主力小层剩余天然气 $9.91\times10^8m^3$，凝析油储量 34.04×10^4t，是剩余油气的主要分布层系，剩余天然气占比 84.3%，凝析油占比 70.2%。

2.3 协同建库技术

白某储气库利用已有老井，提高采收率试验与建库同步进行，降低建库成本。设计思路：基于低渗凝析气藏注气解除污染，提高注采能力及采收率需要进一步验证，因此立足老井，提高采收率试验与建库同步进行，提高气藏开发效益，加快储气库建设。

设计原则：(1)结合老井地质状况，优选利用井况质量好的老井进行注采；(2)基于井底反凝析污染严重，大排量吞吐有助解除污染，同时可加快形成工作气量，也可提高采收率，因此气井工作方式为吞吐；(3)考虑凝析气藏富含凝析油特点，从提高采收率与储气库协同角度考虑，分三个阶段确定工作气量等指标；(4)注采方式设计为全井段笼统注采。

2.3.1 注采井网研究

储气库注采井在原则上一般是利用新钻井，而老井在综合评价油层套管固井质量、井筒工况和井身结构的基础上，将所有可能会发生气库层窜漏的老井实施封堵，筛选井况良好的老井继续利用，达到资源利用最大化的目的。

2.3.2 方案分段设计

针对气藏开具有低渗、反凝析特征，对储气库建设方案进行分段设计。

2.3.2.1 第一阶段

高压运行，解除近井地带地层污染，提高采收率；反蒸发最优压力运行至凝析油饱和度趋于稳定低值。高压运行压力区间 43~53MPa，解堵近井地带污染、提高采收率阶段。

(1) 上限压力

储气库原始平均地层压力 58MPa，测算需要的压缩机工作压力为 57MPa，考虑目前压缩机成熟工艺水平为 52MPa，按此能力推算地层压力 53.0MPa，作为气库的上限压力。

(2) 下限压力

PVTi 模拟目前采出状况下，沙三中露点压力为 31.7MPa、沙三下露点压力为 42.9MPa。沙三下建库层位为主要的建库单元，按照沙三下露点压力考虑下限压力，确定储气库第一阶段下限压力为 43MPa。

(3) 指标预测与评价

在运行压力区间、气井配产配注确定的基础

之上，开展数值模拟预测，对 20 个注采周期内年注气、年产油、年产气进行预测。预测第三个周期，气藏的含油饱和度下降到拐点趋于低值稳定，整体含油饱和度下降至 3%-4%以内，因此第一阶段设置运行 3 个周期。

2.3.2.2　第二阶段

协同建库阶段，上限压力不变，运行下限压力高于反凝析液液相最大饱和度压力，储气调峰与提高凝析油采收率兼顾；运行至趋于干气，基本不产油。

第二阶段上限压力与第一阶段相同，为 53MPa，下限压力为 26.0MPa。依据上一阶段末期数值模拟结果，结合气井产能理论方程评价所有利用井的注采能力，数值模拟结果表明，该阶段气库经过 7 个周期注采，气库周期产油量趋于低值、稳定，整体含油饱和度由 3.5%下降到 1.7%，后续注采周期采油量变化不大，因此该阶段设置运行 7 个周期(储气库运行至 10 周期)。

2.3.2.3　第三阶段

储气调峰阶段，上限压力不变，按照常规气藏进行下限压力确定，储气调峰。

上限压力与前两阶段相同，下限压力应保障气库采气末期井口压力不低于管道外输输入压力；保障采气末期具有一定的采气能力。考虑后期凝析气藏逐渐趋于干气藏，废弃压力按照按相似物性干气藏进行废弃压力评价，计算废弃压力为 11.5MPa。

3　储气库高效注采运行技术

3.1　强化动态模拟技术

文某储气库发育边水，建库时发现各层位均有不同程度的水侵，通过对不同工况的数值模拟，确定了“高注、均采”的原则，多周期注采后，边水分布趋于合理，气库实现了达容。

3.2　实时动态分析技术

储气库运行有别于气田开发，但也不是简单的周期性重复，不同周期有不同的运行目标。文某储气库经过九个周期的注采生产，根据工作目标的不同，整个运行过程可分为三个阶段：

3.2.1　阶段一：垫气，气水重新分布(第 1、2、3 周

工作思路：高部位注气，科学驱替边水，使地层水分布趋于合理。

重点工作：进行气库精细描述，注采规律研究。开展枯竭砂岩气藏型储气库精细描述及注采研究、文某储气库注采动态模拟研究。

3.2.2　阶段二：达容(第 4、5 周期)

工作思路：科学管控边水，优化注采生产制度，加速达容进程。

重点工作：储气库达容技术研究。开展《文某储气库注采评价及达容技术研究》。

3.2.3　阶段三：提升工作气量(第 6、7、8 期)

工作思路：摸清库容动用程度，提高工作气量，增加储气库调峰能力。

重点工作：工作气量提升研究，解决井筒结盐、结蜡、积液等问题。开展《文某储气库结盐机理及防治技术研究》、《文某储气库工作气量提升技术研究》。

4　结论

(1) 边水型储气库高效运行的关键是确定科学的注原气原则，合理调配注采气制度，并采用有针对性的排液采气措施。

(2) 凝析气藏型储气库分阶段运行是提高采收率、形成工作气量的合理方式。

(3) 不同阶段采取针对性的攻关研究，是提升储气库运行效率的基础和保障。

参 考 文 献

[1] 马新华，丁国生，等. 中国天然气地下储气库[M]. 北京：石油工业出版社，2018.

S6 油气藏型储气库达容扩容技术

郭泽萍　闵忠顺　李　滨　刘　洁

（中国石油辽河油田公司）

摘　要　为了加快油气藏型储气库达容、扩容的周期，以目前国内最大的、已实现达容扩容的油气藏型储气库–S6 储气库为研究对象，根据油气藏型储气库的地质特征及注采运行特点，综合室内实验及矿场测试资料，从生产实际需求出发，从提高现有库存利用率、增大有效库存、加快达产速度三方面开展研究，提出油气藏型储气库达容扩容技术体系，对在役及新建的油气藏型储气库快速达容、高效扩容具有重要的指导作用。

关键词：S6 储气库；注采优化；提压扩容；排液增容；库存高效利用；协同优化调峰

1　研究背景

储气库作为天然气“产供储销”产业链中重要组成部分，具有调峰保供、战略储备等多项功能，2020 年天然气消费量 3316 亿方，年产量 1888 亿方，对外依存度高达 44%，近年来冬季频繁出现供气紧张局面，国内储气库调峰仅占消费量 5.13%，较发达国家的 11.8%差距较大。我国储气库建设始于 1999 年，已历经 20 年，主要经过起步探索期、快速发展期两个阶段，目前处于快速发展初期。截止 2020 年底，我国已建成 14 座储气库(群)，设计总工作气量 237 亿方(气藏型占比 95%)。从 2013 年持续 7 年实际采气量快速增长，2020 年在役库采气 109 亿方，年平均增速 24%。据国内中长期天然气需求预测，到 2025 年储气能力需求为 600 亿方，储气能力建设亟待加强。目前我国在役的储气库仅有油气藏型与盐穴两种类型，其中油气藏型占比 89%，是主要的建库类型，统计目前已建的储气库建产数据，平均达容周期长达 8~10 年。S6 储气库作为中国石油首批建设的商储库达容周期仅为 4 年，8 年完成提压扩容与排液增容，工作气量实现了翻番，本文从实际运行过程出发，提出以注采优化、提压扩容、排液增容、库存高效利用、协同优化调峰五项技术作为一体的达容扩容技术体系，以期对油气藏型储气库快速达容扩容提供帮助和支持。

2　注采优化技术

S6 储气库主体储层接近厚层状，边部为薄层状，为充分发挥储层优势，利用水平井注采能力强、生产压差小、抑制边底水的优势，在主体部位大规模部署水平井，边部部署直井，设计直平组合井网在保障储层控制程度的前提下，提高气库的调峰能力。同时，采用顶部水平井强化注气，腰部直井缓注、优势区域高部位优先投运的注气方式，迅速扩大人工气顶；采用初期以低部位直井采气为主、高峰期以主体部位水平井采气为主的调峰方式，预防边底水侵入有效储气空间，保障气液界面同步波动。实际监测资料显示多周期注采压力由高部位向低部位逐级扩散，不同区域地层压力联动变化，气库整体地层压力分布均衡，气液界面往复波动，但整体呈现下降趋势，实现了边水外推(图 1)。

3　提压扩容技术

提压是提升储气库运行效率最直接有效的方式，综合效益最为突出。但长期往复注采将引起区域地应力场的扰动，特别是由于圈闭的非均质性将引起局部应力集中，易诱发密封性失效。因此开展动态极限承压能力评价研究是油气藏型储气库实施提压扩容的首要前提，对于 S6 储气库，由于位于复杂断裂背斜构造带，边界断块的密封性是动态密封性评价的核心。

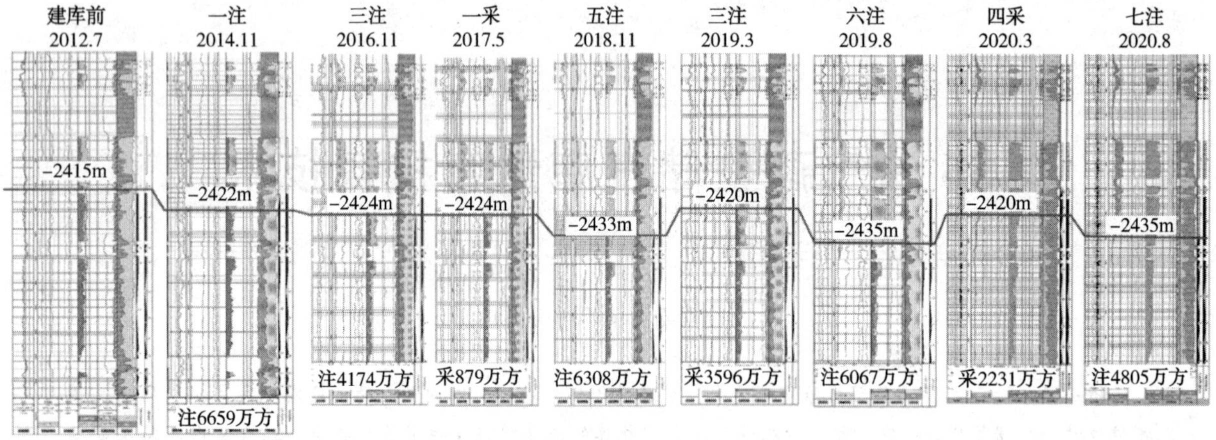

图 1　双 032-20 井不同时期气液界面变化情况

研究以储气地质体为对象，建立从盖层到下覆层的圈闭尺度的地质模型，根据测井、钻井、岩石力学实验等资料建立包括三轴主应力、孔隙压力、岩石强度、杨氏模量、泊松比、脆性等岩石力学参数的一维地应力模型，然后适当粗化基点后置于建库前的三维地质模型，建立基于构造形态和非均质性力学参数的原位地应力场三维表征模型，依据矿场地应力测试成果进一步修正静态应力模型，提高精度。根据三维应力场模型，分析垂向应力、最大水平应力及最小水平应力三轴主应力和孔隙压力在地层的分布规律和变化情况，得到地应力空间分布特征。在原地应力条件下分析主要断层的稳定性。应用有限元模拟技术建立三维动态地应力模型，即开展“高精度长周期气体渗流场数值模拟”与“储气库岩石骨架应力场数值模拟”流固耦合，表征运行过程中空间应力场变化，根据库伦破坏准则，从动态突破压力、累积塑性应变、拉张安全指数、剪切安全指数等四个方面断定盖层动态密封性；从断面正应力、滑移趋势指数定量评价断层失稳风险。

在理论量化断层极限承压能力的基础上，还需建立微地震立体监测网络，以实现提压风险的实时管控。储气库高强度注采，地下压力平衡受到干扰易诱发微地震，为实时评估地质体及井筒运行状况，采用深、浅井结合的立体监测井网，定位事件区域，明确能量强弱、活动频率，建立微地震事件与断层的空间配置关系，对潜在泄露风险提前预警，指导注采参数调整。综合以上研究成果，建立动态密封性评价体系和流程保障储气库安全提压(图 2)。

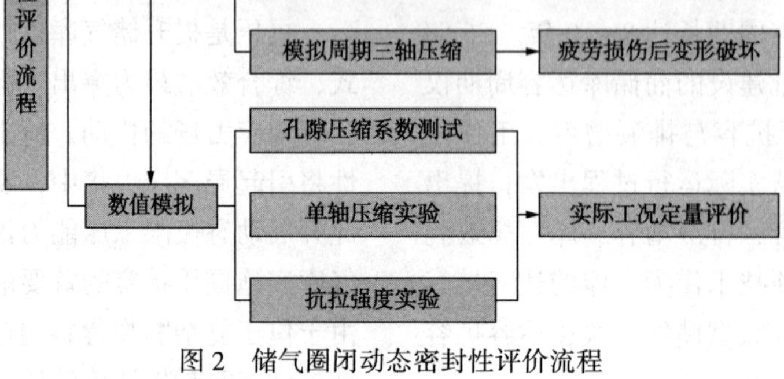

图 2　储气圈闭动态密封性评价流程

模拟 S6 储气库运行至设计上限压力和设计下限压力时盖层量化评价指标明确提压系数可达到 1.3；断层极限承压能力 32.5MPa，远高于原始地层压力 24.6MPa，具备提压潜力。目前实际提压系数已达到 1.05，根据四维力学模型和微地震监测数据显示，整体圈闭以弹性变形为主，安全风险小。

4 排液增容技术

油气藏型储气库具有一定的剩余油储量规模，改建储气库后经历多轮注采，由于相渗滞后效应，原油二次溶解的天然气参与调峰比例较低，大部分滞留在油环，补充了原油的驱动能量，因此具备气驱排液进一步扩大有效储气空间的物质基础。

但多相流体经历周期往复驱替后，渗流复杂化，剩余油是否具备流动性需开展注采仿真室内实验明确可动油饱和度下限。S6 储气库剩余原油地质储量高达 600 万吨，经过六注四采后，原油二次溶解天然气接近 9 亿方，体积膨胀 100 多万方，驱动能量充足。优选气顶区、油气过渡带、油区的岩心开展室内互驱模拟实验，揭示渗流机理，明确随互驱轮次的增加，两相过渡带残余油饱和度逐渐增大，可动剩余油饱和度下限为 30%。

在理论界限指导的基础上，为精准识别剩余油富集区需利用符合储气库实际工况，考虑相渗滞后效应的相渗滞后数值模拟技术。根据测井二次解释结论，单砂体级别差异化初始流体分布，小层级别表征气、油、水分布规律，考虑岩性与构造因素，最大程度刻画油气水界面不均匀分布特点。基于 S6 块在开发过程中采用保护气顶能量，投产油层的开发方式，在拟合生产动态的过程中，根据驱动机制将开发井分为气层凝析气井、油气过渡带井、油水过渡带井三类，分别采用定气量、定地下体积、定液量三种控制条件拟合开发历史，还原建库前油气水分布动态。然后将室内实验测试所得的不同周期的相渗曲线赋设于数模中，拟合注采动态，刻画储气库运行过程中三相流体的动移规律，识别剩余油富集区。

在选取排液扩容井后，为进一步防止排液井迅速气窜合理优化射孔井段、工作制度延缓气窜。分析 S6 储气库的钻完井数据发现高速往复注采气后，油气层的测井响应特征与常规识别响应有较大的差距，仅使用测井数据判断油气层有较大的误差，因此引入皮克斯勒图版综合识别油层，结合开发过程中不同区域油井的气窜特征制定了气顶主体区避射厚度 10 米，发育小气顶的区避射 5 米，平面距气顶边界 50 米以上不避射的射孔原则，优化射孔井段，同时开展系统试井，配套合理的工作制度，保障有效采油期，最大程度发挥单井排液扩容的功能。

5 库存高效利用技术

油气藏型储气库有效储气空间包括气顶区、油环区、油气过渡带、气水过渡带两区两带，各区带流体、渗流特征差异较大，开展复杂储渗全仿真注采模拟实验，揭示高速注采机理，明确气顶区以注采驱替力作用为主，油环区以溶解作用为主，两相过渡带随注采轮次增加，具有明显的滞后特征，有效渗透率降低，区间收窄，具有滞后特征。由于流体性质、渗流特征的不同，各区带建库效率不同，利用 S6 储气库不同区带新钻注采井岩心开展室内实验，明确气顶区最大含气饱和度可达到 78.6%，残余气饱和度为 18.5%，形成有效空间的占比为 76.5%，是建库的主力区，油气过渡带最大含气饱和度仅为 18.94%，有效空间占比为 57.7%，气水过渡带最大为 34.5%，有效空间占比 38.1%，油环区主要以原油二次溶解气建库为主，由于渗后效应，其中仅有 5%的溶解气在采气过程中可从原油中脱出而形成有效工作气量(表 1)。

表 1 分区带渗流特征统计表

区带	实验侧重点	微观机制	内在作用	强弱表征
气顶区	最大含气饱和度	注采驱替力	膨胀携液	残余水减少
油气过渡带	多次气油交互驱替深流特征	注采驱替、界面张力、毛细管力三种力反复叠加作用	两相剪切摩擦，微细孔喉易发生泡沫互锁	残余液增加
气水过渡带	多次气水交互驱替深流特征			
油区	原油二次溶解气变化趋势	相似相溶	溶解作用	保持稳定

根据量化的不同区带建库效率，分区带建立有效含气孔隙计算模型，预测气库最大储气潜力，同时结合相渗滞后数值模拟，实现不同区带有效孔隙体积刻画，形成分区分带分周期有效库存评价技术。在储气库整体库存量的评价的基础上，要实现有限时间内采出气量的量化，仍需明确注采井控制的库存量，即井控储量。基于现代试井理论，分井型建立动态评价模型，利用不稳定试井分析方法开展注采历史拟合，从而求取单井注采气过程中井控半径、井控库存等核心参数，同时分析井控库存的主控因素，实现所有注采井控制库存的动态预测(表 2)。

表 2　分区带数学模型表

区带	数学模型
气顶区	$GB_{gi} - \sum_{j=1}^{n} \varepsilon_j \left[\frac{1 - wc_{(1)}}{1 - wc_{(1)} - S_{gr(1)}}\right]_j (Wwe - wpBw)$
气水过渡带	$\Delta Vgw - \sum_{j=1}^{n} \varepsilon_j \left[\frac{S_{wc(lmt)} - Sw_{c(1)} + Sg_{r(lmt)}}{1 - Sw_{c(1)} - S_{gr(1)}}\right]_j (Wgwe - WgwpBw)$
气油过渡带	$\Delta V_{go} - \sum_{goj}^{N} = 1\varepsilon_j \left[\frac{S_{or(lmt)} - S_{or(1)} + S_{gr(lmt)}}{1 - S_{gr(1)} - S_{or(1)}}\right]_j (N_{emin} - N_{pmin}B_{omin}) - (N_{emax} - N_{pmax}B_{omax})$
油环区	$V_O(R_{S(P2)} - R_{S(P)})$

集成多项指标评价方法，建立以数学模型为基础，库存分析、井控诊断、潜力量化等为核心的有效库存滚动评价模式，精准刻画未控制库存区，在井控不足区域新增部署注采井，助力储气库快速扩容上产。S6 储气库于 2018 年开展库存评价，2020 年实施扩容上产井，库存控制程度由 69%跃升至 91(%图 3)。

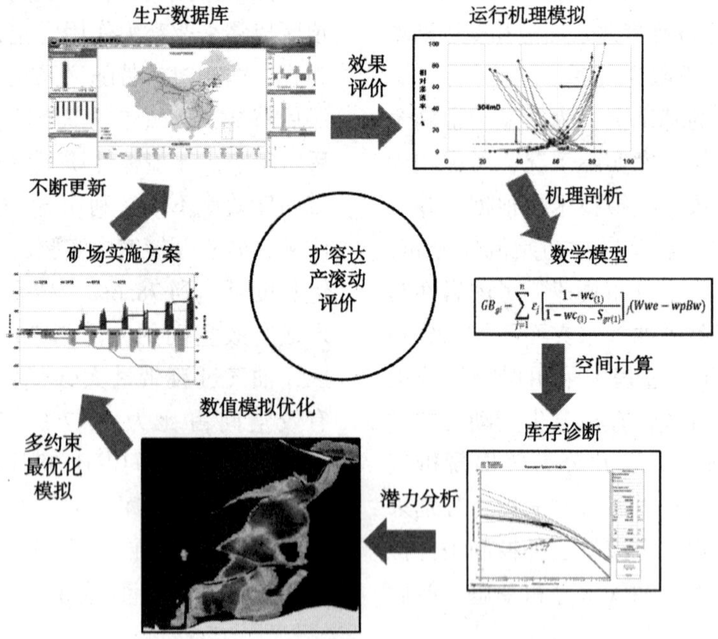

图 3　有效库存滚动评价优化模式图

6　协同优化调峰技术

储气库主要功能是弥补市场用气缺口，因此根据市场用气规律，确立储气库生产运行过程中的月调峰系数，建立仿真模型，通过月调峰系数与工作气量计算每月所需调峰气量，根据所在地区每月所需采气天数即可计算平均日调峰气量，结合不同压力下单井注采能力确定合理的注采井数。在储气库群整体优化运行时，应在满足市场调峰需求的前提下，立足储气库群，创新“大库调峰，小库平稳供气”的运行模式，即小库以自然衰减的方式从调峰初期开始采气，规模较大的库保持地层压力在高峰期采气，利用试算法优选调峰比例，建立合理配产数学模型，发挥库群组合优势，实现建库效益最大化。

针对储气库高速注采的特点，可将拟压力进一步改进为与流体性质相关的函数，绘制不同区带地层产能分析图版。综合地层出砂、井筒管柱等影响因素，应用能量守恒原理，建立不同井型合理产量预测模型，识别出注采井采气能力的主控因素。通过评价，S6 储气库水平井受管柱冲蚀流量限制，而直井主要由储层出砂控制。在库群整体投运后，开展周期注采动态分析，在气库合理采气能力范围内，编制多套注采方案，进行相渗滞后数值模拟评价，综合气体扩散速度、圈闭稳定性、有效储气空间变化趋势等多因素开展多约束最优化模拟，实现单井配产配注优化，气库均衡注采。

在 S 储气库群整体设计过程中，S6 储气库单井注采能力最强，结合评价的单井产能主控因素，首次在砂岩型储气库中引入大尺寸水平井，发挥相对优势，减少其它库的注采井数，缩减了库群的建库成本(图 4)。

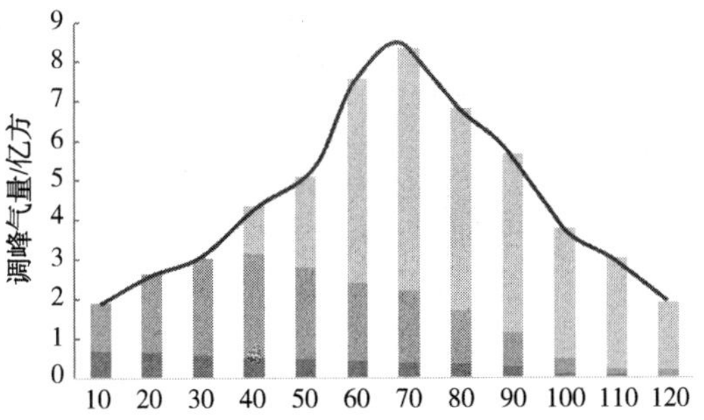

图 4　S 储气库群生产运行仿真模型

7　结论

(1) 油气藏型储气库达容扩容技术是指通过开展储气地质体动态密封性及流体运移规律等研究，结合室内实验及矿场测试资料，实施注采调控、提压增容、排液扩容等工程，助力储气库实现快速达容达产、高效扩容的技术。

(2) 提压增容技术是提高储气库运行效率最直接有效的方式，排液扩容技术是油气藏型储气库特有的扩容方式，可实现气驱采油与储气库联动，提高气库运行效益。分区差异化注采、库存高效利用、库群协同优化技术协同可助力储气库快速达容达产，缩短建库周期。

(3) S6 储气库使用达容扩容技术后，4 年实现达容，8 年实现扩容，目前仍处于扩容期，工作气量较初步设计指标实现了翻番，大幅提高了运行效率。

参 考 文 献

[1] 郑雅丽，孙军昌，邱小松，等．油气藏型储气库地质体完整性内涵与评价技术［J］．天然气工业，2020，40(5)：94-103.

[2] 孙军昌，胥洪成，王皆明，等．气藏型地下储气库建库注采机理与评价关键技术[J]．天然气工业，2018，38(4)：138-144.

[3] 廖伟，刘国良，陈如鹤，等．气藏型地下储气库动态密封性评价-以新疆 H 地下储气库为例[J]．天然气工业，2021，41(3)：133-140.

[4] 王皆明，姜凤光．地下储气库注采动态预测模型[J]．天然气工业，2009，29(2)：108-110.

[5] 陈元千，李璗．现代油藏工程[M]．北京：石油工业出版社，2004.

金坛储气库定向井固井质量问题分析及下步措施研究

刘浩生　李建君　陈加松

（国家管网西气东输江苏储气库分公司）

摘　要　盐穴储气库井在经测井解释固井质量合格或优良后，还须采用氮气质量平衡法（NMBM）对生产套管、套管鞋以及整个水泥环的气密封状态进行检测。只有气密封检测合格才能进行造腔，以及投产运行阶段。本文针对金坛储气库丛式井建库的部分定向井完井井筒气密封检测不合格这一问题，分析出主要原因为井身结构、井眼轨迹、水泥浆体系和井漏方面的问题，针对性地给出了解决方法。通过调研相关资料，提出了储气库井筒气密封性补救的3种可行思路，为盐穴储气库井筒完整性修复提供了方法。

关键词：盐穴储气库；丛式井；固井质量；气密封检测；力学完整性测试

1　引言

地下储气库作为天然气平稳供应的"地下粮仓"，对落实"双碳"战略具有重要意义。盐穴储气库作为地下储气库中的一种类型，具有注采频次高、吞吐量大、损耗小、灵活性高等优势，在保障长输管道平稳运营和天然气持续供应起到了"压舱石"作用。目前，全世界共有盐穴储气库101座，占地下储气库总数的14.7%。为满足低成本、高质量发展的要求，采用丛式井模式的盐穴储气库可大大节约前期建设费用。因造腔阶段控制腔体形态的要求，造腔管柱在盐层中需竖直放置，这决定了丛式井在井型选择上只有"S"型井眼满足要求。但在金坛储气库丛式井建库实践中，发现部分定向井固井质量差，导致气密封测试不合格。严重影响了盐穴储气库的建库速度，而且造成了一定的经济损失（图1）。

2　原因分析

储气库系统"强注强采"的功能是区别于常规气田的显著特点，因此对盐腔和井筒的气密封性要求较高。特别是完井井筒的气密封情况，直接影响能否进行下步水溶造腔。通过分析金坛储气库二期二阶段新钻17口定向井的施工情况和相关数据，得出了导致固井质量较差的主要原因为井身结构、井眼轨迹、水泥浆体系和井漏。

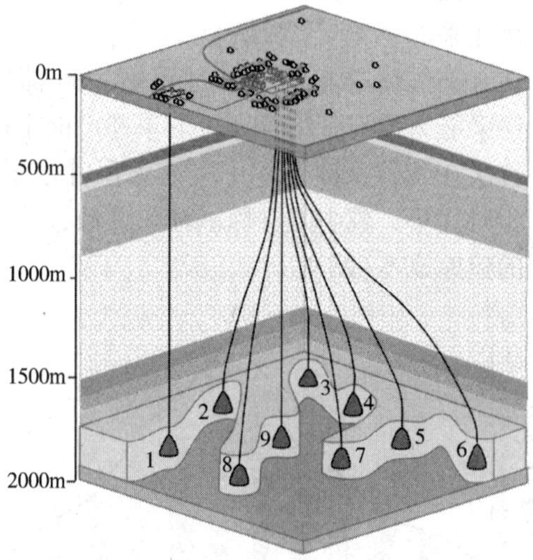

图1　盐穴储气库丛式井建库示意图

2.1　井身结构

金坛储气库盐岩层最发育区域位于东北部的陈家庄一带，盐岩厚度达180m～240m，埋深900～1200m，分布范围广。定向井采用二开井身结构，"S"型井眼轨迹，如图2所示。二开采用Φ311.2mm钻头钻至盐层底界以上10m，Φ244.5mm套管下入盐层顶界以下15–20m。这就导致套管鞋以下留有一段大于150m的裸眼段，在固井时，水泥浆会在套管鞋附近形成较长的混浆段，影响固井质量，进而导致气密封测试不合格。建议钻至套管下深位置后再钻1～2m口袋后中完，进行下套管、固井作业，然后再以Φ215.9mm钻头钻至盐层底界以上10m位置完钻。

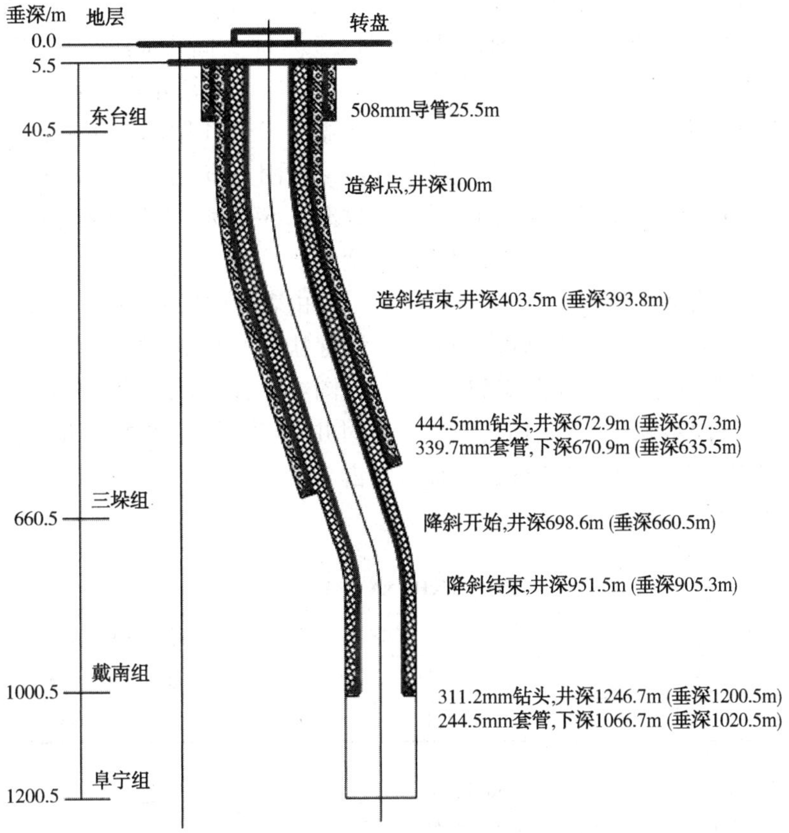

图 2　金坛储气库某定向井井身结构图

2.2　井眼轨迹

采用单弯螺杆定向，井眼轨迹控制难度较大，容易形成局部狗腿度超标的情况。其中固井质量最差的一口井，多个井段狗腿度超标，最大全角变化率达 5.55°/30m，远超设计的 3°/30m。由于 Φ339.7mm 和 Φ244.5mm 套管刚度较大，会出现紧贴井壁一侧的情况，在井眼中的居中度变差[3]，如图 3(*a*)所示。水泥浆上返时在宽、窄间隙处顶替钻井液的速度不同，导致水泥浆返高不一致，如图 3(*b*)所示。偏心严重时甚至可能出现窜槽现象，造成固井质量变差。

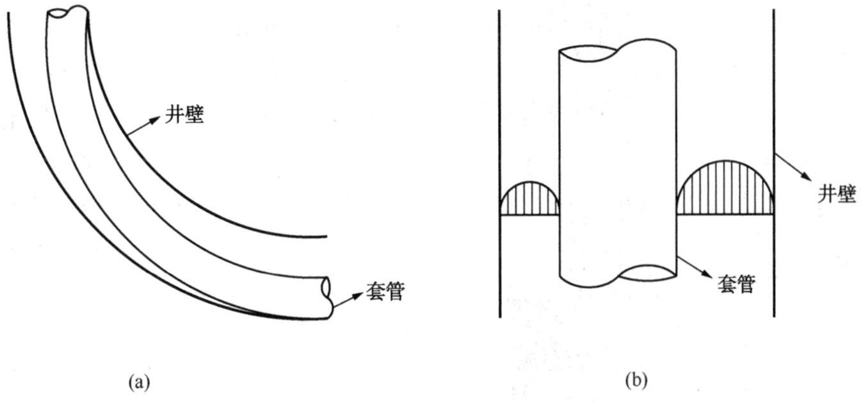

图 3　套管不居中与偏心环空流速分布示意图

针对上述问题，建议在储气库井钻井设计时优化井眼轨道，钻井过程中要严格控制井眼轨迹，定向钻进时要少定勤定，多复合，消除局部段狗腿度过大的现象。同时要优化套管串设计、扶正器安放位置和替水泥浆排量等。

2.3　水泥浆体系

储气库井通常采用的是饱和盐水水泥浆体系，配方为：G级高抗硫油井水泥+抗盐降失水剂+增强材料+分散剂+盐水+调凝剂[5]。这种水泥浆在常规油气井中能够满足需要，但对于具有“大吞大吐、注采交替、高压运行”特点的盐穴储气库井，还需要进一步论证。常规的G级油井水泥在凝固时，体积会略有收缩(收缩率在2%以下)，可能会使界面上产生裂缝，从而影响固井质量。

针对上述情况，建议采用抗盐弹韧性水泥浆体系[6]。该种水泥浆体系具有抗高交变载荷、抗压强度高，能与套管同步膨胀、收缩的特点，使水泥环不因高频次应力突变而疲劳破碎，保证了井筒环空长期的密封完整性。

2.4　井漏

金坛储气库井二开完钻钻井液密度为 $1.35g/cm^3$，固井水泥浆平均密度为 $1.90g/cm^3$，二期二阶段新钻井均钻穿了盐底，且在固井之前未做或未全井做承压试验，存在很大的井漏风险。在固井施工时，JK10-xX井发生了较严重的井漏，导致水泥浆不能顶替到位，固井质量变差。

由表1中数据可知，JK10-xX井在垂深上多钻穿盐层底界31.2m，套管下深1043.42m。根据图4所示的未钻塞固井质量图，956-1024m段固井质量差，固井质量优质段约14m，仅占20%。

表1　JK10-xX井数据表

完钻井深/m		盐顶深度/m		盐底深度/m		套管鞋深度/m		盐层厚度/m
斜深	垂深	斜深	垂深	斜深	垂深	斜深	垂深	
1310	1261.2	1025.5	976.7	1278.8	1230	1043.42	993.8	253.3

建议在钻井液中加入封堵材料，持续提高地层承压能力。在下套管前，对全井筒再进行静态承压，井底当量密度要达到水泥浆密度以上(在水泥浆密度基础上附加 $0.1\sim0.2g/cm^3$)。

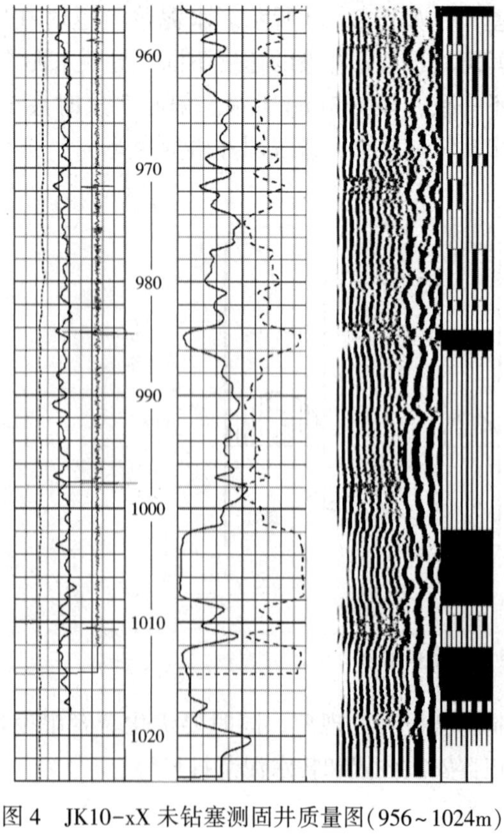

图4　JK10-xX未钻塞测固井质量图(956~1024m)

3　下步措施研究

由于金坛储气库部分新钻井气密封检测不满足要求，不能进行造腔、投产等后续作业。但是，如果废弃不用，不仅消耗了大量的前期投资，而且地下的盐矿和腔体资源也不能得到利用，造成极大的浪费。为解决这一问题，首先应该根据气密封检测情况确定泄漏点位置。通常是套管鞋和浮箍处发生泄漏。本文介绍3种补救方法。

3.1　开窗侧钻

开窗侧钻是在原Φ244.5mm套管内开窗并沿着设计轨迹钻至目的层。然后重新下入套管并固井。开窗侧钻在油田是老井“枯木逢春”的常用手段，技术已经非常成熟。缺点是可选用的生产套管尺寸会减小，后期进行注水造腔、注气排卤的设备和工艺参数要发生相应的改变。

3.2　重新下套管固井

重新下套管是指将Φ244.5mm套管全部套铣出来，然后通井修整井壁后，重新下入Φ244.5mm气密封套管并进行固井。这样可以保留井眼的尺寸，后续的造腔和投产不受影响。在金坛储气库曾进行过5口盐化公司的老井改造，就是采用这种方法，取得了很好的成功。但是，套铣全井套管的时间较长，且套铣后的套管气密封螺纹被破坏，需重新加工螺纹或更换新套管。

3.3 挤水泥修复

挤水泥修复是指在套管鞋以上井段进行两段射孔作业，然后验证射孔段与套管鞋处的连通性，若连通性较好，则可采用挤水泥的方法修复固井质量，使之满足气密封测试要求。这种技术在国内还未进行过现场应用，但在南苏格兰电力公司(SSE)储气库项目 Aldbrough 2 井的气密封修复作业中取得了很好的成功。

4 结论与建议

随着新建储气库的增加，考虑到地面因素和经济性等多方面原因，丛式井建库将成为主要的方式，"S"型定向井将成为主要的井型。通过前文的分析有以下 4 点结论和建议。

(1) 注重丛式井的整体性设计和轨迹优化，加强钻井作业期间井眼轨迹监测和调整。

(2) 对于盐穴储气库而言，"S"型大井眼定向井固井质量更难保证，在固井之前，要使用固井软件进行模拟计算，优化套管串、扶正器安放位置和替浆排量的设计。

(3) 加快适用盐穴储气库的水泥浆体系抗盐弹韧性水泥浆体系研发和现场应用。

(4) 做好固井前的井眼准备，进行全井段承压，井底当量密度要达到水泥浆密度以上 0.1~0.2g/cm^3。

(5) 盐穴储气库井气密封不合格的补救方案要通过技术性和经济性评价，优选出合适的方法。

参 考 文 献

[1] 朱健颖，钱彬，赵云松，et al. 应用丛式井技术建设盐穴储气库的优势[J]. 煤气与热力，2021.

[2] 李丽锋，赵新伟，罗金恒，等. 盐穴地下储气库失效分析与预防措施[J]. 油气储运，2010，29(6)：4.

[3] Zulqarnainm , Tyagim . The Effect of Constant and Variable Eccentricity on the Spacer Performance During Primary Well Cementing[C]// ASME 2014 33rd International Conference on Ocean, Offshore and Arctic Engineering. 2014.

[4] 方春飞，周仕明，李根生，等. 井径不规则性对固井顶替效率影响规律研究[J]. 石油机械，2016，44(10)：5.

[5] 贾建超，单保东，安国印，等. 金坛盐穴储气库定向井固井技术[J]. 钻井液与完井液，2020，37(2)：5.

气驱采油协同建库模式在S储气库的应用

罗　刚　赵　春　陈显学　王梓吉　蒯晓婷　阎　飞

（中国石油辽河油田（盘锦）储气库有限公司）

摘　要　S储气库已平稳完成多周期注采运行，发挥了重要的调峰保供作用；储气库经历初期快速扩容阶段，目前处于稳定扩容阶段，进一步扩容难度较大。S储气库建库前采用天然能量开发，采气程度20.2%，部分区域仍有可观的可动剩余油富集区；借鉴驱油储气一体化建库模式的成功经验，通过开展排液扩容建库技术研究，储气库仍然有较大的扩容潜力，利用气顶重力驱作用，优选边部注采井进行排液扩容，可逐步提高建库空间，实现建库建产的协同联动。

关键词：油气藏型储气库；气驱采油；扩容建库

1　S储气库概况

1.1　地质概况

S储气库构造位置处于LH坳陷西部凹陷南部的STZ断裂背斜带，为气项油环边底水油气藏改建的储气库，建库目的层为兴隆台油层（S_{1+2}），储层埋深2200～2550m，厚度可达到150～220m，孔隙度17.3%，渗透率224mD，上报石油地质储量848.25×10^8t，溶解气地质储量19.91×10^8m^3，天然气地质储量51.09×10^8m^3，凝析油地质储量70.29×10^8t，建库前地层压力5.0MPa，原始地层压力24.27MPa。

1.2　建库前开发简况

建库前S区块全区完钻41口井，投产31口，截止2013年全部停产，累产油171.25×10^4t，采出程度20.19%；累产气51.63×10^8m^3，其中溶解气10.74×10^8m^3，采出程度53.94%；气层气40.89×10^8m^3，采出程度80.04%，累产水54.32×10^4m^3。

2　排液扩容建库技术研究与应用

S储气库目前存在大量剩余油未采出，大量剩余油在较高的地层压力条件下溶解气占未动用库存量大，大量溶解气二次溶解会增加库存损耗，同时导致原油体积膨胀，挤占建库空间；边部气液过渡带注采井提供了排液扩容的有利条件。

借鉴国内外其他地下储气库建库与气驱采油等开发方面的先进经验，开展排液扩容建库技术研究，评价了排液扩容建库的可行性，最大限度挖掘调峰潜力，提高运行效率，实现气驱与储气库提高采收率协同、气驱存气量与储气库工作气量协同。

2.1　排液扩容的建库理念

排液扩容是借鉴驱油储气一体化建库技术，利用储气库注采井进行注气，形成顶部气顶，利用原油重力驱作用，在低部位利用注采井进行采油或排液，实现大幅度提高原油采收率的目的；同时注气驱油使油层向储气层转变，储气库逐步扩容达产，形成储气库建库扩容与油田采油的协同联动，整体提高经济效益（图1）。

2.2　排液扩容潜力分析

建库前油气藏开发阶段，依靠天然能量开发，累产油171×10^4t，采出程度20.19%，原油剩余地质储量677×10^4t，占据地下孔隙体积510×10^4m^3；油环厚度50～90m，油柱高度大，地下剩余油储量丰富，具备挖潜的物质基础。

根据S储气库视地层压力与库容关系曲线显示右移明显，初期扩容效果明显，目前曲线基本重合，处于稳定扩容阶段，而进一步扩容难度大。

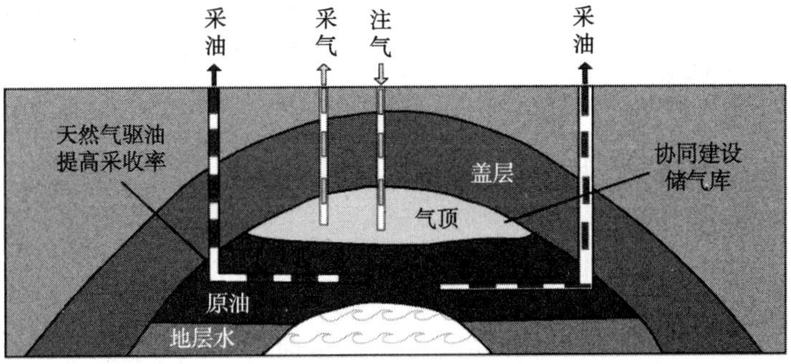

图1　顶部注气重力驱与储气库建库联动示意图

2.3　地下多相流体渗流机理研究

运用室内物模实验方法、动态分析方法对排液扩容进行可行性研究。研究包括微观渗流机理、现场排液井开发效果、气液界面变化等，对传统油气藏工程方法基础上形成有效补充。S储气库为气顶油藏，地层流体受构造和岩性的复合控制。排液井位于气液过渡带附近，在注采运行过程中，可能导致气油、油水界面失稳，侵入储层的油、水部分滞留在储集空间中，形成气水互锁，并造成气井合理产量波动剧烈。本次研究打破常规单次驱替实验模式，进行气油、油水、气水相渗的多轮次互驱相渗测试，分析储气库储层内部注气排驱、采气吸允过程中多相流体相对渗流及分布规律，从而论证排液扩容的可行性。实验结果显示，多轮注采后气相渗流能力增加，油相渗流能力降低，排液扩容效果较好(图2、图3)。

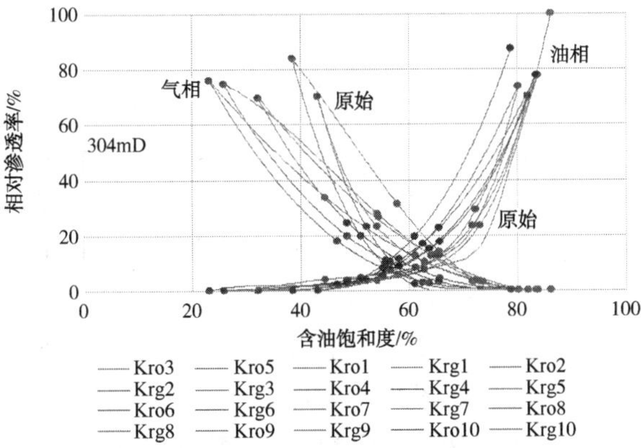

图2　多轮次油气互驱相渗图

2.4　水侵量与水体能量评价

水体能量是影响排液增容效果的一项重要因素，利用水驱指数法、物质平衡法、实际生产动态分析法等动态分析方法，对S块水体能量、水侵量等特征进行评价，论证排液提高库容潜力。

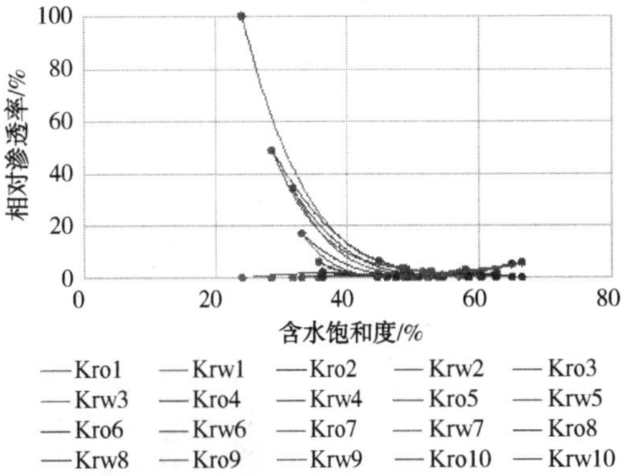

图3　多轮次油水互驱相渗曲线图

水驱指数方法评价结果，水驱指数0.08，为弱弹性水驱，水体能量弱，适合排液。利用物质平衡软件对S块早期开发阶段进行模拟，气顶驱动能力占主导，无水采油期长，水体能量弱。气驱膨胀能力占主导，水体驱动能量占比仅10%，水侵总量为$818\times10^4m^3$，水侵体积占烃类体积24.5%，排液扩容潜力大。自2014年储气库投产运行期间，注采井均未产水，气液界面逐年下降，水侵总量逐年降低，证明边底水体能量弱，有利于排液扩容建库。

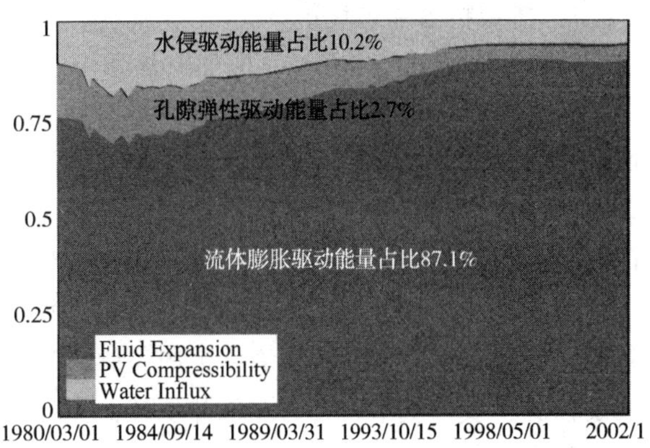

图4　驱动能量变化曲线

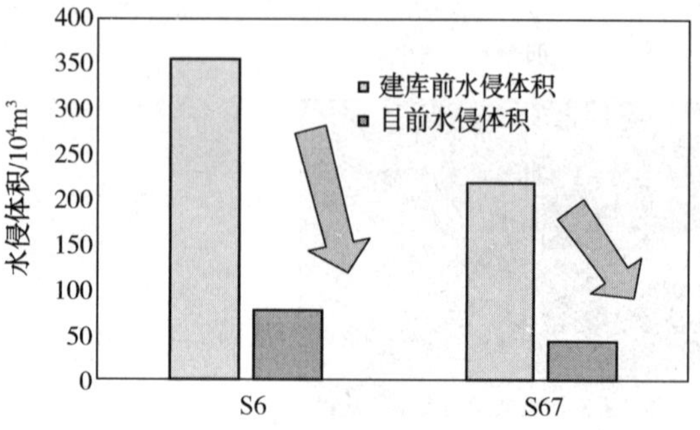

图 5　建库期间水侵量变化量统计

2.5　流体运移规律研究

利用高精度多组分模型进行三维数值模拟研究，评估剩余油潜力区域、水体能量、水侵规律，并提出排液扩容部署井位。

气相运移规律。经过多周期注采，储气库气液界面外推进约 150~250m，气驱扩容量达到总量达 5.6×10^8m^3，受沉积和构造的影响，气体外移的方向主要是东部的油水界面附近，其他区域的水体外推程度不强。

油相运移规律。多周期运行共采出原油 2.45×10^4t，气液界面含油饱和度由 40%降低至 30%~35%，平面上原油的分布规律变化较大，剩余油富集现象减弱，但油环整体保存性较好，油环未遭到破坏，不影响储气库运行。

水相运移规律。综合分析来看，储气库投入运行以来，流体的交换比较顺畅，注采过程中的气驱扩容效果较好，水侵孔隙体积由原来的 553×10^4m^3降低至 108×10^4m^3，水淹带利用率提高 80%，但局部存在水侵通道。

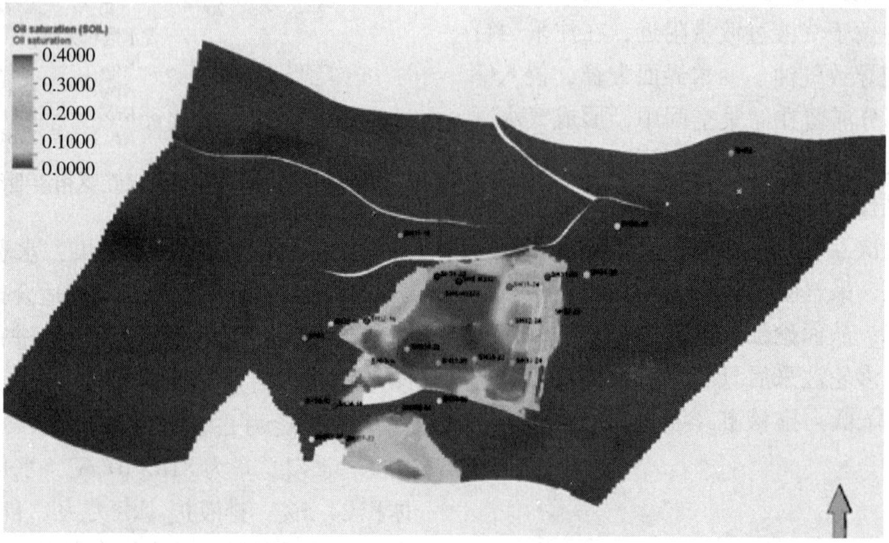

图 6　S 储气库Ⅲ$^{5-9}$小层目前含油饱和度图

2.6　排液扩容方案优选

2.6.1　排液扩容井位优选

S 储气库 2020 年投产一批加密注采井，加密注采井多集中于油气过渡带附近，根据数值模拟场分析，部分油环附近的注采井，下部层位剩余油饱和度高，预测日产油量 30~80t/d，含水 10%以内，满足油层气驱采油排液扩容的条件。

在剩余油富集区域，结合构造、储层、井网条件，优选 3 口注采井转排液井生产，待后期产油量较少，或者气窜后转为注采井生产，实现采收率和库容量的提高。

运用数值模拟，注采井和排液井运行 15 个注采周期，原油饱和度有一定程度地下降，气顶内部的油被驱替殆尽，油环宽度变小，累计采出原油 67×10^4m^3，提高采收率 8%左右。采油排液对于底部小层的油环的完整性会产生一定程度的破坏影响，预测结果显示，油环范围稍有缩小，但整体完整性较好；气库空间稳定扩容，且保持良好运行状态(图 7、图 8)。

2.6.2　排采液采油速度优化与转注采井方案

通过对比不同方案的生产气油比和累计产油曲线，日产油量增大，生产气油比上升速度加快，气窜严重，生产层位含油饱和度低，天然气采出量大，气库效率降低，建议排液井最高产油量不要超过 50t/d，最佳才有量为 35~40t/d。

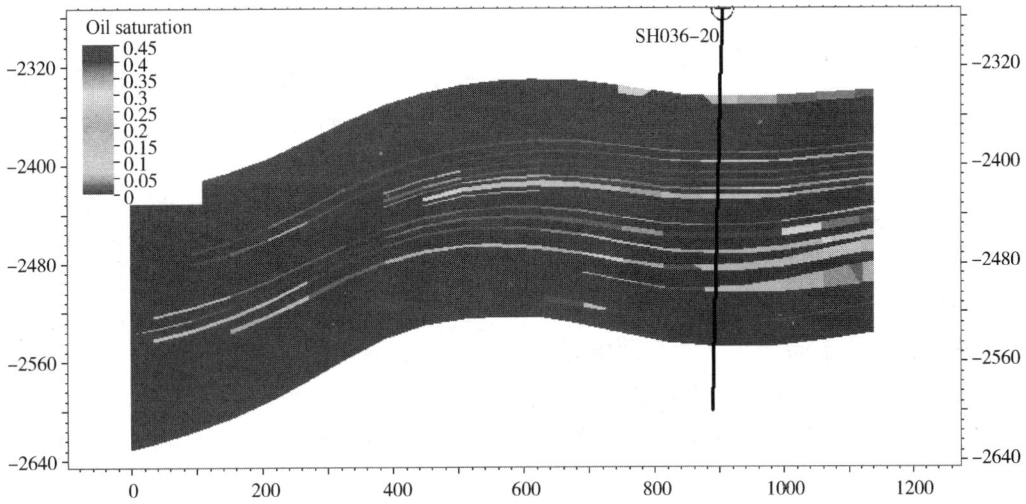

图7　油环附近注采井含油饱和度剖面图

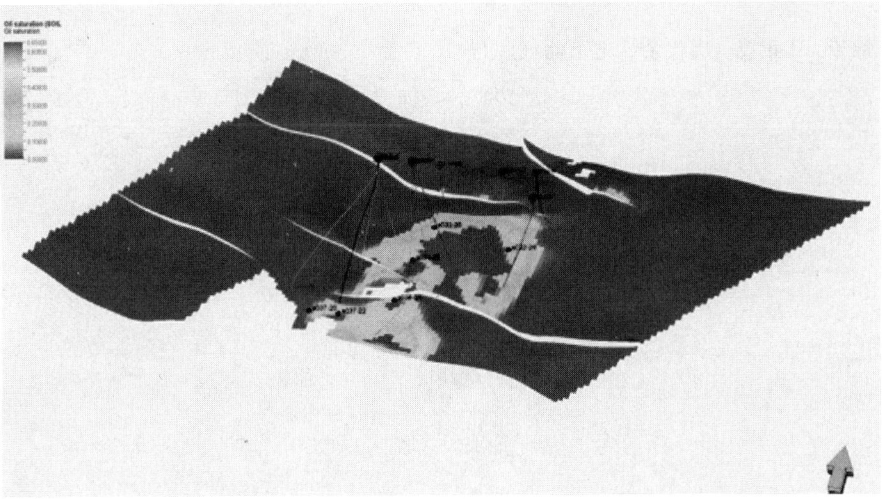

图8　S储气库Ⅲ$^{5-9}$小层15个注采周期后含油饱和度图

随着排液的不断进行，含油孔隙空间被逐渐排空，储气库的库容量和工作气量都逐渐增加，但接近第10个注采周期时，增加幅度逐渐减缓，可在此时将排采液井转为注采井参与气库的注采；预测10个排采液周期后，三口井转为注采井，库容量增加约为$0.6\times10^8m^3$，工作气量增加$0.24\times10^8m^3$。

3　实施效果

2020年4月开始实施排液扩容实验，3口排液井试油，自喷日产油量超100t/d，其中S034-26井试油日产油200t/d，3口排液井投产初期日产油量超150t/d，通过油嘴控压生产，实现日产油量60t以上稳产505天，含水控制在10%以内，未出现水侵、气窜，截止2022年8月，日产油50t/d，累产油量5.3×10^4t，实现扩容$2000\times10^4m^3$（图9）。

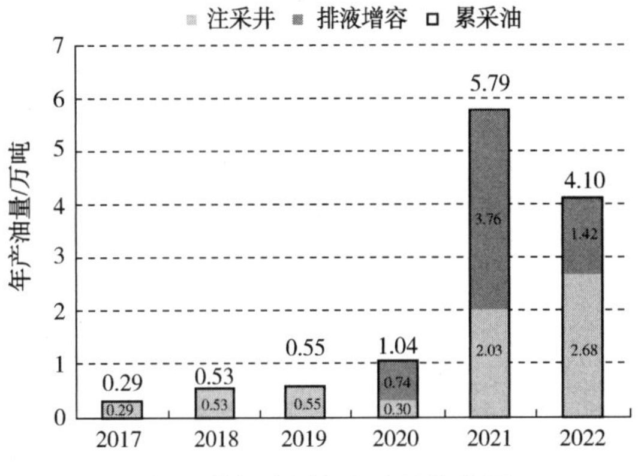

图9　储气库历年产油量柱状图

储气库油环发育，采气期气体对原油的蒸发抽提作用，油环附近注采井可携带出大量凝析油与黑油。在提高原油采收率的同时还增加建库孔隙空间，原油折算提高库容量为 $2400 \times 10^4 m^3$。

4　结论及建议

（1）S 储气库排液扩容方案实现了储气库建库与提高原油采收率的协同生产，气驱采油协同扩容建库效果显著。可为同类型储气库建设提供借鉴经验，提高储气库运行效率和经济效益。

（2）排液扩容井位于储气库气液界面附近，高强度的排液可能会影响气液界面稳定性，有可能造成气窜与水侵，需要加强油环密封性监测和多周期油气水互驱对储气库运行影响研究，以保障储气库平稳运行和库容的稳定。

参　考　文　献

[1] 江同文，王锦芳，王正茂，周代余．地下储气库与天然气驱油协同建设实践与认识[J]．天然气工业，2021，41(9)：66-74.

[2] 江同文，王正茂，王锦芳．天然气顶部重力驱油储气一体化建库技术[J]．石油勘探与开发，2021，48(5)：1061-1068.

[3] 袁士义，王强，李军诗，等．注气提高采收率技术进展及前景展望[J]．石油学报，2020，41(12)：1623-1631.

[4] 高弘毅，侯天江，吴应川．注天然气驱提高采收率技术研究[J]．钻采工艺，2009，32(5)：25-27.

[5] 袁广均，王进安，王兴忠，等．天然气驱提高原油采收率试验研究［J］．内蒙古石油化工，2013(4)：

水淹气藏型储气库库容参数优化设计

——以 S4 储气库为例

席增强　毕扬扬　王娅妮　周帅奇　羡梦媛　陈　曦　张　博

（中国石油华北油田公司）

摘　要　本文主要以 S4 水淹气藏型储气库为例，在精细地质研究、开采动态分析及数值模拟研究基础上，合理确定流体分布不同区带及孔隙体积，综合考虑注气速度和水侵对纯气带和气水过渡带建库空间动用的影响，科学确定了气库有效空间。基于多周期注采运行气量与压力关系，通过多种方法对库容参数指标进行复核，进一步落实了建库指标的可靠性，证实方案设计的库容设计合理、库容参数设计方法切实可行，为后续同类型气库的储气库建设提供技术支撑。

关键词：水淹气藏型储气库；库容；参数优化

储气库是目前世界各国开发利用天然气时所广泛采用的一种安全供气、调峰的手段和方法，可以很好的解决由于天然气的长距离输送以及城市民用气的峰谷变化所引起的供气的不稳定性与安全平稳供气要求之间的矛盾。天然气地下储气库是二十世纪初期开始发展起来的。这种新型的气体储存方法，在国际上已有几十年的历史，而在国内，天然气地下储气库的发展很缓慢。

储气库的作用主要包括以下几方面：

（1）实施战略储备，确保供气的可靠性和连续性。一旦地面管线出现紧急情况不能实现供气，地下储气库可以作为紧急气源，保证天然气正常供应，确保用户用气安全性和联系可靠性。

（2）协调供求关系与调峰，提供应急服务。针对不同用气用户对天然气需求量随季节性需求量变化，为了保证供气的均衡性，建设储气库能很好缓解供求与调峰。

（3）提高管网集输效率，降低输气运营成本。由于操作气藏生产系统和运行输气管网对天然气消费产生了不均衡影响，而建设储气库能能够实现调整生产作业过程中的不均衡性，能够达到充分利用技术设备要求，增强有效利用天然气管网和集输效率，大幅缩减集输天然气的成本等。

（4）建设储气库，从价格波动中实验利润。从价格的季节性波动中取得可观利润是天然气供用气方都追求的目的。在气价较低时，增加储存天然气量，等到用气高峰或价格上涨时再行销售。

由于地下储气库在保障供气安全和调峰上具有上述其独特的优点，很多发达国家越来越多的关注储气库建设运行，许多天然气生产和消费大国都把天然气一体化建设作为地下储气库建设总体运行规划的重要组成部分。欧美国家都在不断加强地下储气库的建设力度，以加大储气量。西方国家建设储气库不仅是为了调峰供气，还进行天然气战略储备，而且还制定了相关法律。在天然气的供给上，地下储气库发挥着非常巨大的作用。据统计，世界天然气用气总量的约 10% 是储气库进行周转和供应，欧洲地下储气库用气量则占到了 20%。

通过对国内外资料调研，根据储层、地质等特点，地下储气库主要分为以下五种：枯竭油气藏储气库、含水层地下储气库、盐穴储气库、内衬式岩洞储气库、废弃矿坑储气库。各种类型的储气库中，以建设枯竭油气藏地下储气库建设投资最低、建库技术最成熟。

本文主要以 S4 储气库为例展开介绍水淹气藏型储气库库容参数优化设计。

1　储气库概况

S4储气库建库前气藏处于开发的中后期带水生产阶段，主要产气层位为古生界奥陶系的峰峰组合上马家沟组，平均气层中深4700m，原始地层压力47.9MPa(图1)。

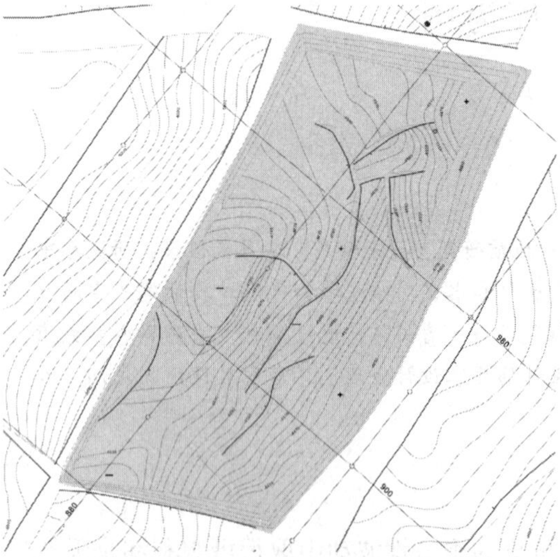

图1　S4气库潜山顶面构造图

S4储气库经历可行性研究、初步设计研究及可行性研究优化等阶段，建库方案经专家组多次审核，同意实施。气库设计有效库容35×10^8 m^3；工作气规模$12.1\times10^8m^3$，日均注气$605\times10^4m^3$；注气末地层压力48MPa，日均采气$1008\times10^4m^3$；采气末期地层压力28MPa。

气库自2013年12月投产以来，已运行八个周期，2021～2022周期注气$7.47\times10^8m^3$，周期采气$7.55\times10^8m^3$，目前正在进行2022～2023周期注气。截至2022年9月，累计注气44.82×10^8 m^3，累计采气$30.49\times10^8m^3$，最大周期采气量$7.47\times10^8m^3$，最大日注气量$531\times10^4m^3$，最大日采气量$1046\times10^4m^3$(图2)。

2　储气库库容参数复核

2.1　井网控制程度评价

根据产量递减分析软件(RTA)的单井和多井系统产量不稳定分析方法，选择Blasingame方法对苏4储气库进行单井生产数据曲线拟合，得到气藏原始动态地质储量、储层渗透率、供气区面积等参数(表1)。

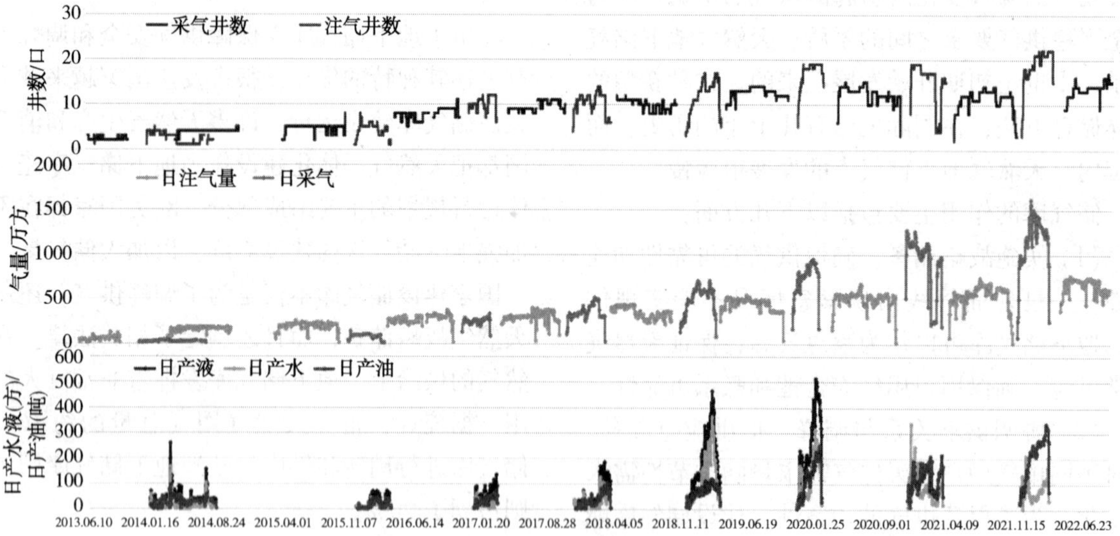

图2　S4气库注采运行曲线图

表1　采气周期单井产量递减分析结果统计表

井名	地质储量/(10^8m^3)	渗透率/mD	表皮系数	泄气面积/km^2
S4K-P2	0.568786	0.049952	0	0.054112
S4-1	2.896911	4.032816	0	1.471518
S4-10X	5.603544	32.02205	-1.33333	1.758801
S4-3	0.494355	0.20331	4.19E-05	0.129603

续表

井名	地质储量/(10^8m^3)	渗透率/mD	表皮系数	泄气面积/km^2
S4-5X	0.851344	0.221533	3.064851	0.214817
S4-9X	2.994621	2.141256	5.244189	0.518356
S4K-2X	5.188706	0.536334	2.575439	2.758308
S4K-3X	3.379484	1.454543	-1.6	6.114765
S4K-4X	0.555116	0.137082	0.010727	0.153965
S4K-6X	0.257337	0.146304	-0.86268	0.0827
S4K-P4	6.075208	0.349182	-0.48258	0.530531

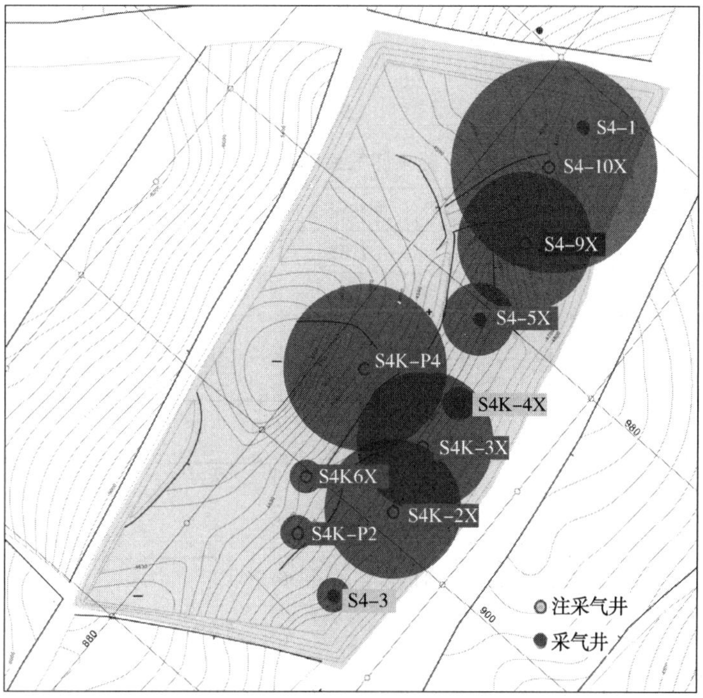

图 3　S4 储气库单井控制储量示意图

从分析结果来看，S4-10X 井单井控制储量最大，与 S4-9X 井间存在干扰，这一结果与 S4-10X 井系统试井结果相吻合。S4-10X、S4-9X、S4K-2X、S4K-3X 井控制储量较大，S4-3 井、S4K-6X 井、S4K-P2 单井控制储量小，导致气库整体井网控制程度低。水平井控制面积不如注采能力好的直井，尤其是 S4K-P2 井单井控制储量小，直接影响气库南部的井网控制程度（图 3）。对于储气库变产量变压力运行特点，Blasingame 方法更适用，计算气库井网控制的可动用库存量 19.3×10^8m^3，库容利用率 55%。

2.2　可动用库存量分析方法

库存量定义：某一时间点时，气库内储存的气体在地面标准状态下的体积；

计算方法：建库前剩余凝析气地质储量减采气周期累采凝析气当量体积加 注气周期累注干气体积；

数学模型：

$$库存量：G_{r(f)} = G_{r(0)} - \sum_{i=1}^{n} Q_{p(i)} + \sum_{i=1}^{n} Q_{pm(t)}$$

$$建库前剩余地质储量：G_{r(0)} = G - G_p$$

$$凝析气当量体积：Q_{p(i)} = Q_{g(i)} + Q_{go(i)} + Q_{gw(i)}$$

$$凝析油当量体积：Q_{go(i)} = 24056 Q_{o(f)} \gamma_0 / M_0$$

$$凝析水当量体积：Q_{gw(i)} = 24056 Q_{w(j)} \gamma_w / M_w$$

周期计算气库总库容 35.66×10^8m^3。

计算 S4 储气库库存量等参数结果如表表 2 所示。

可动用库存量:

$$G_{rm(i-1)}=\frac{(-1)^{i}Q_{(i)}}{(P/Z)_{i-1}-(P/Z)_{i}}(P/Z)_{i-1}$$

可动孔隙体积:

$$V_{m(i-1)}=\frac{P_{sc}T_{(i-1)}}{T_{sc}}\bullet\frac{G_{rm(i-1)}}{(P/Z)_{(i-1)}}$$

可动库容量

$$G_{rmmax(i)}=\frac{P_{max}}{Z_{max}T_{(i)}}\frac{T_{sc}}{P_{sc}}V_{m(i)}$$

可动垫气量

$$G_{rmmax(i)}=\frac{P_{min}}{Z_{max}T_{(i)}}\frac{T_{sc}}{P_{sc}}V_{m(i)}$$

工作气量

$$G_{rwork(i)}=G_{rmmax(i)}-G_{rmmin(i)}$$

总垫气量

$$G_{rmin(i)}=G_{r(i)}-G_{rm(i)}+G_{rmmin(i)}$$

总库容量

$$G_{rmax(i)}=G_{rwork(i)}+G_{rmin(i)}$$

剩余工作气量

$$G_{w(i-1)}=\frac{(P/Z)_{i-1}-(P/Z)_{min}}{(P/Z)_{i-2}-(P/Z)_{i-1}}Q_{p(i-1)}$$

表 2　苏 4 储气库库容计算表

周期	静态库存	可动用库存	可动孔隙体积	可动库容	可动垫气	工作气	总垫气	总库容
15~16	26.64	6	0.03	7.33	4.94	2.95	25.33	28.28
16~17	30.82	12.5	0.04	13.94	9.4	3.92	28.17	32.09
17~18	33.61	16.5	0.06	17.55	11.82	5.41	29.36	34.77
18~19	34.54	19.3	0.07	19.05	12.83	6.21	29.45	35.66

2.3　物理模拟与数值模拟方法

对 S4 储气库库容参数指标进行复核，基于气藏开发的动静态资料，分析气库注采机理，将物理模拟与数值模拟相结合，计算建库含气有效空间，确定有效库容规模(图 4)。

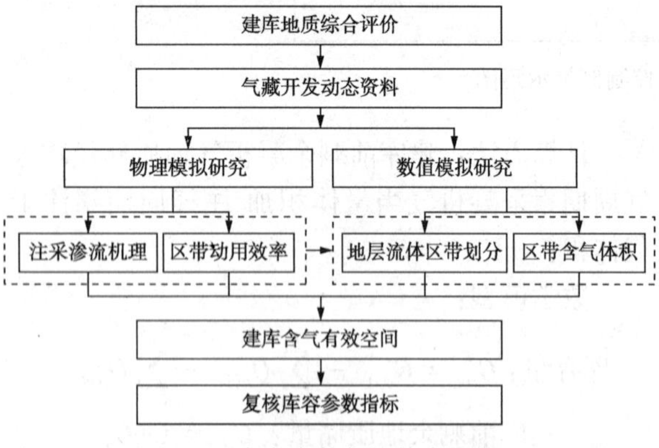

图 4　库容参数复核技术流程

气藏开发计算 S4 库容参数指标，原始含气孔隙体积 $1616.7\times10^4\,m^3$，有效库容 $44.8\times10^8\,m^3$，垫气量 $30.4\times10^8\,m^3$，工作气规模 $15.3\times10^8\,m^3$；基于综合室内物理、数值模拟分区带计算有效库容为 $34.2\times10^8\,m^3$，垫气量 $21.7\times10^8\,m^3$，工作规模为 $12.5\times10^8\,m^3$(图 5、表 3)。

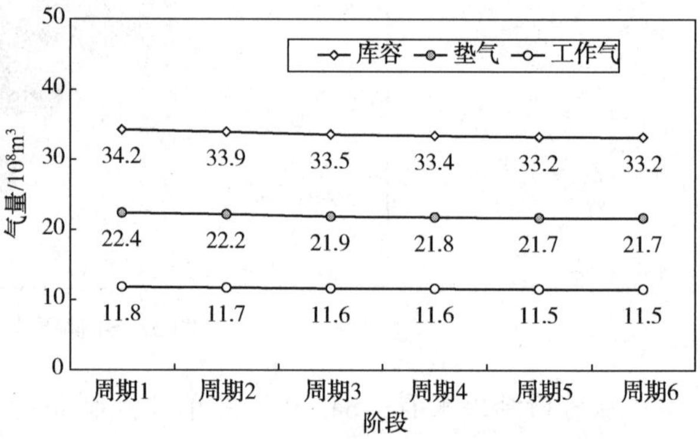

图 5　S4 潜山储气库库容参数指标室内模拟评价曲线图

表 3　S4 潜山储气库库容参数指标复核数据统计表

类型	有效含气孔隙体积/(10^4m^3)	库容/(10^8m^3)	垫气量/(10^8m^3)	工作气量/(10^8m^3)
气藏开发	1616.7	44.8	30.4	15.3
复核	1195.8	34.2	21.7	12.5

建立库存量与地层压力的关系，复核 S4 气藏建库库容参数，结果表明气库受水侵及注采速度影响，近 24%库存无法动用(图 6)。

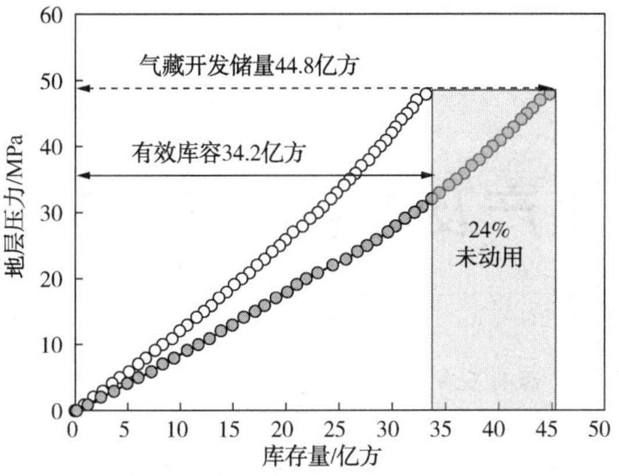

图 6　S4 储气库库容参数指标复核

3　复核结论

从以上复核结果来看，直接采用动态法地质储量计算的库容量最大，对于 S4 潜山建库具有较大的风险。在精细地质研究、开采动态分析及数值模拟研究基础上，合理确定流体分布不同区带及孔隙体积，然后结合 S4 建库注采机理及其预测的各区带建库空间动用率，综合考虑注气速度和水侵对纯气带和气水过渡带建库空间动用的影响，科学确定了 S4 建库有效空间。基于多周期注采运行气量与压力关系，在此基础上，对库容技术指标进行复核，进一步落实了建库指标的可靠性，为后续气库运行方案优化调整奠定重要的基础。

依据气藏开发所取得的系统试井、测试及生产资料设计的库容 $35\times10^8 m^3$，与可动用库存量法计算库容 $36.6\times10^8 m^3$ 和物理模拟计算库容 $34.2\times10^8 m^3$ 的结果相当，表明 S4 储气库的库容设计合理，证实了水淹气藏型储气库库容参数设计方法是可行的(图 7)。

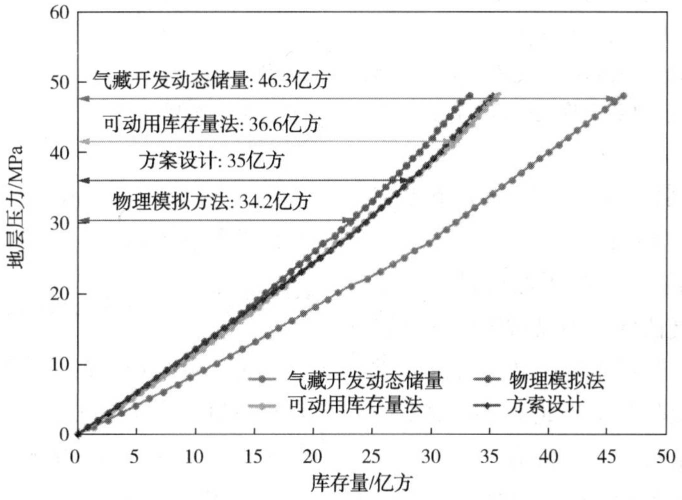

图 7　S4 储气库库容参数指标复核曲线图

参　考　文　献

[1] 丁国生，谢萍．中国地下储气库的需求与挑战[J]．天然气工业，2011，31(12)：90-93

[2] 丁国生，立春，王皆明，等．中国地下储气库现状及技术发展方向[J]．天然气工业，2015，35(11)：107-112.

[3] 林建品，贾善坡，刘团辉，等．枯竭气藏改建储气库盖层封闭能力综合评价研究——以兴 9 枯竭气藏为例[J]．岩石力学与工程学报，2015，34(S2)：4099-4107.

[4] 丁国生，王皆明．枯竭气藏改建储气库需要关注的几个关键问题[J]．天然气工业，2011，31(5)：87-89.

[5] 郭平，杜玉洪，杜建芬．高含水油藏及含水构造改建储气库渗流机理研究[M]．北京：石油工业出版社，2012.

[6] 何顺利，门成全，周家胜．大张坨储气库储层注采渗流特征研究[J]．天然气工业，2006，26(5)：90-92.

[7] 熊伟，石磊，廖广志，等．水驱气藏型储气库运行动态产能评价[J]．石油钻采工艺，2012，34(3)：57-60.

[8] 马小明，赵平起．地下储气库设计实用技术[M]．北京：石油工业出版社，2011.

[9] 王皆明，朱亚东，王莉，等．北京地区地下储气库方案研究[J]．石油学报，2000，21(3)：100-105.

[10] 王起京，张余，刘旭．大张坨地下储气库地质动态及运行效果分析[J]．天然气工业，2003，23(2)：89-92.

气藏储气库地层水蒸发对生产及库容影响研究

任众鑫[1]　王多才[1]　李海川[1]　苏海波[1]　汤　勇[2]　蒋　平[1]　何佑伟[2]　胡　俊[1]

（1. 国家管网集团西气东输公司；2. 西南石油大学）

摘　要　地下储气库是保障季节调峰和平稳供气最经济、有效的手段，为明确高矿化度地层水蒸发对储气库生产运行及库容的影响，通过室内实验测试了不同矿化度下束缚水蒸发后岩心物性变化规律；结合不同矿化度束缚水蒸发实验，建立了储气库多周期注采单井径向机理模型；并应用模型分析了地层水蒸发对井底流压、生产能力及库容的影响规律。研究结果表明：①与束缚水条件下的孔隙度和渗透率相比，经过地层水蒸发后岩心孔隙度平均增加了42%，渗透率平均增加了39%；②气井生产过程中，伴随地层水的蒸发，近井地带含水饱和度由0.35降至0.01，地层水中离子含量增加了1.27倍，盐析半径近30m。③根据模拟结果，束缚水条件下的储层干化能在一定程度上提升储气库库容，预计第十模拟周期采气末期库容增加1.44%。结论认为，通过研究储气库地层水蒸发对生产及库容影响，有助于开展高矿化度地层水条件下气藏储气库结盐防控，对保障储气库安全、平稳、高效运行具有重要意义。

关键词：储气库；地层水蒸发；高矿化度；库容；生产能力；机理模型

文w储气库主要承担大华北地区2市5省（北京、天津、河南、河北、山东、江苏、山西）和新疆煤制气外输管道下游天然气目标市场的季节调峰、应急供气任务，不仅对于保证管道安全平稳供气和天然气输配系统高效运行具有重要意义，更对维护和保障我国华北地区能源供应安全和天然气调峰需求具有战略价值。

文w储气库由气田改建而成，储层深度2800-3100m，地层水矿化度24-30×10^{4}mg/L、氯离子含量14.6-18.4×10^{4}mg/L。气田在投产初期并未发现气井结盐，但随着地层压力的降低，天然气累计采出程度的增加，气井结盐情况逐渐开始逐渐暴露出来，并且在气田开发中后期发生大规模的结盐堵塞现象，严重影响了气田的正常开发。

文w储气库建库投产运行至今，尚未监测到明显的结盐堵塞现象，但是鉴于改建储气库前文w气田曾经出现大面积的结盐堵塞现象，滞留于储层中的地层水基本都是近饱和或者饱和的高矿化度地层水，文w储气库也面临着一定程度的结盐风险，这对储气库后续多周期高强度注采运行较为不利。本文开展不同矿化度条件下储层束缚水蒸发实验，分析地层水蒸发对井底流压、生产能力及库容的影响规律，为文w储气库的安全高效运行提供理论支持，为华北地区2市5省季节调峰和平稳供气提供有力支撑。

1　束缚水蒸发动态实验模拟

通过岩心物理模拟实验，揭示了不同矿化度下岩心结盐规律，明确了不同物性岩心的地层水蒸发后对储气库的影响程度。

1.1　实验条件及设备

（1）实验条件

实验测试条件为高温高压，实验温度：常温，实验压力：20~38.6MPa。

（2）实验设备

“多功能岩心驱替系统”（图1），该实验系

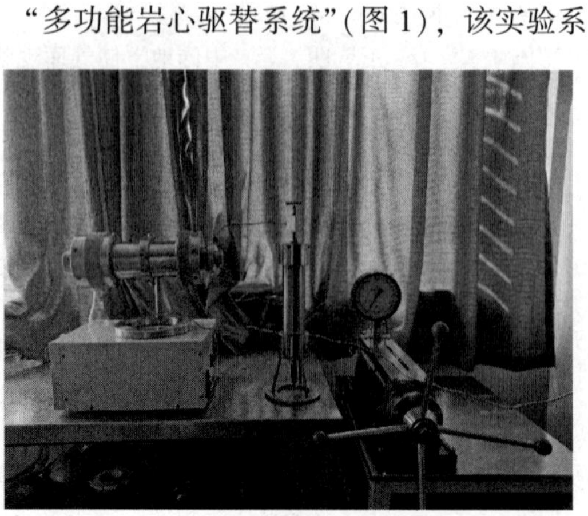

图1　多功能岩心驱替系统

统自带回压控制系统，可完成多种尺寸的短岩心的高压驱替实验。设备运行温度：常温，设备运行压力：大气压～70MPa，完全满足束缚水蒸发对库容影响实验测试的压力条件。

1.2　实验样品

（1）天然气样品

考虑到地下储气库注入天然气的 CH_4 含量一般较高，项目实验使用 CH_4 含量超过 95%的干气，成分组成如表 1 所示。

表 1　天然气组分表

成分	C1	C2	C3	C4	C5	CO_2	N_2
摩尔分数/%	97.13	1.56	0.35	0.11	0.04	0.33	0.48

（2）地层水样品

实验所用地层水为根据实际地层水离子组成配制的模拟地层水，地层水中可溶盐质量组成如表 2 所示。

表 2　地层水离子成分表

阳离子/$mg \cdot L^{-1}$			阴离子/$mg \cdot L^{-1}$			PH	总矿化度/$mg \cdot L^{-1}$	水型
$K^+ + Na^+$	Mg^{2+}	Ca^{2+}	Cl^-	SO_4^{2-}	HCO_3^-			
105190	879	10835	183993	210	73	6	301180	$CaCl_2$

（3）岩心样品

从 3 个不同砂层组选择 27 块岩心(图 2)，选取实验岩心孔隙度、渗透率覆盖所获取岩心的物性分布区间，且岩心孔隙度与渗透率间存在较好的相关性(图 3)，从而使实验结果更具有代表性。结合文 23 气田储层特征，将该气田储层分三类：Ⅰ类储层孔隙度>15%，渗透率>10mD；Ⅱ类储层孔隙度在 10%～15%之间，渗透率为 1～10mD；孔隙度<10%，渗透率<1mD 的储层为Ⅲ类层。

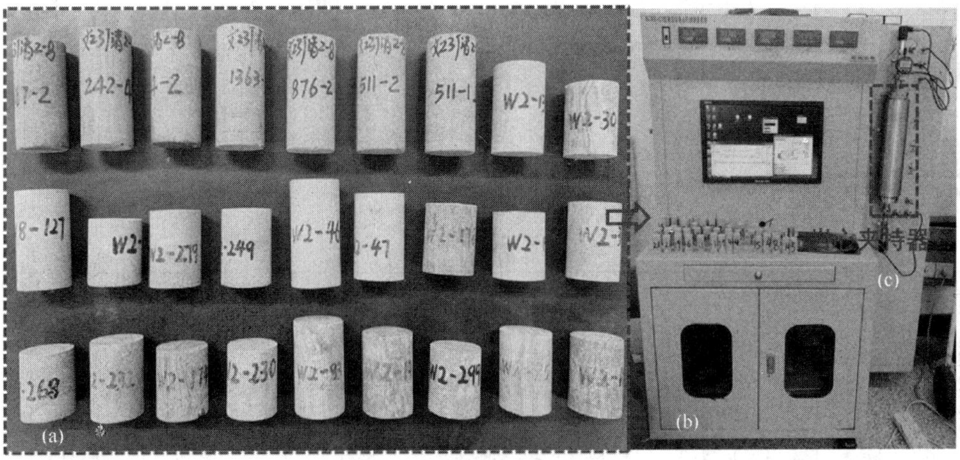

(a)岩心样品　　(b)SCMS-C3型全自动岩心孔渗仪　　(c)岩心夹持器

图 2　(a)岩心样品(b)SCMS-C3 型全自动岩心孔渗仪(c)岩心夹持器

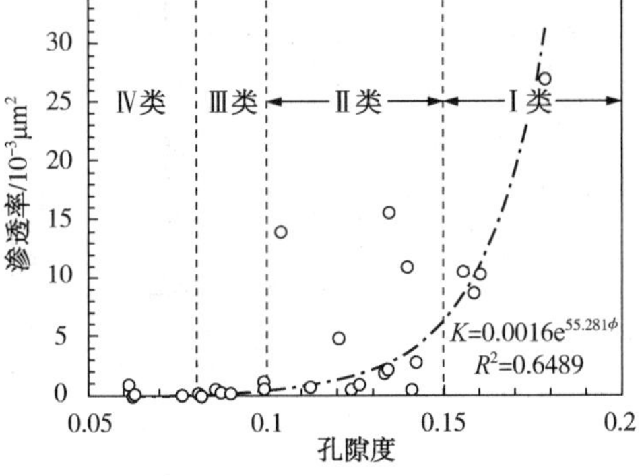

图 3　岩心孔隙度与渗透率关系

1.3　实验方法及流程

开展岩心驱替实验，将岩心放入带有温度控制系统的岩心夹持器中模拟真实地层条件，使用复配的不同矿化度地层水驱替岩心后烘干岩心，研究不同矿化度下结盐对岩心的物性影响。

具体步骤如下：

S1、将岩心放入夹持器中：设置围压为 38MPa(地层压力)，环境温度 120℃(地层温度)。使用复配地层水驱替岩心，然后使用天然气驱替岩心建立束缚水饱和度，测量岩心孔隙度和渗透率作为基础参数；

S2、用去离子水驱替岩心，以清洗岩心内残留的盐；

S3、在地层水分析的基础上制备不同矿化度的盐水样品；

S4、采用不同矿化度的盐水驱替岩心，然后使用天然气驱替岩心；

S5、岩心干燥后测量其孔隙度和渗透率，得到盐水蒸发对岩心物性的影响。

1.4　实验结果与分析

与束缚水条件下的孔隙度和渗透率相比，经过蒸发结盐后的孔隙度和渗透率升高，孔隙度尤为明显，岩心的孔隙度平均增加了42%，渗透率平均增加了39%(图4)。地层水矿化度越高，蒸发结盐后岩心孔隙度和渗透率提高程度越小；岩心初始渗透率越高，蒸发结盐对储层渗流能力的改善程度越低。

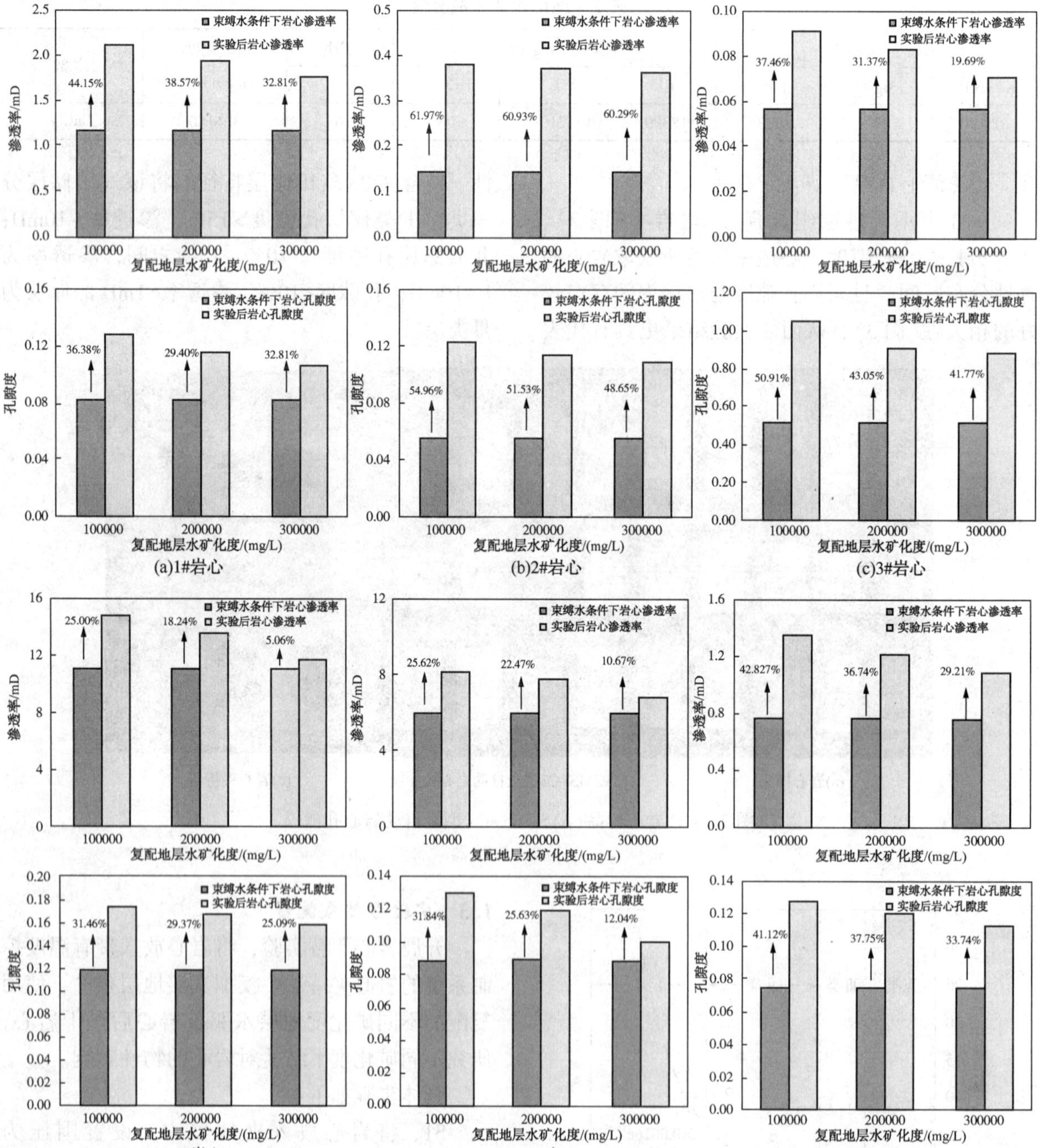

(a)1#岩心　(b)2#岩心　(c)3#岩心

(d)4#岩心　(e)5#岩心　(f)6#岩心

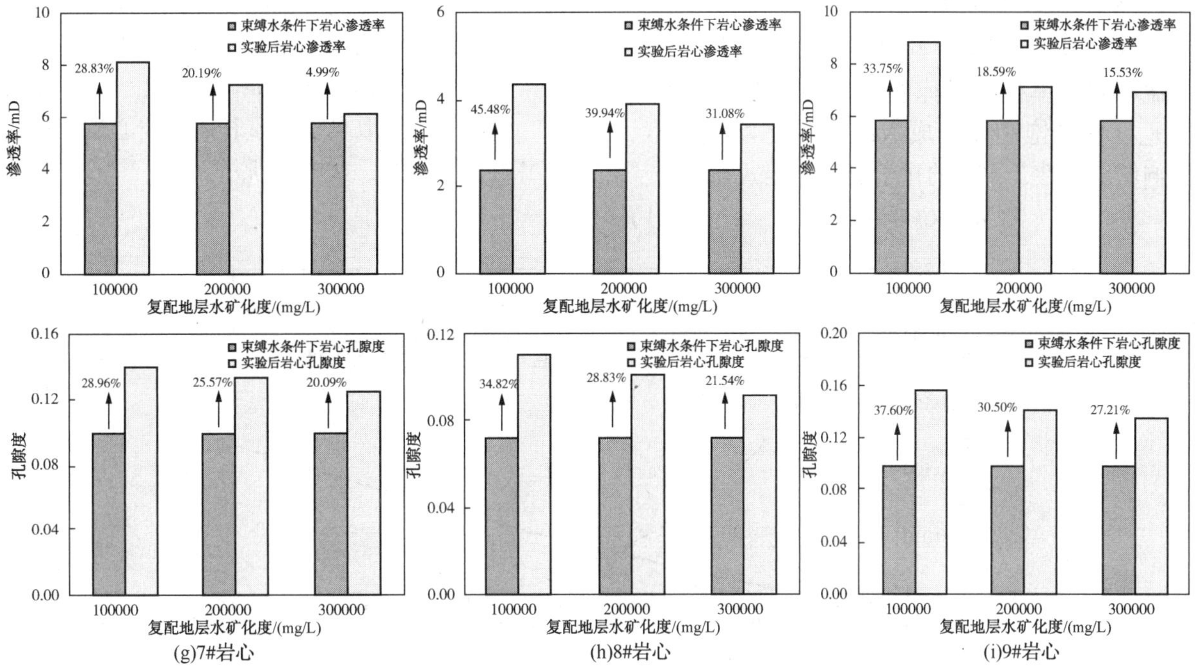

(g)7#岩心 (h)8#岩心 (i)9#岩心

图4 岩心实验结果

2 储层单井数值模拟模型的建立

2.1 网格及储层参数

为研究地层水蒸发导致地层结盐对储气库生产及库容的影响，采用数值模拟软件CMG，建立储气库多周期注采单井径向机理模型。模型网格划分为10×1×5，径向网格尺寸大小分别为：1m、2m、3m、5m、8m、13m、21m、34m、40m和47m。层厚40m，纵向上共200m。网格平面分布以及三维分布如图5和图6所示。储层参数设置依据储气库现场数据，平均渗透率为10.66mD，平均孔隙度为11.16%，束缚水饱和度为0.35，地层水矿化度为300000ppm，表3为建模所用参数及取值。

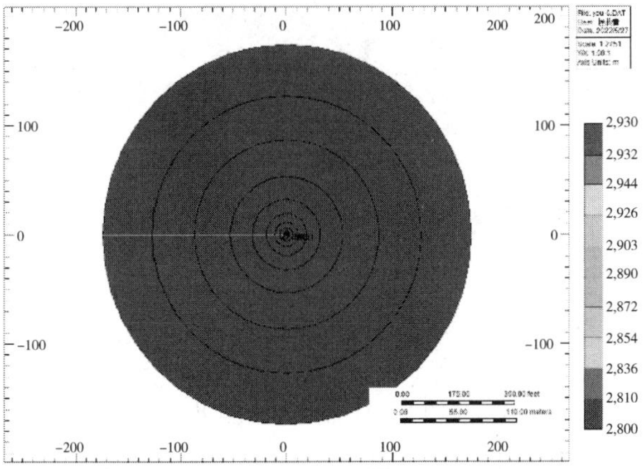

图5 模型平面网格划分

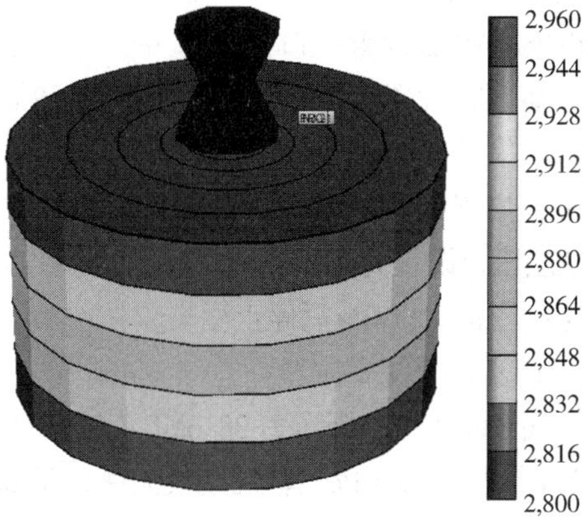

图6 模型三维网格划分

表3 模型设置参数表

参数	值
渗透率/mD	10.66
孔隙度/%	11.16
束缚水饱和度	0.35
厚度/m	200
半径/m	120
目前地层压力/MPa	4
运行上限压力/MPa	38.6
运行下限压力/MPa	20
气藏温度/℃	120
地层水矿化度/(mg/L)	300000

2.2 岩石、流体及相态参数

模拟用注入气体采用纯 CH_4，模型主要考虑结盐对储气库生产及库容的影响，地层水中的 Na+、Cl-过饱和而生成 Nacl 沉淀，堵塞孔喉，影响储层物性，主要的化学反应方程式如下：

$$Na^{+}+Cl^{-}=NaCl \tag{1}$$

由于结盐导致储层孔隙度降低，从而降低储层渗透率，其中孔渗关系式由实验数据回归：

$$K=0.0016e^{55.281\varphi} \tag{2}$$

相渗曲线则取自实验室长岩心岩心测试实验得出的相渗数据，如图 7 所示。

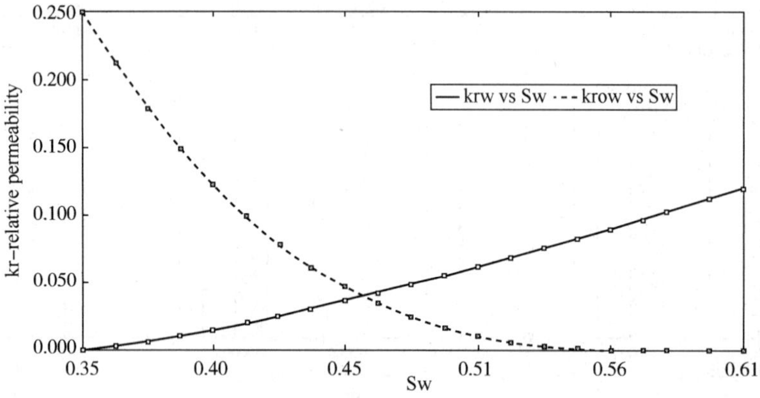

图 7　气液相渗曲线图

2.3 基础方案设置

在模型中部设置一口储气库井，所有层均射开，基础方案设置为 2 个阶段：垫气期和储气库多周期注采阶段。

（1）垫气期

地层压力设置为 4MPa，单井注气 $40\times10^4m^3/d$，恢复至地层压力 20MPa 后停止注气。

（2）多周期注采阶段

注气至储气库上限压力 38.6MPa，然后采气至储气库下限压力 20MPa，单周期最大注入量 $60\times10^4 m^3/d$，最大采气量 $60\times10^4m^3/d$，每年注气时间在 7~12 月，采气时间在 1~6 月，模拟储气库多周期注采地层结盐情况，共预测 10 个周期。

3 地层水蒸发及影响分析

设置两组方案，考虑结盐和不考虑结盐，其余条件相同，对比分析考虑储层结盐条件下结盐机理、井底流压变化、注采气能力和结盐伤害评价。

3.1 地层水蒸发结盐特征

气井在生产过程中，会在近井地带形成压降漏斗，储层内的天然气由远端向井底流动，同时蒸发地层水，导致水中离子过饱和，从而产生盐析造成伤害；在注气过程中，由于注入气为干气，同样会抽提近井地带的地层水造成过饱和，如图 8 和图 9 所示，10 周期注采后，近井地带含水饱和度从束缚水饱和度 0.35 降至 0.01，同时含气饱和度由 0.5 上升至 0.99。

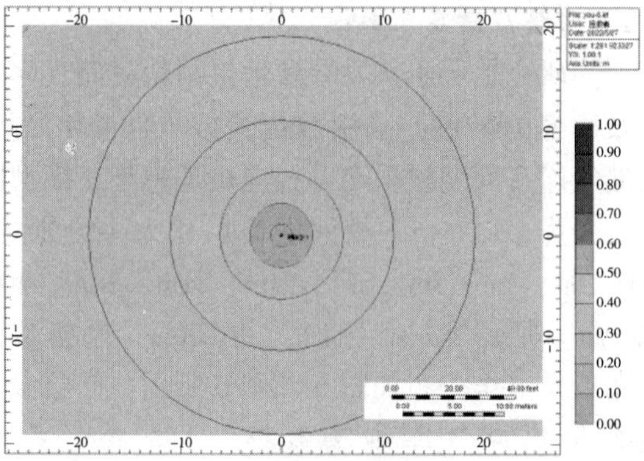

图 8　含水饱和度分布

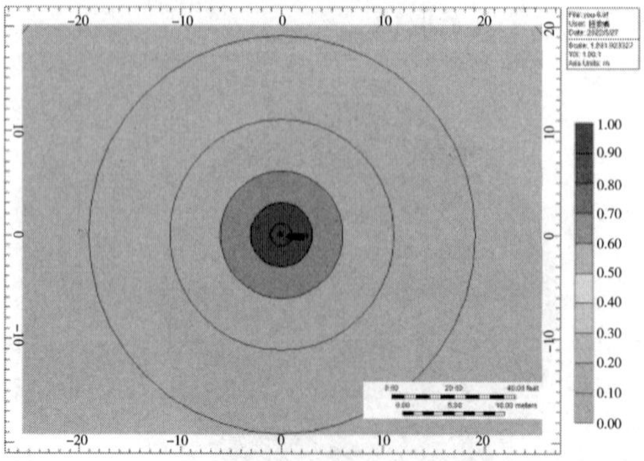

图 9　含气饱和度分布

由于地层水蒸发，致使水中离子浓度上升至

过饱和状态，近井地带盐析出，如图 10 和图 11 所示，近井地带地层水中离子含量增加了 1.27 倍。

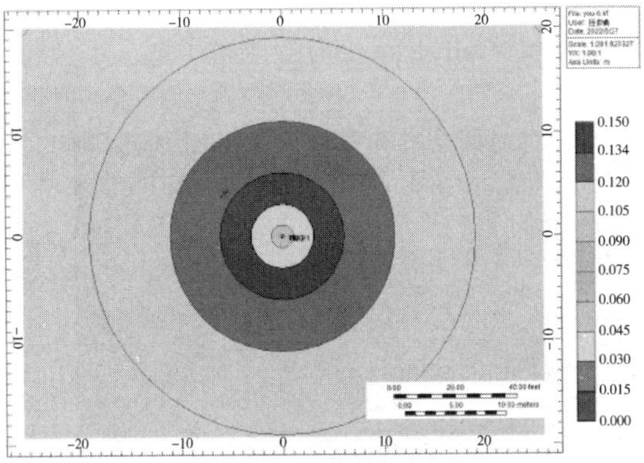

图 10　地层水离子含量

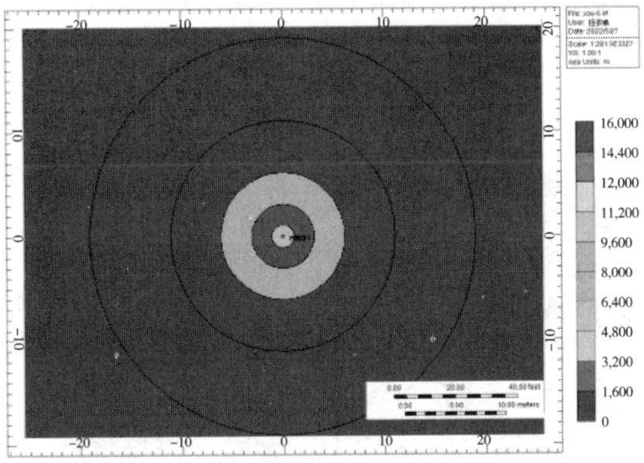

图 11　盐分布

近井地带由于盐析，会占据孔隙体积，造成孔隙度下降，但盐析区域孔隙度降低了 2%，降低幅度不大，推测因未考虑地层水的流动，孔隙度和渗透率分布情况如图 12 和图 13 所示。

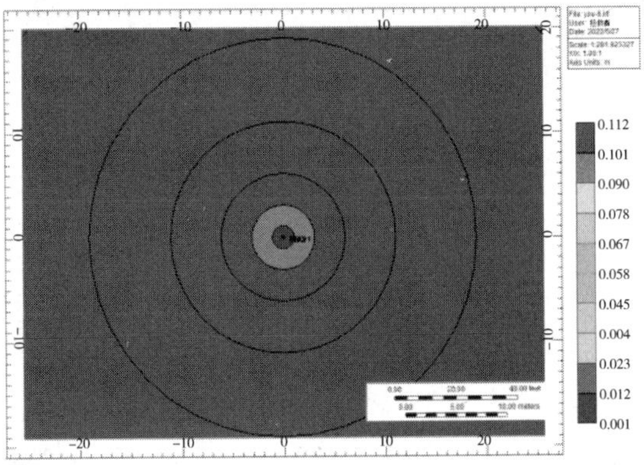

图 12　孔隙度分布

注入井和生产井井底流压如图 14 和图 15 所示，在不考虑盐析的条件下，注入井和生产井井底流压没有明显变化，但考虑盐析之后，随着注

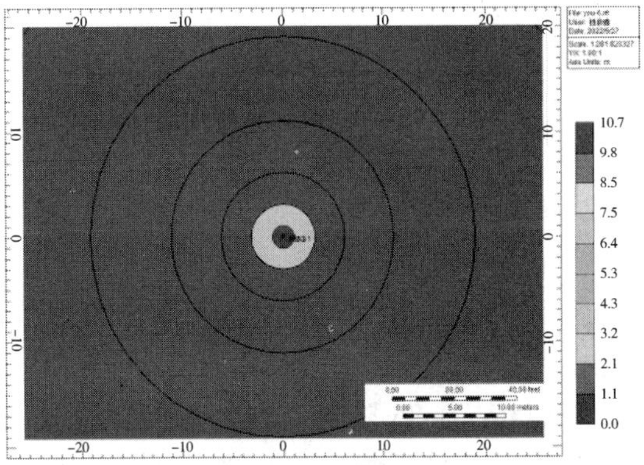

图 13　渗透率分布

采周期的增加，注入井井底流压出现上升，最后到达设置上限压力，分析由于近井地带结盐增加，注相同气量的天然气需要更大的压差。同理，注入井井底流压相比不考虑盐析的条件下，更早达到设置的下限压力。

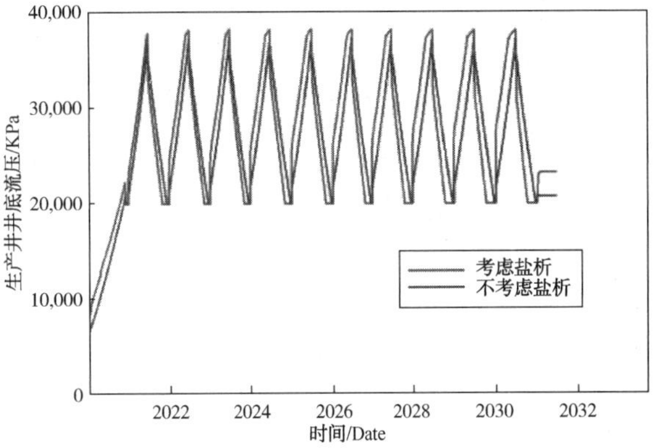

图 14　注入井井底流压

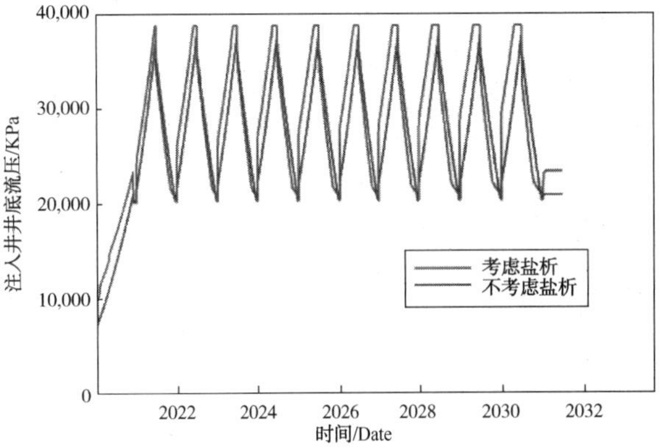

图 15　生产井井底流压

3.2　地层水蒸发对气井生产影响

储气库在运行过程中，高速注采会抽提气井近井区域的地层水，造成地层水蒸发，从而使水中离子过饱和，产生结盐。此时影响气井生产能

力分为两个部分，一是束缚水被蒸发，增加了天然气流动空间，提高了气相的渗流能力，从而增加了单井产能；二是地层水过饱和而结盐，堵塞地层中的孔隙吼道，降低气相渗流能力，两部分综合影响着气井生产能力。

图 16 为初始条件下含水饱和度分布图，图 17 为运行十个周期后的含水饱和度分布图，由图可知，十周期后，近井区域的束缚水被蒸发，含水饱和度从 0.35 降至 0.01，蒸发效果明显。图 18 是初始条件下气相相对渗透率分布图，图 19 是十周期后气相相对渗透率分布图，显而易见，在近井束缚水被蒸干的区域，气相的相对渗透率有明显的提升，表明气相的流动能力有所增强。

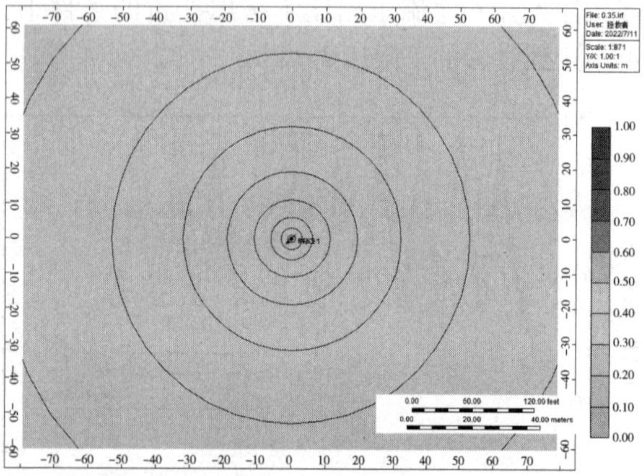

图 16　初始含水饱和度分布

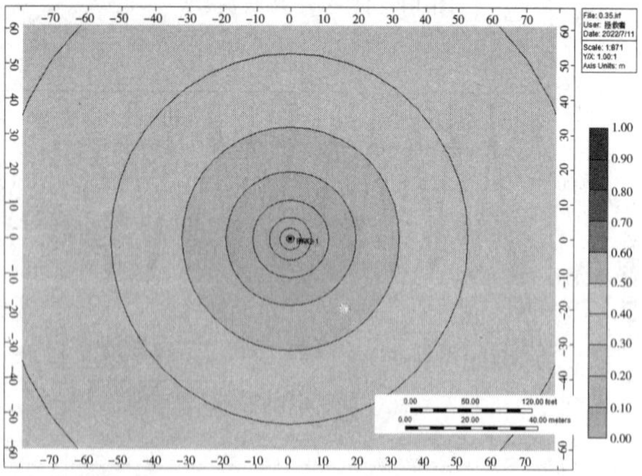

图 17　十周期后含水饱和度分布

设置两组对比方案，一组是束缚水条件下，考虑水蒸发和不考虑水蒸发条件下，结盐对气井生产能力的影响，一组是设置含水饱和度为 0.5，存在可动水，即有水源补充条件下，研究结盐对气井生产能力的影响，具体结果见图 20 和图 21。结果表明，束缚水条件下，结盐伤害较小，束缚水蒸发后，气相流动能力增加，从而单井产能有所增加；存在可动水条件下，结盐伤害占据主导作用，由于有地层水补充，伤害影响逐渐加剧，气井生产能力会严重下降。

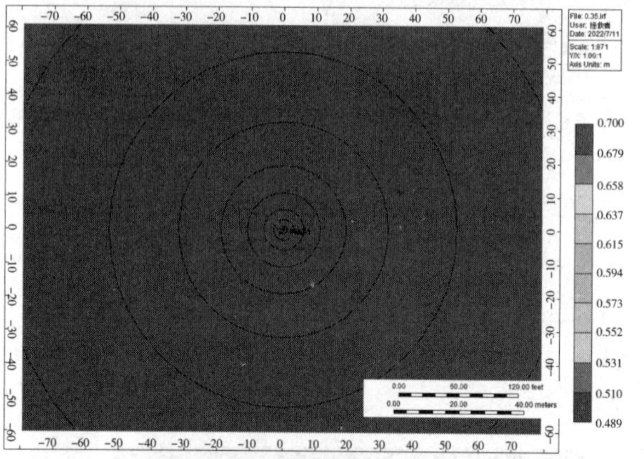

图 18　初始气相相对渗透率分布

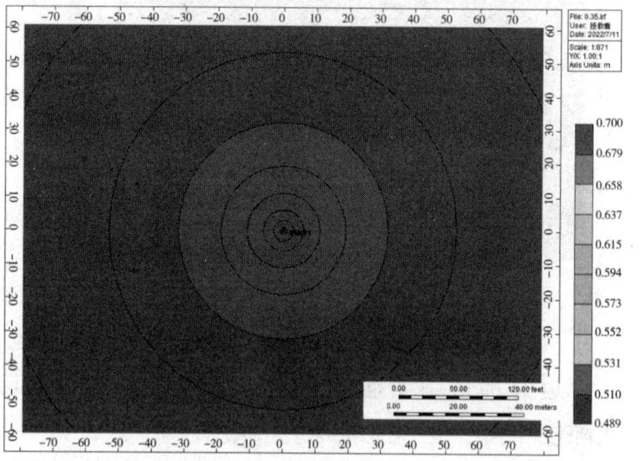

图 19　十周期后相对渗透率分布

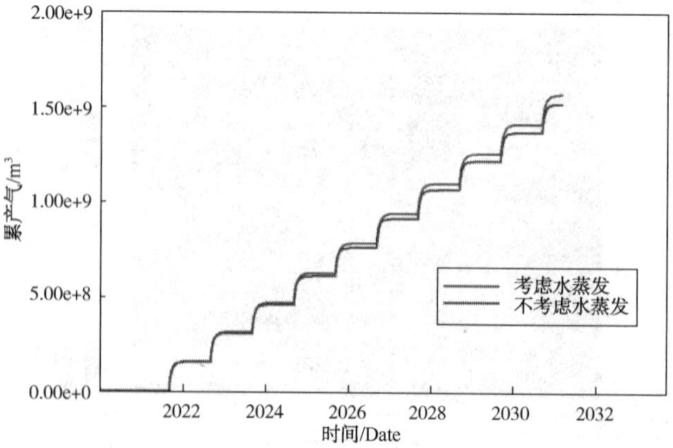

图 20　考虑束缚水蒸发的累产气曲线对比

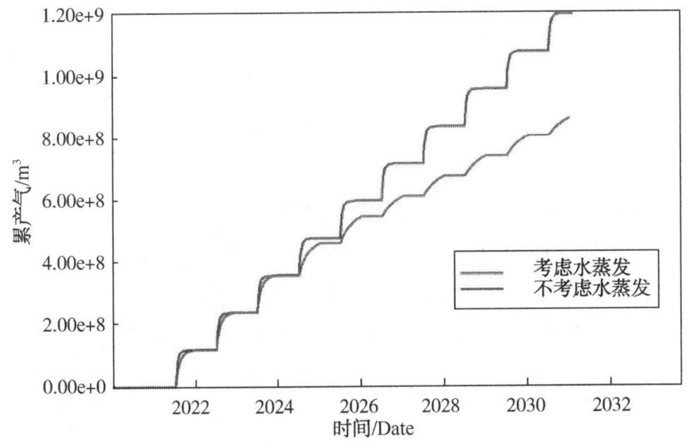

图 21　考虑可动水蒸发的累产气曲线对比

3.3　地层水蒸发对库容影响

气井在生产过程中，近井地带会形成压降漏斗，储层内的天然气由远端向井底流动，同时蒸发地层水。同样，在注气过程中，干燥的天然气由井底向远端流动，蒸发沿途的地层水。地层水被蒸发后，更多的空间可以用来储集天然气，提升了储气库库容。

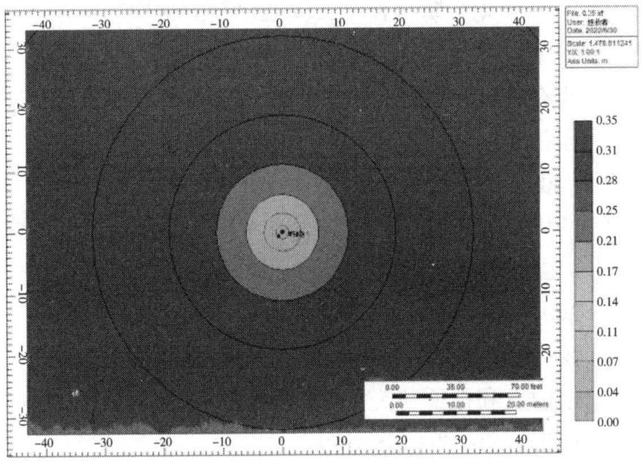

图 22　垫气期含水饱和度分布

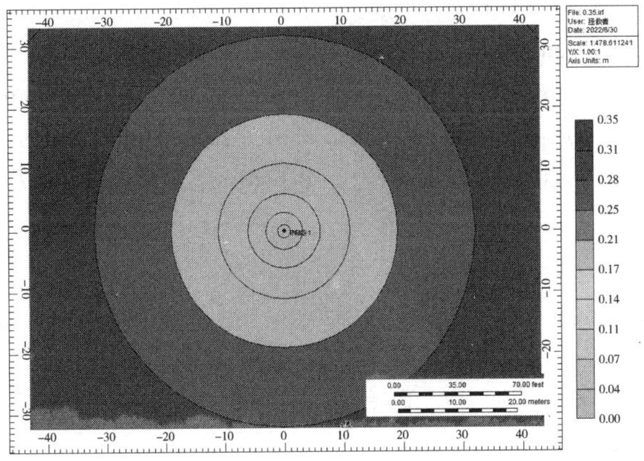

图 23　十周期后含水饱和度分布

图 22 和图 23 是不同时期的含水饱和度分布图，图 24 是储层干化半径随注采周期的变化曲线，干化半径是指离井底最远，地层水完全蒸发的距离，表 4 是干化体积、运行气量和库容随注采周期的变化结果统计。其中干化体积指储层条件下地层水蒸发的体积，运行气量增加是指干化体积换算在地面条件下，天然气的体积，库容提升比例是增加的运行气量占单井控制储量的比例，具体计算方法如下：

$$V_m = \pi r^2 h S_w \tag{3}$$

式中：V_m为储层干化体积，m^3；r 为储层干化半径，m；h 为储层有效厚度；S_w为束缚水饱和度，小数。

$$V_p = \frac{V_m}{B_g} \tag{4}$$

式中：V_p 为地面条件下天然气的体积，m^3；B_g 为 20MPa、120℃条件下天然气的压缩系数。

$$K = \frac{V_p}{G} \tag{5}$$

式中：K 为库容提升比例，m^3；G 为天然气地质储量。

分析知，对于束缚水条件下，随着注采周期的增加，储层干化加剧，范围不断扩大；预计到第十模拟周期时，储层干化半径为 28m，运行气量增加 $5.44\times10^6 m^3$，相较于单井控制储量 $3.77\times10^8 m^3$，库容增加 1.44%。根据模拟结果，束缚水条件下，储层干化能在一定程度上提升储气库库容。

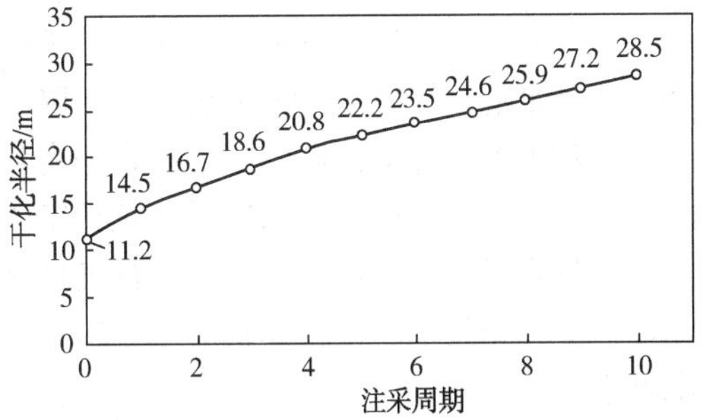

图 24　干化半径随注采周期的变化

表 4　干化体积、运行气量和库容随注采周期的变化

注采周期	储层干化体积/$10^4 m^3$	运行气量增加/$10^6 m^3$	库容提升比例/%
垫气期	0.31	0.84	0.22
第一周期	0.52	1.41	0.37

续表

注采周期	储层干化体积/10^4m^3	运行气量增加/10^6m^3	库容提升比例/%
第二周期	0.68	1.87	0.50
第三周期	0.85	2.32	0.61
第四周期	1.06	2.90	0.77
第五周期	1.21	3.30	0.88
第六周期	1.35	3.70	0.98
第七周期	1.48	4.06	1.08
第八周期	1.65	4.50	1.19
第九周期	1.81	4.96	1.32
第十周期	1.99	5.44	1.44

4 结论

（1）与束缚水条件下的孔隙度和渗透率相比，经过地层水蒸发后孔隙度和渗透率升高，孔隙度尤为明显，岩心孔隙度平均增加了42%，渗透率平均增加了39%。

（2）气井生产过程中，伴随地层水的蒸发，近井地带含水饱和度由0.35降至0.01，地层水中离子含量增加了1.27倍；地层水因过饱和而发生盐析，导致近井区域孔隙度降低，盐析半径近30m。

（3）地层盐析使井底流压变化更为剧烈，周期注采时更容易达到储气库上下限压力。

（4）束缚水条件下，盐析伤害较小，在近井束缚水蒸发区域，气相流动能力有所增强；存在可动水条件下，盐析伤害占据主导作用，随着伤害影响逐渐加剧，气井生产能力会严重下降。

（5）束缚水条件下，储层干化能在一定程度上提升储气库库容。根据模拟结果，预计第十周期采气末期储层干化半径为28m，运行气量增加$5.44\times10^6m^3$，相较于单井控制储量$3.77\times10^8m^3$，库容增加1.44%。

参考文献

[1] 马新华，郑得文，魏国齐，等．中国天然气地下储气库重大科学理论技术发展方向[J]．天然气工业，2022，42(05)：93-99.

[2] 丁国生，魏欢．中国地下储气库建设20年回顾与展望[J]．油气储运，2020，v.39；No.373(01)：25-31.

[3] 周学深．有效的天然气调峰储气技术——地下储气库[J]．天然气工业，2013，33(10)：95-99.

[4] 杨海军．中国盐穴储气库建设关键技术及挑战[J]．油气储运，2017，v.36；No.343(07)：747-753.

[5] 魏东吼，董绍华，梁伟．地下储气库完整性管理体系及相关技术应用研究[J]．油气储运，2015，v.34；No.314(02)：115-121.

[6] 林伟民．文23气田结盐机理及预测方法研究[J]．钻采工艺，2011，34(06)：79-82+10.

[7] 刘长松，赵化廷，金文刚，等．文23气田储层结盐机理研究[J]．钻采工艺，2009，32(05)：94-97+129.

[8] 杨秀丽，张广滨．浅谈文23气田低产井的管理[J]．内蒙古石油化工，2014，40(04)：52-53.

[9] 赵燕，王丹丹，朱青．文23气田气井结盐机理及清、防盐措施[J]．内江科技，2013，34(12)：86+71.

[10] 张飞．化学防盐技术在文23气田的研究应用[J]．内蒙古石油化工，2013，39(07)：105-106.

[11] 汪召华，陈元强，赵磊，等．文23气田地层复合防盐技术的优化应用[J]．内蒙古石油化工，2012，38(20)：71-72.

[12] 汤勇，杜志敏，孙雷，等．考虑地层水蒸发的异常高温油气藏相态和渗流研究现状[J]．钻采工艺，2007(05)：82-85+168-169.

[13] 汤勇，杜志敏，张哨楠，等．高温气藏近井带地层水蒸发和盐析研究[J]．西南石油大学学报，2007(02)：96-99+188-189.

[14] 蒋红梅，汤勇，陈文，等．油气藏地层水蒸发产生盐析的研究新进展[J]．钻采工艺，2009，32(05)：50-53+127.

[15] Tang Y，Yang R，Kang X. modeling the effect of water vaporization and salt precipitation on reservoir properties due to carbon dioxide sequestration in a depleted gas reservoir[J]．Petroleum，2018：385-397.

低渗水驱型储气库达产难点与对策研究

肖身秀[1]　刘团辉[1]　杜俊轩[2]　付　凯[1]　李　婵[1]　张　涵[1]

（1. 中国石油华北油田分公司储气库管理处；2. 中国石油华北油田分公司第四采油厂）

摘　要　S1储气库由低渗、带油环、弱水驱凝析碳酸盐岩气藏改建而成，由于其储层物性较差、渗透率较低，开发过程中油气水关系复杂等，能否满足储气库高速注采与达容达产需求，存在较大风险。为此前期利用2口老井实施注采运行，根据先导试验结果，进行了多次方案调整。通过优选南部高渗区块先行建库、开展注采能力评价、优化注采方案设计、摸索库存量与合理注采气量关系、井位方案调整与分阶段实施钻井等多项应对策略，经过近十年的注采运行，取得好效果，南部工作气量已超过设计值，北部扩容扩产潜力凸显。苏1储气成功的运行调整方案为后续储气库建库选址及运行提供宝贵经验。

关键词：低渗水驱；储气库；注采与达产难点；对策；效果评价

S1气藏为低渗、带油环、弱水驱凝析气藏，经历三十年开发，已近枯竭。为快速提升储气库调峰保供能力，拟利用老井改建储气库，进行前期尝试与探索。针对高速注采运行要求，S1储气库面临诸多难点。通过多年开发对策调整，突破常规气藏开发模式，实现了安全高效运行。

1　S1潜山凝析气藏开发简况

S1潜山凝析气藏储集层位于下古生界奥陶系，储集岩为碳酸岩。该潜山为一带油环的凝析气藏，潜山中部埋深3978m。该潜山从1982年开始钻探，共完钻16口井(图1)，其中13口井获得高产油气流。该潜山开发已近30年，经历了油环开采、关井恢复压力、上返气顶开采、排水采气四个时期。

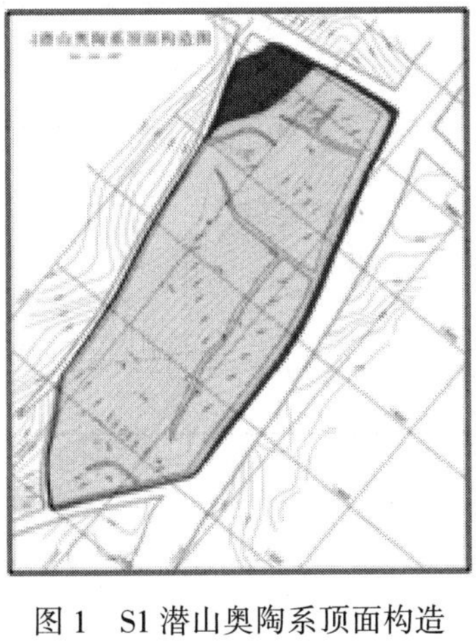

图1　S1潜山奥陶系顶面构造

截止到2010年11月，生产井全部失去生产能力，气藏累计产气$7.52\times10^{8}m^{3}$，累积产油$19.28\times10^{4}t$，天然气地质储量采出程度45.8%，可采储量采出程度80.9%，处于开发后期阶段。

2　S1储气库建库面临的主要难点

储气库的开采与常规气藏的开发有着明显的不同，要求短时间内完成强采强注，120天内几乎完成普通气藏10~20年的常规开发，采气速度非常高。S1潜山气藏储层物性较差、渗透率较低，属于低孔、低渗气藏，开发过程中油气水关系复杂，因此S1储气库在高速注采与达到设计工作气量的过程中主要有以下难点。

2.1　储层非均质性严重

2.1.1　储层平面、纵向上非均质性强

由于S7井周围致密带的存在，将潜山分为南区、北区和中区带，分别具有独立的气油、油水界面及压力系统。总体看来，储层平面上是由东南向西北递减的趋势。纵向上峰峰组的2号层一般为风化壳，属好储层，峰峰组的4号层、上马家沟组的1号、2号、3号、7号层和下马家沟组的1号、2号层属中间储层，峰峰组的3号、5号层和上马家沟组的4号、5号、6号层属差储层。(图2)。

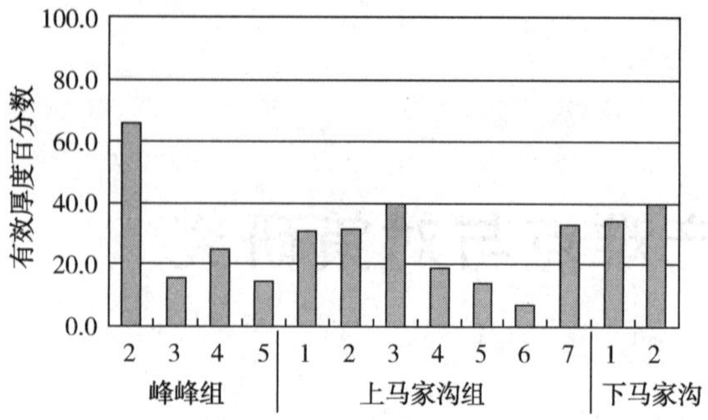

图 2　S1 潜山纵向储层发育状况对比图

2.1.2　储集层的渗流条件差

S1 潜山各井在钻井过程中放空扩径少，泥浆漏失量小且慢，反映了大缝大洞不发育。裂缝宽度以小于 0.5mm 的微细裂缝占绝大多数，储集类型为微裂缝—孔隙型；裂缝以高角度缝为主，倾角大于 60°的裂缝占 83%；储集层的渗流条件差，岩芯分析平均空气渗透率为 $1.45\times10^{-3}um^2$，试井解释有效渗透率平均为 $3.45\times10^{-3}um^2$，属低渗油储层。水平渗透率 $2.13\times10^{-3}um^2$，垂直渗透率 $0.73\times10^{-3}um^2$。

2.2　气顶开采阶段开发特征复杂

2.2.1　南、北块具有不同的压力系统，南块连通好，北块连通性差

南块累积产气 $5.61\times10^8m^3$，采出程度为 74.7%，累产油 12.17×10^4t，累积产水 $5.86\times10^4m^3$，地层压力降至 2008 年 11 月的 9.8MPa 左右，总压降 31.1MPa。S1 潜山南部各井静压无论投产先后随时间基本呈同步下降，在开发后期由于地层水侵入气层，导致射孔井段低的气井静压高于射孔井段高的气井静压，但变化幅度基本一致，表明气层连通好。

北块累积产气 $1.91\times10^8m^3$，采出程度为 21%，累产油 7.11×10^4t，累积产水 $9.74\times10^4m^3$，其中 S1-5 井区地层压力降至 2008 年 11 月的 28.29MPa，总压降 12.61MPa。北部区块中构造高部位投产的 S1-4 井与周围井储层连通差，北块储层非均质性强。

统计对比南、北块静压资料，并将静压值折算至气藏中深，2009 年 9 月停产后南块与北块静压相差为 16.1~20.5MPa，说明南、北块具有不同的压力系统。

2.2.2　底水对南块气藏影响较小，无水期、自喷带水期天然气采出程度较高

南块在冬季调峰一个周期后，四口井全部见水，无水期天然气采出程度 35.9%；2003 年 12 月实施气举排水采气后，自喷带水期天然气采出程度 61.9%。

2.2.3　底水对北块气藏影响较大，无水期、自喷带水期天然气采出程度低

北块无水期采出程度 16.7%；2004 年 9 月实施柱塞排水或气举排水后，自喷带水期天然气采出程度仅 19.0%。

2.3　单井产能差异明显，整体偏低

通过各井无阻流量与压力恢复测试结果数据统计，构造中高部位气井产能较高、原始无阻流量在 $30\sim57\times10^4m^3/d$。构造低部位气井产能低、原始无阻流量在 $10\sim20\times10^4m^3/d$。中块的 S7 井区、北块的 S1-3、1-2 井以北为低产能区，原始无阻流量低于 $10\times10^4m^3/d$(表 1)。

表 1　S1 潜山单井产能相关数据对比表

产能分类	平面位置	井数口	无阻流量/($10^4m^3/d$)	压力恢复曲线形态	地层系数/($10^{-3}\mu m^2\cdot m$)
较高	南块中高部位	4	43.1~56.6	直型	>110
	中块	1	37.1~38.9		
	北块高部位	1			
较低	南块低部位	1	17.5	低孔低渗型	10 左右
	北块低部位	1	14.4		
特低	中块	1	6.3~8.4	致密型	<1
	北块	2	2.7~5.3		

3 高效注采与达产对策研究

3.1 选择相对高渗区块先行建库

S1 潜山南部储层物性好于北部，从作为储气库的库容及气井能力分析，S1 气藏南块上报储量落实，处于构造高、中部位气井的产能相对较高，但属生产能力中等，具备建储气库的条件。因此 S1 潜山气藏采用分步实施计划，南部先行建库，北部缓建。

根据气藏工程方法分析计算可知，S1 潜山气藏开采过程中已有部分地层原油和地层水侵入气区，这部分侵入流体在注气建库时会进一步影响库容。由物质平衡计算求得 S1 气藏南部目前已有部分的孔隙体积被黑油和地层水占据，对建库是有一定影响的。因此，在注气建库时考虑注入气无法对侵入的全部地层水在短时间内进行有效驱替，相应这部分侵入水会进一步影响储气库的运行指标，进而计算采出合理的库容规模为其动态储量的 84%。

南部建库方案设计要点：设计库容量 $6.3\times10^8m^3$，工作气量 $2.0\times10^8m^3$，垫气量 $4.3\times10^8m^3$，其中补充垫气量 $2.66\times10^8m^3$，气库运行上限压力 41MPa，下限压力 25MPa。设计新钻水平井 3 口(等同于定向井 9 口)，依据老井多周期注、采运行效果评估后再适时打新井。

根据潜山南部气藏特征，结合老井评价利用原则，选择南部 S1-6、S1-9 井利用为注采井。其中 S1-6 井生产层位为 FF3 至 SM4 层，S1-9 井生产层位为 FF2 至 FF4 层。S3、S7 井为边界观察井。S1-14 为盖层观察井，其余 2 口井进行封堵。

3.2 合理控制注、采阶段生产压差，提高气库注采速度

3.2.1 开展多周期注采能力评价

① 单井渗透率随着多周期注、采发生变化

开展多周期注、采阶段不稳定试井，掌握其储层变化规律。对于低渗透气井，多周期注采后其渗透率受多种因素发生变化，但变化幅度较小。

对 S1-6 井开展了多周期注、采系统试气及压降、压升试井(图 3)。解释有效渗透率由注气期 0.80 升至 $1.00\times10^{-3}\mu m^2$，表明在第 2 信注气阶段地层渗透性得到略微改善。采气期产出油、水，其渗透率略降至 $0.94\times10^{-3}\mu m^2$。

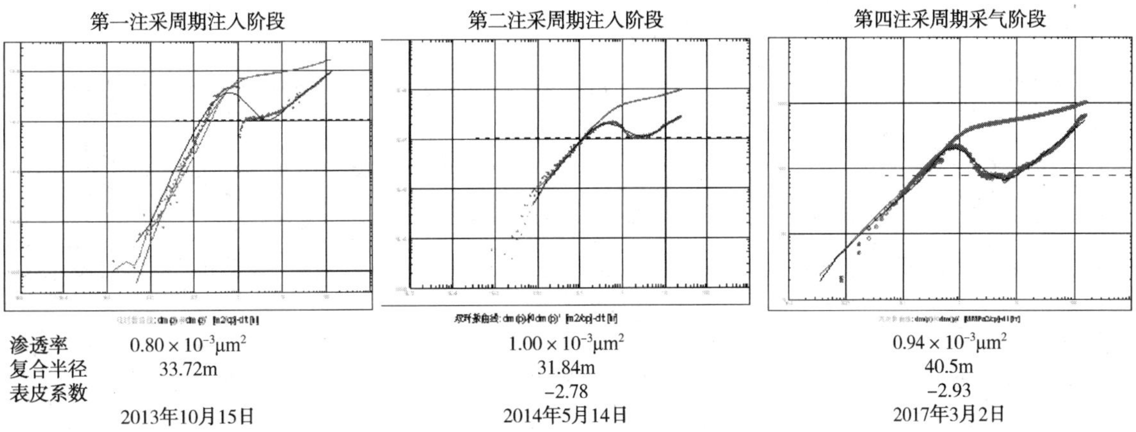

图 3 S1-6 井双对数-导数曲线

② 多周期注、采能力均高于设计

原始无阻流量是衡量各井产能关键参数，采用二项式产能方程及多周期注、采气阶段系统试气结果相结合，计算各井多周期注、采气原始无阻流量，进行注、采能力对比。

初步设计在确定气井合理产能时，最终选用 S1-6 井系统试井得到的二项式产能方程作为该储气库工作气井的采气产能方程：

$Ps^2-Pwf^2=0.6188Qg^2+1.3751Qg$ 原始压力下无阻流量为 $51.3\times10^4m^3/d$。

由于 S1 潜山没有注气资料，因此假定地层注气能力与采气能力相同。

通过多周期跟踪对比，注气能力明显高于初步设计，采气能力略均高于设计，其中位于高部位的 S1-9 井注、采能力略高于低部位的 S1-6 井。

通过初步设计与前四个注、采气期原始无阻流量对比，2 口老井的注、采气能力均明显高于

设计，单井注气能力高于采气能力。随着储气库的多周期运行，气井产能得到进一步的提高，但也受多种因素影响注气能力发生显著波动，采气能力波动相对较小。

其中 S1-9 井 2014 年注气期原始无阻流量为设计 2.2 倍，后由于环空带压采取大修作业，其无阻流量与 2016 注气期相比下降 0.4 倍。S1-6 井 2014 年原始无阻流量为设计 1.8 倍，S1-6 井受采气期产出流体影响，其注气期产能略有下降（图 4）。

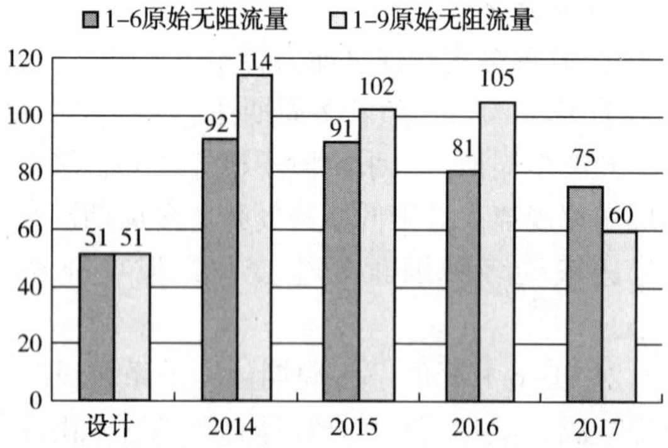

图 4　单井周期注气阶段无阻流量对比

S1-9 井采气期原始无阻流量为设计 1.6 倍，S1-6 井采气期原始无阻流量为设计 1.4 倍，2016 年因其产出流体变化，其原始无阻流量略有下降，2017 年注气后其采气期原始无阻流量再次上升（图 5）。

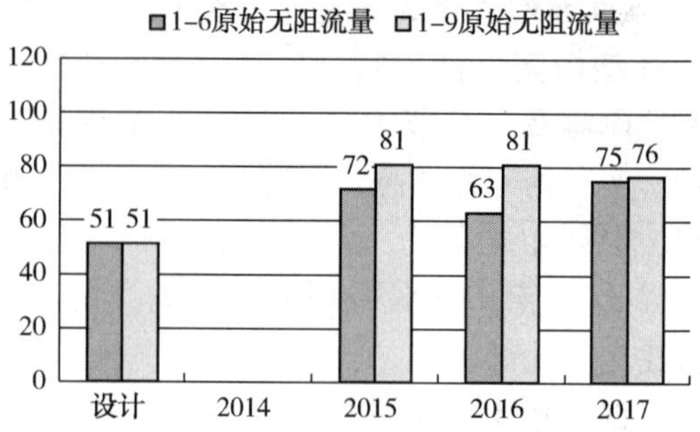

图 5　单井周期采气阶段无阻流量对比

3.2.2　建立注、采气图版，优化注采方案设计

初步设计采用 S1-6 井开发阶段的二项式产能方程作为该储气库工作气井的采气产能方程，利用节点分析方法，综合考虑多方面的影响因素和风险，相应合理的产气量应该为 15.0×10^4 m^3/d。

建库后通过多周期现场测试与理论计算相结合，建立各周期单井注入流入曲线、采出流出图版（图 6，图 7），再结合动、静态特征，及时确定各井在不同地层压力条件下的最大、合理注、采气量。

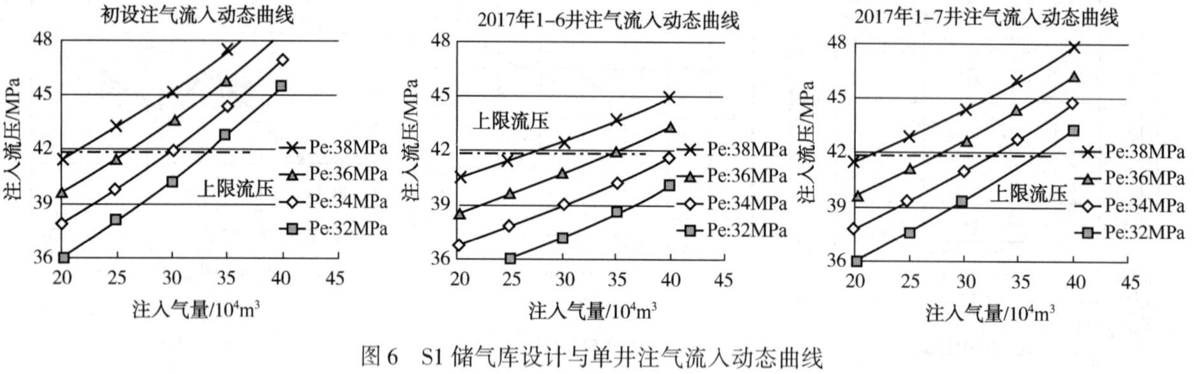

图 6　S1 储气库设计与单井注气流入动态曲线

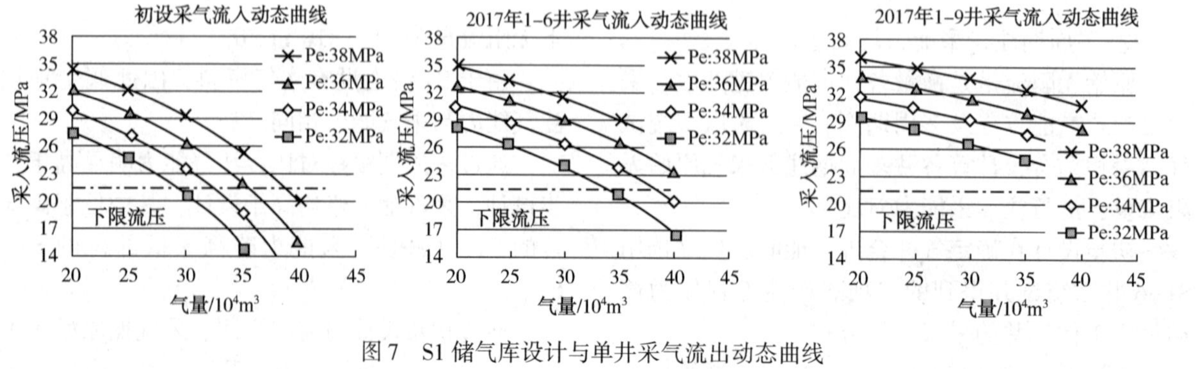

图 7　S1 储气库设计与单井采气流出动态曲线

实际日注、采气量受各种动、静态因素影响，如底水活跃程度、油环界面、储层物性、井储控制程度、产出流体变化、井筒环空压力、注采气天数、周期库存量及后续措施等。通过综合分析与现场实践得出，在设计运行范围内注气压差略大于采气压差，可实现最佳运行效果。S1-6 井位于储层低部位，在注、采气期可以适当减少生产压差，减缓油环与底水对储层的影响。S1-9 井位于储层高部位，在注、采气期可以适当放大生产压差，提高注、采气速度。

S1-6 井周期日均注气量为设计值 1.5~1.9 倍，S1-9 井周期日均注气量为设计值的 2.7~3.1 倍，其中 2017 年受作业施工及恢复影响，其周期日均注气能力下降明显(图 8)。

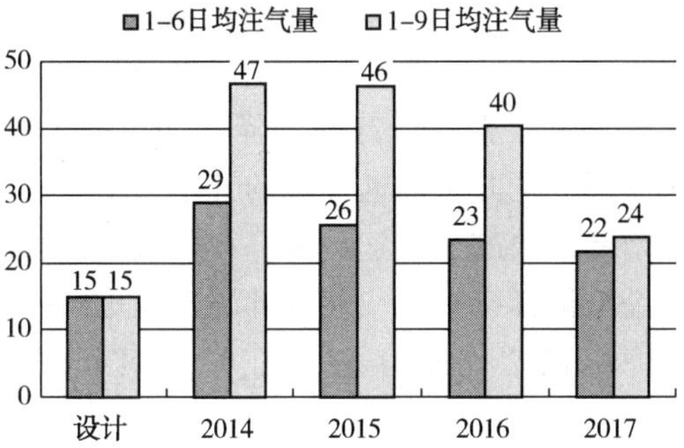

图 8　单井周期注气阶段日均注气量对比

气田开发阶段受油环、水侵及储层低渗等因素影响，各井日均采气量仅为原始无阻流量的 0.05~0.09 倍。建库后实际周期平均日采气量达到其原始无阻流量 0.2~0.4 倍。

S1-6 井气田开发阶段月均日采气量为 $2.9\times10^4 m^3/d$，建库设计周期平均日采气量为 $15\times10^4 m^3/d$，建库后各周期实际平均日采气量为 $14\sim30.5\times10^4 m^3/d$，是其气田开发阶段的 4.8~10.5 倍，是设计值的 0.9~2.1 倍。S1-9 井气田开发阶段月均日采气量为 $4.6\times10^4 m^3/d$，建库设计周期平均日采气量为 $15\times10^4 m^3/d$，建库后各周期实际平均日采气量为 $24\sim31.4\times10^4 m^3/d$，是其气田开发阶段的 5.2~6.8 倍，是设计值的 1.6~2.1 倍（图 9）。

3.3　摸索库存量与合理注、采气量关系，改善无效注气局面

由于周期注气天数比采气天数多 80 天，受注采井数少、储层低渗影响，同时为控制油水界面上升速度，形成高注低采的现象，多周期运行后造成高库存量与低采气量的矛盾日益凸显。且

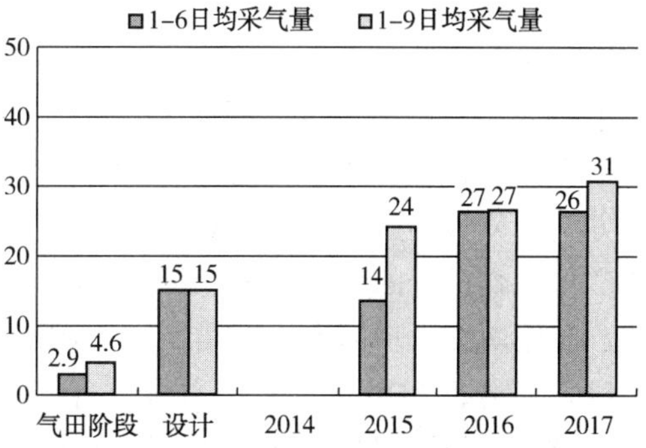

图 9　单井周期采气阶段日均采气量对比

2 口老井长期在较高压力下运行，易增加井筒窜漏风险。

通过绘制气库多周期库存量与合理注气、采气量关系曲线，其相关系数均较高，具有明显的二项式关系曲线特征。随着库存量增加其日均注气量呈下降趋势，日均采气量呈上升趋势。

通过综合因素分析，在仅有 2 口老井注采状况下 S1 库存量在 $4.6\sim5.5\times10^8 m^3$时，其合理注气量为 $59.4\sim47.0\times10^4 m^3/d$，合理采气量为 $23.7\sim56.8\times10^4 m^3/d$，工作气量 $0.7\times10^8 m^3$，达到安全、高效最佳注采运行效果。

3.4　运用多种方法，开展密封性监测

通过采取井口压力、地层压力、流体分析、库存盘库、数值模拟、储层评价及微地震监测等方法相结合，开展井筒、断层及边界等密封性评价。多周期注采运行后，2 口注采井的井筒密封性存在一定风险，通过合理注采气量的调整与大修施工作业，目前已得到有效控制。在当前合理控制周期库存量区间运行下，从气库单位视地层压力库存增量曲线中（图 10），单位视地层压力库存量、库存增量均保持稳定，表明边界与盖层密封性较好。

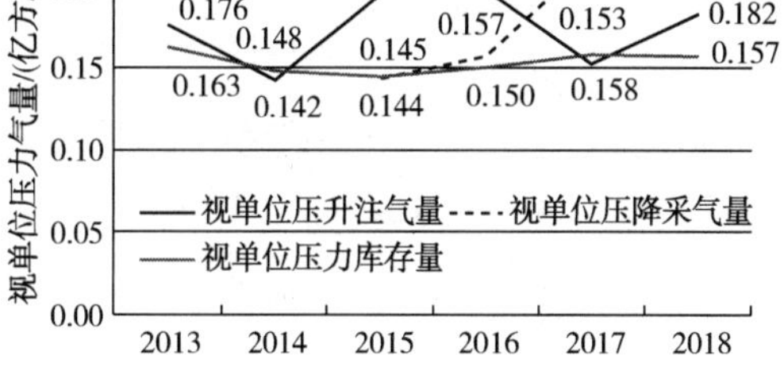

图 10　单位视地层压力库存增量曲线

3.5　调整井位部署方案，加快达容达产步伐

至 2018 年经历六注三采，根据气库地层压

力上升程度，依次采取均注、强注、间注及缓注的注气调整方案，仅依靠2口低渗透老井，实现达容率88%，达产率30%，周期采气量达到0.6亿方。为此从井型、井数及靶点等方面调整了原设计方案，分步实施新钻井方案，分两个阶段实现达产再扩容扩产的目标。第一阶段目标：达容达产。在原南部区块部署加密井1口，2018年实施1口定向井，2019年已投入注采；第二阶段目标：达容扩产，2020年实施3口定向井，2022年待投产。

4　应用效果评价

4.1　实现均衡注采，气库稳步达容达产

2019年S1储气库1口注采井投用后，经历三个注采期，仅3口井实现达容率98.5%，达产率82.3%，周期采气量升至1.65亿方。在库存量与视底层压力曲线关系中，实际运行与设计趋势线相吻合，基本达到设计上限，取得了较好的注采运行效果(图11、图12、图13)3口新钻井投产后预计2023年，有望实现工作气量2.4亿方，达产率120%。

图12　周期库存量曲线

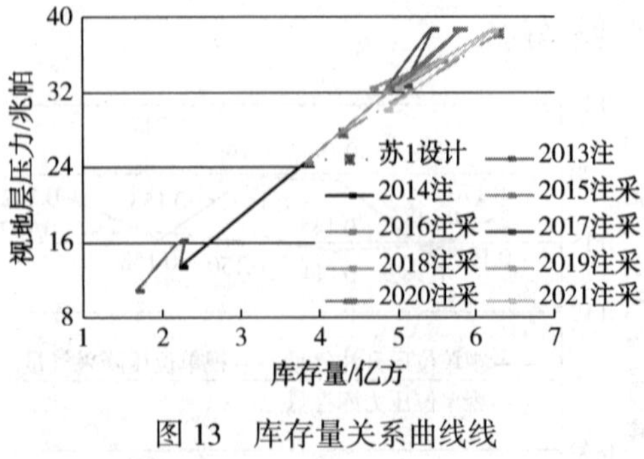

图13　库存量关系曲线线

4.2　气水界面推进得到有效控制

数值模拟显示水驱储气库气水界面随周期注采变化呈往复波动变化，其中距气水界面近的井区气水界面波动更明显。

气田开发阶段原始油水界面为4280m，S1-6井1991年上返气顶后生产井段为4021～4141m，2004年实施气举后月均出水量17.5～49.8m^3/d，水气比为16～69$m^3/10^4m^3$，2006年11月水淹停喷，此井区气水界面升至4080m左右。通过多周期注采运行2018年采气末水气比仅为0.04$m^3/10^4m^3$，通过测试此井生产井段底界4141m末测到液面，气库水淹局面得到明显改善。

4.3　气库南部先导试验及井位调整方案远好于原设计方案，为北部扩容达产奠定良好基础

通过综合评价，方案优化调整，在原设计工作气量、运行压力等参数不变的情况下，由原设计新钻3口水平井(等同9口定向井)，调整实施为4口定向井，其中包括2口更新井。原2口老注采井可变更为采气井，降低环空带压风险。利用低部位老井可加大油环的开采力度，进一步增加南部区块的达容达产率。在此成功经验基础上，经论证择机在区块北部部署2口定向井，S1储气库可在增加库容3.1亿方，工作气量1.2亿方。

5　取得认识

5.1　对于低渗透、带油环、弱水驱凝析气藏改造储气库，通过加强油、气、水关系研究，并在气库库容及注采方案设计时综合论证其影响程度，才能保障气库库容与工作气量设计的合理性。

5.2　通过多种监测手段，在不同阶段对不同的井控制合理的注采生产压差，可以有效控制储气库油气水界面波动变化，也是实现高速采气、提高达容达产率的关键点。

5.3　对于非均质性较强的低渗复杂储气库，遵循由相对高渗区域向低渗区域、由局部到整体、由易到难的建库原则，深入地质综合研究，通过多周期注、采运行方案跟踪与调整，分阶段精细井位部署等，显著提高低渗储气库建库与运行效率，极大地提高了经济效益。

参　考　文　献

[1] 肯洪成、王皆明、李春 水淹枯竭气藏型储气库盘库方法[J]. 天然气工业出版，2010，30(8)：79-82.

[2] 唐立根、王皆明、丁国生、等基于开发资料预测气

藏改建储气库后井底注入动态[J] 石油勘探与开发，2016. 43(1)：127-130.

[3] 丁国生、王皆明．枯竭气藏改建储气库需要关注的几个关键问题[J]．天然气工业，2011，31(5)：87-89.

[4] 李建中，李奇．油气藏型地下储气库建库相关技术[J]. 天然气工业，2013，33(10)：100-103.

[5] 王皆明，胡旭健．凝析气藏型地下储气库多周期运行盘库方法[J]．天然气工业，2009，29(9)：100? 102.

[6] 王起京，张余，刘旭．大张坨地下储气库地质动态及运行效果分析[J]．天然气工业，2003，23(2)：89-92.

枯竭砂岩型储气库储气能力及库容控制技术探索与应用

李兴业[1]　杜远宗[2]　孙宏伟[1]

（1. 中国石化中原油田分公司天然气产销厂；
2. 中国石化中原油田分公司濮阳储气库有限公司）

摘　要　针对储气库“强注强采”的特点，利用先期建成的文 96 储气库，探索出一套枯竭砂岩储气库库容控制技术、工作气量提升技术以及注采气能力提升技术，通过优化井网部署提升了库容，通过边水控制和运行压力区间扩充提升了工作气量，通过产能一体化评价和不动管柱注采工程实现了注采气能力提升，不仅全面提升了储气库运行效率，也为 2021 年投运的卫 11、文 13 西等储气库以及下步中原储气库群的注采运行管理提供了宝贵的经验。

关键词：库容控制；井网优化调整部署；工作量提升；注采方案模拟优化；运行压力区间扩充注采气能力控制；产能一体化评价；不动管柱注采工程

为保障我国能源安全，完善能源产供储销体系，中国石化“十四五”期间加大了地下储气库建设力度，截至 2021 年底，已建和在建储气库达到了 13 座。由于储气库注采具有“强注强采”特点，其注采运行管理有别与传统气藏开发，而中原油田利用自身的资源优势，利用先期建成的文 96 储气库和文 23 储气库，逐步探索出一套枯竭砂岩储气库库容控制技术、工作气量提升技术以及注采气能力提升技术，不仅全面提升了储气库运行效率，也为 2021 年投运的卫 11、文 13 西等储气库以及下步中原储气库群的注采运行管理提供了宝贵的经验。

1　库容控制技术

1.1　文 96 储气库井网控制现状

以文 96 储气库为例，该储气库是中石化首座建成投运的储气库，具有块小、层多、非均质强、发育边水等地质特点。

文 96 储气库含气面积 1.5km^2，目的层位 ES2 下 1-4、8～ES3 上 1-3，设计库容 5.88 亿 m^3，压力运行区间 12.9～27.0MPa。共部署注采井 14 口，14 口注采井中有 10 口合采生产井采用双靶点钻井方式，从设计角度评价井网完善程度高(图 1)。

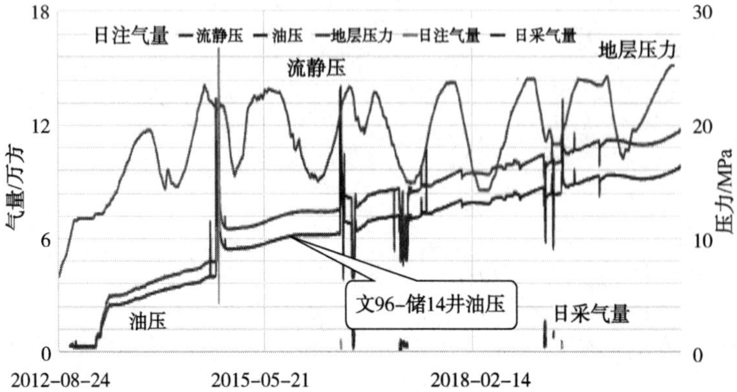

图 1　文 96-储 14 井生产运行曲线

在实际评价中，应用物质平衡方程计算主块动态库容，计算出主块库容达到5.89亿m^3，方案设计5.19亿m^3，超0.7亿m^3。

分析主块库容超设计的原因是：

1.1.1　注入气向文92-47块迁移

文96-储14井在未连续注气情况下，文92-47块地层压力由5MPa上升至19.5MPa，按文92-47井弹性产率计算迁移量约0.18亿m^3，此气量可能偏小，导致主块动态库容计算值偏大。

1.1.2　注入气气窜形成无效垫底气

构造低部位气井注气，存在部分注入气气窜至水域，形成水包气，增加了气库垫底气量。

1.1.3　注入气迁至油环段

在构造高部位存在泥岩隔层仅1~3m左右的薄弱区域，不排除天然气突破泥岩夹层进入油环段，造成动态库扩大的可能性。

1.1.4　主块实际井网控制不完善

与可研一致应用物质平衡方程计算主块动态库容，计算出主块库容达到5.89亿m^3，方案设计5.19亿m^3，超0.7亿m^3。工作气量主块设计2.61亿m^3，实际达到2.30亿m^3，占设计值的88.1%。

从工作气量角度评价，可动库容未达到设计值，说明井网不完善（表1）。

具体如表1所示。

表1　八周期主块动态库容变化对比表

周期	27MPa 库容亿方	增长率	主块库存/亿m^3	注气期末压力/MPa
1周期	4.34		3.26	19.5
2周期	4.78	10.14%	4.09	21.6
3周期	4.89	2.30%	4.42	22.8
4周期	5.05	3.27%	4.59	22.6
5周期	5.25	3.96%	4.93	23.7
6周期	5.46	4.00%	5.09	24
7周期	5.68	4.03%	5.27	24.2
8周期	5.89	3.70%	5.62	25.2

1.2　井网部署优化调整

1.2.1　库容评价

以传统物质平衡方程，采用累计库存量为参数，造成库存量偏离实际，致使动态库容偏大。

对于此类砂岩储气库，其井网优化部署的解决方法是：针对含边水型储气库，提出一个“可动库存量”和“有效工作气量”的概念。不可动库存量主要由封闭气和井网不能控制的气量构成。

应用带边水储气库库存量简化模型计算，气库实际动用库容量4.3亿m^3，为设计值5.19亿m^3的82.5%。证实目前生产井网控制不完善（图2）。

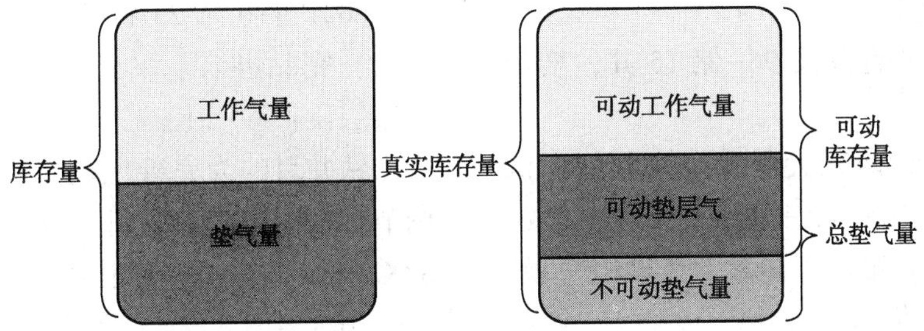

图2　传统储气库与边底水储气简化模型

1.2.2　压力波传导评价

利用压力波传导理论，气库内压力波的传导与传导介质性质密切相关，主要涉及岩石性质（孔隙度、渗透率、岩性）、流体性质（黏度、压缩系数）、传导环境（压力水平、温度条件）等；

描述压力波传导速度的参数为导压系数η，表示弹性液体在弹性多孔介质中不稳定渗流时，压力传递快慢的参数。

流体差异：高渗气相区压力传播速度高，水淹区较低；1000m长度S3上7d，S2下17d，水淹层30d。

物性差异：S3上较S2下快2.5倍。

压力差异：在压力水平高27mPa和压力水平低13MPa时，压力波的传导速度变化不大。地层压力稳定性评价：地层压力是气库内各点压力波的叠加效应，稳定压力即各点压力稳定。文96气藏东西向1300m，传导时间S3上17d、S2下27d。对平衡期设计、井距设计、井控库容设计意义重要。

1.2.3　井网控制程度评价

应用物质平衡法与现代产量不稳定试井法计算单井控制半径140~260m。文96-1、文96-2井压力恢复试井单井控制半径为150~300m，实际井距150~200m，评价气库S3上平面基本控制，S2下控制程度略低。

表2　物质平衡法与现代产量不稳定试井法计算结果对比表

气井	压力上限/Mpa	压力下限/Mpa	控制库容量/(10^4m^3)		单井控制半径/m	
			物质平衡法	现代产能不稳定试井法	物质平衡法	现代产能不稳定试井法
文96-储1	24	16	2677	3012	176	188
文96-储2	25.2	12.6	3845	4344	232	245
文96-储3	25.2	12.6	3643	3965	198	221
文96-储5	25.2	12.6	3231	3456	210	232
文96-储6	25.2	12.6	2976	4567	187	248
文96-储7	24	16	2645	3453	191	223
文96-储8	25.2	12.6	3765	4532	213	256
文96-储9	25.2	12.6	3855	4634	222	258
文96-储10	24	16	2176	2423	145	176
文96-储11	24	16	2456	3453	165	198
文96-储12	25.2	12.6	4278	3876	264	234
文96-储13	24	16	3896	4123	243	245

S2下未控储量主要分布在气水界面附近，未控储量分布零散，需通过排液提高单井控制范围；S3上北高点因井间距离大，部分储量无法动用，计算储量在4000万m^3，同时在该部因平面及纵向储层非均值性影响，动用程度低，可补钻加密井以达到理想控制程度。

1.2.4　井网调整措施

措施一：新钻调整井文96-储15井，增加S3上库容动用。

井位设计：设计两靶大斜度定向井，垂深2680米，层位沙二下8-沙三上3，Ⅰ靶位于沙二下8砂组底部，Ⅱ靶位于沙三上3砂组气顶，预计控制库容0.39亿m^3。

措施二：新钻更新井文96-新储14井，控制文92-47块0.69亿m^3库容

新井设计：接替文96-储14井，完善文96储气库井网。文96-新储14井设计目的层位：沙二下1-4砂组；井型：定向井；设计垂深：2580m。

根据测井解释及数值模拟显示，建库前大部分区域已水淹。

沙二下3、4、8及沙三上1-3部分层为水层，均有一定程度的边水推进，各砂组推进速度不一，与原始气水界面比，边水推进38~118m之间，平面上边水推进20~500m之间。

受气藏在开发阶段井网及生产制度控制，边水沿有利相带形成舌进现象，整体看S3上水淹程度高于S2下。

1.3　井网优化调整部署效果

1.3.1　文96-储15井增加控制储量0.4亿m^3。

2021年6月25日开钻，2021年7月28日完钻，完钻井深：2915.0m(垂深：2668.5m)，完钻层位：沙三上。

钻井目的为完善主块北部高部位井网控制。调节S2下与S3上层间矛盾。该井实际钻遇层位S2X2-8、S3S1-3，射孔厚度71.4m/28n。

2021年11月12日开井注气，已到注气后期，地层压力接近25.0MPa，储15井未上排液措施，投产注气就能达到日均1.4万立方米，注气能力好于预期。从地层系数看，经过1、2周期吞吐，该井注采能力将强于高部位主力井文96-储9井。

1.3.2　新钻更新井文96-新储14井，控制文92-47块0.69亿m^3库容

新井设计钻遇气层厚度19m；实际钻遇21.6m，射孔厚度30.3m，各项物性优于文96-14井。

文96-新储14井沙二下1砂组砂体较发育

但多为干层，单砂层厚度一般为0.8~1.3m，与邻井连通性较差向南及构造低部位尖灭；

沙二下2-3砂组砂体发育，单砂层厚度一般为0.6~1.5m，向南砂体变差，连通性较差；

沙二下4砂组砂体发育，分布稳定，单砂层厚度一般为0.6~4.6m，向南及构造低部位砂体变差，砂体变化较大。

目前该井还未投产，根据该断块产能方程：

$P^2-Pwf^2=5.3492Q+0.5556Q^2$，生产压差控制在3MPa，产能约8~9万$m^3/d$。

2　工作气量提升技术

文96气藏建库前，14口井测井显示，沙二下3、4、8及沙三上1-3部分层为水层，均有一定程度的边水推进，各砂组推进速度不一，与原始气水界面比，边水推进38~118m之间，平面上边水推进20~500m之间。平均地层压力由27.0MPa降至6.5MPa。受气藏在开发阶段井网及生产制度控制，边水沿有利相带形成舌进现象，整体看沙三上水淹程度高于沙二下。

2.1　注采方案模拟优化技术

2.1.1　水侵对工作气量的影响

2.1.1.1减小含气孔隙体积，延缓达容进程：储气库快速采气生产导致边水侵入气库内部，水侵量占据部分孔隙空间，减小可动含气孔隙体积。水体能量愈强则侵入程度越强，而退出程度越弱，库容扩散难度越大；

2.1.1.2降低储层渗流能力，影响单井吸气能力：库内存在的水体（尤其是井底附近的水体）封堵了气体渗流通道，降低了注入气的渗流能力和散布范围，少量注气就会造成井区压力快速达到上限压力，使注气过程被迫停止，但气库实际的平均地层压力明显小于设计的上限压力；

2.1.1.3降低储层供气能力，影响单井产能：水体的影响导致气井含水后出现高压停采，使得气库运行下限压力高于设计的下限压力，缩小了地下储气库运行的真实运行区间，严重影响了地下储气库的达容速度和工作气量。

水驱气：水先进入大孔隙，沿壁连续运移，形成水包气

宏观方面：减少气库储气空间，降低库容量、工作气量（修正后动态库容5.1/4.8亿m^3）

微观方面：进一步加大平面及纵向储层非均质性，增加水淹层渗流阻力，形成注入气水锁，增加垫底气。

2.1.2　边水控制技术

2.1.2.1　注气制度调整

数值模拟证实，不同开井制度对累积注气量影响较大，平稳驱替边水，由高到低梯次开井，有利于降低注气压力，增加最终注气量。

原则：由高到低梯次注气驱水，高部位井优先注气，使得高部位形成高压区，向中部位驱水；待高部位井注气量到达腰部位井后，腰部位井开井注气，形成次压区，向低部位驱水；待中高部位井的注气量到达低部位后，低部位井适当的开井注气，形成低压区，整体形成构造由高到低、压力由高到低的状态，力求由高到低的驱水效果。注气期末逐步压力平衡。

通过数值模拟软件，模拟不同开井制度下全气库注采气能力。

将主块13口注采井分为：

中高部位井：文96-储3、5、6、8、9、12井

低部位井：文96-储1、13、4、7、10、11井

文96-储2井，在S2处于构造中高位处，但在S3上距离气水界面较近，同时做为高部位和低部位井。

注气开井制度：

高注：开文96-储2、3、5、6、8、9、12井共7口井

低注：开文96-储2、1、13、4、7、10、11井共7口井

由高到低梯次开井：先高注60天，地层压力20MPa后，注采井全开注气。

模拟文96储气库第五周期注气生产如图3、4所示。

三种注气制度日注气210万m^3，高注连续注气63d，低注56d，梯次注气达到66d，说明高注、梯次注气制度有利于降低注气压力，提高注气能力，梯次注气相较于高注由于开井数量多，平均单井注气量小，更有利于降低井周压力，增加累积注气量。梯次注气生产制度累积注气量1.60亿m^3，高于高注1.56亿m^3和低注1.50亿m^3。

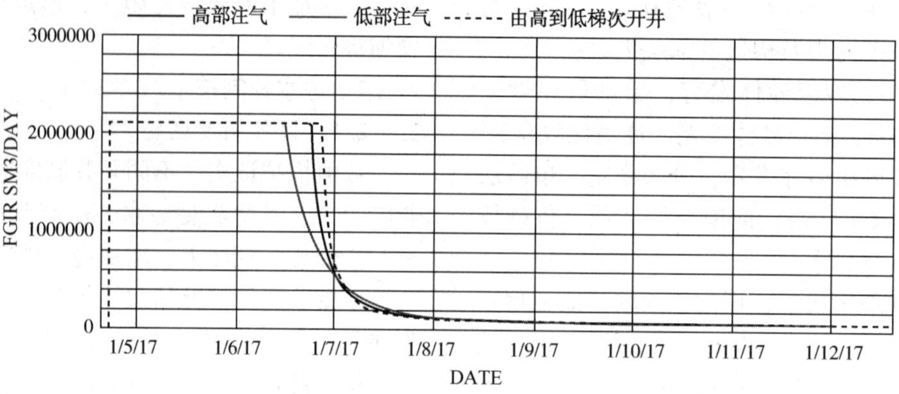

图 3　三种制度日注气量曲线

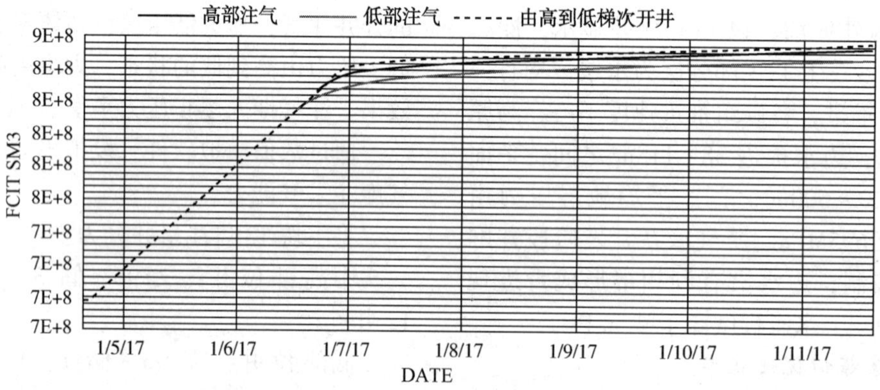

图 4　三种制度累计注气量曲线

第五周期实际生产过程中，高部位开井数占比平均 59%，高于全部开井高部位开井数占比 46.2%，基本遵循了梯次注气的开井思想，累积注气量 1.54 亿 m^3，处于模拟梯次注气与低注之间，略低于模拟高注的 1.56 亿 m^3。主要的原因为，模拟注气相较实际注气，不受地面压缩机排量限制，连续注气，在地层形成稳定渗流，有利于提高注气效率。实际生产过程中，受管网压力、压缩机排量、出口压力限制，注气制度变换频繁，在地层形成紊流，增加了压力损耗，影响了累积注气量。

高注、低注气水界面对比，高注制度气水界面由高向低平稳推移，低注制度由于注气井距离气水界面近，激动地层水，在水淹程度高的 S3 上砂组，气水界面起伏波动，出现向特性好的构造部位突进情况，给下一步采气造成不利影响（图 5）。

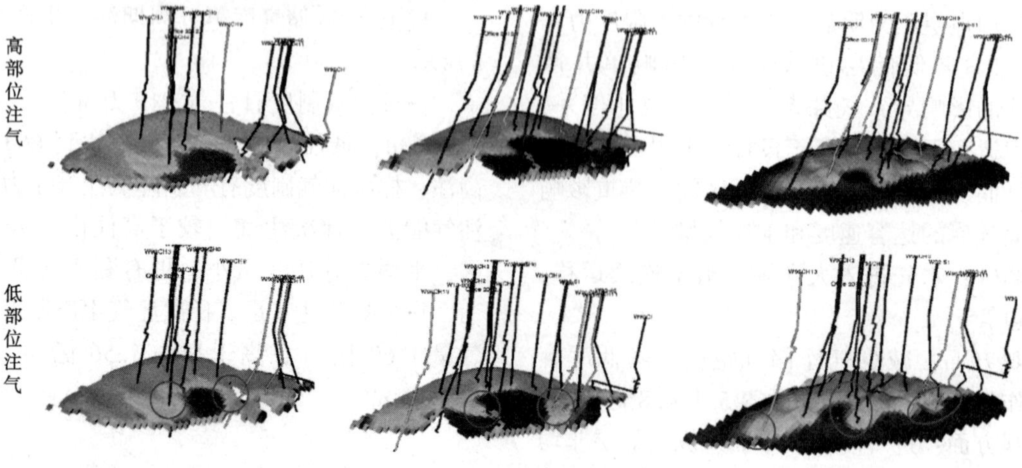

图 5　高、低部位注气气水界面图

2.1.2.2 采气制度调整

同理受边水影响，不同开井制度对累积采气量影响较大，为科学管控边水，减小边水运移速度，避免注采井过早水淹，通过高部采气，低部阻水方式，保证注采井产能。

原则：高部采气，低部阻水。高部位开井采气，压降漏斗缓慢延伸至低部位气水边界，减小驱水压差；同时低部少量开井，形成低压区，发挥阻水效果，使高部位形成纯气区；采气中后期，地层压力低于18MPa，全气库开井，使地层压力平衡降低，增加供气范围，减小天然气运移距离，提高采气效率。

数值模拟采气开井制度：

高采：开文96-储2、3、5、6、8、9、12井共7口井

低采：开文96-储2、1、13、4、7、10、11井共7口井

高采气低阻水：先高采60d，地层压力18MPa后，注采井全开采气。

模拟文96储气库第五周期采气生产：

数值模拟高采气、低采、高采气低阻水三种采气制度日采气200万立方米，高采连续采气67d，低采52d，高采气低阻水达到71d，说明高采、高采气低阻水制度均有利于提高采气能力，高采气低阻水相较于高注由于开井数量多，平均单井采气量小，供气范围大更有利于增加采气压差，从而增加累积采气量。

高采、低采气水界面对比，高采制度气水界面平稳，气水过渡带较窄，低采制度采气后，气水界面低于高采制度，起伏较大，气水过渡带更宽。注气开始后边水将出现较大范围重新分布，造成能量损耗，不利于提高注气效率。

气库投产前边水侵入构造高部，通过坚持“由高到低梯次注气驱水，高部采气，低部阻水”制度控制，气水界面更加均衡，同比投产前气水界面下移。

S2下3-4气水界面及过渡带变化幅度小，S2下8、S3上1-3水淹程度高受注采制度控制气水界面及过渡带变化幅度高于上部层系。

2.2 运行压力区间扩充技术

2.2.1 提高压力运行上限

文96储气库共计三台压缩机，设计操作排气压力23.5MPa。实际最高运行至23MPa，地层压力最高26~26.5MPa，无法达到设计压力。2021年9月份完成压缩机升压改造工程，将压缩机操作压力提升至24.5MPa，届时气藏压力将达到27MPa。

压缩机组、站内注气管网(管线、法兰、阀门)、设备、集输管网设计压力范围内，具备升压条件。

① 压缩机出口管线

材质26B，最高操作压力23.5MPa，设计压力25.5MPa。

② 注气汇管

最高操作压力23.5MPa，设计压力25MPa。

③ 集输管网

最高操作压力为23.5MPa，设计压力为25.5MPa。

工作一：压缩机参数调整

调整压缩机二级排气压力及停机保护系统、压缩机进出口汇管旁通回流管线自力式调压阀、高压流程放空安全阀参数。

工作二：压缩机组控制盘参数修改

压缩机设出口压力连锁停机保护控制系统，二级排气压力参数调整至24.5MPa，保护控制系统应做相应的调整。

工作三：压缩机回流管线自力式调压阀调整

工作四：高压流程放空安全阀校验调整

工作五：SCADA系统、安全关断(ESD)系统参数调整

9月份已完成升级改造，确保2021年注气至气藏压力27MPa。

2.2.2 降低压力运行下限

文96自投运以来气藏压力一直在小区间运行(14.2MPa~24.2MPa)，第八周期上探至25.2MPa，采气至12.6MPa，采气末期气库仍具备100万 m^3/d 采气能力，可继续降低至11.5MPa，预计增加工作气量0.2亿 m^3。

3 注采气能力控制技术

3.1 产能一体化评价技术

3.1.1 产水气井产能预测方法

地层含水降低气相渗透率，影响产气方程层流系数A中Krg(sw)、井底附近表皮系数S，将两参数进行修正，得到含水气井产量计算方程式。

建立无因次产能系数qr=q/qi计算，生产水气比5、10时，无因次产能系数分别为70%、

56%，气井产量降低 30%~44%。

注气能力：地层压力达到 25MPa 前，满足 200 万 m^3/d 最大注气能力(三台机组)，地层压力达到 26MPa 前满足 140 万 m^3/d 最大注气能力，地层压力达到 26.5MPa 前满足 60 万 m^3/d 最大注气能力。

采气能力：生产压差 3MPa 以内，地层压力 20MPa 前，气库具备 300 万 m^3/d 应急采气能力；地层压力 18MPa 前，具备 200 万 m^3/d 应急采气能力。

3.1.2　建立储气库采气调峰物理模型

(1) 依据市场用气规律，建立地下储气库生产运行仿真物理模型；冬季气量低—高—低“钟”形分布，春节附近最高；

(2) 储气库不同峰谷比 M=高峰日采气量/低峰日产气量，峰谷比达 2~4 倍；

(3) 建立工作气量-日调峰产量计算公式：马小明-成亚斌公式(马成 MC 公式)；

(4) 建立合理采气井数计算公式：日采气量/单井产量=采气井数。

根据注采周期边水变化特征，对气库不同地层压力、库存气量下，开井制度进行定量确定，制定一套合理运行制度。

3.2　不动管柱注采工程技术

不动管柱注采工程技术主要有不动管柱清盐防盐技术以及不动管柱排液技术。

3.2.1　不动管柱清盐防盐技术

模拟储气库注采生产，通过岩心干、湿气驱替实验，明确地层、井筒结盐机理；编制“结盐分析软件”对井筒进行预测，形成复合防盐、清水洗盐预防的双重保障技术。

3.2.1.1　结盐机理研究

气库第四周期开始发现井筒盐结晶颗粒，2016 年 6 月文 96-储 12 井注气回零，通井显示遇阻位置在油管内盐堵。自此，文 96 储气库进入全面结盐阶段，结盐直接造成气井停产，抑制气库调峰调压能力，影响注采井使用寿命(图 6)。

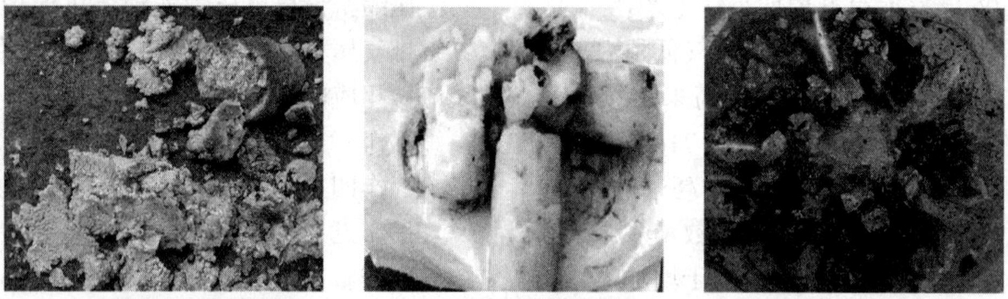

(a)文96-储12井筒取出盐样　(b)文96-储13井筒取出盐样　(c)文96-储9井筒取出盐样

图 6　文 96 储气库气井盐样

通过室内试验模拟储气库注采过程，从注入气湿度、地层压力、地层水矿化度、生产压差、渗透率、孔隙度、孔喉直径等方面，分析影响地层结盐因素。

地层结盐岩心实验总结：

① 注入干气是导致储气库地层结盐的根本原因；

② 地层压力降低、地层水矿化度高加剧了地层结盐；

③ 储气库“强注强采”导致的放大生产压差会加剧结盐；

④ 高渗透率、低孔隙度、小孔喉直径均会增大结盐对地层的伤害。

采气期井筒结盐机理：多周期注入含水不饱和干气导致地层水含盐浓度升高、储层气质变干，在多层合采工况下，地层水与干气同产，在井筒提浓液态水，导致液态水饱和析出盐垢。

3.2.1.2　清防盐措施

建立全生命周期防盐、洗盐措施

清水洗盐：应用“结盐分析软件”结合通井测试数据，建立“周期性打水制度”。

一是应用“结盐分析软件”编制各生产工况下井筒结盐预测表；

二是根据生产参数连续监测数据，摸排重点结盐井，通过通井测试验证，建立单井打水周期，及时向井内打入清水防止盐晶析出，溶解已析出盐垢；

三是预防性打水防盐，在停气期由于各层系地层压力不平衡，出现层间气窜，导致井内积液，无论采转注还是注转采，均会出现注入干气与积液混和而析出盐垢。因此在注采交替期应先向井内注入1~2m^3 清水，以保证井内积液与干气混和后盐不析出。

复合防盐：注气初期，利用地层压力低的有利时机，将复配好的抑盐剂随天然气分段挤入地层，使抑盐剂充分在储层孔隙表面吸附，在采气阶段逐步释放，可防止氯化钠及硫酸钙、碳酸钙盐垢在近井地带发生沉积，从而达到防止盐垢生成的目的。

3.2.2 不动管柱排液技术

3.2.2.1 井筒积液原理

井筒积液原因：油管喇叭口位置高，处于产层顶界以上；产层跨度大100~325m，产水层主要为下部S3上，致使产层下部携液气量不足；油套、油管内径大临界携液流量大。

3.2.2.2 井筒排液采气措施

针对采气中后期对井筒积液井，优化井筒液面计算方式，提高液面监测准确性。选择与文96气藏地层水配伍性好的活性剂实施泡沫辅助排液工艺，采用井口投放固体棒剂方式。

泡沫排水采气的基本原理，是从井口向井底注入某种能够遇水起泡的表面活性剂(起泡剂)，井底积液与起泡剂接触以后，借助天然气流的搅动，生成大量低密度含水泡沫，随气流从井底携带到地面，从而达到排出井筒积液的目的。

根据文23气田开发经验，建议采用棒剂，通过在井底缓慢溶解，达到长期起泡持续有效的目的。

在无法动管柱的条件下，通过泡沫排水采气工艺，生成大量低密度含水泡沫，达到排出井筒积液的目的。为便于现场操作，考虑使用固体棒剂。

文96储气库S3上注采层系，储层物性好，厚度大，及时携液避免积液，可达到两个目的：一是释放产能，提高工作气量；二是转注后，提高储层吸气能力，提高库容动用程度。

4 应用效果

4.1 工作气量稳步提升

通过垫气、达容、工作量提升、能力建设四个阶段，文96储气库工作气量逐年提升，2020年冬季采气2.01亿m^3，理论区间工作气量达到2.3亿m^3。

4.2 气藏运行区间增大

文96自投运以来气藏压力一直在小区间运行(14.2MPa~24.2MPa)，第八周期上探至25.2MPa，采气至12.6MPa，采气末期气库仍具备100万m^3/d采气能力，可继续降低至11.5MPa，预计增加工作气量0.2亿m^3。

4.3 恢复失控储量

新钻调整井文96-储15井，增加控制储量0.4亿m^3。2021年11月12日开井注气，已到注气后期，地层压力接近25.0MPa，储15井未上排液措施，投产注气就能达到日均1.4万m^3，注气能力好于预期。从地层系数看，经过1、2周期吞吐，该井注采能力将强于高部位主力井文96-储9井。

4.4 井筒、地层结盐可控

通过地层抑盐剂、井筒清水清防盐，严重结盐井遇阻深度6周期以来结束了上下起伏的状态，基本稳定在产层下界以下，保证了井筒畅通。为储气库降低运行压力下限，提升气库工作气量提供了有力保障。

4.5 单井注采气能力提升

2021年第8周期采气期，实施固体棒剂泡排14井次，效果良好，气井产液量增加，采气压力回升，产能保持稳定。通过实施泡排增加工作气量1500~2000万m^3。

参考文献

[1] 腰世哲，熊万里，雷俊杰. 文96地下储气库结盐机理及防治措施[J]. 天然气技术与经济，2021(1)

枯竭裂缝砂岩型储气库高温缓膨气密封堵体系

王素文　严霞霞

（中国石化中原油田分公司石油工程技术研究院）

摘　要　储气库老井井筒封堵有别于常规油气井，老井井筒封堵后，套管处的压力始终处于交变状态，因而对老井井筒封堵的可靠性要求更高。国内常用的普通油井水泥堵剂体系，堵剂粒径大，不能深入地层和水泥环的微间隙；超细油井水泥堵剂初凝时间比普通水泥更短，且现场配制由于水泥的比重大，浆体稠度大，因此使用的安全性差。在已有研究的基础上，通过对油井水泥主剂用量及添加剂的优化，研发出了一套高温缓膨气密封堵体系，高温（120℃）、稠化时间可控（4～9 小时），易泵入（初始稠度小于 35BC），气密封性好（≥15MPa），可适用于枯竭负压多裂缝储气库老井封堵。

关键词：枯竭裂缝砂岩型储气库；老井；封堵；高温；气密封

中原某储气库储层具有温度高（120℃）、渗透率低（$14.7\times10^{-3}\mu m^2$）、地层跨度大（350m）等特点，为改善储层渗流条件提高产能，该气田自开发以来，曾应用过酸化、水力加砂压裂、高能气体压裂、二氧化碳压裂等储层改造工艺，地层形成多种裂缝；常规适用于储气库的封堵体系不能有效封堵大裂缝和优势通道，不能满足作为储气库建设的封堵需求。同时，该储气库地层物性差异大，应力交替变化大、压力波动大，存在较长的井段需要封堵，对气层的高温缓膨气密封堵技术提出了更高的要求。因此，针对该储气库气田苛刻的地层状况，研发了一种新型高温缓膨气密封堵体系。

1　封堵难点分析

中原某储气库原始地层以低孔低渗为主，老井基本上全部经过压裂（平均单井压裂次数 1～3 次）。压裂后地层孔喉、渗透率变化较大：缝中的孔隙度由原来的 9.4%～13%变为约 35%；渗透率由原来的 $0.8\sim5.9\times10^{-3}\mu m^2$ 变为 110～$121\mu m^2$；压裂后地层孔喉为 105μm。压裂改造后，堵剂颗粒与储层孔喉半径的配伍性变差。且随着开发的深入，地层孔隙度呈变大趋势，堵剂用量难以控制计算，影响堵剂驻留性；层间差异的影响，封堵亏空严重地层，层间差异较大，堵剂易进入物性好的地层，难以进入物性差的，导致驻留困难，增加了封堵难度。

2　封堵体系配方的优化

针对中原某储气库的地层特点，考虑堵剂的滞留性和封堵强度，通过加入不同的添加剂使堵剂具备“直角稠化”的性能（图 1），从而克服微裂缝，达到封堵的目的。

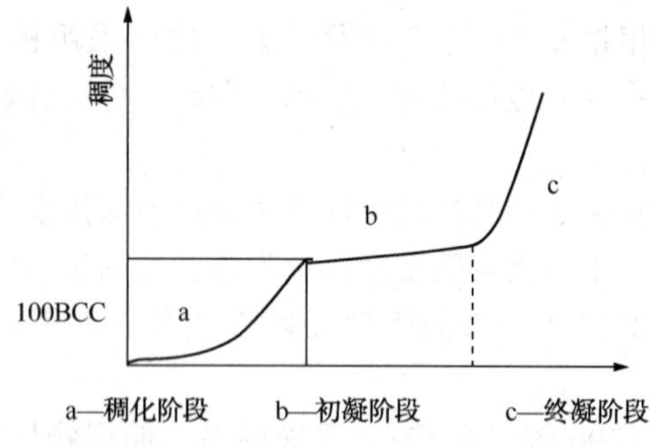

图 1　无机颗粒类堵剂固化阶段示意图

在温度和压力作用下，随着时间的延长，堵剂浆体的稠度逐渐增大。当稠度小于 60BC 时，堵剂浆体流动性很好；稠度在 60～80BC 时，堵剂浆体流动性较好，可以泵注（现场施工时堵剂浆体流动性一般要控制在 60BC 以内）；稠度接近 100BC 时属于稠化阶段；稠度大于 100BC 时，堵剂浆体几乎失去流动性。

堵剂便由稠化阶段进入初凝阶段，同时堵剂浆体由线形结构向体形结构转化，逐渐有了强度。当堵剂浆体完全变为体形结构时，便达到了终凝阶段，强度较高。当进入初凝阶段后，堵剂浆体有了一定的体形结构，液注压力逐渐无法传递到堵剂浆体上，此时高压层内的流体将流入堵剂浆体内，堵剂浆体被稀释造成封堵不严，形成窜槽。为了克服这一现象带来的影响，需要注入的堵剂浆体初凝至终凝的时间很短，即b阶段很短，也就是具有“直角稠化”的特性，以有效减少层间窜流的机会。

通过收集目前中原油田常用的普通堵剂样品进行性能评价，考察堵剂的基本性能，根据常用堵剂的特点及现场应用分析，对现有堵剂的配方进行了改进与完善，评价了添加剂对堵剂性能的影响，改善了堵剂与界面的吸附性能，研制一种适用于该储气库的新型封堵体系。

2.1 样品水分测定

堵剂样品水份含量均小于8%，满足长期储存要求，实验结果见表1。

表1　样品水份测定

序号	水份/%	标准指标≤8%
1#	1.2	合格
2#	1.5	合格
3#	0.8	合格
4#	1.086	合格
5#	0.744	合格

2.2 浆体比重测定

水灰比是保证水泥环具有足够的抗压强度和水泥浆良好的可泵性的前提。当水灰比过大时，水泥浆难以搅拌和泵送，在环空流动将产生很高的摩擦阻力。如遇渗透性好的低压井段，则产生压差滤失，使水渗入地层，造成憋泵事故。水灰比过小，水泥环将达不到要求的抗压强度。

测定不同水灰比下的浆体比重，实验数据见表2(水/灰=W/C)。通过调节水灰比可以调节堵剂的比重，以满足现场应用。

表2　不同水灰比下堵剂比重

比重	1#	2#	3#	4#	5#
1：1.1	1.510	1.515	1.510	1.525	1.520
1：1.2	1.520	1.540	1.535	1.535	1.540
1：1.3	1.570	1.565	1.575	1.600	1.569
1：1.4	1.590	1.600	1.610	1.612	1.586

2.3 主剂用量对堵剂性能的影响

固定胶凝固化剂用量3%，触变调节剂用量0.4%，缓凝剂0.4%。改变主剂用量(以水灰比W/C表示)，配制成均匀浆液，在120℃温度下，测定其稠化时间和抗压强度，实验结果见表3。

表3　主剂用量与稠化时间和抗压强度的关系

主剂用量/(W/C)	稠化时间/h	抗压强度/MPa
1：1.0	4.1	18
1：1.2	4.0	18.5
1：1.3	3.8	19.5
1：1.4	3.9	19
1：1.5	3.8	18.5

通过实验可以看出：主剂用量对稠化时间、触变性影响不大，对抗压强度影响较大，考虑到固化体的抗压强度，一般选取W/C为1：1.2的配比。

2.4 胶凝固化剂用量对堵剂性能的影响

固定主剂用量水：灰=1：1.2，触变调节剂用量0.4%，改变固化剂用量，配制成均匀浆液，在120℃下测定不同胶凝固化剂加量下的稠化时间和抗压强度，实验结果见表4。

表4　不同胶凝固化剂加量下的稠化时间和抗压强度的关系

固化剂浓度/%	稠化时间/h	抗压强度/MPa
0	3.5	17
1.0	3.9	20
3.0	3.8	21
5.0	3.9	22
7.0	4	22

实验可以看出：稠化时间及触变性与固化剂加量关系不大。随固化剂加量对凝结体抗压强度有一定影响，一般胶凝固化剂的加量为1~3%，满足该储气库需要。

2.5 触变调节剂用量对堵剂性能的影响

固定主剂用量水：灰=1：1.2，固化剂用量为3%，改变触变调节剂用量，测定不同触变调节剂用量下堵剂浆液的触变性，实验结果见表5。

表 5　触变调节剂加量对堵剂性能的影响

触变调节剂浓度/%	G10s/G10min/(Pa/Pa)
0.3	4.6/14.0
0.4	4.8/14.4
0.5	5.0/15.0

实验看出：静切力初值 4~5Pa，终值 13~15Pa，堵剂浆液具有良好的触变性。封堵要求堵剂具有良好的触变性，在停泵时切力能较快地增大到某个适当的数值，既利于堵剂悬浮不易漏失，又不致于静止后开泵时泵压过高。触变调节剂的最佳用量为 0.3~0.5%，满足该储气库需要。

2.6　缓凝剂对堵剂性能的影响

目前有固体和液体的两类新型的高温缓凝剂，考虑到现场配液及分散性能，主要采用液体类新型高温缓凝剂。从 3 种高温液体缓凝剂种筛选Ⅰ型高温缓凝剂进行配方优化实验。

实验选用Ⅰ高温复合缓凝剂，主剂用量水灰比为 1：1.2+胶凝固化剂 2%+触变调节剂 0.4%，改变Ⅰ高温复合缓凝剂用量，其对高温稠化时间的影响结果见表 6。

表 6　Ⅰ型复合高温缓凝剂对稠化时间的影响

稠化时间/h \ 温度/℃ 缓凝剂/%	100	110	120
1.0	6	6	4
1.2	8	7	6
1.4	10	8	7
1.6	13	9	9
1.8	14	10	9
2.0	14	10	9

实验可以看出，复合缓凝剂能够明显延长稠化时间，通过调节其用量（最佳用量 1.0~1.6%），可以满足深层封堵的现场需要。

2.7　网架结构形成剂对堵剂性能的影响

通过添加柔性结网纤维等添加剂，能够迅速在近井地带、亏空壁、大孔道、裂缝中形成致密、不渗透、网状"水泥饼"，可增强堵剂抗冲击性，在交变压力大的情况下，能长期有效封堵。

实验固定主剂用量水灰比为 1：1.2，固化剂加量为 2%，触变调节剂加量为 0.4%，高温复合缓凝剂 1.4%，不同用量网架结构形成剂对抗压强度的影响结果见表 7。

表 7　网架结构形成剂对抗压强度的影响

抗压强度/MPa \ 温度/℃ 网架结构剂/%	100	110	120
0	21	21	21
2	22.5	22.5	22
5	24	24	24
8	24.5	24.5	24.5
10	25	25	25
12	25	25	25

实验可以看出，网架结构形成剂的添加增加抗压强度，通过调节其用量（最佳用量 5~10%），可以满足深层封堵的现场需要。

2.8　复合桥堵颗粒对堵剂性能的影响

针对裂缝存在的井，原堵剂中加入柔性、刚性桥接剂，解决裂缝的封堵；让堵剂实现沉降、桥堵和驻留。

实验选用 300 毫升的堵剂浆体，实验固定主剂用量水灰比为 1：1.2，固化剂加量为 2%，触变调节剂加量为 0.4%，高温复合缓凝剂 1.4%，网架结构形成剂 10%，不同用量复合架桥颗粒对滞留面积的影响结果见表 8。

表 8　复合架桥颗粒对滞留面积的影响

侵入深度/cm \ 编号 颗粒浓度/%	1#	2#	3#
0	2.01	2.22	1.81
1	26.41	30.18	32.15
2	38.47	40.69	36.30
3	47.76	52.78	51.50
4	63.59	62.46	67.89
5	80.40	81.67	81.99
6	83.28	80.71	84.91

实验选用 300 毫升的堵剂浆体，实验固定主剂用量水灰比为 1：1.2，固化剂加量为 2%，触变调节剂加量为 0.4%，高温复合缓凝剂 1.4%，网架结构形成剂 10%，不同用量复合架桥颗粒对侵入深度的影响结果见表 9。

实验可以看出，复合架桥颗粒的添加增加堵

剂的滞留面积及侵入深度，当复合架桥颗粒的用量在0~2.0%时，滞留面积较小于36cm^2，侵入深度大于8.0cm；复合架桥颗粒的用量在2.0%~5.0%时，能形成较大的滞留面积在36~80cm^{2}间快速增加，侵入深度从8.0cm快速降到5.0cm；复合架桥颗粒的用量在大于5.0%时，滞留面积增速降低，侵入深度增速减少。因此复合架桥颗粒的最佳用量为2.0%~5.0%(图9)。

表9　复合架桥颗粒对侵入深度的影响

颗粒浓度/% \ 侵入深度/cm \ 编号	1#	2#	3#
0	12.5	12.0	11.5
1	10.2	10.5	10.6
2	9.5	9.6	9，7
3	9.2	9.3	9.2
4	8.6	8.5	8.5
5	8.3	8.4	8.3
6	8.1	8.2	8.1

2.9　微晶颗粒膨胀剂对堵剂性能的影响

调整微晶膨胀剂部分性能，通过加入钝化金属粉等膨胀剂，使得堵剂略微膨胀，可以保证堵剂固结体在一定的时间产生微膨胀，堵剂固结体具有较好的自愈功能，使堵剂固结体和地层岩石、套管壁胶结更加致密和紧密，增强各胶结面强度。

实验可以看出，添加微晶颗粒膨胀剂后，使堵剂固结体和玻璃瓶壁胶结更加紧密，胶结面强度增强(图2)。

2.10　优选封堵体系的配方

通过以上实验研究，优选出的封堵体系配方：W/C=1：1.2+胶凝固化剂1%~3%+触变调节剂0.3%~0.5%+复合缓凝剂1.0~1.6%+网架结构形成剂+复合桥堵颗粒(裂缝时用)+微晶颗粒膨胀剂。

图2　堵剂添加微晶颗粒膨胀剂后胶结图

3　高温缓膨气密封堵体系性能评价

3.1　粒径分析

用激光粒度分析仪Marlven3000对气层封堵剂粒径大小进行评价，实验结果如下：高温缓膨气密封堵剂粒径中值分别为11.1和8.9μm，高温缓膨气密封堵剂更容易进入地层深部。高温缓膨气密封堵剂3~30μm的中间颗粒占60%以上，而粒径范围决定堵剂的最终强度；大于60μm的粗颗粒因水化程度低，几乎没有什么强度，气层封堵剂所占比例不超过10%，因此，从体系粒径组成上可以说明气层封堵剂具有较高强度(表10)。

表10　高温缓膨气密封堵剂粒径统计结果

粒径指标	高温缓膨气密封堵剂1#	高温缓膨气密封堵剂2#
粒径中值/μm	11.1	8.89
粒度范围/μm	0.263~265.145	1.8425~138.596
粒度分布(3~30μm)	65.75%	63.58%
粒度分布(>60μm)	5%	8%

3.2　触变性

在室温条件下将气层封堵剂与水体积比1：1.2配制1000mL堵剂浆液，将配制好的堵剂置于马氏漏斗内，分别测定静置1min、2min、10min、15min、20min、25min、35min、40min时间后堵剂完全流出漏斗所需的时间。

表 11　不同静置时间后堵剂完全流出漏斗所需的时间

静置时间/min	1	2	10	15	20	25	35	40
流出时间/s	105	117	127	168	188	235	375	561

实验可以看出，气层封堵剂显示了良好的触变性，在堵剂静置一定时间之后其流动能力明显变差，特别是在 30min 后堵剂流动能力很差，这将保证堵剂能在地层缝隙内有效驻留，确保有效封堵。

3.3　稠度

针对该枯竭裂缝性油气藏的地层特点，考虑堵剂的滞留性和封堵强度，通过加入不同的添加剂使堵剂具备“直角稠化”的性能，以及不同颗粒的添加封堵裂缝，达到储层封堵的目的。采用增压稠化仪测定温度 120℃、压力为 50MPa 下的稠度。

实验表明，在 120℃条件下稠化时间 4~9 小时，初始稠度小于 35BC，经过 6 小时后稠度迅速增加达到 80BC，具有“直角稠化”的特性(图 3)。

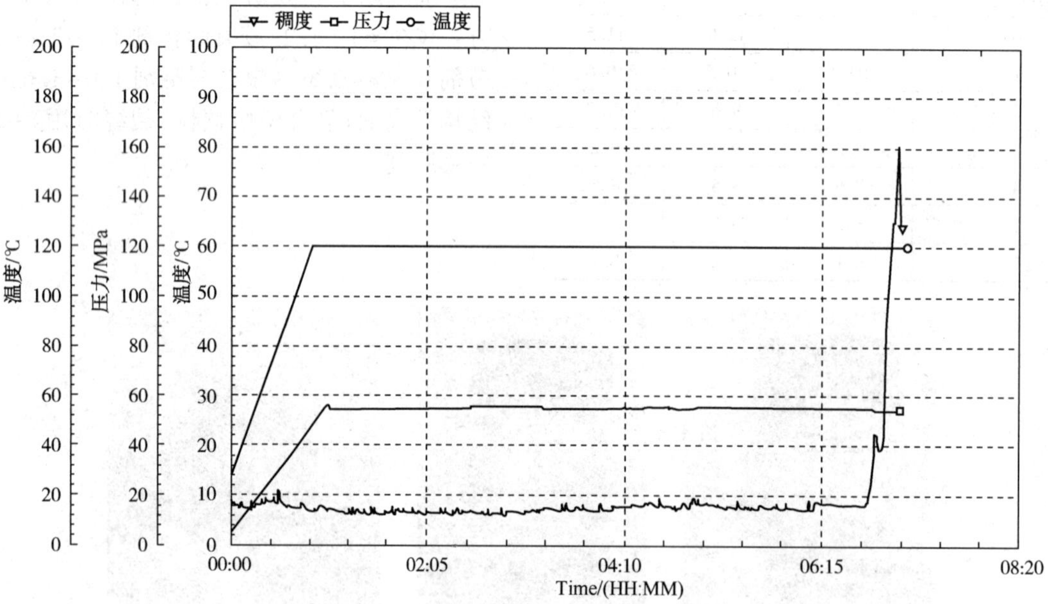

图 3　高温缓膨气密封堵体系稠化时间图

3.4　悬浮性

将气层封堵剂、普通无机堵剂、超细水泥堵剂均按与水体积比 1∶1 配制 100mL 堵剂浆液，并置于 100mL 量筒中室温下分别测出静置不同时间的析水量并测出最终析水量。同时观察到气层封堵剂与超细水泥堵剂基本无沉淀物，普通无机堵剂中略有少量颗粒沉积在量筒底部。实验数据见表 12，从上可以看出，普通无机堵剂最终析出水 16mL；超细水泥最终析出水 5mL；气层封堵剂最终析出水 8mL。气层封堵剂析水速度较慢，析水量较少，悬浮性能好。

表 12　各种堵剂浆体析水量对比表

时间(min) / 析水量(ml)	1	5	10	20	30	40	50	60	90	120	600
普通无机堵剂	1	1	1	1	1	4	6	13	13.5	14	16
超细水泥	0	0.5	1	1	1	1.5	1.5	4	4.5	4.5	5
气层封堵剂	0.5	1	1	1	1	3	5	7	7.5	7.5	8

3.5　注入性

通过人造填砂岩心(20~40 目石英砂)进入实验表明，相同注入条件下该储气库气层封堵剂能够进入砂体 12cm，满足区块地层封堵需要。

3.6 抗压强度

按照标准用两种堵剂制作出标准试块，在高压养护釜中平稳升温、升压 90min，使压力达到 21.7MPa，温度达 120℃，养护 48 小时后应用 YAW-300 抗压试验仪考察堵剂的抗压强度。

表 14　堵剂抗挤压强度

堵剂类型	成型时间/h	抗挤压强度/MPa
气层封堵剂	48	25

3.7 密封性

采用岩心管将两种堵剂浆体 8MPa 失水，养护 48 小时，制作成长 5.0cm，直径 2.5cm 的堵剂棒。考虑实验安全性，水相封堵实验最高压力设定为 35MPa，气相封堵实验最高压力设定为 15MPa。

3.7.1　水相密封性

将两种堵剂的堵剂棒装入岩芯夹持器中，采用平流泵用清水驱替。驱替压力逐渐升高，压力为 35MPa 时，稳定 30min 无压降，水相没有突破，因此两种堵剂的水相封堵率均达到 100%（表 15）。

表 15　固结体水相密封性能

堵剂类型	压力，MPa	稳压情况
气层封堵剂	35	压力稳定，出口压力为 0

（2）气相密封性

取高温缓膨气密封堵剂的堵剂棒装入岩芯夹持器中，以氮气为介质，压力设定为 5、10、15MPa，考察堵剂对气体的密封性。

表 16　气层封堵剂气相密封性能

堵剂类型	压力/MPa	稳压情况
气层封堵剂	15	压力稳定，出口压力为 0

如表 16 所示高温缓膨气密封堵剂固结体均可承受 15MPa 压力而不出现漏气现象，说明堵剂本身对气体具有良好的密封性。

4 现场应用情况

2017 年 7 月 31 日在该储气库 WX-4 井进行了现场封堵。该井封堵层位 2870.5～3003.5m，跨度 133m（厚度 69.9m/26n）井段挤堵。配制浆体 137m^3，堵剂进入地层 126m^3，施工过程中通过注入排量控制压力，压力缓慢上升，最高达 28.0MPa，挤堵施工结束时，压力为 28.0MPa，稳压 15 分钟，拔出插管。施工后试压 15MPa，30min 压降≤0.5MPa，试压合格。达到工程对挤堵施工压力要求。施工曲线见图 4。

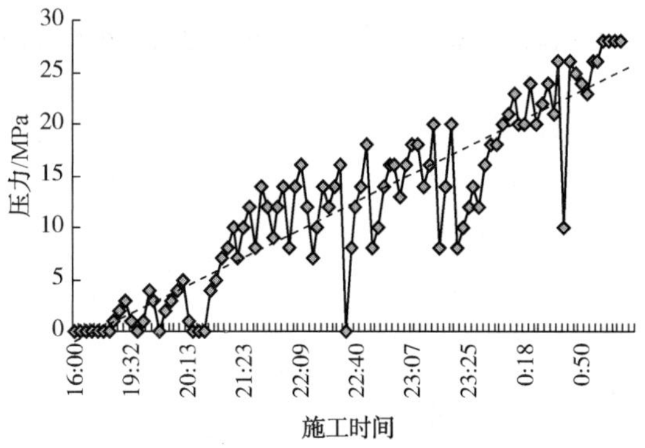

图 4　WX-4 井封堵施工压力曲线

该井是所有施工井中难度最大、漏失量最严重一口井。地层渗透率和孔隙度变大、层间非均质性加强，堵剂难以进入物性差的地层，导致封堵效果不佳，且在开发过程中造成地层亏空严重，导致堵剂驻留困难，增加封堵难度，地层经压裂改造后，地层孔喉半径增大，堵剂与储层孔喉半径的配伍性变差，进一步加大封堵难度。通过加大了结网材料用量和网架结构形成剂（防止漏失、固化体本体强度），可增强堵剂抗冲击性，在交变压力大的情况下，加强长期驻留能力调整微晶膨胀剂部分性能，可以保证堵剂固结体在一定的时间产生微膨胀，堵剂固结体具有较好的自愈功能，使堵剂固结体和地层岩石、套管壁胶结更加致密和紧密。

通过现场情况分析，优化体系的防止高漏失性能得到大幅提升，实现注入量不变情况下性能提高。

5 结论

新型颗粒纤维复合架桥模式代替纤维架桥封堵，实现了复杂人工压裂裂缝高效驻留；研发的金属微晶膨胀体系代替有机体膨组分，解决了储气库长期应力交变对水泥强度影响；优选超细水泥和高温悬浮剂，实现了低渗储层有效封堵。该体系耐高温（120℃）、稠化时间可控（4～9 小时），易泵入（初始稠度小于 35BC），气密封性好（≥15MPa）。

参考文献

[1] 刘江华，袁飞，王容军，等．呼图壁储气库老井封

堵技术研究[C]. 全国天然气学术年会，2014.

[2] 曹洪昌，王野，田惠，等. 苏桥储气库老井封堵浆及封堵工艺研究与应用[J]. 钻井液与完井液，2014，31(2)：55-78.

[3] 李国韬，金根泰，等. 油气藏型储气库废弃井封堵技术浅析[J]. 油气井测试，2017，26(6)：50-51、55.

[4] 杨昌华，牛宗奎，杨斌，等. 文96枯竭气藏储气库封堵体系研究与应用[J]. 油田化学，2012，29(3)：263-266.

长圆螺纹接头脱扣原因分析

潘志勇　王建军　杨尚谕

（中国石油集团工程材料研究院有限公司
石油管材及装备材料服役行为与结构安全国家重点实验室）

摘　要　针对一起长圆螺纹套管接头脱扣事故进行原因分析。采用试验和理论相结合的分析方法，对失效试样进行了宏观分析和材质理化性能检测分析，对脱扣接箍不同位置外径进行了对比分析，对失效样螺纹锥度进行了检测对比分析，对同批次套管试样进行了实物对比试验，对螺纹接头模拟现场受到的拉伸载荷在不同过盈条件下进行了有限元力学分析。结果显示：失效套管材料屈服强度小于标准要求值；螺纹接头工厂端上扣位置满足标准要求；脱扣接箍不同位置外径差异较小，未见局部突增现象；脱扣接箍工厂端螺纹锥度波动范围较大；有限元力学模拟分析反推接头工厂端不会在上扣痕迹位置发生脱扣失效。综合分析得出结论：长圆螺纹套管接头发生滑脱失效的主要原因是套管材料屈服强度偏低和现场浮动上扣导致螺纹接头发生松动。

关键词：长圆螺纹；接头；脱扣；有限元；原因分析

圆螺纹和偏梯形螺纹是石油工业使用的两种主要螺纹形式。偏梯形螺纹抗轴向拉伸或压缩能力强，螺纹接头的连接强度能达到管体强度，但由于将近一半非完整螺纹的存在以及多条螺旋通道的存在导致其密封性能较差。圆螺纹牙型为三角形，牙形角为 60°，牙形角平分线与轴线垂直，牙顶和牙底均为圆形，当螺纹旋紧后，内外螺纹牙侧面紧密配合，牙顶和牙底之间挤满密封螺纹脂，因而圆螺纹接头具有好的密封性能，适合在中低压气井或油井中使用，但由于其牙形特点，圆螺纹在承受轴向载荷时易发生变形，圆螺纹接头的连接强度仅为管体强度的 60%～80%。由于油田现场情况复杂，圆螺纹接头的脱扣失效容易发生在现场端，为减少或避免滑脱失效事故的发生，很多学者针对现场端的脱扣进行了研究。本文针对一起长圆螺纹套管接头在工厂端发生的脱扣事故进行失效原因分析。发生套管脱扣失效的井为直井，井深 3710m，失效套管规格为 Φ139. 7×9. 17mm P110 LC，落鱼长度 3695m。

1　宏观分析

脱扣接箍工厂端螺纹导向面形貌见图 1，螺纹导向面摩擦痕迹明显，摩擦形貌延伸至第 22 扣；脱扣接箍工厂端螺纹承载面形貌见图 2，螺纹承载面摩擦痕迹也延伸至第 22 扣。根据接箍工厂端螺纹形貌推断工厂端内螺纹已上扣到第 22 扣。

图 1　脱扣接箍工厂端螺纹导向面形貌

图 2　脱扣接箍工厂端螺纹承载面形貌

与脱扣接箍工厂端连接的外螺纹形貌见图3，可见1~22扣螺纹导向面及承载面较为光亮，超过22扣的螺纹导向面及承载面均存在锈迹和固化的螺纹脂，推测外螺纹已上扣到第22扣。

图3　与脱扣接箍工厂端连接的外螺纹形貌

脱扣接箍工厂端端面形貌见图4，端面整圈磨损明显，表面光滑发亮，说明端面在承受挤压的同时存在相对滑动。

图4　脱扣接箍工厂端端面形貌

2　尺寸检测

将脱扣接箍从工厂端到现场端沿轴向均匀分成9段，对每一段在0°方位、45°方位、90°方位、135°方位进行外径检测，接箍不同截面外径对比见图5。结果显示脱扣接箍外径符合API Spec 5CT标准要求，整体上工厂端与现场端外径相同，未见局部外径增大现象。

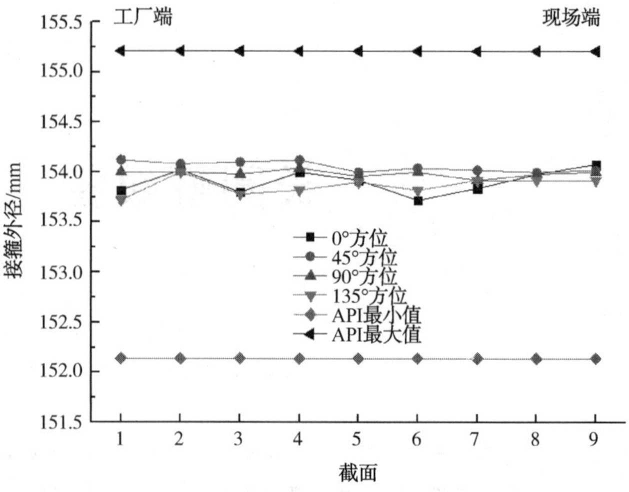

图5　脱扣接箍不同截面外径对比

对脱扣接箍工厂端和现场端螺纹以及脱扣套管外螺纹在0°方位和90°方位进行锥度检测，轴向1~21扣螺纹锥度对比分别见图6~图8。结果显示脱扣接箍现场端螺纹锥度符合API Spec 5B标准要求，但脱扣接箍工厂端少数内螺纹和脱扣套管少数外螺纹锥度不满足API Spec 5B标准要求，波动范围较大。

由于套管脱扣过程中，脱扣螺纹部位受到变形损伤，导致部分螺纹锥度发生变化，检测结果不能作为原始螺纹的判定依据。

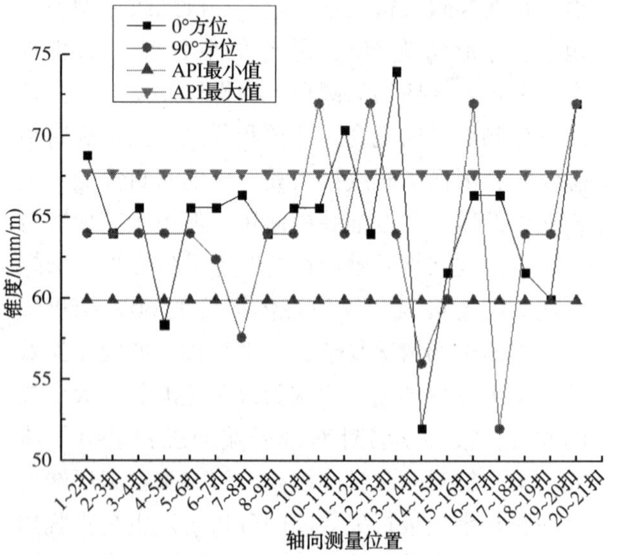

图6　脱扣接箍工厂端螺纹锥度

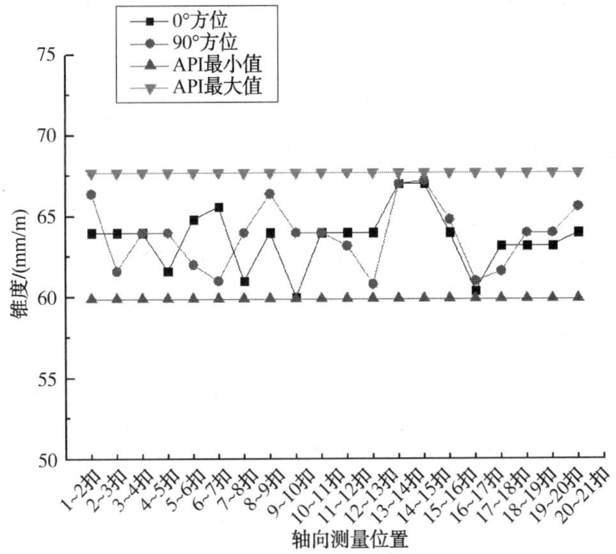

图7　脱扣接箍现场端螺纹锥度

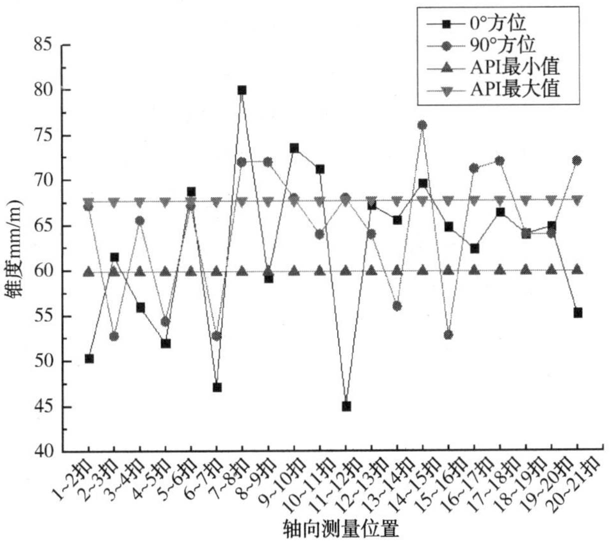

图8　脱扣套管外螺纹锥度

3　材质分析

石油套管按钢级进行分类，材料不采用具体牌号，主要对其中几种化学元素进行限制，在脱扣接箍和工厂端管体上取样用 ARL 4460 直读光谱仪和 LECO CS-444 型红外碳硫分析仪进行化学成分检测，接箍和管体化学成分符合 API Spec 5CT 标准要求。

在脱扣接箍上截取直径为 6.25mm 的圆棒纵向拉伸试样，在工厂端管体上截取标距宽为 25.4mm 的板状纵向拉伸试样，分别在室温条件下进行拉伸试验。在脱扣接箍和工厂端管体上分别截取 5×10×55mm 的夏比 V 型缺口横向冲击试样在 0℃条件下进行冲击试验。结果表明接箍拉伸试验结果和冲击试验结果符合 API Spec 5CT 标准要求，管体冲击试验结果符合 API Spec 5CT 标准要求，管体屈服强度略低于 API Spec 5CT 标准要求。

4　有限元模拟分析

对螺纹接头进行拉伸条件下的有限元模拟分析，接箍中性横截面轴向固定，径向自由，摩擦系数 0.02，材料强度按实测数据，有限元模拟分析条件见表 1，采用理想弹塑性模型进行分析。

表 1　有限元模拟分析条件

载荷种类	上扣过盈圈数	轴向拉伸载荷/kN	载荷依据
a	2	2437	ISO/TR 10400 要求的最小滑脱强度
b	1	1050	上提鱼头重
c	0	1050	上提鱼头重
d	-1	1050	上提鱼头重

对齿顶与齿底分离距离较大的轴向位置进行编号见图 9。以轴向位置编号为横坐标，以齿顶与齿底的径向距离为纵坐标，4 种载荷作用下的径向距离对比见图 10。可见，c、d 情况下螺纹齿顶与齿底分离距离已大于 a 情况，这就意味着 c、d 情况螺纹接头已存在脱扣风险，并且 d 情况脱扣风险较大。所以，螺纹松扣配合会大大降低接头的连接强度，容易导致脱扣的发生。

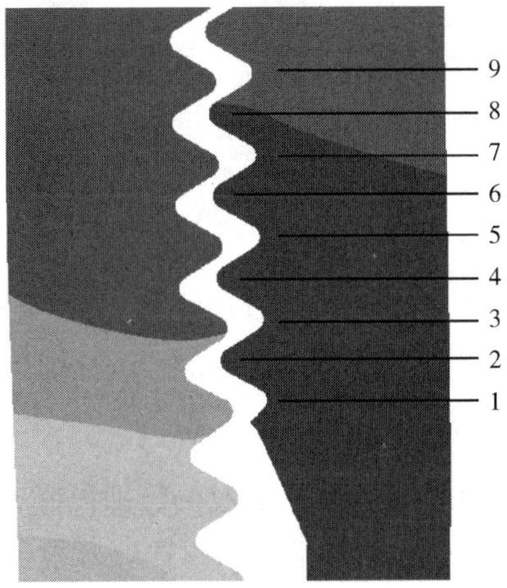

图 9　轴向不同位置编号

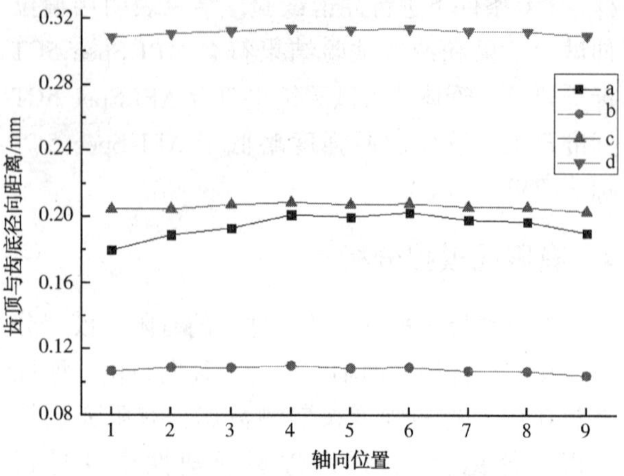

图 10　轴向不同位置齿顶与齿底径向距离

螺纹接头在 a 条件下的应力分布及变形见图 11，可见，外螺纹套管径向最大变形发生在第 18~19 扣，接箍径向最大变形发生在镗孔和螺纹过渡处，接头在 a 条件下如果发生脱扣，径向最大塑性变形也将发生在相应位置。工厂端套管外螺纹宏观观察未见凹陷变形，脱扣接箍镗孔和螺纹过渡处未见鼓胀变形，所以，脱扣事故发生时螺纹接头位置不在第 22 扣。

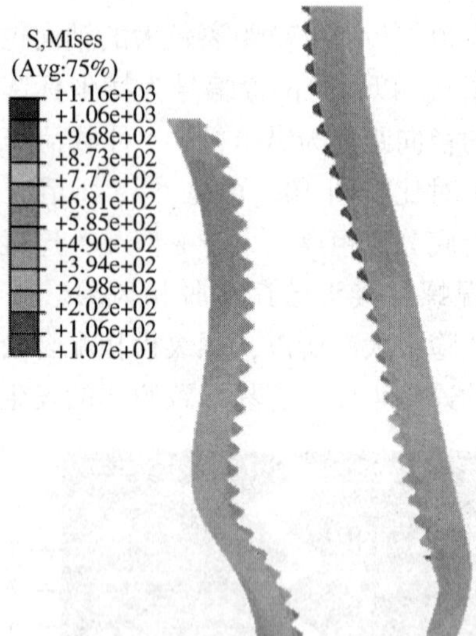

图 11　轴向不同位置齿顶与齿底径向距离

5　综合分析

对现场同批次试样螺纹参数进行检测，结果符合 API Spec 5B 标准要求。选取两根试样上扣后进行拉伸至失效试验，一根试样手紧上扣至外露外螺纹 3 扣，另一根试样按最小扭矩上扣，两种情况下螺纹接头的连接强度均符合 ISO/TR 10400 标准要求，所以圆螺纹接头只有在较松的配合条件下其连接强度才会达不到标准要求。螺纹接头有限元模拟分析推断脱扣事故发生时螺纹接头上扣位置不在第 22 扣且承受的拉伸载荷小，脱扣接箍外径检测显示工厂端与现场端外径相同，未见局部外径增大现象，也说明螺纹接头失效时的上扣位置不在第 22 扣，而宏观分析显示工厂端螺纹接头上扣位置达到第 22 扣，综合以上分析推断脱扣事故是在螺纹配合松动后发生的。管体拉伸试验结果显示屈服强度略低于 API Spec 5CT 标准要求，这对于接头脱扣有促进作用。

现场采用浮动方式上扣，上扣过程中坐在吊卡上的接箍未使用大钳夹持，根据脱扣接箍工厂端端面形貌，浮动上扣过程中接箍与吊卡发生相对转动，即套管柱在浮动上扣过程中发生了转动。套管柱长达 3700m，由于受到井壁摩擦阻力和泥浆粘滞阻力的作用，套管柱类似一根扭转弹簧在由上至下转动传递过程中会储存变形机械能，当能量达到极限时会突然释放，结果会导致套管柱发生猛的反转，由于井口吊卡处接箍受到最大的转动阻力，此处螺纹接头受到的卸扣扭矩最大，容易导致螺纹接头发生松扣。

6　结论

（1）脱扣事故发生在接箍工厂端，脱扣失效是在螺纹发生松动条件下发生的。

（2）现场浮动上扣引发螺纹接头发生松扣。

参　考　文　献

[1] Lu Shuanlu, Han Yong, Terry Changyi Qin, et al. Analysis of well casing connection pullout [J]. Engineering Failure Analysis, 2006, 13(4): 638-645.

[2] 潘志勇，陈鹏，王建军，等. 某井偏梯形螺纹接头脱扣原因分析[J]. 金属热处理，2012，37(4)：124-127.

[3] 潘志勇，燕铸，刘文红，等. 两起套管脱扣失效的典型案例分析[J]. 钻采工艺，2012，35(5)：83-86.

[4] 潘志勇，宋生印，刘文红，等. 某井圆螺纹套管接头滑脱事故分析[J]. 石油矿场机械，2011，40(12)：20-24.

[5] 申昭熙. 材料形变强化和摩擦系数对圆螺纹接头滑脱性能的影响[J]. 应用力学学报，2008，25(2)：293-295.

[6] 高连新，史交齐，金烨. 上扣扭矩对圆螺纹套管连接强度的影响[J]. 天然气工业，2005，25(2)：87-89.
[7] 齐俊林，罗维东，张宏，等. 圆螺纹套管接头上扣与滑脱的数值模拟[J]. 石油大学学报(自然科学版)，1998，24(4)：68-71.
[8] American Petroleum Institute. Specification for casing and tubing [S]. Washington：API Spec 5CT，2011.
[9] American Petroleum Institute. Specification for threading, gauging, and thread inspection of casing, tubing, and line pipe threads [S]. Washington：API Spec 5B，2008.
[10] International Organization for Standardization. Petroleum and Natural Gas Industries-Equations and Calculations for the Properties of Casing, Tubing, Drill Pipe and Line pipe Used as Casing or Tubing[S]. Switzerland：ISO，2007.

储气库用双金属复合管内衬塌陷及开裂失效分析

张庶鑫[1]　张海明[2]　徐长峰[2]　王明锋[2]　张　哲[2]　李丽锋[1]　罗金恒[1]

（1. 中国石油集团工程材料研究院有限公司 石油管材及装备材料服役行为与结构安全国家重点实验室；2. 中国石油新疆油田公司呼图壁储气库作业区）

摘　要　某地下储气库采用双金属复合管进行输气，采用内窥镜对管道进行检测时，发现大量管道出现内衬塌陷，部分管道内衬塌陷处存在疑似裂纹。为了分析内衬塌陷和开裂的原因，采用目视检查、无损检测、材料检验、裂纹分析、弯曲疲劳试验和压力试验等方法进行研究。结果表明，双金属复合管的材料性能符合标准要求，对Φ168复合管进行了外压试验，内衬在1.76MPa的压力下出现塌陷，低于理论计算值。从制造工艺和工况角度分析了塌陷原因。内衬主裂纹周围存在微裂纹，断口呈现出疲劳辉纹和厚度变薄的特征。衬管塌陷的根本原因是双金属复合管制造过程中水进入夹层，而基管和衬管的热膨胀系数不同，当外制作防腐层时以及在运行过程中温度发生变化，内衬的塌陷趋势增加。衬管开裂的原因是弯曲疲劳，载荷来源于运行中的压力波动。为了避免此类事件的发生，应对管道的积液段进行在线检测，检查基管的剩余壁厚是否符合安全服役的要求。在这种工况下，建议使用碳钢管道并定期进行清管。

关键词：双金属复合管；内衬塌陷；内衬开裂；弯曲疲劳

1　前言

双金属复合管因其经济效益和良好的耐腐蚀性，被广泛应用于石油化工、海底管道行业。基管使用碳钢或低合金钢制成的焊管或无缝管，用以承受压力，内管采用不锈钢、铁镍基合金、镍基合金或其他耐腐蚀合金材料，以提高管道的耐腐蚀性。根据粘接方式，双金属复合管可分为包覆管和机械复合管。包覆管是指内管与基管进行冶金结合，而机械复合管是指内管与基管进行机械配合。由于机械式双金属复合管的制造工艺简单、成本低。因此，特别是在海洋管道、中国西部油田的集输管道中被广泛使用。虽然机械式双金属复合管解决了内部腐蚀的问题，但也出现了一些新问题。李发根等总结了机械式双金属内衬管的失效案例，内衬管的主要失效模式是CRA层塌陷、CRA层腐蚀和接头失效。付安庆等人研究了机械式内衬管的环焊缝开裂的失效案例。研究发现，其根本原因是由于焊接不良，在焊缝处形成了马氏体组织，在拉应力、弯曲应力和剪切应力的作用下，裂纹从基体金属中萌生。Yuan等研究了海上双金属复合管在卷曲过程中的内衬屈曲行为，发现内衬在弯曲到一定曲率时，会发生屈曲，管径越大，内衬越容易发生屈曲，内压会阻止内衬弯曲。D. Vasilikis等人建立了一个有限元模型来模拟内衬管在弯曲时的起皱行为，数值模拟的起皱形状与实验观察结果一致。

目前，对双金属复合管的研究主要集中在不同外力作用下的内衬不稳定屈曲问题上。相关失效案例研究较少，尚无内衬开裂的失效案例研究（图1）。

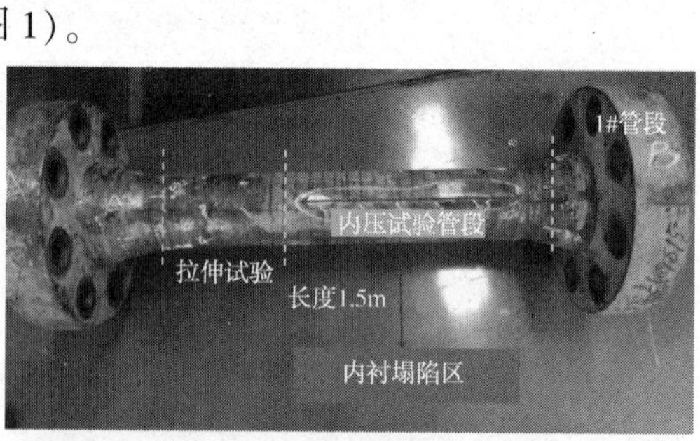

(a)1#管段

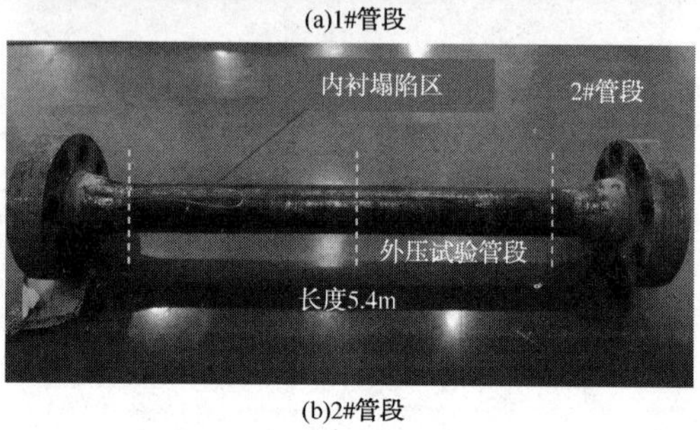

(b)2#管段

图1　双金属复合管宏观形貌(a)1#管段(b)2#管段

本次研究的对象是用于地下储气库输气管道的双金属复合管，在用内窥镜对管道进行内部检查时，发现大量的管道有内衬塌陷，部分塌陷的内衬有疑似裂纹。为了分析内衬塌陷和开裂的原因，取现场两根失效管段开展试验研究。

1#管段规格为 Φ114mm×（2mm+10mm），长度为 1.5m，发现内衬塌陷无裂纹。2#管段规格为 Φ168mm×（2mm+14mm），长度为 5.4m，发现内衬塌陷，有疑似裂纹。这两条管线建设于 2013 年 5 月，基管材质为 L415QB，衬管材质为 316L 不锈钢，设计压力为 32MPa。近三年的最高运行压力为 28.6MPa，运行温度为 43℃，管道输送介质为天然气，主要成分为 CH_4。这两条管线日常用于向储层注入天然气，并在冬季进行天然气采出作业。

衬管塌陷是双金属复合管的一种常见失效模式，会影响清管和内部检查的正常进行，然而目前还没有关于衬里开裂的报道。一旦衬管开裂，介质就会进入夹层，从而可能引起电化学腐蚀、基管的承压能力降低，进一步发生泄漏甚至爆炸失效。因此，有必要对开裂衬管进行失效分析，找到衬管塌陷和开裂的根本原因。

2　实验

为分析失效原因，进行了系统的实验。依据 ASTM E94-2017 标准要求，对两根管段两侧的环焊缝进行射线检测。依据 ASTM A751-14a，采用 ARL4460 直读光谱仪对基管和衬管进行化学成分分析。依据 GB/T 228.1-2010，采用 SHT4106 材料试验机对基管进行拉伸性能测试，采用 UTM5305 材料试验机对衬管进行拉伸性能测试。依据 GB 232-2010 标准要求，采用 WZW-1000 弯曲试验机对衬管进行弯曲试验测试。依据 ASTM E3-11(2017)、ASTM E112-13 及 ASTM E45-18a 标准要求，采用 MEF4M 金相显微镜及图像分析系统和 OLS4100 激光共聚焦显微镜对管段进行组织、非金属夹杂物分析检测。分别从送检 1#、2#管段内衬取横向和纵向试样进行晶间腐蚀试验。为了保证试验可靠性，每组试验设置 2 个平行试样。首先将试样在 650℃敏化处理 2 小时，空冷后，对试样表面进行打磨，随后将试样置于铜-硫酸铜-16%硫酸腐蚀液中，在微沸状态下连续腐蚀 16 小时后取出清洗，吹干后采用 WZW-1000 弯曲试验机将其弯曲，弯轴直径 5mm，弯曲角度 180°。为了明确衬里塌陷的驱动力，以及衬里塌陷是否能在内部压力下恢复，进行了压力试验。1#管样内衬存在塌陷，2#管样内衬无塌陷鼓包。在 1#管样两端进行倒坡口焊接堵头，从一侧加压，升压达到运行压力 29MPa，试验完成后进行泄压，沿轴线剖开试样观察内壁内衬塌陷情况。2#管样首先将内衬与基管进行管端封焊，再在基管外壁上钻孔至内衬深度，焊接水嘴进行加压试样，观察外压作用下内衬塌陷情况。为了验证断裂特性，还进行了低周弯曲试验，并对衬里裂纹断裂、弯曲试验断裂和拉伸试验断裂进行了对比分析。

3　结果

3.1　目视检查

压力测试后的 1#内衬的宏观形态如图 2 所示。可以看出，1#管样内衬在内压试验后，塌陷并未恢复，塌陷位于管段中部，轴向分布，长约 300mm，宽约 30mm。塌陷中部变形最大位置出现一条轴向裂纹，从内衬内壁观察，裂纹长约 25mm，从外壁观察，裂纹长约 70mm，两侧还分布有微裂纹。

(a)管样内壁形貌(b)塌陷裂纹内衬内壁形貌(c)塌陷裂纹内衬外壁形貌

图 2　1#管样试压后宏观形貌（a）管样内壁形貌（b）塌陷裂纹内衬内壁形貌（c）塌陷裂纹内衬外壁形貌

内衬的宏观形态如图 3 所示。2#管样内衬内壁光滑，呈现金属光泽，未见腐蚀痕迹。内壁存在一处“心形”塌陷，该塌陷分布在管端一侧，总长约 620mm。塌陷鼓包高约 25mm，宽约 70mm。内衬塌陷处还可以观察到 2 处纵向裂纹，从内衬外壁观察可见裂纹两侧存在微裂纹。

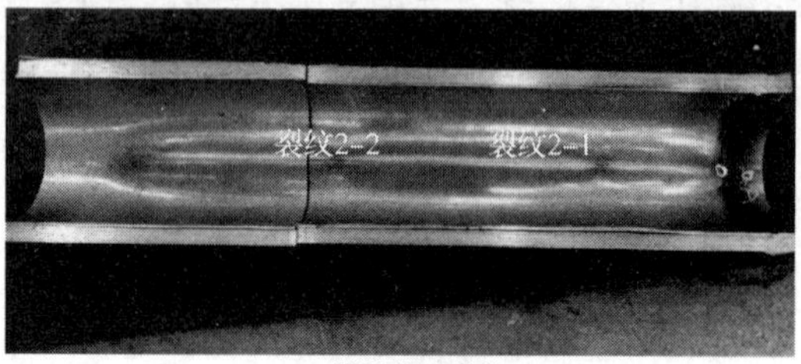

(a)管样内壁形貌

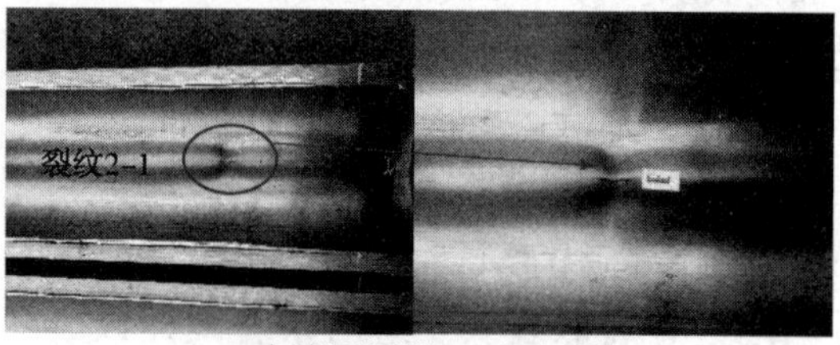

(b)内衬塌陷裂纹2-1内壁形貌

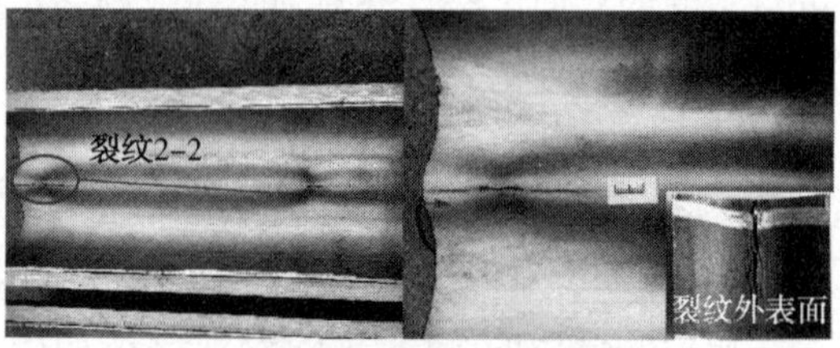

(c)内衬塌陷裂纹2-2内壁形貌

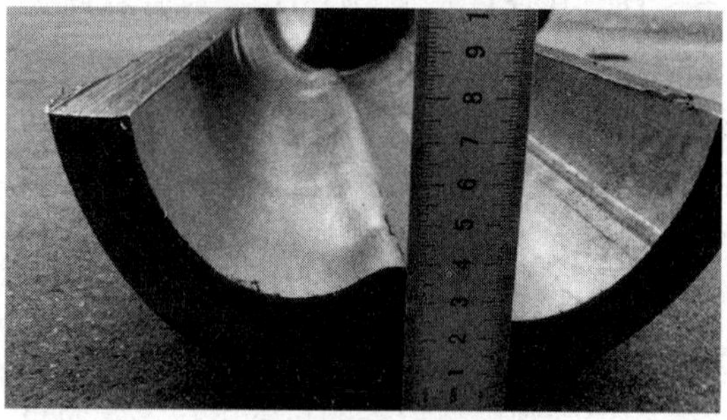

(d)塌陷截面形貌

图 3　2#管样宏观形貌(a)管样内壁形貌(b)内衬塌陷裂纹 2-1 内壁形貌(c)内衬塌陷裂纹 2-2 内壁形貌(d)塌陷截面形貌

3.2　无损检测

射线检测采用双壁单影法，曝光时间为 1.2min，每条环焊缝平均分为 6 个部分进行检测。结果显示，2 个送检管样的 4 道环焊缝均未发现焊接缺陷。焊缝评定级别为Ⅰ级。

3.3　材料检测

两种管材的基管和衬管的化学成分分析结果见表 1 和表 2。基管化学成分分析结果满足 GB/T 9711.2-1999 标准的要求。衬管化学成分分析结果不满足 API 5LD-2015 标准对 316L 材质的要求，其中 Ni 元素的含量低于标准要求的下限值。

表 1　基管化学成分　　%

样品编号	C	Si	Mn	P	S	Cr	Mo	Ni	Nb	V	Ti	Cu	B	Al	N
1#基管	0.13	0.35	1.44	0.02	0.0034	0.051	0.0083	0.027	0.043	0.0054	0.029	0.066	0.0003	0.022	0.0058
2#基管	0.12	0.29	1.43	0.019	0.0067	0.048	0.031	0.032	0.039	0.0053	0.022	0.07	0.0003	0.021	0.0057
GB/T 9711.2-1999 标准要求	≤0.16	≤0.45	≤1.6	≤0.025	≤0.020	≤0.30	≤0.10	≤0.30	≤0.05	≤0.08	≤0.04	≤0.25	/	0.015~0.06	≤0.012

*注：CEV 为碳当量，$CEV=C+\frac{Mn}{6}+\frac{Cr+Mo+V}{5}+\frac{Cu+Ni}{15}$

表 2　衬管化学成分　　%

样品编号	C	Si	Mn	P	S	Cr	Mo	Ni	Nb	V	Ti	Cu	B	Al	N
1#衬管	0.02	0.59	0.97	0.042	0.003	16.98	2.04	9.94	0.043	0.0054	0.029	0.066	0.0003	0.022	0.017
2#衬管	0.014	0.53	1.12	0.026	0.0013	16.46	2.05	9.47	0.039	0.0053	0.022	0.07	0.0003	0.021	0.015
API 5LD-2015 标准要求	≤0.03	≤0.75	≤2.00	≤0.045	≤0.030	16.0~18.0	2.0~3.0	10.0~14.0	—	—	—	—	—	—	≤0.10

基管和衬管纵向拉伸性能试验结果见表 3。1#、2#管样基管拉伸性能结果满足 GB/T 9711.2-1999 标准对 L415QB 材质的要求，衬管拉伸性能结果满足 ASTM A312/312A-17 标准对

316L材质的要求。

表3　拉伸性能测试结果

样品编号	抗拉强度 R_m/MPa	屈服强度 $R_{t0.5}$/MPa	断后伸长率 A/%
1#基管	579	458	39.0
2#基管	569	462	38.0
GB/T 9711.2-1999标准要求	≥525	415~565	≥20
1#衬管	710	553	33.0
2#衬管	714	571	27.0
ASTM A312/312A-17标准要求	≥485	≥170	—

表4和图4显示了1#衬管的弯曲试验结果。弯曲试验的目的是考察衬管弯曲后是否开裂。结果表明，1#管段衬管横向弯曲试验符合GB/T 37701-2019标准要求，未发生开裂。

表4　弯曲试验结果

样品编号	弯轴直径/mm	试验条件	试验结果
1#衬管	5	面弯弯曲180°	未见表面裂纹
		背弯弯曲180°	未见表面裂纹
GB/T 37701-2019标准要求	无裂纹		

图5为1#、2#管316L内衬的横向和纵向晶间腐蚀试验结果。未见晶间腐蚀裂纹，符合GB/T 4334-2020标准的要求。

图6为1#、2#管的基管和衬管的金相组织。1#、2#基管的金相组织均为贝氏体，非金属夹杂物为薄系的A0.5、B0.5、D0.5。1#、2#衬管的金相组织均为奥氏体，1#衬管的非金属夹杂物为薄系A0.5、厚系B0.5、薄系D0.5。未见异常。

3.4　裂纹分析

1#、2#衬管裂纹的显微组织如图7~8所示。内衬开裂位置组织均存在明显的变形，在主裂纹旁存在若干微裂纹，微裂纹起源于外壁，垂直于织构方向。同时，断裂处均存在壁厚减薄现象，1#管样、2#管样剩余壁厚分别为1mm、0.7mm。

(a)试验后面弯弯曲试样　　(b)试验后背弯弯曲试样

图4　弯曲试验(a)试验后面弯弯曲试样(b)试验后背弯弯曲试样

(a)1#内衬纵向试样

(b)1#内衬横向试样

(c)2#内衬纵向试样

(d)2#内衬横向试样

图 5　晶间腐蚀试验结果(a)1#内衬纵向试样(b)1#内衬横向试样(c)2#内衬纵向试样(d) 2#内衬横向试样

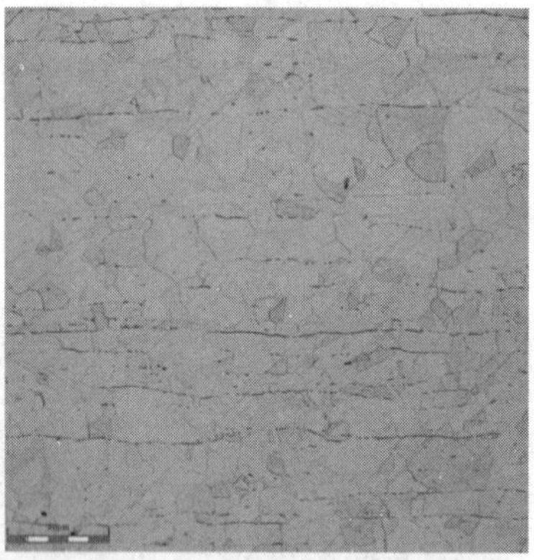
(a)1#衬管组织

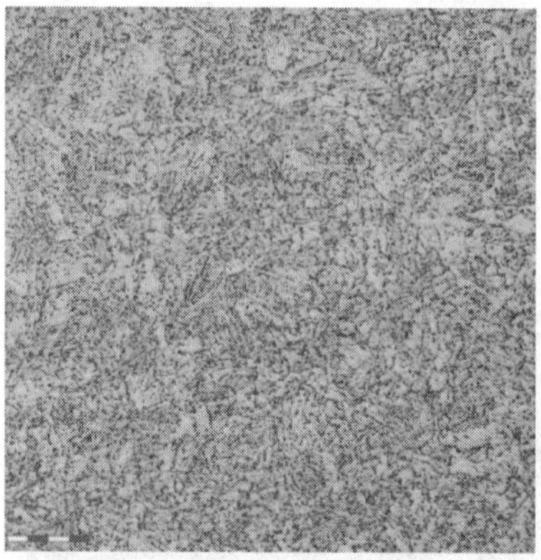
(b)1#基管组织

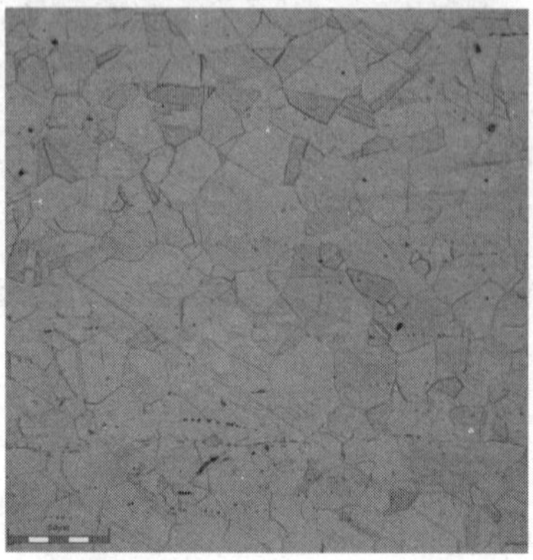
(c)2#衬管组织

(d)2#基管组织

图 6　管体金(a)相组织 1#衬管组织(b)1#基管组织(c)2#衬管组织(d)2#基管组织

(a)1#衬管裂纹　　(b)衬管减薄特征

图 7　1#衬管裂纹金相组织（a）1#衬管裂纹（b）衬管减薄特征

(a)2#衬管裂纹　　(b)衬管减薄特征

图 8　2#衬管裂纹金相组织（a）2#衬管裂纹（b）衬管减薄特征

图 9 为 1#衬管断口的微观形貌。裂纹起源于外壁，呈现多源外壁起裂特征，源区平整，扩展区存在粗大的疲劳辉纹，与管道轴向方向平行，高倍下，可以看到断口存在“长圆”韧窝，表明试样受到切应力。瞬断区呈 45°方向的剪切唇形貌。

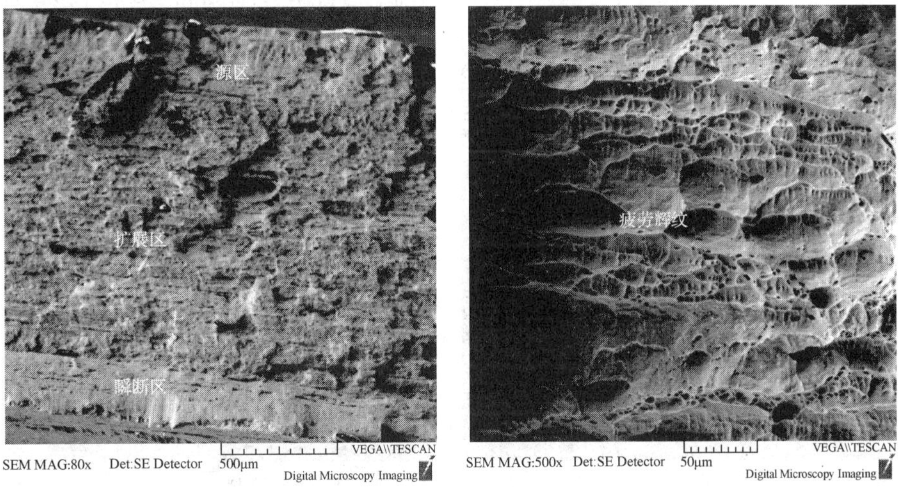

(a)断口宏观形貌　　(b)断口微观形貌

图 9　断口 SEM 图(a)断口宏观形貌(b)断口微观形貌

3.5　拉伸试验断口

将1#衬管的拉伸试验断口与裂纹断口进行对比。由图10可以看出，拉伸断口表面布满大量韧窝，为典型的韧性断口，与衬管裂纹断口的形貌明显不同。

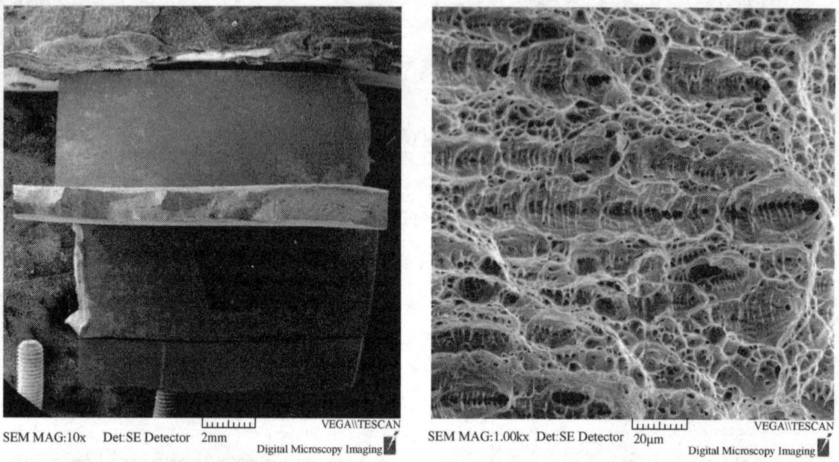

(a)拉伸断口宏观形貌　　(b)拉伸断口微观形貌

图10　1#管样内衬拉伸断口SEM图

3.6　弯折试验及断口形貌分析

经过10次反复弯曲试验后，试样断裂。弯折试验示意图如图11所示。试验后试样宏观形貌如图12所示。可以看出弯折试验后断口两侧存在微裂纹，断口平坦，与内衬开裂断口相似，从侧面观察，可见断裂塑性变形区存在轻微的壁厚减薄。

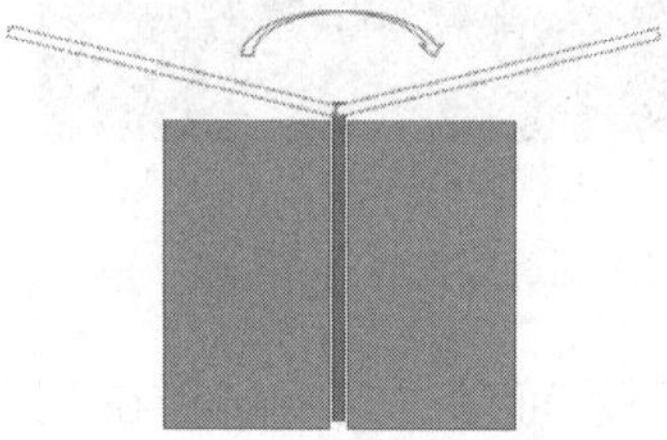

图11　弯折试验示意图

图12　弯折试验试样断后宏观形貌

通过扫描电镜观察，弯折试验断口扩展区存在粗大的疲劳辉纹。疲劳辉纹的宽度与失效衬管的裂纹部分几乎相同(图13)。

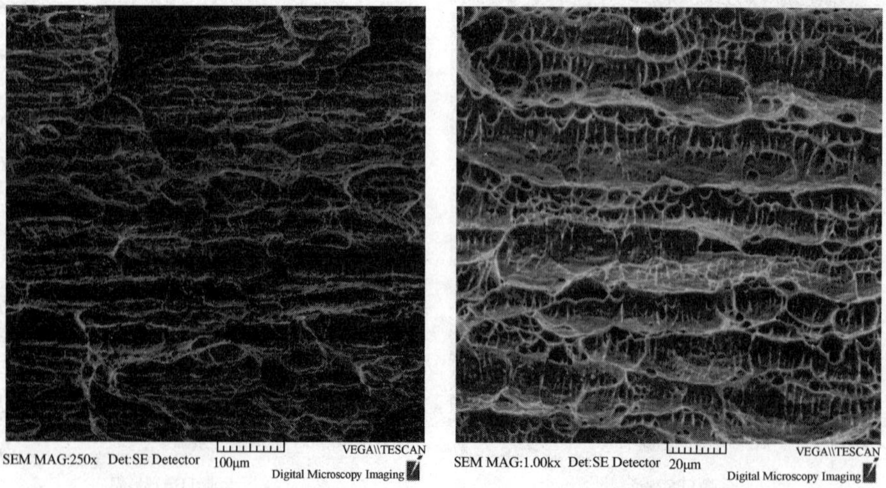

(a)断口宏观形貌　　(b)断口微观形貌

图13　疲劳弯折试验断口SEM图

3.7 压力试验

分别对1#和2#管段进行内压和外压试验。1#管样内衬存在塌陷，2#管样内衬无塌陷鼓包。在1#管样两端进行倒坡口焊接堵头，从一侧加压，升压达到运行压力29MPa，试验完成后进行泄压，沿轴线剖开试样观察内壁内衬塌陷情况。2#管样首先将内衬与基管进行管端封焊，再在基管外壁上钻孔至内衬深度，焊接水嘴进行加压试样，使用视频监视器观察加压过程中衬管的变化

1#管样内压试验，首先升压至12.89MPa，保压18min，压力稳定，表明管样密封良好，进而升压到最大服役压力29.55MPa。试验前后内衬塌陷(图14)变化不明显，未恢复贴合状态。

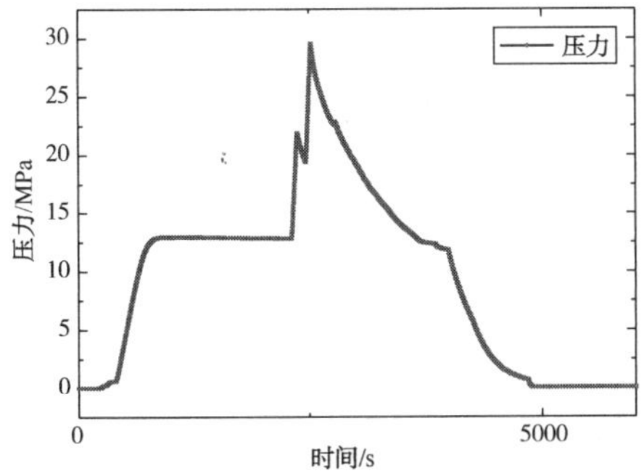

(a)压力-时间曲线

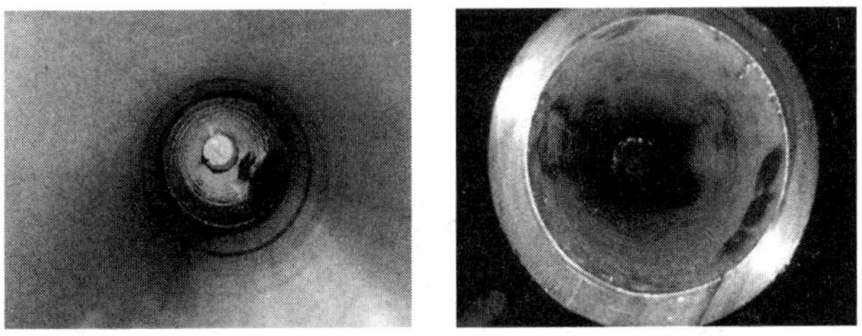
(b)试验前内衬塌陷情况　　(c)试验后内衬塌陷情况

图14　1#管样内压试验

2#管样外压试验，在外壁升压，压力逐渐上升，当达到1.76MPa后，内衬在直焊缝处出现塌陷(图15)，塌陷形状与失效管段相同。

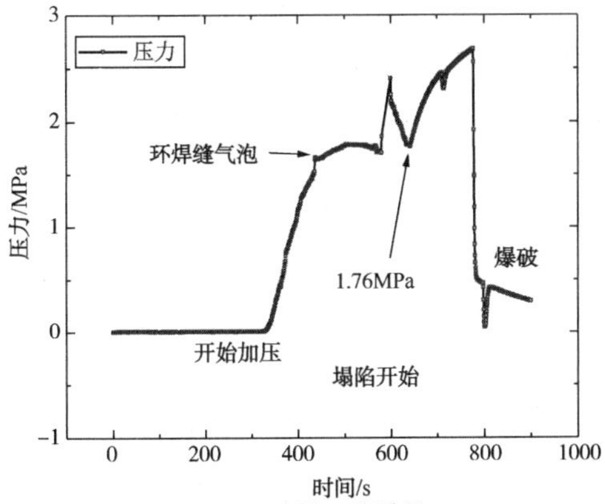

(a)压力-时间曲线

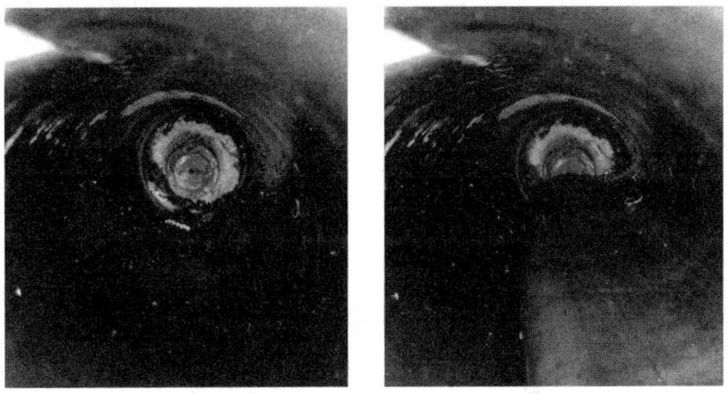
(b)衬管开始塌陷　　(c)衬管塌陷逐渐变大

图15　2#管样外压试验

4 讨论

4.1 衬管塌陷的根本原因分析

双金属复合管内衬塌陷本质上是内衬外表面受到的外压大于内衬塌陷临界失稳载荷。根据以往文献，复合管内衬塌陷临界载荷估算经验公式，

$$P_{临界}=\frac{14.1\sigma_y}{(D/t)^{1.5}[1+1.2(\delta_0+2g)/t]}$$

式中：D为衬管的外径；t为衬管的壁厚；g为基衬管间隙；σ为衬管的初始凹度(无缝管取0)；复合管复合后允许的最大基/衬间隙0.5mm；内衬屈服强度(316L)为330Mpa。表5计算了衬管鼓包的临界压力：

表5　内衬失稳塌陷临界外压力值

样品	衬管外径/mm	壁厚/mm	估算鼓包临界外压/MPa
1# Φ114.3*(10+2)	94.3	2	8.98
2# Φ168.3*(14+2)	139.9	2	4.97

当内衬管外表面(即基衬间隙)所受的压应力或者内衬管内表面所受的拉应力大于鼓包临界载荷压力时，就会出现内衬塌陷失稳的现象。2#Φ168管样压力试验结果显示，内衬塌陷的临界失稳压力为1.76MPa，小于估算值4.97MPa。可能的原因有(1)P临界压力计算公式中，衬管的初始凹度采用无缝管取0，实际上衬管为直缝焊管。(2)复合管复合后允许的最大基/衬间隙0.5mm，而实际在直焊缝存在情况下，基/衬间隙大于0.5mm。(3)复合管在制造过程中，内衬通过扩径与基管贴合，当压力卸载后，内壁存在残余压应力。综上可知，当内衬受到的外压大于内压与临界失稳压力之和时，即可以产生内衬塌

陷，临界失稳压力与壁厚、管径、衬/基管间隙、衬管类型、衬管屈服强度等因素有关。管径越大，临界失稳压力越小，从此次检测结果来看，100% Φ168 管段(投运时间大于 2 年)出现塌陷，42.9% Φ114 管段出现塌陷，这一现象与研究结果相符。

内衬受到的外压即塌陷产生驱动力来源可以从机械复合管制造过程、服役条件两个方面进行分析。

机械双金属复合管制造过程中，内衬的扩径通常采用水传递压力来进行，与基管相配合，如图 16 所示。膨胀过程中，由于密封不良，介质水会进入间隙。当管材制造三层结构聚乙烯(3PE)防腐层时，需要将管材加热到 200℃，间隙中的水被加热形成蒸汽压应力，压力将作用在衬管的外表面上。而且基管和衬管材质热膨胀系数不同，衬管材质热膨胀系数较大。当温度升高时，衬管受热膨胀变形幅度明显超过基管，衬管受到基管的约束，这将增加塌陷的趋势。在蒸气压应力和热压应力双重因素作用下，强度性能不足的薄壁衬管外表面一旦承受的压力超过鼓包临界压力，便可能会导致鼓包、塌陷现象。李发根等将约 10mL 的水注入基管/衬管间隙，并将其加热至 250 ℃，保温 5min 冷却后复合管出现内衬鼓包现象。

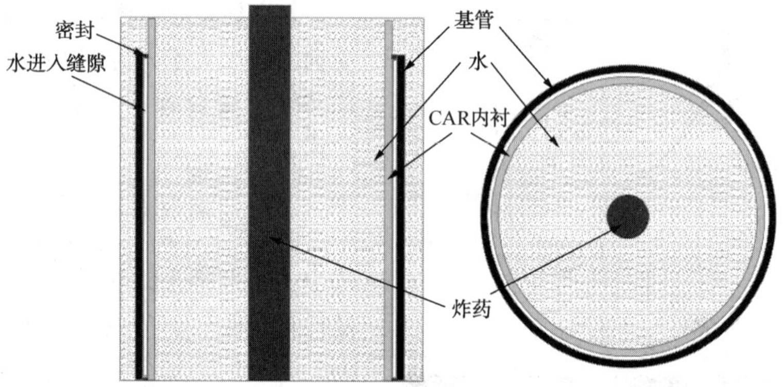

图 16　双金属复合管水压法制造工艺二维示意图

机械双金属复合管在服役过程中，可能受到轴向压缩、弯曲应力的作用以及环焊缝腐蚀开裂问题，均可能导致内衬塌陷。Lin Yuan 等人研究表明，在弯曲载荷下，内衬会发生椭圆度变化，导致基管-衬管分离，压缩侧的内衬产生周期性折皱，进而形成塌陷。在压缩载荷下，当应变较小时，内衬发生轴对称的屈曲折皱，当应变较大时，内衬出现“心形”塌陷。从送检管段内衬塌陷形貌来看，内衬并未出现周期性折皱，因此，可知送检管段内衬塌陷原因与轴向压缩、弯曲应力无关。

X 射线检测表明环焊缝未见超标缺陷，因而排除环焊缝腐蚀原因造成气体进入夹层产生塌陷这种情况。

综上所述，导致内衬塌陷的原因可能是双金属复合管在制造过程中水进入夹层，基管和衬管的热膨胀系数不同。当运行过程中温度变化，造成内衬塌陷。

4.2　裂纹产生的根本原因

1#、2#管样均存在贯穿性裂纹，分析裂纹形成原因，可以从断口、环境因素进行分析。

从弯曲试验结果来看，管样在弯折至 180°时，最大变形处，均未发生开裂，可以排除塑性变形导致的开裂。从裂纹的金相组织看，不存在“支裂纹”等应力腐蚀开裂特征，可以排除应力腐蚀开裂。断口呈现多源外壁起裂特征，扩展区存在粗大的疲劳辉纹，高倍下，可以看到断口存在“长圆”韧窝，表明试样受到切应力，这与管道受到弯折载荷相符。同时，从断口宏观截面来看，开裂处发生组织变形以及壁厚减薄。管样弯折开裂受力情况与连续油管服役过程相似，当连续油管经过多次弯折后，在最大受力方向会出现壁厚减薄，这与开裂位置壁厚减薄现象一致。研究表明，316L 材质发生低周疲劳时，试样表面出现多条裂纹，而高周疲劳，试样表面出现塑性流动，管样断裂处存在多条裂纹，符合低周疲劳特征。

结合服役情况，1#、2#管道均为注采管道，近三年运行压力为 15.5～27.8MPa。在内衬失稳塌陷情况下，压力波动导致内衬塌陷程度不断变化，造成低周应变疲劳。

综上可知，复合管内衬开裂是由于弯折疲劳所致，载荷源于运行过程中的压力波动。

5 结论与建议

某储气库用工业相机对双金属复合管进行检查，发现大量管道出现衬管塌陷，部分管道疑似出现裂缝。为分析衬管塌陷和开裂的原因，进行了外观检查、无损检测、材料检验、裂纹分析、弯曲疲劳试验和压力试验。可以得出以下结论：

（1）双金属复合管的材料性能基本符合标准要求。

（2）1#Φ114 管样在运行压力下，塌陷内衬未回复至与基管贴合，但发生内衬开裂，2#Φ168 管样内衬在受到外压 1.76MPa 发生失稳塌陷。

（3）衬管塌陷的根本原因是双金属复合管在制造过程中水进入夹层，基管和衬管的热膨胀系数不同。当制造外防腐涂层和运行过程中温度变化时，造成内衬塌陷。

（4）衬管开裂的根本原因是弯折疲劳，载荷来源于运行过程中的压力波动。

双金属复合管的主要风险是腐蚀性液体进入基/衬夹层并导致电偶腐蚀。因此，应对管道的积液段进行在线检查，检查基管的剩余壁厚是否满足安全服役的要求。

储气管道输送气体清洁，含液量少，介质腐蚀程度较低，因此，定期清管的碳钢管更适合这种情况。

参 考 文 献

[1] X. -L. Yang, S. -H. Wang, Y. Gong, Z. -G. Yang, Effect of biological degradation by termites on the abnormal leakage of buried HDPE pipes, Engineering Failure Analysis. 124 (2021) 105367. https://doi.org/10.1016/j.engfailanal.2021.105367.

[2] C. R. de Farias Azevedo, H. Boschetti Pereira, S. Wolynec, A. F. Padilha, An overview of the recurrent failures of duplex stainless steels, Engineering Failure Analysis. 97 (2019) 161-188. https://doi.org/10.1016/j.engfailanal.2018.12.009.

[3] P. Zhang, L. Su, G. Qin, X. Kong, Y. Peng, Failure probability of corroded pipeline considering the correlation of random variables, Engineering Failure Analysis. 99 (2019) 34-45. https://doi.org/S1350630717302248.

[4] Li, F. G., Li, X. J., Li, W. W., Wang, F. S., & Li, X. m., Failure Analysis and Solution to Bimetallic Lined Pipe. materials Science Forum, 993(2020) 1265-1269. https://doi.org/10.4028/www.scientific.net/msf.993.1265.

[5] A. Q. Fu, X. R. Kuang, Y. Han, C. H. Lu, Z. Q. Bai, C. X. Yin, J. miao, Y. R. Feng, Y. G. Wei, Q. Tang, Y. Yang, Failure analysis of girth weld cracking ofmechanically lined pipe used in gasfield gathering system, Engineering Failure Analysis. 68 (2016) 64-75. https://doi.org/10.1016/j.engfailanal.2016.05.034.

[6] L. Yuan, S. Kyriakides, Liner buckling during reeling of lined pipe, International Journal of Solids and Structures. 185-186 (2020) 1-13. https://doi.org/10.1016/j.ijsolstr.2019.08.017.

[7] D. Vasilikis, S. A. Karamanos, Wrinkling of Lined Steel Pipes Under Bending, in: Volume 4B: Pipeline and Riser Technology, American Society ofmechanical Engineers, Nantes, France, 2013: p. V04BT04A027. https://doi.org/10.1115/OMAE2013-11122.

[8] Hilberink, mechanical Behaviour of Lined Pipe (Ph. D. thesis). Delft Technical University (2011).

[9] Yuan, L., Kyriakides, S., Plastic bifurcation buckling of lined pipe under bending. European Journal ofmechanics-A/Solids, 47 (2014) 288-297. https://doi.org/10.1016/j.euromechsol.2014.04.005.

[10] Wang, F. C., Li, W., & Han, L. H., Interaction behavior between outer pipe and liner within offshore lined pipeline under axial compression. Ocean Engineering, 175 (2019) 103-112. https://doi.org/10.1016/j.oceaneng.2019.02.025.

[11] D. Vasilikis, S. A. Karamanos, Buckling Design of Confined Steel Cylinders Under External Pressure, Journal of Pressure Vessel Technology. 133 (2011) 011205. https://doi.org/10.1115/1.4002540.

[12] L. Yuan, S. Kyriakides, Liner wrinkling and collapse of bi-material pipe under bending, International Journal of Solids and Structures. 51 (2014) 599-611. https://doi.org/10.1016/j.ijsolstr.2013.10.026.

[13] L. Yuan, S. Kyriakides, Liner wrinkling and collapse of bi-material pipe under axial compression, International Journal of Solids and Structures. 60-61 (2015) 48-59. https://doi.org/10.1016/j.ijsolstr.2015.01.029.

[14] Tipton, S. M. 1997. Low-Cycle Fatigue Testing of Coiled Tubingmaterials. Presented at the World Oil Coiled Tubing and Well Intervention Technology Conference, Houston, Texas, USA, 4-6 February.

[15] Y. Kim, W. Hwang, High-Cycle, Low-Cycle, Extremely Low-Cycle Fatigue andmonotonic Fracture Behaviors of Low-Carbon Steel and Its Welded Joint, materials. 12 (2019) 4111. https://doi.org/10.3390/ma12244111.

H2: IMPACT ON EXISTING GAS NATURAL ASSETS

1 INTRODUCTION

The purpose of this paper is to provide guidelines to determine the impact when introducing hydrogen into the natural gas system that supplies existing natural gas facilities.

This report was drawn up from more than thirty sources as listed in the references.

1.1 ConteXT

The natural gas delivered by EU gas grid operators currently contains less than 2% of H2, but a target of 10% H2 is targeted by 2030 and more afterward.

Moreover, as of today, the standard for gas exchange between gas operators in EU, which is EASEE gas, does not mention any limit for the H2 content.

And per its nature natural gas does not contain H2.

1.2 EASEE-gas standard

The norm/standard established at the opening of the markets (before 2000) in Europe is finally defined as follows

The European Association for the Rationalization of Energy Exchanges - Gas, EASEE-gas, has ratified the gas quality specification as detailed in the tableherafter for harmonization in the European Union.

Parameter units and reference conditions are in accordance with EASEE - gas Common Business Practice (CBP) 2003-001/01.

This specification applies only to high calorific gas (H gas) without odorization.

Ithas to be noted that the H2 content is not part of these specifications, only a significant percentage of H2 could have an influence on the calorific value (WI or PCS), and therefore on the efficiency of the facilities.

This is a key factor for the performance of gas turbines in particular!

Table 1　EASEE Gas specification

Parameter	Description	Units	Minimum	Maximum	Recommended inplementaton date
WI	Gross(Superionr) Wobbe Index	kWh/m^3	13.60	15.81	01/10/2010
D	relative density	m^3/m^3	0.555	0.700	01/10/2010
S	Total sulphur	mg/m^3	—	30	01/10/2006
H_2S+COS	Hydrogen sulphide+carbonyl sulphide	mg/m^3	—	5	01/10/2006
RSH	Mercaptans	mg/m^3	—	6	01/10/2006

续表

Parameter	Description	Units	Minimum	Maximum	Recommended inplementaton date
O_2	Oxygen	mol %	—	0.01 *	01/10/2010
CO_2	Carbon dioxide	mol %	—	2.5	01/10/2006
H_2O DP	Water dew point	℃ at 7000kPa(a)	—	-8	See note * *
HC DP	Hydrocarbon dew point	℃ at 1-7000kPa(a)	—	-2	01/10/2006

* EASEE gas have organised an oxygen measurement survey, which by end of 2005 will examine the maximum feasible limit equtal to or at an alternative specified value below 0.01 mol %.

* * At certain cross border points, less stringent values are used than defined in this CBP. For these cross border points, these values can be maintained and the relevant producers, shippers and transporters should examine together how the CBP value can be met in the long run. At all other cross border points , this value can be adopted by 1st October 2006.

EASEE-gas specification for natural gas quality. The reference temperature for combustion is 25℃.

The reference temperature and pressure for volume measurement are 0℃ and 101.325kPa.

1.3 H2 content targeted within 10/15 years in EU

At this stage, nothing is fixed. But we are moving towards a content > 10% at maturity of 10 years…. And we are talking about 30% between 2030-2050.

Is it believable? If we limit ourselves to the "small" players in place to produce an "profitable" H2: NO!

But the major natural gas suppliers are interested in it.

As an example, we may list Russia.

1.4 Russia

A strategic partnership agreement was signed between Rosatom, Rostech and Gazprom in 2019 to produce massive quantities of H2.

In short, it is a question of producing then transporting, distributing and exporting:

- 0.2 million tons of H2 from 2024,
- And 2 million tons from 2035.

What does this represent?

Roughly these volumes correspond to:

- 2.5 Gm3 of H2 from 2024,
- And 22.5 Gm3 of H2 from 2035.

Is it impactful?

The H2 content of "Russian" gas (approximately 550/600 Gm3 produced per year) would therefore be:

- > 0.5% H2 from 2024,
- And > 4% H2 from 2035.

If these volumes are added European / National productions of H2 we will reach a threshold of H2 content higher than 10% by 2030.

1.5 Other Suppliers

They seem to have a desire to also export H2 from North Africa.

In liquid form (LH2 is at -252°C) it is unlikely in large quantities…. And besides, there are no terminals in the EU to accommodate this type of liquid gas (adaptations/modifications should be done).

In gaseous form? Reusing existing pipes such asMedGaz, Maghreb-Europe Gas Pipeline, Green Stream... impossible because they are already saturated with existing supply contracts.

To build new dedicated facilities (off-shore pipes), this would be very expensive and…. very unrealistic.

1.6 H2 Plan of EU

In June 2020, the German government announced its plan for hydrogen: 7Billion € (in fact 9 to date) will be devoted to R&D for the production of 5 GW of "green" hydrogen by 2030, then another 2 Billion € will be absorbed to reach 10 GW in 2040. The ambition is clear: Germany wants to become the world leader in decarbonized hydrogen.

On July 8th 2020, after this already promising announcement for a green recovery, the European Commission unveiled its strategic plan for the deployment of hydrogen. This is planned in three stages, with an initial production capacity target of 6 GW for 1 million tons of "green" hydrogen, by 2024, then 40 GW for 10 million tons in 2030. Finally, massive investments of up to 470 billion euros cumulatively will have to allow the large-scale development of green hydrogen by 2050.

By expressing the objective of bringing hydrogen to between 12 and 14% of the energy mix-while today its share is tiny-Brussels has sent a strong signal on the role that "green" hydrogen will have to play to achieve carbon neutrality by 2050. In addition, a European Alliance for Clean Hydrogen (ECH2A), which will bring together Commission officials, representatives and leaders of the sector, will be set up to ensure the management of this strategy and the development of the project portfolio over time.

So-called "green" hydrogen, because it is produced from renewable energies and is carbon neutral, must both make it possible todecarbonise industry and transport, but also become a mean for storing the surplus energy produced by intermittent resources (wind, solar, etc.). Its large-scale production is necessary to remove the economic obstacle to its existing production costs. Indeed, "green" hydrogen production costs are on an average 3 times more expensive than "grey" hydrogen which, derived from fossil fuels, generates CO2 during its production.

Networks dedicated to the transport of H2 are still under study. For the most part, this involves reusing existing gas infrastructures. But other pipes could be reused as existing oil pipelines.

But this will lead to the following questions to be addressed:

- The nature of the pipes and network equipment: some materials are more sensitive than others to hydrogen,
- The presence or not of storage in aquifer reservoirs or depleted fields (whose tolerance to hydrogen is unknown to date and will be specific to each asset),
- The ability to dilute the quantities injected: it is easier to consider dilution on the transmission pipelines than on the distribution subnetworks,
- The type of customers connected downstream of the injection point: whether or not there are industrial customers who are very sensitive to gas quality or even CNG refueling stations (tanks are currently certified for a maximum of 2% hydrogen),
- The installation of certified chromatographs compatible with the H2/CH4 mixture (for invoicing in particular),
- Identification of leak detectors compatible with the H2/CH4 mixture and certification of metering devices.

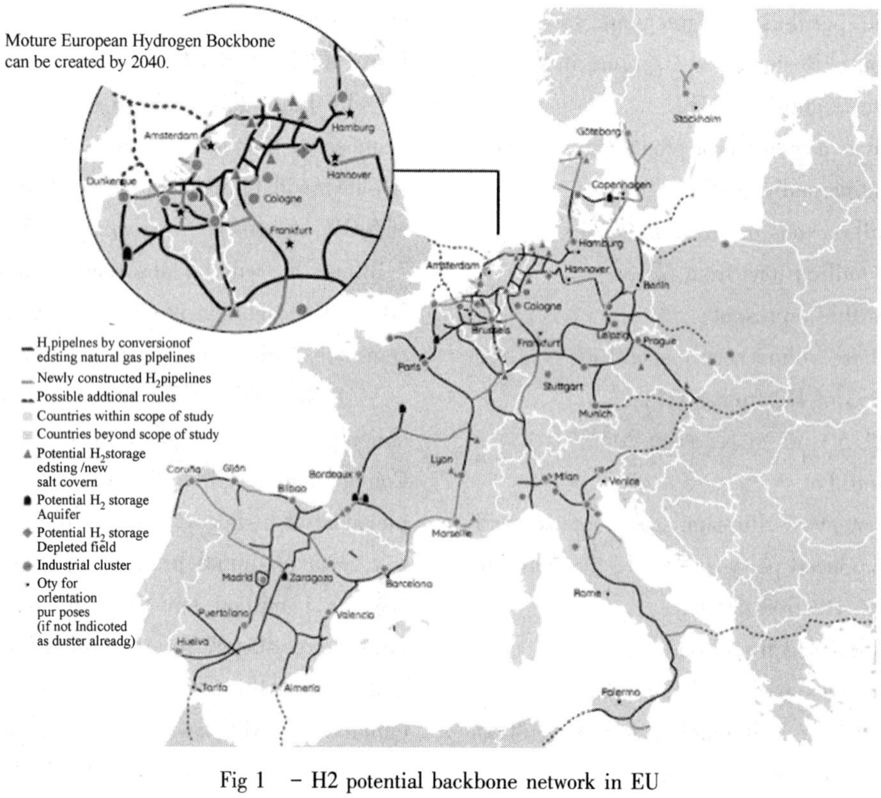

Fig 1 - H2 potential backbone network in EU

It is also forecasted that the H2 ratio may vary···. daily or intra-daily,

It is clear that with supplies with or without H2, the NG delivered to the end customer will have an H2 rate depending on the operating diagrams of the transmission network, but also on the gas imported by the shippers.

In summer, supplies will guide the H2 rate (LNG or supply via pipes).

In winter, withdrawal from underground storage will have a major influence on the quality of the gas delivered!

From experience, the injection of gas into porous media causes various chemical reactions with the water/aquifer but also with the porous rock. Experiments (mix H2/NG) have been carried out at a small scale (eg. at RAG in Austria the SUN storage project or HYCHICO in Argentina) but this is not fully demonstrative!

What should we conclude from this, however?

The gas withdrawn from a porous reservoir is not identical to the gas injected due tophysico-chemical interactions! Part of the H2 reacts with the medium and therefore disappears to form in some cases H2S due to the presence of sulfate-reducing bacteria!

In addition, the treatment of the gas during withdrawal, dehydration or even desulphurization affects the composition of the gas (as a reminder, 50% of the mercaptans injected [odorization] are not recovered).

So, the composition of the gas and its H2 content will fluctuate greatly depending on the periods (injection/withdrawal)! And to sum up, it will be very difficult to forecast the H2 content which could be used in gas & related power facilities, as well as for end-user.

2 Impact of H2 on natural gas facilities

From the information available and with a natural gas enriched by more than 10% of H2, there are potentially 3 supposed impacts:

- On the equipments of the gas facilities,
- On the facilities and permits (hazard studies, ATEX zoning, etc.),
- And on the gas network.

A summary of these elements is listed hereafter, and a more detailed analysis is provided afterward.

It is planned to inject hydrogen (H2) from renewable sources into the natural gas network. This would allow very large transport and storage (H2) capacities in existing infrastructure, including underground storage facilities and high-pressure pipelines, to be used for indirect electricity transport and storage. Studies show that a mixture of up to 10% by volume of hydrogen with natural gas is possible in certain infrastructures of the existing natural gas system. However, there are still important infrastructures where problems may arise:

- Underground storage in aquifers or depleted fields because hydrogen is a good substrate for the reduction of sulfates and the sulfurization of bacteria (via oxidation-reduction reactions). As a result, there are risks associated with: bacterial growth in the stored gas! this could lead to the formation of H2S, the consumption of H2 (loss of volume) and the clogging of the tank. A limit value for the maximum acceptable concentration of hydrogen in natural gas is not currently defined. But beyond 2/5% this could be a problem, in particular for the sealing of wells (even with salt caverns ··· various tests/studies are ongoing),
- Steel tanks in natural gas vehicles: the UN ECE R 110 specification stipulates a limit value for hydrogen of 2% by volume,
- Gas turbines as most of gas turbines currently installed have been specified for an H2 fraction in natural gas of 1% or even less. It is possible to "rise" to 5% with minor modifications (to be checked with the manufacturers) or adjustment measures. Some turbines could accept concentrations of up to 15% by volume but this is to be assess case-by-case
- Gas engines because it is recommended to limit the hydrogen concentration to 2%. Higher concentrations of up to 10% would be possible for dedicated gas engines with sophisticated I&C systems if the methane number of the natural gas/hydrogen mixture is well above the specified minimum value,

- And numerous auxiliary equipment: boilers, meters, etc. chromatographs because in the gas phase the H2 is not detected and therefore they are not able to analyze the presence of H2 (a standard chromatograph is less than 10k €, but with the presence of H2 its cost is at least 5 times more because you need a "gas analyser chromatograph laboratory" type).

Studies have been carried out to assess the impact of hydrogen in relationship with the elements listed above, but, to date, it is not possible to specify a hydrogen limit value that would be acceptable for all parts of the gas infrastructures. These studies have shown that most of the natural gas infrastructure can support the addition of hydrogen up to 10%, without notoriously sensitive and undesirable effects.

However, the entire gas system has been studied and, for the sake of completeness, theparticular components or aspects which should not cause any problems are listed below:

- natural gas transmission pipelines and compressors, despite concerns about hydrogen embrittlement of steel,
- the gas distribution piping systems, including metering and billing equipment, joints, etc., the increase in the risk of leakage is considered negligible (to be checked for cast iron networks),
- internal piping systems in dwellings/industrial sites,
- and industrial applications (eg boilers, etc.), where no specific problem is anticipated if the Wobbe Index of the gas mixture is well within the specified range.

Safety parameters (eg flammability limits, ignition energy, flame speed) are only marginally affected and the increase in risk is very small.

However, special attention should be paid to:

- gas detection devices,
- reassessment of ATEX zoning or ATEX equipment may be necessary, depending on the methods used,
- in particular according to the fraction of H2 contained in the gas.

Indeed, certain standards (eg. construction of gas networks and facilities, combustion appliances, etc.) recommend a maximum content of hydrogen and other components of 5% (in total) (see ISO 6976 standard).

Therefore, a case-by-case analysis is recommended.

2.1 Generalities

The methane number (MN) of different gases without H2 show a wide variation (from 100 to about 74). However, if the natural gas has a low MN (e.g. LNG) the 10% hydrogen blend may cause the MN to be too low from the point of view of the gas engine operator (CCG, gas engines, CNGcustomers, ..) and cause turbulent phenomena (pinking).

Although MN is an important parameter for gas engines, it has not been specified in most EU countries.

This could change in the future following the activities of CEN TC 234 aimed at developing a gas quality standard which includesin particular the methane index.

Flame velocity is a combustion parameter related to flashback and flame stability.

The flame velocity tends to increase when increasing hydrogen. There is generally about a 5% increase in laminar flame velocity for a mixture containing 10% of H2. This upward trend is also true for different fuel-to-air ratios and dependsof combustion conditions.

However, adding hydrogen to natural gas tends to also change the fuel-air mixture, which can significantly change the flame speed. As far as gas turbines are concerned, the "turbulent" flame speed is an important parameter. However, the information available is limited, but calculations suggest that hydrogen has a strong influence on flame turbulence.

A 10% hydrogen mixture can cause an increase of about 10% in the turbulent flame velocity.

2.2 Gas engines

Despite the limited availability of published information in this area, the physics of combustion, supported by experimental evidence from real engines, shows that the increase in flame speed and reactivity caused by the addition of hydrogen to the natural gas generally increases the peak pressures in the cylinder.

The methane number decreases if the proportion of hydrogen is increased. This can lead to:

- An increase in the combustion temperature of the gas mixture, which directly leads to an increased sensitivity for engine knocking and an increase in NOx emissions,
- Improved engine efficiency, but with increased of engine wear,
- Reduced power or triggering (knocking on ignition advance),
- An undesirable effect on lambda sensors which may lead to an inaccurate (lower) measurement of oxygen in the exhaust gases.

This generally requires a review/modification of the control - command system (DCS) to remain within acceptable operating ranges. This point also remains valid for vehiclesfulled by CNG gas.

Existing gas engines must therefore to be checked or even adapted.

2.3 Gas turbines

It is commonly accepted that there are strict limitations on the percentage of hydrogen that can be added to fuel gas of a gas turbine so that the gas turbine combustion system can be carefully specified and tuned for operational optimum.

Current fuel specifications for many gas turbines limit the volume fraction of hydrogen in the gases is 5%.

Forthe majority of gas turbines, there is little or no margin for additional variations in fuel quality, which reinforces the idea that the addition of hydrogen to natural gas is likely to increase the problems for an installed gas turbine park.

It seems clear that, for installed gas turbines, 1% should be considered as the upper limit for the addition of hydrogen into natural gas. Again, a case-by-case approach is required with particular attention to be given to low NOx or highly optimized burners.

After tuning and/or modifications much of the installed base may be able to tolerate a 5% to 10% hydrogen mixture by volume.

Existing gas turbines must therefore be checked or even adapted.

What about C02 emissions on (engines and) gas turbines?

Assuming that about 95% of the gas contains HC (CH4, C2H6, …) on average (the rest is mainly composed of CO2, O2, H2S and water vapor or even othergases/products that are more folkloric but with a low content depending on their origin: Argon, Xenon, Radon, etc.).

A replacement of these HC by 10% H2 (and excluding chemical recombination because 2H2 + CO2 = CH4 + O2 under certain conditions which could again be burned and emit CO2). CO2 emissions would be reduced by around 11%.

2.4 Gas burners

The risk when mixing 10% H2 with natural gas depends on the combination of two factors: the excess air and the initialWobbe Index.

Therefore, atmospheric burners used with low-Wobbe Index gas are more sensitive to H2.

It is clear that some uncertainties remain.

But except in special cases, the addition of H2 to natural gas will have little impact on theseequipments.

2.5 Chromatographs

There is a problem with the current generation of gas chromatographs using helium as the carrier gas.

They are unable to detect hydrogen due to the relative closeness of their thermal conductivities (helium = 151 W/m * K; hydrogen = 180 W/m * K.).

It is possible to solve this problem by equipping them with an additional separation column with argon as carrier gas for the detection of hydrogen or by using new authorized process gas chromatographs for the determination ofhydrogen .

Another possibility could be to use chromatographs with two simple separation columns and two types of carrier gases.

Some manufacturers have already developed new gas chromatographs ready for a H2 content of up to 10%.

Existing equipment must therefore be checked, even adapted or changed.

2.6 Leak detection

Gas detection devices designed for natural gas may not be accurate for mixtures of natural gas and H2.

Some gas detection devices will be more sensitive to H2 than to natural gas while others are not sensitive to H2 at all and will react only with a delay with diluted methane.

Semiconductor technology is suitable for detecting hydrogen/natural gas mixtures as it can identify methane as well as hydrogen. Most lower explosive limit gas mixture meters are configured for methane.

The alarms are triggered when 10% or 20% of the lower explosion limit value is reached (LEL), i. e. 0.44% or 0.88% methane in the air. The lower explosion limit (LEL) decreases slightly (4.36%) with a mixture containing 10% hydrogen.

Nevertheless, it is recommended to check and recalibrate the gas detection devices when H2 is present in the natural gas to ensure that they will react correctly.

2.7 Gas pipeline systems

Hydrogen embrittlement studies have shown that the presence of hydrogen is likely to degrade the mechanical properties of steels, particularly in the plastic domain. Therefore, in normal operation, i. e. in the elastic domain, the influence of hydrogen is limited. On the other hand, in a degraded situation (external shock, landslides), the presence of hydrogen could modify the "plastic" behavior of the steel and make it more fragile and therefore increase the risk of leakage.

However, this trend for the plastics domain should be put into perspective because the available observations show different behaviors depending on the steels, their grades, the service pressure and the hydrogen content, with sometimes contradictory results. In the current state of knowledge, it is advisable to consider a priori a slight increase in the risk of leakage even in the presence of a low level of hydrogen.

2.8 ATEX

The auto-ignition temperature of a gas (or a gas mixture) is the temperature at which the gas (or mixture) ignites without external energy input.

The auto-ignition temperatures of methane and hydrogen, measured in a standardized test (EN 14522: 2005), are close 537°C and 560°C respectively. In the context for choosingequipments to be used in an ATEX zone, hydrogen and methane correspond to a temperature class T1 (Auto-ignition temperature > 450°C) due to their similar auto-ignition temperatures.

However, attention should be paid to the difference in behavior of these gases with respect to contact with high temperature hot spots. Despite close auto-ignition temperatures between hydrogen and methane, hydrogen is much more sensitive to ignition by mechanical friction (spark).

Hydrogen is likely to ignite spontaneously when released into the air. This is also known as diffusion ignition. Methane is much less sensitive to this phenomenon.

Recent work shows that adding small amounts of methane (5 - 10%) to hydrogen significantly desensitizes the gas mixture. Therefore, it seems reasonable to conclude that minor additions of hydrogen to methane are unlikely to lead to spontaneous ignitions during leaks of homogeneous hydrogen/methane mixtures.

As part of the application of the ATEX regulations to equipment intended to be installed in an ATEX zone, a gas (or a gaseous mixture) can be classified among one of the four groups of gases: Group I (Methane in thesubsoil), Group IIA (Propane and Methane on the surface), Group IIB (Ethylene), Group IIC (Hydrogen / Acetylene), which are determined in standard NF EN 60079-20-1 (2010).

The tests carried out to date show that up to a content up to a 25% of H2, Group IIA equipment (those currently used for the ATEX studies) remains sufficient and the ATEX zoning a priori identical.

18. Safety cases & associated hazardous studies

Tests were carried out in different laboratories

Overall, they conclude that the behavior of mixtures containing less than 30% hydrogen issimilar to that of methane alone if the flame speeds are low.

The speeds of the pressure waves increase if the proportion of hydrogen exceeds 40%, there is a significant risk of generating significant pressures or even of obtaining a detonation deflagration transition (DDT = blast effect). This risk is reduced if the area under consideration is open or unconfined.

Higher overpressures (up to a factor of 3 to 6 in a confined or cluttered area) are produced with mixtures containing 20% H2 compared to pure methane for high flame speeds (> 150m/s), with a risk of DDT.

Therefore, a flame acceleration effect occurs when hydrogen is present at a minimum content of 20%, whereas it is non-existent in the absence of hydrogen.

In conclusion, the presence of 20% hydrogen in the mixture is likely to increase the pressure effects in congested/confined areas if the flame speed is very high (e.g. jet fire on rupture).

Otherwise, the pressure effects are not shown to be greater than those of an ignition of natural gas alone.

In conclusion, it seems pointless to revisit safety & hazardous studies with H2 levels below 20%.

3 RECOMMENDATIONS & CONCLUSIONS

The influence of the introduction of H2 into natural gas facilities & infrastructures is not totally without consequences.

If the effects on safety and hazardous studies and ATEX zoning seem negligible below a threshold of 20%, the same is not true for certain equipment.

It is recommended/recommended to check:

- the possibility for converting gas engines and turbines in relationship with the manufacturers and possibly upgrade the control - command systems (DCS) to optimize combustion and efficiency,
- the influence on the regulation of boilers, heating or post-combustion devices,
- and the compatibility of gas detection and analysis/metering devices (chromatographs in particular).

A priori, an H2/natural gas mixture with a maximum of 10% H2 content at operating pressures in the magnitude of 40/60 bar will have little influence on the pipes, wells, facilities and relatedequipments.

But for underground gas storage, especially in porous reservoir, a very smart and a case-by-case approach is to be achieved.

REFERENCES

[1] EASEE - gas - Gas Quality Specification E10064 - TB10.25-2010.

[2] Klaus Altfeld and Dave Pinchbeck, O. et al. "Admissible Hydrogen Concentrations in Natural Gas Systems" GERG H2 project - 2014.

[3] European hydrogen backbone "how a dedicated hydrogen infrastructure can be created" july 2020 - enagás, energinet, fluxys belgium, gasunie, grtgaz, net4gas, oge, ontras, snam, swedegas, teréga.

[4] INERIS " d' hydrogène dans les réseaux de transport et distribution de gaz naturel : état des lieux et perspectives" 19/09/2019 - N° DRA-19-178263-01884B.

[5] Florisson, o. et al.: naturalhy - preparing for the hydrogen economy by using the existing natural gas system as a catalyst; An integrated project, Final Publishable Activity Report: http: //www. naturalhy. net/.

[6] Christoph, K.; Cartellieri, W.; Pfeifer, U.: Bewertung der Klopffestigkeit von Kraftgasen mittels der Methanzahl und deren praktische Anwendung bei Gasmotoren. MTZ 33, (1972), Nr. 10, pp. 389-429.

[7] Cammarota, F.; Benedetto, A. D.; Sarli, V. D.; Salzano, E.; Russo, G.: Combined effects of initial pressure and turbulence on explosions of hydrogen-enriched methane/air mixtures. Journal of Loss Prevention in the Process Industries 22 (2009), Nr. 5, 607-613.

[8] Günther, R.; Janisch, G.: Meßwerte der Flammengeschwindigkeit von Gasen und Gasgemischen. Chemie Ingenieur Technik 43 (1971), Nr. 17, 975-978.

[9] Hermanns, R. T. E.: Laminar Burning Velocities of Methane - Hydrogen - Air Mixtures, Technische Universität Eindhoven, Diss., 2007.

[10] Hu, E.; Huang, Z.; He, J.; Jin, C.; Zheng, J.: Experimental and numerical study on laminar burning characteristics of premixed methane - hydrogen - air

flames. International Journal of Hydrogen Energy 34 (2009), Nr. 11, 4876-4888.

[11] Huang, Z.; Zhang, Y.; Zeng, K.; Liu, B.; Wang, Q.; Jiang, D.: Measurements of laminar burning velocities for natural gas-hydrogen-air mixtures. Combustion and Flame 146 (2006), Nr. 1-2, 302-311.

[12] Miao, H.; Jiao, Q.; Huang, Z.; Jiang, D.: Effect of initial pressure on laminar combustion characteristics of hydrogen-enriched natural gas. International Journal of Hydrogen Energy 33 (2008), Nr. 14, 3876-3885.

[13] Brower M, Petersen E, Metcalfe W, Curran H J, Füri M, Bourque G, Aluri N, Güthe F, Ignition delay time and laminar flame speed calculations for natural gas/hydrogen blends at elevated pressures, ASME Paper GT2012-69310, Proceedings of ASME Turbo Expo 2012, June 11-15, 2012, Copenhagen, Denmark.

[14] DGMK Research Report- Influence of hydrogen on underground gas storages, Project 752,

[15] M. Wagner, Dr. H. Ballerstedt, Influence of Biomethane and Hydrogen on the Microbiology of Underground Gas Storage / Einfluss von Biogas und Wasserstoff auf die Mikrobiologie in Untertagegasspeichern, Literature Study / Literaturstudie (DGMK-Project 756) / DGMK-Projekt 756, 2013, ISBN 978-3-941721-36-48.

[16] ISO Standard 11439: Gas cylinders - High pressure cylinders for the on-board storage of natural gas asa fuel for automotive vehicles.

[17] D J Abbott, J P Bowers, and S R James, The impact of natural gas composition variations on the operation of gas turbines for power generation, 6th International Gas Turbine Conference, 17-18 October 2012, Brussels, Belgium.

[18] Maurer O., Etude de la distribution des espèces soufrées et de la formation de l'hydrogène sulfuré dans les stockages de gaz naturel en aquifère, ENPC thesis, décembre 1992.

[19] Bonnaud E., Hétérogénéités compositionnelles dans les réservoirs de gaz acides. Compréhension et modélisation du rôle d'un aquifère actif, Ph. D. Thesis, École nationale supérieure des mines de Paris - Specialite "Hydrologie et Hydrogeologie quantitatives", June 29 2012.

[20] M. Andersson, J. Larfeldt, A. Larsson, Co-firing with hydrogen in industrial gas turbines, SGC Rapport, 2013.

[21] C. Marchmont, S. Florjancic, Alstom Baden, Switzerland, Alstom gas turbine technology trends, Proceedings of ASME Turbo Expo, 2012 GT2012 June 11-15, 2012, Copenhagen, Denmark.

[22] S, J. Wu, P. Brown, I. Diakunchak, A. Gulati, Siemens Power Generation, Inc., Orlando, USA, M. Lenze, B. Koestlin, Siemens Power Generation Inc., Muelheim, Germany; Advanced gas turbine combustion system development for high hydrogen fuels, Proceedings of GT2007 ASME Turbo Expo 2007: Power for Land, Sea and Air; May 4-17, 2007, Montreal, Canada.

[23] Nitschke-Kowsky, P., Wessing, W. E.ON Ruhrgas AG. Impact of hydrogen admixture on installedgas appliances. World Gas Conference (WGC), Kuala Lumpur, 2012 EN 437 Test gases. Test pressures. Appliance categories.

[24] Huang, Z., et al. Measurements of laminar burning velocities for natural gas-hydrogen-air mixtures, Combustion and Flame 146 (2006).

[25] Di Sarli, V. and Di Benedetto, A., Laminar burning velocity of hydrogen-methane-air/ premixed flames, International Journal of Hydrogen Energy, 32 (2007).

[26] Ayoub, M. et al., An experimental study of mild flameless combustion of methane/hydrogen mixtures, International Journal of Hydrogen Energy, 37 (2012).

[27] Levinsky, H. B., Consequences of "new" gases for the behaviour of gas utilization equipment, 2004, International Gas Research Conference, Vancouver.

[28] De Vries, H., Florisson, O. and G. C. Tiekstra, Safe operation of natural gas appliances fuelled with hydrogen/natural gas mixtures (progress obtained in the NaturalHy - project), International Conference on Hydrogen Safety (ICHS 2007), San Sebastian, Spain, September.

[29] Jurdik, E., Darmeveil, H. and Levinsky, H. B., Flashback in mixtures of molecular hydrogen and natural gas, 2004 International Gas Research Conference, Vancouver.

[30] Lowesmith, B. J., Hankinson, G., Large scale high pressure jet fires involving natural gas and Natural gas/hydrogen mixtures, Process Safety and Environmental Protection, Volume 90, Issue 2, March 2012.

[31] Conditions techniques et économiques d'injection d'hydrogène dans les réseaux de gaz naturel - GRTgaz Juin 2019.

[32] A North Africa-Europe Hydrogen Manifesto-DII - 2020.

储气库专用高压合成型天然气压缩机气缸油的研制和应用

杨 超[1] 王海滨[2] 刘 浩[3] 孟葵花[4] 辛忠先[4]

(1. 中国石油大连润滑油研发中心；2. 中国石油润滑公司北京润滑油销售分公司；
3. 中国石油苏桥储气库；4. 中国石油润滑油公司上海产品设计中心)

摘 要 高压天然气压缩机对气缸润滑油的性能要求较苛刻，该领域长期被国外产品占据，且价格较高。该项目在对天然气压缩机气缸润滑特点进行科学分析的前提下，以PAG聚醚基础油为原材料，辅以相应功能添加剂，研制了高压合成型天然气压缩机气缸润滑油，通过实验室自建标准方法，评奖了研制产品具备良好的抗烷烃冲洗能力，良好的抗氧化和抗磨性，并在储气库压缩机开展试用试验，经过对试验周期内设备运行参数及采集油样的理化分析，认为国产高压合成型压缩机气缸油可以满足设备润滑需求，获得了储气库的认可准入，为储气库降本增效提供有效帮助。

关键词： 润滑油；往复式天然气压缩机气缸油；油品应用

0 引言

我国巨大的天然气消费量及密集的管网迫切需要利用大型储气库进行调峰，在用气较少的季节或时间段将天然气高压注入储气库中，在冬天等用气高峰再将气体释放出来，达到灵活可调的目的。为适应天然气调峰的需要，在一定的天然气管网区域内都要求建立天然气地下贮气库存，通常每个贮气库都配置3-4台天然气发动机驱动高压往复式压缩机组，其中发动机较常见的品牌有卡特彼勒，瓦克夏，压缩机品牌有Ariel或Dress-Land。

往复式压缩机的排气压力很高，对汽缸的润滑是一个难点。一般说来，对于排气压力低于7MPa的压缩机，可用SAE40燃气发动机油润滑，而对于排气压力高于8MPa的压缩机，则需用高黏度或特殊结构的润滑油[1]。对压缩油田气或溶解气的压缩机，汽缸油黏度的选择常依赖于气体组成特点及特定的排气压力，如果排气压力低于12MPa，220号油品或250~280号矿油型压缩机油可满足要求，如果气体中含有较多的二氧化碳或高碳烃，则较高黏度320~460号矿油型压缩机油比较适合。对排气压力高于28MPa的往复压压缩机，即使用460号的矿油型压缩机油，有时难以抵抗天然气及高碳烃类物质的稀释及及润滑油膜的冲蚀，须选用320~460号的聚醚型合成压缩机油。

由于天然气的主要成分是甲烷(及少量的乙烷、丙烷等高碳烃类物质)，在常温下多呈气体。由于它们的元素组成与矿物油及聚α-烯烃相同，分子极性相似，天然气在它们中的溶解度较大。在高温高压的运行状态下，如果太多的被压缩气体溶入压缩机油，引起压缩机油的黏度过于降低，气缸磨损加剧，活塞-气缸壁间的密封变差，润滑油耗量增加，被压缩气体中的含油量高，严重影响被压缩气体质量。因而，高压天然气压缩机油除应具备一般压缩机油的性能外，还应满足以下三方面的要求：

（1）天然气在润滑油中溶解性要低：气体在润滑油中的溶解性随温度、压力、气体组成和润滑油的类型而变化。天然气等烃类气体在润滑油中的溶解降低了润滑油的黏度，导致润滑油提供的有效膜厚度和保护减弱，磨损加剧，密封变差。因此，要求用于天然气的压缩机润滑油在压缩机操作条件下必需具有高的初始黏度，同时黏度随压力和温度变化较小，气体饱和而导致润滑油黏度变化要小。

（2）天然气中携带润滑油量要小：在系统运转过程中，由于润滑油在压缩机内搅动，矿物型润滑油与天然气的极性相似，润滑油有被吸入气相中的趋势，这会引起润滑油损失，进而造成金属对金属间摩擦。虽然提高润滑油进料量可以弥补这种问题，但使后续工序处理困难和过程复杂化，也降低了气体质量。因此，用于天然气的压缩机油必须能阻止天然气的吸收，降低润滑油的消耗。

（3）抗液态烃冲洗油膜能力要强

天然气中一般都含有一定量的高碳烷烃，在一定的压力下会冷凝成液态烃，液态烃可能冲洗润滑油膜，引起磨损加剧，所以用于烃类气体的润滑油必须具有高的抗液态烃冲洗性能。

为克服天然气对压缩机油的稀释作用，较早普遍通过采用非酸性牛油作为气缸润滑油，由于其性能不好，易发生高温腐蚀且流动性较差，逐步被高黏度矿物基气缸润滑油所替代。通过提高油品黏度，以部分抵消其稀释作用所带来的油品黏度降低、密封变差及磨损加剧现象，确保工作状态下气缸壁表面足够的润滑油膜厚度。但由于压缩机油黏度大、凝点高，所以在整个供油系统中加入拌热装置，能源消耗大。由于天然气等烃类气体在聚醚类合成压缩机油中的溶解度低，油品黏度变化小，聚醚抗有机液态烃的冲洗能力强，能确保气缸表面足够的润油膜，起到良好润滑及密封作用，聚醚型合成压缩机油在天然气压缩机特别是超高压压缩机中的应用越来越广泛。

1　高压合成型天然气压缩机气缸油的性能要求及技术指标

燃气发动机或电机驱动高压往复式压缩机组润滑方式由三套润滑系统组成见表1，燃气发动机使用低灰型燃气发动机油，电机使用轴承油或其他相关产品，压缩机曲轴箱使用柴油机油或低灰燃气发动机，而高压气缸部位则使用高黏度的矿油润滑油或聚醚型合成润滑油润滑。

表1　高压往复式压缩机润滑方式

机组	燃气发动机	电机	往复式压缩机	
润滑部位	曲轴箱及活塞等	轴承	曲轴箱	气缸
润滑油	低灰燃气发动机油	轴承润滑油或相关产品	SAE40 曲轴箱润滑油或低灰燃气发动机油	460 号高黏度矿油润滑油或聚醚型合成润滑油
性能特点	硫酸盐灰份：0.4-0.6%	氧化安定性，抗磨，防锈等	无特殊要求，通常与燃气发动机用油一致。	高黏度及抗天然气等烃类气体的稀释、冲洗能力要强。

通过上述分析可以看出，高压天然气压缩机气缸油主要需要具备：1、需选用抵抗烃类气体稀释和冲洗能力较强的聚醚型基础油；2、从活塞运动类型看，在摩擦机理中可定义为“混合润滑”模型，加之缸内压力较大，最高可达45MPa对润滑油品的极压抗磨性能要求较高。3、油品在气缸内润滑时间、行程较短，每次活塞做功后会被大量排出，但部分会残存在活塞环内，气缸内工作温度105℃～115℃，为防止油品氧化，产生沉积物，需要对油品抗氧化性能提高。4、如选用水溶性聚醚型基础油（抵抗烃类气体稀释性能好），需部分考虑油品的防锈性能。

根据高压天然气压缩机气缸油的要求，并结合相关产品研发的经验，同时参照进口产品的技术性能，确定了拟研制的高压合成型天然气压缩机气缸油的技术指标，见表2。

表2　高压合成型往复天然气压缩机气缸油产品指标

项目	指标	分析方法
外观	透明	目测
运动黏度(40℃)，mm^2/s	420~480	GB/T265
运动黏度(100℃)，mm^2/s	-	GB/T265
黏度指数	不小于 200	GB/T1995
闪点（开），℃	不小于 230	GB/T267
凝点，℃	不大于-30	GB/T510
酸值，mgKOH/g	不大于 0.5	GB/T 4945
防锈（A 法）	通过	GB/T 11143
硫酸盐灰份，%	不大于 0.1	GB/T2433
机械杂质，%	不大于 0.01	GB/T511
铜片腐蚀（T2Cu，100℃×3h）	不大于 1b	GB/T5096
水分（m/m），%	不大于 0.2	GB/T260
泡沫特性，ml/ml 24℃ 93℃ 后 24℃	不大于 75/10 不大于 75/10 不大于 75/10	GB/T12579
旋转氧弹，min	不小于 500	SH/T 0193
抗液态庚烷冲洗性能（油残留率）	不小于 10%	RH02ZB.0011-2004

2 高压合成型天然气压缩机气缸油的研制

2.1 基础油的选择

排气压力在 28MPa~45Mpa 范围内，依据《设备维修养护手册》中对气缸油的黏度建议，需选用 PAG 聚醚型油品。

聚醚型基础油分为水溶性和油溶性两大类（EO/PO 比例不同），参照之前合成型压缩机油研发结论：“在抗庚烷冲洗性能测试的研究中发现，环氧乙烷含量的增加有利于提高产品的抗庚烷冲洗能力，即环氧乙烷含量越高，聚合物的抗庚烷冲洗性能越好”。故选择 ISO460 的水溶性聚醚基础油。表 3 为选取了供应商的基础油技术指标。

表 3　聚醚基础油技术指标

项目	技术指标	A 供应商	分析方法
运动黏度(40℃)，mm^2/s	440~480	458	GB/T 265
黏度指数	≥245	255	GB/T 1995
酸值，mgKOH/g	≤0.1	0.07	GB/T 4945
闪点(开口)，℃	≥230	250	GB/T 3536
倾点，℃	≥-36	-38	GB/T 510
水分，%	≤0.3	0.11	GB/T 260

2.2 防锈性能研究

由于聚醚的吸水性较强，在使用过程中，难免会吸收空气中的水份，而易引起被润滑设备的锈蚀问题。本实验通过对多种防锈剂的复配，解决了油品的防锈性问题。

表 4　防锈性试验结果

样品号	防锈剂 1	防锈剂 2	防锈剂 3	防锈剂 4	防锈剂 5	防锈剂 6	防锈剂 7	锈蚀 A 法
1				不溶				—
2					不溶			—
3	+							重
4	++							重
5	+	+						中
6	+		+					重
7	+		++					重
8	+	++						无
9	+	+	+					轻
10	+	+				+		轻
11	+	+					+	轻

由表 4 中试验结果可以看出，防锈剂 1（甲苯并三唑）号和 2 号（烯基丁二酸半酯）复配后可以通过防锈 A 法测试。

2.3 抗氧化腐蚀性能研究

对天然气压缩机气缸部位而言，润滑油的抗热氧化性能力也是很重要的。在解决油品的防锈性问题后，研究了油品的抗氧抗腐蚀性能，结果如表 5 所示。

模拟空气压缩机油在高温高压下与金属充分接触的工况条件。在钢、铜、镁、铝四种金属片的催化、高温（200℃）及大流量空气流量下，经长时间的氧化腐蚀试验，考察油品的高温抗氧化腐蚀性能。分析结果显示，采用胺型抗氧剂，研制油氧化后油品黏度、酸值及残炭增加都很小，对金属也无腐蚀，而参比油在氧化后的黏度、酸值及残炭增加都相对要大得多，表明研制油具有更好的抗高温氧化腐蚀性能。

表 5　氧化腐蚀试验结果

分析项目	研制油	参比油
旋转氧弹	758	632
氧化腐蚀		
$V_{40℃}$ 黏度变化%	3.15	-15.9
酸值增加 mgKOH/g	-0.04	0.13
残炭%	0.35	1.51
金属腐蚀 mg/cm^2	无	
钢	无	无
铜	无	0.1
铝	无	无
镁		无
氧化后外观	浅红色，无沉淀	红黑色，无沉淀

2.4 摩擦磨损性能研究

气缸内存在压力较大的气体流通，油品具备一定的极压抗磨性十分必备。为此，用四球试验机考察了油品的润滑极压性能，结果如表6所示。摩擦改进剂1作为防锈及润滑改进的多效添加剂，在该配方体系中，对抗磨性能的改进不明显。摩擦改进剂1与摩擦改进剂2复配可明显提高油品的抗磨性能，摩擦改进剂3(二烷基二硫代磷酸酯)是防锈剂及极压剂的多效添加剂，它的加入，油品PB值增加明显。

表6　摩擦磨损性能结果

样号	A	B	C	D	E	参比油
摩擦改进剂1	+	++	+++	+		
摩擦改进剂2				+		
摩擦改进剂3					+	
P_B(N)	804	804	862	1323	1254	1049
P_D(N)	1960	1960	2450	1960	2450	2450
$d_{40}^{60'}$(mm)	0.50	0.43	0.53	0.47	0.34	0.60

2.5 抗烷烃冲洗能性能研究

抗烷烃冲洗是该产品所需的关键性能，采用自建的“抗液态烷烃冲洗能力测定法”评价了相关性能。该方法是把一块钢片打磨、清洗、吹干后，称重，浸入试油中，悬挂1h，称油在钢片上的保留量，然后，让钢片在5s内通过液态庚烷，重复10次后，再悬挂30min，称重，计算试油在钢片上的保留量。表7数据表明了，拟研制产品与国外竞品在抗烷烃冲洗能力方面表现相当。

表7　合成型高压往复式天然气压缩机气缸油暂定技术指标

项目	研制产品	国外竞品	指标	分析方法
抗液态庚烷冲洗性能(油残留率)	21.4	18.8	不小于10%	RH02ZB.0011-2004

2.6 研制产品与同类竞品数据对比

通过对基础油筛选及添加剂配方研究，确定了合成型高压往复式天然气压缩机气缸油的配方组成，其理化测试性能与国外同类产品相当，如表8所示。

表8　研制产品与国外竞品的数据对比

项目	研制产品	国外竞品	指标	分析方法
外观	透明	透明	透明	目测
运动黏度(40℃)，mm^2/s	458.7	455.8	420~490	GB/T265
运动黏度(100℃)，mm^2/s	78.1	77.85	-	GB/T265
黏度指数	255	254	不小于200	GB/T1995
闪点(开)，℃	255	249	不小于230	GB/T267
倾点，℃	-36	-21	不大于-30	GB/T510
酸值，mgKOH/g	0.37	0.28	不大于0.5	GB/T 4945
防锈(A法)	通过	通过	通过	GB/T 11143
硫酸盐灰份，%	0.05	0.27	不大于0.1	GB/T2433
机械杂质，%	无	无	不大于0.01	GB/T511
铜片腐蚀(T_2Cu，100℃×3h)	1b	1b	不大于1b	GB/T5096
水分，(质量分数)%	0.11	0.12	不大于0.2	GB/T260
泡沫特性，ml/ml				GB/T12579
24℃	35/0	30/0	不大于75/10	
93℃	20/0	20/0	不大于75/10	
后24℃	20/0	25/0	不大于75/10	
旋转氧弹，min	758	632	不小于500	SH/T 0193
抗液态庚烷冲洗能力(冲洗40次)保留量，%	21.4	18.8	不小于10%	RH02ZB.0011-2004

3 高压合成天然气压缩机气缸油的应用

2020年9月，某储气库第一次试用高压合成型天然气压缩机气缸润滑油，同时并对设备的各级排气温度及填料温度进行监控，依据是活塞及活塞杆在气缸、填料内运动产生的摩擦力、压力对应温度变化可反映润滑油使用的实际情况。如果摩擦磨损加剧，缸内温度必然升高，如润滑满足需求，则缸内温度应较为平稳。截止2020年10月底机组各项运行参数正常，冷却水，填料函温度和排气缸内温度监控正常，排出油样共采集7次，从磨损金属看，油品润滑效果较好，能有效保护设备运行。截止2023年，该产品在储气库已连续使用2年，设备参数运行平稳，已获得储气库认可。

3.1 质量跟踪的检测项目

运动粘度(40℃)：粘度是润滑油最重要的质量指标，油品具有合适的粘度，才能保证油品提供适宜的油膜厚度和强度，保证摩擦副的充分润滑，运动粘度增加说明油品老化衰变。

酸值，新油的酸值代表了基础油的精制程度和酸性添加剂的加入量，对于在用油，它代表了油品在使用过程中氧化变质的程度，酸值过大说明油品氧化变质严重，但新油在使用初期由于添加剂逐步消耗，酸值首先下降，而当添加剂耗尽，油品氧化，酸值会缓慢上升。

水分：水分的存在对润滑油的质量和使用性能有着致命的影响。当温度降低时，它会导致润滑油的流动性能和粘温性能变差，并会堵塞油路和滤清器，当温度升高时，水会汽化而导致油路产生气阻，同时还会使油品乳化，进而降低油品的粘度，甚至破坏油膜，使润滑效果降低。另外，水分的存在还会加剧油品的氧化，增加油泥，加快有机酸对设备部件的腐蚀，还使添加剂水解而失效。

不溶物含量[2]：正戊烷不溶物主要是指磨损金属、粉尘杂质、积碳等固体物以及油品裂解和降解所产生的胶状物质，也表现了油品一定量的溶污能力。

元素含量：在用油中磨损金属含量的测试采用原子光谱技术，电感耦合等离子发射光谱方法有较高的准确度，精密度和较宽的线性范围，是目前较为常见的测试元素含量的测试方法，该方法适用于测定油溶性的磨损金属元素以及颗粒较小的磨损金属元素，当颗粒度增大时，灵敏度会迅速下降。

3.2 高压合成型天然气压缩机气缸油的跟踪检测结

气缸润滑油在储气库燃气压缩机上完成了2000h的应用试验，质量跟踪检测结果见表9，在使用周期内，油品的40℃运动粘度、酸值、不溶物含量变化很小，磨损金属元素在油品使用期间含量也非常低，属于正常范围，证明对设备提供了充分的润滑保护。

表9　产品试验采样跟踪检测数据表(0-2000h)

分析项目	0h	50h	150h	303h	500h	1000h	1500h	2000h	检测方法
运动粘度(40℃)，mm^2/s	458.5	458.2	458.5	457.8	457.6	458.1	458.2	458.2	GB/T 265
酸值，mgKOH/g	0.37	0.36	0.38	0.37	0.37	0.39	0.38	0.39	GB/T 7304
不溶物含量,%	-	0.11	0.12	0.15	0.15	0.16	0.09	0.11	ASTM D4055
开口闪点,℃	255	255	254	254	255	253	254	254	GB/T 3536
水分,%	0.11	0.10	0.12	0.12	0.13	0.11	0.11	0.13	GB/T 260
Al，ppm	—	<1.0	<1.0	<0.5	<0.5	<0.5	1.3	1.3	GB/T 17476
Cu，ppm	—	1.4	0.4	0.28	1.1	0.8	1.0	0.91	GB/T 17476
Fe，ppm	—	1.2	2.3	2.0	2.1	2.2	2.4	2.1	GB/T 17476
Pb，ppm	—	1.3	1.2	1.3	1.1	1.2	1.4	1.2	GB/T 17476

4 结论

（1）研制了一种聚醚型压缩机气缸润滑油，具备良好的抗烷烃冲洗能力，良好的抗氧化及抗磨性能，理化测试数据均与国外竞品相当，能够满足储气库高压设备润滑需求。

（2）在储气库完成试用试验，并获得认可，实现了气缸润滑油国产化。

参 考 文 献

［1］关子杰，钟光飞．油应用与采购指南．北京：中国石化出版社，2005.

［2］杨俊杰．油液监测技术．北京：石油工业出版社，2008.